HANDBUCH
DER
VIRUSFORSCHUNG

HERAUSGEGEBEN VON

PROF. DR. R. DOERR UND PROF. DR. C. HALLAUER
BASEL BERN

ZWEITE HÄLFTE

DIE VIRUSARTEN ALS INFEKTIÖSE AGENZIEN · DIE IMMUNITÄT GEGEN VIRUSINFEKTIONEN · DIE TECHNIK DER EXPERIMENTELLEN ERFORSCHUNG PHYTOPATHOGENER VIRUSARTEN

BEARBEITET VON

J. CRAIGIE-TORONTO · R. DOERR-BASEL · G. M. FINDLAY-LONDON · C. HALLAUER-BERN · K. M. SMITH-CAMBRIDGE · O. THOMSEN-KOPENHAGEN

MIT 19 ABBILDUNGEN IM TEXT

Springer-Verlag Wien GmbH

1939

URSPRÜNGLICH ERSCHIENEN BEI JULIUS SPRINGER IN VIENNA 1939
SOFTCOVER REPRINT OF THE HARDCOVER 1ST EDITION 1939

ISBN 978-3-662-42169-7 ISBN 978-3-662-42438-4 (eBook)
DOI 10.1007/978-3-662-42438-4

Inhaltsverzeichnis.

Zweite Hälfte.

Fünfter Abschnitt.

Die Virusarten als infektiöse Agenzien.

Sechster Abschnitt.

Die Virusarten als Antigene und die erworbene Immunität gegen Virusinfektionen.

Siebenter Abschnitt.

The principles of plant virus research.

By KENNETH M. SMITH, Plant virus Research Station, School of Agriculture, Cambridge.

With 6 Figures.

Anhang.

Erste Hälfte.

Inhaltsübersicht.

Erster Abschnitt.

Die Entwicklung der Virusforschung und ihre Problematik.

Von R. DOERR, Hygienisches Institut der Universität. Basel.

Zweiter Abschnitt.

Morphologie der Virusarten.

A. Die Viruselemente.

B. Inclusion bodies and their relationship to viruses.

By G. M. FINDLAY, Wellcome Bureau of Scientific Research, London.

Dritter Abschnitt.

Die Züchtung der Virusarten außerhalb ihrer Wirte.

A. Die Viruszüchtung im Gewebsexplantat.

Von C. HALLAUER, Hygienisch-bakteriologisches Institut der Universität Bern.

B. The growth of viruses on the chorioallantois of the chick embryo.

By F. M. BURNET, The WALTER and ELIZA HALL Institute of Research in Pathology and Medicine, Melbourne.

Vierter Abschnitt.

Biochemistry and Biophysics of viruses.

By W. M. STANLEY, Rockefeller Institute for Medical Research, Princeton, N. J.

Fünfter Abschnitt.

Die Virusarten als infektiöse Agenzien.

1. Natürliche und experimentelle Übertragung.

Von

R. DOERR, Basel.

A. Die natürlichen Übertragungsarten.

Die *natürliche Übertragung* der Virusarten von infizierten auf nicht-infizierte Wirte erfolgt im allgemeinen mit den gleichen Mitteln wie die Verbreitung anderer Infektionsstoffe (Bakterien, Spirochaeten, Protozoën). Hier wie dort stoßen wir auf die verschiedenen Formen des direkten und indirekten Kontakts, auf das Trauma als obligaten oder fakultativen Übertragungsmodus, auf die Vermittlung der Ansteckung durch blutsaugende Arthropoden, auf die nämliche Mannigfaltigkeit der Eintrittspforten; und auf beiden Gebieten integrieren sich alle diese Faktoren zu epidemiologischen Verhältnissen, welche nicht „für Bakterien" oder „für Protozoën" oder „für Virusarten", sondern für einen bestimmten „Erreger" oder noch etwas präziser ausgedrückt, für die Kombination eines bestimmten Erregers mit einem bestimmten Wirt charakteristisch sind. Daß die Virusarten in dieser Hinsicht keine Ausnahme machen, kann somit auch dann nicht überraschen, wenn man dieser Gruppe von übertragbaren pathogenen Agenzien einen biologisch einheitlichen Charakter zuerkennen wollte.

Das Wissen über dieses Thema muß jedem Mikrobiologen geläufig sein. Eine neuere, von der üblichen Form abweichende Darstellung der Lehre von den „Infektketten" findet man bei R. DOERR (*2*) und über phytopathogene Virusarten kann sich der Leser bei KENNETH M. SMITH (*1*, *2*) orientieren. Hier sollen nur Gesichtspunkte erörtert werden, welche sich ausschließlich oder in besonderem Sinne auf Virusarten beziehen, und da liegt naturgemäß die Frage am nächsten, ob keine „*Konvergenzphänomene*" zu konstatieren sind, d. h. ob bestimmte Übertragungsarten mit abnehmender Größe der Viruselemente in den Vordergrund des seuchenhaften Geschehens treten, während andere seltener werden oder überhaupt nicht mehr vorkommen. In Anbetracht der minimalen Dimensionen mancher Virusarten könnte man z. B. voraussetzen, daß die *germinative* Übertragung möglich wird und daß man die *intrauterine (diaplacentäre)* Infektion weit häufiger beobachtet als bei Erregern von ganz erheblich größeren Ausmaßen. Das ist aber nicht der Fall. Daß somit die Tatsachen im Gegensatz zur Erwartung stehen, gibt zu einigen Überlegungen Anlaß.

Die germinative Übertragung.

Unter *germinativer* oder *germinaler* Übertragung versteht man den Fall, daß sich das werdende Individuum aus einer bereits infizierten Zygote entwickelt [R. DOERR (*2*)]. Das infektiöse Agens könnte aus dem mütterlichen Organismus in die unbefruchtete oder befruchtete Eizelle eindringen oder vom Vater stammen und bei der Befruchtung durch die Spermien in eine gesunde Eizelle eingeschleppt werden. Daß solche Vorgänge biologisch möglich und mit der Entwicklung der Zygote zu einem lebensfähigen Individuum vereinbar sind, lehren die Forschungen über *erbliche Endosymbiosen* (vgl. P. Buchner), bei denen der mütterliche Wirtsorganismus sogar über besondere Einrichtungen verfügt, welche die gesetzmäßige Infektion der abgesetzten Eier mit den lebensnotwendigen Symbionten gewährleisten (Buchner, l. c., S. 764—779). An diesem Paradigma kann man übrigens erkennen, daß die Infektion der Eizellen keineswegs daran gebunden ist, daß die eindringenden Keime besonders klein sind; die erblichen Symbionten der Insekten gehören zu den Bakterien, Saccharomyceten usw., also zu den mikroskopisch gut sichtbaren und hinsichtlich ihrer Stellung im System bestimmbaren Organismen. Für das Zustandekommen einer Eiinfektion, welche die weitere Entwicklung des Eies zum Embryo bzw. zum ausgewachsenen Tier gestattet, sind vielmehr zwei andere Momente maßgebend, nämlich 1. *ein gewisses Volumen des Eies*, damit die eingewanderten fremden Elemente an Stellen untergebracht werden können, wo sie den Entwicklungsprozeß des Eies nicht stören oder unterbrechen (Insekteneier, Vogeleier); und 2. hauptsächlich der Umstand, *daß die infizierenden Keime keine pathogenen Auswirkungen entfalten* und die beherbergende Eizelle auch nicht durch schrankenlose Vermehrung schädigen, sondern, wie das eben bei typischen Symbionten zutrifft, bis zur Zeit des Bedarfs in Schach gehalten werden. In beiden Beziehungen liegen die Verhältnisse für die kleinen Eizellen des Menschen und der Säugetiere und für ausgesprochene Parasiten („Krankheitserreger") denkbar ungünstig, und man begreift, daß unter solchen Bedingungen eine auf das Ei zurückgehende und sich mit dem Ei fortentwickelnde Infektion zur Unmöglichkeit wird.

Die Züchtungen von Virusarten oder von pathogenen Bakterien im Hühnerei [Goodpasture, Woodruff und Buddingh, Goodpasture und Anderson, Goodpasture (*2*)] können natürlich nicht als Gegenbeweise angeführt werden, da nicht das Ei, sondern der in seiner Entwicklung bereits weit fortgeschrittene Embryo bzw. die Chorio-Allantois desselben infiziert wird. Auch in dieser Versuchsanordnung macht sich übrigens die Pathogenität der infizierenden Agenzien geltend, indem die Embryonen nach bestimmten Infektionen rasch absterben, während sie die Inoculation anderer Keime kürzere oder längere Zeit überleben (vgl. Burnet, dieses Handbuch, I. Teil, 3. Abschnitt B).

Bei den Endosymbiosen mancher Insekten kommt es vor, daß die Symbionten durch die Mikropyle, also *auf dem gleichen Wege wie die Spermien*, in das Ei eindringen u. zw. entweder nach erfolgter Befruchtung oder gleichzeitig mit den Spermien; die Mikropyle ist somit groß genug, um die mikroskopisch sichtbaren Keime — es handelt sich in diesen Fällen stets um Bakterien — passieren zu lassen (Buchner, l. c., S. 768). Ob man derartige Vorgänge als „germinative Übertragungen durch männliche Gameten" definieren darf, erscheint sehr fraglich; denn die symbiotischen Bakterien, durch welche das Ei infiziert wird, sind im Weibchen schon vor der Begattung vorhanden und die Spermien bahnen ihnen bloß den Weg, sind aber selbst nicht keimhaltig. Höchstwahrscheinlich können überhaupt nur Eizellen bzw. Eier infiziert werden, nicht aber Spermien, deren Bau (Membran, starkes Überwiegen der Kernsubstanz über das Cytoplasma) die Invasion bzw. die aktive Aufnahme fremder Elemente verhindert. Es wäre indes möglich, daß zwar nicht die Spermien selbst infiziert sind, daß aber das Sperma infektiöse Stoffe enthält, die entweder direkt oder an die Oberfläche von Spermien angelagert das Ei erreichen und in dasselbe eindringen. Weder die Beobachtung noch das Experiment liefern jedoch einen sicheren Anhaltspunkt, daß dieser Übertragungsmodus bei Menschen oder bei warmblütigen Tieren vorkommt; das gilt für alle infektiösen Prozesse einschließlich der Viruskrankheiten.

Phytopathogene Virusarten können durch die Samen der infizierten Pflanzen übertragen werden, so daß die aus den Samen hervorgehenden Tochterpflanzen scheinbar spontan erkranken. Gesicherte Beobachtungen dieser Art sind selten; was darüber bekannt ist, hat KENNETH M. SMITH (*2*) im 7. Abschnitt dieses Handbuches angeführt.

K. M. SMITH (*2*) erwähnt auch, daß sich nicht alle Sämlinge kranker Mutterpflanzen als infiziert erweisen, sondern nur 30—50%, und daß der Prozentsatz viel größer ist, wenn die Pflanze, von welcher die Samen stammen, in der Frühsaison infiziert wird, als wenn die Infektion erst in der Spätsaison oder nach dem Abblühen erfolgt. Obzwar die Verhältnisse noch nicht genügend geklärt sind, darf man es als wahrscheinlich annehmen, daß weder die Ei- noch die Pollenzellen das Virus aus der Mutterpflanze aufnehmen, da sonst der Befall der Sämlinge regelmäßiger wäre, sondern daß die Infektion in einem frühen Entwicklungsstadium des Embryos infolge besonderer, nur bei einem Teil der Samen realisierter Umstände stattfindet; bei dem in dieser Hinsicht am eingehendsten studierten gewöhnlichen Bohnenmosaik (Phaseolus-Virus I) können sich sogar in ein und derselben Schote infizierte und nicht-infizierte Samen vorfinden (K. M. SMITH). Es dürfte sich somit um ein Analogon der diaplacentaren Übertragung handeln, die ja gleichfalls relativ selten und unregelmäßig ist; bei der diaplacentaren luetischen Infektion zweieiiger Zwillinge hat man beobachtet, daß einer der beiden Zwillinge völlig symptomfrei sein kann, während der andere typische Krankheitszeichen zeigt (H. BRAUN und K. HOFMEIER, l. c., S. 536), was sehr an das differente Verhalten der Samen in der gleichen Schote einer mosaikkranken Bohne erinnert.

Die intrauterine (diaplacentare) Übertragung.

Man hat sich vorgestellt, daß sehr kleine (submikroskopische) Erreger das „Placentarfilter“ leichter passieren als pathogene Organismen von größeren Dimensionen. A. CALMETTE, der die Existenz filtrierbarer Formen der Tuberkelbazillen für bewiesen hielt und die kongenitale Tuberkulose auf eine Infektion des Fetus mit diesem „Ultravirus tuberculeux“ zurückführen wollte, teilte jedenfalls die Auffassung, daß zwischen der Leichtigkeit der diaplacentaren Übertragung und der Kleinheit des pathogenen Agens ein Konnex bestehen müsse; das geht mit völliger Evidenz aus dem Satz hervor: „Il convenait de se demander si ces éléments, d'une finesse si grande qu'ils traversent les bougies CHAMBERLAND L_2 et L_3, n'étaient pas susceptibles de franchir la barrière placentaire avec la même facilité que les virus ultramicroscopiques“ (l. c., S. 295). Ganz ungerechtfertigt sind solche Ansichten schließlich nicht. Die Placenta ist ja tatsächlich eine Schranke, welche den Übertritt hochkolloider Substanzen oder suspendierter Elemente (Tuscheteilchen, Baryumsulfat) aus der mütterlichen in die fetale Zirkulation hindert. Völlig undurchlässig ist sie jedoch schon für hochmolekulares Eiweiß nicht, wie man das aus den Beobachtungen über aktive und passive kongenitale Anaphylaxie folgern muß [siehe u. a. DOERR und SEIDENBERG (*2*)], und daß Mikroorganismen durch die Placenta hindurchtreten können, ergibt sich nicht nur aus der Tatsache der intrauterinen Infektionen, sondern aus Tierexperimenten, welche zuerst 1883 von STRAUSS und CHAMBERLAND und seither in sehr großer Zahl bis auf die neueste Zeit angestellt wurden.[1]

[1] Es sind auch pränatale Infektionen mit parasitischen Würmern (Trichinen, Ancylostoma caninum) einwandfrei festgestellt worden (H. ROTH, A. O. FOSTER). Doch handelt es sich hier um große Organismen, welche zweifellos imstande sind, bei ihren Wanderungen selbst erhebliche Gewebswiderstände zu überwinden (A. O. FOSTER), so daß solche Vorgänge mit den transplacentaren Übertragungen von Mikroben nicht in Parallele gesetzt werden können.

Allerdings haben alle diese Versuche den Mechanismus der transplacentaren Infektion nicht restlos aufgeklärt. Daß Veränderungen der Placenta (traumatische Läsionen, Blutungen, Nekrosen, Infektionsherde) begünstigend wirken müssen, ist selbstverständlich; sie scheinen aber nicht unbedingt notwendig zu sein. Ältere und neuere Autoren (vgl. BRAUN und HOFMEIER, ferner NAKAGAWA u. a.) geben an, daß die Beschaffenheit der im mütterlichen Blute zirkulierenden Keime für den Übertritt in den fetalen Kreislauf maßgebend sei, aber nicht oder nicht in erster Linie die Größe derselben, sondern andere Eigenschaften, die zum Teil auch genannt werden (Beweglichkeit, Virulenz, nekrotisierende Wirkung), wahrscheinlich aber noch gar nicht bekannt sind. In den Versuchen von NAKAGAWA z. B. konnte die Passage (am trächtigen Kaninchen) für Strepto-, Staphylo- und Pneumokokken, für Coli-, Typhus- und Diphtheriebazillen, für Vaccinevirus, Rickettsien und Coliphagen festgestellt werden, nicht aber für B. prodigiosum, Sarcina aurea, Vibrio Metschnikoff, Dysenteriebazillen und Dysenteriephagen; eine Liste, die weder im positiven noch im negativen Teil präzise Aufschlüsse bietet.

Faßt man das Problem nicht theoretisch, sondern empirisch an, indem man zu ermitteln sucht, wie oft intrauterine bzw. diaplacentare Infektionen überhaupt vorkommen und wie sich dieselben auf verschiedene Wirte und auf die verschiedenen Krankheitsformen verteilen, so stößt man auf ein kaum übersehbares und nicht immer zuverlässiges kasuistisches Material, das einer statistischen Bearbeitung nach den angeführten Gesichtspunkten nicht zugänglich ist (vgl. H. BRAUN und HOFMEIER). Aus den vorliegenden Beobachtungen können jedoch einige Aussagen allgemeineren Inhalts abgeleitet werden, welche für das hier diskutierte Thema wichtig sind:

a) Intrauterine (diaplacentare) Infektionen wurden mit Sicherheit festgestellt bei der Malaria, der Syphilis, bei der Recurrens und anderen Spirochaetosen, beim Typhus abdominalis, beim Milzbrand, bei Pneumomykosen, bei der Tuberkulose, bei Masern, Variola, Lyssa. Wenn auch diese Aufzählung nicht vollständig ist, läßt sie doch ohne weiteres erkennen, daß Protozoën, Spirochaeten und Bakterien unter den Erregern ebenso vertreten sind wie Virusarten.

b) Die relative Häufigkeit der intrauterinen Infektionen als Funktion der besonderen Beschaffenheit des infektiösen Agens läßt sich auf Grund der Beobachtung *natürlicher* Verhältnisse nicht sicher beurteilen, da andere Faktoren den Ausschlag geben (Wahrscheinlichkeit der Koinzidenz einer Infektion der Mutter mit der Gravidität, Menge der im mütterlichen Blut kreisenden Keime und Dauer ihrer Anwesenheit in der mütterlichen Zirkulation, Bau der Placenta usw.). Eher kann man zahlenmäßige Aufschlüsse von *experimentellen* Untersuchungen erwarten, wenn die Versuchsanordnungen den natürlichen Verhältnissen weitgehend angepaßt werden. Es deutet aber jedenfalls nichts darauf hin, daß die Viruskrankheiten eine bevorzugte Stellung einnehmen würden. Spirochaeten z. B. werden bei Menschen und Tieren zweifellos leichter bzw. öfter diaplacentar übertragen als die Pocken oder gar die Vaccineinfektion.

c) Auch bei den Viruskrankheiten wird die Verbreitung und damit die dauernde Erhaltung des infektiösen Agens so gut wie ausschließlich durch extrauterine Übertragungen („postuterine Infektionen") bewerkstelligt; die pränatale Infektion gehört zu den epidemiologisch bedeutungslosen Vorkommnissen.

Diese Tatsache ist allerdings nicht eindeutig, weil eben außer der speziellen Beschaffenheit des Erregers noch andere Momente entscheidenden Einfluß nehmen (siehe sub b). Klar würden die Verhältnisse liegen, wenn sich zwar alle erwachsenen Individuen einer Art oder einer bestimmten Zucht als dauernd infiziert erweisen, so daß das Virus im mütterlichen Organismus während der Tragezeit vorhanden sein muß, und wenn sich das Virus bei ganz jungen Tieren trotzdem nicht feststellen läßt oder nur ausnahmsweise. Der Schluß, daß die Infektion unter solchen Umständen postnatal erfolgen muß, erschiene berechtigt. R. COLE und A. G. KUTTNER haben diesen Sachverhalt für das Speicheldrüsenvirus der Meerschweinchen festgestellt und überdies gefunden, daß ältere Meerschweinchen, deren Speicheldrüsen das Virus beherbergen, gegen die cerebrale Impfung refraktär sind, während ihr ganz junge Tiere mit negativem Speicheldrüsenbefund erliegen.

Übertragungen durch Insekten.

Es existiert noch eine dritte Beziehung, in welcher der Übertragungsmodus der Virusarten die aus ihren Dimensionen abgeleiteten aprioristischen Erwartungen enttäuscht. Zahlreiche Virusarten werden nämlich durch Arthropoden (Mücken, Milben, Blattläuse usw.) übertragen, und unter ihnen findet man solche, deren Elemente sehr kleine Ausmaße besitzen, wie z. B. das Gelbfiebervirus (zirka 22 mμ), das Virus des Rift-Tal-Fiebers (zirka 30 mμ), des Louping ill (zirka 19 mμ), der equinen Encephalomyelitis (zirka 38 mμ) und einige phytopathogene Virusarten. Würde es sich um rein mechanische Übertragungen handeln, so könnten keine Bedenken geltend gemacht werden. Das scheint aber nicht der Fall zu sein, aus Gründen, die man sich zweckmäßig an dem so genau bekannten Modell der Malariaübertragung klarzumachen sucht.

Die Malariaplasmodien werden nicht durch beliebige blutsaugende Insekten, sondern nur durch bestimmte Arten des Genus *Anopheles* vom kranken auf den gesunden Menschen übertragen; ja, es können sich innerhalb einer vom Systematiker als einheitlich aufgefaßten Anophelenspezies (*Anopheles maculipennis*) Rassen vorfinden, von denen die eine die Malaria zu übertragen vermag, die andere nicht. Wir wissen ferner, daß die Anopheles nicht unmittelbar nach einer plasmodienhaltigen Blutmahlzeit infektiös ist, sondern daß eine Zeitspanne von 10—18 Tagen verstreichen muß, bevor ihr Stich die Krankheit erzeugen kann, und daß dieser „Reifungsprozeß" an bestimmte Bedingungen (Temperatur der Außenluft) gebunden ist. Diese Tatsachen würden schon an sich als Beweise genügen, daß die Anopheles in den Infektketten der Malaria nicht einfach als „Überträger", als Infektionsweg fungiert, sondern als zwischengeschalteter poikilothermer Wirt, in welchem eine Vermehrung der Plasmodien stattfindet. Morphologische Untersuchungen haben dies bestätigt und, was von vornherein wahrscheinlich war, gezeigt, daß die Umstellung der Plasmodien vom Menschen auf die Anopheles mit morphologischen und biologischen Veränderungen einhergeht (Substitution der Schizogonie durch die Sporogonie).

Ganz analoge Verhältnisse wurden nun auch bei einer Reihe von Viruskrankheiten festgestellt: dieselbe streng spezifische Beziehung zwischen einer Virusart und dem sie übertragenden Insekt, die gleiche Notwendigkeit einer Reifungszeit, die nämliche Beeinflußbarkeit des Reifungsprozesses durch bestimmte Umweltfaktoren. Die Analogien erstrecken sich zum Teil auf merkwürdige Einzelheiten. So wie Rassen der *Anopheles maculipennis* existieren, welche die Malaria übertragen können, und andere, welche dazu unfähig sind, kennt man bei der *Cicadulina mbila* Varietäten, welche man als „aktiv" oder „inaktiv" bezeichnet, je nachdem sie die Streifenkrankheit der Maispflanzen zu verbreiten vermögen oder nicht [zit. nach K. M. SMITH (*1*), S. 61]. Wo der präzisierte Sachverhalt deutlich ausgeprägt ist, wird man sich wohl in erster Linie zu der gleichen biologischen Interpretation entschließen wie bei der Malaria, d. h. *man wird das übertragende Insekt als Wirt auffassen*; da die morphologische Kontrolle der Vorgänge, welche sich im Insekt während der Reifungsperiode abspielen, keine Resultate liefert, bleibt nur ein Weg übrig, um der wahrscheinlichen Annahme letzte Sicherheit zu verleihen: *der Nachweis der Virusvermehrung im Insekt.*

Die Virusvermehrung im übertragenden Insekt.

Es ist nun tatsächlich gelungen, für diese postulierte Virusvermehrung überzeugende experimentelle Beweise zu erbringen. Das Gelbfiebervirus nimmt in *Aëdes aegypti* an Menge (Konzentration) zu (L. WHITMAN) und in derselben Mücke vermehrt sich auch das Virus der equinen Encephalomyelitis (M. H. MERRILL und TEN BROECK, MERRILL. LACAILLADE und TEN BROECK). Und damit ist der eingangs angedeutete Konflikt unabweisbar geworden. Es sind zwar noch keine Messungen der Viruselemente, wie sie sich in den Mücken am Ende der Reifungsperiode vorfinden, ausgeführt worden; es ist aber wahrscheinlich, daß sie dieselben Dimensionen haben wie im warmblütigen Wirt, da mikroskopische Untersuchungen infektiöser Moskitos keine größeren Formen (auch keine Einschlußkörperchen) erkennen lassen.[1] Ist es schon unvorstellbar, daß ein Gebilde von 20 mμ Teilchendurchmesser ein Elementarorganismus sein soll (siehe R. DOERR, dieses Handbuch, I. Teil, 1. Abschnitt, S. 27), so steht man hier vor der weiteren Steigerung des Problems, daß ein so winziges, den molekularen Dimensionen der Proteïne nahestehendes Formelement dieselbe alternierende Umstellung auf zwei total verschiedene Wirte durchzuführen vermag wie das Plasmodium malariae. Das Virus der equinen Encephalomyelitis ist in linearer Ausmessung doppelt so groß (zirka 38 mμ); nach den Untersuchungen von R. W. G. WYCKOFF dürfte es sich aber hier um einen molekulardispersen Eiweißkörper (Mol.-Gew. = zirka 23 Millionen) handeln, was den schon vorhandenen Unbegreiflichkeiten eine neue hinzufügt.

Viruswanderungen im übertragenden Insekt.

Die Sporozoïten, die Endstadien der geschlechtlichen Entwicklung der Malariaplasmodien, wandern in die Speicheldrüsen der Anopheles ein und werden mit dem Speichel auf den Menschen übertragen. Der Parasit vermehrt sich also nicht nur in der Anopheles, er macht auch eine *Wanderung* durch, wozu er durch die lebhafte Beweglichkeit der in Betracht kommenden Entwicklungsstadien, der Sporozoïten, befähigt ist; und die Sporozoïten werden durch das Platzen der an der Außenseite des Magens sitzenden Oocysten in die Leibeshöhle der Mücke entleert, die Passage durch die Magenwand fällt nicht ihnen zu, sondern dem ebenfalls stark eigenbeweglichen Ookinet.

Das Gelbfiebervirus und das Virus der equinen Encephalomyelitis — die hier als Beispiele für analoge, durch Insekten übertragbare Viruskrankheiten gelten mögen — werden so wie die Malariakeime durch Moskitostiche auf den Menschen bzw. auf empfängliche Tiere verimpft. Das Virus muß somit aus dem

[1] Nach STOKES, BAUER und HUDSON passiert das Gelbfiebervirus, wie es im Serum infizierter Affen vorhanden ist, die BERKEFELD-Filter V und N sowie SEITZsche Asbestfilter. Zerreibt man aber infizierte Moskitos mit Kochsalzlösung, so wird das Virus durch die bezeichneten Filter zurückgehalten, obwohl sich kleine Dosen der unfiltrierten Emulsionen stets als wirksam erweisen. Man könnte daraus schließen, daß im übertragenden Insekt größere Formen entstehen als im warmblütigen Wirt. E. HINDLE bemerkt jedoch hierzu mit Recht, daß man durch Zerreiben der Aëdes nur kleine Quantitäten Filtrans bzw. geringe Mengen Virus gewinnen kann, welche der (gerade bei BERKEFELD-Kerzen beträchtlichen) Adsorption durch das Filtermaterial verfallen. Wahrscheinlich war die von STOKES, BAUER und HUDSON beobachtete Differenz durch den Umstand mitbedingt, daß das Virus aus Affen in verdünntem Blutserum, das Virus aus Aëdes in Kochsalzlösung suspendiert war; schwemmt man Aëdesvirus in Affenserum auf, so verhält es sich hinsichtlich der Passage durch BERKEFELD-N-Kerzen so wie das Virus im Serum infizierter Affen (W. A. SAWYER und M. FROBISHER).

Magen-Darmkanal, in den es mit der Blutmahlzeit zunächst gelangt, austreten und auf ähnlichem Wege wie die Sporozoïten die Speicheldrüsen erreichen, um schließlich in diese, ihre Wandungen von außen nach innen durchsetzend, einzudringen. Daß dem so ist, lehren die Untersuchungen von J. H. Bauer und N. P. Hudson, denen zufolge das Gelbfiebervirus in Aëdes aegypti während der ganzen Reifungsperiode (durch Verimpfung der zerriebenen Insekten auf Affen) nachgewiesen werden kann, während die Stiche der Mücken nicht vor dem neunten Tag nach der infizierenden Blutmahlzeit die Krankheit hervorzurufen vermögen. Über den Mechanismus der Wanderung, die mit einer zweifachen Penetration (Wand des Magens und der Speicheldrüsen) verbunden sein muß, kann jedoch nicht einmal eine plausible Vermutung geäußert werden. Eigenbeweglichkeit bzw. Bewegungsorganellen können wir einem Formelement von 20 mμ Diameter nicht zuschreiben und an eine „gerichtete Diffusion" eines hochmolekularen Proteïns ist natürlich auch nicht zu denken.

Man sieht sofort ein, daß sich das Problem nicht dadurch vereinfachen läßt, daß man die Virusvermehrung im Überträger in Abrede stellt, bloß die Wanderung zugibt und die Reifungsperiode als die Zeit definiert, welche für den mechanischen Transport des Virus vom Lumen des Magen-Darmkanals bis in die Ausführungsgänge der Speicheldrüsen erforderlich ist. Diese Auffassung wurde von Davis, Frobisher und Lloyd auch für das Gelbfiebervirus vertreten, ist aber hier auf Grund der Kritik von A. W. Sellards sowie der Experimente von L. Whitman abzulehnen. Zudem konnten Merrill und Ten Broeck die Vermehrung des Virus der equinen Encephalomyelitis in der Aëdes aegypti auf einem besonderen und an sich interessanten Weg nachweisen, auf den ich noch in einem anderen Zusammenhang zurückkommen werde (siehe S. 555). In den meisten Fällen steht jedoch der Beweis für die Virusvermehrung im übertragenden Insekt aus, so daß die Deutung der Reifungsperiode als *Wanderungszeit* zulässig erscheint; und die Hypothesenbildung macht von dieser Möglichkeit Gebrauch, weil die *Virusvermehrung* im Überträger, wie bereits auseinandergesetzt wurde, an sich als ein biologisch unklarer und widerspruchsvoller Vorgang zu bezeichnen ist, der noch unwahrscheinlicher wird, wenn der natürliche Wirt eine Pflanze ist wie bei den phytopathogenen Virusarten.

Auch bei den phytopathogenen Virusarten bestehen jedoch Verhältnisse, welche in dem bereits erörterten Sinne dafür sprechen, daß das Insekt nicht lediglich als mechanischer Vermittler einer traumatischen Infektion zu betrachten ist, sondern daß eine Vermehrung im Körper desselben stattfindet. Hinsichtlich der außerordentlich interessanten Einzelheiten sei auf die klaren und übersichtlichen Darstellungen von Kenneth M. Smith (*1*, *2*) verwiesen. An dieser Stelle mag nur hervorgehoben werden, daß man auch auf diesem Gebiete die Grundphänomene der Insektenübertragung vertreten findet, nämlich 1. die Beschränkung der Übertragungsfähigkeit auf bestimmte Insektenspezies, 2. die Notwendigkeit einer Reifung im übertragenden Insekt und 3. die Beeinflussung dieser Reifung durch Umweltfaktoren.

Es muß aber zugestanden werden, daß diese Phänomene — zumindest wenn man sie einzeln und nicht als biologischen Komplex ins Auge faßt — doch nicht so absolut eindeutig sind, als es zunächst den Anschein hat. Die Überwanderung aus dem Verdauungstrakt in die Speicheldrüsen kann, auch wenn keine Vermehrung erfolgt, an Bedingungen geknüpft sein, welche nur in einem bestimmten Überträger verwirklicht sind, z. B. an eine besonders hohe Durchlässigkeit der Wände einzelner Abschnitte des Insektendarmes. Daß dieser Faktor eine Rolle spielen kann, hat man aus Experimenten gefolgert, in welchen ein bestimmtes Insekt nicht imstande war, eine per os aufgenommene Virusart zu übertragen, daß aber die Übertragung gelang, wenn der Magen-Darmkanal angestochen oder wenn das Virus durch Punktion des Abdomens direkt in die Leibeshöhle gebracht wurde (M. H. Merrill und Ten Broeck, H. H. Storey).

Die Deutung der „Reifungsperiode" des Virus im übertragenden Insekt.

Die Reifungsperiode (in der englisch-amerikanischen Literatur als „extrinsic incubation" bezeichnet) imponiert nur dann als Ausdruck einer Infektion des Insektes (d. h. einer Vermehrung in demselben), wenn sie eine entsprechende Dauer hat. In der Regel beläuft sie sich tatsächlich auf mehrere (zirka 7—12) Tage (Gelbfieber, equine Encephalomyelitis, Dengue, Pappatacifieber, Louping ill, Viruskrankheiten der Pflanzen); sie kann aber auch wesentlich kürzer sein und sogar auf Stunden zusammenschrumpfen, so daß schließlich Übergänge zur direkten mechanischen Übertragung (ohne den Umweg über Darm und Speicheldrüsen!) zustande kommen, wie sie beispielsweise von Kligler, Muckenfuss und Rivers (siehe auch Kligler und Ashner) für die Übertragung von Geflügelpocken durch Culex und Aëdes[1] sowie für einige Viruskrankheiten der Pflanzen (L. O. Kunkel, K. M. Smith u. a.) angenommen wurde.

Ist die Reifungszeit zwar sehr kurz, aber doch notwendig, so ist einerseits eine bloße mechanische Übertragung durch den infizierten Stechapparat unwahrscheinlich und man versteht anderseits nicht, daß eine so kurze Frist für eine Überwanderung aus dem Magen-Darmkanal in die Speicheldrüsen genügen soll. Die Überlegungen würden sich zweifellos einfacher gestalten, wenn nur Extreme beobachtet würden, z. B. nur mehrstündige und mehrtägige Reifungszeiten. Das ist aber speziell bei den phytopathogenen Virusarten nicht der Fall; es gibt verschiedene Abstufungen und darin liegt eine der Hauptschwierigkeiten der gegenseitigen Abgrenzung von bloßer Wanderung und Wanderung im Gefolge einer Vermehrung. Jedenfalls erscheint es nicht gerechtfertigt, die Reifungszeit in jedem Falle auf die Wanderung zu beziehen, mag sie nun wenige Stunden oder 10 Tage dauern (K. M. Smith u. a.).

Wie man erkennt, sind die Geschicke des aufgenommenen Virus im übertragenden Insekt noch sehr unklar. Gerade deshalb erscheint es zweckmäßig, sich darüber Rechenschaft abzulegen, ob nicht irgendwelche Aussichten bestehen, in der Erfassung dieser Prozesse Fortschritte zu machen. Das darf in gewisser Hinsicht bejaht werden.

In erster Linie wären hier die Untersuchungen von L. Whitman zu nennen, welcher den Gehalt von Gelbfiebervirus in zerriebenen Aëdes aegypti als Funktion der seit der infizierenden Blutmahlzeit verstrichenen Zeit bestimmte. Er fand, daß die Virusmenge einige Tage hindurch abnimmt, bis in der ersten Woche ein Minimum erreicht wird; sie steigt aber dann wieder an und wird schließlich größer, als sie unmittelbar nach der Blutmahlzeit war. Der Endtiter ist erheblichen Schwankungen unterworfen, deren Ursachen nicht ermittelt werden konnten. Whitman schließt aus seinen Titrierungen, daß sich das Gelbfiebervirus in der Aëdes vermehrt.

Es ist jedoch nicht nur die Viruszunahme, sondern auch die anfängliche Abnahme zu erklären, oder, präziser formuliert, die Tatsache, daß die Vermehrung nicht sofort, sondern nach einem mehrtägigen Virusschwunde einsetzte. In einigen Experimenten schwand das Virus scheinbar völlig, d. h. es war in den Aëdes durch cerebrale Verimpfung auf weiße Mäuse nicht nachzuweisen, in anderen wieder fiel nur der Titer auf niedrige Werte ab; soweit die Versuchsprotokolle ein Urteil gestatten, schien dies von der aufgenommenen Virusmenge abzuhängen. Die Periode des Virusschwundes kann nun entweder so aufgefaßt werden, daß die Viruskonzentration durch temporäre oder definitive Inakti-

[1] Nach Kligler und Ashner kann man durch Verimpfung des Rüssels infizierter Mücken in einem erheblichen Prozentsatz der Versuche Geflügelpocken erzeugen, durch Verimpfung anderer Körperteile nur ausnahmsweise, ein bemerkenswerter Gegensatz zu dem Verhalten des Virus der equinen Encephalomyelitis, das in der gleichen Mücke (Aëdes) im ganzen Körper nachweisbar ist (Merrill und Ten Broeck).

vierung des Agens rein quantitativ reduziert wird oder daß zunächst Virusformen entstehen, welche für den warmblütigen Wirt nicht infektiös sind und aus denen dann wieder neue, dem Ausgangsvirus adäquate und für Säugetiere pathogene Formen hervorgehen. Im zweiten Falle würde es sich um eine exogene, von der endogenen verschiedene Art der Entwicklung handeln analog der Sporogonie der Malariaplasmodien.

Würde man mit Anopheles, die mit stark parasitenhaltigem Blut von Malariapatienten gefüttert wurden, WHITMANS Versuchsanordnung wiederholen, so wäre vorauszusehen, daß sich die aus solchen Anopheles hergestellten Emulsionen unmittelbar nach der Fütterung als infektiös für den Menschen erweisen, daß dann diese Fähigkeit abnimmt und gänzlich schwindet, um nach zirka 10—14 Tagen (mit dem Platzen der Oocysten bzw. dem Austritt von Sporozoïten in die Leibeshöhle) in quantitativ erhöhtem Ausmaß wiederzukehren. Es sollten jedenfalls Modellexperimente dieser Art mit den Parasiten der Vogelmalaria angestellt werden, um auf diese Weise vielleicht zu einem besseren Verständnis der Ergebnisse von WHITMAN zu gelangen.

Daß die Periode des Virusschwundes — es wird vorausgesetzt, daß die Beobachtungen von WHITMAN in dieser Hinsicht richtig sind — einfach darauf beruht, daß zunächst eine erhebliche Quote des von der Mücke aufgenommenen Virus inaktiviert bzw. zerstört werden muß, bevor die Vermehrung stattfinden kann, daß es sich also um eine rein quantitative Reduktion der Viruselemente handelt, ist weniger wahrscheinlich. Denn nach dem sekundären Virusanstieg, d. h. also von der Zeit an, wo die Stiche der Aëdes für warmblütige Wirte infektiös geworden sind, hält sich das Virus bekanntlich bis zum Tode der Mücke; es ist nicht einzusehen, wie die Hinfälligkeit des mit Krankenblut aufgenommenen Virus und die Resistenz des in der Mücke neu produzierten in Einklang gebracht werden könnten, wenn es sich in beiden Fällen um ein qualitativ identisches Agens handeln würde.

Weiter darf den Arbeiten von MERRILL und TEN BROECK, die bereits auf S. 553 kurz zitiert wurden, heuristische Bedeutung zuerkannt werden. Die genannten Autoren stellten aus Aëdes-Mücken, die mit dem Virus der equinen Encephalomyelitis infiziert worden waren, durch Zerreiben eine Emulsion her und fütterten mit derselben frisch aus der Puppe geschlüpfte und somit sicher virusfreie Imagines; diese wurden wieder zur Fütterung einer zweiten Mückengeneration benutzt usw., und in dieser Weise konnten 17 Aëdes-Passagen durchgeführt werden, ohne daß die Viruskonzentration abnahm. Dadurch war bewiesen, daß sich die bezeichnete Virusart in der Aëdes vermehren muß, da der mit jedem Übertragungsakt notwendig verbundene Virusverlust stets wieder kompensiert wurde. Die Aëdes ist also mit anderen Worten als ein empfänglicher Wirt dieser Virusart aufzufassen und die alternierende Infektkette „Warmblüter—Moskito—Warmblüter—Moskito“ darf mit den Infektketten der Malaria auf gleiche Stufe gerückt werden. So wie es bei der Malaria möglich ist, unbegrenzte Übertragungsserien unter Ausschaltung der Anopheles zu erzielen (Impfmalaria der Paralytiker), ist es MERRILL und TEN BROECK geglückt, den warmblütigen Wirt zu eliminieren und aus der Encephalomyelitis eine Mückeninfektion zu machen, wenn auch zunächst nur unter Zuhilfenahme von exzeptionell günstigen experimentellen Bedingungen. Ein Widerspruch zu der oben präzisierten Deutung der Experimente von L. WHITMAN besteht höchstens insofern, als man erwarten könnte, daß die in der Aëdes entstandenen Entwicklungsstadien nur mehr für Warmblüter, aber nicht für die Aëdes selbst infektiös sind; es liegt indes kein Anlaß vor, die Analogie mit der Malaria so weit zu treiben.

Schließlich seien die Versuche von W. TRAGER erwähnt, aus welchen hervorgeht, daß sich das Virus der equinen Encephalomyelitis („western strains") in Gegenwart überlebender Gewebe von Aëdes aegypti vermehrt. Es hatte den Anschein, als ob sich gewisse Gewebe der Mücken für die Züchtung des Virus besser eignen würden als andere; doch konnte in dieser Hinsicht keine sichere Entscheidung gefällt werden, weil die Methoden für die Konservierung von lebendem Mückengewebe noch nicht genügend vervollkommnet sind.

Verteilung des Virus im Organismus des übertragenden Insektes.

MERRILL und TEN BROECK konnten ferner feststellen, daß das Virus der equinen Encephalomyelitis (es handelte sich in diesen Versuchen um den sog. „westlichen Stamm") im ganzen Körper der infizierten Aëdes verbreitet ist, da es sowohl in der Körperflüssigkeit als in den Extremitäten der Mücken und in diesen bis zum 35. Tag nach der infizierenden Blutmahlzeit nachweisbar war. Ist die Beobachtung richtig, so müßte man an eine Art „Allgemeininfektion" der Insekten denken, die in einem gewissen Gegensatze zu den lokalisierten Ansiedelungen der Malariaplasmodien am Anophelesmagen oder der Rickettsien im Darmepithel der Kleiderlaus stünde. Daß eine derartige Allgemeininfektion eine zweckmäßige Einrichtung ist, kann man nicht behaupten, da für die Erhaltung des Krankheitskeimes ja nur das in die Speicheldrüsen einwandernde Virus in Betracht kommt; sie schädigt aber jedenfalls die Mücken nicht (MERRILL und TEN BROECK), eine Erscheinung, die man bei allen krankheitsübertragenden Insekten konstatiert und welche die biologische Bestimmung hat, das Abreißen der Infektketten zu verhüten [R. DOERR (*2*)]. Merkwürdigerweise war es MERRILL und TEN BROECK fast nie möglich, einen anderen Stamm der equinen Encephalomyelitis (den sog. eastern strain) mit Hilfe von Aëdes auf Meerschweinchen zu übertragen, falls die Mücken durch Fütterung mit virushaltigem Material infiziert worden waren. Wurde aber bei solchen Mücken das Abdomen mit einer sterilen Nadel angestochen, so vermochten sie durch ihre Stiche die Krankheit bei Meerschweinchen zu erzeugen. Es wird dies so erklärt, daß das Virus (dieses Stammes) nicht imstande ist, die Darmwand zu passieren, ohne daß aber gesagt wird, worauf diese Unfähigkeit, die mit den Eigenschaften des „western strain" so auffällig kontrastiert, eigentlich zurückgeführt werden soll. Es ist ja dieselbe Mücke (Aëdes aegypti), in welcher sich die beiden Stämme verschieden verhalten. Noch eigenartiger war das Resultat einer Variante dieses Experiments: Von zwei Partien von Aëdes-Mücken wurde die eine mit normalem Pferdeblut, die andere mit Zuckerlösung gefüttert und sodann bei beiden Virus mit einer feinen Nadel in das Abdomen geimpft; nach Intervallen von 8—68 Tagen wurden die Mücken getötet, verrieben und Meerschweinchen mit den Suspensionen geimpft. In beiden Serien waren die Resultate positiv, in der ersten vom 8.—35., in der zweiten vom 8.—22. Tag, dann waren sie in beiden Serien zirka fünf Wochen hindurch unausgesetzt negativ und wurden schließlich wieder positiv. Eine negative Phase war somit, wenn auch zu anderer Zeit, ebenso vorhanden wie in den Versuchen von L. WHITMAN!

MERRILL und TEN BROECK setzen ihre Versuche in Parallele zu den Experimenten von H. H. STOREY an *Cicadulina mbila*, welche ein für die Maispflanze pathogenes Virus („Zea Virus 2" nach K. M. SMITH) überträgt. Wohl war die Versuchsanordnung und im allgemeinen auch das Ergebnis das gleiche. Während sich aber in dem von MERRILL und TEN BROECK untersuchten Fall ein und dasselbe Insekt gegen zwei Stämme von equiner Encephalomyelitis verschieden verhielt, waren es bei H. H. STOREY zwei Rassen des Überträgers, welche die Differenz gegenüber einem identischen Virus zeigten. Diese beiden Kombinationen sind natürlich nicht ohne weiteres als adäquat zu betrachten. Es ist ferner fraglich, ob das Anstechen des Abdomens bei der Cicadulina wie bei der Aëdes nur dadurch wirkt, daß es eine Kommunikation zwischen dem Lumen des Magen-Darmkanales und der Leibeshöhle herstellt oder daß (bei der anderen Versuchsanordnung) das Virus direkt in die Leibeshöhle gebracht wird. Gewebstraumen begünstigen gerade bei experimentellen Virusinfektionen oft genug die Haftung des Agens.

Bei STOREY findet sich ferner noch die Angabe, daß jene Cicadulinen, welche nicht als Überträger fungieren können, das aufgenommene Virus mit den Fäzes ausscheiden, was bei den übertragenden („aktiven") Rassen der *Cicadulina mbila* nicht der Fall ist. Auch dies wird als Beweis angesehen, daß die Übertragung nur möglich ist, wenn das Virus aus dem Lumen des Magen-Darmkanales in die Leibeshöhle auswandern kann. Wenn man sich aber diese Passage als rein mechanischen Vorgang vorstellt, ist es nicht leicht zu verstehen, daß er so restlos abläuft, daß die Faeces virusfrei werden.

Die Erforschung der Vorgänge im übertragenden Insekt ist im Bereiche der Viruskrankheiten mit besonderen Schwierigkeiten verbunden, welche sich auf die Fragestellung, auf die experimentelle Methodik und auf die Beurteilung der erzielten Resultate erstrecken. Eine morphologische Kontrolle ist bisher nicht möglich gewesen, weder durch den Nachweis von Viruselementen (Elementarkörperchen) noch durch Befunde von Zelleinschlüssen[1] in den übertragenden Arthropoden. Die zitierten Arbeiten zeigen aber, daß es doch möglich ist, auch in dieses Gebiet einzudringen; und was bisher zutage gefördert werden konnte, läßt keinen Zweifel bestehen, daß die hier zu lösenden Aufgaben selbst in der an biologischen Problemen so reichen Virusforschung einen hohen Rang einnehmen.

Kontaktinfektionen.

Wie schon eingangs betont wurde, sind die Mittel, deren sich die Natur bedient, um die dauernde Erhaltung der Virusarten in homogenen oder heterogenen Infektketten zu gewährleisten, so mannigfaltig wie bei anderen Infektionsstoffen oder — allgemeiner ausgedrückt — wie bei Parasiten der verschiedenartigsten Organisationsstufen. Sie sind zum Teil auch sehr eigenartig, wie z. B. bei der Lyssa, die eine Infektion des zentralen und peripheren Nervensystems ist, die aber unter natürlichen Verhältnissen durch die Bisse verbreitet wird, welche sich tollwütige Hunde beibringen; die Lokalisation des Virus in den Speicheldrüsen und die durch die Erkrankung des Zentralnervensystems bedingte Beißsucht der Caniden sind als *„fremddienliche" Reaktionen* zu betrachten, da sie nicht dem Wirte, sondern dem Parasiten zugute kommen, und gehören biologisch in die gleiche Kategorie wie die Cecidien (Gallen), welche höhere Pflanzen zum Schutze der Larven von Cynips-Arten in oft hochdifferenzierter und gesetzmäßig fixierter Form entwickeln. Es sollen aber nur die für Virusarten charakteristischen Ge-

---

[1] In den Zellen der Speicheldrüsen von *Macropsis trimaculata*, welche eine Krankheit der Pfirsichbäume überträgt, hat A. HARTZELL einschlußartige Gebilde beobachtet, welche eine entfernte Ähnlichkeit mit den in der erkrankten Wirtspflanze auftretenden Einschlüssen aufweisen; nach der Angabe von HARTZELL fehlen sie in den Speicheldrüsen der nicht-infizierten Macropsis [cit. nach K. M. SMITH (*2*)]. Da die Speicheldrüsen der virusführenden Zikaden auch sonst Veränderungen erkennen lassen, würden diese Organe nicht als bloße Durchzugsstationen zu betrachten sein, sondern als zweckmäßige Lokalisationen bzw. Metastasen des spezifischen Prozesses im Überträger und wären im gewissen Sinne der Erhaltung des Virus in ähnlicher Weise dienstbar gemacht wie die Infektionen der Speicheldrüsen bei der Lyssa. Implicite besagt natürlich diese Auffassung, daß in der Zikade Macropsis nicht nur eine Wanderung, sondern eine mit pathogener Auswirkung einhergehende Vermehrung stattfindet.

sichtspunkte herausgearbeitet werden, und dieses Programm erfordert nur mehr die Besprechung von zwei Phänomenen. Das erste ist die *Kontagiosität der Viruskrankheiten*, das zweite der okkulte Übertragungsmodus.

In prinzipieller Hinsicht sei bemerkt, daß man bei der Einschätzung der Kontagiosität nicht nur die manifesten Erkrankungen, sondern auch die latenten Infektionen zu berücksichtigen hat [R. DOERR (*2*)]. Tut man das nicht, so kommt man unter Umständen zu falschen Aussagen wie z. B. bei der Poliomyelitis acuta anterior. Einfacher zu beurteilen sind aber selbstverständlich jene Infektionen, welche — wenigstens als Erstinfektionen — so gut wie immer mit ausgeprägten klinischen Symptomen einhergehen, und in dieser Gruppe stoßen wir auf Prozesse von extrem ansteckendem Charakter. Es genügt, als Beispiele die Variola, die Varicellen, die Masern, die pustulöse Dermatitis der Schafe (R. E. GLOVER), die Maul- und Klauenseuche, die Hundestaupe, die Infektion der Frettchen mit Influenzavirus anzuführen.

Die Kontagiosität einer Infektion ist zunächst an die selbstverständliche Voraussetzung gebunden, daß der Erreger in genügender Menge und in aktivem Zustande aus dem Wirtsorganismus in die Außenwelt gelangt und daß seine Haftung an gesunden Individuen der Umgebung nicht durch besondere Umstände erschwert wird, z. B. durch eine schwer zugängliche Eintrittspforte, durch die Notwendigkeit von Gewebsverletzungen oder durch eine in der betreffenden Wirtspopulation weit verbreitete Immunität infolge von manifester oder latenter Durchseuchung. Außerdem ist aber noch eine spezielle Eigenschaft der Erreger maßgebend, die auch im neueren Schrifttum fälschlich als „*Virulenz*" bezeichnet wird. Fälschlich, da jeder Versuch, die Virulenz zu definieren, sofort zur Aufspaltung in zwei miteinander unrechtmäßig verschweißte Begriffe führt, nämlich in die *Infektiosität*, d. h. die Fähigkeit, sich im lebenden Gewebe eines Wirtes anzusiedeln und zu vermehren, mit einem Wort, zu parasitieren, und die *Pathogenität*, worunter man das Vermögen versteht, durch das Parasitieren krankhafte Reaktionen des Wirtes auszulösen [R. DOERR (*2*)]. Diese beiden biologischen Energien des Erregers sind voneinander verschieden und können daher auch dissoziieren. Es gibt Erreger von maximaler Infektiosität und geringer bis minimaler Pathogenität (Masern, Pappatacifieber usw.), und in der Form der latenten (subklinischen) Infektion tritt die Infektiosität sogar rein in Erscheinung. *Die Kontagiosität wird nur durch den Grad der Infektiosität, nicht aber durch das Maß der Pathogenität bestimmt.*

Wir können allerdings nicht angeben, aus welchen Einzelfaktoren sich die Infektiosität aufbaut. Genetisch muß sie naturgemäß ein Ausdruck des Grades sein, bis zu welchem die Anpassung des Erregers d. h. des Parasiten an seinen Wirt gediehen ist. Man vermag aber bei dem jetzigen Stande der Kenntnisse nicht, diesen Anpassungszustand, der wahrscheinlich sehr kompliziert ist, zu analysieren. Die quantitative Bestimmung der Infektiosität und daher auch der Kontagiosität erfolgt unter diesen Umständen auf Grund der epidemiologischen Beobachtung, also rein empirisch. Experimentelle Untersuchungen werden nur dann Aufschlüsse liefern, wenn der natürliche Übertragungsmodus so weit als möglich nachgeahmt wird, und dieser besteht bei den *kontagiösen* Krankheiten definitionsgemäß *in einer Berührung, d. h. in dem Auftreffen des Erregers auf die unverletzte Haut oder auf unverletzte Schleimhäute.* Injektionen scheiden somit a limine aus. Verfütterungen, Inhalationen oder die in den letzten Jahren in größtem Umfange benutzten intranasalen Instillationen entsprechen dem Zweck eher, obzwar sie sich von den für die natürliche Ansteckung maßgebenden Verhältnissen zweifellos noch sehr weit entfernen.

Die Übertragung durch reine Kontakte der Erreger mit unverletzten, von außen zugänglichen Flächen stellt für alle in Betracht kommenden Infektionsstoffe ein ebenso wichtiges als schwieriges Problem dar; ein wichtiges, weil vom ersten Verhalten der Keime am Orte des Kontakts das Zustandekommen der Infektion abhängt, und ein schwieriges, weil gerade über diese Vorgänge nichts Sicheres bekannt ist und weil sogar rein hypothetische Erklärungen nicht zu befriedigen vermögen. Es ist nämlich keine bestimmte Aussage möglich, wie man sich den eigentlichen Penetrations- oder Invasionsprozeß, das „Eindringen“ der auf Oberflächen auftreffenden Keime in das Innere der Gewebe vorzustellen hat (R. DOERR). „Physiologische Eintrittspforten“ sind zwar in den die Oberflächen deckenden Zellagen vorhanden (Ausführungsgänge von Drüsen, Stomata, durch Desquamation entstehende minimale Defekte);[1] zur Verlagerung von der Oberfläche in die Tiefe der Gewebe sind aber „treibende Kräfte“ erforderlich und darüber können wir nur Vermutungen äußern [R. DOERR (*2*)]. Das gilt in besonderem Grade für die Kontaktinfektionen durch virusartige Agenzien, 1. weil diese, gleichgültig ob man sie als lebende Organismen auffassen will oder nicht, keine Eigenbeweglichkeit besitzen können; 2. weil sich viele Virusarten, nach den Auffassungen der meisten Autoren sogar alle, nur im Innern von Wirtszellen vermehren können, so daß der „Wachstumsdruck“ (das Einwachsen in physiologische Eintrittspforten) als treibende Kraft nicht in Betracht kommen könnte, und 3. weil zahlreiche Virusarten durch spezielle Organotropien ausgezeichnet sind, kraft welcher sie sich nur in bestimmten Wirtsgeweben anzusiedeln vermögen, welche bei reinen Kontakten anscheinend nicht direkt getroffen werden können.

Diese Unsicherheit über den Mechanismus der Kontaktinfektionen durch Virusarten findet einen Ausdruck in verschiedenen Hypothesen und Diskussionen. So wurde z. B. von DUGGAR und JOHNSON behauptet, daß man Tabakpflanzen infizieren kann, wenn man auf ihre Blätter virushaltiges Material (sog. Tabak-Virus I) fein verspraγt; das Virus sollte durch die Stomata eindringen. Diese Ergebnisse wurden von KENNETH SMITH (Besprayung von Tabakpflanzen mit Kartoffelvirus X und Tabak-Necrosevirus) bestätigt, während J. CALDWELL (*2*) sowie F. M. L. SHEFFIELD (cit. nach CALDWELL) völlig negative Resultate erzielten, falls jede Verletzung der Pflanzen, mochte sie auch noch so geringfügig sein, vermieden wurde. JOHN CALDWELL hält es — auch auf Grund anderer Versuchsanordnungen — für erwiesen, daß das Virus in unbeschädigte Zellen oder, wie er sich an einer Stelle ausdrückt, in den „unbroken protoplast“ nicht einzudringen vermag, gleichgültig, ob es sich um die Blätter oder um die Wurzeln der Pflanzen handelt; die Ausbreitung in der bereits infizierten Pflanze erfolgt nach CALDWELL und anderen Autoren auch nicht durch stets erneutes „Eindringen“ in bisher noch freie Zellen, sondern durch Fortschreiten in den Plasmabrücken (Plasmodesmen), welche die Zellen untereinander verbinden, also gewissermaßen in einem syncytialen Continuum. K. M. SMITH meint, daß das leichte Eindringen durch

[1] LOW und FAIRLEY haben über eigene und fremde Beobachtungen berichtet, denen zufolge Menschen an Gelbfieber erkranken können, wenn virushaltiges Blut von Patienten oder von infizierten Affen auf die *unverletzte* Haut gelangt. R. BIELING meint, daß sich dies durch die besondere Kleinheit des Gelbfieberkeimes erkläre. Davon kann aber keine Rede sein. Man hat vielmehr daran zu denken, daß in diesen Fällen kleinste, nicht beachtete oder nicht mit freiem Auge sichtbare Verletzungen die kutane Infektion vermittelten. Eintrocknen von Menschenblut oder Tierblut erzeugt auf der menschlichen Haut eigentümliche Reaktionen (siehe R. RÖSSLE), welche als Eintrittspforten fungieren können. Ich selbst sah multiple primäre Milzbrandinfektionen bei einem Metzger, welcher die Notschlachtung eines milzbrandkranken Rindes vorgenommen hatte; sie entwickelten sich an jenen Stellen der Vorderarme, auf welchen Blutspritzer angetrocknet waren, während die Hände, die nur mit feuchtem Blut in Kontakt waren und nach der Schlachtung gewaschen wurden, freiblieben.

die Stomata der Blätter die Verbreitung der Viruskrankheiten der Pflanzen erklären könnte, wenn sich ein übertragendes Insekt nicht ausfindig machen läßt. Dieser Gesichtspunkt wäre auch mit der Ansicht von CALDWELL vereinbar, falls eben *minimalste* Läsionen der Blätter (Abbrechen von Trichomen, Verletzungen der Epidermis) oder der Wurzeln als Eintrittspforten genügen; das scheint auch im allgemeinen, aber nicht durchwegs der Fall zu sein (siehe KENNETH M. SMITH).

Eine Sonderstellung in der Reihe der Probleme des infektiösen Kontaktes beansprucht das Verhältnis *der Phagen zu den Bakterien.* Eine Vermehrung der Phagen tritt im allgemeinen nur in proliferierenden Bakterienkulturen ein (vgl. H. MUNTER sowie R. DOERR), und da die Bakterien hierbei Veränderungen erleiden, müssen die Phagenelemente, welche man einer Kultur zusetzt, mit den Bakterien in Wechselwirkung, also vorerst in räumlichen Kontakt treten. Dieser Kontakt wird als Anlagerung an die Oberfläche vorgestellt, u. zw. als spezifische Adsorption d. h. als ein chemisch-physikalischer Vorgang; denn die Bindung der Phagen erfolgt leicht und in großem Ausmaße auch an *abgetötete* Bakterien, falls diese einem phagenempfindlichen Stamm angehören. Es wird angenommen, daß diese spezifische Bindung einerseits durch Atomgruppen auf der Oberfläche der Phagen (die sog. „B-Rezeptoren"), andererseits durch Stoffe der Bakterienoberfläche (vermutlich durch die spezifischen Polysaccharide derselben) vermittelt wird (siehe BURNET, KEOGH und LUSH, l. c., S. 265), welche aneinander durch analoge Affinitäten gekettet werden wie die Antigene an ihre Antikörper. Setzt man die Phagen lebenden lysosensiblen Bakterien zu, so muß sich natürlich derselbe Prozeß abspielen. Was sich daran anschließt, um die Vermehrung der Phagen und schließlich die Lyse der Bakterien zu bewirken und ob insbesondere die Phagen in das Innere der sich teilenden Bakterien eindringen bzw. aufgenommen werden, mag dahingestellt bleiben; jedenfalls wären diese Ereignisse sekundär und würden, wie immer sie beschaffen sind, nichts an der Tatsache ändern, daß die Berührung der Phagen mit den Bakterien, also gewissermaßen das primäre Haften der Infektion, nicht dem zufälligen Zusammentreffen überlassen ist, sondern durch gegenseitige Anziehung herbeigeführt wird. Immerhin eigenartig, wenn man die Phagen als Organismen auffaßt, welche in Bakterien parasitieren.

Die Kontagiosität einer Infektion ist nicht nur vom Erreger, sondern in einer noch nicht aufgeklärten Weise auch vom Wirt abhängig. So kann eine große Zahl von Infektionskrankheiten von warmblütigen Tieren auf den Menschen übertragen werden; von den erstinfizierten Menschen gehen aber meist keine Ansteckungen anderer Menschen aus, die Abzweigungen der tierischen Infektketten auf den Menschen enden in der Regel schon im ersten, selten erst im zweiten Passagegliede blind [siehe R. DOERR (*2*)]. Nur in wenigen derartigen Fällen läßt sich außer dem Wirtswechsel noch ein anderer Umstand verantwortlich machen, wie z. B. ein besonderer, für die Verbreitung von Mensch zu Mensch nicht in Betracht kommender Übertragungsmodus (Bißverletzung bei der Lyssa und bei der Rattenbißkrankheit). Die Psittacose, die allgemein zu den Viruskrankheiten gerechnet wird, ist hochkontagiös für Papageienarten und wird auch leicht von infizierten Papageien auf Menschen übertragen; Ansteckungen von Mensch zu Mensch kommen wohl vor (siehe HEGLER, J. VIEUCHANGE u. a.), sind aber selten, speziell wenn man berücksichtigt, daß sich an die Erkrankung des Menschen ein längeres Ausscheidertum anschließen kann und daß auch abortive oder latente Infektionen beim Menschen beobachtet wurden (F. GERLACH), Umstände, welche die Verbreitung von Mensch zu Mensch begünstigen sollten.

Mit einem Wirtswechsel ursächlich verknüpft ist ferner die Transformierung der hochkontagiösen Variola in die nicht-kontagiöse Vaccineinfektion des Menschen. Es kann dies nicht darauf beruhen, daß die Pustelbildung bei der

Vaccine auf die Impfstelle beschränkt ist. Denn die Impfpustel enthält eben doch reichlich übertragbares Virus und die Vaccineinfektion ist nicht als ein lokalisierter Prozeß, sondern als eine Allgemeininfektion aufzufassen (A. GINS). Die Generalisierung des Vaccinevirus erfolgt nach GINS (*2*) „symptomlos", d. h. bevor noch an der Impfstelle Reaktionserscheinungen auftreten, und das Virus wird nicht nur von den Impfpusteln ausgeschieden, sondern auch (u. zw. schon nach drei Tagen) an den Tonsillen (GINS, HACKENTHAL und KAMENTZEWA), so daß die Möglichkeit von Tröpfcheninfektionen nicht in Abrede gestellt werden kann. Der Verlust der Kontagiosität ist insofern irreversibel, als die fortgesetzte Menschenpassage — wie man aus der Zeit der Impfungen mit humanisierter Lymphe weiß — nicht imstande ist, den ansteckenden Charakter der Variola wieder in Erscheinung treten zu lassen.

Nun kennt man eine spontan und zuweilen in größeren Ausbrüchen auftretende Kaninchenkrankheit, welche wegen ihrer großen Ähnlichkeit mit der Variola als „*Kaninchenpocken (rabbit pox)*" bezeichnet wird. Eine gute Übersicht über die Untersuchungen, welche sich mit dieser Seuche beschäftigten, gibt neuerdings O. SEIFRIED (l. c., S. 98). Aus der Literatur geht hervor, daß diese Infektion zweifellos hochkontagiös ist, aber nur für Kaninchen; Berichte über natürliche Ansteckungen anderer Tiere liegen wenigstens bisher nicht vor, obwohl experimentelle Übertragungen auf Meerschweinchen, Ratten, Mäuse und Kälber möglich sind, auch durch cutane, intradermale und conjunctivale Impfungen, also durch Übertragungsarten, welche für natürliche Verhältnisse in Betracht kommen können. Das ätiologische Agens steht dem Vaccinevirus sehr nahe; eine komplette Identität wollen jedoch CH'UAN-K'UEI HU, ROSAHN und PEARCE nicht zugeben, weil sich bei umfangreichen Prüfungen der immunologischen Verhältnisse verschiedene (hauptsächlich graduelle) Differenzen ergaben. Das genetische Verhältnis des Kaninchenpockenvirus zur Vaccine erscheint aber trotz des experimentellen Arbeitsaufwandes nicht genügend geklärt. Insbesondere ist die prinzipiell außerordentlich wichtige Frage nicht entschieden, ob sich das Vaccinevirus durch weitgetriebene Anpassung an den Kaninchenorganismus nicht in das kontagiöse Kaninchenpockenvirus umwandeln kann.

Französische Autoren [NICOLAU und KOPCIOWSKA (*1*), LEVADITI und VOET] stehen allerdings auf dem Standpunkt, daß zwar aus der Vaccine durch langsame oder sprunghafte (mutative) Änderung eine Lapine (bzw. Neurolapine) hervorgehen kann, nicht aber das Virus der Rabbit Pox, die als eine spontane Epizootie mit unbekannter Vorgeschichte aufzufassen wäre. Es ist aber auffallend, daß die Rabbit Pox gerade in den Kaninchenbeständen mikrobiologischer Forschungsinstitute beobachtet wurden und daß dem Auftreten der Seuche zwar nicht immer, aber doch in manchen Fällen Arbeiten an Kaninchen mit Vaccine, Lapine oder Neurolapine vorausgingen. GREENE (*1, 2*) hat auf Grund solcher Feststellungen anläßlich einer ausgedehnten Epizootie unter den Kaninchen des Rockefeller-Institutes den Schluß gezogen, daß die Krankheit zuerst unter den mit Vaccinevirus geimpften Kaninchen auftrat und von diesen aus hauptsächlich durch Tierwärter in dem ganzen Bestand ausgebreitet wurde.

Ich selbst habe jahrzehntelang in verschiedenen Ländern und Laboratorien Versuche an Kaninchen von verschiedenem Alter und verschiedener Rasse ausgeführt und nie eine Epizootie von Kaninchenpocken gesehen. Vor kurzem wurden aber Untersuchungen mit zwei Vaccinestämmen aufgenommen (einer Vaccine aus Bern und einer Neurolapine aus Berlin) und nun traten „spontane" Pockenerkrankungen auf, merkwürdigerweise hauptsächlich bei Tieren, die zwecks Gewinnung von Virus III nach dem Verfahren von RIVERS mit irgendwelchen nicht-infektiösen Stoffen (Normalkaninchenblut, Menschenserum) intratestikulär geimpft worden waren. Die Analyse dieser Bobachtungen wurde noch nicht durchgeführt. Vaccinevirus besitzt eine bedeutende Variabilität und man kann es a priori nicht in Abrede stellen, daß auch andere Abänderungen als die in Lapine oder Neurolapine möglich sind. Dies um so weniger, als die Faktoren, welche für die letztgenannten Umformungen maßgebend sind, nur zum Teile ermittelt wurden. So haben M. BEATTIE und A. POTTER berichtet, daß die Gewinnung einer Neurolapine nicht mit allen Stämmen gelingt, und ich verfüge gleichfalls über derartige negative Resultate.

Okkulter Übertragungsmodus.

Der natürliche Übertragungsmodus ist für eine sehr große Zahl von Viruskrankheiten nicht bekannt. Dies kann natürlich verschiedene Ursachen haben, und es ist im Einzelfall nicht leicht zu entscheiden, welche der möglichen Erklärungen tatsächlich zutrifft. Ohne auf eine erschöpfende Darstellung des ziemlich umfangreichen Themas Anspruch zu erheben, sollen hier die wichtigsten Kombinationen systematisch geordnet und kurz diskutiert werden.

A. *Die Krankheit, um die es sich handelt, ist nicht übertragbar oder es kann kein überzeugender Beweis geliefert werden, daß sie übertragbar ist.* Da in der Definition des Virusbegriffes als eines Infektionsstoffes das Kriterium der Übertragbarkeit implicite enthalten ist [R. DOERR (*2*)], kann in solchen Fällen die Virusätiologie und damit auch der infektiöse Charakter des Prozesses zweifelhaft werden. In diese Gruppe gehören mehrere Formen von Encephalomyelitis des Menschen: die Encephalitis lethargica s. epidemica (V. ECONOMO), die akute disseminierte Encephalomyelitis (WESTPHAL), die Encephalomyelitiden im Gefolge gewisser Virusinfektionen (Vaccination, Masern, Varicellen, Variola u. a.). Fragt man sich, ob für solche pathologische Zustände überhaupt eine andere als eine infektiöse Ursache in Betracht kommen kann, so muß die Antwort im Hinblick auf die toxischen Encephalitiden, die man bei Menschen und Versuchstieren beobachtet hat, bejahend lauten; die von A. FUCHS beschriebene Guanidinencephalitis, die Braunsteinencephalitis (LEWY und TIEFENBACH, H. STADLER) und vor allem die Cicutoxinencephalitis (ADELHEIM, AMSLER, NICOLAJEV und RENTZ) seien als Beispiele genannt.

Ferner ist die HODGKINsche Krankheit (die Bezeichnung „Lymphogranulomatose“ kann zu Verwechslungen mit dem Lymphogranuloma inguinale Anlaß geben) in diese Kategorie einzureihen. Zwar kann man durch intracerebrale Impfungen mit dem erkrankten Gewebe bei Kaninchen und Meerschweinchen eine meist letal ablaufende Erkrankung erzeugen (sog. „GORDON-Test“), aber die Versuche, auch nur eine einzige weitere intracerebrale Tierpassage zu erzielen, haben durchwegs negative Resultate geliefert, so daß man nicht mit Sicherheit behaupten kann, daß der GORDON-Test auf einer Viruswirkung beruht, daher auch nicht, daß die HODGKINsche Krankheit ein infektiöser (übertragbarer) Prozeß ist.

B. Die Krankheit ist experimentell übertragbar und die epidemiologischen Beobachtungen sprechen *dafür*, daß die spontane Ausbreitung in Form von homogenen oder heterogenen Infektketten (siehe R. DOERR, l. c., S. 85) erfolgt; der natürliche Übertragungsmodus ist aber nicht oder nicht sicher bekannt, so daß bis zur Klärung des Sachverhaltes nur eine ausfüllbare Wissenslücke vorliegt. Diese Kennzeichnung paßt u. a. auf die Poliomyelitis acuta anterior, die Encephalitis von ST. LOUIS, die japanische Encephalitis (R. INADA u. a.), auf das Busch-Gelbfieber (A. W. BURKE, F. L. SOPER, A. M. WALCOTT und Mitarbeiter), auf die Hühnerpest (vgl. HALLAUER und SEIDENBERG) und auf eine Reihe von Viruskrankheiten der Pflanzen [siehe KENNETH M. SMITH (*1*, *2*)].

C. Die Krankheit ist experimentell übertragbar, aber die epidemiologischen Beobachtungen sprechen *dagegen*, daß die Ausbreitung unter natürlichen Bedingungen durch Übertragung des spezifischen Virus von infizierten auf nicht-infizierte Individuen vermittelt wird. Zu dieser Gruppe hat man in erster Instanz den Herpes febrilis zu zählen, sodann die zellfrei übertragbaren Tumoren (Roussarkome der Hühner) und gewisse Virusinfektionen der Pflanzen (KENNETH M. SMITH). Diese Fälle bieten theoretisch das größte Interesse; warum, geht aus den ausführlichen Darlegungen im 1. Abschnitt dieses Handbuches hervor und braucht hier nicht wiederholt zu werden. Im 1. Abschnitt wurden auch die Beziehungen zu den auf unspezifischem Weg experimentell erzeugten Viruskrankheiten behandelt. Ergänzend sei nur betont, daß — wie schon sub B ausgeführt wurde — die Unkenntnis des natürlichen Übertragungsmodus kein hinreichender Beweis ist, daß die Ausbreitung einer Viruskrankheit nicht auf Übertragungen beruht; es müssen noch andere Argumente hinzukommen, um eine derartige Aussage zu rechtfertigen, und der Wert derselben ist nicht immer der gleiche.

So zitiert KENNETH M. SMITH den Fall des „Solanum Virus 7", welche in sämtlichen Pflanzen der Kartoffelrasse „King Edward" vorhanden ist, ohne Symptome hervorzurufen. Experimentell kann dieses Virus auf andere Kartoffelrassen, für welche es pathogen ist, *nur durch Tropfung* übertragen werden, und eine natürliche Ausbreitung im freien Feld wurde bisher *nie* beobachtet. Die Zuordnung zu Gruppe C ist hier berechtigt. Anders liegt die Sache bei der infektiösen Myxomatose des Kaninchens. Die Krankheit tritt unter den Kaninchen Südamerikas seuchenhaft auf und läßt sich experimentell außerordentlich leicht (z. B. schon durch Einreiben der Conjunctiva mit einem Stückchen myxomatösen Gewebes) erzeugen. Beobachtungen über eine natürliche Ansteckung liegen zwar nicht vor (cit. nach O. SEIFRIED) und SPLENDORE konnte keine Infektion erzielen, wenn er gesunde Kaninchen in Käfigen hielt, in welchen vorher infizierte Tiere untergebracht waren. Aus den Angaben von SPLENDORE läßt sich jedoch überhaupt kein Schluß ziehen, und wie schwierig es sein kann, den natürlichen Ansteckungsmodus durch die Beobachtung, auch unter Zuhilfenahme des Experiments zu ermitteln, lehrt das Beispiel der Hühnerpest (C. HALLAUER und S. SEIDENBERG, woselbst die einschlägige Literatur).

B. Experimentelle Übertragungen.

Für die experimentelle Übertragung tierpathogener Virusarten gelten im allgemeinen dieselben Regeln wie für andere Infektionsstoffe (siehe E. FRIEDBERGER und F. SCHIFF, HABERLAND). Es gibt aber einige Methoden, welche für die Erforschung der Virusinfektionen besondere Bedeutung erlangt haben; sie sollen hier kurz besprochen werden.

1. Die intracerebrale Impfung.

Im Mai 1881 teilte PASTEUR (in Gemeinschaft mit CHAMBERLAND, ROUX und THUILLIER) mit, daß man bei Hunden durch direkte Einimpfung von virushaltigem Material (Hirnsubstanz tollwütiger Hunde) die Lyssa erzeugen könne. Er hob ausdrücklich hervor, daß die auf diese Weise hervorgerufene Erkrankung teils das Bild der stillen, teils jenes der rasenden Wut zeige, der beiden Formen, in denen sich auch die natürliche Infektion des Hundes äußert; er hielt also jedenfalls diese Identität nicht für selbstverständlich und bekundete so ein Maß von Kritik, das man in mancher neueren Arbeit vermißt. Als Vorzüge der intracerebralen Inokulation des Lyssavirus gegenüber anderen experimentellen Übertragungsarten hob PASTEUR die außerordentlich sichere Wirksamkeit und die ganz erheblich abgekürzte Inkubation der Impfkrankheit hervor. PASTEUR sah darin nicht einfach eine Verbesserung der Versuchstechnik, sondern wußte, daß er mit der neuen Methode den Schlüssel der Lyssaforschung gefunden hatte.

In der Tat hat sich die intracerebrale Übertragung als ungewöhnlich fruchtbar erwiesen, zunächst bei der Lyssa, dann bei anderen mehr oder minder streng neurotropen Virusarten. Ihr Anwendungsgebiet ist schließlich über die Idee, welche Pasteur leitete, hinausgewachsen. Schon vor Pasteur hatte Galtier (cit. nach Pasteur) die Frage aufgeworfen, woher das Virus stammt, das man im Speichel des tollwütigen Hundes findet, und da die Symptome der Lyssa auf eine Erkrankung des Zentralnervensystems hindeuten, dachte er in erster Linie an das Gehirn als mögliche Stätte der Virusvermehrung. Pasteur hat diese Annahme als richtig erkannt und durch seine vollkommenere Methode bewiesen. In der Folgezeit hielt man sich nicht mehr an dieses Leitmotiv. Die intracerebrale Impfung wird gegenwärtig bei allen tierpathogenen Virusarten ausgeführt, ohne auf die Affinität zum Zentralnervensystem besondere Rücksicht zu nehmen; so wie alle anderen Einverleibungsarten wird eben auch die intracerebrale rein schematisch erprobt, so daß an die Stelle eines von rationaler Fragestellung ausgehenden Experiments der Empirismus getreten ist.

Auch in dieser Form hat die intracerebrale Impfung eine — a priori ganz unwahrscheinliche — Ausbeute von neuen Erkenntnissen geliefert, sie hat sich, wenn man das in solchem Falle sagen darf, als heuristisches Prinzip bewährt. Max Theiler konnte 1930 das Gelbfiebervirus intracerebral auf weiße Mäuse übertragen und in Hirnpassagen fortführen, was sich in theoretischer wie in praktischer Hinsicht als außerordentlich wichtig erwies, Doerr, Seidenberg und Whitman (1931) wendeten dieselbe Versuchsanordnung mit Erfolg auf das Hühnerpestvirus an, auf empirischem Wege wurde die Möglichkeit einer einmaligen cerebralen Übertragung des Speicheldrüsenvirus der Meerschweinchen (R. Cole und A. Kuttner) sowie der Gordontest bei der Hodgkinschen Krankheit (M. H. Gordon) gefunden, durch intracerebrale Injektion von steriler Bouillon vermochte E. Traub (1936) die latente Infektion weißer Mäuse mit dem Virus der lymphocytären Choriomeningitis in eine manifeste Erkrankung zu verwandeln usw. Es ist aber selbstverständlich, daß sich die intracerebrale Impfung nicht nur durch solche, bis zu einem gewissen Grade zufällige Ergebnisse ausweisen kann, sondern daß sie sich auch in ihrem naturgemäßen Aktionsradius, bei der Untersuchung der Virusinfektionen des Nervensystems bewährt hat. So läßt sich das Phänomen der „*Konkurrenz homologer Virusinfektionen im Zentralnervensystem*" (Fl. Magrassi) überhaupt nur nachweisen, wenn man auf eine periphere Infektion (mit Herpesvirus) eine *intracerebrale* Inokulation folgen läßt [Fl. Magrassi (*2*), Doerr und S. Seidenberg (*1*)].

Die intracerebrale Übertragung hat jedoch die Virusforschung nicht nur durch eine Fülle von Resultaten bereichert, welche sich in den Rahmen der bestehenden Auffassungen einordnen ließen, sie hat auch neue Probleme gezeitigt. Es ist bis heute nicht aufgeklärt, warum Kaninchen oder Meerschweinchen unter dem Zeichen einer Meningoencephalitis verenden, wenn man sie intracerebral mit zerriebenem Material der Lymphadenome eines Hodgkinfalles impft, und warum der Versuch eine weitere Tierpassage anzulegen regelmäßig scheitert (M. H. Gordon u. a.). Man kann nur darauf hinweisen, daß das Speicheldrüsenvirus bei der intracerebralen Verimpfung auf empfängliche Meerschweinchen das gleiche Verhalten zeigt (Cole und Kuttner) und daß eine analoge Beobachtung auch beim Herpesvirus bekannt ist. Tauben lassen sich mit herpesvirushaltigem Kaninchenhirn durch intracerebrale Impfung erfolgreich infizieren; das Gehirn der an Encephalitis verendeten Tauben kann intracerebral auf Kaninchen und auf Meerschweinchen, aber nie auf weitere Tauben übertragen werden (Remlinger und Bailly). Die Taube ist jedoch für Herpesvirus nur in sehr geringem Grade empfänglich und kann überhaupt nur intracerebral infiziert werden, während das Meerschweinchen der natürliche Wirt des Speicheldrüsenvirus und gleichzeitig die einzige empfängliche Warmblüterspezies ist, so daß die Verhältnisse doch in beiden Fällen als verschieden zu betrachten wären.

Die Fehlerquellen, welche dem intracerebralen Übertragungsmodus naturgemäß anhaften, werden im allgemeinen wenig beachtet. Zunächst ist das *Trauma* zu nennen, das sich je nach der speziellen Technik und der Größe des Versuchstieres sehr verschieden auswirken kann; die Durchbrechung der Bluthirnschranken, ev. Injektionen in die Hirnventrikel, Verletzungen wichtiger Zentren, Reizwirkungen des virushaltigen Materials können das beabsichtigte Resultat vortäuschen, beeinflussen oder verschleiern. Zweitens kommen akzidentelle Infektionen in Betracht, wobei man nicht bloß an Bakterien, sondern auch an Virusarten zu denken hat, die nicht nur als unbekannte Faktoren im Injektionsgut vorhanden sein, sondern auch in latenter Form im Versuchstier stecken können (E. TRAUB).

Was hier alles eine Rolle spielen kann, lehrt die Feststellung von E. GILDEMEISTER, daß eine Emulsion von normalem Kaninchenhirn, ja auch Serum oder Kochsalzlösung akut toxische Eigenschaften annimmt, wenn man sie in Glaskolben mit Glasperlen genügend lange kräftig schüttelt; solche Flüssigkeiten erzeugen (infolge ihres Gehaltes an Glassplittern und Kieselsäureverbindungen) beim Kaninchen intracerebral injiziert heftige Krämpfe, die häufig in wenigen Stunden zum Exitus führen. GILDEMEISTER und HEUER vermochten zu zeigen, daß die von ALDERSHOFF und PONDMAN beschriebene „Neurozidinwirkung" auf diesem Effekt beruhte.

In der Regel sucht man — von den bakteriologischen Sterilitätskontrollen abgesehen, die immer angestellt werden sollten — zufällige Fälschungen der Ergebnisse durch eine entsprechend große Zahl von Einzelversuchen auszuschalten. Ein gewisser Schutz, namentlich gegen die irrige Deutung unbeabsichtigter Folgen des Hirntraumas läßt sich auf diese Weise tatsächlich erreichen. Ist das Resultat irgendwie zweifelhaft, so muß man sich die erforderlichen Garantien durch Rückübertragungen (Nachweis der Virusvermehrung im Zentralnervensystem) und durch histologische Untersuchungen verschaffen.

2. Die intraneurale Injektion und ihre Varianten.

Über die Vorgeschichte dieser Methode findet man die nötigen Daten bei J. J. ABEL, EVANS, HAMPIL und LEE (l. c., S. 88). Darnach wurden intraneurale Injektionen schon 1867 von v. BEZOLD und HIRT ausgeführt. Diese Autoren spritzten Veratrin in den Ischiadicus von Fröschen und folgerten aus ihren Versuchen, daß sich das so einverleibte Alkaloid im Nerven zentripetal fortbewege und in kurzer Zeit das Rückenmark erreiche. In die Virusforschung wurde das Verfahren 1887 von DI VESTEA und ZAGARI eingeführt, u. zw. bei der Lyssa, wobei ebenfalls die Annahme einer zentripetalen Wanderung maßgebend war; nur handelte es sich nicht mehr wie bei BEZOLD und HIRT um ein Gift, sondern um ein infektiöses d. h. im Körper des Versuchstieres vermehrungsfähiges Agens. Nach beiden Richtungen hin wurde die intraneurale Injektion in der experimentellen Mikrobiologie weiter verwendet, für das neurotrope Tetanustoxin von CARLO und RATTONE, TIZZONI und CATTANI, H. HORST-MEYER und RANSOM u. v. a. und auf der anderen Seite für verschiedene neurotrope Virusarten (Lyssa, Herpes, Poliomyelitis, Vesikularstomatitis).

Für die Wahl der Nerven sind aus begreiflichen Gründen in erster Linie Momente technischer Natur maßgebend, nämlich die operative Zugänglichkeit und das Kaliber der Nervenstränge, nicht aber die physiologische Funktion. Man benutzt daher bei kleineren Versuchstieren (Meerschweinchen) den Ischiadicus, bei Kaninchen und Hunden den Ischiadicus, Medianus und Vagus, seltener den Facialis und Hypoglossus. Da das Kaliber der Nerven in peripherer Richtung rasch abnimmt, wird die Injektionsstelle meist in die Nähe der nervösen Zentren verlegt; die Distanz beträgt auch bei größeren Versuchstieren (Kaninchen, Hunden, Affen) nicht mehr als einige (etwa 4—8) Zentimeter.

Von besonderer Wichtigkeit sind das *Injektionsvolum*, der *Injektionsdruck* und die den Druck bestimmende *Injektionsgeschwindigkeit.*

KEY und RETZIUS stellten schon 1873—1876 fest, daß gefärbte Flüssigkeiten intraneural injiziert bis in die Subarachnoïdealräume des Gehirnes und des Rückenmarkes vordringen. Seither wurde dieser Versuch so oft wiederholt, daß an der Richtigkeit der Beobachtung nicht gezweifelt werden kann. HORSTER und WHITMAN zeigten ferner, daß intraneural eingespritzte Substanzen (Trypanblau, Tetanustoxin) *sofort* das Rückenmark erreichen, d. h. so schnell, als ob sie direkt intralumbal injiziert worden wären, u. zw. auch dann, wenn man das Flüssigkeitsvolum weitgehend reduziert (bis auf 0,04 ccm) und jeden stärkeren Injektionsdruck zu vermeiden sucht. Wie J. ABEL mit Recht hervorhob, hängt der Injektionsdruck auch vom Kaliber des Nerven ab und kleinere Versuchstiere oder dünne Nervenstämme bieten in dieser Hinsicht besonders ungünstige Verhältnisse. I. D. MULDER erniedrigte das Injektionsvolum auf 5 cmm und stellte dann fest, daß sich die intraneural (in den Ischiadicus oder Hypoglossus von Kaninchen) eingespritzten Substanzen (Lösungen von Eisensalzen, kolloidale Farbstoffe, Tuschesuspensionen) unter diesen Bedingungen zunächst nur über ganz kurze Strecken im Nerven zentripetal oder zentrifugal ausbreiteten; sie blieben im Nerven als lokale Depots liegen. Erst nach einigen Tagen oder Wochen war ein zentripetaler Abtransport korpuskulärer Elemente (Farbstoff- oder Tuschepartikel) zu konstatieren, der zuweilen die nervösen Zentralorgane erreichte und durch phagocytierende Wanderzellen vermittelt wurde.

Die viel diskutierte Frage, ob sich die intraneural injizierten Flüssigkeiten auf natürlichen (präformierten) Bahnen gegen die Zentren hin bewegen oder ob erst durch den Injektionsdruck künstliche Kommunikationen geschaffen werden, soll an anderer Stelle (siehe das Kapitel über die Nervenwanderung) zur Sprache kommen. Von ihrer Beantwortung ist die Feststellung unabhängig, daß man über den Verteilungszustand des Injektionsgutes *unmittelbar nach der Einspritzung* keine zuverlässige Aussage machen kann. So wie in den Ischiadicus injizierte Farblösungen durch den Injektionsdruck bis in die Subarachnoïdalräume des Rückenmarkes vorgetrieben werden können — was wohlgemerkt nicht immer, sondern nur in gewissem Prozentsatz der Experimente geschieht —, kann dies auch mit einer Virusemulsion der Fall sein; den „*Umweg über den Nerven*“ könnte man sich dann ersparen und die eintretende Infektion der nervösen Zentren wäre kein Beweis, daß sich das Virus im Nerven von der Injektionsstelle aus zentripetal fortbewegt hat, daß es im Nerven „gewandert“ oder „fortgewuchert“ ist. Man kann aber anderseits auch nicht behaupten, daß die intraneurale Injektion von neurotropem Virus nur dann zu einer Infektion der nervösen Zentralorgane führt, wenn das Agens durch die Injektion als solche an den Bestimmungsort herangebracht wurde. Es ist zwar richtig, daß — wie sowohl alte als auch neuere Experimentatoren übereinstimmend angeben — die intraneurale Virusinjektion nicht konstant wirkt, sondern recht häufig negative Resultate liefert (DI VESTEA und ZAGARI, ROUX, H. PETTE u. v. a.); aber man weiß eben nicht, ob die Mißerfolge einfach auf Fehlinjektionen (d. h. auf Injektionen, welche die Zentren nicht erreichen) beruhen oder auf einem Unterbleiben des zentripetalen Wanderungsvorganges. Statt das Injektionsvolum und den Injektionsdruck soweit als möglich zu reduzieren, wäre es zweckmäßig, die „vis a tergo“ d. h. also die Injektion gänzlich auszuschalten und die Nervenstämme anders (z. B. durch Einstich mit einer virusbeschickten Nadel oder Hohlnadel, durch Aufbringen von Virus auf die Schnittfläche von durchtrennten oder halbdurchtrennten Nervenstämmen) zu infizieren, wie das auch schon gelegentlich einmal versucht (DI VESTEA und ZAGARI, H. PETTE, LÉPINE und CRUVEILHIER), aber nie systematisch erprobt wurde.

Die intraneurale Injektion figuriert in der Begründung der Theorie der Nervenleitung (wie wir eben sahen, zu Unrecht) nicht nur als selbständiges Beweismittel; sie wurde auch in komplizierteren Versuchsanordnungen, denen zum Teil andere Fragestellungen zugrunde lagen, verwendet, u. zw. unter der ausdrücklichen oder stillschweigenden Voraussetzung, daß es sich um einen Infektionsmodus von absolut konstanter Wirksamkeit handle, zwar nicht im allgemeinen, weil dies mit den vorliegenden Angaben (siehe oben) unvereinbar war, aber doch bei Einhaltung bestimmter Versuchsbedingungen. So wurde z. B. behauptet, die intraneurale Injektion von Lyssavirus gebe zwar nicht bei Schafen, Hunden oder Meerschweinchen, wohl aber bei Kaninchen stets positive Resultate (DI VESTEA und ZAGARI, R. KRAUS und FUKUHARA). NICOLAU und KOPCIOWSKA schränkten diese Aussage indes wesentlich ein, indem sie feststellten, daß man bei mehreren intraneural injizierten Kaninchen nur mit *einem* positiven Resultat bestimmt rechnen dürfe und daß auch dieser partielle Erfolg nur eintrete, wenn man frische und konzentrierte Virusemulsionen verwendet und wenn die Injektionsnadel gut in die Richtung des Nerven eingestellt wird. Auch LÉPINE und CRUVEILHIER legen besonders Gewicht auf den völlig frischen Zustand des Markes; wird dieser Faktor berücksichtigt, dann geben Meerschweinchen sogar noch bessere Resultate als Kaninchen, speziell wenn man nicht intraneural injiziert, sondern die Markemulsion auf die Schnittflächen des durchtrennten Nerven aufbringt. E. W. HURST wieder, der Poliomyelitisvirus in den Ischiadicus von Affen injizierte, will sich überzeugt haben, daß der Erfolg lediglich von der Injektionstechnik abhängt; wurde so injiziert, daß das Trauma des Nerven minimal war, so blieb die Erkrankung immer aus, während sie ebenso regelmäßig auftrat, wenn für eine Beschädigung der Nervenfasern durch die Injektionsnadel gesorgt wurde.[1] Wie man erkennt, bestehen zahlreiche Widersprüche; es ist nicht anzunehmen, daß einmal die Tierart, das andere Mal die Infektiosität des Virus und in einem dritten Fall das mit der Injektion verbundene Nerventrauma den unzuverlässigen in einen sicher funktionierenden Infektionsmodus verwandelt.

3. Die intranasale Infektion (Instillation).

Die Meningitis cerebrospinalis epidemica präsentiert sich für die oberflächliche Betrachtung als die primäre Infektion eines von außen nicht direkt zugänglichen Organs, des Gehirns. Die in solchen Fällen stets schwierige Frage nach der Eintrittspforte beantwortete M. WESTENHOEFFER 1905 dahin, daß die Ansiedelung der Meningokokken im Nasenrachenraum, speziell auch an der Rachentonsille erfolgt und daß von hier aus eine direkte Überwanderung in die Schädelhöhle stattfindet, welche durch eine bestehende lymphatische Konstitution der Individuen begünstigt bzw. ermöglicht wird. Später wurde angenommen, daß der Weg von der primär infizierten Nasenrachenschleimhaut zum Gehirn über das Blut führt, daß also die eitrige Leptomeningitis als eine hämatogene Metastase zu betrachten sei, und WESTENHOEFFER selbst gab seine ursprüngliche Ansicht zugunsten dieser Hypothese auf (vgl. TOPLEY und WILSON, l. c., S. 1131—1133). Entschieden wurde jedoch das Dilemma „direkte Überwanderung oder Zufuhr durch das Blut“ nicht und in jüngerer Zeit berichtete J. JACOBSGAARD, daß er in Fällen von epidemischer Meningitis eine eitrige Entzündung der Schleimhaut im Bereiche der oberen Nasengänge und der Regio olfactoria histologisch feststellen und mikroskopisch nachweisen konnte, wie der Prozeß entlang der Lymphscheiden der Fila olfactoria auf die weichen Hirnhäute übergegriffen hatte.

Man hat übrigens auch versucht, die Möglichkeit einer direkten Überwanderung von Infektionsstoffen experimentell zu beweisen, allerdings nicht von Meningokokken, weil dies bekanntlich an der Unempfänglichkeit der Laboratoriumstiere scheitern müßte, sondern im Modellversuch. LE GROS CLARK (cit. nach TOPLEY

[1] Analoge Beobachtungen machten FAIRBROTHER und HURST sowie TOOMEY.

und WILSON) fand, daß Kaliumferrocyanid, welches man in die Nasenhöhle von Kaninchen einträufelt, schon nach einer Stunde am Bulbus olfactorius durch die Berlinerblaureaktion nachgewiesen werden kann. CLARK hielt es für das wahrscheinlichste, daß die Bewegung in den perineuralen Räumen der Olfactoriusfasern (die fälschlich als „perineurale Lymphscheiden" bezeichnet werden) vor sich geht, da sich die blauen Farbstoffkörnchen in kontinuierlichem Zuge von den Epithelzellen der Riechschleimhaut bis zum Bulbus mikroskopisch verfolgen ließen; die gleiche Auffassung vertraten 1935 FINDLAY und CLARKE und lehnten die anderen in Betracht kommenden Bahnen (Lymphgefäße, Blutgefäße, perivaskuläre Räume und Achsenzylinder der Olfactoriusfasern) als unmöglich oder unwahrscheinlich ab.

In der Virusforschung wird der intranasale Infektionsmodus seit einigen Jahren in rapid steigendem Ausmaße verwendet, u. zw. in erster Linie in der Absicht, mit neurotropen Virusarten (Poliomyelitis, Lyssa, Herpes, equine Encephalomyelitis, Vesicularstomatitis, Louping ill, neurotrope Stämme des Gelbfiebervirus) Infektionen des Zentralnervensystems zu erzeugen. Die Resultate sind je nach der Tierspezies und der Virusart etwas verschieden, im allgemeinen jedoch in erheblichem Prozentsatz positiv und die Zahl der Versager kann sehr stark eingeschränkt werden, wenn man hochkonzentrierte Virussuspensionen benutzt und wenn die Einträufelungen in mehrstündigen bis eintägigen Intervallen mehrmals wiederholt werden. Traumatisierungen der Nasenschleimhaut sind soweit als nur irgend möglich zu vermeiden.

Was bei der Meningitis cerebrospinalis in Ermangelung geeigneter Versuchstiere nicht in Angriff genommen werden konnte, ließ sich bei den neurotropen Virusarten ohne weiteres realisieren: die genauere experimentelle Analyse des für die rhinogenen Infektionen der Zentren in Betracht kommenden Mechanismus. So konnte z. B. gezeigt werden, daß Poliomyelitisvirus, auf die Nasenschleimhaut von Affen gebracht, nach 2—4 Tagen im Bulbus olfactorius nachweisbar wird, zu einer Zeit, wo andere Teile des Gehirnes oder Rückenmarkes noch nicht infektiös sind (S. FLEXNER u. P. F. CLARK, 1912; H. K. FABER u. L. P. GEBHARDT, 1933); es gelang ferner, die intranasale Infektion von Affen durch Unterbrechung der Bahn (Resektion des Lobus und Tractus olfactorius) zu verhindern (M. BRODIE) usw. Doch ist die Zahl der einwandfrei ermittelten Tatsachen bis heute trotz großem Arbeitsaufwand kleiner als jene der neu aufgetauchten Probleme, worüber das 5. Kapitel des 5. Abschnittes Aufschluß bietet. Insbesondere konnte für die Hauptfrage, die Art des Übergreifens des Virus von der Nasenschleimhaut auf das Gehirn, keine allseits befriedigende Lösung gefunden werden. In mehreren der untersuchten Fälle, wie z. B. auch bei der nasal induzierten Affenpoliomyelitis, konnte man zwar den Umweg über das Blut ausschließen; aber wie sich die direkte Überleitung vollzieht, ist nach wie vor Gegenstand widerstreitender Hypothesen.

Die intranasale Übertragung hat ferner als brauchbarer experimenteller Infektionsmodus bei Viruskrankheiten Verwendung gefunden, welche sich im oberen Respirationstrakt lokalisieren (Schnupfenvirus, Influenzavirus).

4. Die corneale Infektion.

Sie ist stets mit einer Traumatisierung der Cornea (Scarifikation) verbunden; die einfache Aufbringung von virushaltigem Material auf die unverletzte Hornhaut gilt als „konjunktivale" Übertragung. Die corneale Infektion hat die Entdeckung des Herpesvirus (GRÜTER, LÖWENSTEIN) und der keratogenen Herpesencephalitis (DOERR und VÖCHTING) vermittelt; und da gerade die keratogene Herpesencephalitis das Objekt war, an welchem die Lehre von der nervösen Virusleitung in der überzeugendsten Weise begründet werden konnte [MARI-

NESCU und DRAGANESCU, GOODPASTURE und TEAGUE, E. KOPPISCH, R. DOERR], darf man auch hier konstatieren, daß ein technisch einfaches Verfahren, auf einen geeigneten Spezialfall appliziert, zu einer sehr ergiebigen Erkenntnisquelle wurde.

Die scarifizierte Cornea der Versuchstiere kann durch verschiedene Virusarten infiziert werden (Lyssa, Herpes, Variola-Vaccine). Die corneale Impfung kann eine lokale entzündliche Erkrankung (Keratitis oder Keratoconjunctivitis) nach sich ziehen oder — wenigstens für die Betrachtung mit dem freien Auge — reaktionslos bleiben; ob sich an die corneale Impfung eine sekundäre Erkrankung des Zentralnervensystems anschließt, ist von ihrer lokalen Auswirkung unabhängig und wird von der Art oder Rasse des verwendeten Virus und von der Spezies des Versuchstieres bestimmt. Tabellarisch zusammengestellt ergeben sich folgende Beziehungen:

Folgen der cornealen Infektion.

Virusart	Keratitis (Keratoconjunctivitis)	Encephalitis
Lyssa	0	+
Herpesvirus; a) . .	0	+
,, ; b) . .	+	+
,, ; c) . .	+	latente Hirninfektion
,, ; d) . .	+	0
Variola-Vaccine . .	+	0

Es ist interessant, daß man beim Herpesvirus alle denkbaren Kombinationen vertreten findet, vor allem auch die Encephalitis ohne cornealen Primäraffekt, ein Resultat, das man allerdings nicht an Kaninchen, sondern an Ratten und Mäusen beobachtet. Man kann sich natürlich fragen, ob die Cornea nicht auch in solchen Fällen „infiziert“ ist, aber nicht in der Art bzw. in dem Grade, daß sich der Infekt als typische Erkrankung äußert. Haben doch LEVADITI und SCHÖN berichtet, daß die Cornea von Kaninchen, welche cerebral oder corneal mit Straßenvirus geimpft wurden, Lyssavirus enthält und daß in den Epithelien solcher Corneae NEGRIsche Körperchen auftreten, ohne daß äußerlich Veränderungen zu sehen wären. Für das Herpesvirus jedoch liegt die Sache insofern anders, als hier Encephalitis ohne Primäraffekt an der peripheren Impfstelle in anderen Versuchsanordnungen einwandfrei sichergestellt werden konnte. (Impfungen in die Muskulatur, Milz, Niere usw. von Kaninchen führen zur Encephalitis, aber man findet an der Injektionsstelle keine histologischen Läsionen, kein Virus und keine Kerneinschlüsse.)

Die Scarifikation der Cornea kann in sehr verschiedener Weise vorgenommen werden. In der Regel verfährt man dabei, um einen positiven Erfolg zu sichern, ziemlich brutal, indem man über die ganze Cornea mit Schonung des Limbus ein Gitter von horizontalen und vertikalen Scarifikationslinien legt und das in einem zweiten Akt aufgetragene virushaltige Material mit Hilfe der Lider in die Kratzwunden einmassiert. Auch in dieser Form ist die Methode keineswegs maximal empfindlich und wird, wenn es sich um Herpesvirus handelt, von der intracerebralen Übertragung weit übertroffen [FL. MAGRASSI (2)]. Intensive Keratoconjunctivitiden hinterlassen meist weiße Narben, welche die Vornahme bzw. Beurteilung späterer cornealer Immunitätsprüfungen erschweren; hat man nur ein Versuchstier zur Verfügung, so muß entweder die corneale Probe am anderen Auge oder die intracerebrale Probe ausgeführt werden.

Impfungen mit minimalem Trauma (Punktimpfung im Zentrum der Cornea, Impfung eines Sektors oder Quadranten) können das Bild der herpetischen Keratitis, die resultierende Immunität der geimpften Cornea und das Zustandekommen einer latenten oder manifesten Hirninfektion beeinflussen [GOODPASTURE, Fl. MAGRASSI (*1*)].

Weitere Angaben zur Technik der cornealen Impfung mit Herpesvirus siehe bei DOERR und BERGER (l. c., S. 1425).

5. Die Impfung des Hühnerembryos (der Chorioallantois).

Diese Technik wird in erster Linie verwendet, um Virusarten außerhalb des Organismus natürlicher oder experimenteller Wirte zu züchten (siehe BURNET, dieses Handbuch, I. Teil, 3. Abschnitt, 2. Kapitel). Ferner beanspruchen die pathogenen Auswirkungen der Infektion an der Chorioallantois sowie am heranwachsenden Embryo besonderes Interesse (BURNET, l. c.) und neuerdings hat F. HIMMELWEIT eine Technik angegeben, welche es ermöglicht, den Ablauf des Infektionsprozesses in den Eimembranen unter besonderen Bedingungen optisch zu verfolgen (siehe R. DOERR, dieses Handbuch, 5. Abschnitt, 4. Kapitel). Die Methode spielt übrigens derzeit nicht nur in der Virusforschung eine Rolle; nachdem GOODPASTURE und ANDERSON festgestellt haben, daß sich auch Bakterien in der Chorioallantois vermehren und daß die Infektion je nach der Art der Bakterien auf den wachsenden Embryo verschieden wirkt, ergab der weitere Ausbau dieser Richtung, daß sich auf diesem Wege wichtige Aufschlüsse über bestimmte Fragen der Infektionspathologie (Organotropie der Erreger) gewinnen lassen.

Literaturübersicht.

1. ABEL, J. J., EVANS, HAMPIL, and LEE: Researches on tetanus. Bull. Hopkins Hosp., Baltim. **66**, 84 (1935).
2. ADELHEIM, AMSLER, NICOLAJEV u. RENTZ: Experimentelle toxische Encephalitis durch Cicutoxin. Arch. Psychiatr. (D.) **102**, 439 (1934).
3. ALEXANDER, R. A. and NEITZ: The transmission of louping ill by ticks (Rhipicephalus appendiculatus). Onderstep. J. vet. Sci. **5**, 15 (1935).
4. BAUER, J. H. and N. P. HUDSON: The incubation period of yellow fever in the mosquito. J. exper. Med. (Am.) **48**, 147 (1928).
5. BAUER, J. H. and TH. P. HUGHES: Ultrafiltration studies with yellow fever virus. Amer. J. Hyg. **21**, 101 (1935).
6. BEATTIE, M. and A. POTTER: Variation in the growth in rabbit brain of two orchilapines derived from a strain of smallpox vaccine. Amer. J. Hyg. **19**, 229 (1934).
7. BEZOLD, A. u. L. HIRT: Über die physiologischen Wirkungen des essigsauren Veratrins. Unters. a. d. phys. Lab. Würzburg **1**, 75 (1867).
8. BIELING, R.: Viruskrankheiten des Menschen. Leipzig 1938.
9. BLANC, G. et I. CAMINOPETROS: Quelques observations et expériences sur l'adaptation de la vaccine au névraxe du lapin. C. r. Soc. Biol. **107**, 1530 (1931).
10. BRAUN, H. und K. HOFMEIER: Die congenitale Übertragung der Infektionskrankheiten. Handb. d. path. Microorg., 3. Aufl., Bd. I, S. 523. 1929.
11. BRODIE, M.: The pathogenesis of acute anterior poliomyelitis. Amer. J. Path. **10**, 665 (1934).
12. BRODIE, M. and A. R. ELVIDGE: Portal of entry and transmission of the virus of poliomyelitis. Science **79**, 235 (1934).
13. BUCHNER, P.: Tier und Pflanze in Symbiose, 2. Aufl. Berlin 1930.
14. BURKE, A. W.: An epidemic of jungle yellow fever on the planalto of Matto Grosso. Amer. J. trop. Med. **17**, 313 (1937).

15. Burnet, F. M.: Inapparent (subclinical) infection of the rat with louping-ill virus. J. Path. a. Bacter. **42**, 213 (1936).
16. Burnet, F. M., Keogh, and D. Lush: The immunological reactions of the filterable viruses. Austral. J. exper. Biol. a. med. Sci. **15**, 227 (1937).
17. Caldwell, J.: (*1*) Further studies on the movement of mosaic in the tomato plant. Ann. appl. Biol. **18**, 279 (1931).
— (*2*) The agent of virus disease in plants. Nature (Brit.) **138**, 1065 (1936).
18. Calmette, A.: L'infection bacillaire et la tuberculose chez l'homme et chez les animaux. Paris 1928.
19. Ch'uan-K'uei Hu, Rosahn and Pearce: Tests of the relation of rabbit pox virus to other viruses by crossed inoculation and exposure experiments; by serum neutralization. J. exper. Med. (Am.) **63**, 353, 379 (1936).
20. Cole, R. and A. G. Kuttner: A filterable virus present in the submaxillary glands of guinea pigs. J. exper. Med. (Am.) **44**, 855 (1926).
21. Cowdry, E. V.: Comparison of a virus obtained by Kobayashi from cases of epidemic encephalitis with the virus of rabies. J. exper. Med. (Am.) **45**, 799 (1927).
22. Davis, N. C., Frobisher, and Lloyd: The titration of yellow fever virus in stegomyia mosquitoes. J. exper. Med. (Am.) **58**, 211 (1933).
23. Doerr, R.: (*1*) Pappatacifieber und Dengue. Handb. d. path. Microorg., Bd. VIII 1, S. 501. 1930.
— (*2*) Die Lehre von den Infektionskrankheiten in allgemeiner Darstellung. Lehrb. d. Inner. Mediz., 3. Aufl., S. 67. Berlin 1936.
— (*3*) Die Entwicklung der Virusforschung und ihre Problematik. Dieses Handbuch, I. Teil, 1. Abschnitt, 1938.
— (*4*) Die Wanderungen von Toxin und Virus in peripheren Nerven. Z. Hyg., **118**, 212 (1936).
24. Doerr, R. u. E. Berger: Herpes, Zoster und Encephalitis. Handb. d. path. Mikroorg., 3. Aufl., Bd. VIII 2, S. 1415. 1930.
25. Doerr, R. u. S. Seidenberg: (*1*) Die Konkurrenz von Virusinfektionen im Zentralnervensystem (Phänomen von Fl. Magrassi). Z. Hyg. usw. **119**, 135 (1937).
— (*2*) Zur kongenitalen Anaphylaxie des Meerschweinchens. Z. Immunit.forsch. **71**, 242 (1931).
26. Doerr, R., Seidenberg u. Whitman: Untersuchungen über das Virus der Hühnerpest. Z. Hyg. usw. **112**, 732 (1931).
27. Doerr, R. et K. Vöchting: Sur le virus de l'herpès fébrile. Rev. gén. Ophtalm. (Schwz) **34**, 409 (1920).
28. Duggar, B. M. and B. Johnson: Stomatal infection with the virus of typical Tobacco Mosaic. Phytopathology **23**, 934 (1933).
29. Faber, H. K. and L. P. Gebhardt: Localizations of poliomyelitis virus during incubation period after nasal instillation in monkey. Proc. Soc. exper. Biol. a. Med. (Am.) **30**, 879 (1933); J. exper. Med. (Am.) **57**, 933 (1933).
30. Fairbrother, R. W. and E. W. Hurst: The pathogenesis of and propagation of the virus in experimental poliomyelitis. J. Path. a. Bacter. **33**, 17 (1930).
31. Findlay, G. M. and L. P. Clarke: Infection with neurotropic yellow fever virus following instillation into the nares and conjunctival sac. J. Path. a. Bacter. **40**, 55 (1935).
32. Foster, A. O.: Further observations on prenatal hookworm infection of dogs. J. Parasitol. (Am.) **21**, 302 (1935).
33. Friedberger, E. u. F. Schiff: Die Methoden des Tierversuchs. Handb. d. path. Microorg., 3. Aufl., Bd. 10, S. 187. 1930.
34. Fuchs, A.: Analyse der Guanidinvergiftung am Säugetier. Experimentelle Encephalitis. Arch. exper. Path. (D.) **97**, 79 (1923).
35. Galloway, I. A. and I. R. Perdrau: Louping-ill in monkeys. Infection by the nose. J. Hyg. (Brit.) **35**, 339 (1935).
36. Gerlach, F.: Menschen als Psittacosevirusträger nach „stummer“ Infektion mit Psittacosevirus. Z. Hyg. usw. **118**, 708 (1936).

37. GILDEMEISTER, E.: Über Encephalitis post vaccinationem. Zbl. Bakter. usw., I Orig. **110**, Beiheft, 120 (1928).
38. GILDEMEISTER, E. u. G. HEUER: Untersuchungen über die Entstehung des von ALDERSHOFF und PONDMAN beschriebenen Neurocidins. Zbl. Bakter. usw. **111**, 151 (1929).
39. GINS, A.: (*1*) Immunität bei Variola und Vaccine. Handb. d. path. Mikroorg., 3. Aufl., Bd. VIII 2, S. 911. 1930.
— (*2*) Beiträge zur Pathogenese und Epidemiologie der Infektionskrankheiten. Leipzig 1935.
40. GINS, HACKENTHAL u. KAMENTZEWA: Neuere Versuche und Erfahrungen über die Generalisierung des Vakzinevirus. Zbl. Bakter. usw., I Orig. **110**, 429 (1929).
41. GLOVER, R. E.: Contagious pustular dermatitis of the sheep. J. comp. Path. a. Ther. **41**, 318 (1928).
42. GOODPASTURE, E. W.: (*1*) Certain factors determining the incidence and severity of herpetic encephalitis in rabbits. Amer. J. Path. **1**, 47 (1925).
— (*2*) Some uses of the chick embryo for the study of infection and immunity. Amer. J. Hyg. **28**, 111 (1938).
43. GOODPASTURE, E. W. and K. ANDERSON: The problem of infection as presented by bacterial invasion of the chorio-allantoic membrane of chick embryos. Amer. J. Path. **13**, 149 (1937).
44. GOODPASTURE, E. W., WOODRUFF, and G. I. BUDDINGH: The cultivation of vaccine and other viruses in the chorio-allantoic membrane of chick embryos. Science **74**, 371 (1931).
45. GOODPASTURE, E. W. and O. TEAGUE: Transmission of the virus of Herpes febrilis along nerves. J. med. Res. (Am.) **44**, 139 (1923).
46. GORDON, M. H.: Remarks on HODGKIN's disease. A pathogenic agent in the glands and its application in diagnosis. Brit. med. J. **1934**, 641.
47. GORDON, W. S.: Comparative aspects of louping-ill in sheep and poliomyelitis in man. Vet. J. **92**, 84 (1936).
48. GREENE, H. S. N.: (*1*) Rabbit pox. J. exper. Med. (Am.) **60**, 427, 441 (1934).
— (*2*) Rabbit pox. Report of an epidemic with especial reference to epidemiological factors. J. exper. Med. (Am.) **61**, 807 (1935).
49. GYE, W. E. and J. C. G. LEDINGHAM: Epidemiological features of Virus diseases. System of Bact. in relation to Medicine, Vol. VII, 20 (1930).
50. HABERLAND, H. F. O.: Die operative Technik des Tierexperimentes, 2. Aufl. Wien 1934.
51. HALLAUER, C. u. S. SEIDENBERG: Beitrag zur Epidemiologie der Hühnerpest. Z. Hyg. usw. **120**, 110 (1937).
52. HARTZELL, A.: Movement of intracellular bodies associated with peach yellows. Contr. Boyce Thomp. Inst. **8**, 375 (1937).
53. HIMMELWEIT, F.: Observations on living vaccinia and ectromelia viruses by high power microscopy. Brit. J. exper. Path. **19**, 108 (1938).
54. HINDLE, E.: Yellow fever. System of Bacteriol. **7**, 449 (1930).
55. HORSTER, H. u. L. WHITMAN: Die Methode der intraneuralen Injektion. Z. Hyg. usw. **113**, 113 (1931).
56. HURST, E. W.: The spread poliomyelitis virus by the axis-cylinders. Vol. jubil. G. Marinesco, 1933.
57. INADA, R.: Recherches sur l'encéphalite épidémipue du Jaqon. Presse méd. **1937**, 99.
58. JACOBSGAARD, I.: Fortleitungswege der rhinogenen und epidemischen Meningitis. Klin. Wschr. **15**, 213 (1936); Z. Laryng. usw. **26**, 387 (1936).
59. KLIGLER, I. J. and M. ASHNER: Transmission of fowl-pox by mosquitoes. Brit. J. exper. Path. **10**, 347 (1929).
60. KLIGLER, I. J., MUCKENFUSS, and RIVERS: Transmission of fowl-pox by mosquitoes. J. exper. Med. (Am.) **49**, 649 (1929).
61. KOPPISCH, E.: Zur Wanderungsgeschwindigkeit neurotroper Virusarten in peripheren Nerven. Z. Hyg. usw. **117**, 386 (1935).
62. KRAUS, R. u. FUKUHARA: Über das Lyssavirus „Fermi". Z. Immunit.forsch. **3**, 352 (1909).

63. Kunkel, L. O.: Virus diseases of plants. Rivers' Filterable viruses, S. 335. Baltimore 1928.
64. Lépine, P. et L. Cruveilhier: Action de la dessication sur la neuroprobasie du virus rabique. C. r. Soc. Biol. **119**, 1338 (1935).
65. Levaditi, C., Lépine et Schoen: Virulence et neurotropisme du virus vaccinal. C. r. Soc. Biol. **107**, 802 (1931).
66. Levaditi, C. et Nicolau: Ectodermoses neurotropes. Ann. Inst. Pasteur, Par. **37**, 1 (1923).
67. Levaditi, C. et R. Schön: Les corps de Negri dans le cytoplasme des épitheliums de la cornée. Ann. Inst. Pasteur, Par. **55**, 69 (1935).
68. Levaditi, C. et I. Voet: Études sur le neurovaccin. Presse méd. **1937**, Nr. 7.
69. Lewy, F. H. u. L. Tiefenbach: Die experimentelle Mangansuperoxyd-Encephalitis und ihre sekundäre Autoinfektion. Z. Neur. **71**, 303 (1921).
70. Low, G. C. and N. H. Fairley: Laboratory and hospital infections with yellow fever in England. Brit. med. J. **1931 I**, 125.
71. Magrassi, Fl.: (*1*) Studii sull'infezione e sull'immunita da virus erpetico. I. Boll. Ist. sieroter. milan. **14 II**, 773 (1935).
— (*2*) Studii sull'infezione e sull'immunita da virus herpetico. II und III. Z. Hyg. usw. **117**, 386 (1935); **118**, 212 (1936).
72. Marinesco, G. et S. Draganesco: Recherches sur le neurotropisme du virus herpétique. Ann. Inst. Pasteur, Par. **37**, 753 (1923).
73. Merrill, M. H. and Ten Broeck: The transmission of equine encephalomyelitis virus by Aëdes aegypti. Proc. Soc. exper. Biol. a. Med. (Am.) **32**, 421 (1934); J. exper. Med. (Am.) **62**, 687 (1935).
74. Merrill, M. H., Lacaillade and Ten Broeck: Mosquito transmission of equine encephalomyelitis. Science **80**, 251 (1934).
75. Mulder, I. D.: Over de lymphstroom in der Zenuw. Dissert., Amsterdam 1934.
76. Munter, H.: Über den Stand der Bakteriophagenforschung. Zbl. Hyg. **23**, 1 (1931).
77. Nakagawa, T.: Über die Durchgängigkeit der Placenta für verschiedene Mikroorganismen und Bakteriophagen. Zbl. Bakter. usw., I Orig. **136**, 147 (1936).
78. Nicolau, S. et Kopciowska: (*1*) Études sur la vaccine épizootique spontanée du lapin. C. r. Soc. Biol. **101**, 551, 553 (1929); **108**, 757 (1931).
— (*2*) Essais de transformation du virus rabique fixe en virus des rues. Ann. Inst. Pasteur, Par. **55**, 108 (1935).
79. Pasteur, Chamberland, Roux et Thuillier: Sur la rage. C. r. Acad. sci. **92**, 1259 (1881).
80. Pette, H.: Tierexperimentelle Studien zur Frage der „Viruswanderung" im Nerven. Dtsch. Z. Nervenhk. **121**, 113, 209 (1931).
81. Remlinger, P. et Bailly: Transmission de l'encéphalite herpétique au pigeon. C. r. Soc. Biol. **95**, 1542 (1926).
82. Rosahn, P. D. and Ch'uan-K'uei Hu: Rabbit pox. J. exper. Med. (Am.) **62**, 331 (1935); **63**, 241, 259 (1936).
83. Rössle, R.: Über eine eigenartige Hautreaktion auf Blut. Münch. med. Wschr. **75**, 1789 (1928).
84. Roth, H.: Über das Vorkommen pränataler Trichinenübertragung bei künstlich infizierten Meerschweinchen. Zbl. Bakter. usw., I Orig. **136**, 278 (1936).
85. Roux, E.: Sur la présence du virus rabique dans les nerfs. Ann. Inst. Pasteur, Par. **3**, 69 (1889).
86. Sawyer, W. A. and M. Frobisher: The filtrability of yellow fever virus as existing in the mosquito. J. exper. Med. (Am.) **50**, 713 (1929).
87. Seifried, O.: Die Krankheiten des Kaninchens. Berlin 1937.
88. Sellards, A. W.: The interpretation of the incubation period of the virus of yellow fever in the mosquito (Aëdes aegypti). Ann. trop. Med. **29**, 49 (1935).
89. Siler, I. F., M. W. Hall, and A. P. Hitchens: Dengue. Philipp. J. **29**, 1 (1926).
90. Smith, Kenneth M.: (*1*) Plant viruses. Methuens monographs on biol. subjects, London 1935.
— (*2*) The principles of plant virus research. Dieses Handbuch, 7. Abschnitt.

91. SMITH, W., C. H. ANDREWES, and P. P. LAIDLAW: A virus from influenza patients. Lancet **1933 II**, 66.
92. SOPER, F. L.: The newer epidemiology of yellow fever. Amer. J. publ. Health **27**, 1 (1937).
93. SPLENDORE, A.: Über das Virus myxomatosum des Kaninchens. Zbl. Bakter. usw., I Orig. **48**, 300 (1909).
94. STADLER, H.: Zur Histopathologie des Gehirns bei Manganvergiftung. Z. Neur. **154**, 62 (1935).
95. STOKES, A., J. A. BAUER, and N. P. HUDSON: Experimental transmission of yellow fever to laboratory animals. Amer. J. trop. Med. **8**, 103 (1928).
96. STOREY, H. H.: Investigations of the mechanism of transmission of plant viruses by insect vector. Proc. roy. Soc., Lond., Ser. B: Biol. Sci. **113**, 463 (1933).
97. THEILER, MAX: Studies on the action of yellow fever virus in mice. Ann. trop. Med. **24**, 249 (1930).
98. TIZZONI, G. u. G. CATTANI: Über das Tetanusgift. Zbl. Bakter. usw. **8**, 69 (1890).
99. TOPLEY, W. W. C. and G. S. WILSON: The principles of bacteriology and immunity. Sec. ed., London 1936.
100. TRAGER, W.: Multiplication of the virus of equine encephalomyelitis in surviving mosquito tissues. Amer. J. Trop. Med. **18**, 387 (1938).
101. TRAUB, E.: An epidemic in a mouse colony due to the virus of acute lymphocytic choriomeningitis. J. exper. Med. (Am.) **63**, 533 (1936).
102. DI VESTEA et ZAGARI: Transmission de la rage par voie nerveuse. Ann. Inst. Pasteur, Par. **3**, 237 (1889).
103. VIEUCHANGE, J.: Psittacose. In „Les Ultravirus des maladies humaines", herausg. von LEVADITI u. LÉPINE, S. 859. Paris 1938.
104. WALCOTT, CRUZ, PAOLIELLO, and J. SERAFIM: An epidemic of urban yellow fever wich originated from a case contracted in the jungle. Amer. J. trop. Med. **17**, 677 (1937).
105. WEBSTER, L. T., CLOW, and BAUER: Survival of encephalitis virus (St. Louis type) in Anopheles quadrimaculatus. J. exper. Med. (Am.) **61**, 479 (1935).
106. WHITMAN, L.: The multiplication of the virus of yellow fever in Aëdes aegypti. J. exper. Med. (Am.) **66**, 133 (1937).
107. WYCKOFF, R. W. G.: Ultracentrifugal concentration of a homologeneous heavy component from tissues diseased with equine encephalomyelitis. Proc. Soc. exper. Biol. a. Med. (Am.) **36**, 771 (1937).

2. Der qualitative Virusnachweis. — Anreicherungsverfahren.

Von

R. DOERR, Basel.

Zwei Aufgaben sind voneinander zu unterscheiden: 1. Der Beweis, daß eine Krankheit von bisher unbekannter Ätiologie durch ein spezifisches Virus hervorgerufen wird und 2. der Nachweis einer bereits bekannten Virusart in einem vorliegenden Substrat.

A. Allgemeine Richtlinien für die Feststellung der Virusätiologie.

Die Zahl der für Tiere oder Pflanzen pathogenen Virusarten ist im Laufe der letzten Jahrzehnte sehr groß geworden und nimmt auch jetzt noch beständig zu. In der Regel gingen die Entdeckungen von der Erkenntnis aus, daß der klinische Charakter der Krankheit einen „Morbus sui generis" und ihre Ausbreitung einen infektiösen (übertragbaren) Prozeß wahrscheinlich mache. Es war also der schon so oft bewährte Schluß von der Spezifität einer Infektionskrankheit auf die Existenz eines spezifischen Erregers, der als Grundlage diente. Der Beweis, daß der gesuchte Erreger unter den Virusarten zu finden ist, mußte sich notwendigerweise in einen *negativen* und einen *positiven* Teil gliedern, die versuchstechnisch ineinandergreifen konnten, in der logischen Verwertung der Ergebnisse jedoch getrennt waren. Der negative Teil war dadurch bedingt, daß die Virusarten von den übrigen Infektionsstoffen zunächst nur durch negative Merkmale (Invisibilität, Unfähigkeit zur Vermehrung auf unbelebtem Nährmedium) abgegrenzt waren, und bestand daher in der Ausschließung der außerhalb dieses negativen Bezirkes liegenden Möglichkeiten (Bakterien, Protozoën, Spirochaeten usw.). Der positive Teil hatte das tatsächliche Vorhandensein eines solchen, negativ charakterisierten Agens sicherzustellen und diese Forderung war nur auf einem Wege zu befriedigen, nämlich *durch den Nachweis der Vermehrung in einem Wirtsorganismus, konkret ausgedrückt durch die praktisch unbegrenzte Fortführung des pathologischen Effektes in Wirtsketten* (Menschen-, Tier- oder Pflanzenpassagen).

Die *Verschmelzung der positiven und der negativen Beweisführung* wurde in der Weise angestrebt, daß man jene Infektionsstoffe, welche infolge ihrer Teilchengröße nicht in den Virusbereich fallen konnten, durch Filtration des Ausgangsmaterials zu eliminieren suchte und die Filtrate auf ihre Infektiosität (Übertragbarkeit) prüfte. Das Filtrationsexperiment, das in gewissem Sinne als ein abgekürztes (einphasisches) Verfahren anzusehen ist, galt nicht als definitive Entscheidung. Die angeblichen Spirochaetenbefunde beim Gelbfieber, bei der Dengue und beim Papatacifieber wurden als glaubwürdig aufgenommen und ernster Nachprüfung für wert gehalten, obzwar die Filtrierbarkeit der übertragbaren Agenzien längst festgestellt worden war. Das war ja auch insofern keine bloße Inkonsequenz, als die Bewertung des Filtrationsexperiments von der Durchlässigkeit der verwendeten Filter sowie von der Zahl und den Kautelen der Einzelversuche abhängig gemacht werden durfte; die vorliegenden Angaben waren eben oft nicht darnach angetan, um jeden Zweifel an der dimensionalen Zugehörigkeit der „filtrierbaren“ Erreger zu beseitigen.

Man kennt einige Fälle, in welchen nicht dieser rationale Weg, sondern eine Verkettung von zufälligen Umständen oder wenigstens eine essentielle Mitwirkung von zufälligen Faktoren zur Entdeckung einer neuen Virusart geführt hat. Als ein typisches Beispiel mag das Virus III (Rivers und Tillett) dienen, weil das erzielte Resultat mit der Fragestellung (Ätiologie der Varicellen) in keinem Zusammenhang stand. Aus den Publikationen geht es begreiflicherweise nicht immer deutlich hervor, wie die Feststellungen von bisher unbekannten Virusarten zustande kamen. Es ist aber nicht zu bestreiten, daß die zu der Zeit von Grüter und Löwenstein bekannten Tatsachen über den Herpes febrilis *gegen* die Existenz eines einheitlichen spezifischen Agens sprachen. Durch einen Zufall wurde ferner das sog. B-Virus von A. B. Sabin und A. M. Wright gefunden, das in letzter Zeit beschriebene Mäusevirus von Dochez, Mills und Mulliken ebenfalls, und diese Aufzählung könnte sehr wohl noch durch einige erkenntniskritisch lehrreiche Hinweise verlängert werden. Auf die Gesamtsumme der heute bekannten Virusarten bezogen, handelt es sich aber doch um Ausnahmen.

Hat sich nun durch die jüngsten Fortschritte der Virusforschung etwas an dem klassischen Procedere geändert? Das ist nicht der Fall und eine nähere Überlegung sagt uns auch warum.

Eine Änderung könnte ja nur darin bestehen, daß wir auf den negativen Teil der Beweisführung verzichten, und dies wäre wiederum nur zulässig, wenn wir positive Kriterien kennengelernt hätten, welche ein übertragbares Agens als Virus zuverlässig charakterisieren. Solche Eigenschaften konnten bisher nicht festgestellt werden [R. Doerr (*1, 4*)], wobei man natürlich im Auge zu behalten hat, daß die Unterschreitung einer (übrigens nicht einmal präzis angebbaren) Teilchengröße historisch und sachlich als negatives Argument zu betrachten ist. Der Gang der Untersuchung, wie er für Bakterien durch die von JAKOB HENLE aufgestellten und von ROBERT KOCH ergänzten Postulate geregelt erscheint, läßt sich derzeit noch nicht auf die Virusforschung anwenden.

Man könnte dagegen einwenden, daß die mit verschiedenen Methoden darstellbaren Elementarkörperchen, die sich auch zum Teil durch ihre Größe und Färbbarkeit voneinander differenzieren lassen [K. HERZBERG (*1*), M. KAISER], als die morphologischen Repräsentanten dieser Gruppe von Infektionsstoffen betrachtet werden dürfen, und daß die Kultur auf unbelebten Medien durch die Züchtung auf der Chorio-Allantois des Hühnerembryos ersetzt werden kann; es ließe sich sogar behaupten, daß die Hilfsmittel bei den Virusarten reichlicher sind als bei den Bakterien, weil die Bildung der Einschlußkörper als morphologisches und die ausgedehntere Prüfung der spezifischen Immunität als funktionelles Kriterium hinzukommen.

De facto stellen sich aber die Verhältnisse ganz anders dar. Auf der Chorio-Allantois können nicht nur Virusarten, sondern auch Bakterien gezüchtet werden (GOODPASTURE und ANDERSON, GOODPASTURE, BUDDINGH und POLK) und die Veränderungen an der Chorio-Allantois (das Pendant zu den Kolonien der Bakterien) sind nicht so charakteristisch, um sie differentialdiagnostisch verwerten zu können; Einschlußkörper fehlen bei einer ganzen Reihe von Virusinfektionen und konnten bei anderen, nicht-infektiösen Prozessen nachgewiesen werden [OLITSKY und HARFORD, S. NICOLAU u. O. BAFFET; vgl. ferner G. M. FINDLAY (*2*, S. 321 u. 336)]; die erworbene spezifische Immunität ist kein ausschließliches Attribut der Viruskrankheiten und aus dem Befund von „Elementarkörperchen", der übrigens eine gewisse Größe der Viruselemente voraussetzt, kann man nicht folgern, daß nur ein Virus als ätiologisches Agens in Betracht kommt.

Nicht alle sog. „Elementarkörperchen" sind Viruselemente und sie werden als solche erst durch eine exakte negative Beweisführung legitimiert. Wenn die allgemeine Auffassung heute dahin geht, daß wir in den Elementarkörperchen der Variola-Vaccine, der Geflügelpocken, der Kanarienvogelkrankheit, der Ektromelie die korpuskularen Träger der Viruswirkung erblicken dürfen, und wenn analoge Anerkennung auch für andere Befunde dieser Art gefordert wird, ist dies insofern zulässig, als die Ergebnisse der negativ orientierten Vorarbeiten (Unmöglichkeit der Feststellung eines anderen Erregers, Bestimmung der Dimensionen) bereits vorliegen; doch ist damit natürlich nur eine *notwendige*, aber keineswegs eine *hinreichende* Bedingung für die ätiologische Bewertung des Nachweises von Elementarkörperchen in infektiösem Material erfüllt, was in manchen neueren Untersuchungen entschieden zu wenig berücksichtigt wird. Weiß man jedoch nicht einmal, ob die „Elementarkörperchen", die man bei einer Krankheit von bisher unbekannter Ätiologie findet, die Elemente des gesuchten Agens *sein könnten*, so darf man erst recht nicht behaupten, daß sie es tatsächlich *sind*; es gibt keine färberische oder sonstige für Viruselemente spezifische Reaktion. Es ist selbstverständlich möglich, daß manche, jetzt nur ungenügend gesicherte Angaben in der Folge gerechtfertigt werden können. Das ändert aber nichts an der Tatsache, daß die gegenwärtige Überschätzung der Elementarkörperchenbefunde, wie man sie beispielsweise bei F. GERLACH (*1, 2, 3*) antrifft, vor einer objektiven Kritik nicht standhalten kann. Auch die Angaben von SCHLESINGER, SIGNY und AMIES über das Vorhandensein von „Elementarkörperchen" in Exsudaten bei akutem Gelenkrheumatismus können nicht als Beweise für die Virusätiologie dieser vielumstrittenen Krankheitsform gelten, obwohl die Agglutinabilität der fraglichen Gebilde durch Patientenserum als unterstützendes Moment angeführt wird.

Die serienweise Übertragbarkeit (Passage).

Wie dies aus den vorstehenden Ausführungen implicite hervorgeht, hat die serienweise Übertragbarkeit ihre Bedeutung als *wichtigstes positives Kriterium* bewahrt. Kann der Beweis für die Übertragbarkeit nicht erbracht werden, so bleibt es nicht nur zweifelhaft, ob das Agens ein Virus ist, sondern auch, ob die fragliche Krankheit als infektiöser Prozeß betrachtet werden kann. Das gilt z. B. für die Encephalitis epidemica (v. ECONOMO), für die akute disseminierte Encephalomyelitis, für die Encephalomyelitiden nach der Vaccination, nach Masern, Variola, Varicellen und Scharlach, für die multiple Sklerose, die HODGKINsche Krankheit und für Tumoren des Menschen und der Tiere, sofern sie überhaupt nicht oder nicht „zellfrei" verimpft werden können.

Daß der experimentelle Nachweis der Übertragbarkeit nicht erbracht werden konnte, bedeutet natürlich nicht, daß es sich um eine nicht-übertragbare d. h. nicht-infektiöse Krankheit handeln *muß*. Es kommen noch mehrere andere Möglichkeiten in Betracht, die in der Regel nur empirisch ausgeschlossen werden können, falls sie ihrer Natur nach bekannt und dem Experimentator zugänglich sind.

Bei gefährlichen Krankheiten des Menschen sind willkürliche Übertragungen auf gesunde Versuchspersonen unzulässig und falls kein für das spezifische Agens empfängliches Versuchstier ermittelt werden kann, ergibt sich eine ungeklärte Situation, die so lange fortbesteht, bis sich jemand über geschriebenes und ungeschriebenes Recht hinwegsetzt oder bis ein Zufall den gewünschten Aufschluß gibt. Für die Wahl passender Versuchstiere gibt es, sofern menschenpathogene Virusarten festgestellt werden sollen, keine allgemein gültigen Richtlinien. In einzelnen Fällen hat sich das Prinzip bewährt, Tierspezies zu verwenden, welche dem Menschen im natürlichen System nahestehen (Übertragung des Schnupfens auf Schimpansen, der Poliomyelitis auf Affen). Das muß aber durchaus nicht immer richtig sein und die Erfahrungen der letzten Jahre haben uns mit einer Fülle von Tatsachen bekannt gemacht, welche mit dem Gedanken völlig unvereinbar sind, daß sich im „*Infektiositätsspektrum*" d. h. in der Summe der einem Infektionsstoff zugeordneten Wirte die natürliche Verwandtschaft der letzteren ausdrückt [siehe hierüber R. DOERR (*2*, *5*)]. Einfacher liegen die Verhältnisse, wenn die fragliche Krankheit sowohl bei Menschen als auch bei Tieren spontan auftritt; nur muß man sicher sein, daß es sich tatsächlich um denselben Prozeß handelt und darf nicht aus einer klinischen oder anatomischen Ähnlichkeit auf eine ätiologische Identität schließen.[1]

Ferner hat man zu berücksichtigen, daß der Versuch auch an einem an sich geeigneten Tiere mißlingen kann, wenn man das zu verimpfende Material zu ungeeigneter Zeit oder an ungeeigneter Stelle entnimmt oder wenn man einen unzweckmäßigen Übertragungsmodus anwendet. Bei streng neurotropen Virusarten kann die intravenöse Injektion versagen, das Speicheldrüsenvirus von COLE und KUTTNER gibt nur bei Verimpfung in die Speicheldrüsen Passagen, nicht aber bei der Verimpfung in das Gehirn, und das von DOCHEZ, MILLS und MULLIKEN entdeckte Mäusevirus wirkt nur bei intranasaler Applikation.

[1] E. FRAUCHIGER hat kürzlich einen Fall von „Poliomyelitis acuta anterior" bei einem $1^1/_2$ Jahre alten Rind beschrieben. Unter „Poliomyelitis acuta anterior" versteht man jedoch eine durch ein bestimmtes gut charakterisiertes Agens hervorgerufene Infektion des Menschen, also eine *ätiologische* Entität, und die Bezeichnung kann daher nicht auf den von FRAUCHIGER beobachteten Fall angewendet werden, solange der Beweis aussteht, daß er durch eben dieses Virus erzeugt worden war. In einer späteren Mitteilung berichteten FRAUCHIGER und W. HOFMANN, daß zwei Rinder, die mit Poliomyelitisvirus (vom Menschen) intralumbal geimpft worden waren, nach einer zwei- bis dreitägigen Inkubation Paraparesen der Extremitäten zeigten. die sich dann allmählich zurückbildeten. Die Autoren nehmen auf Grund dieser Versuche an, daß Rinder (im Gegensatze zu früheren Angaben) für Poliomyelitisvirus empfänglich sind. Läßt man diesen Schluß gelten, so folgt daraus noch nicht, daß die von FRAUCHIGER beobachtete spontane Erkrankung eines Rindes auf einer Infektion mit Poliomyelitisvirus beruhte. Nicht jeder im Experiment mögliche ist auch ein natürlicher Wirt [R. DOERR (*2*)].

Die Übertragbarkeit der Tumoren.

Tumoren lassen sich bekanntlich in doppelter Weise vom Tumorträger auf tumorfreie Individuen gleicher oder anderer Spezies übertragen, nämlich durch Verpflanzung (Transplantation) des Tumorgewebes bzw. der Geschwulstzellen oder ohne Zuhilfenahme von Tumorzellen durch Verimpfung von zellfreien (filtrierten) Tumorextrakten.

In Fällen, in welchen beide Verfahren anwendbar waren, vermochten GYE und PURDY zu zeigen, daß sie im Effekt voneinander verschieden sind. Das Hühnersarkom von FUJINAMI läßt sich zellfrei auf Enten übertragen; das Agens der auf diese Weise hervorgerufenen Tumoren kann nur durch Entenembryonen-Antiserum, aber nicht durch Hühnerembryonen-Antiserum neutralisiert werden. Auch das ROUSsche Hühnersarkom kann auf junge Enten verpflanzt werden, aber bloß durch Transplantation von Tumorgewebe, und das in den Entengeschwülsten vorhandene Agens ist hier umgekehrt nicht durch Entenembryonen-, sondern nur durch Hühnerembryonen-Antiserum neutralisierbar. Serologisch betrachtet erhält man somit den Eindruck, als ob sich im ersten Falle ein „Ententumor", im zweiten ein „Hühnertumor in der Ente" entwickeln würde [R. DOERR (*6*, S. 190)]. Merkwürdig und bisher weder beachtet noch genauer untersucht ist jedoch die Tatsache, daß die im Körper von Enten entstehenden Sarkome *in beiden Versuchsanordnungen* ein Agens produzieren, das auf Hühner zellfrei rückübertragen werden kann. Man versteht insbesondere nicht, warum das Roussarkom unter diesen Umständen auf Enten nur transplantiert, aber nicht zellfrei verimpft werden kann, während von Huhn zu Huhn beide Methoden positive Resultate liefern.

Vermutlich hängen mit diesen Beobachtungen die Angaben von E. MELLANBY irgendwie zusammen; sie sind im I. Teil dieses Handbuches (S. 54) ausführlich zitiert, so daß hier auf diese Stelle des Werkes verwiesen werden kann.

Die Experimente von GYE und PURDY führen, wie leicht einzusehen, zu einer zwiespältigen Erwägung. Auf der einen Seite scheinen sie für eine grundsätzliche Verschiedenheit von Transplantation und zellfreier Übertragung zu sprechen, auf der anderen legen sie den Gedanken nahe, daß die Differenz — zumindest in bestimmten Fällen — nicht so tiefgreifend zu sein braucht, sondern daß akzidentelle Faktoren (wie z. B. die Tierspezies in den Versuchen von GYE und PURDY) maßgebend sein können. Die Virusforschung steht jedoch heute jedenfalls noch auf dem Standpunkt, daß die Existenz eines virusartigen Stoffes *nur durch die zellfreie Übertragung der Tumoren* bewiesen werden kann. Die Phytopathologen vertreten eine andere Auffassung insofern, als sie von Viruskrankheiten auch dann sprechen, wenn die Übertragung nur durch Pfropfung oder, präziser ausgedrückt, durch eine gelungene Pfropfung (organische Vereinigung des Pfropfreises mit dem Stamm) möglich ist wie bei der infektiösen Panaschüre der Abutilonarten [siehe KENNETH M. SMITH (*3, 4*)]. Ob dies richtig ist, möge dahingestellt bleiben. Ein evidenter Gegensatz zu der Bewertung der Transplantation tierischer Geschwülste ist übrigens nicht vorhanden, da die Pfropfung nicht als biologisches Pendant der Tumortransplantation gelten kann.

Beurteilung des Resultates der Übertragung.

Daß der Übertragungsversuch Erfolg gehabt hat, ist an seiner pathologischen Auswirkung zu erkennen. Es ist keineswegs notwendig, daß die Wirkung auf den Empfänger der Krankheit des Spenders in allen oder auch nur in allen wichtigen Beziehungen gleicht; das ist besonders dann nicht sicher zu erwarten, wenn Spender und Empfänger verschiedenen Spezies angehören. Aber die Diskrepanz zwischen dem zu untersuchenden pathologischen Prozeß und der daraus abgeleiteten experimentellen Krankheit kann anderseits doch Bedenken erwecken, speziell wenn Untersuchungen am gleichen Objekt vorliegen, in welchen das Gegenteil, nämlich eine Übereinstimmung des natürlichen und des experimentellen Krankheitsbildes gefunden wurde.

Die Reaktion, welche Kaninchen zeigen, denen man zerriebene Lymphdrüsensubstanz eines Falles von HODGKINscher Krankheit cerebral injiziert hat (sog. Gordontest), weist nicht die entfernteste Beziehung mit dem Prozeß auf, von welchem das Material stammt. Da aber der Versuch einer zweiten Tierpassage regelmäßig mißlingt, kann man mangels anderer Anhaltspunkte überhaupt nicht sicher behaupten, daß die HODGKINsche Krankheit auf einer Infektion durch ein spezifisches Virus beruht, so daß das Übertragungsresultat hier nicht so sehr ins Gewicht fällt.

Anders liegen die Dinge bei der ätiologischen Erforschung des Pemphigus. URBACH und WOLFRAM konnten durch cerebrale Impfung von Kaninchen mit dem Blaseninhalt und mit dem Blutserum Pemphiguskranker eine Encephalomyelitis erzeugen, die sich angeblich in Passagen fortführen ließ. Durch die Möglichkeit der Passagen schien die Vermehrung des Agens im tierischen Wirt bewiesen; ein rein toxischer Effekt konnte (im Gegensatz zum Gordontest) ausgeschlossen werden. Als einziger Einwand blieb die Kluft zwischen natürlicher und Impfkrankheit bestehen, und daß er nicht gegenstandslos war, ergaben spätere Arbeiten. I. SCHMITZ sowie FLECK und GOLDSCHLAG kamen bei ihren Nachprüfungen zu völlig negativen Ergebnissen, und wo positive Resultate erzielt wurden, wichen sie von den Befunden von URBACH und WOLFRAM in wichtigen Punkten ab (I. WERTH, GRACE und SÜSKIND). Schließlich brachte eine Mitteilung von A. LINDENBERG eine überraschende Wendung in die ganze Diskussion. LINDENBERG vermochte durch intratestikulare, intraperitoneale und subdurale Impfungen mit Blut, Serum und Harn von Patienten mit verschiedenen Pemphigusformen (P. vulgaris, P. foliaceus) bei Kaninchen und Meerschweinchen *pemphigusartige Hauterkrankungen* (von vorherrschend vegetierendem Typus) zu erzeugen; auf Grund seiner Versuchsergebnisse lehnt er die Angaben von URBACH über pathologische Wirkungen auf das Zentralnervensystem ab.

Bei mehrgliedrigen Passagen muß man damit rechnen, daß sich an dem anscheinend positiven Erfolg nicht das gesuchte ätiologische Agens, sondern ein aus den Versuchstieren stammender, vorher latenter und durch die Übertragungsprozeduren aktivierter Infektionsstoff beteiligt. Die Art, wie man zu dem Virus III (RIVERS und TILLET, ANDREWES und MILLER), zum Virus der lymphocytären Choriomeningitis (E. TRAUB u. a.), zu dem von DOCHEZ, MILLS und MULLIKEN beschriebenen Mäusevirus gekommen ist, lassen solche Überlegungen als durchaus berechtigt erscheinen. In besonderem Grade ist man dieser Gefahr bei Passagen durch weiße Mäuse ausgesetzt. Die Zahl der bei diesem Versuchstier festgestellten spontanen Virusinfektionen ist jetzt schon ziemlich groß (MARCHAL, M. THEILER, E. TRAUB, GILDEMEISTER und AHLFELD, LÉPINE und SAUTTER, LAIGRET und DURAND, DOCHEZ, MILLS und MULLIKEN),[1] die Symptome sind oft geringfügig und uncharakteristisch oder können auch völlig fehlen, die Verbreitung unter den Beständen der Versuchsmäuse ist zuweilen sehr groß. Das von LAIGRET und DURAND beschriebene Mäusevirus scheint in den genannten Beziehungen ein Extrem

[1] Während der Drucklegung dieses Kapitels erschien eine Mitteilung von FINDLAY, KLIENEBERGER, MACCALLUM und MACKENZIE (Lancet, 1938, S. 1511) über eine weitere Krankheit der Mäuse („rolling disease"), bei welcher ein pleuropneumonieähnlicher Mikroorganismus („L 5") aus dem Gehirn der kranken Tiere isoliert werden konnte. Reinkulturen riefen, intracerebral injiziert, keine Symptome hervor; die typische Pathogenität (intensive leukozytäre Reaktion, Neurolyse, akuter Hydrocephalus) trat aber zutage, wenn Gemische mit neurotropen Virusarten oder mit Agar verimpft wurden oder wenn rasch aufeinanderfolgende cerebrale Passagen zu einer „Virulenzsteigerung" führten. Es ergeben sich also Beziehungen zu den auf S. 587 besprochenen ätiologischen Assoziationen einerseits und zu den Anreicherungsverfahren (S. 592) anderseits.

darzustellen. Es soll sich bei Mäusen jeden Alters im Gehirn finden, ja sogar schon bei Mäuseembryonen, und gar keine Krankheitserscheinungen hervorrufen, so daß erst die Übertragung auf Meerschweinchen, welche mit Fieber und meist mit Exitus reagieren, den Beweis für sein Vorhandensein erbringt. Das Virus wollen LAIGRET und DURAND sogar im Liquor von Menschen gefunden haben, welchen das Gehirn von solchen Mäusen (anläßlich der Schutzimpfung gegen Gelbfieber) injiziert worden war. Wie dies auch GILDEMEISTER und AHLFELD betonen, hat man hierbei zu berücksichtigen, daß gerade die weiße Maus in der experimentellen Virusforschung ausgedehnteste Verwendung findet (Gelbfieber, Influenza, St.-Louis-Encephalitis, Encephalitis japonica, equine Encephalomyelitis, Vesicularstomatitis, Louping ill, Pseudorabies, Hühnerpest, Lymphogranuloma inguinale usw.); die polyvalente Empfänglichkeit der Maus für die verschiedensten Infektionsstoffe [R. DOERR (7)] und der billige Preis dieses Versuchstieres dürften hierbei den Ausschlag geben.

Auch bei Versuchen mit Pemphigusmaterial könnte die unbeabsichtigte Einschleppung eines „Fremdvirus" in die Passagereihen eine Rolle spielen. CAROL, PRAKKEN, RUITER, SNIJDERS und WIELENGA konnten feststellen, daß Meerschweinchen, welche mit Blutserum oder Blaseninhalt von Pemphigusfällen intracerebral geimpft wurden, nach einiger Zeit eingehen (ohne Lähmungen und ohne charakteristischen Hirnbefund); der Effekt war übertragbar, aber die Autoren vertreten die Ansicht, daß durch die intracerebralen Einspritzungen (andere Arten der Übertragung hatten keinen Erfolg) eine spontane Meerschweinchenkrankheit aktiviert und dann von einem Glied der Passage zum anderen verschleppt wurde.

Es ist nicht immer leicht, solche vorgetäuschte Passagen zu erkennen bzw. ihre Intervention auszuschließen; daß die klinische und anatomische Identität von Grundkrankheit und Impfkrankheit einen Schutz gegen solche Fehlerquellen bietet, liegt auf der Hand, ebenso daß das Gegenteil zur Skepsis berechtigt. So z. B. gegenüber den Angaben von F. GERLACH, der aus Carcinomen und Sarkomen des Menschen filtrierbare Mikroorganismen züchtete, die bei Versuchstieren „exsudative Vorgänge in den großen Körperhöhlen" hervorriefen; unter 342 Infektionsversuchen wurde nur in 14 Fällen Tumorbildung beobachtet, die aber keine Folge der Impfung gewesen sein muß, da man Spontantumoren (besonders bei Mäusen und Ratten) gar nicht selten beobachtet.

Man darf aber, wie schon betont wurde, auch nicht in das andere Extrem verfallen und in jedem Falle eine Übereinstimmung verlangen, wie sie etwa zwischen der Poliomyelitis des Menschen und der experimentellen Affenpoliomyelitis besteht. Nicht nur die Übertragung auf eine andere Wirtsspezies kann den Infektionsablauf und die Art seiner pathologischen Auswirkung ändern, sondern auch der gewählte Übertragungsmodus (intracerebrale, intratestikulare Injektionen) und der Einfluß der Passage, die in besonderem Grade geeignet ist, vorhandene Eigenschaften auszulöschen oder zu modifizieren und neue in Erscheinung treten zu lassen. Die große Variabilität der Virusarten (siehe G. M. FINDLAY, dieses Handbuch) macht sich eben schon bei der erstmaligen Feststellung eines neuen Repräsentanten dieser Gruppe übertragbarer Agenzien geltend.

Nachweis latenter Infektionen durch ein bisher unbekanntes Virus.

In diesem Zusammenhang ergibt sich auch die Frage, ob eine Virusinfektion beim Spender als völlig latenter Prozeß bestehen und erst durch die Übertragung beim Empfänger manifest werden kann, und ferner, ob eine Umkehrung dieses Verhältnisses (manifeste Erkrankung beim Spender, latenter Infekt beim Empfänger) vorkommt. Damit jedes Mißverständnis ausgeschlossen wird, sei hier nochmals betont, daß an dieser Stelle lediglich die Versuchsanordnungen behandelt werden, welche auf die Feststellung eines noch nicht bekannten Infektionsstoffes hinzielen. Aus den Experimenten mit bekannten Virusarten ist es ja zur Genüge bekannt, daß sich latente Infektionen durch die Übertragung nachweisen lassen, weil sie im Empfänger unter typischen Symptomen verlaufen, und daß man umgekehrt bei der Verimpfung des Materials manifester Prozesse gelegentlich trotz stattgehabter Infektion keine krankhaften Störungen beobachtet; die oben formulierte Frage könnte daher als überflüssig bezeichnet werden. Hier soll aber etwas anderes erörtert werden, *nämlich ob man, wenn dieser Sachverhalt als regelmäßige Beziehung vorliegt, überhaupt zur Erkenntnis eines virusartigen Agens kommen kann.*

Nehmen wir zunächst den Fall her, daß eine spezifische Virusinfektion nur bei einer bestimmten Wirtsart und bei dieser ausschließlich als latenter Zustand vorkommt. Für die Beobachtung existiert dann nichts, was auf eine übertragbare Krankheit hindeutet, und es liegt daher auch keine Veranlassung vor, Übertragungsversuche vorzunehmen. Die Aufdeckung des wahren Sachverhaltes bleibt dann dem Zufall überlassen, wie das beim Virus III tatsächlich der Fall war (siehe S. 575).

Die Umkehrung würde — in extremster Fassung — darin bestehen, daß das Agens einer manifesten Erkrankung zwar übertragbar ist, daß aber der Empfänger nur latent infiziert wird, wobei „Latenz" nicht nur in dem üblichen Sinne als Symptomlosigkeit, sondern auch als Freibleiben von anatomischen (histologischen) Veränderungen aufzufassen wäre.[1] Unter solchen Bedingungen wird das positive Resultat des Übertragungsversuches nur erkennbar, wenn man die latente Infektion mit Hilfe mehrerer Passagen durch die gleiche Tierspezies gewissermaßen verstärken kann, derart, daß in den späteren Gliedern der Passagereihen krankhafte Störungen auftreten, die an Intensität bis zu einem bestimmten Maximum zunehmen.

Da diese Steigerung der Pathogenität erst im Laufe fortgesetzter Passagen zustande kommt bzw. deutlich wird, muß man eine vorher nicht bestimmbare Zahl von Übertragungen aufs Geratewohl vornehmen, d. h. ohne voraussehen zu können, ob und wann die gewünschte Veränderung eintreten wird, und da man normale Gewebe verimpft, hat man auch keinen Anhaltspunkt, zu welcher Zeit das Material für die Anlegung der nächsten Passage entnommen werden soll. Im allgemeinen entscheidet man sich bei solchen „Blindpassagen" für Intervalle von 4—5 Tagen, weil man einerseits die Vermehrung im latent infizierten Gewebe abwarten und anderseits nicht zu spät kommen will, bis die Autosterilisation bereits erfolgt ist. Die Passagen werden in der Regel mit Hilfe von intracerebralen oder namentlich intratestikularen Injektionen durchgeführt, wobei vielleicht auch die Überlegung maßgebend ist, daß es sich um relativ abgeschlossene, kleinere Organe handelt, aus welchen einverleibtes Material nicht so leicht abtransportiert werden kann; außerdem weiß man aus Versuchen mit bekannten Virusarten (Vaccine, Herpes), daß im Hoden und im Gehirne eine quantitative Anreicherung (siehe S. 592) und eine qualitative Änderung (Anpassung an das dargebotene Gewebe mit Zunahme der Pathogenität) de facto eintreten kann. Das Virus III kann auch hier als Beispiel dienen, weil es allem Anscheine nach eine Kombination der beiden Fälle darstellt, nämlich den Nachweis einer latenten Infektion trotz anfänglicher Blindpassagen bei der gleichen Tierart.

[1] Hier wird natürlich nur der Fall ins Auge gefaßt, daß serienweise Übertragungen auf die gleiche Wirtsspezies, bei welcher die Infektion spontan und in manifester Form auftritt, nicht durchführbar sind wie bei gefährlichen Krankheiten des Menschen (siehe S. 577).

Fehlerquellen der Beweisführung.

Schließlich wäre noch zu erwägen, ob der vorstehend geschilderte und kritisch analysierte Gang der Untersuchung bei Beachtung aller Kautelen ein positives Resultat liefern kann, obwohl kein Virus vorhanden ist. Die Antwort hängt natürlich davon ab, was man unter Virus verstehen will. Wie die Dinge jetzt liegen, kann darunter nur ein übertragbares Agens gemeint sein, dessen Teilchen einen Durchmesser von zirka 8—200 mμ haben und untereinander annähernd gleich groß sind. Im wesentlichen umschreibt diese Definition die positiven und negativen Postulate, wie sie oben präzisiert wurden; die Erfüllung derselben sollte daher zwangläufig ein Virus ergeben, da die Definition den Mechanismus, auf dem die unbegrenzte Übertragbarkeit beruht, nicht fixiert.

Wie das aufzufassen ist, läßt sich an einem weniger bekannten Paradigma zeigen. Die *periodische Ophthalmie der Pferde* tritt sowohl sporadisch als in Form von Epizootien auf. In frisch enucleierten Augen erkrankter Pferde lassen sich weder aërobe noch anaërobe Bakterien nachweisen und andere Untersuchungen (auf Spirochaeten, Protozoën) hatten gleichfalls negative Ergebnisse. Dagegen konnte die Krankheit durch intraoculare Injektion der Flüssigkeiten oder Gewebe kranker Augen bei Pferden oder Kaninchen erzeugt werden; nach sechs Kaninchenpassagen gelang eine Rückübertragung auf das Pferd. Das Agens vermochte Berkefeldfilter N zu passieren. WOODS und CHESNEY, von welchen alle diese Angaben stammen, waren der Ansicht, auf diese Weise ein filtrierbares Virus als spezifisches ätiologisches Agens der periodischen Ophthalmie nachgewiesen zu haben und in neueren Werken (TOPLEY und WILSON) wird die Ophthalmie unter den Viruskrankheiten aufgezählt. BERRÁR und MANNINGER bestreiten zwar nicht den experimentellen Tatbestand, wohl aber seine Interpretation. Was übertragen wird und pathogen wirkt, seien nicht „Ultravirusarten“, sondern filtrierbare Eiweißzersetzungsprodukte, welche im Exsudat der erkrankten Augenkammer auftreten. Als Begründung wird angeführt: 1. daß die durch Übertragung entstandene experimentelle Ophthalmie nicht völlig der natürlichen Erkrankung gleicht, 2. daß die Intensität der experimentellen Ophthalmie im Laufe der Passagen stetig abnimmt und 3. daß man durch intraoculare Injektion von Eiweißabbauprodukten eine der natürlichen Erkrankung ähnliche Entzündung des Auges hervorrufen kann. Diese Argumente sind jedoch nicht stichhaltig, das dritte schon aus dem Grunde, weil BERRÁR und MANNINGER nicht versucht haben, ob sich eine durch Eiweißabbauprodukte angefachte Entzündung gleichfalls in mehrgliedrigen Passagen übertragen läßt. Würde diese Frage im negativen Sinne entschieden, so müßte man der Ansicht von WOODS und CHESNEY beipflichten. Ein positives Resultat könnte als Bestätigung der von R. DOERR (*3*) geäußerten Auffassung betrachtet werden, daß auch nicht-infektiöse Prozesse (speziell Entzündungen) übertragbar sind, weil ihre Produkte entzündungserregend wirken; DOERR sah darin eine Erklärung für die Gewinnung des Virus III durch intratestikulare Blindpassagen (siehe S. 581).

Die einwandfreie Feststellung, daß eine Krankheit von bisher unaufgeklärter Ätiologie durch ein spezifisches Virus hervorgerufen wird, kann, wie gezeigt wurde, auf erhebliche Schwierigkeiten stoßen, auch wenn die selbstverständliche Voraussetzung, daß es sich um einen eigenartigen und um einen übertragbaren Prozeß handelt, außer Zweifel steht. Es sind Fehler im positiven wie im negativen Teil der Beweisführung leicht möglich und auch von anerkannten Fachleuten begangen worden.

Das Gelbfieber galt zuerst als eine Viruskrankheit, dann wurden verschiedene mikroskopisch sichtbare Erreger (Cryptococcus xanthogenicus, Bacillus icteroides,

Spirochaeta icteroides usw.) beschrieben und heute zählt der Gelbfieberkeim wieder zu den Virusarten u. zw. gerade zu jener Gruppe, deren Elemente besonders klein sind (zirka 22 mμ); aber es scheint, daß auch dieser aktuelle Stand des Problems von mancher Seite nicht als abschließend betrachtet wird, da A. C. COLES noch im Jahre 1937 für weit größere Gebilde, die er im Blute von Gelbfieberpatienten fand, die Anerkennung als Erreger der Krankheit in Anspruch nahm.

Daß sich die ätiologische Forschung bei ihren Bestrebungen, die Erreger übertragbarer Krankheiten zu ermitteln, häufig und im gleichen Falle auch wiederholt geirrt hat, ist bekannt. Der Spirochaeta pallida z. B. ist eine große Zahl falscher Prätendenten vorangegangen. Es wäre indes nicht zutreffend, wenn man die Abwege und Umwege der Virusforschung einfach als Ausdruck der Fehlerquellen betrachten wollte, mit welchen das ganze Gebiet belastet war und trotz der Fortschritte der Methodik und der bereicherten Erfahrung auch heute noch belastet ist. Denn es kommt ja noch die Spezialfrage hinzu, ob die Annahme eines *Virus* als ätiologisches Agens berechtigt erscheint, und hier kann man auf Grund einer unvollkommenen oder nicht genug exakten negativen Voruntersuchung zu falschen Schlüssen gelangen; und auf der anderen Seite besteht eben das Mißtrauen gegen die unbedingte Zuverlässigkeit dieser Voruntersuchung, welches im Vereine mit der unbefriedigenden Definition des Virusbegriffes den Impuls gibt, an den schon anerkannten Virusbefunden wieder zu rütteln und an die Stelle des virusartigen Erregers etwas anderes, mehr Vertrauen erweckendes zu setzen: *den mikroskopisch gut sichtbaren und morphologisch bestimmbaren Keim.*

Daß die erkenntnispsychologische Einstellung diesen Ausführungen de facto entspricht, wird durch die Betrachtung gegenteiliger Beispiele besonders deutlich. Der Leprabacillus konnte bis heute nicht oder nicht sicher reinkultiviert werden, und die experimentelle Übertragung auf Ratten ist, wenn man die Angaben von NAKAMURA, KOBASHI und MATSUMOTO sowie von P. JORDAN gelten läßt, jedenfalls erst in den letzten Jahren gelungen; der Leprabacillus hat aber seit seiner Entdeckung durch ARMAUER HANSEN (1873) seine Position zu behaupten vermocht.

Nachweis der Spezifität neuentdeckter Virusarten.

Ist ein Virus als ätiologisches Agens einer übertragbaren Krankheit mit hinreichender Bestimmtheit ermittelt, so ist noch der Beweis für seine Spezifität zu erbringen. Sein konstantes Vorkommen bei der zu untersuchenden Krankheit genügt für diesen Zweck nicht, vielmehr ist seine Abgrenzung von anderen Virusarten mit den verfügbaren Mitteln durchzuführen. Im Mittelpunkt steht — bei den Virusarten noch mehr als bei anderen Erregern — die sorgfältige Analyse des Verhaltens im Organismus empfänglicher Wirte sowie die Feststellung des „*Infektiositätsspektrums*", worunter man nach DOERR (*2*) den Kreis der natürlichen und experimentellen Wirte zu verstehen hat, welcher einem übertragbaren Agens zugeordnet ist. Schon oft hat die Tatsache, daß von zwei sonst sehr ähnlichen Virusarten die eine auf eine bestimmte Tierspezies erfolgreich verimpft werden kann, die andere nicht, das Urteil entscheidend beeinflußt.

Ein bekanntes Beispiel dieser Art ist das Virus, welches R. KORITSCHONER aus den Gehirnen von zwei letal verlaufenen Fällen von „Encephalitis" bzw. „Encephalomyelitis" durch subdurale Verimpfung auf Kaninchen isolierte. Sowohl KORITSCHONER als auch LUGER und LAUDA hielten den isolierten Stamm für ein (dem Herpesvirus nahestehendes) Agens der epidemischen Encephalitis; er ließ sich jedoch im Gegensatze zum Herpesvirus auf Hunde subdural übertragen und rief anderseits keine Keratoconjunctivitis am Kaninchenauge hervor. Genauere Untersuchungen, welche sich auch auf gekreuzte Immunitätsprüfungen erstreckten, ergaben, daß es sich um modifiziertes Lyssavirus handle (DOERR und ZDANSKY, SCHWEINBURG, FLEXNER u. a.), womit auch die Tatsache übereinstimmte, daß die beiden Encephalitisfälle, von welchen das „Virus KORITSCHONER" stammte, Individuen betrafen, welche mehrere Wochen vor ihrer Erkrankung von tollwütigen Hunden gebissen worden waren.

Das gleiche Schicksal hatte ein Virus, welches KOBAYASHI durch subdurale Impfung von Kaninchen mit dem Gehirn eines an klinisch typischer Encephalitis gestorbenen Japaners gewonnen hatte. Obzwar KOBAYASHI die Diskussionen über das „Virus KORITSCHONER" zum Teile kannte und obwohl er bei seinem Stamm das ausgedehnte Infektiositätsspektrum des Lyssavirus und die immunologische Verwandtschaft mit diesem konstatierte, wollte er die offensichtliche Identität nicht zugestehen, bis eine auf seinen Wunsch vorgenommene Nachprüfung im Rockefeller-Institut jeden Zweifel beseitigte (E. V. COWDRY). Es ist bezeichnend, daß sich KOBAYASHI vorher in vielen Einzelversuchen vergeblich bemüht hatte, im Gehirn oder im Liquor japanischer Encephalitisfälle durch subdurale Impfungen auf Kaninchen einen spezifischen Infektionsstoff nachzuweisen, daß er sich aber nicht abhalten ließ, die gleichen Experimente weiter fortzusetzen, bis er endlich ein positives Ergebnis erhielt, das sich als Täuschung entpuppte. Kein in der Geschichte der Virusforschung singuläres Ereignis! Die Annahme von KOBAYASHI, daß die japanische Encephalitis durch ein spezifisches neurotropes Virus verursacht wird, war jedoch, wie spätere Forschungen ergaben, im Prinzip richtig (vgl. die neuere zusammenfassende Darstellung von C. LEVADITI); doch ist auch heute noch das Problem nicht vollständig geklärt und es bestehen insbesondere noch Unstimmigkeiten über die Empfänglichkeit der verschiedenen Versuchstiere und über die Beziehungen zum Virus der amerikanischen Encephalitis (St. Louis-Encephalitis).

Allerdings sind Infektiosität und Pathogenität der Virusarten und ihre Beziehungen zu verschiedenen Wirten keine starren Eigenschaften (siehe G. M. FINDLAY, dieses Handbuch, 5. Abschnitt, 6. Kapitel). Im Experiment lassen sich Anpassungen an Wirte realisieren, die zunächst refraktär erscheinen. Es muß eben hier unterschieden werden zwischen solchen experimentell aufgeprägten Merkmalen und dem Verhalten, welches das Virus zeigt, wenn es unmittelbar einem natürlichen Wirt entnommen wird. *Dieses* ist — falls es gesetzmäßig in Erscheinung tritt — maßgebend und nicht oder nur in zweiter Linie die vom Experimentator geschaffenen Varianten.

Dabei hat man jedoch zu berücksichtigen, daß die Anpassung an verschiedene Wirte auch unter natürlichen Verhältnissen Differenzen im Infektiositätsspektrum einer und derselben Virusart erzeugen kann. Die in Südamerika und auf Trinidad unter den Rindern epizootisch auftretende und gelegentlich auch auf Menschen übergreifende Myelitis wird durch eine Variante des Lyssavirus hervorgerufen, deren Identifizierung Schwierigkeiten machte, weil sie besonders für Affen und Meerschweinchen, für Kaninchen weit weniger und für Hunde überhaupt nicht infektiös bzw. pathogen war. Die Übertragung auf den Hund gelingt nach J. L. PAWAN erst nach vorausgegangenen Affenpassagen. HURST und PAWAN vertreten die Auffassung, daß die vom gewöhnlichen Lyssavirus abweichenden Eigenschaften des „Trinidadvirus" dadurch zustande kamen, daß nicht Caniden, sondern blutsaugende Fledermäuse (Desmodus rufus) die natürlichen Wirte darstellen, welche durch den Saugakt Rinder und Menschen infizieren. Die Krankheit, welche mit Lähmungen einhergeht, wurde ursprünglich bei den Rindern für Botulismus, bei Menschen für Poliomyelitis acuta gehalten (DE VERTUEIL und F. W. URICH), bis der Nachweis von NEGRIschen Körperchen im Zentralnervensystem von Fledermäusen und experimentell geimpften Affen (HURST und PAWAN) die wahre Natur des Prozesses enthüllte.

Daß sich die Beziehungen zu den natürlichen und experimentellen Wirten nicht in der Antithese „Empfänglichkeit oder Unempfänglichkeit" erschöpfen, sondern daß die möglichen Arten der Übertragung, die Art der Ausbreitung im Wirtskörper, die anatomischen Läsionen, die Affinitäten zu bestimmten Geweben oder Organen usw. untersucht werden müssen, ist ebenso klar, wie daß heute zur vollständigen Charakterisierung eines Virus die Feststellung der Teilchengröße, morphologische Befunde (Einschluß- und Elementarkörperchen), die Resistenz gegen keimschädigende Einflüsse, die Vermehrung (Züchtung) in vitro bzw. im Hühnerembryo und die Immunitätsverhältnisse (einschließlich der serologischen Reaktionen) gehören.

Es ist dies der Aufgabenkreis der *deskriptiven Virusforschung*, deren allgemeine Richtlinien, soweit sie sich auf Fragestellung und experimentelle Durchführung beziehen, in den Abschnitten II bis VII dieses Handbuches behandelt werden.

Die Beurteilung verwandtschaftlicher (genetischer) Beziehungen der Virusarten. — Klassifikationen.

Wie bei den pathogenen Mikroorganismen, so ist auch bei den Virusarten das nächste Ziel *die Differenzierung der verschiedenen Arten und Typen.* Auf der anderen Seite macht sich aber naturgemäß das Bestreben geltend, die stetig wachsende Zahl der Virusarten zu ordnen, in ein natürliches System zu bringen. Den Versuch, je nach der Lage der Zelleinschlüsse im Kern, im Protoplasma oder im Kern und im Protoplasma besondere Gruppen (Cytooikon-, Karyooikon-, Cytokaryooikon-Gruppe) zu unterscheiden (B. Lipschütz), können wir heute als unbrauchbar ablehnen; das „System der Einschlußbefunde", wie Lipschütz seine Klassifikation nennt (l. c., S. 365), vereinigt die heterogensten Infektionsstoffe in einer Gruppe, reißt Zusammengehöriges auseinander und nimmt auf Virusarten, welche keine Einschlüsse bilden, überhaupt keine Rücksicht. Der Vorschlag von T. M. Rivers, nach der Größe der Viruselemente drei Kategorien (kleinste, mittelgroße und große Virusarten) zu unterscheiden, hat nicht den Sinn eines natürlichen Systems [vgl. Doerr (*4*, S. 99)]. Alle anderen Einteilungen verwenden als klassifikatorisches Prinzip, wie das eigentlich bei dem jetzigen Stand unseres Wissens kaum anders denkbar ist, die Besonderheiten der pathologischen Auswirkung, u. zw. nicht so sehr die allgemeine Qualität der pathogenen Einwirkung auf Wirtszellen und Wirtsgewebe (Hyperplasie, Degeneration, Nekrose, Entzündung), als vielmehr die Affinität der Virusarten zu bestimmten Geweben oder Organen.

Im Grunde genommen kommt man auf diese Weise nicht zu einem System der *Virusarten*, sondern zu einer für praktische Zwecke immerhin dienlichen Gruppierung der *Viruskrankheiten* nach denselben Gesichtspunkten, nach welchen der Kliniker Krankheiten des Nervensystems, der Kreislauforgane, der Leber, der Lunge usw. unterscheidet. Maßgebend sind die *Lokalisationen des pathologischen Geschehens*, denen allerdings, sofern es sich nicht um toxische Wirkungen oder sekundäre Degenerationen, sondern um Folgen der Infektion, d. h. der Virusvermehrung handelt, Anpassungen der Virusarten an bestimmte Strukturen des Wirtsorganismus zugrunde liegen müssen.

Diese Anpassungen können hochgradig spezifiziert sein. Das Virus der Parotitis epidemica lokalisiert sich in den Speicheldrüsen und in den Hoden, das Virus der Poliomyelitis vorzugsweise in den motorischen Ganglienzellen der Vorderhörner des Rückenmarkes, das Agens des Louping-ill affiziert besonders das verlängerte Mark und das Kleinhirn (die Purkinjeschen Zellen), das Schnupfenvirus die Nasenschleimhaut, das Speicheldrüsenvirus die Submaxillardrüse des Meerschweinchens. Diese Beispiele, die sich noch beträchtlich vermehren ließen (siehe R. Doerr, dieses Handbuch, 5. Abschnitt, 5. Kapitel), lassen sofort erkennen, daß man die tierpathogenen Virusarten nicht nach ihrer Fähigkeit, bestimmte Keimblätter zu besiedeln, in *ektodermotrope, mesodermotrope* und *entodermotrope* unterteilen kann. C. Levaditi wollte auf Grund dieser von ihm vertretenen Vorstellung die Tatsache erklären, daß sich manche Virusarten, wie z. B. das Herpesvirus, sowohl in der Haut als auch im Nervensystem festzusetzen vermögen; da das Nervensystem ektodermalen Ursprunges ist, schien ihm der Begriff der „Ektodermoses neurotropes" gerechtfertigt. Man darf wohl behaupten, daß sich alle Ableitungen aus dieser Idee als unfruchtbar bzw. unhaltbar erwiesen haben, zunächst beim Herpesvirus selbst, für welches W. Smith die Haftung in mesodermalen Strukturen des Kaninchens nachwies, dann beim Vaccinevirus, das von Levaditi zu den ektodermotropen Virusarten gezählt wurde, was ebensowenig richtig war wie seine spätere Abstempelung als exquisit mesodermotroper Keim (Ledingham) usw. Hat doch E. V. Keogh in jüngster Zeit berichtet, daß das Virus des *Roussarkoms* in die Chorio-Allantois des sich entwickelnden Hühnerembryos geimpft, sowohl rein ektodermale Läsionen als mesoblastische Wucherungen (Tumoren) zu erzeugen vermag und daß bei der Rückverimpfung der ektodermalen Läsionen auf erwachsene Hühner typische Roussarkome entstehen. Wohl eine ausgezeichnete Illustration zu der an Levaditis Einteilung der Virusaffinitäten geübten Kritik.

Auch wenn man sich von gewagten Verallgemeinerungen fernhält und auf eine möglichst objektive Registrierung der Tatsachen beschränkt, *bleibt die Einteilung der Virusarten nach dem Prinzip der topographischen Pathologie ein Notbehelf ganz ebenso wie ihre Benennung nach den Krankheiten, welche sie erzeugen.* Wir sprechen von Gelbfiebervirus, Lyssavirus, Schnupfenvirus usw., wie die Bakteriologie früher nur einen Typhusbacillus, Tuberkelbacillus, Dysenteriebacillus, Meningococcus usw. kannte; bei den Bakterien hat man aber den provisorischen, unwissenschaftlichen und an medizinische Bedürfnisse angepaßten Charakter dieser Nomenklatur erkannt und es sind seit geraumer Zeit ernste Bestrebungen im Gange, an die Stelle der alten Bezeichnungen und der regellosen Aufzählungen Namen und Klassifikationen treten zu lassen, welche den Grundsätzen biologischer Systematik genügen (Topley und Wilson, l. c., S. 213).

Auf jeden Fall hat man festzuhalten, daß Ähnlichkeiten in der pathologischen Auswirkung, wie sie in den Zusammenfassungen von „neurotropen", „dermotropen", „pneumotropen", „hämotropen" Virusarten zum Ausdruck kommen, keineswegs den Schluß auf eine biologische oder gar genetische Verwandtschaft zulassen. Jede solche Folgerung bedarf besonderer Beweise, wie sie z. B. für die Menschen- und Tierpocken erbracht werden konnten; und selbst in dieser Gruppe stellen die Geflügelpocken eine Ausnahme dar (E. Echenique-Guzman u. a.). Die Tendenz, verwandtschaftliche Beziehungen festzustellen, hat zum Teile zu sonderbaren Behauptungen und Fragestellungen Anlaß gegeben. Der Herpes febrilis, als eine mit Blasenbildung einhergehende Viruskrankheit, wurde mit der Variola-Vaccine in Zusammenhang gebracht (Gildemeister und seine Mitarbeiter, Zurukzoglu); auf Grund einer Angabe von Busson prüften Gildemeister und Karmann — freilich mit negativem Ergebnis —, ob sich ein Konnex zwischen Variola-Vaccine und Lyssa konstatieren läßt; weil Urbach und Wolfram mitgeteilt hatten, daß man durch cerebrale Verimpfung von Pemphigusmaterial auf Kaninchen nervöse Störungen erzeugen könne (siehe S. 579), untersuchten Schweinburg und Wolfram die serologischen und immunologischen Beziehungen zwischen Pemphigus- und Lyssavirus und berichteten über positive Resultate usw.

Abgesehen von mehr oder minder suggestiven Analogien der pathologischen Prozesse werden zur Begründung verwandtschaftlicher Beziehungen meist Immunitätsreaktionen herangezogen, die sich ja als Indikatoren für biologische Verwandtschaft oder Verschiedenheit in weitem Umfange bewährt haben. Man weiß aber auch, daß nicht nur große Erfahrung, sondern vor allem objektive und strenge Kritik erforderlich ist, um die Resultate gekreuzter Immunitätsprüfungen und serologischer Untersuchungen richtig zu beurteilen. Selbst wenn diese Voraussetzungen gegeben sind, ist es zuweilen nicht möglich, die erhobenen Befunde ohne Zuhilfenahme von Hypothesen zu deuten.

So ist es bisher nie gelungen, von grippekranken Menschen einen Stamm von Influenzavirus zu gewinnen, der sich immunologisch wie das Virus der Schweineinfluenza verhalten würde; dagegen konnte sowohl in England wie in Amerika festgestellt werden, daß die Sera von erwachsenen Personen fast immer neutralisierende Antikörper für das Schweinevirus enthalten, die Sera von Kindern jedoch nur sehr selten. Menschensera neutralisieren auch humanes Influenzavirus, aber nur in zirka 50% der Fälle und die Differenz zwischen erwachsenen Individuen und Kindern war in Amerika überhaupt nicht vorhanden, im englischen Untersuchungsmaterial war sie relativ gering (cit. nach R. E. SHOPE). Daß dieser Sachverhalt in mehrfacher Hinsicht von der Erwartung diametral abweicht, ist evident. Unter den denkbaren Erklärungen bevorzugt SHOPE (*2*) die Annahme von P. P. LAIDLAW, daß das Schweinevirus einen im Tier erhaltenen, im Menschen aber dauernd oder zeitweilig erloschenen Stamm des Menschenvirus repräsentiert, der so an das Schwein angepaßt ist, daß er heute seine Infektiosität für den Menschen eingebüßt hat; die das Schweinevirus neutralisierenden Antikörper im Menschenserum sollen Folgen früherer latenter oder manifester Infektionen mit dem damals[1] noch vorhandenen und für Menschen virulenten Stamm sein. Es erscheint aber sehr fraglich, ob die Hypothese von LAIDLAW mehr ist als ein derzeit noch gangbarer Ausweg.

Ätiologische Assoziationen (Virus plus Bacterium, Virus plus Virus).[1]

Die Erforschung der Influenzaätiologie hat übrigens noch ein anderes Problem gezeitigt: das Kooperieren eines virusartigen und eines nicht-virusartigen Infektionsstoffes bei der Erzeugung eines anscheinend einheitlichen Krankheitsbildes. Sofern ich gut unterrichtet bin, war der Schweizer Kliniker H. SAHLI der erste, welcher dem von PFEIFFER 1892 entdeckten Influenzabacillus zwar nicht die ätiologische Bedeutung absprach, wohl aber annahm, daß dieser Keim nicht allein, sondern nur im Vereine mit einem zweiten unbekannten Agens die Wirkungen entfaltet, welche uns am Krankenbett entgegentreten. 1931 veröffentlichte R. E. SHOPE (*1*) eine Reihe von sehr überzeugenden experimentellen Untersuchungen, denen zufolge die seit 1918 beobachtete Schweineinfluenza de facto durch die kombinierte Infektion mit einem Virus und einem bestimmten Bacterium hervorgerufen wird. Der bakterielle Faktor (Haemophilus influenzae suis) stimmte merkwürdigerweise mit dem PFEIFFERschen Influenzabacillus weitgehend überein und für das Virus konnte bei der menschlichen Grippe ebenfalls das Gegenstück nachgewiesen werden, zuerst 1933 von SMITH, ANDREWES und LAIDLAW.

Das humane Influenzavirus wurde durch die Übertragung auf ein ungewöhnliches Versuchstier, das Frettchen, festgestellt und vom Frettchen gelang später die Verimpfung auf weiße Mäuse; das Schweinevirus zeigte sowohl am Frettchen wie an der weißen Maus das gleiche Verhalten. Beide Virusrassen wirkten aber im Tierexperiment ohne bakterielle Beihilfe und Versuche, den reinen Viruseffekt durch Haemophilus influenzae suis oder irgendwelche andere Bakterien zu modifizieren oder zu verstärken, gaben keine deutlichen bzw. konstanten Resultate.

Wie sich nun die Frage nach der Ätiologie der Influenza des Menschen auf Grund dieser Untersuchungen darstellt, wurde in mehreren zusammenfassenden

---

[1] Zur Zeit der Pandemie von 1918; es ist dies der Zeitpunkt, von welchem angefangen das jährliche Auftreten von Influenzaepizootien unter den Schweinen registriert werden konnte.

Darstellungen erörtert (P. P. Laidlaw, R. E. Shope, C. Hallauer u. a.), welche naturgemäß entweder den Standpunkt vertreten, daß das Virus so wie in den Experimenten an Frettchen und weißen Mäusen zur Erklärung der Pathogenese ausreicht, oder an der Analogie mit der Schweineinfluenza und damit an den hämophilen Bakterien als ätiologischen Partialfaktoren festhalten. Eine Entscheidung kann derzeit nicht gefällt werden, auch wenn man die komplexe Ätiologie der epizootischen und enzootischen Schweineinfluenza, die ja die Basis der ganzen modernen Influenzaforschung bildet, für endgültig bewiesen hält. Die außerordentlich rasche und massenhafte Verbreitung der pandemischen Grippe ist mit der Vorstellung nicht vereinbar, daß zwei ganz verschiedene Agenzien von Mensch zu Mensch fortgepflanzt werden. Bereitet die *Koppelung der Wirkung* trotz der Shopeschen Versuche dem Verständnis Schwierigkeiten — speziell auch im Hinblick auf die so verschiedene Malignität der Influenzaepidemien —, so ist dies erst recht der Fall bei der *Koppelung der Übertragung*.

Ein detailliertes Eingehen auf die Ergebnisse und Hypothesen der Influenzaforschung liegt nicht im Plane dieser Darstellung. Es sollen vielmehr die allgemeinen Folgerungen diskutiert werden, die sich aus der gesetzmäßigen Assoziation zweier Infektionsstoffe zu einem klinisch einheitlichen Effekt für ätiologische Untersuchungen, speziell für die Feststellung der Beteiligung eines virusartigen Infektionsstoffes ergeben. Es ist dies nur ein Spezialfall solcher „Symbiosen", wie man das fälschlich nennt, oder richtiger von *gekuppelten Infektionen*; die Fusospirochaetose (Angina Plaut-Vincenti) beruht z. B. auf der Vergesellschaftung des Fusobacterium Plaut-Vincenti mit einer Spirochaete. Wenn aber ein Virus als pathogenetischer Faktor interveniert, nehmen die zu lösenden Probleme naturgemäß besondere Formen an, über die man sich Rechenschaft ablegen sollte, um so mehr, als die von R. E. Shope festgestellte Kombination nun auch für andere Krankheiten in Anspruch genommen wird, so für die Ferkelgrippe (K. Köbe, O. Waldmann), für den seuchenhaften Husten des Pferdes (Waldmann und Köbe) und für die infektiöse Bronchitis des Rindes (Waldmann und Köbe, K. Köbe).

Greifen wir auf das Schema zurück, das im Eingang dieses Kapitels aufgestellt wurde, so sehen wir vorerst, daß die Gliederung in eine negative Voruntersuchung und eine positive Beweisführung auf Fälle nicht anwendbar ist, in welchen sich ein Virus mit einem bestimmten und gut charakterisierten Bacterium (wie z. B. mit dem Haemophilus influenzae) assoziiert. Die Bemühungen, einen nicht-virusartigen Keim zu finden, sind ja, wie sich das z. B. bei der Influenza des Menschen ereignete, nicht eigentlich erfolglos; aber sie führen zu einem Dilemma, indem die als „Erreger" angesprochene Mikrobe die Phänomenologie der betreffenden Infektionskrankheit nicht oder nicht befriedigend zu erklären vermag und auf der anderen Seite doch Beziehungen aufweist, welche für seine ätiologische Bedeutung sprechen. Beim Pfeifferschen Influenzabacillus ist dieses Dilemma jedenfalls sehr gut ausgeprägt. Wer Fälle von eitriger Meningitis oder von unkomplizierter Bronchitis capillaris suppurativa seziert und bei der bakteriologischen Untersuchung des Exsudats massenhafte Influenzabacillen *in Reinkultur* festgestellt hat, wird sich nicht entschließen, solche Befunde einfach als belanglos zu betrachten. Die Skepsis, die dem Influenzabacillus als *zureichender* Ursache der Grippe entgegengebracht wurde, hat jedoch durch den Nachweis eines spezifischen Virus ihre nachträgliche Rechtfertigung erfahren, soweit sich dies bei dem gegenwärtigen Stand der Kenntnisse beurteilen läßt.

Der Grundgedanke, daß der pathologische Totaleffekt nur durch die *Assoziation* von zwei infektiösen Agenzien zustande kommt, involviert die Möglichkeit, daß jeder *einzelne* Faktor unwirksam sein kann, d. h. daß er sich bei einer homologen oder heterologen Übertragung entweder als nicht-infektiös oder als nichtpathogen erweist. Bei der Fusospirochaetose (Angina Plaut-Vincenti) trifft dies zu. Bei der Schweineinfluenza ist der bakterielle Faktor (Haemophilus influenzae suis) ebenfalls für Schweine apathogen; der Virusfaktor erzeugt beim Schweine, wenn er für sich allein verimpft wird, nur eine äußerst milde, unbestimmte, meist afebrile Störung („Filtrat-disease" nach R. E. SHOPE), und nur beim Frettchen oder bei der Maus kommt es zu einer schweren, zuweilen letal ablaufenden Krankheit mit anatomischem Befund. Es ist nun denkbar, daß der Virusfaktor im isolierten Zustande im Tierversuch völlig wirkungslos ist. Bei dem bakteriellen Partner hindert das den Nachweis nicht und die ätiologische Rolle läßt sich aus anderen Anhaltspunkten erschließen; das konjugierte Virus wäre dagegen unter solchen Bedingungen nur noch auf einem Wege feststellbar, nämlich durch die Synthese einer Vollwirkung aus zwei unwirksamen Komponenten, also auf dem Wege, den SHOPE (in Unkenntnis der Empfänglichkeit des Frettchens) eingeschlagen hatte.

Aus diesen Überlegungen ergibt sich, daß erst das negative Ergebnis derartiger Syntheseexperimente gestattet, ein Virus als ätiologischen Faktor sicher auszuschließen, nicht aber die erfolglose Verimpfung von filtriertem Material. Natürlich wird man so strenge Forderungen nur stellen, wenn dies eine nicht genügend geklärte Situation erheischt. Es ist aber nicht immer zu entscheiden, wann ein ätiologisches Problem als endgültig gelöst betrachtet werden darf. So schreibt z. B. F. v. BORMANN (l. c., S. 307): „Die Bemühungen mancher Autoren, einen Miterreger für den Streptococcus zu konstruieren, wirken bei der völligen Übereinstimmung der Eigenschaften des Scharlachstreptococcus mit dem pathogenetischen Geschehen beim Scharlach im besten Falle störend." Es muß aber doch seinen Grund haben, daß diese Bemühungen bis in die jüngste Zeit unausgesetzt wiederholt werden, allerdings nur in der Form von Übertragungsversuchen mit filtriertem Material (vgl. z. B. SLATINEANU und Mitarbeiter).

Schließlich wäre noch der Möglichkeit zu gedenken, daß eine Krankheit durch zwei oder mehrere Virusarten erzeugt wird. Daß dies bei Pflanzen tatsächlich und sogar nicht selten vorkommt, hat KENNETH M. SMITH nachgewiesen, zunächst für die Mosaikkrankheiten der Kartoffel, dann auch für andere Virusinfektionen. Unter den Mitteln, durch welche solche Virusgemische in ihre Komponenten zerlegt werden können, nennt SMITH in erster Linie das verschiedene Verhalten der im Saft der erkrankten Pflanze vorhandenen Virusarten gegen die Hitze und die Trennung durch Filtration, falls die Teilchendurchmesser erheblich differieren. Zweitens kann man versuchen, den Pflanzensaft auf möglichst viele und verschiedene Wirtspflanzen zu übertragen in der Erwartung, ein oder das andere Partialvirus auszuschalten, weil ihm die Infektiosität für eine bestimmte Wirtspflanze mangelt. Endlich kann auch eine Aufspaltung des Viruskomplexes erzielt werden, wenn man die Krankheit durch Insekten übertragen läßt; es hat sich gezeigt, daß die in einem Komplex vorhandenen Virusarten nicht notwendigerweise durch das gleiche Insekt übertragen werden müssen (KENNETH M. SMITH).

Daraus ist zu ersehen, daß K. M. SMITH die ganze Analyse auf die Annahme abgestellt hat, daß jedes in einem solchen Komplex enthaltene Partialvirus infolge der ihm eigenen Pathogenität isoliert nachgewiesen werden kann. Das muß aber, wie oben auseinandergesetzt wurde, nicht unbedingt der Fall sein. Sollte ein Virusgemisch ein an und für sich apathogenes Virus enthalten, dann wäre die Feststellung desselben, wenn überhaupt, nur dadurch möglich, daß aus dem Komplex abgeschiedene unwirksame Fraktionen die Wirkung des Restes verstärken oder qualitativ ändern. Vorderhand ist hierüber nichts bekannt.

Unter den Assoziationen phytopathogener Virusarten beanspruchen jene besonderes Interesse, für welche F. P. McWhorter [Ann. appl. Biol. 25, 254 (1938)] die Bezeichnung „*antithetisch*" vorgeschlagen hat. Als antithetisch haben nach McWhorter Virusarten zu gelten, welche bei einer bestimmten Pflanzenkrankheit meist vergesellschaftet vorkommen, *die aber physiologisch antagonistisch wirken.* So wird nach den Untersuchungen des genannten Autors das „Tulpenbrechen" (Tulip-breaking) der im Handel erhältlichen, mit dieser Anomalie behafteten Tulpen durch ein ausbalanziertes Gemisch von zwei Virusarten hervorgerufen, welche durch geeignete Methoden voneinander getrennt werden können: das *Tulpenvirus I*, welches die Blüten entfärbt, die Chlorophyllbildung reduziert und das Wachstum der ganzen Pflanze hemmt, und das *Tulpenvirus II*, das die Blütenfarbe verstärkt, die Blätter nicht beeinflußt und das Wachstum nur in geringem Grade verzögert. Der Träger der Pathogenität ist also das *Virus I* und an seiner Auswirkung wird auch die Krankheit erkannt. Welche Ausblicke sich hier (nicht nur für die Phytopathologie!) eröffnen, braucht nicht weitläufig auseinandergesetzt zu werden.

Unbekannt sind bisher Viruskrankheiten des *Menschen* und der *Tiere*, welche durch die kombinierte Aktion von zwei oder mehreren Virusarten zustande kommen würden. In Anbetracht unserer jetzigen Anschauungen über die Fusospirochaetose, im Hinblick auf die Analyse der Schweineinfluenza durch R. E. Shope und in der Erwägung, daß sich zwischen Viruskrankheiten der Pflanzen und der Tiere schon zahlreiche und oft unerwartete Analogien ergeben haben, sollte man vielleicht — falls rationale Veranlassung besteht — doch auch mit dieser Eventualität rechnen.

Anhangsweise sei noch auf die Arbeiten von W. E. Gye sowie Gye und Barnard hingewiesen, welche seinerzeit ebensoviel Aufsehen als Widerspruch erregten. Sie sind in sachlicher Hinsicht wohl nicht mehr von Bedeutung, führten aber zu einer Theorie, welche sich in die hier diskutierten Gedankengänge einfügt. Nach Gye verdanken die Tumoren ihre Entstehung dem Zusammenwirken von zwei Komponenten; die eine soll ein von außen eindringendes Virus sein, die andere ein für jede Tierart spezifischer, den Charakter des Neoplasmas bestimmender und im Tierkörper bereits vorhandener (endogener) Faktor. Jede der beiden Komponenten soll für sich völlig inaktiv sein, so daß diese Hypothese zwar nicht die regelmäßige Assoziation zweier Infektionsstoffe, wohl aber ein Virus postuliert, das ohne den aktivierenden Partner nicht nachweisbar ist, sondern nur durch die Methode der Synthese.

B. Der Nachweis bekannter Virusarten. — Anreicherungsverfahren.

Weit einfacher gestaltet sich natürlich die Diagnose und Differentialdiagnose bereits bekannter und eingehend untersuchter Virusarten. Auf das umfangreiche Spezialwissen einzugehen, liegt nicht im Plane dieses „Handbuches der Virusforschung". Einige allgemeine Gesichtspunkte müssen indes hier berücksichtigt werden.

1. Im klinischen Betrieb und noch mehr in der ärztlichen Praxis werden die Viruskrankheiten nur selten „ätiologisch" diagnostiziert, weit seltener als andere Infektionskrankheiten. Das hat natürlich besondere Gründe. Von Ausnahmen abgesehen (siehe Punkt 2), ist eine mikroskopische Feststellung des Erregers oder charakteristischer Produkte desselben (Zelleinschlüsse) nicht möglich oder erst auf dem Umwege über ein Tierexperiment; es fehlen die kulturellen Verfahren der Bakteriologie und die Zahl der im klinischen Laboratorium oder im Untersuchungsamt angewendeten serologischen Reaktionen —

das Fleckfieber bzw. die Reaktion nach WEIL-FELIX können nicht eingerechnet werden — ist vorderhand gering. Die Diagnose wird daher am Krankenbett meist auf Grund der klinischen Symptome gestellt; bei manchen Virusinfektionen des Menschen ist überhaupt kein anderer Weg vorhanden oder praktisch anwendbar (Dengue, Pappatacifieber, Masern, Röteln, Encephalitis epidemica, Mumps und andere) und bei anderen kann das für ätiologische Untersuchungen brauchbare Material erst am Sektionstisch entnommen werden (Poliomyelitis, Lyssa).

Selbst wenn man davon absehen könnte, daß die Erkenntnis nosologischer Einheiten für die Entdeckung der Infektionserreger (mit Einschluß der Virusarten) stets wegleitend war, wird man es schon auf Grund der tatsächlichen Verhältnisse durchaus begreiflich finden, daß die Medizin dem Krankheitsbild einen hohen diagnostischen Wert beimißt und daß sie im Falle eines gut charakterisierten Syndroms an der Existenz eines besonderen Erregers festzuhalten sucht, auch wenn wichtige Argumente dagegen sprechen, wie z. B. bei der Scarlatina. Es ist eine Verkennung der historischen Entwicklung ebenso wie der bestehenden Situation, wenn man darin nicht mehr erblicken will als die Äußerung eines „naiven Egozentrismus" (F. v. BORMANN, l. c., S. 298).

2. Im Reiche der pathogenen Protozoën kann der Erreger in einer Reihe von Fällen aus dem mikroskopischen Präparat allein diagnostiziert werden, auch wenn sonstige Anhaltspunkte nicht bekannt sind. Bei den pathogenen Bakterien ist die Bestimmung der Art auf Grund morphologischer und tinktorieller Kriterien entweder überhaupt undurchführbar oder nur ex juvantibus möglich, z. B. wenn man die Provenienz des Materials oder die klinische Vermutungsdiagnose kennt. Die Viruselemente sind noch weit kleiner und ihre Gestalt ist, soweit sie mikroskopisch festgestellt werden kann, meistens kugelig, so daß die visuelle Bestimmung auf noch größere Schwierigkeiten stößt. K. HERZBERG hat angegeben, daß man die Affinität zum Viktoriablau heranziehen kann. Wenn man Virusausstriche, die durch Durchziehen durch die Flamme fixiert und 10—20 Minuten mit 3%igem Viktoriablau gefärbt wurden, mit 900facher Vergrößerung durchmustert, sehe man bei Variola-Vaccine sofort viele hellblau gefärbte Elementarkörperchen, bei Varicellen oder Zona nur ganz zart gefärbte, bloß für das geübte Auge erkennbare Gebilde dieser Art. Nimmt man an, daß sich diese Unterscheidung in so wichtigen Fällen, wie bei der Abgrenzung von Variola und Varicellen, praktisch bewähren wird, so handelt es sich doch um die alternative Entscheidung zwischen zwei Vermutungsdiagnosen, durch welche der Arzt die in Betracht zu ziehenden Möglichkeiten a priori begrenzt.

Die Verwertung von Zelleinschlüssen („Einschlußkörperchen oder inclusion bodies") für die ätiologische Diagnose ist bis zu einem gewissen Grade von der noch immer stark umstrittenen Deutung dieser Gebilde unabhängig. Die Lyssadiagnose auf Grund des Nachweises der Negrikörper und die Erkennung der Pocken mit Hilfe der GUARNIERIschen Einschlüsse haben sich durchgesetzt, obwohl die Diskussionen über die Entstehung dieser Zellreaktionsprodukte auch heute noch nicht erledigt sind. Aus diesen am besten bekannten zwei Beispielen, die gleichzeitig als optimale Anwendungsgebiete gelten können, sind aber auch die Grenzen der Methode zu erkennen. Das Material für die Darstellung der Negrikörper kann nur der Leiche bzw. dem Tierkadaver entnommen werden; auch ist der negative Befund nicht absolut zuverlässig. Der Nachweis der GUARNIERIschen Einschlüsse ist wohl intra vitam möglich, wird aber fast nur noch als Ergänzung des PAULschen Versuches an der Kaninchencornea vorgenommen und dürfte in absehbarer Zeit durch die serologischen Reaktionen (siehe J. CRAIGIE) völlig verdrängt werden. In anderen Fällen sind die Einschlußkörper für differentialdiagnostische Zwecke unbrauchbar

(Trachom, Einschlußblenorrhöe und Schwimmbadconjunctivitis) oder sie gestatten zwar die Erkennung des Prozesses, aber erst an der Leiche wie die oxyphilen Kerneinschlüsse in den Leberzellen beim Gelbfieber.

3. Soll der Tierversuch herangezogen werden, so müssen Direktiven in Form einer klinischen Vermutungsdiagnose vorliegen. Dadurch wird die Art des dem Kranken oder der Leiche zu entnehmenden Materials, der Zeitpunkt der Krankheit, in dem die Entnahme zu erfolgen hat, die Wahl des Versuchstieres, der Übertragungsmodus und das zu erwartende Resultat bestimmt.

Der Übertragungsmodus kann auch bei ein und derselben Virusart sehr verschiedenartig sein, so daß sich der Untersucher für die zweckmäßigste und den Erfolg am sichersten verbürgende Technik zu entscheiden hat. Maßgebend ist auf der einen Seite der Umstand, ob die Probe außer dem Virus noch andere pathogene Keime enthält, und zweitens die Empfindlichkeit des Verfahrens. Kann man Begleitmikroben nicht durch die Filtration oder durch fraktioniertes Zentrifugieren entfernen, so muß man oft hinsichtlich der Empfindlichkeit Konzessionen machen, um nicht den Zweck des Experiments in Frage zu stellen.

So empfiehlt sich für den Nachweis neurotroper Virusarten in erster Instanz die cerebrale Verimpfung; doch ist gerade hier die Gefahr einer akzidentellen Infektion (Meningitis) besonders groß und man wählt daher oft weniger leistungsfähige Übertragungsarten (Nachweis von Lyssavirus im Gehirn von verendeten und erst spät zur Untersuchung gelangenden Hunden).

Empfindliche Übertragungsarten führen nicht immer zu besonders charakteristischen Resultaten, d. h. die Symptome der beim Versuchstier entstehenden Impfkrankheit und der anatomische Befund müssen nicht so geartet sein, daß der Schluß auf eine bestimmte Virusinfektion gerechtfertigt ist. Minder leistungsfähige Verfahren können in dieser Beziehung besser d. h. eindeutiger sein, wenn sie ein positives Ergebnis liefern. Man kann dann die beiden Vorzüge in der Weise kombinieren, daß man zunächst die empfindliche Methode ausführt, welche, falls die Infektion haftet, zu einer starken Vermehrung des Agens Gelegenheit gibt; mit dem auf diesem Wege gewonnenen Material, welches das Virus in konzentriertem Zustande enthält, läßt sich dann die weniger empfindliche, aber durch eine typische Wirkung ausgezeichnete Übertragung vornehmen. Das ist in allgemeiner Fassung der Sinn der sogenannten „*Anreicherungsverfahren*“.

Beispiele mögen diese Auseinandersetzung konkretisieren. Wenn man Herpesvirus im Gehirn von Kaninchen feststellen will, erweist sich die cerebrale Übertragung als 100- bis 100000mal empfindlicher als der corneale Test (FL. MAGRASSI); die Folge der cerebralen Verimpfung muß jedoch nicht immer eindeutig sein und dann beseitigt die corneale Übertragung des aus dem ersten Versuch stammenden Gehirnes den Zweifel. Analog kann man geringe Mengen von Herpesvirus oder von Vaccinevirus durch Impfung in den Kaninchenhoden „anreichern“, d. h. zur Vermehrung bringen und den spezifischen Charakter des erzeugten Infekts durch eine für das betreffende Virus pathognomonische Reaktion (Keratoconjunctivitis herpetica bzw. vaccinica, Erzeugung von Vaccinepusteln auf der Kaninchenhaut) sicherstellen (MINAMI und EHARA, GILDEMEISTER und HEUER, OHTAWARA, ALDERSHOFF, A. ECKSTEIN und Mitarbeiter).

Was die Anreicherungsverfahren praktisch leisten, ist bisher, wenn man von den bereits zitierten Untersuchungen von FL. MAGRASSI absieht (weil sie nur einen experimentellen Spezialfall betreffen), nicht systematisch geprüft worden. Wo Erfolge erzielt wurden, wie z. B. beim Nachweis geringer Konzentrationen von Herpesvirus im Blute infizierter Kaninchen (MINAMI und EHARA, GILDEMEISTER und HEUER), oder in den wenigen Fällen, in welchen

Vaccinevirus bei der Encephalitis postvaccinalis im Liquor oder im Gehirn festzustellen war (McIntosh und Turnbull, Aldershoff, Eckstein, Herzberg-Kremmer und K. Herzberg), fehlen Paralleluntersuchungen mit anderen Methoden, so daß man nicht sicher behaupten kann, daß das positive Resultat der Anreicherung (welche in diesen Fällen im Kaninchenhoden vorgenommen wurde) zu verdanken war (Doerr und E. Berger). Gegen die von Ohtawara empfohlene Anreicherung von Vaccinevirus wird speziell eingewendet, daß nicht alle Vaccinestämme im Kaninchenhoden gleich gut haften (Gins, l. c., S. 6).

Die Idee, welche diesen Anreicherungsverfahren zugrunde liegt, daß nämlich die Infektion in einem hochempfindlichen Gewebe leichter zustande kommt und daß sich infolgedessen kleine in große Virusmengen umsetzen lassen, kann an sich nicht unrichtig sein. Bei ihrer praktischen Benutzung hat man indes mit verschiedenen Fehlerquellen zu rechnen, auf welche zum Teile schon hingewiesen wurde (akzidentelle Infektionen bei intracerebralen Übertragungen, verschiedenes Verhalten der Vaccinestämme im Kaninchenhoden). Ergänzend wäre zu bemerken, daß man bei intraparenchymatösen Impfungen in den Kaninchenhoden das Trauma und die unspezifische entzündungserregende Wirkung des Injektionsgutes (Blut, Organemulsionen) zu berücksichtigen hat. Die geimpften Hoden können, auch wenn normales Blut injiziert wird, pathologische Veränderungen (Rötung der Tunica vaginalis interna, Schwellung, Hyperämie und zellige Infiltration des Hodengewebes) zeigen (Gildemeister und Heuer), so daß das Vorhandensein solcher Reaktionen noch nicht beweist, daß eine Infektion des Organs bzw. eine Virusanreicherung de facto stattgefunden hat. Diese Frage ist eben erst durch besondere Untersuchungen zu beantworten, wozu in erster Instanz weitere Übertragungen, bei welchen man auf ein unzweideutiges Ergebnis rechnen darf, gehören.

Man könnte schließlich auch daran denken, die Anreicherung nicht durch eine einzige cerebrale oder testikulare Infektion zu erzielen, sondern fraktioniert durch kurze cerebrale oder testikulare Passagereihen in der Hoffnung, die beabsichtigte Erhöhung der Viruskonzentration im Gewebe auf diese Weise bis zu einem Maximum zu steigern. Zu klinisch-diagnostischen Zwecken wird diese fraktionierte Anreicherung nicht benutzt und die Erfahrungen, die man mit der Methode in Verfolgung anderer Absichten gemacht hat, ermuntern auch nicht dazu. Wie die Entdeckung des Virus III gelehrt hat, kann man durch fortgesetzte intratestikulare Passage zu einem infektiösen Agens kommen, das mit dem Ausgangsmaterial nicht in Beziehung steht (siehe S. 579).

Noch wenig ausgebaut, aber aussichtsvoll wäre die *Virusanreicherung durch Züchtung im Gewebsexplantat oder auf der Chorio-Allantois des Hühnerembryos*.

Burnet und Galloway fanden, daß das Virus der Vesicularstomatitis in Mengen, welche im direkten Meerschweinchenversuch (Impfung der Metatarsalhaut) keine Reaktion hervorriefen, in der Chorio-Allantois zur Vermehrung gelangte, so daß dann die sekundäre Übertragung auf das Meerschweinchen ohne weiteres möglich war. So geringe Virusmengen erzeugten auf der Chorio-Allantois anatomische Läsionen, worin Burnet und Galloway einen Widerspruch zu dem Ausbleiben pathologischer Wirkungen im Meerschweinchen (bei direkter Verimpfung) erblicken wollten. Die genannten Autoren meinen, daß die Vermehrung in der Chorio-Allantois in raschem Tempo vor sich geht und durch keinerlei Immunisierungsprozesse gehemmt wird; das Meerschweinchen sei dagegen durch das Virus der Vesicularstomatitis leicht zu immunisieren, speziell auch durch Dosen, welche noch keine manifeste Infektion auszulösen vermögen, so daß man mit der Möglichkeit einer in statu nascendi (d. h. vor dem Zustandekommen einer pathologischen Auswirkung) abgebremsten Infektion rechnen könnte. — Ferner hat H. R. COX vergleichende Untersuchungen mit dem Virus der equinen Encephalomyelitis angestellt und konstatiert, daß man mit Hilfe der Kultur (zerkleinerter Hühnerembryo in Tyrodelösung) zehnmal kleinere Virusmengen nachweisen kann als im direkten Tierexperiment (intracerebrale Impfung von Mäusen und Meerschweinchen).

Im direkten Tierversuch stößt die Virusvermehrung also auf größere Schwierigkeiten als im Explantat oder in der Chorio-Allantois, was ja auch darin zum Ausdruck kommt, daß die Spezifität der bei den Züchtungen verwendeten Gewebsarten weit weniger maßgebend ist als die Tierspezies für die Entwicklung eines manifesten Infekts. Es müßte freilich noch untersucht werden, ob sich die Anreicherung durch Kultur auch für den Nachweis anderer Virusarten in subinfektiöser Menge eignet.

Literaturübersicht.

1. ALDERSHOFF, H.: Untersuchungen bei einem Fall von Encephalitis post vaccinationem. Herausg. v. Vorst. d. Gesundheitsrates Utrecht, 1929.
2. ANDREWES, C. H. and C. P. MILLER: A filterable virus infection of rabbits. J. exper. Med. (Am.) **40**, 789 (1924).
3. BERRÁR, M. u. R. MANNINGER: Untersuchungen über die Ätiologie der Mondblindheit. Arch. Tierhk. **59**, 132 (1929); **61**, 144 (1930).
4. v. BORMANN, F.: Die Ätiologie des Scharlachs. Erg. inn. Med. **50**, 243 (1936).
5. BUDDINGH, G. I. and A. POLK: Meningococcus infection of the chick embryo. Science **86**, 20 (1937).
6. BURNET, F. M. and J. A. GALLOWAY: The propagation of the virus of Vesicularstomatitis in the chorio-allantoic membrane of the developing hen's egg. Brit. J. exp. Path. **15**, 105 (1936).
7. CAROL, W. L., PRAKKEN, RUITER, SNIJDERS u. WIELENGA: Untersuchungen über das Vorkommen eines filtrierbaren Virus bei Pemphigus vulgaris. Arch. Derm. (D.) **175**, 265 (1937).
8. COLES, A. C.: A microscopical inquiry into the aetiologie of dengue, sandfly- and yellow fever. J. trop. Med. **40**, 209 (1937).
9. COWDRY, E. V.: Comparison of a virus obtained by KOBAYASHI from cases of epidemic encephalitis with the virus of rabies. J. exper. Med. (Am.) **45**, 799 (1927).
10. COX, H. R.: Tissue cultures as a more sensitive method than animal inoculation for detecting equine encephalomyelitis virus. Proc. Soc. exp. Biol. a. Med. **33**, 607 (1936).
11. CRAIGIE, J.: Dieses Handbuch, 6. Abschnitt.
12. DOCHEZ, A. R., MILLS, and MULLIKEN: A virus disease of swiss mice transmissible by intranasal inoculation. Proc. Soc. exper. Biol. a. Med. (Am.) **36**, 683 (1937).
13. DOERR, R.: (*1*) Allgemeine Merkmale der Virusarten. Z. Hyg. usw. **118**, 738 (1936).
    — (*2*) Die Lehre von den Infektionskrankheiten in allgemeiner Darstellung. Lehrb. d. inn. Med., 3. Aufl., S. 70. Berlin 1937.
    — (*3*) Herpes und Encephalitis. Zbl. Bakter. usw., I Orig. **97**, Beiheft 76 (1925).
    — (*4*) Die Entwicklung der Virusforschung und ihre Problematik. Dieses Handbuch, I. Teil, 1. Abschnitt.
    — (*5*) Kritik der Lehre von der erworbenen und natürlichen Immunität. ZANGGER-Festschrift, 1934, S. 591.
    — (*6*) Filtrierbare Virusarten. WEICHARDTS Erg. d. Hyg. **16**, 121 (1934).
    — (*7*) Werden, Sein und Vergehen der Seuchen. Rektoratsrede, Basel 1931.
14. DOERR, R. u. E. BERGER: Herpes, Zoster und Encephalitis. Handb. d. path. Mikroorg., 3. Aufl., Bd. VIII 2, S. 1415. 1930.

15. Doerr, R. u. Zdansky: Kritisches und Experimentelles zur ätiologischen Erforschung des Herpes febrilis und der Encephalitis lethargica. Z. Hyg. usw. **102**, 1 (1924).
16. Echenique-Guzman, E.: Zur Frage der Virusänderung durch Kultur in befruchteten Hühnereiern und der Beziehung zwischen Variola-Vakzine und Geflügelpocken. Zbl. Bakter. usw., I Orig. **139**, 314 (1937).
17. Eckstein, A., Herzberg-Kremmer u. K. Herzberg: Klinisch-experimentelle Untersuchungen über die Vaccinationsencephalitis. Dtsch. med. Wschr. **56**, 264 (1930).
18. Findlay, G. M.: (*1*) Variation in viruses. Dieses Handbuch, 5. Abschnitt, 6. Kapitel.
— (*2*) Inclusion bodies and their relationship to viruses. Dieses Handbuch, I. Teil, S. 292ff. (1938).
19. Fleck, L. u. F. Goldschlag: Experimentelle Beiträge zur Pemphigusfrage. Klin. Wschr. **1937**, 707.
20. Frauchiger, E.: Der erste Fall einer Poliomyelitis acuta anterior beim Tier. Schweiz. med. Wschr. **68**, 128 (1938).
21. Frauchiger, E. u. W. Hofmann: Erfolgreiche experimentelle Poliomyelitisimpfungen auf das Rind. Schweiz. Arch. Tierhk. **80**, 260 (1938).
22. Gerlach, F.: (*1*) Elementarkörperchen bei malignen Tumoren. Wien. klin. Wschr. **1937**, Nr. 32.
— (*2*) Ergebnisse mikrobiologischer Untersuchungen bei bösartigen Geschwülsten. Wien. klin. Wschr. **1937**, Nr. 47.
— (*3*) Über den Nachweis granulärer Formen vom Typus der Viruskörperchen bei Maul- und Klauenseuche. Z. f. Infkr. d. Haustiere **54**, 8 (1938).
23. Gildemeister, E. und J. Ahlfeld: Über eine bei der weißen Maus spontan aufgetretene Meningo-Encephalomyelitis. Zbl. Bakter. usw., I Orig. **142**, 144 (1938).
24. Gildemeister, E. u. G. Heuer: Über den Nachweis von Herpesvirus im Blute bei experimentell infizierten Kaninchen und über experimentellen Hautherpes. Dtsch. med. Wschr. **1929**, 905.
25. Gildemeister, E. u. P. Hilgers: Bestehen zwischen Herpes und Vakzine Immunitätsbeziehungen? Zbl. Bakter. usw., I Orig. **114**, 314 (1929).
26. Gildemeister, E. u. P. Karmann: Bestehen zwischen Variolavakzine und Lyssa Immunitätsbeziehungen? Zbl. Bakter. usw., I Orig. **108**, 254 (1928).
27. Gins, H. A.: Die vaccinale Allgemeininfektion und ihre Beziehungen zum Zentralnervensystem. Zbl. Hyg. **41**, 1 (1938).
28. Goodpasture, E. W.: Some uses of the chick embryo for the study of infection and immunity. Amer. J. Hyg. **28**, 111 (1938).
29. Goodpasture, E. W. and K. Anderson: The problem of infection as presented by bacterial invasion of the chorio-allantoic membrane of chick embryos. Amer. J. Path. **13**, 149 (1937).
30. Grace, A. W. and T. H. Süskind: An agent, transmissible to mice, obtained during a study of pemphigus vulgaris. Proc. Soc. exper. Biol. a. Med. (Am.) **37**, 324 (1937).
31. Gye, W. E.: The aetiology of malignant new growths. Lancet **1925 II**, 109.
32. Gye, W. E. and W. I. Purdy: Propagation of Fujinami's fowl myxo-sarcoma in ducks.—A further investigation by means of antisera to normal tissues. Brit. J. exper. Path. **12**, 93 (1931); **13**, 458 (1932); **14**, 250 (1933); siehe auch Sec. intern. congr. f. Microb., S. 99.
33. Hallauer, C.: Ergebnisse der experimentellen Influenzaforschung. Schweiz. med. Wschr. **67**, 835 (1937).
34. Herzberg, K.: (*1*) Über die färberische Darstellung einiger Virusarten (Elementarkörperchen) unter besonderer Berücksichtigung der intracellulären Vermehrungsvorgänge. Klin. Wschr. **15 II**, 1385 (1936).
— (*2*) Die filtrierbaren Virusarten als Krankheitserreger bei Mensch, Tier und Pflanze. Klin. Wschr. **15 II**, 1665 (1936).

35. HURST, E. W. and I. L. PAWAN: A further account of the trinidad outbreak of acute rabic myelitis. J. Path. a. Bacter. **35**, 301 (1932).

36. JORDAN, P.: Übertragung der Lepra des Menschen auf Zuchtratten mit der Möglichkeit zum Weiterimpfen und auch als fortschreitende Krankheit. Arch. Schiffs- u. Tropenhyg. **40**, 92 (1936).

37. KAISER, M.: Die Färbungsmethoden der Viruselemente. Dieses Handbuch, I. Teil, S. 252ff. (1938).

38. KEOGH, E. V.: Ectodermal lesions produced by the virus of ROUS sarcoma. Brit. J. exper. Path. **19**, 1 (1938).

39. KOBAYASHI, R.: Studies on virus of experimental encephalitis. Jap. med. World **5**, 145 (1925).

40. KÖBE, K.: (*1*) Infektiöse Bronchitis des Rindes. Tierheilkunde und Tierzucht, Erg.-Bd., S. 318. 1936.

— (*2*) Ferkelgrippe. Tierheilkunde und Tierzucht, Erg.-Bd., S. 211. 1936. Zbl. Bakter. usw., I Orig. **129**, 161 (1933); Dtsch. tierärztl. Wschr. **42**, 603 (1934).

— (*3*) Vergleichende Untersuchungen über die pneumotropen Virusarten und die durch sie bedingten Krankheiten bei Mensch und Tier. Arch. Tierhk. **71**, 149 (1937).

41. KORITSCHONER, R.: Zur Kenntnis der Encephalitis. Virchows Arch. **255**, 172 (1925); vgl. auch Münch. med. Wschr. **1923**, 896.

42. LAIDLAW, P. P.: Epidemic influenza: a virus disease. Lancet **1935**, 1118.

43. LAIGRET, J. et R. DURAND: Virus isolé des souris et retrouvé chez l'homme au cours de la vaccination contre la fièvre jaune. C. R. Acad. Sci. Paris **203**, 282 (1936).

44. LEDINGHAM, J. C. G.: Studies on virus problems. Bull. Hopkins Hosp., Baltim. **56**, 247, 337; **57**, 32 (1935).

45. LÉPINE, P. et V. SAUTTER: Existence en France du virus murin de la chorio-méningite lymphocytaire. C. R. Acad. Sci. Paris **202**, 1624 (1936).

46. LEVADITI, C.: L'encéphalite japonaise. Les ultravirus des maladies humaines, ed. LÉVADITI et LÉPINE, S. 505. Paris 1938.

47. LINDENBERG, A.: Zur Ätiologie der Pemphiguskrankheiten. Klin. Wschr. **1937**, 1577.

48. LIPSCHÜTZ, B.: Chlamydozoën-Strongyloplasmenbefunde bei Infektionen mit filtrierbaren Erregern. Handb. d. path. Microorg., 3. Aufl., Bd. 8, S. 311. 1930.

49. MAGRASSI, FL.: Studii sull'infezione e sull'immunita da virus erpetico. Z. Hyg. usw. **117**, 501 (1936).

50. MINAMI, S. u. EHARA ICHIRO: Beitrag zur Herpesfrage. Klin. Wschr. **5**, 310 (1926).

51. NAKAMURA, K., KOBASHI u. MATSUMOTO: Inokulationsversuche der Menschenlepra auf Ratten. Jap. J. exper. Med. (e.) **13**, 619 (1935).

52. NICOLAU, S. et O. BAFFET: Formations simulant les inclusions à ultravirus, dans le rein et dans le foie d'animaux soumis à l'intoxication saturnienne. C. R. Soc. Biologie **126**, 659 (1937).

53. OHTAWARA, T.: Experimental studies on the process of formation of Vaccinal-immunity. Tokyo Imp. Univ. **1**, 1 (1922).

54. OLITSKY, P. K. and C. G. HARFORD: Intranuclear inclusion bodies in the tissue reactions produced by injections of certain foreign substances. Amer. J. Path. **13**, 729 (1937).

55. PAWAN, I. L.: Rabies in the vampire bat of Trinidad, with special reference to the clinical course and the latency of infection. Ann. trop. Med. **30**, 401 (1936).

56. RIVERS, TH. M.: Recent advances in the study of viruses and viral diseases. J. amer. med. Assoc. **107**, 206 (1936).

57. RIVERS, TH. M. and W. S. TILLETT: Studies on varicella. J. exper. Med. (Am.) **38**, 673 (1923).

58. SABIN, A. B. and A. M. WRIGHT: Acute ascending myelitis following a monkey bite, with the isolation of a virus capable of reproducing the disease. J. exper. Med. (Am.) **59**, 115 (1934).
59. SCHLESINGER, SIGNY and AMIES: Lancet **1935**, 1090, 1145.
60. SCHMITZ, J.: Ist der Pemphigus eine Infektionskrankheit. Reichsgesundhbl. **1935**, 837.
61. SCHWEINBURG, F.: Über das Virus KORITSCHONER. Z. Immunit.forsch. **42**, 552 (1925).
62. SCHWEINBURG, F. u. ST. WOLFRAM: Über serologische und immunologische Beziehungen zwischen den Erregern des Pemphigus und der Lyssa. Z. Immunit.forsch. **91**, 341 (1937).
63. SHOPE, R. E.: *(1)* Swine influenza Filtration experiments and etiology. J. exper. Med. (Am.) **54**, 373 (1931).
— *(2)* Recent knowledge concerning influenza. Ann. int. Med. (Am.) **11**, 1 (1937).
64. SLATINEANU, AL., BALTEANU, CONSTANTINESCU et FRANCKE: Essais de reproduction expérimentale de la scarlatine. C. r. Soc. Biol. **126**, 515 (1937).
65. SMITH, KENNETH M.: *(1)* On the composite nature of certain potato virus diseases of the mosaic group. Proc. roy. Soc., Lond., Ser. B: Biol. Sci. **109**, 251 (1931).
— *(2)* The present status of plant virus research. Biol. Rev. Cambridge philos. Soc. **8**, 136 (1933).
— *(3)* The principles of plant viruses. Dieses Handbuch, 7. Abschnitt.
— *(4)* Plant viruses. Methuens monographs on biolog. subjects, London 1935.
66. SMITH, W.: Lesions of the adrenal glands of rabbits caused by infection with herpes virus. J. Path. a. Bacter. **34**, 493 (1931).
67. SMITH, W., ANDREWES and LAIDLAW: Lancet **1933**, 66 und Brit. J. exp. Path. **16**, 291 (1935).
68. THEILER, M.: Spontaneous encephalitis of mices, a new virus disease. J. exp. Med. **65**, 705 (1935).
69. TOPLEY, W. and G. S. WILSON: Principles of bacteriology and immunity. 2. Ed. London 1936.
70. TRAUB, E.: An epidemic in a mouse colony due to the virus of acute lymphocytic choriomeningitis. J. exper. Med. (Am.) **63**, 533 (1936).
71. TURNBULL, H. M. and MCINTOSH: Encephalomyelitis following vaccination. Brit. J. exper. Path. **7**, 181 (1926).
72. URBACH, E. u. WOLFRAM: Das Tierexperiment als differentialdiagnostische Methode bei pemphigusverdächtigen Dermatosen. Klin. Wschr. **13**, 1265 (1934); Arch. Derm. (D.) **33**, 788 (1936).
73. DE VERTUEIL, E. and F. W. URICH: The study and control of paralytic rabies transmitted by bats in Trinidad, British West Indies. Trans. roy. Soc. trop. Med. **29**, 317 (1936).
74. WALDMANN, O.: *(1)* Epidemiologie und Bekämpfung der Ferkelgrippe. Dtsch. tierärztl. Wschr. **44**, 847 (1936).
— *(2)* Filtrierbares Virus als Krankheitserreger bei Mensch, Tier und Pflanze. Klin. Wschr. **15 II**, 1705 (1936).
75. WALDMANN, O. u. K. KÖBE: Kritische Bemerkungen über die Ätiologie der Grippe bei Mensch und Tier. Zbl. Bakter. usw., I Orig. **138**, 153 (1937).
76. WERTH, J.: Beitrag zur Virusätiologie des Pemphigus vulgaris. Arch. Derm. (D.) **176**, 382 (1938).
77. MCWHORTER, F. P.: A latent virus of lily. Science **1937 II**, 179.
78. WOODS, A. C. and A. M. CHESNEY: The transmission of periodic ophthalmia of horses by means of a filterable agent. J. exper. Med. (Am.) **52**, 637 (1930).
79. ZURUKZOGLU, ST.: Experimentelle Untersuchungen über Vaccine und Herpes. Klin. Wschr. **6 I**, 70 (1927).

3. Der quantitative Virusnachweis.

Von

R. DOERR, Basel.

Einleitung.

Will man die Zahl der Individuen im Kubikzentimeter einer *Bakteriensuspension* bestimmen, so stehen folgende Methoden zur Verfügung:

1. Die *direkte mikroskopische Auszählung* in einem abgemessenen Teilquantum;
2. die *Messung des Trübungsgrades* (Nephelometer, Tyndallmeter, Densitometer usw.);
3. die Aussaat abgemessener Teilquanten auf geeignete Nährböden und die *Auszählung der sich entwickelnden Kolonien*;
4. die *Titrierung durch fortschreitende Verdünnung*, d. h. die Ermittlung der höchsten Verdünnung, durch welche noch eine bestimmte, von der Anwesenheit lebender Bakterien abhängige Wirkung (Infektion eines empfänglichen Tieres, Gasbildung durch Fermentation von Traubenzucker, Trübung flüssiger Nährböden durch Bakterienwachstum usw.) erzielt werden kann.

Die beiden ersten Methoden bestimmen die Zahl *sämtlicher morphologisch intakter Exemplare* ohne Rücksicht auf ihre Vitalität, die beiden anderen gestatten nur eine Aussage über die Menge der *lebenden bzw. in vitro oder in vivo entwicklungsfähigen Individuen* und vernachlässigen den Rest (abgestorbene oder nicht vermehrungsfähige Bakterien). Die *Leistungsfähigkeiten (Genauigkeiten) der vier Methoden* lassen sich daher nicht ohne weiteres miteinander vergleichen, um so weniger als sie auch vom Objekt (der Art der Bakterien) und variablen Nebenfaktoren abhängen; es ist indes klar, daß die Messung des Trübungsgrades nur Schätzungen erlaubt, selbst wenn man Instrumente von großer Präzision benutzt wie das Densitometer von H. MESTRE, ganz abgesehen davon, daß der Anwendungsbereich derartiger Apparate auf konzentriertere Suspensionen beschränkt ist.

Solange die *Virusarten* — mit Ausnahme des Erregers der Peripneumonie der Rinder — als invisibel galten und außerhalb eines Wirtsorganismus nicht gezüchtet werden konnten, schien von diesen Methoden nur eine einzige brauchbar, um zu einer Aussage über die Menge oder Konzentration des in einer Probe enthaltenen Virus zu gelangen, nämlich *die Titrierung durch fortschreitende Verdünnung des Ausgangsmaterials*, wobei als Indikator nur die Fähigkeit in Betracht kam, bei einem empfindlichen Versuchstier eine manifeste Infektion hervorzurufen.

Die erste Untersuchung dieser Art wurde von LÖFFLER und FROSCH ausgeführt. Als Ausgangsmaterial benutzten sie den Inhalt frischer Blasen von mit Maul- und Klauenseuche infizierten Kälbern. Diese Lymphe wurde mit abgekochtem Leitungswasser verdünnt und die Grenzverdünnung bzw. die Grenzdosis ermittelt, welche bei Kälbern die Krankheit zu erzeugen vermochte. Es ergab sich, daß 0,0002 ccm Lymphe sicher wirkten, 0,0001—0,00005 ccm nicht mehr konstant und daß 0,00002 bis 0,00001 ccm stets versagten. Irgendwelche Überlegungen über das Wesen, die Fehlerquellen und die Genauigkeit des Verfahrens haben LÖFFLER und FROSCH nicht angestellt.

In den letzten Jahren hat sich die Sachlage wesentlich geändert: Es sind jetzt auch andere Arten der quantitativen Virusbestimmung möglich und werden mit Vorteil verwendet. Aber die ursprüngliche „*Titrierung der Infektiosität*" hat ihre

Stellung behauptet und das ihr zugrunde liegende Verfahren der fortschreitenden Verdünnung bildet einen Bestandteil fast aller neueren Methoden; es erscheint daher gerechtfertigt, die *Titrierung durch Bestimmung der infektiösen Grenzverdünnung* zum Ausgangspunkt der Darstellung zu wählen.

Der Zweck quantitativer Virusbestimmungen.

Vorher seien noch einige kurze Bemerkungen über den *Zweck quantitativer Virusbestimmungen* eingeschaltet, welche im Prinzip für sämtliche Verfahren gültig sind. Solche Bestimmungen werden ausgeführt:

1. Um die *Konzentration des Virus* bzw. die Dichte der Viruselemente in einem vorgelegten Material (Blut, Blutserum, Liquor, Exsudat, Gewebe, Viruskultur usw.) zu ermitteln.

2. Um die *erfolgte Vermehrung* (im infizierten Gewebe oder in der Kultur) festzustellen und über das Ausmaß und die Geschwindigkeit der Vermehrung Aufschluß zu erhalten.

3. Um die *Art der Ausbreitung des Virus im infizierten Organismus* zu untersuchen.

4. *Soll ein Virus mit experimentellen Methoden isoliert oder gereinigt werden*, so gibt die quantitative Bestimmung desselben im Ausgangsmaterial und im Endprodukt Antwort auf die Frage, ob eine Erhöhung der Konzentration erzielt werden konnte und in welchem Grade dies der Fall war.

5. Die *Einwirkung virusschädigender oder virusneutralisierender Agenzien* kann so weit getrieben werden, daß das Virus seiner spezifischen Aktivität vollständig beraubt wird. Die hierzu erforderliche Einwirkungsdauer, die „*Abtötungszeit*", und ihre Abhängigkeit von verschiedenen Faktoren wird durch den sog. „*Endversuch*" bestimmt, der naturgemäß rein qualitativen Charakter hat. Man kann aber auch den *Vorgang der Abtötung oder den Ablauf des Inaktivierungsprozesses als Funktion der Zeit* untersuchen, und dies ist nur mit Hilfe quantitativer Methoden möglich, indem man nach abgestuften Zeitintervallen den noch intakten Virusrest mißt. So wie in Desinfektionsversuchen mit Bakterien [vgl. die vortreffliche Darstellung von H. Reichel (*1*)] werden auch bei den Virusarten nicht alle Elemente gleichzeitig zerstört oder inaktiviert; es gibt resistentere und weniger resistente Exemplare, und diese individuellen Differenzen[1] kommen — zu Massenerscheinungen integriert — in einer Art „*Absterbeordnung*" zum Ausdruck. Um diesen Prozeß zahlenmäßig zu erfassen, verwendet man im Desinfektionsversuch mit Bakterien die Zählung der überlebenden Keime, in den Experimenten mit Virusarten die Titrierung der noch aktiv gebliebenen Virusquote. Selbstverständlich ist die Titrierung des intakten Virusrestes auch in allen Fällen *inkompletter Wirkungen virusschädigender Agenzien* am Platz; die qualitative Probe würde ja nur besagen, daß eine *vollständige* Abtötung (In-

---

[1] Ob diese Absterbeordnungen tatsächlich auf der verschiedenen Empfindlichkeit der Bakterienzellen oder der Viruselemente beruhen müssen, ob sie also in jedem Falle als Phänomene aufzufassen sind, welche in das Gebiet der biologischen Variabilität gehören, ist fraglich geworden. Die Wirkung mancher abtötenden (inaktivierenden) Eingriffe läßt sich auf mikrophysikalische Vorgänge zurückführen, welche sich an einem kleinen, aber die Vermehrungsfähigkeit beherrschenden Teil des einzelnen Individuums (bei einer Bakterienzelle an einem bestimmten Molekül) abspielen; ob dieses Wirkungszentrum getroffen wird, wäre vom Zufall abhängig und die Absterbeordnungen würden so zum Ausdruck der statistischen Gesetze, welchen die „Trefferwahrscheinlichkeiten" im Massengeschehen unterworfen sind (vgl. hierzu P. Jordan). Für die obigen Ausführungen kommt jedoch nur der effektive Vorgang, nicht aber seine Erklärung in Betracht.

aktivierung) nicht stattgefunden hat, gibt aber meist keine Auskunft, ob das Virus überhaupt angegriffen wurde oder nicht.

6. Kann man die Zahl der Viruselemente in einem vorgelegten Material einerseits optisch bestimmen und anderseits auf Grund ihrer spezifisch biologischen Wirkung austitrieren, so werden die beiden Verfahren eine (meist beträchtliche) Differenz zugunsten der direkten Zählung ergeben. Diese Differenz gestattet eine approximative *Schätzung der abgestorbenen (inaktiven, nicht mehr entwicklungsfähigen) Viruselemente.*

A. Die Titrierung durch Bestimmung der infektiösen Grenzverdünnung.

1. Theorie des Verfahrens.

Prinzipielle Differenz zwischen der Titrierung von Toxin und von Virus durch fortschreitende Verdünnung.

Die quantitative Bestimmung der Toxine — chemisch unbekannter und nicht in völlig reinem Zustand isolierbarer Substanzen — wird bekanntlich ebenfalls in der Weise vorgenommen, daß man die Toxinlösungen fortschreitend verdünnt und die Grenzverdünnung feststellt, welche den für das betreffende Gift charakteristischen pathologischen Effekt hervorzurufen vermag. Trotz dieser äußeren Analogie darf jedoch die Auswertung eines Toxins mit der quantitativen Virusbestimmung nicht auf gleiche Stufe gestellt werden.

Das Ergebnis der Auswertung eines flüssigen Toxins (Bouillonkulturfiltrats, Waschwassergifts) wird zwar *volumetrisch* (mit der Benennung von Kubikzentimetern) ausgedrückt. Das ist aber nur ein Notbehelf, der uns durch die Unmöglichkeit der Anwendung chemisch-analytischer Methoden aufgezwungen wird. Wenn wir sagen, daß die Dosis certe letalis einer Toxinlösung 2×10^{-4} ccm beträgt, vertritt diese Formulierung lediglich die Angabe einer *absoluten Gewichtsmenge*; geht man von einem „Trockentoxin" aus, so werden die Resultate de facto in Milligramme umgerechnet, wobei der mehr oder minder reine Zustand des Trockentoxins unberücksichtigt bleibt. Die Auswertung gestattet also einen Schluß auf die *Konzentration des Gifts* in der Volums- oder Gewichtseinheit des Ausgangsmaterials (im Kubikzentimeter des flüssigen oder in Gramm des trockenen Toxins), ausgedrückt durch den Gehalt an letalen Dosen, weil die Bestimmung in „Milligramm Reintoxin" zur Zeit nicht durchführbar ist. Könnten wir diese Bestimmung vornehmen, so wäre das Optimum toxikologischer Exaktheit erreicht; man würde nicht fragen, wieviel Toxinmoleküle oder Molekülaggregate in der untersuchten Lösung vorhanden waren.

Gerade diese Frage wird nun bei der Titrierung der Infektiosität einer virushaltigen Flüssigkeit — expressis verbis oder implicite — gestellt, nur daß an die Stelle des Moleküls das „*Viruselement*" tritt. Man hat den Unterschied zwischen der Auswertung einer Toxinlösung und der Titrierung einer virushaltigen Flüssigkeit dahin zu definieren gesucht, daß es sich im ersten Falle um eine molekulardisperse Lösung, im zweiten um eine Suspension von „Partikeln" in einer wässerigen Flüssigkeit handle; die Konzentration einer Lösung werde dargestellt durch das Gewicht des Stoffes, welcher in der Volumseinheit des Lösungsmittels enthalten ist, die Konzentration einer Suspension dagegen durch die Zahl der Partikel im Kubikzentimeter des Menstruums. Diese Präzisierung kann aber heute schon aus dem Grunde nicht befriedigen, weil die Dimensionen der Viruselemente bis auf einen Teilchendurchmesser von 10—25 $m\mu$ absinken können, so daß „Suspensionen" solcher Virusarten vom rein physikalischen Standpunkt den verdünnten Lösungen hochmolekularer Eiweißkörper gleichgestellt werden dürfen, auch wenn man der Auffassung, daß ein Virus unter Umständen überhaupt nichts anderes ist als ein schweres Protein (W. M. STANLEY, BAWDEN, R. BEST, WYCKOFF u. a.), noch skeptisch gegenübersteht.

Die Differenz muß also anderwärts gesucht werden, und sie ist in der Abgrenzung der Intoxikation gegen die Infektion zu finden, wie sie FRACASTOR schon 1546 vorgenommen hatte. Das Toxin wirkt letzten Endes nur durch die in den Organismus eingeführte Substanzmenge, das Virus wirkt als vermehrungsfähiger Keim, d. h. im Prinzip ganz unabhängig von der einverleibten Dosis. Mit Hilfe der mikrurgischen Technik konnte einwandfrei festgestellt werden, daß eine einzige Bakterienzelle genügt, um in einem empfänglichen Wirt eine schwere, ja letal ablaufende Infektion hervorzurufen, und wir haben allen Grund, diese Fähigkeit potentiell auch einem einzigen Viruselement zuzusprechen, mag seine Masse so klein sein, als dies von M. H. MERRILL für einige Virusarten berechnet wurde ($1{,}7 \times 10^{-12}$ bis $5{,}25 \times 10^{-16}$ Milligramm). Die Dimensionen der Viruselemente sind eben gleichgültig und gleichgültig ist es auch, ob sie Moleküle sind oder komplizierter organisierte Gebilde: *die Titrierung der Infektiosität eines virushaltigen Substrats hat auf jeden Fall den Sinn einer Zählung der entwicklungsfähigen Keime* oder, wie sich manche Autoren ausdrücken, *einer Zählung infektiöser Einheiten.*

Die Zone der inkonstanten Resultate in den Verdünnungsreihen und ihre Erklärung.

Die zum Zwecke dieser „*Keimzählung*" vorgenommene Verdünnung erfolgt nach einem *beliebig gewählten Potenzengesetz*, allgemein ausgedrückt in der Form von

$$n,\ n^{-1},\ n^{-2},\ n^{-3},\ n^{-4} \text{ usw.},$$

und von den einzelnen Verdünnungen wird in der Regel ein Bruchteil (je nach dem Übertragungsmodus 0,1—1,0 ccm) auf je ein empfängliches Versuchstier verimpft. Experimentatoren, welche sich das Wesen des Verfahrens in technischer und mathematischer Hinsicht nicht überlegt haben, erwarten, daß sich in solchen Auswertungsreihen die positiven gegen die negativen Resultate scharf absetzen müssen, so daß folgendes Bild entsteht:

$$\begin{array}{ccccc|ccccc} n & n^{-1} & n^{-2} & n^{-3} & n^{-4} & n^{-5} & n^{-6} & n^{-7} & n^{-8} & n^{-9} \\ + & + & + & + & + & - & - & - & - & - \end{array}$$

In *einer* Beziehung ist dies nicht unbegründet. Bei der Titrierung eines Giftes, z. B. des Tetanustoxins, kann das positive Ergebnis verschiedene Gestalt annehmen, indem sehr große Dosen (niedrige Verdünnungen) nach kurzer Zeit, kleinere erst nach längerer Zeit tödlich wirken und noch geringere nur vorübergehende Störungen hervorrufen. Die Intensität der Vergiftung ist innerhalb weiter Grenzen abstufbar; bei der Infektion gibt es dagegen in der Regel nur ein „*Entweder-Oder*".

Nichtsdestoweniger wird aber die Erwartung bei der Titrierung der Infektiosität einer virushaltigen Flüssigkeit enttäuscht, indem sich zwischen den durchwegs positiven und den durchwegs negativen Bereich der Auswertungsreihen oft eine mehr oder minder breite „*Zone der inkonstanten Resultate*" [R. DOERR und S. SEIDENBERG (*1*)] einschaltet, innerhalb welcher positive und negative Ergebnisse miteinander abwechseln, schematisch in folgender Weise:

$$\begin{array}{ccc|cccc|ccc} n & n^{-1} & n^{-2} & n^{-3} & n^{-4} & n^{-5} & n^{-6} & n^{-7} & n^{-8} & n^{-9} \\ + & + & + & - & + & - & + & - & - & - \end{array}$$

Die „höhere Dosis" erweist sich also in scheinbar paradoxer Art als unwirksam, die „niedrigere" als wirksam. Derartige Resultate wurden von mehreren Autoren tatsächlich erzielt, so von M. FISCHER bei der Bestimmung der Infektiosität von Herpesblaseninhalt an der Kaninchencornea, von DOERR, SEIDENBERG und WHITMAN bei der Titrierung von virushaltigem Hühnerpestserum, von KÖBE und von G. PYL mit Lymphflüssigkeiten, welche das Virus der Maul- und Klauenseuche enthielten, und anderen mehr.

Das geschilderte Verhalten könnte verschiedene Gründe haben, die *nicht* im Wesen der Verdünnungsprozedur liegen, so z. B. *die mangelhafte technische Durchführung* [besonders die Nichtbeachtung des ,,Pipettenfehlers" (siehe S. 614)], *einen unsicheren Übertragungsmodus* oder *eine zu geringe bzw. individuell variable Empfänglichkeit der Versuchstiere.* Solche Fehlerquellen spielen tatsächlich eine nicht zu unterschätzende Rolle, sind aber, wenigstens zum Teil, vermeidbar. Die Resultate werden aber außerdem durch Faktoren beeinflußt, die durch die Methode selbst bedingt sind und die sich nicht oder nur in ganz ungenügendem Maße *eliminieren lassen. Man kann sie als die ,,Unvollkommenheit" und als die ,,Zufälligkeit" der Aufteilung suspendierter Elemente bei der Verdünnungsprozedur bezeichnen.*

a) Die Unvollkommenheit der Aufteilung der Viruselemente.

1. Die Virusverluste bei der Herstellung der Verdünnungen und bei den Übertragungen auf Versuchstiere.

Ausgangsmaterial und Verdünnungsmittel sind wässerige Flüssigkeiten, welche an den Wänden der sterilisierten Glasgefäße haften. Wenn in einem Reagenzglas 10 ccm einer virushaltigen Verdünnung vorhanden sind, können wir dieses Quantum nicht ohne Verlust in andere Eprouvetten übertragen, um so weniger als das ,,Nachspülen" wegen der Änderung der Volumsverhältnisse nicht zulässig erscheint; es bleibt also ein Flüssigkeitsrest zurück, welcher nicht weiter berücksichtigt wird, obwohl er natürlich noch Viruselemente enthalten kann. *Pipetten,* mit welchen man Teilquanten der Verdünnungen abmißt, oder *Injektionsspritzen,* mit denen die einzelnen Konzentrationen auf die Versuchstiere verimpft werden, lassen sich aus denselben Gründen nicht vollständig entleeren; bei den Spritzen kommt zur Benetzung der Wände noch der Verlust durch den ,,toten Raum" hinzu, der namentlich bei kleinem Injektionsvolum und langer oder weiter Kanüle beträchtlich sein kann. Wie groß die durch diese Umstände bedingten Ungenauigkeiten sind, wurde bisher nicht systematisch untersucht. Prozentual müssen sie mit der abnehmenden Dichte der Virussuspensionen wachsen; *sie werden sich daher gerade im Grenzbereich zwischen positiven und negativen Resultaten geltend machen.*

2. Der Einfluß eines inhomogenen Verteilungszustandes der Viruselemente.

Eine unvollkommene Aufteilung durch Verdünnung müßte ferner erfolgen, *wenn die Viruselemente in der Ausgangsflüssigkeit nicht homogen (,,monodispers") verteilt wären,* sondern entweder in variabler Anzahl an korpuskuläre Träger adsorbiert sind oder wenn sie Aggregate nach Art der Bakterienverbände bilden. Eine optische Kontrolle des Verteilungszustandes ist wohl nur unter besonders günstigen Verhältnissen, speziell bei den größeren und leicht färbbaren Virusarten (Variolavaccine) möglich. Es existieren jedoch Untersuchungen, welche *indirekte Schlüsse* in dieser Richtung gestatten.

Wenn man aus dem Blute eines an Hühnerpest verendeten Huhnes einerseits das Serum, anderseits die Erythrocyten abscheidet und die Infektiosität der beiden Fraktionen titriert, so erweist sich das Serum als weniger wirksam (K. LANDSTEINER und V. RUSS). Die Viruselemente haften an den Erythrocyten, zum Teil in leicht ablösbarem Zustande, zum Teil in festerer (den Waschprozeduren widerstehender) Bindung, wobei auf den einzelnen Erythrocyten eine verschiedene, unter Umständen sehr große Zahl entfallen kann. Bestimmt man also durch das Verdünnungsverfahren die Infektiosität des Vollblutes, des defibrinierten Blutes oder einer konzentrierten Aufschwemmung gewaschener Erythrocyten, so erfährt man nicht die Zahl der Viruselemente, sondern *die Zahl der virusbeladenen Erythrocyten*; in der Tat entspricht der maximale Titer solcher Substrate der Zahl der Hühnererythrocyten in der Volumseinheit (R. Doerr und E. Gold).

Im vorstehenden Fall findet die Anlagerung des Virus an relativ große Zellen statt, was versuchstechnisch den Vorteil bietet, daß man derartige „Träger" isolieren und im Tierexperiment gesondert auf ihren Virusgehalt prüfen kann. So vermochten Doerr und Gold zu zeigen, daß man mit einem einzigen Erythrocyten, der aus fünfmal gewaschenem Hühnerpestblut mikrurgisch isoliert wird, eine letal ablaufende Infektion erzeugen kann, daß aber nicht alle Erythrocyten aus der gleichen Probe wirksam sein müssen. Der „Virusträger" kann natürlich auch kleinere Dimensionen haben. Das Virus der Maul- und Klauenseuche wandert im Elektrophoreseapparat zur Anode, wo aber nicht das ganze im Elektrophoreseraum vorhandene Virus nachweisbar ist, sondern nur $^1/_{32}$—$^1/_{400}$; K. Köbe sowie G. Pyl (*1*) nehmen an, daß die Viruselemente nur zum Teil frei, zum Teil in variabler Menge an negativ geladene Träger (unspezifische Globuline) gebunden sind, welche die Wanderung zur Anode bedingen.

3. Die Titrierung der Infektiosität virushaltiger Gewebe.

Es wurde bis jetzt stillschweigend vorausgesetzt, daß das Ausgangsmaterial ohne weiteres verdünnt werden kann, d. h. daß es die Beschaffenheit einer wenigstens makroskopisch homogenen Flüssigkeit hat [Lymphe oder Blasenflüssigkeit beim Herpes, bei der Maul- und Klauenseuche, der Stomatitis vesicularis, Blutserum oder auch Vollblut (defibriniertes Blut) bei der Hühnerpest, beim Gelbfieber usw.]. Schwieriger und naturgemäß weit ungenauer sind die *Bestimmungen des Virusgehaltes verschiedener Gewebe* (Gehirn, Hoden, Haut usw. oder bei phytopathogenen Virusarten Pflanzenteile). Durch Verreiben allein kann man makroskopisch homogene Emulsionen kaum herstellen; man hilft daher durch Ausschleudern gröberer Gewebefragmente, oft auch noch durch Papierfiltration nach und vernachlässigt die dadurch entstehenden Verluste.[1] Sind die Viruselemente ganz oder partiell in Zellen eingeschlossen, so wird das Resultat auch dadurch beeinflußt werden, in welchem Umfange intracellulares Virus auf mechanischem Wege (durch Zellzertrümmerung) in Freiheit gesetzt wird. Wie man a priori zugeben muß, kann man auf absolute Werte von an-

---

[1] Um feine Verreibungen herzustellen, wird häufig steriler Seesand oder ein anderes Pulver mit scharfkantigen Partikeln zu Hilfe genommen. Diese Zusätze müssen dann durch Sedimentieren oder Zentrifugieren bei geringer Geschwindigkeit wieder entfernt werden; ob sie das Virus adsorbieren oder auf dasselbe schädigend einwirken, sollte man in jedem Falle durch Vorversuche prüfen. — Sehr feine und gleichmäßige Zerteilungen von virushaltigem Material („Virus-Sole") kann man nach einem von Nord angegebenen und von Remesov, Vadova, Iropetian und Ratner modifizierten Verfahren erzielen. Zu den in einem Mörser fein zerriebenen Organen setzt man unter dauerndem Zerreiben mit einem Pistill flüssigen Stickstoff in Portionen von 25 bis 50 ccm zu (für ein Kaninchenhirn im ganzen in 30—40 Minuten 500 ccm), bis die ganze Masse staubfein zerkleinert ist; sodann Auftauen bei Zimmertemperatur und Wiederholung der Prozedur. Abkratzen des Pulvers von den Wänden mit scharfem Spatel und Auflösen im alten Volum Aqua destillata; Filtration durch Watte. Die Methode wurde mit Virus fixe der Lyssa, Variola-Vaccine, Geflügelpocken- und Encephalomyelitisvirus geprüft und ergab bei der Titrierung im Tierversuch meist keine Verminderung, gelegentlich sogar eine Steigerung der Infektiosität. Die „*Virus-Kryosole*", die man auf diesem Wege erhält, können durch Trocknen im Hochvakuum („*Kryosiccosole*") haltbarer gemacht werden.

nähernder Exaktheit unter solchen Umständen nicht rechnen. Dagegen sind vergleichende Schätzungen des Virusgehaltes wohl möglich, speziell wenn es sich um Proben eines und desselben Gewebes, z. B. des Gehirnes oder der Leber, handelt, in welchen ein bestimmtes Virus quantitativ nachgewiesen werden soll; man darf annehmen, daß die Fehlerquellen unter solchen Verhältnissen zwar nicht ausgeschaltet, aber daß sie gleichartig und annähernd gleich groß sind.

Als neuere Beispiele seien erwähnt die Bestimmungen des Gehaltes an Herpesvirus, welche Fl. Magrassi im Gehirn von verschiedenartig infizierten Kaninchen ausgeführt hat und bei denen es sich zeigte, daß die Ergebnisse in nicht vorausgesehenem Maße vom Übertragungsmodus abhängen; der durch die intracerebrale Verimpfung der verdünnten Hirnemulsionen ermittelte Titer war 10^2—10^5mal höher als der durch corneale Verimpfung gefundene Wert. Bemerkenswert sind ferner die sorgfältigen Untersuchungen, durch welche M. Brodie die Verteilung des Poliomyelitisvirus im Zentralnervensystem von Affen festzustellen suchte. Brodie mischte gleichbenannte Hirn- oder Rückenmarkspartien *mehrerer* Versuchstiere, stellte aus ihnen eine 5%ige Stammemulsion her und bestimmte die kleinste Menge dieser Suspensionen (durch Verdünnung), welche intracerebral auf Affen übertragen eine klinisch manifeste Poliomyelitis zu erzeugen vermochte; die gefundenen Werte gaben somit den *durchschnittlichen Virusgehalt bestimmter Teile* z. B. des Pons, der Medulla, der Basalganglien usw. an, ein Verfahren, das auch von anderen Autoren zu ähnlichen Zwecken benutzt wurde, um die individuellen Unterschiede der Einzelversuche auszugleichen.

4. Spontane Aggregierung der Viruselemente.

Was die zweite der auf S. 602 erwähnten Möglichkeiten anbelangt, daß nämlich freie (extracellulare) Viruselemente kleinere oder größere Aggregate nach Art der Bakterienverbände bilden könnten [Doerr und Seidenberg (*1*)], sind wir auf Vermutungen bzw. auf Analogien angewiesen. Von vornherein sicher und auch durch mikroskopische Bilder (K. Herzberg, F. Himmelweit u. a.) bewiesen ist nur, daß Viruselemente, die sich innerhalb einer Zelle vermehrt haben und durch das Platzen oder das Absterben der Zelle frei geworden sind, noch eine Zeitlang in Haufen beisammen bleiben. Bei jeder derartigen Aggregation wird das Resultat der Titrierung davon abhängen, ob der Zusammenhalt der Elemente im Aggregat fest ist (wie etwa bei den Diplokokken oder auch noch bei kurzen Streptokokken) oder ob er durch verschiedene Einflüsse (Schütteln, Temperaturänderung usw.) leicht gelöst werden kann. Im ersten Falle muß das Aggregat bei der Titrierung als Einheit wirken und die an der gleichen Probe erzielten Werte werden annähernd identisch sein, im zweiten könnten Titrierungen derselben Probe differente Resultate liefern, wenn sie unter verschiedenen Bedingungen vorgenommen werden.

So erklärt sich möglicherweise eine Beobachtung von G. Pyl (*1*). Der genannte Autor verdünnte Maul- und Klauenseuchevirus (in Form von zellfreiem Blaseninhalt) mit Phosphatpufferlösung vom $p_H = 7{,}65$ bei 0° C und bei Zimmertemperatur in Potenzen von 2 und fand, daß die Verdünnung bei Zimmertemperatur einen höheren Infektiositätstiter ergibt, d. h. daß höhere Dilutionen im Tierversuch wirksam waren als wenn die Verdünnung bei 0° C vorgenommen wurde. Die Differenzen beliefen sich auf das 2—32fache, waren also klein, aber gleichsinnig. Bei der Beurteilung dieser (bisher nicht nachgeprüften) Angaben ist zu berücksichtigen, daß alle Verdünnungsmittel schädigend auf die Viruselemente einwirken und daß der Grad der Schädigung mit der Temperatur zunimmt. Führt man den Versuch mit 0,85% NaCl-Lösung aus statt mit Phosphatpufferlösung, so kehren sich die Verhältnisse um, d. h. die Titrierung bei Zimmertemperatur gibt dann den geringeren Wert [G. Pyl (*2*)], und mit Hühnerpestserum läßt sich das Pylsche Phänomen überhaupt nicht reproduzieren, gleichgültig ob man Kochsalz- oder Phosphatpufferlösung als

Verdünnungsmittel verwendet [DOERR und SEIDENBERG (*1*, *2*), R. RUPPIN]. Um so merkwürdiger ist das Verhalten des Maul- und Klauenseuchevirus, wenn es bei verschiedenen Temperaturen mit Phosphatpufferlösung verdünnt bzw. titriert wird; die Annahme, daß sich bei 0° C Aggregate bilden, die bei Zimmertemperatur wieder zerfallen, ist aber vorderhand nicht bewiesen [DOERR und SEIDENBERG (*1*, *2*)].

Im Bereiche der *phytopathogenen Virusarten* sind unsere Kenntnisse über spontane Aggregationen zuverlässiger. Aus den Untersuchungen von R. J. BEST (*1*, *2*), BERNAL und FANKUCHEN, J. G. BALD (*4*), MARTIN, McKINNEY und BOYLE u. a. geht hervor, daß sich die stäbchenförmigen Elemente des Tabakmosaikvirus und verwandter Virusarten leicht zu dissoziierbaren Aggregaten zusammenschließen, indem sie entweder mit den Enden aneinanderhaften, so daß mehrere Zentimeter lange fadenförmige Gebilde entstehen können, oder indem sie sich auch mit den Längsseiten aneinanderlagern, u. zw. mit einer zweidimensionalen Gesetzmäßigkeit, welche bei der Röntgendurchleuchtung als Kristallgitter zum Ausdruck kommt (BAWDEN, PIRIE, BERNAL und FANKUCHEN, BERNAL und FANKUCHEN). In konzentrierten Viruslösungen ist die Tendenz zur Aggregierung besonders stark ausgeprägt und die Aggregate bilden sich aufs neue, wenn sie durch starkes Schütteln zerstört werden; mit steigender Verdünnung dissoziieren sich die Aggregate in zunehmendem Grade, bis schließlich ein Zustand kompletter Auflösung der Verbände erreicht ist [R. J. BEST (*1*)]. Der Verteilungszustand der Viruselemente kann sich demnach schon infolge der bloßen Konzentrationsabnahme innerhalb einer Verdünnungsserie ändern; dazu werden sich noch die mechanischen Einflüsse gesellen, welche sich bei der Herstellung der Dilutionen mit Pipetten nicht ausschalten lassen. Daß dieser Umstand die Regelmäßigkeit der Auswertungsergebnisse stören muß, ist klar und wurde auch von R. J. BEST (*1*) sowie von J. G. BALD (*4*) hervorgehoben. Die Frage, wie man die Störungen durch geeignete Varianten der Methodik ausgleichen bzw. ausschalten kann, wurde von BEST und von BALD in verschiedener Weise beantwortet (vgl. das Kapitel über die Titrierung phytopathogener Virusarten).

b) Die Wirkung des Zufallsfaktors bei der Aufteilung der Viruselemente.

Die Wirkung des Zufallsfaktors in der „Zone der inkonstanten Resultate" kann man sich ohne Zuhilfenahme mathematischer Hilfsmittel an einem Beispiel klarmachen.

Es soll ein Hühnerpestserum auf seine Infektiosität ausgewertet werden. Die Verdünnung erfolge in Potenzen von 10 und als Verdünnungsmittel werde $^1/_{10}$-Normalhühnerserum benutzt, welches diese Virusart innerhalb der Versuchsdauer nicht schädigt [DOERR und SEIDENBERG (*3*)]. Die Verdünnungen werden so angelegt, daß immer 1 ccm der vorausgehenden Verdünnung mit 9 ccm $^1/_{10}$-Hühnernormalserum vermengt wird; schließlich wird von jeder Verdünnung 1 ccm einem normalen Huhn intramuskulär injiziert. Zugrunde gelegt sei die Voraussetzung, daß die Viruselemente im Ausgangsmaterial homogen („monodispers") verteilt sind und daß ein einziges aktives („lebendes") Element die Fähigkeit besitzt, ein intramuskulär geimpftes Huhn tödlich zu infizieren. Ein derartiger, von DOERR und SEIDENBERG (*3*) tatsächlich ausgeführter Versuch (l. c., S. 6) hatte folgendes Resultat:

I.	Huhn 94,	1 ccm der Verdünnung	1:1000	intramuskulär,	tot in 36 Stunden.
II.	„ 8,	1 „ „ „	1:10000	„	, „ „ 36 „
III.	„ 83,	1 „ „ „	1:100000	„	, „ „ 36 „
IV.	„ 7,	1 „ „ „	1:1000000	„	, keine Symptome.
V.	„ 34,	1 „ „ „	1:10000000	„	, „ „
VI.	„ 11,	1 „ „ „	1:100000000	„	, „ „

Es ist klar, daß dieses Ergebnis keine präzise Aussage über die Beschaffenheit der eben noch wirksamen Grenzverdünnung 1 : 10^5 gestattet. Man kann nicht behaupten, daß *jeder* Kubikzentimeter dieser Verdünnung mindestens ein aktives Viruselement enthalten haben mußte, sondern eben nur *jener Kubikzentimeter, welcher auf das Huhn 83 verimpft wurde*; ebenso wäre der Schluß nicht gerechtfertigt, daß die folgende Verdünnung 1 : 10^6 virusfrei war, da auch hier nicht mehr bekannt ist als die Unwirksamkeit des auf Huhn 7 übertragenen Teilquantums, *während die restlichen 9 ccm gar nicht untersucht wurden*. Wenn in 10 ccm einer Verdünnung von 1 : 10^5 beispielsweise fünf Elemente vorhanden sind, muß es vom Zufall abhängen, ob in einem entnommenen Teilvolum von 1 ccm ein Viruselement vorhanden ist oder nicht, u. zw. wird der Zufall 2mal tätig sein, erstens bei der Anlegung der nächsten Verdünnung und zweitens bei der Entnahme des für die Impfung bestimmten Kubikzentimeters.

Wie man ohne weiteres einsieht, war das obige Auswertungsresultat keineswegs das einzig mögliche. Das Ergebnis hätte — vorausgesetzt, daß von jeder Verdünnung nur 1 ccm auf ein Huhn übertragen wird — auch folgende Formen annehmen können:

Verdünnung	a	b	c
1:1000	+	+	+
1:10000	+	+	+
1:100000	+	—	—
1:1000000	+	+	—
1:10000000	—	—	—
1:100000000	—	—	—

Um einen besseren Einblick in die wahren Verhältnisse zu gewinnen, gingen DOERR und SEIDENBERG (*3*) so vor, daß sie je 1 ccm der im Grundversuch (siehe S. 605) verwendeten Verdünnungen 1 : 10^4 und 1 : 10^5 in neun Teile teilten und jeden dieser Teile auf ein gesundes Huhn übertrugen. Von 9 Hühnern, welche $^1/_{10}$ ccm der Verdünnung 1 : 10^4 erhalten hatten, gingen 4 an Hühnerpest ein, die übrigen 5 überlebten. Von den 9 Hühnern, welche mit je $^1/_{10}$ ccm der Verdünnung 1 : 10^5 geimpft worden waren, blieben 7 gesund, 2 verendeten an Hühnerpest.

Überlegt man sich die Bedeutung dieser zahlenmäßigen Ergebnisse, so kommt man zu folgenden Schlüssen:

1. Der aus der Verdünnung 1:10^4 (1:10000) geschöpfte Kubikzentimeter enthielt — da 4 Teilquanten desselben wirksam waren — *mindestens* 4 infektiöse (im Hühnerorganismus entwicklungsfähige) Viruselemente. Es ist aber möglich, daß die Zahl der Viruselemente in *diesem* Kubikzentimeter größer war; nicht viel größer, da man sonst (bei monodisperser Verteilung der Viruselemente) einen größeren Prozentsatz positiver Resultate erzielt hätte, aber doch etwas größer, *da jedes wirksame Teilquantum nicht nur ein einziges Element enthalten konnte, sondern zufälligerweise zwei, höchstwahrscheinlich aber nicht mehr.*

Es kann nicht behauptet werden, daß *jeder* Kubikzentimeter dieser Verdünnung hinsichtlich des Gehaltes an Viruselementen so beschaffen war wie der geschöpfte und durch Aufteilung analysierte. Die Differenzen können jedoch, da die Viruselemente nicht spontan sedimentieren (LANDSTEINER und RUSS) und da eine monodisperse Aufteilung vorausgesetzt wird, nicht sehr erheblich gewesen sein. Jeder Kubikzentimeter dieser Verdünnung mußte, auf ein Huhn verimpft, eine letale Infektion fast mit Sicherheit zur Folge haben. Das positive Ergebnis bei Huhn 8 in der Tabelle auf S. 605 war somit kein „*Zufallstreffer*".

2. Die nächste Verdünnung (1:10^5) sollte im Gesamtvolum (d. h. in 10 ccm) die Viruselemente eines Kubikzentimeters der vorausgehenden enthalten, somit 4 oder eine etwas größere Zahl von Exemplaren. In einem Kubikzentimeter der Verdünnung 1:10^5 waren also rechnungsgemäß 0—1 Viruselemente zu erwarten. Die Analyse durch Aufteilung ergab jedoch ein Minimum von 2 Elementen. Auch hier

hat man aber zu bedenken, daß nicht *jeder* Kubikzentimeter der Verdünnung $1:10^5$ so beschaffen sein mußte wie der genauer untersuchte, mit anderen Worten, daß nicht auf jeden Kubikzentimeter 2 Elemente entfielen, sondern daß das bezeichnete Teilquantum auch völlig virusfrei sein konnte. Es bestand also hier bereits ein gewisser Grad von Wahrscheinlichkeit, durch Verimpfung eines Kubikzentimeters auf ein Huhn ein negatives Resultat zu erhalten, statt des tatsächlich beobachteten positiven (Huhn 83). Sache des Zufalls war es ferner, ob beim Anlegen der nächsten Verdünnung $1:10^6$ noch Viruselemente in dieselbe gelangten, daher auch, ob in dem zur Impfung geschöpften Kubikzentimeter dieser Verdünnung noch ein Viruselement vorhanden war oder, wie das Verhalten von Huhn 7 zu beweisen schien, keines.

3. Setzt man — wie dies häufig geschieht — die Zahl der Viruselemente im Kubikzentimeter des Ausgangsmaterials gleich dem reziproken Wert der letzten noch wirksamen Verdünnung, so würde sich ein scheinbar ganz bestimmter Wert (100000 Elemente pro Kubikzentimeter) ergeben. Die beschriebene *Analyse durch fraktionierte Verimpfung eines Kubikzentimeters der Verdünnungen $1:10^4$ und $1:10^5$* lehrte aber, daß die wahre Zahl zwischen zirka 40000 und 200000 liegen dürfte. Es konnte ferner gezeigt werden, daß ein positives Versuchsergebnis auch noch bei Huhn 7 möglich, wenn auch nicht wahrscheinlich war; in diesem Falle wäre der Keimgehalt (als reziproker Wert der letzten wirksamen Verdünnung) gleich 1000000 gewesen. Hätte sich eine „Zone der inkonstanten Resultate" (siehe S. 601) herausgestellt, so wäre eine Aussage auf Grund des Prinzips der Reziprozität überhaupt unmöglich gewesen, während die Analyse nach Doerr und Seidenberg eine annähernde Abschätzung erlaubt hätte.

Zusammenfassend darf festgestellt werden, *daß die Titrierung der Infektiosität durch fortschreitende Verdünnung keinen exakten Aufschluß über die Menge der infektionstüchtigen Elemente im Ausgangsmaterial liefern kann, weil es vom Zufall abhängt, ob ein geschöpftes Teilquantum (in den Grenzverdünnungen) 0, 1, 2* oder *ev. noch mehr Viruselemente enthält und weil der verwendete Indicator (der Tierversuch) nur die Abwesenheit oder Anwesenheit, nicht aber die Zahl der Viruselemente in einem solchen Teilquantum anzeigt.* Mit besonderem Nachdruck muß aber betont werden, daß sich alle diese Überlegungen *nur auf die Wirkung des Zufallfaktors bei der Entnahme von Teilquanten* aus einer stark verdünnten Suspension von Viruselementen beziehen, daß sie aber jene Faktorengruppe, welche als *Unvollkommenheit der Aufteilung* bezeichnet und auf S. 602—605 diskutiert wurde, unberücksichtigt lassen.

Die Zufälligkeit der Aufteilung als Problem der Wahrscheinlichkeitsrechnung.

Was zu den „*Unvollkommenheiten der Aufteilung*" in dem präzisierten Sinne gehört, könnte vielleicht auf *empirischem* Wege, wenn auch nicht gerade leicht, genauer bestimmt werden; es wurde bereits auf S. 602 erwähnt, daß dies bisher nicht geschehen ist, so daß der Anteil dieser Art von Fehlerquellen am Endresultat vorläufig nicht bekannt ist, nicht einmal nach seiner Größenordnung. Die *Wirkung des Zufallfaktors* ist dagegen als Problem der Wahrscheinlichkeitsrechnung einer *mathematischen* Erfassung zugänglich. In den letzten Jahrzehnten haben sich mehrere Autoren dieser Richtung zugewendet und ihre Anwendung auf die Bestimmung der Keimdichte von Bakteriensuspensionen [Greenwood und G. H. Yule, Halvorson und Ziegler (*1, 2*), R. D. Gordon, E. Krombholz und W. Lorenz] untersucht; erst relativ spät, dafür aber mit um so größerer Arbeitsintensität — speziell auf dem Gebiete der phytopathogenen Virusarten — bemächtigte sich die Virusforschung der Methoden wissenschaftlicher Statistik, um bei der Titrierung von Virussuspensionen zu richtigeren Werten zu gelangen als durch die bloße Registrierung der zahlenmäßigen Versuchsergebnisse.

Was man auf mathematischem Wege erreichen kann, ist jedoch naturgemäß begrenzt: 1. weil man eben nur *wahrscheinliche* Werte (meist in Form eines

Intervalls) ermittelt; 2. weil die Voraussetzung, daß die Entnahme von Teilquanten unter stets identischen Bedingungen erfolgen kann, kaum zutreffen dürfte[1] (Wirbelbewegungen beim Aufsaugen mit der Pipette oder Injektionsspritze usw.), und 3. weil die unvollkommene Aufteilbarkeit (siehe S. 602ff.) außer acht gelassen wird.

Das ist *einer* der Gründe, warum hier auf die ausführliche Wiedergabe der mathematischen Ableitungen, auf welche sich die einschlägigen Verfahren aufbauen, verzichtet wird. Zudem war es ausgeschlossen, in dem verfügbaren Raum eine Darstellung zu bringen, welche es dem Leser ersparen würde, sich zumindest mit den elementaren Grundlagen der Wahrscheinlichkeitsrechnung und der wissenschaftlichen Statistik vertraut zu machen. Zu diesem Zwecke kann eine der zahlreichen ausführlichen oder kürzeren Monographien über dieses Thema empfohlen werden, wie z. B. jene von H. REICHEL (*2*), E. CZUBER, W. WEITBRECHT, H. v. SCHELLING, J. O. IRWIN, G. U. YULE, sowie das ausgezeichnete, nun schon in sechster Auflage erschienene Buch von R. A. FISHER (das in englischen Publikationen über Virusauswertung häufig zitiert wird). In näherer Beziehung zu den hier erörterten Problemen stehen Arbeiten von GREENWOOD und YULE, KROMBHOLZ und LORENZ, R. D. GORDON, HALVORSON und ZIEGLER (*1, 2*), W. J. YOUDEN, YOUDEN und BEALE, YOUDEN, BEALE und GUTHRIE, R. J. BEST (*1, 4*), J. G. BALD (*1, 2, 3, 4*), R. F. PARKER u. a., auf die wir noch in der Folge zurückkommen werden. Zunächst soll hier das Wesen der Sache an einem bakteriologischen Beispiel erörtert werden.

Die Methode der „mikrobiellen Titerbestimmung" von E. KROMBHOLZ und W. LORENZ.

Wie schon früher N. GREENWOOD und G. U. YULE (1917), suchten KROMBHOLZ und LORENZ ein Verfahren zu ermitteln, durch welches die *Keimdichte von Bakteriensuspensionen* mit Hilfe des technischen Prinzips der fortschreitenden Verdünnung möglichst exakt bestimmt werden kann. Die von den genannten Autoren angegebenen Methoden haben dann in der Hygiene (insbesondere bei der bakteriologischen Untersuchung von Wasser- und Milchproben) praktische Verwendung gefunden.

Das von KROMBHOLZ und LORENZ mitgeteilte Verfahren gestaltet sich, wenn man von einigen unwesentlichen Details absieht, so, daß jede Verdünnung in 10 gleiche Teile geteilt wird; ein Teil wird zur Anlegung der nächsten Verdünnung verwendet, die übrigen 9 werden gesondert in Eprouvetten mit flüssigen Nährböden (Bouillon) verimpft. Im Bereiche der hohen Konzentrationen zeigen natürlich alle Röhrchen der Neunerserien Wachstum (oder eine Auswirkung des Wachstums, z. B. Gasbildung, wenn man den Colititer im Wasser feststellen will). Aber schließlich kommt man zu einer Serie, in welcher nicht alle 9 Röhrchen angehen, sondern nur ein Teil, also minimal eines und maximal acht. Die *erste* Neunerserie, in welcher dieser Fall

[1] Das Schöpfen von Teilquanten aus bakterien- oder virushaltigen Flüssigkeiten wird von manchen Autoren, so z. B. von KROMBHOLZ und LORENZ, mit einem bekannten Beispiel der Wahrscheinlichkeitslehre, dem Ziehen von Kugeln bestimmter Farbe aus einem Behälter mit verschiedenfarbigen Kugeln, verglichen. KROMBHOLZ und LORENZ haben sogar ihre Methode der „mikrobiellen Titerbestimmung" (siehe oben) an einem ähnlichen Modell auf ihre Exaktheit geprüft (Aufteilungsversuche mit Bohnen, denen eine bekannte Zahl von durch ihre Farbe ausgezeichneten Exemplaren beigemischt war). Meines Erachtens sind jedoch die Verhältnisse beim Schöpfen von korpuskulären Elementen aus einer Flüssigkeit und beim Ziehen von Kugeln aus einer Urne (oder beim Aufteilen von Bohnengemischen) recht verschieden; ein Vergleichsobjekt, welches bestimmte Schlüsse erlaubt, müßte dem Vorgang, den es erläutern soll, besser angepaßt sein.

eintritt, dient als Grundlage der Berechnung. Sind noch höhere Verdünnungsserien vorhanden, so werden sie in toto als 10. Teilquantum, aus welchen sie ja de facto durch weitere Aufteilung hervorgegangen sind, registriert, u. zw. mit positivem Vorzeichen, falls in irgendeinem Röhrchen dieser folgenden Serien Wachstum zu konstatieren ist, mit negativem, wenn die Röhrchen durchwegs steril bleiben; auf diese Weise wird die maßgebende Neunerserie durch ein weiteres Resultat ergänzt und es ergibt sich daraus die Möglichkeit, daß 9 Röhrchen (statt 8, wie oben angegeben wurde) positiv werden (siehe die Tabelle) und nur eine Probe negativ ausfällt. *Beispiel*: Die Verdünnungsserie 10^{-3} soll 9, die Serie 10^{-4} 5 positive Proben ergeben und in der Serie 10^{-5} soll noch ein Röhrchen Wachstum zeigen. Dann ist die Serie 10^{-4} maßgebend und mit 6 positiven Proben in Rechnung zu stellen.

Die mathematische Verwertung der so gewonnenen Zahl stellt ein Problem der Wahrscheinlichkeitsrechnung dar, welchem man nach KROMBHOLZ und LORENZ folgende allgemeine Fassung geben kann: „In einem abgegrenzten Raum sind materielle Punkte in rein zufälliger, dreidimensionaler Verteilung gegeben. Dieser Raum wird in 10 gleiche Abmessungen unterteilt, und es bestehe ein Verfahren, das erkennen läßt, ob ein so gebildeter Teilraum Punkte überhaupt enthält oder nicht, und zwar nur dies, nicht aber wie viele. Die Zahl bzw. Verteilung der Punkte im abgegrenzten Gesamtraum sei nun eine solche, daß nicht auf alle 10 Unterteilungen Punkte entfallen, sondern nur auf eine gewisse Anzahl von ihnen, während die anderen sich als unbesetzt erweisen. Gefragt ist, auf welche Zahl der Punkte im Gesamtraum aus der Zahl der besetzten Unterteilungen geschlossen werden kann, und welche Tragweite diese Schlüsse haben, d. h. innerhalb welcher Fehlergrenzen sie zutreffen mögen."

Wie diese Aufgabe zu lösen ist, zeigen KROMBHOLZ und LORENZ an einem vereinfachten zweidimensionalen Beispiel, nämlich der rein zufälligen Streuung von Treffern über eine kreisförmige, in 10 gleiche Sektoren geteilte Zielscheibe. Es wird zunächst die Wahrscheinlichkeit berechnet, mit der eine bestimmte Zahl von Treffern eine bestimmte Verteilung auf die Sektoren der Scheibe ergibt, und aus diesen Werten werden die Wahrscheinlichkeiten abgeleitet, mit denen aus der Zahl der getroffenen Sektoren auf die möglichen Trefferzahlen geschlossen werden kann. Daß die so erhaltenen Zahlen auch für dreidimensionale Anordnungen von Objekten in Teilquanten eines Gesamtvolums Gültigkeit haben, falls eben nur der Zufall die räumliche Verteilung bestimmt, wird [zum Teil auf Grund von Aufteilungsversuchen mit Bohnengemischen (vgl. S. 608)] als sicher bezeichnet.

Für praktische Zwecke geben KROMBHOLZ und LORENZ nachstehende tabellarische Zusammenstellung, welche rechnerische Operationen erspart und nur Wahrscheinlichkeitsgrade von 95% berücksichtigt.

Tabelle 1.

Von zehn gleichbemessenen Teilungen der Untersuchungsmasse zeigen spezifisches Mikrobenwachstum		1	2	3	4	5	6	7	8	9
Wahrscheinlichste Keimzahl		1	2	3	5	6	8	11	15	22
Mit 95% Wahrscheinlichkeit liegt die Keimzahl innerhalb nebenstehender Grenzen	untere Grenze	1	2	3	4	5	6	7	8	10
	obere Grenze	2	3	5	8	11	15	20	30	49
Die Keimzahl bezeichnet sich demnach mit		$1\begin{cases}+1\\-0\end{cases}$	$2\begin{cases}+1\\-0\end{cases}$	$3\begin{cases}+2\\-0\end{cases}$	$5\begin{cases}+3\\-1\end{cases}$	$6\begin{cases}+5\\-1\end{cases}$	$8\begin{cases}+7\\-1\end{cases}$	$11\begin{cases}+9\\-4\end{cases}$	$15\begin{cases}+15\\-7\end{cases}$	$22\begin{cases}+27\\-12\end{cases}$

Erhält man somit bei der Aufteilung 6 positive Proben, so sind im Totalvolum der betreffenden Verdünnung 6—15 Keime (mit einer Wahrscheinlichkeit von 95%) anzunehmen; die Umrechnung auf den Kubikzentimeter und die Berücksichtigung des Verdünnungsgrades ergeben dann die Keimdichte im Ausgangsmaterial.

Wesentlich ist, daß sich KROMBHOLZ und LORENZ nicht auf die Untersuchung einer *einzigen* Stichprobe beschränken, sondern die ganze verfügbare Menge jeder Verdünnung fraktioniert prüfen. Das Prinzip ist also analog dem Gedankengang, welcher DOERR und SEIDENBERG bei ihren Titrierungen des Hühnerpestserums leitete. KROMBHOLZ und LORENZ ermitteln aber nicht bloß die *Zahl der keimhaltigen Teilquanten*, sondern bestimmen rechnerisch die Grenzen, innerhalb welcher die *Keimzahl des fraktionierten Quantums* mit großer Wahrscheinlichkeit liegen muß; eine derartige statistische Analyse kann man natürlich auch an das von DOERR und SEIDENBERG verwendete Verfahren anschließen.

Auf einem ähnlichen Prinzip wie die Methode von KROMBHOLZ und LORENZ beruht das Verfahren von HALVORSON und ZIEGLER (*1*). Die Verdünnung erfolgt in Zehnerpotenzen und von drei aufeinanderfolgenden Verdünnungen wird 1 ccm in je 10 Röhrchen übertragen. Beträgt die Zahl der Röhrchen, welche Wachstum zeigen, in den drei Zehnerserien p_1, p_2 und p_3, so läßt sich aus diesen Werten die durchschnittliche Dichte der entwicklungsfähigen Bakterien in der mittleren der drei untersuchten Konzentrationen berechnen. In besonderen Tabellen [HALVORSON und ZIEGLER (*2*)] sind die berechneten Werte für verschiedene p_1, p_2 und p_3 zusammengestellt. Nachprüfungen von R. D. GORDON sowie GORDON und ZO BELL lieferten jedoch keine ganz befriedigenden Resultate, was von diesen Autoren nicht dem Verfahren als solchem, sondern der rechnerischen Verwertung der Ablesungen zur Last gelegt wird; es wird eine andere Berechnung vorgeschlagen, welche einer eventuellen Neubearbeitung der Tabellen von HALVORSON und ZIEGLER zugrunde gelegt werden sollte.

Anwendbarkeit der Methoden der mikrobiellen Titerbestimmung auf die Titrierung virushaltiger Flüssigkeiten.

Die Auswertung virushaltiger Flüssigkeiten nach den Methoden von KROMBHOLZ und LORENZ, HALVORSON und ZIEGLER, R. D. GORDON bzw. von DOERR und SEIDENBERG hat bisher keinen Eingang in die experimentelle Praxis gefunden, weil der große Aufwand an kostspieligen Versuchstieren in keinem rationalen Verhältnis zu der erreichbaren Genauigkeit stünde. Man könnte den Tierverbrauch einschränken, wenn man zunächst nur eine Reihe nach dem üblichen Schema ansetzt, d. h. von jeder Verdünnung nur *eine* Stichprobe auf ein Versuchstier überträgt und den Ablauf dieses Vorversuches abwartet; man wird auf diese Art über diejenigen Verdünnungen orientiert, deren Fraktionierung das für die statistische Analyse erforderliche Gemisch positiver und negativer Resultate ergeben dürfte. Dieses Prozedere ist jedoch nur dann durchführbar, wenn man das Ausgangsmaterial oder, was noch besser wäre, die im Vorversuch verwendeten Verdünnungen ohne jede Änderung des Virusgehaltes und der Virusverteilung aufbewahren kann, bis die Ergebnisse des orientierenden Vorversuches feststehen. Daß dies beim Hühnerpestvirus möglich ist, vermochten DOERR und SEIDENBERG (*3*) zu zeigen; doch dürften die Verhältnisse bei den meisten Virusarten so ungünstig liegen, daß die *Zerlegung der Titration in einen Vorversuch und einen Hauptversuch ausgeschlossen erscheint.*

Die Auswertung von Vaccinelymphe nach R. P. PARKER und TH. M. RIVERS.

Bei der *Vaccine* läßt sich die Infektiosität exakter auswerten, ohne die Zahl der Versuchstiere in nennenswertem Ausmaß zu steigern. Es beruht dies einfach darauf, daß man zahlreiche Einzeldosen dieser Virusart dem gleichen Kaninchen intracutan injizieren und nach dem Verhalten der geimpften Hautstelle entscheiden kann, ob ein positiver oder ein negativer Erfolg zu verzeichnen ist. R. P. PARKER und TH. M. RIVERS (1936) schlagen nun vor, die zu prüfenden Vaccinesuspensionen in Potenzen von 10 zu verdünnen, von jeder Verdünnung mindestens vier gleiche Einzeldosen intracutan zu übertragen und die Zahl der „Treffer" wie jene der „Versager" für jede Verdünnung zu notieren. Diese tatsächlichen Ergebnisse werden dann kumuliert[1] und aus den kumulierten Werten die Prozente der Treffer berechnet. Als Endpunkt der Titration bzw. als Basis für die Bestimmung der Zahl der infektiösen Einheiten im Ausgangsmaterial wird jene Verdünnung verwendet, welche eine gleiche Zahl negativer und positiver Resultate (also 50% Treffer) geliefert hat. Ist keine solche Verdünnung unter den geprüften zu finden, so wird sie durch rechnerische Interpolation ermittelt.

Tabelle 2. Beispiel einer Vaccinetitrierung nach PARKER und RIVERS.

Logarithmus der Virusverdünnung	Impferfolge		Kumulierte Werte		Prozente der positiven Werte
	positive	negative	positive	negative	
3	4*	0+	12*	0	100
4	4*	0+	8	0	100
5	3*	1+	4	1	80
6	1*	3+	1	4+	20
7	0*	4	0	8	0

Im obigen Beispiel ergibt die Verdünnung 10^{-5} 80%, die folgende Verdünnung 10^{-6} 20% Erfolge; 50% müßten somit in dem Intervall von 10^{-5} bis 10^{-6} enthalten sein und dem Punkte 30/60 = 0,50 dieser Distanz entsprechen. Die gesuchte Endverdünnung wäre also $10^{5,5} = 3{,}16 \times 10^{-5}$, die Zahl der infektiösen Einheiten im Ausgangsmaterial $3{,}16 \times 10^{5}$.

Durch die Titrierung von Vaccineproben nach der Vorschrift von PARKER und RIVERS erhält man wohl genauere Resultate, als wenn man beispielsweise eine Vaccinesuspension in Potenzen von 10 verdünnt, mit jeder Verdünnung nur eine intracutane Impfung ausführt und die höchste Verdünnung, welche noch einen positiven Impferfolg gibt, als Maß der Infektiosität ansieht oder den reziproken Wert dieser Verdünnung als eine brauchbare Annäherung an die Zahl der infektiösen Elemente betrachtet. Aber einen besonders hohen Grad von Exaktheit verbürgt auch das Verfahren von PARKER und RIVERS nicht, weil die Zahl der von jeder Verdünnung geprüften Teilquanten (4) zu klein ist, als daß die Gesetze der mathematischen Wahrscheinlichkeit zu voller Auswirkung kommen könnten, weil der Endpunkt der Titrierung (gleiche Zahl positiver und negativer Resultate) meist durch rechnerische Interpolation ermittelt werden muß, welche die Zuverlässigkeit der Grenzwerte des Interpolationsintervalls voraussetzt, und weil sich gewisse natürliche Fehlerquellen (die „Unvollkommen-

[1] Die „Kumulierung" besteht in einer Addition der Vertikalkolumnen 2 bzw. 3, wobei man bei den kleinsten Ziffern zu beginnen und bis zu der betreffenden Verdünnung fortzuschreiten hat. Die Ziffer 12* wird also beispielsweise erhalten durch Summierung von $0 + 1 + 3 + 4 + 4$, die Ziffer 4+ durch Summierung von $0 + 0 + 1 + 3$ usw. Die kumulierten Werte in der Vertikalkolumne 4 geben somit die Gesamtzahl der positiven Erfolge an, welche mit der betreffenden und mit höheren Verdünnungen erzielt wurden, die Werte in der Vertikalkolumne 5 die negativen Resultate mit der betreffenden und allen niedrigeren Verdünnungen.

heiten der Aufteilung") nicht ausschalten lassen. Jeder höhere Grad von Genauigkeit erfordert eine entsprechende Verbreiterung des experimentellen Teils der Auswertung und die statistische Analyse der tatsächlichen Ergebnisse kann trotz aller Finessen diese Forderung nur restringieren, aber nicht aufheben. Und schließlich existiert ein Optimum, das nicht überboten werden kann und auf das man in der Auswertungspraxis begreiflicherweise verzichtet.

Das Problem der minimalen infizierenden Dosis („minimum or critical infective unit).

Die Titrierungen von Bakteriensuspensionen mit Hilfe fortschreitender Verdünnung in flüssigen Nährmedien dürfen mit der sicheren Prämisse operieren, daß *ein einziges Element d. h. eine einzige vermehrungsfähige Bakterienzelle* genügt, um den als positiv bezeichneten Effekt (z. B. Trübung der Bouillon infolge von Bakterienwachstum) hervorzurufen. Bei der Titrierung der Infektiosität von Virussuspensionen ist das nicht der Fall. Was man hier der Zahl nach bestimmt, sind *„infizierende Dosen"* und wir können von vornherein nicht sagen und experimentell auch kaum direkt entscheiden, ob eine solche Dosis einem aktiven Viruselement entspricht oder ob sie sich aus einer Mehrzahl von Viruselementen zusammensetzt, bzw. wie viele Viruselemente erforderlich sind, um bei der Übertragung auf ein Versuchstier ein positives Resultat zu liefern (siehe S. 601).

PARKER und RIVERS stellten an geeigneten Präparaten (Suspensionen von PASCHENschen Körperchen, welche relativ frei von anderen Partikeln waren) mehrere Parallelauswertungen an, indem sie einerseits die Zahl der Elementarkörperchen pro Kubikzentimeter durch direkte Auszählung in einer PETROFF-HAUSERschen Kammer (Dunkelfeldbeleuchtung) bestimmten, anderseits die Infektiosität oder — wie sie sich ausdrückten — die Zahl der „infektiösen Einheiten" nach dem oben beschriebenen Verfahren feststellten. Im Durchschnitt ergab sich pro Kubikzentimeter ein Verhältnis von 4190000000 : 100000000, d. h. es entfielen auf jede „Infektionseinheit" 41,9 Elementarkörperchen. PARKER und RIVERS wehren sich allerdings gegen den Schluß, daß gerade diese Menge für das Haften einer intracutanen Impfung beim Kaninchen nötig ist, was man nur billigen kann. Denn nicht alle Elementarkörperchen, die man optisch als solche zu agnoszieren vermag, müssen aktiv (lebend, vermehrungsfähig) sein, vielmehr haben wir allen Grund zu der Annahme, daß die Mehrzahl inaktiv (abgestorben) ist (siehe S. 600). Zweitens aber ist die Vorstellung einer durch eine *bestimmte* Zahl von Elementen ausdrückbaren „Infektionseinheit", wie sie uns in den Ausführungen von PARKER und RIVERS (1936) und besonders auch von R. F. PARKER (1938) entgegentritt, wohl überhaupt abzulehnen.

PARKER geht von den von S. D. POISSON ermittelten Gesetzen (1837) aus. Stellt man sich eine hinreichend verdünnte Suspension von unteilbaren Partikeln (Zellen, Bakterien u. dgl.) her und hat man die Gewißheit, daß die Technik der Verdünnung eine rein zufällige Verteilung der Elemente bewirkt, so gilt nach POISSON der Satz: Die Zahl der aus einer solchen Suspension geschöpften gleich großen Proben, welche 0, 1, 2, 3 . . . Elemente enthalten, steht in einer bestimmten und daher berechenbaren Beziehung zum durchschnittlichen Partikelgehalt der Suspension. Die relative Häufigkeit der Proben mit 0, 1, 2, 3 . . . x Elementen durchläuft die Reihe

$$e^{-m},\ e^{-m} m,\ e^{-m}\frac{m^2}{2!},\ e^{-m}\frac{m^3}{3!},\ \ldots,\ e^{-m}\frac{m^x}{x!},$$

in welcher e die Basis der natürlichen Logarithmen, m die durchschnittliche Partikelzahl und $x!$ x Fakultät $[x(x-1)\,(x-2)\ldots 1]$ bedeutet. Handelt es sich um Suspensionen lebender Bakterien, so kann der Gehalt jeder geschöpften Probe an diesen Elementen direkt (mit Hilfe von Zählplatten) bestimmt werden. Die Anwesenheit von Viruselementen in den Proben wird dagegen nur durch das Tierexperiment festgestellt, und da dieses bloß ein negatives oder ein positives Resultat haben kann, zeigt es lediglich an, ob in der geschöpften Probe die für eine Infektion erforderliche Zahl von Viruselementen vorhanden war oder nicht. Das genügt jedoch für gewisse Zwecke. Wie oben angegeben wurde, ist nämlich die relative Häufigkeit der Proben mit 0 Partikeln gleich e^{-m}, die Häufigkeit des Gegenteils, d. h. von Proben mit 1 oder mehr Partikeln $1 - e^{-m}$. In ähnlicher, nur etwas komplizierterer Weise läßt sich der Prozentsatz der Proben mit 2 oder mehr, 3 oder mehr Partikeln usw. berechnen. Trägt man auf der Abszisse die durchschnittlichen Partikelzahlen pro Kubikzentimeter für stark verdünnte Suspensionen und als Ordinaten die Prozente der positiven Proben auf, so resultieren Kurven, welche eine charakteristische Form aufweisen, je nachdem für einen „Treffer" 1 oder mehr, 2 oder mehr, 3 oder mehr Elemente notwendig sind. Je größer die Zahl der für einen Erfolg erforderlichen Elemente wird, desto steiler ist der Anstieg der Kurve, wie das Abb. 1 (aus der Publikation von PARKER, l. c., S. 727) veranschaulicht.

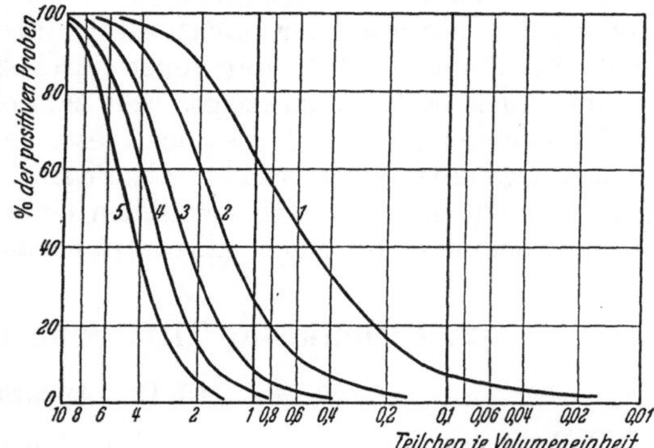

Abb. 1. Nach PARKER; Erklärung im Text.

Um nun dieses Prinzip auf Suspensionen von Vaccinekörperchen anwenden zu können, muß man zunächst aus konzentrierten Aufschwemmungen jene Verdünnungen herstellen, für welche das Gesetz von POISSON gilt. Zu diesem Zwecke bestimmt PARKER nach dem Verfahren, das er mit RIVERS ausgearbeitet hat, den Verdünnungsgrad, welcher gleich viel positive und negative Resultate liefert (siehe S. 611); die gesuchten Verdünnungen liegen dann rechts und links von dieser Konzentration, und wenn man für jede von ihnen den Prozentsatz der positiven Impfergebnisse (auf der Kaninchenhaut) registriert, erhält man in graphischer Darstellung eine Kurve (siehe Abb. 2 nach PARKER, l. c., S. 730), welche mit der Voraussetzung stimmt, daß 1 oder mehr Partikel eine lokale Infektion erzeugen können oder, mit anderen Worten, daß *ein* Viruselement unter Umständen hinreicht. PARKER schränkt diese Aussage noch auf gewisse Stämme und für diese auf die intracutane Infektion des Kaninchens ein.

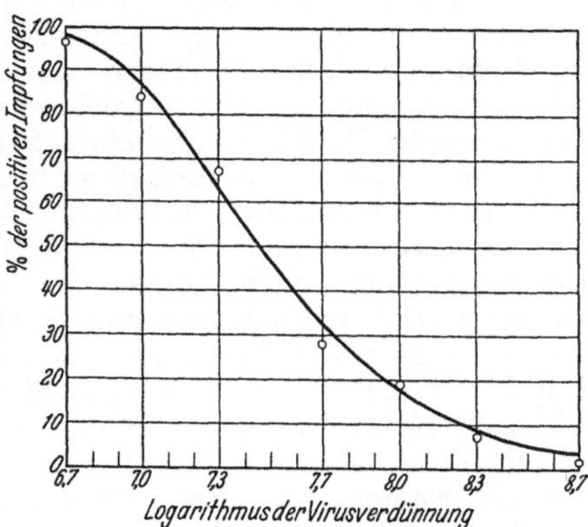

Abb. 2. Nach PARKER; Erklärung im Text.

Ob der mathematische und experimentelle Aufwand dieses Resultat rechtfertigt, darf bezweifelt werden. Bei parasitischen Organismen, die sich *ungeschlechtlich* vermehren, hat die Annahme keinen Sinn, daß sich *ein* Exemplar in einem empfänglichen Wirtsorganismus nicht anzusiedeln vermag, wohl aber *zwei*, oder daß auch zwei unwirksam sind und daß die minimale Infektionsdosis gerade bei 3 beginnt (siehe S. 601). Abgesehen von der verfehlten Fragestellung kann man auch gegen die von PARKER verwendete Methode mehrfache Einwände erheben; so ist es höchstwahrscheinlich unrichtig, die Infektiosität der Elementarkörperchen eines Vaccinestammes bzw. einer zu untersuchenden Vaccineprobe als eine konstante Größe zu betrachten; selbst wenn man die inaktiven (abgestorbenen) Exemplare (siehe S. 600) aus der Betrachtung ausschaltet, hat man es nicht mit untereinander gleichwertigen (nämlich für die Haftung in der Kaninchenhaut gleichwertigen) Partikeln zu tun (SOBERNHEIM, H. und K. HERZBERG u. a.).

Die auf manche Einzelheiten und Analogien ausführlicher eingehende Darstellung der Titrierung der Infektiosität virushaltiger Substrate durch fortschreitende Verdünnung schien mir außer durch die auf S. 598 auseinandergesetzten Gründe auch deshalb angezeigt, weil zahlreiche Experimentatoren solche Methoden benutzen, ohne sich über das Wesen derselben und ihre natürlichen Fehlerquellen irgendwie Rechenschaft abzulegen. Wie sogleich gezeigt werden soll, gilt dies nicht nur für die theoretischen Grundlagen; auch die technische Durchführung bekundet oft einen ganz auffallenden Mangel an Verständnis.

2. Technik der Titrierung durch Verdünnung.

a) Die Apparatur.

Daß die benutzten Glasgefäße, Pipetten usw. einwandfrei sterilisiert werden müssen, wird wohl immer beachtet. Weit weniger schon die große Ungenauigkeit der gewöhnlichen, in den Laboratorien verwendeten Meßpipetten, nicht so sehr, weil sie nicht genügend bekannt ist, sondern weil geeichte Pipetten mehr kosten und weil diese Preisdifferenz bei dem großen Pipettenverbrauch ins Gewicht fällt. Damit kommen wir zu einer der wichtigsten Vorschriften: *Für die Anlegung jeder neuen Verdünnung muß eine frische Pipette benutzt werden; es ist absolut unzulässig, alle Verdünnungen einer Titrierserie mit der gleichen Pipette herzustellen, und wo dies trotzdem geschieht, können die Resultate keinen Anspruch auf Glaubwürdigkeit erheben.*

Der Einfluß dieses sog. „*Pipettenfehlers*" wurde zuerst von R. DOERR und W. GRÜNINGER 1923 nachgewiesen. Es konnte gezeigt werden, daß die Titrierung von Bakterienaufschwemmungen sowie von Bakteriophagensuspensionen falsche und überdies ganz unregelmäßige bzw. nicht reproduzierbare Resultate liefert, falls man sämtliche Verdünnungen einer Serie mit der gleichen Pipette herstellt. Für Bakteriensuspensionen wurden diese Angaben 1932 von LASSEUR, PIERRET, DUPAIX und MAGUITOT bestätigt. Der Grund ist leicht einzusehen. Einerseits können Pipetten nie absolut vollständig entleert werden; an der inneren Pipettenwand bleiben stets mehr oder minder große Quoten der aufgenommenen Flüssigkeit bzw. der in ihr suspendierten Partikel haften und werden, wenn die Pipette weiter benutzt wird, in eine der folgenden Verdünnungen ausgeschwemmt. Zweitens taucht die Pipette nicht immer gleich tief in die Flüssigkeit und diese wird auch nicht immer bis zu gleicher Höhe aufgesaugt; es können daher außen und innen Depots von konzentriertem Virus entstehen, die oft erst nach Überspringen mehrerer Verdünnungsakte abgespült werden. Von dem Sachverhalt kann man sich jedenfalls leicht (auch im Modellversuch mit kolloiden Farbstoffen) überzeugen und es ist daher nicht verständlich, daß G. PYL (*1*) [mit unzureichender Begründung siehe DOERR und SEIDENBERG (*1*)] die Existenz des Pipettenfehlers, wenn auch nur für den Spezialfall der Titrierung von Maul- und Klauenseuchevirus im Blaseninhalt, in Abrede zu stellen versuchte. Heute dürfte wohl die Notwendigkeit des ständigen Pipettenwechsels ziemlich allgemein anerkannt sein.

Die Übertragung der Verdünnungen auf Versuchstiere erfolgt meist mit Hilfe einer einzigen Injektionsspritze, wobei man aber natürlich nicht von den höheren zu den niedrigeren Konzentrationen fortschreiten darf, sondern die umgekehrte Reihenfolge einhalten muß; auch empfiehlt es sich, zumindest die Kanüle nach jeder Injektion zu wechseln. Ich habe in Gemeinschaft mit S. SEIDENBERG Parallelversuche an der gleichen Verdünnungsserie angestellt, einmal mit einer einzigen, das andere Mal mit ständig gewechselter Injektionsspritze; die Resultate waren *nicht* völlig identisch. Die Einteilung (Kalibrierung) der Injektionsspritzen ist sehr ungenau und das „Dosieren mit der Spritze“ infolgedessen unzuverlässig; ein „Kubikzentimeter“ mit der Spritze abgemessen weicht oft ganz erheblich von dem Kubikzentimeter ab, den man mit einer auf Auslauf geeichten Pipette erhält.

b) Die Verdünnungsflüssigkeit.

Die Verdünnungsflüssigkeit sollte so beschaffen sein, *daß sie das zu titrierende Virus nicht zerstört oder inaktiviert.* Strenge genommen läßt sich jedoch diese Forderung wahrscheinlich überhaupt nicht erfüllen, falls sie für eine praktisch unbegrenzte Zeit gelten soll; eine Ausnahme machen nur die Bakteriophagen. DOERR (*2*) konnte eine Suspension von Colibakteriophagen in bakteriologisch steriler Bouillon in zugeschmolzenen Glasampullen zwölf Jahre lang bei Zimmertemperatur aufbewahren und nach Ablauf dieses langen Zeitraumes eine quantitativ unveränderte Wirksamkeit feststellen; über ähnliche Erfahrungen hat auch J. BORDET berichtet. Sonst aber büßt jedes Virus — falls es nicht im trockenen Zustand oder in Form von virushaltigen Organen, sondern als Suspension der Elemente in einer wässerigen Flüssigkeit aufbewahrt wird — seine Infektiosität früher oder später ein. Man schränkt daher die eingangs formulierte Forderung ein und verlangt nur, *daß das Virus während der Dauer der Titrierung intakt bleibt.* Das muß nun durch eingehende Vorversuche festgestellt werden, da die Zeit, innerhalb welcher die Inaktivierung erfolgt, nach den Untersuchungen von G. PYL (*1*) (Virus der Maul- und Klauenseuche) sowie von DOERR und SEIDENBERG (*1, 3*) und R. RUPPIN (Hühnerpestvirus) von folgenden Faktoren abhängig ist:

a) *von der Natur der Virusart,*
b) *von der Beschaffenheit der Verdünnungsflüssigkeit* und
c) *vom Grade der Verdünnung des Ausgangsmaterials.*

Ad a) Aus der Abhängigkeit von der Virusart ergibt sich implicite, daß allgemeingültige Regeln nicht aufgestellt werden können und daß insbesondere auch keine unter allen Umständen optimale Verdünnungsflüssigkeit angegeben werden kann.

Ad b) Zu Verdünnungszwecken benutzt man in der Mikrobiologie und in der Serologie meist eine 0,85%ige Kochsalzlösung, speziell auch, wenn es sich um Titrierungen von Antigenen, Antikörpern, Toxinen oder Virusarten handelt; der p_H solcher Lösungen beträgt in der Regel 5,6—6,8 und ist wegen der mangelnden Pufferung von geringen Verunreinigungen, u. a. auch von der Kohlensäure der Luft, abhängig [G. PYL (*2*)].

Schon bei der Titrierung von Toxinen erweist sich jedoch die „physiologische“ Kochsalzlösung keineswegs als besonders geeignet. Die Verdünnung von Tetanustoxin liefert einen höheren Titer, wenn sie mit Bouillon oder einer Peptonlösung vorgenommen wird, als wenn man Kochsalzlösung benutzt (CONDREA und POENARU, K. HALTER). K. HALTER konnte zeigen, daß die Ursache in der großen Labilität des Tetanustoxins zu suchen ist und daß die inaktivierende Wirkung der Kochsalzlösung hauptsächlich durch ihren Gehalt an Luft bzw. Luftsauerstoff bedingt wird. Pepton schützt das oxylabile Tetanustoxin durch sein O-Bindungsvermögen; daher sind die hohen Toxinverdünnungen empfindlicher als die niedrigen, da sie das schützende Pepton nicht mehr in genügender Konzentration enthalten, und werden durch den Zusatz einer mit Luft gesättigten Kochsalzlösung fast augenblicklich inaktiviert. Umgekehrt lassen sich auch hohe, mit Kochsalzlösung hergestellte Verdünnungen durch rechtzeitigen Peptonzusatz stabilisieren.

Ob die von K. HALTER für das Tetanustoxin ermittelten Verhältnisse auch für gewisse Virusarten in gleicher Weise gelten, ist bisher nicht untersucht worden.[1] Die Titrierung von Hühnerpestserum mit luftfreier und luftgesättigter Kochsalzlösung ergab keine Differenzen [DOERR und SEIDENBERG (*3*)]. Nichtsdestoweniger wirkt die Kochsalzlösung auch auf Hühnerpestvirus schädigend ein [R. RUPPIN, DOERR und SEIDENBERG (*3*)]; es muß also außer dem Sauerstoffgehalt noch andere Eigenschaften geben, welche diesem Verdünnungsmittel anhaften und die Aktivität des Agens aufheben können, Eigenschaften, die sich nicht ausschließlich gegen das Hühnerpestvirus richten, sondern allgemeineren Charakter zu besitzen scheinen, da sie beispielsweise auch für das Virus der Maul- und Klauenseuche deletär sind [G. PYL (*2*)].

Die Virulicidie der 0,85%igen NaCl-Lösung ist noch nicht erschöpfend analysiert worden. P. PYL, dem wir sorgfältige Studien über die Haltbarkeit des Virus der Maul- und Klauenseuche bei verschiedenen H·-Konzentrationen verdanken, legt das Hauptgewicht auf den Umstand, daß die Kochsalzlösung entweder von Haus aus oder infolge von Verunreinigungen (siehe oben) einen p_H von 5,8 bis 6,8 aufweist und daß das Maul- und Klauenseuchevirus gerade in diesem Bereich besonders unbeständig ist. Das Optimum für die Haltbarkeit dieses Virus liegt, mit Phosphatpufferlösungen bestimmt, bei einem p_H von 7,4—7,6; außerdem bestehen noch zwei niedrigere absolute Maxima, eines im sauren Bereich (p_H = = 2,0—3,0) und eines im alkalischen Bereich bei einem p_H von 11,75 [G. PYL (*3*), PYL und KLENK (*1*), GALLOWAY und ELFORD]. Das Virus der Vesicularstomatitis verhält sich ganz anders; es zeigt nur *ein* ziemlich breites Optimum, das von dem p_H von zirka 4,0 bis zum p_H von etwa 11,0—11,5 reicht (G. PYL, GALLOWAY und ELFORD; siehe auch die von W. H. STANLEY im I. Teil dieses Handbuches, S. 479 reproduzierte Haltbarkeitskurve des Virus der Maul- und Klauenseuche). Leider wurde das Virus der Vesicularstomatitis nicht komparativ mit 0,85% NaCl und mit Phosphatpufferlösungen ausgewertet. Der p_H der NaCl-Lösung liegt hier mitten im Bereich der optimalen Haltbarkeit, wie er in der Haltbarkeitskurve angegeben ist; wenn die Kochsalzlösung auch in diesem Falle stärker virusschädigend wirkt als eine Phosphatpufferlösung, so könnte man hierfür nicht ausschließlich die H·-Konzentration verantwortlich machen.

Die Kochsalzlösung unterscheidet sich von einer Phosphatpufferlösung nicht nur dadurch, daß sie ungepuffert ist und eine andere H·-Konzentration haben kann, sondern durch ihre vollkommen einseitige Zusammensetzung. Aus den klassischen Untersuchungen von JACQUES LOEB über die biologische Bedeutung der Salze wissen wir, daß reine Kochsalzlösungen auf Zellen giftig wirken, und

[1] Es sei jedoch erwähnt, daß das Virus des „Tomato spotted wilt" (fleckiges Welken der Tomaten) durch Rühren mit einem Glasspatel rascher inaktiviert wird als bei ruhigem Stehen des Quetschsaftes kranker Blätter und daß man die Inaktivierung auch beschleunigen kann, wenn man Luft durch die virushaltigen Extrakte durchperlen läßt. Verschiedene Kontrollversuche mit Durchperlen von N oder Einwirkung von oxydierenden und reduzierenden Agenzien brachten keine Entscheidung, ob der Inaktivierungsprozeß de facto nur auf einer Oxydation beruht (J. G. BALD und G. SAMUEL); die Beobachtung ist indes an sich von Interesse, weil die inaktivierenden bzw. die Inaktivierung beschleunigenden Faktoren (Umrühren, Durchperlen von Luft) wohl bei allen Titrierungen durch Verdünnung in Aktion treten. Auch weisen BALD und SAMUEL darauf hin, daß eine gewisse Empfindlichkeit gegen O bzw. gegen oxydierende Agenzien bei verschiedenen Virusarten sichergestellt werden konnten, beim Virus des Tabakmosaiks von ALLARD und JOHNSON, beim Herpesvirus von ZINSSER und SEASTONE sowie von PERDRAU. Vielleicht würden also weitere Versuche doch Analogien zu den Resultaten von K. HALTER ergeben.

daß nur die Mischung verschiedener Kationen (Na, K, Ca) das Leben längere Zeit zu erhalten vermag. Wenn man also findet, daß irgendeine Virusart gegen NaCl-Lösung empfindlicher ist als gegen eine Phosphatpufferlösung von bestimmtem p_H, kann dies auch in der differenten chemischen Zusammensetzung der beiden Flüssigkeiten begründet sein. Offenbar darf man die von G. PYL für das Virus der Maul- und Klauenseuche ermittelten Verhältnisse nicht verallgemeinern. Die eigenartige Kombination von relativ guter Haltbarkeit bei stark saurer und rascher Inaktivierung bei schwach saurer Reaktion konnte bisher bei keiner anderen Virusart konstatiert werden, wie die Untersuchungen am Virus der Vesicularstomatitis (G. PYL, GALLOWAY und ELFORD), der Lapine (E. G. DRESEL und F. SANDER), am Virus fixe der Lyssa (KOLDAJEW und PIKUL) und am Virus der Rinderpest (G. PYL) lehren. Aus diesen Arbeiten geht aber nicht nur die Sonderstellung des Virus der Maul- und Klauenseuche hervor, die übrigens G. PYL in seinen neueren Publikationen selbst unterstreicht, sondern auch die Tatsache, daß sich die anderen Virusarten in Beziehung auf ihre Resistenz gegen Änderungen der H·-Konzentration voneinander erheblich unterscheiden und daß es Fälle gibt, in denen die Haltbarkeit innerhalb eines weiten Bereiches vom p_H unabhängig ist (Vesicularstomatitis und nach DRESEL und SANDER auch die Lapine).

Daß die H·-Konzentration nicht ausschlaggebend sein muß, beweisen auch die Untersuchungen über das Virus der Hühnerpest in der Form von Hühnerpestserum. Wohl war eine Phosphatpufferlösung vom $p_H = 6,8$—$7,6$ einer 0,85%igen NaCl-Lösung vom $p_H = 6,2$ überlegen [R. RUPPIN, DOERR und SEIDENBERG (*3*)], wurde aber erheblich von $^1/_{10}$ Normalhühnerserum oder $^1/_{10}$ Normalkaninchenserum übertroffen [DOERR und SEIDENBERG (*3*)]; zwischen den beiden letztgenannten Flüssigkeiten bestand dagegen keine Differenz, obzwar das Hühnerserum von einer für das Virus hochempfänglichen, das Kaninchenserum von einer als unempfänglich geltenden Tierspezies stammte. Es scheint also das Eiweiß, speziell das Serumeiweiß, eine Schutzwirkung auszuüben, die sich auch auf andere Virusarten erstrecken dürfte. So berichten u. a. PYL (*3*) sowie PYL und KLENCK (*2*), daß sich das Virus der Maul- und Klauenseuche in stark sauren Pufferlösungen oder in konzentrierten (25%igen) Kochsalzlösungen besser hält, wenn man Eieralbumin zusetzt. In zahlreichen Versuchsanordnungen kam übrigens die Schutzwirkung der Serum- oder Organproteine zweifellos unbeabsichtigt zur Geltung, namentlich dann, wenn das Ausgangsmaterial nicht oder nur wenig verdünnt wurde; es ist ja klar, daß das im Ausgangsmaterial vorhandene Eiweiß durch fortschreitende Verdünnung mit eiweißfreien Medien allmählich ausgeschaltet werden muß, und darin liegt eine der möglichen Erklärungen, warum die Haltbarkeit mit steigendem Verdünnungsgrade abnimmt.

Ad c) Die Tatsache, *daß höhere Verdünnungen ihre Infektiosität rascher einbüßen als niedrigere*, wurde von PYL (*1*) für das Virus der Maul- und Klauenseuche, von RUPPIN sowie von DOERR und SEIDENBERG (*3*) für das Virus der Hühnerpest festgestellt. Wie vorauszusehen war, ergab sich hierbei die Beziehung, *daß der Einfluß des Verdünnungsgrades um so intensiver zutage tritt, je stärker die verwendete Verdünnungsflüssigkeit das geprüfte Virus zu schädigen vermag.*

DOERR und SEIDENBERG (*3*) verdünnten das Serum eines an Hühnerpest eingegangenen Huhnes in Zehnerpotenzen 1. mit 0,85% NaCl-Lösung ($p_H = 6,2$); 2. mit Phosphatpufferlösung ($p_H = 6,8$); 3. mit $^1/_{10}$ Normalhühnerserum ($p_H = 7,0$) und 4. mit $^1/_{10}$ Normalkaninchenserum ($p_H = 6,8$). Die Verdünnungen wurden im Eisschrank gehalten und nach abgestuften Zeitintervallen Hühner mit je 1 ccm intramuskulär geimpft. Es wurde also der Zeitpunkt bestimmt, in welchem das Virus so weit inaktiviert war, daß ein Kubikzentimeter nicht mehr die minimale infizierende Dosis für ein Huhn enthielt. Das Resultat zeigt nachstehende Tabelle:

Tabelle 3.

Verdünnungsflüssigkeit	Haltbarkeit in		
	100 facher Verdünnung	1 000 facher Verdünnung	10 000 facher Verdünnung
NaCl	> 60 Tage	4 Tage	1—2 Tage
Phosphatpuffer	> 60 „	> 60 „	6 „
$^1/_{10}$ Normalhühnerserum	> 60 „	> 60 „	> 60 „
$^1/_{10}$ Normalkaninchenserum	> 60 „	> 60 „	> 60 „

Eine Titrierung durch fortschreitende Verdünnung erfordert bis zu dem Moment, wo die Verdünnungen auf Versuchstiere verimpft werden, höchstens 10—15 Minuten, falls alles vorbereitet wurde und der Experimentator über die nötige Übung verfügt. Man muß sich fragen, *ob in einer so kurzen Frist die virusschädigende Eigenschaft der Verdünnungsflüssigkeit und der Einfluß des Verdünnungsgrades überhaupt in Erscheinung treten können.* Um dies zu beantworten, muß man offenbar vergleichende Titrationen mit verschiedenen Verdünnungsflüssigkeiten unter sonst identischen Verhältnissen ausführen und feststellen, a) ob hierbei deutliche und konstante (gleichsinnige) Differenzen auftreten und b) ob diese Differenzen mit dem Grade der Verdünnung in Relation gesetzt werden können. Das ist nun tatsächlich der Fall. DOERR und SEIDENBERG (*3*) haben Parallelauswertungen an der gleichen Probe Hühnerpestserum vorgenommen, wobei auf der einen Seite Kochsalzlösung, auf der anderen $^1/_{10}$ Normalhühnerserum oder $^1/_{10}$ Normalkaninchenserum benutzt wurde. Mit der Kochsalzlösung bekamen sie stets den niedrigeren Titer, d. h. die höchsten mit dieser Flüssigkeit hergestellten Verdünnungen erwiesen sich als nicht-infektiös, während die Parallelverdünnungen mit Hühner- oder Kaninchenserum noch wirksam waren. Die Differenzen beliefen sich bloß auf das 16—32fache, so daß sie nur beim Verdünnen in Potenzen von 2 hervortraten. Parallele Verdünnungen mit Kochsalz- und Phosphatpufferlösung ($p_H = 7{,}6$) lieferten dagegen identische Resultate (R. RUPPIN), weil sich offenbar diese beiden Flüssigkeiten durch die Intensität ihrer viruliciden Effekte nicht genügend unterscheiden, um in dem kurzen Zeitintervall einer Titration eine merkliche Titerdifferenz zu ergeben. Im Konservierungsversuch (siehe obige Tabelle) liegen die Verhältnisse insofern anders, als sich hier der Zeitfaktor im vollen Umfang auswirken kann.

c) Die Temperatur.

Auf den Einfluß der Temperatur, bei welcher die Verdünnungen angesetzt werden, hat zuerst G. PYL (*1*) aufmerksam gemacht. Wie schon an anderer Stelle erwähnt, konstatierte er, daß man etwas höhere Werte erhält, wenn man Maul- und Klauenseuchevirus in Form von frischem Blaseninhalt bei Zimmertemperatur auswertet, als wenn man die Verdünnung der Lymphe bei 0° C vornimmt. Diese Aussage gilt aber, wie G. PYL (*2*) später selbst betonte, nur unter der Voraussetzung, daß man als Verdünnungsflüssigkeit eine Phosphatpufferlösung vom $p_H = 7{,}65$ verwendet, welche hinsichtlich ihrer $H^{\cdot}$-Konzentration optimal ist d. h. das Virus am wenigsten schädigt. Benutzt man 0,85%ige Kochsalzlösung, so drehen sich die Verhältnisse um; die Titrierung bei höherer Temperatur liefert nunmehr die niedrigeren Werte und *dieses* Verhalten entspricht der Erwartung, das keimschädigende Effekte mit wachsender Temperatur allgemein zunehmen.

Beim Hühnerpestvirus nimmt jedenfalls die titrierbare Infektiosität mit der Temperatur, bei welcher die Auswertung stattfindet, gradatim ab. Sie ist bei 0° C höher als bei 20° C und sinkt bei einer weiteren Temperatursteigerung auf 37° C abermals u. zw. noch rascher ab als im Intervall von 0—20° C. Es erwies sich dabei als irrelevant, ob man die Verdünnungen mit Kochsalz- oder mit Phosphatpufferlösung herstellte, obzwar sich diese Flüssigkeiten im Konservierungsversuch erheblich voneinander unterscheiden (siehe die Tabelle auf S. 618). Wie schon auseinandergesetzt wurde, orientiert zwar der Konservierungsversuch über die Intensität der keimschädigenden Wirkung, speziell wenn er mit abgestuften Verdünnungen ausgeführt wird; ergibt aber in der üblichen Form keinen Aufschluß über das Verhalten bei der Titrierung, *weil hier die Einwirkungsdauer der Verdünnungsflüssigkeit außerordentlich kurz und innerhalb der kleinen Zeitspanne auch noch variabel ist.*

Das Verdünnen bei 0° C mit eisgekühlten Pipetten ist natürlich recht umständlich. Man titriert daher stets nur bei Zimmertemperatur, was auch keinen Fehler bedingt, falls man eine optimale Verdünnungsflüssigkeit verwendet.

d) Die Übertragung der Verdünnungen auf Versuchstiere.

Die Übertragung auf Versuchstiere muß *sofort* nach der Herstellung der Verdünnungen erfolgen, um die keimschädigenden Wirkungen der Verdünnungsflüssigkeit durch Reduktion der Einwirkungsdauer auszuschalten. Von jeder Verdünnung soll ein nicht allzu kleines Teilquantum verimpft werden; je größer das Mißverhältnis, desto mehr müssen die Zufallsfaktoren zur Geltung kommen. Beträgt das Volum jeder Verdünnung 10 ccm, so wird man verläßlichere Resultate erhalten, wenn man 1 ccm als wenn man bloß 0,1 ccm überträgt. Der Übertragungsmodus ist möglichst derart zu wählen, daß die Teilquanten restlos einverleibt werden können. Injektionen sind daher den (cutanen oder cornealen) Scarifikationsimpfungen vorzuziehen, und unter den Injektionsarten sind ceteris paribus jene als exakter zu betrachten, bei welchen kein Wiederausfließen des Injektionsgutes aus dem Stichkanal stattfinden kann.

Man kann die Unsicherheit des Übertragungsmodus dadurch auszugleichen versuchen, daß man jede Verdünnung auf zwei (ev. auf mehrere) Versuchstiere verimpft. So ist z. B. G. Pyl bei seinen Auswertungen des Maul- und Klauenseuchevirus durch Scarifikationsimpfung an der Metatarsalhaut des Meerschweinchens vorgegangen; die erzielten Reihen waren aber trotzdem noch in großer Zahl und in hohem Grade unregelmäßig. Wenn man ferner bei diesem Verfahren mit 2 Teilquanten derselben Verdünnung ein positives und ein negatives Ergebnis erzielt, weiß man nicht, ob dies der Unzuverlässigkeit des Übertragungsmodus oder dem Umstande zuzuschreiben ist, daß nur eines der beiden Teilquanten die erforderlichen Viruselemente enthielt (siehe S. 607).

Die Vorteile, welche Versuchstiere *von maximaler und konstanter Empfänglichkeit* bieten, sind selbstverständlich. Solange man damit zu rechnen hat, daß der Versuchsausfall von der Individualität der Versuchstiere bestimmt wird, sind die negativen Einzelergebnisse, speziell in der „Zone der inkonstanten Resultate" naturgemäß noch vieldeutiger als das schon ohnehin der Fall ist. Abstufungen der positiven Erfolge („schwach positiv", „zweifelhaft") sind meist schwer zu bewerten und leisten dem subjektiven Ermessen Vorschub. Es ist nicht nur einfach, sondern auch am sichersten, wenn das negative Resultat durch das Fehlen jeder pathologischen Reaktion und das positive durch eine gesetzmäßige Inkubation, typische Symptome und letalen Ablauf mit charakteristischem Obduktionsbefund ausgezeichnet sind, wie das bei den hochpathogenen Stämmen der Hühnerpest der Fall ist, wo die kleinste, überhaupt noch wirksame Virusmenge denselben Effekt hat wie ihr 100000faches Multiplum (R. Doerr und E. Gold).

Die Empfänglichkeit des Huhnes für die hochpathogenen und in kurzer Zeit (36—60 Stunden) letal wirkenden Stämme des Hühnerpestvirus darf auf Grund der Versuche von DOERR und GOLD als maximal bezeichnet werden. Man kann mit großer Wahrscheinlichkeit annehmen, daß ein einziges aktives Viruselement stets genügt, um eine tödliche Infektion anzufachen, woraus umgekehrt folgen würde, daß das negative Resultat das Fehlen von aktivem Virus im Inoculum beweist. *Nur unter dieser Voraussetzung gestattet, wie schon auf S. 612 betont wurde, das Ergebnis der Titrierung einen approximativen Schluß auf die „Keimzahl“, d. h. auf die Zahl der entwicklungsfähigen Viruselemente im Kubikzentimeter des Ausgangsmaterials.*

Das versuchstechnische Optimum, wie es in diesem Objekt realisiert ist, trifft man jedoch in ausgeprägter Form nicht häufig. In den meisten Fällen scheint eine größere Zahl[1] von Viruselementen für das Zustandekommen einer Infektion notwendig zu sein und das negative Resultat besagt daher nicht, daß dem Versuchstier kein aktives Virus einverleibt wurde. Wir sprechen dann von einer *„infizierenden Minimaldosis“* und gebrauchen damit einen Ausdruck, welcher den Vorstellungen der Pharmakologen und Toxikologen entspricht. Ein Virus wirkt aber nicht durch seine Dosis oder seine Konzentration,[2] sondern, wie jeder Infektionsstoff, als vermehrungsfähiger Keim und es ist nicht ohne weiteres einzusehen, was ein einziger Keim vor einer größeren Zahl voraushaben soll.

Vielleicht hängt dies mit einem Phänomen zusammen, das von P. REMLINGER beschrieben und als *„Eclipse“* bezeichnet wurde. REMLINGER impfte Hunde und Kaninchen mit Lyssavirus cerebral. Am Tage nach der Impfung konnte er das Virus noch an der Injektionsstelle nachweisen, an den folgenden Tagen aber nicht mehr; es verschwand anscheinend und ließ sich im Gehirn erst wieder einige Tage vor dem Termin feststellen, an dem sich bei gleichartig geimpften Kontrollen schon die ersten Symptome der Erkrankung zeigten. Solche „negative Phasen“ des Virusnachweises wurden auch bei mit Poliomyelitisvirus cerebral geimpften Affen beschrieben (FAIRBROTHER und HURST), ferner bei testikularen und intracutanen Injektionen von Vaccinevirus (NOGUCHI, D. WIDELOCK), nach intracerebralen Impfungen von Mäusen mit dem Encephalitisvirus St. Louis (L. T. WEBSTER und A. D. CLOW) und bei den mit Gelbfiebervirus infizierten Aedes-Mücken (L. WHITMAN). Man kann sich vorstellen, daß diese Eclipse auf einer partiellen Inaktivierung oder Zerstörung des Virus beruht und daß diesen Prozeß nur wenige, besonders resistente Viruselemente überdauern; dann wäre die Notwendigkeit einer größeren „Dosis“ für das Haften der Infektion verständlich.

---

[1] Damit ist aber nicht eine *bestimmte* Zahl (z. B. 2, 3 oder 4 Viruselemente) im Sinne der „Infektionseinheiten“ von PARKER und RIVERS bzw. von PARKER (siehe S. 612) gemeint, sondern eine unbestimmte (variable) Vielzahl.

[2] In scheinbarem Gegensatz zu dieser Aussage stehen neuere Angaben von D. WIDELOCK. Versuche, in welchen Vaccinevirus Kaninchen intracutan injiziert wurde, ergaben, daß die Intensität der Lokalreaktion durch die Dosis nicht beeinflußt wurde, falls die *Konzentration des Virus im Inoculum* dieselbe blieb; 0,01—0,5 ccm derselben Verdünnung lieferten identische Resultate. Dagegen wurde mit 0,01 ccm einer Verdünnung von 1:10 eine stärkere Reaktion erzielt als mit 0,5 ccm der Verdünnung von 1:1000; *die höhere Konzentration gab also den Ausschlag*, allerdings nur hinsichtlich der Schwere des pathologischen Effektes, da das größere Volum der schwachen Konzentration in der Ausdehnung der Reaktion über einen größeren Hautbezirk seinen Ausdruck fand. Es ist aber zu bedenken, daß nicht das Zustandekommen der Infektion durch die Viruskonzentration bestimmt wurde, sondern bloß der klinische Ablauf derselben. Daß in den Experimenten von WIDELOCK nicht die Dosis, was man ohne weiteres verstehen würde, sondern die Konzentration über den klinischen Charakter des Prozesses entschied, ist unklar und bedarf der Bestätigung; ist die Beobachtung richtig, so dürfte sie mit dem intracutanen Impfmodus zusammenhängen, welcher die Auswirkung des Infektes auf einen sehr kleinen Bezirk empfindlicher Wirtszellen einengt.

Der Ersatz des Tierversuches durch die Züchtung in der Chorioallantois des bebrüteten Hühnereies.

Wenn der Tierversuch erst von einer bestimmten Virusdosis angefangen positive Resultate liefert, kann man die Frage aufwerfen, ob sich unterschwellige Mengen nicht durch ein leistungsfähigeres Verfahren feststellen lassen, und wird hier in erster Linie an die Züchtung denken, sei es im Gewebsexplantat, sei es in der Chorioallantois des Hühnerembryos. Theoretisch besteht diese Möglichkeit in der Tat.

H. R. Cox hat vergleichende Untersuchungen mit dem Virus der equinen Encephalomyelitis angestellt und gefunden, daß man mit Hilfe der Kultur (zerkleinerter Hühnerembryo in Tyrodelösung) noch Virusmengen nachweisen kann, welche im Tierexperiment (intracerebrale Impfung von Mäusen und Meerschweinchen) versagen. Der Tierversuch war etwa 10mal weniger empfindlich als die Züchtung in vitro, und in den mit minimalsten Mengen angelegten Kulturen vermehrte sich das Virus so stark (wenigstens auf das 700000fache), daß die sekundäre Übertragung auf Mäuse leicht vorgenommen werden konnte. — Einige Jahre vorher hatten Burnet und Galloway zwei Stämme des Virus der Vesicularstomatitis auf der Chorioallantois des in Entwicklung begriffenen Hühnerembryos gezüchtet; vergleichende Auswertungen ergaben, daß Virusmengen, welche im direkten Versuch am Meerschweinchen (Impfung der Metatarsalhaut) keine Reaktion hervorriefen, in der Chorioallantois nicht nur zur Vermehrung gelangten, so daß dann die Rückübertragung auf das Meerschweinchen möglich war, sondern daß die infizierte Membran auch pathologische Veränderungen zeigte.

Für bloße Auswertungszwecke wird man indes diese kostspieligen und zeitraubenden Methoden — von denen auch vorläufig noch nicht gesagt werden kann, ob sie sich für eine größere Zahl von Virusarten eignen — nicht benutzen. Sie können aber, wie Cox betont, wertvoll sein, wenn nachgewiesen werden soll, daß ein angeblich aus abgetötetem Virus bestehender Impfstoff de facto kein aktives Virus enthält.

Bei Virusarten, welche auf die Chorioallantois des bebrüteten Hühnereies verimpft, das rasche Absterben des Embryos zur Folge haben, kann man ferner die Auswertung am erwachsenen Tier durch die Bestimmung der kleinsten Dosis ersetzen, welche den raschen Tod des Hühnerembryos zu bewirken vermag. Das virushaltige Material wird fortschreitend verdünnt und mit je 0,05 ccm jeder Verdünnung werden zwei oder mehrere bebrütete Eier geimpft. (Näheres siehe bei Burnet, dieses Handbuch, I. Teil, III. Abschnitt.) Die Methode eignet sich für Hühnerpest, Newcastle-Krankheit, Vesicularstomatitis und equine Encephalomyelitis; sie ist beim Virus der Vesicularstomatitis zirka 100mal empfindlicher als die Impfung der Sohlenhaut des Meerschweinchens (Burnet und Galloway) und beim Virus der equinen Encephalomyelitis 20fach der intracerebralen Impfung desselben Versuchstieres überlegen (Higbie und B. Howitt).

B. Die Zählung der Viruskolonien.

1. Die „taches vierges“.

d'Herelle hat schon in seinen ersten Publikationen über die Bakteriophagen folgendes Phänomen festgestellt: Wenn er einer Aufschwemmung von lysosensiblen Bakterien eine sehr geringe Menge des zugehörigen Lysins (also beispielsweise einer eben gelösten Bouillonkultur) zusetzte und einen Tropfen des Gemisches auf der Oberfläche eines Schrägagars ausstrich, so zeigten sich bei der nachfolgenden Bebrütung kreisrunde, zirka 2 mm oder mehr im Durchmesser haltende Aussparungen im Bakterienrasen. Diese leeren Stellen *(taches vierges)* nannte D'HERELLE *„plages“* und faßte sie als lokale Auswirkungen der Bakteriophagen *(„action du Bactériophage en des points definis“)* auf; daraus zog er den Schluß, daß die physikalische Beschaffenheit der Bakteriophagen „diskontinuierlich“ sein müsse und daß daher die sog. Lysine nicht dem Begriff einer Flüssigkeit, sondern der Vorstellung einer Suspension korpuskularer Elemente entsprechen.

War diese Auffassung richtig, so konnte die Konzentrationszunahme des Lysins in wachsenden Bouillonkulturen lysosensibler Bakterien nur darauf beruhen, daß sich die korpuskularen Elemente vermehren. Versetzt man also eine Bouillonkultur lysosensibler Keime mit einer sehr kleinen Lysinmenge und stellt sie dann in den Thermostaten, *so müßte die Aussaat kleiner Quanten, z. B. 0,05 ccm des Gemisches auf Schrägagar, eine mit ablaufender Zeit steigende Zahl von taches vierges ergeben.* Das war nun einer der ersten Versuche D'HERELLES und sein Resultat entsprach der Erwartung.

Damit war die Grundlage geschaffen, um eine Auswertung der Lysine auf festen Nährböden vorzunehmen. D'HERELLE arbeitete zu diesem Zweck ein Verfahren aus, welches auf der Annahme beruht, daß die Zahl der taches vierges der Zahl der lebenden (aktiven oder vermehrungsfähigen) Bakteriophagen gleich ist.

Bakteriophagenauswertung durch Zählung der taches vierges nach D'HERELLE.

Sofern es sich um genauere Bestimmungen handelt, geht D'HERELLE in folgender Weise vor:

Aus einer jungen Schrägagarkultur der lysosensiblen Bakterien wird eine konzentrierte Aufschwemmung hergestellt und diese tropfenweise zu einem Röhrchen mit 10 ccm Nährbouillon zugesetzt, bis der Grad der entstehenden Trübung auf einen Keimgehalt von 250 Millionen pro Kubikzentimeter schließen läßt. (Der Trübungsgrad wird durch Vergleich mit formolisierten, in zugeschmolzenen Ampullen aufbewahrten Standardsuspensionen geschätzt, welche 100, 200, 250, 300 und 400 Millionen Bakterien im Kubikzentimeter enthalten.) Zu dem Bouillonröhrchen fügt man sodann eine kleine Menge, z. B. 0,00002 ccm, eines 10 Tage alten Lysins (d. h. einer vor 10 Tagen durch Bakteriophagen gelösten Bakterienkultur) hinzu und entnimmt hierauf nach gründlicher Durchmischung 0,01 ccm mit kalibrierter Platinöse, welches Quantum auf einer Agarfläche (D'HERELLE verwendete Schrägagarröhrchen) gleichmäßig ausgestrichen wird. Nach 18stündigem Stehen bei 37° C werden die Löcher im Bakterienrasen (die „plages“) gezählt; sind es beispielsweise 10, so müßte das zum Versuch verwendete Lysin 2 Milliarden Bakteriophagen im Kubikzentimeter enthalten, *wenn eben jedes aktive (vermehrungsfähige) Phagenelement ein und nur ein Loch im Bakterienrasen erzeugen würde.*

OTTO und MUNTER vergleichen diese Methode mit der in der Bakteriologie üblichen Bestimmung der Keimzahl durch das Plattengußverfahren; der Unterschied bestehe nur darin, daß man nicht Kolonien auf einer sterilen Fläche, sondern „sterile Löcher“ in einem Bakterienrasen auszählt. Es würde sich also um eine analoge Beziehung wie zwischen einem photographischen Positiv und einem Negativ handeln. Äußerlich betrachtet trifft das zu und es wird später noch auseinandergesetzt werden, daß sich diese Analogie in mancher Hinsicht vertiefen läßt. Es ist aber doch nicht ganz richtig, wenn man die taches vierges einfach als kahle Flecke in einem sonst kontinuierlichen Bakterienrasen definiert, gleichgültig, ob man sich in der Frage nach der Natur der Bakteriophagen zu D'HERELLE oder seinen Gegnern bekennt; *sie sind herdförmige Auswirkungen der Bakteriophagenvermehrung in einem zusammenhängenden Film empfindlicher Zellen* und gleichen daher biologisch den lokalen Läsionen auf der Chorioallantois oder auf den Blättern virusinfizierter Pflanzen, die ja ebenfalls zu quantitativen Virusbestimmungen benutzt werden. Man zählt also *Bakteriophagenkolonien*, erkennt aber ihre Standorte nur am Indikator ihres bakteriolytischen Effekts. Von diesem Standpunkt aus betrachtet werden manche Fehlerquellen des Verfahrens verständlich.

Die zu titrierenden Bakteriophagensuspensionen sind in der Regel hochkonzentriert und vertragen eine Verdünnung von 10^6—10^{10}. Wie schon D'HERELLE festgestellt hatte, kann die Auswertung durch Zählung der taches vierges nur mit Hilfe der geringsten Konzentrationen vorgenommen werden. Stärkere Konzentrationen ergeben entweder eine völlig kahle Nährbodenoberfläche oder unzählbare, dicht nebeneinander stehende und zum Teil konfluierende Löcher im Bakterienrasen; *brauchbar sind nur Agarplatten mit distinkten, mäßig zahlreichen und daher leicht zählbaren taches vierges*. Es herrschen also hier ganz ähnliche Verhältnisse wie bei der Ermittlung der Keimzahl dichter Bakterienaufschwemmungen durch Zählung der Kolonien auf erstarrenden Nährböden; in beiden Fällen muß der eigentlichen Zählung eine fortschreitende Verdünnung vorausgeschickt werden, deren Fehler oder Ungenauigkeiten das Endresultat beeinflussen. Daß dies tatsächlich so ist, läßt sich leicht feststellen, wenn man für mehrere aufeinanderfolgende Verdünnungen die Zahl der auf ein bestimmtes Teilquantum entfallenden taches vierges ermittelt; die Reihe der gefundenen Werte sollte dem Verdünnungsmodus entsprechen, was aber oft nicht zutrifft (DOERR und ZDANSKY).

Vergleiche zwischen der Titrierung durch Zählung der taches vierges und der Auswertung durch fortschreitende Verdünnung (APPELMANS-WERTHEMANN).

Bakteriophagensuspensionen können wie andere virushaltige Flüssigkeiten (siehe das vorausgehende Kapitel) auch *durch die bloße fortschreitende Verdünnung* ausgewertet werden. Man verdünnt das Ausgangsmaterial in Zehnerpotenzen mit steriler Nährbouillon, beimpft sämtliche Röhrchen mit *kleinen* und *gleichen* Mengen lysosensibler Bakterien und bringt die Serie in den Thermostaten; nach anfänglicher Trübung durch Bakterienwachstum werden die ersten Röhrchen infolge der einsetzenden Lyse wieder klar und der Verdünnungsgrad des Ausgangsmaterials im letzten der geklärten Röhrchen ergibt den „*Titer des Lysins*", d. h. die Dichte der untersuchten Phagensuspension (R. APPELMANS, A. WERTHEMANN u. a.). WERTHEMANN führte als bequeme Bezeichnung des Verdünnungsgrades den „*Lysinexponenten*" ein d. h. den Logarithmus der Verdünnung, bei welchem das negative Vorzeichen (wie beim Wasserstoffexponenten) als selbstverständlich weggelassen wird; das konzentrierte (unverdünnte) Lysin wird mit 0 bezeichnet und die 10-, 100-, 1000-, 10000fache Verdünnung entspricht dem Lysinexponenten (e_L) 1, 2, 3, 4 usw.

Da die Auswertung mit Hilfe der taches vierges, wie wir eben konstatierten, gleichfalls über eine Verdünnungsprozedur führt, kann man sich fragen, ob nicht die Titrierung durch fortschreitende Verdünnung schon an sich genügt, bzw. *ob die Auszählung der taches vierges eine größere Genauigkeit verbürgt.* Es existiert eine sehr große Zahl von Untersuchungen, welche sich mit diesem Thema befassen [DOERR und ZDANSKY, BECKERICH und HAUDUROY, GILDEMEISTER und HERZBERG, W. SEIFFERT, W. GOHS, H. v. PREISZ, D'HERELLE (*1*, *2*), ZDANSKY, OTTO und MUNTER, A. GRATIA und DE KRUIF, G. SCHWARTZMANN, BRONFENBRENNER und KORB, BERGSTRAND u. v. a.] und welche größtenteils auch Vorschläge zur Verbesserung der beiden miteinander konkurrierenden Methoden von D'HERELLE und von APPELMANS-WERTHEMANN enthalten. Auf diese technischen Varianten heute noch genauer einzugehen, hätte keinen Zweck, da sich die für die Bewertung maßgebenden Gesichtspunkte inzwischen wesentlich geändert haben. Es hat sich allmählich herausgestellt, daß eine objektive Stellungnahme nicht nur von mathematischen, sondern auch von biologischen Überlegungen auszugehen hat, die sich in folgender Weise präzisieren lassen.

1. Vom *mathematischen Standpunkt* aus ist die Titrierung eines Lysins (einer Suspension aktiver Phagenpartikel) nach dem Verfahren von Appelmans-Werthemann der Auswertung einer virushaltigen Flüssigkeit durch Verdünnung in Zehnerpotenzen gleichzuhalten, falls von jeder Verdünnung nur *eine* Stichprobe auf ein empfängliches Versuchstier verimpft wird und die letzte Verdünnung, welche noch ein positives Resultat gibt, als Maß der Infektiosität des Ausgangsmaterials zu gelten hat. Die akzidentellen Fehlerquellen dieser Methode und die Ursachen ihrer immanenten Ungenauigkeit wurden bereits in dem Kapitel „*Die Titrierung durch Bestimmung der infektiösen Grenzverdünnung*" (S. 600—614) ausführlich diskutiert, so daß die Anwendung auf den Spezialfall der Bakteriophagentitrierung nach Appelmans-Werthemann lediglich eine Wiederholung bedeuten würde.[1] In dem zitierten Kapitel wurde aber auch angegeben, daß man den Mangel an mathematischer Exaktheit zum Teil dadurch kompensieren kann, daß man nicht ein einziges Teilquantum, gewissermaßen eine „*Stichprobe*" jeder Verdünnung auf ihren Virusgehalt prüft, sondern (bei der Verdünnung in Zehnerpotenzen) ein Zehntel jeder Verdünnung zur Herstellung der nächsten verwendet und die restlichen neun Zehntel gesondert auf je ein Versuchstier verimpft. Dieses Schema, das von Krombholz und Lorenz, Halvorson und Ziegler, R. D. Gordon u. a. für die Bestimmung der Keimdichte von Bakteriensuspensionen und von Doerr und Seidenberg für die Titrierung virushaltiger Flüssigkeiten, speziell von Hühnerpestserum, angegeben wurde, läßt sich ohne weiteres auf die Bakteriophagenauswertung durch fortschreitende Verdünnung in Bouillon übertragen.

Man stellt sich die Lysinverdünnungen zunächst in der üblichen Weise mit Nährbouillon her. Es verbleiben dann in jeder Eprouvette 9, in der letzten 10 ccm, welche in Teilquanten à 1 ccm auf je 9 bzw. 10 Bouillonröhrchen verteilt werden. Man erhält so statt der Reihe 10^{-1}, 10^{-2}, 10^{-3} usw., in welcher jeder Verdünnung *ein* Röhrchen entspricht, die um eine Zehnerpotenz verschobene Reihe 10^{-2}, 10^{-3}, 10^{-4} . . ., in der aber jede Verdünnung durch 9, die letzte durch 10 Röhrchen repräsentiert wird. Nun werden alle Röhrchen mit der gleichen Menge, z. B. mit einer Normalöse einer frischen Bouillonkultur der sensiblen Bakterien beimpft und bei 37° C gehalten. Bis nach anfänglichem Wachstum die Klärung eingetreten ist, wird die Ablesung vorgenommen. In den niedrigen Verdünnungen sind dann alle Röhrchen der Neunerserien klar; mit steigender Verdünnung kommt man schließlich zu einer Serie, welche nur einzelne klare Röhrchen enthält, und kann aus der Zahl dieser positiven Teilquanten die Phagendichte im Ausgangsmaterial bzw. das Intervall, in welchem der wahre Wert mit größter Wahrscheinlichkeit zu suchen ist, berechnen. Wer in mathematischen Methoden nicht bewandert ist, kann die von Krombholz und Lorenz oder von Halvorson und Ziegler angegebenen Tabellen (siehe S. 609) benutzen.

Das Verfahren ist allerdings etwas umständlicher und erfordert einen größeren Aufwand von Nährböden. Es ist jedoch nicht notwendig, *sämtliche* Verdünnungen einer Auswertungsreihe in der geschilderten Weise zu behandeln. Wie leicht einzusehen, genügt es, wenn die Grenzverdünnungen in Zehntel aufgeteilt und diese Frak-

---

[1] Wenn H. Clark 1927 berechnet hat, daß Parallelauswertungen der gleichen Phagensuspension durch Verdünnungen in Zehnerpotenzen nur in 60% der Untersuchungen einen identischen Endwert ergeben können, mag dies vielleicht seinerzeit überraschend gewirkt haben, ist aber in Anbetracht des Mechanismus der Methode a priori selbstverständlich.

tionen auf das Vorhandensein von Phagen untersucht werden. Welche Verdünnungen für ein zu untersuchendes Lysin in Betracht kommen, erfährt man durch eine Vortitrierung nach APPELMANS-WERTHEMANN, an welche die exakte Bestimmung früher oder später angeschlossen werden kann; Bakteriophagensuspensionen lassen sich, falls sie keine lysoresistenten Bakterien enthalten, lange Zeit in unverminderter Wirkungsstärke aufbewahren [R. DOERR (*2*), J. BORDET].

Sowohl bei der Originalmethode von APPELMANS und WERTHEMANN wie bei der hier vorgeschlagenen Verbesserung (vollständige Aufteilung der Grenzverdünnungen in aliquote Mengen und Prüfung sämtlicher Teilquanten statt einer einzigen Stichprobe) hat man auf eine Fehlerquelle zu achten, die sich jedoch durch öfters wiederholte genaue Ablesungen und anschließende Kontrollen eliminieren läßt. In der Regel ist die Grenze zwischen den klar gewordenen und den trüb gebliebenen Röhrchen scharf ausgeprägt und der Trübungsgrad der letzteren entspricht dem Trübungsgrad einer Kontrolle, die aus einer bloß mit Bakterien beimpften Bouillon besteht. Zuweilen ist aber der Trübungsgrad eines an der Grenze stehenden Titrierröhrchens geringer als in der Kontrolle, was auf einer ungenügenden Ausgangskonzentration des Lysins beruhen kann, sei es, daß die Lyse nicht bis zum Maximum fortschreitet oder daß der Effekt durch eine verfrüht einsetzende Sekundärtrübung maskiert wird (DOERR und ZDANSKY, H. BERGSTRAND, K. BURCKHARDT, R. NAITO, PFREIMBTER, SELL und PISTORIUS). In solchen Fällen läßt sich das Vorhandensein des Lysins in den fraglichen Röhrchen durch eine weitere Passage, die dann den Zweck eines qualitativen Tests hat, leicht feststellen. Schließlich steht ja nichts im Wege, eine solche Probe bei *allen* trüb gewordenen Grenzröhrchen anzustellen.

2. Bei der Auswertung der Phagendichte mit Hilfe der taches vierges werden ebenfalls nur *Stichproben* untersucht, u. zw. sehr kleine Volumina (D'HERELLE nahm einen „Tropfen“ und setzte denselben gleich 0,05 ccm). Die Oberfläche der Agarplatte darf eben nach dem Ausbreiten der Bakterien-Phagen-Mischung nicht von einer Flüssigkeitsschicht bedeckt sein, da sich dann kein Rasen und keine Löcher im Rasen bilden könnten, wie sich ja auch keine Bakterienkolonien entwickeln, wenn die Oberfläche eines starren Nährbodens von Flüssigkeit überschwemmt ist. Je kleiner das entnommene Teilquantum, desto größer sind aber naturgemäß die möglichen Fehler. Als theoretischer Vorteil wäre nur hervorzuheben, daß der Phagengehalt im Teilquantum nicht bloß qualitativ, sondern quantitativ (durch die Zahl der taches vierges) bestimmt wird.

Dieser Vorteil kann in verschiedener Weise ausgenutzt werden. Manche Autoren gehen so vor, daß sie nicht von einer, sondern von zwei bis drei aufeinanderfolgenden Verdünnungen Platten anlegen, in der Meinung, daß die Zahl der taches vierges in dem Maße abnehmen muß, in welchem die Verdünnung steigt, und daß man auf diese Art die erhaltenen Werte gegenseitig kontrollieren kann. Manchmal ist eine befriedigende Übereinstimmung zu konstatieren; oft genug sind jedoch die Differenzen der gefundenen und der zu erwartenden Ziffern so groß, daß der Rückschluß auf den Phagengehalt des konzentrierten Lysins unmöglich bzw. willkürlich wird (DOERR und ZDANSKY, H. v. PREISZ u. a.). Die Unstimmigkeiten liegen keineswegs in einer mangelhaften Technik oder müssen zumindest nicht dadurch bedingt sein; sie sind vielmehr auf das Wesen der Verdünnung von Suspensionen korpuskularer Elemente zurückzuführen. Im erörterten Falle wäre es vorteilhafter, *nur von einer einzigen Verdünnung bzw. Bakterien-Phagen-Mischung* (u. zw. von jener, welche mäßig zahlreiche und daher gut zählbare taches vierges liefert) Platten anzufertigen, aber *in möglichst großer Zahl* und selbstverständlich *mit absolut gleichen Teilquanten der Verdünnung.* Die Einzelresultate, die naturgemäß innerhalb gewisser Grenzen variieren müssen, sind dann nach den Regeln wissenschaftlicher Statistik zu behandeln und zu verwerten. Berechnet man das einfache arithmetische Mittel oder zählt man das wahrscheinliche Mittel (Mediane) aus, d. h. jene Zahl der taches, welche ebensooft nicht erreicht als überschritten wird, so wächst bei verläßlicher Technik die Genauigkeit mit der Zahl der angelegten Platten und damit steigt auch der Nährbodenverbrauch sowie die Umständlichkeit der Methode.

3. Die Zählung der taches vierges stellt an die Übung, das technische Können und die Sorgfalt des Untersuchers höhere Anforderungen als die Titrierung durch fortschreitende Verdünnung in flüssigen Nährböden. Auch bei einiger Routine gelingt es nicht immer, Platten zu erzielen, die eine einwandfreie Feststellung der Löcher im Bakterienrasen gestatten (siehe S. 623). Verbesserungen der Methodik, wie sie bis in die neueste Zeit vorgeschlagen wurden, sind daher wertvoll, weil sie die Zuverlässigkeit der Einzelresultate erhöhen, welche ja das Endergebnis einer solchen „Phagenzählung" bestimmen.

So hat z. B. A. GRATIA (*2*) darauf aufmerksam gemacht, daß die bisher übliche Phagentitrierung durch Auszählung der taches vierges in zweifacher Hinsicht Mängel aufweist. Erstens können auf der Agarfläche nur kleine Flüssigkeitsmengen (zirka 0,1 ccm) ausgebreitet werden, und so geringe Volumina lassen sich nicht mehr exakt abmessen oder werden zumindest nicht genau gemessen; zweitens ist auch die Verteilung auf die Agarfläche nicht gleichmäßig genug, so daß an manchen Stellen der Platte statt eines Rasens nur vereinzelte Bakterienkolonien entstehen, während an anderen wieder die Phagenlöcher konfluieren. GRATIA gießt daher zuerst eine Platte mit gewöhnlichem Agar und überschichtet diese Unterlage mit einem Gemisch, das außer den Bakterien und einem bestimmten Quantum einer bekannten Phagenverdünnung noch 0,5% Agar enthält. Diese Mischung (in der Menge von 1 ccm aufgebracht) breitet sich gleichmäßig aus und erstarrt zu einer dünnen Agarlamelle, in welcher sich die Bakterien und die kahlen Stellen in sehr regelmäßiger Anordnung entwickeln. Es braucht aber nicht betont zu werden, daß solche technische Fortschritte nichts an der Notwendigkeit ändern, von einer geeigneten, mit Bakterien versetzten Phagenverdünnung *mehrere* Stichproben im Plattenverfahren zu untersuchen, falls eben auf eine höhere Genauigkeit der Ergebnisse Gewicht gelegt wird; GRATIA hat diesen Punkt nicht hervorgehoben.

4. Die ursprüngliche Ansicht von D'HERELLE, die wohl auch heute noch von manchen Autoren geteilt wird, daß sich dort, wo beim Ausbreiten auf der Agaroberfläche ein aktives Phagenelement deponiert bleibt, ein Loch im Bakterienrasen entwickeln muß und daß daher die Zahl der Löcher der Phagenzahl gleichgesetzt werden kann, ist nicht haltbar. Das Loch im Bakterienrasen entsteht durch eine lokalisierte Bakteriolyse, und ob diese zustande kommt, hängt nicht nur davon ab, ob zu Beginn des Prozesses an der betroffenen Stelle ein Phagenelement vorhanden war, sondern auch von der Dichte des Bakterienfilms zu dieser Zeit und der Geschwindigkeit der folgenden Bakterienvermehrung, die ihrerseits die Phagenvermehrung und damit auch die Lyse beeinflussen, ferner auch von der Möglichkeit einer sekundären Proliferation lysoresistent gewordener Keime. Auf der anderen Seite weiß man, daß Phagen an lysosensible Bakterien gebunden (adsorbiert) werden können; stellt man daher, wie das bei vielen Titrierungsmethoden vorgeschrieben wird, Gemische von Bakterien mit der auszuwertenden Phagenverdünnung her und läßt sie auch nur kurze Zeit vor der Aussaat auf Agarplatten stehen, so muß das Loch im Rasen nicht unbedingt einem einzigen Phagenelement entsprechen, sondern kann auch die Deponierungsstelle einer mit vielen Phagen beladenen Bakterienzelle markieren (vgl. hierzu auch KRUEGER und SCRIBNER).

Diesen theoretischen Überlegungen entsprechen praktische Erfahrungen. A. GRATIA (*1*), H. v. PREISZ, BRONFENBRENNER und KORB, v. ANGERER, E. GJÖRUP u. a. haben festgestellt, daß ein und dieselbe Menge einer Phagenverdünnung eine sehr verschiedene Zahl von taches vierges liefert, je nach der Bakteriensuspension, mit welcher man die Agarfläche beschickt.

Will man daher Phagen durch Zählung der taches titrieren, so ist dies, was meist nicht oder nicht genügend berücksichtigt wird, nur dann zulässig, *wenn man den anderen Faktor, die zur Aussaat gelangenden Bakterien, möglichst konstant hält*; sonst verzichtet man von vornherein auf vergleichbare und reproduzierbare Ergebnisse. Man muß also Bakteriensuspensionen von gleicher Dichte verwenden und dieselben aus Kulturen von gleichem Entwicklungszustande (Alter) herstellen. D'HERELLE trug dieser Forderung insofern Rechnung, als er für die Ausbreitung auf einer Agarplatte (in PETRIscher Schale) 0,05 ccm einer Bakterienaufschwemmung vorschrieb, welche im Kubikzentimeter zirka 250 Millionen Keime enthält. Selbstverständlich hat man diese Verhältnisse auch bei der Phagenauswertung durch fortschreitende Verdünnung in flüssigen Nährböden zu berücksichtigen; man muß die Lysinverdünnungen in Bouillon stets mit derselben Menge gleichaltriger Kultur beimpfen, z. B. mit einer Normalöse einer 12—14stündigen Bouillonkultur des lysosensiblen Stammes (APPELMANS, A. WERTHEMANN u. a.).

H. v. PREISZ konstatierte auch, daß sich Phagen *außerhalb der taches vierges* nachweisen lassen, u. zw. in einem erheblichen Prozentsatz der untersuchten Stellen. Es ist aber nicht in jedem derartigen Falle sicher, daß es sich um Phagenpartikel handelt, welche bei der Beimpfung der Agarplatten an diesen Stellen deponiert wurden. SERTIĆ (*1, 2*) konnte in neuerer Zeit zeigen, daß sich die Phagen mancher Stämme über die Plages, d. h. über die kahlen Stellen im Bakterienrasen hinaus ausbreiten und noch in einer Entfernung von 5—10 mm und mehr vom Rande der Plages zu finden sind. Phagen außerhalb der taches vierges können daher nur dann als Einwand gegen die Zuverlässigkeit der Auswertung nach D'HERELLE gelten, wenn der Abstand von den taches erheblich größer ist.

H. v. PREISZ hat endlich Phagen auch auf Platten festgestellt, die keine Löcher und auch keine sonstigen Zeichen von Phagenwirkung aufwiesen.[1] Nun schwankt der Durchmesser der Plages nach D'HERELLE (*2*, l. c., S. 30), der zweifellos über ganz besonders ausgedehnte Erfahrungen verfügt, zwischen einem Maximum von 12 mm und einem Minimum von zirka 0,1 mm (Nadelstichgröße). So winzige Löcher im Bakterienrasen können auch von einem geübten Untersucher übersehen werden, und es ist durchaus möglich, daß es noch kleinere, mit freiem Auge nicht mehr sichtbare Defekte in der Bakterienschicht gibt (die „plages illisibles“ von APPELMANS). Methodologisch kommt es aufs gleiche hinaus, ob die Plages nicht vorhanden oder bei der allgemein üblichen Art der Ablesung nicht sichtbar sind bzw. leicht übersehen werden können.

5. Es ist zweifelhaft geworden, ob man die Zählung der taches vierges und die Auswertung nach APPELMANS-WERTHEMANN bzw. die Verbesserungen der beiden Methoden als Verfahren betrachten darf, welche sich nur durch eine differente Leistungsfähigkeit voneinander unterscheiden. BECKERICH und

[1] In die gleiche Kategorie gehört die Beobachtung von DOERR und ZDANSKY, daß niedrige Lysinkonzentrationen zuweilen keine Löcher im Bakterienrasen erzeugen, während der Lysinnachweis mit anderen Methoden noch möglich ist. Man erkennt, was ja schließlich selbstverständlich ist, daß das Problem der optimalen *quantitativen* Phagenbestimmung mit der Frage nach der empfindlichsten Methode des *qualitativen* Phagennachweises zusammenhängt. Daher haben sich mehrere Autoren eingehend mit der Leistungsfähigkeit der qualitativen Verfahren befaßt, wie z. B. PFREIMBTER, SELL und PISTORIUS, W. GOHS, IWASE, NAGAI, R. NAITO u. a. Zweck und versuchstechnische Bedingungen sind jedoch für quantitative und qualitative Untersuchungen verschieden; zudem kann ein sehr empfindlicher qualitativer Test wohl eine schärfere Erfassung des Endpunktes einer Titrierung ermöglichen, vermag aber die Unzulänglichkeiten, welche mit den Verdünnungsprozeduren verknüpft sind, nicht zu beseitigen.

HAUDUROY machten zuerst darauf aufmerksam, daß sich hochwirksame Phagenstämme besser durch fortschreitende Verdünnung in Bouillon titrieren lassen als durch die Zählung der taches vierges, und daß umgekehrt Stämme von geringer oder minimaler Aktivität gegenüber der zweiten Methode empfindlicher sind. Praktisch haben diese Beobachtungen, die von anderer Seite vielfach bestätigt wurden, zu dem Kompromiß geführt, in wichtigen Fällen, speziell bei der quantitativen Bestimmung von noch unbekannten Phagenrassen beide Verfahren nebeneinander anzuwenden (OTTO und MUNTER, R. DOERR, D'HERELLE, ZDANSKY u. a.). Theoretisch sieht man sich zu dem Schlusse genötigt, daß die konkurrierenden Methoden zwar mit dem gleichen Indikator, der Lyse empfindlicher und in Proliferation begriffener Bakterien durch Phagenvermehrung operieren, daß aber das Zustandekommen dieses Effekts in einer wachsenden Bouillonkultur und in einem wuchernden Bakterienrasen an verschiedene Bedingungen geknüpft ist. Ist dies richtig, so mißt man durch eine Titration nicht bloß die Konzentration (Dichte) der Phagensuspension, sondern auch andere Faktoren, u. zw. Faktoren, welche sich je nach der Art der Titrierung und je nach der Aktivität der Phagen verschieden auswirken; schon BECKERICH und HAUDUROY erkannten, daß auf der Komplexität dieser Beziehungen die Schwierigkeit ihrer befriedigenden Erklärung beruht (siehe den Abschnitt über die Aktivität der Phagen und ihre Bestimmung, S. 631).

Die Auffassung der taches vierges als „Phagenkolonien".

Daß man anfänglich das Plattenverfahren (die Zählung der taches vierges) ohne zureichende Begründung fast allgemein bevorzugt hat, ist wohl darauf zurückzuführen, daß sich mit den Bakteriophagen fast ausschließlich Bakteriologen befaßten und daß die Bestimmung der Keimdichte durch Zählung der Kolonien für den Bakteriologen die Methode der Wahl war und wohl auch heute noch ist. Die taches vierges wurden mit den Bakterienkolonien auf eine Stufe gestellt und ihrer Zählung billigte man daher denselben Grad von Genauigkeit zu.

Da wäre zunächst zu betonen, daß die kulturelle Methode für die Bestimmung der Bakterienzahl hinsichtlich ihrer Zuverlässigkeit stark überschätzt wird. T. WOHLFEIL konnte in einer neueren, gut dokumentierten Arbeit nachweisen, daß die Resultate der Kolonienzählung durch Faktoren beeinflußt werden, denen man bisher kaum Beachtung geschenkt hatte, wie z. B. die Zusammensetzung der Atmosphäre, in welcher die Züchtung erfolgt, die Beschaffenheit der Verdünnungsflüssigkeit, mit welcher dichtere Bakteriensuspensionen verdünnt werden müssen, um auszählbare Platten zu bekommen usw. Wie schon vorher E. SINGER u. a. fand auch WOHLFEIL, daß die Zahl der zu Kolonien auswachsenden Bakterien von der Dichte der Platte abhängt; 50—500 Kolonien pro Platte stellen in dieser Beziehung ein Optimum dar, wogegen die Mikroben in dichteren Gußplatten stark am Auskeimen gehindert werden. Fertigt man daher von einer Bakteriensuspension Verdünnungen in Zehnerpotenzen an und bestimmt die Kolonienzahl in mehreren aufeinanderfolgenden Verdünnungen durch Aussaat gleicher Teilquanten, so erhält man keineswegs Zahlen, welche sich wie $10^4:10^3:10^2:10^1$ verhalten.

Es ist ferner nicht ohne weiteres zulässig, die taches vierges als „*Bakteriophagenkolonien*" bzw. als komplette Analoga der Bakterienkolonien aufzufassen.

Gewisse morphologische Ähnlichkeiten sind allerdings vorhanden. O. BAIL stellte 1923 fest, daß die Größe der taches vierges für bestimmte Phagenstämme konstant ist und einerseits zu ihrer Charakterisierung, anderseits zu ihrer Isolierung aus Gemengen mit anderen Phagenstämmen benutzt werden kann. Diese Beobachtung wurde vielfach bestätigt und von J. N. ASHESHOV, V. SERTIĆ (*1, 2*) u. a. dahin erweitert, daß auch andere Merkmale für die Phagendifferenzierung brauchbar sind, vor allem die Beschaffenheit der Abgrenzung gegen den umgebenden Bakterienrasen (scharfer, geradliniger Kontur, zernagt aussehender Rand, Bildung eines Hofes, in welchem die Bakterien zwar sichtlich verändert, aber nicht völlig gelöst sind usw.). Das erinnert natürlich sehr an das Aussehen der Bakterienkolonien, die, obwohl aus selbständigen Zellen aufgebaut, doch durch ihre ein bestimmtes Maß nicht überschreitende Größe, durch die Gestaltung ihres Randes usw. ausgezeichnet und für die Bakterienart oder für gewisse Varianten derselben oft in hohem Grade typisch sind.

Aber diese Analogien, mögen sie auf den ersten Blick auch bestechend sein, sind doch nur Äußerlichkeiten, die nicht auf gleicher Ursache beruhen müssen. Das gilt vor allem für die *Größenverhältnisse.*

Die Bakterienkolonie wächst durch ungeschlechtliche Vermehrung der sie aufbauenden Bakterien. Wann diese Vermehrung zum Stillstand kommt, wird zum Teil durch *endogene* Faktoren bestimmt, welche von einer Bakterienspezies zur anderen variieren, zum Teil durch *exogene* Faktoren, zu welchen die Beschaffenheit des Nährbodens, die Sauerstoffspannung der umgebenden Luft (T. Wohlfeil) und namentlich auch gewisse Wechselwirkungen gehören, welche die Bakterienzellen der Kolonie aufeinander und die Kolonien auf benachbarte Kolonien ausüben; daß die Kolonien in dichten Gußplatten nur geringe Größe erreichen sowie das entgegengesetzte Phänomen der „Ammenkolonien" sind allgemein bekannt.

Anders verhält es sich mit den taches vierges. Zwar findet an diesen Stellen ebenfalls eine Vermehrung der Phagen statt, so daß man in gewissem Sinne von einer Phagenkolonie sprechen kann, und die taches haben auch im ersten Moment, wo sie sichtbar werden, noch nicht ihre volle Größe, sie wachsen wie eine Bakterienkolonie, nach den Untersuchungen, welche v. Angerer ausgeführt hat, proportional der Zeit. Vermehrung der Phagen und Wachstum der taches sind aber, wie wir mit Sicherheit wissen, völlig von einem anderen Prozeß abhängig, nämlich von der Proliferation der auf gleicher Fläche befindlichen Bakterien, und werden abgestoppt, sobald dieser Prozeß aufhört. Ob es an solchen Stellen zur Bakteriolyse kommt d. h. zur Bildung eines Loches im Bakterienrasen, wird dadurch entschieden, ob daselbst die für die Lyse erforderliche hohe Phagenkonzentration innerhalb der Periode des stürmischen Bakterienwachstums erreicht wird oder nicht. Man hat sich eben immer vor Augen zu halten, daß die Phagen nicht von sich aus, bzw. direkt Form und Größe der taches bestimmen; sie tun das immer nur durch das Mittel der Bakterienvermehrung, und die Verschiedenheit der Phagen kann sich immer nur durch die differente Beeinflussung der sich teilenden Bakterien auswirken. Das geht u. a. auch daraus hervor, daß man die Größe, die Gestaltung der Ränder und schließlich auch die Zahl der taches modifizieren kann, wenn man denselben Bakterienstamm und dieselben Phagen in identischer Konzentration verwendet, aber das Bakterienwachstum durch Variierung der äußeren Bedingungen ändert, z. B. durch Erniedrigung des Agargehaltes im Nährboden (Bronfenbrenner und Korb, Doerr und Zdansky), durch erhöhte Luftfeuchtigkeit (R. Doerr und E. Zdansky), durch Variierung der auf die Platten ausgesäten Bakterienmengen (v. Angerer), durch das Fehlen bestimmter Salze im Nährboden (Moriyama und Ohashi) und andere wachstumshemmende oder wachstumsbegünstigende Faktoren.

Mit der hier vorgetragenen Auffassung der taches vierges scheinen einige neuere Untersuchungen in Widerspruch zu stehen, die hier kurz angeführt und erörtert werden sollen, obzwar sie mit dem Thema der Bakteriophagenauswertung in loserem Zusammenhang stehen; sie sind aber für die im nächsten Kapitel zu behandelnden Verhältnisse immerhin von einiger Bedeutung.

Nach ELFORD und ANDREWES besteht zwischen den Dimensionen der Phagenpartikel und den Ausmessungen der taches vierges eine inverse Beziehung; kleinkalibrige Phagen bilden große, große Phagen kleine Löcher im Bakterienrasen.[1] Man möchte diese Beobachtung so erklären, daß kleine Phagen leichter über die Oberfläche „diffundieren" und ihre lösende Wirkung über eine größere Fläche ausdehnen. ANDREWES und ELFORD sahen eine Bestätigung dieser Auffassung darin, daß Phagen, welche sonst große Löcher bilden, kleine Löcher erzeugen, wenn sie durch ein Antiphagenserum inkomplett neutralisiert werden. Durch die agglutinierende Wirkung solcher Sera sollen größere und daher schwer bewegliche (weniger diffusible) Phagenaggregate entstehen. Es ist indes wahrscheinlicher, daß das Antiserum die Anlagerung der Phagen an die Bakterien verzögert und daß infolgedessen die für die Lysinproduktion in Betracht kommende Zeitspanne intensiver Bakterienvermehrung zum Teil ungenutzt verstreicht.

Eine Ausbreitung der Phagen durch „Diffusion" findet, wenn überhaupt, so nur auf sehr feuchten Nährbodenflächen statt. Es wäre sonst nicht verständlich, daß sich isolierte, oft nur sehr kleine und scharfrandig begrenzte Löcher bilden können. V. SERTIĆ hat allerdings durch Abimpfung mit einer feinen Platinnadel Phagen auch außerhalb der Plages festgestellt; sie fanden sich bei manchen Stämmen von Coliphagen in einer bis zu 15 mm breiten, die Plages ringförmig umgürtenden Zone. SERTIĆ spricht von einer „Penetration" der Phagen aus dem Bereiche der Plages in ihre nähere Umgebung. Was man sich unter diesem „Eindringen" vorzustellen hat, ist jedoch fraglich. Die aus früherer Zeit (1922) stammende Idee, daß manche Phagenstämme eigenbewegliche Mikroben sein könnten (BECKERICH und HAUDUROY), ist heute wohl nicht mehr diskutabel. Es kann sich aber auch nicht um eine Diffusion handeln, da sich die Phagenzone nur bei einem gewissen Prozentsatz der 100 von SERTIĆ daraufhin untersuchten Coliphagen ausbildete. Meines Erachtens liegt ein ähnliches Phänomen vor wie bei der Ausbreitung unbeweglicher pathogener Mikroorganismen in einem Wirtsgewebe; nur sind die Wirtszellen im Bakterienrasen, wenn auch dicht gepackt, so doch miteinander nicht verbunden. Eine Bakterienzelle infiziert sich an der benachbarten, also gewissermaßen „per contiguitatem" und produziert dabei neue Phagen; es wandern nicht die Phagen, sondern die Infektion schreitet im Film der Bakterienzellen fort. In der Phagenzone ist der Agar nicht „kahl", sondern von einem glasig durchscheinenden Bakterienrasen bedeckt; die Bakterien haben sich also hier nicht völlig gelöst, befinden sich aber in einem Zustande, den man als Vorstadium der Lyse betrachten darf. Daß es in diesem Bezirk nicht zur kompletten Lyse kommt, obwohl Phagen vorhanden sind, ja daß man Phagen sogar in Stellen nachweisen kann, wo der Bakterienrasen äußerlich normal aussieht, ist auf Grund der Untersuchungen von R. DOERR und GRÜNINGER leicht verständlich. Die genannten Autoren studierten das Verhalten von Bakterien und Phagen in Bouillonkulturen als Funktion der Zeit und fanden, daß sich zunächst Bakterien und Phagen gleichzeitig vermehren und daß eine Aufhellung der Bakterienkultur mit anschließender völliger Klärung nicht früher erfolgt, als bis die Phagenkonzentration hinreichend angestiegen ist, was bei niedriger Ausgangsmenge das 10000—100000fache des ursprünglichen Wertes betragen kann. Im Rasen auf der Agarfläche werden diese vom Konzentrationsgefälle der Phagen abhängigen Etappen der Reaktion nebeneinander auf engstem Raum fixiert, und daß sie fixiert werden können, beweist, daß die Phagen nicht über die Oberfläche des Agars bzw. des Bakterienfilms hinwegdiffundieren.

SERTIĆ fand ferner, daß um die Plages mancher Phagenstämme herum Aufhellungszonen des Bakterienrasens entstehen, in welchen keine übertragbaren Phagen nachzuweisen sind, sondern nur fermentartige, durch Ultrafiltration von den Phagen abtrennbare Stoffe („Lysine" im engeren Wortsinne), welche die Aufhellung bewirken.

[1] Diese Angabe wird neuerdings von MORIYAMA und OHASHI bestritten. Nach diesen Autoren ist die Größe der Löcher im Bakterienfilm hauptsächlich von der Vermehrungsgeschwindigkeit oder „Virulenz" der Phagen (siehe S. 631) abhängig; von mehreren untersuchten Coliphagen produzierten nicht die kleinkalibrigen, sondern jene, welche sich am schnellsten vermehren, die größeren taches.

Diese Höfe — welche mit oder ohne die oben beschriebenen Phagenzonen auftreten können — wachsen langsam und nehmen bisweilen, wenn man die Platten genügend lange (6—10 Tage) stehen läßt, die ganze Oberfläche oder doch ein sehr großes kreisförmiges Feld ein. SERTIĆ, welcher mit D'HERELLE die Phagen als Mikroorganismen auffaßt, nimmt an, daß es sich um Enzyme handelt, welche die Phagen während ihrer Vermehrung sezernieren. Jedenfalls liegt *hier* eine Ausbreitung durch Diffusion tatsächlich vor, was ja schon aus der fortschreitenden Vergrößerung dieser „Lysinzonen" lange nach dem Wachstumsstillstand des Plages erhellt. Aber es sind eben nicht die Phagen, welche diffundieren, und man kann die Ausbreitung dieser Lysinzonen ebensowenig als „Wachstum einer Phagenkolonie" definieren, wie man etwa die hämolytischen Höfe, welche Staphylokokken auf Blutagar erzeugen, als Bestandteile der Bakterienkolonie auffassen darf.

Zur Frage der Aktivität („Virulenz") der Phagen.

Auf S. 628 wurde die Beobachtung erwähnt, daß sich hochwirksame Phagenstämme besser durch fortschreitende Verdünnung in Bouillon titrieren lassen als durch die Zählung der taches vierges und daß umgekehrt die zweite Methode vorzuziehen ist, wenn es sich um Stämme von geringer oder minimaler Aktivität handelt. Will man die Erscheinung erklären — auf die grundsätzlichen Schwierigkeiten wurde andernorts bereits hingewiesen —, so wird man in erster Linie daran zu denken haben, daß sich die Phagen in der Bouillon *diffus* verteilen, während sie auf der Agarfläche *Herde* bilden, welche sich nach kurzem Wachstum aus inneren, d. h. im Reaktionsgeschehen begründeten Ursachen begrenzen.

Faßt man die „Aktivität" der Phagen in rein quantitativem Sinne auf, indem man sie als die *maximale Phagenmenge* definiert, welche ein bestimmter Stamm zu produzieren vermag, so kann man annehmen, daß hochaktive Phagen in Bouillon eher die für die Lyse erforderliche Konzentration erreichen als Rassen von geringer Aktivität. Es wäre auch verständlich, daß wenig aktive Phagenstämme das Bouillonphänomen nicht geben, auf Agar aber noch taches vierges bilden, weil eben die Phagenproduktion im zweiten Fall auf „engstem Raum" stattfindet. Warum aber hochaktive Phagen bei der Auswertung durch Zählung der taches vierges niedrigere Werte liefern als bei der Titrierung durch fortschreitende Verdünnung, bliebe unklar.

Es ist jedoch sehr wahrscheinlich, daß außer der Aktivität, die sich nur quantitativ im erreichbaren Phagentiter ausdrückt, noch eine andere Eigenschaft eine Rolle spielt, die D'HERELLE (*2*, l. c., S. 48) als die *Virulenz der Phagen* bezeichnet hat. D'HERELLE verweist darauf, daß die Intensität der bakterienzerstörenden Wirkung verschiedener Phagenstämme auf sensible Bakterien innerhalb weiter Grenzen schwankt, und ist der Ansicht, daß diese Fähigkeit in engster Beziehung zur *Geschwindigkeit* stehen muß, mit welcher sich die Phagen auf Kosten der Bakterien vermehren. Ob der Name „Virulenz", unter dem man sich schon bei den sichtbaren pathogenen Mikroorganismen nichts Präzises denken kann [DOERR (*2*)], glücklich gewählt ist, mag dahingestellt bleiben. Daß aber die Geschwindigkeit der Phagenvermehrung auf den Reaktionsvorgang Einfluß nimmt, ist kaum zu bezweifeln, und sie ist, wie schon R. DOERR und GRÜNINGER in zahlreichen Experimenten gezeigt haben, mit hinreichender Genauigkeit meßbar. Vergleichende Versuche von D'HERELLE, ASHESHOV, SERTIĆ und BULGAKOFF ergaben, daß die Phagenstämme in dieser Hinsicht tatsächlich große Differenzen aufweisen. So haben SERTIĆ und BULGAKOFF 24 Stämme von Typhusphagen auf ihre „Virulenz" geprüft, und gefunden, daß die Verdoppelung der Phagen bei neun Stämmen 10—20 Minuten, bei sieben 40—60, bei sechs 60—90 Minuten, bei einem Stamm 3 und bei einem weiteren sogar 24 Stunden beanspruchte.

Die „Virulenzbestimmung" nach SERTIĆ und BULGAKOFF, welcher D'HERELLE (*2*, l. c., S. 48) vor anderen den Vorzug gibt, weil sie bei allen Arten von Bakteriophagen angewendet werden kann, gestaltet sich so, daß man eine junge (bei Typhusbacillen sechsstündige) Bakterienkultur auf Schrägagar in 1 ccm Bouillon aufschwemmt und von dieser Emulsion 0,05 ccm einem Röhrchen mit 10 ccm Bouillon zusetzt, das man in ein Wasserbad von 36° C stellt. Nach 1 Stunde fügt man ein vorher ausgewertetes Lysin in solcher Menge hinzu, daß jeder Kubikzentimeter Bouillon „etwa tausend Phagenpartikel" enthält. Mit einer geeichten Öse, welche 0,02 ccm faßt, werden sofort nach dem Vermischen sowie in kurzen Zeitintervallen (5, 10, 15, 20, 25, 30, 40, 50, 60, 75, 90, 105, 120 Minuten, 3, 6 und 24 Stunden) Proben entnommen und jede derselben auf einem Quadranten einer Agarplatte ausgestrichen. Bebrütung der Platten, Zählung der taches. Die Zeit, welche für eine Verdopplung der taches erforderlich ist, gibt den Grad der „Virulenz" des untersuchten Phagenstammes.

Es sind allerdings bisher meines Wissens keine systematischen Untersuchungen angestellt worden, wie die Vermehrungsgeschwindigkeit der Phagen bei den Auswertungen durch Verdünnung und durch Zählung der taches vierges zum Ausdruck kommt und ob sie das Erscheinungsbild der taches gesetzmäßig beeinflußt. A priori ist kaum anzunehmen, daß es sich um einfache funktionale Abhängigkeiten handelt.

Die Phagenauswertung nach A. P. KRÜGER.

A. P. KRÜGER hielt sowohl die mit der Verdünnungsmethode wie die durch Zählung der taches vierges erzielbaren Resultate für unbefriedigend, teils auf Grund seiner eigenen ausgedehnten Erfahrungen [KRÜGER (*4*), KRÜGER und NORTHROP), teils im Hinblick auf die in den Arbeiten anderer Autoren (H. CLARK, BRONFENBRENNER und KORB u. a.) enthaltenen Angaben. In dem Bestreben, eine bessere Technik ausfindig zu machen, variierte er die Phagenkonzentration („C_{Phage}") und die Bakterienkonzentration („$C_{\text{Bact.}}$") zu Beginn der Reaktion und fand, daß die initiale Phagenkonzentration in gesetzmäßiger Beziehung zu der Zeit steht, welche bis zum Eintritt der Lyse einer Bouillonkultur verstreicht, wenn man alle übrigen Bedingungen — also auch $C_{\text{Bact.}}$, d. h. die Zahl der Bakterien, mit welcher die Bouillon geimpft wurde — konstant hält. KRÜGER (*1*, *2*) kommt daher zu dem Schluß, daß man Phagen unter den eben präzisierten Verhältnissen quantitativ bestimmen kann, wenn man entweder die Zeit feststellt, welche eine Bouillonkultur, die mit einer bestimmten Bakterienzahl angelegt wurde, zu ihrer Klärung benötigt oder wenn man umgekehrt die Zahl der Bakterien (wohlgemerkt jener, welche *ursprünglich* im Phagen-Bakterien-Gemisch vorhanden sind) ermittelt, die in einer gegebenen Zeit gelöst werden.

Das Titrationsverfahren, welches KRÜGER speziell für Staphylokokkenphagen angegeben und in zahlreichen Einzelversuchen verwendet hat, gestaltet sich wie folgt:

I. KRÜGER drückt die Phagenmengen nicht in „Konzentrationen" oder „Partikelzahlen", sondern in willkürlich gewählten Einheiten, den *Phageneinheiten*[1] aus,

[1] KRÜGER scheint keinen Versuch gemacht zu haben, seine „Phageneinheiten" nach einem anderen Verfahren (z. B. durch Zählung der taches vierges oder durch eine Verdünnungsmethode) auszuwerten bzw. genauer zu untersuchen. Da er aber für seine Standardphagensuspensionen pro Kubikzentimeter einen Gehalt von 10^{10} seiner Einheiten angibt und da sich erfahrungsgemäß die nach den bisherigen Methoden bestimmten maximalen Titerwerte zwischen 10^7 und 10^{10} bewegen, dürfte die KRÜGERsche Einheit der kleinsten Menge entsprechen, die eine kahle Stelle im Bakterienrasen entstehen läßt oder welche noch die Lyse einer wachsenden Bouillon-

worunter er jene kleinste (initiale!) Phagenquantität versteht, welche $1{,}25 \times 10^8$ Staphylokokkenzellen (gewonnen aus einer 16stündigen Agarkultur und bei 36° C in 5 ccm Bouillon vom p_H 7,6 geimpft) zu lösen vermag. Um diese Vergleichseinheit während lang dauernder Versuchsreihen zur Verfügung zu haben, wird zunächst eine große Menge eines Lysats hergestellt und *ohne vorausgehende Filtration* bei 5° C aufbewahrt; solche Lysate lassen sich mit unveränderter Wirkungsstärke monatelang konservieren. Wenn 10^{-10} ccm dieser „*Standardphagensuspension*" die eben präzisierte Wirkung einer Phageneinheit entfalten, sind in einem Kubikzentimeter 10^{10} Phageneinheiten, in einer 1%igen Verdünnung 10^8, in einer 0,01%igen 10^6 usw. vorhanden.

II. Die eigentliche Titration besteht darin, daß man in einer Reihe weiter Röhrchen (15 cm lichter Durchmesser) konstante Mengen einer frisch bereiteten Staphylokokkensuspension u. zw. je 1 ccm mit 4 ccm steigender Verdünnungen der Standardphagensuspension vermischt, nach folgendem Schema:

Tabelle 4. Mengen von Staph. aureus und Staphylococcusphagen bei einer quantitativen Phagenbestimmung.

$c_{Bact.}$	Volum der Bakteriensuspension	c_{Phage}		Volum der Phagenverdünnung	$c_{Bact.}$ in der Mischung
		Prozente	Einheiten		
$12{,}5 \times 10^7$/ccm	1 ccm	0,01	10^6	4 ccm	$2{,}5 \times 10^7$/ccm
$12{,}5 \times 10^7$/ccm	1 ccm	0,001	10^5	4 ccm	$2{,}5 \times 10^7$/ccm
$12{,}5 \times 10^7$/ccm	1 ccm	0,0001	10^4	4 ccm	$2{,}5 \times 10^7$/ccm

Die Röhrchen werden dann in einen Schüttelapparat, der in ein Wasserbad von 36° C einmontiert ist, gesetzt.

III. Die Ablesungen erfolgen in kurzen Intervallen durch Vergleich des Trübungsgrades mit formalinisierten Staphylokokkensuspensionen von bekannter Dichte (1, 2, 3, 4, 5, 6, 8, 10, 12, 15 und 20×10^7 Staphylokokken pro Kubikzentimeter Bouillon), welche täglich für diesen Zweck frisch hergestellt werden müssen. *Maßgebend ist die erste wahrnehmbare Verminderung des Trübungsgrades*; es wird dann die Menge der noch ungelösten Bakterien gemessen und graphisch (siehe Abb. 3) registriert. Schließlich wird aus den so erzielten Kurven ein geeigneter Endpunkt der residualen Bakterienkonzentration ausgewählt (in dem in Abb. 3 dargestellten Falle 8×10^7 Bakterien pro Kubikzentimeter) und durch Interpolation eine zweite Kurve hergestellt, welche die Logarithmen der erforderlichen Phageneinheiten zu der Zeit in Beziehung setzt, welche notwendig ist, um die Ausgangssuspension der Bakterien auf den gewählten Endpunkt zu bringen (siehe Abb. 4).

IV. Die Abmessungen der Bakterienmengen nimmt KRÜGER in allen Fällen mit Hilfe einer Sedimentierungsmethode vor. Die Suspensionen werden in Röhrchen zentrifugiert, welche nach unten in eine Kapillare mit feiner Bohrung auslaufen; die Länge der Säule der zusammengepreßten Bakterienzellen ist ein Maß für die Menge der letzteren. Der Fehler — bestimmt durch direkte Auszählung — soll für dichte Suspensionen < 2, für verdünnte zirka 5% betragen.

V. Die vorstehenden Ausführungen beziehen sich auf die Gewinnung von Standardkurven mit Hilfe einer Standardphagensuspension. Ist man einmal im Besitze dieser Kurven, speziell der Kurve in Abb. 4, so gestaltet sich die Titrierung einer unbekannten Phagenlösung in folgender Weise. In 5 Röhrchen werden je 4 ccm der konzentrierten Phagenlösung sowie von 4 aufeinanderfolgenden Verdünnungen nach Zehnerpotenzen mit Pipetten eingefüllt und zu jedem Röhrchen 1 ccm einer

kultur bewirkt, *unter Umständen also einem aktiven Phagenelement.* Dies wäre jedenfalls noch genauer zu prüfen, da die Entscheidung dieser Frage auch über die Berechtigung der von KRÜGER geübten Kritik und seine Verbesserungsvorschläge entscheiden könnte.

Bouillonaufschwemmung von Staphylokokken ($12{,}5 \times 10^7$ pro Kubikzentimeter) hinzugefügt. Die Röhrchen enthalten somit:

I. 4 ccm der konzentrierten Phagenlösung + 1 ccm der Staphylokokkensuspension.
II. 4 „ „ Verdünnung 10^{-1} + 1 ccm der Staphylokokkensuspension.
III. 4 „ „ „ 10^{-2} + 1 „ „ „ .
IV. 4 „ „ „ 10^{-3} + 1 „ „ „ .
V. 4 „ „ „ 10^{-4} + 1 „ „ „ .

Die Röhrchen kommen dann in den in ein Wasserbad eingebauten Schüttelapparat. Erste Ablesung nach $2^1/_2$ Stunden und dann alle 12 Minuten bis zu 4 Stunden 42 Minuten. In mindestens einem von den 5 Röhrchen kann man zwischen 3 und $4^1/_2$ Stunden eine deutliche Abnahme der Bakterienkonzentration feststellen; es ist wichtig, diesen explosiv einsetzenden Prozeß rechtzeitig zu erfassen, um wenigstens 3 Ablesungen an jedem Röhrchen vornehmen zu können, damit die in Abb. 3

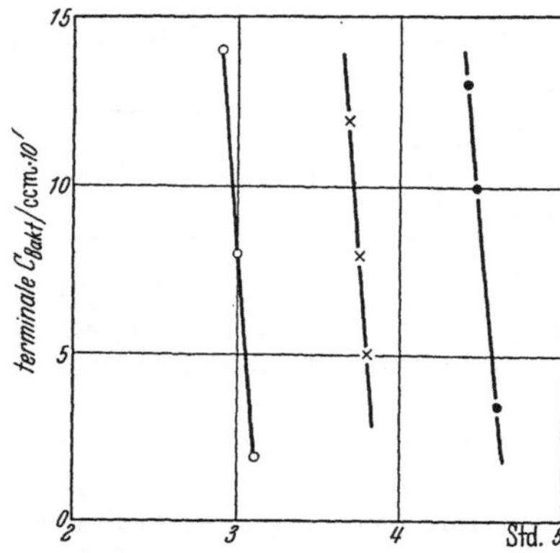

Abb. 3. Titrierung von Staphylokokkenphagen nach KRÜGER. Die 3 schrägen Linien verbinden je 3 Ablesungen des ungelösten Staphylokokkenrestes (siehe Text) in aufeinanderfolgenden Zeitpunkten. Die 1. Linie von links entspricht der Ausgangskonzentration der Standardphagenlösung von 10^6, die 2. der Konzentration von 10^5, die 3. der Konzentration 10^4 Phageneinheiten.

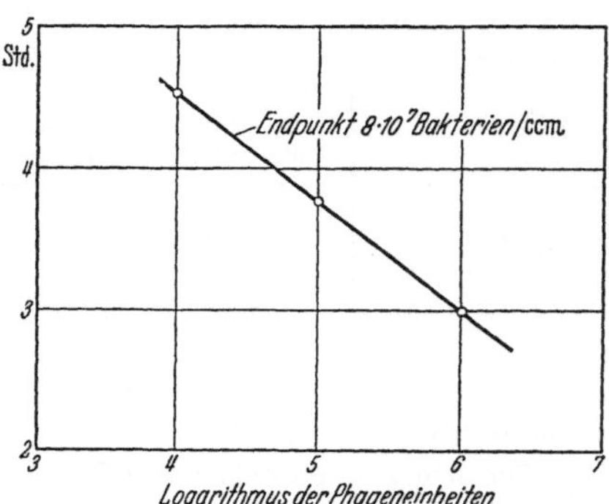

Abb. 4. Titrierung von Staphylokokkenphagen nach KRÜGER. Aus Abb. 3 hat sich als geeignete residuale Kokkenkonzentration 8×10^7 Bakterien pro Kubikzentimeter ergeben. Die schräge Linie (durch teilweise Interpolation gewonnen) zeigt an, wann dieser Punkt erreicht wird, wenn die Logarithmen der initialen Phageneinheiten (siehe die 4. Vertikalrubrik der Tabelle 4) von 4 bis 6 inklusive wachsen.

dargestellten Kurven durch je 3 Punkte eindeutig bestimmt sind. Findet man nun beispielsweise, daß eine initiale Phagenkonzentration von 10^{-3} die Bakterienzahl in 3,6 Stunden auf 8×10^7 reduziert, so sucht man in Abb. 4 den Abszissenwert auf, welcher 3,6 Stunden zugeordnet ist, und würde, wie aus der Abbildung hervorgeht, 5,2 ermitteln. Das heißt dann, daß die zu prüfende Phagensuspension $1 \times 10^{5,2} \times 10^3 = 1{,}58 \times 10^8$ Phageneinheiten im Kubikzentimeter enthält.

Nach den Angaben von A. P. KRÜGER und seinen Mitarbeitern liefert die beschriebene Methode der Phagenbestimmung reproduzierbare Resultate; die Abweichungen liegen innerhalb $\pm 5\%$. KRÜGER beruft sich ferner darauf, daß F. C. LIN mit einem anderen Phagen und leicht modifizierter Technik zu gleichen Ergebnissen gelangte.[1]

LIN experimentierte mit einem Phagen, der auf den *B. dysenteriae Shiga* eingestellt war. Es wurde zunächst eine Aufschwemmung von 16—18stündigen Agarkulturen der Dysenteriebacillen in Bouillon hergestellt, in Mengen von je 9 ccm auf eine Serie von Röhrchen verteilt und zu jedem Röhrchen 1 ccm der verschiedenen Phagenver-

[1] In neuerer Zeit erzielten auch M. FISHER sowie G. KLIUCHAREVA mit der Methode von A. P. KRÜGER gute bzw. konstante Resultate; es wurden Phagen ausgewertet, welche auf Colibakterien, Shiga-Kruse- und Paratyphus B-Bacillen lytisch wirkten.

dünnungen zugesetzt. Die Röhrchen wurden im Wasserbad bei 32° C durch einen Schüttelapparat in Bewegung gehalten; die Ablesungen erfolgten mit dem Photometer von Pulfrich in Intervallen von 5 Minuten, bis die Lyse komplett war. Lin fand, daß die Inkubationsperiode (die Zeit zwischen dem Phagenzusatz und dem Beginn der Lyse) eine Funktion der Phagenverdünnung darstellt; wurden die Phagenkonzentrationen als Abszissen und die Inkubationsperioden (in Minuten) als Ordinaten aufgetragen, so lagen die erhaltenen Punkte stets auf einer Geraden (sehr hohe Phagenkonzentrationen ausgenommen). Dagegen wurde die Inkubationsperiode durch die initiale Bakterienkonzentration innerhalb weiter Grenzen nicht beeinflußt, eine Aussage, die mit den Feststellungen von Krüger nicht übereinstimmt. Streicht man aus der Definition der „*Phageneinheit*" Krügers die initiale Bakterienzahl, so bleibt nur die Beziehung zwischen der initialen Phagenmenge und der Reaktionszeit übrig.

Die von Krüger und seinen Mitarbeitern, von F. C. Lin, M. Fisher und G. Kliuchareva mitgeteilten Daten über die Genauigkeit des Verfahrens wirken einigermaßen überraschend, speziell wenn man berücksichtigt, unter welchen Bedingungen die genannten Autoren gearbeitet haben. Schütteln beschleunigt die Lyse in flüssigen Medien, eine Tatsache, die schon früher allgemein bekannt war und welche auch Krüger ausdrücklich hervorhebt; daher die Vorschrift, daß die Röhrchen im Schüttelapparat gehalten werden, damit sich dieser Faktor gleichmäßig auswirken kann. Ob dieser Zweck erreicht wird, ist jedoch in Anbetracht der oft wiederholten Ablesungen des Trübungsgrades fraglich. Krüger und seine Mitarbeiter haben sich ferner bisher ausschließlich mit Titrierungen von Staphylokokkenphagen befaßt; in diesem Spezialfall wird die komplette Lyse als kritischer Endpunkt unbrauchbar, weil das Sekundärwachstum schon einsetzt, wenn die Auflösung der Kokken noch nicht beendet ist. Krüger sucht daher den *Beginn* der Lyse zu erfassen, muß infolgedessen auch *den bereits erreichten Grad derselben* feststellen und genügt dieser Forderung in der Weise, daß er das Volumen der noch ungelösten Kokken mißt. Es wird somit vorausgesetzt, daß das Volumen der Kokken *vor* dem Beginn der Lyse eine konstante Größe ist, falls man von einer bestimmten Kokkenzahl („$C_{\text{Bact.}}$") ausgeht; andernfalls könnte man ja das Volumen des noch ungelösten Restes nicht als Ausdruck des Grades der abgelaufenen Lyse betrachten. Jene Autoren, welche andere Kombinationen von Phagen und Bakterien untersuchten, konnten dagegen auf die komplette Lyse, soweit sie optisch konstatierbar ist, als Kriterium abstellen und haben dies, wie z. B. F. C. Lin, auch getan. Dann ändern sich aber selbstverständlich die Gesichtspunkte für die Beurteilung der Methode. So ist es bekannt, daß man bei der fortschreitenden Verdünnung einer Phagensuspension nach Appelmans-Werthemann schließlich Konzentrationen erhalten kann, welche nur eine vorübergehende partielle Aufhellung mit rasch folgender starker Sekundärtrübung geben oder gar keinen Unterschied gegenüber einer phagenfreien Kontrolle erkennen lassen, aber gleichwohl nachweisbares Lysin enthalten (vgl. u. a. K. Burckhardt); in solchem Falle kann daher die komplette Lyse als Indikator des Reaktionsendpunktes unverwendbar werden.

Weit umständlicher und zeitraubender als andere Titrierverfahren ist die Krügersche Methode zweifellos, speziell in der ursprünglichen Form, wo zu den vielen Ablesungen noch die Bestimmungen der Restvolumina der Bakterien durch Zentrifugieren hinzukommen. Natürlich wäre eine kompliziertere Technik nicht als prinzipieller Einwand zu bewerten, falls die Krügersche Methode die anderen Verfahren an Genauigkeit erheblich übertreffen und dadurch die Beantwortung von Fragen erlauben würde, welche sonst unerledigt bleiben müßten. Gerade dieser Punkt erscheint mir jedoch nicht genügend geklärt, da keine ausreichenden Paralleluntersuchungen vorliegen.

Sicher ist, daß die erforderlichen Kurven nur in einem bestimmten Intervall der Phagenverdünnungen, welches bei unbekannten Phagen erst empirisch ermittelt werden muß, erzielt werden können. Zu niedrige wie zu hohe Phagenkonzentrationen erweisen sich als ungeeignet [KRÜGER (*2*), S. 563, F. C. LIN]. Geht man daher von einer hohen Phagenkonzentration aus, so muß man dieselbe erst entsprechend verdünnen und die Fehlerquellen der Verdünnungsprozedur in Kauf nehmen. Würde aber eine niedrige Phagenkonzentration vorliegen oder ein Phagenstamm, der im flüssigen Nährmedium überhaupt keinen hohen Titer erreicht, so wäre die quantitative Bestimmung nach KRÜGER unmöglich, wodurch das praktische Anwendungsgebiet der Methode erheblich eingeschränkt erscheint.

In theoretischer Hinsicht bemängelt KRÜGER an den beiden bisher üblichen Verfahren, daß sie keine bestimmten Grenzen anzeigen und daß sie sich von vornherein nicht für die Analyse eines dynamischen Systems eignen, in welchem die Konzentrationen rasch wechseln [KRÜGER (*2*), S. 143]. Diese Kritik trifft jedoch seine Methode in gleicher Weise. KRÜGER operiert zwar mit den Mengen (Konzentrationen) der Phagen und der Bakterien, welche zu Beginn des Prozesses vorhanden sind, also mit quantitativ angebbaren Größen; das tun aber alle Titriermethoden, indem sie bestimmte Phagenkonzentrationen mit möglichst konstant gehaltenen Bakterienmengen (siehe S. 627) in Reaktion setzen. Der Endeffekt, nämlich die Bakteriolyse, welche auch KRÜGER der Beurteilung des Reaktionsgeschehens zugrunde legt, kommt jedoch nicht durch jene Mengen von Phagen und Bakterien zustande, mit welchen man den Prozeß in Gang gebracht hat. DOERR und GRÜNINGER haben schon 1923 nachgewiesen, daß sich Bakterien und Phagen in Nährbouillon nach Ablauf einer zirka zweistündigen Latenzperiode gleichzeitig zu vermehren beginnen und daß die Lyse erst einsetzt, wenn die Konzentration der Phagen eine bestimmte Höhe erreicht hat. Auf dieser — neuerdings auch von KLIUCHAREVA bestätigten — Tatsache beruht das KRÜGERsche Verfahren; *es bestimmt die Zeit, welche zur Erreichung der für die Lyse erforderlichen Phagenkonzentration notwendig ist, und geht von der Voraussetzung aus, daß diese Zeit (bei konstanter Ausgangskonzentration der Bakterien) nur noch von der initialen Phagenmenge abhängen kann.* Diese Voraussetzung ist aber nicht hinreichend bzw. nicht in vollem Umfange bewiesen. Die Phagenvermehrung ist eine Funktion der Bakterienvermehrung und die Vermehrungsgeschwindigkeit der Bakterien kann auch durch andere Faktoren als die zu Versuchsbeginn vorhandene Zahl der Bakterien beeinflußt werden. Haben doch A. P. KRÜGER und SCRIBNER selbst Unterschiede zwischen Staphylokokken gleichen Stammes gefunden, je nachdem die Züchtung in gewöhnlicher Weise oder in einem stark sauerstoffhaltigen Medium erfolgte.

Die Ausführlichkeit, mit welcher hier KRÜGERS Methode abgehandelt wurde, ist dadurch begründet, daß von ihrer Leistungsfähigkeit und Exaktheit die Richtigkeit wichtiger Angaben abhängt, welche KRÜGER und seine Mitarbeiter (siehe KRÜGER und BALDWIN, KRÜGER und SCRIBNER, KRÜGER und FONG, KRÜGER und MUNDELL usw.) über verschiedene Probleme der Bakteriophagie gemacht haben. Im Gegensatz zu fast allen Autoren, welche sich mit dem Thema beschäftigten, will KRÜGER unter bestimmten Bedingungen eine Vermehrung (Konzentrationszunahme) der Phagen *ohne* Vermehrung der Bakterien erzielt haben, sei es, daß im Reaktionsvolum überhaupt keine Bakterien vorhanden waren (KRÜGER und BALDWIN), sei es, daß zwar Bakterien zu einer bekannten Phagenmenge zugesetzt wurden, daß aber eine Vermehrung derselben in der kritischen Zeit der Phagenzunahme ausgeschlossen werden konnte [KRÜGER und SCRIBNER (*1*), KRÜGER und STRIETMANN, KRÜGER und FONG]. Nach der Auffassung von KRÜGER sind die Phagen keine lebenden Organismen, sondern wahrscheinlich „schwere Proteine" mit hohem Molekulargewicht und mit den allgemeinen Eigenschaften von Enzymen; in den Bakterien oder in der Kulturflüssigkeit der Bakterien sind sie als „Vorstufen" vorhanden, die auch ohne die Mitwirkung der Bakterienproliferation in die aktive Phase, d. h. eben in die Phagen umgesetzt werden können. Die Daten, auf welchen diese These aufgebaut ist, wurden sämtlich durch quantitative Phagenbestimmungen nach der KRÜGERschen Methode gewonnen; durch andere Auswertungsverfahren konnten sie nicht bestätigt werden, wie D. HÖGGER bei der Nachprüfung einer speziellen Versuchsanordnung (Erhöhung der Phagenkonzentration um 100% durch Zusatz von zellfreien Ultrafiltraten aus Kulturen lysosensibler Bakterien) feststellte. KRÜGER und SCRIBNER berichten übrigens selbst, daß sie in einem besonderen Falle den Phagengehalt von zwei Lösungen mit 2×10^9 und 2×10^8 Phageneinheiten bestimmten, daß sich dagegen bei Anwendung des Plattenverfahrens (Zählung der taches vierges) keine Differenz ergab; es soll dies darauf beruhen, daß die kahlen Flecke im Bakterienrasen überall dort entstehen, wo ein phagenbeladenes Bacterium deponiert wird, daß sich aber die Zahl der Flecke nicht ändert, wenn die Zahl der an den einzelnen Bakterienzellen haftenden Phagen zunimmt (siehe S. 626).

Am überzeugendsten wirkt naturgemäß die letzte Mitteilung von KRÜGER und SCRIBNER (*2*), derzufolge es gelungen sein soll, Phagen aus den in den Bakterien enthaltenen (intracellularen) Vorstufen serienweise, d. h. durch wiederholte Hinzufügung von Bakterien zu erzeugen, so daß die auf diese Weise bewirkte Totalverdünnung schließlich 1 : 1000000 betrug, ohne daß sich an der Aktivität etwas änderte. Als Mittel der Umsetzung diente allerdings die spezifische (durch $MnCl_2$ intensivierte) Lyse; durch Kontrollzählungen der Bakterien in gleichen, aber phagenfreien Suspensionen konnte jedoch eine Bakterienvermehrung vor Eintritt der Lyse ausgeschlossen werden. Indes muß wohl auch hier eine sorgfältige Überprüfung von anderer Seite abgewartet werden, bevor man in dieser grundsätzlich bedeutungsvollen Angelegenheit eine definitive Stellung bezieht.

Die Phagentitrierung bei der Untersuchung der Neutralisationsvorgänge durch Antiphagensera.

Wie bei anderen Virusarten wurden auch bei den Phagen quantitative Bestimmungen ausgeführt, um den Vorgang der Neutralisierung durch Antiphagenserum genauer zu untersuchen [BORDET und CIUCA, SEIFFERT, WAGEMANS, OTTO, MUNTER und WINKLER, ANDREWES und ELFORD, BURNET, KEOGH und LUSH, SERTIĆ und BULGAKOFF, D'HERELLE (*2*, l. c., S. 397) u. v. a.]. BURNET und seine Mitarbeiter geben zu, daß man zu diesem Zweck ebenso die Titrierung durch Verdünnung in Bouillon wie die Zählung der Plages (engl. „plaques") verwenden kann, halten aber die zweite Methode für genauer und zweckmäßiger. Da man jedoch seit SCHLESINGER (*2*) und BURNET (*1*) weiß, daß Phagen durch homologe Immunsera agglutiniert werden können, muß man bei derartigen Versuchsanordnungen in erhöhtem Grade damit rechnen, daß die kahlen Flecke nicht einzelnen aktiven Phagenpartikeln, sondern Phagenklumpen entsprechen. Allerdings kann die Verklumpung der Elemente auch die Aufteilung bei der Titrierung durch Verdünnung stören.

BURNET und seine Mitarbeiter (siehe BURNET, KEOGH und LUSH, S. 245) gingen so vor, daß sie zuerst eine Standardverdünnung einer konzentrierten Phagensuspension herstellten; diese Standardverdünnung mußte nach dem Vermischen mit einem gleichen Volum Bouillon und Aussaat von 0,02 ccm des Gemisches auf mit Bakterien beschickte Agarplatten zirka 100—150 Plages geben. Für die Zwecke einer gewöhnlichen Serumtitration wurde nun eine Serie von Röhrchen angesetzt, von denen jedes gleiche Volumina der Phagenstandardverdünnung und verschiedener Verdünnungen des zu prüfenden Antiserums enthielt; diese Röhrchen wurden gut geschüttelt, eine Zeitlang bei der gewünschten Temperatur gehalten (nach Andrewes und Elford genügen 20 Stunden bei 20° C), dann in Eiswasser gestellt und von jedem Röhrchen 0,02 ccm (mit Hilfe einer kalibrierten Kapillarpipette) auf Agarplatten gebracht, welche vorher mit einigen Tropfen einer jungen Bouillonkultur bespatelt worden waren. Die Platten enthielten 1% Nähragar und wurden vor der Benutzung über Nacht im Thermostaten gehalten, um das rasche Trocknen der aufgebrachten Bakterienkultur sowie der Phagen-Serum-Mischung zu gewährleisten. Der Titer des Serums wird dem reziproken Wert jener Serumverdünnung gleichgesetzt, welche die Zahl der Plages auf 20% der Kontrolle zu reduzieren vermag. Für komplizierte Fragestellungen wurde die gleiche Technik mit den erforderlichen Variationen der Konzentration der Reaktionskomponenten, der Einwirkungsdauer des Antiserums auf die Phagen usw. verwendet. Gewicht wird darauf gelegt, daß die Zahl der Plages auf den Platten in das gewünschte Intervall (20—100) fällt.

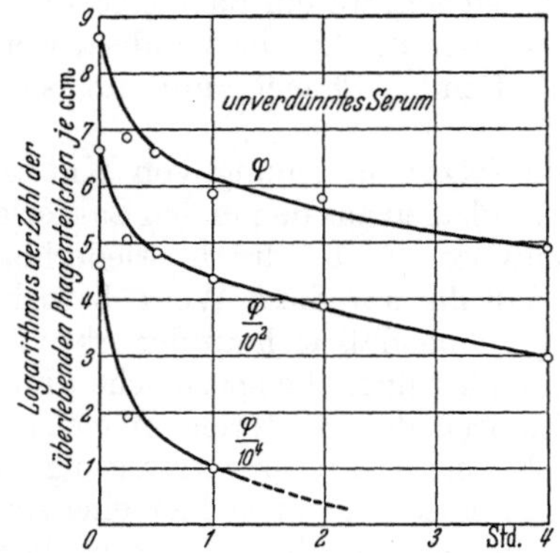

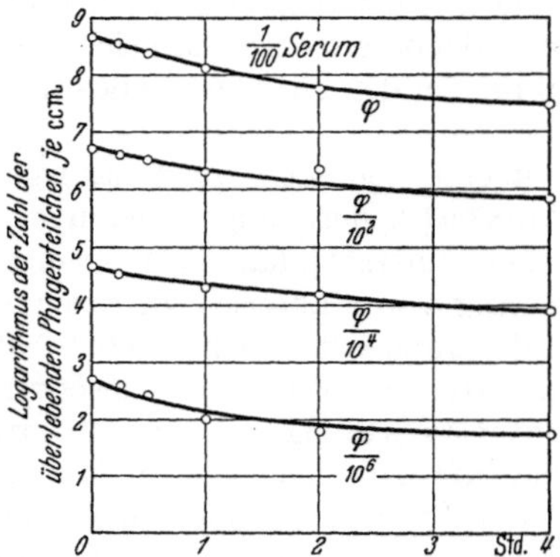

Abb. 5 und 6. Nach Andrewes und Elford. Titrierungen von *Antiphagenserum*, in Abb. 5 unverdünnt, in Abb. 6 hundertfach verdünnt. Auf der Abszisse ist die Reaktionszeit in Stunden, auf der Ordinate der Logarithmus der überlebenden Phagenzahl pro Kubikzentimeter aufgetragen.

Andrewes und Elford bedienten sich bei ihren zahlreichen Versuchen gleichfalls der Auswertung durch Zählung der taches vierges; sie betonen so wie Burnet und seine Mitarbeiter die Notwendigkeit, die Agarplatten vor und nach der Beschickung im Thermostaten zu trocknen. Ferner sollen stets gleiche Platten (8,5 cm Durchmesser, 20 ccm 2%igen Agars) verwendet werden, falls man zuverlässige quantitative Daten erhalten will. Die Ergebnisse ihrer Studien über die Reaktion zwischen Phagen und ihren Antisera registrierten Andrewes und Elford in Form von *Neutralisationskurven*, von denen vorstehend zwei Beispiele reproduziert sind.

2. Die herdförmigen Läsionen auf der Chorioallantois.

Manche Virusarten erzeugen auf der Chorioallantois des Hühnerembryos in hinreichend verdünntem Zustand distinkte kleine, herdförmige Läsionen, die sich gut von der normal gebliebenen Umgebung abheben und daher leicht gezählt werden können. Da es sich gezeigt hat, daß die erhaltenen Zahlen dem Verdünnungsgrade des Virus proportional sind, ergibt sich hieraus die Verwendbarkeit des Verfahrens für quantitative Virusbestimmungen. In dem von F. M. Burnet verfaßten Kapitel dieses Handbuches „The growth of viruses on the chorioallantois of the chick embryo“ ist diese *„pock counting-Methode“* so eingehend behandelt, daß eine Diskussion des Themas an dieser Stelle nur eine Wiederholung bedeuten würde. In prinzipieller Hinsicht darf kurz hervorgehoben werden, daß es sich wie bei allen analogen Verfahren um eine Ausbreitung des zu titrierenden Materials auf einer Fläche handelt, in der Absicht, die im Material enthaltenen Keime an bestimmten Punkten zu fixieren und so die Bildung distinkter Vermehrungszentren (Kolonien) zu ermöglichen. Es ist also derselbe Gedanke, der schon E. KLEBS und später R. KOCH bei dem Bestreben leitete, durch flächenhafte Verteilung bakterienhaltiger Proben zu Ansiedlungen zu gelangen, deren Entstehung aus einer einzigen Bakterienzelle angenommen werden darf.

Um diese Idee zu realisieren, müssen die Bakterien bekanntlich nicht nur verteilt, sondern auch an den Orten ihrer Deponierung fixiert (immobilisiert) werden. R. KOCH erreichte dies in ebenso einfacher als genialer Weise durch das Plattengußverfahren mit Nährgelatine, welche kein Kondenswasser abscheidet. Verwendet man Nähragar, so muß dafür gesorgt werden, daß die Oberfläche trocken ist oder trocken wird, und gleiches gilt, wenn Phagen durch die Zählung der taches vierges titriert werden sollen (siehe S. 623). Die Oberfläche der Chorioallantois bleibt jedoch durch einige Stunden feucht. BURNET mißt diesem Umstand nur beschränkte Bedeutung bei, weil die initiale Vermehrung der Viruselemente nicht *auf* der Membran, bzw. in der dieselbe bedeckenden Flüssigkeitsschicht, sondern nur in ektodermalen Zellen, also an *fixen* Punkten, vor sich gehen kann. Nur wenn die Membran abnorm lange feucht bleibt, können primär infizierte Zellen zerfallen und die frei werdenden Virusteilchen an andere Orte verschleppt werden, wo sie sekundäre Herde hervorrufen, welche zuweilen eine Schätzung der Ausgangskonzentration des Virus unmöglich machen. Ganz klar sind indes die Vorgänge der Verteilung und Fixierung nicht. Die Verteilung erfolgt nur durch Diffusion der auf die Chorioallantois gebrachten Virusverdünnungen und die Fixierung setzt das Eindringen in Zellen voraus; es ist immerhin merkwürdig, daß auf diese Weise Resultate zustande kommen, welche in guter, zum Teil sogar ausgezeichneter Übereinstimmung mit den Ergebnissen anderer Methoden und mit den aus dem Verdünnungsmodus errechneten Werten stehen.

BURNET betont, daß der Virustitrierung auf der Chorioallantois besondere (nur ihr eigene) Fehlerquellen anhaften, deren Berücksichtigung und Eliminierung große Erfahrung sowie gewisse Kontrollen (Titrierung mehrerer Verdünnungen desselben Materials, Impfung mehrerer Eier mit der gleichen Verdünnung usw.) erfordern. Der Wert des Verfahrens wird ferner dadurch eingeschränkt, daß seine Brauchbarkeit bzw. die Zuverlässigkeit der Ergebnisse in hohem Grade von der Virusart abhängt und innerhalb der gleichen Virusart wieder von dem Umstand, ob der Stamm an das Wachstum in der Chorioallantois genügend angepaßt ist. Bei jenen Virusarten, für welche sich die „Pockenzählung" eignet, kann auch der Prozeß der Neutralisierung durch spezifische Antikörper mit der gleichen Technik verfolgt werden, wobei es sich herausgestellt hat, daß nichtneutralisierte Virusreste, welche am Versuchstier keine manifeste Reaktion auszulösen vermögen, noch imstande sein können, auf der Chorioallantois typische Herde zu erzeugen (BURNET, l. c., BURNET, KEOGH und LUSH, vgl. auch S. 621).

3. Die Pockenzählung auf der Kaninchenhaut und auf der Kaninchencornea.

In der Absicht, eine quantitative Auswertung der Vaccine vorzunehmen, hat GUÉRIN (gestützt auf Untersuchungen, die er in Gemeinschaft mit A. CALMETTE über die Vaccineinfektion des Kaninchens angestellt hatte) ein Verfahren angegeben, das er als „Contrôle de la valeur des vaccins jennériens par la numération des éléments virulents" bezeichnete. Daraus geht klar hervor, daß er eine Zählung der spezifisch wirksamen Vaccinekeime im Auge hatte; die erhaltenen Resultate sollten eine Bewertung der Infektiosität der verschiedenen Impfstoffe (Lymphen) gestatten oder, wie man das damals nannte und wohl auch heute noch zu nennen pflegt, ihrer „Virulenz".[1] Die Zahl der Vaccinekeime wurde nach der Zahl der durch die Lymphe hervorgerufenen Einzeleffloreszenzen (Pusteln) bestimmt bzw. geschätzt; die Methode stellt somit die erste Anwendung eines Prinzips dar, das später in der Zählung der Phagen mit Hilfe der taches vierges, im „pock-counting" auf der Chorioallantois und in den neueren Titrierungen phytopathogener Virusarten durch Zählung der lokalen Läsionen auf flächenhaft infizierten Blättern wiederkehrt.

Die Methode nach CALMETTE-GUÉRIN (1901/1905).

Eine sehr genaue Beschreibung der Methode, in welcher auch die Erfahrungen einer vom Völkerbund eingesetzten Expertenkommission berücksichtigt werden, bringt ZURUKZOGLU (l. c., S. 1159). In der folgenden Darstellung sind einige nebensächliche Details fortgelassen worden.

Nach CALMETTE-GUÉRIN geht man so vor, daß man in die knapp vorher rasierte Rückenhaut des Kaninchens, welche nicht pigmentiert sein darf, u. zw. in annähernd gleich große Flächen Verdünnungen der zu prüfenden Lymphe einreibt. Um die Technik zu standardisieren, benutzte GUÉRIN in der Regel nur 3 oder höchstens 4 Verdünnungen (1:100, 500 und 1000, ev. noch 1:50) und verimpfte je 1 ccm derselben durch Auftropfen und Einreiben mit einer Pipette; wegen der starken Schwankungen der individuellen Empfänglichkeit schlug GUÉRIN vor, sämtliche Verdünnungen auf das gleiche Kaninchen zu übertragen. Bei der abschließenden Besichtigung der Reaktionen, welche am 5. Tage vorzunehmen ist, stellt man fest, wieviel Pusteln aus jeder Verdünnung aufgegangen sind. Höhere Konzentrationen geben konfluierende Eruptionen und zuweilen ist das auch noch in der Verdünnung von 1:500 der Fall; die Verdünnung von 1:1000 liefert aber auch bei „vorzüglichen" Lymphen nur mehr 3—4 isolierte Pusteln pro Quadratzentimeter Impffeld und aus noch höheren Verdünnungen entwickeln sich so wenige Effloreszenzen, daß ein Schluß auf die Konzentration im Ausgangsmaterial nicht mehr zulässig wäre. Wenn aber auch die Verdünnung von 1:100 nur 3—4 Knötchen pro Quadratzentimeter Impffläche hervorzurufen vermochte, bezeichnete GUÉRIN die Lymphe als „mittelmäßig".

GUÉRIN betrachtete sein Verfahren ursprünglich nur als ein sicheres und präzis funktionierendes Mittel, um jene Lymphen herauszufinden, welche sich

[1] Was man unter „Virulenz" zu verstehen hat, läßt sich nicht präzis definieren, da der Ausdruck durch die unberechtigte Verschmelzung von zwei wesensverschiedenen Eigenschaften der belebten Kontagien, nämlich der *Infektiosität* und der von ihr bis zu einem gewissen Grade unabhängigen *Pathogenität*, entstanden ist [R. DOERR (*1*)]. Aus der Unkenntnis dieses Sachverhaltes leiten sich die Diskussionen ab, ob man bei den „Virulenzbestimmungen der Pockenlymphen" Keime zählt d. h. ein rein *quantitatives* Verfahren anwendet oder ob *Wirkungsqualitäten* gemessen werden oder ob quantitative *und* qualitative Faktoren als untrennbare Komponenten in die Resultate eingehen. ST. ZURUKZOGLU vertritt die Ansicht, daß man die Quantität der in einer Lymphe vorhandenen Keime nicht von ihrer Qualität absondern kann, und zitiert als Beweis eine Beobachtung von H. und K. HERZBERG, die mit einer animalen Lymphe vom Titer 1:300000 unerwünscht starke Reaktionen bekamen, u. zw. stärkere als mit einer humanisierten Lymphe vom Titer 1:3000000 (ZURUKZOGLU, l. c., S. 1144). Diese Angabe beweist jedoch gerade das Gegenteil, was sie nach der Meinung von ZURUKZOGLU beweisen sollte. Es ist allerdings richtig, daß bei allen Auswertungen von Vaccinevirus am Menschen oder am Versuchstier eine manifeste Infektion, also ein pathologischer Vorgang als Indikator benutzt wird. Es gibt aber Methoden (wie z. B. jene von CALMETTE und GUÉRIN, SOBERNHEIM, GINS, GROTH, PARKER und RIVERS, K. HERZBERG), bei welchen man die letzte, eben noch wirksame Verdünnung ohne Rücksicht auf die Reaktionsstärke feststellt, und andere, wie die Verfahren von CHAUMIER, FORCE, GROTH (1921), bei welchen nur nach der Reaktionsstärke gefragt und die zu prüfende Lymphe in unverdünntem Zustande verwendet wird.

zur Fortzucht der Vaccinestämme eignen, und so das gefürchtete „Abreißen der Passagen" zu verhindern. Für diesen Zweck genügte die Unterscheidung einiger Grade *(vorzüglich, mittelmäßig, schwach).* Erst später ist man dazu übergegangen, feinere Abstufungen zu machen und dieselben durch Kennziffern wie folgt zu bezeichnen:

Kennziffern	Korrespondierendes Auswertungsergebnis
10	2—3 Pusteln pro Quadratzentimeter aus einer Verdünnung 1:100.
11	Konfluierende Pusteln aus 1:100, 1—2 Pusteln pro Quadratzentimeter aus 1:500.
15	3—4 Pusteln aus 1:500.
16	1—2 Pusteln aus 1:1000, konfluierende Pusteln aus 1:500.
20	3—4 Pusteln aus 1:1000.

Lymphen, welche den durch „10" markierten Wert nicht erreichen, sind als minderwertig zu bezeichnen.

Eine Zählung der aktiven Vaccineelemente hat GUÉRIN — entgegen der im Titel seiner Publikation (1905) geäußerten Absicht (siehe oben) — nicht durchgeführt, vielleicht weil er eine solche Genauigkeit in Anbetracht der praktischen Auswertungszwecke für überflüssig hielt, vielleicht auch weil er sich sagte, daß das bloße Einreiben in die frisch rasierte Haut keine Gewähr bietet, daß jeder infektionstüchtige Keim gleich günstige Bedingungen für seine Haftung findet. Jedenfalls war es der an zweiter Stelle genannte Einwand, welcher in der Folge mehrere Autoren veranlaßte, die von GUÉRIN empfohlene Technik derart abzuändern, daß eine bessere „Erschließung" der Impffelder erreicht wurde bzw. anzunehmen war. Hierher gehört z. B. der Vorschlag von KELSCH, die rasierten Felder der Kaninchenhaut mit einer scharfen, die Lymphverdünnung enthaltenden Glaspipette einzureiben, oder das Verfahren von F. R. BLAXALL (l. c., S. 124), bei welchem die rasierte Haut mehrmals und unter Vermeidung jeder gröberen Verletzung abgeschabt wird, bis sie rosa gefärbt ist, worauf die Lymphverdünnungen aufgetragen und mit einem Holzspatel über die präparierte Fläche sorgfältig verteilt werden.

Sicherer als die Erzeugung solcher flächenhaften Eintrittspforten ist wohl die intracutane Injektion, welche die quantitative Einbringung einer abgemessenen Flüssigkeitsmenge in das empfindliche Gewebe gestattet. Aber die Titrierung der Vaccine durch die Intracutanimpfung von Kaninchen, die von A. GROTH 1921 eingeführt wurde und sich in den mannigfachsten Varianten bis heute erhalten hat (siehe S. 611), ist naturgemäß ein reines Verdünnungsverfahren und läßt als solches die Idee von GUÉRIN fallen. Bei der Auswertung durch Intracutanimpfung wird ja das Material fortschreitend verdünnt und von jeder Verdünnung 0,1 ccm in die Haut injiziert; bestimmt wird somit die kleinste Menge bzw. die niedrigste Konzentration, welche noch zur Bildung einer Effloreszenz ausreicht.

Die Rückkehr zu dem Prinzip von GUÉRIN war nur denkbar, falls an die Stelle der punktförmigen wieder die flächenhafte Insertion des Vaccinevirus in die aufnahmsfähig gemachte Haut gesetzt wurde. Nun wurden die Auswertungen der Lymphen in steigendem Maße auch zu dem Zwecke ausgeführt, um für die Impfung von Kindern jene „Virulenzgrade" festzustellen, welche einerseits einen möglichst hochprozentigen Impferfolg verbürgen und die anderseits doch nicht so extrem sind, daß unerwünscht intensive Reaktionen zu befürchten wären. Bei der Kinderimpfung wird aber die Übertragung des Virus durch Scarifikation bewerkstelligt und es lag daher nahe, gerade diesen Infektionsmodus für die Titrierung heranzuziehen. Das geschah durch G. SOBERNHEIM und in stärkerer Annäherung an GUÉRIN durch K. HERZBERG.

Die Methode von G. SOBERNHEIM (1925).

I. 0,5 ccm Glycerinlymphe werden im Mörser sorgfältig verrieben, bis eine genügende Homogenisierung erreicht ist, und sodann mit 19,5 ccm NaCl-Lösung versetzt. Aus dieser 40fachen Verdünnung werden die weiteren Verdünnungen 1:1000, 2000, 5000 und 10000 hergestellt. Mit diesen 4 Verdünnungen wird ein Kaninchen geimpft, das man am Vortage an 4 Bezirken der Rückenhaut zu beiden Seiten der Wirbelsäule mit einem Depilatorium enthaart hat. Die enthaarten Felder sollen Flächen von zirka 4—5 qcm bilden. Das so präparierte Tier wird in einem Tierhalter aufgespannt und die epilierten Felder werden parallel zur Wirbelsäule durch je drei seichte Scarifikationen geritzt; die Scarifikationen sollen 4 cm lang sein und 1 cm voneinander abstehen. Unmittelbar nach dieser Operation wird die Haut durch einen Assistenten gespannt, so daß die Schnitte klaffen und auf jedes Feld 0,3 ccm der entsprechenden Verdünnung mit einer Pipette aufgetropft und mit eben dieser Pipette verrieben. Das Tier bleibt so lange aufgespannt, bis die geimpften Felder getrocknet sind. Die Anordnung der Scarifikationen zeigt das nachstehende Schema:

1:5000	1:2000	rechte Seite des Rückens
		Wirbelsäule
1:10000	1:1000	linke Seite des Rückens

Die erste spezifische Reaktion macht sich am 3. Tage durch Entzündung im ganzen Verlauf oder meist an einzelnen Stellen der Scarifikationen bemerkbar, wo dann etwas später Papeln entstehen, die sich zuweilen in Pusteln umbilden. SOBERNHEIM hebt ausdrücklich hervor, *daß die Papeln und Pusteln auch an den nichtscarifizierten Hautstellen, d. h. zwischen den Scarifikationslinien, auftreten*; das ist natürlich in theoretischer Hinsicht wichtig, weil man daraus entnehmen darf, daß die Methode von SOBERNHEIM aus einem analogen Grunde als ungenau zu qualifizieren ist wie jene von CALMETTE-GUÉRIN. Praktisch kommt dies insofern weniger in Betracht, als nur eine approximative Schätzung angestrebt wird (siehe weiter unter sub II).

II. Als Ergänzung der Auswertung auf der Kaninchenhaut nimmt SOBERNHEIM noch eine Prüfung an der Kaninchencornea vor u. zw. am gleichen Versuchstier. Auf der cocainisierten Cornea werden mit der scharfen Spitze einer feinen Spritzenkanüle gitterförmige Scarifikationen (je 6 Längs- und Querschnitte) angelegt und die so behandelte Cornea rechts mit 0,2 ccm der Verdünnung 1:1000, links mit 0,2 ccm der Verdünnung 1:10000 beträufelt. Nach jedem Tropfen zieht man die Lider über das Auge und reibt mit den Lidern die infektiöse Flüssigkeit in die Hornhaut ein. Die Reaktion besteht in einer spezifischen Keratitis, deren Intensität von der Lympheverdünnung abhängt.

Impfstoffe, die in einer Verdünnung von 1 : 1000 binnen 5 Tagen auf der Haut Papeln oder Pusteln und auf der Cornea eine spezifische Keratitis erzeugen, sind nach SOBERNHEIM als „wirksam" anzusehen. Abgesehen von diesem für die praktische Verwendung der Lymphen maßgebenden quantitativen Grenzwert werden nach ZURUKZOGLU noch verschiedene qualitative, auf die Einschätzung der Reaktionsstärke basierte Abstufungen unterschieden und mit —, ∓, +, ++, +++ und ++++ bezeichnet; diese Skala entspricht dem Bedürfnis, die Notwendigkeit einer Abschwächung allzu intensiv wirkender Lymphen beurteilen zu können.

Titrierung nach K. Herzberg (1935).

K. Herzberg (*1*) enthaart zwei quadratische Hautfelder von etwa 3 cm Seitenlänge für jede der zu prüfenden Lymphen und bringt in jedem Quadrat ein dichtes Gitter von Scarifikationen an (20 geritzte Linien in der Richtung der Wirbelsäule und 20 darauf senkrecht stehende Impfritze mit einem Abstand von knapp 2 mm). Auf jedes Impffeld wird 0,025 ccm Lymphverdünnung aufgetragen und mit einem Glasspatel kurz eingerieben. Die Lymphverdünnung soll so beschaffen sein, daß pro Quadrat etwa 15—30 Pusteln entstehen; bei 40—50 Pusteln macht sich die Konfluenz schon störend bemerkbar. Will man daher, um Tiere zu sparen, mit zwei Impffeldern pro Lymphe auskommen, so daß mehrere Lymphen an dem gleichen Kaninchen ausgewertet werden können (wie das K. Herzberg vorschlägt), so ist dies nur möglich, wenn man den richtigen Verdünnungsgrad der Lymphen im voraus wenigstens annähernd kennt. Nach den Erfahrungen von K. Herzberg ist das bei Kulturlymphen der Fall. Vaccinevirus, das auf der Chorioallantois gezüchtet wurde, wird in der Weise verarbeitet, daß man die Membran mit 10 ccm Glycerin verreibt und diese Emulsion mit Kochsalzlösung im Verhältnis 1:5000 verdünnt. Von dieser Verdünnung werden dann 0,025 ccm auf jedes Impffeld aufgetragen. Erhält man 10 Pusteln, so beträgt der Titer, der stets auf 0,1 ccm Lymphe umgerechnet wird, 200000, bei 20 Pusteln 400000 usw. Bei „Tyrodelymphen" (Züchtung nach Li und Rivers in Embryonalbrei + Tyrodelösung) verimpft man 0,025 ccm einer 500fachen Verdünnung, so daß die Zahl der aufgehenden Pusteln mit 2000 (statt wie bei der „Eihautlymphe" mit 20000) zu multiplizieren ist.

Was an der Methode von Herzberg besonders interessiert, ist das offensichtliche Bestreben, die Aufnahmsbereitschaft der zu beimpfenden Hautflächen durch ausgiebige Scarifikation soweit als möglich zu steigern. Aus diesem Grunde wird auch verlangt, daß die Beschickung jedes Impffeldes mit Virus *unmittelbar* nach der Scarifikation zu erfolgen hat und daß es nicht zulässig ist, alle 8—12 Felder, die man an einem Kaninchen anlegt, zuerst der Reihe nach zu scarifizieren und dann wieder beim ersten mit der Aufbringung des Virus zu beginnen. Es ist jedoch einleuchtend, daß nicht die ganze Fläche der Impffelder so präpariert werden kann, daß jeder Punkt dem anderen als Eintrittspforte gleichwertig ist; theoretisch wenigstens ist die Möglichkeit vorhanden, daß aktive Viruselemente auf unverletzte Hautstellen kommen und nicht zur Pustelbildung führen. In dieser Beziehung bietet der sich entwickelnde Bakterienfilm auf einer Agarfläche für die gesicherte Haftung der Bakteriophagen günstigere Verhältnisse, ebenso wahrscheinlich die ektodermale Zellschicht der Chorioallantois für die Ansiedlung hochinfektiöser Virusarten.

Zweitens ist hervorzuheben, daß K. Herzberg — im Gegensatz zu Calmette-Guérin, Sobernheim, Gins u. v. a. — den Titer der Lymphe in Form einer Ziffer angibt, die natürlich keinen anderen Sinn als den einer „Keimzahl" haben kann.

Die Methode von H. A. Gins (1925).

Impffeld ist die Cornea von Meerschweinchen mit pigmentierten Netzhäuten. Von gebrauchsfertigen Glycerinlymphen werden die Verdünnungen 1:100, 1000, 5000, 20000 und 80000 hergestellt und durch Auftropfen auf die scarifizierte Cornea übertragen; die aufgetropften Verdünnungen werden mit gleicher Pipette in die Cornea verrieben. Mit jeder Verdünnung soll mindestens eine Cornea geimpft werden. Die Ablesung der Reaktionen erfolgt nach 3 Tagen.

—	bedeutet	keine mit unbewaffnetem Auge sichtbare Trübung,
+	„	schwache oder nicht allgemeine Trübung,
++	„	allgemeine, die ganze Iris überdeckende Trübung,
+++	„	porzellanweiße Trübung.

Als „wirksam" sind Impfstoffe zuzulassen, die in der Verdünnung 1:1000 eine allgemeine Trübung (++) hervorrufen. Impfstoffe, welche noch in Verdünnungen von 1:10000 oder mehr Reaktionen liefern, sind nach GINS als „zu virulent" zu qualifizieren und sollten daher (durch Lagerung oder Verdünnung) abgeschwächt werden.

H. A. GINS gibt selbst an (l. c., S. 938), daß er ursprünglich die von A. GROTH 1921 angegebene Intracutanauswertung verwendet und als brauchbar befunden habe; nur der Mangel an Kaninchen während der Kriegszeit veranlaßte ihn, zu einer Titrierung am Meerschweinchenauge überzugehen. Das Verfahren bewährte sich indes für praktische Zwecke, wurde von der Pockenkommission des Hygienekomitees des Völkerbundes überprüft und (neben den Methoden von CALMETTE-GUÉRIN, SOBERNHEIM und der Intracutanmethode von A. GROTH) als geeignet erklärt (siehe den Bericht von G. SOBERNHEIM). Es operiert wie die Auswertungen von CALMETTE-GUÉRIN und SOBERNHEIM mit einem zulässigen Grenzwert der Lymphverdünnung (1 : 1000), bestimmt aber den Titer nicht nach der Zahl der aus den höchsten Verdünnungen aufgehenden Pusteln, was bei der kleinen Fläche der Meerschweinchencornea von vornherein unmöglich war.

Die quantitative Auswertung an der Kaninchencornea nach K. HERZBERG (1927).

Die große Cornea des Kaninchens bietet den Vorteil, isolierte Infektionsherde zu erzeugen, die — wie sich HERZBERG (*2*) ausdrückt — ausgezählt werden können wie Kolonien auf einer Platte. HERZBERG ging von der Annahme aus, daß jeder Herdreaktion der Cornea ein Viruskeim entspricht und daß es daher gelingen müsse, die Zahl der Virusteilchen in einer Lymphe zu bestimmen.

Die cocainisierte Cornea wird mit Hilfe einer Lanzette gitterartig geritzt u. zw. in stets gleicher Weise (15 Scarifikationslinien von oben nach unten und 15 von links nach rechts, so daß 225 Schnittpunkte resultieren). Sodann werden die Lymphverdünnungen mit einer Pipette in der Menge von 0,1 ccm tropfenweise aufgebracht und mit der Pipette, die flach an der Cornea liegt, eingerieben. Die Feststellung der Herdzahl erfolgt nach 24 und 40 Stunden nach Einträufelung von 1—2 Tropfen einer 1%igen Fluoreszeinlösung, die nach 20—30 Sekunden durch energisches Spülen mit Wasser aus dem Conjunctivalsack entfernt werden muß, damit sich nicht die ganze Cornea mattgrün färbt. Die Herde erscheinen in dem Gitternetz der Impfscarifikationen als scharf begrenzte, kleine (zirka 0,5 mm im Durchmesser haltende), leuchtend grüne Punkte, welche leicht gezählt werden können; ihre Zahl soll, wenn man exakte Resultate erzielen will, nicht kleiner als 15 und nicht größer als 30 sein. Zu hohe Konzentrationen geben ein Gitterwerk von leuchtend grünen Strichen infolge von Konfluenz der einzelnen Herde. Um die richtige Verdünnung ohne allzu große Tieropfer anwenden zu können, stellt man zunächst einen grob abgestuften Vorversuch an (z. B. 1:10, 100 und 1000) und interpoliert die für den Hauptversuch geeigneten Konzentrationen.

Großes Gewicht legt HERZBERG auf die Homogenisierung des Ausgangsmaterials. Er empfiehlt ein kurzes Ausschleudern der 10fachen Verdünnung bei einer maximalen Umdrehungsgeschwindigkeit von 2000 Touren (vgl. hierzu S. 603), obwohl die Entfernung der groben Partikel den Virusgehalt des Ausgangsmaterials reduziert; das ist indes ein Fehler, den man nach der Ansicht von HERZBERG bei allen Auswertungsmethoden in Kauf nehmen muß, um überhaupt brauchbare Resultate zu erhalten. Die vom Hygienekomitee des Völkerbundes 1927 (siehe den Bericht von SOBERNHEIM) akzeptierte Homogenisierung durch sorgfältiges Verreiben in einem Mörser (ohne Papierfiltration und ohne Ausschleudern) reicht nach HERZBERG wohl für *praktische* Zwecke aus, nicht aber für exakte Bestimmungen der Vaccineelemente, wie sie gewisse theoretische Probleme erfordern.

Die Schlußrechnung gestaltet sich bei HERZBERG sehr einfach. Wenn beispielsweise aus dem 1000fach verdünnten Ausgangsmaterial auf einer Cornea 27, auf der anderen 31 Herde aufgehen, liegt der Titer (bezogen auf 0,1 ccm) zwischen 27000 und 31000 (scil. Keimen). Titriert wird aber nicht das Ausgangsmaterial, sondern die aus demselben hergestellte und *durch Zentrifugieren veränderte* zehnfache Verdünnung desselben; man darf den für diese erhaltenen Wert nicht einfach mit 10 multiplizieren (siehe die Ausführungen im vorigen Absatz). Zweitens sind die Zahlen 27 und 31 im obigen Beispiel durch die Verimpfung von zwei Stichproben gewonnen und als solche den in der Kalkulation nicht berücksichtigten Wahrscheinlichkeitsgesetzen (siehe S. 607) unterworfen. Allerdings hat HERZBERG diesen Fehler teilweise auszugleichen gesucht, indem er in manchen Fällen nicht zwei, sondern 4 Corneae mit derselben Verdünnung infizierte und überdies verlangte, daß sich die Zahl der Herde auf einer Cornea zwischen 15 und 30 bewegen müsse. Wenn drittens die Prämisse zutreffen sollte, daß jedem Herd nur ein Vaccineelement entspricht, folgt daraus noch nicht, daß jedes aktive Element bei der angewendeten Technik einen Herd erzeugen muß.

Die Sichtbarmachung der Herde mit Fluoreszeïn kann am lebenden Tier erfolgen und ist daher schon aus diesem Grunde vorteilhafter als das PAULsche Verfahren, bei welchem die dem getöteten Kaninchen entnommene Cornea in Sublimatalkohol gelegt werden muß, um die Herde als kalkigweiße Erhebungen mit nabelartig vertieftem Zentrum hervortreten zu lassen. Die PAULsche Technik kam in der 1921 von HAENDEL, GILDEMEISTER und SCHMITT empfohlenen Auswertungsmethode zur Anwendung, die aber auch mit einer Reihe anderer Nachteile (siehe ZURUKZOGLU, l. c., S. 1153) behaftet war und infolgedessen keine Beachtung fand.

HERZBERG meinte, daß sich die von ihm bis ins Detail ausgearbeitete Methode auch für die Titrierung von Herpesvirus eignen dürfte. Die Kaninchencornea ist jedoch für Herpesvirus nicht besonders empfänglich, ein Umstand, der schon von R. DOERR betont und durch vergleichende Untersuchungen von FL. MAGRASSI erneut bestätigt wurde. Merkwürdigerweise scheint es ferner nicht möglich zu sein, Variolavirus in der beschriebenen Art auszuwerten, da manche Autoren mit der Übertragung desselben auf das Kaninchenauge einen nicht unbedeutenden Prozentsatz völlig negativer Resultate erzielten (UNGERMANN und ZÜLZER, W. LÖWENTHAL). Aber auch für die quantitative Prüfung der Vaccineimpfstoffe konnte sich die Methode keine allgemeinere Anerkennung verschaffen und HERZBERG selbst entschloß sich später, die „zahlenmäßige Auswertung" der Lymphen auf der Kaninchenhaut vorzunehmen (siehe S. 643).

Immerhin enthält die Publikation von K. HERZBERG einige auch heute noch interessierende Angaben, so u. a. Untersuchungen über die Zahl der auf der Cornea auftretenden Herde als Funktion der Zahl der Scarifikationsschnitte. Nach HERZBERG steigt die Herdzahl mit der Schnittzahl, aber nur bis zu einem Maximum, das mit 15 vertikalen + 15 horizontalen, sich überkreuzenden Scarifikationen erreicht ist; daher wurde diese Art der Aufschließung des Cornealgewebes für die Methode vorgeschrieben (siehe S. 644).

Vergleichende Prüfungen der verschiedenen Auswertungsmethoden für Pockenimpfstoffe.

Sie sind — zum Teil auf Veranlassung der Pockenkommission des Völkerbund-Hygienekomitees — an zahlreichen Impfstoffen durchgeführt worden [GINS (*1*—*3*)] und haben im allgemeinen eine für praktische Zwecke hinreichende Übereinstimmung ergeben. Damit ist jedoch nicht entschieden, ob man die in einer Lymphe enthaltenen aktiven Viruselemente durch Aussaat höherer Verdünnungen auf empfängliche oder empfänglich gemachte Flächen und Zählung der sich entwickelnden Herde ziffernmäßig bestimmen kann, bzw. wie hoch man die natürlichen Fehlergrenzen derartiger Verfahren einzuschätzen hat. Um diese Frage experimentell beantworten zu können, muß man zunächst schlüssig werden, welche Methoden zum Vergleich herangezogen werden sollen. Titrierungen, die auf dem gleichen Prinzip beruhen, werden sich wohl weniger eignen. Parallelauswertungen nach CALMETTE-GUÉRIN, SOBERNHEIM, H. A. GINS, MÜNSTERER (Impfung in die Sohlenhaut albinotischer Meerschweinchen) oder nach einer der beiden Methoden von K. HERZBERG usw. können bestenfalls nur ergeben, daß man mit einem dieser Verfahren mehr oder minder regelmäßig einen höheren Titer erzielt als mit den anderen, gestatten aber keine Aussage über die Ursache solcher Differenzen und über die erreichbare Annäherung an die wahren Werte. Die mikroskopische Zählung der Viruselemente — die übrigens eine besonders reine Beschaffenheit des Ausgangsmaterials voraussetzt (siehe u. a. PARKER und RIVERS) — scheidet aus, da in diesem Falle nicht bloß die biologisch aktiven (infektionstüchtigen), sondern auch die inaktiven, aber morphologisch noch intakten Viruskeime festgestellt werden (siehe S. 600 und 678). Es bleiben daher nur die reinen Verdünnungsverfahren, bei denen von jeder Verdünnung eine oder mehrere Stichproben auf Tiere verimpft werden und der Erfolg entweder als positiv oder als negativ registriert wird. Die Übertragung auf die Versuchstiere (Kaninchen) kann intracutan oder, wenn es sich um Neurolapinen handelt, intracerebral erfolgen (K. HERZBERG, C. H. ANDREWES, A. B. SABIN). Oberflächlich betrachtet ist das Verhältnis dieser Verdünnungsverfahren zur Pockenzählung dasselbe wie die Beziehung, welche zwischen der Titrierung der Bakteriophagen durch fortschreitende Verdünnung und durch Zählung der taches vierges besteht. Man sieht jedoch leicht ein, daß diese Analogie schon aus dem Grunde nicht richtig sein muß, weil die Pockenzählung nur auf empfänglichen oder empfänglich gemachten *Flächen* (Haut, Cornea, Chorioallantois) möglich ist, während die Feststellung, ob eine Verdünnung noch infektiös ist, durch Injektion in nicht-flächenhafte Gewebe, z. B. in das Gehirn, erfolgen kann. Falls letztere für die Virusinfektion in weit höherem Grade empfänglich sind als die verfügbaren Flächen, muß sich eine Überlegenheit der reinen Verdünnungsverfahren ergeben.

Beim Herpesvirus trifft dies nach den Untersuchungen von FL. MAGRASSI tatsächlich zu. Die Auswertung durch intracerebrale Injektionen liefert einen Titer, der um mehrere Zehnerpotenzen höher sein kann als der Wert, den man durch Übertragung der Verdünnungen auf die Cornea des Kaninchens erhält. Allerdings gilt diese Angabe zunächst nur für virushaltiges Kaninchenhirn als Ausgangsmaterial; die Flüssigkeit aus Herpesblasen oder das virushaltige Conjunctivalsekret infizierter Kaninchenaugen hat MAGRASSI in der erwähnten Beziehung nicht geprüft; er hat ferner nur die Verimpfung auf die ausgiebig scarifizierte Cornea verwendet, nicht aber die von K. HERZBERG empfohlene Methode (siehe S. 644), was vielleicht auch eine gewisse, wenn auch nur untergeordnete Rolle gespielt haben mag.

Für die Neurolapine sollen sich diese Verhältnisse geradezu diametral entgegengesetzt verhalten. K. HERZBERG wertete solches Material in Vergleichsserien aus, u. zw. derart, daß er zuerst mit Hilfe seiner Cornealmethode (siehe S. 644) jene Virusverdünnung ermittelte, welche in 0,2 ccm Volum 0—1 Viruselement enthalten sollte; wurden von einer solchen Verdünnung mehrere Stichproben à 0,2 ccm auf Kaninchen intracerebral übertragen, so gingen die Tiere zum Teil an Encephalitis ein, zum Teil blieben sie am Leben und das Verhältnis der positiven zu den negativen Resultaten entsprach ungefähr der wahrscheinlichen Erwartung. K. HERZBERG zieht daraus den Schluß, daß Hirn und Cornea des Kaninchens für Neurolapine die gleiche Empfänglichkeit u. zw. die „Einkeimdisposition" besitzen, und in weiterer Folge, daß die Cornealmethode de facto als eine „zahlenmäßige Auswertung von Pockenviruseinzelteilchen" gelten dürfe. Im Text der betreffenden Publikation (l. c., S. 77) heißt es, „daß *eine* Konzentration für *beide* Organe, Cornea und Hirn, zahlenmäßig übereinstimmende Erkrankungsmöglichkeiten enthält“, was jedenfalls etwas vorsichtiger formuliert erscheint. Nachprüfungen von anderer Seite liegen meines Wissens nicht vor.

Die Vergleiche zwischen Pockenzählung und Intracutanverfahren betreffend wären zunächst die differierenden Angaben über die Infektiosität von „*Eihautlymphen*“ zu erwähnen. K. HERZBERG erhielt mit seiner Methode der Auswertung auf der scarifizierten Kaninchenhaut (siehe S. 643) „ziemlich gleichbleibende Werte“, die sich — nach den angeführten Beispielen zu schließen — zwischen 2 und 4×10^5 für 0,1 ccm bewegten. STEVENSON und BUTLER erzielten auf scarifizierten Hautflächen mit einer Verdünnung von 1 : 1000 eine konfluierende Infektion, mit 1 : 10000 aber nur mehr 5—7 Pusteln, während TANIGUCHI und seine Mitarbeiter über maximale Werte von 10^{10} — bestimmt mit dem Intracutanverfahren — berichteten. Doch handelt es sich hier nicht um Parallelbestimmungen an *identischen* Proben, die allein geeignet sind, ein zuverlässiges Urteil zu begründen; weiß man doch durch RIVERS und WARD, daß der Titer von gezüchtetem Vaccinevirus — *mit ein und derselben Methode gemessen* — im Laufe der Passagen von $1 : 10^6$ auf $1 : 10^3$, ja $1 : 10^2$ absinken kann.

Vergleichende Titrierungen an identischen Lymphproben wurden u. a. von K. HERZBERG und von J. CRAIGIE ausgeführt.

K. HERZBERG verglich seine corneale Methode mit dem Intracutanverfahren von A. GROTH, bezeichnet aber selbst die Resultate als unmaßgeblich, da er zu jener Zeit die corneale Methode noch nicht genügend ausgebaut hatte und sie daher in einer unvollkommenen Form verwendete (6 + 6 statt 15 + 15 Scarifikationen; vgl. S. 645). Es ist aber immerhin bemerkenswert, daß er keinem der beiden Verfahren einen unbedingten Vorzug einräumt, sondern zu dem Schlusse kommt, daß die corneale Auswertung bei Lymphen, deren Titer zwischen 1000 und 5000 liegt, gute Werte liefert, während die Verläßlichkeit des Intracutanverfahrens mehr bei den hochwertigen Lymphen zu liegen scheine (l. c., S. 79). Man kann darin eine Andeutung der sehr merkwürdigen Ergebnisse erblicken, zu welchen 6 Jahre später J. CRAIGIE kam.

CRAIGIE wertete mehrere Proben Vaccinevirus durch die Scarifikationstechnik und durch Intracutanimpfung aus. Die ermittelten Titerwerte wurden zueinander in ein Verhältnis gebracht, welches CRAIGIE als den „*Scarifikations-Intracutan-Index*“ bezeichnete. Da die Versuchstiere zum Teile Abweichungen von der normalen Empfänglichkeit zeigten, wurde auf der Haut jedes Kaninchens außer der zu untersuchenden Lymphprobe auch ein Kontrollvirus mit bereits bekanntem Index titriert; ergab diese Kontrolle kein befriedigendes Resultat, so wurde der Versuch verworfen. Außerdem wurden die Vergleichsauswertungen an mehreren Tieren wiederholt. Es stellte sich heraus, daß der Index bis zu einem gewissen Grade eine konstante Eigenschaft der Vaccinestämme darstellte, welche durch äußere Faktoren (von der abweichenden Empfänglichkeit mancher Kaninchen und der Wirkung von Hautpassagen abgesehen) anscheinend nicht beeinflußt wurde. Die titrierten Vaccinestämme konnten daher in Gruppen eingeordnet werden, für welche die Indices 10:1, 1:1, 1:100, 1:1000 und 1:10000 betrugen; die intracutane Infektiosität war also meist, aber nicht immer der durch Scarifikationsimpfung feststellbaren überlegen und die Überlegenheit wies sehr verschiedene Grade auf. Scarifikations- oder Intracutanpassagen können, falls sie genügend lange fortgesetzt werden, den Index ändern, wobei, wie schon früher LEDINGHAM und CLEAN fanden, der intracutane Titer stärker ansteigt als der Scarifikationswert. Es liegt also wohl eine Anpassung an die Kaninchenhaut und nicht an den Übertragungsmodus vor. Bemerkt sei, daß hier unter „Scarifikationsimpfung“ nur die Art der Übertragung, aber nicht eine Titrierung durch Pockenzählung zu verstehen ist; da aber bei den meisten dieser Methoden die Aussaat auf scarifizierten Flächen vorgenommen wird, sind CRAIGIES Beobachtungen auch in dieser Hinsicht bedeutungsvoll.

CRAIGIES Angaben beleuchten nicht nur den Wert quantitativer Methoden als Forschungsmittel, sondern auch die Tatsache, daß Umstände, mit denen man nicht rechnet, die Ergebnisse bestimmen.

Auswertungen der Wirkung virusneutralisierender Antikörper.

Dieses Thema wird im VI. Abschnitt dieses Handbuches von J. CRAIGIE und von C. HALLAUER eingehend behandelt. In prinzipieller Hinsicht sei nur betont, daß sich die Differenzen der Auswertungsverfahren in besonders hohem Grade bemerkbar machen, wenn nicht das Virus als solches, sondern Virus-Antiserum-Gemische titriert werden sollen [C. H. ANDREWES, A. B. SABIN, BURNET (*2*), BURNET, KEOGH und LUSH u. a.]. So kann beispielsweise eine bestimmte Menge Antivaccineserum 100000 minimale infizierende Dosen Vaccinevirus komplett neutralisieren, wenn die Mischung einem Kaninchen intracutan injiziert wird; 1000—10000mal kleinere Virusdosen werden dagegen nicht paralysiert — trotz gleicher oder größerer Serummenge —, wenn die intracerebrale Probe zur Anwendung gelangt. Solche Verhältnisse wurden nicht nur für Vaccinevirus, sondern auch für andere Virusarten (Hühnerpest, Virus III, Virus B, Influenzavirus usw.) festgestellt und sind, zumindest teilweise, in der Natur der Reaktion zwischen Virus, Antikörper und empfindlichen Gewebezellen begründet. Soll die Titrierung virusneutralisierender Antisera praktischen Zwecken dienen, so macht sich das Bedürfnis nach einheitlichen (standardisierten) Methoden fühlbar, welche im Grunde genommen stets konventionell sein müssen und einen fixen oder reproduzierbaren Maßstab voraussetzen. Das kann nur entweder ein willkürlich gewähltes und unverändert konservierbares Antiserum (Trockenserum) sein oder ein virushaltiges Material, das seine Infektiosität nicht ändert (z. B. eine Trockenlymphe) oder mit Hilfe eines gleichfalls vereinbarten Auswertungsverfahrens immer wieder in gleicher Wirkungsstärke hergestellt werden kann (vgl. hierzu ST. ZURUKZOGLU, BLAXALL, LEDINGHAM und seine Mitarbeiter, die eingangs zitierten Artikel dieses Handbuches von C. HALLAUER und J. CRAIGIE u. a.).

Anhang: Die Titrierung des Virus des SHOPEschen Kaninchenpapilloms.

Das von R. E. SHOPE nachgewiesene Virus des Kaninchenpapilloms kann in ähnlicher Weise titriert werden wie das Vaccinevirus nach GUÉRIN. Das von KIDD, BEARD und P. ROUS angegebene Verfahren gestaltet sich wie folgt:

Auf der Bauchhaut eines Kaninchens werden zu beiden Seiten der Mittellinie rechteckige Felder (3 × 4 cm), welche durch behaarte, 1 cm breite Streifen voneinander getrennt bleiben, ausrasiert, mit Wasser abgespült und mehrere Stunden getrocknet. Da das Virus nur auf der verletzten Epidermis haftet, werden die rasierten Felder mit sterilem Glaspapier aufgerauht und mit 3 Tropfen einer Virusverdünnung beschickt, die mit Hilfe einer sterilen Glaseprouvette eingerieben werden, bevor das nächste Feld in Angriff genommen wird. Sind sämtliche Felder eines Kaninchens geimpft, so werden sie mit einem Föhnapparat getrocknet und mit einem Schutzverband bedeckt, der nach 7—10 Tagen wieder entfernt wird. Die Papillome erscheinen zuerst nach 2—3 Wochen, einzelne auch 1—2 Wochen später. Hautstellen, welche nach 6 Wochen noch unverändert sind, bleiben stets negativ. 10—1%ige Extrakte liefern meist konfluierendes Wachstum, während aus höheren Verdünnungen einzelne (distinkte) Papillome aufgehen, deren Zahl annähernd mit der Konzentration abnimmt. Besonders aktive Extrakte erzeugen noch in Verdünnungen von 10^{-5} 1—2 Papillome; 10^{-6} erwies sich stets als unwirksam.

Die Methode wird mit der Aussaat von Bakteriensuspensionen auf Agarplatten, das einzelne Papillom mit einer Bakterienkolonie verglichen; die Zählung der Kolonien entspricht der Zählung der Zentren, von denen die Wucherung der Wirtszellen ausgeht, da jedes dieser Zentren die Wirkung einer Viruseinheit ankündigt. Mit Hilfe des beschriebenen Verfahrens konnte auch die virusschädigende Eigenschaft neutralisierender spezifischer Antisera quantitativ untersucht werden; es stellte sich heraus, daß der Effekt lediglich in einer Reduktion der Zahl der aktiven Viruseinheiten, d. h. der Zahl der aufgehenden Papillome bestand, daß dagegen die Papillome, die sich entwickelten, zu rechter Zeit erschienen und auch sonst keine Veränderung darboten.

Es läßt sich voraussehen, daß analoge Titrierungsmethoden auch auf andere Virusarten anwendbar sein werden. Voraussetzung ist ja nur, daß das Virus nicht diffuse Erkrankungen der Wirtsgewebe, sondern lokalisierte Läsionen erzeugt und daß eine empfängliche Fläche gefunden oder geschaffen werden kann, auf welcher sich die Virusverdünnungen so „aussäen“ lassen wie bakterienhaltiges Material auf einem starren Nährboden.

4. Die Titrierung phytopathogener Virusarten durch Auszählung der nekrotischen Läsionen auf infizierten Blattflächen.

Es kehren hier viele Überlegungen und technische Verbesserungen wieder, denen wir schon bei der quantitativen Bestimmung anderer Virusarten begegnet sind. Begreiflicherweise, denn der Indikator für das Vorhandensein von phytopathogenem Virus in einem vorgelegten Substrat ist eine manifeste Infektion, eine übertragbare Erkrankung der mit dem Substrat geimpften Wirtspflanze, und die Anwendung dieses Indikators für quantitative Auswertungen ist auch hier irgendwie an die Herstellung steigender Verdünnungen des Ausgangsmaterials und die Erreichung eines geeigneten Endwertes geknüpft. Aber die Tatsache, daß die Übertragungen auf *Pflanzen* stattfinden, daß der Übertragungsmodus diesen biologischen Objekten angepaßt werden muß, und schließlich der Umstand, daß zahlreiche phytopathogene Virusarten in reinem Zustande als hochmolekulare Eiweißkörper (Nucleoproteine) isoliert werden konnten, verleiht diesem Spezialgebiet quantitativer Virusbestimmungen doch in mancher Hinsicht ein eigenartiges Gepräge.

Anfänglich ging man so vor, daß man die zu untersuchenden Proben fortschreitend verdünnte und die Grenzverdünnung feststellte, welche noch zu infizieren vermochte. Über die wahre Viruskonzentration in dieser Grenzverdünnung konnte man aber nur eine approximative Aussage machen, da der mit ihr ausgeführte Infektionsversuch lediglich qualitativen Charakter hatte.

1. Verfahren von McKinney und F. O. Holmes.

Man ging daher später dazu über, mit den einzelnen Verdünnungen, speziell mit den terminalen, eine möglichst große Zahl von Pflanzen zu impfen. Zwischen die durchwegs positiven und die ausnahmslos negativen Resultate war dann eine Folge von Verdünnungen eingeschaltet, welche nur bei einem (mit der Konzentration abnehmendem) Prozentsatz der geimpften Pflanzen infizierend wirkten, so daß auf diese Weise eine genauere Beurteilung ermöglicht wurde. Die Methode wurde von McKinney für quantitative Bestimmungen normiert (1927), wobei die Absicht maßgebend war, eine einheitliche, sicher wirksame und für verschiedene Virusarten geeignete Technik der Infektion einzuführen. McKinney beträufelte mit 0,125 ccm der virushaltigen Flüssigkeit ein kleines Watteflöckchen und implantierte dasselbe in das Gewebe einer Blattachsel, wo es deponiert blieb. Außerdem wurden Stellen, auf welche Tröpfchen der infektiösen Flüssigkeit gelangt waren (am Stengel oder an den Blättern), mit

Nadeln angestochen, um das Haften der Impfung noch weiter zu sichern. F. O. HOLMES (1928) schaltete bald darauf die Insertion der virusgetränkten Watte aus und suchte die Impfung durch Stichverletzung zu vervollkommnen und zu standardisieren. Er empfahl, zwecks sicherer und gleichzeitig rascher Übertragung ein Blatt jeder Versuchspflanze durch 5 Stiche mit feinsten, in einem geeigneten Halter vereinigten Insektennadeln, welche vorher in die Virusverdünnungen getaucht wurden, zu infizieren. Da an den feinen Nadeln (Nr. 00) gleiche Mengen der Verdünnungen haften blieben und das infizierende Trauma stets gleich groß war, gestalteten sich auch die Resultate befriedigend, indem der Prozentsatz der positiven Impferfolge mit fallender Konzentration tatsächlich abnahm. Die Abb. 7, reproduziert nach einem Diagramm von HOLMES (*1*, l. c., S. 71), illustriert diese Ausführungen und die Art der statistischen Verwertung der Einzelversuche.

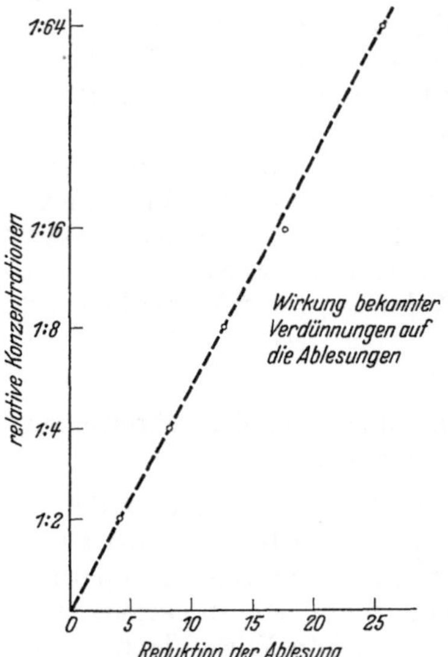

Abb. 7. Quantitative Bestimmung von Tabakmosaikvirus nach F. O. HOLMES (*1*); Reduktion der Virusaktivität durch Verdünnung des Ausgangsmaterials. Auf der Abszisse ist *die durchschnittliche Abnahme der Zahl der infizierten Pflanzen* im Vergleich zur Zahl der Infektionen mit der unverdünnten Probe aufgetragen; die unverdünnte Probe sowohl als jede der untersuchten Verdünnungen wurden an je 50 Topfpflanzen geprüft.

Um eine einigermaßen zuverlässige statistische Bearbeitung zu ermöglichen, war es, wie schon oben erwähnt, notwendig, eine große Zahl von Pflanzen — HOLMES verwendete zirka 50 — mit der gleichen Verdünnung zu infizieren, wodurch der Raum der Glashäuser übermäßig in Anspruch genommen wurde. Trotz dieses Übelstandes wurde das beschriebene Titrierverfahren in einer Reihe von Untersuchungen verwendet, teils um Isolierungen bzw. Reinigungen des Virus zu kontrollieren, teils um den Vorgang der Inaktivierung durch verschiedene schädigende Einflüsse oder die Neutralisierung durch Antisera zu untersuchen. In ihrer Publikation über die Wirkung von ultraviolettem Licht auf das Tabakmosaikvirus erklärten DUGGAR und HOLLÄNDER noch 1934, daß eine andere quantitative Methode zur Prüfung von Inaktivierungsprozessen überhaupt nicht vorhanden sei, was indes damals nicht mehr richtig war.

2. Methoden, welche auf der Zählung der Erkrankungsherde in flächenhaft infizierten Blättern beruhen.

Das gewöhnliche Tabakmosaikvirus erzeugt in *Nicotiana tabacum* eine Systemerkrankung, d. h. die Symptome treten nicht nur im geimpften Blatt, sondern in allen jungen Blättern der infizierten Pflanze auf, wie dies schon von den ersten Autoren (A. MAYER, BEIJERINCK, IWANOWSKI, H. A. ALLARD) beschrieben wurde. F. O. HOLMES (*2*) konstatierte jedoch, daß sich auch bei *Nicotiana tabacum* lokale Erscheinungen in Form von blaßgelben Herden rings um die Impfstiche bilden und daß die Generalisation von diesen „Primäraffekten" ihren Ausgang nimmt. Diese Beobachtung veranlaßte ihn, andere *Nicotiana*-Arten zu prüfen in der Erwartung, daß die nekrotischen Lokalläsionen deutlicher sein könnten und daß die sekundäre Systemerkrankung möglicherweise ausbleiben würde, eine Erwartung, die sich auch auf einige frühere Angaben (H. A. ALLARD, K. H. FERNOW) stützte. In der Tat fand HOLMES eine Reihe solcher Testpflanzen;

er gab *Nicotiana glutinosa* den Vorzug, weil sich die lokalen Läsionen auf ihren Blättern besonders rasch (zuweilen schon in 30 Stunden nach der Impfung) entwickeln. Er überzeugte sich, daß die Zahl der Flecke mit steigender Verdünnung des Ausgangsmaterials abnahm und basierte darauf eine zweite Titriermethode, von der er selbst sagte, sie gäbe so genaue und rasche Resultate wie die Bestimmung der Bakterienzahl durch das Plattenverfahren.

Anfänglich wendete HOLMES (*2*) noch die Impfung der Blätter mit virusbenetzten Insektennadeln an. Indem er die fünf in einem Halter vereinigten Nadeln abwechselnd in die zu prüfende Viruslösung tauchte und damit die Blätter der Testpflanze punktierte, konnte er auf jedem Blatt relativ rasch 250—500 Stiche anbringen. Im Verhältnis zur Zahl der Stiche war die Zahl der sich entwickelnden nekrotischen Herde gering, genügte aber, um ein ziemlich sicheres und exaktes Urteil über die Aktivität des Virus („virus strength") aus Versuchen an wenigen Pflanzen abzuleiten. Noch in der gleichen Arbeit stellte jedoch HOLMES fest, daß die Infektion durch Nadelstiche doch zu umständlich sei und daß sie, falls man *Nicotiana glutinosa* als Testpflanze verwendet, durch ein praktischeres Verfahren ersetzt werden könne. HOLMES schlug nämlich vor, die Blattflächen mit einem von der Viruslösung durchtränkten Stück Zeug sanft abzureiben. *Scarifikationen* erwiesen sich als weit weniger geeignet, die Haftung des Virus zu vermitteln, auch wenn sie erst *nach* dem Auftragen der Viruslösung auf das Blatt vorgenommen wurden. Das Einreiben der Virusverdünnungen in die Blattflächen kann in der Tat mit der Ausbreitung von bakterienhaltigem Material auf einer Agarplatte verglichen werden; an die Stelle zahlreicher punktförmiger Impfstiche tritt *die mehr diffuse und gleichmäßige Verteilung über eine empfängliche Fläche.*

Wie man ohne weiteres erkennt, hat die Verwendung von lokalen Läsionen an Stelle von generalisierten Systemerkrankungen als Indikatoren der Viruswirkung noch eine andere Bedeutung. Die „infizierte Einheit" ist jetzt nicht mehr eine Pflanze, sondern ein Blatt; wir werden sehen, daß auch diese Einheit noch weiter reduziert wurde und daß die moderne Auswertungstechnik mit Blatthälften als Einheiten operiert.

Wenn man eine Bakterienaufschwemmung fortschreitend verdünnt und von den aufeinanderfolgenden Verdünnungen Zählplatten anfertigt, konstatiert man, daß zwischen Verdünnungsgrad und Kolonienzahl kein einfach lineares Verhältnis besteht. Die Zahl der vorhandenen Kolonien bleibt hinter der errechneten um so stärker zurück, je dichter die Platten sind, d. h. je höher die Konzentration ist, aus welcher die Platten hergestellt wurden (E. SINGER, T. WOHLFEIL u. a.; vgl. auch S. 628). Die Erscheinung wird in der Regel so erklärt, daß nahe benachbarte Kolonien in statu nascendi aufeinander bzw. auf vermehrungsfähige Keime in ihrer unmittelbaren Umgebung wachstumshemmend wirken. Nun hat man ähnliche Beobachtungen auch bei der Zählung der nekrotischen Flecke auf flächenhaft infizierten Blättern gemacht. Da diese Flecke als „*Viruskolonien*" im Blattgewebe aufgefaßt werden können, läge es nahe, eine analoge Ursache anzunehmen. Das ist aber nicht geschehen, wie die folgenden Ausführungen lehren.

3. Auswertung nach J. CALDWELL. — Auswirkung der Viruskonzentration auf die Zahl der Lokalläsionen.

JOHN CALDWELL (*2*) verwendete als Ausgangsmaterial den Saft, den er durch Verreiben und Auslaugen von Tomaten- oder Tabakblättern erhalten hatte, welche die typischen Symptome des Aucuba-Mosaiks darboten. Als Versuchspflanze diente *Nicotiana glutinosa* und es wurden je 5 oder je 10 Blätter mit

0,1 ccm der verschiedenen Verdünnungen pro Blatt infiziert; das Impfmaterial wurde mit der Kuppe des Zeigefingers so aufgetragen, daß die Haare auf der Oberseite der Blätter abgebrochen wurden unter tunlichster Vermeidung einer Schädigung der Gewebe des Mesophylls. Ein solches Experiment hatte folgendes Resultat (l. c., S. 103):

Tabelle 5. Gesamtzahl der Flecke auf 10 geimpften Blättern von Nicotiana glutinosa.

Verdünnungen	10^{-1}	10^{-2}	10^{-3}	10^{-4}	10^{-5}
Zahl der Flecke	449	562	68	8	1

Sieht man von der höchsten Konzentration (10^{-1}) ab, so schien der Schluß von J. CALDWELL gerechtfertigt, daß zwischen der Zahl der Flecke und dem Grad der verimpften Verdünnung ein einfaches Verhältnis besteht, falls gleiche Mengen der Verdünnungen auf jedes Blatt verimpft werden. Auch wenn die Verdünnungen feiner abgestuft wurden, z. B. in Potenzen von 2 statt von 10, konnte CALDWELL eine befriedigende Übereinstimmung erzielen.

Tabelle 6. Gesamtzahl der nekrotischen Flecke auf 10 Blättern von Nicotiana glutinosa. Verimpfte Menge = 0,1 ccm pro Blatt.

Verdünnungen	1 : 250	1 : 500	1 : 1000	1 : 2000	1 : 4000
Zahl der Flecke	365	207	105	44	36

Geht man aber von dem unverdünnten Preßsaft aus und verdünnt denselben auf die Hälfte, auf ein Viertel, ein Achtel usw., so ändert sich das Bild. Aus Abb. 8 [nach J. CALDWELL (*2*), l. c., S. 106] ist zu entnehmen, daß die Zahl der festgestellten Flecke hinter der theoretisch zu erwartenden zurückblieb, falls die Konzentration mehr als ein Achtel des unverdünnten Preßsaftes betrug.

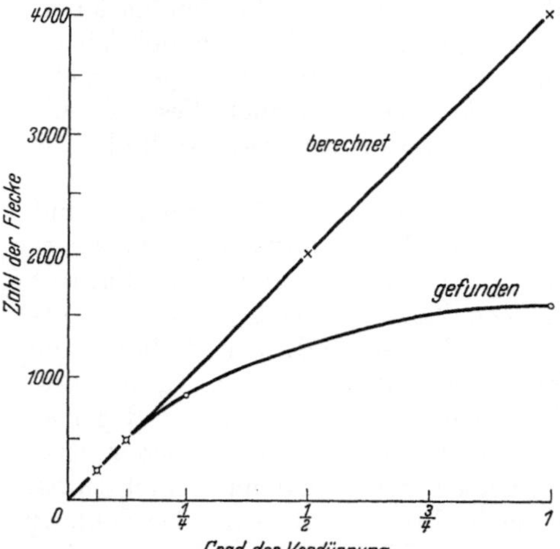

Abb. 8. Nach J. CALDWELL. Das Diagramm zeigt das Verhältnis zwischen der berechneten und der beobachteten Zahl der Flecke im Bereiche höherer Konzentrationen. Unter der Voraussetzung, daß die mit der geringsten Konzentration ($^1/_{16}$) ermittelte Fleckzahl (245) richtig war, hätte die sukzessive Verdoppelung der Konzentration 500, 1000, 2000 und 4000 Flecke ergeben sollen; die tatsächlich gefundenen Werte betrugen aber 540, 882, 1090 und 1610.

Die Ursache des beschriebenen Verhaltens ist nicht ganz klar. R. I. BEST, der sich intensiv mit quantitativen Bestimmungen phytopathogener Virusarten durch Zählung der lokalen Läsionen beschäftigt hat, möchte den Umstand verantwortlich machen, *daß sich der Verteilungszustand der Viruselemente mit der Konzentration ändert.* Wenn er eine konzentrierte, ursprünglich vollkommen klare Lösung von Tabakmosaikvirus einige Zeit ruhig stehen ließ, wurde sie trübe. Das Virus senkte sich allmählich in Form von weißen Fäden zu Boden, welche bei heftigem Schütteln unter deutlicher Klärung der Lösung in kleine, mikroskopisch nicht mehr sichtbare Fragmente zerfielen; beim Stehen der geschüttelten Lösungen bilden sich aber die Fäden, die mehrere Zentimeter Länge erreichen können (die „*mesomorphic fibres*“), aufs neue [BEST (*2, 3*)].

BEST hält auf Grund seiner Untersuchungen diese Fäden, die auch in gereinigten Lösungen von Virusproteinen entstehen [BEST (3)], für kettenförmige Verbände von Viruspartikeln. Die Tendenz der Partikel zu derartigen Aggregaten zusammenzutreten, wächst mit ihrer Konzentration im wässerigen Medium. In welchem Umfang und Ausmaß die Ergebnisse quantitativer Auswertungen dadurch beeinflußt werden, hängt dann zum Teil von der Größe der „*minimalen Infektionseinheit*", d. h. von der kleinsten Virusmenge ab, die (in der geprüften Kombination von Virus und Wirtspflanze) eben noch zu infizieren vermag; jedenfalls aber ist es möglich, daß die Zahl der aus höheren Konzentrationen aufgehenden Flecke aus dem erörterten Grunde hinter der Erwartung zurückbleibt. Daß außerdem auch noch andere Faktoren das Resultat bestimmen können, betont BEST selbst; doch soll davon erst später die Rede sein (siehe S. 655ff.).

J. CALDWELL (2) vertritt die Auffassung, daß bei dem gewählten Infektionsmodus (durch leichtes Reiben) hauptsächlich abgebrochene Haare als Eintrittspforten in Betracht kommen, und da die Zahl der gebrochenen Haare (Trichome) pro Blatt annähernd gleich ist bzw. ein gewisses Maß nicht überschreiten kann, so muß es mit zunehmender Konzentration schließlich an Eintrittspforten mangeln, so daß nicht mehr alle Viruselemente bzw. alle infektiösen Einheiten zu lokaler pathologischer Auswirkung gelangen. CALDWELL stützt sich hierbei auf eigene Untersuchungen, nach welchen die Infektion der Blattzellen ohne Verletzung ihres Protoplasten überhaupt nicht möglich ist; insbesondere kommen die natürlichen Spaltöffnungen (Stomata) der Blätter als Eintrittspforten des Virus nicht in Betracht, was auch von F. M. L. SHEFFIELD (2) sowie von BOYLE und MCKINNEY (2) bestätigt wurde. Daß anderseits gebrochene oder verletzte Trichome das Haften der Infektion vermitteln können, geht aus den Arbeiten von BOYLE und MCKINNEY (1) und besonders von SHEFFIELD (1) hervor, welcher durch isolierte Impfung von Trichomen mit einer Mikropipette Erkrankungen der Blätter zu erzeugen vermochte. Das heißt aber nicht, daß das Eindringen des Virus durch ein traumatisiertes Trichom erfolgen *muß*, sondern zunächst bloß, daß die gebrochenen Trichome als *gelegentliche* Eintrittspforten anzusehen sind. In der Tat konnten BOYLE und MCKINNEY (2) zeigen, daß die Zahl der Läsionen kleiner ist, wenn man die Trichome mit Hilfe besonderer Instrumente verletzt, ohne die anderen Epidermiszellen zu verwunden, als wenn man die Blätter in der gewöhnlichen Weise impft, indem man über ihre Flächen mit virusbenetztem Finger oder mit einem virusgetränkten Gazebausch hinwegwischt. Auch ergaben sich keine Differenzen der Fleckzahl pro Flächeneinheit, wenn man die Blätter von Pfefferpflanzen durch Wegwischen über die ganze Blattfläche infizierte oder nur beschränkte trichomfreie Bezirke einrieb. Nach BOYLE und MCKINNEY besteht somit kein Parallelismus zwischen der Zahl der Trichome und der Zahl der Flecke pro Flächeneinheit oder richtiger, *er muß nicht unbedingt bestehen.*

Bedeutung der Wahl eines bestimmten Konzentrationsintervalls für die Zuverlässigkeit der Auswertungen.

Unabhängig von der *Richtigkeit der Erklärungen*, die wir soeben erörtert haben, ist die *versuchstechnische Konsequenz*, daß sich zu hohe Konzentrationen zur Titrierung durch Auszählung der nekrotischen Flecke nicht eignen; dies gilt auch für zu niedrige Konzentrationen (zu starke Verdünnungen), so daß ein mittlerer Bereich übrigbleibt, in welchem die Bestimmungen vorzunehmen sind. Eine Auswertungskurve von R. I. BEST (1) illustriert diese Verhältnisse in ausgezeichneter Weise. Ein Blick auf Abb. 9 läßt deutlich drei Abschnitte erkennen: einen Abschnitt auf der linken Seite, innerhalb dessen die Fleckzahl nicht im Ausmaß der Konzentrationsverminderung abnimmt, wo sie also relativ zu groß ist, einen zweiten Abschnitt rechts, in welchem die Fleckzahl trotz Zunahme der Konzentration nur mehr wenig wächst, so daß sie einem Grenzwert zuzustreben scheint, und einen mittleren Bereich, der ungefähr die Konzentrationen 1:1000 bis 1:10000 umspannt und innerhalb dessen die Kurve zu einer geraden Linie mit gleichbleibender Neigung gegen die Abszisse wird.

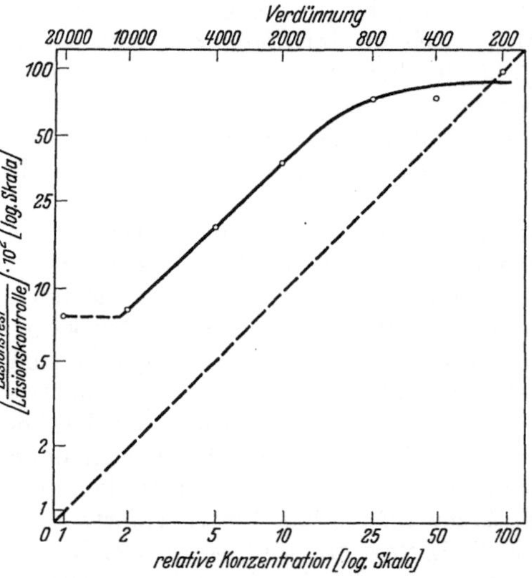

Abb. 9. Nach R. I. BEST (*1*, S. 67). Ausgewertet wurde der geklärte Preßsaft von mit gewöhnlichem Tabakmosaikvirus infizierten Pflanzen. Die oberen Ziffern geben den Grad der Verdünnung von 1:20000 bis 1:200 an. Die Ziffern der unteren Reihe markieren in logarithmischer Skala die relativen Konzentrationen, d. h. die Konzentrationen der geprüften Virussuspension in Prozenten der Konzentration einer zu Kontrollzwecken benutzten Standard-Viruslösung. Auch die Ordinaten sind in logarithmischer Verkürzung aufgetragene Prozentzahlen. Mit Rücksicht auf die verschiedene Empfindlichkeit der Blätter wurden nämlich die Blätter der Versuchspflanzen (Nicotiana glutinosa) nur auf einer Hälfte mit den zu prüfenden Verdünnungen, auf der anderen mit der Standardlösung geimpft; die Ordinaten geben die Fleckzahl, die auf den erstgenannten Hälften gezählt wurden („Läsionstest"), in Prozenten der auf den Kontrollchälften gezählten Flecke (Läsionskontrolle) an [(Läsionstest : Läsionskontrolle) × 100].

Für den Fall, daß es sich um gereinigte Virusproteïne handelt und daß keine andere Aufgabe gestellt wird, als zwei solche Präparate vergleichend auf ihre Infektiosität (Aktivität) zu prüfen, läßt sich die Forderung einer optimalen Konzentration in ganz bestimmter Form befriedigen. H. S. LORING hat hierüber systematische Untersuchungen angestellt, indem er die Konzentration zwischen 10^{-9} und 10^{-4} g Virusproteïn pro Kubikzentimeter variierte, und festgestellt, daß 10^{-6} g pro Kubikzentimeter die günstigsten Bedingungen für derartige komparative Titrierungen bietet. Wenn *Phaseolus vulgaris* als Versuchspflanze benutzt wurde, konnten bei Einhaltung einer bestimmten Standardtechnik noch Konzentrationsunterschiede von 10%, bei Verwendung von *Nicotiana glutinosa* noch solche von 20% ermittelt werden, falls die Versuche in der passenden Jahreszeit, nämlich in den Sommermonaten vorgenommen wurden (siehe S. 661).

Sind andere Ausgangssubstrate wie Pflanzenpreßsäfte oder aus diesen hergestellte, aber nur unvollkommen gereinigte Lösungen zu untersuchen, so wäre das geeignete Titrierungsintervall durch Vorversuche empirisch zu bestimmen; Anhaltspunkte geben in dieser Hinsicht die zahlreichen, detailliert wiedergegebenen Auswertungen von R. I. BEST (*1*).

Die Technik der Auswertung phytopathogener Virusarten durch Zählung der nekrotischen Flecke auf infizierten Blättern.

Einige maßgebende Gesichtspunkte (optimales Konzentrationsintervall) wurden bereits erörtert. Es sind aber noch mehrfache wichtige Ergänzungen notwendig, die zum Teil Analogien mit den Vorschriften für die quantitative Bestimmung tierpathogener Virusarten (siehe S. 614) erkennen lassen.

a) Die Wasserstoffionenkonzentration der Viruslösung und ihrer Verdünnungen.

Die wässerigen Flüssigkeiten, in welchen die Viruspartikel suspendiert sind, müssen einer doppelten Forderung genügen. Sie dürfen das Virus nicht schädigen bzw. partiell inaktivieren, zumindest nicht während einer der Versuchsdauer entsprechenden Zeitspanne, und sie sollen auch die Gewebe der Pflanze nicht in solchem Ausmaße angreifen, daß die reduzierte oder aufgehobene Lebenstätigkeit der Wirtszellen das Zustandekommen einer Infektion vereitelt. Abgestorbene oder im Absterben begriffene Zellen kommen für die Haftung oder das Fortschreiten des Virus nicht in Betracht [CALDWELL (*1*, *1a*)]. In beiden Beziehungen hat man in erster Linie an die *Wasserstoffionenkonzentration* zu denken. Da die Pflanzensäfte sauer reagieren, ist man a priori geneigt, eine höhere Widerstandskraft der phytopathogenen Virusarten gegen Säuren, eine geringere gegen Alkalien zu vermuten.

R. I. BEST (*4*) untersuchte den Einfluß der Wasserstoffionenkonzentration auf die Infektiosität (Aktivität) wässeriger Suspensionen von Tabakmosaikvirus im Intervall von $p_H = 5$ bis $p_H = 10$ und fand für eine zwölfstündige Einwirkungsdauer, daß eine Abnahme der Wirksamkeit bei einem p_H von etwa 7,8 einsetzt und von da bis zum p_H 10 sukzessive stärker wird. Berücksichtigt man die in diesem Versuch angewendete lange Einwirkungszeit, so könnte man folgern, daß der p_H der als Verdünnungsflüssigkeit benutzten Pufferlösung innerhalb recht weiter Grenzen irrelevant sei. Das ist indes aus mehrfachen Gründen unrichtig.

R. I. BEST verwendete zu seinem Experiment geklärten Pflanzenpreßsaft oder ein nach einem Spezialverfahren konzentriertes Virus, welche im Verhältnis von 1:500 den in ihrem p_H variierten Pufferlösungen zugesetzt wurden. Nach zwölfstündigem Stehen wurde der p_H sämtlicher Mischungen auf 7 gebracht, damit sich die verimpften Lösungen durch nichts unterscheiden als dadurch, daß sie vorher durch 12 Stunden einem für jede Lösung verschiedenen p_H-Wert ausgesetzt gewesen waren. Das ist ein typischer „*Haltbarkeitsversuch*“, welcher mit einer einzigen, u. zw. mit einer relativ hohen Viruskonzentration ausgeführt wurde; wir wissen aber aus den Arbeiten von DOERR und SEIDENBERG (*1*, *2*, *3*) sowie von G. PYL (*1*, *2*), daß derartige Versuchsanordnungen keinen hinreichenden Aufschluß geben können, wie sich ein Virus bei fortschreitender Verdünnung mit der zu prüfenden Flüssigkeit verhält (siehe S. 617).

Die bisher vorliegenden Angaben über die Widerstandsfähigkeit phytopathogener Virusarten sind mit wenigen Ausnahmen, auf die wir noch zurückkommen werden, nach diesem Muster aufgebaut. Wenn man erfährt, daß beispielsweise das latente Mosaikvirus der Kartoffel zwischen p_H 4 und 9,2, das Ring-spot-Virus des Tabaks zwischen 6 und 8,5 usw. beständig ist, so können wir daraus nur entnehmen, daß zwischen den verschiedenen Virusarten große Unterschiede in der erörterten Beziehung bestehen, die sich auch in den zu Auswertungszwecken vorgenommenen Verdünnungen auswirken müssen. Es ist daher nicht zulässig, aus dem Verhalten einer einzigen Virusart generalisierende Folgerungen abzuleiten; selbstverständlich lassen sich auch Erfahrungen, die an tierpathogenen Virusarten gemacht wurden, nicht auf phytopathogene übertragen, wie H. M. FRANKE mit Recht gegenüber G. A. KAUSCHE betont. Das sind indes nur allgemeine Richtlinien, während wir eine konkrete Antwort auf die Frage benötigen, *welche $H^{\cdot}$-Konzentration im Verdünnungsverfahren als optimal*, u. zw. als *optimal für eine bestimmte Virusart* zu betrachten ist oder, anders formuliert, *mit welcher Verdünnungsflüssigkeit man die höchsten Titerwerte erzielt.*

Man hat bisher meist Phosphatpufferlösungen mit dem p_H 7 benutzt, u. zw. sowohl für Virusproteine (H. S. Loring, Loring und Stanley, Youden u. a.) als auch für Pflanzenpreßsäfte und ähnliche Präparate (R. I. Best, R. I. Best und Samuel, Youden und Beale u. a.). Auch Wasser wurde verwendet, für Virusproteine von Youden, für Preßsäfte von J. Caldwell (*2*) und anderen Autoren. Es ist jedoch keineswegs sicher, daß Phosphatpufferlösungen vom p_H 7 die besten Resultate liefern, oder daß es umgekehrt gleichgültig ist, ob man gepufferte oder ungepufferte Verdünnungsflüssigkeiten verwendet. Auch das Ausgangsmaterial kann einen Einfluß haben; der Zusatz von Pufferlösungen zu einer Virusproteïnlösung kann eine andere Wirkung haben als der gleiche Zusatz zu einem Pflanzenpreßsaft, da dieser Stoffe enthält, welche mit den puffernden Substanzen in chemische Reaktion treten können. Aprioristische Annahmen sind als unsicher zu betrachten; entscheidend sind lediglich Parallelauswertungen am gleichen Ausgangsmaterial, die genügend oft wiederholt werden müssen, um zufällige Faktoren auszuschalten. Leider liegen nur wenige Untersuchungen darüber vor, von welchen insbesondere jene von J. G. Bald wichtig sind.

b) Das verschiedene Verhalten gereinigter und ungereinigter Viruslösungen im Verdünnungsverfahren. — Der Salzgehalt der Verdünnungen.

Wie bereits in einem anderen Konnex erwähnt wurde, bekommt man nach J. G. Bald verschiedene Ergebnisse, je nachdem man weitgehend gereinigte Viruslösungen oder ungereinigte Proben verwendet. Man sollte annehmen, daß der Saft empfänglicher Pflanzengewebe ein ideales Verdünnungsmittel ist, wie etwa nach Doerr und Seidenberg (*3*) Hühnerserum für Hühnerpestvirus. Das trifft jedoch nicht zu und wenn auch keine zureichende Erklärung abgegeben werden kann, läßt sich doch die Tatsache nach den Untersuchungen von Bald kaum bezweifeln, daß der Zusatz von Pflanzensaft unter Umständen die Zahl der Läsionen vermindert.

Nach dem Verhalten ungereinigter Virusproben unterscheidet ferner Bald zwei Gruppen von Virusarten: die Gruppe des Tabakmosaikvirus und die Gruppe der gegen Virulenzverlust weniger resistenten Virusarten (X-Virus der Kartoffeln).

In der *ersten* Gruppe wichen die erhaltenen von den berechneten Werten hauptsächlich im Bereich der höheren Konzentrationen ab, u. zw. waren sie hier fast immer kleiner; im Bereich der niedrigen Konzentrationen bestand dagegen eine genügende Übereinstimmung. Da es sich um ungereinigte Pflanzenextrakte handelte und die Verdünnungen mit Wasser oder neutraler Pufferlösung vorgenommen wurden, dürfte die Eliminierung störender Verunreinigungen als Hauptursache anzusehen sein (siehe S. 617). Ferner stellte sich heraus, daß sich die Form der Dilutionskurven änderte, wenn man statt neutraler stark saure Verdünnungsflüssigkeiten (p_H 4,4 statt 7) verwendete; doch waren die „sauren Werte" keineswegs immer höher als die „neutralen" oder umgekehrt, vielmehr konnte sogar in der gleichen Parallelauswertung beides beobachtet werden, vielleicht weil hierfür das variable Verhältnis der Verunreinigungen zur Viruskonzentration in den verimpften Lösungen maßgebend war. In einem besonderen Experiment wurde eine gereinigte Probe von Tabakmosaikvirus in fünf Teile geteilt und diese auf die p_H-Werte 4,4, 6, 7, 7,6 und 9,6 gebracht; mit 4,4 und 7 bekam Bald eine gleich große Zahl von Läsionen; mit 6 weniger als mit diesen beiden Werten und mit 9,6 überhaupt keine; dieses nicht ganz klare Resultat bedarf, wie Bald selbst hervorhebt, der Bestätigung. Änderungen des Salzgehaltes der Pufferlösungen (Kaliumphosphat oder Kaliumphosphat-

Phthalat) zwischen 0,01 bis 0,1 mol hatten, sofern nur der p_H konstant gehalten wurde, keinen Einfluß, gleichgültig ob die Pufferlösung zu allen Verdünnungen zugesetzt wurde oder nur zu der konzentrierten Probe unter Verwendung von destilliertem Wasser zur Herstellung der weiteren Verdünnungen.

Die Virusarten der *zweiten* Gruppe verhielten sich in mehrfacher Hinsicht entgegengesetzt wie jene der ersten. Bei den ungereinigten Proben blieb die Zahl der Läsionen im Bereich der niedrigen Konzentrationen hinter der Erwartung zurück, eine Beobachtung, welche durchaus an die Erfahrungen bei der Auswertung von Hühnerpestvirus [Doerr und Seidenberg (*1*, *2*, *3*)] und bei der Titrierung des Virus der Maul- und Klauenseuche [G. Pyl (*1*, *2*)] erinnert. Ferner war in dieser Gruppe die Salzkonzentration der verimpften Lösungen nicht mehr gleichgültig, weder für ungereinigte noch für gereinigte Viruspräparate. Wurden zu verschiedenen Konzentrationen von gereinigtem X-Virus neutrale Kaliumphosphat-Phthalat-Puffer von abgestufter Elektrolytkonzentration zugesetzt, so war ein Maximum der Läsionen in der Zone zwischen 0,01 und 0,001 mol zu beobachten, während höhere oder niedrigere Konzentrationen weniger nekrotische Flecke ergaben; ein zweites Maximum will Bald in der Umgebung von 0,00005 mol festgestellt haben.

Wie die Anwesenheit der Puffersalze im Impfgut die Dilutionskurven beeinflußte, zeigte folgendes Experiment. Eine gereinigte Probe von X-Virus, die eine niedrige Konzentration hatte, wurde in drei Teile geteilt; ein Teil wurde mit destilliertem Wasser verdünnt (a), der zweite mit Phosphat-Phthalat-Puffer, so daß die Salzkonzentration stets 0,01 mol betrug (b), und der dritte wurde zuerst mit Puffer auf die Konzentration von 0,01 mol gebracht und dann mit destilliertem Wasser verdünnt (c). Die Proben b und c wurden mit a direkt verglichen, indem auf die eine Hälfte der Blätter b oder c, auf die andere a in äquivalenter Verdünnung geimpft wurde. Das Resultat zeigt nebenstehende Tabelle.

Tabelle 7. Verdünnungen.

	1:20	1:87	1:375
a	23	7	1
b	112	13	1
a	17	4	0
c	73	9	1

Ein sehr lehrreicher Versuch, wenn auch der Mechanismus der Salzwirkung um so weniger verständlich erscheint, als dieser Faktor auf die Virusarten der ersten Gruppe keinen Einfluß hat; für Tabakmosaikvirus ist wenigstens die Salzkonzentration von 0,1 mol nach Bald optimal, während sie beim X-Virus die Zahl der Flecken reduziert. Um eine provisorische Erklärung bieten zu können, zieht Bald das so oft und zweifellos auch häufig als Lückenbüßer benutzte Motiv der Aggregation der Viruselemente und ihrer Dissoziation durch Verdünnung heran. Die Salze sollen diese beiden Prozesse beeinflussen können. Da dies nicht genügt, wird außerdem angenommen, daß die Wahrscheinlichkeit der Entstehung einer lokalen Läsion von der Größe der an einer Eintrittspforte haftenden Infektionsdosis bestimmt wird (vgl. die Auffassung von Best auf S. 653); Aggregation soll daher die Erzeugung der Herde begünstigen, Dissoziation soll sie hemmen. Wie man sich erinnern dürfte (siehe S. 653), hat man derartige, zum Teil beobachtete, zum Teil nur hypothetische Vorgänge auch schon wiederholt in geradezu entgegengesetztem Sinne interpretiert.

c) Der Einfluß von Adsorptionsvorgängen auf die Titrierung durch fortschreitende Verdünnung.

Es wurde soeben darauf hingewiesen, daß man die Aggregation der Viruselemente sowohl für die Herabsetzung als auch für die Steigerung der titrierbaren Infektiosität verantwortlich gemacht bzw. als Erklärung herangezogen hat, wenn die gefundenen Werte von den erwarteten nach der einen oder anderen Richtung abwichen. Wenn dieses Vorgehen auch im Prinzip als widerspruchsvoll zu bezeichnen ist, soll damit nicht behauptet werden, daß gegenteilige Auswirkungen eines scheinbar identischen Eingriffes geradezu unmöglich sind. Das zeigt sich bei den *Anlagerungen der Viruselemente an größere, unspezifische Massenpartikel.*

Im allgemeinen wird die Infektiosität einer Viruslösung durch Adsorption der Viruselemente an andere größere Teilchen herabgesetzt, was ja ohne weiteres einleuchtet, da dann eben nicht mehr einzelne Viruselemente als „infektiöse Einheiten" in Betracht kommen, sondern die mit einer Vielzahl von Elementen beladenen korpuskularen „Träger". Es gibt aber Ausnahmen von dieser Regel, von denen wir eine bereits kennengelernt haben, nämlich die Steigerung der Zahl der lokalen Läsionen, wenn man zu den Verdünnungen von Mosaikvirus den Quetschsaft gesunder Pflanzen hinzufügt; allerdings ist die Steigerung in diesem Fall nicht konstant, es kann auch zu einer Verminderung kommen (siehe S. 656). Gesteigert wird die Zahl der Läsionen auch durch Zusatz von *fein verteilter Kohle* oder *Lampenruß* zu ungereinigten oder gereinigten Suspensionen verschiedener Virusarten (gewöhnliches Tabakmosaik, Aucubamosaik und Streifenkrankheit [streak] der Tomaten), besonders dann, wenn zu jeder Verdünnung gleiche Mengen hinzugefügt werden, weniger deutlich, wenn die Kohle bzw. der Lampenruß im selben Ausmaß verdünnt wird wie das Virus.

Die infektionsbegünstigende Eigenschaft der Kohle hatten VINSON und PETRE sowie W. M. STANLEY (*2*) schon früher beschrieben; BALD (*3*) kommt durch eine eingehendere experimentelle Analyse zu dem Schluß, daß die Kohle ebenso wie zugefügter Pflanzensaft die Ausbreitung der aufgebrachten virushaltigen Flüssigkeiten auf der Blattoberfläche im Vergleich zu bloßem Wasser befördert und auf diese Weise einen besseren Kontakt zwischen Virus und Pflanzengewebe ermöglicht. Sieht man von dieser Erklärung ab, der jedenfalls nur hypothetischer Wert beizumessen ist, so zeigt das Phänomen eine unverkennbare Analogie mit dem von DOERR und GOLD sowie von DOERR und SEIDENBERG (*4*) untersuchten „*Potenzierungseffekt*". Diese Autoren konnten die titrierbare Infektiosität von virushaltigem Hühnerpestserum durch Zusatz von Adsorbentien (normalen Hühnererythrocyten, Tierkohle, Hühnerhirnemulsion) erhöhen, wobei die Differenzen gegenüber dem nicht-vorbehandelten Kontrollmaterial unter Umständen das Hundert- bis Zehntausendfache betrugen. DOERR und SEIDENBERG konstatierten, daß der Potenzierungseffekt nicht konstant reproduzierbar bzw. von der Beschaffenheit des virushaltigen Ausgangsmaterials wie auch vom Adsorbens abhängig ist. Auch die Steigerung der Infektiosität phytopathogener Virusarten durch Kohle (Lampenruß) und besonders durch Pflanzensaft läßt solche Unregelmäßigkeiten erkennen [J. G. BALD (*2, 3, 4*), W. M. STANLEY (*2*)], wodurch der Gedanke an einen nicht bloß oberflächlichen Konnex der beiden Erscheinungsreihen trotz der großen Verschiedenheit der Versuchsobjekte an Boden gewinnt.

d) Die Impfung der Blätter.

Trotz einiger gegenteiliger Angaben (DUGGAR und JOHNSON, K. M. SMITH) darf es doch als gesichert gelten, daß als Eintrittspforten nur Verwundungen der Blattzellen in Betracht kommen [J. CALDWELL (*1a, 3*), F. O. HOLMES, SHEFFIELD (*2*), BOYLE und MCKINNEY (*1, 2*), RAWLINS und TOMPKINS]. Jedenfalls hat man für qualitative wie für quantitative Zwecke immer nur den traumatischen Infektionsmodus verwendet, falls eine direkte Übertragung von kranken auf gesunde Wirtspflanzen mit Hilfe von Gewebesaft überhaupt möglich war. Aber die *Technik der traumatischen Infektion* gestaltete sich in verschiedener Weise.

Die *Stichimpfung* der Blätter mit sehr feinen, in die Viruslösung eingetauchten Nadeln [F. O. HOLMES (*1*)] wurde bereits auf S. 650 beschrieben. Für quantitative Zwecke kann sie in der Weise benutzt werden, daß man die Zahl der sich entwickelnden nekrotischen Flecke zu den bekannten und konstant gehaltenen Zahlen der Stiche (pro Blatt) in Beziehung setzt. Sind die lokalen Läsionen nicht deutlich sichtbar, so kann man sich die Ablesung durch Behandlung der Blätter mit Jod-Jodkalium-Lösung erleichtern [F. O. HOLMES (*5*)]. Die Blätter werden zuerst in 95%igem warmem Alkohol entfärbt und dann in eine Jod-Jodkalium-Lösung (10 g J, 30 g JK, 1500 ccm H_2O) getaucht. Nach der Entfernung des Jodüberschusses mit 30%igem Alkohol sieht man um die nekrotischen Fleckchen herum deutliche blaue Ringe (Phänomen der Stärkeschoppung nach HOLMES).

Die *Flächenimpfung durch Einreiben* wird nach HOLMES am besten derart ausgeführt, daß man die Blattoberfläche mit einem Stück Zeug[1] sanft abreibt, welches mit der zu prüfenden Virusverdünnung getränkt ist. Scarifikationen der Blätter (Ritzen mit feinen Nadeln) erwiesen sich als weit weniger wirksam, auch wenn sie erst *nach* der Aufbringung des Virus auf die Blattfläche angelegt wurden; dieser Nachsatz ist insofern wichtig, als das Virus in Blattwunden, die schon *vór* der Applikation des virushaltigen Materials vorhanden waren, nur schwer eindringt. Werden dagegen die schon mit Virus beschickten Blattflächen verletzt oder ist das verwundende Instrument selbst mit Virus beladen, so findet die Invasion des übertragbaren Agens offenbar momentan statt, da ein sofortiges Spülen der geimpften Flächen mit Wasser die Gesamtzahl der nekrotischen Herde nicht reduziert, sondern in manchen Fällen sogar noch steigert.

An dieser von HOLMES empfohlenen Impftechnik wurden in der Folge einige Änderungen vorgenommen. So schreiben z. B. LORING und STANLEY statt eines beliebig großen Stückes Stoff einen aus Verbandgaze hergestellten, zirka 3 cm langen und 1 cm breiten Tupfer vor und nehmen *zwei* aufeinanderfolgende Einreibungen mit diesem in Viruslösung getauchten Instrument vor. Andere Experimentatoren verwenden gestielte Wattetupfer (L. K. JONES) oder Glasspatel mit abgeflachtem und an der unteren Seite mit Schmirgelpapier aufgerauhtem Endstück, das mit der Handhabe einen Winkel von etwa 135° einschließt [SAMUEL, BALD und PITTMANN (*2*), MACCLEMENT] usw. Von dem Auftragen bzw. Einreiben der Viruslösungen mit den Fingern [J. CALDWELL (*2*), SAMUEL, BALD und PITTMANN (*1*)] ist man wegen der geringeren Wirksamkeit und der Gefahr zufälliger Virusverschleppungen abgekommen, obwohl der Methode manche Vorzüge in anderer Richtung nachgerühmt werden (ROCHA-LIMA, REIS und SILBERSCHMIDT, l. c., S. 105).

Allgemein wird das ausgiebige Abspülen der geimpften Blätter mit Wasser empfohlen, nicht nur weil es die Zahl der Läsionen nicht vermindern kann (F. O. HOLMES, siehe oben), sondern auch weil man auf diese Art einen eventuellen Virusüberschuß und namentlich gewisse, auf die Blätter schädigend wirkende Substanzen des Inoculums (Glycerin, das als konservierender Zusatz benutzt wird, oder zu Inaktivierungszwecken verwendete Chemikalien) wegschwemmt. Akzidentelle Schädigungen der Blattgewebe erweisen sich in der Auswertungspraxis jedenfalls als sehr störend und der Virusüberschuß kann zu sekundären oder verschleppten Infektionen Veranlassung geben.

J. CALDWELL (*2*) wollte auch das pro Blatt übertragene Volum der verschiedenen Verdünnungen des Ausgangsmaterials konstant halten, indem er auf jedes Blatt 0,1 ccm aufbrachte und dieses Quantum mit der Kuppe des Zeigefingers über die ganze Blattfläche derart ausbreitete, daß die Trichome

---

[1] Als besonders geeignet wird „cheesecloth" bezeichnet, ein gazeartiges Gewebe, das in der Käsefabrikation und im Haushalt (zum Einwickeln von Käse) benutzt wird.

gebrochen, das Gewebe des Mesophylls dagegen so wenig als möglich geschädigt wurden. Beim Einreiben mit virusgetränkter Leinwand oder mit Gazetupfern muß man natürlich auf diese Art der Dosierung verzichten und man hat sich dazu entschlossen, weil die Ergebnisse via facti lehrten, daß dieser Faktor keine Rolle spielt, dann aber auch aus theoretischen Gründen, weil man sich sagte, daß die Zahl der Eintrittspforten pro Blatt (das „N" in den Gleichungen von YOUDEN und von BALD, siehe S. 671) eine bestimmte Größe sei, zumindest für eine gegebene Wirtspflanze. Die Wahrscheinlichkeit, welche die Virusteilchen haben, in eine Eintrittspforte einzudringen, soll also durch die Zahl der Eintrittspforten, durch die Viruskonzentration im Inoculum und durch die Eigenart des untersuchten Virus hinreichend bestimmt, von dem Volum der aufgebrachten Viruslösung *bei gleichbleibender Impftechnik* dagegen weitgehend unabhängig sein.

Es fragt sich jedoch, ob sich die Impftechnik derart standardisieren läßt, daß das N (das für die betreffende Pflanze gültige Maximum der Eintrittspforten pro Blatt) tatsächlich in jedem Einzelfall erreicht wird. Daß das sanfte Einreiben der Blattflächen nicht *alle* möglichen Eintrittspforten öffnet, geht aus den Experimenten von BOYLE und MCKINNEY (*1, 2*) mit verschiedenen Virusarten (gewöhnliches Tabakmosaik und zwei Varianten desselben) an verschiedenen Wirtspflanzen (Nicotiana glutinosa, N. rustica, N. sylvestris, Capsicum frutescens) hervor. Es konnte ferner gezeigt werden, daß Virusarten, welche mit Hilfe der HOLMESschen Impftechnik nicht oder nur schwer übertragen werden konnten („Spotted wild", Bohnenmosaik, Californiaselleriemosaik, Blumenkohl- und Zuckerrübenmosaik), positive Resultate gaben, wenn feiner Sand oder noch besser Carborundpulver benutzt wurden, um die Aufnahmebereitschaft der Blattgewebe zu steigern. RAWLINS und TOMPKINS bestäubten die Blattflächen mit dem Carborundpulver und bestrichen sie dann mit den virushaltigen Flüssigkeiten. Im histologischen Präparat war zu erkennen, daß die winzigen Carborundkristalle bei dieser Prozedur mit feinen Spitzen in die Epidermiszellen eindringen; RAWLINS und TOMPKINS sind der Ansicht, daß gerade diese im Verhältnis zur Größe der Zellen minimalen Traumen besonders geeignet sind, den Viruselementen den Zutritt zum empfänglichen Zellprotoplasten ohne stärkere Schädigung desselben zu erschließen. Man könnte daher versuchen, auch für die Zwecke quantitativer Bestimmungen solche eingreifendere Verfahren heranzuziehen und so einen Weg zu verfolgen, wie ihn K. HERZBERG (*1, 3*) bei der Auswertung von Schutzpockenlymphe auf der Haut oder der Hornhaut des Kaninchens eingeschlagen hat (siehe S. 643). Es ist jedoch wichtiger, die Zahl der Eintrittspforten bei Titrierungen annähernd konstant zu erhalten, anstatt sie unter Preisgabe der Konstanz zu erhöhen; bei der Durchsicht der einschlägigen Literatur gewinnt man entschieden den Eindruck, daß die HOLMESsche Methode der Übertragung, wo sie anwendbar ist, der ersten Forderung genügt, während man bei den intensiven Traumatisierungen der Blattflächen in dieser Hinsicht keine zuverlässigen Anhaltspunkte hat.

e) Wahl der Wirtspflanzen und ihrer Blätter.

Die Wahl der Wirtspflanzen für quantitative Bestimmungen richtet sich natürlich in erster Linie nach der *Virusart*, zweitens darnach, ob man durch die Impfung *nekrotische Herde* oder nur *isolierte Erkrankungen ganzer Blätter* oder bloß *Allgemeininfektionen der ganzen Pflanzen (Systemerkrankungen)* erzielen kann, drittens nach einer Reihe von Nebenumständen, welche versuchstechnisch als Vorteile oder Nachteile in die Waagschale fallen.

α) *Die Empfänglichkeit der Testpflanzen für verschiedene Virusarten.*

Käme *nur* die *Empfänglichkeit der Pflanzen* in Betracht, so wäre der Spielraum in manchen Fällen sehr groß. F. O. HOLMES (*4*) hat neuerdings 73 Arten von dicotyledonen Pflanzen geprüft und darunter nicht weniger als 46 gefunden, auf welche Tabakmosaikvirus mit Erfolg übertragen werden konnte (Nachweis der Virusvermehrung an der Impfstelle, Auftreten von Krankheitserscheinungen). Generalisierte Infektionen schienen nur bei einer Minderzahl von empfänglichen Wirtsspezies vorzukommen, was, wie schon hervorgehoben wurde (siehe S. 650), für die üblichen Auswertungsmethoden jedenfalls günstig, ja für manche Verfahren sogar Bedingung ist. HOLMES gab aber *Nicotiana glutinosa* den Vorzug, weil sich die lokalen Läsionen nach der Impfung mit Tabakmosaik sehr rasch entwickeln, so daß provisorische Zählungen schon nach 2—3, definitive nach 4—5 Tagen vorgenommen werden können, weil sich die Zählungen auch dann bewerkstelligen lassen, wenn die Zahl der Läsionen pro Blatt groß ist, und schließlich auch, weil sich das Virus des Tabakmosaiks in Nicotiana glutinosa weniger stark vermehrt, so daß unbeabsichtigte Verschleppungen der Infektionen nicht so leicht zustande kommen. Nicotiana glutinosa wird seit HOLMES in großem Umfang verwendet nicht nur für das gewöhnliche Tabakmosaikvirus, sondern auch für andere Virusarten (Aucuba-Mosaik, gelbes Mosaik der Tomaten, gelbes Tabakmosaik usw.). Für Tabakmosaikvirus eignet sich auch Phaseolus vulgaris, die in den Sommermonaten sogar empfindlicher ist als Nicotiana glutinosa (LORING und STANLEY); die von W. C. PRICE in die Auswertungstechnik eingeführten Bohnensorten bieten übrigens den Vorteil, daß die Aufzucht brauchbarer Testpflanzen nur wenige Tage beansprucht, während bei Nicotiana glutinosa für diesen Zweck mehrere Monate erforderlich sind. Varietäten von Vigna sinensis wurden für Ring-Spot-Virus (W. C. PRICE, J. G. BALD) und für Gurkenmosaik (J. G. BALD, CHESTER), Varietäten von Nicotiana tabacum für das X-Virus der Kartoffeln (J. G. BALD, G. A. KAUSCHE, KENNETH SMITH, E. KÖHLER) sowie für das „Spotted wild-Virus" der Tomaten [R. I. BEST (*1*)] benutzt.

β) Schwankungen der Empfänglichkeit bei Testpflanzen gleicher Art.

Die Empfänglichkeit einer Testpflanze für ein bestimmtes Virus wird von ihren Vegetationsbedingungen stark beeinflußt. Zunächst einmal von der *Jahreszeit.*

Im Sommer zeigt Phaseolus vulgaris, mit verschiedenen Verdünnungen der Tabakmosaik-Virusproteins geimpft, schon Konzentrationsunterschiede von 10% an, Nicotiana glutinosa nur solche von 20%; im Winter aber kann Nicotiana glutinosa das empfindlichere Testobjekt sein (LORING und STANLEY). Systematische Untersuchungen, welche in Form von wöchentlichen Prüfungen $2^1/_2$ Jahre hindurch fortgesetzt wurden, ergaben, daß türkische Tabakpflanzen für die Infektion mit Tabakmosaikvirus im Frühsommer — während der Periode der hohen Temperaturen und der längsten Sonnenscheindauer — am empfänglichsten sind und daß das Minimum auf den Spätwinter und den Vorfrühling fällt (E. L. SPENCER). A. KAUSCHE setzte seine Versuchspflanzen, um in den Monaten November bis Februar experimentieren zu können, einer künstlichen Zusatzbelichtung aus (tägliche Bestrahlung von 17 bis 22 Uhr mit Osram-Nitra-Lampen, bei einer Wirkung von 700 Lux und einem Lampenabstand von 75 cm); die Maßnahme begünstigte das Auftreten der Symptome, wie durch Vergleiche mit Versuchen ohne Zusatzbelichtung festgestellt werden konnte.

Noch wichtiger ist der *Zustand der Wirtspflanzen*, vor allem ihr *Alter*, und bei ein und derselben Pflanze die Entwicklungsphase der für die Impfung gewählten Blätter. HOLMES gab in Berücksichtigung dieser Momente die Vorschrift, die Testpflanzen (Nicotiana tabacum) in Tontöpfen oder Holzkästen zu züchten, bis die Blütenknospen zu erscheinen beginnen. In diesem Stadium zeigen die Pflanzen wenigstens 5 Blätter von geeigneter Größe; nur diese werden am Stengel belassen, die übrigen sowie die Knospen zwecks Erleichterung der Operationen (Impfung, Besichtigung) entfernt. An dieser Methode hat man im allgemeinen festgehalten; nur ausnahmsweise werden Pflänzchen mit je 2 oder 4 oder mit je 6 Blättern verwendet. Dagegen werden jetzt nicht mehr nur ganze Blätter, sondern häufig nur Blatthälften mit der gleichen Viruslösung bzw. mit der gleichen Verdünnung geimpft.

γ) Differenzen der Empfänglichkeit verschiedener Blätter und Blatteile einer und derselben Testpflanze. — Die Methode der halben Blätter.

Von der Erkenntnis ausgehend, daß sich selbst die Blätter *einer* Pflanze, ja sogar die beiden Hälften eines Blattes voneinander unterscheiden, schlugen G. SAMUEL und J. G. BALD (1933) vor, als Impfflächen („infizierte Einheiten") nicht die ganzen Blätter, sondern Blatthälften zu verwenden, um auf diese Weise zwei verschiedene Lösungen (Verdünnungen) auf der Fläche *eines* Blattes miteinander vergleichen zu können. SAMUEL und BALD impften zuerst die rechten Hälften der Blätter von 5 Pflanzen mit der Lösung I, die linken Hälften mit der Lösung II; dann wurde die gleiche Prozedur an weiteren 5 Pflanzen vorgenommen, jedoch so, daß in dieser Serie die Lösung I links, die Lösung II rechts appliziert wurde. Durch die Umkehrung sollte die Eliminierung jener Differenzen ermöglicht werden, welche durch die Verschiedenheit der beiden Hälften desselben Blattes bedingt sind.

Der Vorzug dieser „*Methode der halben Blätter*" ist darin zu suchen, daß sie den Vergleich von zwei Viruspräparaten auf der Fläche *eines* Blattes, also auf einer Fläche von einheitlicher Empfänglichkeit gestattet. Dies wird allseits betont und zu diesem Zweck ist das Verfahren auch in größtem Umfang benutzt worden, so von R. I. BEST, W. M. STANLEY (*1*), LORING und STANLEY, J. G. BALD (*1—4*), SAMUEL und BALD, YOUDEN und BEALE, BEST und SAMUEL u. a., allerdings mit gewissen, besonders die statistische Verarbeitung der Resultate betreffenden Modifikationen.

Daß auch die beiden Hälften eines Blattes differieren, d. h. daß sich eine verschiedene Zahl von Läsionen entwickelt, wenn man die rechte und die linke Seite mit derselben Viruslösung impft, soll nach SAMUEL und BALD durch die Art zustande kommen, wie das Blatt vom Experimentator gehalten wird. YOUDEN und BEALE bezeichnen jedoch diese Unterschiede, falls sie nicht durch eine geeignete Impftechnik ganz vermieden werden können, für so unbedeutend, daß man sie vernachlässigen darf. Dagegen legen alle Autoren Gewicht auf die *individuellen Variationen der Empfänglichkeit der ganzen Pflanzen* und besonders auch auf das *verschiedene Verhalten der Blätter der gleichen Pflanze.*

Die *Empfänglichkeit der Blätter der gleichen Pflanze* (beurteilt nach der Zahl der sich entwickelnden Läsionen) hängt von ihrer *Stellung* ab. Im allgemeinen nimmt die Empfänglichkeit der Blätter von unten nach oben zu. Nach YOUDEN und BEALE stößt man aber auch auf Ausnahmen von dieser Regel. Doch läßt sich innerhalb einer einheitlichen, im gleichen Versuch verwendeten Pflanzengruppe eine bestimmte gesetzmäßige Beziehung zwischen Blattstellung und Zahl der Läsionen konstatieren (YOUDEN und BEALE) und in der Auswertungspraxis beobachtet man auch nicht alle möglichen Kombinationen, sondern nur eine beschränkte Zahl (R. I. BEST). Nach BEST sind sowohl ganz junge als sehr alte Blätter weniger empfänglich als Blätter in einer mittleren Entwicklungsphase; wahrscheinlich durchläuft jedes Blatt eine Art von Empfänglichkeitszyklus. Die Angabe von HOLMES und von SAMUEL, daß die Amputation der Endknospe (des Vegetationspunktes) vor der Impfung die Empfänglichkeitsdifferenzen der Blätter der gleichen Pflanze teilweise nivelliert, konnte von YOUDEN und BEALE bestätigt werden; ein vollständiger Ausgleich kommt indes nicht zustande und überdies bleiben die individuellen Unterschiede der ganzen Pflanzen auf jeden Fall bestehen.

R. I. Best (*1*) kennzeichnet diese Situation mit den Worten: „Actually each leaf may be expected to have its own dilution curve, but we are unable from the nature of things to determine a curve for an individual leaf. The best we can hope to do is to work with a series of leaves which are as uniform as possible with respect to susceptibility.“ Dem Bestreben, mit Blättern von möglichst gleicher Empfänglichkeit zu arbeiten, sind aber, wie wir sahen, bestimmte, nicht überschreitbare Grenzen gezogen. Es werden mit anderen Worten stets individuelle Differenzen der Pflanzen, der Blätter einer Pflanze und der beiden Hälften eines Blattes eine Rolle spielen. Außerdem hat man mit zufälligen Abweichungen zu rechnen, welche nicht durch die variable Empfänglichkeit des Testobjektes bedingt sind, sondern durch die Unmöglichkeit, die Technik der Übertragung selbst bei großer Geschicklichkeit und Übung so einheitlich zu gestalten, daß sie als absolut konstanter Faktor betrachtet werden darf. Da alle diese die Resultate beeinflussenden Umstände, wie gesagt, nicht ausgeschaltet werden können, muß man sich mit ihnen auf einem anderen Weg abfinden, und das geschieht hier wie in anderen ähnlichen Situationen durch die rechnerische Verarbeitung der Ergebnisse nach den Prinzipien der Wahrscheinlichkeitsrechnung.

Die Anwendung der Fehleranalyse auf die erzielten Resultate.

Die Methode der halben Blätter.

G. Samuel und J. G. Bald haben 1933, wie auf S. 662 auseinandergesetzt wurde, die Methode der halben Blätter eingeführt, welche sich wegen ihrer offensichtlichen Vorzüge allgemein durchzusetzen vermochte. Die von den genannten Autoren gewählte Versuchsanordnung war auf die Aufgabe zugeschnitten, zwei Viruskonzentrationen miteinander zu vergleichen. Bezeichnet man die beiden Konzentrationen mit I und II, so wurde nach folgendem Schema vorgegangen:

Gruppe A (5 Testpflanzen)	Gruppe B (5 Testpflanzen)
rechte Blatthälften geimpft mit I	rechte Blatthälften geimpft mit II
linke „ „ „ II	linke „ „ „ I

Als Beispiel sei aus der Arbeit von Samuel und Bald (l. c., S. 81) eine komparative Auswertung einer 1000fachen und einer 2000fachen Verdünnung eines Tabakmosaikvirus zitiert. Die Zählung der Läsionen ergab:

1:1000 rechts 198 Läsionen		1:2000 rechts 147 Läsionen	
1:2000 links 138 „		1:1000 links 228 „	

Daher belief sich die Gesamtzahl aller (auf 5 rechten und 5 linken Blatthälften erzeugten) Läsionen für die Konzentration 1:1000 auf 426, für 1:2000 auf 285. Die durchschnittliche Differenz zugunsten der stärkeren Konzentration betrug somit $426 - 285 = 141:10 = 14{,}1$, bei welcher Ziffer noch der sog. mittlere Fehler (engl. „standard error“ oder „standard deviation“) mit $\pm 2{,}3$ in Anrechnung zu bringen ist. In einem Kontrollversuch wurden auch 10 Pflanzen ausschließlich mit 1:1000 und zehn andere nur mit der Konzentration 1:2000 geimpft und die Zahl der Läsionen pro Pflanze bestimmt (ältere Methode von Holmes, bei welcher auf beide Hälften aller Blätter einer Pflanze dieselbe Viruskonzentration übertragen wird); es ergab sich auch hier eine Differenz der durchschnittlichen Zahl der Flecke pro Pflanze zugunsten der Lösung 1:1000, aber die Genauigkeit war geringer als bei der Halbblattmethode, und es waren, was besonders in die Waagschale fällt, *viele Pflanzen* erforderlich, während man bei der Halbblattmethode unter Umständen mit den 10 Blättern von boß *zwei* Pflanzen auskommt, wenn es sich darum handelt, einen Unterschied zwischen zwei Proben mit hinreichender statistischer Verläßlichkeit festzustellen.

Die fundamentalen Begriffe der Wahrscheinlichkeitsrechnung und der mathematischen Statistik müssen natürlich hier wie im folgenden vorausgesetzt werden. Auf Werke, aus welchen der mathematisch nicht genügend vorgebildete Leser die erforderlichen Kenntnisse schöpfen kann, wurde bereits auf S. 608 hingewiesen. Immerhin dürften einige Bemerkungen am Platze sein, welche auch das Verständnis der im englischen Schrifttum gebrauchten Ausdrücke erleichtern sollen.[1]

Ist x der wahre Wert einer Größe und sind $l_1, l_2, l_3 \ldots l_n$ Werte, die durch n-Messungen dieser Größe erhalten wurden, so wird in der Regel einer der drei folgenden „Fehler" für die Angabe der Genauigkeit der einzelnen Meßresultate verwendet:

1. Der *durchschnittliche* Fehler der einzelnen Messung ist der Mittelwert (= arithmetisches Mittel) aus den absoluten Beträgen der Abweichungen der ausgeführten Messungen vom wahren Wert x und läßt sich einfach und schnell nach der Formel berechnen

$$v = \frac{\sum_{\nu=1}^{n} |l_\nu - x|}{n}.$$

Da man den wahren Wert meist nicht kennt, sondern erst durch die Messungen ermitteln will, benutzt man als wahrscheinlichsten Wert das arithmetische Mittel M, in welchem Falle die obige Formel übergeht in

$$v = \frac{\sum_{\nu=1}^{n} |l_\nu - M|}{\sqrt{n(n-1)}}.$$

Der durchschnittliche Fehler wird hin und wieder für flüchtige Fehlerermittlungen verwendet, ist aber für genauere Messungen nicht geeignet.

2. Der *mittlere* Fehler („*standard error*" oder „*standard deviation*") der einzelnen Messung ist die Quadratwurzel aus dem Mittelwert der Quadrate der Abweichungen der einzelnen Messungen vom wahren Wert x. Ist man gezwungen, statt x den Durchschnitt M zu verwenden (siehe sub 1), so muß man in die Formel statt n die um 1 kleinere Zahl der Messungen, also $(n - 1)$ einsetzen. Der mittlere Fehler ist dann

$$\sigma = \sqrt{\frac{\sum_{\nu=1}^{n} (l_\nu - M)^2}{n-1}}.$$

Das Quadrat des mittleren Fehlers (σ^2) heißt *mittleres Fehlerquadrat*, Streuungsquadrat oder Schwankung (engl. „*variance*" oder „*mean square*"). Der Zähler des Radikanden in obiger Formel, also

$$\sum_{\nu=1}^{n} (l_\nu - M)^2,$$

wird in englischen Arbeiten „*sum of squares*" (Summe der Quadrate der Abweichungen einer Anzahl Größen l_ν von ihrem Mittelwert bzw. mean) genannt, und der Nenner $(n - 1)$ ist der „*degree of freedom*", der Freiheitsgrad, d. h. die Zahl der unabhängigen Variablen, durch welche ein Resultat begründet ist. Man kann somit allgemein schreiben

$$\sigma^2 = \frac{\text{sum of squares}}{\text{degree of freedom}} \quad \text{und} \quad \sigma = \sqrt{\frac{\text{sum of squares}}{\text{degree of freedom}}}.$$

[1] Bei der Abfassung der mathematischen Deduktionen hat mich Herr stud. phil. ROLF CONZELMANN (Basel) durch seinen fachmännischen Rat unterstützt und ein großes Opfer an Zeit und Arbeit gebracht, da er sich zuerst selbst mit dem einschlägigen, fast ausschließlich englischen Schrifttum vertraut machen mußte. Es sei ihm auch an dieser Stelle der Dank für seine Mitarbeit ausgesprochen.

Aus mathematischen und experimentellen Untersuchungen geht hervor, daß der mittlere Fehler der zuverlässigste und daher der vorteilhafteste ist.

3. Der *wahrscheinliche* Fehler. Die Abweichung r vom wahren Wert x heißt wahrscheinlicher Fehler („*probable error*"), wenn mit gleicher Wahrscheinlichkeit behauptet werden kann, der wirklich begangene Fehler der einzelnen Messung sei kleiner, wie er sei größer als r. Diese Größe wurde bei der Auswertung phytopathogener Virusarten kaum verwendet.

Der Wert „t". Bildet man den Quotienten aus dem arithmetischen Mittel der Messungen einer Abweichung, die als wirklich bestehend oder als durch die Willkür der Messungen bedingte, zufällige Größe erkannt werden will und seinem mittleren Fehler, also den Ausdruck

$$t = \frac{M}{\sigma},$$

dann ist dieser ein Maß dafür. Ist σ im Verhältnis zu M klein, t also groß, so ist die Abweichung bedeutsam; sie darf dann in der Form

$$M \pm \sigma$$

registriert werden. Ist hingegen σ fast ebenso groß oder größer als M, so ist die Abweichung unwesentlich, zufällig. Man ist übereingekommen, als Grenze der Bedeutsamkeit oder Nichtbedeutsamkeit von Abweichungen den Wert von $t = 2$ festzusetzen. Wenn man z. B. zwei Viruskonzentrationen mit der Halbblattmethode von SAMUEL und BALD komparativ auswertet und konstatiert, daß die Zahlen der Läsionen für beide Konzentrationen durchschnittlich um 8,2 voneinander abweichen, müssen wir zunächst den mittleren Fehler berechnen; beträgt derselbe 4, so ist $t = \frac{8{,}2}{4} = 2{,}05 > 2$, was gerade noch für eine Verschiedenheit der zwei geprüften Konzentrationen spricht. Die Wahrscheinlichkeit, daß zwei *gleiche* Konzentrationen für t den Wert $\geqq 2{,}05$ ergeben, wäre $\frac{1}{25}$ (= 4%); die Sicherheit, mit der wir sie als verschieden bezeichnen, entspricht also der Wahrscheinlichkeit von 25 : 1. Die Grenze der Bedeutsamkeit $t = 2$ entspricht der Wahrscheinlichkeit $\frac{1}{20}$ (= 5%); Wahrscheinlichkeiten, die größer sind als $\frac{1}{20}$, berechtigen nicht zu der Aussage, daß die Konzentrationen verschieden sind. Es existieren eigene Tabellen, aus welchen die Werte dieser Wahrscheinlichkeiten in Prozenten direkt abgelesen werden können (R. A. FISHER, R. A. FISHER und F. YATES); sie sind daselbst für „*Einheiten des mittleren Fehlers*" (im obigen Beispiel $x_0 = \frac{8{,}2}{4} = 2{,}05$) angegeben. Die Tabellen werden als „*Table of x*" oder „*Table of t*" (für kleine n) bezeichnet und sind — besonders für Nichtmathematiker — notwendig.

Von der Möglichkeit, die Bedeutung eines Resultates mit Hilfe des t-Kriteriums zu beurteilen („*Students method*"), hat u. a. LORING in seiner wichtigen Arbeit: „Accuracy in the measurement of the activity of tobacco mosaic virus protein" Gebrauch gemacht.

Kehren wir nach dieser Abschweifung wieder zu der Halbblattmethode zurück, u. zw. zu jener Form, wie sie von SAMUEL und BALD angewendet wurde, um zwei Viruskonzentrationen miteinander zu vergleichen. SAMUEL und BALD beschäftigten sich auch mit der Frage, ob die gleiche Versuchsanordnung nicht benutzt werden könnte, um Dilutionskurven zu gewinnen, d. h. um festzustellen, ob zwischen dem Grad der Verdünnung einer Stammsuspension und der Abnahme der Zahl der nekrotischen Herde auf den geimpften Blatthälften gesetzmäßige Beziehungen bestehen. Zu diesem Zweck war es notwendig, eine größere Zahl von Verdünnungen auszuwerten, und SAMUEL und BALD suchten diese Forderung mit ihrem Verfahren zu befriedigen, indem sie die ganze Reihe in *Vergleichspaare* zerlegten, so daß jede Verdünnung auf den zwei Hälften von Blättern mit der vorausgehenden wie auch mit der nachfolgenden verglichen wurde. Sollte also die Verdünnungsreihe 1:3,16, 1:10, 1:31,6, 1:100, 1:316, 1:1000, 1:3160 und 1:10000 geprüft werden, so ergaben sich 7 Vergleichspaare, nämlich

1:3,16	1:10	1:31,6	1:100	1:316	1:1000	1:3160
gegen	gegen	gegen	gegen	gegen	gegen	gegen
1:10	1:31,6	1:100	1:316	1:1000	1:3160	1:10000

Für jedes Vergleichspaar wurden 20 Pflanzen benutzt, die Läsionen der Blatthälften für jede Verdünnung zusammengezählt und die Summen durch 10 dividiert, um die *durchschnittliche Zahl der Läsionen pro Pflanze* zu erhalten. Wurden die Logarithmen dieser Läsionszahlen als Ordinaten und die Logarithmen der Verdünnungsgrade als Abszissen aufgetragen, so lagen die Resultate der Messungen — von dem Bereich der höchsten Konzentrationen abgesehen — auf einer Geraden. Es ist aber klar, daß die Zahl der Versuchspflanzen durch die von SAMUEL und BALD vorgenommene Zerlegung einer Verdünnungsserie in aufeinanderfolgende Vergleichspaare ganz außerordentlich gesteigert wird, speziell wenn für jedes Vergleichspaar mehrere Pflanzen eingestellt werden sollen, wie dies in den Experimenten von SAMUEL und BALD tatsächlich der Fall war.

Die Methode des lateinischen Quadrates nach W. J. YOUDEN und H. P. BEALE (1934).

Es ist daher als ein wesentlicher Fortschritt zu bezeichnen, wenn gezeigt werden kann, daß man bei der Auswertung mehrerer Viruskonzentrationen mit einer geringen Zahl von Versuchspflanzen das Auslangen finden kann. Diese Aufgabe wird — mit gewissen Einschränkungen, auf welche wir noch zurückkommen — durch die Methode des sog. *lateinischen Quadrates* gelöst (YOUDEN und BEALE), welche von zwei Voraussetzungen ausgeht:

1. Verschiedene Pflanzen zeigen, selbst wenn alles aufgeboten wird, um möglichst gleichartige Testobjekte zu erhalten, doch immer noch Differenzen der Empfänglichkeit für ein bestimmtes Virus (siehe S. 661). Daraus ergibt sich die Forderung, daß auf *jede* Pflanze *sämtliche* der zu prüfenden Viruskonzentrationen verimpft werden müssen.

2. Auf der gleichen Pflanze besitzen nicht alle Blätter dieselbe Empfänglichkeit und die hier zu registrierenden Unterschiede werden hauptsächlich durch die Stellung der Blätter bestimmt, d. h. durch das Niveau des Stengels, von welchem sie abgehen (siehe S. 662). Man muß also weiter verlangen, daß *sämtliche* Viruskonzentrationen auf *jeder* der vorhandenen Blattstellungen ausgewertet werden.

Damit diesen beiden Postulaten mit einem *Minimum von Versuchspflanzen* Genüge geleistet werden kann, benötigen wir so viele Pflanzen und so viele Blätter auf jeder Pflanze, als wir Viruslösungen zu vergleichen haben, bei 5 Viruslösungen also 5 Pflanzen mit je 5 Blättern, woraus sich eben die Verteilung in Form eines Quadrates ergibt (5×5). Schreiben wir das Schema an:

A	*B*	*C*	*D*	*E*
D	*A*	*B*	*E*	*C*
C	*E*	*D*	*A*	*B*
B	*D*	*E*	*C*	*A*
E	*C*	*A*	*B*	*D*

so würde jede *Vertikalkolumne* einer der 5 Versuchspflanzen entsprechen und jede *Horizontalreihe* einer der 5 Blattstellungen. Bezeichnen wir dann mit *A*, *B*, *C*, *D* und E die 5 Viruskonzentrationen, so erkennt man, daß de facto jede von ihnen an jeder Pflanze und an jeder Blattstellung zur Auswertung gelangt.

Die experimentelle Prüfung der Methode des lateinischen Quadrates.

Als einfachsten Weg, um die Zuverlässigkeit der Methode des lateinischen Quadrates sicherzustellen, wählten YOUDEN und BEALE folgendes Verfahren. Sie teilten eine Lösung des gewöhnlichen Tabakmosaikvirus in 5 Portionen, welche sie als A, B, C, D und E bezeichneten und in der beschriebenen Art auf 5 Pflänzchen von *Nicotiana glutinosa* mit je 5 Blättern übertragen. Die Zählung der nekrotischen Flecke lieferte in tabellarischer Zusammenstellung folgende Resultate:

Tabelle 8.

Blattstellungen	Bezeichnung der Pflanzen					Totale für jede Blattstellung	Totale für jede der 5 Viruslösungen
	1	2	3	4	5		
1	18 (A)	25 (E)	36 (D)	35 (C)	23 (B)	137	204 (A)
2	11 (B)	33 (A)	29 (E)	43 (D)	22 (C)	138	140 (B)
3	5 (C)	44 (B)	49 (A)	78 (E)	28 (D)	204	146 (C)
4	24 (D)	36 (C)	27 (B)	50 (A)	15 (E)	152	207 (D)
5	5 (E)	76 (D)	48 (C)	35 (B)	54 (A)	218	152 (E)
Totale pro Pflanze	63	214	189	241	142	849	849

Diese zahlenmäßigen Ergebnisse mußten nun der Fehleranalyse unterworfen werden, wobei die Formel für den mittleren Fehler (siehe S. 664) zur Anwendung gelangte:

$$\sigma = \sqrt{\frac{\Sigma (l_\nu - M)^2}{n - 1}}.$$

Es wurden berechnet:

1. Die mittlere Abweichung der einzelnen Blattzählung vom arithmetischen Mittel (bezogen auf 25 Blattzählungen).

2. Das mittlere Abweichungsquadrat der einzelnen Pflanzentotale vom Pflanzenmittel. Da jede Pflanze 5 Blätter hatte und das Blatt als Einheit fungierte, mußte diese Zahl durch 5 dividiert werden:

$$\sigma^2 = \frac{\Sigma (l_\nu - M)^2}{K (n - 1)}.$$

Unter „reduzierter Quadratsumme" ist in Tab. 9 die Größe

$$\frac{\Sigma (l_\nu - M)^2}{K}$$

zu verstehen; K gibt die Zahl der Blattzählungen in l_ν an.

3. Das mittlere Abweichungsquadrat der einzelnen Blattstellungstotale von ihrem Mittelwert. Auch in diesem Fall muß die Quadratsumme reduziert werden, da jedes Total 5 Blattstellungen umfaßt.

4. Das mittlere Abweichungsquadrat der Konzentrationstotale von ihrem Mittelwert (ebenfalls reduziert).

In tabellarischer Zusammenstellung betrugen die so ermittelten Werte:

Tabelle 9.

	Zahl der Freiheitsgrade	Quadratsumme $\Sigma (l_\nu - M)^2$	Quadratsumme reduziert $\frac{\Sigma (l_\nu - M)^2}{K}$	Abweichungs-Quadrat σ^2 $\frac{\Sigma (l_\nu - M)^2}{K (n-1)}$	Mittlere Abweichung $\sigma = \sqrt{\sigma^2}$
Totale	24	8 352,96	8352,96	348	18,7
Pflanzen	4	19 570,8	3914,16	978,54	31,3
Blattstellung	4	5 896,8	1179,36	294,84	17,2
Konzentrationen	4	4 324,8	864,96	216,24	14,7
Effektiver Fehler	12		2394,48	199,54	**14,126**

Der effektive Fehler ist jener mittlere Fehler, welcher weder der Verschiedenheit der Pflanzen, noch dem durch die Blattstellungen bedingten Unterschiede, noch den Differenzen der Viruskonzentration zur Last gelegt werden kann. Wir finden ihn, wenn wir von der Totalquadratsumme die Quadratsummen für die Pflanzen, die Blattstellungen und die Konzentrationen abziehen:

$$8352{,}96 - [3914{,}16 + 1179{,}36 + 864{,}96] = 2394{,}48.$$

Man erhält so eine restliche Quadratsumme, aus welcher der effektive Fehler berechnet werden kann, wenn man berücksichtigt, daß von den ursprünglich vorhandenen 24 Freiheitsgraden (25 — 1) durch Ausschaltung von 4 + 4 + 4 Freiheitsgraden (für Pflanzen, Blattstellungen und Konzentrationen) noch 12 übrig gebliebensind:

$$\sigma = \sqrt{\frac{2394{,}48}{12}} = \sqrt{199{,}54} = \mathbf{14{,}126}.$$

Diese Analyse der Fehler läßt bereits erkennen, daß die weitaus größten Schwankungen in diesem Falle zwischen den Pflanzen bestehen, während die Blattstellungsresultate nicht wesentlich variieren; einen genauen Vergleich der verschiedenen σ untereinander gestattet die sog. „table of z" (R. A. FISHER, R. A. FISHER und F. YATES). Daß die mittlere Abweichung der Konzentrationsresultate ($\sqrt{216{,}24} = 14{,}7$) mit dem effektiven (nicht eliminierbaren) Fehler übereinstimmt, bestätigt in rechnerischer Form die aus der Versuchsanordnung bekannte Tatsache, daß die Konzentrationen A, B, C, D und E einander gleich waren.

Selbstverständlich folgt aus dem vorstehenden, zum Zweck der Verifizierung der Methode unternommenen Versuch nicht, daß man sich bei der vergleichenden Auswertung von 5 Viruskonzentrationen mit 5 Pflanzen begnügen *muß*. Stehen 25 Testpflanzen zur Verfügung, so kann man 5 untereinander gleiche Quadrate von demselben Bau wie das auf S. 666 graphisch dargestellte und im Text erklärte ansetzen. Man erhält dann statt 5 Blätter für jede Viruslösung 25, womit die Genauigkeit naturgemäß wächst. YOUDEN und BEALE berichten über ein solches umfangreicheres Experiment, in welchem wiederum zu Kontrollzwecken nur eine einzige Viruslösung verimpft wurde. Die Zahlen der Läsionen betrugen für je 25 A-,B-, C-, D- und E-Blätter

1051 1069 1078 1053 und 995,

waren also untereinander gleich, was der Erwartung entsprach, da ja die 5 Lösungen A bis E de facto identisch waren. Wurden aber die 25 Pflanzen rein willkürlich, d. h. auf Grund des Zufalls in 5 Gruppen à 5 Pflanzen eingeteilt und für jede dieser Gruppen die Gesamtzahl der Läsionen bestimmt, so ergaben sich die Zahlen

849 1285 1065 1364 und 685,

wodurch die Empfänglichkeitsdifferenzen, welche man bei Pflanzen gleicher Aufzucht antrifft, ebenso illustriert werden wie die Notwendigkeit, diese Differenzen bzw. ihren Einfluß auf die Ergebnisse zu eliminieren.

Grenzen der Methode des lateinischen Quadrates. — Methode des unvollständigen Blocks.

Wesentlich ist für die Methode des lateinischen Quadrates 1. die Eliminierung der im Testobjekt steckenden Ungleichheiten durch eine derartige Verteilung, daß die Wirkung jeder Viruslösung auf jede Pflanze und jede Blattstellung zum Ausdruck kommt; 2. die Impfung der gesamten Blattfläche mit *einer* Viruslösung, d. h. die Wahl der Blätter als infizierte Einheiten an Stelle von Blatthälften, und 3. die statistische Verarbeitung der erzielten Resultate, d. h. der Zahlen der auf den einzelnen Blättern erzeugten nekrotischen Flecke. Ferner kann man eine gewisse Beschränkung der Anwendbarkeit des lateinischen Quadrates als charakteristisch bezeichnen. Da man nämlich Pflanzen mit mehr als 6 Blättern nicht benutzt, weil sie nicht mehr gleichartig genug reagieren, können vollständige Quadrate höchstens für 6 Viruskonzentrationen gebraucht werden (6 Pflanzen à 6 Blätter).

Eine untere Grenze für die Zahl der miteinander zu vergleichenden Viruskonzentrationen — falls man den Vergleich mit Hilfe des lateinischen Quadrates durchführen will — existiert vom theoretischen Standpunkt nicht. Man könnte das Verfahren schließlich auch auf zwei Viruskonzentrationen anwenden. In diesem Falle gibt man aber der Halbblattmethode den Vorzug, welcher auch YOUDEN und BEALE ein Maximum an Genauigkeit zuerkennen. Die statistische Verarbeitung der auf den geimpften Blatthälften festgestellten Läsionszahlen erfolgt bei der Halbblattmethode nach denselben mathematischen Regeln wie bei der Methode des lateinischen Quadrates; es ist ja selbstverständlich, daß diese Regeln allgemeine Gültigkeit haben und nicht von der speziellen Versuchsanordnung abhängen, mit welcher die Meßresultate gewonnen wurden.

In der Arbeit von YOUDEN und BEALE findet man auf S. 443—447 ein vollständig wiedergegebenes Beispiel eines solchen Vergleiches von zwei Viruskonzentrationen mit Hilfe der Halbblattmethode einschließlich der Fehlerberechnung. Es wurden in diesem Falle 8 Pflanzen mit je 6 Blättern verwendet, und zwar nach dem Vorschlag von SAMUEL und BALD (siehe S. 662) so, daß die Lösung A ebenso wie die Lösung B ebensooft auf linke wie auf rechte Blatthälften verimpft wurde, um die eventuellen Verschiedenheiten der linken und rechten Blatthälften unschädlich zu machen. Für jede der beiden Viruskonzentrationen wurden somit 48 Blatthälftenzählungen erhalten, welche addiert die beiden Konzentrationstotale ergaben; die Differenz dieser beiden Totale entsprach dem Unterschied der Läsionszahlen pro 48 Blatthälften. Auf eine ausführliche Wiedergabe muß hier aus Gründen der Raumersparnis verzichtet werden; das Verständnis des Originals dürfte durch die Ausführungen auf den Seiten 663—668 dieses Kapitels erheblich erleichtert werden, speziell für Leser, welche in diesem Gebiet der Wahrscheinlichkeitsrechnung weniger bewandert sind oder die englischen Termini nicht kennen.

Wie man sich behelfen kann, wenn die Zahl der miteinander zu vergleichenden Viruskonzentrationen 5 bzw. 6 überschreitet, hat W. J. YOUDEN (1937) gezeigt, indem er für solche Zwecke die lateinischen Quadrate durch „*unvollständige Blöcke*" ersetzte, ein Verfahren, welches kurz vorher F. YATES (*1*, *2*) für andere Untersuchungen empfohlen hatte.

Um diesen Ausdruck zu verstehen, muß man zunächst den Begriff des vollständigen Blocks präzisieren. Vergleichen wir 2 Viruskonzentrationen mit Hilfe der Halbblattmethode, so nennen wir das einzelne Blatt einen vollständigen Block; bei den lateinischen Quadraten sind die ganzen Pflanzen oder die Blätter gleicher Stellung vollständige Blöcke. Im vollständigen Block sind also sämtliche miteinander zu vergleichende Viruslösungen vertreten. Im unvollständigen Block kommen nicht alle zu prüfenden Konzentrationen zur Anwendung; die Anordnung wird aber so gestaltet, daß sich die aus der Verschiedenheit der Pflanzen und der Blattstellungen ergebenden Fehler eliminieren lassen, obwohl die Zahl der Blätter jeder Pflanze kleiner ist als die Zahl der Viruskonzentrationen. Wie dies erreicht wird, geht aus folgendem Beispiel hervor.

Es sollen die 7 Viruskonzentrationen A, B, C, D, E, F und G auf dreiblättrigen Pflanzen komparativ titriert werden. Man bildet folgende Anordnung, in welcher die Vertikalkolumnen wieder den einzelnen Pflanzen, die Horizontalreihen den Blattstellungen entsprechen:

$$\begin{array}{ccccccc} A & B & C & D & E & F & G \\ C & D & E & F & G & A & B \\ D & E & F & G & A & B & C \end{array}$$

Jede Konzentration kommt in jeder Blattstellung einmal vor, so daß die einzelnen Horizontalreihen vollständige Blöcke darstellen; daher braucht man so viele Pflanzen als Viruskonzentrationen geprüft werden sollen, im vorliegenden Fall somit 7. Ferner ist zu beachten, daß die Konzentrationen auf jeder Pflanze voneinander verschieden sein müssen, d. h. daß auf keiner Pflanze eine bestimmte Konzentration mehr als einmal vorkommen darf und daß Kombinationen von zwei beliebigen Konzentrationen (z. B. *A und C*) nur auf einer Pflanze anzuwenden sind (im obigen Schema findet sich z. B. *A und C* nur auf Pflanze Nr. 1).

Um nun die Rechnung z. B. für die Lösung C durchzuführen, bildet man in den drei Blöcken (Vertikalkolumnen), in welchen C vorkommt, die Differenzen

$$2\,C - (A + D) = z_1 \text{ erster Block.}$$
$$2\,C - (E + F) = z_3 \text{ dritter Block.}$$
$$2\,C - (B + G) = z_7 \text{ siebenter Block.}$$

Diese Ausdrücke stellen Vergleiche der Konzentration C mit den anderen Konzentrationen innerhalb eines einzelnen Blockes dar, sind daher von den Verschiedenheiten der Pflanzen (den „Blockeffekten") unabhängige Größen. Durch Addition der drei Gleichungen erhält man

$$6\,C - (A + B + D + E + F + G) = z_1 + z_3 + z_7$$

oder

$$7\,C - (A + B + C + D + E + F + G) = z_1 + z_3 + z_7,$$

woraus

$$\bar{C} = \frac{A + B + C + D + E + F + G}{7} + \frac{z_1 + z_3 + z_7}{7}$$

oder

$$\bar{C} = \text{Generalmittel} + \frac{z_1 + z_3 + z_7}{7},$$

allgemein für n Viruskonzentrationen und K-blättrige Pflanzen

$$\bar{C} = \text{Generalmittel} + \frac{z_1 + z_2 + z_3 + \ldots + z_K}{n}.$$

$\bar{C}$ (das Mittel für die Konzentration C), das somit von den durch die Verschiedenheiten der Pflanzen und Blattstellungen bedingten Differenzen befreit ist, repräsentiert ein wesentlich genaueres Resultat als das bloße arithmetische Mittel aus den 3 C-Zählungen, das in vollem Ausmaße durch die Verschiedenheiten der 3 Pflanzen (Nr. 1, Nr. 3 und Nr. 7) beeinflußt sein muß.

Experimentell kann die Methode der unvollständigen Blöcke — ähnlich wie die Methode des lateinischen Quadrates (siehe S. 667) — so nachgeprüft werden, daß man 7 gleiche Konzentrationen verimpft. Die arithmetischen Mittel aus den Vertikalkolumnen müssen dann stärker voneinander abweichen als die nach dem obigen Verfahren ermittelten Werte $\bar{A}$, $\bar{B}$, $\bar{C}$, $\bar{D}$, $\bar{E}$, $\bar{F}$ und $\bar{G}$.

Der Hauptmangel der Methode unvollständiger Blöcke ist der, daß nicht beliebig viele Konzentrationen auf K-blättrigen Pflanzen in der erforderlichen Weise angeordnet werden können. Es stellt sich nämlich heraus, daß

	auf	3blättrigen	Pflanzen	gerade	nur	7	Viruskonzentrationen
	„	4 „	„	„	„	13	„
	„	5 „	„	„	„	21	„
und	„	6 „	„	„	„	31	„

in der geschilderten Art miteinander vergleichbar sind.

Die mathematische Interpretation der Dilutionskurven.

Die funktionale Abhängigkeit der Zahl der nekrotischen Läsionen vom Grad der Verdünnung des Ausgangsmaterials wurde von verschiedenen Autoren (F. O. HOLMES, W. C. PRICE, BALD, SAMUEL und BALD, R. BEST, H. P. BEALE u. a.) in verschiedener Form graphisch dargestellt, am einfachsten von F. O. HOLMES, der auf der Abszissenachse den steigenden Verdünnungsgrad, auf der Ordinatenachse die Gesamtzahl der auf 50 Blättern mit den betreffenden Verdünnungen erzeugten Läsionen auftrug, komplizierter von SAMUEL und BALD, welche die Logarithmen der beiden Variablen einzeichneten usw. Es fragt sich, ob für die genannte Beziehung eine Gleichung gefunden werden kann, welcher die tatsächlichen Befunde mit befriedigender Annäherung entsprechen, und welche es daher gestattet, aus der Zahl der erzeugten nekrotischen Herde die Konzentration der geprüften Lösung zu berechnen. YOUDEN, BEALE und GUTHRIE haben diese Frage bejaht. Sie gingen von einer Analogie aus, auf welche F. O. HOLMES schon früher hingewiesen hatte, nämlich von der Bakterienzählung mit Hilfe Plattenverfahrens.

Wenn man von einer sehr verdünnten Bakteriensuspension, die durchschnittlich beispielsweise einen Keim im Kubikzentimeter enthält, Agarplatten herstellt u. zw. so, daß man für jede Platte 1 ccm der Suspension verwendet, wird man nach der Bebrütung eine gewisse Anzahl steriler, eine ungefähr gleich große Zahl von Platten mit einer und schließlich auch noch Platten mit zwei oder mehr Kolonien erhalten. Der Prozentsatz der sterilen Platten hängt von der Konzentration der Bakterien in der untersuchten Suspension ab. Nennt man diese a und hat man im ganzen N Platten angefertigt, so ist die Zahl der sterilen Platten nach den auf das Gesetz von POISSON basierten Ausführungen von HALVORSON und ZIEGLER (*1*, *2*)

$$z = N e^{-ax},$$

wo e die Basis der natürlichen Logarithmen und x eine beliebige Bakterienkonzentration in der untersuchten Suspension bedeutet. Bezeichnet y die Zahl der Platten, auf denen sich Kolonien entwickelt haben, so ist

$$y = N - z = N (1 - e^{-ax}).$$

Nach der Ansicht von YOUDEN, BEALE und GUTHRIE besteht für Virusarten eine ganz ähnliche Sachlage. Die Viruspartikel würden den Bakterien und die Nährbodenplatten (das N in obigem Beispiel) den empfänglichen (aufnahmebereiten) Bezirken der Blattoberfläche entsprechen. Im Fall einer rein zufälligen Verteilung der Viruspartikel auf diese Bezirke wäre dann die Gleichung

$$y = N (1 - e^{-ax})$$

ebenfalls anwendbar, wenn man sich unter y die Zahl der Läsionen denkt, die sich aus einer beliebigen Viruskonzentration entwickeln.

Das N stellt die Maximalzahl der Läsionen dar, die man im Höchstfall zu erzielen vermag, und ist möglicherweise mit dem Maximum empfänglicher Stellen identisch, die auf der Oberfläche eines Blattes vorhanden sind bzw. erzeugt werden können. Die Konstante a ist eine Eigenschaft der untersuchten Viruslösung und repräsentiert die durchschnittliche Zahl der Viruspartikel im unverdünnten Ausgangsmaterial, welche auf eine empfängliche Blattstelle entfallen. Die Titrierung jeder Verdünnung liefert ein Wertepaar für x und y, welches in die Gleichung eingesetzt werden kann, so daß dann eine Gleichung resultiert, welche N und a als Unbekannte enthält; die Zahl dieser Gleichungen ist somit gleich der Zahl der titrierten Verdünnungen. N und a werden zunächst geschätzt und in diese Gleichungen eingesetzt; an den Schätzungswerten sind schließlich die notwendigen Korrekturen vorzunehmen.[1] Ist N auf diese Weise ermittelt, so kann man die Grundgleichung umformen

$$\frac{N-y}{N} = e^{-ax}$$

und erhält daraus durch Logarithmieren

$$\log \frac{N-y}{N} = -a\,x \log e.$$

Die linke Seite der Gleichung läßt sich leicht berechnen. Die erhaltenen Werte als Ordinaten, bezogen auf die korrespondierenden Werte von x (die untersuchten Konzentrationen), sollten auf einer geraden Linie liegen, was — wie YOUDEN, BEALE und GUTHRIE zu zeigen bemüht sind — tatsächlich zutrifft, u. zw. auch dann, wenn man die von verschiedenen Autoren (HOLMES, SAMUEL und BALD, PRICE, BEALE, CALDWELL, CHESTER) veröffentlichten Daten über ausgeführte Titrierungen einer nachträglichen Untersuchung unterwirft, ob sie der durch die Gleichung ausgedrückten Beziehung zwischen der Zahl der Flecke (y) und der Konzentration entsprechen. Da die Dilutionskurven mit verschiedenen Wirtspflanzen (Nicotiana glutinosa, Phaseolus vulgaris, Vigna sinensis u. a.) und mit verschiedenen Virusarten (Tabakmosaik, Ring-Spot, Aucuba-Mosaik, Gurkenmosaik) gewonnen worden waren, sprechen YOUDEN, BEALE und GUTHRIE der Grundgleichung allgemeine Gültigkeit zu, allerdings mit der Einschränkung, daß die Konstante N mit der Spezies der Wirtspflanze und a mit der besonderen Beschaffenheit der Virusart variieren kann. Ferner konstatierten YOUDEN und seine Mitarbeiter, daß sehr hohe Verdünnungen eine Ausnahme machen, indem die Zahl der Flecke größer ist als man nach der Gleichung erwarten sollte.

Unabhängig von diesen Untersuchungen kam J. G. BALD (*1*) auf Grund ähnlicher Überlegungen zu analogen Schlüssen. BALD leitete seine ursprüngliche Gleichung (siehe unten) ebenfalls aus den Reihen von POISSON ab (siehe S. 612), denen zufolge die Wahrscheinlichkeit, daß eine empfängliche Stelle der Blattoberfläche durch eine Viruseinheit infiziert wird, gleichzusetzen ist $1 - e^{-m}$. Ist N die Zahl der maximal vorhandenen Eintrittspforten, so ist die theoretisch zu erwartende Zahl der lokalen Infektionen

$$y = N\,(1 - e^{-m}),$$

worin m einen Durchschnittswert repräsentiert, der als Produkt von 2 Faktoren aufzufassen ist, u. zw. von p (Wahrscheinlichkeit, welche eine Viruspartikel hat, einzudringen und eine Infektion zu verursachen) und n, der Zahl der möglicherweise infizierenden Partikel.

Nennt man den Wert, welchen n für die Impfung mit einer unverdünnten Viruslösung annimmt, n_1 und x die Konzentration der unverdünnten Viruslösung in der verimpften Verdünnung, so erhält man

$$y = N\,(1 - e^{-p\,n_1\,x}),$$

wo also die von YOUDEN, BEALE und GUTHRIE angenommene Konstante a durch $p n_1$ substituiert ist. Ob die Gleichung, in welcher zwei oder möglicherweise drei Unbekannte (N, p und n_1) vorkommen, mit den tatsächlichen Ergebnissen des Verdünnungsverfahrens übereinstimmt, muß davon abhängen, ob N, p und n_1 von den

[1] Anhaltspunkte für die Schätzung von N (die maximale Zahl der Läsionen, die sich auf einer Blattfläche entwickeln können) findet man bei SAMUEL und BALD, H. P. BEALE und K. S. CHESTER. In einem ausführlich wiedergegebenen Versuch von YOUDEN, BEALE und GUTHRIE (l. c., S. 42) wurde N mit dem Schätzungswert 65 eingesetzt; die durch Rechnung ermittelte Korrektur war sehr klein (— 0,14).

Änderungen des x (der relativen Konzentration des Ausgangsmaterials) unbeeinflußt bleiben. Findet man daher keine Übereinstimmung, so muß dies nicht unbedingt darauf beruhen, daß die Gleichung selbst ungültig ist, sondern könnte auch dadurch verursacht sein, daß N, p oder n_1 infolge der Verdünnungsprozeduren in unkontrollierbarer Weise variieren. Da BALD zunächst keine Übereinstimmung zwischen errechneten und gefundenen Werten erzielte, suchte er das Dilemma zu entscheiden, indem er einerseits die Technik in der Hoffnung verbesserte, doch noch zu einer Übereinstimmung zu gelangen, und anderseits versuchte, durch bekannte Änderungen der experimentellen Bedingungen bestimmte Abweichungen von der durch die Gleichung ausgedrückten Gesetzmäßigkeit hervorzurufen. Nach beiden Richtungen hin kam BALD zu positiven Resultaten.

Die Gültigkeit der Gleichung konnte bestätigt werden (*2*), aber nur für sorgfältig gereinigte Virussuspensionen. Wenn dagegen ungereinigte Preßsäfte aus infizierten Blättern als Ausgangsmaterial benutzt wurden, erschienen die Beziehungen zwischen der Zahl der Läsionen und dem Verdünnungsgrad verzerrt, u. zw. besonders im Bereich der hohen Konzentrationen, weil sich hier der störende Einfluß der Verunreinigungen naturgemäß am stärksten geltend macht; durch die steigende Verdünnung mit destilliertem Wasser oder Pufferlösungen muß ja die Konzentration der verunreinigenden Substanzen abnehmen. In der Tat vermochte BALD (*3, 4*) zu zeigen, daß man die Zahl der Läsionen beeinflussen kann, wenn man zu den gereinigten Virussuspensionen den Saft gesunder Pflanzen zusetzt.

Schließlich wurde noch eine dritte Gleichung von P. MANIL und C. DRICOT angegeben, derzufolge y (die Zahl der Läsionen) gleich sein soll

$$y = K x^{\frac{1}{n}}.$$

x bedeutet die relative Viruskonzentration, K und n sind zwei Konstanten, von denen K aus der Zahl der Läsionen berechnet werden kann, welche eine bestimmte Verdünnung liefert, während n durch versuchsweises Einsetzen verschiedener Werte ermittelt werden muß. In einem Versuch, in welchen $K = 53$ und $n = 3$ gesetzt wurde, so daß

$$y = 53 \sqrt[3]{x}$$

war die Übereinstimmung der errechneten und der beobachteten Läsionszahl befriedigend. Von der Formel von YOUDEN, BEALE und GUTHRIE $y = N (1 - e^{-a x})$ erhielten MANIL und DRICOT erst nachträglich Kenntnis und stellten eine Untersuchung in Aussicht, wie sich diese Formel bei ihren eigenen Ergebnissen bewähren würde; meines Wissens ist bisher darüber nichts veröffentlicht worden und man steht daher vor der Tatsache, daß Übereinstimmungen mit Gleichungen von sehr verschiedener Struktur erzielt wurden.

R. J. BEST (*1*) gesteht dagegen bloß die Möglichkeit zu, ein enger begrenztes, für die Zwecke der Auswertungspraxis genügendes Konzentrationsintervall zu finden, *innerhalb dessen jeder Änderung der Konzentration eine proportionale Änderung der Zahl der lokalen Läsionen entspricht* (vgl. Abb. 9). Er hält es aber für ziemlich aussichtslos, die Beziehungen zwischen Fleckzahl und Viruskonzentration durch eine einzige, die ganze Skala der Verdünnungen umspannende Gleichung zu erfassen, weil die Zahl der Faktoren, welche diese Beziehungen beeinflussen, viel zu groß ist. R. I. BEST vertritt die Ansicht, daß für die Erzeugung einer sichtbaren nekrotischen Lokalläsion eine bestimmte minimale Infektionsdosis, bestehend aus einer sehr großen Menge von Viruselementen, notwendig ist und daß sich diese infizierende Minimaldosis nicht nur mit den Umweltbedingungen, sondern auch von Blatt zu Blatt, ja von einem Teil eines Blattes zum anderen ändert. Eine analoge Auffassung vertritt G. A. KAUSCHE, wenn er verlangt, daß zuerst die Beziehung „Einzelteilchen—Einzelherd" geklärt werden müsse, bevor genaue, mathematisch allgemeingültige Formeln aufgestellt werden können; auch KAUSCHE anerkennt ferner auf Grund von Auswertungen des Kartoffelmosaikvirus, daß quantitative Bestimmungen überhaupt nur in einem bestimmten Konzentrationsintervall durchführbar sind.

Anläßlich der Bemühungen von YOUDEN, BEALE und GUTHRIE, die Gültigkeit ihrer Gleichung (siehe S. 672) auch für die früher publizierten Dilutionskurven nachzuweisen, betont BEST — wie übrigens auch BALD — mit Recht, daß viele von den ersten Arbeiten dieser Richtung zu einer Zeit ausgeführt wurden, als man sich darüber noch nicht klar war, daß der Salzgehalt und die Wasserstoffionenkonzentration der verimpften Flüssigkeiten kontrolliert werden müssen, um reproduzierbare Resultate zu erhalten. Dieser Umstand wie auch der störende Einfluß von Verunreinigungen, wie sie in den Preßsäften infizierter Pflanzen vorkommen, ließen es als wünschenswert erscheinen, Titrierungen mit *gereinigten („kristallinischen") Virusproteïnen* vorzunehmen. Unter diesen Untersuchungen verdient eine Mitteilung von YOUDEN (*1*) besondere Beachtung, weil dieser Autor (in Gemeinschaft mit BEALE und GUTHRIE) unter ganz anderen Voraussetzungen präzis formulierbare Gesetzmäßigkeiten gefunden hatte, die sich — wie bereits erwähnt — sogar an fremden Auswertungsreihen bewährten. YOUDEN kam auf Grund seiner Versuche mit kristallinischem Tabakmosaikvirusproteïn zu dem Schluß, *daß ein bestimmtes Konzentrationsintervall existiert, innerhalb dessen zwischen der Konzentration der Lösungen und der Zahl der Läsionen eine direkt proportionale Beziehung* besteht. Zu stark verdünnte Lösungen eignen sich aus versuchstechnischen bzw. rechnerischen Gründen nicht, weil die Fleckzahlen derart reduziert werden, daß man sehr viele Blätter impfen müßte, um brauchbare Gesamtziffern zu bekommen. Bei zu stark konzentrierten Lösungen dagegen (zirka 0,1 mg Proteïn pro Kubikzentimeter) ist keine Proportionalität zu konstatieren, ja es tritt das paradoxe Phänomen auf, daß mäßige Verdünnungen zuweilen eine Zunahme der Fleckzahl bewirken. YOUDEN erklärt diese Erscheinung damit, daß das Tabakmosaikvirus in konzentrierten Lösungen in Form von größeren Aggregaten vorhanden sein dürfte, welche beim Verdünnen in kleinere, aber noch infektiöse Einheiten zerfallen [R. BEST (*1*—*3*), J. B. BALD und G. E. BRIGGS, J. G. BALD, BERNAL und FANKUCHEN u. a.]. YOUDEN verweist auf die Angaben von WYCKOFF, BISCOE und STANLEY, welche solche Dissoziationsvorgänge beim Verdünnen konzentrierter Lösungen bis auf 0,5 mg Proteïn pro Kubikzentimeter mit Hilfe der Ultrazentrifuge festzustellen vermochten; er hält es für möglich, daß die Dissoziation bei weiterer Konzentrationsabnahme noch fortschreitet.

Durch die eben zitierten Untersuchungen von YOUDEN an weitgehend gereinigten Virusproteïnen ist indes die Angelegenheit nicht endgültig erledigt worden. Insbesondere hat sich die Hoffnung nicht erfüllt, daß die in den Gleichungen formulierte Theorie mit der Verfeinerung der experimentellen Methoden die Tatsachen besser befriedigen würde. BALD (*4*) hat daher versucht, dem Problem von der mathematischen Seite beizukommen und neue Gleichungen aufzustellen, welche einen versuchstechnisch nicht eliminierbaren Faktor, nämlich die Aggregationstendenz der Virusteilchen berücksichtigen.

BALD geht von der Annahme aus, daß die Virusteilchen stäbchenförmig sind und daß sie sich mit den Enden aneinanderlagern, so daß lange Fäden oder Ketten entstehen. Diese Aggregatbildung soll eine Funktion der Konzentration und reversibel sein derart, daß die Zahl der infektiösen Partikel mit zunehmender Konzentration ab-, mit steigender Verdünnung zunimmt, bis schließlich sämtliche Aggregate in einzelne Viruselemente zerfallen. Unter diesen Voraussetzungen läßt sich das Verhältnis der Gesamtzahl der Viruselemente zur Zahl der Aggregate in einer Lösung mathematisch formulieren. Ist nämlich V_1 die Zahl der Viruspartikel in der Volumseinheit der unverdünnten Suspension, x die relative Konzentration der Viruspartikel in einer verdünnten Probe, a_x die Zahl der aus einem oder mehreren Viruspartikeln bestehenden Aggregate in einer Suspension von der relativen Konzentration x und r die Zahl der Verbindungen der Partikel in den Aggregaten, so ist r bei der relativen Konzentration x

$$r = \left(\frac{V_1 x}{a_x} - 1\right) a_x = V_1 x - a_x.$$

Mit Hilfe dieser Gleichung läßt sich nach dem Massenwirkungsgesetz die Dissoziationskonstante K_1 berechnen, welche von der Länge der Ketten unabhängig ist, und aus dieser wird die Konstante $K = \frac{K_1}{q}$ abgeleitet, wobei q die Wahrscheinlichkeit darstellt, die ein Aggregat (bestehend aus einem oder mehreren Elementen) besitzt, in die Gewebe einzudringen. Angenommen wird, daß q für Aggregate der verschiedensten Größe gleich ist.

In der ursprünglichen Gleichung von BALD

$$\frac{y}{N} = 1 - e^{-p n_1 x}$$

bedeutete der Wahrscheinlichkeitswert p die Aussicht, welche ein Virusteilchen hat, in die Gewebe einzudringen *und* eine Infektion hervorzurufen. Nun werden diese beiden Wahrscheinlichkeiten voneinander getrennt. Die Zahl der Aggregate qn_x, welche bei der relativen Konzentration x eindringen *und* eine lokale Infektion erzeugen, wird durch die Gleichung ausgedrückt

$$K (qn_x)^2 + qn_x - qv_1 x = 0, \tag{1}$$

welche nach qn_x aufgelöst werden kann, wenn die Konstanten K und qv_1 bekannt sind:

$$qn_x = \frac{-1 \pm \sqrt{1 + 4K\,qv_1\,x}}{2K} \tag{2}$$

In dieser Gleichung bedeutet qv_1 jene Quote aller eindringenden Partikel qV_1,[1] welche zu pathogener Auswirkung gelangen; man muß nämlich annehmen, daß nicht *alle* eindringenden Elemente haften bleiben und sich vermehren können, sondern daß ein gewisser Anteil zerstört oder im Gewebe inaktiviert wird, wodurch eben die Substitution von $q V_1$ durch qv_1 im Sinne der Scheidung von Penetration und lokaler Infektion (siehe oben) bedingt ist.

Ist y die Zahl der Punkte, an denen eine Infektion zustandekommt, und N die mögliche Höchstzahl der lokalen Läsionen, so wird die Wahrscheinlichkeit der Infektion durch die Gleichung bestimmt:

$$\frac{y}{N} = 1 - e^{-qn_x}. \tag{3}$$

Durch Umformung und Logarithmieren der Gleichung (1) erhält man

$$\log q\,(v_1 x - n_x) = 2 \log (qn_x) + \log K, \tag{4}$$

[1] Ebenso wie $q V_1$ bezieht sich selbstverständlich qv_1 auf die unverdünnte Suspension. In den Versuchen, durch welche BALD (*4*) die Gültigkeit seiner neuen Gleichung zu beweisen sucht, wird aber qv_1 nicht auf den unverdünnten Pflanzenextrakt, sondern auf die höchste, im Experiment verwendete Konzentration bezogen und x repräsentiert dann die relative Konzentration der Viruspartikel in einer Verdünnung dieser Ausgangskonzentration. Am Wesen der Sache wird natürlich dadurch nichts geändert.

d. h. die Gleichung einer Geraden mit der Steigung 2 und den Koordinaten $\log q\,(v_1 x - n_x)$ und $\log\,(q n_x)$. Um K zu bestimmen, ermittelt man im Versuch zunächst eine hinreichende Anzahl von Wertepaaren für $\log q\,(v_1 x - n_x)$ und $\log\,(q n_x)$ und bestimmt dann die Gerade mit der Neigung 2, von welcher die gefundenen Punkte am wenigsten abweichen; setzt man nun $\log\,(q n_x) = 0$, so erhält man den für die untersuchte Verdünnungsserie geltenden Wert von $\log K$ bzw. von K. Die Werte für $q n_x$ können berechnet werden [BALD (*1*)] und der Wert für $q v_1$ wird durch Versuch und eventuelle nachträgliche Korrektur ermittelt.

BALD stellte durch mehrere Versuchsreihen mit Virusarten aus der Tabakmosaikgruppe (streak virus, Aucuba-Mosaik und Tabakmosaik, welch letzteres auch im kristallinischen Zustand verwendet wurde) fest, daß die eben bezeichneten Gleichungen innerhalb der experimentellen Fehlergrenzen mit den erzielten Resultaten in Übereinstimmung standen, während die frühere einfache Gleichung nicht angewendet werden konnte. Die neuen Gleichungen waren ferner für einen sehr weiten Konzentrationsbereich gültig und es bestanden keine Diskontinuitäten der Dilutionskurven, wie sie von R. BEST (siehe Abb. 9) beschrieben wurden. BALD leugnet schließlich auch die von BEST sowie von YOUDEN (*1*) angenommene Beziehung, derzufolge die Läsionszahlen den Viruskonzentrationen innerhalb eines bestimmten Konzentrationsintervalles proportional sein sollen (wie in der Zone b der Abb. 9 von R. BEST); falls gelegentlich ein solches Verhältnis konstatiert werden kann, ist dies nach den Erfahrungen von BALD als ein zufälliges Ereignis zu bewerten.

Es ist naturgemäß schwer, zu den Ausführungen von J. G. BALD und den Widersprüchen, die sich aus ihnen zu den Arbeiten anderer Autoren ergeben, Stellung zu nehmen. So weit ich informiert bin, sind Nachprüfungen oder Bestätigungen der von BALD aufgestellten Formeln bisher nicht veröffentlicht worden. In theoretischer Hinsicht muß aber betont werden, daß der Ausgangspunkt der Überlegungen und rechnerischen Operationen, welche zu den Gleichungen 1 und 2 geführt haben, durchaus hypothetisch ist, was BALD selbst ausdrücklich hervorhebt. Die Annahme, daß sich die stäbchenförmigen Viruselemente mit ihren Enden zu Fäden und Ketten aneinanderschließen, ist zwar durch verschiedene Beobachtungen (siehe S. 605) erhärtet worden; es kommt jedoch außer diesem Aggregationsmodus auch eine Aneinanderlagerung mit den Längsseiten der Elemente in Betracht (BERNAL und FANKUCHEN) und meines Erachtens fehlt auch der Beweis, daß zwischen der Aggregation und der Viruskonzentration eine gesetzmäßige, von anderen Faktoren unabhängige und innerhalb eines sehr weiten Konzentrationsintervalls gültige Beziehung besteht, derzufolge jede, wenn auch geringe Änderung der Konzentration von einer Verschiebung des Aggregationszustandes begleitet sein muß.

Diese Einwände lassen die Bedeutung der Konstante K als sehr problematisch erscheinen. BALD spricht sich in dieser Hinsicht ziemlich unbestimmt aus und möchte sie vorläufig nicht als Maß der Aggregatbildung, sondern als rational abgeleitete Konstante betrachten, welche solange benutzt werden darf, als der Beweis für die Unrichtigkeit seiner Gleichungen aussteht. Der Wert für K schwankt jedenfalls beträchtlich und eine Abhängigkeit dieser Schwankungen von der besonderen Beschaffenheit der Virusarten oder irgendeiner bekannten Versuchsbedingung konnte nicht ermittelt werden. Bedenkt man endlich, daß die Auseinandersetzungen von BALD und ihre experimentellen Beweise nur für die Gruppe des Tabakmosaikvirus gelten, so wird man mit dem Urteil über diese neueste Bestrebung zurückhalten, für so komplizierte Verhältnisse eine mathematische Formulierung zu finden.

C. Mikroskopische Zählung der Viruselemente. — Beziehungen zwischen der Zahl der Viruselemente und den Ergebnissen biologischer (indirekter) Auswertungen.

Es existieren verschiedene Verfahren, um die Zahl der Bakterienleiber in der Volumseinheit einer Aufschwemmung mikroskopisch zu bestimmen (Winslow, O. Skar, T. Wohlfeil; siehe ferner die zusammenfassende Darstellung von W. Klein). Die Resultate derartiger Auszählungen stimmen keineswegs immer mit den biologischen (indirekten) Auswertungen, speziell mit der Zählung der Kolonien auf Platten überein; es ergeben sich vielmehr in der Regel Differenzen, und zwar liefern die *mikroskopischen* Bestimmungen höhere Ziffern. Dies läßt sich — auch unter weitestgehender Berücksichtigung der auf beiden Seiten möglichen Fehlerquellen — nur so erklären, a) daß ein Teil der Bakterien nach Form und eventuell nach Färbbarkeit noch erhalten, aber nicht vermehrungsfähig ist oder b) daß sich die Kolonien nicht immer aus einzelnen Zellen, sondern unter Umständen aus Bakterienaggregaten (Verbänden) entwickeln, so daß die Zahl der Kolonien nicht der Zahl der Bakterien, sondern eben der Zahl der Aggregate entspricht. Natürlich können beide Ursachen zusammenwirken; doch ist es wenig wahrscheinlich, daß sich unter den Bakterienindividuen eines Verbandes kein einziges vermehrungsfähiges Exemplar findet, wenn es sich nicht um relativ alte Kulturen handelt.

Daß morphologisch (tinctoriell) intakte Bakterien nicht zu Kolonien auswachsen, kann auf verschiedene Faktoren zurückgeführt werden; nämlich

α) Es kann sich um abgestorbene Individuen, um „Bakterienleichen", handeln. Ihr Vorkommen, besonders aber ihre Anhäufung in einer Bakterienpopulation muß davon abhängen, ob auf den Zelltod unmittelbar der Zellzerfall folgt oder ob die Zerstörung der Zellform erst nach einem Intervall von kürzerer oder längerer Dauer einsetzt.

β) Es ist denkbar, daß Bakterienzellen zwar noch leben, aber daß sie ihre generativen Funktionen (ihre Teilungsfähigkeit, die bei den Bakterien meist mit „Wachstum" und „Stoffwechsel" identifiziert wird) eingebüßt haben.

γ) Die Bakterien sind zwar vermehrungsfähig, aber nicht unter den dargebotenen Bedingungen. Es ist nicht zu bezweifeln, daß auch Bakterien, welche einer sicher reinen Linie — gewonnen durch Einzellkultur — angehören, Unterschiede der Generationstüchtigkeit aufweisen können, und daß daher der Begriff „vermehrungsfähig" auch unter identischen Bedingungen nicht eine absolute, sondern eine dem Grade nach variable endogene Eigenschaft bezeichnet.

Unter den neueren Arbeiten, welche sich mit der Differenz zwischen optischer und biologischer Bakterienzählung befassen, seien die Untersuchungen von T. Wohlfeil genannt, weil sie selbst bei relativ anspruchslosen Bakterienarten (vorwiegend aus der Typhus-Coli-Gruppe) einen überraschend niedrigen Prozentsatz der wachstumsfähigen Keime ergeben haben; im Durchschnitt wuchsen bloß 10% der mikroskopisch gezählten Zellen zu Kolonien aus und selbst die optimalen Ausbeuten (B. faecalis alcaligenes mit 22,3%) waren noch auffallend gering. Dabei ist zu bemerken, daß es sich um Aufschwemmungen junger Agarkulturen in neutraler Phosphatpufferlösung handelte, daß also weder eine Schädigung durch die Verdünnungsflüssigkeit noch eine Störung durch inhomogene Verteilung (Aggregatbildung) oder das überwiegende Absterben in überalterten Populationen anzunehmen war.

In ganz jungen (12stündigen) Kulturen fand T. Wohlfeil auffallenderweise einen geringeren Prozentsatz wachstumsfähiger Keime als in 24 und 48stündigen, gleichgültig ob Bouillonkulturen oder Abschwemmungen von Agarkulturen untersucht wurden; der Unterschied war zum Teil ziemlich beträchtlich (z. B. 1,5 gegen 3,0%). Diese nicht recht verständliche Erscheinung bedarf jedenfalls der experimentellen Bestätigung.

Es erhebt sich die Frage, ob sich diese Verhältnisse ohneweiters auf Viruselemente übertragen lassen, d. h. ob man auch hier mit erheblichen Differenzen zwischen der Zahl der morphologisch intakten[1] und der Zahl der biologisch (indirekt) nachweisbaren Keime zu rechnen hat.

A priori wird man sich wohl in bejahendem Sinn entscheiden. Nicht etwa, weil manche Autoren (H. DALE, BURNET und ANDREWES, BARNARD u. a.) in den Virusarten nichts anderes sehen wollen als Bakterien von minimalen Dimensionen. Dieser Standpunkt ist mehrfach (von R. DOERR insbesondere) abgelehnt worden und eignet sich um so weniger zu weitergehenden Schlüssen in der hier diskutierten Richtung, als die Methoden der biologischen Titrierung von Bakterienaufschwemmungen und von Virussuspensionen trotz gewisser Ähnlichkeiten doch voneinander abweichen: dort die Vermehrung auf unbelebtem Nährsubstrat, hier die Anreicherung im empfänglichen Wirt.

Wir haben aber einen anderen Anhaltspunkt. Wir wissen, daß sich Virusarten „inaktivieren" lassen und daß diese Inaktivierungen zum Teil reversibel sind. Die reversibel inaktivierten Viruselemente entziehen sich dem biologischen Nachweis, entweder überhaupt oder unter bestimmten Versuchsbedingungen; da der inaktive Zustand jedoch rückgängig gemacht werden kann, müssen solche Elemente Form und Färbbarkeit bewahrt haben. Das ist zunächst nur ein Beweis, daß morphologische Intaktheit und fehlende Wirksamkeit im Tierexperiment kompatibel sind. Man müßte wissen, ob solche Zustandsformen nur als experimentelle Artefakte oder auch als Phasen natürlicher Infektionsprozesse vorkommen. Daß die zweite Annahme den Tatsachen entspricht, geht, sofern man vorerst nur auf das Grundsätzliche abstellt, aus einer Reihe von eindeutigen Beobachtungen hervor, die zum Teil schon an anderen Stellen erwähnt wurden.

Dazu gehört das auf S. 620 besprochene Phänomen der *Eclipse*, des initialen Virusschwundes aus dem geimpften Gewebe bei experimentellen Infektionen. Ergänzend sei nochmals auf die Untersuchungen von D. WIDELOCK verwiesen, denenzufolge intracutan injiziertes Vaccinevirus in dem Zeitraum von 20 Minuten bis 20 Stunden an der Injektionsstelle nicht nachweisbar ist, gleichgültig, ob man für die Impfung 0,1 ccm einer Verdünnung von 1 : 10, 1 : 1000 oder 1 : 100000 verwendet hat. Es ist allerdings möglich, daß das Virus an der Injektionsstelle rein quantitativ reduziert wird, sei es durch partielle Zerstörung oder, wie WIDELOCK meint, durch Abtransport; man wird aber doch eher an eine qualitative Änderung u. zw. an eine Inaktivierung mit Erhaltung der Form denken, 1. weil sich der Virusschwund mit so großer Geschwindigkeit vollzog, 2. weil er von der Impfdosis anscheinend ganz unabhängig war und 3. weil das von WIDELOCK benutzte Virus (eine Hodenlapine) noch in der Menge von 0,1 ccm einer Ver-

---

[1] *Mikroskopische Zählungen der Viruselemente* sind — bei dem jetzigen Stand der Technik — wohl nur dann möglich, wenn die Elemente hinreichend groß sind und wenn sie in der Form von weitgehend gereinigten Suspensionen vorliegen, um Verwechslungen mit ähnlichen Partikeln, wenn auch nicht ganz, so doch in genügendem Ausmaß auszuschließen. Beide Bedingungen sind bei den PASCHENschen Körperchen der Variolavakzine erfüllt, und es ist daher verständlich, daß gerade an diesem Objekt der Versuch einer direkten Zählung (photographische Aufnahme bei Dunkelfeldbeleuchtung) gemacht wurde (PARKER und RIVERS, siehe S. 612). PARKER und RIVERS haben Suspensionen von PASCHENschen Körperchen auch nephelometrisch (Apparat von GATES) bestimmt, was, falls man absolute Werte bzw. Schätzungen erzielen will, die sorgfältige Eichung mit Hilfe von mikroskopischen Kontrollzählungen voraussetzt. Färbungen von Ausstrichen aus virushaltigem Material mit einer der für Elementarkörperchen empfohlenen Methoden gestatten wohl nur approximative Angaben [K. HERZBERG (1), HAAGEN u. a.].

dünnung von 1 : 10^6 kräftig wirkte, so daß sich selbst minimale Reste des inokulierten Virus, falls sie unverändert geblieben wären, hätten nachweisen lassen.

Sodann bildet der Wirtsorganismus infolge der Infektion mit den meisten tierpathogenen Virusarten virusneutralisierende Antikörper. In den späteren Stadien des Infektionsprozesses können diese mit den Viruselementen in Reaktion treten, da das Virus um diese Zeit nicht mehr zur Gänze in Wirtszellen geborgen, sondern durch den Untergang derselben frei geworden ist. Auch auf diesem Wege können inaktive, der Form nach aber noch vollkommen intakte Viruselemente resultieren.

Endlich kann kein Zweifel bestehen, daß abgetötete oder (wenn man einen weniger präjudizierlichen Ausdruck vorzieht) „irreversibel inaktivierte“ Viruselemente nicht sofort der Auflösung verfallen, sondern ihre Gestalt und auch ihre Färbbarkeit (vgl. M. KAISER, dieses Handbuch) eine Zeit lang behalten. Es liegen zwar meines Wissens keine systematischen Untersuchungen vor, in welchen der Desintegrationsprozeß abgetöteter Viruselemente als Funktion der Zeit verfolgt wurde; auch ist nicht jedes virushaltige Material für diese Zwecke geeignet, da die Dimensionen der Viruselemente, ihre Affinität zu Farbstoffen, ihre Konzentration im untersuchten Material und die Anwesenheit und Menge anderer Partikel, welche mit Viruselementen verwechselt werden können, eine Rolle spielen. Versuchstechnisch liegen die Verhältnisse am günstigsten bei gereinigten oder reinen Viruspräparaten, z. B. bei den Suspensionen von PASCHENschen Körperchen oder bei den Lösungen der Virusproteine; bei den letzteren kann das Schicksal der Viruselemente zwar nicht mikroskopisch geprüft, aber indirekt durch das Verhalten auf der analytischen Zentrifuge beurteilt werden, da ein Zerfall die scharfen Sedimentierungsgrenzen, die auf der einheitlichen Form und Größe der Viruselemente beruhen, verwischen muß.

Gerade über solche Objekte wurden nun Angaben gemacht, welche im gegenteiligen Sinn sprechen. BEARD und WYCKOFF untersuchten das Verhalten des gereinigten Virusproteïns der Kaninchenpapillomatose bei wechselndem p_H des Lösungsmittels und fanden, daß die Proteïnmoleküle nur in jenem p_H-Bereich stabil waren, in welchem auch die Infektiosität des Virus für das Kaninchen unverändert blieb; wurden die Grenzen des Bereiches nach der sauren oder alkalischen Seite hin überschritten, so zerfielen die Moleküle und die biologische Aktivität schwand gleichzeitig unvermittelt. Analoge Ergebnisse erzielten BEARD, FINKELSTEIN und WYCKOFF mit gereinigten Aufschwemmungen von Vaccinekörperchen. Es bestand also in diesen Fällen ein Parallelismus zwischen der Resistenz der biologischen Wirkung und der morphologischen Stabilität der Elementarkörperchen und nicht die erwartete Dissoziation, die eintreten sollte, wenn abgetötetes Virus genügend lange seine Gestalt konserviert.

Der beschriebene Parallelismus ist jedoch nicht allgemein d. h. er erstreckt sich nicht auf alle Virusarten. BEST und SAMUEL konnten das Virus des Tabakmosaiks, nachdem es seine Infektiosität bei einem $p_H = 9$ eingebüßt hatte, durch Herstellung eines $p_H = 7$ reaktivieren, falls die saure Reaktion nicht allzu lange eingewirkt hatte. Ebenso gelang es G. PYL, Maul- und Klauenseuchevirus durch Ansäuern und Realkalisieren zu inaktivieren und dann zu reaktivieren. Abgesehen davon kamen in den oben zitierten Versuchen $H^\cdot$- bzw. $OH^\cdot$-Konzentrationen zur Anwendung, mit welchen man im infizierten tierischen Gewebe nicht zu rechnen braucht. Was hier interessiert, ist nicht die Frage, ob man durch stark schädigende physikalische oder chemische Einflüsse eine gleichzeitige Zerstörung der Form und der biologischen Aktivität erzielen kann; es soll vielmehr entschieden werden, ob dies auch unter den Verhältnissen, die in den Wirtsgeweben herrschen, der Fall sein muß, oder ob ein Teil der Viruselemente zwar abgestorben, aber noch sichtbar und färbbar bzw. morphologisch erhalten ist. Nun erlauben uns die gereinigten Virussuspensionen auf Grund rechnerischer Überlegungen den Schluß, daß so wie bei den Bakterien die Mehrzahl der Elemente nicht vermehrungsfähig sein dürfte.

M. H. MERILL berechnet für ein Vaccinekörperchen ein approximatives Volum bzw. eine Masse von $1,7 \times 10^{-12}$ mm^3 (mg); für die Moleküle des Virusproteïns des Tabakmosaiks mit einem Durchmesser von 35 mμ würde die Masse unter der Voraussetzung einer sphärischen Konfiguration $2,2 \times 10^{-14}$ mg betragen. Um eine Tabakspflanze mit dem Virusproteïn zu infizieren, braucht man aber nicht $2,2 \times 10^{-14}$, sondern 10^{-6} mg[1] (W. M. STANLEY), so daß man annehmen muß, daß entweder eine große Zahl von Elementen nötig ist, um eine Infektion hervorzurufen, oder daß die Mehrzahl der Elemente nicht infektionstüchtig, wiewohl der Gestalt nach (Verhalten auf der Ultrazentrifuge) intakt ist. Stellt man gereinigtes Vaccinevirus nach dem Verfahren von PARKER und RIVERS her, so kann man von einem Kaninchen etwa 1 mg oder etwas mehr erhalten; der (durch intradermale Injektion am Kaninchen bestimmte) Titer ist aber auch im besten Fall so niedrig (10^{-7}—10^{-8}), daß die Hauptmasse des Virus inaktiv oder abgestorben sein muß.

Es ist bedauerlich, daß man in diesen Dingen noch nicht genauer Bescheid weiß, obzwar dem technischen Können heute nicht mehr so enge Grenzen gezogen sind; die Vervollkommnung der biologischen Titrierungen auf der einen Seite, die Einführung besserer Färbemethoden für die Elementarkörperchen auf der anderen (vgl. M. KAISER, dieses Handbuch) eröffnen neue Möglichkeiten für die Analyse der diskutierten Verhältnisse, die alsbald in Angriff genommen werden sollte.

Was bis jetzt an Tatsachen über die Beziehungen zwischen dem Gehalt eines Materials an Viruselementen („Elementarkörperchen") und seiner titrierbaren biologischen Aktivität vorliegt, beschränkt sich auf einzelne Hinweise, welche entweder den Parallelismus betonen oder die fehlende Übereinstimmung unterstreichen, wobei nicht allein die tatsächlichen Befunde bestimmend sind, sondern auch die persönliche Einstellung des Autors zu der Zuverlässigkeit des optischen bzw. färberischen Nachweises der Elementarkörperchen. Man braucht da nur die Publikationen von F. GERLACH und von FRÄNKEL und MAWSON miteinander zu vergleichen, um sich hierüber ein zutreffendes Urteil zu bilden. In der Regel dreht sich die Diskussion nur um die Frage, ob man alle Partikel von der Größenordnung der Virusarten als Viruselemente betrachten darf, ob die Übereinstimmung mit den Messungen durch Zentrifuge oder Filter gefordert

[1] W. M. STANLEY gibt an, daß unter besonders günstigen Bedingungen, die aber nicht willkürlich reproduziert werden konnten, schon 1 ccm einer Virusproteïnlösung infektiös wirkte, welche nur 10^{-14} g = 10^{-11} mg des reinen Stoffes enthielt. Aber auch dieser Wert ist noch größer als der theoretisch zu erwartende ($2,2 \times 10^{-14}$ mg) und STANLEY selbst berechnet, daß das von ihm beobachtete fakultative Minimum ca. 300 Molekülen entsprach. STANLEY möchte dies darauf zurückführen, daß nur eine kleine Quote der auf die Blätter gebrachten Lösung des Virusproteïns mit empfindlichen Zellen in Kontakt kommt. Möglicherweise, ja sogar wahrscheinlich spielt diese unsichere bzw. unvollständige Einverleibung des Agens eine Rolle. Sie kann aber nicht *allein* maßgebend sein, da man nicht verstehen würde 1. warum die gewöhnliche Minimaldosis von der ausnahmsweise feststellbaren um 5 Zehnerpotenzen (10^{-9} gegen 10^{-14} g/ccm) differierte und 2. warum auch der günstigste Fall nicht einem Molekül, sondern 300 Molekülen entsprach. Die Annahme, daß sich nur eine Minderzahl der Moleküle im Übertragungsversuch als funktionstüchtig erweisen kann, befriedigt, sofern man an der Idee einer „Einkeiminfektion" festhalten will, die Beobachtungen besser.

werden muß, ob es Färbungen gibt, durch welche sich Viruselemente von gleich dimensionierten Partikeln anderer Art unterscheiden usw. Die unbestreitbare Möglichkeit, daß optisch nachweisbare Körperchen Viruselemente sein können, ohne im Wirt die Wirkungen derselben zu entfalten, und die weitere Komplikation, daß der Prozentsatz dieser inaktiven Elementarkörperchen je nach dem Stadium der Infektion und vor allem je nach der Virusart außerordentlich verschieden sein kann, wird nicht berücksichtigt, obzwar es einleuchtet, daß man ohne Kenntnis dieser Umstände zu ganz falschen Aussagen kommen kann, u. zw. sowohl nach der positiven wie nach der negativen Seite.

Nach R. DOERR kann der Begriff „Infektion" nur definiert werden als Ansiedelung, Wachstum und Vermehrung niedrig stehender Organismen in höher organisierten, also als ein Spezialfall des Parasitismus. Diese Aussage gilt auch für die Infektionen durch Virusarten, zumindest insoweit als wir diesen den Charakter von Lebewesen zuerkennen bzw. sofern wir ihnen die Fähigkeit der Vermehrung „aus sich heraus" als wesentliche Eigenschaft zuschreiben. Man sieht sofort ein, welche Bedeutung die Auffassung haben muß, daß nicht alle Elemente einer Virusprobe dieselbe Potentia generandi besitzen, sondern daß Abstufungen von einem Maximum bis zur völligen Aufhebung aller vitalen Funktionen (bis zur „Abtötung") möglich sind. Diese Grade der „Aktivität" — wie wir uns im Hinblick auf die pathologische Auswirkung auszudrücken belieben — sind Grade der Infektiosität, von denen das Haften der Infektion sowie ihr Verlauf abhängen müssen. Zwar hat man auch bisher schon Abstufungen der „Virulenz" unterschieden und in dem Ausdruck „Virulenz" ist der Begriff der Infektiosität enthalten (R. DOERR); aber diese Abstufungen waren *Eigenschaften der Virusarten oder der Virusstämme, nicht individuell variable Eigenschaften der Viruselemente.* Steigen wir in der Zuordnung verschiedener „Aktivitätsgrade" bis zu den Viruselementen hinab, so eröffnen sich naturgemäß neue Ausblicke, bisher ungelösten Problemen der Virusforschung im besonderen und der Infektionspathologie im allgemeinen näher zu treten. Die Beziehungen zwischen der optisch faßbaren Zahl der Viruselemente und den Resultaten der biologischen Titrierung festzustellen, hat daher ein über dieses unmittelbare Ziel hinausgehendes Interesse. Eine gute Vorschule werden Untersuchungen an Bakterien abgeben, wie sie von T. WOHLFEIL u. a. ausgeführt worden sind.

D. Serologische Auswertung der Viruskonzentration.

Als Maßeinheit für den Gehalt an phytopathogenen Virusarten verwendet H. PURDY BEALE die *Antigeneinheit*, d. h. die geringste Menge der zu untersuchenden Probe, welche mit einem spezifischen Immunserum in vitro reagiert; die Zahl der Antigeneinheiten im Kubikzentimeter der Probe wird als Ausdruck der Viruskonzentration betrachtet. Die Werte, welche man auf diese Weise erhält, sollen im allgemeinen den Resultaten entsprechen, welche man durch Zählung der lokalen Läsionen auf infizierten Blattflächen ermittelt; Substrate von gleichem Virusgehalt würden sich also bei der serologischen Titrierung ebenso gleich verhalten wie bei der Bestimmung den infektiösen Einheiten. Der Parallelismus zwischen dem Gehalt an aktivem Virus und Antigenmenge ist auch von K. CHESTER (*2*) festgestellt worden.

Diese Angaben beschränken sich auf jene phytogenen Virusarten, welche sich für die Gewinnung hochwertiger Antisera (Präzipitine) eignen. Daß man durch das geschilderte Verfahren instandgesetzt wird, verschiedene Konzentrationen der gleichen Virusart miteinander zu vergleichen und daß man bequemer und vor allem weit rascher zu einem Ergebnis kommt als durch die Zählung der lokalen Nekrosen, ist zuzugeben. Es bestehen aber doch mehrfache Bedenken. Die serologische Titrierung der Viruskonzentrationen nach H. P. BEALE beruht auf der bekannten Tatsache, daß man bei der Immunpräzipitation die Menge des Antigens weitgehend verringern kann, bevor man an die Grenze gelangt, jenseits welcher die Flockung ausbleibt. Ist schon die Ausgangskonzentration des Antigens niedrig, so wird diese Grenze natürlich früher erreicht werden; daraus ergibt sich die Möglichkeit, Konzentrationen desselben Antigens miteinander zu vergleichen und wenn man eine bekannte Konzentration (wie bei den gereinigten Virusproteinen) zur Verfügung hat, sogar approximativ zu bestimmen. Voraussetzung ist jedoch, daß man in einer und derselben Versuchsserie immer dasselbe Antiserum benutzt, daß die Proben nicht mehrere Antigene enthalten, welche Verwandtschaftsreaktionen geben und daß man unter gleichen Reaktionsbedingungen arbeitet, da die Flockung durch die Temperatur, durch den p_H des Mediums, durch die Anwesenheit von akzidentellen Stoffen (wie in den Pflanzenextrakten) beeinflußt wird. Jeder Serologe weiß ferner, daß die genaue Ablesung des Grenzwertes schwer, ja zuweilen unmöglich ist. Es darf ferner bezweifelt werden, daß die (in vitro zum Ausdruck kommende!) Antigenfunktion und die Infektiosität der Viruselemente miteinander zwangläufig verbunden sind, und schließlich ist es auch sehr unwahrscheinlich, daß die Aggregierung der Viruselemente die Antigenfunktion und die titrierbare Infektiosität gleichsinnig verändert.

Literaturübersicht.

ALLARD, H. A.: (*1*) Some properties of the virus of the mosaic disease of tobacco. J. Agric. Res. **6**, 649 (1916).
— (*2*) Effects of various salts, acids, germicides etc. upon the infectivity of the virus causing the mosaic disease of tabacco. J. Agric. Res. **13**, 619 (1918).
— (*3*) The mosaic disease of tobacco. U. S. Dept. Agric. Bull. **40**, 1914.
ANDREWES, C. H.: The action of immune serum on vaccinia and virus III in vitro. J. Path. a. Bacter. **31**, 671 (1928).
ANDREWES, C. H. and W. J. ELFORD: Properties of incompletely neutralized phage. Brit. J. exper. Med. **14**, 376 (1933).
v. ANGERER, K: Beiträge zum Bakteriophagenproblem. Arch. Hyg. (D.) **92**, 312 (1924).
APPELMANS, R.: Le dosage du bactériophage. C. r. Soc. Biol. **85**, 1098 (1921).
ASHESHOV, J. N.: Experimental studies on the bacteriophage. J. infect. Dis. (Am.) **34**, 536 (1924).
BAIL, O.: Versuche über die Vielheit von Bakteriophagen. Z. Immunit. forsch. **38**, 57 (1923).
BALD, J. G.: (*1*) The use of numbers of infections for comparing the concentration of plant virus suspensions. Dilution experiments with purified suspensions. Ann. appl. Biol. **24**, 33 (1937).
— (*2*) Distortion of the dilution series. Ann. appl. Biol. **24**, 56 (1937).
— (*3*) The effect of carbon on the production of lesions by viruses of the tobacco mosaic group. Ann. appl. Biol. **24**, 77 (1937).
— (*4*) Modification of the simple dilution equation. Austral. J. exper. Biol. a. med. Sci. **15**, 211 (1937).
BALD, J. G. and G. E. BRIGGS: Aggregation of virus particles. Nature (Brit.) **140**, 111 (1937).
BALD, J. G. and G. SAMUEL: Some factors affecting the inactivation rate of the virus of tomato spotted wilt. Ann. appl. Biol. **21**, 179 (1934).
BAWDEN, F. C., PIRIE, BERNAL and FANKUCHEN: Liquid crystalline substances from virus-infected plants. Nature (Brit.) **138**, 1051 (1936).
BEALE, H. P.: The serum reactions as an aid in the study of filterable viruses of plants. Contrib. Boyce Thompson Inst. **6**, 407 (1934).

BEARD, J. W., FINKELSTEIN and WYCKOFF: The p_H stability range of the elementary bodies of vaccinia. Science **86**, 331 (1937).

BECKERICH, A. et P. HAUDUROY: Au sujet du titrage du bactériophage. C. r. Soc. Biol. **86**, 165 (1922).

BERGSTRAND, H.: Über verschiedene Methoden zur Messung der lytischen Stärke einer „Bakteriophagenbouillon". Zbl. Bakter. usw., I orig., **116**, 481 (1930).

BERNAL, J. D. and J. FANKUCHEN: Structure types of protein „crystals" from virus-infected plants. Nature (Brit.) **139**, 923 (1937).

BEST, R. I.: (*1*) The quantitative estimation of relative concentrations of the viruses of ordinary and yellow tobacco mosaic and of tomato spotted wilt by the primary lesion method. Austral. J. exper. Biol. a. med. Sci. **15**, 65 (1937).

— (*2*) Visible mesomorphic fibres of tobacco mosaic virus in juice from diseased plants. Nature (Brit.) **139**, 628 (1937).

— (*3*) Artificially prepared visible paracrystalline fibres of tobacco mosaic virus nucleoprotein. Nature (Brit.) **140**, 547 (1937).

— (*4*) The relationship between the activity of tobacco mosaic virus suspensions and hydrion concentration over the p_H range 5 to 10. Austral. J. exper. Biol. a. med. Sci. **14**, 323 (1936).

BEST, R. I. and G. SAMUEL: The reaction of the viruses of tomato spotted wilt and tobacco mosaic to the p_H value of media containing them. Ann. appl. Biol. **23**, 509 (1936).

BLAXALL, F. R.: Smallpox. A System of Bacteriology **7**, 84 (1930).

BORDET, J.: Report of the II intern. Congr. f. Microbiol., London 1937, S. 76.

BORDET, J. et M. CIUCA: Autolyse microbienne et sérum antilytique. C. r. Soc. Biol. **84**, 280 (1921).

BOYLE, L. W. and H. H. MCKINNEY: (*1*) Trichomes of incidental importance as centers for local virus infections. Science **85**, 458 (1937).

— (*2*) Local virus infections in relation to leaf epidermal cells. Phytopathology **28**, 114 (1938).

BRODIE, M.: The distribution on the virus of poliomyelitis in the cerebrospinal axis of monkeys. J. Immunol. (Am.) **25**, 71 (1933).

BRONFENBRENNER, J. and CH. KORB: Some of the factors determining the number and size of plaques of bacterial lysis on agar. J. exper. Med. (Am.) **42**, 483 (1925); Proc. Soc. exper. Biol. a. Med. (Am.) **21**, 315 (1924).

BURCKHARDT, K.: Über die Durchgängigkeit der Blut-Liquor-Schranke und der Plazenta für Bakteriophagen. Arch. ges. Virusforsch. **1**, 140 (1939).

BURNET, F. M.: (*1*) Specific agglutination of bacteriophage particles. Brit. J. exper. Path. **14**, 302 (1933).

— (*2*) Influenza on the developing egg. 2. Titration of egg passage virus by the pock-counting method. Austral. J. exper. Biol. a. med. Sci. **14**, 241 (1936).

BURNET, F. M. and M. FREEMAN: A comparative study of the inactivation of a bacteriophage by immune serum and by bacterial polysacharide. Austral. J. exper. Biol. a. med. Sci. **15**, 49 (1937).

BURNET, F. M. and I. A. GALLOWAY: The propagation of the virus of vesicular stomatitis in the chorio-allantoic membrane of the developing hen's egg. Brit. J. exper. Path. **15**, 105 (1934).

BURNET, F. M. and MCKIE: Bacteriophage reactions of Flexner dysentery strains. J. Path. a. Bacter. **36**, 637 (1935).

BURNET, F. M., KEOGH and D. LUSH: Immunological reactions of the filterable viruses. Austral. J. exper. Biol. a. med. Sci. **15**, Suppl. to part 3, (1937).

CALDWELL, J.: (*1*) The movement of mosaic in the tomato plant. Ann. appl. Biol. **17**, 429 (1930).

— (*1a*) Further studies on the movement of mosaic in tomato plant. Ann. appl. Biol. **18**, 279 (1931).

— (*2*) The nature of the virus agent of aucuba or yellow mosaic of tomato. Ann. appl. Biol. **20**, 100 (1933).

— (*3*) The agent of virus disease in plants. Nature (Brit.) **138**, 1065 (1936).

Calmette, A. et C. Guérin: Recherches sur la vaccine expérimentale. Ann. Inst. Pasteur, Par. **15**, 161 (1901).

Chaumier et Boureau: Études expérimentales sur la vaccine et la vaccination. Rev. internat. Vaccine (Fr. & It.) 1910, No. 3.

Chester, K. S.: (*1*) Specific quantitative neutralization of the viruses of tobacco mosaic, tobacco ring spot and cucumber mosaic by immune sera. Phytopathology **24**, 1180 (1934).

— (*2*) A serological estimate of the absolute concentration of tobacco mosaic virus. Science (Am.) **82**, 17 (1935).

Clark, H.: On the titration of bacteriophage and the particulate hypothesis. J. gen. Physiol. (Am.) **11**, 71 (1927).

Condrea, P. et H. Poenaru: L'influence des dilutions sur la toxicité de la toxine tétanique. C. r. Soc. Biol. **112**, 1482 (1933).

Cox, H.: Tissue cultures as a more sensitive method than animal inoculations for detecting equine encephalomyelitis virus. Proc. Soc. exper. Biol. a. Med. (Am.) **33**, 607 (1936).

Craigie, J.: Variations in the scarification: intradermal titre ratio of vaccinia virus. Trans. roy. Soc. Canada V Biol. Sci. III, **5**, 27, 177 (1933).

Czuber, E.: Die statistischen Forschungsmethoden. Wien 1927.

Elbert, B. J. und S. J. Gelberg: Über die biologische Kontrolle der Pockenlymphe nach Groth und Gins im Vergleich mit der klinischen Prüfung. Z. Hyg. **107**, 149 (1927).

Doerr, R.: (*1*) Die Lehre von den Infektionskrankheiten in allgemeiner Darstellung. Lehrb. d. inn. Med., 3. Aufl., 67, Berlin 1936.

— (*2*) Allgemeine Merkmale der Virusarten. Z. Hyg. **118**, 738 (1936).

— (*3*) Ergebnisse der neueren experimentellen Forschungen über die Ätiologie des Herpes simplex und des Zoster. Zbl. Hautkrkh. **13—16** (1924/25).

Doerr, R. und E. Gold: Analyse der Septikämie des infizierten Huhnes. Quantitative Verhältnisse der Virusadsorption in vitro. Z. Hyg. **113**, 645 (1932).

Doerr, R. und W. Grüninger: Studien zum Bakteriophagenproblem. Z. Hyg. **97**, 209 (1923).

Doerr, R. und S. Seidenberg: (*1*) Zur Theorie und Methodik der Auswertung filtrierbarer Virusarten. Z. Hyg. **115**, 194 (1933).

— (*2*) Bemerkungen zu den vorstehenden Ausführungen von Gottfried Pyl. Z. Hyg. **115**, 549 (1933).

— (*3*) Zur quantitativen Auswertung filtrierbarer Virusarten. Z. Hyg. **119**, 1 (1936).

— (*4*) Zur Virusadsorption in vitro. Z. Hyg. **114**, 269 (1933).

Doerr, Seidenberg und Whitman: Untersuchungen über das Virus der Hühnerpest. Z. Hyg. **112**, 732 (1931).

Doerr, R. und E. Zdansky: Quantitativer und qualitativer Nachweis der Lysine. Ihr Dispersitätsgrad und die Aufteilbarkeit ihrer Lösungen. Z. Hyg. **100**, 79 (1923).

Dresel, E. G. und F. Sander: Nachweis von Lapine in Kaninchenorganen und Verhalten der Lapine gegen Wasserstoffionenkonzentrationen. Z. Immunit.forsch. **81**, 457 (1934).

Duggar, B. M. and A. Hollaender: The virus of typical tobacco mosaic and Serrata marcescens as influenced by ultraviolet and visible light. J. Bacter. (Am.) **27**, 219 (1934).

Duggar, B. M. and B. Johnson: Stomatal infection with the virus of typical tobacco mosaic. Phytopathology **23**, 934 (1933).

Elford, W. J. and Andrewes: The size of different bacteriophages. Brit. J. exper. Med. **13**, 446 (1932).

Fernow, K. H.: Interspecific transmission of mosaic diseases of plants. Cornell Agric. Exp. Sta. Memoir **96** (1925).

Fischer, M.: Die Beziehungen des Herpesvirus zum Blut und zum Liquor cerebrospinalis. Z. Hyg. **107**, 102 (1927).

Fisher, M.: Kinetic method of bacteriophage titration after Krueger and its theoretical basis (kinetics of bacteriophage lysis of Northrop-Krueger). Z. Mikrobiol. (russ.) **20**, 5 (1938).

Fisher, R. A.: Statistical methods for research workers. 6 Edit., London 1936.

Fisher, R. A. and F. Yates: Statistical tables for biological agricultural and medical research. Oliver and Boyd, London 1938.

Force and Deake: A method for estimating the potency of smallpox vaccine. U. S. Public health service, No. 149, 1927.

Franke, H. M.: Zur Physiologie der pflanzlichen Virose. Biochem. Z. **296**, 149 (1938).

Galloway, I. A. and W. J. Elford: Further studies on the differentiation of the virus of vesicular stomatitis from that of foot- and mouth disease. Brit. J. exper. Path. **16**, 588 (1935).

Gildemeister, E. und K. Herzberg: Über das d'Herellesche Phänomen. Zbl. Bakter. usw. I Orig. **91**, 228 (1924).

Gins, A.: (*1*) Zur Virulenzprüfung der Vakzine. Dtsch. med. Wschr. **51**, 1515 (1925).

— (*2*) Die Virulenzprüfung der Vaccineimpfstoffe am Versuchstier. Handb. path. Mikroorg., 3. Aufl. **8**, 936 (1930).

(*3*) Bericht über die Pockenkommission des Völkerbundes. Zbl. Hyg. **14**, 743 (1927).

Gjörup, E.: Investigations into d'Hérelles phenomenon. Kopenhagen 1925.

Gohs, W.: Lysintitration. Z. Immunit.forsch. **45**, 166 (1926).

Gordon, R. D.: Note on estimating bacterial populations by the dilution method. Proc. Nat. Acad. Sci. **24**, 212 (1938).

Gratia, A.: (*1*) Studies on the dH'érelle Phenomenon. J. exper. Med. (Am.) **134**, 115 (1921).

— (*2*) Des relations numériques entre bactéries lysogènes et particules du bactériophage. Ann. Inst. Pasteur, Par. **57**, 652 (1936).

Gratia, A. et de Kruif: Au sujet de la titration du bactériophage. C. r. Soc. Biol. **88**, 308 (1923).

Greenwood, M. and G. U. Yule: On the statistical interpretation of some bacteriological methods employed in water analysis. J. Hyg. (Brit.) **16**, 36 (1917).

Groth, A.: Über Wertbestimmung der Schutzpockenlymphe. Z. Hyg. **92**, 129 (1921).

— Gewinnung der Schutzpockenlymphe. Weich. Ergeb. **10**, 335 (1929).

Guérin: Contrôle de la valeur des vaccins jenneriens par la numération des éléments virulents. Ann. Inst. Pasteur, Par. **19**, 317 (1905).

Halter, K.: Untersuchungen über die Auswertung und die Wirkungsweise des Tetanustoxins. Z. Hyg. **118**, 245 (1936).

Halvorson, H. O. and N. R. Ziegler: (*1*) A means of determining bacterial population by the dilution method. J. Bacter. (Am.) **25**, 101 (1933).

— (*2*) Quantitative Bacteriology. Minneapolis, Minnesota 1933.

d'Hérelle, F.: (*1*) Le bactériophage et son comportement. Paris 1926.

— (*2*) Le phénomène de la guérison dans les maladies infectieuses. Paris 1938.

Herzberg, K.: (*1*) Eine Methode zur Zählung von Herpes- und Vakzinekeimen. Zbl. Bakter. usw., I Orig. **105**, 57 (1927).

— (*2*) Massengewebekultur des Variolavaccinevirus zur Schutzpockenimpfung. Klin. Wschr. 1932, S. 2064.

— (*3*) Über die Herstellung von Gewebekulturlymphen und ihre Brauchbarkeit in öffentlichen Impfterminen. Z. Immunit.forsch. **86**, 417 (1935).

— (*4*) Über die färberische Darstellung einiger Virusarten (Elementarkörperchen) unter besonderer Berücksichtigung der intracellulären Vermehrungsvorgänge. Klin. Wschr. **15 II**, 1385 (1936).

Herzberg-Kremmer, H. und K. Herzberg: Untersuchungen über postvakzinale Encephalitis. Zbl. Bakter. usw. **119** (1930).

Higbie, E. and B. Howitt: The behaviour of the virus of equine encephalomyelitis on the chorioallantoic membrane of the developing egg. J. Bacter. (Am.) **29** 399 (1935).

Hoegger, D.: Versuche über Bakteriophagenvermehrung in Ultrafiltraten. Z. Hyg **121**, 465 (1939).

Holmes, B. E.: The Metabolism of the filter-passing organism „A" from sewage Brit. J. exper. Path. **18**, 103 (1937).

HOLMES, F. O. (*1*): Accuracy in quantitative work with tobacco mosaic virus. Bot. Gaz. **86**, 66 (1928).
— (*2*) Local lesions in tobacco mosaic. Bot. Gaz. **87**, 39 (1929).
— (*3*) Inoculating methods in tobacco mosaic studies. Bot. Gaz. **87**, 56 (1929).
— (*4*) Taxonomic relationships of plants susceptible to infection by tobacco-mosaic virus. Phytopathology **28**, 58 (1938).
— (*5*) Local lesions of mosaic in Nicotiana Tabacum. Contr. Boyce Thompson Inst. **3**, 163 (1931).
IRWIN, J. O.: Statistical method applied to biological assays. Suppl. J. Roy. Statist. Soc. **4**, 1 (1937).
IWASE: J. med. Assoc. Formosa **265**, 410 (1927); cit. nach NAITO (siehe das.).
JOHNSON, J.: The over-wintering of the tobacco mosaic virus. Wisc. Agr. Exp. Sta. Res. Bull. Nr. 95 (1929).
JONES, L. K.: As new method of inoculating with viruses. Phytopathology **22**, 998 (1932).
JORDAN, P.: Die Stellung der Quantenphysik zu den aktuellen Problemen der Biologie. Arch. Virusforsch. **1**, 1 (1939).
KAUSCHE, G. A.: Über einige Beziehungen zwischen Viruskonzentration und Infektionseffekt bei Viren aus der X-Gruppe der Kartoffelmosaikviren. Biol. Zbl. **57**, 402 (1937); siehe auch Biochem. Z. **294**, 365 (1937).
KIDD, J. G.: The course of virus-induced rabbit papillomas as determined by virus, cells and host. J. exper. Med. (Am.) **67**, 551 (1938).
KIDD, J., BEARD and ROUS: Serological reactions with a virus causing rabbit papillomas wich became cancerous. J. exper. Med. (Am.) **64**, 63 (1936).
MCKINNEY, H. H.: Quantitative and purification methods in virus studies. J. agric. Res. **35**, 13, 1927.
KLEIN, W.: Die Methoden der Keimzählung. Handb. d. path. Mikroorg., 3. Aufl. **10**, 161 (1930).
KLIUCHAREVA, G.: Die Anwendung der Kinetik der Bakteriophagenlyse nach KRUEGER und NORTHROP und die Paratyphusphagentitration nach KRUEGER. (Russisch.) Z. Mikrobiol. **20**, 18 (1938).
KÖBE, K.: Untersuchungen über Elektrophorese am Virus der Maul- und Klauenseuche. Zbl. Bakter. usw., I Orig. **123**, 285 (1932).
KOLDAJEW, B. und N. PIKUL: Über den Einfluß der H-Ionenkonzentration auf das Virus fixe der Tollwut. Zbl. Bakter. usw. **131**, 6 (1934).
KROMBHOLZ, E. und W. LORENZ: Über eine exakte Methode der mikrobiellen Titerbestimmung. Zbl. Bakter. usw., I Orig. **104**, Beiheft, 277 (1927); **114**, 138 (1929).
KRUEGER, A. P. (*1*): A method for the quantitative determination of bacteriophage. J. gen. Physiol. (Am.) **13**, 557 (1930).
— (*2*) A method for the quantitative estimation of bacteria in suspensions. J. gen. Physiol. (Am.) **13**, 553 (1930).
— (*3*) The nature of bacteriophage and its mode of action. Physiol. Rev. (Am.) **16**, 129 (1936).
— (*4*) A critique of the serial dilution method for quantitative determination of bacteriophage. Science (Am.) **75**, 494 (1932).
KRUEGER, A. P. and D. M. BALDWIN: Production of phage in the absence of bacterial cells. Proc. Soc. exper. Biol. a. Med. (Am.) **37**, 393 (1937).
KRUEGER, A. P. and J. FONG: The relationship between bacterial growth and phage production. J. gen. Physiol. (Am.) **21**, 137 (1937).
KRUEGER, A. P. and J. H. MUNDELL: Reactivation of thermally inactivated Bacteriophage. Proc. Soc. exper. Biol. a. Med. (Am.) **34**, 410 (1936).
KRUEGER, A. P. and J. A. NORTHROP: The kinetics of the bacterium-bacteriophage reaction. J. gen. Physiol. (Am.) **14**, 223 (1930).
KRUEGER, A. P. and E. J. SCRIBNER: (*1*) The effect of NaCl on the phage-bacterium reaction. J. gen. Physiol. (Am.) **21**, 1 (1937).
— (*2*) Serial production of phage from intracellular phage precursor. Proc. Soc. exper. Biol. a. Med. (Am.) **40**, 51 (1939).

LANDSTEINER, K. und V. RUSS: Beobachtungen über das Virus der Hühnerpest. Arch. Hyg. (D.) **59**, 286 (1906).

LASSEUR, PIERRET, DUPAIX et MAGUITOT: Pouvoir bactéricide de l'argent metallique. Trav. Labor. Microbiol. Fac. Pharmacie Nancy, Heft 5 (1932).

LEDINGHAM, J. C. G. and MCCLEAN: The propagation of vaccine virus in the rabbit dermis. Brit. J. exper. Path. **9**, 216 (1928).

LEGROUX, R. et G. RAMON: De l'action des acides sur les toxines bactériennes. C. r. Soc. Biol. **115**, 1183 (1934).

LIN, F. C.: Photometric study of bacteriophage action. Proc. Soc. exper. Biol. a. Med. (Am.) **32**, 488 (1934).

LOEB, J.: Vorlesungen über die Dynamik der Lebenserscheinungen. Leipzig 1906.

LÖFFLER und FROSCH: Berichte der Kommission zur Erforschung der Maul- und Klauenseuche. Zbl. Bakter. usw. **I, 23**, 371 (1898).

LOEWENTHAL, W.: Erfahrungen mit der biologischen Pockendiagnose (PAULscher Versuch). Z. Hyg. **103**, 722 (1924).

LORING, H. S.: Accuracy in the mesearement of the activity of tobacco mosaic virus protein. J. biol. Chem. (Am.) **121**, 637 (1937).

LORING, H. S. and W. M. STANLEY: Isolation of crystalline tobacco mosaic virus protein from diseased tomato plants. J. biol. Chem. (Am.) **117**, 733 (1937).

MCCLEMENT, W. D.: Au improved method of inoculating plants with virus for the study of local lesions. Parasitology **29**, 266 (1937).

MAGRASSI, FL.: Studii sull'infezione e sull'immunità da virus erpetico. II. Sul contenuto del virus in cervello. Z. Hyg. **117**, 501 (1936).

MANIL, P. et C. DRICOT: Relations entre le nombre de lésions et la concentration du virus infectant dans le cas de la mosaique tu tabac sur Nicotiana glutinosa. C. r. Soc. Biol. **126**, 918 (1937).

MARTIN, L. F., MCKINNEY and BOYLE: Purification of tobacco mosaic virus and production of mesomorphic fibers by treatement with trypsin. Science **86**, 380 (1937).

MAYER, A.: Über die Mosaikkrankheit des Tabaks. Die Landwirtschaftl. Versuchsstat. **32**, 451 (1886).

MERRILL, M. H.: The mass factor in immunological studies upon viruses. J. Immunol. (Am.) **30**, 169 (1936).

MESTRE, H.: A precision photometer for the study of suspensions of bacteria and other microorganisms. J. Bacter. (Am.) **30**, 335 (1935).

v. MISES, R.: Vorlesungen aus dem Gebiet der angewandten Mathematik. I. Band, Wahrscheinlichkeitsrechnung. Leipzig und Wien 1931.

MORIYAMA, H. and SH. OHASHI: Studies in the virulence of Phage. J. Shanghai Sci. Inst. Sect. IV **4**, 51 (1939).

MÜNSTERER, H. O.: Wertbestimmung des Schutzpockenimpfstoffs an der Meerschweinchenplanta. Zbl. Bakter. usw., I Orig. **133**, 412 (1935).

NAGAI: Mitt. med. Ges. Chiba (Jap.) **6**, 1602 (1928); cit. nach NAITO (siehe das.).

NAITO, R.: Ein neues Verfahren zum Nachweis bakteriophagen Lysins. Zbl. Bakter. usw., I Orig. **136**, 152 (1936).

OTTO, R. und H. MUNTER: Bakteriophagie. Handb. d. path. Microorg., 3. Aufl., Bd. I, 353 (1929).

PARKER, R. F.: Statistical studies of the nature of the infectious unit of vaccine virus. J. exper. Med. (Am.) **67**, 725 (1938).

PARKER, R. F. and TH. M. RIVERS: Statistical studies of elementary bodies in relation to infection and agglutination. J. exper. Med. (Am.) **64**, 439 (1936).

PERDRAU, J. R.: Inactivation and reactivation of the virus of herpes. Proc. roy. Soc., Lond. — Ser. B: Biol. Sci. **109**, 304 (1932).

v. PREISZ, H.: Die Bakteriophagie. Jena 1925.

PRICE, W. C.: Local lesions on bean leaves inoculated with tobacco mosaic virus. Amer. J. Bot. **17**, 694 (1930).

PYL, G.: (*1*) Infektiositätsänderungen und Aktivierungsprozesse beim Virus der Maul- und Klauenseuche. Z. Hyg. **114**, 501 (1932).

PYL, G.: (2) Zur Theorie und Methodik der quantitativen Auswertung filtrierbarer Virusarten. Z. Hyg. **115**, 541 (1933).

— (3) Vergleichende Untersuchungen über den Realkalisierungseffekt bei Virusarten. Z. physiol. Chem. **226**, 18 (1934).

— (4) Über eine zweite Form des Maul- und Klauenseuchevirus. Z. physiol. Chem. **244**, 209 (1936).

PYL, G. und L. KLENK: (1) Haltbarkeitsversuche mit dem Virus der Maul- und Klauenseuche. Zbl. Bakter. usw., I Orig. **128**, 161 (1933).

— (2) Die Haltbarkeit des Virus der Maul- und Klauenseuche in hochprozentigen Salzlösungen. Zbl. Bakter. usw., I Orig. **137**, 433 (1936).

RAMON, LEMÉTAYER, RICHOU et NICOL: Des causes d'erreur dans la détermination, chez l'animal d'expérience, de l'activité de la toxine tétanique. C. r. Soc. Biol. **127**, 1157 (1938).

RAWLINS, T. E. and C. M. TOMPKINS: Studies on the effect of carborundum as an abrasive in plant virus inoculations. Phytopathology **26**, 578 (1936).

REICHEL, H.: (1) Methodik der Desinfektion. Handb. d. biol. Arbeitsmeth., Abt. III, Teil 11, S. 771—884, 1936.

— (2) Die wichtigsten mathematischen Methoden bei der Bearbeitung von Versuchsergebnissen und Beobachtungen. Berlin und Wien 1935.

REMESOV, VADOVA, IROPETIAN and RATNER: The kryogenic method of virus-containing material with the view of obtaining highly active hydrosols-„virus"-sols. Bull. Biol. et Méd. exper., URSS. **3**, 606 (1937); cit. nach Ber. Biol. **45**, 603 (1938).

RIVERS, T. M.: Cultivation of vaccine virus for Jennerian prophylaxis in man. J. exper. Med. (Am.) **54**, 453 (1931).

RIVERS, T. M. and S. M. WARD: Further observations on the cultivation of vaccine virus for Jennerian prophylaxis in man. J. exper. Med. (Am.) **58**, 635 (1933).

ROCHA-LIMA, J. REIS und K. SILBERSCHMIDT: Methoden der Virusforschung. Urban & Schwarzenberg 1939.

RUPPIN, R.: Zur Auswertung filtrierbarer Virusarten durch die Methode der fortschreitenden Verdünnung. Z. Hyg. **116**, 281 (1935).

SABIN, A. B.: The nature of the varying protective capacity of antiviral serum in different tissues of the same species and in the same tissue of different species. Brit. J. exper. Path. **16**, 169 (1935).

SAMUEL, G. and J. G. BALD: On the use of the primary lesions in quantitative work with two plant viruses. Ann. appl. Biol. **20**, 70 (1933).

SAMUEL, BALD und PITTMAN: (1) Investigations on „spotted wilt" of tomatoes. Council f. scient. a. ind. Res. **44** (1930).

— (2) Some experiments on inoculating methods with plant viruses, and on local lesions. Ann. appl. Biol. **18**, 494 (1931).

v. SCHELLING, H.: Die mathematisch-statistische Bewertung von Stichproben und deren Bedeutung für die Beurteilung von Tierversuchen. Arb. a. d. Georg-Speyer-Haus Frankfurt, Heft 35, 1938.

SCHLESINGER, M.: (1) Z. Hyg. **114**, 149 (1932).

— (2) Beobachtung und Zählung von Bakteriophagenteilchen im Dunkelfeld. Z. Hyg. **115**, 774 (1933).

— (3) Z. Hyg. **116**, 171 (1934).

SCHWARTZMANN, G.: The influence of partial anaerobiosis upon regeneration of a highly diluted lytic principle. J. exper. Med. (Am.) **42**, 507 (1925).

SEIFFERT, W.: Das D'HERELLEsche Phänomen als „exogene Autolyse" der Bakterien. Z. Hyg. **98**, 482 (1922).

SERTIĆ, V.: (1) Der Aufbau der Bakteriophagenkolonien. Zbl. Bakter. usw., I Orig. **110**, 125 (1929).

— (2) Diffusion de la lysine et pénétration des bactériophages autour de la plage. C. r. Soc. Biol. **118**, 629 (1935).

SERTIC, V. et N. BULGAKOV: (1) Sur une méthode d'evaluation de la virulence d'un bactériophage. C. r. Soc. Biol. **111**, 564 (1932).

SERTIC, V. et N. BULGAKOV: (*2*) Sur la sensibilité des souches d'Eberthella typhi au bactériophage, en relation avec les caractères antigéniques. C. r. Soc. Biol. **122**, 35 (1936).

SHEFFIELD, F. M. L.: (*1*) The susceptibility of the plant cell to virus disease. Ann. appl. Biol. **23**, 498 (1936).

— (*2*) The histology of the necrotic lesions induced by virus diseases. Ann. appl. Biol. **23**, 752 (1936).

SINGER, E.: Die bakteriologische Untersuchung des Trinkwassers. Jena 1931.

SKAR, O.: Mikroskopische Zählung und Bestimmung des Gesamtkubikinhaltes und der Oberfläche von Mikroorganismen und anderen mikroskopischen und ultravisiblen Körpern. Z. Inf. d. Haustiere **46**, 110 (1934).

SMITH, KENNETH, M.: Plant viruses. Methuens monographs, London 1935.

SOBERNHEIM, G.: Die neueren Anschauungen über das Wesen der Variola- und Vakzineimmunität. Weich. Erg. d. Hyg. **7**, 133 (1925).

— Bericht über die Sitzung der Pockenkommission der Hygieneorganisation des Völkerbundes in Berlin. Januar 1927.

Société des Nations: Rapport sur la réunion de la commission de la variole et de la vaccination. Ch. 533, Janvier 1927.

SPENCER, E. L.: Seasonal variations in susceptibility of tobacco to infection with tobacco-mosaic virus. Phytopathology **28**, 147 (1938).

STANLEY, W. M.: (*1*) Crystalline tobacco mosaic virus protein. Amer. J. Bot. **24**, 59 (1937).

— (*2*) Chemical studies on the virus of tobacco mosaic. IV. Some effects of different chemical agents on infectivity. Phytopathology **25**, 899 (1935).

— (*3*) The isolation from diseased Turkish tobacco plants of a crystalline protein possessing the properties of tobacco-mosaic virus. Phytopathology **26**, 305 (1936).

— (*4*) The isolation of a crystalline protein possessing the properties of aucuba mosaic virus. J. biol. Chem. (Am.) **117**, 325 (1937).

STEVENSON, W. and G. BUTLER: Lymphe vaccinale obtenue sur l'allanto-chorion de l'embryon de poulet. Bull. Off. internat. Hyg. publ., Par. **26**, 64 (1934).

TANIGUCHI, T., KOGITA, HOSOKAWA and KUGA: Cultivation of the vaccinia and varicella viruses in the chorio-allantoic membrane. Jap. J. exper. Med. (e.) **13**, 19 (1935).

UNGERMANN und ZÜLZER: Beiträge zur experimentellen Pockendiagnose, zur Histologie des kornealen Impfeffektes und zum Nachweis der GUARNIEREschen Körperchen. Arb. a. d. Reichsgesundheitsamt **52**, 41 (1920).

VERGE, J.: Les ultra-virus. Rec. Méd. vét. **113**, 653 (1937).

VINSON, C. G. and A. W. PETRE: Mosaic disease of tobacco. Contrib. Boyce Thompson Inst. **3**, 131 (1931).

WEBSTER, L. T. and A. D. CLOW: The limited neurotropic character of the encephalitis virus (St. Louis type) in susceptible mice. J. exper. Med. (Am.) **63**, 433 (1936).

WEITBRECHT, W.: Ausgleichsrechnung. Sammlung Göschen 1919.

WERTHEMANN, A.: Das Verhalten der übertragbaren Lysine („Bakteriophagen") in der Zirkulation von Kalt- und Warmblütern. Arch. Hyg. (D.) **91**, 255 (1922).

WHITMAN, L.: The multiplication of the virus of yellow fever in Aëdes aegypti. J. exper. Med. (Am.) **66**, 133 (1937).

WIDELOCK, D.: Studies on vaccinia virus. J. infect. Dis. (Am.) **62**, 27 (1938).

WINSLOW, C. E.: Eine Methode zur direkten mikroskopischen Zählung von Bakterien. Zbl. Bakter. usw., I Ref. **37**, 366 (1906); J. infect. Dis. (Am.), Suppl. No. 1, 209 (1905).

WOHLFEIL, T.: Zur Kritik einiger Methoden der Bakterienzählung. Zbl. Bakter. usw., **127**, I Orig. 492 (1933).

WYCKOFF, R. W., BISCOE and W. M. STANLEY: An ultracentrifugal analysis of the crystalline virus proteins isolated from plants diseased with different strains of tobacco mosaic virus. J. biol. Chem. (Am.) **117**, 57 (1937).

YATES, F.: (*1*) Incomplete randomized blocks. Eugenics **7**, 121 (1936).

— (*2*) A new method of arranging variety trials involving a large number of varieties. J. Agric. Sci. **26**, 424 (1936).

YOUDEN, W. J.: Dilution curve of tobacco-mosaic virus. Contr. Boyce Thomp. Inst. 9, 49 (1937).
— (2) Use of incomplete block replications in estimating tobacco mosaic virus. Contr. Boyce Thompson Inst. 9, 41 (1937).
YOUDEN and H. P. BEALE: A statistical study of the local lesion method for estimating tobacco mosaic virus. Contr. Boyce Thompson Inst. 6, 437 (1934).
YOUDEN, BEALE and GUTHRIE: Relation of virus concentration to the number of lesions produced. Contr. Boyce Thompson Inst. 7, 37 (1935).
YULE, G. U.: Theory of statistics. London 1929.
ZINSSER, H. and C. V. SEASTONE: The influence of oxidation and reduction on the virulence of herpes filtrates. J. Immunol. (Am.) 18, 1 (1930).
ZURUKZOGLU: Auswertungsmethoden für Pockenlymphen und Pockensera. Handb. d. biol. Arbeitsmeth., Abt. XIII, Teil 2/II, 1933, S. 1141.

4. Die Ausbreitung der Virusarten im Wirtsorganismus.[1]

Von

R. DOERR, Basel.

Das Verhalten des Virus an der Eintrittspforte und seine Beziehungen zur Art der Ausbreitung.

Nach einem Vorschlage von R. DOERR (*3*), welcher sich auf alle tierpathogenen Infektionsstoffe bezieht, kann man auch bei den Virusarten folgende Fälle unterscheiden:

1. Das Virus siedelt sich an der Eintrittspforte an und bleibt auf diese beschränkt.

Ein Übergreifen erfolgt nur auf benachbarte Bezirke des primären Herdes bzw. auf Stellen desselben Gewebes, welche mit dem primären Herd in Berührung gebracht werden (per „*continuitatem*“ oder „*contiguitatem*“).

Es gibt nur wenige Viruskrankheiten, bei welchen diese scharf ausgeprägte Lokalisationstendenz beobachtet wird. Mit einiger Sicherheit darf man dazu rechnen: die beim Menschen, bei Hunden und Rindern auftretenden Warzen, die Larynxpapillome (deren Virus nach E. V. ULLMANN mit jenem der menschlichen Warzen identisch ist), das Molluscum contagiosum und den gewöhnlichen Schnupfen, vielleicht auch noch gewisse infektiöse Erkrankungen der menschlichen Conjunctiva, sofern bei denselben die Virusätiologie als hinreichend gesichert gelten darf.

In den zitierten Fällen tritt uns die strenge Beschränkung auf die Eintrittspforte oder — negativ ausgedrückt — die Unfähigkeit zur Ausbreitung im Wirtsorganismus als Eigenschaft der *Virusarten* entgegen. Sie kann sich aber auch bloß bei bestimmten *Rassen* oder *Stämmen* einer Virusart vorfinden oder nicht vom Virus, sondern von der *Beschaffenheit des Wirtes* abhängen. Auf solche Beobachtungen und ihre hypothetischen Erklärungen wollen wir an anderer Stelle dieses Kapitels ausführlicher zurückkommen.

2. Eintrittspforte und Ansiedlungsstätte des Virus ist das Blut.

Faßt man das Blut als ein Gewebe im weiteren Wortsinn auf, so läßt sich dieser Lokalisationstyp als ein Spezialfall des ersten definieren. Da das Blut und mit ihm

[1] Es werden in diesem Kapitel nur die *tierpathogenen* Virusarten besprochen. Über die Ausbreitung *phytopathogener* Virusarten siehe KENNETH M. SMITH, dieses Handbuch, 7. Abschnitt, „Translocation or Movement of the Virus in the Plant“.

die Viruselemente in alle vascularisierten Organe gelangen, kann man sich allerdings auf den Standpunkt stellen, daß die Infektion in solchem Falle eo ipso „generalisiert" ist, und daß es daher keinen Sinn hat, von „Lokalisierung" zu sprechen [R. DOERR (3)]. Es ist indes zweifellos berechtigt, einen Unterschied zu machen, je nachdem die Virusvermehrung auf das Blut beschränkt bleibt oder sekundär auch in irgendwelchen fixen Geweben vor sich gehen kann. Nur würde dann die *Gruppe der primären Virusinfektionen des Blutes* in zwei Kategorien gespalten, was nicht zweckmäßig wäre. Im Vordergrund mikrobiologischer und infektionspathologischer Betrachtung steht die Tatsache, daß gewisse Virusarten überhaupt fähig sind, sich im strömenden Blute in sehr erheblichem Ausmaße zu vermehren, weil sie mit jener Richtung zu kollidieren scheint, welche allen Virusarten ohne Ausnahme den Charakter obligater Zellschmarotzer zuerkennen möchte.

Die Virusseptikämie als ein der Erhaltung der Virusarten in der Natur dienlicher Vorgang.

Die primäre Blutinfektion darf für alle Viruskrankheiten als gesichert gelten, welche durch hämatophage Arthropoden übertragen werden: Dengue, Phlebotomenfieber, Gelbfieber (einschließlich des Dschungelgelbfiebers), das Rift-Tal-Fieber und das Louping-ill der Schafe sowie die equine Encephalomyelitis Amerikas. Liegt es doch im Wesen dieses Übertragungsvorganges, daß das Blut sowohl die Eintrittspforte als auch die Ansiedlungsstätte des spezifischen Agens darstellt. Das Blutquantum, welches ein Insekt aufzunehmen vermag, ist minimal, und da schon ein einziger Saugakt zur Infektion des Insektes führen kann, ergibt sich der Schluß, daß die Viruskonzentration im Blute der infizierten Wirte beträchtlich sein muß, jedenfalls ungleich höher als die Keimdichte, die man bei den Bakteriämien des Menschen festgestellt hat, wo 1000 Bakterienzellen pro Kubikzentimeter Blut nach den Untersuchungen von SCHOTTMÜLLER schon die Höchstgrenze darstellen sollen. Dementsprechend ergeben sich auch bei der experimentellen Übertragung des Blutes auf empfängliche Menschen oder Tiere außerordentlich niedrige Minimaldosen; R. DOERR konnte mit weniger als 0,001 ccm Blut eines an Phlebotomenfieber leidenden Patienten die Krankheit erzeugen, und in den Versuchen von J. BAUER erwies sich noch 0,0000000001 ccm Gelbfieberblut als infektiös.

Eine so hohe Infektiosität des Blutes, wie sie J. BAUER beim Gelbfieber beobachten konnte, findet man auch bei der Hühnerpest; wenn auch die Ausbreitung dieser Epizootie durch blutsaugende Überträger nicht wahrscheinlich bzw. experimentell nicht bewiesen ist, wäre es doch möglich, daß die enorme Anreicherung des Virus im Blute der infizierten Hühner auf irgendeine andere Weise der Erhaltung des Virus in der Natur dient, indem sie Ansteckungen durch kleinste Verletzungen oder durch den Geschlechtsakt (C. HALLAUER und S. SEIDENBERG) begünstigt.

Bei der Hühnerpest entspricht der Virustiter im Blute nicht der Zahl der in der Volumseinheit vorhandenen Erregerelemente, sondern der Zahl der virusbeladenen Erythrocyten. Das Maximum der Blutinfektiosität ist offenbar durch den Fall gegeben, daß an *jedem* Erythrocyten Virus haftet; die Infektiosität bleibt dann bei der üblichen Auswertung durch Verdünnung so lange erhalten, als noch auf jedes untersuchte Teilquantum mindestens ein Erythrocyt entfällt. Da ein Kubikzentimeter Hühnerblut $2{,}7 \times 10^9$ rote Blutkörperchen enthält, so sollte das Blut eines Huhns auf der Höhe der Infektion einen maximalen Titer von 10^{-9} bis 10^{-10} ccm aufweisen, was mit den Ergebnissen der ad hoc vorgenommenen Auswertungen gut übereinstimmt. Natürlich sind diese Überlegungen nur richtig, wenn die Flüssigkeit, in welcher die Erythrocyten suspendiert sind (Plasma oder Serum), einen wesentlich niedrigeren Titer hat als das Vollblut, was bei der Hühnerpest tatsächlich der Fall ist (DOERR, SEIDENBERG und WHITMAN, DOERR und E. GOLD). Für Gelbfieberblut liegen meines Wissens keine genauen Untersuchungen darüber vor, wie sich das Virus auf Plasma bzw. Serum und Erythrocyten verteilt; es fällt jedoch auf, daß die von J. BAUER angegebene Blutmenge, die im Tierversuch noch infektiös war (10^{-10} ccm), annähernd der Zahl der Erythrocyten des Menschen (5×10^9 pro ccm) entsprach.

Ist die Virusseptikämie auf Vermehrung im Blute oder auf Einschwemmung in den Kreislauf zu beziehen?

Es ist in hohem Grade unwahrscheinlich, daß so enorme Virusmassen, wie sie sich bei den bezeichneten Krankheiten im Blute nachweisen lassen, außerhalb der Blutbahn entstehen und nur sekundär in den Kreislauf eingeschwemmt werden. Wenn manche Organe (bei der Hühnerpest das Gehirn, beim Gelbfieber die Leber) eine derartige Infektiosität erreichen, daß dies aus ihrem Blutgehalt nicht erklärt werden kann, ist vielmehr der umgekehrte Vorgang, nämlich das Übergreifen der Infektion vom Blut auf fixe Gewebe anzunehmen. In der Tat vermochten DOERR und SEIDENBERG (*2*) Hühnerpestvirus beim intramuskulär infizierten Huhn zuerst an den Erythrocyten des strömenden Blutes nachzuweisen, zu einer Zeit, wo das Zentralnervensystem noch virusfrei war.

Die Vermehrung im Blute muß natürlich nicht extracellular vor sich gehen; sie könnte in den Uferzellen des Blutstromes, den Endothelien und Reticulocyten, in den Leukocyten oder in den Erythrocyten erfolgen. Die exakte Lokalisation des Vermehrungsvorganges ist, wenn sie nicht optisch durchgeführt werden kann, mit Schwierigkeiten verknüpft. So hat C. TODD angegeben, daß Hühnerpestvirus im zentrifugierten Blut infizierter Hühner ungleichmäßig verteilt sei; die Leukocytenschicht soll etwa 100mal stärker infektiös sein als das Plasma oder die gewaschenen Erythrocyten. Wäre aber die Hauptmasse des Virus in den Leukocyten konzentriert, so könnte man nicht verstehen, daß sich das Blut 10^9—10^{10}mal verdünnen läßt, ohne seine Infektiosität einzubüßen. Nach den Untersuchungen von R. DOERR und GOLD sowie DOERR und SEIDENBERG (*1, 2*) vermehrt sich das Hühnerpestvirus weder im Blutplasma noch auch im Inneren von Blutzellen, sondern *an der Oberfläche der Erythrocyten*. Denn die Erythrocyten sind beim intramuskulär injizierten Huhn schon viel früher infektiös als das Plasma, und daß es tatsächlich die Erythrocyten sind, an denen das Virus haftet, geht daraus hervor, daß ein einziges, mikrurgisch isoliertes Blutkörperchen genügt, um eine tödliche Infektion zu erzeugen; die Lage an der Oberfläche der Erythrocyten ergibt sich aus der Beobachtung, daß ein Teil des Virus durch bloße Waschprozeduren von den Blutkörperchen abgelöst werden kann (R. DOERR und E. GOLD).

Daß sich bestimmte Virusarten sowohl im Blute als auch in gewissen Organen empfänglicher Wirte vermehren können, bedeutet keinen Widerspruch. Es ist dies nicht merkwürdiger als die wohlbekannte Erscheinung, daß sich zwei oder mehrere spezifische Lokalisationen miteinander kombinieren können, eine Eigenschaft, die von E. W. HURST (auf das Virus bezogen) als „*Pan*tropie" bezeichnet wurde. Die Fähigkeit bzw. die Tendenz zur Ansiedlung im Blute ist (wie auch andere spezielle Tropismen) variabel. GORDON stellte fest, daß sich das Virus des Louping-ill im *Schafe* zuerst im Blute vermehrt und erst in einem relativ späten Stadium der Krankheit in das Gehirn eindringt. Im Blute von intracerebral infizierten *Affen* aber konnte das Virus zwar nachgewiesen werden, doch ergab sich kein Anhaltspunkt für seine Vermehrung im Blute, und nach intranasaler Übertragung war auch der Blutbefund meist negativ (GALLOWAY und PERDRAU). Solche Verhältnisse konnten auch für andere Virusarten konstatiert werden und bilden ein überzeugendes Argument gegen die Annahme, daß das frühzeitige und massenhafte Auftreten von Virus im Blute auf eine Ausschwemmung aus den Ansiedlungsstätten in fixen Geweben zurückgeführt werden darf, d. h. daß die primäre Blutinfektion aus prinzipiellen Gründen abzulehnen sei, sobald ein Virus als infektiöses Agens in Betracht kommt. Es ist nicht einzusehen, warum eine Ausschwemmung des Louping-ill-Virus beim Schafe in großem Maßstab möglich sein soll, beim Affen nicht oder nur in ganz geringem Umfange; und wenn als der Ort, von dem aus der kontinuierliche Zufluß zum Blute erfolgen soll, das Zentralnervensystem angegeben wird (*Hühnerpest*, *Louping ill*, *amerikanische Encephalomyelitis der Pferde*), hätte man sich überdies noch mit den Vorstellungen über die Undurchlässigkeit der Bluthirnschranken abzufinden.

3. Die Ansiedlung erfolgt nicht an der Eintrittspforte, sondern in einem entfernten Organ.

Als Modell könnten die durch Bakterien hervorgerufenen „*kryptogenetischen*" Infektionen dienen, wie z. B. die akute Osteomyelitis, die durch Streptokokken erzeugten primären Peritonitiden, die primären Pneumokokkeninfektionen des Bauchfells und der Meningen. Die Eintrittspforte kann in der Mehrzahl dieser Fälle nur vermutungsweise angegeben werden (Tonsillen, Lungen, Darm). Daß der oft weit entlegene Bestimmungsort ohne Vermehrung der eingedrungenen Keime erreicht werden kann, bereitet keine Schwierigkeiten, da der erforderliche passive Transport in die Strömung der Lymphe oder in die Blutzirkulation verlegt wird. Wie man sich das „*Eindringen*", speziell bei unbeweglichen Keimen, vorzustellen hat, wird — von Ausnahmen [R. DOERR (*3*)] abgesehen — nicht erörtert; auch beruht die Aussage, daß sich die Mikroben an der Eintrittspforte nicht vermehrt haben, nicht auf einer Feststellung, sondern auf dem nicht ganz zuverlässigen Schluß, daß man im Falle einer Vermehrung krankhafte Symptome oder pathologische Veränderungen beobachten müßte.

Auch unter den Viruskrankheiten des Menschen und der Tiere stoßen wir auf kryptogenetische Infektionen in dem eben erörterten Sinne. Wir kennen die Eintrittspforte nicht, aber der Sitz des Prozesses z. B. im Zentralnervensystem sagt uns, daß sie sich an einem anderen Orte befunden haben muß; und da die Eintrittspforte nicht durch auffällige pathologische Reaktionen markiert erscheint, könnten wir auch hier annehmen, daß sich an die Invasion des Virus zunächst eine Wanderung anschließt und daß die Vermehrung erst am Ziele des Wegen einsetzt, d. h. nach dem Eintreffen in einem für die Besiedlung geeigneten Gewebe. Hier liegen jedoch die Dinge weniger einfach, aus Gründen, die man sich an einigen Beispielen leicht klarmachen kann.

Die Lyssa wird durch Traumen der Haut oder der zugänglichen Schleimhäute übertragen; die Eintrittspforte ist also bekannt. Eine Vermehrung des Lyssavirus am Ort der Invasion wird nicht angenommen; das Agens, dem ein streng neurotroper Charakter zugeschrieben wird, soll ausschließlich in nervösem Gewebe proliferieren. Würde die Entfernung zwischen der Bißwunde und dem Zentralnervensystem durch die Blutströmung überwunden, so wäre sowohl das Eindringen (in Anbetracht des traumatischen Infektionsmodus) als auch die Wanderung ohne Virusvermehrung ohne weiteres vorstellbar. Die zentripetale Fortleitung soll aber in den Nerven vor sich gehen, welche die Eintrittspforte mit dem Zentralnervensystem verbinden. Das Eindringen in diese Bahn könnte durch Verletzungen peripherer Nervenäste vermittelt werden; die Fortbewegung innerhalb derselben wäre aber ohne Virusvermehrung unmöglich, falls ein passiver Transport durch eine zentripetale Strömung nicht in Frage kommt. — Das Poliomyelitisvirus wird hinsichtlich seiner obligaten und hochspezifizierten Neurotropie dem Lyssavirus gleichgestellt (E. W. HURST). Unter natürlichen Bedingungen wird es aber nicht traumatisch, sondern durch Kontakte mit unverletzten Schleimhäuten (höchstwahrscheinlich mit der Nasenschleimhaut) übertragen. Selbst wenn man annimmt, daß es hier in marklose Endverzweigungen der Nerven eindringt, welche bis in die Nähe der Schleimhautoberfläche heranreichen, ist sowohl die Aufnahme in diese terminalen Nervenfasern als auch die zentripetale Fortleitung ohne Virusvermehrung, d. h. anders als unter dem Bilde des „Einwucherns und Fortwucherns" nicht zu begreifen.

Wir müssen auf diese Verhältnisse ohnehin nochmals in dem Kapitel über die Nervenwanderung zurückkommen. Die vorläufigen Bemerkungen, welche hier Platz gefunden haben, sollen nur motivieren, daß es — schon um unbewiesene Auffassungen nicht zu präjudizieren — zweckmäßiger wäre, von „*Ansiedlungen im entfernten Organ ohne pathologische Auswirkung an der Invasionsstelle*" zu sprechen; dies auch mit Rücksicht auf die sub 4 erörterten Verhältnisse.

4. Die Ansiedlung und pathologische Auswirkung des Virus erfolgt an der Eintrittspforte und die weitere Ausbreitung vollzieht sich durch Vermittlung der Blut-, Lymph- oder Nervenbahnen.

Beide Vorgänge müssen nicht in dem Sinne subordiniert sein, daß die Infektion an der Eintrittspforte erst einen gewissen Grad erreichen und zu örtlichen pathologischen Reaktionen führen muß, bevor die Abwanderung des Virus und damit die Generalisierung des Prozesses beginnt.

GINS, HACKENTHAL und KAMENTZEWA konnten beim Menschen schon am dritten Tage nach einer Scarifikationsimpfung Vaccinevirus auf den Tonsillen nachweisen, obwohl in den ersten 72 Stunden nach der Impfung noch keine örtliche Reaktion zu konstatieren war. Da Tierversuche ergaben, daß das Virus in den inneren Organen zur gleichen Zeit auftritt wie in den Tonsillen, durfte mit größter Wahrscheinlichkeit angenommen werden, daß die „*symptomlose Generalisierung*" des Vaccinevirus auf hämatogenem Wege zustande kommt. GINS bemerkte später (1935) hierzu, es sei völlig unbekannt, was in den 72 Stunden nach der Insertion des Virus vor sich gehe. Diese Lücke besteht jetzt jedenfalls nicht mehr. Beim intracutan geimpften Kaninchen verschwindet das Virus nach den Untersuchungen von D. WIDELOCK aus dem infizierten Hautgebiet völlig, erscheint aber nach 20 Stunden wieder und vermehrt sich in loco, bis nach einigen Tagen ein (von der einverleibten Vaccinemenge unabhängiges) Maximum erreicht ist. Da anzunehmen ist, daß beim Menschen analoge Verhältnisse bestehen, würde das Vaccinevirus an den Tonsillen erst nachweisbar werden, wenn die Vermehrung an der Impfstelle schon in vollem Gange ist; man kann aber natürlich auch (mit D. WIDELOCK) die Ansicht vertreten, daß die Phase der ersten 20 Stunden, in welcher das Virus nicht nachweisbar ist, auf einem Abtransport desselben beruht, daß also die Verschleppung (Generalisation) schon vor der lokalen Vermehrung einsetzt und daß es nur einer weiteren Zeitspanne von 2 Tagen bedarf, bevor die Distanzen überwunden sind, bzw. bevor sich das Virus an den Tonsillen genügend angereichert hat.

E. W. HURST infizierte Meerschweinchen und Rhesus-Affen mit dem Virus der equinen Encephalomyelitis intramuskulär und intradermal. Zu einer Zeit, wo das Virus bereits in größerer Konzentration im Blute kreiste, hatte im Muskel noch keine und in der Cutis nur eine mäßige lokale Virusvermehrung stattgefunden; es bestand somit jedenfalls eine gewisse Unabhängigkeit der hämatogenen Generalisation von den Vorgängen an der Eintrittspforte.

Wird die Verbindung zwischen der Eintrittspforte und der entfernten Ansiedlungsstätte durch eine *Nervenbahn* hergestellt, so kann die nervöse Fortleitung des Virus ebenfalls schon beginnen, bevor es zu klinischen oder anatomischen Veränderungen an der Haftstelle gekommen ist. Im Gefolge einer Scarifikationsimpfung der Kaninchencornea mit Herpesvirus entwickelt sich eine Keratoconjunctivitis und — falls der Herpesstamm „encephalitogen" ist — eine Encephalitis; wohl treten die lokalen Symptome früher auf als die Hirnerscheinungen, aber der Eintritt in die vom Auge zum Gehirn führende Trigeminusbahn erfolgt vermutlich schon vor der entzündlichen Reaktion des infizierten Auges, da es bisher nicht gelungen ist, die Encephalitis durch frühzeitige Enucleation des Bulbus zu verhindern [LEVADITI, HARVIER und NICOLAU (*2*)]. Verwendet man statt Kaninchen Ratten oder weiße Mäuse, so kann es zur Encephalitis kommen, gleichgültig, ob das geimpfte Auge manifest erkrankt oder nicht; die Unabhängigkeit der Nervenwanderung von der Intensität des Prozesses an der Eintrittspforte tritt also hier noch deutlicher zutage.

Es ist natürlich anderseits durchaus möglich, daß die Generalisation von einem schon länger bestehenden und in seiner Entwicklung fortgeschrittenen „*Primäraffekt*" ausgeht. Als Paradigma mag das Lymphogranuloma inguinale (Krankheit von NICOLAS-FAVRE) gelten, speziell in der Form, in welcher es bei Männern auftritt (vgl. C. und J. LEVADITI), ferner die Vaccina generalisata, das Pockenexanthem nach künstlicher Variolation und die Hodenentzündung bei Parotitis epidemica, die etwa eine Woche nach dem Beginn der Speicheldrüsenerkrankung unter erneutem hohem Fieber einsetzt.

Die Metastasen der zellfrei übertragbaren Tumoren (Geflügelsarkome) können sich im Prinzip auf doppelte Weise entwickeln, entweder aus verschleppten Zellen des primären Tumors oder durch Generalisation des virusartigen Agens, das im Primärtumor produziert und von hier aus in den Kreislauf eingeschwemmt wird; da man im Blute tumortragender Hühner das Virus nachweisen kann, und da es gelingt, durch intravenöse Injektion von virushaltigen, aber zellfreien Flüssigkeiten Tumoren zu erzeugen, darf die zweite Möglichkeit als erwiesen gelten (siehe u. a. DOERR, BLEYER und W. G. SCHMIDT).

Ohne spezielle Rücksichtnahme auf die vier durch die vorstehenden Ausführungen charakterisierten und — soweit dies durchführbar ist — voneinander abgegrenzten Typen sollen nun die Arten der Ausbreitung vom allgemeinpathologischen Standpunkt, d. h. im Hinblick auf ihren Mechanismus diskutiert werden.

Der Mechanismus der verschiedenen Ausbreitungsarten.

A. Die Ausbreitung im Gewebe („per continuitatem").

Scheinbar der einfachste, de facto aber der am schwersten zu erklärende Ausbreitungsmodus. R. DOERR (*3*) und später GUTFELD und E. MAYER (in Anlehnung an die Ausführungen von DOERR) haben darauf hingewiesen, daß schon bei den bakteriellen Infektionen über diese Verhältnisse sehr wenig bekannt ist. Die Bemühungen von H. A. GINS, durch das Studium der ersten Phasen eines geeigneten Prozesses (Subcutaninfektion des Meerschweinchens mit FRÄNKELschen Gasbrandbacillen) tiefere Einblicke zu gewinnen, haben an dieser Situation nicht viel geändert. Auch heute ist keine Aussage darüber möglich, warum sich z. B. Staphylokokken und Streptokokken, zwei unbewegliche und im Charakter der pathologischen Auswirkung ähnliche Keime, hinsichtlich des Vordringens im infizierten Gewebe, des Einbruchs in die Blutbahn und der Häufigkeit hämatogener Metastasen so verschieden verhalten. Im Gebiete der Virusarten wird das Verständnis noch durch einen weiteren Umstand gehemmt, nämlich durch die herrschende Lehre, daß sich die Viruselemente nur im Binnenraum von bestimmten Wirtszellen vermehren. *Das Fortschreiten einer Virusinfektion in einem Gewebskontinuum läßt sich dann wohl nur als eine Kette von aufeinanderfolgenden Zellinfektionen vorstellen, nämlich derart, daß infizierte Zellen zerfallen oder Virus freigeben, das wieder in andere Zellen eindringt.* Dies vorausgeschickt, wollen wir zwei entgegengesetzte Fälle von Virusausbreitung per continuitatem so weit als möglich analysieren.

Affen können mit dem Virus des Louping-ill intranasal infiziert werden. Von der Nasenschleimhaut aus gelangt das Virus nach den Untersuchungen von I. A. GALLOWAY und I. R. PERDRAU direkt (ohne Vermittlung des Blutstromes) in die vorderen Anteile des Gehirns (Riechlappen) und schreitet von hier kontinuierlich gegen den Occipitallappen, das Kleinhirn und die Medulla fort, um schließlich im Rückenmarksstrang hinabzusteigen und auch in die peripheren Nerven (Brachiales, Ischiadici) einzudringen. Eine Wanderung des Virus in anatomisch präformierten Bahnen war nicht nachweisbar, sondern eben nur die progressive und nicht von Lücken unterbrochene Ausbreitung „per continuitatem". Auch konnten nicht an allen Orten, an denen sich das Virus vorfand, histologische Läsionen festgestellt werden, mit Ausnahme des Kleinhirns, wo der positive Virusbefund stets mit degenerativen Veränderungen der Purkinjeschen Zellen einherging. *Man muß zugeben, daß diese Angaben mit der Idee einer von Zelle zu Zelle fortschreitenden und die Zellen zerstörenden Infektion nicht harmonieren.*

Und nun betrachten wir als Gegenstück die verschiedenen Formen der Pocken, die sich nach kurzem Bestande begrenzen und die zwar konfluieren, aber nicht über eine bestimmte Größe hinaus wachsen können. Wer ganz unter der Herrschaft der Lehre von den zweckmäßigen Abwehrreaktionen steht, wird hier vermutlich zuerst an eine „Schnellimmunisierung" des jede Effloreszenz umgebenden Gewebes denken. Die Kolonien, welche zahlreiche Bakterienspezies auf starren Medien bilden, zeigen aber ein ganz ähnliches Verhalten, und in diesem Falle kann ja von „Gegenwehr" keine Rede sein. Im Gewebe verteilen sich pathogene Bakterien in der Regel nicht gleichmäßig und diffus, sondern sind in Form von Haufen oder Nestern angeordnet, die man oft als „*Kolonien im Gewebe*" bezeichnet hat und bei denen man — eben mit Rücksicht auf die Ansiedlungen auf unbelebtem Nährsubstrat — die Begrenzungstendenz auch nicht ohne weiteres auf die Gegenwirkung des Wirtsgewebes beziehen darf. Die bekannten Untersuchungen von Bail über die maximale Dichte von Bakterienpopulationen in flüssigen Nährböden lassen sich ebenfalls heranziehen, obwohl natürlich die suggestive Analogie der „Kolonie" mit dem „Herd im Gewebe" fehlt.

Man könnte im Zweifel sein, ob solchen Hinweisen auf bakteriologische Phänomene eine reale Bedeutung zukommt. D. Widelock hat jedoch kürzlich gezeigt, daß die Konzentration, bis zu welcher sich das Vaccinevirus an einer intracutan infizierten Stelle der Kaninchenhaut vermehrt, ein identisches Maximum hat, gleichgültig, ob man eine Virusverdünnung von 1 : 10 oder von 1 : 1000000 injiziert hat; je höher die injizierte Virusmenge ist, desto früher wird das von vornherein bestimmte Maximum erreicht. Wenn man auch nicht begreift, *warum* nicht eine konzentrische Ausbreitung des lokalen Vaccineinfektes erfolgt, weiß man doch wenigstens, *daß* die Virusvermehrung bei einem bestimmten Punkte abgestoppt wird und darf vermuten, daß es hauptsächlich dieser Umstand ist, welcher den pathologischen Aktionsradius des Prozesses bestimmt. Widelock konstatierte ferner, daß mit der Virusvermehrung Veränderungen der Epithelzellen einhergehen, welche an Größe und Zahl zunehmen; das Maximum der Virusvermehrung fällt mit dem Maximum der Epithelveränderungen zusammen. Daraus könnte man schließen, daß, sobald die Virusvermehrung den Kulminationspunkt überschritten hat, keine weiteren Zellen mehr infiziert werden, vorausgesetzt, daß die Epithelproliferation als primäre Reaktion auf den Vaccineinfekt zu betrachten ist, wie dies Widelock annimmt.

Versuche, die Ausbreitung der Viruselemente im empfänglichen Gewebe optisch zu kontrollieren.

Viel hat man sich von der Möglichkeit versprochen, den Ablauf der Virusinfektionen optisch zu verfolgen; eine im Grunde optimistische Erwartung, da diese Möglichkeit bei den pathogenen Bakterien seit ihrer Entdeckung bestand, ohne daß die Probleme der Invasion, der Ausbreitung und der Begrenzung im empfänglichen Gewebe befriedigend gelöst werden konnten. Die Virusinfektionen bieten indes andere und vielleicht günstigere Verhältnisse, da die Beziehungen der Viruselemente zu den Wirtszellen, welche in alle Überlegungen hineinspielen, als Phänomene engster räumlicher Begrenzung einer optischen Erfassung leicht zugänglich sind. Die Methoden, welche für solche Zwecke zur Verfügung stehen, sind heute mannigfaltiger als früher (vgl. KAISER, dieses Handbuch, I. Teil). Sie sind auch vollkommener, insofern als man mit größerer Bestimmtheit behaupten darf, daß die winzigen Gebilde, welche man innerhalb und außerhalb von Wirtszellen erblickt, die gesuchten Viruselemente sind, wobei die Mannigfaltigkeit der Methoden eine gewisse Kontrolle gestattet; daß Virusarten von größeren Dimensionen (Psittacose, Geflügelpocken, Vaccine, Ektromelie) besondere Vorteile bieten, ist selbstverständlich. Die Wahl der Methoden wird ferner durch die Fragestellung begrenzt. Wenn man über die Faktoren Aufschluß erhalten will, welche den Ablauf einer Virusinfektion im Gewebe beherrschen, darf man den Zusammenhang zwischen Virus und Gewebe oder zumindest zwischen Virus und Wirtszellen nicht zerstören. Zweitens soll die Infektion als ein in der Zeit ablaufender Vorgang untersucht werden. Das läßt sich in der Weise realisieren, daß man in abgestuften Intervallen nach dem infizierenden Eingriff Proben entnimmt und die erhaltenen Bilder wie Momentaufnahmen einer kontinuierlichen Entwicklung aneinanderzureihen versucht. Oder man kann den Infektionsprozeß fortlaufend mikroskopisch verfolgen, in welchem Falle als Objekt nur lebende infizierte Zellen oder lebende infizierte Gewebe tauglich sind. Das Verhältnis der beiden Verfahren zueinander haben J. O. W. BLAND und R. G. CANTI mit folgenden Worten zutreffend charakterisiert: „The reconstruction from dead material of a cycle of changes ..... is ever open to the suspicion, that the interpretation of the findings may be mistaken. But when the whole sequence can be seen taking place before one's eyes in the living specimen ..... doubt vanishes." Außerdem kann das Fixieren und Färben sowohl an der Wirtszelle als auch an den Viruselementen Veränderungen erzeugen, welche zu irrigen Deutungen Anlaß geben; wir haben heute allen Grund zu der Annahme, daß manche Einschlußkörper — wie vor allem die GUARNIERIschen Körperchen — keine realen Virusstrukturen darstellen, sondern bloß Artefakte der Präparation sind (R. DOERR, K. HERZBERG, F. HIMMELWEIT), eine wichtige Einsicht, wenn man bedenkt, daß die Einschlußbildung von vielen Autoren als ein integrierendes Merkmal der virusartigen Infektionsstoffe hingestellt wird.

Berücksichtigt man die neueste Literatur, so wären an erster Stelle die Untersuchungen von K. HERZBERG und seiner Schüler und Mitarbeiter zu nennen. Sie wurden an mit Viktoriablau gefärbten Objekten und mit verschiedenen Virusarten (Vaccine, Geflügelpocken, KIKUTHs Kanarienvogelkrankheit, Ektromelie usw.) ausgeführt. Von den Ergebnissen, welche hier interessieren können, sei hervorgehoben, daß HERZBERG bei keiner der untersuchten Virusarten irgendeinen Anhaltspunkt für das Bestehen eines Entwicklungszyklus gewinnen konnte; es wurde bloß eine intracellulare Vermehrung der Elementarkörperchen — „nach den häufigen Doppelformen zu schließen durch Zweiteilung" — beobachtet. Die Vermehrung soll beim Kanarienvogelvirus in Vakuolen der Wirtszellen vor sich gehen, welche am 3. Tage nach der Infektion platzen und ihren Inhalt ausstoßen. Bei der Vaccine hingegen soll die Vermehrung direkt im Plasma stattfinden, so daß sich Elementarkörperchen neben Elementarkörperchen lagert, bis der Zelleib ganz durchsetzt ist, während die Vakuolenbildung völlig fehlt.

BLAND und CANTI züchteten das Psittacosevirus in Kulturen von Hühnerembryonalgewebe, wo es sich sowohl in Epithelzellen als auch in Fibroblasten vermehrte. Den Autoren war es in erster Linie darum zu tun, durch Untersuchung der lebenden Kulturen im Dunkelfeld und im durchfallenden Licht neue Beweise für die Existenz eines Entwicklungszyklus zu erbringen, den S. P. BEDSON sowie BEDSON und BLAND auf Grund von fixierten und nach GIEMSA gefärbten Präparaten beschrieben hatten. Die erwünschte Bestätigung konnte erzielt werden; haben daher sowohl BLAND und CANTI als auch K. HERZBERG mit ihren Behauptungen recht, *so würde sich eine tiefgreifende biologische Differenz zwischen dem Psittacosevirus und anderen Virusarten ergeben, die abermals zu dem Bestreben, im „Virus" eine Einheit zu erblicken, in unlösbarem Widerspruch stünde.* Merkwürdig war, daß der Entwicklungszyklus des Psittacosevirus in Gewebekulturen, die mit Elementarkörperchen geimpft worden waren, nur einmal ablief und sich dann nicht mehr wiederholte. BLAND und CANTI glauben, daß in älteren Zellkulturen keine Neuinfektionen von Zellen eintreten, obwohl Elementarkörperchen durch Platzen der erstinfizierten Zellen frei werden. Es wäre dies, die Richtigkeit der Erklärung vorausgesetzt, eine Selbstbegrenzung einer Virusinfektion, die aber nicht (wie das bei den Beobachtungen von WIDELOCK der Fall zu sein scheint) durch immanente Entwicklungsmöglichkeiten des Virus, sondern durch den geänderten Zustand der explantierten Wirtszellen bedingt sein müßte.

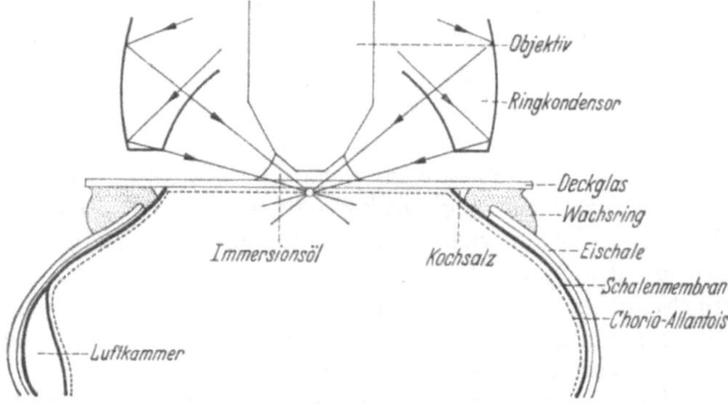

Abb. 1. Kopie einer Skizze aus der Publikation von HIMMELWEIT. Aus der Beschriftung der Abbildung sind die wesentlichsten Einzelheiten zu entnehmen.

Im Organismus der Maus kann sich dagegen der Entwicklungszyklus, falls die Tiere genügend lange leben, wiederholen (BEDSON und BLAND).

Besonderes Interesse verdienen die Beobachtungen von F. HIMMELWEIT, der mit Hilfe einer neuen optischen Apparatur den Ablauf der Infektion mit Vaccine- und Ektromelievirus in der lebenden Chorio-Allantois des bebrüteten Hühnereies direkt mikroskopisch verfolgte.[1] Die Zellen, in welchen sich die Vorgänge abspielten, befanden sich dauernd in ihren natürlichen Lagebeziehungen zueinander und zu den anderen Gewebestrukturen der Membran.

Nach einer Vaccineinfektion wurden am 2. Tage in der peripheren Zone einiger Epithelzellen der Chorio-Allantois lebhaft vibrierende Partikel sichtbar, die allem Anscheine nach mit den PASCHENschen Körperchen identisch und in eine (gegen das übrige Cytoplasma nicht scharf abgegrenzte) Matrix eingebettet waren, deren geringe Viskosität die BROWNsche Molekularbewegung der Partikel ermöglichte. Infolge der fortschreitenden Vermehrung wuchsen diese Partikelanhäufungen unter gleichzeitiger Volumszunahme der Matrix zum Teil tiefer in das Cytoplasma hinein, zum Teil dehnten sie sich lateral aus, wobei es zur Konfluenz von mehreren ursprünglich

[1] Die Art der mikroskopischen Beobachtung wird durch eine Abbildung (siehe die Skizze in Abb. 1) und einige Angaben im Text der Arbeit erläutert. Als Objektiv wurde ein *Heine Ultropak* (LEITZ) benutzt (Ölimmersion, num. Ap. = 1). Wesentlich war ein neues System ringförmiger, schräger, auffallender Beleuchtung, welches von I. SMILES (Nat. Institute for medical Research) konstruiert wurde; die in Aussicht gestellte ausführliche Veröffentlichung des technischen Details ist unseres Wissens noch nicht erfolgt.

getrennten Aggregaten kam. Auf der Höhe der Zellinfektion waren große, den Kern schalenartig einhüllende, aber nicht in den Kern eindringende Massen da. *Selbst in dieser Phase* (am 3. oder 4. Tag nach der Infektion des Eies) *fanden sich an den Rändern der Allantoispocken Zellen, welche das Bild einer frischen Invasion boten, so daß* HIMMELWEIT *annimmt, daß sich der Infekt von einem primär infizierten Zentrum aus von Zelle zu Zelle in radiärer Richtung ausbreitet.*

Der Austritt des Vaccinevirus aus den Zellen kann nach HIMMELWEIT auch so vor sich gehen, daß sich an der Zelle eine Ausstülpung bildet, welche platzt und einen Teil des durch die Matrix zusammengehaltenen Aggregats von Elementarkörperchen in Form eines Klumpens austreten läßt. Die Schilderung, wie solche „*extrusion bodies*" entstehen, erinnert an die „platzenden Vakuolen", wie sie von SIEPEL bei der Vermehrung des Kanarienvogelvirus auf der Chorio-Allantois beschrieben wurden, steht aber anscheinend in Gegensatz zu der Angabe von K. HERZBERG, daß beim Vaccinevirus „keine Vakuolenbildung" zu beobachten ist.

Überblickt man die bisherigen Ergebnisse der morphologischen Erforschung der Virusinfektion — scil. als Vorgang, nicht als Zustand —, so muß man zugeben, daß man in einzelnen Fällen klarere Anschauungen von der Virusvermehrung in der Zelle gewonnen hat, daß auch genauere Angaben über den Austritt der Viruselemente aus den Zellen sowie über die Zeit, welche vom Beginn der Zellinfektion bis zum Freiwerden des Virus verstreicht, gemacht werden können; *worüber man jedoch nichts erfährt, das ist der Mechanismus der Zellinfektion (des „Eindringens" der Viruselemente in die Zellen), das Fortschreiten der Infektion von Zelle zu Zelle und der Grund, warum dieses Fortschreiten bei gewissen Virusinfektionen gesetzmäßig aufhört.* Allerdings sind diese Untersuchungen — namentlich in der von HIMMELWEIT eingeschlagenen Richtung — nicht abgeschlossen; nicht für die Virusarten im allgemeinen, ja nicht einmal für jene, welche bereits Objekt genaueren Studiums waren. Aber im Hinblick auf das, was zurzeit vorliegt, kann man sich wohl fragen, ob nicht die Analyse der Virusinfektion mit Hilfe quantitativer Bestimmungen, wie sie z. B. auch WIDELOCK angestrebt hat, den aussichtsvolleren Weg darstellt.

Diese Frage führt auf eine Studie von H. ZINSSER und E. B. SCHÖNBACH, welche darauf ausgeht, die Vorgänge in Viruskulturen in der Richtung zu prüfen, ob nicht zwischen dem Stoffwechsel der explantierten Zellen und der Virusvermehrung gesetzmäßige Beziehungen nachweisbar sind. Es wurde das MAITLANDsche Medium und als Virus das Agens des westlichen Typus der equinen Encephalomyelitis verwendet. Die Titrierung in abgestuften Zeitintervallen ergab, daß das Maximum 12—24 Stunden nachweisbar war, nachdem die Respiration der Zellen ganz oder fast ganz ausgesetzt hatte, und daß das Virus nach erreichtem Maximum wieder rasch abnahm. Rickettsien dagegen vermehrten sich im gleichen Medium erst dann in merklichem Grade, wenn der Zellstoffwechsel aufgehört hatte oder zum Stillstand gekommen war, und proliferierten noch zu einer Zeit, wo die Zellen ihre Lebensfähigkeit eingebüßt hatten. ZINSSER möchte aus dieser Differenz einen Gegensatz zwischen Rickettsien und „echten" Virusarten herauslesen; das ist indes schon wegen der schmalen Basis, auf welcher diese Auffassung ruht, nicht gerechtfertigt. Man erfährt eben nur, daß die Bindung der Vermehrung solcher Keime an den Binnenraum von Wirtszellen nur äußerlich ein einheitliches Phänomen ist, in Wahrheit aber sehr verschiedene Ursachen haben kann, wie dies von R. DOERR (*4*) schon 1934 auseinandergesetzt wurde (siehe auch DOERR, dieses Handbuch, Abschnitt I). Für die hier diskutierten Gesichtspunkte wäre bloß wesentlich, daß die Virusvermehrung nur zirka 4 Tage anhält und dann von einer raschen Deteriorierung des Virus abgelöst wird; *der Stillstand ist aber* — wie das auch BLAND und CANTI für die Vermehrung des Psittacosevirus in Gewebekulturen angenommen haben (siehe S. 698) — *durch Veränderungen der explantierten Wirtszellen bedingt*, und die Beobachtung läßt sich daher nicht auf das Verhalten des Virus der equinen Encephalomyelitis in einem empfänglichen Tier übertragen, wo andere Verhältnisse herrschen. Abgesehen davon, gehört das bezeichnete

Agens nicht zu jenen Virusarten, welche lokale, der Vaccinepustel ähnliche Herde erzeugen.

Die Untersuchungen von C. HALLAUER über die Züchtung des Hühnerpestvirus lehren übrigens, daß sowohl die Virusvermehrung als auch der anschließende Virusschwund von der *Art* des Wirtsgewebes und beim gleichen Wirtsgewebe vom *Grade seiner Proliferation* abhängen. ZINSSER und SCHÖNBACH benutzten aber für die Rickettsien die Tunica vaginalis von Meerschweinchen, für das Virus der equinen Encephalomyelitis zerkleinerte Hühnerembryonen als „Ammengewebe“ (in Form des sog. MAITLAND-Mediums), so daß man sich fragen darf, ob nicht die beobachteten Differenzen einfach auf die verschiedene Versuchsanordnung zu beziehen sind. In MAITLAND-Kulturen mit überlebendem Hühnergehirngewebe zeigte jedenfalls das Hühnerpestvirus nicht das von ZINSSER und SCHÖNBACH beschriebene Verhalten; es vermehrte sich zwar ausgiebig, erreichte aber das Maximum erst zwischen dem 6. bis 8. Tag, und der folgende Virusschwund vollzog sich in sehr langsamem Tempo (C. HALLAUER).

B. Der Blutweg.

Allgemeine Formulierung der Probleme.

Mit Ausnahme jener Fälle, in denen das Virus durch die Art der Übertragung (traumatischer Infektionsmodus, blutsaugende Arthropoden) direkt in die Zirkulation gelangt, können wir keine befriedigende Auskunft geben, durch welchen Mechanismus der *Eintritt des Virus ins Blut* (von der Eintrittspforte oder von einem bestehenden Herd aus) ermöglicht wird. Da die Viruselemente in Medien von geringer Viskosität nur die BROWNsche Molekularbewegung zeigen (VOLPINO, BLAND und CANTI, F. HIMMELWEIT), aber keine Eigenbeweglichkeit besitzen, kommen bloß drei hypothetische Kombinationen in Frage: 1. Der *passive Transport* quer durch die Kapillarwand, sei es durch Vermittlung von virusbeladenen Wanderzellen, sei es durch Diffusion d. h. durch Flüssigkeitsaustausch zwischen Blut und Gewebe; 2. der *Umweg über die Lymphbahnen*; 3. das „*Einwachsen*“ oder „*Einwuchern*“ an Ort und Stelle, das aber voraussetzt, daß das Virus daselbst Zellen findet, in denen es sich vermehren kann; die zwei ersten Penetrationsmechanismen wären dagegen von der Virusvermehrung unabhängig. *Jede dieser Kommunikationen kann auch in umgekerter Richtung benutzt werden*; es ist wenigstens nicht einzusehen, warum sich der Austritt von Virus aus dem Blute ins Gewebe nicht auf gleiche Weise vollziehen kann.

Auch über die *Schicksale des Virus im Blute selbst*, über sein Verhältnis zu den flüssigen und zelligen Blutbestandteilen sowie zu den Uferzellen des Blutstromes sind wir sehr mangelhaft unterrichtet. Es wurde bereits auseinandergesetzt, daß wir in bestimmten Fällen eine Virusvermehrung im Blute bzw. innerhalb des Blutgefäßsystems annehmen müssen, einmal wegen der hohen Konzentrationen, welche das Virus im Blute erreicht, dann aber auch, weil der gesetzmäßige Übertragungsmodus durch hämatophage Arthropoden eine Ansiedlung der Infektionsstoffe im Blute vom biologischen Standpunkte aus erfordert. Hohe Viruskonzentrationen im Blute findet man aber nicht nur als Bedingung oder notwendige Voraussetzung eines bestimmten Übertragungsmodus, wofür außer dem a. a. O. zitierten Beispiel der Hühnerpest auch die Masern angeführt werden können. Ferner läßt sich zwischen der *Vermehrung im Blute* und der bloßen *Einschwemmung ins Blut* keine scharfe Grenze ziehen. Die „Einschwemmung“ stellt man sich wohl meist als einen diskontinuierlichen (schubweisen) Vorgang vor; Virus kann aber längere Zeit hindurch im Blute kreisen, und wenn seine Konzentration relativ niedrig ist, gerät man in Zweifel, ob es sich um eine kontinuierliche Einschwemmung handelt oder ob nur die Eliminierung eines einmaligen Zuflusses unterbleibt. Die Viruskonzentration im Blute, welche man in einem bestimmten Zeitpunkt feststellt, ist jedenfalls das Produkt aus zwei antagonistischen Prozessen, einem positiven (der Vermehrung im Blute oder der Einschwemmung in das Blut) und einem negativen (der Ausscheidung aus dem Blut), und es erscheint a priori kaum möglich, den Anteil jedes Summanden an dem gefundenen Gesamtwert zu bestimmen.

Diese Schwierigkeiten waren wohl dafür maßgebend, daß sich die Virusforschung auf zwei experimentell leicht lösbare Fragestellungen konzentriert hat, nämlich 1. *auf den Nachweis von Virus in der Blutbahn bei verschiedenartigen Infektionen* und 2. *auf Versuche, die spezifischen Krankheitsprozesse durch intravenöse Virusinjektionen zu erzeugen.*

1. Der Virusnachweis im strömenden Blut.

Existiert ein Antagonismus zwischen Neurotropie und dem Auftreten von Virus in der Blutzirkulation?

Das von E. W. Hurst *aufgestellte Schema der neurotropen Virusarten.*

Virusarten, welche sich im Zentralnervensystem warmblütiger Wirte vermehren, werden als „neurotrop“ bezeichnet. E. W. Hurst unterscheidet drei Kategorien neurotroper Virusarten, nämlich I. *die streng neurotropen* (Lyssa, Poliomyelitis, Bornasche Krankheit), welche nur selten im Blut oder im Liquor zu finden sind und bloß in den späteren Stadien der Krankheit; mäßige Virusdosen, intravenös injiziert, bleiben in der Regel unwirksam; II. eine Gruppe, welche *„pantroper Typus 1“* genannt wird, weil ihre Vertreter (Pseudorabies, Herpes febrilis, Sabins Virus B) zwar neurotrop sind, aber auch andere Gewebe besiedeln und schädigen; sie können im Blut vorhanden sein oder fehlen, und die intravenöse Injektion mäßiger Dosen ist häufig imstande, die Krankheit zu erzeugen; III. den *„pantropen Typus 2“*, welcher das Gelbfieber, das Louping ill, den West-Typus der equinen Encephalomyelitis und die Pferdesterbe (Horsesickness) umfaßt; diese Virusarten besitzen Affinitäten zu zahlreichen Geweben, was speziell beim Gelbfiebervirus stark ausgeprägt ist, werden durch blutsaugende Arthropoden übertragen, sind also vom Blut aus in hohem Grade infektiös und können sich — zumindest in bestimmten Wirten — im Blute vermehren, so daß sie daselbst in beträchtlichen Mengen gefunden werden.

Kritik des Hurst*schen Schemas.*

Faßt man zunächst nur *das Fehlen oder Vorhandensein des Virus im Blute* ins Auge, so ist zu konstatieren, daß zwischen den Gruppen I und II kein prinzipieller Unterschied besteht.

Im Blute von an Lyssa erkrankten Tieren und Menschen konnte Virus wiederholt nachgewiesen werden [Literatur bei Jos. Koch, l. c., S. 616; siehe auch F. Schweinburg (*2*)]. Daß den positiven zahlreichere negative Befunde gegenüberstehen, kann auf der Unzuverlässigkeit der benutzten Methoden des Virusnachweises beruhen (D. Konradi), zum Teil auch darauf, daß das Virus in zu geringer Konzentration im Blute kreist, oder daß es rasch aus der Zirkulation eliminiert und in verschiedenen Organen unter wesentlicher Mitwirkung der Reticulocyten zerstört wird (Marie, Cerewkow, Löffler und Schweinburg u. a.). Einen sicheren Beweis für die Annahme, daß das Virus aus dem infizierten Nervengewebe ins Blut übertritt bzw. übertreten kann, repräsentieren ferner die zahlreichen Angaben über Virusbefunde im Gehirn von Feten bei bestehender Lyssainfektion der Mutter und über Fälle, in welchen die Jungen zwar lebend zur Welt kamen, aber sofort oder später die Symptome der Tollwut darboten [Literatur bei Jos. Koch, S. 617; Kraus, Gerlach und Schweinburg, S. 81; F. Schweinburg (*2*), S. 72; P. Lépine, S. 452]. Die Richtigkeit dieser Beobachtungen kann nicht in Zweifel gezogen werden, und sie besitzen eine besondere Bedeutung, weil das Virus, das unter solchen natürlichen Verhältnissen aus den Gewebsherden in die Blutbahn übertritt, nicht an Zellen, vor allem nicht an Ganglienzellen gebunden sein kann, sondern höchstwahrscheinlich aus freien Elementarkörperchen besteht. Man muß sich ferner sagen, daß das Lyssavirus bei dieser „kongenitalen Wut“ nicht nur vom Gewebe in das Blut, sondern auch vom Blut in das Gewebe (in das Gehirn des Fetus) gelangt.

Vergleicht man damit das Verhalten des Herpesvirus, das von HURST der Gruppe II zugeteilt wird, so wird man keine Differenz ermitteln können. Herpesvirus wurde zwar von einigen Autoren im Blute bzw. im Blutserum von Menschen festgestellt, bei denen zur Zeit der Blutentnahme manifeste Symptome einer herpetischen Infektion bestanden hatten; den positiven Befunden steht jedoch eine Überzahl negativer gegenüber (vgl. DOERR und BERGER, S. 1461). Im Blute experimentell infizierter Kaninchen gelingt der Virusnachweis wohl etwas häufiger, aber keineswegs konstant und ist hier überdies von der besonderen Beschaffenheit der Herpesstämme und vom Infektionsmodus abhängig; intratestikulare Virusinjektionen bieten die besten Chancen für ein positives Resultat der Blutuntersuchung [E. GILDEMEISTER und G. HEUER (*2*)], so daß also nicht die Virusart den Ausschlag gibt, sondern andere, zum Teil artefizielle Momente.

Daß nicht oder nicht ausschließlich die Virusart entscheidet, läßt sich auch an zahlreichen anderen Beispielen erkennen. Das Louping-ill-Virus kann nur dann in Gruppe III des HURSTschen Schemas eingereiht werden, wenn man auf sein Verhalten im Schaf, dem natürlichen Wirt, abstellt, wo es regelmäßig im febrilen Frühstadium im Blute erscheint; in experimentell infizierten Affen oder Meerschweinchen zeigt es die Eigenschaften der Gruppe II oder gar der Gruppe I (GALLOWAY und PERDRAU). Die hochpathogenen Stämme des Hühnerpestvirus besitzen, wenn man von der nicht nachgewiesenen Übertragung durch Insekten absieht, die Merkmale der Gruppe III, aber nur im Organismus des Huhnes; in erwachsenen Gänsen tritt der septikämische Charakter stark in den Hintergrund, und die Neurotropie dominiert im klinischen Bild (DOERR und R. PICK). Das Hühnerpestvirus entfaltet allerdings auch im Huhne insofern neurotrope Fähigkeiten, als es im Gehirne schon in den ersten Stadien des Infektionsprozesses auftritt und sich dort in außerordentlich hohem Grade vermehrt [DOERR und S. SEIDENBERG (*2*)]; die Züchtung im Explantat lehrt ja gleichfalls, daß das Zentralnervensystem dem Hühnerpestvirus optimale Vermehrungsbedingungen bietet (C. HALLAUER). Das Gelbfiebervirus und das Virus der Horsesickness (afrikanischen Pferdesterbe) verraten aber in ihren natürlichen Wirten nicht, daß in ihnen exquisit neurotrope Eigenschaften verborgen sind; diese werden erst bei der Übertragung auf bestimmte Versuchstiere (Mäuse, Ratten) offenbar.

Relativität und Vieldeutigkeit des Neurotropiebegriffes.

Die Neurotropie ist somit keine absolute Eigenschaft gewisser Virusarten, sondern *eine Relativität.* Kein Virus ist „neurotrop“ schlechtweg, jedes, auf welches diese Bezeichnung überhaupt anwendbar ist, ist nur neurotrop für bestimmte Wirte [R. DOERR (*1*)]. Drei Kombinationen, die offenbar verschieden zu bewerten sind, werden im HURSTschen Schema wie auch im zugehörigen Kommentar (vgl. hierzu auch I. A. GALLOWAY) nicht scharf genug auseinandergehalten: 1. Das Virus infiziert in sämtlichen Wirtsspezies ausschließlich oder fast ausschließlich das Nervensystem; 2. das Virus lokalisiert sich im *gleichen* Wirt nicht nur im Nervensystem, sondern auch in anderen Geweben; 3. das Virus bevorzugt in einer Wirtsart mehr oder minder exklusiv das Nervensystem, in einer anderen zeigt es entweder keine oder nur eine fakultative Neurotropie.

Das Verhalten der Blutinfektion bei nichtneurotropen Virusarten.

Zweitens wäre hervorzuheben, daß es eine Reihe von Viruskrankheiten gibt, *bei denen das Nervensystem nicht in Mitleidenschaft gezogen wird und bei welchen der Virusbefund im Blute ebenfalls alle Abstufungen vom gelegentlichen Vorkommen in geringen Mengen bis zur regelmäßigen septikämischen Überschwemmung zeigt.* Die Angaben sind freilich lückenhaft und in vielen Fällen wurde die Infektiosität des Blutes nur qualitativ oder auch gar nicht geprüft. Es ist aber sicher, daß die Viruskonzentration im Blute beim Phlebotomusfieber und bei der Dengue sehr hohe Grade erreicht [R. DOERR (*2*)] und daß das Blut von Rindern im fieberhaften Stadium der Maul- und Klauenseuche noch in einer Dosis von 0,001 ccm infektiös sein kann *(Report 1927)*; bei der Vaccineinfektion hingegen standen lange Zeit zahlreiche negative spärlichen positiven Befunden gegenüber und erst nach der Einführung besonderer Anreicherungsmethoden (OHTAWARA) ergab die Blutuntersuchung cutan geimpfter Kaninchen regelmäßigere Resultate [GILDEMEISTER und HEUER (*1*) u. a.]. Zweifelsohne existieren auch nichtneurotrope Virusinfektionen, bei welchen das Blut immer oder so gut wie immer frei bleibt.

Es ist somit an und für sich nicht klar, warum E. W. HURST die Beziehungen zum Blut nur insoweit ins Auge faßt, als sie sich auf sogenannte „neurotrope" Virusarten erstrecken und aus welchem Grunde er dieselben innerhalb des willkürlich abgegrenzten Gebietes als Klassifikationsprinzip verwenden bzw. mitverwenden will. Kritisch betrachtet handelt es sich nicht so sehr um eine Einteilung, als um die Einordnung der neurotropen Virusarten in eine Reihe, in welcher die Schärfe der Einstellung auf das Nervensystem abnimmt, während die Fähigkeit der Invasion in die Blutbahn pari passu wächst, bis sie in der Vermehrung im Blute sozusagen ein Maximum erreicht. Es wird also ein Antagonismus beider Eigenschaften angenommen, und diese Tendenz geht auf die ersten Zeiten J. L. PASTEURS zurück, wo sich — vorerst bei der Lyssa — die alte Hypothese der nervösen Virusleitung mit der a priori wahrscheinlicheren Ausbreitung durch das Blut auseinanderzusetzen begann. Zu den Argumenten, auf welche sich die Theorie der Nervenwanderung stützte und noch heute stützt, gehören auch die Virusfreiheit des Blutes, weil sie dafür spricht, daß diese Bahn nicht in Anspruch genommen wird, und die Unwirksamkeit der intravenösen Virusinjektionen, weil sie beweisen will, daß der Virusgehalt des Blutes, selbst wenn er unter natürlichen Verhältnissen zustande käme, belanglos wäre.

Die Wechselbeziehungen zwischen Neurotropie und Blutinfektion als Funktionen der Wirtsspezies und der Phase des Infektionsablaufes.

Daß von einem durchgängigen Antagonismus zwischen Neurotropie und Auftreten von Virus im Blute nicht gut die Rede sein kann, wurde bereits auseinandergesetzt. Das lehren u. a. auch die Umwandlungen hämotroper bzw. viscerotroper Virusarten in neurotrope Typen mit Hilfe von Passagen durch besondere, in den natürlichen Lebenslauf solcher Infektionsstoffe nicht eingeschaltete Wirte.

Das bekannteste Beispiel dieser Art ist die Transformation des natürlichen *Gelbfiebervirus* durch cerebrale Maus- oder Meerschweinchenpassagen (siehe die zusammenfassende Darstellung von C. MATHIS). — Ferner gelang es E. TRAUB und TEN BROECK [siehe auch E. TRAUB (*2*)], das *Virus der equinen Encephalomyelitis* durch intracerebrale Taubenpassagen so zu verändern, daß es im Gegensatze zum Ausgangsstamm nur eine geringe Infektiosität für Meerschweinchen zeigte, wenn es subcutan (plantar) oder intravenös verimpft wurde, während die direkte Injektion ins Gehirn noch immer, und zwar auch bei Verwendung kleiner Dosen, sicher wirkte. Auch war das Passagevirus nach plantarer Impfung im Blute nicht oder nur in Spuren nachweisbar, während gleichartige Infektionen mit dem Originalvirus stets durch eine septikämische Phase ausgezeichnet waren. E. TRAUB (*2*) will ferner eine, allerdings nur graduelle Differenz der Wanderungsfähigkeit in peripheren Nerven beobachtet haben; die plantare Impfung mit dem Passagevirus führte häufiger zu einer Myelitis im Lendenmark als die plantare Infektion mit dem Ausgangsstamm. — Von Interesse in den hier diskutierten Beziehungen sind ferner die Untersuchungen über das *Virus der südafrikanischen Pferdesterbe (Horse sickness)*, welches während des fieberhaften Stadiums der Krankheit im Blute des natürlichen Wirtes kreist, u. zw. in solchen Mengen, daß 0,001 ccm genügt, um ein gesundes Pferd zu infizieren (W. RICKMANN); es vermehrt sich höchstwahrscheinlich im Blute und wird durch blutsaugende Insekten übertragen (A. THEILER). Intracerebral auf Ratten oder Mäuse übertragen, wirkt sich dieses Virus im Zentralnervensystem aus und läßt sich im Blut, in der Leber und in der Milz dieser Versuchstiere nicht nachweisen (O. NIESCHULTZ, R. A. ALEXANDER).

Die Aussage, daß „das viscerotrope Virus in ein neurotropes umgewandelt wird", kann zu der irrigen Auffassung verleiten, daß es sich in allen diesen Fällen um eine Veränderung absoluter (vom Wirte unabhängiger) Eigenschaften der virusartigen Infektionsstoffe handelt. Daß diese Vorstellung falsch sein kann, lehrt oft das einfache Experiment der *Rückübertragung vom Passagetier auf den natürlichen Wirt.*

O. NIESCHULTZ infizierte ein Pferd mit dem Gehirn der 10. Mauspassage des Virus der Pferdesterbe. Das Pferd ging unter den typischen Symptomen der natürlichen Erkrankung ein, das Virus „verlor" — wie sich NIESCHULTZ ausdrückt — „den neurotropen Charakter vollständig". Oberflächlich betrachtet, sieht sich die Sache tatsächlich so an, als ob mit dem Auftreten der Neurotropie die Hämotropie schwinden würde und umgekehrt. In Wahrheit zeigt jedoch das Virus im Pferd einerseits, in der Maus und Ratte anderseits bloß ein unterschiedliches Verhalten. „Neurotrop" ist es eben nur für die beiden letztgenannten Tierarten, und es muß daher die Behauptung, daß der neurotrope Charakter durch die Rückübertragung auf das Pferd verlorenging, als unrichtig zurückgewiesen werden. R. A. ALEXANDER sowie ALEXANDER und DU TOIT konstatierten zwar, daß länger fortgesetzte Mauspassagen die Infektiosität und Pathogenität für Pferde und Maulesel derart abschwächen, daß die mit Mauspassagevirus infizierten Equiden entweder gar nicht oder nur mit einem leichten Anfall reagieren. Selbstverständlich ändert dies nichts an den obigen Ausführungen; das Passagevirus verhält sich im Pferde nur quantitativ anders als das Ausgangsvirus, ist aber qualitativ gleichgeblieben und speziell nicht „neurotrop" für das Pferd geworden.

Ebenso läßt sich das *Hühnerpestvirus* auf Mäuse, Meerschweinchen und Kaninchen intracerebral übertragen und in Passagen fortführen; bei der Rückübertragung auf das Huhn verhält es sich genau so wie nichtpassiertes Virus (DOERR, SEIDENBERG und WHITMAN). Das Hühnerpestvirus gibt übrigens auch noch zu anderen Betrachtungen von grundsätzlichem Charakter Anlaß. In der Maus und im Meerschweinchen bleibt es nicht auf das Gehirn beschränkt, sondern ist im Blute nachweisbar, wohin es wahrscheinlich durch Einschwemmung aus seiner eigentlichen Vermehrungsstätte, dem Zentralnervensystem, gelangt [R. DOERR und S. SEIDENBERG (*1*)]. Berücksichtigt man außerdem das Verhalten des Hühnerpestvirus in jungen und in alten Gänsen (R. DOERR und R. PICK), so kann man leicht eine Skala konstruieren, welche zeigt, daß eine ausgesprochene Neurotropie mit den verschiedensten Graden der Blutinfektion (Virussepticämie) kompatibel ist.

Die Infektion alter Gänse mit Hühnerpestvirus ist auch insofern bemerkenswert, als der Virusgehalt des Blutes absinkt, bevor die ersten Zeichen der Lokalisation im Gehirn auftreten; gehen die Tiere ein, so ist das Blut nicht mehr infektiös, wohl aber findet man Virus im Zentralnervensystem (DOERR und R. PICK). Analoge Beobachtungen haben POOL, BROWNLEE und WILSON sowie GORDON, BROWNLEE, WILSON und MACLEOD an mit Louping-ill infizierten Schafen gemacht. In den febrilen Frühstadien der Krankheit ist das Blut virushaltig, wird aber meist virusfrei, wenn sich die Erscheinungen einer Encephalomyelitis einstellen. Einen derartigen Wechsel der Lokalisation im Blut und im Zentralnervensystem wird man, da er sich ja im gleichen Organismus vollzieht, wohl nicht so deuten, daß ein Antagonismus zwischen Hämo- und Neurotropie besteht, sondern so auffassen, daß die Blutinfektion, speziell bei cyclisch ablaufenden (akuten) Prozessen an bestimmte Phasen des pathologischen Geschehens gebunden ist. Solche Beziehungen kennen wir in großer Zahl auch bei Virusinfektionen, welche sich nicht auf das Nervensystem erstrecken, wie z. B. beim Gelbfieber, bei der Dengue, dem Phlebotomusfieber, der afrikanischen Pferdesterbe, der experimentell erzeugten Rinderpest (TODD und WHITE), der Maul- und Klauenseuche (Report 1931) usw.; bei allen diesen Krankheiten erscheint das Virus im Blute zu Beginn des Fieberanstieges oder kurze Zeit vorher und hält sich entweder nur während der febrilen Periode oder verschwindet sogar schon vor dem endgültigen Temperaturabfall. Den Grund können wir allerdings nicht angeben. Doch handelt es sich nicht um eine Eigentümlichkeit der Virusinfektionen; auch andere Erreger (Bakterien, Spirochäten, Protozoën) erscheinen im Blut und verschwinden aus demselben zu bestimmten Zeiten und Terminen des Krankheitsablaufes, eine Tatsache, welche in der diagnostischen Mikrobiologie stets berücksichtigt werden muß, wenn man nicht Mißerfolge in Kauf nehmen will.

Es empfiehlt sich überhaupt, bei allen Diskussionen über Virusinfektionen im allgemeinen oder über neurotrope Virusarten im besonderen Parallelen aus dem Bereiche bekannter bzw. nicht zu den Virusarten gezählter Erreger heranzuziehen. Was z. B. die Beziehungen zum Blut, die Lokalisationstendenz und die Neurotropie anlangt, wäre das Verhalten der Spirochaeta pallida im Fetus, im erwachsenen Menschen (während der aufeinanderfolgenden Stadien der Lues einschließlich der Neurolues) und in den verschiedenen Versuchstieren (namentlich auch in der Maus) durchaus geeignet, Vorstellungen zu korrigieren, welche der allzu scharfen Focussierung auf die Viruspathologie ihre Entstehung verdanken.

Die hämatogenen Metastasen.

Die Anwesenheit von Virus im Blute kann zu *sekundären Ansiedlungen in vascularisierten Organen (hämatogenen Metastasen)* führen (Masern, die verschiedenen Formen der Menschen- und Tierpocken, Vaccina generalisata, die Orchitis beim Mumps, die Bläscheneruptionen bei der Maul- und Klauenseuche sowie bei der vesicularen Stomatitis der Pferde, ein Teil der Metastasen der zellfrei übertragbaren Hühnersarkome u. a.). Nicht immer läßt sich der Beweis erbringen, daß das Auftreten des Virus im Blute der Fixierung und pathologischen Auswirkung desselben in peripheren Organen vorausgegangen ist, und häufig kann auch in Unkenntnis der Vorgänge an der Eintrittspforte nicht festgestellt werden, wie die primäre Blutinfektion zustande kommt. Aber die Verteilung der peripheren Lokalisationen weist eindeutig auf die hämatogene Generalisation hin und außerdem kann man dieselbe Art der Aussaat durch intravenöse Virusinjektionen erzielen.

Solche Versuche wurden zuerst im Jahre 1866 von CHAUVEAU mit Vaccinevirus an Pferden, später von CALMETTE und GUÉRIN an Kaninchen und besonders von L. CAMUS an verschiedenen Tieren mit Erfolg ausgeführt, und in der Folge hat man sich mit der Frage der Verteilung von intravenös injiziertem Vaccinevirus im Organismus und der Entwicklung anatomischer Läsionen nach solchen Eingriffen so oft und in so vielfach variierter Form beschäftigt, daß eine eigene Spezialliteratur entstanden ist, die hier nicht in extenso besprochen werden kann. Positive Resultate lieferten analoge Experimente mit dem Virus der Geflügelpocken [G. M. FINDLAY (*1*)], mit dem Virus der Rabbit-Pox (ROSAHN, C. K. HU und PEARCE, W. SCHLESINGER[1]), mit dem Virus der ROUS-Sarkome (DOERR, BLEYER und G. W. SCHMIDT), mit dem Agens „S" (dem fraglichen Scharlachvirus von IMAMURA, ONO, ENDO und KAWAMURA) usw.

Latente Metastasen.

In den Begriff der Metastase, wie er gewöhnlich definiert wird, geht eine pathologisch-physiologische Komponente ein, d. h. man spricht von einer Metastase nur dann, wenn die Lokalisierung bzw. die lokalisierte Vermehrung des Virus Funktionsstörungen und anatomische Veränderungen hervorgerufen hat. Wie R. DOERR (*3*) schon vor geraumer Zeit betont hat, wäre diese Einschränkung nicht unbedingt notwendig, da eine metastatische Infektion wie jede andere auch latent verlaufen kann. Einen interessanten Beitrag zu dieser Auffassung hat FL. MAGRASSI (*1*) geliefert. Nach intrakutaner Impfung von Kaninchen mit genügenden Dosen Vaccinevirus konnte dieser Autor eine hämatogene Lokalisation des Agens in bestimmten Geweben, namentlich in der Milz und in den Hoden, feststellen; die Virusvermehrung hielt sich jedoch in engen Grenzen und es kam daher auch zu keiner pathologischen Auswirkung, d. h. es waren keine histologischen Läsionen nachweisbar, wie sie nach intratestikularer Impfung stets zustande kommen. Wurde der Hoden in den ersten Stadien des latenten Infektes explantiert und in Gegenwart von Normalserum in vitro kultiviert, so kam die niedergehaltene Virusvermehrung in Gang und erreichte pathogene Grade; dagegen blieb diese nachträgliche Virusvermehrung aus, wenn die Explantation des latent infizierten Hodengewebes in einem späteren Zeitpunkt vorgenommen wurde.

In den Versuchen von MAGRASSI kam es nicht zur Entstehung latenter Metastasen, wenn die primäre intracutane Infektion mit geringen Virusmengen ausgeführt worden war. Wie CAMUS schon weit früher konstatiert hat, beeinflußt die Virusdosis auch das Ergebnis intravenöser Injektionen. Um ein generalisiertes Exanthem zu erzielen, ist (nach CAMUS) für jede Tierspezies ein bestimmtes Quantum Vaccinevirus erforderlich. Injiziert man zu große Mengen intravenös, so kann das Tier verenden, bevor es zur Bildung der metastatischen Hautpusteln kommt; spritzt man minimale Dosen ein, so kann anderseits jede erhebliche allgemeine oder lokale Reaktion ausbleiben und der spezifische Effekt beschränkt sich auf die Entwicklung einer aktiven Immunität.

Die Lokalisation der hämatogenen Metastasen.

Der *Sitz der hämatogenen Metastasen* wird von den speziellen Organotropien der Virusarten bestimmt. Doch reicht dieser Faktor nicht aus, um alle Phänomene zu erklären. Das Herpesvirus kann sich beim Kaninchen im Gehirn und Rückenmark, in der Cornea, in der Haut, im Hoden und in den Nebennieren ansiedeln. Injiziert man aber Herpesvirus intravenös, so erkranken mit klinisch manifesten Symptomen oder anatomisch nachweisbaren Veränderungen das Gehirn, das Rückenmark und die Nebennieren häufig, zumindest bei Verwendung gewisser Stämme (DOERR und C. HALLAUER), ab und zu auch die Cornea (DOERR und SCHNABEL, MARIANI), nie aber die Haut, was auch W. SMITH hervorhebt, oder die Hoden.

---

[1] Noch nicht veröffentlichte Versuche.

Da anzunehmen ist, daß intravenös injiziertes Virus in alle vaskularisierten Organe gelangt, erscheint es zunächst nicht verständlich, warum die Metastasenbildung nur in einem Teil der empfänglichen Gewebe zustande kommt und in anderen gesetzmäßig unterbleibt. Die Lösung ist um so schwieriger, als Haut und Hoden nur für das Herpesvirus gemiedene, für das Vaccinevirus dagegen bevorzugte Bezirke darstellen. Indes sagt uns die Überlegung, daß eine metastatische Ansiedlung in einem an sich empfänglichen Gewebe nur stattfinden kann, wenn das kreisende Virus an dieser Stelle fixiert wird und wenn sich an diese Festsetzung irgendein Vorgang anschließt, welcher das Virus aus dem Kapillarlumen hinaus- und ins Gewebe hineinführt; die Fixierung allein genügt nicht, da sie auch zur örtlichen Vernichtung des Virus (vor allem durch phagocytierende Reticulocyten) Veranlassung geben kann. Es ist möglich, daß sich verschiedene Virusarten auch bei partiell gleichartigen Organotropien in dieser Hinsicht different verhalten.

Die Feststellung der Virusverteilung nach intravenösen Virusinjektionen als Mittel zur Erforschung der Bedingungen der Metastasenbildung.

Ein experimenteller Weg, um die hier obwaltenden Verhältnisse wenigstens in erster Annäherung zu erforschen, besteht in der intravenösen Injektion von Virus und in der Feststellung der Viruskonzentration im Blute sowie in den verschiedenen Organen nach abgestuften Zeitintervallen. Analoge Versuche mit sichtbaren Erregern, z. B. mit Staphylokokken [J. FORSSMAN (*1*)] oder mit Tuberkelbacillen [B. FUST (*2*)], lassen bis zu einem gewissen Grade die Erfolge voraussehen, die man mit Virusarten erzielen kann, obgleich bei diesen manche Methoden (färberischer Nachweis in Organschnitten, kulturelle Verfahren) nicht anwendbar sind, die bei Bakterien besondere Aufschlüsse gewähren.

Mit Vaccinevirus sind zahlreiche Versuche der bezeichneten Art ausgeführt worden, so von LEVADITI und NICOLAU, UHLENHUTH und BIEBER, WATANABE, W. F. WINKLER, OHTAWARA, DOUGLAS, SMITH und PRICE, PASCHEN, BIJL und FRENKEL, LEDINGHAM und BARATT, HAAGEN und KODAMA u. a. Die ursprüngliche, aus der klinischen Beobachtung abgeleitete Aussage, das Variola-Vaccine-Virus sei ein streng epitheliotroper Keim, mußte aufgegeben werden; die Auffassung von LEVADITI, daß dieses Virus eine spezifische Affinität zu den Abkömmlingen des äußeren Keimblattes besitze (Ektoderm, Nervensystem), erwies sich gleichfalls als unhaltbar, und LEDINGHAM, der — ins andere Extrem verfallend — das Vaccinevirus als exquisit mesodermotrop bezeichnete, konnte seinen Standpunkt auch nicht behaupten (D. WIDELOCK u. a.).

Nach intravenösen Vaccineinjektionen kann man unter optimalen Bedingungen in den verschiedensten Organen erhebliche Virusmengen feststellen, u. zw. zu einer Zeit, wo das Blut schon virusfrei geworden ist (W. F. WINKLER, LEVADITI und NICOLAU), und man findet in ähnlicher Ausbreitung auch anatomische Läsionen (DOUGLAS, SMITH und PRICE, LEDINGHAM und BARATT). HAAGEN und KODAMA stellten ferner in fast allen Organen von Kaninchen und Mäusen, die in verschiedener Weise mit Vaccinevirus infiziert und nach einigen Tagen getötet worden waren, mit Hilfe der Viktoriablaufärbung die PASCHENschen Elementarkörperchen fest, nach intravenösen Virusinjektionen allerdings in geringerer Zahl und Ausbreitung als nach intracutanen, intraperitonealen oder intratestikularen Impfungen, obzwar ja auch bei diesen Einverleibungsarten nur an eine Generalisierung durch den Blutstrom gedacht werden konnte. HAAGEN und KODAMA vermuten, daß es etwas ausmacht, ob das Virus zuerst mit einem Schub in die Zirkulation gelangt, wo es sich nicht vermehren kann und zum großen Teil abfiltriert bzw. zerstört wird, oder ob es zuerst mit empfänglichen Zellen in Berührung kommt und lokale Infektionsherde bildet, von denen aus eine kontinuierliche Einschwemmung in das Blut stattfindet. Bemerkt sei, daß sowohl Virus als auch Elementarkörperchen nach verschiedenen Arten der Vaccinezufuhr (einschließlich der endovenösen) im Gehirne der Versuchstiere nachgewiesen werden konnten (Levaditi und Nicolau, W. F. Winkler, Haagen und Kodama), jedoch nicht entfernt so häufig wie in anderen Organen, z. B. in der Haut, in den Nebennieren, Hoden und Ovarien. Auch der umgekehrte Weg schien gehemmt zu sein; nach intracerebraler Übertragung waren Virus und Elementarkörperchen zwar im Gehirne reichlich vorhanden, während in den anderen, nur auf dem Blutwege erreichbaren Organen, häufig negative Befunde erhoben wurden (Haagen und Kodama). Indes schwanken die Angaben der Experimentatoren über die Beteiligung des Gehirns nach intravenösen und peripheren Infektionen sowie über die Generalisierung vom Gehirn aus, vermutlich aus Gründen, welche schon Camus erkannt hatte (siehe S. 706).

Sehr sorgfältige Untersuchungen hat in neuerer Zeit E. W. Hurst über die Schicksale des Virus der Pseudorabies (Krankheit von Aujeszky, infektiöse Bulbärparalyse) nach intravenösen Injektionen von Kaninchen angestellt. Spritzt man nicht allzu hohe Dosen in die Ohrvene, so verschwindet das Virus aus dem Blute wie aus sämtlichen Organen (einschließlich des Gehirnes), erscheint aber nach 24 Stunden in der Zirkulation und gleichzeitig oder auch etwas später (gegen das Ende der Inkubationsperiode oder nach Ausbruch der Symptome) in den Organen sowie im Zentralnervensystem, wo das Rückenmark vor dem Gehirn bevorzugt wird. Die Verteilung auf die verschiedenen Organe zeigte keine unverkennbaren Gesetzmäßigkeiten; wohl waren Lungen, Nieren und Nebennieren früher und konstanter virushaltig als die Milz, die Hoden und besonders die Leber, aber es gab eben auch Ausnahmen. Nach peripheren Impfungen (Haut, Muskeln) tritt alsbald eine Virusvermehrung an der Impfstelle ein, während sich das Blut bis gegen das Ende der Inkubationsperiode als nichtinfektiös erweisen kann (E. W. Hurst). Remlinger und Bailly betrachten jedenfalls die Blutinfektion als eine konstante, wenn auch erst später einsetzende Phase des Prozesses und stellen sich den Vorgang so vor, daß zuerst eine Virusvermehrung an der Impfstelle stattfindet, wie das auch Hurst konstatierte, und daß dann das Virus in das Blut eindringt. Vom Blut aus sollen nicht nur die parenchymatösen Organe infiziert werden, sondern auch das Zentralnervensystem, eine Annahme, welche Remlinger und Bailly damit begründen, daß sie das Virus im Blute (nach peripheren Impfungen) zuweilen früher nachzuweisen vermochten als im Gehirn. E. W. Hurst sowie F. Gerlach und Schweinburg fanden dagegen das Virus nach peripherer Infektion früher im Gehirn (Rückenmark, Spinalganglien) und halten es daher für wahrscheinlicher, daß die Zuleitung zu den nervösen Zentren auf dem Wege peripherer Nerven erfolgt.

Über die Bewertung positiver und negativer Virusbefunde im Blute.

Man erkennt aus den vorstehenden Ausführungen, daß relativ geringfügige Abweichungen der experimentellen Ergebnisse zu ganz entgegengesetzten Schlußfolgerungen führen können.

Es tritt aber auch eine gewisse Inkonsequenz zutage. Daß man bei der Lyssa oder bei der Poliomyelitis häufig kein Virus im Blute findet oder nur in den Spätstadien der Erkrankung, läßt man als Argument gelten, daß das Nervensystem nicht auf dem Blutwege erreicht wird. Bei der Pseudorabies läßt sich das Virus im Blute der Versuchstiere in der Regel nachweisen, u. zw. schon in der Inkubation, wenn auch nicht bei allen Stämmen und bei allen Arten von Versuchstieren in gleich hohem Prozentsatz; das Virus haftet ferner nicht nur im Zentralnervensystem, sondern in den verschiedensten peripheren Geweben, und für diese extranervöse Ausbreitung wird die vermittelnde Rolle des Blutweges ohne weiteres zugegeben. Die hämatogene Infektion des Gehirnes oder Rückenmarkes wird dagegen als unwahrscheinlich bezeichnet. Auf eine ähnliche ungleiche Bewertung stoßen wir im Bereiche der Versuche, durch intravenöse Virusinjektionen manifeste Erkrankungen des Zentralnervensystems herbeizuführen.

2. Intravenöse Virusinjektionen.

Positive Resultate und Versager.

Eine Virusart, welche sich im Zentralnervensystem anzusiedeln vermag, die aber, intravenös injiziert, nie eine manifeste Infektion desselben erzeugt, ist nicht bekannt. Da über Infektionen der nervösen Zentren im Gefolge intravenöser Virusinjektionen vielfach irrige Vorstellungen herrschen, seien hier einige Autoren zitiert, welche mit diesem Infektionsmodus positive Resultate erzielten; die Angaben beziehen sich auf die Lyssa, die Affenpoliomyelitis und die Encephalitis herpetica des Kaninchens, weil gerade in diesen drei Fällen der Erfolg als Ausnahme, die Versager als Regel gelten.

a) *Lyssa.* Am 11. Dezember 1882 machte PASTEUR (in Gemeinschaft mit CHAMBERLAND, ROUX und THUILLIER) in einer Sitzung der französischen Akademie der Wissenschaften die Mitteilung, daß man beim Hunde durch intravenöse Injektion virulenter Hirnsubstanz Tollwut erzeugen kann. Seither wurden positive Ergebnisse berichtet von REMLINGER und MUSTAPHA EFFENDI, REMLINGER (*3*), J. I. FUNAYAMA, PANISSET und DISCHAMPS (intrakardiale Injektionen), JOWELEW, GANNT und PONOMAREW und namentlich von F. SCHWEINBURG (*1*), in dessen ausgedehnten Versuchen 90% aller Meerschweinchen, denen er Straßenvirus oder Virus fixe in eine Vena jugularis injizierte, an stiller oder rasender Wut erkrankten.

b) *Affenpoliomyelitis:* FLEXNER und LEWIS (*1, 2*), LANDSTEINER und LEVADITI (*2*), FLEXNER und AMOSS (*1, 3*), CLARK, FRASER und AMOSS, LENNETTE und HUDSON (*1*), ARMSTRONG, PETTE, DEMME und KŐRNYEY, TOOMEY und TAKACS, GERMAN und TRASK.

c) *Die Encephalitis herpetica des Kaninchens:* Positive Resultate bekamen zuerst DOERR und VÖCHTING, dann DOERR und SCHNABEL, DOERR und ZDANSKY, LUGER, LAUDA und SILBERSTERN, SALMANN, MARIANI, REMLINGER und BAILLY (*1*), FLEXNER und AMOSS (*2*), GOODPASTURE und TEAGUE, W. SMITH, E. KOPPISCH (*1*), DOERR und HALLAUER, C. HALLAUER (*3*) u. a. m.

Worauf es beruht, daß manche Autoren mit den angeführten drei Virusarten vorwiegend oder sogar ausschließlich negative Resultate erhielten, kann bei objektiver Prüfung des vorliegenden Materials nicht festgestellt werden. Es mag sein, daß innerhalb einer bestimmten Virusart die besondere Beschaffenheit der Stämme Einfluß hat, daß sich verschiedene Versuchstiere ungleich verhalten, daß die injizierte Dosis oder die Form des Materials (mehr oder minder feine Organverreibungen, virushaltige Flüssigkeiten usw.) für den Versuchsausfall in Betracht kommen. Doch sind dies nur Vermutungen. E. KOPPISCH (*1*) erzielte mit Herpesvirus u. zw. mit einem und demselben Stamm total negative und anderseits ausnahmslos positive Serien, von welchen jede einzelne bis zu 14—20 Kaninchen umfaßte; die Versuchsbedingungen waren in beiderlei Serien anscheinend identisch, insbesondere spielte die Form des virushaltigen Materials (verriebene Nervensubstanz oder infektiöses Conjunctivalsekret), wie später DOERR und HALLAUER nachwiesen, keine entscheidende Rolle.

Kritik der Vorstellungen von der infektionsverhütenden Wirkung der Blut-Hirn-Schranken.

Die Beobachtungen von E. KOPPISCH (*1*) können wohl nicht so gedeutet werden, daß eine physiologische Einrichtung des Kaninchenorganismus für die Versager verantwortlich zu machen ist, da in diesem Falle die positiven Resultate unverständlich wären. Gerade diese Erklärung wird jedoch ziemlich allgemein für richtig gehalten. Die „*Blut-Hirn-Schranken*" sollen für Partikel von der Größenordnung der Viruselemente undurchlässig sein. Wenn man durch „übermäßig hohe" Dosen [E. W. HURST (*6*), GALLOWAY u. v. a.] ein positives Ergebnis erzwingt, nimmt man, im Bilde der „Schranke" bleibend, an, daß die „Barriere durchbrochen wird". In ungezählten Experimenten mit Lyssa-, Poliomyelitis- und Herpesvirus hat man sich bemüht, diese Hypothese zu beweisen: die intravenöse Injektion, an sich unwirksam, soll zum Ziele führen, wenn die Permeabilität der Blut-Hirn-Schranken auf irgendeine Weise erhöht wird, z. B. durch wiederholtes Abzapfen des Liquors (JOWELEW, GANNT und PONOMAREW), durch intralumbale Injektionen von artfremdem oder arteigenem Serum, von destilliertem Wasser oder Stärkesuspensionen [FLEXNER und AMOSS (*1*), HAYDEN und SILBERSTEIN, LE FÈVRE DE ARRIC und MILLET, LENNETTE und HUDSON (*2*)], durch subkutane und intravenöse Injektionen von Stoffen, welche die Durchlässigkeit der Kapillaren steigern, wie Urotropin, gallensaure Salze, Trypanblau usw. (LE FÈVRE DE ARRIC und MILLET). Abgesehen davon, daß ein und derselbe Eingriff von einem Autor als wirksam, von einem anderen als ganz ungeeignet bezeichnet wird, ist die der Beweisführung zugrunde liegende Idee unhaltbar. Die Entstehung hämatogener Metastasen beruht nicht auf einem Filtrationsvorgang, bei welchem sich das im Blute kreisende Virus wie irgendein kolloider Stoff von gleichem Dispersitätsgrad verhält.

Influenzavirus kann auf Frettchen oder auf weiße Mäuse durch intranasale Instillation übertragen werden und läßt sich bei den auf diese Weise infizierten Mäusen auch im Blute, im Harn, in der Galle, der Leber und der Milz in geringer Menge nachweisen (SMORODINTSEFF, OSTROVSKAJA und DROBISHEVSKAJA); die Infektion lokalisiert sich nach intranasaler Übertragung im oberen Respirationstrakt und in den Lungen, so daß das Agens von O. WALDMANN als „*pneumotropes Virus*" bezeichnet wurde. Es ist aber nicht möglich, Frettchen oder Mäuse auf einem anderen Wege, z. B. durch subcutane oder intraperitoneale Injektionen zu infizieren (TH. FRANCIS, SMITH, ANDREWES und LAIDLAW) und SMORODINTSEFF und OSTROVSKAJA haben gezeigt, *daß selbst massive Dosen intravenös eingespritzt unfähig sind, Lungenmetastasen zu erzeugen*; das in die Blutbahn von Mäusen gebrachte Virus wird in den Geweben rasch zerstört oder ausgeschieden und ist in 2—3 Tagen völlig verschwunden. Wenn auch keine befriedigende Erklärung für diese Beobachtungen gegeben werden, wird man sich doch nicht dazu verstehen, mit SMORODINTSEFF und OSTROVSKAJA eine Impermeabilität der Lungenkapillaren für Influenzavirus, also eine „*Blut-Lungen-Schranke*" (die sich übrigens auch auf die Nasenschleimhaut erstrecken müßte) anzunehmen. Davor schützt schon das Verhalten des *Herpesvirus*.

Es wurde bereits betont, daß nach intravenösen Injektionen von Herpesvirus Metastasen im Gehirn und Rückenmark sowie in den Nebennieren entstehen, nie aber im Hoden und in der Haut, obzwar auch diese Gewebe für Herpesvirus sehr empfänglich sind; *diese Verteilung läßt sich durch die verschiedene Durchlässigkeit der Kapillarbezirke nicht erklären.* Auf der anderen Seite wissen wir, daß die Meningen, der Liquor und das Parenchym des Zentralnervensystems vom Blut aus durch Mikroben von weit größeren Dimensionen, z. B. durch Bakterien infiziert werden können, was schon an sich genügen würde, den Gedanken an eine infektionsverhütende Wirkung der Bluthirnschranken nach Art keimdichter Membranfilter abzulehnen. Die Berufung auf das Verhalten kolloidaler Farbstoffe, artfremder Sera, Toxine usw. ist nicht stichhaltig. Man vergißt bei solchen Vergleichen nur allzu leicht auf die

Darmschleimhaut und die Placenta, welche für Kolloide ebenfalls relativ undurchlässig sind, die aber von verschiedenartigen Mikroben (keineswegs bloß von filtrierbaren Virusarten) durchsetzt werden (der Darm als obligate oder fakultative Eintrittspforte, die transplacentaren Infektionen des Fetus).

Welche Form die Vorstellung der Metastasierung durch „Abfiltrieren" infektiöser Keime aus dem Blute annehmen kann, lehren u. a. die Arbeiten von HAYDEN und SILBERSTEIN, welche behaupten, daß man durch intralumbale Injektionen von Pferdeserum eine Passage von Streptokokken und Pneumokokken durch die Blut-Hirn-Schranken des Kaninchens bzw. eine Ansiedlung dieser Keime in den Meningen erzwingen kann, was nicht weniger bedeuten würde, als daß eine für Viruselemente dichte Schranke so permeabel wird, daß Bakterien hindurchtreten!

Abhängigkeit der Wirkung intravenöser Virusinjektionen von der eingespritzten Virusmenge.

Warum von gewissen Virusarten (Lyssa, Poliomyelitis, Herpes) sehr große Dosen — intravenös injiziert — häufiger wirken, ja nach der Ansicht einiger Autoren [E. W. HURST (*6*), I. A. GALLOWAY, F. SCHWEINBURG (*1*) u. a.] geradezu notwendig sind, falls eine Infektion des Zentralnervensystems zustande kommen soll, läßt sich nicht befriedigend beantworten. Das „Durchbrechen" der Schranke ist, wie eben auseinandergesetzt wurde, eine unberechtigte bildhafte Ausdrucksweise, die man überdies zugunsten anderer Hypothesen wieder aufgegeben hat (siehe weiter unten). Sicher ist, daß von anderen neurotropen Virusarten kleine oder selbst minimale Mengen genügen. So geht z. B. die intravenöse Infektion mit dem Virus der Pseudorabies beim Kaninchen regelmäßig an u. zw. schon nach Dosen, welche kaum größer sind als jene, welche direkt ins Gehirn geimpft, einen letal ablaufenden Prozeß hervorzurufen vermögen [E. W. HURST (*6*), F. GERLACH und SCHWEINBURG], und für das Virus der Hühnerpest besteht nach meinen persönlichen Erfahrungen ebenfalls keine derartige Differenz. Das stimmt natürlich auch nicht mit der infektionsverhütenden Undurchlässigkeit der Blut-Hirn-Schranken, um so weniger als die in kleinen Dosen wirksamen Viruselemente bekanntlich einen weit größeren Durchmesser haben als die Teilchen des Poliomyelitisvirus; man müßte schon annehmen, daß die Barriere für Virusarten *aller* Größenordnungen unpassierbar ist und die Tatsache, daß man von bestimmten Virusarten massive, von anderen minimale Dosen für erfolgreiche intravenöse Impfungen braucht, zunächst unberücksichtigt lassen. Dieser Weg wird in neuerer Zeit de facto eingeschlagen. Bevor wir darauf eingehen, soll die Frage erledigt werden, ob keine anderen Argumente für die hier diskutierte Auffassung vom natürlichen Schutz des Zentralnervensystems gegen hämatogene Infektionen bestehen.

Versuche, den Schutz des Zentralnervensystems gegen hämatogene Infektionen experimentell zu beweisen.

a) Das Freibleiben parabiotischer Partner.

SCHWEINBURG und WINDHOLZ parabiosierten jugendliche weiße Ratten durch seitliche Cölioanastomose, stellten die Entwicklung von Gefäßverbindungen zwischen den beiden Partnern fest und impften hierauf einen Parabionten intramuskulär mit einem Lyssastamm (Virus fixe). Nur der geimpfte Partner wurde infiziert (Symptome, Übertragung des Gehirnes auf Meerschweinchen); der nichtgeimpfte Parabiont zeigte keine Erscheinungen und sein Gehirn erwies sich als avirulent. Für die genannten Autoren ergab sich hieraus „der einwandfreie Schluß, daß das Lyssavirus von der Infektionsstelle ins Zentralnervensystem auf dem Wege der Nervenbahnen, nicht auf dem der Blutgefäße gelangt", und E. W. HURST (*3*) geht noch einen Schritt weiter, indem er schreibt: „The recent experiments of SCHWEINBURG and WINDHOLZ with rabies (1930) leave no possibility of haematogenous infection.“ Beide Folgerungen sind aber durch das Versuchsergebnis nicht hinreichend begründet, da sie auf der irrigen Voraussetzung beruhen, daß das Lyssavirus, wenn es im geimpften Partner in das Blut übertritt, auch im ungeimpften zirkulieren muß, u. zw. in gleicher Konzentration, daß also im geimpften Partner nichts zurückgehalten werden kann. Daß diese Voraussetzung falsch ist, geht aus den Arbeiten von ČEREWKOW und von SCHWEINBURG selbst hervor, denen zufolge intravenös injiziertes Lyssavirus rasch in verschiedenen Organen fixiert wird. Injiziert man ferner bei parabiosierten Ratten einem Partner eine mäßige Dosis Tetanustoxin subcutan an einer hinteren Extremität, so wird auch nur dieser, nicht aber der Parabiont tetanisch; erst nach großen Dosen werden beide Tiere vom Starrkrampf befallen (RANZI und EHRLICH, L. C. ZAPELLONI).

b) Die Unwirksamkeit intravenöser Virusinjektionen nach Unterbrechung bestimmter zum Zentralnervensystem führender nervöser Bahnen.

Ferner hat man versucht, die zum Zentralnervensystem führenden nervösen Bahnen zu unterbrechen; wenn dann die Einimpfung von Virus erfolglos blieb, wurde gefolgert, daß die hämatogene Infektion der nervösen Zentren unmöglich sei, da der Weg über das Blut offen stand. Derartige Experimente stellen sich als unverkennbare Nachbildungen jener Versuchsanordnungen dar, welche in großem Umfang und mannigfacher Variierung von HANS HORST-MEYER angewendet worden waren, um die Theorie der nervösen Leitung des Tetanustoxins zu begründen. Technisch sind sie an die Kenntnis der für die nervöse Leitung in Betracht kommenden Bahn gebunden. Wie das zu verstehen ist, lehren folgende, der neueren Literatur entnommene Beispiele.

Die Unterbrechung der Olfactoriusbahn und die intravenöse Injektion von Poliomyelitisvirus.

Affen können durch intranasale Instillationen von Poliomyelitisvirus ziemlich sicher infiziert werden. Der Weg führt nach den Untersuchungen von FLEXNER und CLARK, FABER und GEBHARDT, E. W. SCHULTZ und GEBHARDT, M. BRODIE (*2*), BRODIE und ELVIDGE, E. W. HURST (*1*, *3*), SABIN und OLITSKY (*1*), HOWE und ECKE (*2*), KRAMER, HOSKWITH und GROSSMAN u. a. von der Nasenschleimhaut über die Riechfäden zu den Lobi olfactorii. Affen, denen man vorher Lobus und Tractus olfactorius beiderseits durchschnitten und partiell reseziert hat, sind gegen nasale Infektionen refraktär [M. BRODIE (*2*), BRODIE und ELVIDGE, SCHULTZ und GEBHARDT]. Solche Affen sollen aber auch auf wiederholte *intravenöse* Injektionen großer Virusdosen im Gegensatze zu normalen Kontrolltieren nicht mehr reagieren. LENNETTE und HUDSON (*1*), von welchen diese Angaben stammen, nehmen an, daß intravenös injiziertes Virus auf der Nasenschleimhaut ausgeschieden wird und von dort aus den gleichen Weg über die Olfactoriusbahn einschlägt, wie wenn es direkt aufgetropft worden wäre. Bei einem der intravenös injizierten Affen konnten LENNETTE und HUDSON das Virus in der Waschflüssigkeit des Nasenrachenraumes feststellen, was als unterstützendes Argument bewertet wurde. Nach CH. ARMSTRONG soll man die intravenöse Infektion — zwar nicht immer, aber doch in einem gewissen Prozentsatz der Versuche — verhindern können, wenn man die Nasenschleimhaut durch prophylaktische Behandlung mit verdünnter Pikrinsäurelösung unempfänglich macht.

Wären alle diese Beobachtungen richtig, so müßte oder könnte man den Schluß ziehen, daß der positive Erfolg einer intravenösen Injektion von Poliomyelitisvirus lediglich vorgetäuscht wird, bzw. daß die Zentren in solchem Falle gar nicht vom Blute aus infiziert werden, sondern auf dem Umweg über eine periphere nervöse Bahn, also nach dem Schema, welches HANS HORST-MEYER für die Pathogenese des Tetanus nach intravenösen Toxininjektionen angenommen hatte.

GERMAN und TRASK (*1*) berichten aber neuerdings, daß sich bei zwei Affen, welche vor einigen Wochen eine bilaterale Neurektomie des Olfactorius durchgemacht hatten, eine milde, aber typische Poliomyelitis im Gefolge einer intravenösen Virusinjektion (nach 4- bzw. 5tägiger Inkubation) entwickelte. Nun würden diese zwei Experimente kaum genügen, um eine direkte Infektion der Zentren vom Blute aus zu beweisen. Man weiß aber aus den Arbeiten von M. BRODIE, J. A. TOOMEY, TRASK und PAUL u. a., daß Affen auch durch intracutane Impfung mit Poliomyelitisvirus infiziert werden können, besonders wenn man bestimmte Stämme zu solchen Versuchen verwendet. Nach der Ansicht von J. A. TOOMEY soll dies darauf beruhen, daß im Corium zahlreiche graue (marklose) Nervenfasern vorhanden sind, welche die zentripetale Leitung übernehmen. GERMAN und TRASK (*1*) konstatierten jedoch, daß die intracutane Impfung in Hautpartien, welche durch verschiedene chirurgische Eingriffe (Sektion der vorderen und hinteren Rückenmarkswurzeln, Erzeugung entnervter Hautlappen) von ihren nervösen Verbindungen mit den Zentren abgeschnitten wurden, Erfolg hat, ja daß solche Operationen die intracutane Empfänglichkeit sogar steigern. Die intracutane Impfung lieferte ferner auch bei Affen mit bilateraler Neurektomie des Olfactorius (mit oder ohne gleichzeitige Sektion der Rückenmarkswurzeln) positive Resultate, desgleichen die Impfung in eine partiell abgetrennte hintere Extremität, welche nur mehr durch den Femur und durch die Arteria und Vena femoralis mit dem Körper des Tieres verbunden war.

GERMAN und TRASK schließen aus ihren Versuchen nicht, daß das Virus der Poliomyelitis vom Blut aus das Zentralnervensystem direkt infizieren kann, sondern bloß, daß es imstande ist, von jeder mit Blut versorgten Körperstelle intakte Nerven zu erreichen („so that from any locus with blood supply the virus could readily reach intact nerves"). Diese reservierte Stellungnahme ist einmal darauf zurückzuführen, daß GERMAN und TRASK an der Impermeabilität der Blut-Hirn-Schranke für Poliomyelitisvirus festhalten, zweitens auf die Beobachtung, daß sich die ersten Anzeichen der Lähmung bei intracutan geimpften Affen im Bein der geimpften Seite zeigten. Für die Tatsache, daß vorangegangene Operationen die Empfänglichkeit für intracutane Infektionen erhöhen, wissen GERMAN und TRASK keine befriedigende Erklärung. Meines Erachtens besteht indes auf Grund der durch GERMAN und TRASK geschaffenen Situation keine Notwendigkeit, die direkte hämatogene Infizierbarkeit des Rückenmarkes zu leugnen, speziell wenn man die auf S. 760 besprochenen intravenösen Infektionen mit Herpesvirus berücksichtigt.

Die oben erwähnten Angaben von ARMSTRONG, welche die Versuche von LENNETTE und HUDSON sowie ihre Deutung zu stützen schienen, sind gleichfalls fraglich geworden. Nach TOOMEY und TAKACS können Affen (Macacus rhesus) durch die Behandlung der Nasenschleimhaut mit 1%iger Zinksulfatlösung nur gegen die nasale, nicht aber gegen die intravenöse Infektion mit Poliomyelitisvirus geschützt werden.

Die Unterbrechung zentripetaler Nervenbahnen bei der Pseudorabies.

Das zweite Beispiel bezieht sich auf das Virus der Pseudorabies. E. W. HURST (*6*) resezierte bei 6 Kaninchen eine zollgroße Strecke eines Ischiadicus, bei 4 anderen den Ischiadicus und Femoralis einer Körperseite. Sofort nach Verschluß der Wunde oder 3 Wochen nach der Operation wurde am Rücken des entnervten Fußes eine Impfung mit dem Pseudorabiesstamm „Jowa" vorgenommen. Es verendeten sämtliche zehn Kaninchen und bei 3 derselben wurde das Virus im Rückenmark und im Gehirn, aber auch in der Lunge, in der Milz und im Blute gefunden. HURST meint hierzu: „The conclusion seems unavoidable that in the absence of nervous connections the Jowa virus may reach the nervous system trough the medium of blood." Er entschließt sich aber trotzdem zu der Annahme, daß das Virus aus dem entnervten Gebiet zwar ins Blut übertritt, daß es aber die Bluthirnschranken nicht direkt durchdringen kann, sondern daß zuerst Herde in den inneren Organen entstehen müssen, von wo aus der Weg über intakte Nerven offensteht. Eine sehr komplizierte Erklärung, die man folgerichtig auch auf die intraperitonealen Infektionen und die Übertragung durch Fütterung [REMLINGER und BAILLY (2), GERLACH und SCHWEINBURG] sowie auf den Übergang des Virus von der trächtigen Mutter auf den Fetus (BRAGA und FARIA) anwenden müßte. Jedenfalls wird man zugeben, daß die Beobachtungen von LENNETTE und HUDSON sowie von ARMSTRONG bei der Affenpoliomyelitis und die Versuchsergebnisse von E. W. HURST bei der Pseudorabies des Kaninchens in sehr verschiedenartiger Weise interpretiert werden, um sie der Lehre von der Virusdichtigkeit der Bluthirnschranken unterordnen zu können, obzwar die Fragestellung (Unterbrechung der nervösen Bahn bei ungehemmtem Blutkreislauf) in beiden Fällen die gleiche war.

Die „Umgehung der Blut-Hirn-Schranken" durch nervöse Viruszuleitung von primären peripheren Herdinfektionen (E. W. HURST).

Wie schon an anderer Stelle (siehe S. 701) ausgeführt wurde, bringt HURST die im engeren Sinne neurotropen Virusarten (Lyssa, Poliomyelitis, BORNAsche Krankheit) in Gegensatz zu den pantropen (Pseudorabies, Herpes usw.) und erblickt das maßgebende Unterscheidungsmerkmal in der *Ansiedlungsfähigkeit,* die bei der ersten Gruppe auf das Nervensystem beschränkt ist, während sie sich bei der zweiten auf mehrere, physiologisch und entwicklungsgeschichtlich verschiedene Gewebe erstreckt. Infolge ihrer exklusiven Neurotropie und der Impermeabilität der Blut-Hirn-Schranke, die als nicht zu bezweifelnde Tatsache hingestellt wird, vermögen die Virusarten der ersten Kategorie, intravenös eingespritzt, keine Erkrankung des Gehirnes oder Rückenmarkes hervorzurufen — außer wenn man zu ganz enormen Dosen greift —, und sie finden sich während der Erkrankung der Zentren nicht oder nur ausnahmsweise und in geringer Konzentration im Blute. Die pantropen Virusarten dagegen erzeugen extraneurale Herde und von diesen aus erfolgt einerseits die Ausschüttung in den Blutstrom, anderseits die zentripetale Leitung zum Gehirn oder Rückenmark mit Hilfe der peripheren Nerven; diese Virusarten vermögen auch in kleinen Dosen intravenös eingespritzt Myeloencephalitiden hervorzurufen, weil durch die extraneurale Herdbildung die Blut-Hirn-Schranke umgangen werden kann.

Zusammenfassende Darstellung der Beziehungen zwischen Neurotropie und intravenöser Infektiosität.

Der erste Eindruck, den man von den Ausführungen HURSTS erhält, ist wohl der einer abgerundeten Theorie, welche das verschiedene Verhalten der neurotropen Virusarten zum Blut unter einem einheitlichen Gesichtspunkt zu erfassen vermag. Eine eingehendere Kritik enthüllt indes zahlreiche Bedenken, die zum Teil schon besprochen wurden, die aber hier nochmals rekapituliert und ergänzt werden sollen.

1. Es ist nicht bewiesen, daß das Nervensystem vom Blute aus nicht infiziert werden kann. Vielmehr sprechen gegen diese These

a) die hämatogenen Infektionen des Zentralnervensystems und der Meningen durch pathogene Mikroben von weit größeren Dimensionen, Bakterien, Spirochaeten usw., wie sie nicht nur bei natürlichen Erkrankungen beobachtet werden, sondern auch experimentell durch intravenöse Einspritzung der betreffenden Keime erzeugt wurden [B. FUST (2), A. GRUMBACH und F. LÜTHY, J. FORSSMAN (2), ältere Versuche von THOINOT und MASSELIN, H. LEBON, HAYDEN und SILBERSTEIN u. a.].

b) Die transplazentaren Infektionen des Fetus bei bestehender Infektion der Mutter mit einer neurotropen Virusart, z. B. mit Lyssa, Herpes, Pseudorabies.

c) Die Tatsache, daß das Hühnerpestvirus beim intramuskulär geimpften Huhn im Blute früher nachweisbar wird als im Gehirn [DOERR und SEIDENBERG (2)]. Bei der mehr protrahiert verlaufenden ägyptischen Hühnerpest ist das Intervall noch deutlicher ausgeprägt d. h. erheblich verlängert (E. LAGRANGE). Diese Beobachtung wurde von DOERR und SEIDENBERG sowie von LAGRANGE so gedeutet, daß die Virussepticämie der primäre, die Besiedlung des Gehirnes als der sekundäre Vorgang zu betrachten ist. Impft man die Hühner intracerebral und tötet sie 6 Stunden später, so läßt sich schon um diese Zeit eine enorme Virusanreicherung im Gehirne konstatieren (minimal infizierende Dosis kleiner als 0,0000003 g Hirnsubstanz); diese Vermehrungsgeschwindigkeit des Virus im Zentralnervensystem würde es unverständlich machen, daß das Gehirn nach intramuskulärer Impfung noch virusfrei sein kann, wenn das Blut schon infektiös ist, falls die Generalisation vom Gehirne ihren Ausgang nähme [DOERR und SEIDENBERG (2)]. Es handelt sich also nicht um ein bloßes „Post hoc, ergo propter hoc".

Dasselbe Verhalten wie bei der Hühnerpest wurde auch beim Louping-ill der Schafe von GORDON festgestellt. Bei der Pseudorabies des Kaninchens variieren die Angaben (siehe S. 708). Sicher ist, daß auch hier das Blut früher infektiös sein kann als das Gehirn [REMLINGER und BAILLY (2), einige Versuche von E. W. HURST (6)] oder daß sich das Virus im Blut und im Gehirne zu gleicher Zeit nachweisen läßt (E. W. HURST); wo sich die Reihenfolge umkehrt, kann man daher nicht ohne weiteres schließen, daß die nervösen Zentren nicht auf dem Blutwege infiziert werden, da der positive Virusbefund ja auch von quantitativen Faktoren abhängt (verimpfte Mengen, Vermehrungsgeschwindigkeit im Zentralnervensystem).

2. Die intravenöse Injektion gibt bei sämtlichen neurotropen Virusarten positive Resultate. Unterschiede sind wohl vorhanden; sie sind aber nicht absolut, sondern graduell und durch Übergänge verbunden, welche die Einordnung in eine Reihe von folgender Form gestatten:

Poliomyelitis → Lyssa, Herpes → Pseudorabies (Jowastamm) → Pseudorabies (Aujeszkystamm) → Equine Encephalomyelitis (Amerikanischer Typus), Louping-ill der Schafe, Hühnerpest der Gänse → Hühnerpest des Huhnes.

Vom Extrem der Poliomyelitis beginnend, wächst in dieser Reihe die intravenöse Infektiosität kontinuierlich, indem die positiven Resultate prozentual häufiger und die erforderlichen Dosen kleiner werden, bis schließlich das andere Extrem erreicht ist, das sich dadurch auszeichnet, daß der intravenöse Übertragungsmodus dem intracerebralen ebenbürtig wird, sowohl was die Sicherheit des Erfolges anlangt als auch hinsichtlich der Größenordnung der infizierenden Minimaldosis. Hand in Hand mit diesem Anstieg der intravenösen Infektiosität und gleichfalls kontinuierlich, nicht sprungweise ändert sich das Verhalten der Virusarten zum Blute, d. h. die Zahl der positiven Virusbefunde im Blute nimmt zu, die Befunde werden vom Infektionsmodus unabhängig und schließlich konstatiert man in Anbetracht der Konstanz der Ergebnisse und der im Blute nachweisbaren Viruskonzentrationen das Vorhandensein einer gesetzmäßigen Virussepticämie. Die Inkubation der intravenösen Infektionen ist bei den ersten Gliedern der Reihe (Poliomyelitis, Lyssa, Herpes) innerhalb sehr weiter Grenzen variabel; von hier nach rechts fortschreitend, gelangt man bereits bei der

Pseudorabies zu einer kurzen und vor allem hervorragend konstanten Inkubation (58—70 Stunden nach HURST). Eine sprungartige Änderung aller dieser Beziehungen an der Stelle, an welcher die Fähigkeit zur extraneuralen Ansiedlung beginnt, also zwischen Lyssa- und Herpesvirus, ist nicht feststellbar.

3. Nach LENNETTE und HUDSON sowie CH. ARMSTRONG gelangt intravenös injiziertes Poliomyelitisvirus nicht direkt in das Zentralnervensystem, sondern dadurch, daß es auf der Nasenschleimhaut ausgeschieden wird und von da aus so wie intranasal eingeträufeltes Virus die Olfactoriusbahn benützt. Auf der anderen Seite wird angenommen, daß die pantropen Virusarten des Herpes, der Pseudorabies und das Virus „B" das Zentralnervensystem nur auf dem Umwege über Herdbildungen in visceralen Geweben (Nebenniere, Leber usw.) erreichen können, von denen aus dann die Weiterleitung in peripheren Nerven erfolgt. Ist aber die Auffassung vom Wirkungsmechanismus der intravenösen Injektion des Poliomyelitisvirus richtig,[1] so erscheint die Bildung visceraler Herde als Bindeglied im Prinzip überflüssig, da sie durch bloße Ausscheidung auf der Nasenschleimhaut ersetzt werden kann. Jedenfalls erzeugen die oben aufgezählten pantropen Virusarten so wie viele andere (equine Encephalomyelitis, Vesicularstomatitis, Louping-ill, Rabies) Infektionen des Gehirnes, wenn sie intranasal appliziert werden, und man sieht a priori nicht ein, warum sie sich hinsichtlich der Ausscheidung in der Regio olfactoria anders verhalten müssen als Poliomyelitisvirus.

Zudem hat der „Weg über die Nasenschleimhaut" vom Standpunkt ungehemmter Hypothesenbildung einen besonderen Vorteil, wie folgendes Beispiel lehrt. Das Virus der equinen Encephalomyelitis ruft beim Meerschweinchen wie beim Rhesus-Affen eine Infektion hervor, die nach HURST (*2*) in eine viscerale und eine nervöse Phase zerfällt. Während der visceralen Phase kommt es zu einer Überschwemmung des Blutes mit Virus, die wahrscheinlich auf einer Vermehrung im Blute beruht, da das Virus an seinen peripheren Eintrittspforten (nach intramuskulärer oder intradermaler Impfung) entweder gar nicht oder nur mäßig an Konzentration zunimmt. An diese erste septicämische Phase schließt sich in mehr oder minder ausgeprägtem Zeitabstand die Infektion der nervösen Zentren an, nicht immer, aber doch in einem erheblichen Prozentsatz der Versuche. Nun konnte gezeigt werden, daß das Virus der equinen Encephalomyelitis (sog. „eastern strains") im Gegensatze zu anderen neurotropen Virusarten nicht die Fähigkeit besitzt, das Zentralnervensystem von der Peripherie aus auf dem Wege der regionären Nerven zu erreichen, zumindest nicht bei Meerschweinchen und Rhesus-Affen [E. W. HURST (*2*)]. Man müßte daher schließen, daß die nervösen Zentren bei diesen Tierspezies hämatogen infiziert werden, wie das von B. F. HOWITT (*1*, *2*) behauptet und später von SABIN und OLITSKY (*8*) in Anbetracht der diffusen perivasculären Verteilung der histologischen Läsionen im Gehirn peripher infizierter Meerschweinchen zugegeben wurde. E. W. HURST (*2*) möchte aber selbst in diesem, scheinbar eindeutigen Falle an der Impermeabilität der Blut-Hirn-Schranken festhalten; er nimmt eine Virusausscheidung auf der Nasenschleimhaut an und eine Fortleitung zum Gehirn, zwar nicht in den Nervenfasern, wohl aber in den perineuralen Lymphscheiden des Olfactorius, eine im Hinblick auf die Einstellung HURSTS zum „axonal spread" inkonsequente Kompromißlösung. B. F. HOWITT (*2*) nimmt dagegen auch dann eine hämatogene Infektion des Gehirnes an, wenn das Virus direkt auf die Nasenschleimhaut aufgebracht wird.

---

[1] Ob dies tatsächlich der Fall ist, erscheint mit Rücksicht auf die Versuchsergebnisse von GERMAN und TRASK sehr zweifelhaft (siehe S. 713). Für die obigen Ausführungen ist indes die Zuverlässigkeit der Experimente von LENNETTE und HUDSON sowie von ARMSTRONG bis zu einem gewissen Grade irrelevant, da hauptsächlich gezeigt werden soll, daß man sich nicht bemüht hat, den supponierten Mechanismus der intravenösen Infektion mit Poliomyelitisvirus mit der für andere Virusarten behaupteten Notwendigkeit peripherer Herdbildungen in Einklang zu bringen.

In seiner Arbeit über die Ausbreitung des Virus der equinen Encephalomyelitis im Organismus von Meerschweinchen und Affen hält es E. W. HURST (*2*) übrigens nicht für ganz ausgeschlossen, daß dieses Virus gelegentlich die Blut-Hirn-Schranken „langsam durchwachsen" könnte. SABIN und OLITSKY (*8*), die — wie oben erwähnt — die Infektion des Gehirnes auf dem Blutwege in diesem Falle nicht für einen fakultativen, sondern für den regulären Vorgang halten, teilen die Auffassung von HURST über den Mechanismus der Überwindung der Blut-Hirn-Schranken und berufen sich darauf, daß die Verteilung der Läsionen im Gehirne ganz dem Typus entspricht, den man bei mit Toxoplasma infizierten Mäusen beobachtet, wo über das Durchwachsen der Gefäßwände kein Zweifel bestehe [SABIN und OLITSKY (*10*)]. Es ist leicht ersichtlich, daß diese Vorstellungen über den Durchtritt von Viruselementen aus dem Blut in das Gewebe der nervösen Zentralorgane den Erfahrungen über die Filtration von Bakteriensuspension durch Hartfilter (Chamberlandkerzen usw.) nachgebildet sind. Sofern nur der Filtrationsdruck als treibende Kraft in Betracht kommt, erweisen sich solche Hartfilter als undurchlässig für Bakterien von der gewöhnlichen Größenordnung; sie können aber von solchen und größeren Bakterien durchwuchert werden, wenn die Filterporen mit Nährlösung gefüllt sind. Ob man aber die Alternative „Filtration oder Durchwachsen" in dieser, andere Möglichkeiten ausschließenden Form auf die Blut-Hirn-Schranken übertragen darf, ist mehr als fraglich. Die Anlehnung an ein so unpassendes Modell erfolgte wohl nur, weil wir zwar durch eine Reihe von Experimenten über die Existenz der Blut-Hirn-Schranken unterrichtet sind, über ihre Beschaffenheit und die tieferen Ursachen ihrer Impermeabilität dagegen nicht. Der Vergleich mit Filtern ist aber jedenfalls abzulehnen. Für das Zustandekommen einer hämatogenen Hirninfektion genügt der Durchtritt eines einzigen vermehrungsfähigen Viruselementes; das ist natürlich etwas ganz anderes als die Prüfung der Blut-Hirn-Schranken mit Farbstoffen oder Giften, wo der Nachweis der erfolgten Passage an eine bestimmte Minimalkonzentration jenseits der Barriere gebunden ist. Es existiert ferner kein Anhaltspunkt, daß besonders kleine Viruselemente leichter aus den Gefäßen in das Hirnparenchym übertreten als größere; eher könnte man aus den vorliegenden Daten das Gegenteil herauslesen.

Wie die Dinge jetzt liegen, ist es bei objektiver Einstellung des Urteils nicht möglich, die *direkte hämatogene Infizierbarkeit der nervösen Zentren* strikte und in allgemein gültiger Form in Abrede zu stellen. Gäbe es kein anderes Argument für die Wanderung gewisser Virusarten in peripheren Nerven als die Undurchlässigkeit der Blut-Hirn-Schranken, so wäre es um diese Lehre schlecht bestellt. Als PASTEUR konstatiert hatte, daß man durch intravenöse Injektion virulenter Hirnsubstanz bei Hunden Tollwut erzeugen kann, war er sich bewußt, daß diese Feststellung einen Widerspruch gegen die Theorie der Nervenleitung bedeute, welche DUBOUÉ 1879 erneut verteidigt hatte und zu deren Gunsten auch manche eigene Versuchsergebnisse von PASTEUR (Virusnachweis in peripheren Nerven) sprachen. PASTEUR setzte sich mit diesem Dilemma 1884 in folgender Weise auseinander: „La sûreté d'inoculation de la rage par l'injection intraveineuse du virus dit assez que l'hypothèse du passage de ce virus de la péripherie aux centres nerveux par les nerfs ne peut être considérée comme la seule voie de propagation du virus et que, dans la plupart des cas, tout au moins, l'absorption du virus se fait par le système sanguin."

Als es sich dann herausstellte, daß der intravenöse Infektionsmodus speziell bei großen Tieren (Kühen, Pferden, Schafen, Ziegen) doch nicht so sicher ist, wie PASTEUR geglaubt hatte (M. GALTIER, ROUX und NOCARD u. a.), wurden diese Versager in den Vordergrund geschoben; und wo die intravenöse Übertragung leicht, regelmäßig und mit kleinen Dosen möglich war, wurde eine Umdeutung im Sinne einer Umleitung angenommen, wie z. B. bei der Pseudolyssa [E. W. HURST (*6*)]. Wie gezeigt wurde, ist man aber zurzeit noch nicht berechtigt, dem Problem der Hirninfektion durch neurotrope Virusarten die Fassung eines „aut-aut" zu geben. Beobachtung und Experiment können vorderhand nur die Aufgabe haben, für jede neurotrope Virusart festzustellen, ob unter natürlichen Verhältnissen der Nerven- oder der Blutweg in Betracht kommen oder auch beide. Daß der Nervenweg den Blutweg ausschließt und umgekehrt, ist sicher nicht richtig; Stoffe, welche in der Regel auf dem Blutwege verbreitet werden, können z. B. gelegentlich in Nerven aufgenommen werden und, in diesen zentripetal fortschreitend, die Zentren erreichen (aszendierende bakterielle Neuritiden, Überwanderung von Meningokokken aus der Nase in die Schädelhöhle entlang der Fila olfactoria usw.).

C. Die Lymphbahn.

Die Beziehungen der tierpathogenen Virusarten zu den Lymphbahnen sind noch weniger bekannt als die Rolle, welche der Blutzirkulation als Vermehrungsstätte und Transportweg zukommt. Nur in wenigen Fällen stehen wir einer klaren Situation gegenüber, wie z. B. beim Lymphogranuloma inguinale (Krankheit von NICOLAS-FAVRE), wo sich an einen genitalen Primäraffekt eine Erkrankung der regionären Lymphdrüsen anschließt, in denen das spezifische Agens mikroskopisch (MIYAGAWA und seine Mitarbeiter, HERZBERG und KOHLMÜLLER) sowie durch den Tierversuch (HELLERSTRÖM, C. LEVADITI) nachgewiesen werden kann. Eine ausschließliche primäre Lokalisation in den Lymphdrüsen würde wohl auch einen bestimmten Schluß gestatten; ob aber die HODGKINsche Krankheit, welche hier in Betracht käme, durch ein Virus hervorgerufen wird, ist vorläufig noch nicht entschieden (siehe DOERR, dieses Handbuch, II. Teil, 5. Abschnitt, 2. Kapitel, S. 579).

Symptome von seiten der Lymphdrüsen als bloße Teilerscheinungen des Krankheitsbildes sind, falls nicht gezeigt werden kann, daß sie auf einer Ansiedlung bzw. Vermehrung des Virus beruhen, nicht beweisend. Um dies einzusehen, braucht man sich nur an die Drüsenschwellungen bei der Serumkrankheit zu erinnern. Auch der *Nachweis von Virus in einer veränderten Drüse* wäre übrigens an sich noch nicht entscheidend, wenn es sich nur um Spuren des Infektionsstoffes handelt, die man gelegentlich mit besonders empfindlichen Methoden feststellen kann. Bei der Rachendiphtherie findet man in den regionären Lymphdrüsen öfters die LÖFFLERschen Bacillen; dieser Befund ist aber zweifellos nicht so aufzufassen, daß die Adenitis eine spezifisch-diphtherische Drüseninfektion darstellt. *Man sieht ein, daß die richtige Einschätzung von Drüsensymptomen bei Viruskrankheiten auf sehr große Schwierigkeiten stoßen kann.*

Dies wird durch die *regionären Drüsenschwellungen bei der Blatternschutzimpfung* in ausgezeichneter Weise beleuchtet. C. BENDA glaubte aus seinen Beobachtungen schließen zu dürfen, „daß der Lymphapparat gegen das Pockengift relativ immun ist", und in der Literatur findet man eine Reihe von Angaben, denen zufolge in den Lymphdrüsen Pockenkranker (UNGERMANN und ZÜLZER) oder vaccinierter Individuen (PASCHEN) kein Virus vorhanden ist; W. LEHMANN untersuchte ferner in neuerer Zeit 12 Lymphdrüsen von Impfkälbern und konnte das Virus nur in einer Hautdrüse, die gerade unter dem Impffelde lag, nachweisen. Geringe Quantitäten von Vaccinevirus in Lymphdrüsen, wie sie u. a. von NOGUCHI festgestellt wurden, wären auch — wie schon betont wurde — nicht ausschlaggebend, da ja die Keime beim Menschen und bei experimentell infizierten Tieren ins Blut übertreten und mit dem Blute in die verschiedensten vascularisierten Organe gelangen können [GILDEMEISTER und

HEUER (*1*), OHTAWARA, HAAGEN und KODAMA, J. W. HACH u. a.]. Damit ist indes die Pathogenese der regionären Lymphdrüsenschwellung im Gefolge einer Vaccination nicht befriedigend geklärt. Nimmt man an, daß es sich um den lymphogenen Abtransport von unspezifischen Reizstoffen handelt, welche in der Vaccinepustel entstehen, so wäre noch immer die Frage zu entscheiden, ob das Virus selbst auf diesem Wege nicht in die Lymphdrüse kommen kann (sondern nur durch Vermittlung des Blutstromes) oder ob die Zufuhr zwar durch die Lymphbahn erfolgt, die Ansiedlung aber unterbleibt. Andere lymphatische Gewebe sind jedenfalls nicht immun im Sinne von BENDA; in der Milz infizierter Kaninchen wurde das Virus nicht nur relativ häufig nachgewiesen (siehe den Artikel von E. PASCHEN, S. 175), sondern konnte auch im explantierten Organ zu starker Vermehrung gebracht werden [FL. MAGRASSI (*1*)].

Ein anderer, ebenfalls noch nicht eindeutig entschiedener Fall sind die *Lymphdrüsenschwellungen bei der Poliomyelitis.* Sowohl bei der natürlichen Infektion des Menschen als auch bei der experimentellen Affenpoliomyelitis hat man in den Lymphknoten gelegentlich das Virus nachgewiesen [FLEXNER und LEWIS (*2*), LEINER und WIESNER, KLING, LEVADITI und LÉPINE]; doch standen auch hier den positiven Befunden eine Mehrzahl negativer gegenüber (LEINER und WIESNER, LEVADITI, SCHMUTZ und WILLEMIN), so daß es wahrscheinlich wurde, daß den positiven Ergebnissen Versuchsfehler bei der Entnahme des Materials (akzidentelle Verunreinigungen) zugrunde liegen dürften (S. FLEXNER). Neuerdings veröffentlichten jedoch KLING, OLIN und GARD eine Mitteilung, derzufolge der Nachweis auch bei Beachtung der erforderlichen Kautelen doch häufiger gelang, als man auf Grund der bisherigen Berichte annehmen sollte (im ganzen 7 positive Resultate auf 43 untersuchte Fälle); die cervicalen und inguinalen, besonders aber die mesaraischen Lymphknoten schienen bevorzugt. KLING und seine Mitarbeiter betonen selbst, daß weitere Untersuchungen unerläßlich sind, bevor man sich zu weitergehenden Folgerungen entschließt, wie etwa, daß die Poliomyelitis als Allgemeininfektion des lymphatischen Systems aufgefaßt werden kann (BURROWS, J. LEVADITI) oder daß die Lymphknoten Etappen des Weges sind, den das Virus durchlaufen muß, um zum Rückenmark zu gelangen. Jedenfalls darf man zum voraus konstatieren, daß solche Schlüsse geeignet wären, die herrschenden Auffassungen über die Ausbreitung des Poliomyelitisvirus im Organismus von Menschen und Affen zu erschüttern. Bemerkt sei, daß KLING, OLIN und GARD — in Übereinstimmung mit früheren Angaben — im Blute infizierter Affen kein Virus fanden, obzwar sie große Mengen (5—28 ccm) verimpften; es ist daher ungewiß, wie das Virus in die Lymphknoten gelangte, speziell bei den *intracerebral* infizierten Affen. Vielleicht liegt jedoch den Befunden von KLING, OLIN und GARD ein ganz einfacher Sachverhalt zugrunde. Poliomyelitisvirus wird von infizierten Menschen und Affen auf der Nasenschleimhaut ausgeschieden und kann von da aus durch Verschlucken in den Magen-Darmkanal kommen (KRAMER, HOSKWITH und GROSSMAN); aus dem Lumen des Darmes wäre der direkte Übertritt in die mesaraischen Lymphknoten möglich, wodurch die Virusfreiheit des Blutes ebenso eine Erklärung fände wie die gelegentlichen positiven Befunde in den Lymphknoten. Zu beantworten wäre dann nur, was mit dem Virus in den Lymphknoten geschieht und warum diese bei der Poliomyelitis pathologisch (mit Schwellungen) reagieren.

Von der Ansiedlungsfähigkeit bzw. Metastasierung in lymphatischen Organen ist der *Transport in Lymphbahnen* prinzipiell zu unterscheiden, da er ja auch rein passiv, d. h. ohne Vermehrung des Virus, in diesen Bahnen erfolgen kann. Da die Elementarkörperchen aus den parasitierten Zellen austreten oder durch Platzen derselben frei werden, wäre gar nicht einzusehen, warum sie nicht durch die Lymphströmung erfaßt und verschleppt werden können; es ist gewiß nicht wahrscheinlich, daß die in Freiheit gesetzten Viruselemente sofort und restlos wieder von anderen Zellen aufgenommen werden. Man hat jedoch diese Verhältnisse nicht eingehend untersucht und das Hauptgewicht auf die hämatogene Generalisation gelegt, meist in antithetischer Diskussion zum Phänomen der Nervenwanderung. Beim Vaccinevirus kam speziell noch die Klassifikation des Infektes als „neurotrope Ektodermose“ (C. LEVADITI und seine Mitarbeiter) zur Geltung, welche die Virusableitung in mesenchymale Strukturen als eine blind endigende Abzweigung erscheinen ließ, da nur Epithel und Zentralnervensystem laut Hypothese als mögliche Orte einer pathogenen Auswirkung in Frage kommen sollten. Nun hat sich die Theorie Levaditis als unhaltbar erwiesen, wir wissen, daß auch mesenchymale Strukturen durch Vaccinevirus infiziert werden können, und damit hat die Lymphbahn wieder an Bedeutung gewonnen; sie wird indes nur als fakultative Art der Ausbreitung erwähnt, und ihre Beziehungen zur Blutbahn werden nicht analysiert, obzwar man jetzt an solche Probleme mit größerer Aussicht auf Erfolg herantreten könnte als vor wenigen Jahren.

Neuere Untersuchungen von J. M. Yoffey und E. R. Sullivan können als aussichtsvoller Vorstoß in dieser Richtung betrachtet werden. Yoffey, Sullivan und Drinker hatten zunächst mitgeteilt, daß manche Eiweißstoffe, wenn man sie auf die Nasenschleimhaut von Katzen, Hunden, Affen oder Kaninchen auftropft, in den abführenden Lymphgefäßen des Halses nachweisbar werden. Intranasal eingeführtes Vaccinevirus verhält sich nach Yoffey und Sullivan bei empfänglichen Tieren (Affen, Katzen, Kaninchen) ähnlich; es tritt 12 Stunden nach der Instillation in der Lymphe der cervicalen Gefäße auf und hält sich daselbst durch volle 7 Tage, so daß sich während dieser Zeit ein beständiger Strom von Virus mit der Lymphe in das Blut ergießt. Es scheint sich — im Gegensatze zu den Proteïnen — nicht um eine bloße Resorption des Virus zu handeln; die Tatsache, daß das Virus nicht vor 12 Stunden in der Lymphe gefunden wird, spricht eher dafür, daß sich zuerst eine Infektion der Nasenschleimhaut etablieren muß, bevor der Abtransport erfolgen kann. Während blande Partikel oder Bakterien in den Lymphknoten zurückgehalten werden, passiert das Virus, da es an Lymphocyten gebunden ist, welche aus den Lymphknoten bekanntlich in großer Zahl austreten. Mit Recht legen Yoffey und Sullivan gerade auf diese Bindung besonderes Gewicht. Da die Lymphocyten die Wände der Kapillaren durchwandern können, ist es verständlich, daß man Vaccinevirus in jedem Gewebe nachweisen kann, wohin es mit den weißen Zellen der Blutzirkulation gelangt. Ferner wollen die genannten Autoren *die lymphocytären perivasculären Infiltrate*, einen bei zahlreichen Viruskrankheiten häufigen histologischen Befund, nicht so sehr als Auswirkung des Virus, sondern — wegen der Anhäufung virushaltiger Lymphocyten — als Ausgangspunkt der Infektion jener Organe auffassen, in welchen die perivasculären Zellmäntel zu sehen sind. Dies ist indes wenig wahrscheinlich. Man wird wohl zuerst eine Bestätigung der Angaben von Yoffey und Sullivan, soweit sie sich auf das Vaccinevirus beziehen, abwarten und dann feststellen müssen, in welchem Umfange Aussagen über das Verhalten anderer Virusarten zulässig sind.

Sind die Beobachtungen von Yoffey und Sullivan richtig, so wird man sich auch fragen müssen, warum die Infektion der Nasenschleimhaut nicht auf die Meningen übergreift und warum anderseits andere Virusarten, in gleicher Weise appliziert, so mannigfache Wege, nur nicht den von Yoffey und Sullivan beschriebenen, einschlagen.

Ich möchte hier noch auf ein Phänomen hinweisen, das in dem erörterten Konnex wichtig, aber anscheinend wenig bekannt ist. Ich hatte vor Jahren Gelegenheit, bei zirka 200 Erwachsenen Erstimpfungen u. zw. subcutane Injektionen virulenter Lymphe am Vorderarm auszuführen. Ob die Lymphe zu virulent, ob die eingespritzten Dosen zu hoch oder die Impflinge (Soldaten aus Bosnien und der Herzegowina) zu empfänglich waren, mag dahingestellt bleiben. Die Reaktionen waren außerordentlich heftig, u. zw. sowohl die Allgemeinsymptome als auch die Lokalerscheinungen. Es entwickelten sich bei ziemlich zahlreichen Personen enorme, entzündlich-ödematöse, harte (an Konsistenz dem Milzbrandödem vergleichbare) Infiltrate, welche bis auf den Oberarm hinaufreichten und so bedrohlich aussahen, daß wir umfangreiche Nekrosen der Haut befürchteten. Nach dem klinischen Bild bestand kein Zweifel, daß die Ausbreitung in den Gewebsspalten der Subcutis nach Art einer bösartigen Phlegmone erfolgt war und daß der Prozeß auf einer flächenhaften Vaccineinfektion beruhte; eine Infektion durch verunreinigende Bakterien kam nicht in Frage, wie auch die Art der Rückbildung (ausnahmslos ohne Eiterung oder Durchbruch nach außen) bewies. Auf der darüberliegenden Haut kam es nicht zur Bildung von Pusteln; in einigen Fällen war wohl eine typische Pustel zu sehen, aber immer nur an der Stelle des Einstiches, wo sie offenbar durch direkte Infektion der Epithelzellen mit der virusbeladenen Spritzenkanüle zustande gekommen war. Wir können aus diesen Beobachtungen entnehmen, 1. daß sich das Vaccinevirus in der Subcutis unter pathologischer Auswirkung vermehrt; 2. daß es sich in den Gewebsspalten über weite Strecken ausbreitet, und 3. daß von der Subcutis aus keine Infektion des benachbarten Epithels möglich ist, weder auf hämatogenem noch auf lymphogenem Wege.

Nicht bei allen Virusarten liegen die Verhältnisse so wie bei der Vaccine. Das Virus der Pseudorabies (Krankheit von AUJESZKY) vermehrt sich z. B. nach peripheren Impfungen (in die Haut oder in die Muskeln) zunächst am Orte der Einverleibung, während sich das Blut bis gegen das Ende der Inkubationsperiode als nichtinfektiös erweisen kann [E. W. HURST (*6*), F. GERLACH und SCHWEINBURG, REMLINGER und BAILLY (*2*, *3*)]. Daß sich die Ausbreitung in dieser ersten lokalen Phase des Infektes unter Vermittlung von Saftspalten und wahrscheinlich auch von Lymphgefäßen vollzieht und daß der Einbruch in die Blutbahn als sekundärer Vorgang zu gelten hat, darf wohl angenommen werden.

Die Probleme der Virusvermehrung und des Virustransportes in Lymphbahnen sind übrigens nicht nur mit der hämatogenen Generalisation in mannigfacher Weise verflochten, sondern greifen auch — zumindest in hypothetischer Form — auf die Lehre von Virusbewegung in peripheren Nerven über, wie dies im folgenden Kapitel gezeigt werden wird.

D. Die Nervenbahn.

Charakterisierung und geschichtliche Entwicklung der Probleme. — Disposition der Darstellung des gegenwärtigen Standes.

Die Vorstellung eines zentripetalen Transportes infektiöser Agenzien in peripheren Nerven tauchte schon gegen das Ende des 18. Jahrhunderts auf und wurzelte in dem Bestreben, die Pathogenese der menschlichen und tierischen Tollwut zu erklären. Das klinische Bild der Lyssa wies auf das Zentralnervensystem als Sitz des krankhaften Geschehens hin; auf der anderen Seite drängten die Art der Übertragung durch Bißverletzungen sowie das Fehlen charakteristischer Reaktionen an der Eintrittspforte des Krankheitsgiftes sowie in den inneren Organen und schließlich auch die Inkubation, die sich hier mit Sicherheit feststellen ließ, dazu, die peripheren Nerven als die natürlichen Wege zum Erfolgsorgan zu betrachten. So entwickelte sich die Auffassung, daß das Wutgift nicht in die „Masse der Säfte“ gelangt, sondern unmittelbar auf die Nerven einwirkt, um sich dann in denselben weiter fortzupflanzen; sie fand zahlreiche Anhänger, von welchen hier POUTEAU (1763), BAUDOT (1771), LE ROUX (1780), MEASE (1793), v. KRÜGELSTEIN (1826) und A. G. RICHTER (1821) genannt werden sollen.

Bis zum Jahre 1880 standen jedoch keine experimentellen Beweise zur Verfügung, und die Theorie, daß die Nerven außer ihren bekannten physiologischen Funktionen auch Transporte fremdartiger, von außen eingedrungener Stoffe übernehmen könnten, wurde als eine untragbare Zumutung empfunden. MICHAEL v. LENHOSSÉK äußerte sich hierzu in seinem Buche über die Wutkrankheit (1837) mit folgenden Worten: „Hier steht wieder der physiologische Satz fest, daß es einen doppelten Weg gibt, auf welchem flüssige oder in den tierischen Säften lösbare Substanzen zur Blutmasse gelangen: nämlich *durch die Venen und Lymphgefäße. Das Nervensystem kann dagegen bloß dynamische Potenzen aufnehmen und nach innen fortleiten.*" Männer, wie HUXHAM, v. LENHOSSÉK, BOLLINGER, VIRCHOW u. a., traten daher für die an sich weit wahrscheinlichere Annahme einer hämatogenen Infektion der nervösen Zentren ein.

Um das Jahr 1880 setzte dann, gefördert durch die Forschungen von J. L. PASTEUR über die Ätiologie der Tollwut, *die experimentelle Begründung der Hypothese der Nervenwanderung* ein. Fast 60 Jahre sind seither verflossen und noch immer ist keine endgültige Entscheidung zugunsten einer der beiden sich bekämpfenden Richtungen gefallen, wenigstens nicht auf dem Gebiete der Lyssa. Jos. KOCH (l. c., S. 661) stellte sich noch 1930 auf den Standpunkt, daß die Zuleitung des Lyssavirus durch Lymphe und Blut theoretisch ebenso wahrscheinlich ist wie die nervöse und daß sie unter den Bedingungen der natürlichen Infektion häufig oder gar vorherrschend stattfindet, und KRAUS, GERLACH und SCHWEINBURG (l. c., S. 82—85) bezeichnen die erstgenannte Art der Viruszufuhr zum Zentralnervensystem als einen zwar zweifelhaften und seltenen, aber doch immerhin möglichen Vorgang.

Wie die Dinge jetzt stehen, ist die Lehre einer zentripetalen Wanderung in nervösen Bahnen für andere Virusarten sicherer fundiert als für die Lyssa. *Die Lyssa ist aber nicht nur der erste Spezialfall, für den die Hypothese aufgestellt wurde, sondern es hat sich an diesem Modell auch der Gedankengang, den man den Experimenten und ihrer Interpretation zugrunde legte, in seinen wesentlichen Umrissen entwickelt.* Bestimmte Fragestellungen und Versuchsanordnungen, die zunächst auf die Lyssa angewendet wurden, kehren auf dem ganzen Gebiet in stereotyper Fassung wieder. Allerdings tauchten mit der späteren Einbeziehung anderer Virusarten auch neue Gesichtspunkte auf; es zeigte sich, daß die Methodik der experimentellen Beweisführung je nach der Eigenart des untersuchten Virus variiert werden kann und daß dementsprechend auch die Deutung der Ergebnisse nicht in jedem Falle die gleiche Gewähr für ihre Richtigkeit bietet.

Großen Einfluß — insbesondere auf die Vorstellungen über den *Mechanismus* der Bewegung von Stoffen in peripheren Nerven — nahm das Bestreben, den gleichen Ausbreitungsmodus auch für *unbelebte bzw. nicht vermehrungsfähige Stoffe* anzunehmen. Der Gedanke, daß solche Substanzen durch periphere Nerven direkt an die Zellen der nervösen Zentralorgane herangebracht werden können, wurde zuerst 1867 von den Physiologen BEZOLD und HIRT (cit. nach ABEL, EVANS, HAMPIL und LEE) geäußert, gewann aber engere Beziehung zur Virusforschung erst, als er um die Jahrhundertwende herangezogen wurde, um das *Phänomen des lokalen Tetanus* zu erklären. Hier hatte er anfangs die Form einer bloßen Vermutung (COURMONT und DOYON, BRUNNER, GUMPRECHT, MARIE); HANS MEYER und F. RANSOM schufen jedoch schon 1903 für diese Hypothese eine so breite Grundlage überzeugender und mannigfach variierter Versuche, daß sich die Lehre allgemein durchzusetzen vermochte und bis in die letzten Jahre herrschend blieb. H. MEYER und RANSOM erkannten den Konnex mit den Auffassungen über den zentripetalen Transport des Lyssavirus, hoben aber ausdrücklich hervor, daß das Lyssavirus eine „lebende Substanz" sei, welche sich im Nervengewebe vermehren kann, während es sich beim experimentellen (durch Toxin erzeugten) Tetanus „um einen toten, sich nicht vermehrenden

Stoff handelt, dessen Transport im Nerven zweifellos *passiv*, folglich durch einen *physiologischen Strömungsvorgang* stattfindet". Daß dieses Moment bei der Lyssa mitwirkt, hielten jedoch MEYER und RANSOM für „nicht unwahrscheinlich". Es wäre ja in der Tat nicht ohne weiteres einzusehen, warum Virus, wenn es sich einmal im Nerven befindet, nicht auch von solchen physiologischen Strömungen erfaßt werden sollte.

Damit war die Theorie der Virusbewegung in peripheren Nerven auf eine doppelte Spur geschoben, *aktives Fortwuchern* oder *passiver Transport* standen als gleichberechtigte Möglichkeiten einander gegenüber. Und das ist schließlich auch heute noch so, falls man die Hypothese von H. MEYER und RANSOM über die Pathogenese des Tetanus nicht als definitiv erledigt betrachten will. Man könnte daraus die Konsequenz ableiten, daß es vorteilhaft ist, das Problem der Stoffbewegung in Nerven als einheitliches Ganzes, d. h. ohne Rücksicht auf die Natur der bewegten Substanzen (verschiedene Virusarten, Bakterien, Toxine, Farbstoffe usw.), zu behandeln und die Viruswanderung als einen Spezialfall zu betrachten. Dies ist indes schon mit Rücksicht auf den zur Verfügung stehenden Raum undurchführbar und in Anbetracht der thematischen Begrenzung dieses Handbuches auch nicht angezeigt. Man kann sich ferner die Frage vorlegen, ob es richtig ist, eine Hypothese — das ist die Lehre von der Virusbewegung in peripheren Nerven trotz aller geleisteten Arbeit noch immer — von einer anderen Hypothese, dem passiven Toxintransport in solchen Bahnen, erkenntnistheoretisch abhängig zu machen. Daher sucht die folgende Darstellung die Bewegung der Virusarten auf nervöser Schiene als selbständigen Fragenkomplex zu erfassen und wird auf verwandte Phänomene nur soweit Beziehung nehmen, als dies das bessere Verständnis erheischt. Diesem Programm entsprechend werden erörtert:

I. *Die experimentellen Beweise, welche für die zentripetale Leitung von Virusarten in peripheren Nerven geltend gemacht wurden.*

II. *Die Frage des rückläufigen Transportes aus dem infizierten Zentralnervensystem in periphere Nervenbahnen bzw. zu peripheren „Erfolgsorganen".*

III. *Die Ausbreitung in den nervösen Zentren selbst (Gehirn, Rückenmark).*

IV. *Die Hypothesen über den Mechanismus der Virusbewegung auf nervösen Schienen.*

I. Die experimentellen Beweise.

a) Die intraneurale Injektion des pathogenen Agens.

Diese Methode, in der Pharmakologie schon seit längerer Zeit bekannt (siehe ABEL, EVANS, HAMPIL und LEE, l. c., S. 88), wurde von DI VESTEA und ZAGARI 1887 zuerst bei der Lyssa angewendet, später bei der gleichen Virusart von ROUX, BARDACH, HÖGYES, DE BLASI und RUSSO-TRAVALI, S. NICOLAU und seinen Mitarbeitern, dann beim Herpesvirus [LEVADITI, HARVIER und NICOLAU (*2*), MARINESCU und DRAGANESCU (*1*), GOODPASTURE und TEAGUE, H. PETTE (*1*)], beim Poliomyelitisvirus [LANDSTEINER und LEVADITI (*1*, *2*), FLEXNER und LEWIS (*1*), E. W. HURST (*5*), PETTE, DEMME und KÖRNYEY] usw. Die erzielten Resultate wurden als positiv angesehen, wenn der Eingriff eine Erkrankung des Versuchstieres zur Folge hatte. Für die Wahl der Nerven, in welche das Impfgut eingespritzt wurde, waren aus naheliegenden Gründen zunächst nur zwei Momente technischer Natur maßgebend: die *operative Zugänglichkeit* und das *Kaliber* der Nervenstränge. Man benutzte daher bei kleineren Versuchstieren (Meerschweinchen) den Ischiadicus, bei Kaninchen, Hunden und Affen den Ischiadicus, Medianus und Vagus, seltener andere Nerven.

Die Inkonstanz der Resultate und ihre möglichen Ursachen.

Ältere und neuere Autoren berichten übereinstimmend, daß die Resultate der intraneuralen Infektion *inkonstant* sind, u. zw. bei verschiedenen Virusarten und verschiedenen Versuchstieren. So injizierte, um nur ein Beispiel aus vielen herauszugreifen, H. PETTE (*1*) Herpesvirus in den Ischiadicus von 42 Kaninchen; nur 18 (= 43%) reagierten mit einer herpetischen Myelitis. Über die Ursache der zahlreichen Versager ist zurzeit keine bestimmte Aussage möglich. E. W. HURST (*3*, *5*), FAIRBROTHER und HURST sowie I. A. TOOMEY (*3*) wollen zwar beobachtet haben, daß die Injektion von Poliomyelitisvirus in den Ischiadicus von Affen nur dann und immer dann zur Erkrankung führt, wenn man den Nerven „irgendwie" beim Injizieren mechanisch schädigt; es erscheint aber fraglich, ob diese Angabe richtig und ob sie für alle in Betracht kommenden Virusarten gültig ist.

Zweifelhaft ist auch die Behauptung von DI VESTEA und ZAGARI (*2*), daß die intraneurale Einspritzung von Lyssavirus zwar nicht bei Hunden oder Meerschweinchen, wohl aber bei Kaninchen stets zur Erkrankung führe. A priori läßt sich diese Angabe, die später von zahlreichen Autoren, z. B. von R. KRAUS und von S. NICOLAU übernommen wurde, natürlich nicht bestreiten. Es ist aber gewiß nicht wahrscheinlich, daß es beim Lyssavirus nur auf die Art des Versuchstieres, beim Poliomyelitisvirus lediglich auf die Art der Injektion ankommt.

Die Bewertung der Beweiskraft positiver Resultate.

Als Beweis für die Hypothese der zentripetalen Virusleitung in peripheren Nerven sind die positiven Ergebnisse intraneuraler Injektionen an und für sich nicht brauchbar. Den meisten Versuchsanordnungen, in denen intraneurale Injektionen benutzt wurden, lag, wie R. DOERR (*5*) auseinandersetzt, die Prämisse zugrunde, es sei im Grunde belanglos, ob man ein Agens in einen dicken Nervenstamm zentralwärts unter Druck einspritzt oder ob die Aufnahme in der Peripherie, d. h. im Bereiche der feineren und feinsten Nervenendigungen stattfindet und ob bei dieser Aufnahme und der anschließenden Weiterleitung nur natürliche Kräfte mitwirken. Diese Annahme beruht jedoch auf einem Irrtum. HORSTER und WHITMAN haben in Anlehnung an ältere Angaben [Literatur bei HORSTER und WHITMAN und bei I. D. MULDER (*1*)] mit Sicherheit festgestellt, daß intraneural injizierte Farbstoffe und Toxine *unmittelbar durch den Injektionsdruck* bis hoch hinauf in die spinalen Subarachnoidealräume befördert werden können. „*Es ist daher unzulässig, die intraneurale Injektion so zu verwenden, als ob sie der Spontanwanderung einfach substituiert werden dürfte*" [DOERR (*5*)]. Der Nachweis, daß der anatomische Prozeß im Zentralnervensystem an jener Stelle einsetzt, an welcher der geimpfte Nerv eintritt, ändert selbstverständlich nichts an dieser Sachlage.

Man könnte versuchen, den eben formulierten Einwand durch Beseitigung des Injektionsdruckes zu entkräften bzw. zu eliminieren. Eine Infektion von Nervensträngen ohne Injektion ist technisch durchführbar und wurde sogar schon von DI VESTEA und ZAGARI versucht, welche bei Kaninchen feine, unter der Haut liegende Nervenästchen durchtrennten und auf die Schnittfläche Lyssavirus träufelten; die Tiere erkrankten ebensooft an Wut wie nach Virusinjektionen in große Nervenstämme (Ischiadicus), aber es erkrankten auch Kontrollkaninchen, bei welchen das Virus auf die gleichen, aber nicht durchschnittenen Hautnerven aufgetropft worden war.

Eine andere, auf einem analogen Prinzip beruhende Versuchsanordnung ergab sogar völlig negative Resultate. D. ZIBORDI brachte Lyssavirus (Virus fixe und Straßenvirus) auf die freigelegte Zahnpulpa von 8 Hunden, und verschloß die Cavitäten mit Zementplomben. Obzwar das eingeschlossene Virus mindestens 2 Tage lang seine Infektiosität bewahrte, wovon sich ZIBORDI durch entsprechende Kontrollen überzeugte, blieben 7 Hunde dauernd gesund und der 8. verendete nach 13 Tagen intercurrent, ohne irgendwelche für Lyssa charakteristische Symptome gezeigt zu haben. Merkwürdigerweise erkranken Hunde auch nicht an Tetanus, wenn man auf die freigelegte Pulpa der Molarzähne große Mengen von angefeuchtetem Trockentoxin (bis zu 50 mg) bringt und die Trepanationsöffnungen wieder mit Zement verschließt (A. TENAGLIA). Welcher Zusammenhang zwischen den Beobachtungen von ZIBORDI und TENAGLIA besteht, ist vorderhand unklar. Aus Versuchen von OBIGLIO mit Cobra- und Bothropsgift und von TENAGLIA mit Diphtherietoxin geht hervor, daß die Resorption von Substanzen von der Zahnpulpa aus nur träge und in sehr geringer perzentueller Menge erfolgt, was den negativen Ausfall der Experimente mit Tetanustoxin erklären könnte, nicht aber die Ergebnisse von ZIBORDI mit Lyssavirus. Leider wurden die Versuche von TENAGLIA und von ZIBORDI bisher nicht nachgeprüft und ihre Resultate nicht genauer analysiert. Vor allem aber fehlen Berichte über dentale Impfungen mit anderen neurotropen Virusarten, von denen weitere Aufschlüsse zu erwarten wären; hierbei wäre auch die Impftechnik zu variieren, indem man Virus oder Toxin nicht einfach auf die entblößte Pulpa auflegt, sondern mit Rücksicht auf die bemerkenswerten Untersuchungen von B. SPITZER (*1*, *2*) in die freigelegte Zahnpulpa injiziert.

Ein Unikum in versuchstechnischer Beziehung stellen die Injektionen des Virus der Vesicularstomatitis (New-Jersey-Stamm) in den *Ischiadicus von weißen* (1 Jahr alten) *Mäusen* dar, welche von SABIN und OLITSKY (*3*) ausgeführt wurden. Das Injektionsgut hatte ein Volum von 0,1 ccm (!) und entsprach mehreren Millionen intracerebral tödlichen Dosen. Erstaunlicherweise soll man das Virus nach einem derartigen Eingriff 3 Tage lang weder in der Milz noch auch im Gehirn oder Rückenmark, sondern nur im geimpften Ischiadicus finden; treten dagegen die ersten Anzeichen einer Infektion des Zentralnervensystems in Erscheinung (Lähmung der geimpften Extremität), so soll der geimpfte Ischiadicus wieder völlig virusfrei sein und das Agens in großen Mengen im Gehirn und Rückenmark nachweisbar werden. De facto kann man aus diesen Angaben überhaupt keine Schlüsse ableiten, da die Autoren selbst bemerken, daß das Inokulum nicht im Ischiadicus blieb, sondern — was ja selbstverständlich ist — aus dem Stichkanal zurückfloß und sich über die benachbarten Gewebe ausbreitete. Die ,,intraneurale“ Impfung hatte übrigens nur bei etwa der Hälfte der Mäuse Erfolg (l. c., S. 41).

b) Der Nachweis des Virus in den regionären Nerven nach ihrer Einimpfung in verschiedene Gewebe.

Diese Versuchsanordnung ahmt (im Gegensatze zur intraneuralen Injektion) die natürlichen Verhältnisse nach. Sie gestattet mehrere Varianten, von denen eine als Beispiel angeführt sei.

Man injiziert das Virus möglichst peripher in das subcutane Gewebe oder in die Muskulatur einer hinteren Extremität, tötet das Versuchstier nach Ablauf einer gewissen Frist und präpariert den N. ischiadicus der geimpften Seite heraus. Der Nerv wird mit Kochsalzlösung verrieben und die erhaltene Emulsion auf Tiere verimpft, welche für die pathogene Auswirkung des im Versuche verwendeten Virus möglichst empfindlich sind.

Derartige und analoge Experimente wurden bei der Lyssa, bei der herpetischen Infektion des Kaninchens, bei der Pseudolyssa (AUJESZKYschen Krankheit) desselben Versuchstieres und anderen Virusinfekten mit positivem Erfolge ausgeführt.

Der positive Versuchsausfall beweist zunächst nur, daß das Virus im untersuchten Nervenstrang vorhanden war. Er gibt aber keine Auskunft über die genauere Lokalisation des Agens im Nerven (Lymphräume, Blutgefäße, Achsenzylinder, Zellen der SCHWANNschen Scheide usw.) und erlaubt an und für sich auch keine Aussage, daß sich das Virus im Nerven vom Injektionsort zum Zentralorgan fortbewegt hat. Die Fortbewegung im Nerven wird erst wahrscheinlich, wenn man das Virus *nur* im ableitenden, nicht aber in irgendwelchen anderen Nerven findet. Der exakte Beweis ist jedoch dadurch noch nicht erbracht. *Aus dem Begriff eines Bewegungsvorganges ergibt sich automatisch die Forderung, daß die Ortsveränderung als Funktion der Zeit dargestellt werden kann, daß man also nachzuweisen vermag, daß das Virus in aufeinanderfolgenden Punkten einer supponierten Nervenbahn zu aufeinanderfolgenden Zeitpunkten eintrifft und daß es im Zentrum nicht früher erscheint, bevor alle peripheren Bahnstellen passiert sind.*

Der Nachweis der Virusbewegung in der von der Eintrittspforte zum Zentralnervensystem führenden nervösen Bahn (E. KOPPISCH).

E. KOPPISCH (*2*) hat die eben präzisierten strengen Postulate annäherungsweise zu erfüllen gesucht. Als Objekt wählte er die von DOERR und VÖCHTING im Jahre 1920 zuerst beschriebene *keratogene Herpesencephalitis des Kaninchens*. Der Weg des Virus soll in diesem Falle nach den Angaben von MARINESCU und DRAGANESCU (*1*) von der Cornea über die Nervi ciliares, die Radix sensitiva des Ganglion ciliare, das Ganglion ciliare selbst, den Nervus ophthalmicus, das Ganglion Gasseri und die sensible Wurzel des Trigeminus führen, um schließlich im absteigenden sensiblen Kern des Trigeminus das Gehirn zu erreichen. Die Ermittlung dieser komplizierten Bahn stützte sich auf die ,,Wegspuren", d. h. auf die histologischen Veränderungen, welche das Virus in den Nerven und Ganglien, über welche es hinwegschreitet, in Form von entzündlichen Infiltraten hinterlassen soll. Die Zuverlässigkeit dieses Kriteriums wurde von GOODPASTURE und TEAGUE, später auch von H. PETTE (*1*) als fraglich hingestellt (siehe S. 732); das gesetzmäßige Eintreffen im sensiblen Trigeminuskern konnten indes auch diese Autoren bestätigen.

E. KOPPISCH impfte nun Kaninchen an der linken Cornea mit encephalitogenem Herpesvirus, tötete die Tiere nach verschiedenen Intervallen und entnahm bei jedem Kaninchen 1. das linke Ganglion Gasseri als eine der ersten Stationen, die das Virus durchlaufen mußte, wenn die Angaben von MARINESCU und DRAGANESCU richtig waren; 2. die Gegend des linken sensiblen Trigeminuskerns, des ersten Eintreffsortes im Gehirn; 3. die Gegend des rechten (kontralateralen) Trigeminuskerns; 4. das rechte Ganglion Gasseri und 5. Substanz des Groß- und Kleinhirns. Sämtliche Proben wurden mit NaCl-Lösung verrieben und die Emulsionen gesondert auf Kaninchen intracerebral übertragen, da FL. MAGRASSI vorher festgestellt hatte, daß diese Probe am geeignetsten ist, um Herpesvirus in geringer Konzentration nachzuweisen. Um Zufallsergebnisse auszuschalten, wurde jedes Zeitintervall an 3 Kaninchen untersucht. Über die Resultate gibt nachstehende Tabelle Auskunft; + bedeutet, daß das mit der Probe intracerebral geimpfte Kaninchen nach einer Inkubation von 3—4 Tagen an typischer Encephalitis erkrankte und verendete, ∅, daß das Tier gesund blieb. Die Gehirne der verendeten Kaninchen wurden corneal auf andere Kaninchen übertragen, um durch die Erzeugung einer spezifischen Keratoconjunctivitis die Sicherheit zu gewinnen, daß der Tod auf einer Infektion des Gehirnes mit Herpesvirus beruhte.

Tabelle 1.

Bezeichnung des corneal geimpften Kaninchens	Intervall zwischen der cornealen Impfung und der Tötung der Kaninchen	Ergebnisse der Virulenzprüfungen				
		Linkes Ganglion Gasseri	Linker Trigeminuskern	Rechtes Ganglion Gasseri	Rechter Trigeminuskern	Groß- und Kleinhirn
Nr. 19	24 Stunden	∅	∅	∅	∅	*
„ 29		∅	∅	∅	∅	*
„ 102		∅	∅	∅	∅	∅
Nr. 47	36 Stunden	∅	∅	∅	∅	∅
„ 80		∅	∅	∅	∅	∅
„ 216		∅	∅	∅	∅	∅
Nr. 30	48 Stunden	+	∅	∅	∅	∅
„ 43		∅	∅	∅	∅	∅
„ 45		+	∅	∅	∅	∅
Nr. 28	72 Stunden	+	+	∅	∅	*
„ 44		+	∅	∅	∅	∅
„ 73		∅	∅	∅	∅	∅
Nr. 72	84 Stunden	∅	∅	∅	∅	∅
„ 79		+	+	∅	∅	∅
„ 115		+	∅	∅	∅	∅
Nr. 142	96 Stunden	+	+	+	+	∅
„ 160		+	+	∅	∅	∅
„ 175		+	+	∅	+	+
Nr. 147	120 Stunden	+	+	∅	+	∅
„ 181		+	+	∅	∅	∅
„ 195		+	+	∅	∅	∅
Nr. 166	144 Stunden	+	+	+	+	+
„ 196		+	+	∅	+	+
„ 415		+	+	∅	+	+

Bei den drei mit * bezeichneten Virulenzprüfungen starben die Testkaninchen kurz nach der intracerebralen Injektion infolge des Traumas. Eine Wiederholung dieser drei Einzelversuche erwies sich, wie ein Blick auf die Tabelle lehrt, als überflüssig.

Diese Angaben wurden von M. Kon mit der Vereinfachung nachgeprüft, daß Kon nur den Moment des ersten Eintreffens im homolateralen Ganglion Gasseri ermittelte; die Resultate von E. Koppisch konnten bestätigt werden, d. h. das Virus war immer erst nach 48 Stunden (von der cornealen Impfung an gerechnet) im Ganglion zu finden. Da die Distanz zwischen dem hinteren Augenpol und dem Ganglion Gasseri bei Kaninchen der verwendeten Größe zirka 16,6 mm beträgt, würde die Wanderungsgeschwindigkeit 0,35 mm pro Stunde betragen, ein überraschend niedriger Wert, auch wenn man berücksichtigt, daß die bezeichnete Strecke nicht geradlinig durchlaufen wird.

R. Doerr (*6*) stellte später noch folgende Tatsache fest, die sich aus der Betrachtung der Ergebnisse von E. Koppisch ergibt. Tritt das Virus bei einem Kaninchen in einem späteren, d. h. dem Zentrum näherliegenden Punkt der Bahn auf, so wird es stets auch in sämtlichen früheren (distalen) Abschnitten gefunden. Schreibt man folgendes Schema an:

Tabelle 2.

	Linkes Ganglion Gasseri	Linker Trigeminuskern	Rechter Trigeminuskern	Großhirn
1.	+	∅	∅	∅
2.	+	+	+	∅
3.	∅	∅	+	∅
4.	∅	∅	∅	+
5.	+	∅	∅	+

so sind die ersten zwei Horizontalreihen mögliche, die letzten drei unmögliche Ergebnisse oder, richtiger ausgedrückt, Resultate der ersten Art wurden tatsächlich erzielt, solche der zweiten nicht. DOERR (*6*) bemerkt, daß diese Befunde nicht für einen *passiven* Virustransport sprechen, wenn man sich diesen Vorgang als das *einmalige* Durchfließen einer präformierten Strombahn vorstellen will, weil dann das Virus aus den durchflossenen Strecken wieder schwinden sollte. Eher würde man an eine fortschreitende Infektion denken, die ja längere Zeit bestehen kann, bevor sie durch den Untergang des Virus (durch Autosterilisation) beendigt wird.

Die Autosterilisation, d. h. den Schwund des Virus aus dem homolateralen Ganglion Gasseri müßte man allerdings verlangen, da die herpetische Infektion auch auf der Cornea und nach den Untersuchungen von FL. MAGRASSI (*2*) im Gehirn als *cyclischer Prozeß* abläuft und nicht einzusehen ist, warum das Ganglion Gasseri in dieser Beziehung eine Ausnahme machen soll. In der Tat konnten R. DOERR und M. KON zeigen, daß das homolaterale Ganglion Gasseri 8—11 Tage nach einer cornealen Impfung wieder virusfrei wird, also etwa 6—7 Tage nach seinem Erscheinen in diesem Bahnpunkt, welches, wie die Tabelle von KOPPISCH lehrt, nicht immer zur gleichen Zeit erfolgt (vgl. die Kaninchen Nr. 30 und 45 mit Nr. 73 und 72).

Gegen die Versuche von E. KOPPISCH und ihre Bewertung als zureichende Beweise für eine zentripetale Wanderung des Herpesvirus auf der von MARINESCU und DRAGANESCU angegebenen Bahn kann der Einwand geltend gemacht werden, daß nur *eine* Station der ganzen Wegstrecke (vom sensiblen Trigeminuskern als Eintreffsort abgesehen) untersucht wurde, nämlich das Ganglion Gasseri, und daß es sich auch in diesem Falle nicht um Nerven, d. h. um aus Nervenfasern zusammengesetzte Stränge oder Kabel, sondern eben um ein Ganglion gehandelt hat, um ein Organ von anderem Bau und anderer Funktion. Es wäre natürlich wichtig, die zwischen den Ganglienzellen liegenden Teilstrecken, welche aus Nervenfasern bestehen, gleichfalls zu untersuchen, an dem von KOPPISCH gewählten Versuchsobjekt allerdings auch technisch ziemlich schwierig, da die Gebilde sehr klein sind und nahe beieinander liegen. Immerhin sind die von E. KOPPISCH erzielten Resultate doch ziemlich eindeutig, zweifellos in weit höherem Grade als sämtliche Angaben aus früherer Zeit; auch die nachstehend zitierten Arbeiten neueren Datums gestatten einige Einwände, welche gegen die Versuchsanordnung von KOPPISCH nicht oder nicht im gleichen Ausmaß erhoben werden können.

Weitere Angaben über die Anwesenheit von Virus in der nervösen Bahn.

LEVADITI und HABER erzeugten beim Kaninchen eine herpetische Encephalitis durch intranasale Virusinstillation. Wurden die Tiere nach dem Auftreten von cerebralen Symptomen oder nach dem spontanen Exitus untersucht, so war das Virus über das ganze Gehirn ausgebreitet und es konnten schwere histologische Läsionen in allen Teilen (Großhirn, Bulbus olfactorius und vor allem auch in den GASSERschen Ganglien) festgestellt werden. Wurden dagegen die Kaninchen in der Inkubationsperiode (1—3 Tage nach der intranasalen Impfung) getötet, so fand sich das Virus ausschließlich in den GASSERschen Ganglien und diese waren histologisch noch völlig intakt.

Man erfährt somit nicht die kürzeste Frist, welche das Virus benötigt, um von der Nasenschleimhaut in die Ganglien zu gelangen, und kann sich daher auch kein Urteil über die Wanderungsgeschwindigkeit bilden. Zweitens ist nach den Untersuchungen von LEVADITI, HORNUS und HABER die Trigeminusbahn nicht der einzige Weg, auf welchem Virus von der Nasenschleimhaut zum Gehirn vorzudringen vermag; das Virus kann auch den Halssympathicus und namentlich den Olfactorius benutzen, der als bevorzugter Weg zu gelten hat. Unter diesen Umständen bleibt es unklar, warum das Virus so regelmäßig und frühzeitig in den GASSERschen Ganglien auftaucht; wird etwa hier der Virustransport unterbrochen, wenn gleichzeitig eine Zuleitung im Olfactorius erfolgt? Wie man erkennt, ergeben sich Schwierigkeiten besonderer Art, wenn *mehrere* Kommunikationen bestehen, welche eine bestimmte Eintrittspforte mit den Zentren verbinden; es ist dann nicht ohne weiteres klar, was der Virusbefund in *einer* der möglichen Bahnen (in diesem Falle nicht einmal in der bevorzugten!) zu bedeuten hat.

Dem früher üblichen Versuchstypus (siehe S. 725) entsprechen Versuche von SABIN und OLITSKY (*3*) mit dem Virus der *Vesicularstomatitis*. Weißen Mäusen von 15 Tagen und von 1 Jahr wurden große Virusdosen (10 Millionen intracerebral tödlicher Minimaldosen) in die Muskulatur einer hinteren Extremität eingespritzt. Bei den jungen Mäusen fanden die Autoren das Virus 2—4 Tage nach der Impfung in der Muskulatur und im Ischiadicus der geimpften Seite, im Rückenmark und in der Milz, aber auch im kontralateralen Ischiadicus, bei alten Mäusen nur in der injizierten Muskulatur, sonst jedoch an keinem der eben aufgezählten Orte. Da SABIN und OLITSKY selbst feststellen konnten, daß sich das Virus nur in der Muskulatur junger, nicht aber in der Muskulatur alter Mäuse vermehrt, wäre damit die Differenz, welche durch das Alter der Tiere bedingt ist, begründet und würde keine besonderen Hilfshypothesen (siehe S. 758) erfordern. Für junge Mäuse erscheint aber die Wanderung im Ischiadicus keineswegs bewiesen. Der Virusbefund im Ischiadicus der geimpften wie der ungeimpften Seite ist hier ebenso zu bewerten wie der Nachweis von Tetanustoxin im gleichen Nerven nach Injektion großer Mengen in die Muskulatur einer hinteren Extremität kleiner Versuchtiere (DOERR, SEIDENBERG und MAGRASSI).

Aus der gleichen Zeit (1937) stammt eine andere Publikation von SABIN und OLITSKY (*9*). Die Experimente, um welche es sich hier handelte, wurden an Kaninchen ausgeführt und bestanden in intramuskulären Injektionen des Virus der Pseudorabies und des Virus B. In verschiedenen Zeitintervallen wurden Teilstrecken des Ischiadicus der infizierten Extremität auf ihren Virusgehalt geprüft. Es ergab sich, daß der Nerv und das Rückenmark trotz der Anwesenheit großer Virusmengen in der Muskulatur eine Zeitlang (beim Virus B 48—72 Stunden, beim Virus der Pseudorabies 24 Stunden) virusfrei bleiben; nach Ablauf dieser Fristen wurden distale und proximale Nervenabschnitte sowie das Rückenmark *gleichzeitig* virushaltig, so daß also ein etappenweises Fortschreiten des Virus in der nervösen Bahn nicht nachzuweisen war. Der Virusgehalt im Ischiadicus war anfänglich so gering, daß Teilstrecken von 1 cm Länge negative Resultate lieferten, während sich der Rest als infektiös erwies; die Autoren glauben daher nicht, daß die Fortpflanzung im Nerven durch Virusvermehrung bedingt sein könnte, machen aber keine Angaben, wie man sich unter diesen Umständen den Prozeß vorstellen soll. Wurde bei den mit Virus B infizierten Tieren 48 Stunden nach der intramuskulären Infektion ein 1 cm langes Stück des Ischiadicus in der Mitte des Schenkels exzidiert, so blieb der ganze periphere Anteil des Nerven andauernd virusfrei, woraus SABIN schließt, 1. daß nur das Axon und nicht irgendeine andere Struktur des Nerven das Virus zu leiten vermag und 2. daß das Axon nur im intakten Zustande bzw. im Zusammenhang mit seiner Ganglienzelle leitfähig ist. Schließlich wird noch auseinandergesetzt, daß die Inkubationsperiode nicht oder nur zum geringen Teil der Wanderungszeit entspricht, sondern daß sie sich der Hauptsache nach zusammensetzt aus der Zeit, welche das Virus braucht, um in die nervöse Bahn einzudringen, und dem Intervall zwischen dem Eintreffen im Rückenmark und der Auslösung klinischer Symptome.

Die — übrigens naheliegende — Einteilung der Inkubationsperiode peripher induzierter Encephalo-Myelitiden in eine *Absorptionsperiode* (Aufnahme in die nervöse Schiene), die *Wanderungszeit*, die *zentrale* und *klinische Latenz* wurde schon mehrere Jahre früher von DOERR vorgenommen und begründet [siehe E. KOPPISCH (*2*, S. 386) und FL. MAGRASSI (*2*, S. 609)]. Die Art der Verteilung der Inkubationsperiode auf die sukzessiven Phasen würde sich nach den Ansichten von A. B. SABIN anders gestalten als dies DOERR (*5*, *6*) auf Grund der Versuche von E. KOPPISCH annimmt. DOERR hält speziell die Wanderungszeit für lang, SABIN dagegen für so kurz, daß sie sich der experimentellen Feststellung entzieht. Es ist indes zu bedenken, daß DOERR und SABIN verschiedene Virusarten untersucht haben und daß sich ihre Befunde überdies auf ganz verschiedene Bahnen beziehen. DOERR bzw. KOPPISCH, auf dessen Untersuchungen DOERR seine Folgerungen basiert, hat ferner nur Ganglien und Kerne auf ihren Virusgehalt geprüft (Ganglion Gasseri, sensibler Kern des Trigeminus), SABIN hingegen den Ischiadicus, d. h. eine von Synapsen nicht unterbrochene Strecke von Nervenfasern, ein Unterschied, der möglicherweise maßgebend ist (siehe S. 759). Aber schließlich muß auch die Bewegung im Axon, selbst wenn keine Synapsen eingeschaltet sind, Zeit beanspruchen. Die Aussage, daß die Fortbewegung im Achsenzylinder nicht durch Virusvermehrung bedingt sein kann, weil der Virusgehalt im Ischiadicus zunächst nur gering ist, erscheint nicht stichhaltig, ebensowenig wie der Schluß, daß die Fortbewegung im Axon vor sich gehen muß, weil eine hohe Neurektomie verhindert, daß die distale Strecke des durchtrennten Ischiadicus virushaltig wird. Wir wissen aus den Untersuchungen von FL. MAGRASSI (*2*), WEBSTER und CLOW (*2*), OLITSKY, SABIN und COX, SABIN und OLITSKY (*2*), daß Virusinfektionen auch im Zentralnervensystem mit geringer Virusvermehrung einhergehen können, abgesehen davon, daß es ja nicht bekannt ist, *wieviele* von den Achsenzylindern des Ischiadicus das Virus leiten; die Durchtrennung eines Nerven hebt anderseits nicht nur den Zusammenhang der Axone mit den Ganglienzellen auf, sondern verändert auch andere Verhältnisse im distalen Stumpf.

Es sind also weitere Untersuchungen wünschenswert, um die noch bestehenden Unklarheiten zu beseitigen. Für die Deutung der Versuchsergebnisse von SABIN ist es vielleicht nicht unwesentlich, daß die Muskelendplatte nach neueren Anschauungen vom motorischen Spinalnerven durch eine Synapse getrennt ist (W. EICHLER).

c) Die Wegspuren.

Man versteht unter dieser Bezeichnung histopathologische Veränderungen, welche in den von der Eintrittspforte abgehenden peripheren Nerven mikroskopisch nachweisbar sind und von denen man annimmt, daß sie durch die pathogene Auswirkung des in den Nerven bewegten Virus zustande kommen. Der Nachweis des Virus in der Leitungsbahn wird also auf indirektem Wege angestrebt.

Die Wegspuren in der Trigeminusbahn bei der keratogenen Herpesencephalitis des Kaninchens.

Die erste systematische Arbeit auf diesem Gebiete wurde 1923 von G. MARINESCU und S. DRAGANESCU veröffentlicht und bezog sich in der Hauptsache auf die *keratogene Herpesencephalitis des Kaninchens.*

Schon früher hatte GRIGNOLO (cit. nach FONTANA) die Vermutung geäußert, daß der Transport in diesem Falle im Trigeminus vor sich gehen dürfte, und FRIEDENWALD konstatierte (in dem gleichen Jahre, in welchem die Publikation von MARINESCU und DRAGANESCU erschien) Rundzelleninfiltrate in den Ciliarnerven sowie im Ganglion Gasseri, wo sie in perivasculärer Anordnung auftraten und mit mehr oder minder schweren Veränderungen der Ganglienzellen kombiniert waren. MARINESCU und DRAGANESCU versuchten dann die Bahn von der Cornea bis zum Gehirn mit Hilfe der Wegspuren in allen Teilstrecken festzustellen

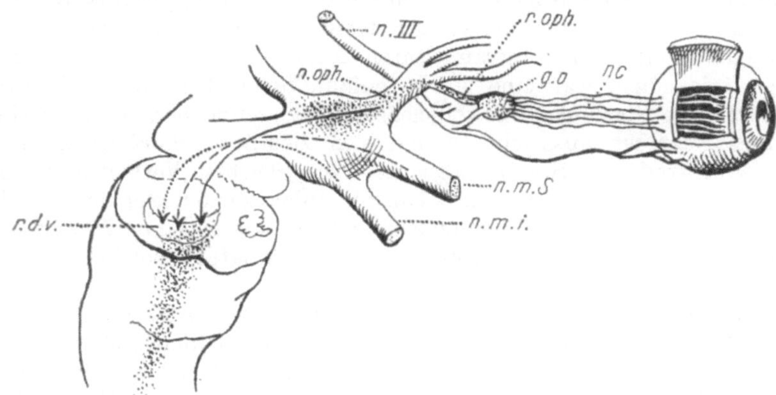

Abb. 2. *Bahn des Herpesvirus von der Cornea des Kaninchens bis zum Gehirn.* Nach MARINESCU u. DRAGANESCU (*1*). — *r. d. v.* = Absteigende Wurzel des Trigeminus; *n. m. i.* = Nervus mandibularis; *n. m. S.* = Nervus maxillaris; *n. oph.* = Nervus ophthalmicus; *n. III* = Nervus oculomotorius; *r. oph.* = Lange (sensible) Wurzel des Ganglion ciliare; *g. o.* = Ganglion ciliare; *n. c.* = Nervi ciliares.

und kamen zu dem Schlusse, daß das Virus in die Nervi ciliares aufgenommen wird und sodann der Reihe nach folgende anatomische Gebilde passiert: die Radix semitiva des Ganglion ciliare, das Ganglion ciliare, den Nervus ophthalmicus, den lateralen Anteil des Ganglion Gasseri und die Pars major der Trigeminuswurzel, um schließlich im absteigenden (sensiblen) Trigeminuskern zu landen. Abb. 2, der Arbeit von MARINESCU und DRAGANESCU entnommen, stellt diese topographischen Verhältnisse in Form einer Skizze dar; die punktierten Partien entsprechen dem Sitz der Läsionen.

Die mikroskopischen Befunde bestanden in entzündlichen Veränderungen und MARINESCU und DRAGANESCU bezeichneten daher den ganzen Prozeß als „*Neuritis ascendens*“. In den Nerven sowie in beiden ganglionären Durchgangsstationen (Ganglion ciliare und Ganglion Gasseri) fanden sich (zum Teil sehr dichte) Infiltrate, die aus Lymphocyten und Plasmazellen aufgebaut waren; *polynucleäre Leukocyten fehlten.* In den Ganglien umgaben die Infiltrate auch die Ganglienzellen, an welchen zuweilen degenerative Vorgänge (vorwiegend Chromatolyse, seltener Achromatose) zu beobachten waren.

In einigen Versuchen wählten MARINESCU und DRAGANESCU einen anderen Infektionsmodus, in dem sie das Virus in Form einer virushaltigen Hirnemulsion in das Ganglion nodosum des Vagus oder in einen Ischiadicus injizierten. Die histologischen Läsionen waren ungleich intensiver und in den injizierten Ischiadici waren die Nervenfasern auseinandergedrängt, zum Teil auch fragmentiert und degeneriert. Offenbar hatten sich hier das lokale Trauma und der Reiz des eingespritzten Materials am Zustandekommen des Entzündungsprozesses beteiligt. Derartige Experimente gestatten daher, sofern „Wegspuren" als Kriterium dienen sollen, überhaupt keine Folgerungen, selbst wenn man sich über die bereits erörterten Einwände gegen intraneurale Injektionen (siehe S. 724) hinwegsetzen dürfte.

GOODPASTURE und TEAGUE, welche sich gleichzeitig (1923) und noch in Unkenntnis der Untersuchungen von MARINESCU und DRAGANESCU mit der Leitungsbahn bei der keratogenen Herpesencephalitis des Kaninchens beschäftigten, fanden weder im extraduralen Trigeminus noch im Ganglion Gasseri entzündliche Veränderungen, welche mit Sicherheit auf eine pathogene Auswirkung des zentripetal fortbewegten Herpesvirus bezogen werden konnten; geringfügige Abweichungen von der Norm (kleine Rundzellenherde usw.) fanden sich in gleicher Art und Ausdehnung auch auf der nichtgeimpften Seite. Sowohl im Trigeminus als auch Ganglion Gasseri fehlten ferner die für die herpetische Infektion charakteristischen intranuclearen Einschlüsse. Nur im *intraduralen* Anteil des Trigeminus war eine starke entzündliche Reaktion nachzuweisen, die sich durch das Überwiegen polynucleärer Leukocyten, perivasculäre Hämorrhagien und Nekrosen auszeichnete und sich ziemlich scharf gegen die fast reaktionslose extradurale Strecke absetzte. Die gleichen Verhältnisse konstatierten GOODPASTURE und TEAGUE, wenn die Infektion der Zentren durch Zuleitung auf der motorischen Trigeminusbahn (Impfung in einen Masseter) oder in dem gemischten Ischiadicus (Impfung in die Muskulatur einer hinteren Extremität) vermittelt wurde.

Da sich auch GOODPASTURE und TEAGUE rückhaltlos zur Theorie der Nervenleitung bekannten, mußten sie sich notwendigerweise mit dem Fehlen der Wegspuren irgendwie auseinandersetzen. Sie nahmen an, daß die zentripetale Fortbewegung in den Achsenzylindern stattfindet, indem sich das Herpesvirus in denselben vermehrt und durch invasive Wucherung gegen die Ganglienzellen, aus welchen die Achsenzylinder entspringen, fortschreitet. In den extraduralen Abschnitten der Bahnen sollen die Nervenfasern durch die SCHWANNschen Scheiden gut isoliert sein; dadurch soll der Austritt von Virus aus den infizierten Achsenzylindern und infolgedessen auch die Entstehung einer interstitiellen Neuritis verhindert werden; beim Durchtritt durch die Dura verlieren die Nervenfasern die SCHWANNschen Scheiden und die entzündliche Reaktion der Zwischengewebe wird ermöglicht.

Die Wegspuren im Opticus nach intraocularer und im Olfactorius nach intranasaler Impfung mit Herpesvirus.

Eine Ausnahme hinsichtlich des Fehlens von Wegspuren in der peripheren Bahn gaben indes auch GOODPASTURE und TEAGUE zu. Wenn sie Herpesvirus in das Corpus vitreum impften und sich eine Encephalitis entwickelte, vermochten sie die histologischen Zeichen einer *Neuritis optica* festzustellen. Solche entzündliche Veränderungen im Sehnerven — falls er eben infolge des speziellen Übertragungsmodus als Bahn fungiert — beschrieben auch andere Autoren [MARIANI, GAVIATI, LEVADITI, HARVIER und NICOLAU (*2*), A. v. SZILY (*1*, *2*), GIFFORD und LUCIE]. Ferner wurden histologische Läsionen in den ventralen Partien des Bulbus olfactorius von GAVIATI sowie von MARINESCU und DRAGANESCU beobachtet, wenn die Impfung in die Nasenschleimhaut vorgenommen worden war. Diese Fälle wurden von GOODPASTURE und TEAGUE, DOERR und BERGER u. a. durch den Hinweis erledigt, daß der Nervus opticus und der Nervus olfactorius nicht als periphere Nerven aufzufassen sind, sondern als *Bestandteile des Zentral-*

nervensystems in Form langer Bahnen. Direkte oder mittelbare Infektionen dieser beiden Hirnnerven seien daher Encephalitiden mit besonderer primärer Lokalisation und die anschließende klinische Encephalitis nur der Ausdruck der Ausbreitung in einem „räumlichen und physiologischen Kontinuum". Diese Deutung erschöpft indes nicht den Sachverhalt. So kann z. B. der Opticus infiziert sein und die Infektion auf den anderen Opticus übergreifen, ohne daß sich eine Encephalitis entwickelt.

Vor allem hat aber die Neuritis optica durchaus nicht den Charakter, den der Prozeß im Gehirn oder Rückenmark annimmt. In den Versuchen von GOODPASTURE und TEAGUE z. B. (Impfung in das Corpus vitreum) zeigten die Hüllen des Opticus der geimpften Seite eine leichte monocytäre Infiltration, und im Stamme des Nerven fanden sich kleine Gruppen von Lymphocyten mit spärlichen Zellnekrosen. *Polynucleäre Leukocyten und Herpeskörperchen traten erst im Chiasma und im kontralateralen Tractus opticus auf*, von da bis in das Corpus geniculatum hineinreichend. Bei der keratogenen Herpesencephalitis konstatieren wir ein ganz analoges Verhalten: *am Ausgangs- und Endpunkt der Bahn (Cornea und Gehirn) polynucleäre Leukocyten, Herpeskörperchen, Blutungen, Zellnekrosen, kurz alle Kennzeichen einer schweren akuten Entzündung, in der Bahn selbst das relativ spärliche, oft sogar sehr spärliche kleinzellige Infiltrat.*

Die Differenzen der histologischen Befunde in der Trigeminusbahn bei der keratogenen Herpesencephalitis des Kaninchens und ihre Erklärung. — Der Zeitfaktor.

Worauf die Differenzen in den Befunden von GOODPASTURE und TEAGUE und von MARINESCU und DRAGANESCU beruhen, läßt sich nicht ganz sicher entscheiden. Zum Teil kommt wohl die verschiedene Beschaffenheit der verwendeten Herpesstämme in Betracht. Auch im Gehirn und Rückenmark zeigen die anatomischen Auswirkungen je nach der „Pathogenität" der Stämme Abstufungen der Intensität und so schwere Veränderungen, wie sie beispielsweise von E. ZDANSKY beobachtet wurden, gehören wohl zu den Ausnahmen. Dann aber spielt die Zeit, zu welcher die Untersuchung vorgenommen wird, eine Rolle; GOODPASTURE und TEAGUE untersuchten die corneal geimpften Kaninchen nach 4—8, MARINESCU und DRAGANESCU nach 11—13 Tagen. In dieser Hinsicht brachten die Experimente von G. ROSE und B. WALTHARD sowie von B. WALTHARD über die herpetische Myelitis, welche sich beim Meerschweinchen nach intracutaner Impfung in die Fußsohlenhaut entwickelt, wichtige Aufschlüsse.

Die Wegspuren bei der Myelitis herpetica des Meerschweinchens.

Diese Myelitis ist im Lumbalmark lokalisiert und tritt zuerst in den dorsalen Wurzeln, den weißen Hintersträngen und in der grauen Substanz des Hinterhornes auf u. zw. auf der geimpften Seite. Nach dem Eintreffsort zu schließen, sollte die Bahn daher über den Nervus ischiadicus und die lumbalen Spinalganglien führen. In der Tat konnte B. WALTHARD zeigen, daß dieser Weg durch entzündliche Veränderungen markiert erscheint, welche nicht vor dem fünften Tage nachweisbar sind, bis zum siebenten Tage an Intensität zunehmen und sich dann sehr rasch bis auf geringfügige Reste zurückbilden.

Man gewinnt aus den Angaben von B. WALTHARD den Eindruck, daß eine „Reizwelle" über den zuleitenden Nerven hinweggleitet. In versuchstechnischer Beziehung würde sich ergeben, daß die histologische Untersuchung der leitenden Nerven negative Resultate liefern kann — zumindest in gewissen Versuchsanordnungen —, wenn man sie zu früh oder zu spät vornimmt. Auch H. PETTE (*1*), welcher 1931 viele Experimente seiner Vorgänger wiederholt hat, konnte sich überzeugen, daß die von der Eintrittspforte des Herpesvirus wegführenden Nerven (Trigeminus, Ischiadicus) im ersten Stadium noch intakt, d. h. frei von pathologischen Zellanhäufungen sind und daß die histologischen Zeichen der interstitiellen Neuritis erst später auftreten.

Unterschiede des histologischen Charakters der Wegspuren in peripheren Nervenstämmen, in eingeschalteten Ganglien und am Eintreffsort im Zentralnervensystem.

Der Bau der Ganglien weicht von dem der Nerven wesentlich ab und nähert sich in mancher Hinsicht der Struktur der Zentralorgane. Man darf daher voraussetzen, daß das Gewebe der Ganglien für die pathogenen Wirkungen des Herpesvirus empfänglicher ist als der bindegewebige Anteil der Nervenstränge, und daß sich dieser Unterschied zeigen müßte, wenn Ganglien in den Verlauf nervöser Virusbahnen eingeschaltet sind, wie das Ganglion ciliare und das Ganglion Gasseri bei corneal geimpften Kaninchen, die lumbosacralen Ganglien bei Infektionen einer hinteren Extremität. Manche Untersuchungen von H. PETTE (*1*) sprechen zugunsten dieser Auffassung. Die „Ganglionitis herpetica" ist zwar nach diesem Autor auch nicht konstant, aber sie ist weit häufiger als die interstitielle Neuritis, setzt früher ein und hat anscheinend eine längere Dauer. PETTE konstatierte bei drei corneal geimpften Kaninchen deutliche entzündliche Veränderungen im Ganglion ciliare, während die zuführenden und ableitenden Nerven histologisch völlig intakt waren, ein Befund, der zwar nur einen momentanen Zustand darstellt, der aber doch mit der supponierten höheren Disposition der Ganglien gut harmoniert. Auch in den Ganglien — in dieser Beziehung stimmen die Beschreibungen verschiedener Autoren überein — bestehen die Infiltrate aus Lymphocyten und Plasmazellen; *Leukocyten fehlen.* Über die Beteiligung der Ganglien- und Gliazellen gehen die Ansichten auseinander. Zweifellos sind jedoch diese Elemente weniger geschädigt als in erkrankten Partien des Gehirnes oder Rückenmarkes, wo degenerative Vorgänge und Neuronophagien einen integrierenden Bestandteil der pathogenen Viruswirkung bilden.

Der Vergleich zwischen peripheren Nerven, Ganglien und nervösen Zentralorganen (Gehirn und Rückenmark) legt den Schluß nahe, daß der Charakter der entzündlichen Reaktion nicht ausschließlich von der Virusart, *sondern auch vom Gewebe bestimmt wird*, welches vom Virus passiert wird. Daher findet man in den peripheren Nerven qualitativ gleiche Veränderungen, wenn sich das Virus in zentripetaler Richtung fortbewegt und wenn eine zentrifugale Ausbreitung von den infizierten Zentren aus in Betracht kommt, und es scheint auch irrelevant zu sein, ob Herpesvirus, Rabiesvirus, das Virus der Poliomyelitis oder der BORNAschen Krankheit als pathogenes Agens fungiert (S. NICOLAU, O. DIMANESCO-NICOLAU und GALLOWAY). In quantitativer Beziehung scheinen allerdings Differenzen zwischen zentripetaler Wanderung und zentrifugaler Ausbreitung zu bestehen. Es ist doch auffällig, daß histologische Veränderungen in den zuleitenden Nerven bei der Lyssa, beim Herpes und bei der Poliomyelitis zuweilen ganz fehlten und meist nur geringfügig waren (ROUX, B. WALTHARD, GOODPASTURE und TEAGUE, PETTE, HURST). HURST (*5*) z. B. injizierte Poliomyelitisvirus in den Ischiadicus von Affen (Macacus rhesus); es entwickelte sich eine typische Erkrankung, der Ischiadicus zeigte jedoch bei der histologischen Untersuchung — von der Impfstelle selbst abgesehen — ein durchaus normales Verhalten. Der Einwand, daß das Virus in diesen Versuchen nicht im Nerven „fortgeleitet", sondern durch die intraneurale Injektion direkt in das Rückenmark befördert wurde (siehe S. 724), erscheint insofern nicht ganz stichhaltig, als HURST die Infektion durch eine nachträgliche Neurektomie verhindern konnte (vgl. aber S. 739). Mit diesen negativen oder minimalen Befunden kontrastieren nun die Angaben von S. NICOLAU, O. NICOLAU-DIMANESCU und GALLOWAY über die Intensität und Konstanz der Wegspuren in peripheren Nerven beim rückläufigen (zentrifugalen) Transport verschiedener neurotroper Virusarten, auch des Herpes- und des Poliomyelitisvirus. Möglicherweise war hierbei der Zeitfaktor maßgebend, vielleicht auch noch andere Umstände, wie der kontinuierliche Virusnachschub von den infizierten Zentren aus.

Die Wegspuren als Argumente für die Theorie der zentripetalen Viruswanderung in peripheren Nervenbahnen.

Wenn man sich über die Beweiskraft der Wegspuren Rechenschaft abzulegen sucht und hierbei zunächst nur jenen Teil der Bahn ins Auge faßt, welcher die Eintrittspforte des Virus mit dem Zentralnervensystem verbindet, kommt man teils auf Grund der vorliegenden Untersuchungsergebnisse, teils durch gut motivierbare Überlegungen zu folgenden Schlüssen:

I. Die bisher beschriebenen Wegspuren sind anatomische Auswirkungen pathologischer Prozesse in Nerven von stärkerem Kaliber oder zwischengeschalteten Ganglien, u. zw. Reaktionen der bindegewebigen Gewebselemente. Degenerative Prozesse in den Achsenzylindern sind nicht nachweisbar[1] (B. WALTHARD); das Verhalten der Ganglienzellen in den Ganglien der supponierten Bahnen ist strittig, und jedenfalls sind nekrobiotische Vorgänge an denselben weder konstant noch, falls sie vorhanden sind, besonders hochgradig.

II. In manchen Fällen konnten *Zelleinschlüsse* in der supponierten Bahn nachgewiesen werden, zum Teil in peripheren Nerven, zum Teil auch in zwischengeschalteten Ganglien. Meist handelte es sich um intranucleare, oxychromatische Einschlüsse, die in endoneuralen Zellen oder in Zellen der SCHWANNschen Scheiden zu sehen waren; sie konnten bei Kaninchen nach peripheren Infektionen mit

[1] Wenn Poliomyelitisvirus in den Ischiadicus injiziert wurde, war nur an der Einstichstelle eine entzündliche Reaktion zu konstatieren, während sich die Strecke bis zum Rückenmark als mikroskopisch normal erwies [E. W. HURST (*5*)]. Auch J. A. TOOMEY verzeichnete nach Injektionen des gleichen Virus in den N. medianus und den N. ischiadicus negative Befunde (cit. nach TOOMEY und WEAVER). Indes ist es bei diesen Versuchsanordnungen stets fraglich, ob der Nerv als „Infektionsschiene“ oder als „Injektionsschiene“ fungiert (siehe S. 724). O'LEARY, HEINBECKER und BISHOP fanden zwar bei Affen, die auf andere Art mit Poliomyelitisvirus infiziert worden waren, Veränderungen in den Fasern somatischer Nerven, aber nur, wenn bereits die Ganglienzellen in den Vorderhörnern geschädigt waren, und betrachten sie daher als sekundäre Degenerationen der Achsenzylinderfortsätze solcher untergehender Zellen im Zentralorgan. J. A. TOOMEY und WEAVER behaupteten jedoch, daß eine Ausnahme von dieser Regel existiere. Bei Affen, denen man sehr große Mengen Poliomyelitisvirus unter die Serosa des Magen-Darmtractus einspritzt, wollen sie in den Spinalnerven des Lumbosacralmarks Veränderungen festgestellt haben, welche in den Nervenfasern schon nach 24 Stunden (im polarisierten Lichte zwischen gekreuzten Nicols) zu sehen waren, bevor noch irgendeine deutliche Zerstörung der motorischen Vorderhornzellen in Erscheinung trat. Diese Angaben genügen wohl nicht, um im Gegensatze zu allen anderen Beobachtungen anzunehmen, daß das Virus gerade nur in diesem Falle die Achsenzylinder, welche es zentripetal durchwandert, zerstört bzw. erheblich schädigt. Übrigens berichtete J. A. TOOMEY (*2*) selbst, daß man 24 Stunden nach subserösen Virusinjektionen bereits neuronale Nekrosen im Vorderhorn findet (siehe S. 752). Offenbar sind die Veränderungen in den Fasern peripherer Nerven auch bei dieser eigenartigen Versuchsanordnung sekundär, d. h. zentral bedingt.

Herpesvirus [Goodpasture (*1*)], mit dem Virus B (A. Wolf und M. Holder) und mit dem Virus der Pseudolyssa [E. W. Hurst (*6*)] festgestellt werden, mit dem letztgenannten Virus auch bei weißen Mäusen [Sabin (*1*)].

Über cytoplasmatische Einschlüsse berichtet nur E. W. Goodpasture (*2*), welcher Kaninchen mit dem Straßenvirus der Lyssa in den rechten Masseter impfte und im Ganglion Gasseri sowie in den Achsenzylindern der sensorischen Trigeminuswurzel (also in der intraduralen Strecke des Trigeminus; vgl. S. 732) Gebilde fand, die sich von typischen Negri-Körperchen nur durch das Fehlen einer Innenstruktur unterschieden. Die Befunde an den Achsenzylindern und an den Ganglienzellen werden durch Abbildungen illustriert, die keinen Zweifel bestehen lassen, daß es sich um sehr schwere, degenerative Prozesse gehandelt haben muß. Ob aber die in den Achsenzylindern beobachteten Veränderungen als Ausdruck einer axonalen Virusleitung aufzufassen sind, wie das Goodpasture als wahrscheinlich hinstellt, ist sehr fraglich. Wäre dies der Fall, so würde man die langen und meist völlig symptomlosen Inkubationen der Lyssa nicht begreifen, da derartige Zerstörungen mit Ausfallserscheinungen einhergehen müßten.

III. Die Wegspuren werden als unterstützende Argumente der Theorie der Nervenleitung bewertet, gleichgültig, ob sie stark ausgeprägt oder minimal sind, ob sie in zelligen Infiltraten oder Einschlußkörperchen bestehen usw. Fehlen sie überhaupt oder in Teilstrecken der in Betracht kommenden Bahn, so wird dies nicht als Gegenbeweis angesehen, sondern getrachtet, die Nervenleitung auf andere Art (z. B. durch das sog. Prinzip der Hodogenese, durch die Unterbrechung der Bahn) wahrscheinlich zu machen. Die Bewertung der Wegspuren ist also zweifellos inkonsequent.

IV. Levaditi und Haber fanden im Ganglion Gasseri intranasal infizierter Kaninchen Herpesvirus zu einer Zeit, als noch keine histologischen Veränderungen nachzuweisen waren. *Auch ohne solche Angaben wäre es a priori gewiß, daß sich die Anwesenheit von Virus und das Vorhandensein einer geweblichen Reaktion in einem bestimmten Punkte der Leitung zeitlich nicht überdecken müssen.* Die pathologische Reaktion entwickelt sich naturgemäß erst nach dem Eintreffen des Virus, und sie kann zweifellos noch andauern, wenn die Autosterilisation der betroffenen Teilstrecke bereits eingetreten ist. Ferner besagt der bloße Befund von Wegspuren in einer Bahn nichts über die Art ihrer Entwicklung im Sinne einer „ascendierenden Neuritis“, d. h. eines in der Bahn fortschreitenden u. zw. zentripetal fortschreitenden Prozesses; sie können im Prinzip ebensogut gleichzeitig entstanden sein oder einer zentrifugalen Ausbreitung entsprechen. Um einen zentripetalen Bewegungsvorgang zu erfassen, müßte man die Bahn bei gleichartig infizierten Tieren in abgestuften Zeitintervallen untersuchen.

Endlich kann man sich auch die Frage vorlegen, *ob entzündliche Reaktionen nicht auch zustande kommen können, obwohl das pathogene Agens überhaupt nicht bis zu dem betreffenden Punkte einer präformierten Bahn vorgedrungen ist.* Rössle hat die Auffassung vertreten und durch besondere Versuche zu stützen gesucht, daß im Entzündungsgebiete Stoffe auftreten, welche ihrerseits die Entzündung anfachen bzw. in Gang erhalten. Daß der Sitz anatomischer Läsionen keine sicheren Anhaltspunkte für die Verteilung und für die Ausbreitung infektiöser Agenzien liefert, lehren besonders eindringlich die Untersuchungen von B. Fust, welcher bovine Tuberkelbacillen in die große Liquorzisterne von Kaninchen injizierte und so eine tuberkulöse Entzündung der Leptomeningen des Gehirnes und Rückenmarks erzeugte; im tuberkulösen Granulationsgewebe der weichen Häute fanden sich massenhaft Tuberkelbacillen, in den die intraparenchymatösen Gefäße des Gehirnes und besonders des Rückenmarkes umgürtenden perivasculären Infiltraten fehlten sie dagegen vollständig, obwohl die Gefäßscheiden bekanntlich nichts anderes sind als Abzweigungen bzw. Einstülpungen der Meningen.

Als Modellversuche sind die Experimente von B. SPITZER sowie von LASOWSKY und KOGAN in den eben erörterten Beziehungen instruktiv.

B. SPITZER injizierte Jequirity-Macerat in die freigelegte Zahnpulpa von 3 Hunden und verschloß sodann wieder die Trepanationsöffnungen. Die aus der Narkose erwachten Hunde blieben symptomfrei und wurden nach 8, 21 und 28 Tagen getötet. Im N. mandibularis der injizierten Seite fand sich nach 8 Tagen eine starke perineurale *lymphocytäre* Infiltration, welche bei den später untersuchten Tieren fast abgeklungen war. *Das Ganglion Gasseri der injizierten Seite war bei allen drei Hunden stärker affiziert als die zu demselben führende Bahn* (pericelluläre und perivasculäre Infiltrate, Degenerationen der Ganglienzellen und Neuronophagien), am stärksten bei dem nach 28 Tagen getöteten Hund. *Histologisch glich der Abrineffekt in hohem Grade den Wegspuren, welche man beim Herpesvirus beobachtet* (monocytäre Elemente, Anordnung der Lymphocyten um Ganglienzellen und Gefäße, stärkere Beteiligung des Ganglion Gasseri im Vergleiche zu den peripheren Nerven). Es fällt ferner auf, daß die Entzündung im N. mandibularis noch mindestens 8 und im Ganglion Gasseri sogar 28 Tage nach der Injektion „florid" war. Da die Reaktion im Nerven früher abklang als im Ganglion, ist ein kontinuierlicher Abrinnachschub von der Peripherie nicht anzunehmen; vielmehr war die Entzündung offenbar *autonom d. h. von primärem Reiz unabhängig geworden.* Zu bemerken ist schließlich, daß sich die Reaktion nicht oder nur spurweise über das Ganglion hinaus fortsetzte, daß also das Ganglion als „Schranke" wirkte, sei es für das im Nerven bewegte Abrin, sei es für den entzündlichen, im Nerven zentripetal fortschreitenden Prozeß. Es ist möglich, daß das abrinhaltige Inoculum in SPITZERS Versuchen durch den Injektionsdruck (es wurde 0,5—0,75 ccm Flüssigkeit eingespritzt) weit in den Nerven vorgetrieben wurde; ob dies jedoch der Fall war, ist nicht zu entscheiden, da keine Untersuchungen an Hunden vorliegen, welche unmittelbar bzw. kurze Zeit nach der Injektion getötet wurden. Die Experimente sollten nach dieser und anderen Richtungen ergänzt werden, einerseits wegen ihrer Beziehungen zur Theorie der Nervenwanderung, anderseits im Hinblick auf die Angaben von D. ZIBORDI (siehe S. 724).

LASOWSKY und KOGAN untersuchten die Beteiligung peripherer Nerven an lokalanaphylaktischen Reaktionen, welche an spezifisch sensibilisierten Kaninchen durch Injektion von Pferdeserum in die quergestreifte Muskulatur des Unterschenkels ausgelöst wurden. Schon eine Stunde nach dem Eingriff waren nicht nur feine, im Injektionsgebiet liegende Nervenästchen verändert, sondern auch größere Nervenstränge (N. tibialis, N. ischiadicus), welche außer WALLERscher Degeneration der Nervenfasern auch (in zentripetal abnehmendem Grade) Ödem und leukocytäre Infiltration des Perineuriums, fibrinoide Quellung kleiner Gefäße, später auch Wucherung von Bindegewebselementen erkennen ließen. Die Verfasser nehmen als Ursache eine zentripetale Wanderung des antigenen Pferdeserums in den Lymphbahnen der großen Nervenstämme, also gewissermaßen ein auf präformierter Bahn fortschreitendes ARTHUSsches Phänomen an; bewiesen ist jedoch diese Erklärung nicht.

Wegspuren im peripheren Nervensystem sind somit nicht eindeutig, sofern sie an und für sich den Beweis für die zentripetale Leitung des primären Agens erbringen sollen; sie können nur als unterstützende Argumente bewertet werden.

Lassen sich durch die histologische Untersuchung verendeter oder getöteter Versuchstiere intensivere entzündliche Vorgänge in Nerven oder eingeschalteten Ganglien konstatieren, so darf man annehmen, daß dem anatomischen Substrat intra vitam krankhafte Störungen, gewissermaßen „*funktionelle Wegspuren*" entsprochen haben dürften, sei es in Form von Ausfalls- oder von Reizerscheinungen. Doch weiß man darüber nicht viel. Sicher ist, daß *motorische* Symptome (Krämpfe, Paresen oder Paralysen) ausnahmslos erst dann auftreten, wenn das Zentralnervensystem bereits infiziert ist. In der oft mehrtägigen, ja mehrwöchigen

Inkubationsperiode sind sie nicht vorhanden, auch dann nicht, wenn als zuleitende Bahn ein motorischer oder gemischter Nerv in Betracht kommt (Affenpoliomyelitis, Lyssa, Herpesencephalitis der Kaninchen und Herpesmyelitis der Meerschweinchen). Da es sich hier um *objektiv* nachweisbare Symptome handelt, ist die negative Aussage zuverlässig und kann für weitere Schlußfolgerungen verwertet werden. Übrigens prüften O'Leary, Heinbecker und Bishop die Funktion der Nerven von mit Poliomyelitis infizierten Affen mit dem Kathodenstrahlenoszillographen und konstatierten, daß durchaus normale Verhältnisse bestehen bis zu dem Zeitpunkt, wo in den Ganglienzellen des Rückenmarkes histologische Veränderungen auftreten.

Daß aber eine intensive Neuritis und Ganglionitis auch in der sensiblen Sphäre völlig latent abläuft, ist mit Rücksicht auf die infektiösen Neuritiden des Menschen [vgl. den zusammenfassenden Artikel von Marinescu und Draganescu (*2*)] wenig wahrscheinlich, da diese Prozesse histologisch ganz ähnlich charakterisiert sind wie die Wegspuren, die man bei mit verschiedenen Virusarten experimentell infizierten Tieren beschrieben hat. Man beruft sich hier oft auf die *ziehenden oder blitzartigen Schmerzen im Inkubationsstadium der Lyssa,* welche nach Bissen an den Extremitäten von der oft schon verheilten Wunde ausgehen und zentripetal, dem Verlaufe der Nerven folgend, ausstrahlen. Indes könnten diese Empfindungen auch zentral ausgelöst sein. Das eigentümliche Hautjucken, welches sich bei mit *Pseudolyssa* infizierten Kaninchen in der Regel zuerst im Bereiche der geimpften Körperregion zeigt, tritt erst gegen das Ende der Inkubationsperiode auf und ist nach den Untersuchungen von E. W. Hurst (*6*) auf Veränderungen in den korrespondierenden Spinalganglien und Rückenmarkssegmenten zu beziehen, denen das Virus von der peripheren Impfstelle aus durch die regionären Nerven zugeleitet wird. Es ist aber denkbar, daß die Symptomlosigkeit der Laboratoriumstiere trotz vorhandener histologischer Läsionen nur durch die Schwierigkeit der Sensibilitätsprüfung und das Fehlen eindeutiger Schmerzreaktionen vorgetäuscht wird; daß z. B. die Versuchshunde von B. Spitzer mit der durch Abrin verursachten Entzündung des N. mandibularis völlig schmerzfrei blieben, ist nicht recht vorstellbar.

d) Die Unterbrechung der nervösen Bahn.

Die Unterbrechung der in Betracht fallenden nervösen Bahn (Neurotomie, Neurektomie) müßte, falls sie zeitgerecht, d. h. in einem Moment erfolgt, in welchem das Virus die Unterbrechungsstelle noch nicht passiert hat, die Infektion und damit die Erkrankung der nervösen Zentren verhindern.

Postinfektionelle Unterbrechungen.

Versuche, welche auf dieser Voraussetzung fußten, wurden bei der Lyssa von di Vestea und Zagari (1887), de Blasi und Russo-Travali, Bombicci, Calabrese, C. Helman, Kraus und Fukuhara, bei der keratogenen Herpesencephalitis des Kaninchens von Levaditi, Harvier und Nicolau (*2*), bei der Herpesmyelitis des gleichen Versuchstieres von Goodpasture und Teague und bei der Affenpoliomyelitis von E. W. Hurst (*5*) ausgeführt; dazu kommen Experimente an Kaninchen, die peripher mit dem Virus der Pseudolyssa infiziert worden waren [E. W. Hurst (*6*)].

Die Resultate entsprechen nur zum Teil der Erwartung, und wo dies der Fall war, kann die Versuchsanordnung nicht immer als einwandfrei bezeichnet werden.

Wenn z. B. C. Helman Lyssavirus in den Schwanz von Hunden und Kaninchen impfte und den Schwanz nach 12—20 Stunden amputierte, oder wenn Bombicci und

CALABRESE das Virus intraocular injizierten und nach 24—36 Stunden eine Enukleation des Bulbus vornahmen, mußte das Ausbleiben der Tollwut nicht unbedingt auf die Unterbrechung der *nervösen* Kommunikationen bezogen werden; die Annahme, daß eine andere Art der Ausbreitung, z. B. auf dem Lymph- oder Blutwege mit der Wirksamkeit des so spät ausgeführten chirurgischen Eingriffes nicht vereinbar wäre, ist nicht hinreichend zuverlässig.

Andere Autoren injizierten das Virus *intraneural*, u. zw. in den freigelegten Ischiadicus, und durchtrennten den Nerven proximal von der Einstichstelle. Solche Experimente wurden mit Lyssavirus von DI VESTA und ZAGARI sowie von DE BLASI und RUSSO-TRAVALI, mit Poliomyelitisvirus von E. W. HURST (*5*) ausgeführt. Da man aber weiß, daß in den N. ischiadicus eingespritzte Flüssigkeiten durch den Injektionsdruck direkt bis zum Rückenmark befördert werden können, ist diese Versuchsanordnung eigentlich a limine abzulehnen. Erkranken die Tiere trotz einer nach kurzem Intervall vorgenommenen Neurotomie oder Neurektomie, wie dies von den italienischen Autoren beobachtet wurde, so kann eine unmittelbare Infektion der Zentren schuld sein; erkranken sie nicht, so muß man sich fragen, ob dafür der Umstand verantwortlich zu machen ist, daß in den Ischiadicus injizierte Flüssigkeiten nicht immer, sondern nur in einem gewissen Prozentsatz der Einzelversuche das Rückenmark erreichen (H. HORSTER und L. WHITMAN). Diese Kritik gilt auch für die Angaben von E. W. HURST (*5*), nach welchen die Erkrankung an Poliomyelitis bei Affen ausbleibt, wenn man das Virus in den linken Ischiadicus injiziert und nach längstens 24 Stunden die Strecke des Nerven zwischen der Impfstelle und dem Foramen ischiadicum reseziert; die Behauptung stützt sich übrigens auf ein einziges Versuchsergebnis.

Den durch intraneurale Injektionen bedingten Fehler vermeiden die Experimente von KRAUS und FUKUHARA. Lyssavirus (Stamm „*Fermi*") wurde in das subcutane Gewebe der rechten hinteren Extremität von Kaninchen inoculiert und der rechte Ischiadicus durchtrennt oder partiell exzidiert, zum Teil präventiv, zum Teil in verschiedenen Zeitabständen — 1—24 Stunden — nach der subcutanen Impfung. Der Ausbruch der Lyssa konnte durch die Operation verhindert werden, im Falle der nachträglichen Bahnunterbrechung allerdings nur dann, wenn diese nicht später als 8 Stunden nach der subcutanen Viruszufuhr erfolgte.

Präinfektionelle Unterbrechungen.

Bei KRAUS und FUKUHARA taucht als neues Prinzip die *prophylaktische* Neurotomie auf. Daß sie wirksam war, ist keineswegs selbstverständlich. Der N. ischiadicus ist nicht der einzige Nerv, der die hintere Extremität versorgt (N. femoralis, N. obturatorius), so daß man nicht einsieht, warum die Unterbrechung dieser Bahn die Infektion des Rückenmarks verhüten soll.

Es sind dies Erwägungen, welche auch bei der Analyse der Wirkung des Tetanustoxins eine Rolle gespielt haben. Das Zustandekommen des lokalen Tetanus nach einer Giftinjektion in die hintere Extremität sollte durch präventive Durchschneidung der motorischen Nerven verhindert werden. Als ŽUPNIK und POCHHAMMER über negative Resultate berichteten, wurde dies auf die unvollständige Entnervung zurückgeführt und behauptet, daß die Unterbrechung sämtlicher motorischer Bahnen (Durchschneidung aller peripheren Nervenstämme oder der ventralen Rückenmarkswurzeln) den gewünschten Erfolg habe (SAWAMURA, C. PERMIN, FRÖHLICH und MEYER). Nun kann man die Giftleitung und die Viruswanderung nicht kurzerhand als analoge bzw. im Prinzip identische Vorgänge hinstellen; aber daß für das Virus derartige Verhältnisse in Betracht zu ziehen sind, lehren ältere und neuere Erfahrungen.

Unterbrechung einer Bahn bei Vorhandensein anderer nervöser Verbindungen zwischen dem Orte der Viruszufuhr und dem Zentralnervensystem.

LEVADITI, HARVIER und NICOLAU infizierten Kaninchen corneal oder intraocular mit Herpesvirus und enucleierten den Bulbus nach Intervallen von 24—96 Stunden; die Entwicklung der Encephalitis wurde dadurch in keinem Falle beeinträchtigt. Abgesehen von anderen Bedenken (siehe S. 739), läßt sich jedoch gegen diese Versuchsanordnung der Einwand erheben, daß sie möglicherweise a priori ungeeignet war. Impft man z. B. corneal, so wird stets auch die Conjunctiva mitinfiziert, und daß von der Conjunctiva aus eine Fortleitung zum Gehirn stattfinden kann, geht aus einem Experiment von GOODPASTURE und TEAGUE hervor, in welchem bei einem Kaninchen, dem der Bulbus *vor* der conjunctivalen Impfung exstirpiert worden war, eine Encephalitis zustande kam. Vielleicht wäre daher die Enucleatio bulbi in den Versuchen von LEVADITI und seinen Mitarbeitern auch dann wirkungslos geblieben, wenn man das Zeitintervall zwischen cornealer Impfung und Enucleierung noch weiter verkürzt hätte.

Ähnlich liegen die Verhältnisse bei der nasalen Infektion von Kaninchen mit Herpesvirus. Die präventive Unterbrechung der Olfactoriusbahn vermag hier die Infektion des Gehirnes nicht zu verhindern (LEVADITI, HORNUS und HABER), weil dem Herpesvirus andere Wege offen stehen, vor allem der Trigeminus, dessen Passierbarkeit aus dem Nachweis von Virus im Ganglion Gasseri nach intranasaler Impfung (LEVADITI und HABER) gefolgert werden kann.

In den Versuchsprotokollen von KRAUS und FUKUHARA fällt noch eine Einzelheit auf, welche der Aufmerksamkeit bisher völlig entging. 5 Kaninchen wurden „am rechten Bein" mit Virus „Fermi" infiziert und die Ischiadici nach 1, 4, 8, 12 und 24 Stunden exzidiert. Die drei ersten Tiere blieben frei, die zwei letzten erkrankten und verendeten an Lyssa. Die exzidierten Ischiadici wurden verrieben und auf fünf weitere Kaninchen subdural übertragen, jedoch ausnahmslos mit negativem Resultat. *Es war somit zu keiner Zeit Virus im Ischiadicus nachzuweisen*, auch nicht bei den 2 Kaninchen, bei denen die Krankheit trotz Neurektomie ausbrach. Daß hier ein Widerspruch vorliegt, scheinen KRAUS und FUKUHARA nicht bemerkt zu haben.

Sieht man von dem negativen Virusbefund ab, so scheint aus den Angaben von KRAUS und FUKUHARA hervorzugehen, daß die Unterbrechung *einer* nervösen Leitung Erfolg haben kann, *obwohl mehrere Leitungen die Eintrittspforte mit den Zentren verbinden.* Dieser Satz ergibt sich auch aus neueren Untersuchungen über die zentripetale Wanderung neurotroper Virusarten zum Zentralnervensystem von der Nasenschleimhaut aus. Die Kommunikation kann in diesem Falle führen 1. über den *Olfactorius*, 2. über den *Trigeminus*, 3. über den *Parasympathicus (Ganglion sphenopalatinum)* und 4. über den *Sympathicus (Ganglion cervicale superius)*. Das Herpesvirus soll nach LEVADITI, HORNUS und HABER die Olfactoriusbahn bevorzugen, aber nicht zwangsläufig an dieselbe gebunden sein; das Poliomyelitisvirus dagegen kann nach den herrschenden Auffassungen überhaupt nur den Olfactorius — von der Nasenschleimhaut aus — benutzen.

M. BRODIE nahm an Affen (Macacus rhesus) eine doppelseitige Durchschneidung und partielle Resektion des Lobus und Tractus olfactorius vor. Die operierten Tiere waren gegen intranasale Infektionen refraktär, während nichtoperierte Kontrollen mit typischen Lähmungen reagierten (vgl. auch BRODIE und ELVIDGE). Diese Angaben wurden von E. H. LENNETTE und HUDSON (*1*) dahin erweitert, daß die Operation auch gegen die intravenöse Injektion massiver Dosen Poliomyelitisvirus schützt (vgl. jedoch S. 713). Howe und Ecke (2) durchtrennten die Tractus olfactorii und infizierten intranasal mit Poliomyelitisvirus; es traten zwar keine Lähmungen auf, aber die Tiere reagierten meist zu gleicher Zeit wie nichtoperierte Kontrollaffen mit Fieber, und die histologische Untersuchung ergab Veränderungen in den Bulbi olfactorii, auf welche sich also (infolge der fehlenden Verbindung mit dem Zentralnervensystem) der Infektionsprozeß beschränkt hatte. Wurden die Bulbi operativ entfernt, so blieben sowohl die Lähmungen als auch die Temperatursteigerungen aus.

In versuchstechnischer Hinsicht wäre hervorzuheben, daß die ziemlich eingreifenden Operationen längere Zeit vor der intranasalen Instillation des Virus ausgeführt wurden. Es scheint, daß die Experimentatoren das Intervall, welches zwischen die Operation und die Einverleibung des Virus gelegt wird, für irrelevant gehalten haben, *daß es also mit anderen Worten nur darauf ankommt, daß die Kontinuität der Bahn nicht mehr besteht, nicht aber auf etwaige akzidentelle Folgen der Unterbrechung.* Dies ist jedoch nicht ganz sicher. Wenn man die Nerven erst *nach* der Infektion durchschneidet, bleibt das Gefüge des proximalen Stumpfes längere Zeit erhalten und das Gewebe um die Operationsstelle muß keine schweren Veränderungen erfahren. Führt man dagegen wochenlang vor der Infektion eine Operation aus, so müssen die degenerativen und reaktiven Vorgänge höhere Grade erreichen, es muß Narbenbildung eintreten, Lymphwege können veröden usw. Ist es nicht auffällig, daß Lennette und Hudson (1) bei 2 von 7 Affen durch intravenöse Virusinjektion eine Poliomyelitis erzielten, wenn sie 4 Stunden vorher einen größeren Nervenstamm (Ischiadicus, Femoralis, Vagus) durchtrennt hatten? Die genannten Autoren halten es für wahrscheinlich, daß das Virus in den proximalen Stumpf des durchschnittenen Nerven eindringt und von da aus zum Zentralnervensystem. Bedenkt man ferner, daß E. W. Hurst durch Virusinjektion in den Ischiadicus Poliomyelitis zu erzeugen vermochte und daß die intracutane Infektion so regelmäßig — zumindest bei gewissen Virusstämmen — Erfolg hat (J. D. Trask und J. R. Paul), so versteht man nicht recht die obligatorische Bindung an den Olfactorius, wenn die Nasenschleimhaut als Eintrittspforte in Frage kommt. Hier müssen wohl noch besondere, bisher unbekannte Faktoren in Aktion treten.

Bahnunterbrechungen als Mittel, um die zentrifugale Infektion peripherer Nerven zu verhindern.

Um nicht noch einmal darauf zurückkommen zu müssen, sei an dieser Stelle erwähnt, daß die Methode der Bahnunterbrechung auch benutzt wurde, um die zentrifugale Ausbreitung neurotroper Virusarten im peripheren Nervensystem zu beweisen.

Bertarelli (1904) durchschnitt bei mit Lyssa infizierten Hunden die Nerven einer Glandula submaxillaris; das Virus trat nur in der kontralateralen, nicht aber in der entnervten Speicheldrüse auf. — S. Nicolau und Mateiescu exzidierten aus einem Ischiadicus ein 3—4 mm langes Stück nahe der Ursprungsstelle des Nerven. Nachdem die Wunde verheilt war, erhielten die Tiere (Kaninchen) Straßenvirus intracerebral und verendeten 10 Tage später an Lyssa. Nur im Ischiadicus der nichtoperierten Seite konnte Lyssavirus nachgewiesen werden, der periphere Stumpf der operierten Seite erwies sich als virusfrei. Das Intervall zwischen der Neurektomie und der Untersuchung der Ischiadici auf ihren Virusgehalt betrug 21—23 Tage. Während dieser Zeit mußte der vom Zentrum abgetrennte Ischiadicus völlig degeneriert sein, und man kann daher zweifeln, ob der Nerv kein Virus enthielt, weil die Leitung unterbrochen war, oder ob Virus auf anderem Wege in den Nerven gelangte, sich aber infolge der Degeneration nicht vermehren konnte und der Autosterilisation verfiel (siehe oben). Die Berechtigung dieser Alternative müssen insbesondere jene Theorien anerkennen, welche die Virusbewegung als eine in den Achsenzylindern fortschreitende Virusvermehrung auffassen und eine Virusvermehrung außerhalb von Nervenzellen und ihren Fortsätzen für unmöglich halten, wenigstens bei den streng neurotropen Virusarten [„Neurocytotropismus" nach E. W. Goodpasture (*1—5*)].

Bahnunterbrechungen als Methoden zur Ermittlung der Wanderungsgeschwindigkeit.

Die Methode der Bahnunterbrechung könnte schließlich auch der *Ermittlung der Wanderungsgeschwindigkeit* dienstbar gemacht werden. In der Tat waren mehrere Versuchsserien so eingerichtet, daß das Intervall zwischen Infektion und nachträglicher Bahnunterbrechung abgestuft wurde [C. Helman, Bombicci, Calabrese, de Blasi und Russo-Travali, Levaditi, Harvier und Nicolau (*2*), Kraus und Fukuhara, E. W. Hurst (*5*)]; die Resultate entsprachen meist der Erwartung, daß für die Zeit der Bahnunterbrechung ein eben noch wirksames Maximum bzw. ein nicht mehr wirksames Minimum festgestellt werden kann. Die maximale Frist, nach welcher die Infektion des Zentralnervensystems noch durch eine Unterbrechung der Nervenleitung verhindert werden konnte, wird in der überwiegenden Mehrzahl derartiger Untersuchungen auf 12—24 Stunden veranschlagt.

Schlüsse auf die Wanderungsgeschwindigkeit können indes aus den vorliegenden Daten nicht abgeleitet werden, vor allem deshalb, weil die Länge der Wegstrecke nicht bestimmt wurde, auf welche die im Experiment ermittelte Wanderungszeit zu beziehen wäre. Die Impfung erfolgte ferner in manchen Versuchsreihen durch intraneurale Injektionen, welche für solche Fragestellungen völlig ungeeignet sind. Injiziert man anderseits das Virus in das subcutane Zellgewebe, in die Muskulatur, in den Augapfel usw., so bestimmt man offenbar nicht mehr die reine Wanderungszeit; es muß in die Rechnung auch die „*Resorptionszeit*" eingehen, worunter man nach R. Doerr (*7*) die Frist zu verstehen hat, die von der Einverleibung des Agens bis zu seiner Aufnahme in die nervöse Bahn verstreicht und naturgemäß einen unbekannten Summanden darstellt. Endlich wurde die Leitungsunterbrechung auf sehr verschiedene Weise bewirkt (einfache Neurotomie, Exzisionen längerer Nervenstrecken, Exstirpationen von Organen und Körperteilen) und die Intervalle zwischen Impfung und infektionsverhütender Operation waren nicht genügend abgestuft. Es existieren auch keine Untersuchungen, die sich ausschließlich und eingehend mit diesem Thema befassen; die einschlägigen Experimente sind in verschiedenen Arbeiten zerstreut und werden als nebensächliche Ergebnisse behandelt. Mit Unrecht; schon die Tatsache, daß fast jeder Autor ein Intervall festzustellen vermochte, innerhalb dessen die Leitungsunterbrechung wirksam war, und der Umstand, daß der Eingriff nach Überschreitung dieses Intervalles wirkungslos wurde, ist zweifellos von Bedeutung. Die Versuche sollten in verbesserter Form wiederholt werden, wobei insbesondere darauf zu achten wäre, daß nicht jedes Zeitintervall — wie das bisher ausnahmslos geschah — nur an einem einzigen Versuchstier geprüft wird.

e) Das Prinzip der Hodogenese (Marinescu und Draganescu).

Man versteht darunter eine topographische Beziehung, welche dadurch charakterisiert ist, daß die Lage des Eintreffsortes des Virus im Zentralnervensystem durch die Nervenbahn bestimmt wird, welche ihn mit der Eintrittspforte verbindet. Wird eine solche Beziehung festgestellt, so liegt der Schluß nahe, daß es eben diese Bahn sein muß, welche dem Virus als präformierte „*Schiene*" auf seiner Wanderung von der Peripherie zum Zentrum gedient hat.

Da nur die *ersten* Lokalisationen im Zentralnervensystem maßgebend sein können, weil die sekundäre Ausbreitung des Virus die charakteristischen Beziehungen verwischen muß, erkannte man frühzeitig, daß drei diagnostische Methoden zur Verfügung stehen, um einen Sachverhalt der bezeichneten Art zu erkennen: 1. *Die Beobachtung der Initialsymptome*; 2. *die Ermittlung des Sitzes der ersten anatomischen Läsionen* und 3. *die Feststellung einer ungleichen Verteilung des Virus im Zentralnervensystem in den ersten Stadien des Infektionsprozesses.* Alle drei Kriterien wurden zunächst zur Begründung der Hypothese der Nervenwanderung für den Spezialfall der Lyssa herangezogen (DI VESTEA und ZAGARI, ROUX, GAMALEIA, TRÉLAT, SCHAFFER u. a.); sie sind auch heute noch gültig und manche Einzelergebnisse aus den weit zurückliegenden Perioden der Lyssaforschung erscheinen noch immer verwertbar.

Geändert hat sich — abgesehen von der Vervollkommnung der Untersuchungsmethoden — nur zweierlei, nämlich einerseits die *Einbeziehung anderer neurotroper Virusarten* (Herpes simplex, Poliomyelitis, Vesicularstomatitis, equine Encephalomyelitis, Pseudolyssa, Louping-ill), wodurch neue experimentelle Möglichkeiten geschaffen wurden, und anderseits *die ausgiebige Variierung des einen Faktors der Wechselbeziehung, der Eintrittspforte.*

Von den drei oben angeführten Kriterien sind die *Initialsymptome* am unzuverlässigsten. Bei der Poliomyelitis der Affen z. B. treten zuerst Fieber, dann Paresen und Lähmungen der hinteren Extremitäten auf, gleichgültig, an welcher Stelle und auf welche Art das Virus inoculiert wird. Auch sind Symptome überhaupt und „erste“ Symptome besonders an Versuchstieren oft schwer festzustellen und werden auch nicht immer richtig gedeutet. Die Gleichgewichtsstörungen und Manègebewegungen, welche die herpetische Kaninchenencephalitis einleiten, wurden lange als Ausdruck der Hirninfektion aufgefaßt, sind aber nach den Untersuchungen von FL. MAGRASSI (*2*) otogenen Ursprunges. Die folgende Darstellung wird daher auf diese Gruppe nicht gesondert eingehen.

Von den beiden restlichen Indikatoren des Eintreffsortes im Zentralnervensystem ist der Nachweis, daß sich das Virus zunächst nur an der erwarteten Stelle vorfindet, in allen anderen Partien des Gehirnes oder Rückenmarks aber fehlt, bzw. mit empfindlichen Methoden nicht festgestellt werden kann, eindeutiger als die primäre Lokalisation der anatomischen Veränderungen. Die Untersuchungen, welche auf dieser Basis ausgeführt wurden, sind nachstehend kurz aufgezählt, u. zw. *nach Virusarten* und *innerhalb jeder Virusart nach den speziellen Versuchsanordnungen* gesichtet.

Die Bestimmung des Eintreffsortes im Zentralnervensystem durch den Nachweis von Virus an umschriebener Stelle.

1. Herpes simplex.

α) *Die keratogene Kaninchenencephalitis.*

Die Cornea wird von den Ciliarnerven innerviert; das Virus sollte daher im sensiblen Anteil des Trigeminus wandern und infolgedessen im absteigenden sensiblen Kern dieses Nerven zuerst eintreffen. In der Tat wird nach den Untersuchungen von E. KOPPISCH (*2*) diese Region des Gehirnes schon zu einer Zeit virushaltig, wo noch alle anderen Partien virusfrei sind.

β) *Die Myelitis des Meerschweinchens nach Impfung in die Haut der Fußsohle.*

Erfolgt die Zuleitung auf nervöser Schiene, so müßte sich das Virus zuerst im Lendenmark, u. zw. — im Falle einseitiger Impfung — im Hinterhorn und Hinterstrang der geimpften Seite nachweisen lassen. Daß es im Lendenmark auftritt, konnten G. ROSE und B. WALTHARD zeigen; doch wurden weder die höheren Rückenmarkssegmente noch das Gehirn auf ihre Infektiosität geprüft und die genauere Lokalisation im Lendenmark nicht durch die Virusverteilung, sondern durch die Anordnung der histologischen Läsionen im Rückenmarksquerschnitt bestimmt (G. ROSE und B. WALTHARD, B. WALTHARD, BING und WALTHARD, H. FREUND und B. HEYMANN).

2. Experimentelle Affenpoliomyelitis.

α) *Intranasale Instillation von Virusemulsionen.*

1912 hatten S. FLEXNER und P. F. CLARK mitgeteilt, daß das Virus 48 Stunden nach einer nasalen Impfung im Lobus olfactorius, nicht aber in der Medulla oder im Rückenmark festgestellt werden kann. H. K. FABER und L. P. GEBHARDT (1933), die in ihren Versuchen an Macacus rhesus das Virus unter Vermeidung von Verletzungen auf die Nasenschleimhaut brachten, fanden, daß der Lobus olfactorius erst am 4. Tage infektiös wird, daß aber um diese Zeit andere Partien des Gehirnes oder des Rückenmarkes noch kein Virus enthalten. Am 5. und am 6. Tage der Inkubationsperiode konnten FABER und GEBHARDT auch im Hypothalamus, im Thalamus und in der Medulla oblongata Virus nachweisen, im Rückenmark nicht vor dem 7. Tage. Die Verteilung des Virus im Zentralnervensystem wurde an jedem Tage der Inkubationsperiode (am 3., 4., 5., 6. und 7. Tage) an einer größeren Zahl intranasal infizierter Affen geprüft, wodurch die Zuverlässigkeit der Angaben weitgehend gesichert erscheint.

Da von der Nasenschleimhaut mehrere nervöse Bahnen zum Zentralnervensystem führen, markiert der Eintreffsort in diesem Falle gleichzeitig jene Bahn, welche tatsächlich benutzt wird. Ob man behaupten darf, daß das Virus „im Olfactorius“ bis zum Gehirn vordringt, erscheint jedoch fraglich. Im Hinblick auf die Untersuchungen von W. E. CLARK-LE GROS sowie von G. RAKE (siehe S. 756) muß man zugestehen, daß wohl Ausgangs- und Endpunkt der Wanderung (Nasenschleimhaut und Bulbus olfactorius) durch das Versuchsergebnis bestimmt wurden, daß es dagegen keineswegs sicher ist, wie die bezeichnete Distanz überwunden wird. FLEXNER und AMOSS (1914) bekannten sich zu der Auffassung, daß die Überleitung des Virus in die Schädelhöhle bzw. in den Liquor durch die Lymphscheiden der Fila olfactoria vermittelt wird, während spätere Autoren [FABER und GEBHARDT, E. W. HURST (*3*), A. B. SABIN (*1*) u. a.] ein zentripetales Fortschreiten in den Achsenzylindern durch Virusvermehrung, also eine Infektion des ersten Olfactorius-Neurons annehmen.

β) *Virusinjektionen in größere Nervenstämme* (Ischiadicus, Medianus, Facialis).

Nach den Ausführungen auf S. 724 ist diese Versuchsanordnung nicht geeignet, die Verwirklichung des Prinzips der Hodogenese zu beweisen. Wenn intraneural injiziertes Material durch die Injektion als solche bis zu den Zentren befördert werden kann, ist es nicht merkwürdig, daß die motorischen Initialsymptome bis zu einem gewissen Grade durch die Wahl des Nerven bestimmt werden (H. PETTE, DEMME und KŐRNYEY), daß also beispielsweise nach einer Injektion in den Medianus zunächst Paresen der Vorderhände auftreten. Gleiches gilt natürlich auch für den Eintreffsort des Virus, u. zw. auch dann, wenn man eine Wanderung des Virus in den injizierten Nerven anzunehmen geneigt ist, wie in den Experimenten von E. W. HURST [(*5*), vgl. S. 734 und S. 739]. HURST gibt übrigens nur an, daß das Virus nach intraneuraler Injektion in den Ischiadicus ausnahmslos im Lumbalmark nachweisbar wurde, sobald die ersten klinischen Symptome eingesetzt hatten; das besagt überhaupt nichts, da es daselbst auch nach anderen Übertragungsarten (z. B. nach intracerebralen Impfungen) um dieselbe Zeit auftaucht.

Wichtig erscheint nur, daß sich Virus nach der Impfung in den Ischiadicus gelegentlich (in 3 von 10 Einzelversuchen) auch im Liquor vorfand. Es ist wahrscheinlich, daß das Virus *durch die Injektion* in den Liquor gelangte, da dieser bei der Erkrankung des Menschen und auch bei der Affenpoliomyelitis, wenn sie durch andere Übertragungsarten hervorgerufen wird, immer oder fast immer virusfrei ist. Daß das Zentralnervensystem vom Liquor aus infiziert werden kann, ist durch Versuche bewiesen, in welchen Affen an Poliomyelitis erkrankten, wenn das Virus direkt in den Liquor injiziert wurde [CLARK und AMOSS, E. W. HURST (*4*)]. HURST untersuchte bei solchen Tieren, welche er unter Vermeidung von Verletzungen des Gehirnes oder Rückenmarkes zum Teil in die große Hinterhauptzisterne, zum Teil in den Duralsack des Lumbosakralmarkes geimpft hatte, die Virusverteilung. Soweit die lückenhaften Angaben Schlüsse erlauben, fand sich Virus bis zum achten Tage nach der Impfung im Liquor, im Cervical- und Lumbalmark und im motorischen Cortex. Die Verhältnisse waren also dieselben wie nach anderen Übertragungsarten [E. W. HURST (*3*)], was soviel bedeutet, daß eben nicht die Eintrittspforte die Virusverteilung zu bestimmen schien, sondern die Lokalisationstendenz des Virus.

3. Louping-ill.

α) *Intranasale Instillation.*

GALLOWAY und PERDRAU infizierten 14 Affen (Macaca mulatta) durch ein- oder zweimalige Instillation einer Emulsion von virushaltigem Mäusehirn. 12 von diesen 14 Affen erwiesen sich als infiziert, und bei einigen wurden die Lobi olfactorii durch Übertragung auf je 3 Mäuse auf ihre Infektiosität geprüft, ebenso auch andere Teile des Gehirnes und Rückenmarkes, periphere Nerven, Liquor, Blut, Nasenschleimhaut. Die Ergebnisse sind in dem hier diskutierten Sinne nicht verwertbar. Bei einem einzigen Tiere, das 8 Tage nach der ersten Instillation einging, fand sich Virus im Lobus olfactorius und im Lobus temporo-sphenoidalis sowie in der Nasenschleimhaut, während alle übrigen Proben negative Resultate lieferten. Bei einem anderen, schon am 5. Tage verendeten Tiere war aber das Virus in der Nasenschleimhaut, im Blut und im Liquor vorhanden und fehlte in der Olfactoriusregion. Sodann stößt man auf Angaben, nach denen das Virus bei später eingegangenen Affen in großer Menge über das Groß- und Kleinhirn sowie über einzelne Rückenmarkssegmente verbreitet war und gerade nur in den Riechlappen nicht nachgewiesen werden konnte.

Vergleicht man hiermit die Berichte über den Nachweis von Poliomyelitisvirus im Bulbus olfactorius nach intranasaler Instillation, so ist ein gewisser Gegensatz zweifellos zu konstatieren, besonders wenn man berücksichtigt, daß es sich um das gleiche Versuchstier handelt. In *einer* Beziehung heben dies GALLOWAY und PERDRAU selbst hervor; von dem „axonal spread", d. h. von der Wanderung in präformierten Bahnen des Zentralnervensystems, wie sie für die Affenpoliomyelitis angenommen wird [E. W. HURST (*3*)], konnten sich die Autoren bei der Infektion mit Louping-ill nicht überzeugen. Das Virus breitete sich nach der nasalen Impfung vielmehr stetig und allmählich über das Gehirn aus und stieg dann im Rückenmark nach abwärts, um von dessen Segmenten aus in periphere Nervenstämme einzudringen, falls die Tiere lange genug lebten.

Als ein weiterer wichtiger Punkt wäre aus der Arbeit von GALLOWAY und PERDRAU das Eingeständnis zu erwähnen, daß der Nachweis von Virus und das Vorhandensein von histologischen Läsionen *am gleichen Orte* zwar in der Mehrzahl der Untersuchungen festgestellt werden konnte, daß die Koinzidenz aber doch nicht so regelmäßig war „as might been wished". GALLOWAY und PERDRAU schränken die Aussage etwas ein, indem sie darauf hinweisen, daß man ein und dieselbe Probe nicht gleichzeitig auf ihren Virusgehalt und histologisch untersuchen kann, sondern sich mit nebeneinanderliegenden Gewebsstücken begnügen muß. Diese technische Schwierigkeit ist indes nicht maßgebend. Vielmehr steht die Sache wirklich so, daß histologische Veränderungen von der Anwesenheit und Vermehrung des Virus örtlich und zeitlich unabhängig sein können (siehe S. 782).

Über Versuche mit Louping-ill-Virus an weißen Mäusen, die zu recht eigenartigen Schlüssen führten, berichten neuerdings BURNET und LUSH. Mäuse können durch intracerebrale und intraperitoneale Injektionen oder durch intranasale Virusinstillationen infiziert werden und erkranken, falls ausreichende Dosen verwendet werden, unter encephalitischen Erscheinungen. Der Weg ins Zentralnervensystem führt bei intraperitoneal infizierten Mäusen über das Blut, was auch von R. BIELING festgestellt wurde, bei intranasaler Viruszufuhr nach der Ansicht von BURNET und LUSH ausschließlich über die Olfactoriusschiene, was an sich noch keinen Widerspruch bedeuten muß; das Virus konnte aber sowohl bei den intraperitoneal als auch bei den intranasal geimpften Tieren in der Regel zuerst im Bulbus olfactorius nachgewiesen werden, von wo aus eine rasche Ausbreitung über das ganze Gehirn und Rückenmark erfolgte. Daraus würde sich ergeben, daß der „Eintreffsort" des Virus für total verschiedene Arten der Ausbreitung identisch sein kann.

Die histologischen Eintreffspuren.

Sie wurden ungleich häufiger als Indikatoren der passierten Bahnen verwendet als der Nachweis des Virus am supponierten Eintreffsort. Es wäre nicht möglich, das Schrifttum, welches sich auf dieses Thema bezieht, ausführlich wiederzugeben. Der Tendenz des Handbuches folgend, welches den Leser mit Fragestellungen und Methoden vertraut machen will, soll hier bloß eine kurze Übersicht über die wichtigsten Versuchsanordnungen und ihre Resultate Platz finden.

Primäre Encephalitiden herpetischer Ätiologie.

α) *Einseitig corneale Impfung am Kaninchen.* Die ersten Läsionen sind entzündliche Herde im Areal des absteigenden (sensiblen) Trigeminuskernes der geimpften Seite [MARINESCU und DRAGANESCU (*1*), GOODPASTURE und TEAGUE, H. PETTE (*1*)].

Sie können entweder im histologischen Präparat nachgewiesen werden oder dadurch, daß man den Kaninchen knapp nach dem Auftreten nervöser Symptome (Manègebewegungen) Trypanblau intravenös injiziert, das bekanntlich von entzündeten Geweben gespeichert wird (V. MENKIN); die Tiere werden dann getötet, das Gehirn herausgenommen, fixiert und nach SPALTEHOLZ aufgehellt. Die intensiv blau gefärbten (pathologisch veränderten) Partien fanden sich nur auf der geimpften Seite und zeigten die Gestalt eines langgestreckten Streifens, der am Eintritt des Trigeminus in den Brückenarm begann, neben dem Corpus trapezoides weiter verlief und gleichzeitig dorsalwärts abbog, bis er in der Medulla an die dorsolaterale Oberfläche heranrückte, wo er sich bis zum ersten Cervicalsegment verfolgen ließ (GOODPASTURE und TEAGUE). Diese Lokalisation entsprach somit genau dem Verlauf der sensorischen Trigeminusbahn, u. zw. der absteigenden (spinalen) Wurzel, und harmonierte mit dem histologischen Befund.

β) Die gleichen Resultate bekamen GOODPASTURE und TEAGUE, wenn sie einen Bulbus enucleierten und *die Conjunctiva der Lider mit Herpesvirus infizierten.* In der Tat kommt ja die gleiche Bahn wie sub α in Betracht.

γ) Wurde dagegen Herpesvirus in das *Corpus vitreum des linken Auges* gebracht, so entstand eine gleichseitige Retinitis und Neuritis optica; die cerebralen Läsionen saßen in beiden Tractus optici, im rechten Ganglion geniculatum laterale und in der Corona radiata, im Centrum ovale und in der Area parietalis der linken Seite.

δ) Als Gegenstück zu den Impfungen in sensibel innervierte Trigeminusbezirke sind zwei Versuche zu erwähnen, *in welchen das Virus direkt in einen Masseter gebracht wurde* (GOODPASTURE und TEAGUE, H. PETTE). In dem Versuch von GOODPASTURE und TEAGUE entsprach die Lokalisation der Eintreffspuren ziemlich genau der Erwartung. Die absteigende sensible Trigeminuswurzel war nicht in Mitleidenschaft gezogen. Dagegen fanden sich schwere Veränderungen im gleichseitigen motorischen Trigeminuskern (Zerstörungen von Ganglienzellen, dichte Infiltration mit mononuclearen und polymorphkernigen Leukocyten), und in den Glia- und Ganglienzellen dieses Kernes waren Herpeskörperchen vorhanden. Der kontralaterale motorische Trigeminuskern zeigte nur eine mäßige perivasculäre Infiltration, seine Ganglienzellen waren aber normal und es fehlte das akut entzündliche Exsudat. Minder klare Verhältnisse bot der von PETTE (*1*) untersuchte Fall.

ε) Nach einer *linksseitigen Impfung der Trachealschleimhaut* stellten GOODPASTURE und TEAGUE Läsionen im linken Vaguskern fest. Veränderungen fanden sich aber auch im rechten Vaguskern, vermutlich weil die Infektion der Trachealschleimhaut von der linken auf die rechte Seite übergegriffen hatte. Auf der geimpften Seite bestand ein großer Zerstörungsherd in der Medulla, der außer dem Vaguskern auch Teile der absteigenden Trigeminuswurzel umfaßte. Eine Beschränkung der Lokalisation auf die geimpfte Seite und eine schärfere Einstellung derselben auf den Vaguskern konnten GOODPASTURE und TEAGUE durch Injektion von Herpesvirus in den linken Vagusstamm erzielen (vgl. aber hierzu S. 731).

ζ) Bei intranasal infizierten Kaninchen fanden LEVADITI, HORNUS und HABER entzündliche und degenerative Veränderungen im Bulbus olfactorius (l. c., S. 21). Ob diese Läsionen primär waren, d. h. ob sie den anatomischen Prozessen in anderen Hirnpartien vorausgingen, wird nicht angegeben.

Primäre Myelitiden.

A. Die Myelitis herpetica.

α) *Kaninchen.* Impft man Kaninchen an Körperstellen, welche durch ihre Nerven mit dem Rückenmark in Verbindung stehen (Haut der Flanken, Muskulatur eines Hinterbeines, parenchymatöse Abdominalorgane usw.), so zeigen die Tiere Lähmungen als klinische Zeichen eines im Rückenmark sitzenden Infektionsprozesses (einer Myelitis herpetica), u. zw. zunächst auf der geimpften Körperseite [GOODPASTURE und TEAGUE, REMLINGER und BAILLY (*1*), GILDEMEISTER und HEUER (*2*), FL. MAGRASSI (*2*)]. Die herpetische Myelitis des Kaninchens bleibt nicht auf das primär infizierte Rückenmarkssegment beschränkt, sondern zeigt eine ausgesprochene Tendenz sich weiter auszubreiten und auf das Gehirn überzugreifen. An die Myelitis schließt sich somit eine Encephalitis an, die zur eigentlichen Todesursache wird.

Werden sensibel innervierte Körperstellen infiziert, so findet man die ersten anatomischen Veränderungen in den *dorsalen Wurzeln, im Hinterstrang und im Hinterhorn der geimpften Seite.* Durch passende Wahl der Infektionsstelle konnte ferner der myelitische Prozeß in tiefere oder höhere Abschnitte des Rückenmarksstranges verlegt werden (GOODPASTURE und TEAGUE).

Ein Kontrollexperiment, d. h. eine Impfung in motorisch innervierte Gewebe wurde nur von GOODPASTURE und TEAGUE ausgeführt. Das in die Muskeln eines Hinterbeines inoculierte Kaninchen reagierte nach 8 Tagen mit einer kompletten gleichseitigen Lähmung und einer kontralateralen Parese und wurde um diese Zeit getötet. Die schwersten Läsionen saßen im 24.—26. Rückenmarkssegment und waren in den *ventralen Partien dieses Abschnittes* (entsprechend der Zuleitung durch die motorischen Wurzeln) stärker ausgeprägt. Doch liegt eben nur ein einziger derartiger Versuch vor, und die Beschreibung der histologischen Befunde ist nicht genau genug, um ein sicheres Urteil zu ermöglichen.

Es wären daher weitere Versuche notwendig, eine Forderung, die sich auch noch von einem anderen Gesichtspunkte motivieren läßt. Die Nerven, welche die hintere Extremität versorgen, sind Abzweigungen *gemischter* Nervenstränge. Nimmt man an, daß die Zuleitung des Virus in den Achsenzylindern erfolgt, so versteht man, daß die primären Veränderungen im Rückenmark trotz des gemischten Charakters der Bahn dorsal oder ventral lokalisiert sein können, je nachdem eine sensibel oder motorisch innervierte Eintrittspforte gewählt wird. Das ist aber nicht der Fall, wenn der zentripetale Virustransport in den Lymphbahnen vor sich gehen würde. Nach den Untersuchungen von G. WOHLFART enthalten die Faszikel der großen peripheren Nervenstämme (N. ischiadicus und N. femoralis) beim Kaninchen und Meerschweinchen meist eine Mischung von Haut- und Muskelnerven, die auf dem Querschnitt durch ihre Kaliberverhältnisse leicht zu unterscheiden sind. Es ist nicht einzusehen, wie unter diesen Umständen eine *isolierte* Zuleitung durch die dorsalen oder ventralen Wurzeln der Spinalnerven möglich sein soll.

Unklar ist ferner, warum sich der anatomische Prozeß nach intraneuralen Injektionen in den Nervus ischiadicus zuerst in den sacrolumbalen Ganglien etabliert und von dort durch die hinteren Wurzeln auf die dorsalen Anteile des Rückenmarkes übergreift [MARINESCU und DRAGANESCU (*1*), H. PETTE (*1*)]. Durch eine intraneurale Injektion kann das Virus bis zum Rückenmark vorgetrieben werden; dann wäre aber gerade das Gegenteil zu erwarten. In den Ischiadicus eingespritzte Farbstoffe gelangen durch die *ventralen* Wurzeln zum Rückenmark, werden dagegen in den dorsalen Wurzeln durch die Spinalganglien aufgehalten [ASCHOFF und ROBERTSON, TEALE und EMBLETON (*2*), YUIEN, YUIEN und SATO, MULDER (*1*)]. *Wandert* aber das Virus im Ischiadicus, was natürlich auch möglich ist, so könnte eine regelmäßige oder bevorzugte Lokalisation — ventral oder dorsal — nicht zustande kommen, u. zw. weder bei axonaler Leitung noch auch bei dem Antransport auf dem Lymphwege.

β) Meerschweinchen. Nach der Impfung in die Fußsohlenhaut treten Gangstörungen und Lähmungen auf (G. ROSE), die durch eine Myelitis bedingt sind (G. ROSE und B. WALTHARD, WALTHARD, BING und WALTHARD, H. FREUND und B. HEYMANN). Wenn die Tiere früh genug getötet werden, findet man die histologischen Veränderungen nur im Lumbalmark, u. zw. zunächst in den hinteren Wurzeln, im Hinterhorn und im Hinterstrang der geimpften Seite, entsprechend der sensiblen Innervation der Fußsohlenhaut und der nervösen Verbindung der Eintrittspforte mit dem Rückenmark.

Die experimentelle Myelitis des Meerschweinchens wird nur ganz ausnahmsweise durch eine fortgeleitete Encephalitis kompliziert. Der myelitische Prozeß begrenzt und erschöpft sich bei dieser Tierspezies rasch, nimmt in kranialer Richtung an Intensität rapid ab und verschont die Medulla sowie das Gehirn meist völlig. Die Ermittlung der histologischen Eintreffsspuren ist daher beim Meerschweinchen weit leichter als beim Kaninchen und liefert recht eindeutige Resultate; ja man darf behaupten, daß überhaupt keine Versuchsanordnung existiert, bei welcher das Prinzip der Hodogenese so klar und unverhüllt in Erscheinung tritt wie bei der Herpesmyelitis des Meerschweinchens.

Die intra vitam auftretenden pathologischen Symptome sind kein adäquater Ausdruck der am getöteten Tier feststellbaren anatomischen Veränderungen, obzwar die Verhältnisse in dieser Beziehung bei der Myelitis wesentlich günstiger liegen als bei der Herpesencephalitis der Versuchstiere. Die ausgedehnten und intensiven Prozesse im Hinterhorn und Hinterstrang (vgl. Abb. 3), an welche sich überdies aufsteigende, der menschlichen Tabes dorsalis ähnliche Degenerationen der langen Hinterstrangbahnen (ROSE und WALTHARD, WALTHARD, FREUND und HEYMANN) anschließen können, sollten notwendigerweise sensible Störungen zur Folge haben. In der Tat hat man an plantar infizierten Meerschweinchen eine herabgesetzte Sensibilität der Sohlenhaut sowie trophische Störungen (Geschwürsbildungen, Nekrosen) beobachtet (ROSE und WALTHARD, FREUND und HEYMANN, TEISSIER, GASTINEL und REILLY); ob es sich aber um direkte Auswirkungen des myelitischen Prozesses handelt, ist fraglich, da sie einerseits

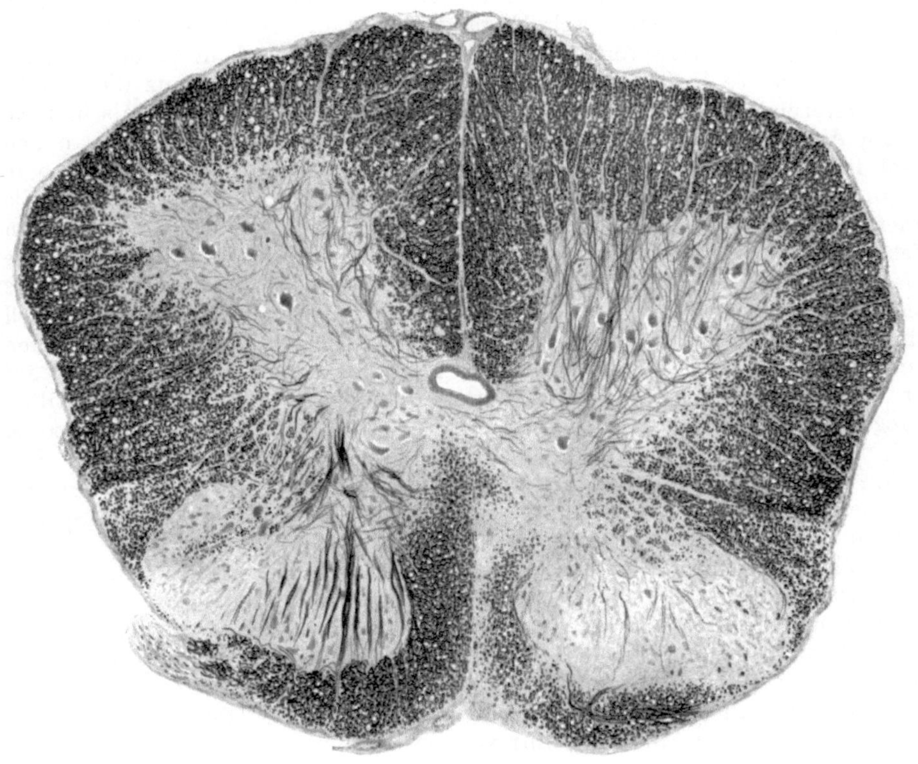

Abb. 3. Querschnitt durch das Lendenmark eines mit Herpesvirus an der rechten Planta infizierten Meerschweinchens. Markscheidenfärbung nach SPIELMEYER. Markscheidenausfall im rechten Hinterstrang und im rechten Hinterhorn.

nicht konstant sind und anderseits auch dann auftreten können, wenn andere Zeichen einer Myelitis fehlen.

Die motorischen Ausfallserscheinungen (Lähmungen der Extremitäten, der Blasen- und Mastdarmmuskulatur) sind zweifellos ebenfalls zentral bedingt, zeigen aber keinen Parallelismus mit der Intensität der histologischen Läsionen und ihrer Verteilung auf den Rückenmarksquerschnitt. Als Grundlage wird man in Anbetracht des transitorischen, oft ganz leichten und flüchtigen Charakters der Lähmungen weniger schwere Schädigungen der motorischen Ganglienzellen annehmen als reversible funktionelle Störungen, die vielleicht auf einer Vergiftung durch toxisch wirkende Produkte beruhen, welche im entzündeten Gewebe entstehen (ROSE und WALTHARD). Anatomisch nachweisbare, durch Lähmungen nicht komplizierte Myelitiden konnten jedenfalls von ROSE und WALTHARD bei plantar geimpften Meerschweinchen, später von H. PETTE bei Kaninchen (nach Injektionen von Herpesvirus in einen Ischiadicus) wiederholt beobachtet werden, der beste Beweis, daß die

Lähmungen zwar erwünschte klinische Indikatoren einer Myelitis schlechtweg darstellen, daß sie aber lediglich das Übergreifen eines primär im sensiblen Areal etablierten Prozesses markieren.

B. Die experimentelle Affenpoliomyelitis.

1. Nasale Infektionen.

Bei Affen, denen die *Tractus olfactorii* durchtrennt und nach Verheilung der Operationswunde Poliomyelitisvirus intranasal eingeträufelt wurde, stellten HOWE und ECKE (*2*) histologische Veränderungen in den *Bulbi olfactorii* fest, welche mit der Eintrittspforte (der Nasenschleimhaut) noch in Verbindung geblieben waren; sie bestanden in Anhäufungen von Leukocyten um die Gefäße und Zerstörung der Mitralzellen. Diese Befunde sind überzeugender als manche andere Angaben über die primäre anatomische Beteiligung der Bulbi an den nasal induzierten Infektionen der Zentralorgane, weil in den Versuchen von HOWE und ECKE die Verbindungen des Eintreffsortes mit dem Gehirn (die Tractus olfactorii) unterbrochen waren und weil auch klinische Beobachtungen (siehe S. 741) dafür sprachen, daß von der Nasenschleimhaut aus eine isolierte Infektion der Bulbi mit Poliomyelitisvirus zustande gekommen war. Genauere Beschreibungen der histologischen Läsionen in den Bulbi olfactorii experimentell infizierter Affen haben ferner SABIN und OLITSKY (*1*) geliefert. Die Veränderungen waren nach der Angabe dieser Autoren nur vorhanden, wenn das Virus auf der Olfactoriusschiene eingedrungen war (intranasale Übertragung), fehlten dagegen nach intracerebralen, subcutanen und intraocularen Impfungen sowie nach Virusinjektionen in den N. ischiadicus; da sie noch nach längerer Zeit nachgewiesen werden konnten, ergibt sich die Möglichkeit, auf Grund des histologischen Befundes festzustellen, ob die Nasenschleimhaut als Eintrittspforte in Betracht kommt oder nicht.

Man könnte somit auf diese Weise entscheiden, ob die Ansicht von LENNETTE und HUDSON sowie von CH. ARMSTRONG richtig ist, daß die intravenöse Injektion von Poliomyelitisvirus nur auf dem Umweg über die Olfactoriusbahn wirksam werden kann. Es wurde bereits an anderer Stelle (siehe S. 713) ausgeführt, daß die Versuche von GERMAN und TRASK und von TOOMEY und TAKACS gegen diese Auffassung sprechen. Nun untersuchten SABIN und OLITSKY (*1*) die Bulbi olfactorii von 3 Affen, die nach intravenösen Impfungen an Poliomyelitis eingegangen waren, und konnten nur in einem Falle die charakteristischen Läsionen finden.

SABIN und OLITSKY (*1*) berufen sich ferner in diesem Zusammenhang auf L. W. SMITH, welcher *56 Bulbi olfactorii von 40 menschlichen Poliomyelitisfällen* einer histologischen Untersuchung unterziehen konnte und einen „*erstaunlich geringen Prozentsatz*“ *pathologischer Veränderungen* konstatierte. L. W. SMITH wie auch SABIN und OLITSKY rechnen damit, daß die herrschende Ansicht über die Entstehung der menschlichen Poliomyelitis (von der Nasenschleimhaut aus via Olfactorius) nicht unbedingt richtig sein muß, sondern daß andere, über beliebige Spinalnerven führende Wege eine wichtige Rolle spielen könnten.

H. K. FABER (*2*) betont dagegen, daß L. W. SMITH (siehe J. F. LANDON und SMITH, S. 50) doch nach seiner eigenen Aussage öfters gewebliche Reaktionen im Bulbus gesehen hat, nur daß sie dem Grade nach leicht waren und sich auf Ödem, kongestive Hyperämie und bei 20% der Untersuchungen auf zellige Infiltrationen beschränkten. SMITH selbst erwog denn auch die Möglichkeit, daß die entzündlichen Prozesse, welche das Virus im Bulbus hervorruft, nur flüchtigen Charakter haben könnten, oder daß das Virus über den Bulbus fortschreitet, ohne charakteristische Spuren zu hinterlassen. Diese Deutung hält FABER für richtig, da man sich sonst nicht erklären könnte, daß die oft weit verbreiteten Läsionen, welche man bei Sektionen oberhalb des Lendenmarkes festgestellt hat, im Falle der Genesung ohne Folgen bleiben, daß sich auch die auf Schädigung des Lendenmarkes beziehenden Lähmungen so häufig zurückbilden und daß die nichtparalytischen Fälle ein so großes Kontingent ausmachen; die Infektion der Nervenzellen, die als die Wirtszellen des Poliomyelitisvirus zu betrachten seien, müsse eben nicht mit ihrer Degeneration enden, sondern könne in völliger restitutio ad integrum ausgehen. Daß die Poliomyelitis eine Allgemeininfektion mit sekundärer Lokalisation im Gehirn und Rückenmark sein könnte (H. DRAPER), hält H. K. FABER für ausgeschlossen, obzwar manche Momente (der zweiphasische Verlauf der Erkrankung beim Menschen, die nichtparalytischen Fälle usw.) dafür sprechen, und obgleich ein derartiger Zusammenhang für andere Infektionen mit neurotropen Virusarten (Louping-ill der Schafe, Hühnerpest bei Hühnern und Gänsen) sichergestellt ist.

Man sieht aus diesen Diskussionen, wie verschiedenartig identische Befunde ausgelegt und bestimmten Hypothesen angepaßt werden können, erkennt aber gleichzeitig auch, wie Sicherheiten, die man gewonnen zu haben glaubt, ins Wanken geraten, wenn die Probleme wieder von anderer, bisher nicht genügend beachteter Seite angefaßt werden.

Das früheste Stadium der Bulbusveränderungen, welches von SABIN und OLITSKY untersucht wurde, entsprach dem 4. Tage nach der ersten intranasalen Instillation. Um diese Zeit waren schon *weit vorgeschrittene Nekrosen in der Gegend der Synapsen des ersten Neurons des Olfactorius*, nämlich an den Mitralzellen zu sehen, die stellenweise zum Zerfall in strukturlose, acidophile Massen und zur Neuronophagie geführt hatten. Es bestand aber außerdem eine *sehr intensive entzündliche Reaktion* (polymorphkernige Leukocyten, mononucleare Zellen, Lymphocyten, zum Teil in perivascularer Anordnung). Ob die Entzündung oder die neuronale Nekrose der primäre Vorgang war, läßt sich auf Grund der Angaben nicht entscheiden. Es fällt aber auf, daß die Entzündungsprozesse *die peripheren Schichten des Bulbus betrafen und im Zentrum vermißt wurden*, was eher für ein Eindringen des Virus von außen (vom Liquor her) als für eine axonale Zuleitung spricht. Die Frage nach der *Pathogenese der Meningovasculitis*, welche die menschliche wie die experimentelle Poliomyelitis begleitet, nimmt jedenfalls hier eine besonders bedeutungsvolle Form an.

In den Fällen von Affenpoliomyelitis, welche H. K. FABER (*2*) histologisch untersuchte, waren die Veränderungen im Bulbus (nach intranasaler Infektion) vom 4. Tage angefangen nachweisbar, aber weniger stark ausgeprägt als die von SABIN und OLITSKY beschriebenen Läsionen. Neuronophagien konnten überhaupt nicht sicher festgestellt werden.

2. Pharyngeale Infektionen.

A. B. SABIN (*2*) berichtete kürzlich über erfolgreiche Versuche, Affen durch Injektionen von Poliomyelitisvirus in die Gegend der Tonsillen zu infizieren. Die histologischen Untersuchungen waren damals noch nicht beendet; aber der Sitz der Veränderungen entsprach insofern der Eintrittspforte, als ausgedehnte Läsionen in den Kernen der Cranialnerven in der Medulla festgestellt werden konnten, während die Bulbi olfactorii, die nach nasalen Instillationen immer geschädigt erscheinen (siehe oben), mit einer einzigen Ausnahme intakt blieben und auch kein Virus enthielten. Im Krankheitsbild herrschten Bulbärsymptome vor (Aphonie, Lähmung der Kaumuskeln, Schlingbeschwerden, Facialisparalyse, Salivation usw.), was nach intranasaler Impfung in so vollständiger und typischer Ausprägung von A. B. SABIN nicht beobachtet werden konnte.

3. Intestinale Infektionen.

Mit einigem Vorbehalt seien ferner die Mitteilungen von TOOMEY sowie von TOOMEY und WEAVER zitiert, denen zufolge bei Affen, denen sehr große Virusmengen unter die Darmserosa injiziert wurden, Veränderungen im Lumbalmark (Neuronennekrosen und rasch einsetzende Zunahme der Mikroglia) festgestellt werden konnten, die schon nach 24 Stunden nachweisbar waren. Vermehrung und Erweiterung der Kapillaren sowie Rundzelleninfiltration traten dagegen nicht vor dem 3. bzw. 5. Tage auf. Die Geschwindigkeit, mit welcher das Virus den Weg vom subserösen Gewebe bis zum Lendenmark zurücklegen soll, kontrastiert mit der Zeit, welche von E. Koppisch für die zentripetale Wanderung von Herpesvirus auf der Trigeminusbahn ermittelt wurde, und mit der 4tägigen Frist, welche zwischen der intranasalen Instillation von Poliomyelitisvirus und seinem Auftauchen im Bulbus olfactorius verstreicht (Faber und Gebhardt). Auch hängt die Einstellung zu diesen Experimenten zum Teil davon ab, ob man eine Infektion der Affen mit Poliomyelitis vom Darmkanal aus für möglich hält (Kling, Petterson und Wernstedt, Kling, Levaditi und Hornus, Levaditi, Kling und Lépine, J. A. Toomey u. a.) oder auf Grund der negativen Versuchsergebnisse anderer Autoren (S. Flexner, H. Plotz u. a.) als ausgeschlossen erachtet und die gewaltsamen experimentellen Bedingungen von J. A. Toomey prinzipiell ablehnt.

4. Intracutane und subcutane Infektionen.

Einen ungewollten, aber wichtigen Beitrag zur Lehre von der Hodogenese haben die *Schutzimpfungen von Menschen mit abgeschwächtem Poliomyelitisvirus* in Amerika geliefert. Der Impfstoff wurde intracutan und subcutan an den Armen injiziert. Bei 12 Impflingen traten nach der 2. Injektion Lähmungen auf, welche entweder in der geimpften oder in der kontralateralen Extremität einsetzten; die Infektion hatte sich somit zuerst in jenem Rückenmarkssegment festgesetzt, welche mit der Impfstelle in direkter nervöser Verbindung stand (I. P. Leake).

Die histologische Markierung des Eintreffsortes und die Elektivität der Ansiedlung des Virus und seiner pathogenen Auswirkung.

Bei der Poliomyelitis zeichnet sich ein Konflikt schärfer ab, der wohl auch bei anderen neurotropen Virusarten vorhanden ist, aber nicht so deutlich in Erscheinung tritt, *der Widerspruch nämlich, welcher zwischen der Elektivität der pathogenen Auswirkung und dem Bestreben besteht, aus der Lokalisation der anatomischen Veränderungen den Eintreffsort im Zentralnervensystem und dadurch die zentripetale Bahn des Agens zu erschließen.*

Beim Poliomyelitisvirus ist eben die Elektivität der Ansiedlung und pathogenen Auswirkung besonders ausgesprochen. Nicht in dem Sinne, daß sich der Prozeß ausschließlich in den Vorderhörnern des Lumbalmarkes abspielen kann; solcher Auffassung widerspricht ja schon die klinische Beobachtung der natürlichen Erkrankung des Menschen. Das ändert aber nichts an der Tatsache, daß die Lähmungen der Beine am häufigsten sind und daß sie in der Regel als erstes Symptom auftreten. Im Experiment am Affen, das eine willkürliche Variierung der Eintrittspforte gestattet, tritt dieses Verhalten noch viel prägnanter hervor. Impft man Affen intracerebral, intracisternal, intranasal oder intravenös, so werden gleichwohl die Hinterhände zuerst paretisch; histologisch findet man die stärksten Läsionen in Form von neuronalen Nekrosen und intensiven Entzündungsvorgängen im Grau der Vorderhörner des Lumbalmarkes. Werden andere Bezirke des Rückenmarkes oder des Gehirnes in Mitleidenschaft gezogen, so handelt es sich doch vorwiegend um motorische Gebiete, im Gehirne des Menschen wie auch des experimentell infizierten Affen um motorische Rindenfelder [ANDRÉ-THOMAS und LHERMITTE, E. W. HURST (*3*), FAIRBROTHER und HURST, H. PETTE u. a.]. HURST äußert sich hierzu mit folgenden Worten: „. . . . . it can only be supposed that the anterior horn cells, and especially those of the lumbar region, are, by some inherent difference in their constitution, peculiarly predisposed to domage by the virus, or, what probably amounts to the same thing, that the anterior horns are regions favourable for its growths. Perhaps the BETZ cells of the motor cortex share this susceptibility to a much less degree.“

Ob das Poliomyelitisvirus tatsächlich so scharf auf bestimmte motorische Ganglienzellen (des Menschen und einiger Affenarten!) eingestellt ist, soll hier nicht erörtert werden. An der Existenz von Prädilektionsstellen, welche hauptsächlich im Lendenmark sitzen, ist jedenfalls nicht zu zweifeln. *Wird das Virus daher im Versuch am Affen an einer Körperstelle eingeimpft, welche dem Lendenmark nervös zugeordnet ist, und findet man daselbst die ersten anatomischen Läsionen, so beweist dies nicht, daß die zum Lendenmark führende Nervenleitung vom Virus zentripetal passiert wurde.* Versuchsanordnungen, in welchen der Eintreffsort des Virus mit einer ausgesprochenen Prädilektionsstelle zusammenfallen müßte, eignen sich also von vornherein nicht für die hodogenetische Beweisführung. Umgekehrt kann es sich natürlich ereignen, daß die ersten anatomischen Marken nicht dort zu finden sind, wo die von der Eintrittspforte kommenden Nerven die Zentren erreichen, sondern an einer notorischen Prädilektionsstelle. In solchem Falle wäre wieder der negative Schluß übereilt, daß eine Nervenleitung nicht in Betracht gezogen werden kann; um so mehr als aus mehrfachen, zum Teil bereits zitierten Beobachtungen hervorgeht, daß sich die Anwesenheit von Virus und das Vorhandensein histologischer Veränderungen nicht immer überdecken müssen.

Man sieht ohne weiteres ein, daß sich unter solchen Umständen, wie sie bei der Poliomyelitis in hochgradiger Ausprägung bestehen, die Problemstellung automatisch ändern wird. Der Weg des Virus von der peripheren Eintrittspforte zum Zentralnervensystem absorbiert nun nicht mehr das gesamte Interesse; als gleichberechtigt erhebt sich die Frage, wie das Virus vom topographisch fixierten Eintreffsort zu den Prädilektionsstellen gelangt, falls die Lehre von der Viruswanderung auf nervöser Schiene aufrechterhalten werden soll. *Aus der Hodogenese im Sinne von* MARINESCU *und* DRAGANESCU *wird die Hodogenese innerhalb des Zentralnervensystems.* Daß die Poliomyelitisforschung de facto diese Richtung verfolgt und ausgebaut hat, soll an anderer Stelle gezeigt werden.

C. Rabische Myelitiden.

Nach Untersuchungen von SCHAFFER (*1*, *2*) beeinflußt die Bißstelle die Verteilung der histologischen Veränderungen im Rückenmark infizierter Menschen. Nach Bissen in die untere Extremität sind die entzündlich-infiltrativen Prozesse im Lendenmark am stärksten ausgeprägt, nach Bißverletzungen der oberen Extremitäten erscheint das Halsmark intensiver betroffen. A. SZATMÁRI und I. SÁLYI konnten die gleichen Beziehungen bei Kaninchen feststellen, welche zum Teil in die Muskulatur einer unteren Extremität, zum Teil subcutan an den Wangen mit Lyssavirus infiziert worden waren; im ersten Falle fanden sich die schwersten entzündlichen Läsionen im Lumbalmark, im zweiten im Hirnstamm. Die Ansicht von SCHÜKRÜ und SPATZ bzw. von O. SEIFRIED und H. SPATZ, daß die Infektion bei der Lyssa vom Liquor ausgeht und daß daher die intensivsten Veränderungen unabhängig von der Eintrittspforte des Virus stets im Hirnstamm zu finden sind, lehnen SZATMÁRI und SÁLYI ab.

D. Die intranasalen Instillationen verschiedener neurotroper Virusarten bei weißen Mäusen.

Wenn diese Versuche, von dem bisher festgehaltenen Einteilungsprinzip abweichend, in einer besonderen Gruppe zusammengefaßt werden, ist hierfür maßgebend, daß sie im Schrifttum der neueren Virusforschung einen breiten Raum einnehmen und daß die mannigfache Variierung der Virusart bei sonst gleichen Versuchsfaktoren (Übertragungsmodus, Tierspezies) eine gewisse Einheitlichkeit des Themas bedingt, sofern man auf die hodogenetische Beweisführung durch die histologische Markierung des Eintreffsortes im Zentralnervensystem abstellt. Natürlich müssen sich mancherlei Berührungspunkte zu den Resultaten der intranasalen Instillation bei anderen Versuchstieren ergeben; Wiederholungen, speziell auch der Auseinandersetzungen über den Mechanismus der intranasalen Instillation, sind daher nicht ganz zu vermeiden. Es wird sich aber doch zeigen, daß die auf den ersten Blick als willkürlich imponierende Abgrenzung zweckmäßig ist.

Es sind folgende neurotrope Virusarten, deren intranasale Instillation bei weißen Mäusen zu einer Infektion des Zentralnervensystems führt:

1. *Gelbfieber* (FINDLAY und CLARKE);
2. *Louping-ill* (FITE und WEBSTER, G. RAKE, BURNET und LUSH);
3. *St. Louis Encephalitis* [WEBSTER und CLOW (*1*, *2*), G. RAKE];
4. *Vesicularstomatitis* [SABIN und OLITSKY (*2*, *4*), A. B. SABIN (*1*)];
5. *Equine Encephalomyelitis* [SABIN und OLITSKY (*7*), SABIN (*1*), G. RAKE];
6. *Pseudorabies* [A. B. SABIN (*1*)];
7. *Rabies* (G. RAKE).

Die Theorie der Bahnauslese.

Daß zwischen Nasenschleimhaut und Gehirn *eine natürliche Kommunikation* besteht, welche den Ästen des Olfactorius entlang verläuft, läßt sich in Anbetracht der Arbeiten von W. E. CLARK-LE GROS, OLITSKY und COX, G. RAKE, JACOBSGAARD u. a. kaum bestreiten (siehe S. 756). Wenn daher hinreichende Beweise erbracht werden können, daß ein Virus diesen Weg tatsächlich benutzt, ja daß es von der Nasenschleimhaut aus gar keinen anderen benutzen kann (Poliomyelitisvirus im Experiment am Affen), kommt eine solche Feststellung mit der Wahrscheinlichkeit nicht in Konflikt. Dies ist jedoch dann der Fall, wenn wir behaupten, daß zwar eine direkte Überleitung von der Nasenschleimhaut zum Gehirn stattfindet, aber nicht durch Vermittlung der natürlichen Kommunikation, sondern — u. zw. gesetzmäßig — auf einer anderen Bahn, während die natürliche Passage aus unbekannten Gründen versperrt ist. *Dieses merkwürdige Verhalten soll nun das Virus der Pseudorabies in der weißen Maus zeigen*

Nach einer vorläufigen Mitteilung von A. SABIN (*1*) — die ausführliche Publikation ist bisher meines Wissens noch nicht erschienen — können spezifische, durch dieses Virus erzeugte Läsionen, worunter „charakteristische Kerneinschlüsse“ zu verstehen sind, in großer Menge in den GASSERschen Ganglien und im sensiblen Trigeminuskern, ferner in den Ganglia sphenopalatina und in der Gegend der Kerne des 7. Halsnerven in der Medulla und endlich im Ganglion cervicale superius des Sympathicus und im Seitenhorn des unteren Hals- und oberen Brustmarkes nachgewiesen werden, aber nie entlang der Olfactoriusbahn. Es wird hervorgehoben, daß die Virusverteilung dem Sitze der histologischen Veränderungen konform war; bei einer Maus, welche im Beginne der nervösen Erscheinungen getötet wurde, fand sich Virus in den GASSERschen Ganglien und in der Medulla, aber nicht in den Bulbi olfactorii.

Als weitere Sicherungen gegen eine irrige Deutung des anatomischen Befundes macht SABIN den Umstand geltend, daß sich die Läsionen, wenn sie asymmetrisch angeordnet waren, in allen drei Bahnsystemen *auf derselben Körperseite* vorfanden, und daß sie fehlten, wenn die Mäuse in die Muskulatur einer hinteren Extremität geimpft wurden. Auch wird kurz erwähnt, daß das Virus der Pseudorabies auch dann besondere, von den anderen Virusarten (Vesicularstomatitis und equine Encephalomyelitis) abweichende Wege einschlägt, wenn man dasselbe intraocular, d. h. in das Corpus vitreum (der weißen Maus!), einimpft.

Als Erklärung nimmt SABIN an, *daß der Weg von der Nasenschleimhaut zum Gehirn durch spezielle Affinitäten der Virusarten zu bestimmten Zelltypen bestimmt sein dürfte.* Wenn man dem Poliomyelitisvirus einen hochspezifizierten, auf motorische Ganglienzellen eingestellten Cytotropismus zuschreibt [E. W. HURST (*3*), siehe S. 753], besteht natürlich kein grundsätzliches Hindernis, den gleichen Faktor für die eigenartigen *Erscheinungen der Bahnauslese* verantwortlich zu machen. Voraussetzung ist nur, daß die Wanderung von der Peripherie zum Zentrum in den Nervenzellen, d. h. in den Achsenzylindern, vor sich geht, daß also eine zentripetal fortschreitende Infektion der Neuronen vorliegt, u. zw. in jedem Falle, auch dann, wenn eine andere Art der Fortleitung möglich wäre, wie in der Olfactoriusstrecke.

Diese Voraussetzung ist jedoch keineswegs als gesichert anzusehen. Wenn man sich auch über die Versuche mit Farbstoffen und Bakterien ohne stichhaltige Begründung hinwegsetzen wollte, ist die Wanderung neurotroper Virusarten in den perineuralen Lymphräumen des Olfactorius von manchen Autoren als wahrscheinlicher hingestellt worden als die gerichtete Durchwucherung der Axone, so von FINDLAY und CLARKE für das Gelbfiebervirus und von WEBSTER und CLOW für das Virus der St.-Louis-Encephalitis.

WEBSTER und CLOW betonen namentlich die Unzuverlässigkeit der anatomischen Befunde, da die Läsionen in einer bestimmten Region erst 48 Stunden nach dem Auftreten des Virus am gleichen Ort erscheinen. „*Situation and progression of lesions, therefore, cannot be taken to define precisely site and progress of virus.*" Das gilt nicht nur für das Virus der St.-Louis-Encephalitis (WEBSTER und CLOW), sondern auch für jenes des Louping-ill (FITE und WEBSTER) und für Gelbfiebervirus (FINDLAY und CLARKE); wie sich diese Dinge beim Virus der Pseudorabies verhalten, müßte noch genau untersucht werden. Eine Schwierigkeit für die Annahme der axonalen Hypothese erblicken WEBSTER und CLOW ferner in dem Umstande, daß die entzündlich-exsudativen Vorgänge mindestens 24 Stunden früher beginnen, bevor die Nekrosen der Ganglienzellen nachweisbar werden; allerdings bezieht sich diese Aussage nicht auf das Virus der Pseudorabies, aber es handelt sich eben um die grundsätzliche Entscheidung, ob die Überleitung auf der Olfactoriusbahn so wie jede andere Wanderung entlang eines Nerven als axonale Ausbreitung aufgefaßt werden *muß*, und diese Entscheidung ist, wie man sieht, vorläufig nicht gefallen.

Die axonale Hypothese und die mit ihr verknüpfte Möglichkeit, die Phänomene der selektiven Nervenwanderung (der Bahnauslese) auf spezifische Beziehungen zwischen Virusarten und bestimmten Zelltypen zurückzuführen, stellt sich übrigens nur bei oberflächlicher Beurteilung als eine radikale bzw. theoretisch allseits befriedigende Lösung dar. Nach SABIN soll das Virus der Pseudolyssa die Bahn des Trigeminus, des Parasympathicus und des Sympathicus durchschreiten können [von anderen Eintrittspforten aus auch andere Nervenleitungen, wie z. B. den Ischiadicus des Kaninchens nach E. W. HURST (*6*)] und so einen Mangel an Spezifität bekunden, welcher mit seinem „pantropen" Charakter gut übereinstimmt; warum aber die Olfactoriusschiene, die für so viele und voneinander verschiedene Virusarten passierbar ist, gerade dem Virus der Pseudorabies verschlossen sein soll, versteht man nicht, selbst wenn man sich auf den

Standpunkt stellt, daß derartige Anpassungen nach einem Ausspruche von P. BUCHNER im allgemeinen nur einer „historischen Erklärung“ zugänglich sind.

Die „Doppelspurigkeit“ der Olfactoriusbahn.

Von der Nasenschleimhaut aus können sehr verschiedenartige korpuskuläre Gebilde rasch zum Gehirne gelangen, wie z. B. Farbstoffpartikel (W. E. CLARK-LE GROS, OLITSKY und COX, G. RAKE), aber auch Elemente von der Größenordnung der Bakterien, Pneumokokken, B. enteritidis, Meningokokken [G. RAKE, JACOBSGAARD (*1*, *2*)]. Der Transport kann, zumindest bei unbelebten Partikeln, nur passiv durch eine Lymphströmung entlang der Fila olfactoria erfolgen und beansprucht angeblich nicht mehr als 2 Minuten. Es wäre nicht einzusehen, warum Viruselemente eine Ausnahme machen sollten.

In der Tat konnte G. RAKE intranasal instilliertes Virus der equinen Encephalomyelitis schon nach 2—5 Minuten im Vorderhirn von Mäusen nachweisen. Da ihm dies jedoch nach 6, 8 und 10 Minuten sowie nach 6 Stunden nicht mehr möglich war, nehmen SABIN und OLITSKY (*1*) an, daß ein Versuchsfehler vorlag, d. h. daß das Gehirn der Mäuse beim Herausnehmen mit dem noch auf der Nasenschleimhaut vorhandenen Virus verunreinigt wurde. Dafür scheint zu sprechen, daß RAKE die rasche Überwanderung nur für das Virus der equinen Encephalomyelitis, nicht aber für andere Virusarten (St.-Louis-Encephalitis, Rabies, Louping-ill) auf die beschriebene Weise festzustellen vermochte. Wie bereits betont, bleibt es aber doch unverständlich, warum den Elementen neurotroper Virusarten ein Weg verschlossen sein soll, der von größeren Gebilden leicht passiert wird. Wenn ferner sämtliche neurotrope Virusarten, wie SABIN und OLITSKY behaupten, mindestens 24 Stunden brauchen, um nach intranasaler Instillation im Rhinencephalon nachweisbar zu werden, muß man sich doch fragen, warum das Virus zur Zurücklegung der (bei Mäusen von 15 Tagen!) minimalen Distanz so lange Zeit benötigt. Ist es nicht wahrscheinlicher, daß das Virus zwar rasch im Gehirn eintrifft, daß es aber zunächst nicht nachweisbar ist, sei es aus rein quantitativen Gründen, sei es, weil das REMLINGERsche Phänomen der „*Eclipse*“ (siehe S. 620) realisiert wird?

Versuche von SABIN und OLITSKY (*2*, *4*, *5*) mit dem Virus der Vesicularstomatitis sind geeignet, diese Bedenken noch zu verstärken. Die genannten Autoren träufelten die Virussuspensionen in die Nasenlöcher junger und alter Mäuse unter peinlichster Vermeidung jeder Verletzung der Nasenschleimhaut. Obzwar die eingebrachten Quantitäten geradezu enorm waren (100000 intracerebral tödliche Minimaldosen), konnte das Virus *nach Ablauf 1 Stunde* nicht mehr in der Nasenschleimhaut nachgewiesen werden; *erst 2 Tage später* trat es wieder in großer Menge auf und blieb dann meist für längere Zeit an dieser Stelle bestehen. Wenige Minuten bis 5 Stunden nach der intranasalen Instillation erwies sich die Regio olfactoria des Gehirnes (das vordere Rhinencephalon) als virusfrei; erst gegen das Ende des 2. Tages ergab die cerebrale Verimpfung dieser Partie auf Testmäuse positive Resultate, während die Versuche mit dem Rest des Gehirnes negativ verliefen. Daraus wird geschlossen, daß die Zuleitung des Virus durch den Olfactorius und nicht durch den Trigeminus erfolgt. *Wo bleibt aber das Virus in jenem Zeitraum, in welchem es weder in der Nasenschleimhaut noch im Rhinencephalon zu finden ist?* Daß es sich nach Ablauf dieser Phase zuerst im Rhinencephalon zeigt, beweist strenge genommen nicht, daß es an dieser Stelle das Gehirn zuerst erreicht hat; und selbst wenn man sich darüber hinwegsetzen wollte, müßte die Wanderung zu diesem Hirnabschnitt nicht in den Achsenzylindern der Olfactoriusfasern vor sich gehen und könnte von dem neurotropen Charakter der Virusart unabhängig sein.

Die Abhängigkeit der nervösen Virusleitung von der besonderen Beschaffenheit der Versuchstiere. — Die Hypothese der in nervöse und andere Leitungen eingeschalteten Schranken (Sabin und Olitsky).

Beschäftigen sich die vorausgehenden Kapitel hauptsächlich mit dem Einfluß der Virusart auf die Wahl besonderer zentripetaler Nervenbahnen, so soll nun — nach dem Vorgange von Sabin und Olitsky (*2—5, 7*) — *die Bahn als Funktion des Wirtstieres (seiner Spezies, seiner Rasse und seines Alters)* betrachtet werden. Zu diesem Zwecke muß man natürlich den anderen Faktor der Wechselbeziehung, die Virusart, konstant halten.

An den Beginn sei eine Beobachtung von Webster und Clow (*2*) gestellt. In einer sonst hochempfänglichen Zucht von weißen Mäusen fanden sich Exemplare, welche trotz gleicher Abstammung auf die Impfung mit dem Virus der St.-Louis-Encephalitis nur mit einer latenten, in Autosterilisation endigenden Infektion des Gehirnes reagierten. Die Ausbreitung des Virus im Organismus der resistenten Mäuse vollzog sich bei den verschiedenen Übertragungsarten (intraperitoneal, intracerebral, intranasal) in derselben Weise wie bei den empfänglichen Tieren; *nur erfolgte die Vermehrung im Zentralnervensystem — speziell nach intranasaler Instillation — sehr langsam und hielt sich in engen Grenzen.* In gleich verzögertem Tempo entwickelten sich histologische Läsionen im Gehirn; nach intranasaler Instillation erschienen sie nicht vor dem 8. Tag, erreichten ihr Maximum erst nach 40 Tagen, blieben aber dann noch bestehen, u. zw. zirka 2 Monate über den Zeitpunkt der Autosterilisation hinaus.

Diese Angaben erinnern in vielen Beziehungen an die latenten Encephalitiden, welche Fl. Magrassi (*2*) durch Impfung der Kaninchencornea mit bestimmten *(„nichtencephalitogenen“)* Herpesstämmen erzielt hatte und *bei denen die klinische Latenz ebenfalls auf einer abgebremsten Virusvermehrung im Gehirn beruhte.* Nur war in Magrassis Versuchen der abortive Charakter der Hirninfektion nicht von der Individualität der Versuchstiere abhängig, sondern von einer speziellen Beschaffenheit der Virusstämme und — im Gegensatze zu den Beobachtungen von Webster und Clow — vom Übertragungsmodus, da die direkte intracerebrale Impfung zu intensiver Virusvermehrung und damit auch zu pathologischer Vollwirkung führte. *Es ist aber doch sehr wichtig, daß ähnliche Effekte auf verschiedenartige Weise zustande kommen können, ein Satz, für den auch die folgenden Ausführungen manchen Beleg bringen.*

Einen weiteren, den Infektionsablauf im Zentralnervensystem beeinflussenden Faktor fanden Olitsky, Sabin und Cox sowie Sabin und Olitsky (*2—4, 7*) im *Alter der Versuchstiere.*

Intracerebrale Impfungen mit dem Virus der Vesicularstomatitis töteten junge (15 Tage alte) und alte, einjährige Mäuse in gleicher Weise. Die intranasale Instillation rief aber nur bei jungen Mäusen eine letale Encephalitis hervor, während ältere ohne klinische Symptome überlebten. Im tatsächlichen Ergebnis nähern sich, wie ohne weiteres ersichtlich, diese Experimente noch mehr als jene von Webster und Clow den oben zitierten Versuchen von Magrassi mit Herpesvirus. In der Deutung gehen dagegen die Meinungen auseinander. Magrassi nimmt an, daß eine rasch erwachende Hirnimmunität der Virusmehrung ein vorzeitiges Ende setzt, und konnte diese Auffassung durch die Feststellung begründen, daß die corneal geimpften Kaninchen schon nach 4 Tagen gegen die intracerebrale Inoculation mit großen Virusdosen refraktär sind. A. B. Sabin und seine Mitarbeiter stellen sich dagegen vor, *daß sich mit dem Altern der Tiere eine Schranke im Gehirne bildet,* welche die weitere Ausbreitung des Virus hindert. Da man das Virus auch bei alten Mäusen nach intranasalen

Instillationen im vorderen Rhinencephalon nachweisen kann, nicht oder nur selten dagegen im übrigen Gehirn, wird die hypothetische Barriere für das vom Olfactorius herankommende Virus an die Grenzen des Rhinencephalons verlegt.

Eine rasch entstehende Immunität als Ursache der — weniger quantitativ als räumlich — beschränkten Virusproliferation wollen SABIN und OLITSKY (*2*) nicht zugeben. Wohl werden die intranasal infizierten und äußerlich gesund bleibenden Mäuse gegen intracerebrale Infektionen immun; sie sind es aber noch nicht am zweiten Tag, zu einer Zeit, wo die Ausbreitung des Virus vom Rinencephalon auf das übrige Gehirn stattfinden sollte. Selbstverständlich tangieren die Versuchsresultate von SABIN und OLITSKY in keiner Weise die Richtigkeit der auf zahlreiche und exakte Experimente basierten Angaben von FL. MAGRASSI; handelt es sich doch um verschiedene Versuchstiere, verschiedene Virusarten und verschiedene Übertragungsmodi, so daß ein Vergleich a limine abgewiesen werden müßte.

Die Idee, daß anatomisch präformierte Schranken die zentripetale Wanderung pathogener Agenzien in nervösen Bahnen hemmen können, begegnet uns schon in der Lehre vom Entstehungsmechanismus des lokalen Tetanus. Nach H. HORST-MEYER und RANSOM soll das Tetanustoxin nur in motorischen Nerven den Vorderhörnern des Rückenmarks zugeleitet werden, während es in sensibler Bahn durch die eingeschalteten Ganglien zurückgehalten wird. Die Virusarten sind aber vermehrungsfähige Agenzien und schreiten über Ganglien und über Synapsen hinweg. Es bleibt daher vorerst fraglich, was man sich unter den von SABIN und OLITSKY supponierten Virusschranken zu denken hat. Dies um so mehr, als solche Schranken jungen Tieren fehlen sollen und als ihre Existenz bei alten Tieren nicht nur innerhalb der nervösen Zentren, sondern auch an verschiedenen Orten der Peripherie angenommen wird.

So z. B. zeigen alte und junge Mäuse auch ein differentes Verhalten, wenn man das Virus der Vesicularstomatitis in die Muskulatur einer Hinterextremität oder in den Glaskörper eines Auges injiziert. Die alten Mäuse sollen ihre Resistenz gegen intramuskuläre Injektionen einer Schranke verdanken, welche im Muskel selbst oder in der neuromuskulären Verbindung lokalisiert ist, und die Resistenz gegen die Impfung in das Corpus vitreum wird gleichfalls auf eine periphere Barriere bezogen, da man in diesem Fall im Gehirn kein Virus findet, während bei jungen Mäusen nicht nur Virus nachweisbar ist, sondern auch histologische Läsionen, welche den Weg über den Opticus und die Decussation in das kontralaterale Diencephalon und Mesencephalon markieren.

Der weitere experimentelle Ausbau der Hypothese von den Virusschranken ergab eine Reihe von Komplikationen, welche SABIN und OLITSKY nötigten, zu neuen Hilfsannahmen Zuflucht zu nehmen, auf die hier nur kurz eingegangen werden kann.

Wenn man das Virus der equinen Encephalomyelitis („eastern strains") jungen Mäusen in die Muskulatur einer hinteren Extremität injiziert, soll es — nach den Angaben von SABIN und OLITSKY (*8*, *9*) — nur in 5% der Versuche auf dem Wege der regionären Nerven zu den Zentren gelangen; in der Regel tritt es in die Blutzirkulation über, wird auf der Nasenschleimhaut ausgeschieden und benutzt dann den Olfactorius als zentripetale Passage. Wird die Nasenschleimhaut chemisch blockiert, so bleibt ein Teil der Mäuse frei; diejenigen Tiere aber, welche trotz der chemischen Blockade eingehen, zeigen im Rückenmark, in der Medulla und im Gehirn histologische Veränderungen, welche den Schluß gestatten, daß der Abtransport auf anderen nervösen Wegen oder Umwegen erfolgte, sei es, daß der sonst eher gemiedene regionäre Nerv nun doch herhalten mußte, oder daß das Virus eine ganz ungewöhnliche Bahn, z. B. die Hörnerven, eingeschlagen hat. Die Empfindlichkeit der Mäuse gegen intramuskuläre Injektionen nimmt mit dem Alter rasch ab, so daß im Alter von 3 Monaten schon 95% der Tiere refraktär sind. Diese Alters-resistenz soll darauf beruhen, daß das Virus nicht mehr in die Blutbahn einzudringen vermag, und daß somit eine der Voraussetzungen für den Erfolg intramuskulärer Infektionen nicht erfüllt ist; in diesem Sinne wird auch geltend gemacht, daß sich die Empfänglichkeit gegen intracerebrale und intranasale Übertragungen mit dem Alter nicht ändert. Diese Sachlage veranlaßt SABIN und OLITSKY, die Entstehung einer Schranke *in die alternde Gefäßwand* zu verlegen.

Wie durch das Alter kann die Existenz von Schranken, welche die Invasion des Zentralnervensystems durch neurotrope Virusarten verhindern, nach SABIN und OLITSKY (*5*, *8*) auch durch die *Artzugehörigkeit des Wirtes* bedingt sein. Periphere Inoculationen mit dem Virus der Vesicularstomatitis bewirken z. B. bei jungen Mäusen konstant eine Myeloencephalitis, aber nicht bei jungen Meerschweinchen; wohl aber reagieren beide auf die intracerebrale Impfung kleinster Dosen mit einer letal ablaufenden Infektion. Das peripher z. B. in die Muskeln injizierte Virus vermehrt sich bei jungen Meerschweinchen nachweislich an Ort und Stelle; wenn es trotzdem nicht zum Rückenmark vordringt, kann dies nach SABIN und OLITSKY nur daran liegen, daß es von den terminalen Nervenendigungen nicht aufgenommen wird, daß diese also als Hindernis fungieren. Im Ischiadicus selbst bzw. in den Spinalnerven kann die Schranke nach der Ansicht der genannten Autoren nicht liegen, weil intraneurale Injektionen in den N. ischiadicus eine tödliche aszendierende Myelitis hervorrufen (vgl. hierzu S. 724). Die Schranken, welche sich bei der Maus erst im Alter entwickeln, besitzt das Meerschweinchen von Haus aus [SABIN und OLITSKY (*5*), l. c., S. 249]. Auch die Tatsache, daß der Herpes corneae beim Kaninchen zur Encephalitis führt, beim Menschen dagegen nicht, wird auf solche artbedingte Schranken zurückgeführt.

Die hypothetischen Schranken können somit überall sitzen, im Zentralnervensystem selbst, in terminalen Nervenendigungen, in Synapsen der Neuronen, in der Wand von Blutgefäßen, sie können bei alten Tieren einer Spezies vorhanden sein, bei jungen fehlen, sie können bei einer Wirtsart dem Zentralnervensystem einen sicheren Schutz verleihen, während bei einer anderen die verhängnisvolle Bahn offensteht, sie sind von Virusart zu Virusart verschieden und manifestieren sich beim gleichen Virus je nach der Art der Zufuhr in der mannigfaltigsten Weise. Was bleibt vom Begriff der Schranke nach dieser Ausdehnung seines Umfanges noch als konkreter Inhalt zurück? Kaum mehr als die Erkenntnis, daß die nervöse Zuleitung neurotroper Virusarten zum Gehirn und Rückenmark und ihre Ausbreitung in diesen Organen gewissen, vom Wirt, von der Virusart und vom Übertragungsmodus abhängigen Gesetzmäßigkeiten unterworfen ist, Gesetzmäßigkeiten, die übrigens in der Mehrzahl der Fälle von Ausnahmen durchbrochen werden, wofür gerade die experimentellen Ergebnisse von SABIN und OLITSKY sehr zahlreiche Beispiele liefern. *Die „Schranke" ist bloß ein figürlicher Ausdruck dafür, daß wir den Grund nicht anzugeben vermögen, warum die Infektion einmal an diesem, einmal an jenem Punkte haltmacht und warum sie in anderen Fällen das ganze Nervensystem überzieht;* daß wir eine Reihe von Faktoren nennen können — speziell auch dank der verdienstvollen und ausgedehnten Untersuchungen von SABIN und OLITSKY —, ändert nichts an der Einsicht, daß es sich doch noch immer um eine *deskriptive Phänologie der Ausbreitung neurotroper Virusarten in empfänglichen Wirten* handelt und daß die kausale Durchleuchtung der Probleme noch ebensowenig vorgeschritten ist wie auf dem Gebiete des „Eindringens und Fortschreitens" anderer infektiöser Agenzien, welche die Nervenbahnen nicht oder nur gelegentlich benutzen.

Der Staphylokokkenfurunkel bleibt begrenzt, die Kokken zeigen wenig Neigung, ins Blut überzutreten, setzen aber, wenn es zur Staphylokokkämie kommt, in der

Regel Metastasen. Die Streptokokkenphlegmone stellt in allen Stücken das Gegenteil dar. Man wird aber diesen Sachverhalt nicht so erklären wollen, daß in den Geweben des menschlichen Organismus Schranken bestehen, welche nur von Streptokokken, aber nicht von Staphylokokken durchwachsen werden können, und daß umgekehrt die Gefäßwände eine Barriere für im Blute kreisende Streptokokken bilden, nicht aber für zirkulierende Staphylokokken.

Wer sich die kritische Einstellung wahren will, muß sich ferner stets vor Augen halten, daß der Sitz der anatomischen Läsionen in den Zentren kein absolut zuverlässiger Indikator einer Zuleitung auf nervöser Schiene bzw. auf einer bestimmten nervösen Schiene ist. Es wurde dies bereits betont und wird hier nochmals wiederholt, weil gerade in der Beweisführung von SABIN und OLITSKY die histologischen Befunde im Gehirn und Rückenmark einen dominierenden Platz einnehmen. Meist wird dabei explizite oder stillschweigend die Vorstellung einer „*keimdichten bzw. virusdichten Blut-Hirn-Schranke*" zugrunde gelegt, die aber mit den Tatsachen nicht übereinstimmt, zumindest nicht in der Form, in welcher sie geltend gemacht wird.

DOERR und SEIDENBERG (*3*) haben gezeigt, daß sich das Dysenterietoxin (das Gift der SHIGA-KRUSEschen Dysenteriebacillen) beim Kaninchen ganz unabhängig von der Art seiner Zufuhr im Coecum und im Rückenmark (Hals- und Lendenanschwellung) pathogen auswirkt. Es ist ausnahmslos der Blutweg, auf welchem das Gift die motorischen Apparate des Rückenmarks erreicht; die „Blut-Hirn-Schranke" vermag diesen Übertritt nicht zu verhindern. Ein Auf- oder Absteigen des Giftes im Rückenmark, das durch das Übergreifen der Lähmungen von den hinteren auf die vorderen Extremitäten oder umgekehrt vorgetäuscht werden könnte, kommt nicht in Frage, und selbst die Lähmungen, die nach Injektionen in einen Ischiadicus auftreten können, werden nachweislich durch die hämatogene Ausbreitung des Toxins vermittelt. Genau so verhalten sich gewisse Stämme von Herpesvirus (E. KOPPISCH, DOERR und HALLAUER); auch sie erzeugen, wenn sie intravenös injiziert werden, primäre, meist in der Lendenanschwellung lokalisierte Myelitiden, welche sich klinisch durch Paraplegien der hinteren Extremitäten manifestieren. Ein Umweg über periphere Nerven war nicht anzunehmen, da die primäre Lokalisation im Lumbalmark auch nach intracerebralen Injektionen beobachtet werden konnte (DOERR und HALLAUER).

DOERR und HALLAUER weisen ferner darauf hin, daß man nach älteren Angaben (GILBERT und LION, THOINOT und MASSELIN, LEBON) auch durch intravenöse Injektion von Staphylokokken Lähmungen der hinteren Extremitäten bei Kaninchen erzielen kann; THOINOT und MASSELIN konstatierten bei solchen Tieren nicht nur histologische Veränderungen im Rückenmark, sondern vermochten in den geschädigten Partien auch die injizierten Keime nachzuweisen. Ohne diese Arbeiten zu kennen, haben in letzter Zeit M. L. SMITH und J. FORSSMAN die in denselben verzeichneten Ergebnisse bestätigt.

Hält man diese Tatsachen gegeneinander, so erkennt man zunächst, daß die Eigenart des pathogenen Agens für die Lokalisation im Zentralnervensystem nicht immer maßgebend zu sein braucht. Einem banalen Eitererreger wird man wohl keine hochspezifizierte Affinität zu den Vorderhörnern des Lendenmarkes zuschreiben wollen. Es ist wahrscheinlicher, daß die besondere Beschaffenheit des Lendenmarkes der Kaninchen den gemeinsamen Angriffspunkt so heterogener Noxen bestimmt. Zweitens wird es klar, daß die Verteilung der histologischen Läsionen keinen sicheren Schluß auf die Art der Zufuhr pathogener Agenzien erlaubt, möge es sich nun um Gifte, um Bakterien oder um Virusarten handeln. Drittens wird man davor gewarnt, den Satz von der Impermeabilität der Blut-Hirn-Schranken unkritisch anzuwenden; die Staphylokokken haben einen Durchmesser von 1000 mμ, sind also im Vergleich zu den größten Viruselementen riesige Gebilde.

II. Rückläufiger (zentrifugaler) Transport neurotroper Virusarten aus dem infizierten Zentralnervensystem in periphere Nerven und zu peripheren „Erfolgsorganen" (neurogene Metastasen).

Vorgeschichte.

Im Jahre 1882 teilten PASTEUR, CHAMBERLAND, ROUX und THUILLIER in der Pariser Akademie der Wissenschaften mit, daß sie durch die Verimpfung des N. ischiadicus sowie des N. vagus eines tollwütigen Hundes Lyssa zu erzeugen vermochten; der N. vagus kam als zentripetal leitender Nerv sicher nicht in Betracht. 1888 veröffentlichte E. ROUX Untersuchungen über die Infektiosität der Nerven von Menschen, die nach Bißverletzungen einer oberen Extremität an Lyssa gestorben waren; das rabische Virus fand sich nicht nur in den Nerven der gebissenen, sondern auch in den Nerven der kontralateralen Extremität. E. ROUX faßte auf Grund dieses Tatbestandes zwei Möglichkeiten ins Auge, nämlich 1. daß *alle* Virusbefunde in peripheren Nerven auf einer *zentrifugalen* Infektion beruhen, die vom primär infizierten Zentralnervensystem ausgeht, oder 2. daß in den der Eintrittspforte zugeordneten (regionären) Nerven eine *zentripetale* Zuleitung erfolgt und daß die Nerven, welche mit der Eintrittspforte in keiner topographischen Beziehung stehen, *zentrifugal* infiziert werden, wobei sich als notwendiges Bindeglied die Durchwucherung der nervösen Zentralorgane einschalten würde. Beiden Konzeptionen könnte ein und derselbe Tatbestand entsprechen: *der Nachweis des Virus in Nerven, welche keine Beziehungen zur Eintrittspforte haben.* Es ist jedoch klar, daß sich die beiden Fälle durch sinngemäße Berücksichtigung des Zeitfaktors auseinanderhalten lassen; im zweiten Falle müßte das Virus zuerst im regionären Nerven, dann in den Zentralorganen und schließlich in verschiedenen anderen Nerven auftreten.

Ob sich diese Reihenfolge im Experiment feststellen läßt, wurde zunächst nicht untersucht. Dagegen wurden Fälle beschrieben, in denen das Virus nur in den Nerven des gebissenen Armes, nicht aber in jenen des kontralateralen nachweisbar war (E. ROUX), wie auch anderseits das umgekehrte Verhalten von HÖGYES festgestellt werden konnte. Sowohl ROUX als HÖGYES legten sich diese asymmetrischen Virusverteilungen so zurecht, daß bei akutem Krankheitsverlauf die zur zentrifugalen Ausbreitung erforderliche Zeit fehlt, während eine genügend lange Dauer des Prozesses die Folge haben kann, daß das Virus aus den zentripetal leitenden regionären Nerven wieder verschwindet, während es in den später infizierten kontralateralen noch anzutreffen ist. Dem kontralateralen Nerven wurde von ROUX und von HÖGYES eine Sonderstellung zuerkannt, weil es am natürlichsten schien, bei einer Bißverletzung an einer Extremität, z. B. an einer Hand, die Bahn „gleichseitiger Armnerv—Cervicalanschwellung—kontralateraler Armnerv" als eine einzige Wegstrecke zu betrachten — falls eben das Virus in doppelter Richtung zu wandern vermag. ROUX und HÖGYES haben indes andere Nerven gar nicht auf ihren Virusgehalt geprüft, und es bestand daher die Möglichkeit, daß der Virusnachweis zwar im supponierten Leitnerven oder im gleichnamigen Nerven der Gegenseite mißglückte, daß sich aber verschiedene andere Nervenstämme als infektiös erwiesen hätten.

Von älteren Arbeiten seien ferner aus methodologischen Gründen die Experimente von G. FERRÉ und von E. BERTARELLI erwähnt.

G. FERRÉ impfte Kaninchen intracerebral mit Lyssavirus (Passagevirus) und fand, daß die untere Partie des 4. Ventrikels (Gegend der Vaguskerne) zwischen der Mitte des 4. und dem Beginne des 5. Tages Virus in nachweisbarer Menge enthielt. Der N. vagus (unmittelbar nach seinem Austritt aus dem Schädel entnommen) erwies sich am 3. und 6. Tag nach der Impfung als nicht infektiös; erst am 9. Tag ergab die Verimpfung seiner Substanz auf ein Kaninchen ein positives Resultat, d. h. das Tier verendete nach der für Virus fixe ungewöhnlich langen Inkubation von 15 Tagen an paralytischer Wut. Noch weit längere Inkubationen (30, 50, ja 94 Tage) hatten auch PASTEUR und seine Mitarbeiter sowie E. ROUX nach Verimpfungen virushaltiger Nerven beobachtet und auf den Umstand bezogen, daß die Viruskonzentration im Nerven nur gering bleibt und nicht annähernd jene Grade erreicht, die sich im Gehirn und Rückenmark nachweisen lassen. Dafür sprach auch die Beobachtung von PASTEUR, daß die Übertragung verschiedener Teilstrecken eines und desselben Nerven (des N. vagus) zum Teil positive, zum Teil negative Resultate liefern kann.

E. BERTARELLI gab an, daß die Glandula submaxillaris beim Hund frei von Lyssavirus bleibt, wenn man sie unter Erhaltung der Blutversorgung entnervt; werden dagegen die Gefäße unterbunden und die Nerven geschont, so soll die Drüse infektiös werden. BERTARELLI sah darin den Beweis, daß die Submaxillaris des Hundes nur auf nervöser Bahn (Facialis—Chorda tympani—Ganglion submaxillare — sekretorische Fasern der Drüse) vom Gehirn aus infiziert werden kann; wichtig und neu war in seinen Versuchen die Absicht, die zentrifugale Virusbewegung durch präventive Unterbrechung eines bestimmten Nervenweges sicherzustellen (siehe S. 741).

Neuere experimentelle Untersuchungen über zentrifugale Virusausbreitung in nervösen Bahnen.

BERTARELLI konnte in der eben zitierten Arbeit (1904) schreiben: „Ebenso ist es wohlbekannt, daß das Virus“ (scil. der Lyssa) „von den Zentren wieder hinabsteigen kann und dabei die Nervenäste infiziert, die, wenn auch nicht immer, so doch sehr häufig, aktiv und virulent angetroffen werden.“ Besondere Beachtung hat man dieser Behauptung nicht geschenkt. In der Lyssamonographie von KRAUS, GERLACH und SCHWEINBURG wird die zentrifugale Viruswanderung überhaupt nicht erwähnt, und JOS. KOCH (1930) lehnt die Experimente von BERTARELLI ab, weil man Lyssavirus gelegentlich auch im Pankreas, in den Nebennieren usw. findet, und es „eine mehr als naive Vorstellung“ wäre anzunehmen, daß die Infektion aller dieser Drüsen durch Vermittlung der Nerven zustande kommt. JOS. KOCH war überzeugt, daß das Lyssavirus an alle Orte, wo es nachweisbar ist, durch den Blutstrom hingebracht wird, daß es sich dort vermehrt, wo sein spezifischer Nährboden, d. h. irgendeine Art von nervösem Gewebe, vorhanden ist und daß sämtliche Fundstätten (Zentralnervensystem, periphere Nerven, nervenreiche Drüsen) *gleichzeitig* infiziert werden.

Die Überleitung der herpetischen Infektion vom geimpften auf das kontralaterale Auge.

Erst durch die rapide Entwicklung der experimentellen Herpesforschung erhielt das angeschnittene Problem neue Impulse.

Den Ausgangspunkt bildete hier wohl die Beobachtung, daß sich bei Kaninchen, welche einseitig *corneal* oder *intraocular* mit Herpesvirus infiziert wurden, gelegentlich eine herpetische Entzündung der *kontralateralen* Hornhaut entwickelt, welche das klinische Bild der Keratitis dendritica des Menschen zeigt (MARIANI, BRUNI, A. v. SZILY). Natürlich konnte es sich in diesen Fällen auch um hämatogene Metastasen handeln; DOERR und SCHNABEL hatten schon 1921 berichtet, daß die herpetische Keratoconjunctivitis auch nach *intravenösen Virusinjektionen* völlig spontan auftreten kann, d. h. ohne daß ein provozierendes Trauma an dem betroffenen Auge vorausgegangen wäre. Wenn man trotz dieser

Bedenken daran dachte, daß das Herpesvirus auf nervösen Kommunikationen vom infizierten zum spontan erkrankenden kontralateralen Auge gelangt, war hierfür die Tatsache maßgebend, daß man durch corneale oder intraoculare Impfungen eine Encephalitis erzeugen kann und daß das Herpesvirus in diesem Falle den Nervenweg benutzt, um vom Auge aus das Gehirn zu erreichen. Der zentripetale Schenkel des Wanderungsbogens und die zentrale Umschaltungsstelle waren somit potentiell bereits sichergestellt. Auch lagen vereinzelte Angaben vor, daß eine herpetische Keratoconjunctivitis ausnahmsweise auch bei subdural (cerebral) infizierten Kaninchen auftreten kann (BLANC und CAMINOPETROS, BRUNI). Sicherheit war aber nur durch den Virusnachweis in der Bahn und bis zu einem gewissen Grade auch durch die anatomischen Auswirkungen, die Wegspuren, zu gewinnen.

Mögliche Bahnen für die rückläufige Infektion des kontralateralen Auges.

Nun hat man Spontankeratitis am nichtgeimpften Auge sowohl nach einseitig cornealen als auch nach einseitig intraocularen Impfungen mit Herpesvirus beobachtet. Die in Betracht kommenden Bahnen sind aber für diese beiden Übertragungsarten total verschieden.

a) Die Trigeminusbahn.

Nach einer einseitig cornealen Impfung führt der aufsteigende Ast des Viruspfades über den Trigeminus bis zum absteigenden (sensiblen) Kern dieses Nerven in der Medulla. Es bestand die Meinung, daß die Ausbreitung im Gehirne diffus, ohne Bevorzugung einer bestimmten Richtung erfolge, sobald einmal die Etappe des gleichseitigen Trigeminuskernes erreicht ist [DA FANO, GOODPASTURE und TEAGUE, H. PETTE (*1*) u. a.]; sodann fehlten auch alle Anhaltspunkte für eine zur aufsteigenden symmetrische deszendierende Virusbewegung, welche die Spontankeratitis auf dem nicht geimpften Auge erklärt hätte.

Diese Lücke wurde zum Teil durch E. KOPPISCH (*2*) ausgefüllt, welcher zeigen konnte, daß das Herpesvirus nach einseitig cornealer Impfung auch im *kontralateralen* Trigeminuskern und im *kontralateralen* Ganglion Gasseri erscheint, u. zw. später als im gleichseitigen Trigeminuskern. Der kontralaterale Trigeminuskern erwies sich *immer* als virushaltig, das kontralaterale Ganglion Gasseri dagegen nur *ausnahmsweise*, woraus hervorzugehen scheint, daß zwischen den beiden Schenkeln des Leitungsbogens eine auffällige Differenz bestand; die zentripetale Wanderung von der Cornea zum Gehirn erfolgte bei dem verwendeten Herpesstamm in jedem Falle, die zentrifugale Abwanderung vom kontralateralen Trigeminuskern in das kontralaterale Ganglion Gasseri dagegen nur in einem kleinen Prozentsatz der Einzelversuche. Man versteht so vorerst die Seltenheit der kontralateralen Augenerkrankungen, speziell wenn man annimmt, daß auch die Wanderung vom kontralateralen Ganglion Gasseri bis zum zugehörigen Bulbus in ähnlicher Weise gehemmt ist; dann erhält man aber auch den Eindruck, *daß für die zentripetale und die zentrifugale Virusausbreitung andere Faktoren maßgebend sein dürften.*

Der Einwand, daß die Keratitis auf dem nichtgeimpften Auge nicht durch nervöse Überleitung zustande kam, weil die Kaninchen in diesen Fällen keine Symptome von Encephalitis darboten, ist nicht stichhaltig. FL. MAGRASSI (*2*) konnte den Beweis erbringen, daß auch die sog. „nichtencephalitogenen“ Herpesstämme von der Cornea aus bis in das Gehirn vordringen, und man kann daher die Möglichkeit nicht ausschließen, daß die zwischen den zentripetalen und den zentrifugalen Schenkel eingeschaltete Passage durch die Medulla bzw. das Großhirn latent abläuft.

b) Die Opticusbahn.

Nach *Einspritzungen virushaltiger Emulsionen in das Augeninnere* führt dagegen der Weg, falls keine komplizierende Infektion der Cornea oder der Bindehaut stattgefunden hat, über den *Opticus*, und hier steht eine kürzere und, wie man sich wohl eingestehen muß, wahrscheinlichere Bahn zum kontralateralen Auge zur Verfügung: *das Chiasma.* Virus und histologische Wegspuren im Opticus der geimpften Seite waren bereits von LEVADITI, HARVIER und NICOLAU, MARIANI, GAVIATI, GOODPASTURE und TEAGUE festgestellt worden; die Untersuchung des Restes der Überleitungsbahn (Chiasma—kontralateraler Opticus—kontralateraler Bulbus) war technisch an die Bedingung geknüpft, daß die Erkrankung des nichtgeimpften Auges den Charakter eines äußerst seltenen Zufalls verlor und durch eine besondere Variante der Versuchsanordnung willkürlich oder doch wenigstens häufiger erzielt werden konnte.

Der Ophthalmologe A. v. SZILY befriedigte diese Forderung durch seine *Methode der Taschenimpfung* annäherungsweise. In der oberen Hälfte der rechten Cornea wurde ein linearer, 6 mm langer Schnitt angelegt; sodann ging SZILY mit einem Irisspatel ein und löste die Iriswurzel samt dem Ciliarkörper in breiter Ausdehnung von der Sclera ab; in diese Tasche brachte er virushaltige Gewebspartikel von der Hornhaut eines corneal geimpften Kaninchens. Auf dem geimpften Auge stellte sich eine schwere plastische Uveitis ein, die in der Regel durch eine intensive Keratoconjunctivitis kompliziert war. Die Kaninchen zeigten *keine encephalitischen Symptome* (siehe S. 763). In manchen Fällen trat aber auf dem nichtgeimpften Auge ebenfalls eine Iridocyclitis auf, u. zw. ziemlich regelmäßig nach einer Inkubation von 14 Tagen. Die histologischen Wegspuren führten durch den Opticus der geimpften Seite über das Chiasma in den anderen Opticus; das sukzessive Auftreten des Virus an den aufeinanderfolgenden Punkten der Bahn wurde nicht festgestellt.

Die Ergebnisse A. v. SZILYS wurden später von GIFFORD und LUCIE bestätigt, jedoch mit der Einschränkung, daß die kontralaterale Uveitis nach der Taschenimpfung nur selten auftritt (6mal in 216 Experimenten!); daß man hier noch immer in solchem Ausmaße dem Zufall ausgeliefert ist, mußte naturgemäß von dem weiteren Studium dieser an sich so interessanten Tatsachen abschrecken. Zweifellos besteht jedoch die Aussicht auf neue Resultate. So haben z. B. GIFFORD und LUCIE bei 20 Kaninchen Herpesvirus direkt in die Gegend des Chiasma injiziert und bei einem der Tiere die erwartete *bilaterale Iridocyclitis* erzielt.

Zentrifugale Viruswanderungen als Ursache der an bestimmte Orte gebundenen Herpesrezidive.

Auch sonst bestanden manche, wenn auch weniger eindeutige Anhaltspunkte für zentrifugale Wanderungen des Herpesvirus in zentrifugalen Bahnen, wie z. B. die Beobachtung, daß der Herpes simplex beim Menschen zuweilen nur an einer ganz bestimmten und atypischen Stelle der Haut (z. B. am Daumenballen) wiederholt rezidiviert. POINCLOUX, TEISSIER, GASTINEL und REILLY und andere Autoren vertraten die Ansicht, daß das Virus in solchen Fällen in gewissen Partien des Nervensystems, speziell in den Spinalganglien, deponiert sein könnte, um von Zeit zu Zeit auf „ausgefahrener Bahn" in die Peripherie auszuschwärmen. Damit stünde die Erfahrung von CUSHING in Einklang, daß der Herpes labialis beim Menschen nach Exstirpation des Ganglion Gasseri selten ist und daß er nach Durchschneidung eines Trigeminusastes häufiger entweder auf der entgegengesetzten Seite oder im Bereiche der intakten Äste auftritt. Doch soll das Kapitel des rezidivierenden und provozierten Herpes hier nicht diskutiert werden, da die Diskussion später andere und für das Thema der zentrifugalen Viruswanderung belanglose Richtungen einschlug (vgl. hierzu DOERR, dieses Handbuch, 1. Teil, S. 41ff.).

Der Begriff der Septineurie (Septineuritis).

Als P. POINCLOUX 1923 den Begriff der „*Septineurie*" formulierte, ging er von den zu jener Zeit bekannten Tatsachen über die Verbreitung des Herpesvirus im Nervensystem der Versuchstiere, speziell des Kaninchens, aus. „Septineurie" — in der Folge von S. NICOLAU in „Septineuritis" abgeändert — war dem Worte „Septikämie" nachgebildet und sollte besagen, daß sich das Herpesvirus in allen Teilen des Nervensystems und nach beliebiger Richtung fortzupflanzen vermag. 1929 erfolgte — entsprechend den inzwischen erzielten Fortschritten — die Erweiterung der Definition der „Septineuritis" durch NICOLAU, O. NICOLAU-DIMANESCU und GALLOWAY; es sollte nunmehr darunter die Generalisation und die pathologisch-anatomische Auswirkung der neurotropen Virusarten im gesamten Nervensystem verstanden werden, also ein Komplex von Phänomenen, die schon vor der Einführung der „Septineuritis" in die medizinische Terminologie bekannt waren. Im internationalen Schrifttum vermochte sich der Ausdruck nicht einzubürgern.

S. NICOLAU hat sich jedoch durch wichtige experimentelle Beiträge zu dem Problem der zentrifugalen Ausbreitung neurotroper Virusarten verdient gemacht, und darauf soll nun zunächst näher eingegangen werden.

Der experimentelle Ausbau der Lehre von der zentrifugalen Ausbreitung neurotroper Virusarten.

a) Der Nachweis von Virus und von histologischen Veränderungen in zentrifugal infizierten Nerven.

S. NICOLAU und seine Mitarbeiter begnügten sich in ihren ersten Arbeiten damit, geeignete Versuchstiere mit verschiedenen neurotropen Virusarten (Herpesvirus, Poliomyelitisvirus, Virus der BORNAschen Krankheit, Neurovaccine, Straßenvirus und Virus fixe der Lyssa) teils subdural, teils peripher (subcutan, corneal, intraneural) zu infizieren und verschiedene *periphere Nerven* nach dem Tode der Tiere a) *auf ihre Infektiosität* und b) *histologisch auf das Vorhandensein pathologischer Veränderungen* zu untersuchen. Der Virusnachweis gelang in Übereinstimmung mit früheren Beobachtungen in größeren Nervenstämmen (Ischiadicus, Brachialis), in manchen Versuchen auffallend lange nach der Infektion (z. B. im Ischiadicus und Brachialis eines mit BORNA-Virus cerebral geimpften Affen, der erst nach 68 Tagen eingegangen war).

Die Ergebnisse waren — was ebenfalls auf Grund älterer Angaben zu erwarten war — *keineswegs konstant, und es verhielten sich auch nicht alle Virusarten in dieser Beziehung gleich.* Bei Tieren, welche mit Bornavirus und ganz besonders mit Straßenvirus geimpft worden waren, erzielten S. NICOLAU und seine Mitarbeiter stets positive Befunde, und bei mit Straßenvirus cerebral infizierten Kaninchen erwiesen sich nicht nur größere Nervenstämme, sondern auch feinere Hautnerven als virushaltig. Nach cerebralen Impfungen mit Herpesvirus, Poliomyelitisvirus und Virus fixe lieferte selbst die Verimpfung größerer Nervenstämme in der weitaus überwiegenden Mehrzahl der Versuche *negative* Resultate.

Die histologischen Veränderungen in den peripheren Nerven bestanden in *interstitiellen und perivasculären Infiltraten.* Sie waren nach Intensität und Verteilung ebenfalls sehr variabel und zeigten keinen Parallelismus zu den Virusbefunden; es konnten sowohl deutliche mikroskopische Läsionen ohne nachweisbares Virus (bei herpetischen Infektionen) als auch umgekehrt fehlende oder nur angedeutete Veränderungen bei konstant positivem Virusbefund (cerebrale Infektionen mit Straßenvirus) festgestellt werden. Es taucht somit bei diesen „deszendierenden Neuritiden" abermals die Frage auf, die uns schon bei dem Studium der aszendierenden (zentripetalen) Virusleitung beschäftigte (siehe S. 736ff.), *ob nämlich das Vorhandensein histologischer Veränderungen in den Nerven als Beweis für eine Infektion, d. h. für eine Virusvermehrung am Sitze der Läsionen anzusehen ist.*

b) Auftreten von Einschlußkörperchen in zentrifugal infizierten Nerven und Cornealepithelien.

Bei Kaninchen, die mit Bornavirus infiziert worden waren, fanden S. NICOLAU und seine Mitarbeiter die von JOEST und DEGEN beschriebenen oxyphilen, intranuclearen Einschlüsse an allen Stellen, an welchen Ganglienzellen vorhanden sind, im Ganglion plexiforme und im Ganglion solare, im Plexus aorticus, in den Ganglienzellen verschiedener Drüsen, in den gangliösen Formationen der Magen- und Darmwand usw. Diese ubiquitäre Ausbreitung spricht indes eher *gegen eine nervöse Zuleitung und für eine hämatogene Generalisation des Agens.* Außerdem ist das Verhältnis der acidophilen Kerneinschlüsse zu den Viruselementen noch immer nicht völlig aufgeklärt und ihre Auffassung als „Virusaggregate" („intranucleare Viruskolonien") eine umstrittene Hypothese [G. M. FINDLAY (*2*)].

Diesen Einwand kann man auch gegen den Befund von NEGRIschen Körperchen in den Cornealepithelien von Kaninchen erheben, welche in irgendeiner Weise mit dem Straßenvirus der Lyssa infiziert wurden (C. LEVADITI und R. SCHÖN); impft man einseitig corneal, so treten die Negrikörperchen nicht nur in der geimpften, sondern auch in der ungeimpften Cornea auf, und LEVADITI und SCHÖN nehmen daher hier wie bei anderen Übertragungsarten einen zentrifugalen Virustransport vom Gehirn an, der über den Ramus ophthalmicus des Trigeminus zu den Hornhautzellen führt. Das Auftreten von Negrikörperchen in den Cornealepithelien konnte jedoch nur bei Kaninchen und einmal bei einer Maus, nicht aber bei anderen, für Lyssa empfänglichen Tierspezies (Meerschweinchen, Hunden, Katzen, Affen) beobachtet werden. Ferner bestand beim Kaninchen keine gesetzmäßige Beziehung zwischen dem Virusgehalt der Cornea und dem Vorhandensein der Zelleinschlüsse; es kam vor, daß die Hornhautepithelien keine Einschlüsse zeigten, obwohl im Cornealgewebe Virus nachgewiesen werden konnte, und umgekehrt, ja manche Stämme von Straßenvirus ergaben überhaupt keine Negrikörperchen (weder in der geimpften noch in der kontralateralen Hornhaut), wohl aber einen bedeutenden Prozentsatz positiver Virusbefunde auf beiden Seiten (16,6—33,3%). Zweifel erscheinen somit auch hier begründet.

c) Verhinderung der zentrifugalen Viruswanderung durch operative Unterbrechung der nervösen Bahn.

Man muß sich also nach anderen überzeugenderen Argumenten umsehen und findet sie in den schon auf S. 741 besprochenen Experimenten von E. BERTARELLI sowie von S. NICOLAU und MATEIESCU, denen es gelang, die zentrifugale Ausbreitung des Virus in bestimmten Gebieten durch vorherige Unterbrechung der in Betracht kommenden Nervenbahn zu verhindern.

Impft man Kaninchen cerebral mit Straßenvirus und prüft man die Brachiales und Ischiadici nach abgestuften Zeitintervallen auf ihre Infektiosität (durch cerebrale Verimpfung der zerriebenen Nervenstämme auf andere Kaninchen), so findet man das Virus in den Nerven nicht vor dem 5. Tag, absolut konstant jedoch erst vom 8. Tag an. Da die Kaninchen, von welchen die Nerven stammten, bis zum 10. Tag keine rabischen Symptome zeigten, *hatte sich die Einwanderung des Virus in die bezeichneten Nervenstämme schon in der Latenz des cerebralen Infektes vollzogen* (vgl. hierzu S. 768). Merkwürdigerweise hatten die der Eintrittspforte näher liegenden Brachiales vor den Ischiadici keinen Vorsprung, ja es kam sogar vor, daß die Ischiadici schon Virus enthielten, die Brachiales noch nicht (NICOLAU und MATEIESCU).

Über die *Quantität des in den Nerven enthaltenen Virus* erlaubte die Technik von S. NICOLAU keine sichere Aussage. Doch kam es nur zwischen dem 5. und 7. Tag vor, daß von zwei mit der gleichen Nervenemulsion geimpften Kaninchen bloß eines an Lyssa erkrankte; vom 8. Tag an erkrankten und starben stets beide mit der nämlichen Emulsion geimpften Tiere, woraus man vielleicht schließen darf, daß die Viruskonzentration in den Nerven zugenommen hatte, sei es durch zentrifugalen Nachschub, sei es durch Vermehrung an Ort und Stelle. Leider ist die nicht nur theoretisch wichtige Frage nach dem quantitativen Verhalten des Virus in peripheren Nerven als Funktion der Zeit nie exakt untersucht worden, weder für die zentripetale noch für die zentrifugale Leitung.

d) Veränderungen des Virus fixe der Lyssa durch fortgesetzte Verimpfung in periphere Nerven.

Besondere Bedeutung besitzen die Mitteilungen von S. NICOLAU und KOPCIOWSKA sowie von L. KOPCIOWSKA über die Veränderungen, welche Virus fixe durch fortgesetzte Nervenpassagen erleidet. Die Versuchsanordnung bestand darin, daß ein alter Stamm von Virus fixe, welcher nicht weniger als 1493 cerebrale Kaninchenpassagen hinter sich hatte, in den *rechten* Ischiadicus eines Kaninchen geimpft wurde; nach dem Tode des Tieres wurde der *linke* Ischiadicus herausgenommen und in den rechten Ischiadicus eines zweiten Kaninchens geimpft usw. Ab und zu wurden Kaninchen mit den Emulsionen der linken Ischiadici *cerebral* infiziert und, nachdem sie an Lyssa eingegangen waren, histologisch untersucht. Es zeigte sich, daß die Fähigkeit, NEGRIsche Körperchen zu bilden, welche beim Virus fixe bekanntlich gering ist, im Laufe der „*Ischiadicuspassagen*" allmählich zunahm. Im Ammonshorn und in den Spinalganglien stieg die Zahl der Negrikörperchen auf das 50fache; die Körperchen wurden auch größer und zeigten zuweilen Innenstrukturen. Bei Hunden trat diese durch die Kaninchennervenpassage erzeugte Veränderung ebenfalls in Erscheinung.

L. KOPCIOWSKA fügte diesen Angaben noch hinzu, daß das transformierte Virus, cerebral auf Kaninchen übertragen, konstant in die peripheren Nerven (Ischiadici, Brachiales) einwandert, was beim Virus fixe sonst nur gelegentlich stattfindet. Eine vollständige Umwandlung von Virus fixe in Straßenvirus konnte auf die beschriebene Art nicht erzielt werden (L. KOPCIOWSKA). Doch hat schon die partielle Reversion prinzipielle Wichtigkeit, da sie als weiterer Beweis gelten darf, daß neurotrope Virusarten tatsächlich in peripheren Nerven wandern; sonst wäre ja das Zustandekommen der Variante nicht zu begreifen. Daß die Nervenpassage die Veränderung hervorbringt, geht übrigens auch daraus hervor, daß die Fähigkeit, reichlich Negrikörperchen zu erzeugen, rasch durch wiederholte cerebrale Kaninchenpassagen zum Schwinden gebracht werden kann (NICOLAU und KOPCIOWSKA).

Mit der Vorstellung eines rein passiven Transportes sind die von NICOLAU und KOPCIOWSKA beobachteten Veränderungen des Virus fixe kaum vereinbar. Das Wachstum (die Vermehrung) im Nerven, also in einem vom Gewebe der Zentren abweichenden lebenden Nährsubstrat, würde hingegen erklären, daß innerhalb relativ kurzer Zeiten Anpassungsvorgänge zustande kommen und stünde auch mit dem leicht reversiblen Charakter der erzielten Modifikationen (siehe oben) in Einklang.

Interesse bieten schließlich die Ausführungen von S. Nicolau über den Prozeß, der vom Straßenvirus zum Virus fixe führt. Die frühere Ansicht ging dahin, daß die lange Zeit fortgesetzte Passage durch bestimmte, unter natürlichen Verhältnissen nicht in Betracht kommende Tierspezies der wirksame Faktor sei. Nicolau weist aber darauf hin, daß das Straßenvirus bei jedem natürlichen Übertragungsakt gezwungen wird, die Wanderung in peripheren Nerven erneut durchzumachen, während das Virus fixe immer nur cerebral verimpft wird. So sei es zu erklären, daß das Virus fixe durch engere Anpassung an das künstlich unausgesetzt dargebotene Hirngewebe die Wanderungsfähigkeit in den Nerven partiell verliert, was auch in den Experimenten von Nicolau und Kopciowska in der Inkonstanz der „Septineuritis" bei cerebralen Infektionen mit Virus fixe (siehe S. 767) zum Ausdruck kam.

e) *Experimentelle Abgrenzung der neurogenen gegen hämatogene Metastasen.*

Wenn man genügend große Dosen *Vaccinevirus* in die Haut von Kaninchen injiziert, kann man in verschiedenen Geweben, namentlich auch im Hoden die Entwicklung einer Infektion feststellen, welche infolge der unterschwelligen Virusvermehrung latent, d. h. ohne anatomische Auswirkung abläuft [Fl. Magrassi (*1*)]. Es ist selbstverständlich, daß das Virus in diesem Falle *durch die Blutzirkulation* in den Hoden gelangt. P. Haber (*1*, *2*) beobachtete später ähnliche latente Hodeninfektionen bei Mäusen, welche er mit verschiedenen neurotropen Virusarten (St. Louis-Encephalitis, Louping-ill, Hühnerpest) intracerebral infiziert hatte, und suchte die Wege dieser zentrifugalen Generalisation zu bestimmen. Bei der Hühnerpest (Stamm Nieschulz) hält er den Blutweg für die einzige in Betracht kommende Bahn, weil das Virus schon nach 24 Stunden im Blute und nach 48 Stunden im Hoden erscheint. Bei den mit Encephalitisvirus cerebral geimpften Mäusen blieb dagegen das Blut dauernd virusfrei und das Hodengewebe erwies sich erst nach 6 Tagen als infektiös; daher wird eine zentrifugale Wanderung in Nervenbahnen als wahrscheinlich bezeichnet. Das Virus des Louping-ill soll nach Haber eine Mittelstellung einnehmen, da das Blut erst am 4., das Hodengewebe am 6. bis 7. Tage Virus in nachweisbarer Menge enthält; der Blutweg wäre hier ein möglicher, vielleicht sogar häufiger, aber nicht ausschließlicher Ausbreitungsmodus. Gerade aus der Existenz solcher Grenzfälle, wie sie das Virus des Louping-ill darstellt, geht jedoch hervor, daß eine sichere Entscheidung durch die von Haber benutzte Methodik nicht möglich ist. Es wäre ferner merkwürdig, wenn die Art der Zuleitung des Virus für die Latenz der Hodeninfektion irrelevant sein sollte. Der neurotrope Charakter der von Haber verwendeten Virusarten war für das Zustandekommen der latenten Hodeninfektion jedenfalls nicht maßgebend, da ja Magrassi das gleiche Resultat mit Vaccinevirus erzielt hat.

Summarisch muß festgestellt werden, daß die Phänomene der zentrifugalen Viruswanderung in nervösen Bahnen bisher nur unzulänglich studiert wurden, obzwar sie in mehrfacher Hinsicht als ein aussichtsvolles Forschungsobjekt zu bezeichnen sind. Schon der Umstand, daß *Differenzen zwischen zentripetaler und zentrifugaler Virusbewegung* zu bestehen scheinen, läßt Aufklärungen über den Mechanismus dieser Vorgänge erwarten und damit die Eroberung der Schlüsselstellung für das Verständnis des ganzen Problemkomplexes. Wenn wir ferner erfahren, daß in manchen Fällen das Extrem einer „Septineuritis", eine Generalisation des Virus in allen nervösen Strukturen — Nervensträngen wie Ganglienzellen — verwirklicht zu sein schien, taucht die Frage auf, *wie unter solchen Umständen das Leben während der Krankheit bestehen konnte*, in den letzten Phasen der Inkubation (wo die Abwanderung in die Peripherie nach Nicolau und Mateiescu bereits stattgefunden hat, siehe S. 767) sogar ohne krankhafte Abweichungen von der Norm. Eine zentrifugale Ausbreitung durch Virusvermehrung in Nervenzellen und ihren axonalen Fortsätzen ist sehr unwahrscheinlich, selbst wenn wir uns daran erinnern, daß Wirtszellen, auch wenn sie wie die Ganglienzellen hochdifferenziert sind, Parasiten in großer Zahl beherbergen können, ohne ihre Funktionen einzustellen (Leprabacillen in Ganglienzellen, Erhaltung der mitotischen Teilbarkeit von mit Rickettsien infizierten Zellen usw.). Bei manchen — nicht bei allen — Virusarten, z. B. beim Virus der equinen Encephalomyelitis, der Vesicularstomatitis, der Poliomyelitis, zum Teil auch des Herpes simplex, sollen aber Neuronophagien und neuronale Nekrosen die Wege der Ausbreitung im Zentralnervensystem bezeichnen, und wenn man die zentrifugale Wanderung mit so intensiven Schädigungen in Konnex bringen wollte, geriete man in Widerspruch mit der Beobachtung. Auch diese Betrachtung führt letzten Endes auf die Frage, wie man sich die Virusausbreitung außerhalb der nervösen Zentralorgane d. h. im peripheren Nervensystem zu denken hat.

III. Die Ausbreitung neurotroper Virusarten in den nervösen Zentralorganen (Gehirn, Rückenmark).

Allgemeine Formulierung der Probleme.

Es sind einige grundsätzliche Vorstellungen, welche die Diskussionen über das in der Überschrift bezeichnete Thema (zum Teil in gegenseitiger Konkurrenz) beherrschen. Sie lassen sich in nachstehendes Schema einordnen:

A. Die Ausbreitung erfolgt *in den Geweben der Zentralorgane* (intraparenchymatös):

1. *Wahllos ausstrahlend nach beliebiger Richtung vom Eintreffsort aus;*

2. *bestimmt durch besondere Affinitäten des Virus zu gewissen Regionen der Zentren* (den Prädilektionsstellen für Ansiedlung und Vermehrung), *aber frei von der Bindung an anatomisch präformierte Reizleitungsbahnen;*

3. *in anatomisch präformierten Leitungsbahnen oder Bahnsystemen*, ein Ausbreitungsmodus, der im englischen Schrifttum wegen der Verlegung in die Achsenzylinder der Nervenfasern als „*axonal spread*“ bezeichnet und mit Rücksicht auf die in die Bahnen eingeschalteten Synapsen als eine von Neuron zu Neuron fortschreitende Infektion aufgefaßt wird.

B. *Die Ausbreitung vollzieht sich nicht ausschließlich im Parenchym der Zentralorgane, sondern auch außerhalb derselben durch Vermittlung der Liquorströmung.*

C. *Die Leptomeningen können durch die betreffende Virusart infiziert werden und diese Virusmeningitis beteiligt sich an der Ausbreitung über die Substanz der Zentralorgane.*

Die Entscheidung, welche von diesen Möglichkeiten für eine bestimmte Virusart oder auch bloß für eine bestimmte Versuchsanordnung d. h. für einen bestimmten Übertragungsmodus tatsächlich zutrifft, wird mit den gleichen experimentellen Methoden angestrebt, die wir bereits in den Kapiteln I und II kennengelernt haben. In erster Linie kommen die Feststellung der Virusverteilung und die Anordnung der histologischen Läsionen in Betracht, sodann — in naturgemäß stark eingeschränktem Ausmaße — operative Bahnunterbrechungen und schließlich die Initialsymptome, besonders wenn sie in motorischen, leicht konstatierbaren Ausfallserscheinungen (Lähmungen) bestehen.

Es ist a priori natürlich nicht ausgeschlossen, daß sich zwei oder mehrere der genannten Ausbreitungsarten miteinander kombinieren, wodurch die Ermittlung des Sachverhaltes erschwert wird. Das erklärt jedoch nicht, warum die Auffassungen, welche sich auf ein identisches Untersuchungsobjekt bezogen, so rasch und so stark gewechselt haben. Da es nicht möglich ist, das vorliegende Material nach Virusarten, Übertragungsmodus, Wirtsspezies systematisch und erschöpfend darzustellen, sollen zunächst einige Paradigmata der Ausbreitung im Zentralnervensystem ausgewählt werden, an welchen die Entwicklung der verschiedenen Theorien und die experimentelle Begründung derselben aufgezeigt werden kann.

A. Die Ausbreitung in den Geweben der nervösen Zentralorgane.

I. Die herpetische Infektion des Zentralnervensystems bei Kaninchen und Meerschweinchen.

a) Die Ausbreitung im Gehirn.

Auf Grund der histologischen Veränderungen im Gehirn von Kaninchen, die auf verschiedene Art mit Herpesvirus infiziert worden waren, nahm C. da Fano an, daß die Vermehrung des Virus und ihre pathologische Auswirkung am Eintreffsorte einsetzt und daß die sekundäre Diffusion wahllos nach jeder beliebigen Richtung erfolgen könne.

Doerr und Schnabel, Levaditi, Harvier und Nicolau, Goodpasture und Teague, Blanc und Caminopetros, Marinescu und Draganescu, E. Zdansky, Lauda und Luger, Vegni und andere Autoren konstatierten jedoch, daß die anatomischen Läsionen bei der herpetischen Kaninchenencephalitis — unabhängig von dem jeweils angewendeten Infektionsmodus — auffallend häufig in den basalen Teilen des Mittelhirns angetroffen werden. C. Levaditi führte dies auf hochspezifizierte Affinitäten des Herpesvirus zu bestimmten Bezirken des Gehirns (den „*elektiven Zonen*") zurück, während Goodpasture und Teague meinten, daß das Virus, sobald es einmal im Zentralorgan eingetroffen ist, besonders leicht zu den Prädilektionsstellen gelangt. Warum diese Orte von jedem anderen Punkte des Gehirnes aus mit solcher Regelmäßigkeit und Geschwindigkeit erreicht werden, vermochten Goodpasture und Teague nicht zu erklären, wie sich ja auch Levaditi und seine Mitarbeiter nicht darüber aussprachen, auf welche Weise die Kommunikation zwischen dem Eintreffsort und den elektiven Zonen hergestellt wird.

An eine Wanderung in anatomisch präformierten Hirnbahnen dachten auch Goodpasture und Teague nicht, obwohl sich die zentripetale Zuleitung des Virus nach ihrer Ansicht als fortschreitende Durchwucherung der Achsenzylinder vollzog, so daß es nahelag, den analogen Mechanismus auch *innerhalb* des Zentralnervensystems zu supponieren; der Umstand, daß die Nervenfasern beim Durchtritte durch die Dura die Schwannschen Scheiden verlieren, sollte nach Goodpasture und Teague die Ursache sein, warum die Beschränkung auf die Achsenzylinder in den Zentren aufhört und durch eine unsystematische (diffuse) Virusausbreitung ersetzt wird.

An dieser Ausgangssituation hat sich in *einer* Beziehung nichts geändert. Auch jetzt noch steht der „*axonal spread*" (die von Neuron zu Neuron fortschreitende Infektion innerhalb der nervösen Zentralorgane) *nicht* zur Diskussion. Aus guten Gründen. *Die Verteilung der anatomischen Läsionen entspricht nämlich durchaus nicht immer den elektiven Zonen.* In den Versuchen von E. Zdansky waren die Herde oft diffus über die graue und die weiße Substanz verstreut und die Glia zeigte schwere Veränderungen, die zum Teil den Charakter örtlicher absceßartiger Einschmelzungen annahmen; auch sind die Meningen häufig stark beteiligt. *Zweitens aber ist die Encephalomyelitis herpetica nicht mehr die einzige Virusinfektion, für welche ein „axonal spread" in den Zentren nicht in Betracht kommt.* Die *Rabies* zeigt zweifellos das gleiche Verhalten und ebenso die von Galloway und Perdrau sorgfältig studierte Louping-ill-Infektion des Affengehirnes. Diese beiden Beispiele — aus einer größeren Zahl herausgegriffen

— lehren auch, *daß sich eine unsystematische Ausbreitung sehr wohl mit der Existenz von Prädilektionsstellen für die pathologische Auswirkung des Infektes verträgt;* die konstante Lokalisation des Louping-ill in den PURKINJEschen Zellen des Kleinhirns ist in dieser Hinsicht besonders bezeichnend [G. M. FINDLAY (*3*), GALLOWAY und PERDRAU, E. W. HURST (*7*)].

Wie schon wiederholt betont wurde, deckt sich die Verteilung der histologischen Veränderungen nicht mit dem vom Virus zurückgelegten Weg. Aus der Anerkennung dieses Satzes erfließt die Notwendigkeit, die Ausbreitung neurotroper Virusarten durch andere Mittel, in erster Linie durch den Virusnachweis, zu kontrollieren. Diese Methode ist denn auch in den letzten Jahren in zunehmendem Umfange angewendet worden, beim Herpesvirus besonders von E. KOPPISCH, welcher allerdings nur einen Spezialfall, die keratogene Herpesencephalitis des Kaninchens, untersuchte.

Nach den experimentellen Ergebnissen von KOPPISCH breitet sich das Herpesvirus, wenn es auf der Trigeminusbahn das Gehirn erreicht hat, keineswegs „explosiv" über das ganze zentrale und periphere Nervensystem aus, wie das beim Straßenvirus der Lyssa der Fall sein soll [NICOLAU und KOPCIOWSKA (*1*)]. Es erscheint nach einer Impfung der linken Cornea binnen 72—84 Stunden im linken Trigeminuskern zu einer Zeit, wo der rechte Trigeminuskern, das Groß- und Kleinhirn sowie das rechte Ganglion Gasseri noch kein Virus enthalten. Erst nach 144 Stunden wird der rechte Trigeminuskern und (meist um die gleiche Zeit) das Groß- und Kleinhirn konstant virushaltig, das rechte Ganglion Gasseri selbst in dieser vorgerückten Periode nur ausnahmsweise.

Daß das Übergreifen vom gleichseitigen auf den kontralateralen Trigeminuskern trotz der räumlichen Nachbarschaft beider Kerne in der Medulla des Kaninchens so lange Zeit beanspruchte, mag auf den Strömungsverhältnissen des Gewebssaftes beruhen oder eine andere Ursache haben. Es steht dies jedenfalls in Übereinstimmung mit den histologischen Befunden von H. PETTE, wonach die Läsionen nach cornealer Impfung zuweilen auf jene Seite des Pons und der Medulla beschränkt bleiben, welche dem infizierten Auge entspricht. Bei der peripher induzierten herpetischen Myelitis des Kaninchens ist übrigens die Bevorzugung der geimpften Seite — selbst wenn die Tiere längere Zeit gelebt hatten — ebenfalls zu konstatieren, obzwar das enge Nebeneinander die gleichmäßige Beteiligung des gesamten Rückenmarksquerschnittes erwarten ließe.

b) Die Ausbreitung des Herpesvirus im Rückenmark.

Im Rückenmarksstrang kann die Expansion des Herpesvirus, wenn sie von einem caudalwärts gelegenen Segment ausgeht, naturgemäß leichter verfolgt werden als im Gehirn. Die Erzeugung einer primären Herpesmyelitis ist auf verschiedene Weise möglich, wenn man über geeignete Herpesstämme verfügt. Man kann die Kaninchen entweder im Verteilungsbezirk eines unteren Spinalnerven infizieren [GOODPASTURE und TEAGUE, GILDEMEISTER und HEUER (*2*), FL. MAGRASSI (*2*) u. a.] oder eine größere Dosis virushaltigen Materials intravenös einspritzen [E. KOPPISCH (*1*)]. DOERR und C. HALLAUER, welche sich der an zweiter Stelle genannten Methode bedienten, konnten das Virus schon 48 Stunden nach der intravenösen Injektion im Lendenmark feststellen. Um diese Zeit waren die höheren Rückenmarkssegmente und das Gehirn noch virusfrei. Wurden die intravenös infizierten Kaninchen nach abgestuften Zeitintervallen getötet und die Rückenmarksabschnitte gesondert geprüft, so konnte man das allmähliche Aufsteigen des Virus bis zum Gehirne verfolgen (siehe Tabelle 3).

Tabelle 3. Prüfung des Virusgehaltes des Zentralnervensystems in verschiedenen Zeitabständen nach intravenöser Injektion eines encephalitogenen Herpesstammes.

Bezeichnung des Kaninchens	Z. 127	Z. 128	Z. 129	Z. 75	Z. 77	Z. 4	Z. 17
Intervall zwischen der intravenösen Injektion und der Prüfung auf Virus	1 Tag	2 Tage	3 Tage	3 Tage	5 Tage	8 Tage	10 Tage
Gehirn	0	0	0	+	0	0	+
Cervicalmark	0	0	0	+	+	+	+
Thoracalmark	0	0	+	+	+	+	+
Lumbalmark	0	+	+	+	+	+	+

Sieht man von Kaninchen Z. 75 ab, bei welchem sämtliche Abschnitte des Zentralnervensystems schon am 3. Tag nach der intravenösen Injektion Virus in nachweisbarer Konzentration enthielten, so bilden alle übrigen Tiere eine kontinuierliche Reihe.

Das Virus *muß* nicht bis in das Gehirn aufsteigen und dort durch seine Vermehrung eine fortgeleitete Encephalitis hervorrufen. Es kommt auch beim Kaninchen — wenngleich seltener als beim plantar geimpften Meerschweinchen — vor, daß sich der Prozeß auf das Lendenmark beschränkt. Mit großer Regelmäßigkeit läßt sich jedoch eine derartige nichtaszendierende Myelitis erzielen, wenn man einen sogenannten „*nichtencephalitogenen*“ Herpesstamm in Form einer virushaltigen Hirnemulsion intravenös injiziert; nur kommt es in diesem Falle nicht zu einer klinisch manifesten Erkrankung (so daß die Bezeichnung „Myelitis“ streng genommen nicht am Platze ist), sondern bloß zu einer latenten, auf einen Teil des Rückenmarksstranges eingeengten Infektion, welche bloß durch den positiven Virusbefund erkennbar ist (siehe Tabelle 4).

Tabelle 4. Prüfung des Virusgehaltes des Zentralnervensystems in verschiedenen Zeitabständen nach intravenöser Injektion des nichtencephalitogenen Herpesstammes R.

Bezeichnung des Kaninchens	Z. 170	Z. 190	X_3	X_4	X_5
Intervall zwischen der intravenösen Injektion und der Prüfung des Virusgehaltes	4 Tage	4 Tage	6 Tage	6 Tage	8 Tage
Gehirn	0	0	0	0	0
Cervicalmark	0	0	0	0	0
Thoracalmark	0	0	+	+	+
Lendenmark	0	0	0	0	+

Die Virusmenge, welche nach latenter Infektion im Thoracalmark nachweisbar wird, ist jedenfalls nur gering, weit geringer als bei den klinisch manifesten Myelitiden, die man durch intravenöse Einspritzung encephalitogener Stämme erzielt; der Nachweis gelingt nur im zweiten Falle durch corneale Verimpfung der Proben, bei den latenten Prozessen muß man zu der ungleich empfindlicheren cerebralen Übertragung greifen (DOERR und HALLAUER). Daß es sich aber auch bei den latenten Prozessen nicht bloß um ruhendes (eingeschlepptes), sondern um sich vermehrendes Virus, also um eine *Infektion* handelt, geht daraus hervor, daß die sich entwickelnde aktive Immunität zeitlich und räumlich an die Lokalisation des Virus im Rückenmark gebunden ist; zeitlich, indem ihr Auftreten mit dem Eintreffen bzw. dem Nachweis des Virus im Rückenmark zusammenfällt, und räumlich, indem sich ihr Bereich mit dem der Virusausbreitung deckt [C. HALLAUER (*3*)]. Es gelingt auf diese Weise, eine „*Rückenmarksimmunität ohne Hirnimmunität*" zu erzeugen oder sogar die Rückenmarksimmunität auf Teilstrecken des Rückenmarkes (Thoracal- und Lumbalmark) zu beschränken (C. HALLAUER, l. c.).

Kommt es im Gefolge einer Myelitis herpetica zu Zerstörungen im Bereiche der dorsalen Partien des Rückenmarkes (hintere Nervenwurzeln und ihre Einstrahlungsgebiete an der Spitze der Hinterhörner, Hinterstränge, Spinalganglien), so müssen die markhaltigen Nervenfasern der Hinterstränge degenerieren, u. zw. zunächst im Bereiche des Lumbalmarkes; daran schließen sich dann *sekundäre Degenerationen der langen Hinterstrangbahnen* an, welche bei einseitiger Impfung der Versuchstiere im homolateralen GOLLschen Strang sitzen, bis in das Cervicalmark hinaufreichen und Bilder liefern, welche dem anatomischen Befund bei der Tabes dorsalis des Menschen sehr ähnlich sind (vgl. Abb. 3). Es muß wohl nicht besonders hervorgehoben werden, daß es sich in diesen Fällen nicht um die Folgen einer systematischen Virusausbreitung, sondern um die Entartung geschädigter Neuronen handelt. Die Veränderungen, welche auf die Anwesenheit und örtliche Vermehrung des Virus bezogen werden dürfen, nehmen, falls sich der Prozeß zuerst im Lumbalmark etabliert hat, kranialwärts an Intensität ab und bestehen, wie das B. WALTHARD für die Myelitis herpetica des Meerschweinchens beschreibt, in Herden, welche ganz wahllos über den Querschnitt der höheren Marksegmente verteilt sind. *Von einem Aufsteigen des Virus in präformierten anatomischen Bahnen kann somit keine Rede sein.*

Durch die Arbeiten von DOERR und seinen Mitarbeitern (E. KOPPISCH, FL. MAGRASSI, C. HALLAUER, S. SEIDENBERG, G. ROSE, B. WALTHARD) konnte die Ausbreitung des Herpesvirus im Gehirn und Rückenmark von Kaninchen und Meerschweinchen weitgehend aufgeklärt werden. Es sind jetzt präzise Angaben über die Geschwindigkeit dieser Vorgänge möglich, man erkennt, daß auch kurze Distanzen (z. B. die Entfernung der beiden sensiblen Trigeminuskerne in der Medulla des Kaninchens) aus unbekannten Gründen erst nach auffallend langer Zeit überwunden werden, und hat mehrfache Beweise, daß sich der Prozeß von selbst begrenzen kann (Myelitis ohne anschließende Encephalitis, latente Infektion einzelner Teilstrecken des Rückenmarks). Ferner wissen wir, daß bestimmte Herpesstämme, wenn sie direkt in das Gehirn des Kaninchens inoculiert werden, eine manifeste, in der Regel letale Encephalitis hervorrufen, während sie, peripher oder intravenös injiziert, zwar in das Gehirn oder Rückenmark gelangen, sich daselbst aber nur in geringem Grade vermehren, so daß die klinische Auswirkung unterbleibt; die „*Schieneninfektion*" führt zu einem latenten Infekt und dadurch zu einer aktiven (auf die durchseuchte Region beschränkten) Immunität („Schienenimmunisierung"). Warum es in solchen Fällen nur zu einer *latenten* Schieneninfektion kommt, soll nicht erneut erörtert werden; die Annahme anatomischer Schranken im Sinne von A. B. SABIN wäre jedenfalls eine sehr unwahrscheinliche und überflüssige Hypothese (siehe S. 757ff.).

Ein weiterer Ausbau der zitierten Untersuchungen *in quantitativer Hinsicht* würde sich voraussichtlich lohnen. Die Prüfung der verschiedenen Partien des Zentralnervensystems auf ihren Gehalt an Herpesvirus erfolgte stets nur mit Hilfe qualitativer Methoden. Nur die quantitative Technik kann jedoch Aufschluß geben, ob eine Virusvermehrung stattgefunden hat und in welchem Grade. Wir haben aber bereits erfahren, daß die räumliche Selbstbegrenzung des zentralen Infektes mit einer reduzierten Virusvermehrung zusammenhängt, und dürfen daher erwarten, daß uns eine Topographie der Virusvermehrung — namentlich unter Berücksichtigung des Zeitfaktors — mehr sagen wird als die bloße Registrierung der Anwesenheit des Virus in verschiedenen Bezirken der nervösen Zentralorgane. Noch wissen wir ja nicht, *wie* sich das Virus ausbreitet und wie es vom Eintreffsort zu den bevorzugten Stellen der pathologischen Auswirkung gelangt, ja wir können gerade im Falle einer unsystematischen Expansion nicht einmal Hypothesen aufstellen, welche das Konkretisierungsbedürfnis befriedigen.

H. PETTE meint (mit besonderer Beziehung auf die primäre herpetische Myelitis des Kaninchens), daß das Herpesvirus, sobald es einmal, von der Peripherie kommend, segmentale Zentren erreicht hat, mit dem „Liquor-Lymph-Strom" weitergetragen wird, u. zw. mit einer Gesetzmäßigkeit, die sich aus mechanischen Momenten erklärt; das mechanische Moment habe aber bei der Prozeßbildung nur sekundäre Bedeutung, und bestimmend für die Lokalisation bleibe die Affinität des mit dem Liquor-Lymph-Strom verbreiteten Virus zu den ihm biologisch nächststehenden Zentren, die „*Neurotropie im engeren Sinne*". Gegenüber dem Stand früherer Auffassungen bedeutet diese Formulierung nur insofern etwas Neues, als sie Strömungen der Gewebsflüssigkeit im Parenchym der nervösen Zentren als treibende Kraft annimmt; *der Verteilung soll also eine passive Verschleppung der Viruselemente zugrunde liegen und nur der Lokalisation, der örtlichen Haftung ein aktiver Vorgang, eine Vermehrung oder Wucherung des Virus.*

Die Bahnen der Gewebsflüssigkeit im Parenchym der nervösen Zentren sind aber unbekannt. H. SPATZ vertritt die Ansicht, „daß sich das Gehirn dem Eindringen von Farbstoffen gegenüber ähnlich verhält wie eine ungeformte kolloidale Masse ohne Flüssigkeit"; für die Existenz von Liquorströmungen hätten sich keine Anhaltspunkte ergeben, ja es sei auch das Vorhandensein eines intramuralen Liquors, zumindest durch Farbstoffversuche, nicht erweisbar. Man darf allerdings den Gegenbeweis nicht durch intraparenchymatöse Injektionen zu erbringen suchen, weil die Anwendung höherer Drucke Gewebszerreißungen und damit künstliche Wege zu erzeugen vermag. Versenkt man mit Farbstoff gefüllte und nur an einem der beiden Enden offene Kapillaren in die Hirnsubstanz, so findet man bei der Autopsie makroskopisch eine circumscripte Färbung des Gewebes in der Umgebung der Kapillare und mikroskopisch eine auffallend starke grobkörnige Speicherung des Farbstoffes (Trypanblau) in den Adventitialzellen der Gefäße (SCHALTENBRAND und PUTNAM).

Meines Erachtens ist es freilich kaum vorstellbar, daß sich der Stoffaustausch zwischen Blut und Zentralnervensystem ohne jede Vermittlung einer Gewebsflüssigkeit vollzieht; und wenn eine solche Flüssigkeit das Parenchym durchtränkt, sei es auch nur in sehr geringer Menge, kann sie nicht als völlig ruhend gedacht werden. Möglicherweise können Viruselemente durch solche Minimalströmungen mitgerissen werden und so kleine Entfernungen überwinden. Aber der wesentliche Faktor der Propagation bleibt wie bei jedem vermehrungsfähigen Agens — sofern ein Transport in der Blutbahn oder in echten Lymphgefäßen nicht in Frage kommt — das aktive, auf Vermehrung beruhende Vordringen in den „Gewebsspalten", das Durchwuchern eines Gewebscontinuums. Dieses Durchwuchern und kleine Ortsveränderungen durch die sich bewegende Gewebsflüssigkeit können sich in sehr verschiedenartiger Weise miteinander kombinieren, und wo bei einer solchen Art der Ausbreitung eine anatomische Läsion, ein „Herd" entsteht, hängt, wie wir aus der Lehre von den mikroskopischen Krankheitskeimen wissen, keineswegs ausschließlich davon ab, daß das pathogene Agens eine besondere Affinität zu dem betroffenen Gewebsbezirk hat, der sich ja oft genug von einem verschonten benachbarten in keiner Weise unterscheidet.

Die Ausbreitung der neurotropen Virusarten durch den Liquor und die Beteiligung der weichen Hirnhäute am Infektionsprozeß der nervösen Zentralorgane sollen in besonderen Kapiteln (siehe S. 782 und S. 786) behandelt werden.

Vorerst möge als Gegenstück zu den bisherigen Ausführungen ein Virus genauerer Betrachtung unterzogen werden, das sich innerhalb der Zentren systematisch d. h. in präformierten Bahnsystemen fortzupflanzen scheint.

II. Die Affenpoliomyelitis.

Die gekreuzten Lähmungen und ihre Deutung.

Die alten Beobachtungen von LEINER und WIESNER sowie von RÖMER, daß nach der Inoculation von Poliomyelitisvirus häufig das *kontralaterale* Bein zuerst gelähmt wird, sprachen dafür, daß die Dekussation der motorischen Bahnen den Weg beeinflußt, den das Virus innerhalb des Zentralnervensystems einschlägt. Schon RÖMER sah keine andere Möglichkeit vor sich, diese Tatsache zu begreifen, als die Vorstellung, daß sich das Virus den motorischen Neuronen entlang ausbreitet oder daß seine Ausbreitung auf diesem Wege zumindest besonders rasch vonstatten geht. RÖMER dachte allerdings nicht an eine Wanderung *in* den Neuronen, sondern *in den die Neuronen begleitenden Lymphbahnen.*

Da die primäre Lokalisation der Parese im kontralateralen Bein nicht ausnahmslos, sondern nur in der Mehrzahl der Versuche festgestellt werden konnte, erscheint es fraglich, in welchem Ausmaß die Resultate vom Zufall beeinflußt waren. In den Versuchen von FAIRBROTHER und HURST trat die Lähmung bei 80 intracerebral geimpften Affen in 42,5% gleichzeitig in beiden Hinterbeinen, in 23,75% im gekreuzten und nur in 3,75% zuerst im ungekreuzten Hinterbein auf. Dementsprechend soll auch der histologische Prozeß im Vorderhorn des Lendenmarkes auf der der Impfstelle gegenüberliegenden Seite stärker ausgeprägt sein als auf der geimpften (PETTE, DEMME und KŐRNYEY). FAIRBROTHER und HURST verwarfen die Erklärung von RÖMER, weil sie es für ausgeschlossen hielten, die auffällige Bevorzugung der gekreuzten Seite auf einen Transport in Lymphbahnen zurückzuführen; sie betrachteten die Wanderung in der Nervenfaser selbst d. h. im Achsenzylinder (den „*axonal spread*") als erwiesen. PETTE, der noch kurz vorher behauptet hatte, daß sich alle neurotropen Virusarten (Herpes, Lyssa, BORNAsche Krankheit, Poliomyelitis) im Zentralnervensystem auf dem Liquor-Lymph-Wege ausbreiten (*4*, S. 269), entschied sich mit DEMME und KŐRNYEY für die axonale Leitung.

Die Hypothese von FAIRBROTHER und HURST konnte durch E. W. HURST (*5*) in eigenartiger Weise gestützt werden. HURST injizierte das Virus in den *linken* Ischiadicus und fand es — falls die Affen unmittelbar nach dem Auftreten der ersten Symptome getötet wurden — im Lumbosacralmark und, entsprechend der Decussation der Bahnen, in der *rechten* Hirnhemisphäre, u. zw. im rechten Thalamus opticus und im motorischen Rindenfeld der korrespondierenden hinteren Extremität. Um diese Zeit konnte das Virus im Rindenfeld der linken vorderen Extremität (im unteren Anteil des rechten Glyrus centralis anterior) sowie in den motorischen Rindenfeldern der linken Hemisphäre noch nicht nachgewiesen werden, merkwürdigerweise aber auch nicht im Cervicalmark, obwohl dieses — gemäß der von HURST vertretenen Auffassung — passiert worden sein mußte.[1] Das Cervicalmark und die bezeichneten, ursprünglich virusfreien Rindenfelder wurden erst später infektiös. In anderen Teilen der Hirnrinde als in den motorischen Bezirken konnte HURST überhaupt kein Virus oder nur geringe

[1] Über eine analoge Beobachtung berichten in neuerer Zeit A. B. SABIN und P. K. OLITSKY (*3*). Wenn das Virus der Vesicularstomatitis in den Ischiadicus älterer Mäuse geimpft wird und die Tiere bei den ersten Anzeichen einer Lähmung getötet werden, kann man das Virus im Lumbalmark und im Gehirn in größerer Menge, im Halsmark dagegen nur spurweise feststellen (l. c., S. 42).

Mengen desselben feststellen. Die Lokalisation der histologischen Läsionen deckte sich im allgemeinen mit der Virusverteilung. Eine Wanderung des Virus in den Achsenzylindern wäre in aufsteigender *und* absteigender Richtung denkbar, ein passiver Transport in Lymphbahnen entlang den motorischen Neuronen nicht.

M. BRODIE (*4*) vermochte sich von der Bevorzugung der gekreuzten Hinterextremität bei einseitig cerebral geimpften Affen nicht zu überzeugen. Dagegen erzielten H. A. HOWE und R. S. ECKE (*1*) Resultate, welche das ursprüngliche Phänomen an Beweiskraft erheblich übertrafen.

HOWE und ECKE impften 36 Affen einseitig intracortical (d. h. durch Injektion in das Rindengrau unter Vermeidung der subcorticalen Gewebe). Die Impfstelle wurde variiert, u. zw. wurden 3 Rindenbezirke gewählt, nämlich 1. die Sehrinde (Bezirk 17 nach BRODMANN), von welcher ungekreuzte Bahnen abgehen; 2. der motorische Cortex bzw. das Feld (4 nach BRODMANN), dessen elektrische Reizung Zuckungen des Beines oder Fußes hervorrief und dessen Bahnen vorherrschend gekreuzt sind, und 3. die Area 6 nach BRODMANN (prämotorisches Rindenfeld), dessen Reizung Bewegungen beider vorderen Extremitäten mit Bevorzugung der gekreuzten hervorrief, in schwächerem Grade auch Bewegungen beider Hinterextremitäten. Die erste Gruppe umfaßte 8 Affen; die Symptome bestanden mit einer einzigen Ausnahme in Armlähmungen, welche in 50% der Versuche die geimpfte Seite betrafen. Die zweite Gruppe bestand aus 16 Tieren; hier war die Beteiligung der hinteren Extremitäten weit stärker als in den beiden anderen Gruppen (64%), und die gekreuzte Seite wurde in 87% der Experimente zuerst befallen; ferner wurde in 4 Fällen das gekreuzte Bein lahm, während die vorderen Extremitäten ganz verschont blieben. In der dritten Gruppe endlich traten mit einer Ausnahme zuerst Lähmungen der vorderen Extremitäten auf, die sich aber bei 5 Tieren auf beide vorderen und beide hinteren Extremitäten ausdehnten; in 58% der Versuche war eine Bevorzugung der gekreuzten Seite zu konstatieren, der Rest verteilte sich auf ungekreuzte oder beidseitige Paralysen.

HOWE und ECKE stellten weitere Versuche in Aussicht; doch habe ich bisher noch keine Mitteilung darüber zu Gesicht bekommen. Aus den hier referierten Daten schließen sie: 1. *daß es innerhalb gewisser Grenzen möglich ist, das Schema der Lähmungen durch die Wahl der corticalen Impfstellen zu beeinflussen;* 2. *daß die Verteilung und Aufeinanderfolge der Lähmungen in erstaunlicher Übereinstimmung steht mit den Kenntnissen über die anatomischen und physiologischen Verbindungen der Orte, wo das Virus in das Gehirn eingeführt wurde;* 3. *daß insbesondere jene Experimente, in welchen durch Impfung der Area 4 Lähmungen des gekreuzten Beines ohne Beteiligung der Arme erzielt wurden, dafür sprechen, daß das Virus das Cervicalmark mit Hilfe langer, gekreuzter, im Lendenmark endigender Bahnen passieren kann* (Pyramidenbahn, vielleicht auch Fasersysteme, welche von dem bezeichneten Rindenfeld zum Thalamus und von dort zum Rückenmark ziehen). Da man nun die Gewißheit habe, daß die Ausbreitung des Virus entlang bestimmter Fasersysteme stattfindet, sei Hoffnung vorhanden, den genauen Weg festzustellen, welcher nach intranasaler Virusinstillation über den Olfactorius zum Lendenmark führt.

Überlegt man sich die durch die Versuchsergebnisse von HOWE und ECKE geschaffene Situation, so steht man zunächst vor der Tatsache, daß das Poliomyelitisvirus von beliebigen Punkten der Hirnrinde die motorischen Zentren im Rückenmark erreichen kann. Zum Teil stand dies ja schon früher fest. Wenn das Virus nach einer intranasalen Instillation zuerst im Bulbus olfactorius eintrifft und dieser den Ausgangspunkt der weiteren Ausbreitung bildet [FLEXNER und CLARK, FABER, FABER und GEBHARDT, M. BRODIE, BRODIE und ELVIDGE, HOWE und ECKE (*2*), SABIN und OLITSKY (*1*), LENNETTE und HUDSON (*1*) u. a.], so werden gleichwohl meist die Beine zuerst paretisch und sind oft schon zu einer

Zeit komplett gelähmt, wenn andere Muskelgruppen noch keine verminderte Funktionsfähigkeit erkennen lassen. Dasselbe ist der Fall, wenn man das Virus direkt in den Liquor unter Vermeidung von Verletzungen des Gehirns oder des Rückenmarks injiziert, und es ist für das klinische Bild gleichgültig, ob man die Injektion in die große Hinterhauptszisterne oder in den Duralsack der Lumbosakralregion vornimmt [E. W. HURST (*4*)]. Die Zahl der möglichen Bahnen ist somit weit größer als die Zahl der Wanderungsziele d. h. der Zentren, in welchen die pathologische Auswirkung zustande kommt; dieses Mißverhältnis wird noch gesteigert, wenn man auch den zentripetalen Antransport von peripheren Eintrittspforten (z. B. nach cutanen oder subcutanen Impfungen, nach Virusinjektionen in die Tonsillen oder in einen Ischiadicus) als eine Bewegung des Virus „in langer Bahn" auffaßt, wie das zufolge der Hypothese des „axonal spread" in ihrer konsequentesten Formulierung der Fall sein müßte. Man kann das auch durch den Satz ausdrücken: *Der Spezifität der Beziehungen des Poliomyelitisvirus zu gewissen motorischen Bezirken des Zentralnervensystems entspricht keine elektive Einstellung auf bestimmte Bahnen, weder innerhalb noch außerhalb der nervösen Zentralorgane.*

Gerade diese Diskrepanz macht den Mechanismus der intrazentralen und extrazentralen Wanderung noch schwerer verständlich, als das schon a priori der Fall ist. An und für sich wäre die axonale Ausbreitung bzw. die von Neuron zu Neuron fortschreitende Infektion eine konkrete Vorstellung, welche sich mit einer großen Zahl von Tatsachen in befriedigende Übereinstimmung bringen ließe. Bei der Poliomyelitis soll sich aber das Virus in *motorischen* Ganglienzellen vermehren, und man müßte daher voraussetzen, daß die Ausbreitung nur in den Axonen *solcher* Zellen vor sich gehen kann, falls sie eben nichts anderes ist als die Wucherung des Virus in den Fortsätzen empfänglicher Wirtszellen. Das trifft aber nicht zu.

Vom Bulbus olfactorius gehen keine motorischen, sondern sensorische Bahnen zum Rhinencephalon; gleichwohl reagieren Affen auf nasale Instillationen mit Lähmungen der hinteren Extremitäten. Von der Sehrinde ziehen lange ungekreuzte Bahnen zu den Corpora geniculata lateralia, in welche von der anderen Seite die Tractus optici einstrahlen; Verbindungen zum unteren Hirnstamm oder zum Rückenmark bestehen nicht. Impft man jedoch Poliomyelitisvirus in die Sehrinde, so reagieren die Affen mit Armlähmungen, die wohl zu 50% ungekreuzt, zum Teil auch gekreuzt oder beiderseits gleich stark sind. Von der „erstaunlichen Übereinstimmung", welche HOWE und ECKE bei ihren Experimenten festgestellt haben wollen, ist bei dieser Übertragungsart nichts zu konstatieren. Abgesehen davon muß man sowohl bei den primären Infektionen des Bulbus olfactorius als auch jenen der Sehrinde fragen, warum das auf motorische Elemente abgestimmte Virus eine Strecke weit in sensorischen Bahnen wandert (bzw. nach der Hypothese des „axonal spread" neuronal fortwuchert) und wie man sich das Überspringen auf motorische (gekreuzte oder ungekreuzte) Leitungen zu denken hat.

HOWE und ECKE suchen, wie schon früher P. H. RÖMER u. a., den Weg, den das Virus von der im Experiment bekannten und variierbaren Eintrittspforte bis zum Ziele nimmt, aus den Symptomen (Arm- oder Beinlähmung, gekreuztes oder ungekreuztes Auftreten, Lähmung des gekreuzten Beines ohne Armlähmung) zu erschließen. Die Resultate, welche sie durch Impfung in die Felder 6, 4 und 17 (nach der BRODMANNschen Bezeichnung) bekamen, sind nicht durch absolute, sondern durch prozentuale Differenzen voneinander unterschieden. Die Impfung in die Area 4 lieferte z. B. wohl weit mehr Beinlähmungen als die Impfungen in die beiden anderen Felder, aber doch nur 64%, während Armlähmungen noch immer in 71% zu beobachten waren; wozu bemerkt werden muß, daß die benachbarten Felder 4 und 6 vor der Injektion durch elektrische Reizung abgegrenzt worden waren. Es ist indes zu berücksichtigen, daß HOWE und ECKE große Volumina eines hochinfektiösen Materials (0,2 ccm einer 25%igen Aufschwemmung virushaltigen Affenmarkes!) in die Hirnrinde injizierten und daß sich unter solchen Umständen unbeabsichtigte Infektionen angrenzender Hirnteile als auch namentlich des Liquors unmöglich vermeiden ließen. Dieser Umstand kann dafür verantwortlich gemacht werden, daß sich die Ergebnisse der Impfung verschiedener Rindenfelder zum Teil überschneiden. Es ist jedoch anderseits auch möglich, daß das Virus — um im Bilde der Hypothese des „axonal spread" zu bleiben — die durch die Impfstelle angewiesene Bahn nicht in strenger Beschränkung verfolgt, sondern sozusagen „auf Abwege geraten kann"; für die Ausbreitung von der Sehrinde oder vom Bulbus olfactorius aus läßt sich dieses Zugeständnis kaum umgehen. Der Schluß, daß die massive Infektion eines Rindenfeldes, von dem *vorwiegend* gekreuzte Bahnen ausgehen, *vorwiegend* gekreuzte Lähmungen erzeugen muß, ist schließlich ebenfalls anfechtbar.

Die Verteilung des Poliomyelitisvirus und der anatomischen Läsionen im Zentralnervensystem infizierter Affen.

Die Untersuchungen von HOWE und ECKE vermögen somit — in der vorliegenden Form — nicht alle Zweifel zu beseitigen. Sie werden allerdings bis zu einem gewissen Grade ergänzt und gestützt durch frühere Arbeiten, *welche die Verbindung zwischen dem Eintreffsort des Virus und dem Lendenmark durch andere Methoden zu verfolgen suchten.*

So fanden H. H. FABER und L. P. GEBHARDT (1933), daß der Lobus olfactorius am 4. Tag nach einer intranasalen Instillation infektiös wird, daß das Virus am 5. und 6. Tag der Inkubationsperiode auch im Hypothalamus, im Thalamus und in der Medulla oblongata nachzuweisen ist und daß es im Rückenmark nie vor dem 7. Tag auftritt, um welche Zeit es aus einigen höher gelegenen Bezirken wieder verschwunden sein kann.

FAIRBROTHER und HURST (1930) impften Poliomyelitisvirus in den linken Parietooccipitallappen. Das Virus war zunächst nur an der Impfstelle nachweisbar, gegen das Ende der Inkubationsperiode zuweilen in beiden Thalami optici und im Pons, aber noch nicht im Rückenmark; war die Krankheit bereits ausgebrochen, so war im Pons und im Rückenmark stets Virus vorhanden. An der Impfstelle nahm die Viruskonzentration allmählich ab, so daß die Prüfung der Infektiosität meist negativ ausfiel; wenn nach dem 5. Tag noch Virus festgestellt werden konnte, fand es sich ausschließlich in den motorischen Rindenfeldern. Dementsprechend ergab die histologische Untersuchung der nach verschiedenen Intervallen getöteten Affen Läsionen, welche sich am 1. und 2. Tag noch auf die Umgebung der Impfstelle beschränkten und sich erst in der Folge auf dem im Sinne der Nervenleitung zu erwartenden Wege kaudalwärts ausbreiteten, so daß sie am 3. und 4. Tag im gleichseitigen Thalamus, manchmal auch im Mittelhirn und im Pons gesichtet wurden; im Rückenmark traten sie nicht vor dem 5.—6. Tag auf, gegen das Ende der Inkubationsperiode oder gleichzeitig mit dem Einsetzen der Lähmungen an den hinteren Extremitäten.

Mit den Ergebnissen von FAIRBROTHER und HURST stimmen auch die Angaben von M. BRODIE (*1*) überein, welcher die Virusverteilung im Gehirn von cerebral infizierten Affen mit Hilfe einer quantitativen Methodik[1] prüfte. BRODIE tötete die Tiere jedoch nicht in der Inkubationsperiode, sondern erst nachdem sich die Lähmungen voll entwickelt hatten (am 5.—7. Tag), so daß man also keinen Aufschluß über die Viruswanderung, sondern nur über den Endzustand erhält. Immerhin waren die Resultate recht instruktiv. Aus einer größeren Zahl von Einzelversuchen wurden

[1] Als Maß der Viruskonzentration wählte BRODIE die kleinste infizierende Dosis einer 5%igen Emulsion der verschiedenen Proben; aus dem Gewicht der Proben ergab sich dann die im infizierenden Minimalvolum vorhandene Substanzmenge.

als minimal infizierende Gewichtsmengen für verschiedene Teile des Zentralnervensystems berechnet:

Rückenmark	0,005 g	Motorischer Cortex ..	0,250 g
Pons und Medulla ...	0,045 „	Basalganglien	0,4 g
Mittelhirn	0,125 „	Kleinhirn	0,5 „

Proben vom Schläfelappen (Rinde), vom Cortex des frontalen und occipitalen Pols der Hemisphären erwiesen sich auch in sehr großen Dosen als nichtinfektiös.

Die Entwicklung und Verteilung der anatomischen Läsionen im Zentralnervensystem *intranasal* infizierter Affen (Macacus rhesus) wurden neuerdings von H. K. FABER systematisch untersucht, zum Teil mit histologischen Methoden, zum Teil mit Hilfe der intravitalen Trypanblaufärbung, welche McCLELLAN und GOODPASTURE bei der herpetischen Encephalitis des Kaninchens angewendet hatten, in letzter Zeit auch R. BIELING bei der Louping-ill-Infektion des Mäusegehirnes (siehe S. 746). H. K. FABER tötete die infizierten Affen nach abgestuften Zeitintervallen und fand, daß sich die ersten Veränderungen, welche bereits von Fieber begleitet waren [siehe HOWE und ECKE (*2*), cit. auf S. 741], auf die Bulbi olfactorii beschränkten. Im zweiten Stadium kam es zu einer deutlichen und ausgedehnten Reaktion im Hirnstamm mit Beteiligung der sekundären Riechzentren (Nucleus amygdalae, Gyrus uncinatus) und in der dritten Phase zur zunehmenden Affektion der Medulla und zum Beginn des Übergreifens auf das Rückenmark; später lokalisierte sich der Prozeß herdförmig im Rückenmark selbst, während die Reaktion im Hirnstamm abflaute. In der Reihenfolge dieser Veränderungen waren keine erheblichen Abweichungen zu konstatieren, wohl aber in der Schnelligkeit ihrer Entwicklung und der Schwere der Lokalisationen im Rückenmark. H. K. FABER ist überzeugt, daß diese Verhältnisse auch für die natürliche Erkrankung des Menschen gelten und daß es sich wie bei den experimentell infizierten Affen um eine primäre Infektion des Zentralnervensystems handelt; es sei weder notwendig noch auch richtig („correct"), eine Allgemeininfektion für die Initialsymptome der Krankheit verantwortlich zu machen, da die entzündlichen Vorgänge im Hirnstamm, welche auch im präparalytischen Stadium sowie in nichtparalytischen Fällen als einleitende Prozeßphasen angenommen werden dürfen, eine ausreichende Erklärung bieten.

Die Verhinderung der aufsteigenden und absteigenden Virusausbreitung im Rückenmark durch operative Unterbrechung der Bahn.

Aus allen diesen Untersuchungen geht hervor, daß das Virus der Poliomyelitis *innerhalb* und nicht *außerhalb* des Zentralnervensystems den Weg vom Eintreffsort zu den motorischen Ganglienzellen zurücklegt. Es müßte daher gelingen, diese Wanderung durch Sektion des Rückenmarks zu unterbrechen. Solche Experimente wurden von JUNGEBLUT und SPRING sowie von M. BRODIE (*2*) mit dem erwarteten Erfolg ausgeführt, d. h. das Virus sowie die anatomischen Veränderungen konnten bei cerebral geimpften Affen nur in dem oberhalb der Durchtrennungsstelle gelegenen Rückenmarksabschnitt festgestellt werden und wurden unterhalb derselben vermißt. Impft man umgekehrt in den durch die Operation abgetrennten (caudalen) Teil des Rückenmarksstranges, so bleiben die oberen Abschnitte virusfrei [BRODIE (*2*)].

Der Weg über den Liquor.

Da in den Versuchen von JUNGEBLUT und SPRING sowie von BRODIE dafür gesorgt wurde, daß die Liquorzirkulation nicht gesperrt war, wäre zu folgern, daß der Weg über den Liquor nicht in Betracht kommt, wenn man das Virus direkt in die Substanz des Gehirnes oder Rückenmarkes injiziert.

Dies heißt aber nicht, daß der Weg über den Liquor prinzipiell unmöglich ist. Durch die Injektion von Virus in den Liquor kann man Affen ebenso sicher und ebenso leicht infizieren wie durch intracerebrale Impfungen [E. W. HURST (*4*)

u. a.; vgl. hierzu auch S. 782]. Da bei intracerebralen Impfungen, speziell wenn das Volum des Inoculums relativ groß und sein Virusgehalt beträchtlich ist, genügende Virusmengen in den Liquor übertreten können, namentlich durch Zurückfließen aus dem Stichkanal, muß die Möglichkeit zugegeben werden, daß die Infektion nicht oder nicht ausschließlich den durch die Impfstelle bedingten Weg nimmt, sondern über den Liquor Zutritt zum Gehirn oder Rückenmark erlangt. Für die *intranasale Instillation* könnte man, obschon nur hypothetisch, annehmen, daß das Virus überhaupt nicht in den Liquor gelangt, für die *intraneurale Injektion in den Ischiadicus* [E. W. Hurst (*5*)] könnte man diese Annahme zumindest nicht als Regel hinstellen (siehe S. 724), und bei der *intracerebralen Impfung* wäre sie unzulässig.

Selbst wenn wir den Weg über den Liquor vernachlässigen und uns nur an die Tatsache halten, daß die Wanderung von der Eintrittspforte bis zum „*pathologischen Erfolgsort*" innerhalb des Gehirnes und des Rückenmarkes vor sich gehen kann bzw. in den meisten Fällen vor sich geht, *erscheint dadurch die Bewegung in den Achsenzylindern bestimmter Fasersysteme des Zentralnervensystems noch nicht erwiesen.* Die gegen die experimentelle Beweisführung erhobenen Einwände kann man vielleicht bloß als temporäre Unvollkommenheiten bewerten, welche in der Folge noch ausgeglichen werden können und gegen den positiven Inhalt der Argumente nicht schwer ins Gewicht fallen. Aber es bleibt dann als ungeklärter Rest noch immer das Paradoxon zurück, daß sich die als Viruswucherung vorgestellte Bewegung in den Achsenzylindern völlig latent vollziehen müßte einschließlich der Überwindung der Synapsen. Erst wenn der Leib gewisser Ganglienzellen erreicht ist, könnten Funktionsstörungen auftreten.

Spekulativ wäre allerdings auch diese Schwierigkeit zu überbrücken. Aus den Arbeiten von Fl. Magrassi (*2*) und anderen Autoren wissen wir, daß Virusinfekte des Zentralnervensystems subklinisch ablaufen können und daß der latente Charakter dadurch bedingt ist, daß sich die Virusvermehrung in engen Grenzen hält. Wir könnten daher per analogiam die Ansicht vertreten, daß die Infektion der Achsenzylinder aus demselben Grunde symptomlos verläuft, gleichgültig ob es sich um die Achsenzylinder in peripheren Nerven (beim zentripetalen oder zentrifugalen Virustransport) oder innerhalb der Zentren handelt. Auch sind ja die Achsenzylinder keine homogenen Zellfortsätze, sondern bestehen aus feinsten, in das Neuroplasma (Axoplasma) eingebetteten Fibrillen; es wäre daher denkbar, daß die Lokalisation der Virusvermehrung (im Neuroplasma) für die Abwesenheit von funktionellen Störungen verantwortlich zu machen ist (vgl. aber S. 810).

III. Beziehungen zwischen der axonalen Virusausbreitung im zentralen und im peripheren Nervensystem.

Die Darstellung unserer gegenwärtigen Ansichten über die Ausbreitung neurotroper Virusarten im Gewebe der nervösen Zentralorgane suchte bisher *zwei Extreme* ins Auge zu fassen: die *unsystematische Propagation*, die jedoch mit der Existenz von bevorzugten Orten für Virusvermehrung und pathologische Auswirkung kombiniert sein kann (Herpesvirus, Rabies, Louping-ill), und die *Wanderung in bestimmten Fasersystemen*, also in anatomisch präformierten Nervenbahnen (Poliomyelitis). Es wurde schon an anderer Stelle hervorgehoben, *daß diese beiden Extreme nur hinsichtlich des Verhaltens des Virus im Gehirn und Rückenmark differieren, daß sie sich dagegen — wenigstens vom hypothetischen Standpunkt aus — decken, sofern man die zentripetale Bewegung in den peripheren Nerven ins Auge faßt; die Idee der fortschreitenden Wucherung in den Nervenfasern wurde und wird ja sowohl für den Herpes als für die Poliomyelitis vertreten.* Ob es eine Inkonsequenz bedeutet, daß sich zwei Virusarten in peripheren Nerven gleich, in den Zentralorganen verschieden verhalten, soll hier nicht erörtert werden; jedenfalls kann man keinen Grund für eine derartige Differenz angeben. In dem Bestreben, jede Virusart — und ganz besonders medizinisch oder wirtschaftlich wichtige — als ein Sonderproblem zu behandeln und höchstens noch auf Analogien hinzuweisen, entgehen manche Lücken und Widersprüche in den experimentellen Ergebnissen und ihrer theoretischen Interpretation der Beachtung.

So wie die unsystematische Ausbreitung in den Zentren außer für das Herpesvirus auch für andere neurotrope Virusarten behauptet wurde (Louping-ill, Rabies), macht sich auf der anderen Seite die Tendenz geltend, auch in dem Verhalten des Poliomyelitisvirus keinen isolierten Fall, sondern den Repräsentanten einer Gruppe zu erblicken.

In diesem Sinne sind die umfangreichen Arbeiten von A. B. SABIN (*1*) sowie von SABIN und OLITSKY (*2—5, 7—9*) orientiert, die hauptsächlich an weißen Mäusen mit dem Virus der Vesicularstomatitis, der equinen Encephalomyelitis und der Pseudorabies ausgeführt wurden. *Das Leitmotiv ist der Satz, daß die Expansion des Virus im Gehirn in einem „geschlossenen System von Neuronen und ihren Fortsätzen" vor sich geht, zumindest in dem Stadium vor dem Auftreten der neuronalen Nekrosen, und daß die Wahl des Systems bestimmt wird vom Eintreffsort des Virus d. h. von den primär affizierten Neuronen und ihren zentralen Verbindungen.* Doch soll dies nur für jene Fälle gelten, in welchen das Virus von einer peripheren Eintrittspforte her — zufolge der herrschenden Hypothese also bereits neuronal — zu den Zentren zugeleitet wird. Wird dagegen das Virus direkt intracerebral injiziert, so soll es sich zunächst in einem „offenen System", das sich an die Hirnkammern und ihre Nebenräume anschließt, ausbreiten [SABIN und OLITSKY (*4*)].

Man erkennt, daß doch eine Abweichung vom Poliomyelitisschema vorliegt, da für die experimentelle Affenpoliomyelitis auch im Falle der intracerebralen Impfung eine Ausbreitung in „geschlossenen Neuronensystemen" angenommen wird, was natürlich eine weitere Komplikation des Hypothesenkomplexes bedeutet.

Den Beweis für ihre Ansichten suchen SABIN und OLITSKY zum Teil durch das Studium der Virusverteilung im Gehirn, hauptsächlich aber durch die Topographie der Läsionen (durch die „pathologische Methode", wie sie sich ausdrücken) zu führen. Ist die Annahme richtig, so müßte sich für jede Art der Übertragung, z. B. für die intracerebrale, die nasale, intraoculare oder intramuskuläre, ein besonderes Schema der Verteilung der histologischen Läsionen ergeben. Nach SABIN und OLITSKY, welche Gehirn und Rückenmark der an Encephalitis verendeten Mäuse in Serienschnitte zerlegten, ist dies tatsächlich der Fall. Auf die detailreichen Beschreibungen der Befunde einzugehen ist mit Rücksicht auf den verfügbaren Raum nicht möglich; es sei aber auf die graphische Darstellung der Verteilung der Läsionen im Zentralnervensystem von jungen, auf verschiedene Art mit Vesicularstomatitis geimpften Mäusen verwiesen (*4*, S. 220 und 221), welche eine rasche Orientierung ermöglicht.

Was immer wieder bei solchen Untersuchungen festgestellt wurde, müssen SABIN und OLITSKY (*4*) aufs neue bestätigen: *Die Virusverteilung entsprach nicht durchwegs der Anordnung der pathologischen Veränderungen.* So wurde beispielsweise bei jungen, mit Vesicularstomatitis einseitig intraocular (in das rechte Corpus vitreum) geimpften Mäusen im homolateralen- Diencephalon und Mesencephalon und im Cortex des Occipitallappens Virus gefunden u. zw.

schon in einem frühen Stadium des Prozesses, aber bei keiner der so infizierten Mäuse konnten irgendwelche histologische Läsionen festgestellt werden.

SABIN und OLITSKY wollen diese Differenz so erklären, daß die primär infizierten Neuronen mit verschiedenen Teilen des Zentralnervensystems in Verbindung stehen, so daß das Virus ebenso viele Wege auch zu entfernten Hirnpartien findet; zur anatomischen Auswirkung käme es aber nur in jenen Regionen, welchen von den primär infizierten Neuronen eine besonders große Zahl von Axonen zustrebt. In anderen Fällen könnte nach SABIN und OLITSKY der Umstand eine Rolle spielen, daß der anatomischen Auswirkung eine lokale Virusvermehrung vorausgehen muß; tritt in der Zwischenzeit der Tod des Tieres ein, so kann man eben nur das Virus nachweisen, nicht aber die gewebliche Herdreaktion. Ob diese Vermutungen richtig sind, läßt sich nicht entscheiden; bestehen bleibt aber jedenfalls die Tatsache, daß die Beurteilung der Virusausbreitung auf Grund der histologischen Befunde keinen Anspruch und unbedingte Zuverlässigkeit erheben darf.

Auf Grund von Untersuchungen, die ebenfalls an Mäusen mit der „pathologischen Methode" angestellt wurden, kommt A. B. SABIN (*1*) zu dem Schlusse, daß bestimmte Virusarten von der Nasenschleimhaut aus nur bestimmte Nervenbahnen benutzen können, um das Gehirn zu erreichen. Dazu soll auch das Virus der Vesicularstomatitis gehören, das nach SABIN an die Olfactoriusbahn gebunden ist. Da aber dieses Virus im Zentralnervensystem der weißen Maus beliebige Systembahnen[1] („Neuronenketten") durchwandern kann, ergibt sich hier abermals ein Widerspruch hinsichtlich des Verhaltens im peripheren und im zentralen Nervensystem, ein Widerspruch, der in gewisser Beziehung eine Umkehrung der für die Affenpoliomyelitis supponierten Verhältnisse darstellt.

B. Die Ausbreitung durch Vermittelung des Liquors.

Dem Poliomyelitisvirus wird eine besonders hochgradige und spezifizierte, d. h. auf bestimmte motorische Neuronen eingestellte Neurotropie (Neurocytotropie) zugeschrieben. Injiziert man dieses Virus direkt in den Liquor (in die Cisterna magna oder den Duralsack des Lumbosacralmarkes) unter Vermeidung von Verletzungen des Gehirnes oder Rückenmarkes, so kann man durch diese Art der Übertragung ebenso leicht und sicher eine Erkrankung der Affen erzeugen wie durch intracerebrale Injektionen [E. W. HURST (*4*)]. Dies beweist, daß das Virus vom Liquor aus, in welchem es sich nach HURST 5 Tage in nachweisbarem Zustande halten kann, den Zutritt zum Zentralnervensystem findet u. zw. nicht ausnahmsweise, sondern regelmäßig.

Wenn somit der Weg über den Liquor bei der natürlichen Erkrankung des Menschen und bei den experimentellen Infektionen der Affen nicht benutzt wird, könnte dies nur daran liegen, *daß das Virus überhaupt nicht oder nicht in genügender Menge in den Liquor gelangt.* Beim Menschen wurde Virus im Liquor bisher nicht nachgewiesen; doch ist die Zahl der untersuchten Fälle klein und es fehlen vor allem Daten über die Infektiosität des Liquors in der Inkubation und im Initialstadium der Poliomyelitis, worauf es in erster Linie ankommt, da das Virus sowohl aus dem Liquor als auch aus verschiedenen Partien des Zentralnervensystems wieder verschwinden kann [FAIRBROTHER und HURST, FABER und GEBHARDT, HURST (*3*)]. Im Affenexperiment *muß* Virus in den Liquor übertreten, bei der intracerebralen Impfung so gut wie immer, bei intraneuralen Injektionen in den Nervus ischiadicus in einem großen Prozentsatz der Einzelversuche; ob in einer für die Infektion ausreichenden Menge, ist

[1] Bei SABIN und OLITSKY (*4*, S. 222) heißt es — mit Beziehung auf das Virus der Vesicularstomatitis — ausdrücklich: „It does not appear that in young mice certain areas are more resistant to necrosis than others, because by varying the route of inoculation almost all regions of the CNS can be shown to be susceptible."

fraglich und je nach den Versuchsbedingungen wohl auch verschieden zu beantworten. Jedenfalls ist der Virusnachweis im Liquor von Affen — wenn auch nur in wenigen Fällen — gelungen [HURST (*3*), FAIRBROTHER und HURST].

Da intracisternal injizierte Stoffe, wie Trypanblau oder Tusche, in die Hirnhöhlen übertreten, und da man feststellen kann, daß die Kohlepartikel der Tusche das Ependym der Hirnventrikel durchsetzen, nimmt HURST (*3, 4*) an, daß auch das in gleicher Weise zugeführte Virus diesen Weg einschlägt, zumal sich in früh untersuchten Fällen die histologischen Läsionen auf die Umgebung des 4. Ventrikels, den Pons und die Medulla verteilten.

Von den nach intracisternalen Injektionen stets entzündeten Meningen aus soll dagegen das Virus nicht oder nur ausnahmsweise in die Substanz des Gehirnes oder Rückenmarkes eindringen. HURST prüfte nämlich den Virusgehalt der verschiedenen Partien der Großhirnrinde; konstant positive Resultate gaben nur die motorischen Rindenfelder, andere Bezirke erwiesen sich nur ausnahmsweise und in geringerem Grade als infektiös. Diese Verteilung entsprach nicht den entzündlichen Veränderungen der Hirnhäute, welche die verimpften Rindenstücke bedeckten. Ob die (von den Rindenstücken abgezogenen) Parzellen der Meningen überhaupt Virus enthielten, bzw. ob ihr Virusgehalt den korrespondierenden Bezirken des Cortex entsprach, wurde nicht untersucht, eine Lücke, welche ein abschließendes Urteil über diese experimentellen Ergebnisse nicht gestattet.

Farbstoffinjektionen in den Liquor hat in Fortsetzung früherer Experimente von E. GOLDMANN besonders H. SPATZ ausgeführt. Er fand, daß sich der Farbstoff (Trypanblau) in den Liquorräumen des Rückenmarkes und in den Räumen um den Hirnstamm und die Hirnbasis (Cisterne) sehr rasch ausbreitete und daß auch die Ventrikelräume durch das Foramen Magendii leicht erreicht wurden, während die Farbe in die Räume über der Gehirnkonvexität und über den Kleinhirnhemisphären nur unregelmäßig und langsam eindrang. Vom Liquor aus drang das Trypanblau in die Hirnsubstanz ein, aber stets nur bis zu einer gewissen Tiefe; die zentralen Partien blieben frei. Da das Trypanblau entzündungserregend wirkt, kam es auf diese Weise zur Bildung von zwei Entzündungszonen, nämlich an der äußeren Oberfläche zu einer Farbstoff-Meningoencephalitis von vorwiegend basalem Typus und an der inneren Oberfläche zu einer Farbstoff-Subependymitis.

Diesem Farbstoffmodell sollen nach O. SEIFRIED und SPATZ einige nichteitrige Encephalitiden entsprechen, welche durch neurotrope Virusarten verursacht werden, vor allem die BORNAsche Krankheit der Pferde, dann auch die Encephalitis epidemica (v. ECONOMO), die Lyssa und die Poliomyelitis[1] des Menschen. Bei diesen Prozessen sollen die anatomischen Veränderungen — speziell im Bereiche des Mittel- und Zwischenhirns und auch noch im Rauten-

[1] Daß SEIFRIED und SPATZ auch die Poliomyelitis miteinbeziehen konnten, kam daher, daß sie lediglich Fälle mit cerebralen Veränderungen (mit Ausnahme einer eigenen Beobachtung der Arbeit von HARBITZ und SCHEEL entnommen) berücksichtigten. Bei der experimentellen Affenpoliomyelitis ist die Beteiligung des Gehirnes gering. M. BRODIE, der über 200 Affen untersuchen konnte, fand nur in einem einzigen Fall encephalitische Symptome, und die Untersuchung des Gehirnes ergab nur in der motorischen Rinde kleine und spärliche Herde, zuweilen aber auch ganz negative Befunde. Auch bei der natürlichen Infektion des Menschen sind Läsionen im Gehirn (in der Rinde der Zentralwindungen und in den basalen Ganglien, nicht häufig und dem Grade nach meist geringfügig (J. WICKMAN, HARBITZ und SCHEEL u. a.). SEIFRIED und SPATZ haben übrigens nicht nur eine exzeptionelle Lokalisation zur Grundlage ihrer Betrachtung gemacht, sondern es auch unentschieden gelassen, in welchem genetischen und zeitlichen Verhältnis die cerebralen Veränderungen zu dem Prozeß im Lendenmark stehen.

hirn — vorherrschend in zwei Zonen oder Schichten angeordnet sein, von denen die eine entlang der inneren Oberfläche (Ventrikelräume), die andere entlang bestimmter basaler Anteile der äußeren Oberfläche angeordnet war, während zentralgelegene Abschnitte meist verschont blieben. Seifried und Spatz schließen aus dieser Art der Lokalisation der anatomischen Veränderungen, daß die Virusarten bei den aufgezählten 4 Krankheiten wahrscheinlich vom Liquor aus, d. h. „von den äußeren und inneren Liquorräumen in breiter Front in die Hirnsubstanz eindringen".

Die Annahme, daß das Eindringen von Farbstoffen ein zutreffendes Bild der Viruspenetration gibt, ist kaum zu billigen, weil ein Vorgang, welcher der Herstellung einer hohen Farbstoffkonzentration im Liquor auch nur annähernd gleichgesetzt werden könnte, für die natürlichen Übertragungsarten der genannten Encephalitiden — Seifried und Spatz haben nur spontan entstandene Fälle untersucht — nicht in Frage kommt. Vor allem ist aber der Virusnachweis im Liquor bei der Lyssa, bei der Bornaschen Krankheit und bei der Poliomyelitis in verschiedenen Stadien fast immer mißglückt, so daß die Auffassung von Seifried und Spatz, da vorläufig eine notwendige Voraussetzung nicht erfüllt werden konnte, nicht diskutabel ist.

Für experimentell erzeugte Infektionen liegt, wie bereits betont wurde, die Sache insofern anders, als der Übertritt von Virus in den Liquor zumindest potentiell zugegeben werden muß und auch vereinzelte Berichte über Virusbefunde im Liquor vorliegen. Wenn man hier an dem Eindringen von Virus aus dem Liquor durch die Meningen in das Hirnparenchym festhalten wollte, würde sich die Frage ergeben, ob die Viruselemente die Hirnhäute mit Hilfe derselben Kräfte durchsetzen können wie ein unbelebtes Agens (z. B. wie die Partikel des kolloidal gelösten Trypanblaus) oder ob sie sich im Gewebe der Meningen vermehren und diese — sei es nun mit oder ohne pathologische Auswirkung (Meningitis) — durchwuchern. Beides wäre denkbar, müßte aber doch erst bewiesen werden; im zweiten Fall wäre in bestimmten Phasen des Infekts eine höhere Viruskonzentration in den Meningen, im ersten im Liquor zu erwarten. Es hängt diese Alternative mit der Auffassung der Meningitis zusammen, welche die natürlichen und experimentellen Virusinfektionen des Gehirnes und des Rückenmarkes in mannigfach abgestufter Intensität begleitet (siehe den folgenden Abschnitt).

Aus den Untersuchungen von Seifried und Spatz ergibt sich, falls man die Entstehung der bezeichneten Encephalitiden vom Liquor aus ablehnt, abermals die eindringliche Mahnung, *in der Verwertung anatomischer Befunde besonders vorsichtig und kritisch vorzugehen.* Der Herd markiert allerdings bei infektiösen Prozessen eine Stätte der Vermehrung der Erreger, jedoch nicht immer, da toxische Produkte oder entzündungserregende Stoffe fortgeleitet werden können und dann am entfernten Ort anatomische Läsionen erzeugen. Insbesondere sind die bei Virusencephalitiden so häufigen perivasculären Infiltrate nicht so zu deuten, daß sie durch eine Wucherung des Agens in den adventitiellen Gefäßscheiden hervorgerufen werden. Für jeden Fall hat man zu berücksichtigen, daß der Herd an sich nur eine *Ansiedlungsstätte* des pathogenen Keimes anzeigen kann, nicht aber den *Weg*, auf welchem derselbe an diesen Ort gelangte. Der osteomyelitische Herd im Knochenmark gibt ja auch keine Auskunft über diese Frage, er ist „*kryptogenetisch*".

Das deutsche Wort „Ausbreitung" ist eben doppeldeutig, da es einen in der Zeit ablaufenden Vorgang (die Wanderung des ätiologischen Agens im Wirtsorganismus) oder einen in einem bestimmten Zeitpunkt bestehenden Zustand ein „Ausgebreitetsein" bedeuten kann; die Verteilung der anatomischen Läsionen repräsentiert naturgemäß einen Zustand, eine Momentaufnahme, die überdies die Extensität und Intensität der Virusverteilung nicht getreu abbildet, sondern durch die beiden

Faktoren der örtlichen Vermehrung des Agens und der regionär differierenden Reaktivität des Wirtsgewebes entscheidend beeinflußt wird.

Im Hinblick auf verschiedene Unstimmigkeiten zwischen ihren histologischen Befunden und ihrer Hypothese geben SEIFRIED und SPATZ selbst zu, daß die Prozeßausbreitung bei den Virusencephalitiden doch wesentlich komplizierter sein könnte als bei der experimentellen Farbstoffmeningitis, und sind geneigt, neben dem Eindringen vom Liquor aus noch andere bestimmende Faktoren anzunehmen, vor allem die „*Pathoklise*“ (C. und O. VOGT), d. h. eine verschiedene Empfindlichkeit der Bezirke eines größeren Gebietes gegen ein gleichmäßig ausgebreitetes pathogenes Agens. Die „Pathoklise“ oder, was in diesem Falle auf dasselbe hinausläuft, die Existenz „elektiver Zonen“ (im Sinne von LEVADITI) fungiert somit hier als Lückenbüßer, um die These vom Eindringen des Virus durch innere und äußere Grenzflächen aufrecht erhalten zu können; bei H. PETTE (*4*) dagegen ist sie der beherrschende Faktor der Prozeßbildung, der nicht nur die Art der Virusausbreitung, sondern auch die Eintrittsstelle des Virus in das Zentralnervensystem völlig maskieren kann, was zweifellos richtiger ist.

Herpesvirus und Liquor beim Menschen.

Eine besondere Beziehung soll beim Menschen zwischen *Herpesvirus* und Liquor bestehen. Es wird behauptet, daß sich dieses Virus im Liquor lange Zeit in latentem Zustande halten kann und daß der rezidivierende sowie der provozierbare Herpes auf einer „Aktivierung“ dieses latenten Virus beruhen. Wie das Herpesvirus aus dem Liquor zu den Orten seiner peripheren Manifestationen (Haut oder Cornea) gelangt, wird nicht erörtert; man beruft sich lediglich auf Angaben, denen zufolge der Nachweis des Virus im Liquor geglückt sein soll [FLEXNER und AMOSS (*2*), BASTAI und BUSACCA (*1*), L. JACCHIA, ST. ZURUKZOGLU]. Umfangreiche Nachprüfungen von K. SCHMIDT sowie namentlich von DOERR und seinen Mitarbeitern (SCHNABEL, M. FISCHER, S. SEIDENBERG) haben jedoch durchwegs negative Resultate ergeben, auch wenn die Liquorproben von Individuen stammten, welche entweder vor der Lumbalpunktion einen Herpesausschlag gehabt hatten oder bei denen kurz nach der Punktion der Herpes (durch Fiebertherapie) ausgelöst werden konnte.

Es erscheint somit fraglich, ob man die positiven Befunde gelten lassen soll oder ob sie nicht auf Irrtümern (ungenaue Beobachtung, mangelhafte Identifizierung des Virus, Stallinfektionen) zurückzuführen sind. Entscheidet man sich im erstgenannten Sinn, so ist damit gesagt, daß Herpesvirus längere Zeit im Liquor verweilen kann, ohne daß das Zentralnervensystem in klinisch feststellbarer Form unter diesem Zustand leidet, sei es, daß ruhendes Herpesvirus in das Gehirn und Rückenmark nicht einzudringen vermag, sei es, daß die nervösen Zentralorgane des Menschen durch dieses Virus nicht oder nur latent infiziert werden können. Zu dieser Aussage wäre man übrigens auch ohne die zweifelhaften Virusbefunde im Liquor berechtigt, da Angaben vorliegen [P. POINCLOUX, S. NICOLAU und POINCLOUX (*1*, *2*), BASTAI und BUSACCA (*1*) u. a.], daß man Herpesvirus (bzw. das sog. „*herpetiforme Encephalitisvirus*“) in den Liquor von Menschen injizieren kann, ohne daß encephalitische Symptome auftreten, obwohl das Virus zuweilen monatelang — wenn auch mit verminderter Wirkungsstärke — im Liquor nachweisbar bleiben soll [BASTAI und BUSACCA (*1*)].

Bekanntlich entwickeln sich beim Menschen (im Gegensatze zum Kaninchen, Meerschweinchen und anderen Tierspezies) im Anschlusse an periphere Manifestationen des Virus (Herpes corneae oder Hautherpes) keine Myelitiden oder Encephalitiden. Man könnte dies im Sinne des „axonal spread“ so interpretieren, daß nicht nur das menschliche Zentralnervensystem für Herpesvirus unempfänglich ist, sondern daß auch die peripheren Nervenfasern (Achsenzylinderfortsätze) nicht infiziert werden können. Ist dies richtig, so könnte Herpesvirus nur auf hämatogenem Wege in den Liquor gelangen. Es existieren jedoch vereinzelte Beobachtungen, aus welchen hervorgeht, daß das Herpesvirus auch beim Menschen in nervösen Bahnen bis zu den Zentren fortgeleitet werden und dort zu pathogener Auswirkung kommen kann.

Einen merkwürdigen Fall dieser Art hat D. PAULIAN beobachtet. Er betraf einen Arzt, welcher zu Versuchszwecken auf der Haut des linken Vorderarmes mit einem Stamm von Herpesvirus geimpft worden war, der aus rezidivierenden Eruptionen stammte. Die Impfung hatte ein positives Resultat. Es traten aber in den nächsten Jahren Spontanrezidive an der Impfstelle auf, denen sich neuralgische Schmerzen im geimpften und im kontralateralen Arm zugesellten, später Symptome von meningealer Reizung und schließlich auch Lähmungen, Muskelatrophien, Kontrakturen, Hirnsymptome und bulbäre Störungen. Exitus 7 Jahre nach der Impfung unter dem Bild einer amyotrophischen Lateralsklerose. Es scheint kein Versuch unternommen worden zu sein, Herpesvirus intra vitam im Liquor oder bei der Sektion im Cervicalmark nachzuweisen; die von PAULIAN gestellte Diagnose „Herpès névraxique“ ist aber doch wahrscheinlich richtig gewesen. Auffallend ist der schleichende Verlauf sowie die Tatsache, daß sich zentrale Erscheinungen erst nach wiederholten Hautrezidiven am gleichen Ort einstellten, so daß man den Eindruck erhält, daß die Infektionsschiene erst nach mehreren gleichsinnigen Impulsen funktionierte.

C. Die Beteiligung der Meningen.

Sowohl die durch natürliche Ansteckung als auch die experimentell hervorgerufenen Virusinfektionen des Zentralnervensystems werden von *Entzündungen der weichen Hirnhäute* begleitet, die allerdings zahlreiche Abstufungen der Intensität erkennen lassen. In der von SEIFRIED und SPATZ aufgestellten Gruppe der auf natürlichem Weg entstandenen Encephalitiden (siehe S. 783) sind sie in der Regel nur schwach ausgeprägt, ein Umstand, der von SEIFRIED und SPATZ sogar als eines der gemeinsamen Merkmale der Gruppe aufgeführt wird; doch wird die Poliomyelitis (mit vorwiegend cerebraler Lokalisation) als Ausnahme anerkannt, da besonders im Lumbalmark und an der Hirnbasis eine erhebliche meningeale Reizung bestand und die Infiltrate im Gegensatze zu den drei anderen Krankheiten der Gruppe (BORNAsche Krankheit, Encephalitis epidemia, Lyssa) leukocytäre Elemente enthielten. Ebenso können die meningitischen Veränderungen bei experimentellen Infektionen recht geringfügig sein.

Anderseits schwankt die Beteiligung der Leptomeningen *selbst bei Prozessen von gleicher Ätiologie* in weitem Spielraum. Maßgebend sind hierfür die Akuität des Verlaufes, die Phase, in welcher die Untersuchung vorgenommen wird, bei experimentellen Infektionen die Virulenz der verwendeten Stämme und die Art der Übertragung, vielleicht auch andere, derzeit noch unbekannte Faktoren. Als Beispiel für die quantitative Variabilität der Meningitis können die Befunde bei der Encephalitis herpetica des Kaninchens dienen; man findet hier neben den Extremtypen, wie sie von E. ZDANSKY u. a. beschrieben wurden, alle Übergänge bis zu kaum angedeuteten entzündlichen Reaktionen.

Sind nun die entzündlichen Vorgänge in den Meningen auf eine *Infektion*, d. h. auf eine Vermehrung des Virus im meningealen Gewebe mit lokaler pathologischer Auswirkung zu beziehen oder handelt es sich um *symptomatische Prozesse*, welche sekundär durch die Infektion des Parenchyms der Zentren ausgelöst werden?

Die Pia zeigt im Vergleich zu anderen Geweben eine *außerordentlich starke Empfindlichkeit gegen entzündungserregende Reize.* Die enormen Reaktionen, die beim Menschen nach der intralumbalen Injektion kleiner Mengen destillierten Wassers auftreten (L. JACCHIA), haben hierfür überraschende Beweise geliefert. Ferner konnte E. W. HURST (*4*) eine Meningitis bei einem Affen beobachten, welchem er 0,5 ccm einer 10%igen Emulsion eines *normalen*, sterilen, in Glycerin aufbewahrten Affengehirnes in die Liquorcisterne eingespritzt hatte. In den Experimenten mit neurotropen Virusarten spielen intracerebrale und subdurale Übertragungen eine wichtige Rolle, und das virushaltige Inoculum besteht in solchen Versuchen fast immer aus Verreibungen von homologem, oft auch von heterologem Gehirn oder Rückenmark. Die Befunde, die sich nach den genannten Übertragungsarten sowie nach intraneuralen Injektionen (vgl. S. 731) ergeben, wird man daher nicht als Grundlage für die Entscheidung der oben formulierten Frage wählen. Das ist auch nicht notwendig. Meningitiden sieht man eben auch im Gefolge natürlicher Ansteckungen oder bei Tieren, welchen man das Virus auf einem Weg einverleibt hat, welcher die direkte Reizung der Meningen durch das Inoculum ausschließt. Man kann daher das Problem auf diese Bedingungen beschränken, und der Infektion der Meningen stünde dann als Alternative die *aspezifische Reizung der Hirnhäute durch Stoffe gegenüber, welche infolge des Infekts der Zentren in diesen entstehen und Entzündungen anfachen, wenn sie in mesenchymale (bindegewebige) Strukturen übertreten.*

Die *Meningitis bei der Poliomyelitis acuta* wurde von SPIELMAYER als aspezifische Reaktion auf die im Rückenmark ablaufenden Prozesse aufgefaßt, und man muß zugeben, daß mancherlei Gründe gegen eine Proliferation des Poliomyelitisvirus im Gewebe der weichen Hirnhäute sprechen. Es erscheint aber zweifelhaft, ob dieser Standpunkt für alle neurotropen Virusarten in gleicher Weise berechtigt ist, namentlich auch dann, wenn es sich nicht um streng neurotrope, sondern um pantrope Virusformen im Sinne von E. W. HURST (siehe S. 701) handelt, wie z. B. beim Herpesvirus.

Die *Myelitis herpetica*, wie sie sich beim Meerschweinchen nach einseitig plantarer Impfung entwickelt, eignet sich besonders für das Studium des Verhaltens der Meningen (B. WALTHARD). Am 6. Tage nach der Impfung in die linke Fußsohle sieht man ein zum Teil diffuses, oft auch herdförmiges Infiltrat der linken dorsalen Wurzeln und in der Umgebung des Wurzeleintrittes eine Verbreiterung und zellige Infiltration der dorsalen Meningen; das meningeale Infiltrat ist links bis zur Medianlinie am dichtesten, zieht sich aber in geringem Grade auf die rechte dorsale Seite hinüber. Am 7. Tage umgürtet die meningeale Infiltration den ganzen Rückenmarksquerschnitt, ist aber dorsal noch immer stärker als ventral. Am 8. Tage konstatiert man, daß sich das Infiltrat von der Hirnhaut aus, den adventitiellen Scheiden der Gefäße in Form von perivasculären Zellmänteln folgend, in das Parenchym des Rückenmarks eingesenkt hat. Kranialwärts steigt die Meningitis bis ins Cervicalmark hinauf, und WALTHARD betont, daß sie stets *als erstes Zeichen* der Infektion höherer Rückenmarksabschnitte auftritt.

Diese anschauliche Schilderung, die bisher von keiner Seite bestritten wurde, stimmt bis in die Details mit den Bildern überein, die man durch Injektionen von Streptokokken (HOMÉN und LAITINEN), Tuberkelbacillen (M. KON) oder Farbstoffen (K. YUIEN) in den Ischiadicus erzielt hat. Der Schluß, daß das Herpesvirus in denselben Bahnen bewegt wird wie die sichtbaren Mikroben und Farblösungen, erscheint begründet; als Bahnen für Mikroben und Farbstoffe kommen aber nur Lymphräume und Gewebsspalten in Betracht, und die axiale Verschiebung kann wohl nur in den Meningen selbst vor sich gehen, das Eindringen in das Rückenmarksparenchym nur von außen nach innen erfolgen.

B. WALTHARD hat sich auch speziell mit der Deutung der *perivasculären Infiltrate* beschäftigt, welche nach seinen Angaben (siehe oben) von den Meningen ausgehen und die Gefäße in das Rückenmarksparenchym begleiten. Er hält es nicht für wahrscheinlich, daß sie vom Blute aus durch zirkulierendes Virus hervorgerufen werden, sondern führt sie auf eine Bewegung des Virus in den adventitiellen Lymphscheiden der Gefäße zurück und betrachtet sie als Analoga der Infiltrate in virusleitenden peripheren Nerven. Diese Auffassung ist indes nicht bewiesen.

M. Kon konnte durch Injektion von bovinen Tuberkelbacillen in den Ischiadicus von Kaninchen eine Meningomyelitis tuberculosa erzeugen; im Rückenmark waren perivasculäre, aus mehreren Zellschichten aufgebaute Infiltrate zu sehen, die aber nicht die tuberkulöse Gewebsstruktur zeigten und auch keine Tuberkelbacillen enthielten. Dagegen waren in den Meningen sehr zahlreiche Tuberkelbacillen vorhanden, und das Infiltrat wies die Merkmale der tuberkulösen Gewebsreaktion auf. Damit soll selbstverständlich nicht behauptet werden, daß Virus, wenn es einmal der Pia zugeleitet ist, nicht ebensogut wie Bakterien oder Farben in das Rückenmark eindringen und dabei die adventitiellen Lymphscheiden der Gefäße benutzen kann. Man muß nur im Auge behalten, *daß die Reaktionsform des perivasculären Infiltrats* (im Gehirn oder Rückenmark) *von Haus aus vieldeutig ist;* die mächtigen Zellmäntel um die Gefäße, welche man bei der Cicutoxinencephalitis beobachtet hat (Adelheim, Amsler, Nicolajev und Reutz), wird man in Anbetracht der Zuleitung des Giftes zum Gehirn eher auf eine vom Blute ausgehende Reizwirkung beziehen als nach anderen komplizierten Erklärungen suchen.

Aus den Ausführungen von B. Walthard erhellt, daß er die Entzündung der Rückenmarkshäute nach plantarer Impfung der Meerschweinchen mit Herpesvirus als eine Fortsetzung der interstitiellen Neuritis im Ischiadicus der geimpften Seite betrachtet, in räumlicher als auch in zeitlicher Beziehung. Die Frage der Pathogenese der Meningitis wird auf diese Weise mit dem Entstehungsmechanismus der entzündlichen Veränderungen in der nervösen Infektionsschiene gekoppelt; falls die Beobachtungen von Walthard richtig sind, wäre es unlogisch, für beide eine verschiedene Ursache anzunehmen, eine Überlegung, die in die Erörterungen über den Prozeß der zentripetalen und zentrifugalen Viruswanderung in peripheren Nerven hineinspielt (siehe S. 734).

Der Spezialfall der Myelitis herpetica des Meerschweinchens nach plantarer Impfung bietet in der hier diskutierten Richtung zweifellos weit durchsichtigere Verhältnisse als die auf andere Weise erzeugten herpetischen Infektionen des Zentralnervensystems. Schon aus den grundlegenden Arbeiten von Goodpasture und Teague ist indes zu entnehmen, daß es überall dort, wo ein virusleitender Nerv in das Gehirn eintritt, zu einer oft sehr intensiven Meningitis kommt, die sich von der Eintrittsstelle aus auf die benachbarten Bezirke der Hirnhaut ausdehnt. Nach der einseitig cornealen Impfung der Kaninchen geht die Meningitis von der Eintrittsstelle des homolateralen sensiblen Trigeminus in den Pons aus, nach einer linksseitigen Impfung der Trachealschleimhaut findet sie sich am Eintritte der Vagusfasern in die Medulla oblongata usw. Aus den Untersuchungen von Goodpasture und Teague sowie von E. Koppisch geht hervor, daß das Virus auch im Gehirn noch Bahnen verfolgt, welche zu dem zuleitenden Nerven in funktioneller Beziehung stehen, wenn auch nur bis zu den Kernen dieser Nerven. Man kann daher nicht behaupten, daß das Gehirn von den Meningen aus infiziert wird, wie sich dies aus den Schilderungen der Myelitis herpetica des Meerschweinchens zu ergeben scheint (siehe S. 787), darf aber so weit gehen, daß man die Meningitis und die Encephalitis als koordinierte Effekte des im Leitnerven eintreffenden Virus auffaßt.

Gesicherte Aussagen über die Pathogenese der Meningitis bei natürlichen und experimentellen Virusencephalitiden bzw. Myelitiden wären allerdings nur durch *qualitative und quantitative Prüfungen des Virusgehaltes der Hirnhäute* zu erreichen. Hierbei wäre darauf zu achten, ob sich eventuelle Virusbefunde mit der Intensität und Lokalisierung der Meningitis decken, ob in den Meningen das Virus schon früher bzw. in größerer Menge festgestellt werden kann als in den darunter liegenden Hirnpartien, ob sich Virus in den Hirnhäuten bei virusfreiem Liquor nachweisen läßt, schließlich auch, ob die Übertragungsart den Virusgehalt der Meningen bestimmt. Diese Verhältnisse müßten *für verschiedene neurotrope Virusarten* ermittelt werden, da die Möglichkeit eines differenten Verhaltens nicht auszuschließen, vielmehr sogar bis zu einem gewissen Grade wahrscheinlich ist.

Die Abneigung, eine Infektion mesenchymaler Gewebe zuzugeben, beruht zum großen Teile auf der irrigen Voraussetzung, daß eine ausgesprochene Affinität einer Virusart zum Zentralnervensystem (einer oder mehrerer Wirtsspezies) mit der Ansiedlungsfähigkeit in nichtnervösen Texturen unverträglich sei. Die Neurotropie wird zur Neurocytotropie [Goodpasture (*4*, *5*)], d. h. zum obligaten Parasitismus in Nervenzellen gesteigert und mit diesem Begriff identifiziert. Es soll nicht in Abrede gestellt werden, daß sich die Neurotropie in manchen Fällen der Neurocytotropie weitgehend annähern kann, wie etwa bei der Poliomyelitis. Doch sind dies Ausnahmen. In der Regel ist die Neurotropie nicht so extrem ausgeprägt, und diese Erkenntnis hat E. W. Hurst (*1*, *6*) und seinen Anhänger I. A. Galloway gezwungen, Abstufungen der Neurotropie zuzugestehen (siehe S. 701), die dadurch charakterisiert sind, daß zur Infektion für das Nervensystem andere Organo- und Cytotropien in wachsender Zahl und Mannigfaltigkeit hinzutreten. In der Konzeption von Hurst bedeutet das Wort „Neurotropie“ die Ansiedlungsfähigkeit der Virusarten im Gehirn und Rückenmark; auch diese Begrenzung erschöpft nicht die tatsächlich vorkommenden Kombinationen. So wie unter den Bakterien die Meningokokken, können auch manche Virusarten eine ausgesprochene Affinität zu den weichen Hirnhäuten zeigen. Von T. M. Rivers und Scott (siehe auch Scott und Rivers) sowie von Armstrong und Lillie wurden Virusmeningitiden beim Menschen festgestellt; die erste Phase der Schweinehirtenkrankheit (Maladie de Bouchet) ist durch meningeale Symptome und durch Veränderungen des Liquors ausgezeichnet (siehe Durand, Giroud, Larrivé und Mestrallet), und das Virus der akuten lymphocytären Choriomeningitis (E. Traub, G. M. Findlay, Findlay und Stern, Lépine, Sautter und B. Kreis, Armstrong und Lillie) ist ein weiteres, experimentell genauer analysiertes Beispiel. In dieselbe Kategorie gehört ferner das von M. Theiler entdeckte Mäusevirus und das demselben nahestehende Virus, welches kürzlich von E. Gildemeister und I. Ahlfeld beschrieben wurde.

Es ist demnach sichergestellt, daß es Virusarten gibt, welche die Hirnhäute infizieren und in denselben entzündliche, zum Teil sehr intensive Prozesse hervorrufen können. Darf man aber solche Virusformen als neurotrop bezeichnen? Sollte man nicht korrekter von einer „Meningotropie“ sprechen? Wer die geweblichen Affinitäten der Virusarten nach Keimblättern klassifiziert, wird solche Einwände als berechtigt empfinden und für die scharfe Abgrenzung des „ektodermotropen“ vom „mesodermotropen“ Verhalten eintreten. Da das Thema der spezifischen Lokalisationen (Tropismen) einem besonderen Kapitel dieses Handbuches vorbehalten ist, sei hier nur nachdrücklichst betont, daß die supponierte grundsätzliche Trennung von Ektodermotropie und Mesodermotropie nicht existiert. Das hat sich beim Herpes- und beim Vaccinevirus gezeigt und tritt uns auch hier wieder entgegen. Die lymphocytäre Choriomeningitis verläuft beim Menschen zwar in der Regel als benigne Hirnhautentzündung, d. h. unter meningealen Symptomen; man hat aber auch Krankheitsbilder vom Typus einer Myelitis oder Encephalomyelitis beobachtet (B. Kreis). Das von

GILDEMEISTER und AHLFELD untersuchte Mäusevirus erzeugt mächtige zellige Infiltrationen der Meningen, gleichzeitig aber auch encephalitische Herde und so wie das THEILERsche Virus Nekrosen der Ganglienzellen in den Vorderhörnern des Rückenmarks; die „mesodermotrope" Affinität zu den Hirnhäuten kombiniert sich hier mit der „ektodermotropen" zu den hochspezifizierten Zellen des Zentralnervensystems.

IV. Der Mechanismus der zentripetalen Virusbewegung in peripheren Nerven.

A. Der Spielraum der Hypothesen und seine Ausnutzung in historisch-kritischer Beleuchtung.

Die Theorie, daß sich gewisse Virusarten in peripheren Nerven in zentripetaler Richtung fortbewegen können, ist heute durch eine so große Zahl von Beobachtungen und Experimenten gestützt, daß eine ablehnende oder auch nur zurückhaltende Stellungnahme als grundsätzlicher und daher unfruchtbarer Skeptizismus erscheinen könnte. Man muß aber, je mehr man sich in das Thema vertieft, um so rückhaltloser zugeben, daß die Beweisführung nicht lückenlos ist, und dieser nicht restlos befriedigende Zustand fällt um so schwerer in die Waagschale, als die Hypothese der Nervenwanderung mit inneren Unwahrscheinlichkeiten und mit einer das Problem komplizierenden Schwesterhypothese belastet ist. Könnten wir uns eine bestimmte Vorstellung über den *Mechanismus* des Bewegungsvorganges in peripheren Nerven bilden, so würde sich die Situation zweifellos klarer gestalten. Diese Schlüsselstellung hat indes die Virusforschung bis jetzt nicht erobert.

Es existieren, sofern das bewegte Agens ein *Infektionsstoff*, also *vermehrungsfähig* ist, zwei Möglichkeiten: der *passive Transport* oder das *gerichtete Wuchern*, und in beiden, theoretisch denkbaren Fällen können wir den Vorgang entweder in die *Achsenzylinder* oder in *extraaxonale Gewebe* des Nerven verlegen. Der passive Transport erfordert die Annahme einer zentripetalen Strömung in langgestreckten, von der Peripherie bis zum Zentralnervensystem reichenden Kanälen, die fortschreitende Infektion ist von dieser Bedingung zum Teil unabhängig. Bei einem nichtvermehrungsfähigen Stoff, z. B. einem neurotropen Toxin, kommt nur der *passive Transport* in Betracht, und es ist schon um dieser Vereinfachung willen angezeigt, die Toxinwanderung im Nerven als Doktrin von wechselndem Inhalt durch ihre verschiedenen Entwicklungsphasen hindurch zu verfolgen.

1. Die zentripetale Bewegung des Tetanustoxins in peripheren Nerven.

a) Die axonale Toxinwanderung als ursprüngliche Hypothese.

In ihren grundlegenden „Untersuchungen über den Tetanus" (1903) schrieben H. MEYER und RANSOM: „Bei dem der Masse nach vorwiegend flüssigen Inhalt der Achsenzylinder . . . stößt das Verständnis eines gifttragenden Stromes im Nerven auf keine Schwierigkeit." Nun besteht der Achsenzylinder aus dem Hyalo- oder Neuroplasma und den in dasselbe eingebetteten Neurofibrillen. Mit dem „flüssigen Inhalt" kann nur das Neuroplasma gemeint sein, das aber nicht als Flüssigkeit im engeren Wortsinne aufzufassen ist, sondern wahrscheinlich die Beschaffenheit des Cytoplasmas der Ganglienzelle hat, von welcher der Achsenzylinderfortsatz ausgeht; seine Konsistenz dürfte einer weichen Gallerte entsprechen (DE RÉNYI). Kontinuierliche zentripetale Strömungen in einer solchen protoplasmatischen bzw. gallertigen Substanz sind, auch wenn man ihnen nur eine geringe Geschwindigkeit zuschreiben wollte, aus mehrfachen Gründen undenkbar; als treibende Kraft käme somit nur die *Diffusion* in Betracht.

Daß Farbstoffe (Methylenblau, Säurefuchsin) oder Salze (Mischungen von Ferrocyankalium und Eisenammoniumcitrat) in die Achsenzylinder peripherer Nerven eintreten und in denselben aufsteigen können, wenn man die Schnittfläche der durchtrennten Nerven in die Farb- oder Salzlösungen eintauchen läßt, wurde von TEALE und EMBLETON (*2*) sowie von J. R. PERDRAU durch besondere Versuche festgestellt, in welchen zum Teil exzidierte Nervenstücke, zum Teil Nerven, die im lebenden Tier belassen wurden, benutzt worden waren. In 4 Stunden können die von der Schnittfläche aus eingedrungenen Substanzen Strecken von 4—5 cm zurücklegen (PERDRAU). Ferner ist es schon seit sehr langer Zeit bekannt, daß Salze, wie z. B. Silbernitrat, auch in die Achsenzylinder intakter Nerven eindringen können u. zw. von den RANVIERschen Schnürringen aus (siehe u. a. A. FISCHEL). Doch brachten die Ergebnisse dieser Experimente nicht die gewünschte Aufklärung, 1. weil die Farbstoffe nicht nur von den Achsenzylindern, sondern auch von den bindegewebigen Anteilen der Nerven (besonders vom Perineurium, weniger von den HENLEschen Scheiden) aufgenommen wurden und 2. hauptsächlich deshalb, weil *kolloidale* Farblösungen, wie Preußischblau oder Viktoriablau, nicht einmal in Spuren in die Achsenzylinder einzudringen vermochten, andere, wie Kongorot und Säurekarmin, bloß in geringen Mengen und — selbst bei Anwendung der diffusionsbeschleunigenden Kataphorese — nur auf Distanzen von höchstens 0,75 cm.

Auch der Diffusionsprozeß entspricht somit nicht der MEYERschen Idee eines „*gifttragenden Stromes*", wenn es sich um kolloidal gelöste oder in Form von Partikeln (Elementarkörperchen der Virusarten) suspendierte Stoffe handelt; bei den Toxinen, insbesondere beim Tetanustoxin wäre überdies zu berücksichtigen, daß die Wirkung unter Einhaltung identischer Bedingungen durch Variierung der injizierten Dosis fein abgestuft werden kann, was nicht verständlich wäre, wenn die Zuleitung zum Erfolgsorgan durch einen Vorgang vermittelt wird, welcher schon durch den leichtesten Druck auf den Nerven verhindert werden kann (J. R. PERDRAU).

Faßt man lediglich das Problem des *Toxintransportes* in peripheren Nerven ins Auge, so bietet die Verlegung des Bewegungsvorganges in die Achsenzylinder einen — nach den vorstehenden Ausführungen allerdings nicht maßgebenden — theoretischen Vorteil. Es bedeutet nämlich unter dieser Voraussetzung keinen Widerspruch, daß die Zeit der Wanderung symptomlos verstreicht und daß pathologische Erscheinungen erst nach dem Eintreffen des Giftes im Leibe der Ganglienzellen einsetzen, obwohl Ganglienzelle und Achsenzylinder eine morphologische Einheit repräsentieren. Wir wissen, daß Gifte, wie z. B. Curare oder Cocain, nur bestimmte und scharf begrenzte Teile oder Strecken eines Neurons beeinflussen; auch erzeugt ja das Tetanustoxin in der Ganglienzelle selbst keine anatomisch faßbaren Läsionen, sondern nur funktionelle Störungen, so daß die symptomlose Ausbreitung im Achsenzylinder aus einem doppelten Grunde begreiflich erscheint.

MEYER und RANSOM waren jedenfalls überzeugt, daß die Verbreitung des Toxins — sei es in den peripheren Nerven, sei es im Zentralnervensystem selbst — *nicht in den Lymphbahnen, sondern ausschließlich im Protoplasma der Neuronen stattfinden könne.* Sie stützten sich auf die Beobachtung, daß der sog. „*cerebrale Tetanus*" nur durch Injektion des Toxins in das Gehirn, nicht aber durch Injektionen in die Nerven, in den Subarachnoidealraum oder in das Rückenmark erzeugt werden kann. Nach MEYER und RANSOM entsteht ferner kein *lokaler Tetanus*, wenn man das Gift in einen rein sensiblen Nerven einspritzt. Das in die Bahn eingeschaltete Ganglion soll ein unüberwindbares Hindernis bilden, da das neuronal geleitete Gift die Synapsen nicht zu überspringen vermag (eine

Erklärung, die mit der Tatsache kollidiert, daß sich der lokale Tetanus vom vergifteten Hinterbein auf das kontralaterale ausdehnen und als Tetanus ascendens auf die von höheren Segmenten innervierten Muskelgruppen übergreifen kann).

b) Die Verdrängung der axonalen Hypothese durch die Lymphbahntheorie.

Schließlich vollzog sich aber die *Abkehr von der Theorie des axonalen Gifttransportes.* Die Lehre, daß der lokale Tetanus auf eine zentripetale Zuleitung des Giftes in peripheren Nerven zurückzuführen sei, wollte man indes in Anbetracht ihrer geistvollen und überzeugenden Begründung durch H. Horst-Meyer nicht preisgeben. So bot sich als natürlicher Ausweg das Zurückgreifen auf die Hypothese von Gumprecht, welche die Wanderung des Toxins in den Lymphbahnen der Nerven vor sich gehen ließ. Nachdem schon Stinzing eine ähnliche Auffassung vertreten hatte, setzten sich für diese Variante während des Weltkrieges Aschoff und Robertson, Robertson, Gottlieb und Freund ein, während man bei Teale und Embleton sowie R. Kobayashi auf einen vermittelnden Standpunkt stößt, welcher sowohl die axonale als auch die Lymphbahn als mögliche Wege gelten lassen möchte (ein Kompromiß, das schon deswegen abzulehnen ist, weil unter solchen Umständen eine Dosierung des Tetanustoxins im Tierexperiment ausgeschlossen wäre). Da sich H. Meyer selbst nach anfänglichem Zögern entschloß, seine ursprüngliche Auffassung zugunsten des Lymphbahntransportes aufzugeben, gewann diese Hypothese bei Pharmakologen, Pathologen und Mikrobiologen die Oberhand. Durch den Wandel der Ansichten über den Mechanismus der zentripetalen Toxinwanderung bekundete aber die Theorie der nervösen Giftleitung eine innere Schwäche, deren Erkenntnis früher oder später zur Opposition führen mußte. Es kam aber noch ein anderer Umstand hinzu.

Die anatomischen Grundlagen der Lymphbahntheorie.

Die Lymphbahnhypothese setzt die Existenz präformierter Hohlräume oder Spalten voraus, welche die Nerven in ihrer ganzen Länge durchziehen und mit dem Subarachnoidealraum kommunizieren. Daß diese Bedingung de facto erfüllt ist, hielt man auf Grund alter Versuche von Axel Key und Retzius für sicher. Diese Autoren hatten nämlich gezeigt, daß gefärbte Flüssigkeiten, die man in einen größeren Nervenstamm (etwa in den Ischiadicus eines Kaninchens) zentralwärts injiziert, bis zum Rückenmark vordringen. Derartige Experimente wurden in der Folge ungezählte Male wiederholt (Literatur bei H. Horster und L. Whitman sowie bei I. D. Mulder), u. zw. mit dem gleichen, wenn auch nicht konstanten Erfolg; die Versager schienen jedoch natürlich, da es von der zufälligen Lage der Injektionskanüle im Nerven abhängen mußte, ob das Injektionsgut in die präformierten Hohlräume eindrang oder das Epineurium unter Bildung eines lokalen Depots infiltrierte. Nach Key und Retzius sollte die Bahn auch in umgekehrter Richtung passierbar sein; wenn gefärbte Flüssigkeiten oder Ölemulsionen an menschlichen Leichen oder an lebenden Versuchstieren in den Liquor eingespritzt wurden, kamen die Farben bzw. die Öltröpfchen in den perineuralen Scheiden sowohl der spinalen als auch der Hirnnerven zum Vorschein.

Im Epineurium größerer Nervenstämme sind auch echte, mit eigenen Wandungen versehene und mit ihren Verzweigungen ein geschlossenes Netz bildende *Lymphgefäße* vorhanden (A. Shdanow, M. Jossifow, A. Defrise u. a.). Sie kommen aber für die Erklärung der Injektionsversuche von KEY und RETZIUS und ihrer Nachfolger nicht in Betracht [R. DOERR (*5*, *6*)], weil sie, in mehrere Stämmchen (Kollektoren) zusammengefaßt, die Lymphe in die nächstgelegenen Lymphdrüsen befördern und somit vom Zentralnervensystem ableiten, aber nicht zu demselben hinführen. Es könnte sich somit nur um jene kapillaren, nicht von Endothel ausgekleideten Gewebsspalten handeln, welche zwischen den Nervenfasern bzw. zwischen diesen und den bindegewebigen Hüllen der Faserbündel vorhanden sind.

Gegen die Schlüsse, welche KEY und RETZIUS aus ihren Injektionsversuchen ableiteten, wurden Einwände erhoben, meines Wissens zuerst 1904 von SICARD und CESTAN, später auch von L. H. WEED (*1*), HORSTER und WHITMAN, I. D. MULDER (*1*, *2*), J. J. ABEL u. a. Der von KEY und RETZIUS beschriebene Effekt wurde als Artefakt aufgefaßt, welcher durch den *Injektionsdruck* oder das *Injektionsvolum* bzw. durch das Zusammenwirken dieser beiden Faktoren bedingt ist; dadurch können zarte membranöse Scheidewände gesprengt und Flüssigkeiten in die erzeugten falschen Wege hineingetrieben werden.[1] Anatomische Untersuchungen von SICARD und CESTAN sowie von R. ELMAN ergaben, daß solche „schwache Stellen" tatsächlich vorhanden sind, nämlich dort, wo die Arachnoidea auf die dorsalen Wurzeln der Spinalnerven und das Ganglion spinale übergeht (vgl. die Illustrationen bei SICARD und CESTAN und bei R. ELMAN); injiziert man Tusche unter beträchtlichem Druck in den Liquor menschlicher Leichen, so entstehen gerade an diesem Orte (dem „Subarachnoidealwinkel" nach der Bezeichnung von ELMAN) Einrisse, welche die Passage nach außen vermitteln (SICARD und CESTAN).

Für J. D. MULDER besteht kein Zweifel, daß der von den verschiedenen Autoren aufgewendete Injektionsdruck das Vortreiben von Flüssigkeiten in den Liquor durch Injektion in periphere Nerven restlos erklärt. MULDER selbst reduzierte das Injektionsvolum auf 0,005 ccm und stellte fest, daß sich das Injektionsgut (Eisensalze, Kollargol, Trypanblau, Tusche) nur über sehr kurze Distanzen ausbreitet und daß hierbei keine Bevorzugung der zentripetalen vor der zentrifugalen Richtung zu erkennen sei. Erst nach mehreren Tagen oder gar nach einigen Wochen traten Farbstoffpartikel oder Tuscheteilchen in entfernten, proximal oder distal von der Injektionsstelle gelegenen Partien des Nerven auf und konnten zentralwärts bis in die Rückenmarkswurzeln, die spinalen Ganglien, ja bis zum Rückenmark selbst verfolgt werden; die Partikel waren in einzeln oder gruppenweise angeordneten Zellen eingeschlossen, und MULDER vermutet daher, daß die Ortsveränderung als Verschleppung korpuskulärer Elemente durch phagocytierende Wanderzellen zu deuten sei. MULDER gibt zu, daß innerhalb des Perineuriums der Nerven ein zusammenhängendes System kapillarer Spalten besteht, welches sich zentralwärts bis in die Spinalwurzeln, distal bis in die feinsten Endverzweigungen ausdehnt; doch kommuniziere dieses System weder mit dem Liquor noch mit dem Lymphgefäßnetz, und innerhalb desselben existiere keine gerichtete Strömung, welche Fremdpartikel, falls sie in diese Spalträume gelangen, mit sich fortzureißen vermag. Wenn man fremde Stoffe in die Nerven einspritzt und dieselben nach kurzer Zeit in den Spinalwurzeln vorfindet, so sind dieselben nicht durch einen Saftstrom mitgeführt, sondern durch die Injektion

[1] KEY und RETZIUS injizierten subdural unter einem Druck von 60 mm Hg, was ungefähr 800 mm Wasser entspricht. Der normale Liquordruck ist, wie MULDER betont, wesentlich niedriger; er beträgt beim Menschen 100—150 mm Wasser. Unter pathologischen Verhältnissen kann aber der Druck beim Menschen auf 600, 900, ja mehr als 1000 mm Wasser steigen (F. PLAUT), d. h. den von KEY und RETZIUS angewendeten erreichen oder übersteigen. Wenn Membranen vorhanden wären, welche bei solchem Druck einreißen, müßte der ganze Liquor in „falsche Wege" absickern, worüber jedoch keine Berichte vorliegen.

als solche dahin befördert worden — eine Aussage, zu welcher HORSTER und WHITMAN schon vor MULDER gelangt waren.

Charakteristisch ist der Standpunkt, den MULDER auf Grund seiner Untersuchungen in der Frage der nervösen Leitung des Tetanustoxins einnimmt. Er meint, daß die ascendierende Bewegung des Tetanustoxins längs der Nerven wahrscheinlich nicht in den peri- oder endoneuralen Spalten, sondern in den Achsenzylindern stattfinde; er greift also auf die erste Fassung zurück, in welcher MEYER und RANSOM 1903 ihre Theorie veröffentlicht hatten.

Die zitierten Daten geben über die Versuche, Substanzen von den Nerven aus in den Liquor zu injizieren oder sie umgekehrt durch Injektion in den Liquor in periphere Nerven übertreten zu lassen, nur höchst unvollkommene Aufschlüsse. Vielmehr wurden solche Experimente bis in die neueste Zeit immer wieder in mannigfach variierter Form ausgeführt. Die Resultate und besonders die aus ihnen abgeleiteten Folgerungen waren zum Teil so eigenartig und überraschend, daß Nachprüfungen erforderlich wären, um Spreu vom Weizen zu sondern. Das hier diskutierte Problem haben sie jedenfalls nicht entwirrt, sondern meist nur neue Komplikationen geschaffen. Um aber dem Leser zwecks eigener Orientierung einige Hinweise zu liefern, seien außer den schon zitierten Autoren die Arbeiten von A. SPERANSKY und seinen Mitarbeitern (PONOMAREW, WISCHNEWSKY, PIGALEW, P. ULJANOFF usw.) genannt, ferner die Publikationen von B. SPITZER und ST. LOOS (intraneurale Injektionen von Fluorochromen), von K. YUIEN sowie YUIEN und SATO (intraneurale Injektionen von Eisensalzen, die dann im Zentralnervensystem als Berlinerblau nachgewiesen werden konnten), von L. H. WEED, IWANOW, MORTENSEN und SULLIMAN, JACOBI, LÖHR und WUSTMAN (Injektionen in den Liquor, Erscheinen der Stoffe in peripheren Nerven) usw.

Besondere Erwähnung verdienen die Injektionsversuche von K. YUIEN. Wie schon andere Autoren vor ihm stellte auch YUIEN fest, daß in den Ischiadicus oder Brachialis eingespritzte Lösungen nur durch die ventralen Rückenmarkswurzeln bis zum Rückenmark vordringen, während sie in den dorsalen Wurzeln durch die Spinalganglien aufgehalten werden (vgl. S. 748). YUIEN verfolgte aber die weiteren Schicksale des Injektionsgutes (Natriumferrocyanid, das durch Umsetzung in Berlinerblau mit Hilfe einer intrazisternalen Injektion von Eisenperchlorid sichtbar gemacht wurde) und fand, daß sich die ursprüngliche Verteilung in der Weise ändert, daß das Natriumferrocyanid die Meningen gürtelförmig infiltriert, längs der Septen auch in das Rückenmarksparenchym eindringt und schließlich sekundär in die beiden dorsalen Wurzeln, nicht aber in die kontralaterale ventrale eindringt (siehe Abb. 4). YUIEN schloß daraus, daß in sämtlichen Nerven Flüssigkeitsströmungen bestehen, die aber nur in den motorischen Nerven zentripetal, in den sensorischen dagegen zentrifugal gerichtet sind, eine sonderbare Vorstellung, welcher man übrigens in etwas veränderter Gestalt auch in der Lehre von der Viruswanderung in peripheren Nerven begegnet [E. W. HURST (*6*), siehe S. 806].

Was die Pathogenese des lokalen Tetanus anlangt, bemühte man sich darzutun, daß das umfangreiche Beweismaterial, durch welches MEYER und RANSOM die Hypothese der axonalen Giftleitung zu stützen versucht hatten, ebensogut der Lymphbahntheorie entspreche. Gerade aus dieser theoretischen Äquivalenz erwuchs aber die Unmöglichkeit, sich objektiv für eine der beiden Vorstellungen zu entscheiden, eine Sachlage, deren polemischen Wert J. J. ABEL (seit 1934) in ihrem ganzen Umfange erfaßte und literarisch ausbeutete. Kann man nicht oder nicht mit Bestimmtheit sagen, *wie* die Leitung stattfindet, so darf man auch in Zweifel ziehen, *daß* sie stattfindet; dieses Recht, das J. J. ABEL für sich in Anspruch genommen, würde nur in einem Falle hinfällig werden, wenn man

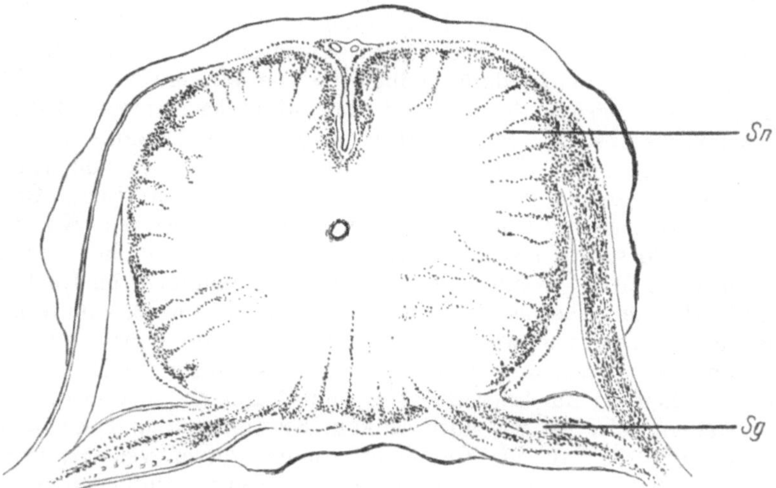

Abb. 4. Querschnitt durch das Halsmark eines Kaninchens, 5 Stunden nach der Injektion von Natriumferrocyanid in den rechten Plexus brachialis; die Verteilung des Salzes ist durch die Umsetzung in Berlinerblau (Injektion von Eisenperchlorid in die große Hinterhauptscisterne unmittelbar vor der Tötung des Tieres) sichtbar gemacht. Das durch die rechte ventrale Wurzel eingedrungene Salz hat sich gürtelförmig in den Meningen ausgebreitet und ist von da aus sekundär in beide dorsale Wurzeln eingedrungen; *die linke ventrale Wurzel ist dagegen völlig frei geblieben* (nach YUIEN, l. c., S. 306). *Sn* = Septen der Neuroglia, *Sg* = Ganglion spinale.

nämlich imstande wäre, den postulierten Bewegungsvorgang durch den Nachweis des Toxins in den aufeinanderfolgenden Teilstrecken einer Bahn zeitlich und quantitativ zu verfolgen.

Der Nachweis von Tetanustoxin in den leitenden Nerven.

Deshalb haben ja auch die ersten Autoren, welche sich mit dem Thema befaßten (BRUNNER, BRUSCHETTINI, MARIE und MORAX, MEYER und RANSOM, TIBERTI, POCHHAMMER, SAWAMURA, PERMIN, TEALE und EMBLETON), so großes Gewicht auf den Toxinnachweis im ableitenden Nerven vergifteter Gewebsbezirke gelegt. Trotz PERMINs Protest hielt man dies als im positiven Sinne entschieden, und noch 1934 schrieben FRIEDEMANN und ELKELES: „Moreover, MEYER and RANSOM could directly identify in the sciatic nerve the toxin previously injected subcutaneously into the hindleg of a cat. In this way the clearly demonstrated the wandering of the toxin in the peripheral nerves.“ DOERR, SEIDENBERG und FL. MAGRASSI stellten jedoch in zahlreichen Versuchen an Kaninchen und an Meerschweinchen fest, daß sich im Ischiadicus nach subcutaner oder intramuskulärer Injektion des Toxins in eine Hinterpfote zwar ein geringer Giftgehalt durch Übertragung auf weiße Mäuse nachweisen läßt, *aber nicht immer* und vor allem *nur unter zeitlichen und räumlichen Bedingungen, welche jeden Beweiswert für die Theorie der Nervenleitung sicher ausschließen.* Zu einer ähnlichen, nur nicht so bestimmt formulierten Auffassung kommt neuerdings C. TRABATTONI, welcher zu seinen Versuchen nur die — für diesen Zweck wegen ihrer geringen Körpergröße weniger geeigneten — Meerschweinchen benutzte.

Aus der Unmöglichkeit, den von der Theorie angenommenen zentripetalen Giftstrom im Nerven durch den biologischen Nachweis des Transportgutes festzustellen, ergibt sich — wie DOERR und seine Mitarbeiter auseinandersetzen — noch nicht die zwingende Notwendigkeit, die Theorie selbst als definitiv erledigt zu betrachten. *Denn der Nachweis des Toxins mißlingt nicht nur im regionären Nerven, sondern auch am Ziele der Wanderung, nämlich im Zentralnervensystem*, bei Impfungen, welche zum lokalen Tetanus einer hinteren Extremität führen, im Lendenmark. Man macht dafür freilich die von WASSERMANN und TAKAKI entdeckte toxinneutralisierende Fähigkeit (das „Bindungsvermögen") der Hirn- und Rückenmarkssubstanz verantwortlich, aber, wie DOERR, SEIDENBERG und MAGRASSI zeigen, mit Unrecht. Nun wurde nie — auch von J. J. ABEL nicht — in Zweifel gezogen, daß das Tetanustoxin an den motorischen Ganglienzellen der Vorderhörner des Rückenmarks angreift; eine essentielle Komponente des Vergiftungsbildes, der *taktil-motorische Reflextetanus* läßt sich auf andere Weise gar nicht erklären. Wenn man trotzdem das Toxin nicht im Rückenmark findet und hierfür keine befriedigende Ursache anzugeben weiß, könnte man die Unmöglichkeit des Toxinnachweises in der zuleitenden Nervenbahn als Parallelphänomen auffassen, speziell wenn man an der ursprünglichen Hypothese von H. MEYER, der Leitung im Achsenzylinder, mit C. PERMIN, I. D. MULDER u. a. festhält. Dagegen wäre es, wie auch DOERR, SEIDENBERG und MAGRASSI betonen, unverständlich, daß der Toxinnachweis im Nerven versagt, wenn das Toxin in Lymphbahnen oder Lymphspalten den Zentren zufließen würde.

c) Haematogene Ausbreitung versus Nervenwanderung.

J. J. ABEL vertritt den Standpunkt, daß das Tetanustoxin das Zentralnervensystem nur durch das arterielle Blut erreichen kann. Die Existenz einer Blut-Hirn-Schranke, welche den Zutritt des Toxins zu den motorischen Neuronen des Rückenmarkes verhindert, wird geleugnet (ABEL, EVANS und HAMPIL, l. c., S. 378).

In diesem Punkt darf man ABEL grundsätzlich zustimmen. Das Dogma von der Impermeabilität der Blut-Hirn-Schranke ist zweifellos oft genug in durchaus unkritischer Weise angewendet bzw. als absolut gesicherter Faktor in die Interpretation experimenteller Ergebnisse eingesetzt worden (vgl. u. a. die Arbeiten von FRIEDEMANN und ELKELES). DOERR und SEIDENBERG (*3*) vermochten in einwandfreier Form zu beweisen, daß das Toxin der SHIGA-KRUSEschen Dysenteriebacillen beim Kaninchen nur auf *haematogenem Wege* zu den motorischen Zentren im Hals- und im Lendenmark gelangt, und daß eine Zuleitung durch periphere Nerven — unabhängig von der besonderen Art der Einverleibung des Toxins — nicht stattfindet. Es besteht keine Veranlassung, dem Tetanustoxin ein anderes Verhalten zuzuschreiben, um so weniger als es nach TEALE und EMBLETON die Eigenschaften einer relativ niedermolekularen Substanz besitzen soll.

Warum kann aber das Tetanustoxin, wenn es tatsächlich aus den Gefäßen in das Zentralnervensystem übertritt, nicht in diesem durch den so empfindlichen Maustest nachgewiesen werden?

Diese Frage wird von ABEL, EVANS und HAMPIL in folgender Weise beantwortet: Nachweisbar ist das Tetanustoxin nur, solange es frei im Blute und in der Lymphe kreist. Man findet es daher auch in Organen, welche nicht völlig blutfrei gewaschen worden sind. Im Gewebe verschiedener Organe — nicht nur des Zentralnervensystems, sondern auch anderer Körperteile, namentlich der Leber — wird hingegen das Toxin rasch durch Zellen gebunden und dadurch sofort in eine nicht dissoziierbare und im Experiment an der Maus unwirksame Form umgewandelt. Daß zahlreiche Experimentatoren das Gift in verschiedenen Organen, aber nie, selbst nach massiven Vergiftungen, im Gehirn oder Rückenmark festzustellen vermochten, sei darauf zurückzuführen, daß das Parenchym des Zentralnervensystems nach dem Abziehen der bedeckenden Meningen außerordentlich gefäß- bzw. blutarm ist im Gegensatze zu den reich vascularisierten Geweben der Leber oder der Milz. Bestünde im Rückenmark dieselbe Gefäßverteilung wie in den genannten Organen, so würde der Giftnachweis auf keine Schwierigkeiten stoßen — eine Behauptung, die jedoch nicht unter Beweis gestellt werden kann.

Wenn man Toxin in das Lumbalmark eines Kaninchens injiziert, welchem man vorher das Rückenmark in der Höhe des 1. Lumbalsegments durchschnitten hat, entwickelt sich eine Starre beider Hinterextremitäten; Toxin wird weder in den Muskeln der Hinterbeine noch in den Ischiadici gefunden, wohl aber im Lumbalmark und in der Cauda equina [A. Fröhlich und H. Meyer (*2*)]. Nach Abel, Evans und Hampil ist dieses nachweisbare Toxin nicht jenes, welches intra vitam Symptome hervorgerufen hat; es soll nur ein — quantitativ unbedeutender — Giftüberschuß sein, welcher am Depotort verbleibt, weil er in der Kürze der Zeit nicht resorbiert (fortgeschafft) werden kann, und was gewirkt hat, ist eine gebundene und nicht mehr feststellbare Quote des Inoculums bzw. des darin enthaltenen Giftes.

Man sollte annehmen, daß die Menge des in das Zentralnervensystem übertretenden Toxins von der Toxinkonzentration im Blut abhängt, falls die Ansichten von Abel und seinen Mitarbeitern richtig sind. Da, wie wir gerade sahen, Toxin, welches man direkt in das Zentralnervensystem bringt, geraume Zeit am Ort der Einverleibung festgestellt werden kann, somit weder durch die Bindung noch durch Abtransport restlos schwindet, würde man erwarten, daß der Toxinbefund im Zentralnervensystem positiv wird, wenn man ganz exzessive Giftquanten intramuskulär oder intravenös injiziert. Das ist aber nicht der Fall. Im Blut solcher Tiere zirkuliert das Toxin tagelang, wie Abel, Evans und Hampil (l. c., S. 380) glauben, weil die toxinbindenden Zellen so mit Gift übersättigt werden, daß sie weitere Mengen nicht mehr zu speichern vermögen; die Erklärung wird aber kaum befriedigen, wenn man die Körpermasse von Pferden oder Schafen in Beziehung zu den winzigen Substanzmengen des Toxins setzt, um welche es sich selbst bei enormer Überdosierung handelt.

Wie man ohne weiteres erkennt, wird die irreversible und mit völligem Pathogenitätsverlust einhergehende Bindung des Toxins an verschiedene Körpergewebe ausgiebig zur spekulativen Deutung der Versuchsergebnisse herangezogen, obwohl die Autoren zugeben, daß der Vorgang seiner Natur nach völlig unbekannt ist (l. c., S. 383) und obwohl auch die rein phänologische Analyse zu mannigfachen Widersprüchen führt, die hier nicht ausführlich diskutiert werden können.

Der lokale Tetanus und die These von der ausschließlich hämatogenen Ausbreitung des Toxins.

Die Theorie der Nervenwanderung des Toxins ist keineswegs ausschließlich oder auch nur vorwiegend auf die Doktrin von der Impermeabilität der Blut-Hirn-Schranken aufgebaut. Auch wenn man einräumt, daß das Toxin seine Angriffspunkte im Rückenmark und Gehirn auf dem Blutwege erreichen kann, wäre damit nichts für das Verständnis der „*lokalen Tetanus*“ gewonnen, jener eigentümlichen Muskelstarre, die sich nach Injektionen in die Muskeln einer hinteren Extremität gerade hier, am Orte der Vergiftung einstellt.

Die Tatsache, daß beim lokalen Tetanus die Eintrittspforte des Toxins mit dem Erfolgsort zusammenfällt, scheint nur zwei Kombinationen zuzulassen. Entweder wirkt das Gift auf *periphere Apparate*, welche am Orte seiner Einverleibung (Entstehung) vorhanden sind, sei es auf die Muskeln selbst oder auf die neuromuskulären Verbindungen; oder die lokale Starre ist ebenso wie der taktil-motorische Reflextetanus *zentral bedingt*, und dann existiert nur *eine* Bahn, welche die räumliche Beziehung begreiflich macht, nämlich die vom Toxindepot zum Zentralnervensystem führenden („regionären") Nerven.

In der Tat herrschte und herrscht noch heute bei den Anhängern und den Gegnern der Theorie der Nervenleitung die Überzeugung, daß die endgültige Entscheidung des Problems in den Rahmen dieser Alternative fallen muß. Dementsprechend sind auch die Experimente so orientiert, daß sie den Einfluß der im Rückenmark (bei Vergiftung einer hinteren Extremität im Lumbalmark) gelegenen Zentren auf irgendeine Weise (z. B. durch Sektionen der regionären Nerven, Durchtrennung der Rückenmarkswurzeln, Antitoxinblockade der Nerven usw.) auszuschalten suchen oder daß sie die Bedeutung des Ortes der Toxinzufuhr zu beweisen trachten.

L. Župnik konnte nämlich zeigen, daß man auch bei kleineren Laboratoriumstieren (Mäusen, Ratten, Meerschweinchen, Kaninchen, Hunden) statt des lokalen und des anschließenden ascendierenden Tetanus das als „*Tetanus descendens*" bekannte Vergiftungsbild hervorrufen kann, wenn man das Gift in muskelfreie Körpergegenden (Umgebung des Sprunggelenkes, Fußrücken, Schwanzspitze) einspritzt. Diese Angaben wurden von Sawamura sowie in neuerer Zeit von P. Descombey und Robin vollinhaltlich bestätigt. Der descendierende Typ, der bei Großtieren und bei den natürlichen Erkrankungen des Menschen die Regel ist, konnte zwar bisher nicht erklärt werden, steht aber natürlich mit der Lehre von der Giftzuleitung im regionären Nerven in Widerspruch.

Es war ein naheliegender Gedanke, die Peripherie durch direkte Injektion des Toxins in das Rückenmark zu umgehen. Solche Experimente wurden von Meyer und Ransom sowie später von Fröhlich und Meyer (*2*) und von Fletcher ausgeführt.

In den Versuchen der genannten Autoren wurde zum Teil insofern eine besondere Technik angewendet, als die Injektion durch die dorsalen (sensiblen) Rückenmarkswurzeln erfolgte. Wenn die Spitze der Kanüle nicht bis in das Mark vorgeschoben wurde, entstand weder eine Muskelstarre noch ein Reflextetanus, sondern der sog. „*Tetanus dolorosus*", ein Zustand von enorm gesteigerter und auf das betreffende Rückenmarkssegment beschränkter Schmerzerregbarkeit. Wurde aber die Kanüle durch die hintere Wurzel bis ins Mark eingeführt, so entwickelte sich im Anschluß an das Schmerzsyndrom ein Reflextetanus und bei Katzen, denen das Rückenmark an der Grenze zwischen Brust und Lendenmark durchtrennt worden war, *eine typische und intensive Starre* beider Hinterextremitäten.

Dazu kamen die Versuche von Liljestrand und Magnus, welche durch die Injektion von Tetanustoxin in den Triceps der Katze eine lokale Starre erzeugten, und fanden, daß dieser Zustand durch kleine Novocaindosen, welche die motorische Innervation völlig intakt lassen, total oder fast vollständig aufgehoben werden kann. *Die gleiche Wirkung hatte aber auch die Durchschneidung der hinteren (dorsalen) Rückenmarkswurzeln.* Wurden die dorsalen Wurzeln einseitig durchtrennt und sodann Tetanustoxin in den Triceps beider Vorderbeine injiziert, so entwickelte sich eine deutliche lokale Starre nur in dem Vorderbein mit erhaltener Sensibilität, der Triceps des anderen Beines blieb frei. Liljestrand und Magnus sind auf Grund dieser Resultate überzeugt, daß die Muskelstarre zentral bedingt ist, nehmen aber an, daß sie durch afferente Reize ausgelöst und unterhalten wird, „welche größtenteils in den starren Muskeln selbst ihren Ursprung nehmen, und welche deshalb zu der abnorm starken Muskelstarre führen, weil das Tetanusgift die Zentren in einen Zustand der Übererregbarkeit versetzt hat".

In einem historisch-kritischen Aufsatz äußern sich Abel und B. Hampil über die Versuche wie folgt: „The experiments of these authors... appeared to be so irrefutable that the theory of a two-fold action of tetanustoxin was thougt to be completely discredited" (l. c., S. 368). Da aber ABEL die These von ZUPNIK wieder aufgenommen hatte, derzufolge nur der taktil-motorische Tetanus zentral bedingt sein soll, während die Muskelstarre einer direkten Einwirkung des Giftes auf die quergestreiften Muskeln zugeschrieben werden müsse, wurde eine Nachprüfung der Ergebnisse für notwendig erachtet, welche MEYER und RANSOM sowie FRÖHLICH und MEYER durch die direkte Toxineinspritzung ins Rückenmark erzielt hatten. Über die Resultate, welche erst nach mehrfachen vergeblichen Bemühungen (siehe FIROR und JONAS, l. c., S. 92) dem Wunsche bzw. der hypothetischen Voraussetzung entsprachen, wäre kurz folgendes zu sagen:

FIROR und JONAS injizierten großen (mehrere Kilogramm schweren) Hunden Tetanustoxin in ein Vorderhorn. Die Toxinmenge belief sich auf $^1/_4$—$^1/_{162}$ der berechneten Dosis letalis minima und war in einem Injektionsvolum von nur 0,002—0,015 ccm enthalten. Je nach der applizierten Dosis traten die ersten Symptome nach einer Inkubation von 28—72 Stunden auf; sie bestanden in elf Einzelversuchen in einem *reinen Reflextetanus* ohne die Zeichen des Tetanus dolorosus oder der Muskelstarre und beschränkten sich auf die dem Orte der Injektion korrespondierende Körperregion; selbst wenn die operierten Hunde 5—7 Tage am Leben blieben, waren nie Anzeichen vorhanden, daß das Toxin im Rückenmarksstrang kranialwärts aufsteigen bzw. diffundieren kann. Auch MEYER und RANSOM hatten ein Experiment zu verzeichnen, das insofern ähnlich verlief, als sich nur ein Reflextetanus und ein „Tetanus dolorosus" entwickelte, aber keine lokale Muskelstarre. MEYER und RANSOM nahmen, um diese Beobachtung mit ihrer Auffassung in Übereinstimmung zu bringen, an, daß das injizierte Gift nur die Zentren für den Reflextetanus getroffen habe, ohne die von diesen verschiedenen Zentren für den Effekt der Starre zu berühren. Diese Erklärung wird von FIROR und JONAS abgelehnt, weil es nicht gut denkbar sei, daß sich ein derartiger Zufall in ihren elf Versuchen regelmäßig ereignet haben könnte.

FIROR und JONAS berichten auch über Versuche, in denen sich nach einer direkten Toxininjektion in das Lumbalmark *sowohl ein Reflextetanus als auch eine lokale Muskelstarre* entwickelte. Das war aber nach den Beobachtungen der genannten Autoren nur dann der Fall, wenn der Rückenmarksstrang kranialwärts von der Injektionsstelle durchtrennt oder sonst schwer beschädigt wurde, eine Bedingung, die auch in mehreren — nicht in allen — Versuchen von MEYER und seinen Mitarbeitern erfüllt war. Schneidet man dagegen das Rückenmark caudalwärts von der Injektionsstelle durch, so reagieren die Tiere auf die direkte Toxininjektion ins Mark wie solche mit intaktem Rückenmark, d. h. nur mit Reflextetanus.

FIROR und JONAS sind in der Anordnung ihrer Experimente von der Methodik der Autoren, gegen welche sie sich wenden, mehrfach abgewichen, so durch die Wahl anderer Versuchstiere (Hunde eignen sich nach DESCOMBEY und ROBIN u. a. nicht besonders für das Studium des lokalen Tetanus), durch starke Reduktion der Toxindosis und des Injektionsvolums, durch die Änderung der Injektionstechnik usw. Es ist daher nicht unwichtig, daß D. HÖGGER die direkte Toxininjektion ins Lendenmark an *Kaninchen* nachgeprüft hat und insoferne zu einer Bestätigung der Angaben von FIROR und JONAS kam, als er nach einem solchen Eingriff nie eine unzweifelhafte Starre der hinteren Extremitäten beobachten konnte. FIROR und JONAS glauben aus ihren Versuchen folgern zu dürfen, daß der lokale Tetanus (die Muskelstarre) nicht durch Einwirkung des Toxins auf besondere Zentren, sondern durch unmittelbare Beeinflussung der willkürlichen Muskeln zustande kommt.

Wie soll man aber dann jene Experimente von Firor und Jonas selbst sowie von Meyer und Ransom erklären, in welchen sich nach der Toxininjektion in das Lendenmark eben nicht nur ein Reflextetanus, sondern auch eine lokale Muskelstarre entwickelte? Das Gift kam ja in diesen Fällen nur mit dem Parenchym des Rückenmarkes, nicht aber mit den Muskeln der Hinterbeine in Berührung, wobei noch (bei den Versuchen von Firor und Jonas) die kleinen und in minimalem Flüssigkeitsvolum enthaltenen Toxindosen zu berücksichtigen sind, welche eine unbeabsichtigte Verschleppung verhindern mußten. Firor und Jonas betonen, daß nach ihren Erfahrungen die Starre nur eintritt, wenn das Rückenmark oberhalb der Injektionsstelle durchschnitten wird; durch diese Operation werde ein unphysiologischer Zustand herbeigeführt und die einsetzende Starre sei dann als „unnaturel form of tetanus due to the transsection" zu qualifizieren. Durch diese dialektische Einstellung wird jedoch der wissenschaftliche Sachverhalt nicht erledigt. Jeder experimentelle Tetanus ist „unnatürlich", besonders wenn er durch Toxininjektion ins Rückenmark hervorgerufen wird, gleichgültig ob man außerdem noch das Rückenmark durchtrennt oder nicht.

D. Högger meint, daß nach Rückenmarksverletzungen eine „spastische Spinalparalyse" eintreten kann und daß dieser Zustand möglicherweise mit der durch das Toxin erzeugten Starre verwechselt wurde. Könnte diese Vermutung bewiesen und auf diese Weise gezeigt werden, daß die lokale Starre vom Rückenmark aus nicht ausgelöst werden kann, auch nicht mit Hilfe einer Durchtrennung des Markes, so wäre die strittige Angelegenheit im Sinne von Firor und Jonas entschieden. Solange das nicht der Fall ist, steht man auf Grund der Angaben von Firor und Jonas vor der Tatsache, daß nur die Intaktheit des Rückenmarkes das Zustandekommen der Starre nach Toxininjektionen ins Vorderhorn verhindert, daß diese Hemmung wegfällt, wenn man das Mark kranialwärts durchtrennt und daß eine Durchschneidung des Markes unterhalb der Injektionsstelle wirkungslos ist. Man erhält somit den Eindruck, daß im Mark doch Zentren existieren müssen, welche an der Pathogenese der Starre beteiligt sind und durch absteigende Bahnen des Rückenmarkes beeinflußt werden.

D. Högger hat sich der Auffassung von J. J. Abel und seiner Mitarbeiter angeschlossen, wonach die Starre durch Einwirkung des Toxins auf die Skeletmuskulatur bzw. auf die neuromuskulären Verbindungen erzeugt wird, und nicht durch Vergiftung besonderer, im Rückenmark gelegener Zentren. Er fand nämlich, daß nach Injektion hinreichend großer Toxindosen in das Myocard der Herzspitze des Kaninchens regelmäßig eine typische Starre des linken Vorderbeines und der linksseitigen Schultermuskeln entsteht. Die experimentelle Analyse (Durchtrennung des Halssympathicus und des Vagus, Ermittlung der bestehenden Kommunikationen durch Feststellung der Ausbreitung eingespritzter Tusche) ergab, daß die eigentümliche Lokalisation der Starre nur durch Ausbreitung des Toxins in den Gewebsspalten und nicht durch Leitung im Nerven erklärt werden konnte. Erwähnt sei ferner, daß Abel, Firor und Chalian die Angaben von Meyer und Ransom, Sawamura, Teale und Embleton bestreiten, wonach der lokale Tetanus durch Antitoxinblockade des regionären Nerven verhindert werden kann. Die Verhütung des lokalen Tetanus durch Injektion von antitoxischem Serum in den Nervenstamm, welcher die Einverleibungsstelle des Toxins mit dem Rückenmark verbindet, gelingt nach Abel, Firor und Chalian nicht, wenn man 1. bei der intraneuralen Antitoxininjektion einen Übertritt von Antitoxin in die umgebenden Gewebe vermeidet und 2. eine genügend wirksame Methode zur Erzeugung des lokalen Tetanus anwendet (direkte Injektion des Giftes an zahlreichen Stellen in die Muskulatur des Unterschenkels). Unter diesen Bedingungen verhält sich beim *Hund* die durch Antitoxinblockade geschützte hintere Extremität wie die nichtgeschützte kontralaterale: beide werden *gleichzeitig* von der Starre ergriffen. Die Versuchsanordnung war jedoch in mehrfacher Hinsicht verschieden von jener, mit welcher frühere Autoren (siehe oben) positive Resultate erzielt hatten, so daß eine Voraussetzung für die vergleichende Bewertung mangelt.

Zahlreiche Versuchsergebnisse, durch welche H. MEYER, seine Schüler und Anhänger die Lehre von der Leitung des Tetanustoxins in peripheren Nerven zu stützen suchten, sind bisher nicht nachgeprüft oder nicht widerlegt und auch nicht überzeugend umgedeutet worden. Ein großer Teil der Phänologie des experimentellen und des natürlichen Tetanus harrt ferner noch immer auf eine befriedigende Erklärung, so der lokale Tetanus, der als natürliche Erkrankungsform beim Menschen nicht gar so selten vorkommt,[1] die eigentümliche Tendenz der lokalen Muskelstarre, sich über die kontralaterale Extremität auszubreiten und dann kranialwärts auszudehnen (vgl. hierzu jedoch D. HÖGGER), die zuweilen außerordentlich lange Dauer der Muskelstarre (beim Menschen von G. ROSE als „*Tetanus tardissimus s. chronicus*" beschrieben), der deszendierende und der cerebrale Tetanus usw. Es muß aber zugegeben werden, daß die Theorie der nervösen Leitung des Tetanustoxins durch die Arbeiten der letzten Jahre von Grund aus erschüttert worden ist; sie hat nicht mehr den Wert einer überzeugend bewiesenen Hypothese. Pari passu wuchs naturgemäß die Wahrscheinlichkeit, daß nur der Reflextetanus zentral bedingt ist, während die lokale Starre auf eine periphere Giftwirkung zu beziehen wäre. Vielleicht ist es übrigens gar nicht richtig, von einem doppelten Angriffspunkt des Tetanustoxins zu sprechen; es ist möglich, daß zwei voneinander verschiedene Komponenten des bisher für einheitlich gehaltenen Toxins den beiden, physiologisch so stark differierenden Kardinalsymptomen der tetanischen Intoxikation entsprechen (D. HÖGGER).

Nach meiner Ansicht sollte man sich jedenfalls vor Augen halten, *daß die Feststellung einer peripheren Vergiftung als primäre Ursache der Muskelstarre noch nichts über ihren physiologischen Mechanismus aussagt.* Es ist doch bekannt, daß ein schon bestehender lokaler Tetanus aufhört, wenn man die zugehörigen motorischen Nerven oder die ventralen Rückenmarkswurzeln durchschneidet (COURMONT und DOYON, TIZZONI und CATANI, AUTOKRATOW, GUMPRECHT); nach LILJENSTRAND und MAGNUS hat die Durchtrennung der dorsalen Rückenmarkswurzeln oder die intramuskuläre Injektion kleiner Novocaindosen, welche die motorische Innervation völlig intakt lassen, den gleichen Effekt. Die Starre wird somit von den segmentalen Zentren beherrscht. Da diese Zentren von höher gelegenen Partien des Zentralnervensystems Impulse erhalten, wäre es zu verstehen, daß die Vornahme einer Toxininjektion ins Rückenmark verschiedene Wirkung hat, je nachdem die Verbindungen nach oben erhalten bleiben oder unterbrochen werden. Auch das von DOERR und SEIDENBERG beschriebene Phänomen der dynamischen Aktivierung des lokalen Tetanus[2] (die Möglichkeit durch intramuskuläre Injektion unterschwelliger Toxindosen eine lokale Starre

---

[1] Die Kasuistik von SAWAMURA (1909) umfaßt 23 und eine neuere Zusammenstellung von ARND und WALTHARD sogar 165 Fälle.

[2] Nach ABEL, FIROR und CHALIAN soll die dynamische Aktivierung nicht möglich sein; der lokale Tetanus könne nur nach der Injektion einer an sich wirksamen Dosis eintreten. Die Versuche der amerikanischen Autoren wurden an Hunden ausgeführt, jene von DOERR und SEIDENBERG an Kaninchen. Eine ad hoc vorgenommene Nachprüfung der von DOERR und SEIDENBERG benutzten Versuchsanordnung (D. HÖGGER, noch nicht veröffentlicht) lieferte eine Bestätigung des Phänomens.

zu erzeugen, wenn man in die vordere Extremität ebenfalls unterschwellige Dosen einspritzt) könnte in diesem Sinne gedeutet werden.

Als Widerspruch zu der Lehre von der Entstehung der lokalen Starre durch eine periphere Wirkung des Tetanustoxins oder einer besonderen Komponente dieses Giftes bleiben aber vorläufig die Angaben bestehen, daß man durch Injektion ins Rückenmark (also unter Vermeidung des Kontaktes mit Skeletmuskeln) eine Starre erzielen konnte, wenn auch nur unter gleichzeitiger Traumatisierung des Rückenmarkes. Solange dieser Punkt nicht eindeutig bereinigt wird, kann man die Hypothese von H. Meyer nicht endgültig verwerfen.

2. Die Beziehungen zwischen Toxin- und Viruswanderung.

Wie im vorausgehenden Kapitel mit zulässiger Ausführlichkeit auseinandergesetzt wurde, hat die Hypothese, daß sich *unbelebte Stoffe* in peripheren Nerven zentripetal fortbewegen können, also das *Problem des passiven Transportes in nervösen Bahnen* an Boden verloren, und dieser Wandel der Anschauungen hat sich gerade an jenem Vorgang vollzogen, den man bisher als das verläßlichste Beispiel einer solchen Wanderung betrachtet hatte. Aber die Situation hat sich vorläufig doch nicht in dem Maße verschoben, daß man über die Annahme einer nervösen Toxinleitung einfach zur Tagesordnung übergehen könnte. Es besteht eben doch noch eine gewisse Unsicherheit und dadurch wird die Lösung des Schwesterproblems, des Mechanismus der zentripetalen Viruswanderung, erheblich kompliziert. Es wäre zweifellos einfacher, wenn wir mit der Bewegung des Tetanustoxins in peripheren Nerven überhaupt nicht mehr rechnen müßten. Immerhin fordert die Ökonomie des Denkens, daß wir uns bei den Virusarten an ihre Vermehrungsfähigkeit halten, die ja an sich nicht hypothetisch und sehr wohl imstande ist, die Bewegung dieser Agenzien in den Nerven verständlich zu machen. De facto hat die Spekulation den passiven Transport hier nie ins Auge gefaßt; schon di Vestea und Zagari äußerten sich 1887 dahin, daß das Lyssavirus die nervösen Zentren erreicht, indem es die Nerven *durchwuchert („en se cultivant le long de la substance propre du nerf“)*. Hierzu gesellte sich frühzeitig ein anderes Motiv. Die Virusarten breiten sich in den Nerven nicht nur in zentripetaler, sondern auch in zentrifugaler Richtung aus; es müßten also, falls eine passive Beförderung vorläge, Strömungen existieren, welche einander entgegengesetzt gerichtet sind, u. zw. in sämtlichen Nerven ohne Rücksicht auf ihre physiologische Funktion, da nichts darüber bekannt ist, daß die zentripetale oder die zentrifugale Ausbreitung an bestimmte Arten der Nerven gebunden ist.

Viruswanderung und Virusvermehrung.

Der Bewegungsvorgang d. h. die Tatsache, daß das Virus in einer peripheren Nervenbahn allmählich fortschreitet, ist von E. Koppisch an dem speziellen Fall der keratogenen Herpesencephalitis des Kaninchens festgestellt worden (siehe S. 726ff.). Der direkte Beweis, daß die Ortsveränderung auf einer Virusvermehrung, auf einer Infektion der nervösen Schiene beruht, steht indes noch aus; er könnte nur in der Weise geführt werden, daß man die Viruskonzentration in den verschiedenen Teilstrecken einer Bahn mit Hilfe quantitativer Methoden als Funktion der Zeit untersucht.

Es stehen aber einige Anhaltspunkte für die Aussage zur Verfügung, daß der Virusgehalt leitender Nerven gering ist, speziell wenn man die Konzentrationen zum Vergleiche heranzieht, welche die gleichen Virusarten im Zentralnervensystem erreichen. R. Doerr (5) hat die einschlägigen, in der Virusliteratur verstreuten Daten zusammengestellt (l. c., S. 220ff.). Wendet man minder empfindliche Verfahren an, z. B. beim Herpesvirus die Übertragung auf das Kaninchenauge, so fällt der Virusnachweis in den peripheren Nerven, ja selbst in eingeschalteten Ganglien (wo mit einer stärkeren Virusvermehrung gerechnet werden könnte) negativ aus. An dem Modell der keratogenen Herpesencephalitis des Kaninchens konnte ferner gezeigt werden, daß sich der Charakter der pathologisch-anatomischen Auswirkung beim Übergang von der Cornea in die Trigeminusbahn und beim Austritt aus der Bahn in das Gehirn auffallend und sprunghaft ändert. Am Beginne und am Ende des Gesamtprozesses stehen heftige Entzündungen; wenn die Wanderung nichts anderes ist als eine fortschreitende Infektion, warum hält sich dann die anatomisch faßbare Reaktion des Kabels in so engen Grenzen, die den pathogenen Fähigkeiten des Herpesvirus nicht entsprechen?

Rechnet man hierzu noch die minimale Geschwindigkeit des Bewegungsvorganges, wie sie sich aus den Untersuchungen von E. Koppisch (*2*) ergeben würde (wenige Bruchteile eines Millimeters pro Stunde), so erlahmt die Vorstellungskraft, wenn sie sich, an solche Prämissen gebunden, ein anschauliches Bild einer in den Nerven fortkriechenden Infektion machen soll.

Die genauere Lokalisation der Viruswanderung in peripheren Nerven.

Das Dilemma, ob die Viruswanderung in den Achsenzylindern oder außerhalb derselben (etwa in den perineuralen Lymphspalten) vor sich geht, ist bisher ebenfalls nicht eindeutig entschieden.

Die Anhänger der axonalen Virusbewegung erklären, daß sich diese Hypothese zwangläufig aus den Resultaten der Experimente, speziell aus den Versuchen mit Herpesvirus ergibt. Die Sicherheit, mit welcher man durch die Wahl der peripheren Eintrittspforte die primäre Lokalisation im Gehirn oder Rückenmark erzwingen, sozusagen in bestimmte Kerne der Zentren vom entfernten Orte aus „hineinschießen“ kann, sei nur verständlich, wenn man von der Zuleitung auf einem präformierten, kontinuierlichen, individuell nicht variablen Kabel ausgeht, und diese Eigenschaften besitzen in den Bündeln der Nervenfasern, in den Nervensträngen, eben nur die Achsenzylinder. Das Wachstum im Achsenzylinder, der ja ein Zellfortsatz ist, harmoniert ferner mit der Tendenz, die Virusarten als obligate Zellschmarotzer oder doch als Infektionsstoffe aufzufassen, welche sich nur im Inneren von Zellen vermehren können. Drittens existieren einige experimentelle Beobachtungen, wonach ein Kontakt des Virus mit dem Achsenzylinder herbeigeführt werden muß, um eine Fortleitung zum Zentralnervensystem zu ermöglichen. So wollen E. W. Hurst (*5*), Fairbrother und Hurst und J. A. Toomey (*3*) festgestellt haben, daß die Injektion von Poliomyelitisvirus in den Ischiadicus von Affen nur dann und immer dann zur Erkrankung führt, wenn man den Nerven „irgendwie“ beim Injizieren mechanisch schädigt. Ist dies nicht der Fall, so sollen die Markscheiden die Aufnahme des Virus in die Achsenzylinder verhindern; nur wo dieser Schutzwall fehlt, wo also die terminalen Nervenendigungen marklos sind, wie z. B. in der Nasenschleimhaut, in der Darmschleimhaut, in der Haut usw., wäre das Trauma als infektionsvermittelnder Faktor überflüssig (J. A. Toomey, M. Brodie, E. W. Hurst).

Endlich hat R. Doerr (*6*) aufmerksam gemacht, daß sich die Theorie fast ausschließlich mit der Bewegung des bereits eingedrungenen Virus in einem *Nervenstrang* befaßt, in welchem die Fasern schon zu Bündeln gruppiert und die bindegewebigen Hüllen als Epi-, Peri- und Endoneurium angeordnet sind; die Frage der *Aufnahme* oder des *Eindringens* in die nervösen Bahnen wird dagegen kaum gestreift. Die axonale Hypothese befriedigt diese zweite Seite des Problems zweifellos besser als die Vorstellung des zentripetalen Fortwucherns in Lymphräumen bzw. Gewebsspalten, die offenbar vom Bilde eines Nervenquerschnittes abgeleitet ist und versagen will, wenn wir an die Virusaufnahme durch die terminalen Verzweigungen d. h. durch einzelne Fasern denken.

Gegen die axonale Hypothese muß als wichtigster Einwand geltend gemacht werden, daß die Infektion der Achsenzylinder nicht symptomlos ablaufen könnte. Das ist aber, soweit wir bisher über diesen Punkt Bescheid wissen, der Fall (vgl. die Ausführungen über „funktionelle Wegspuren" auf S. 737). Man könnte allerdings annehmen, daß die Funktion der Nervenfasern nur an die Intaktheit der Neurofibrillen gebunden ist, und daß die Vermehrung der Viruselemente in dem für die Funktion irrelevanten Neuroplasma stattfindet. Vom anatomischen als auch vom physiologischen Standpunkt aus erscheint jedoch dieser Ausweg nicht gangbar. Perdrau konnte in seinen auf S. 791 angeführten Versuchen über die Diffusion von Farbstoffen in den Achsenzylindern überhaupt keine Anhaltspunkte für die Existenz von Neurofibrillen gewinnen, so daß nicht einmal diese Prämisse außer Zweifel steht.

Die Konkurrenzhypothese (das Fortwuchern des Virus in Spalten oder Räumen zwischen den Nervenfasern) wurde von Marinescu und Draganescu schon 1923 und später hauptsächlich von B. Walthard vertreten. Maßgebend war für diese Autoren der Charakter der anatomischen Wegspuren, welche die Merkmale einer *ascendierenden interstitiellen Neuritis* zeigen. Die histologischen Befunde sind oft nur geringfügig und können (z. B. in der zentripetalen Bahn des Herpesvirus) streckenweise auch ganz fehlen [Goodpasture und Teague, H. Pette (*1*)]. Da aber entzündliche Prozesse alle möglichen Intensitätsabstufungen aufweisen können, und da wir der virusleitenden Infektion der peripheren Nerven ohnehin besondere Eigenschaften zuschreiben müssen (siehe S. 803), darf man daraus nicht folgern, daß die Virusvermehrung im Achsenzylinder stattfinden muß, um so weniger, als die positive Ergänzung einer derartigen negativen Beweisführung (der Nachweis von Veränderungen im Achsenzylinder) nicht erbracht werden kann (B. Walthard).

Als „morphologisches Signal" einer stattgefundenen oder im Gange befindlichen Virusvermehrung kann man die Einschlußkörperchen betrachten. Je nach der Virusart treten die Einschlußkörperchen entweder nur im Protoplasma oder nur im Kerne oder sowohl im Protoplasma als auch im Kerne von Zellen auf. Im Achsenzylinder wird man, da er als Protoplasmafortsatz einer Ganglienzelle gilt, nur dann Einschlüsse erwarten, wenn es sich um eine Virusinfektion handelt, bei welcher diese Gebilde im Cytoplasma lokalisiert sind.

In erster Linie kommt hier die natürliche und experimentelle Lyssa in Betracht. Räumlich wäre der Befund von Negrischen Körperchen in den Achsenzylindern sehr wohl möglich, da der Durchmesser dieser Einschlüsse zwischen 1—27 μ schwankt, so daß selbst die größeren Formen im Lumen eines Achsenzylinders Platz fänden. Bei der Untersuchung des Ammonshornes von an Lyssa verendeten Hunden stellte übrigens schon Negri selbst in den Protoplasmafortsätzen der Ganglienzellen dieser Hirnpartie typische Körperchen fest, die elliptisch geformt und mit ihrer Längsachse parallel zur Längsachse des Zellfortsatzes gelagert waren; die biologische Zulässigkeit dieser Lokalisation der Negrischen Körperchen ist somit im Prinzip bereits entschieden, nur handelt es sich im Sinne der Fragestellung nicht um den Nachweis dieser Gebilde in unmittelbarer Nachbarschaft des Zelleibes, sondern in den distalen Strecken des Achsenzylinders, eventuell in Form von Ketten, welche die Peripherie mit dem Zentrum verbinden. Nun hat man Negrischen Körperchen wohl in den Zellen der Speicheldrüsen, in der Cornea (Levaditi und Schoen), in Tumorzellen

(LEVADITI, SCHOEN und REINIÉ), in den epithelialen Zellen der Chorioallantois des infizierten Hühnerembryos (PERAGALLO) gefunden; soweit ich die Literatur zu übersehen vermag, ist aber nichts darüber bekannt, daß die Ausbreitung der Lyssa im peripheren Nervensystem durch die disperse Entstehung von Negrikörperchen in den Achsenzylindern markiert wird.

Eine Ausnahme scheint nur eine Versuchsreihe von E. W. GOODPASTURE (*2*) zu machen. Bei Kaninchen, welche in den rechten Masseter mit Straßenvirus geimpft und in der Inkubationsperiode oder nach dem Auftreten der ersten Symptome getötet wurden, ergab die histologische Untersuchung (neben schweren Läsionen im Pons, in der Medulla und im Halsmark) Veränderungen im rechten Ganglion Gasseri und in der intraduralen Strecke der Trigeminuswurzel; sowohl im Ganglion als auch in den Achsenzylindern der Trigeminuswurzel fanden sich Gebilde, welche typischen Negrikörperchen zum Teil ähnlich sahen („Lyssakörper" nach GOODPASTURE). Die Abbildungen lassen keinen Zweifel zu, daß schwere degenerative Prozesse vorlagen; daß sie aber als Ausdruck einer axonalen Virusleitung aufgefaßt werden dürfen, wie GOODPASTURE annahm, ist zu bestreiten, da man dann die langen und völlig symptomlosen Inkubationen der Lyssa nicht verstehen würde.

Kerneinschlüsse wurden in peripheren Nerven wiederholt beschrieben, u. zw. hauptsächlich in den Zellen der SCHWANNschen Scheiden. So konstatierte E. W. GOODPASTURE bei Kaninchen, die mit Herpesvirus in einen Masseter geimpft worden waren, häufig eine ascendierende Neuritis im motorischen Anteil des Trigeminus; innerhalb der entzündlich veränderten Partien zeigten die Zellen der SCHWANNschen Scheiden typische Herpeskörperchen, so daß auf eine Vermehrung des Virus im Neurilemm geschlossen werden und eine zentripetale Virusbewegung durch aufsteigende Infektion der Neurilemmzellen als möglich zugegeben werden mußte. GOODPASTURE wies allerdings diese Kombination ab, weil er in *einem* derartigen Versuch zwar Zerstörungen im Trigeminuskern, aber weder neuritische Prozesse noch Einschlüsse in den Ästen des Trigeminus festzustellen vermochte. GOODPASTURE (*3*) hielt sich auf Grund dieses vereinzelten Falles für berechtigt, an der Doktrin der Virusvermehrung im Achsenzylinder festzuhalten; andere Autoren betrachten jedoch solche Befunde von einem abweichenden und meines Erachtens objektiveren Standpunkt.

Intranucleare oxychromatische Einschlüsse erzeugt nämlich auch das sog. Virus B und das Virus der Pseudorabies, und bei beiden Virusinfektionen konnten entzündliche Veränderungen der im peripheren Infektionsgebiet liegenden und von demselben ableitenden Nerven festgestellt werden sowie, worauf es hier besonders ankommt, Einschlüsse in den Kernen der SCHWANNschen Zellen (WOLF und HOLDEN, E. W. HURST). E. W. HURST (*6*), welcher die Infektion von Kaninchen mit Pseudorabies untersuchte, fand, daß sich nach subcutaner Impfung eine intensive entzündliche Reaktion einstellt, die zunächst auf die feinen, im Herd selbst liegenden Nervenästchen übergreift; schon nach 40 Stunden sieht man aber entzündliche Veränderungen und besonders auch Kerneinschlüsse in den SCHWANNschen Zellen in Nerven, die außerhalb der entzündeten Area verlaufen. Hat man eine hintere Extremität infiziert, so entwickelt sich eine förmliche Kette von Kerneinschlüssen, welche sich entlang der Zweige des Ischiadicus ausdehnt und den Weg markiert, den das Virus eingeschlagen hat. Es ist mit Rücksicht auf manche Angaben anderer Autoren wichtig, daß die Kontinuität dieser Kette unterbrochen sein kann, indem die Einschlüsse im oberen (proximalen) Abschnitt des Ischiadicus beim Kaninchen fehlen [E. W. HURST (*6*)]; es ergibt sich daraus die Mahnung, negative Befunde in peripheren Nerven, wenn sie nur Teilstrecken betreffen oder Ausnahmen von der Regel darstellen, nicht zu überwerten.

HURST interpretiert die Anwesenheit von Kerneinschlüssen in den SCHWANNschen Zellen und von entzündlichen Veränderungen im Bindegewebe der Nervenstränge dahin, daß sich das Virus nicht nur im Achsenzylinder, sondern auch im interstitiellen Gewebe fortbewegt. Auf Grund der vom Autor mitgeteilten Befunde würde man eher den Schluß erwarten, daß der gesamte Transport außerhalb der Achsenzylinder, also „interstitiell" vor sich geht. HURST suchte aber nach einer Erklärung, warum die Einschlüsse im oberen Ischiadicus zu einer Zeit fehlen oder nur spärlich sind, wo sie in den korrespondierenden Spinalganglien, in den hinteren Wurzeln und in den Hinterhörnern in beträchtlicher Zahl angetroffen werden. HURST nimmt an, daß das Virus im Achsenzylinder rascher dem Zentrum zustrebt als im interstitiellen Bindegewebe; im Achsenzylinder passierend, hinterlasse es aber keine Bahnspur und werde erst in den Spinalganglien histologisch manifest durch den ermöglichten Übertritt in das interstitielle Gewebe. Da die Kerneinschlüsse in den Glia- und Ganglienzellen des Vorderhornes nur bei protrahiertem Krankheitsverlauf und stets später auftreten als in den Spinalganglien und im Hinterhorn, möchte HURST folgern, daß die Virusbewegung durch die physiologische Reizleitung beeinflußt, in sensiblen Nervenfasern also beschleunigt, in motorischen verzögert wird. Einen ähnlichen Gedanken hat auch K. YUIEN (siehe S. 794) geäußert, hatte aber dabei den passiven Transport des Tetanustoxins durch Lymphströmungen im Auge, die in motorischen Nerven zentripetal, in sensiblen zentrifugal (also im entgegengesetzten Sinne wie die axonalen Impulse nach HURST) fließen sollen. HURST aber führt die Viruswanderung auf eine Virusvermehrung zurück; wie man sich die Beeinflussung dieses Vorganges durch die physiologische Reizleitung vorstellen könnte, wird von HURST nicht beantwortet. Immerhin ist hervorzuheben, daß HURST die Leitung von Virusarten außerhalb der Achsenzylinder im Gegensatz zu GOODPASTURE nicht mehr grundsätzlich ablehnt, was um so mehr ins Gewicht fällt, als beide Autoren ihre Auffassungen auf Versuche mit nahe verwandten Virusarten (Herpes und Pseudorabies) basierten.

Modelle der Viruswanderung durch Virusvermehrung.

Wenn sich die Hypothese so weit vorwagt wie bei HURST, erwacht automatisch das Bedürfnis, nach gut bekannten analogen Vorgängen Umschau zu halten, welche der Spekulation als konkreter Rückhalt dienen können. Ein derartiges Modell für das zentripetale Fortwuchern von Infektionsstoffen in peripheren Nerven besitzen wir in den *interstitiellen ascendierenden Neuritiden, welche durch Bakterien hervorgerufen werden.*

Solche Prozesse können auch experimentell erzeugt werden, z. B. durch intraneurale Injektionen von Bakterienemulsionen (HOMÉN und LAITINEN, LEVADITI, DANULESCU und ARZT, TEALE und EMBLETON, PIRRONE, ZALLA, M. KON u. a.), oder durch Anlegung von Bakteriendepots in der unmittelbaren Nachbarschaft freigelegter größerer Nervenstämme (ORR und ROWS). Gegen die intraneuralen Injektionen kann natürlich der Einwand erhoben werden, daß man nicht weiß, wie weit das Inoculum durch den Injektionsdruck im Nerven vorgetrieben wird. HOMÉN und LAITINEN stellten jedoch durch Kontrollversuche, in welchen die Versuchstiere (Kaninchen) sofort nach der intraneuralen Injektion getötet wurden, fest, daß die eingespritzten Bakterien (Streptokokken) nicht weiter als 1—2 cm nach aufwärts vorgedrungen waren.

Aus diesen Experimenten ergab sich, daß sich ein infektiöser Vorgang, wenn er an einer Stelle eines Nerven in Gang gesetzt wird, in diesem Nerven ausbreiten kann, und daß hierbei die zentripetale vor der zentrifugalen Richtung bevorzugt erscheint, so daß oft die Meningen und die nervösen Zentralorgane erreicht werden. In den Versuchen von HOMÉN und LAITINEN erreichten die Streptokokken ziemlich rasch (innerhalb von 20 Stunden) das Rückenmark.

Die Entfernung der Injektionsstelle vom Rückenmark wird mit 10 cm angegeben; rechnet man hiervon die 2 cm ab, welche durch die Injektion als solche überwunden werden konnten, so würde sich eine Ausbreitungsgeschwindigkeit von 4 mm pro Stunde ergeben, ein Wert, welcher der Vorstellung nicht zuwiderläuft, daß der Weg durch Wachstum der Bakterien in langgestreckten kapillaren Spalten zurückgelegt wird. Die Bakterien waren nämlich nur an der Injektionsstelle regellos über den ganzen Nervenquerschnitt verteilt; einige Zentimeter oberhalb lagen sie dagegen vorzugsweise und zum Teil dicht gehäuft an der Innenseite der perineuralen Hüllen der Nervenbündel, und man konnte deutlich erkennen, wie sie von dieser Stätte der primären Vermehrung aus in die zentralen Bezirke der Bündel zwischen den Fasern hindurch eindrangen.

Die Bahn der Bakterien zum Rückenmark, die überall durch entzündliche und degenerative Wegspuren bezeichnet war, führte über die ventralen Wurzeln zu den Vordersträngen und über die dorsalen Wurzeln und die spinalen Ganglien zu den Hintersträngen. Die histologischen Veränderungen traten im allgemeinen in den *dorsalen* Wurzeln stärker hervor, und es waren nicht nur die dorsalen Wurzeln der injizierten, sondern in leichtem Grade auch jene der entgegengesetzten Seite ergriffen, speziell in den dem Rückenmark benachbarten Teilen. In manchen Fällen war aber auch der kontralaterale (nichtinjizierte) Ischiadicus ergriffen,[1] wobei allerdings die Intensität der pathologischen Reaktion vom Rückenmark gegen die Peripherie abzunehmen schien; Nerven der vorderen Extremitäten, zur Kontrolle untersucht, boten dagegen normale Verhältnisse. Diese Angaben entsprechen durchaus den histologischen Befunden, wie sie von B. WALTHARD bei der plantaren Herpesinfektion des Meerschweinchens ermittelt wurden, für welche ja gleichfalls eine Zuleitung des infektiösen Agens durch den Ischiadicus anzunehmen ist; insbesondere fällt auch hier die Bevorzugung der dorsalen Wurzeln und der Hinterhörner auf. Anderseits steht diese Lokalisation in scheinbarem Widerspruch zu den Beobachtungen, daß in den Ischiadicus injizierte Farblösungen nur in den ventralen Wurzeln bis zum Rückenmark vorgetrieben werden können, daß sie dagegen in den dorsalen Wurzeln am distalen Pol der Spinalganglien haltmachen (ASCHOFF und ROBERTSON, TEALE und EMBLETON, K. YUIEN, I. D. MULDER).

Wenn man die bakteriellen ascendierenden Neuritiden als Modell für die Viruswanderung oder wenigstens für einen der möglichen Mechanismen der Viruswanderung hinstellen will, muß vorerst die Frage beantwortet werden, ob sich die Virusarten bzw. bestimmte Virusarten in jenen Räumen zu vermehren vermögen, in welchen Streptokokken, Staphylokokken, Pneumokokken

[1] Daß Salzlösungen, die man in einen Ischiadicus eines Kaninchens injiziert, in die dorsalen Wurzeln der *anderen* Körperseite übertreten können, hat K. YUIEN beobachtet und seine Befunde durch Abbildungen veranschaulicht. Desgleichen fanden B. SPITZER und LOOS, wenn sie in den Ischiadicus eines Kaninchens Fluorochrome (Thioflavin) einspritzten, diese Stoffe bereits nach 25—30 Minuten im kontralateralen Ischiadicus. Wie weit hier der bloße Injektionsdruck beteiligt war, bzw. ob die Ausbreitung auf die symmetrischen Nerven der Gegenseite wenigstens zum Teil ohne eine solche vis a tergo zustande kam, ist nicht völlig aufgeklärt; bei SPITZER und LOOS darf man in Anbetracht der kurzen Frist zwischen Injektion und Untersuchung wohl einen rein mechanischen Effekt annehmen. Die Resultate von YUIEN und besonders auch die oben besprochenen Beobachtungen von HOMÉN und LAITINEN sowie von B. WALTHARD lassen jedoch eine so einfache Erklärung nicht ohne weiteres zu. Die Angelegenheit sollte erneut nachgeprüft und vor allem auch in der Richtung untersucht werden, ob die Durchtrennung der dorsalen Wurzeln des Ischiadicus den Übertritt des Thioflavins in den kontralateralen Nerven tatsächlich verhindert (B. SPITZER und LOOS).

oder Tuberkelbacillen so üppig gedeihen. Diese Frage wird meist verneint. Goodpasture (*5*) äußerte sich hierzu folgendermaßen: „One might imagine an active growth of virus in the perineural lymph, which would progress in either direction. Against this assumption is the absence of all evidence that virus can reproduce itself in tissue-fluid, including that which bathes the central nervous system.“ Die Zusammensetzung der perineuralen Lymphe ist jedoch nicht bekannt. Sie muß weder der Lymphe in den Lymphgefäßen noch dem Liquor gleichen. Die Aussage, daß wir keine Anhaltspunkte besitzen, daß sich Virusarten in Gewebsflüssigkeiten oder im Liquor vermehren können, bezieht sich lediglich auf die erfolglosen Züchtungsversuche in zellfreien Medien, die sehr verschiedene Ursachen haben können [R. Doerr (*4*)]. Die perineurale Lymphe entspricht ferner nicht dem Begriff des „zellfreien Mediums“, wie er für die Kultur in vitro gültig ist; in den peri- und endoneuralen Räumen sind ja Zellen vorhanden (die syncytial angeordneten Zellen der Schwannschen Scheiden, welche den Gliazellen gleichwertig sind), so daß im Prinzip analoge Verhältnisse bestehen wie bei den Viruszüchtungen in Gegenwart lebender Zellen oder explantierter Gewebe. Auch ist ja die „Unmöglichkeit der Züchtung in zellfreien Medien“ eine negative, folglich provisorische Feststellung, welche durch Fortschritte der Technik überholt werden könnte.

In Summa besteht somit keine Notwendigkeit, das Wachstum sämtlicher neurotroper Virusarten, für welche die zentripetale Leitung in peripheren Nerven mit größerer oder geringerer Wahrscheinlichkeit behauptet wird, in die Achsenzylinder zu verlegen, und auch keine Möglichkeit, die peri- und endoneuralen Spalträume als Stätten der auf Vermehrung beruhenden Wanderung sicher auszuschließen. Goodpasture, der Begründer der Lehre von der Viruswanderung im Achsenzylinder, sagt aber ausdrücklich, daß man nur durch Ausschluß aller anderen Möglichkeiten dazu gezwungen wird, den Achsenzylinder als die einzige übrigbleibende Kommunikation zu betrachten. Wollte man auch diesen auf Grund entgegenstehender Tatsachen ausschalten, so müßte man die Unfähigkeit zugeben, das Phänomen im Rahmen unserer jetzigen Kenntnisse zu verstehen.

Es ist indes zweifellos korrekter, eine solche Unfähigkeit zuzugestehen, als entgegenstehende Tatsachen zu vernachlässigen. Und solche der Idee einer fortschreitenden Infektion der Achsenzylinder widersprechende Beobachtungen existieren eben.

Historisch ist jedenfalls daran zu erinnern, daß Goodpasture und Teague auf der einen, Marinescu und Draganescu auf der anderen Seite im Jahre 1923 gleichzeitig und sicher völlig unabhängig voneinander zu verschiedenen Auffassungen über den Mechanismus der Viruswanderung gelangten, obzwar das Untersuchungsobjekt (die herpetische Encephalomyelitis nach peripherer Impfung des Kaninchens) hier wie dort das gleiche war: Goodpasture und Teague entwickelten die axonale Hypothese, während Marinescu und Draganescu zu dem Schlusse kamen, daß sich die Ausbreitung des Herpesvirus in den Lymphräumen der Nerven in Form einer ascendierenden Neuritis vollzieht. Die Differenz der Auffassungen über den Mechanismus der Viruswanderung war also sozusagen schon in statu nascendi vorhanden.

Sachlich muß betont werden, daß die Entscheidung für eine der beiden konkurrierenden Hypothesen auch heute noch in bestimmten Fällen schwer werden kann, u. zw. auch für Autoren, die sich sonst ziemlich vorbehaltlos zu der einen oder anderen Auffassung bekennen. Insbesondere ist hier der Übergang von der Nasenschleimhaut auf das Gehirn zu nennen, wenn der experimentelle Beweis erbracht werden kann, daß sich das Virus entlang der Fila olfactoria fortbewegt. Denn daß in diesem Falle eine Passage besteht, welche nicht durch die Achsenzylinder hindurchführt, ist sichergestellt, und man versteht nicht, warum das Virus diese Bahn nicht benutzen kann, auf welcher sogar unbelebte Partikel befördert werden können (siehe S. 756).

Vielleicht liegt die Sache auch gar nicht so, daß man sich für einen bestimmten Mechanismus zu entscheiden hat, welcher für alle zentripetalen und zentrifugalen Wanderungen und für sämtliche neurotrope Virusarten ausschließlich in Frage kommt. Die Neurotropie zeigt hinsichtlich der Schärfe der Einstellung auf nervöse Gewebe mannigfache Abstufungen, wie dies von E. W. Hurst, I. A. Galloway u. a. wiederholt auseinandergesetzt wurde; zwischen einem streng neurotropen und einem ausgesprochen pantropen Virus existieren Differenzen, die sich sehr wohl auch auf die Art der Wanderung in Nervenschienen erstrecken können. Ferner ist vermutlich die Art des pathologischen Effektes maßgebend, insbesondere der Umstand, ob ein Virus neuronale Nekrosen erzeugt oder nicht.

Ich möchte in diesem Zusammenhange betonen, daß auch bei den Bakterien in Beziehung auf ihre Fähigkeit, ascendierende und ev. auf das Zentralnervensystem übergreifende Neuritiden hervorzurufen, sehr große Unterschiede bestehen. Tuberkelbacillen und Leprabacillen, obschon sonst in mancher Hinsicht ähnlich, differieren in diesem Punkte beträchtlich; was bei ersteren selbst nach intraneuralen Injektionen in den Ischiadicus nur ausnahmsweise beobachtet wird (M. Kon), ist bei der Lepra des Menschen ein so häufiges Vorkommen, daß man dem Leprabacillus, der auch im Cytoplasma von Ganglienzellen in großen Mengen nachgewiesen werden kann, die Eigenschaften der Neurotropie, ja der Neurocytotropie und vor allem die Fähigkeit der Ausbreitung in peripheren Nerven zuschreiben darf. Der Leprabacillus, obzwar er sich in Ganglienzellen zu vermehren vermag, „wandert" im peripheren Nerven zweifellos nicht axonal, sondern interstitiell in denselben kapillaren Gewebsspalten, in welchen Homén und Laitinen in ihren Experimenten die Streptokokken fanden. Aus solchen Beobachtungen und Versuchen, bei denen es sich um sichtbare und leicht nachweisbare Keime handelt, wäre noch eine reiche und für die Lehre von der Viruswanderung wichtige Ausbeute zu erhoffen. Die Tendenz, in jedem bei den Virusarten festgestellten Phänomen ein Verhalten zu erblicken, das außerhalb der so bezeichneten Gruppe von Infektionsstoffen nicht vorkommt, hat hier wie anderwärts die objektive Durchdringung der Probleme gehemmt.

Beim Studium der Nervenwanderung hat man sich im allgemeinen recht wenig um die Anatomie und Physiologie der peripheren Nerven gekümmert; in der Fragestellung, in den Versuchsanordnungen und in der Deutung der Versuchsergebnisse tritt das in gleicher Weise zutage. Zentripetale und zentrifugale Strömungen innerhalb und außerhalb der Achsenzylinder wurden als zulässige Hypothesen ebenso unbedenklich hingenommen wie später die etwas abenteuerliche Idee, daß ein Zellfortsatz, der je nach der Größe des Tieres mehrere Zentimeter bis zu einem Meter und darüber lang sein kann, zum Schauplatz einer „longitudinalen Infektion" wird, einer Infektion, welche ohne Funktionsstörung über den Achsenzylinder bzw. durch denselben weggleitet. Nun ist es freilich richtig, daß man von der Morphologie und in noch höherem Grade von der funktionellen Forschung im Stiche gelassen wurde, wenn man sich Aufschluß holen wollte, ob von dieser Seite her kein unabweisbarer Einwand gegen die von der Theorie der Nervenwanderung aufgestellten Behauptungen erhoben werden könne. Auch heute noch besteht in wichtigen Beziehungen keine gesicherte Auffassung, wie dies die Diskussion um das Thema „Neuronismus oder Reticularismus" (siehe u. a. S. Ramon y Cajal) beweist, dessen Erledigung für die axonale Hypothese der Viruswanderung (wegen der Einhaltung einer bestimmten Richtung und wegen des Verhaltens an den Synapsen) bedeutungsvoll wäre.

Aber es sind doch in vielen Beziehungen sehr wesentliche Fortschritte erzielt worden, die in unverkennbarem, wenn auch vorläufig noch nicht klar definierbarem Konnex mit den Tatsachen und Spekulationen der Nervenleitung stehen. Es wäre an der Zeit zu prüfen, ob sich da keine neuen Wege ergeben, um aus dem „Tatsachengeröll" hinaus zu einem tieferen Verständnis vorzudringen.

Ich darf mir vielleicht auch ohne besondere spezialistische Legitimation einige Hinweise gestatten.

Die Nerven müssen so gebaut sein und in derartigen Beziehungen zu ihrer Nachbarschaft stehen, daß sie bei Stellungsänderungen der Körperteile nicht gezerrt werden und daß ihre Arterien, Venen und Lymphgefäße ungestört funktionieren können. Die Anpassungsvorrichtung, welche die Zerrung der Nervenfasern verhindert, besteht, wie E. TH. NAUCK auseinandersetzt, darin, daß die Nervenfaserbündel in relaxierter Stellung einen welligen, schon makroskopisch erkennbaren Verlauf haben, der durch elastische, in das Perineurium verwebte Elemente verursacht wird. Bei hinreichend starker Zugbeanspruchung des Nerven verschwindet diese wellige Zeichnung völlig, weil die Nervenfasern nunmehr gestreckt werden, wobei sie sich gegeneinander und gegen das Perineurium gleitend verschieben. Wie auch MULDER hervorhebt, können diese von NAUCK untersuchten Verhältnisse als weiterer Beweis für die reale Existenz der von KEY und RETZIUS durch Injektion dargestellten endo- und perineuralen Spalträume gelten.

Wichtig, speziell für die axonalen Hypothesen sind ferner die Ergebnisse, zu welchen DE RÉNYI durch die Untersuchung markhaltiger lebender Nervenfasern (vom Frosch) gelangte. DE RÉNYIS Befunde, welche das Neurilemm (die SCHWANNsche Scheide), seine Beziehungen zum Myelin und zum Achsenzylinder betreffen, weichen von den bis dahin herrschenden morphologischen Auffassungen erheblich ab. So ist nach DE RÉNYI das Neurilemm der Markscheide nur adhärent, aber nicht mit ihr verschmolzen, und die Protoplasmastränge, welche vom Neurilemm her in das Myelin eindringen und dasselbe durchsetzen sollen, existieren diesem Autor zufolge ebensowenig wie das sog. Axolemma. Der Achsenzylinder soll nach DE RÉNYI eine gallertähnliche und plastische Konsistenz haben, u. zw. in den peripheren Zonen seines Querschnittes ebenso wie im Zentrum (vgl. PERDRAU, S. 791). Es ist klar, daß solche Änderungen der histologischen Tatbestandsaufnahme nicht ohne Einfluß auf die Lehre von der Viruswanderung bleiben können.

Man geht meist von der Vorstellung aus, daß die Achsenzylinder der motorischen wie der sensorischen Fasern von der Ganglienzelle an bis in die Peripherie ungeteilt verlaufen und sich erst in der Nähe der Endapparate verästeln. F. KASHIMURA sowie H. KONATSU kamen aber auf Grund von Faserzählungen in Serienquerschnitten peripherer Nerven unter gleichzeitiger Berücksichtigung des Kalibers der Fasern zu dem Schlusse, daß sich die Fasern schon im Nervenstamm teilen. Ist dies richtig und findet die zentripetale Wanderung der Virusarten durch fortschreitendes Wachstum im Achsenzylinder statt, so wäre die Möglichkeit gegeben, daß das in einem Faserast aufsteigende Virus in sämtliche Ramifikationen des gleichen Achsenzylinders retrograd einwuchert, und daß auf diese Weise zentrifugale Ausbreitungen zustande kommen, bevor noch das Zentralnervensystem infiziert ist.

Auch die Experimente von P. WEISS über die funktionelle Vertauschbarkeit motorischer und sensibler Fasern bzw. Nerven sind von Interesse, weil sie mit allen Annahmen in Widerspruch stehen, welche zwischen der Funktion von Nerven oder Nervenfasern und ihrer Leitfähigkeit für Toxin oder Virus einen Zusammenhang konstruieren wollen [MEYER und RANSOM, K. YUIEN, E. W. HURST (*6*) u. a.].

Das sind natürlich nur einige Andeutungen, die sich unschwer vermehren ließen. Aber sie genügen wohl, um die Forderung zu begründen, daß die Theorie der Nervenleitung sich nicht abseits von der Morphologie und Physiologie der peripheren Nerven fortentwickeln soll.

Literaturübersicht.

ABEL, J. J.: On Poisons and Disease and some experiments with the Toxin of Bacillus Tetani. Science **79**, 63, 121 (1934).

ABEL, J. J., EVANS, and HAMPIL: Distribution and fate of tetanus toxin in the body. Bull. Hopkins Hosp., Baltim. **59**, 307 (1936).

ABEL, J. J., EVANS, HAMPIL, and LEE: The Toxin of the Bacillus tetani is not transported to the central nervous system by any component of the peripheral nerve trunks. Bull. Hopkins Hosp., Baltim. **56**, 84 (1935).

ABEL, W. M. FIROR and W. CHALIAN: Further evidence to show that tetanus toxin is not carried to central neurons by way of the axis cylinders of motor nerves. Bull. Hopkins Hosp., Baltim. **63**, 373 (1938).

ABEL, J. J., HAMPIL, and JONAS: Further experiments to prove that tetanus toxin is not carried in peripheral nerves to the central nervous system. Bull Hopkins Hosp., Baltim. **56**, 317 (1935).

ABEL, J. J. and B. HAMPIL: Some historical notes on tetanus and commentaries thereon. Bull. Hopkins Hosp., Baltim. **57**, 343 (1935).

ABEL, J. J., HAMPIL, JONAS, and CHALLIAN: Researches on Tetanus VII. Bull. Hopkins Hosp., Baltim. **62**, 522 (1938).

ADELHEIM, R., AMSLER, NICOLAJEV u. RENTZ: Experimentelle toxische Encephalitis durch Cicutoxin. Arch. Psychiatr. (D.) **102**, 439 (1934).

ALBERT, F.: Voie d'absorption de la toxine tétanique. C. r. Soc. Biol. **81**, 1127 (1918).

ALEXANDER, R. A.: Preliminary note on the infection of white mice and guinea pigs with the virus of horse-sickness. J. S. Africa vet. med. Assoc. **4**, 1 (1933).

ALEXANDER, R. A. and P. I. DU TOIT: The immunization of horses and mules against horsesickness by means of the neurotropic virus of mice and guinea pigs. Ondersteeport J. vet. Scienc. **2**, 375 (1934).

ARMSTRONG, CH.: Prevention of intravenous inoculated poliomyelitis of monkeys by intranasal instillation of picric acid. Publ. Health Rep. (Am.) **51**, 241 (1936).

ARMSTRONG, CH. and W. T. HARRISON: Prevention of intranasally inoculated encephalitis (St. Louis type) in mice and of poliomyelitis in monkeys by means of chemicals instilled into the nostrils. Publ. Health Rep. (Am.) **51**, 1105 (1936).

ARMSTRONG, CH. and R. D. LILLIE: Experimental lymphocytic choriomeningitis of monkeys and mice produced by a virus encountered in studies of the 1933 St. Louis encephalitis epidemic. Publ. Health Rep. (Am.) **49**, 1019 (1934).

ASCHOFF, L. u. H. E. ROBERTSON: Über die Fibrillentheorie und andere Fragen der Toxin- und Antitoxinwanderung beim Tetanus. Med. Klin. **1915**, 715, 744.

BAIL, O.: Ergebnisse experimenteller Populationsforschung. Z. Immunit.forsch. **60**, 1 (1929).

BARDACH: Nouvelles recherches sur la rage. Ann. Inst. Pasteur, Par. **2**, 9 (1888).

BASTAI, P. u. A. BUSACCA: *(1)* Über die Pathogenese des Herpes febrilis nach klinischen und experimentellen Untersuchungen beim Menschen und über die vermeintlichen Beziehungen zwischen herpetischem und encephalitischem Virus. Klin. Wschr. **3**, 147 (1924).

— *(2)* L'infezione erpetica umana (Herpes). Sua pathogenesi e pretesi rapporti colla encefalite epidemica. Schweiz. Arch. Neur. **15**, 176 (1924); **16**, 56 (1925).

BAUDOT: Essays antihydrophob. Paris, 1770.

BAUER, J.: Quelques charactéristiques du virus de la fièvre jaune. Amer. J. trop. Med. **11**, 367 (1931).

BEDSON, S. P.: Observations on the developmental forms of psittacosis virus. Brit. J. exper. Path. **14**, 267 (1933).

BEDSON, S. P. and J. O. W. BLAND: The developmental forms of psittacosis virus. Brit. J. exper. Path. **15**, 243 (1934); **13**, 461 (1933).

BENDA, C.: Pathologische Anatomie der Variola. Handbuch der Pockenbekämpfung und Impfung, S. 105. Berlin, 1927.

BERTARELLI, E.: Wege, auf denen das Wutvirus zu den Speicheldrüsen des Hundes gelangt. Zbl. Bakter. usw., I Orig. **37**, 213 (1904).

BEZOLD, A. u. L. HIRT: Über die physiologischen Wirkungen des essigsauren Veratrins. Unters. a. d. phys. Lab. in Würzburg **1**, 75 (1867).

BIELING, R.: Untersuchungen über ein neurotropes Virus. Zbl. Bakter. usw., I Orig. **140**, Beiheft 154 (1937).

BING, R. et B. WALTHARD: Aspects anatomo-pathologiques de la myélite herpétique experimentale. Arch. suiss. Neur. **22**, 3 (1928).

BLAND, J. O. W. and R. G. CANTI: The growth and development of psittacosis virus in tissue cultures. J. Path. a. Bacter. **40**, 231 (1935).

DE BLASI e RUSSO-TRAVALI: Rendiconta delle vaccinazioni profilattiche ed esperimenti esequiti nell'istituto antirabico di Palermo. Riforma med. **5**, 602, 608, 614, 620 (1889).

BOMBICCI: Sul tempo della diffusione nell'organismo del virus rabido. Sperimentale **2**, 170 (1892).

BRAGA, A. u. ASC. FARIA: Infektiöse Bulbärparalyse. Bolet. Ist. Vital Brazil, Nr. 16 (1934).

BRODIE, M.: (*1*) The titration of poliomyelitic virus containing tissue. J. Immunol. (Am.) **25**, 87 (1933).

— (*2*) The pathogenesis of acute anterior poliomyelitis. Amer. J. Path. **10**, 665 (1934).

(*3*) Infection of monkeys with the virus of poliomyelitis in human spinal cords. Proc. Soc. exper. Biol. a. Med. (Am.) **32**, 838 (1935).

— (*4*) cit. nach „Poliomyelitis", Intern. Com. f. the study of infantile paralysis, S. 290. Baltimore, 1932.

BRODIE, M. and A. R. ELVIDGE: Portal of entry and transmission of the virus of poliomyelitis. Science **79**, 235 (1934).

BRUNNER, C.: (*1*) Zur Pathogenese des Kopftetanus. Berl. klin. Wschr. **28**, 881 (1891).

— (*2*) Experimentelle Untersuchungen über die Wirkung des Tetanusgiftes auf das Nervensystem. Dtsch. med. Wschr. **1894**, 100.

BRUSCHETTINI, A.: Sulla diffuzione del veleno del'tetano nell'organismo. Riforma med. **8**, 256, 270 (1892).

BURNET, F. M. and D. LUSH: Infection of the central nervous system by louping ill virus. An investigation by the quantitative egg membrane technique. Austral. J. exper. Biol. a. med. Sci. **16**, 233 (1938).

BURROWS, M. T.: Is poliomyelitis a disease of the lymphatic system? Arch. int. Med. (Am.) **48**, 33 (1931).

CAJAL, S. R.: Les preuves objectives de l'unité anatomique des cellules nerveuses. Trav. Labor. Rech. biol. Univ. Madr. **29**, 1 (1934).

CALABRESE: Inoculazione del virus rabico nella camera ant. dell'occhio e special. sulla via di sua diffusione. Napoli, 1896.

CAMUS, L.: De la vaccine généralisée aux injections intravasculaires de vaccine (étude sur le lapin). J. Physiol. et Path. gén. **17**, 244 (1918).

CARLO e RATTONE: Studio sperimentale sull'eziologia del tetano. Gi. Accad. Med. Torino **32**, 174 (1884).

CEREWKOW: Russk. Wratsch, 1902, cit. nach SCHWEINBURG.

CLARK, P. F. and H. L. AMOSS: Intraspinous infection in experimental poliomyelitis. J. exper. Med. (Am.) **19**, 217 (1914).

CLARK, FRASER, and AMOSS: The relations to the blood of the virus of epidemic poliomyelitis. J. exper. Med. (Am.) **19**, 217 (1914).

CLARK, W. E. LE GROS: Rep. on publ. health, Nr. 54. London, 1929.

COURMONT, I. et M. DOYON: Le Tétanos. Paris: Baillière et fils, 1899.

CUSHING, H.: Studies on the cerebro-spinal fluid. J. med. Res. (Am.) **26**, 1 (1914).

DEBOUÉ: Transmission du virus rabique par les nerfs. Rev. scient. **38**, 147 (1886).

DEFRISE, A.: Ricerche anatomo-topographiche e microscopiche sui vasi linfatici dei nervi. Arch. gen. Neur. (It.) **2**, 102 (1930).

DEMME, H.: Tierexperimentelle Untersuchungen über die Beziehungen des Vakzinevirus zum Zentralnervensystem. Z. Immunit.forsch. **55**, 191 (1928).

DESCOMBEY, P. A.: Sur le tétanos et sa pathogénie. Recueil méd. vét., 1929, 1930.

DESCOMBEY, P. et V. ROBIN: Tétanos expérimental chez le chien. C. r. Soc. Biol. **103**, 576 (1930).

DOERR, R.: (*1*) Die Ätiologie der nicht-eitrigen Encephalitiden des Kindesalters. Mschr. Kinderhk. **44**, 149 (1929).

— (*2*) Pappatacifieber und Dengue. Handb. d. path. Mikroorg., 3. Aufl., Bd. VIII 1, S. 501. 1930.

— (*3*) Die Lehre von den Infektionskrankheiten in allgemeiner Darstellung. Lehrb. d. inn. Medizin, 3. Aufl., S. 67. 1936.

— (*4*) Filtrierbare Virusarten. Weichardts Erg. d. Hyg. **16**, 121 (1934).

— (*5*) Die Wanderungen von Toxin und Virus in peripheren Nerven. Z. Hyg. usw. **118**, 212 (1936).

— (*6*) Wanderungen von Toxin und Virus in peripheren Nerven. Schweiz. med. Wschr. **67**, 329 (1937).

— (*7*) cit. nach E. KOPPISCH (*2*, S. 386).

DOERR, R. u. E. BERGER: Herpes, Zoster und Encephalitis. Handb. d. path. Mikroorg., Bd. VIII 2, S. 1415. 1930.

DOERR, R., L. BLEYER u. G. W. SCHMIDT: Über das Verhalten des Virus des Rous-Sarkoms in der Blutzirkulation refraktärer und empfänglicher Tiere. Z. Krebsforsch. **36**, 256 (1932).

DOERR, R. u. E. GOLD: Untersuchungen über das Virus der Hühnerpest. V. Mitteilung. Analyse der Septikämie des infizierten Huhnes. Z. Hyg. usw. **113**, 645 (1932).

DOERR, R. u. C. HALLAUER: Die primäre Herpesmyelitis und ihre Beziehungen zum Infektionsmodus sowie zur Wirtsspezies. Z. Hyg. usw. **118**, 474 (1936).

DOERR, R. u. M. KON: Schieneninfektion, Schienenimmunisierung und Konkurrenz der Infektionen im Zentralnervensystem beim Herpesvirus. Z. Hyg. usw. **119**, 679 (1937).

DOERR, R. u. R. PICK: Untersuchungen über das Virus der Hühnerpest. Zbl. Bakter. usw., I Orig. **76**, 476 (1915).

DOERR, R. u. A. SCHNABEL: Das Virus des Herpes febrilis. Z. Hyg. usw. **94**, 29 (1921).

DOERR, R. u. S. SEIDENBERG: (*1*) Untersuchungen über das Virus der Hühnerpest. Z. Hyg. usw. **113**, 671 (1932).

— (*2*) Untersuchungen über das Virus der Hühnerpest. VIII. Mitteilung. Entwicklungsgang der Septikämie des infizierten Huhnes. Z. Hyg. usw. **114**, 276 (1933).

— (*3*) Die Lokalisation im Lendenmark nach der Vergiftung mit Dysenterietoxin und nach Infektionen mit Poliomyelitis- und Herpesvirus. Z. Hyg. usw. **119**, 72 (1936).

— (*4*) Dynamische Aktivierung des toxisch induzierten lokalen Tetanus. Z. Hyg. usw. **117**, 561 (1936).

DOERR, SEIDENBERG u. KOPPISCH: Kann ein zentripetaler Transport von Tetanustoxin in sensiblen Nerven stattfinden? Z. Hyg. usw. **117**, 529 (1935).

DOERR, R., S. SEIDENBERG u. FL. MAGRASSI: Kritische und experimentelle Studien zur Frage des Nachweises von Tetanustoxin in peripheren Nerven. Z. Hyg. usw. **118**, 92 (1936).

DOERR, R., S. SEIDENBERG u. L. WHITMAN: Untersuchungen über das Virus der Hühnerpest. IV. Mitteilung. Z. Hyg. usw. **112**, 732 (1931).

DOERR, R. u. K. VÖCHTING: Sur le virus de l'herpès fébrile. Rev. gén. Ophtalm. (Schwz) **34**, 409 (1920).

DOERR, R. u. E. ZDANSKY: Kritisches und Experimentelles zur ätiologischen Erforschung des Herpes febrilis und der Encephalitis lethargica. Z. Hyg. usw. **102**, 1 (1924).

DOUGLAS, SMITH and PRICE: Generalised vaccinia in rabbits with especial reference to lesions in the internal organs. J. Path. a. Bacter. **32**, 99 (1929).

DRAPER, G.: Acute Poliomyelitis. Philadelphia, 1917.

DURAND, GIROUD, LARRIVÉ et MESTRALLET: Études sur la maladie des porchers. Arch. Inst. Pasteur, Tunis **26**, 213, 228 (1937).

Eichler, W.: Ist die Muskelendplatte vom motorischen Spinalnerven durch eine Synapse getrennt? Z. Biol. **99**, 266 (1938).

Elman, R.: Spinal arachnoid granulations with special reference to the cerebrospinal fluid. Bull. Hopkins Hosp., Baltim. **34**, 99 (1923).

Faber, H. K.: (*1*) Mechanism of infection in poliomyelitis. Amer. J. publ. Health **23**, 1025 (1933).

— (*2*) The early lesions of poliomyelitis after intranasal inoculation. J. Pediatr. (Am.) **13**, 10 (1938).

— (*3*) Acute poliomyelitis as a primary disease of the central nervous system. Medicine (Am.) **12**, 83 (1933).

Faber, H. K. and L. P. Gebhardt: Localizations of poliomyelitis virus during incubation period after nasal instillation in monkey. Proc. Soc. exper. Biol. a. Med. (Am.) **30**, 879 (1933); J. exper. Med. (Am.) **57**, 933 (1933).

Fairbrother, R. W. and E. W. Hurst: The pathogenesis of, and propagation of the virus in, experimental poliomyelitis. J. Path. a. Bacter. **33**, 17 (1930).

da Fano, C.: Herpetic meningo-encephalitis in rabbits. J. Path. a. Bacter. **26**, 85 (1923).

Ferré, G.: Contr. á l'étude séméiologique et pathogénique de la rage. Ann. Inst. Pasteur, Par. **2**, 187 (1888).

le Fèvre de Arric et M. Millet: Localisations du virus herpétique sous l'influence d'agents modificateurs de la barrière hémato-encéphalique. C. r. Soc. Biol. **94**, 782 (1926); **95**, 1443 (1926); **96**, 206 (1927).

Findlay, G. M.: (*1*) Fowl-Pox. System of Bact. **7**, 259 (1930).

— (*2*) Inclusion bodies and their relationship to viruses. Handbuch der Virusforschung, 1. Teil, S. 292—368. 1938.

— (*3*) The transmission of louping ill to monkeys. Brit. J. exper. Path. **13**, 230 (1932).

Findlay, G. M. and L. P. Clarke: Infection with neurotropic yellow fever virus following instillation into the nares and conjunctival sac. J. Path. a. Bacter. **40**, 55 (1935).

Findlay, G. M. and R. O. Stern: Pathological changes due to infection with the virus of lymphocytic choriomeningitis. J. Path. a. Bacter. **43**, 327 (1936).

Firor, W. M. and A. F. Jonas: The production of reflex motor tetanus by intraspinal injections of Tetanustoxin. Bull. Hopkins Hosp., Baltim. **62**, 91 (1938).

Fischel, A.: Wirkung des Silbernitrats auf die Elemente des Nervensystems. Arch. mikrosk. Anat. (Berl.) **42**, 383 (1894).

Fischer, M.: Die Beziehungen des Herpesvirus zum Blut und zum Liquor cerebrospinalis. Z. Hyg. usw. **107**, 102 (1927).

Fite, G. L. and L. T. Webster: Distribution of louping-ill in blood and brain of intranasally infected mice. Proc. Soc. exper. Biol. a. Med. (Am.) **31**, 695 (1934).

Fletcher: Tetanus dolorosus and the relation of tetanus toxin to sensory nerves and the spinal ganglia. Brain **26**, 383 (1903).

Flexner, S.: Respiratory versus gastro-intestinal infection in poliomyelitis. J. exper. Med. (Am.) **63**, 209 (1936).

Flexner, S. and A. L. Amoss: (*1*) The relation of the meninges and choroid plexus to poliomyelitic infection. J. exper. Med. (Am.) **25**, 525 (1917).

— (*2*) Contributions to the pathology of experimental virus encephalitis. J. exper. Med. (Am.) **41**, 215, 233, 357 (1925).

— (*3*) Penetration of the virus of poliomyelitis from the blood into the cerebrospinal fluid. J. exper. Med. (Am.) **19**, 411 (1914).

Flexner, S. and P. F. Clark: A note on the mode of infection in epidemic poliomyelitis. Proc. Soc. exper. Biol. a. Med. (Am.) **10**, 16 (1912).

Flexner, S. and P. A. Lewis: (*1*) Experimental epidemic poliomyelitis in monkeys. J. exper. Med. (Am.) **12**, 227 (1910).

— (*2*) Epidemic poliomyelitis in monkeys. J. amer. med. Assoc. **54**, Nr. 1 (1910).

— (*3*) Experimental epidemic poliomyelitis in monkeys. J. amer. med. Assoc. **54**, 1140 (1910).

FONTANA, A.: Contributo allo studio del virus dell'herpes febrilis e progenitalis. Pathologica (It.) **1921**, Nr. 303, 306.

FORSSMAN, J.: (*1*) Verbreitung der Staphylokokken in Kaninchen nach intravenösen Injektionen von Staphylokokken. Z. Immunit.forsch. **91**, 165 (1937).

— (*2*) A contribution to the knowledge of late paralysis in rabbits following Staphylococcus infections. Acta path. et microbiol. scand. (Dän.), Suppl. XXXVII (1938).

FREUND, H. u. B. HEYMANN: Untersuchungen über Herpes simplex und Zoster. Z. Hyg. usw. **107**, 592 (1927).

FRIEDEMANN, U. u. A. ELKELES: (*1*) Experimentelle Untersuchungen über die Diphtherievergiftung. Z. exper. Med. **74**, 293 (1936).

— (*2*) Die Methoden der gekreuzten Durchströmung des Gehirns und der Injektion in die Hirnarterien. Z. exper. Med. **80**, 214 (1932).

— (*3*) The blood-brain barrier in infectious diseases. Its permeability to toxins in relation to their electrical charges. Lancet **1934**, 719, 775.

FRIEDENWALD, J. S.: Studies in the virus of herpes simplex. Arch. Ophthalm. (Am.) **52**, 105 (1923).

FRÖHLICH, A. u. H. H. MEYER: (*1*) Über die Muskelstarre bei der Tetanusvergiftung. Münch. med. Wschr. **1917**, 289.

— (*2*) Untersuchungen über den Tetanus. Arch. exper. Path. (D.) **79**, 55 (1916).

FUNAYAMA, JÜN-ITCHI: Contribution a l'étude de la rage expérimentale. C. r. Soc. Biol. **116**, 1170 (1934).

FUST, B.: (*1*) Tuberkulöse Meningitis nach intrazisternaler Injektion von Tuberkelbacillen; anatomische Fernwirkung des meningealen Infektes. Z. Hyg. usw. **120**, 128 (1937).

— (*2*) Zur Minimalinfektion mit Tuberkelbacillen. Z. Hyg. usw. **120**, 547 (1938).

GALLOWAY, I. A.: The routes of infection and Paths of transmission of viruses. Proc. Soc. Med., Lond. **29**, 36 (1936).

GALLOWAY, I. A. and I. R. PERDRAU: Louping-ill in monkeys. Infection by the nose. J. Hyg. (Brit.) **35**, 339 (1935).

GAMALEIA: Étude sur la rage paralytique chez l'homme. Ann. Inst. Pasteur, Par. **1**, 63 (1887).

GANTT, W. H. u. A. W. PONOMAREW: Verbreitung des Tollwutvirus (Virus fixe) im Organismus. Z. exper. Med. **66**, 582 (1929).

GERLACH, F. u. F. SCHWEINBURG: Experimentelle Untersuchungen über die AUJESZKYsche Krankheit (Pseudowut). Z. Inf.krkh. d. Haustiere **48**, 270 (1935); **50**, 86 (1936).

GERMAN, W. I. and I. D. TRASK: Cutaneous infectivity in experimental poliomyelitis. Increased susceptibility after neurosurgical procedures. J. exper. Med. (Am.) **68**, 125 (1938).

GIFFORD, S. R. and LUCIE: Sympathetic uveitis caused by the virus of herpes simplex. J. amer. med. Assoc. **88**, 465 (1927).

GILBERT et LION: Gaz. hebd. Med. et Chir. **1871**, 271.

GILDEMEISTER, E. u. I. AHLFELD: Über eine bei der weißen Maus spontan aufgetretene Meningo-Encephalomyelitis. Zbl. Bakter. usw., I Orig. **142**, 144 (1938).

GILDEMEISTER, E. u. G. HEUER: (*1*) Über den Nachweis des Vaccinevirus im Blute nach kutaner Impfung. Zbl. Bakter. usw., I Orig. **105**, 86 (1927/28).

— (*2*) Über den Nachweis von Herpesvirus im Blute bei experimentell infizierten Kaninchen und über experimentellen Hautherpes. Dtsch. med. Wschr. **1929**, Nr. 22.

GINS, H. A.: Beiträge zur Pathogenese und Epidemiologie der Infektionskrankheiten. Leipzig, 1935.

GINS, HACKENTHAL u. KAMENTZEWA: Experimentelle Untersuchungen über die Generalisierung des Vaccinevirus beim Menschen und beim Versuchstier. Z. Hyg. usw. **110**, 429 (1929).

GOODPASTURE, E. W.: (*1*) The axis-cylinders of peripheral nerves as portals of entry for the virus of herpes simplex. Amer. J. Path. **1**, 11 (1925).

— (*2*) A study of rabies with reference to a neural transmission of the virus. Amer. J. Path. **1**, 547 (1925).

Goodpasture, E. W.: (3) Cytotropismus und das Vordringen der Virusarten im Nervensystem. Z. Neur. **129**, 599 (1930).

— (4) Cytotropic viruses. Amer. J. Hyg. **17**, 154 (1933).

— (5) Pathogenesis of neurocytotropic virus diseases. The problem of mental disorder. New York and London, 1934.

— (6) Pathways of infection of the central nervous system in herpetic encephalitis of rabbits contracted by contact. Amer. J. Path. **1**, 47 (1925).

— (7) Herpetic infection with especial reference to involvement of the nervous system. Medicine **8**, 223 (1929).

Goodpasture, E. W. and O. Teague: Transmission of the virus of Herpes febrilis along nerves. J. med. Res. (Am.) **44**, 139 (1923).

Gordon, W. S., Brownlee, Wilson, and MacLeod: „Tick-borne“ Fever. J. comp. Path. a. Ther. **45**, 301, 253 (1932).

Gottlieb, R. u. H. Freund: Experimentelle Studien zur Serumtherapie des Tetanus. Münch. med. Wschr. **63**, 741 (1916).

Grumbach, A. u. F. Lüthy: Experimentelle Streptokokkenencephalitis beim Kaninchen. Dtsch. Z. Nervenhk. **144**, 187 (1937).

Guillain, G.: La névrite ascendante et le traumatisme dans l'étiologie de la syringomyélie. Thèse de Paris: Steinheil, 1902.

Gumprecht: (1) Wirkungen des Tetanusgiftes im Organismus. Pflügers Arch. **59**, 105 (1894).

— (2) Zur Pathogenese des Tetanus. Dtsch. med. Wschr. **20**, 546 (1894).

Gutfeld, F. u. Ed. Mayer: Die Bewertung von Bakterienbefunden, das Eindringen und die Verteilung von Keimen. Zbl. Bakter. usw., I Orig. **124**, 122 (1932).

Haagen, E. u. Kodama: Über das Vorkommen von Paschenschen Körperchen in den Organen von Kaninchen und Mäusen nach Infektion mit Variola-Vaccinevirus und in Virus-Gewebekulturen. Zbl. Bakter. usw., I Orig. **133**, 23 (1934).

Haber, P.: (1) Dispersion centrifuge de quelques ultravirus; leur affinité pour les cellules germinatives. C. r. Soc. Biol. **129**, 738 (1938).

— (2) L'encéphalite américaine, le louping-ill, la peste aviaire; mécanisme de leur dispersion centrifuge chez la souris. C. r. Soc. Biol. **131**, 45 (1939).

Hach, I. W.: Zur experimentellen Pathologie der Vaccine. Z. Hyg. usw. **104**, 567 (1925).

Hallauer, C.: (1) Über das Verhalten von Hühnerpestvirus in der Gewebekultur. Z. Hyg. usw. **113**, 61 (1931); **115**, 616 (1933).

— (2) Über die passive Immunisierung des Zentralnervensystems gegenüber Herpes- und Hühnerpestvirus. Z. Hyg. usw. **119**, 505 (1937).

— (3) Über die Immunisierung des Zentralnervensystems mit einem nicht-encephalitogenen Herpesstamm. Z. Hyg. usw. **119**, 213 (1937).

Hallauer, C. u. S. Seidenberg: Beitrag zur Epidemiologie der Hühnerpest. Z. Hyg. usw. **120**, 110 (1937).

Harbitz, F. u. O. Scheel: Pathologisch-anatomische Untersuchungen über akute Poliomyelitis und verwandte Krankheiten. Christiania, 1907.

Harmon, P. H. and W. M. Krigsten: Tests for the blood-C. N. S. barrier in experimental poliomyelitis. Proc. Soc. exper. Biol. a. Med. (Am.) **36**, 240 (1937).

Hayden, I. u. F. Silberstein: Über die Infektion des Zentralnervensystems und seiner Häute. Z. exper. Med. **44**, 436 (1925).

Hellerström, S.: Das Lymphogranuloma inguinale. Dtsch. med. Wschr. **1935** II, 1105.

Helman, C.: Action du virus rabique. Ann. Inst. Pasteur, Par. **3**, 15 (1889).

Herzberg, K.: Über die färberische Darstellung einiger Virusarten (Elementarkörperchen) unter besonderer Berücksichtigung der intracellularen Vermehrungsvorgänge. Klin. Wschr. **15** II, 1385 (1936).

Herzberg, K. u. L. O. Kohlmüller: Über den Erreger der klimatischen Rubonen. Klin. Wschr. **1937** II, 1173.

Himmelweit, F.: Observations on living vaccinia and ectromelia viruses by high power microscopy. Brit. J. exper. Path. **19**, 108 (1938).

HÖGYES, A.: Lyssa in NOTHNAGELS Handbuch der spez. Path. u. Therap. Wien, 1897.
HÖGGER, D.: Über die Ausbreitung und den Angriffspunkt des Tetanustoxins im Falle des lokalen Tetanus. Z. Hyg. **121**, 665 (1939).
HOMEN u. LAITINEN: Wirkung von Streptokokken und ihren Toxinen auf periphere Nerven, Spinalganglien und Rückenmark. Zieglers Beitr. path. Anat. **25**, 1 (1889).
HORSTER, H. u. L. WHITMAN: Die Methode der intraneuralen Injektion. Z. Hyg. usw. **113**, 113 (1931).
HOWE, H. A. and R. S. ECKE: (*1*) Modification of the site of paralysis in experimental poliomyelitis. Proc. Soc. exper. Biol. a. Med. (Am.) **37**, 123 (1937).
— (*2*) Experimental poliomyelitis without paralysis. Proc. Soc. exper. Biol. a. Med. (Am.) **37**, 125 (1937).
HOWITT, B. F.: (*1*) Equine Encephalomyelitis. J. infect. Dis. (Am.) **51**, 493 (1932).
— (*2*) Propagation of virus of equine encephalomyelitis after intranasal instillation in the guinea pig. Proc. Soc. exper. Biol. a. Med. (Am.) **32**, 58 (1934).
— (*3*) A recently isolated strain of poliomyelitic virus. Science **85**, 268 (1937).
HURST, E. W.: (*1*) The newer knowledge of virus diseases of the nervous system: A Review and an interpertation. Brain **59**, 1 (1936).
— (*2*) Infection of the rhesus monkey and the guinea-pig with the virus of equine encephalomyelitis. J. Path. a. Bacter. **42**, 271 (1936).
— (*3*) The spread of poliomyelitis virus by the axis-cylinders. Vol. jubil. en l'honneur du Prof. MARINESCO, S. 309. 1933.
— (*4*) Intrathecal inoculation of the virus. J. Path. a. Bacter. **35**, 41 (1932).
— (*5*) A further communication to the pathogenesis of experimental poliomyelitis inoculation into the sciatic nerve. J. Path. a. Bacter. **33**, 1133 (1930).
— (*6*) Studies on pseudorabies. J. exper. Med. (Am.) **59**, 729 (1934).
— (*7*) The transmission of „louping-ill" to the mouse and the monkey: histology of the experimental disease. J. comp. Path. a. Ther. **44**, 231 (1931).
— (*8*) The Histology of experimental poliomyelitis. J. Path. a. Bacter. **32**, 457 (1929).
IMAMURA, ONO, ENDO, and KAWAMURA: Studies on the aetiology of scarlet fever. Jap. J. exper. Med. (e.) **12**, 601 (1934).
International Comittee for the study of infantile paralysis: „Poliomyelitis". Baltimore, 1932.
IWANOFF, G.: Über die Abflußwege aus den submeningealen Räumen des Rückenmarks. Z. exper. Med. **58**, 1 (1928).
IWANOW, G. u. K. ROMODANOWSKY: Zusammenhang der cerebralen und spinalen submeningealen Räume mit dem Lymphsystem. Z. exper. Med. **58**, 596 (1928).
JACCHIA, L.: Sulla riproduzione sperimentale dell'eruzione erpetica nell'uomo e sulla cosiddetta „meningite erpetica". Riv. Neur. **7**, 507 (1934).
JACOBI, LÖHR u. WUSTMAN: Über die Darstellung des zentralen und peripheren Nervensystems im Röntgenbild. Leipzig: A. Barth, 1934.
JACOBSGAARD, I.: Fortleitungswege der rhinogenen und epidemischen Meningitis. Klin. Wschr. **15**, 213 (1936).
JOSSIFOW, G.: Die ableitenden Lymphgefäße der peripheren Nerven, Rückenmarksknoten und sympathischen Knoten. Russk. Arch. Anat. **10**, 8 (1931); ref. in Ber. Biol. **23**, 715 (1933).
JOWELEW, B. M.: Bedingungen der Impfung mit Tollwut aus dem Blute. Z. exper. Med. **74**, 217 (1930).
JUNGEBLUT, C. W. and SPRING: A note on the propagation of the virus in experimental poliomyelitis. Proc. Soc. exper. Biol. a. Med. (Am.) **27**, 1076 (1930).
KAFKA, V.: Pathologie des Stoffaustausches zwischen Gehirn und dem übrigen Körper. Arch. Psychiatr. (D.) **101**, 231 (1934).
KASHIWAMURA, T.: Über die Zahlenschwankung der Nervenfasern im Verlauf der peripheren Nerven. Jap. J. med. Sci., Trans. I., Anat. **5**, 163 (1934).
KEY u. RETZIUS: Studien in der Anatomie des Nervensystems und des Bindegewebes. Stockholm, 1876.

KLARFELD, B.: Zur Histopathologie der experimentellen Blastomykose des Gehirns. Z. Neur. **58**, 176 (1920).

KLING, LEVADITI et LÉPINE: La pénétration du virus poliomyélitique à travers la muqueuse du tube digestif chez le singe et sa conservation dans l'eau. Bull. Acad. Méd., Par. **102**, 158 (1929).

KLING, C., OLIN et GARD: L'infectiosité du système lymphatique dans la poliomyélite humaine et expérimentale. C. r. Soc. Biol. **129**, 451 (1938).

KOBAYASHI, R.: On the serum treatement of tetanus in reference to the path of spread of tetanus toxin. Arch. exper. Med. **4**, Nr. 5 (1921).

KOCH, JOS.: Lyssa. Handbuch d. path. Mikroorg., Bd. VIII 1, S. 547. 1930.

KOMATSU, H.: Überschuß und Ausfall der Wurzelfasern beim Zusammenfließen der vorderen und hinteren Wurzeln. Jap. J. med. Sci., Trans. I, Anat. **5**, 183 (1934).

KON, M.: Intraneurale Injektionen boviner Tuberkelbacillen. Z. Hyg. usw. **118**, 346 (1936).

KONRÁDI, D.: Ist die Wut vererbbar? Ist das Blut Lyssakranker infektionsfähig? Zbl. Bakter. usw., I Orig. **47**, 203 (1908); **73**, 287 (1914).

KOPCIOWSKA, L.: Septinévrite a virus rabique fixe „ramené en arrière". C. r. Soc. Biol. **119**, 143 (1935).

KOPPISCH, E.: (*1*) Die Erzeugung einer primären Myelitis des Lendenmarks durch intravenöse Injektion von Herpesvirus. Z. Hyg. usw. **117**, 635 (1935).

— (*2*) Zur Wanderungsgeschwindigkeit neurotroper Virusarten in peripheren Nerven. Z. Hyg. usw. **117**, 386 (1935).

KRAMER, S. D., HOSKWITH, and GROSSMAN: Detection of the virus of poliomyelitis in the nose and throat and gastro-intestinal tract of human beings and monkeys. J. exper. Med. (Am.) **69**, 49 (1939).

KRAUS, R. u. Y. FUKUHARA: Über das Lyssavirus „Fermi", über Schutzimpfungsversuche mit normaler Nervensubstanz und über Wirkungen des rabiziden Serums. Z. Immunit.forsch. **3**, 352 (1909).

KRAUS, R., GERLACH u. F. SCHWEINBURG: Lyssa bei Mensch und Tier. Wien, 1926.

KREIS, B.: La maladie d'ARMSTRONG. Paris, 1937.

v. KRÜGELSTEIN: Die Geschichte der Hundswut und der Wasserscheu und deren Behandlung. Gotha, 1826.

LANDON, J. F. and L. W. SMITH: Poliomyelitis. New York: Macmillan Comp., 1934.

LANDSTEINER, K. et C. LEVADITI: (*1*) La paralysie infantile expérimentale. C. r. Soc. Biol. **67**, 787 (1909).

— (*2*) Étude expérimentale de la poliomyélite aigue (Maladie de HEINE-MEDIN). Ann. Inst. Pasteur, Par. **24**, 833 (1910); **25**, 806 (1910).

LASOWSKY, I. M. u. M. M. KOGAN: Veränderungen der Nervenfasern bei norm- und hyperergischer Entzündung der Skelettmuskulatur. Virchows Arch. **292**, 428 (1934).

O'LEARY, HEINBECKER, and BISHOP: Physiologic and histologic studies on the roots and nerves supplying paralyzed extremities of monkeys during acute poliomyelitis. Arch. Neur. **28**, 272 (1932).

LEAKE, I. P.: Poliomyelitis following vaccination against this disease. J. amer. med. Assoc. **105**, 2152 (1935).

LEBON, H.: Myélites infectieuses expérimentales. Thèse de Paris, 1896.

LEDINGHAM, J. C. G.: Studies on virus problems. Bull. Hopkins Hosp., Baltim. **56**, 247, 337; **57**, 32 (1935).

LEHMANN, W.: Untersuchungen über den Nachweis von Vaccinevirus bei Impfkälbern. Zbl. Bakter. usw. I. Orig. **131**, 336 (1934).

LEINER u. WIESNER: Experimentelle Untersuchungen über Poliomyelitis acuta. Wien. klin. Wschr. **23**, 817 (1910).

v. LENHOSSÉK, M.: Die Wuthkrankheit. Pest u. Leipzig, 1837.

LENNETTE, E. H. and D. H. CAMPBELL: Permeability of blood-CNS barrier to sodium bromide in experimental poliomyelitis. Amer. J. Dis. Childr. **56**, 756 (1938).

LENNETTE, E. H. and N. P. HUDSON: (*1*) Relation of olfactory tracts to intravenous route of infection in experimental poliomyelitis. Proc. Soc. exper. Biol. a. Med. (Am.) **32**, 1444 (1935).

LENNETTE, E. H. and N. P. HUDSON: (2) Blood-CNS Barrier in experimental Poliomyelitis. Proc. Soc. exper. Biol. a. Med. (Am.) **34**, 470 (1936).

LÉPINE, P.: Rage-Virus rabique. Paris: Les Ultravirus des maladies humaines, 1938.

LÉPINE, P., SAUTTER et B. KREIS: Siège de la virulence dans la chorio-méningite lymphocytaire; caractères du virus. C. r. Soc. Biol. **124**, 422 (1937).

LEVADITI, C.: Les „sélecteurs". Rev. Immunol. (Fr.) **4**, 481 (1938).

LEVADITI, C., DANULESCO et L. ARZT: Méningite par injection de microbes pyogènes dans les nerfs périphériques. Ann. Inst. Pasteur, Par. **28**, 356 (1914).

LEVADITI, C. et HABER: La neuroprobasie du virus herpétique administré au lapin par voie nasale. C. r. Soc. Biol. **119**, 21 (1935).

LEVADITI, HARVIER et NICOLAU: (1) Affinité neurotrope de virus de la vaccine. C. r. Soc. Biol. **85**, 345 (1921).

— (2) Étude expérimentale de l'encéphalite dite „lethargique". Ann. Inst. Pasteur, Par. **36**, 1 (1922).

LEVADITI, C., HORNUS et HABER: Virulence de l'ultravirus herpétique administré par voies nasale et digestive. Mécanisme de sa neuroprobasie centripète. Ann. Inst. Pasteur, Par. **54**, 389 (1935).

LEVADITI, C., KLING et LÉPINE: Sur la transmission d. l. poliomyélite par la voie digestive. Bull. Acad. Méd., Par. **105**, 190 (1931).

LEVADITI, C. et K. LANDSTEINER: Étude expérimentale de la poliomyélite aigue. C. r. Soc. Biol. **68**, 417 (1910).

LEVADITI, C. et S. NICOLAU: (1) Ectodermoses neurotropes. Ann. Inst. Pasteur, Par. **37**, 1 (1923).

— (2) Les feuillets embryonnaires en rapport avec les affinités du virus vaccinal. C. r. Acad. Sci. **174**, 778 (1922).

— (3) Adaptation du virus vaccinal au nevraxe. — Affinités de la neurovaccine. C. r. Soc. Biol. **89**, 363 (1923).

LEVADITI, C. et J. LEVADITI: Maladie des NICOLAS-FAVRE (Lymphogranulomatose inguinale). Paris: Les Ultravirus des maladies humaines, ed. LEVADITI et LÉPINE, 1938.

LEVADITI, C. et L. REINIÉ: Inoculation du virus lymphogranulomateux (Maladie de NICOLAS et FAVRE) a la souris. C. r. Soc. Biol. **115**, 1191 (1932).

LEVADITI, SCHMUTZ et WILLEMIN: Étude de l'épidémie de poliomyélite du département du Bas-Rhin. Ann. Inst. Pasteur, Par. **46**, 80 (1931).

LEVADITI, C. et R. SCHOEN: Les corps de NEGRI dans le cytoplasme des épitheliums de la cornée. Ann. Inst. Pasteur, Par. **55**, 69 (1935).

LEVADITI, C. u. VIEUCHANGE: Inoculabilité de certains virus neurotropes (herpès, en particulier) par la voie du conduit auditif externe. C. r. Soc. Biol. **119**, 949 (1935).

LEVADITI, JEAN: Caractère inapparent de la poliomyélite épidémique. Par. méd. **95**, 37 (1935).

LILJESTRAND, G. u. R. MAGNUS: Über die Wirkung des Novocains auf den normalen und den tetanusstarren Skelettmuskel und über die Entstehung der lokalen Muskelstarre beim Wundstarrkrampf. Pflügers Arch. **176**, 169 (1919).

LÖFFLER u. F. SCHWEINBURG: Beitrag zur Theorie der Immunität bei Tollwut. Zbl. Bakter. usw., I Orig. **130**, 329 (1934).

LUGER, LAUDA u. SILBERSTERN: Experimentelle herpetische Allgemeininfektion des Kaninchens. Z. Hyg. usw. **94**, 200 (1921).

MAGRASSI, FL.: (1) L'infezione latente da virus vaccinico. Boll. Ist. sieroter. milan. **16**, 345 (1937).

— (2) Studii sull'infezione e sull'immunità da virus erpetico. I. Boll. Ist. sieroter. milan. **14**, 773 (1935). II. Z. Hyg. usw. **117**, 501 (1935). III. Z. Hyg. usw. **117**, 573 (1935).

MANOUÉLIN, V.: Neurones virulentes et infection de la salive au cours de la rage. C. r. Soc. Biol. **119**, 256 (1935).

MARIANI, G.: Ätiologie der Herpeserkrankungen. Arch. Derm. (D.) **147**, 259 (1924).

MARIE: La virulence du sang chez les animaux rabiques. C. r. Soc. Biol. **58**, 544 (1905).

MARIE, A. et V. MORAX: Sur l'absorption de la toxine tétanique. Ann. Inst. Pasteur, Par. **16**, 818 (1902); **17**, 335 (1903).

MARINESCO, G. et S. DRAGANESCO: (*1*) Recherches sur le neurotropisme du virus herpétique. Ann. Inst. Pasteur, Par. **37**, 753 (1923).

— (*2*) Beiträge zum Studium der primären infektiösen diffusen Neuritiden. Dtsch. Z. Nervenhk. **112**, 44 (1930).

MATHIS, C.: Fièvre jaune. — Virus amaril. Les Ultraviruses des maladies humaines, ed. LEVADITI et LÉPINE, S. 447ff. 1938.

McCLELLAN and E. W. GOODPASTURE: A method of demonstrating experimental gross lesions of the central nervous system. J. med. Res. (Am.) **44**, 201 (1923).

MEASE: Essay on the disease produced by the bit of mad dog. Philadelphia, 1793.

MENKIN, V.: Fixation of vital dyes in inflamed areas. J. exper. Med. (Am.) **50**, 171 (1929).

MEYER, H.: (*1*) Tetanusstudien. Festschrift für JAFFE, S. 295. Braunschweig, 1901.

— (*2*) Bemerkungen eines Theoretikers zur Diphtheriebehandlung. Schweiz. med. Wschr. **1936**, 10.

MEYER, H. u. F. RANSOM: Untersuchungen über den Tetanus. Arch. exper. Path. (D.) **49**, 369 (1903).

MIYAGAWA, MITAMURA, YAOI, ISHII, and OKANISHI: Studies on the virus of lymphogranuloma inguinale NICOLAS, FAVRE and DURAND. Jap. J. exper. Med. (e.) **13**, 331 (1935).

MORTENSEN and SULLIVAN: The cerebrospinal fluid and the cervical lymph nodes. Anat. Rec. (Am.) **56**, 359 (1933).

MULDER, I. D.: (*1*) Over de lymphstrom in de Zenuw. Dissert. Amsterdam, 1934.

— (*2*) An experimental and critical study on the spreading of foreign substances in the nerve. Acta neerld. Morph. norm. et path. **1**, 289 (1938).

NAUCK, E. TH.: Bemerkungen über den mechanisch-funktionellen Bau des Nerven. Anat. Anz. **72**, 260 (1931).

NICOLAU, S. et L. KOPCIOWSKA: (*1*) Dispersion du virus rabique inoculé dans un nerf périphérique. C. r. Soc. Biol. **115**, 262 (1934).

— (*2*) Passage en série, de nerf a nerf, chez le lapin du virus rabique fixe; recupération de la „negrigénèse“. C. r. Soc. Biol. **122**, 280 (1936).

NICOLAU, S. et MATEIESCO: Septinévrites à virus rabique des rues. Preuves de la marche centrifuge du virus. C. r. Acad. Sci. **186**, 1072 (1928).

NICOLAU, S., O. NICOLAU-DIMANESCU et A. L. GALLOWAY: Étude sur les septinévrites a ultravirus neurotropes. Ann. Inst. Pasteur, Par. **43**, 1 (1929).

NICOLAU, S. et P. POINCLOUX: (*1*) Recherche du virus encéphalitique après son introduction dans la cavité rachidienne chez l'homme. Brux. méd. **1924**, Nr. 62.

— (*2*) Présence du virus encéphalitique dans le liquide céphalo-rachidien. C. r. Soc. Biol. **91**, 1063 (1924).

NIESCHULTZ, O.: Über Infektion von Mäusen mit dem Virus der südafrikanischen Pferdesterbe. Zbl. Bakter. usw., I Orig. **128**, 465 (1933); **132**, 199 (1934).

OHTAWARA: Experimental studies on the process of formation of vaccinal immunity. Especially on the invasion of the cutan inserted virus into the blood circulation. (I. Report.) Sci. Rep. Inst. infect. Dis. Univ. Tokyo **1**, 203 (1922).

OLITSKY, P. K. and A. R. COX: Temporary prevention by chemical means of intranasal infection of mice with equine encephalomyelitis virus. Science (Am.) **80**, 566 (1934).

OLITSKY, P. K., SABIN and COX: Variations in neuroinvasiveness of certain viruses in relation to the age of susceptible hosts. Amer. J. Path. **11**, 839 (1935).

ORR and ROWS: Lymphogenous infection of the central nervous system. Brain **36**, 271 (1914).

PANISSET, L. et A. DISCHAMPS: Inoculation du virus rabique dans le torrent circulatoire du cobaye. C. r. Soc. Biol. **83**, 983 (1920).

PASCHEN, E.: Vaccine und Vaccineausschläge. Handb. d. Haut- u. Geschlechtskrh, Bd. 2, S. 164. 1932.

PASTEUR, CHAMBERLAND, ROUX et THUILLIER: Nouveaux faits pour servir à la connaissance de la rage. C. r. Acad. Sci. **95**, 1187 (1882).

PAULIAN, D.: Le virus herpétique et la sclerose latérale amyotrophique. Bull. Acad. Méd., Par. **107**, 462 (1932).

PERDRAU, I. R.: The axis-cylinder as a pathway for dyes and salts in solution, with observations on the node of RANVIER in the rabbit. Brain **60**, 204 (1937).

PERMIN, C.: Experimentelle und klinische Untersuchungen über die Pathogenese des Tetanus und die Therapie des Starrkrampfes. Mitt. Grenzgeb. Med. u. Chir. **27**, 1 (1914).

PETTE, H.: (*1*) Tierexperimentelle Studien zur Frage der „Viruswanderung“ im Nerven. Dtsch. Z. Nervenhk. **121**, 113, 209 (1931).

— (*2*) Eine vergleichende Betrachtung der akut infektiösen Erkrankungen vornehmlich der grauen Substanz des Nervensystems (Poliomyelitis, epidemische Encephalitis, Lyssa, BORNAsche Krankheit). Dtsch. Z. Nervenhk. **124**, 43 (1932).

— (*3*) Akute Infektion und Nervensystem. Münch. med. Wschr. **1929**, 225.

— (*4*) Infektion und Nervensystem. Dtsch. Z. Nervenhk. **110**, 221 (1929).

— (*5*) Akut infektiöse Erkrankungen der grauen Substanz des Nervensystems. Dtsch. Z.. Nervenhk. **124**, 43 (1932).

PETTE, DEMME u. ST. KÖRNYEY: Studien über experimentelle Poliomyelitis. Dtsch. Z. Nervenhk. **128**, 125 (1932).

PIRRONE: Riforma med. (1905) (cit. nach ORR u. ROWS).

PLOTZ, H.: La sensibilité des singes à l'infection poliomyélitique expérimentale. Bull. Acad. Méd., Par. **111**, 721 (1934).

POCHHAMMER, C.: Entstehung des Starrkrampfes und Wirkung des Tetanustoxins. Volkmanns Sammlung klin. Vorträge, Chirurgie 149/151, 599 (1909); Mitt. Grenzgeb. Med. u. Chir. **29**, 663 (1917).

POINCLOUX, P.: (*1*) L'herpès, ses rapports avec l'encéphalite dite léthargique. Paris, 1923.

— (*2*) Traitement de 50 malades par la méthode des injections intrarachidiennes du virus encéphalitique. Brux. méd. **1924**, Nr. 62.

PONOMAREW, A. W.: (*1*) Sur les conditions qui modifient la vitese de propagation de la toxine tétanique dans le nerf. C. r. Soc. Biol. **90**, 503 (1927).

— (*2*) Pathogenese des Tetanus. Z. exper. Med. **61**, 93 (1928).

POOL, W. A., BROWNLEE, and WILSON: The etiology of louping-ill. J. comp. Path. a. Ther. **43**, 253 (1929/30).

POUTEAU: Essay sur la rage. Lyon, 1763.

QUILLIOT, A.: Role des nerfs dans la conduction des infections. Thèse de Paris, 1903.

RAKE, G.: The rapid invasion of the body trough the olfactory mucosa. J. exper. Med. (Am.) **65**, 303 (1937).

RAMÓN y CAJAL, S.: Neuronismus oder Reticularismus? Die objektiven Beweise der anatomischen Einheit der Nervenzellen. Arch. Neurobiol. (Sp.) **13**, 217, 579 (1933).

RANZI, E. u. H. EHRLICH: Wirkung von Toxinen und Bildung von Antikörpern bei parabiotischen Tieren. Z. Immunit.forsch. **3**, 38 (1909).

REMLINGER, P.: (*1*) Le virus rabique et la vaccine antirabique se propagent-ils par la voie lymphatique? C. r. Soc. Biol. **60**, 12 (1905).

— (*2*) Contribution à l'étude de hérédité de la rage. Ann. Inst. Pasteur, Par. **33**, 375 (1919).

— (*3*) Les effets de l'inoculation intraveineuse de virus rabique sont-ils différents chez les herbivores et les carnivores? Arch. Inst. Pasteur Afr. N., Tunis **1**, 40 (1920).

REMLINGER, P. et I. BAILLY: (*1*) Sur quelques modes d'inoculation du virus herpétique. C. r. Soc. Biol. **93**, 983 (1925).

— (*2*) Contribution a l'étude du virus de la maladie d'AUJESZKY. Ann. Inst. Pasteur, Par. **54**, 149 (1935).

— (*3*) Contribution a l'étude du virus de la maladie d'AUJESZKY. Ann. Inst. Pasteur, Par. **59**, 5 (1937).

REMLINGER u. MUSTAPHA-EFFENDI: Vaccination des herbivores contre la rage Rec. méd. vétér. (1904).

Rényi, G. St. de: The physical properties of the living axis cylinder in the myelinated nerve fiber of the frog. J. comp. Neur. (Am.) **47**, 405 (1929); **48**, 293 (1929).

Report: 2nd Progr. Rep. Foot- and Mouth-Commiss. Min. Agric. London: Fisher, 1927.

— 4th. Progr. Rep. Foot- and Mouth-disease Res. Comm. Min. Agric. London: Fisher, 1931.

Rickmann, W.: Der Erreger der Pferdesterbe. Berl. tierärztl. Wschr. **1900**, 31, 337.

Richter, A. G.: Spezielle Therapie, VIII. Bd. Berlin, 1821.

Rickard, E. R. and Th. Francis jr.: The demonstration of lesions and virus in the lungs of mice receiving large intraperitoneal inoculations of epidemic influenza virus. J. exper. Med. (Am.) **67**, 953 (1938).

Robertson, H. E.: The distribution of tetanus toxin in the body. Amer. J. med. Sci. **152**, 31 (1916).

Römer, P. H.: Epidemic infantile paralysis. New York, 1913.

Rosahn, P. D., Hu, and Pearce: Studies on the etiology of rabbit pox. J. exper. Med. (Am.) **63**, 259 (1936).

Rose, G.: Die Spontanneurotropie des Herpesvirus beim Meerschweinchen. Zbl. Bakter. usw., I Orig. **97**, Beih. 146 (1926).

Rose, G. u. B. Walthard: Herpesinfektion und Herpesimmunität beim Meerschweinchen. Z. Hyg. usw. **105**, 645 (1926).

Rössle, R.: Referat über Entzündung. Verh. dtsch. path. Ges., S. 18. Göttingen, 1923.

Roux, E.: Sur la présence du virus rabique dans les nerfs. Ann. Inst. Pasteur, Par. **3**, 69 (1889).

le Roux: Observations sur la rage. Dijon, 1780.

Roux et Borrel: Tétanos cérébral. Ann. Inst. Pasteur, Par. **12**, 225 (1898).

Sabin, A. B.: (*1*) Progression of different nasally instilled viruses along different nervous pathways in the same host. Proc. Soc. exper. Biol. a. Med. (Am.) **38**, 270 (1938).

— (*2*) Experimental poliomyelitis by the tonsillopharyngeal route. J. amer. med. Assoc. **111**, 605 (1938).

Sabin, A. B. and P. K. Olitsky: (*1*) The olfactory bulbs in experimental poliomyelitis. J. amer. med. Assoc. **108**, 21 (1937).

— (*2*) Effect of age on the invasion of the brain by virus instilled in the nose. J. exper. Med. (Am.) **66**, 15 (1937).

— (*3*) Effect of age on the invasion of the peripheral and central nervous systems by virus injected in the leg muscles or the eye. J. exper. Med. (Am.) **66**, 35 (1937).

— (*4*) Effect of age and pathway of infection on the character and localization of lesions in the central nervous system. J. exper. Med. (Am.) **67**, 201 (1938).

— (*5*) Variations in neuroinvasiveness in different species. J. exper. Med. (Am.) **67**, 229 (1938).

— (*6*) Fate of nasally instilled poliomyelitis virus in normal and convalescent monkeys with special reference to the problem of host to host transmission. J. exper. Med. (Am.) **68**, 39 (1938).

— (*7*) Age of host and capacity of equine encephalomyelitic viruses to invade the CNS. Proc. Soc. exper. Biol. a. Med. (Am.) **38**, 597 (1938).

— (*8*) Variations in pathways by wich equine encephalomyelitic viruses invade the CNS of mice and guinea-pigs. Proc. Soc. exper. Biol. a. Med. (Am.) **38**, 595 (1938).

— (*9*) The nature and rate of centripetal progression of certain neurotropic viruses along peripheral nerves. Amer. J. Path. **13**, 615 (1937).

— (*10*) Toxoplasma and obligate intracellular parasitism. Science (Am.) **85**, 336 (1937).

Sawamura, S.: Experimentelle Studien zur Pathogenese und Serumtherapie des Tetanus. Arb. Inst. Infekt.krkh. Bern, H. 4, 1 (1909).

Schaffer: Pathologie und pathologische Anatomie der Lyssa. Zieglers Beitr. **7**, 191 (1890).

SCHAFFER, K.: Beitrag zur Pathologie der menschlichen Lyssa. Z. Neur. **136**, 547 (1931).

SCHALTENBRAND, G. u. PUTNAM: Untersuchungen zum Kreislauf des Liquor cerebrospinalis. Dtsch. Z. Nervenhk. **96**, 123 (1927).

SCHMIDT, K.: Experimentelle Untersuchungen über das Vorkommen von Herpesvirus im Blut und Liquor bei Mensch und Tier. Z. Augenhk. **63**, 242 (1927).

SCHÜKRÜ, I. u. H. SPATZ: Über die anatomischen Veränderungen bei der menschlichen Lyssa und ihre Beziehungen zu denen der Encephalitis epidemica. Z. Neur. **97**, 627 (1925).

SCHULTZ, E. W. and GEBHARDT: Olfactory tract and Poliomyelitis. Proc. Soc. exper. Biol. a. Med. (Am.) **31**, 728 (1934).

SCHWEINBURG, F.: (*1*) Versuche über intravenöse Lyssainfektion. Zbl. Bakter. usw., I Orig. **124**, 426 (1932).

— (*2*) Neuere Ergebnisse der Tollwutforschung. Weich. Erg. Hyg. **20**, 1 (1937).

SCHWEINBURG, F. u. F. WINDHOLZ: Über den Ausbreitungsweg des Wuterregers von der Eintrittspforte aus. Virchows Arch. **278**, 23 (1930).

SCOTT, MCNAIR, and F. M. RIVERS: Meningitis in man caused by a filterable virus. J. exper. Med. (Am.) **63**, 397, 415 (1936).

SEIDENBERG, S.: Untersuchungen über das Herpes- und Zostervirus. Z. Hyg. usw. **112**, 134 (1931).

SEIFRIED, O.: Pathologie neurotroper Viruskrankheiten der Haustiere. Erg. allg. Path. I **24**, 554 (1931).

SEIFRIED, O. u. H. SPATZ: Die Ausbreitung der encephalitischen Reaktion bei der BORNAschen Krankheit und deren Beziehungen zu der Encephalitis epidemica, der HEINE-MEDINschen Krankheit und der Lyssa des Menschen. Z. Neur. **124**, 317 (1930).

SHDANOW, A.: Die Lymphwege des peripherischen und Zentralnervensystems. Anat. Anz. **71**, 231 (1930/31).

SICARD, J. A. u. R. CESTAN: Traversée méningo-radiculaire au niveau du trou de conjugaison. Bull. Soc. méd. Hôp. Paris **21** 715, 745 (1904).

SIEPEL: Inaug. Dissert. Düsseldorf 1936, cit. nach K. HERZBERG.

SMITH, M. L.: Circulating antitoxin and resistance to experimental infection with staphylococci. J. Path. a. Bacter. **45**, 305 (1937).

SMITH, W.: Lesions of the adrenal glands of rabbits caused by infection with herpes virus. J. Path. a. Bacter. **34**, 493, 747 (1931).

SMORODINTSEFF, A. A. and S. M. OSTROVSKAJA: The distribution of influenza virus in experimentally infected mice. J. Path. a. Bacter. **44**, 559 (1937).

SMORODINTSEFF, OSTROVSKAJA u. DROBISHEVSKAJA: Die Verteilung von Influenzavirus im Organismus empfänglicher Tiere. Arch. biol. Nauk. **52**, 32 (1938) (russ.).

SPATZ, H.: Die Bedeutung der vitalen Färbung für die Lehre vom Stoffaustausch zwischen Zentralnervensystem und dem übrigen Körper. Arch. Psychiatr. (D.) **101**, 267 (1934).

SPIELMAYER: Infektion und Nervensystem. Z. Neur. **123** (1930).

SPITZER, B.: (*1*) Experimentelle Untersuchungen zur dentalen Neuritis des Trigeminus. Z. Stomat. **26**, 579 (1928).

— (*2*) Experimentelles Ergebnis zur Frage der dentalen Neuritis des Trigeminus. Arb. neur. Inst. Wien. Univ. **34**, 83 (1932).

SPITZER, B. u. ST. LOOS: Fluorescenzmikroskopische Untersuchungen über die Fortleitung von Injektionsflüssigkeiten im Nervensystem. Jb. Psychiatr. (Ö.) **50**, 309 (1933).

STINTZING: Wesen und Behandlung des traumatischen Tetanus. Münch. med. Wschr. **1898**, 1265.

SYZ, H. C.: On the entrance of convulsant dyes into the substance of the brain and spinal cord after an injury to this structures. J. Pharmacol. (Am.) **21**, 263 (1923).

SZATMÁRI, A. u. I. SÁLYI: Tierexperimentelle Untersuchungen über die Prozeßausbreitung bei Lyssa. Z. Neur. **156**, 424 (1936).

v. SZILY, A.: (1) Experimentelle endogene Infektionsübertragung von Bulbus zu Bulbus. Ber. ü. d. 44. Zusammenk. d. D. ophth. Ges., S. 61. Heidelberg 1924.
— (2) Ergebnisse der Infektionsüberleitung von Bulbus zu Bulbus mit Herpesvirus. Kl. Mbl. Augenheilk. **78**, 11 (1927).
TEALE, F. H. and D. EMBLETON: (1) The paths of spread of bacterial exotoxins with special reference to tetanus toxin. J. Path. a. Bacter. (Brit.) **23**, 50 (1919).
— (2) Infection. Paths of spread of bacterial exotoxins. J. roy. army med. corps **35**, 132 (1920).
TEISSIER, GASTINEL et REILLY: Infection herpétique du lapin. Étude comp. des diverses voies d'inoculation. C. r. Soc. Biol. **91**, 171 (1924).
TENAGLIA, A.: Absorption des toxines diphtérique et tétanique. C. r. Soc. Biol. **108**, 504 (1931).
THEILER, A.: African horse sickness. System Bacteriol. **7**, 362 (1930).
THEILER, M.: Spontaneous encephalomyelitis of mice, an new virus disease. J. exper. Med. (Am.) **65**, 705 (1937).
THOINOT et MASSELIN: Contribution à l'étude des localisations médullaires dans les maladies expérimentales à type spinal. Rev. Méd. **14**, 449 (1894).
TIBERTI, N.: Transport des Tetanusgiftes zu den Rückenmarkszentren durch die Nervenfasern. Zbl. Bakter. usw., I Orig. **38**, 281, 413, 499, 625 (1905).
TIZZONI, G. u. G. CATTANI: Über das Tetanusgift. Zbl. Bakter. usw. **8**, 69 (1890).
TODD, C.: Experiments on the virus of fowl plague. Brit. J. exper. Path. **9**, 19 (1928).
TODD, C. and R. G. WHITE: Experiments on cattle plague. Cairo **1914**.
TOOMEY, J. A.: (1) Spread of poliomyelitis virus from the gastrointestinal tract. Proc. Soc. exper. Biol. a. Med. (Am.) **31**, 680 (1934).
— (2) Poliomyelitis histology in rhesus monkeys; virus introduced via gastrointestinal tract. Proc. Soc. exper. Biol. a. Med. (Am.) **34**, 593 (1936).
— (3) Poliomyelitis. Jb. Kinderhlk. **143**, 353 (1934).
— (4) Spread of poliomyelitis virus along nerve fibers of the sympathic system. Proc. Soc. exper. Biol. a. Med. (Am.) **31**, 502 (1934).
— (5) Experimental production of bulbar poliomyelitis. Proc. Soc. exper. Biol. a. Med. (Am.) **32**, 628 (1935).
— (6) Experiments with poliomyelitis virus. Proc. Soc. exper. Biol. a. Med. (Am.) **32**, 1185 (1935).
TOOMEY, J. A. and W. S. TAKACS: Zinc sulfate and experimental poliomyelitis. Effect of nasal sprays after intravenous injections of virus. Amer. J. Dis. Childr. **55**, 1185 (1938).
TOOMEY, J. A. and H. M. WEAVER: Poliomyelitis virus and degeneration of peripheral nerves. Proc. Soc. exper. Biol. a. Med. (Am.) **34**, 541 (1936).
TRABATTONI, C.: Osservazioni sul tetano sperimentale nella cavia. Boll. Ist. sieroter. milan. **17**, 124 (1938).
TRASK, J. D. and J. R. PAUL: (1) Experimental poliomyelitis induced by intracutaneus inoculation. A strain peculiarly infective when injected by this route. J. Bacter. **31**, 527 (1936).
— (2) The skin infectivity of poliomyelitic virus. Science **87**, 44 (1938).
TRAUB, E.: (1) An epidemic in a mouse colony due to the virus of acute lymphocytic choriomeningitis. J. exper. Med. (Am.) **63**, 533 (1936).
— (2) Experimentelle Untersuchungen über einen durch Taubenpassage veränderten Virusstamm der amerikanischen Pferdeencephalomyelitis. Zbl. Bakter. usw., I Orig. **143**, 7 (1938).
ULJANOW, P.: Mechanismus des Eindringens verschiedener Substanzen in das Hirngebiet längs der Scheiden der Blutgefäße und Nerven. Z. exper. Med. **64**, 638 (1929).
UNGERMANN u. ZÜLZER: Beiträge zur experimentellen Pockendiagnose, zur Histologie des cornealen Impfeffektes und zum Nachweis der GUARNIERIschen Körperchen. Arb. Reichsgesdh.amt., Berl. **52**, 41 (1920).
VEGNI, R.: Studio sperim. dell'infezione erpetica. Riforma med. **38** (1922).
VERATTI, E. e G. SALA: Sulla infezione erpetica sperimentale nel coniglio. Boll. Soc. med.-chir., Paria **36**, 1 (1923).

DI VESTEA et ZAGARI: (1) Compte rendu d'une année d'observations et d'expériences sur la rage. Ann. Inst. Pasteur, Par. **1**, 492 (1887).

— (2) Transmission de la rage par voie nerveuse. Ann. Inst. Pasteur, Par. **3**, 237 (1889).

WALTHARD, R.: Herpesvirus im Zentralnervensystem des Meerschweinchens. Krkh.-forsch. **4**, 471 (1927).

WASSERMANN, A. u. T. TAKAKI: Tetanusantitoxische Eigenschaften des normalen Centralnervensystems. Berl. klin. Wschr. **1898**, 5.

WATANABE: Über Verhalten und Verteilung des intravenös einverleibten Vaccineerregers im Körper des normalen und immunen Kaninchens. Arch. Hyg. **92**, 359 (1924).

WEBSTER, L. T. and A. D. CLOW: (1) The limited neurotropic character of the encephalitis virus (St. Louis-Type) in susceptible mice. J. exper. Med. **63**, 433 (1936).

— (2) Experimental encephalitis (St. Louis-Type) in mice with high inborn resistance. A chronic subclinical infection. J. exper. Med. **63**, 827 (1936).

WEBSTER, L. T. and FITE: Infection in mice following nasal instillation of louping-ill virus. Proc. Soc. exper. Biol. a. Med. (Am.) **30**, 656 (1933).

WEED, L. H.: (1) Studies on cerebro-spinal fluid. J. med. Res. (Am.) **26**, 21 bis 176 (1914).

— (2) Meninges and cerebrospinal fluid. J. Anat. (Brit.) **72**, 181 (1938).

WEISS, P.: Motor effects of sensory nerves experimentally connected with muscles. Anat. Rec. (Am.) **60**, 437 (1934).

WIDELOCK, D.: Studies on vaccinia virus. J. infect. Dis. (Am.) **62**, 27 (1938).

WINKLER, W. F.: Variola-Vaccinestudien II. Arch. Hyg. **98**, 241 (1926).

WISCHNEWSKY, A. S.: Über die Bedingungen einer verschiedenen Schnelligkeit der Fortbewegung von Farbstoffen im Nerven. Z. exper. Med. **61**, 107 (1928).

WOHLFART, G.: Über den inneren Bau der peripheren Nervenstämme. Z. mikrosk.-anat. Forsch. **43**, 191 (1938).

WOLF, A. and M. HOLDEN: Inclusion bodies of a neurotropic virus in various organs. Amer. J. Path. **11**, 840 (1935).

YOFFEY, J. M. and E. R. SULLIVAN: The lymphatic pathway from the nose and pharynx. J. exper. Med. **69**, 133 (1939).

YOFFEY, J. M., SULLIVAN, and C. K. DRINKER: The lymphatic pathway from the nose and pharynx. J. exper. Med. **68**, 941 (1938).

YUIEN, K.: On the direction of the lymphatic stream in the nerve. Fol. anat. jap. **6**, 301 (1928).

YUIEN, K. and K. SATO: On the spreading path of stains injected into the nerve. Fol. anat. jap. **7**, 419 (1929).

ZALLA: La nevrite ascendente. Firenze 1913.

ZAPELLONI, L. C.: La parabiosi e le vie aperte alla tossina tetanica. Pathologica (It.) **1910**, 417.

ZDANSKY, E.: Zur pathologischen Anatomie der durch das Herpes-Encephalitisvirus erzeugten Kaninchen-Encephalitis. Frankf. Z. Path. **29**, 207 (1923).

ZIBORDI, D.: Studi speriment. sulla trasmissione della rabbia. Giorn. Batter. e Immun. **9**, 929 (1932).

ZINSSER, H.: On the nature of virus agents. Amer. J. publ. Health **27**, 1160 (1937).

ZINSSER, H. and E. R. SCHOENBACH: Studies on the physiological conditions prevailing in tissue cultures. J. exper. Med. (Am.) **66**, 207 (1937).

ZUPNIK, L.: Über experimentellen Tetanus descendens. Dtsch. med. Wschr. **1900**, 837.

— Die Pathogenese des Tetanus. Dtsch. med. Wschr. **1905**, 1999.

— Bemerkungen zu POCHHAMMERS Aufsatz: „Der lokale Tetanus und seine Entstehung." Dtsch. med. Wschr. **1908**, 1144.

ZURUKZOGLU, ST.: Über das Vorkommen von Herpesvirus im Liquor cerebrospinalis. Zbl. Bakter. usw., I Orig. **139**, 86 (1937).

ZURUKZOGLU u. HRUSZEK: Beiträge zum Problem des Verbleibens von Herpesvirus während der eruptionsfreien Periode. Zbl. Bakter. usw., I Orig. **130**, 320 (1933).

5. Die Tropismen und spezifischen Lokalisationen der Virusarten.

Von

R. DOERR, Basel.

Definition der Tropismen.

Unter *Tropismen* (von τροπέω = sich wenden) im weiteren Wortsinn versteht man *regelmäßige und zwangläufige Lageveränderungen von Lebewesen, welche durch bestimmte exogene Reize ausgelöst werden.* Streben die Organismen nach der Stelle hin, von welcher der reizende Einfluß ausgeht, so sind die Tropismen *positiv*, kehren sie sich ab, so spricht man von *negativen* Tropismen. Je nach der Natur des die Lageveränderung bedingenden Faktors unterscheidet man einen *Phototropismus, Thermotropismus, Geotropismus, Galvanotropismus, Chemotropismus* usw. Fast in allen diesen Phänomenen vermögen wir *zweckmäßige Einrichtungen* zu erblicken, welche der Erhaltung der Arten in der Natur dienen; sie können nur durch allmähliche Anpassung an die Umwelt entstanden sein und ihr zwangläufiger Charakter ist die Endphase dieses Anpassungsprozesses.

Vorausgesetzt wird bei dieser Definition der Tropismen, *daß die Organismen imstande sind, die äußeren Einwirkungen durch eine Lageveränderung zu beantworten*, sei es durch gerichtetes Wachstum (positiver Geotropismus der Pflanzenwurzeln), sei es durch Änderungen der Gewebespannung oder schließlich kraft ihrer aktiven Beweglichkeit wie in dem klassischen Beispiel von PFEFFER (Anlockung der Samenfäden von Farnen und Laubmoosen durch Apfelsäure). Fälle solcher Art waren es, für welche JACQUES LOEB ein mechanistisches Verständnis zu schaffen suchte, die „konservativen Bedenken gegen die Lösung eines so schwierigen Problems" mutig zur Seite schiebend. Auch in der allgemeinen Biologie unserer Tage stellt der Begriff der Tropismen in der präzisierten ursprünglichen Bedeutung das Programm eines umfangreichen, wichtigen und hohe Ansprüche stellenden Forschungsgebietes dar. Von diesem Mutterboden hat sich aber ein enger begrenzter Komplex abgelöst, innerhalb dessen die Vorstellungen über Tropismen eine Änderung oder — was vielleicht richtiger ausgedrückt ist — eine besondere Anfärbung erfuhren, die durch die biologische Sonderstellung der Organismen, mit welchen sich hier Beobachtung und Theorie zu beschäftigen hatten, nämlich der *Parasiten*, verursacht war.

Tropismen der Parasiten. — Histotropismus.

Unter den Umweltbeziehungen der Parasiten steht naturgemäß das *Verhältnis zu ihren Wirten* im Vordergrund u. zw. in um so höherem Grade, *je mehr der Parasitismus den Charakter einer notwendigen (obligatorischen) Lebensweise annimmt.* Es sind im Prinzip drei Vorgänge, welche durch Tropismen geregelt werden können und von denen gleichzeitig das Fortbestehen der Parasitenarten abhängt: 1. *das Zusammentreffen des Parasiten mit einem geeigneten Wirt,* 2. *das Eindringen der Parasiten in den Organismus des Wirtes und* 3. *seine Lokalisation im Wirtsorganismus, welche so beschaffen sein muß, daß sie einerseits das Wachstum bzw. die Vermehrung des Parasiten, anderseits den Übergang auf neue Wirte, die kontinuierliche „Verlängerung der Wirtsketten" ermöglicht.*

An jedem dieser drei Vorgänge kann die *Eigenbeweglichkeit des Parasiten* entscheidend beteiligt sein. Zahlreiche Ektoparasiten suchen und finden selbst den Weg zu ihren Wirten, von besonderen Sinnesempfindungen geleitet und beherrscht; die Larven von Ancylostoma dringen nicht in die Haut geeigneter Tiere ein, solange diese von einer mehrere Millimeter dicken Wasserschicht bedeckt ist (stark positiver Hygrotropismus), tun dies aber sofort, wenn die Wasserschicht zu dünn oder wenn die Haut bloß feucht ist; und die im Blute kreisenden Jungtrichinellen durchbohren, wenn sie in Muskelkapillaren kommen, die Gefäßwände und wandern in die nächstgelegenen Muskelfasern ein, durch chemische Reize angelockt, welche im Blute der quergestreiften Muskeln auf sie einwirken.

Für die Fähigkeit der Parasiten, in bestimmte Gewebe der Wirte einzudringen und in denselben zu wandern, hat E. Brumpt 1921 den Ausdruck „*Histotropismus*“ eingeführt (siehe Brumpt, l. c., S. 32) und je nach der Art des befallenen Gewebes einen *Dermotropismus*, *Neurotropismus*, *Splanchnotropismus*, *Hämotropismus* usw. unterschieden. Brumpt differenziert ferner den *spezifischen Histotropismus*, der sich nur gegenüber einer einzigen Wirtsspezies oder gar gegenüber einer bestimmten Zellart einer Wirtsspezies äußert, vom *indifferenten Histotropismus*, der an verschiedenen Wirten in Erscheinung tritt. In der Auffassung von Brumpt ist der Histotropismus wohl eine Reaktionsform, welche nur bei den Parasiten vorkommt und welche definitionsgemäß nur für diese Gruppe von Organismen Zweck und Bedeutung hat. Es geht aber aus der Begriffsbestimmung wie auch besonders aus den erläuternden Beispielen, welche der Biologie parasitischer Würmer entlehnt sind, hervor, daß der Histotropismus als eine *aktive lokomotorische Leistung der Parasiten* betrachtet wird; diese Idee dominiert und es wird daher auch das *erstmalige Eindringen des Parasiten* von den *Wanderungsvorgängen nach erfolgter Penetration* nicht scharf abgetrennt. Die endgültige Lokalisation, z. B. die mit einer Immobilisierung einhergehende Festsetzung der Trichinellen in den Muskelfasern samt dem anschließenden Wachstumsprozeß, tritt dagegen in dieser Konzeption zurück.

Wenn man die Reihe der Parasiten, von den höher organisierten zu immer einfacheren Formen absteigend, durchgeht, findet man zunächst mit der Vorstellung des Histotropismus, wie sie Brumpt vorschwebte, das Auslangen. Daß sich beispielsweise die durch das Platzen der Oocysten frei werdenden Sporozoiten gegen die Speicheldrüsen der Anopheles hin bewegen und die Wand der Drüsen von außen nach innen durchsetzen, kann wohl nur auf einem positiven, aktive Ortsveränderungen auslösenden Chemotropismus beruhen, und die Anlagerung der ins Blut inoculierten Sichelkeime an die Erythrocyten läßt sich als eine Kombination von Chemotropismus mit Stereo- oder Thigmotropismus deuten, bei welchem die Beweglichkeit der Keime als realisierender Faktor beteiligt sein kann. Es ist jedoch selbstverständlich, daß die Brumptsche Definition des Histotropismus versagen muß, *wenn den Parasiten die Eigenbeweglichkeit vollständig fehlt*, wie das bei den meisten pathogenen Pilzen und bei sämtlichen Virusarten der Fall ist, also hauptsächlich in jenem Bereich, in welchem die Parasiten als „*Infektionserreger*“ bezeichnet werden [siehe R. Doerr (*1*), S. 69].

Tropismen unbeweglicher Parasiten (infektiöse Mikroben).

Nun müssen auch unbewegliche Parasiten mit ihren Wirten zusammenstoßen; die Beobachtung lehrt ferner unzweideutig, daß sie auch ohne die vermittelnde Wirkung eines Traumas mit großer Sicherheit in den Organismus empfänglicher Wirte eindringen — man denke nur an die hohe Kontagiosität der Blattern, der Masern, der Maul- und Klauenseuche; wir wissen endlich, daß die Ansiedlung und Vermehrung oft nicht an der Eintrittspforte, sondern an entfernten und bestimmten Orten erfolgt und daß die zwischengeschaltete Distanz in einer für den Erreger typischen und zuweilen sehr komplizierten

Weise überwunden wird wie bei der Lyssa, der Poliomyelitis und der Encephalitis herpetica [R. DOERR (*2, 5, 6*)]. Wie werden diese Vorgänge geregelt, so daß sie automatisch in einer vorgezeichneten Bahn ablaufen müssen, wenn die Parasiten die auf sie einwirkenden Impulse nicht mit aktiven Ortsveränderungen beantworten können, was tritt unter solchen Umständen an die Stelle der Tropismen im Sinne von BRUMPT?

a) Fremddienliche Tropismen der Wirte als Regulatoren des Zusammentreffens von Wirt und unbeweglichem Parasit.

Was das Zusammentreffen unbeweglicher Parasiten mit geeigneten Wirten anlangt, wird vielfach die Ansicht vertreten, daß hier lediglich der Zufall tätig ist, daß es mit anderen Worten bloß darauf ankommt, daß sich ein disponiertes Individuum bewußt oder unbewußt dem infizierenden Kontakt exponiert; es wird nur zugegeben, daß die Wahrscheinlichkeit solcher Ereignisse durch verschiedene Faktoren gesteigert werden kann, z. B. durch massenhafte oder anhaltende Ausstreuung der pathogenen Keime, durch ihre lange Überlebensdauer in der Außenwelt usw.

Das ist indes nicht ganz richtig. Bekanntlich werden zahlreiche Infektionen durch *hämatophage Arthropoden* übertragen, also durch Ektoparasiten, welche zu ihren blutspendenden Wirten durch *zwangsweise* wirkende Sinnesempfindungen hingeführt werden. Sind solche Arthropoden infiziert (z. B. mit Gelbfiebervirus), so übertragen sie die Keime gleichzeitig mit dem Saugakt; das Zusammentreffen der pathogenen Keime mit einem neuen warmblütigen Wirt ist hier offenbar nicht mehr ausschließlich dem Zufall überlassen, sondern wird durch seine Koppelung an den „*fremddienlichen*“ *Tropismus* der Arthropoden gesetzmäßig realisiert. Die fremddienliche Zweckmäßigkeit tritt in der Beißsucht tollwütiger Caniden noch eindeutiger in Erscheinung; denn hier ist es die Reaktion des Wirtes auf die Infektion seines Zentralnervensystems, also ein in der Norm gar nicht vorhandener pathologischer Instinkt, der für die Fortpflanzung und Erhaltung des Lyssaerregers sorgt.

Gewiß ist schon bei dieser ersten notwendigen Bedingung jeder Infektion manches unklar und vieles auch ganz unbekannt. Aber die eigentlichen Schwierigkeiten beginnen doch erst, wenn wir vor *die Frage des Eindringens der Erreger in die Gewebe des Wirtes* gestellt werden.

b) Das „Eindringen“ unbeweglicher Keime in die Wirtsgewebe.

Die passive Aufnahme korpuskulärer Elemente durch bestimmte innere Flächen des Organismus der Wirte.

R. DOERR (*1*) hat wohl zuerst aufmerksam gemacht, daß man bei unbeweglichen Infektionskeimen nicht von einem „*Eindringen*“ sprechen darf, sofern man mit diesem Ausdruck die Vorstellung der aktiven Überwindung von Widerständen durch die parasitierenden Mikroben verbindet. DOERR hob nachdrücklich hervor, daß von inneren Oberflächen (Darm, Lunge) *unbelebte Partikel* (Tusche, Ruß, Metall- und Steinstaub), welche erheblich größer sind als die meisten Bakterien oder gar als Viruselemente, rasch und in bedeutenden Mengen in die Gewebe übertreten. „Da es sich hier um unbewegliche und nicht vermehrungsfähige Gebilde handelt, ist jede aktive Beteiligung derselben selbstverständlich ausgeschlossen; die Aufnahme muß also durch die betreffenden Flächen selbst besorgt werden, die Partikel können sich dabei nur passiv verhalten“ (R. DOERR, l. c., S. 92). DOERR betrachtet daher die Intustuszeption korpuskulärer Elemente als eine *physiologische Leistung der „lebenden Auskleidung des Respirations- und*

Darmtraktes", die sich auf sehr verschiedenartige Teilchen und nicht etwa nur auf pathogene Mikroben erstreckt.

Auch TOPLEY und WILSON meinen neuerdings, man möge die Fähigkeit parasitischer Mikroben, irgendwelche schützende Oberflächen zu „*durchdringen*", nicht „allzu wörtlich interpretieren", weil eben auch blande Teilchen, die aus unbelebter Materie bestehen, auf den gleichen Wegen Zutritt zu den Geweben gewinnen; die Passage der Mikroben sei daher nicht notwendig an eine aktive Bewegung derselben gebunden (l. c., S. 790). TOPLEY und WILSON verfolgen jedoch diesen Gedanken nicht bis zu seinen letzten logischen Konsequenzen. Sie nehmen eine besondere Penetrationsfähigkeit („Invasiveness") an, welche bei den verschiedenen Arten und Stämmen pathogener Mikroben in stark wechselndem Grade entwickelt ist, eine Vorstellung, die bei SABIN und seinen Mitarbeitern in spezieller Nutzanwendung auf die „neurotropen Virusarten" wiederkehrt; SABIN definiert die „Invasiveness" negativ als die Fähigkeit, physiologische Schranken zu überwinden, welche sich dem Eindringen und der Ausbreitung virusartiger Infektionsstoffe im Wirtsorganismus entgegenstellen [vgl. die kritische Beurteilung der Schrankenhypothese von R. DOERR (*5*, *6*)]. Die Bemühungen von TOPLEY und WILSON (l. c., S. 791), die supponierte „Invasiveness" in ein tragbares Verhältnis zu dem Wort „Virulenz" zu bringen, verraten nur, daß hinter diesem Wort kein präziser Begriff steht [R. DOERR (*1*), S. 68], und lassen erkennen, daß die genannten Autoren das „*Eindringen*" in den Wirt vom „*Vordringen*" in seinem Organismus (von der Ausbreitung) nicht abtrennen. Es kann aber nicht gutgeheißen werden, wenn man diese beiden Vorgänge miteinander konfundiert, solange sich unsere Kenntnis vom Mechanismus des „Eindringens" in einem solch dürftigen Zustand befindet, wie dies derzeit der Fall ist.

R. DOERR hingegen sieht keine Notwendigkeit, den infektiösen Mikroben eine besondere Penetrations- oder Invasionsfähigkeit zuzuschreiben und diese hypothetische Eigenschaft mit der Infektiosität oder „Virulenz" in Beziehung zu setzen oder geradezu zu identifizieren. Die Infektiosität ist nicht für die *Aufnahme* der Mikroben maßgebend, sie entscheidet nur über ihr *weiteres Schicksal nach erfolgter Aufnahme*; der Parasit vermehrt sich oder kann sich vermehren, der zu parasitischer Lebensweise nicht befähigte Keim geht im Organismus, ohne sich zu vermehren, nach relativ kurzer Zeit zugrunde.

In dieser durch ihr Verhalten gegen unbelebte Partikel außer Zweifel gestellten „*Aufnahmebereitschaft*" der *Schleimhäute* oder doch bestimmter Bezirke der Schleimhäute (Nasenrachenraum, Tonsillen, Darm, innere Auskleidung der Respirationsorgane) ist nach DOERR die Erklärung zu finden, warum diese Stellen für so viele Infektionen die regulären Eintrittspforten darstellen. DOERR (*1*, S. 93) hat jedoch selbst hervorgehoben, daß im Gebiete der Kontaktinfektionen Phänomene existieren, welche sich vom Standpunkte der wahllosen und rein passiven Aufnahme von Keimen durch resorbierende Flächen nicht ohne weiteres begreifen lassen.

Einwände gegen die rein passive Aufnahme von Viruselementen durch physiologisch aufnahmebereite Flächen.

Zunächst einmal sind die für unbelebte Partikel permeablen Schleimhäute nicht beliebig untereinander vertauschbar, wenn sie als Eintrittspforten für pathogene Mikroorganismen dienen sollen, d. h. *bestimmte Mikroorganismen sind oft auf bestimmte Eintrittspforten angewiesen, ohne daß sich hierfür ein rein mechanischer Grund angeben ließe.*

DOERR (*1*) führt als Beispiel an, daß hochempfängliche Tiere durch Inhalation von Milzbrandsporen nicht oder nur ausnahmsweise infiziert werden können, während der gleiche Übertragungsmodus bei Verwendung von Tuberkelbacillen konstante Ergebnisse liefert. Das Poliomyelitisvirus bevorzugt im Experiment am Affen die

Nasenschleimhaut (siehe dieses Handbuch, II. Teil, S. 744); die Möglichkeit einer Infektion vom Darm aus wurde zwar behauptet, aber von anderer Seite (S. FLEXNER, H. PLOTZ) bestritten. Enterale Infektionen mit Tuberkelbacillen gelingen dagegen leicht und regelmäßig (das Lübecker Säuglingssterben).

Mit der von DOERR vertretenen Auffassung harmoniert ferner die Tatsache nicht, daß manche Kontakte so außerordentlich sicher wirken (Masern, Pocken u. a.). Wir sind zwar hier auf die stets vieldeutige Beobachtung des epidemiologischen Geschehens angewiesen und können uns nur wenig auf experimentelle Analysen berufen. Es ist jedoch nicht anzunehmen, daß bei der natürlichen Ansteckung größere Keimmengen übertragen werden; und es ist anderseits sicher, daß von den Partikeln, welche auf eine aufnahmebereite Fläche auftreffen, nur eine kleine, wahrscheinlich meist verschwindend kleine Quote ins Gewebe aufgenommen wird. Wie kommt es, daß unter solchen Umständen schon eine einzige, flüchtige Berührung für das Haften des Infekts ausreicht?

Man kann hierauf zunächst erwidern, daß das „Eindringen" oder die „Aufnahme" von Keimen noch nicht über das Zustandekommen einer Infektion entscheidet. Wie R. DOERR (*1*) auseinandergesetzt hat, kann man unter Infektion nur die Ansiedlung, das Wachstum und die Vermehrung der Erreger in ihren Wirten verstehen. Diese Vorgänge *müssen* sich nicht an die Aufnahme des Agens anschließen, *sie können auch unterbleiben* und es ist durchaus wahrscheinlich, daß die *Chancen für erfolgreiche Invasionen* an verschiedenen Orten aufnahmebereiter Flächen sehr verschieden sind.

Zweitens aber ist es wahrscheinlich nicht richtig, wenn man sich die Invasion stets als eine „*Verlagerung pathogener Mikroben aus der Außenwelt in die Tiefe der Wirtsgewebe*" vorstellt. Diese primitive Formulierung zwingt dazu, als treibende Kräfte einer derartigen Dislokation entweder die aktive Beweglichkeit eines Parasiten oder die passive Aufnahme durch die Wirtsgewebe anzunehmen und einen Mechanismus, der außerhalb dieser Antithese liegen würde, nicht in Erwägung zu ziehen.

Andere Vorstellungen über den Mechanismus des Eindringens unbeweglicher Mikroben mit besonderer Berücksichtigung der Viruskontaktinfektionen.

DOERR (*1*), der bei seinen Erörterungen über die reinen Kontaktinfektionen alle Arten von pathogenen Mikroorganismen, namentlich auch Bakterien zu berücksichtigen hatte, stellte die Möglichkeit zur Diskussion, daß sich die Keime zunächst in dem alle Schleimhautflächen überziehenden Sekret epiphytisch vermehren und sekundär in vorhandene Lücken („*physiologische Eintrittspforten*"), welche in die Tiefe führen, einwuchern. Der Vorgang wurde als „*Penetration durch Wachstum*" bezeichnet und ist dem Durchwachsen unbeweglicher Bakterien durch die Wände feinporiger Filterkerzen vergleichbar; wie dieser Modellversuch lehrt, ist weder die Eigenbeweglichkeit der Keime noch eine äußere mechanische Kraft für die Passage der proliferierenden Keime durch die engen und gewundenen Porenkanäle erforderlich, vielmehr kann das *Durchwachsen* auch dann erfolgen, wenn das *Durchpressen* oder *Durchsaugen* nicht mehr gelingt.

Von den Virusarten wird heute allgemein angenommen, daß sie sich *nur im Inneren von Zellen* vermehren können. Ob dieser Satz ausnahmslos gültig ist, kann bezweifelt werden [R. DOERR (*4*, S. 72ff.)], hat aber für die folgende Überlegung keine prinzipielle Bedeutung. Wir wissen nämlich, daß intakte Wirtszellen, wie z. B. die Epithelzellen der Chorioallantois, imstande sind, Viruselemente aufzunehmen, die dann im Binnenraum der Zelle zu proliferieren beginnen (F. HIMMELWEIT u. a.). Nehmen wir nun an, daß es *oberflächliche*

Zellen sind, welche sich mit Virus beladen, so entfällt damit der „Weg in die Tiefe“ und die Notwendigkeit, hierfür besondere mechanische Kräfte zu postulieren. Der Kontakt nimmt hier die denkbar einfachste Form an, er wird zum unmittelbaren „*Kurzschluß*“. Es ist zwar nicht bekannt, *wie* die Viruselemente in die Zellen hineinkommen [vgl. R. DOERR (*5*), S. 699]. Daß jedoch der Aufnahme *in* die Zellen eine Anlagerung *an* die Zellen vorausgehen muß, ist selbstverständlich. Anlagerung und Aufnahme müssen durch spezifische Affinitäten zwischen Viruselementen und Zellen geregelt sein, in welchen die Infektiosität der Viruselemente bzw. die Empfänglichkeit der Zellen zum Ausdruck kommt. Diese Affinitäten sind keineswegs bloß hypothetisch. Die spezifische Adsorption von Bacteriophagen an lysosensible Bakterien konnte mit Sicherheit festgestellt werden; nach M. SCHLESINGER können sich an eine einzige Bakterienzelle bis zu 140 Phagenelemente anheften.

In Anlehnung an die EHRLICHsche Seitenkettentheorie denkt man sich den Vorgang so, daß an der Phagenoberfläche Rezeptoren (B-Rezeptoren) sitzen, welche sich mit den in den äußeren Schichten der Bakterien lokalisierten spezifischen Polysacchariden verbinden (vgl. die zusammenfassende Darstellung von BURNET, KEOGH und D. LUSH, l. c., S. 265). Die Diskussion, ob die B-Rezeptoren mit den A-Rezeptoren, auf welche die Reaktion der Phagen mit ihren Antikörpern zurückgeführt wird, identisch sind oder nicht, ist hier nicht von Belang. Wichtig erscheint dagegen, daß — wenigstens in diesem einen Falle — ein *Chemotropismus* in Aktion tritt, um virusartige Teilchen an Zellen heranzubringen; das genügt, vom Standpunkt des Wunsches nach einem konkreten Modell, um allgemeinere Schlußfolgerungen zu wagen.

Natürlich bedeutet das nicht, daß *jede* Kontaktinfektion diesen Mechanismus haben muß, sofern eine Virusart ätiologisch in Betracht kommt. Daß aber das skizzierte Schema neben dem aktiven Eindringen beweglicher Mikroben, der passiven Aufnahme unbeweglicher Keime durch resorbierende Flächen, dem Einwuchern in die Tiefe nach epiphytischer Vermehrung im Schleimhautsekret eine *vierte* Möglichkeit, *speziell für Virusarten*, darstellt, ist nicht zu bezweifeln. Man sieht auch ohne weiteres ein, daß diese Art der Invasion eine Reihe von Erscheinungen erklären würde, die andernfalls Schwierigkeiten bereiten. So vor allem die Leichtigkeit und Sicherheit des Haftens sowie den Umstand, daß minimale Mengen infektiöser Agenzien für einen erfolgreichen Kontakt genügen, ferner die Bindung der Erreger an bestimmte Eintrittspforten; *an die Stelle der zufälligen und wahllosen Aufnahme treten eben Tropismen mit zweckmäßigem (scil. für den Parasiten zweckmäßigem) und spezifischem Charakter.*

Der Einwand, daß diese theoretischen Vorteile lediglich vorgetäuscht werden, indem man die scharfe Trennung von Invasion und Infektion (siehe S. 829) einfach preisgibt und den ganzen Prozeß schon mit einer Infektion (der Vermehrung des Erregers in einer Wirtszelle) beginnen läßt, wäre nicht gerechtfertigt. Denn das Hauptgewicht ruht ja nicht darauf, daß es am Orte des Kontakts zur Infektion einer oberflächlichen Zelle oder Zellgruppe kommt, sondern auf der Art und Weise, *wie* der Kontakt in diese Infektion umgesetzt wird, konkret gesprochen auf der Aussage, daß gesetzmäßig wirkende Tropismen die Elemente des Infektionsstoffes mit der Wirtszelle in jene topographische Beziehung bringen, welche das „Haften“ zur Tatsache machen.

Die Vorgänge an der Eintrittspforte. — Reaktionslosigkeit (klinische Latenz) der Eintrittspforte.

Richtig ist aber, daß der supponierte Mechanismus der Viruskontakte mit der Voraussetzung operiert, *daß es am Orte des Kontakts zu einer Infektion, zu einer Art Primäreffekt (gekennzeichnet durch Virusvermehrung, eventuell auch durch pathologische Symptome) kommt*; sonst würde ja die Aufnahme der Viruselemente in Wirtszellen resultatlos bleiben. In manchen Fällen kann man solche Veränderungen an der Eintrittspforte ohne weiteres feststellen, z. B. in der Form herdförmiger spezifischer Läsionen der durch bloßes Auftropfen von Virusemulsionen infizierten Chorioallantois (siehe F. M. BURNET) oder in den „Bläschen" der mit Herpesvirus (ohne Scarifikation!) geimpften Kaninchencornea. Vermutlich werden auch die Pocken so übertragen, daß das eingeatmete Virus irgendwo an den Wänden des oberen Respirationstraktus kleben bleibt und dort sogleich von oberflächlichen fixen Zellen aufgenommen wird, einen primären Herd erzeugend (L. PFEIFFER, v. WASIELEWSKI und WINKLER; vgl. jedoch hierzu S. 842ff.). Es liegt ferner nahe, die gleiche Entstehung für Virusinfektionen anzunehmen, welche von „Lunge" zu „Lunge" übertragen werden, d. h. so, daß die Atemwege die Eintrittspforte und gleichzeitig die für die Ausbreitung der Krankheit durch Kontakt maßgebende Lokalisation repräsentieren (Psittacose, Influenza).

Mancherlei Analogien und Überlegungen drängen aber zu dem Zugeständnis, daß der Infektionsprozeß an der Eintrittspforte *minimal, ja klinisch völlig latent sein kann*. Man wird sich hier wohl zunächst an die kryptogenetischen Infektionen mit pathogenen Bakterien erinnern, obzwar die Reaktionslosigkeit der Eintrittspforte in diesen Fällen auch darauf beruhen kann, daß es am Orte der Invasion überhaupt nicht zur Infektion (zur Vermehrung des Erregers) kommt, sondern eben nur zur Aufnahme, an welche sich unmittelbar der Abtransport in entfernte Gewebe anschließt. Überzeugendere Beispiele liefert das Gebiet der *traumatischen Virusinfektionen mit reaktionsloser Eintrittspforte*.

Impft man Ratten oder Mäuse corneal mit Herpesvirus, u. zw. mit Hilfe von Scarifikationen des Hornhautepithels, so entstehen zwar keine Veränderungen nach Art der Keratoconjunctivitis herpetica des Kaninchens, es kommt aber zu einer Encephalitis. Man darf mit großer Bestimmtheit behaupten, daß das inserierte Virus nicht bloß passiv ins Gehirn verschleppt wird, sondern daß es auf nervöser Bahn das Zentralorgan erreicht. Das ist aber nicht anders oder kaum anders denkbar, als durch eine zentripetal fortschreitende Vermehrung des Virus [siehe R. DOERR (*5*), S. 802], und diese muß offenbar bereits an der Eintrittspforte d. h. im Gewebe der Cornea einsetzen. Leider wurde diese Beobachtung nie genauer analysiert; es fehlen insbesondere Angaben darüber, ob sich in den geimpften Corneae von Ratten oder Mäusen keine histologischen Läsionen (Herpeskörperchen) nachweisen lassen und ob in denselben Herpesvirus unter zeitlichen und quantitativen Bedingungen feststellbar ist, welche für eine lokale Virusvermehrung sprechen. Es ist daher vorläufig nicht ganz klar, warum die Corneae der Mäuse und Ratten auf die Impfung mit Herpesvirus nicht reagieren. Entweder werden die Hornhautepithelien infiziert, aber nur in gemildertem Grade, so daß der Vorgang subklinisch abläuft, oder diese Zellen sind bei den genannten Tierspezies unempfänglich, und die Infektion, die Virusvermehrung beschränkt sich auf die im Cornealparenchym verlaufenden Nervenfasern. Es wäre auch interessant zu erfahren, ob das *Trauma* für die Erzeugung einer keratogenen Encephalitis bei Mäusen und Ratten notwendig ist.

Ähnlich liegen die Verhältnisse in einem anderen Fall. Kaninchen, die man mit dem *Straßenvirus der Lyssa* durch corneale Scarifikation infiziert, erkranken an Rabies, obwohl die Hornhaut makroskopisch normal bleibt; auch hier ist die Zuleitung zum Zentralnervensystem als der wahrscheinlichste Weg anzunehmen. C. LEVADITI und R. SCHÖN konnten nun in der geimpften Cornea Lyssavirus feststellen und in den Epithelien cytoplasmatische Einschlüsse, die den NEGRIschen Körperchen glichen. Zwischen dem Virusgehalt der Cornea und dem Vorhandensein der Zelleinschlüsse bestand jedoch kein Parallelismus, keiner der beiden Befunde war konstant und beide konnten nur bei Kaninchen, nicht aber bei anderen Tierspezies, die nach intraocularer Impfung an Lyssa erkrankten, erhoben werden [vgl.

R. DOERR (*5*), S. 766]. Bei den Kaninchen fanden sich ferner Virus und NEGRIsche Körperchen nicht nur in der geimpften, sondern auch in der ungeimpften Cornea und traten schließlich auch dann auf, wenn die Kaninchen nicht corneal, sondern auf irgendeine andere Weise infiziert worden waren. Man darf es daher als sicher betrachten, daß zuerst das Zentralnervensystem der Kaninchen infiziert wurde und daß die Befunde in den Corneae sekundär durch rückläufige Viruswanderung zustande kamen, eine Deutung, die auch LEVADITI und SCHÖN für richtig halten. Die genannten Autoren konstatieren sogar einen Gegensatz zwischen dem Vaccinevirus, welches in der scarifizierten Cornea GUARNIERIsche Körperchen erzeugt, weil es sich dort ansiedelt, wo man es inseriert, und dem Straßenvirus der Lyssa, das in der Trigeminusbahn zum Gehirn vordringt und erst auf dem Rückwege in beide Corneae eindringt. Dann muß man sich aber fragen, warum sich die Auswirkung des Lyssavirus in der Cornea so sehr unterscheidet, je nachdem es daselbst seine zentripetale Wanderung beginnt oder eine zentrifugale Abzweigung beendet.

Die vorstehend geschilderten und diskutierten Beobachtungen haben miteinander gemein, daß die Eintrittspforte — zumindest makroskopisch — keine pathologischen Veränderungen erkennen läßt und daß es trotzdem zu einer Erkrankung des Zentralvervensystems kommt. Wenn auch nicht mit absoluter Gewißheit, kann doch mit großer Wahrscheinlichkeit behauptet werden, daß der Weg von der Cornea zum Gehirn in Nerven zurückgelegt wird, und da diese zentripetale Bewegung nicht auf einen passiven Transport durch eine Flüssigkeitsströmung in den Nerven bezogen werden kann, muß eine fortschreitende Virusvermehrung, also *eine im Nerven fortkriechende Infektion* angenommen werden. Die *Frage des Eindringens in die Nerven* stellt sich bei Scarifikationsimpfungen wie bei sämtlichen traumatischen Übertragungsarten naturgemäß nicht. Aber die Verhältnisse bei den Scarifikationsimpfungen sollten eben nur die *Möglichkeit des Ausbleibens der Reaktion an der Eintrittspforte* illustrieren. Für reine Kontaktinfektionen ist dagegen das Eindringen in die Nerven ein besonderes, vom zentripetalen Fortwuchern in nervöser Schiene abzutrennendes Problem. Offenbar kann sich die Invasion so abspielen, daß sich das Virus in der Umgebung der Nerven vermehrt und in diese einwuchert, oder die Viruselemente lagern sich an terminale Nervenendigungen an, werden von diesen aufgenommen (wobei Kräfte nach Art der Tropismen tätig sein können) und die Vermehrung setzt erst nach der Aufnahme ein. Der an zweiter Stelle genannte Vorgang kann naturgemäß dazu führen, daß die Reaktion an der Eintrittspforte nicht nur subklinisch bleibt, *sondern unter Umständen gar nicht feststellbar ist.*

Kann man gegen diese Ausführungen einwenden, daß sie zu hypothetisch und überdies stark schematisiert sind? Zweifelsohne! Die Scarifikationsimpfung der Kaninchencornea mit Herpesvirus erzeugt eine akute und intensive Keratoconjunctivitis; was sich aber daran anschließt, ist je nach der besonderen Beschaffenheit des Herpesstammes entweder eine letale Encephalitis oder eine latente Encephalitis (FL. MAGRASSI) oder das völlige Unterbleiben der Schieneninfektion (DOERR und M. KON). Impft man Mäuse oder Ratten in gleicher Weise, so bleibt die Cornea anscheinend normal, aber die Schieneninfektion des Gehirnes kommt gleichwohl zustande und kann tödlich ablaufen. Solche Widersprüche lassen sich eben vorderhand noch nicht erledigen.

Das Problem der intranasalen Kontaktinfektionen.

Eine Viruskontaktinfektion, die namentlich auch im Experiment ziemlich prompt funktioniert, spielt sich auf der *Schleimhaut des Nasenrachenraumes* ab. Die intranasale Instillation zahlreicher neurotroper Virusarten führt in einem hohen Prozentsatz der Fälle und bei verschiedenen Versuchstieren (Affen, Kaninchen, Meerschweinchen, Mäusen) zu einer manifesten oder latenten Infektion des Zentralnervensystems, auch wenn bei der Applikation des virushaltigen Substrats jede Verletzung der Schleimhaut vermieden wird. Da die Versuchsanordnungen und ihre Ergebnisse an einer anderen Stelle dieses Handbuches [R. Doerr (*5*)] ausführlich abgehandelt werden, genügt es, an dieser Stelle die Hauptpunkte zu rekapitulieren, welche für die Beurteilung des Mechanismus dieser — auch unter natürlichen Verhältnissen wichtigen — Übertragungsart derzeit maßgebend erscheinen:

1. In der weitaus überwiegenden Zahl der einschlägigen Experimente konnte der Beweis erbracht werden, daß das Virus von der Nasenschleimhaut direkt — also nicht durch Vermittlung des Blutweges[1] — ins Gehirn gelangt.

2. Es existieren zwei Arten von Kommunikationen, auf welchen die direkte Passage erfolgen könnte, nämlich

a) die *Lymphräume um die Fila olfactoria*, welche auch unbelebten Partikeln (Farbstoffteilchen) den Übertritt gestatten, und

b) *mehrere Nervenbahnen*: das *periphere Neuron des Rhinencephalon*, das im Bulbus olfactorius endet, der *Trigeminus* (über das Ganglion Gasseri), der *Parasympathicus* (Ganglion sphenopalatinum) und der *Sympathicus* (Ganglion cervicale superius).

3. Die Versuche, durch welche gezeigt wurde, daß von der Nasenschleimhaut aus unbelebte Teilchen, z. B. Farbstoffpartikel, ins Gehirn gelangen können [W. E. Clark-le Gros, Olitsky und Cox, G. Rake (*1, 3*)], lehren nicht nur, daß es sich um eine aufnahmebreite Fläche (in dem auf S. 829 präzisierten Sinne) handelt, sondern auch, daß das aufgenommene Material sehr rasch (nach G. Rake schon in 2 Minuten) dem Subarachnoidalraum um den Bulbus olfactorius herum zugeführt wird. Es sind nicht bloß Farbstoffpartikel, welche diesen Weg zurücklegen, sondern auch Bakterien von verschiedenen Dimensionen, wie Pneumokokken, Meningokokken, B. enteritidis [G. Rake (*2, 4*), Jacobsgaard], so daß es nicht verständlich erscheint, daß Viruselemente von dieser Art der Überführung oder Überwanderung ausgeschlossen sein sollen.

4. Gerade diese Behauptung wird aber verteidigt, u. zw. mit verschiedener Motivierung:

a) G. Rake (*3*) konnte neurotrope Virusarten (Lyssa, Louping-ill, St. Louis-Encephalitis), welche er auf die Nasenschleimhaut von weißen Mäusen aufgeträufelt hatte, nicht vor Ablauf von 24 Stunden im Vorderhirn nachweisen, also erst nach einer Frist, welche in ganz auffallendem Widerspruch zu der rapiden Passage von Farbstoffteilchen (siehe oben, sub 3) stand. Das Virus der

[1] Das soll aber nicht heißen, daß der Umweg über das Blut unmöglich ist. Wie G. Rake gezeigt hat, treten Farbstoffe, welche man auf die Nasenschleimhaut von Mäusen unter Vermeidung von Verletzungen aufgeträufelt hat, schon nach 2 Minuten *in den Kapillaren und feinen Venen* sowie *in den Lymphgefäßen* auf, wenn auch nicht in so großen Mengen wie in den perineuralen Räumen um die Olfactoriusäste. Es herrscht allerdings die Auffassung, daß kleine Quanten streng neurotroper Virusarten von der Blutbahn aus nicht zur Ansiedlung im Zentralnervensystem gelangen können, weil die Blut-Hirn- und Blut-Liquor-Schranken den Austritt ins Gehirn verhindern. Ob diese Ansicht richtig ist, kann bezweifelt werden [Doerr (*5*), S. 710)]. Abgesehen davon gibt es auch Virusarten, welche sich nicht nur im Nervensystem, sondern auch in anderen Geweben ansiedeln können („pantrope" Virusarten) und man muß zumindest bei diesen Erregern damit rechnen, daß sie die Gefäßwände im Gehirn oder Rückenmark schädigen bzw. durchwachsen. Das wird auch von mehreren Autoren zugestanden, so von E. W. Hurst, A. B. Sabin und P. K. Olitsky (*8*), R. Bieling (*1, 2*), B. F. Howitt (*2*); Sabin und Olitsky sowie B. F. Howitt halten es sogar für sicher, daß intranasal instilliertes Virus der equinen Encephalomyelitis bei Mäusen und Meerschweinchen die nervösen Zentren auf dem Blutwege infiziert.

equinen Encephalomyelitis verhielt sich in den Versuchen von RAKE zwar wie die Farbstoffpartikel, d. h. es konnte nach wenigen Minuten im Vorderhirn festgestellt werden, verschwand aber anscheinend bald nach seinem Auftreten und zeigte sich dann erst wieder — wie die anderen Virusarten — nach 24 Stunden.

G. RAKE möchte das differente Verhalten der bezeichneten Virusarten darauf zurückführen, daß das Virus der equinen Encephalomyelitis im Gegensatze zu den drei anderen nicht streng neurotrop, sondern „pantrop" ist. Streng neurotrope Virusarten werden nach RAKE schon in den Riechzellen (siehe S. 836) zurückgehalten, können daher nicht frei ins Gewebe übertreten und somit auch nicht rasch ins Gehirn gelangen; die pantropen sollen dagegen das Riechepithel leicht und schnell wieder verlassen und sich dann (wie Farbstoffpartikel) weit im Gewebe zerstreuen, so daß ihre örtliche Konzentration rasch unter die Schwelle der Nachweisbarkeit sinkt und ihre Feststellung erst wieder nach eingetretener Vermehrung (nach 24 Stunden) möglich wird. A. SABIN (*1*) lehnt diese — zweifellos wenig gesicherte — Auffassung ab und glaubt, daß die schnelle Passage des Virus der Encephalomyelitis durch einen Versuchsfehler (Verunreinigung der Hirnproben mit dem noch in der Nasenhöhle vorhandenen Impfmaterial) vorgetäuscht war. Entschieden ist die Angelegenheit noch nicht und der Einwand von SABIN gibt keine Antwort auf die Frage, warum zwar Farben, nicht aber Viruselemente innerhalb von Minuten zum Gehirn gelangen können.

b) Mit der Annahme einer mechanischen und wahllosen Aufnahme verschiedener Virusarten durch die Nasenschleimhaut stehen die Angaben über die *obligatorische und fakultative Bahnauslese* in Widerspruch, denen zufolge gewisse Virusarten von der Nasenschleimhaut aus die Olfactoriusbahn nicht benutzen können oder auch nicht benutzen müssen, sondern andere nervöse Wege einschlagen. So soll nach A. B. SABIN (*1*) die Olfactoriusschiene für das Virus der Pseudorabies bei der weißen Maus gesperrt sein und das Virus des Herpes febrilis kann beim Kaninchen auch im Trigeminus encephalopetal wandern (LEVADITI und HABER, LEVADITI, HORNUS und HABER).

c) Nach SABIN und OLITSKY (*2*) verschwinden sehr große Mengen des Virus der Vesicularstomatitis, wenn sie auf die Nasenschleimhaut von Mäusen oder Meerschweinchen aufgebracht werden, innerhalb einer sehr kurzen Frist vollständig, so daß der empfindliche Maustest schon nach 1 Stunde negative Resultate liefert. Am 2. Tage kann das Virus aber wieder in der Nasenschleimhaut auftreten und für kürzere oder längere Zeit in erheblicher Menge nachweisbar sein. Obwohl es nicht klargestellt wurde, wo sich das Virus in der Zwischenzeit aufgehalten hat [siehe DOERR (*5*, S. 756)], muß man doch die Virusvermehrung in der Nasenschleimhaut als Beweis für die Infektion ihres Gewebes oder irgendwelcher Partialstrukturen desselben gelten lassen. Man würde erwarten, daß der Übertritt der Viruselemente ins Gehirn, wenn er wirklich nur auf einem mechanisch funktionierenden „Resorptionsprozeß" beruht, durch die Infektion an der Eintrittspforte begünstigt wird. Das ist jedoch nicht der Fall; bei älteren Meerschweinchen bleibt das Gehirn meist virusfrei [A. B. SABIN und OLITSKY (*2*)].

d) A. B. SABIN (*1*) instillierte bei weißen Mäusen sehr große Mengen des Virus der Vesicularstomatitis (200 Millionen intracerebral tödliche Minimaldosen) intranasal und tötete die Tiere nach Ablauf von 2 Minuten; wurden die Bulbi olfactorii mit Hilfe einer besonderen Technik (speziell unter Vermeidung von Verletzungen der Lamina cribriformis) herausgenommen, so erwiesen sie sich als virusfrei. SABIN schließt hieraus wie auch aus seinen Untersuchungen über spezifische Bahnauslese (siehe sub b): „It would appear, therefore, that there is at yet no evidence that nasally instilled viruses invade the CNS by any direct, open space; the available data seem to point rather to progression along nerves cells and their processes."

Wie man sieht, kommt auch SABIN nicht zu einem abschließenden Urteil und bei anderen Autoren, z. B. bei WEBSTER und CLOW (*1*, *2*) ist die Unsicherheit über den Mechanismus der intranasalen Kontaktinfektion noch stärker ausgeprägt. FINDLAY und CLARKE (intranasale Infektion von Affen und Mäusen mit Gelbfiebervirus) nehmen einen *langsamen zentripetalen Transport in den perineuralen Scheiden der Olfactoriusfäden* an, und E. W. HURST vertritt die gleiche Ansicht für die intranasale Übertragung des Virus der equinen Encephalomyelitis auf Affen und Meerschweinchen; G. RAKE hat sich hierzu später (*3*) in ablehendem Sinne geäußert, da die Bewegung in den bezeichneten Räumen, wie aus seinen Farbstoffversuchen zu entnehmen war, mit großer Geschwindigkeit erfolgte und die langsame Überwanderung neurotroper Virusarten aus dem Nasenraum ins Gehirn somit auf irgendeine andere, vorläufig noch unbekannte Art zustande kommen müsse.

Angesichts dieser widersprechenden experimentellen Ergebnisse und der einander gegenüberstehenden Meinungen darf auf einige weniger beachtete Momente aufmerksam gemacht werden, welche vielleicht in dieser auch praktisch wichtigen Frage eine Rolle spielen.

Unter den Befunden, welche G. RAKE (*1*, *3*) in seinen Farbstoffversuchen erheben konnte, interessieren in erster Linie die Verhältnisse, welche sich an der Nasenschleimhaut selbst ganz kurz (2 Minuten) nach dem Auftropfen der Testlösungen ergaben. In der Riechschleimhaut fand sich der Farbstoff nur zum Teil *zwischen* den Zellen. *Die Hauptmasse erfüllte dicht gepackt die peripheren Fortsätze (Riechstäbchen) und das Cytoplasma der Riechzellen*, so daß sich die erste Phase des „Penetrationsvorganges" als eine *Absorption durch Oberflächenzellen* — ganz im Sinne der Ausführungen auf S. 831 — darstellte. Die Riechzellen (Sinneszellen) der Regio olfactoria sind als bipolare Ganglienzellen aufzufassen; *wenn wir annehmen, daß Viruselemente in gleicher Weise absorbiert werden, und dafür eine besondere Affinität zu Nervenzellen (Neurocytotropismus) verantwortlich machen wollen, müßten wir auch die Farbstoffe als neurotrop bezeichnen.* In der Submucosa waren die Farbstoffpartikel (Berlinerblaukörnchen) frei in Gewebespalten, vereinzelt auch in Kapillaren und feinen Venen, größtenteils aber in dünnwandigen Lymphgefäßchen und *namentlich auch als blaue Bänder in den perineuralen Räumen um die Olfactoriusfäden zu sehen.* Diese perineuralen Farbstoffansammlungen begleiteten die Ramifikationen des Riechnerven, traten mit ihnen, an die Außenseite der stärkeren Äste angelagert, durch die Foramina der Siebbeinplatte und verteilten sich dann im Netzwerk der Arachnoidea; der meningeale Überzug der Bulbi olfactorii war von distinkten kleinen blauen Punkten gesprenkelt. *Die Achsenzylinder der Olfactoriuszweige enthielten keine Farbstoffkörnchen*, ebensowenig wie das Gehirn selbst; wohl aber wurde die Farbmasse im Trigeminus, allerdings in geringerer Menge als im Olfactorius, festgestellt u. zw. ebenso wie im Riechnerven in perineuraler Anordnung.

Aus dieser Schilderung [G. RAKE (*1*, *3*)] geht hervor, daß der Absorptionsprozeß hauptsächlich durch die Sinneszellen der Riechschleimhaut bewerkstelligt wird, was übrigens RAKE ausdrücklich hervorhebt („Absorption is thus chiefly through these sensory cells"). Da aber das auf die Schleimhaut gebrachte Material in den Schichten unterhalb des Epithels *extracellular* gelagert ist (in Gewebespalten, Lymph- und Blutgefäßen, in den perineuralen Scheiden, in den Maschen der Meningen), ist es nicht ganz klar, wie die von den Riechzellen aufgenommene Substanz aus diesen in die extracellularen Bahnen gelangt. Nach den Ausführungen von G. RAKE zu schließen, nimmt der Autor an, daß die von den Riechzellen absorbierten Stoffe sofort wieder abgegeben und frei werden (vgl. die Bemerkung auf S. 835 über das differente Verhalten neurotroper und pantroper Virusarten).

Die Substanz, welche RAKE in der Menge von 0,02 ccm auf die Schleimhaut von Mäusen brachte, war eine Mischung von 10% Ferrocyankalium und 10% Ferriammoniumcitrat, also eine kolloide Lösung von Berlinerblau; durch Einlegen der Gewebe in 10% Formalin plus 5% HCl wurde der Farbstoff in die Form von Körnchen übergeführt. In anderen Versuchen wurden Emulsionen von Bakterien (Pneumokokken, B. enteritidis) benutzt; diese Gebilde wurden zwar — nach RAKEs Angaben (*3*, *4*) — ebenso schnell aufgesogen und bis zum Gehirn befördert wie die Farblösung, *aber der Durchtritt durch die Schleimhaut vollzog sich, wie die mikroskopische Untersuchung zeigte, zwischen den Deckzellen und nicht durch die Riechzellen hindurch.* Verhalten sich nun die Viruselemente, wenn sie in freiem Zustand auf die Nasenschleimhaut gebracht werden, wie Bakterien oder wie Farbstoffe?

P. K. OLITSKY und H. R. COX fanden, daß man Mäuse durch wiederholte Behandlung der Nasenschleimhaut mit 0,5—1,0% Tanninlösung gegen die intranasale Infektion mit dem Virus der equinen Encephalomyelitis vorübergehend schützen kann. Die prophylaktische Tanninbehandlung vermochte auch die Aufnahme von Berlinerblaulösung dem Grade nach zu vermindern, und eine Nachprüfung von G. RAKE und H. R. COX (*1*, *2*) ergab überdies *einen qualitativen Unterschied*, indem sich in den Riechzellen der Regio olfactoria überhaupt keine oder nur äußerst spärliche Farbstoffkörnchen feststellen ließen. Da nun Bakterien, für welche die Aufnahme durch die Riechzellen schon unter normalen Verhältnissen nicht in Betracht kommt (siehe oben), durch die mit Tannin behandelte Schleimhaut ungehindert passieren [G. RAKE (*2*)], würde sich der Schluß ergeben, *daß die wirksame, d. h. zu einer Hirninfektion führende Absorption neurotroper Virusarten gerade an diesen Mechanismus, d. h. an die Aufnahme durch die Riechzellen obligatorisch gebunden ist, bzw. daß die andere Art der Passage (welche nicht durch diese Zellen, sondern zwischen denselben stattfindet) zwar auch Viruselemente befördert, aber einen blind endigenden Weg repräsentiert.*

Doch sind diese Überlegungen einstweilen mehr spekulativ als experimentell unterbaut. Mit Hilfe der verbesserten Färbemethoden für Viruselemente könnte es vielleicht möglich sein, das Schicksal von intranasal instilliertem Virus mikroskopisch zu verfolgen, speziell wenn man nicht ausschließlich die schwerer darstellbaren neurotropen Agenzien, sondern, gewissermaßen als Modell, andere Virusarten, z. B. Vaccinevirus verwenden würde. Von diesem Gedanken ausgehend, ließ ich durch K. BURCKHARDT prüfen, ob man Phagen nach intranasaler Instillation in der Umgebung der Bulbi olfactorii nachweisen kann. Die an Kaninchen ausgeführten und noch nicht genügend variierten Experimente hatten bisher — entgegen der Erwartung — *völlig negative Resultate.*

Die Schnelligkeit und Häufigkeit, mit welcher intranasal applizierte Bakterien bis zu den Meningen der Bulbi (nach den Angaben von G. RAKE) vordringen, könnte den Schluß nahelegen, daß die Erzeugung einer Meningitis auf diesem Wege besonders leicht und sicher gelingen müßte. Davon ist aber nichts bekannt. Auch unter natürlichen Verhältnissen findet man auf der Nasenschleimhaut des Menschen verschiedene pathogene Bakterien wie Meningokokken, Pneumokokken, Influenzabazillen; zu einer durch die genannten Keime erzeugten Entzündung der weichen Hirnhäute kommt es aber verhältnismäßig äußerst selten und auch dann ist es meist noch fraglich, ob die Meningen direkt von der Nase aus oder hämatogen infiziert wurden. Wenn man auch berücksichtigt, daß eine Invasion zwar eine notwendige, aber durchaus keine hinreichende Bedingung eines Infektionsprozesses bildet, beinhaltet doch die Vorstellung, daß die Nasenschleimhaut beständig bereit ist, pathogenen Mikroben Zutritt zu den Geweben des Organismus zu verschaffen und daß diese Ereignisse nur ganz ausnahmsweise eine Krankheit nach sich ziehen, einen Widerspruch in sachlicher und schließlich auch in teleologischer Hinsicht.

G. Rake (*3*) meint, daß solche normale Einschleppungen dem Grade nach (quantitativ) unbedeutend sein dürften und durch die Resistenz der Gewebe bewältigt werden können. Bei Mäusen, die gegen den Pneumococcus III immunisiert waren, vollzog sich der Übertritt intranasal instillierter Pneumokokken von der Nasenschleimhaut ins Blut und in das Gehirn ebenso prompt wie bei normalen Mäusen, welche auf die intranasale Impfung mit einer tödlichen Pneumonie reagierten. Die Vernichtung der Erreger vollzieht sich somit — wenigstens in dem von Rake untersuchten Fall — nicht schon an der als physiologisch zu bezeichnenden Eintrittspforte, obwohl es sich um spezifisch immunisierte Tiere handelt, und man kann hieraus mit einiger Wahrscheinlichkeit folgern, daß auch im normalen Zustand die Unschädlichmachung der eingedrungenen Keime am entfernten Orte stattfindet. Man erfährt aber nicht, wie die supponierten zahlreichen „*Minimalinvasionen*“ in der Norm bewältigt werden.

Als Resumé ergibt sich aus der kritischen Durchsicht der einschlägigen Literatur das Eingeständnis, daß wir über den Mechanismus der von der Nasenschleimhaut ausgehenden Virusinfektionen des Gehirnes auf Grund der vorliegenden Ergebnisse experimenteller Untersuchungen keine zuverlässige Aussage machen können, ja daß sich die Verhältnisse eher kompliziert als entwirrt haben. Konzentrierte sich vor kurzer Zeit die Unsicherheit auf das Dilemma „Achsenzylinder oder perineurale Lymphscheiden der Olfactoriusäste“, und war man im allgemeinen einig, daß es sich in beiden Fällen um ein Fortwuchern der Keime in den bezeichneten Bahnen handeln müsse, ist nun die Möglichkeit eines sehr raschen und ohne Virusvermehrung erfolgenden Übertrittes aktuell geworden. Es ist zwar bisher (von einer umstrittenen Angabe abgesehen) nicht gelungen, diese Art der Passage bei Virusarten nachzuweisen d. h. ein auf die Riechschleimhaut gebrachtes Virus nach Ablauf einer kurzen Frist in der Umgebung der Bulbi olfactorii festzustellen. Man vermag aber anderseits keinen Grund für die negativen Resultate anzugeben, falls man die Richtigkeit der mit Farbstoffen und mit Bakterien ausgeführten Versuche anerkennt. Die Lösung, daß das Virus zwar ebenso rasch wie ein Farbstoff die Bulbi erreicht, daß es aber hier zunächst wegen seiner geringen Konzentration oder aus einem anderen Grunde nicht nachweisbar ist und erst nach einsetzender Proliferation festgestellt werden kann, ist eine bloße Vermutung.

Die Schleimhaut des Nasenrachenraumes als Ausscheidungsorgan für neurotrope Virusarten.

An dem Problem der rhinogenen Infektionen des Zentralnervensystems beteiligt sich noch eine andere Frage. Die Nasenrachenschleimhaut soll nicht nur für die Aufnahme, sondern auch für die *Ausscheidung von Virus* in Betracht kommen. Von der Annahme, daß eine solche Ausscheidung tatsächlich stattfindet, wird ein ziemlich ausgiebiger Gebrauch gemacht, zum Teil auf rein hypothetischer Basis, zum Teil auf Grund von Untersuchungen, durch welche in der Nasenrachenschleimhaut von Versuchstieren oder in Spülflüssigkeiten des menschlichen Nasenrachenraumes Virus nachgewiesen werden konnte. Die epidemiologischen Konsequenzen, die sich aus dieser Auffassung ableiten lassen, liegen auf der Hand. Durch die Aussage, daß Eintrittspforte und Austritt aus dem Organismus in der Nasenschleimhaut liegen, wird die sonst schwer verständliche Ausbreitung streng neurotroper Virusarten durch Kontakte auf ein einfaches Schema (Tröpfcheninfektion) reduziert.

Die Ausscheidung des Poliomyelitisvirus.

Es sollen als eingehender studiertes Beispiel zunächst die Verhältnisse bei der *Poliomyelitis acuta anterior* besprochen werden.

Im Sekret des Nasenrachenraumes von experimentell infizierten Affen und unter natürlichen Bedingungen erkrankten Menschen wurde bekanntlich wiederholt Poliomyelitisvirus nachgewiesen, u. zw., was nicht entsprechend gewürdigt wird, zu verschiedenen Zeiten bezogen auf die Infektion bzw. auf die Erkrankung des Zentralnervensystems. Man hat hier folgende Fälle auseinanderzuhalten:

1. Die positiven Befunde bei Keimträgern, also bei Individuen, bei welchen es überhaupt zu keiner manifesten Erkrankung kam (FLEXNER, CLARK und FRASER, KLING und PETTERSON).

2. Virusbefunde vor Ausbruch der ersten Symptome (KLING und LEVADITI, TAYLOR und AMOSS).

3. Befunde im akuten Stadium der Poliomyelitis (FLEXNER und LEWIS, LEINER und WIESNER, KLING und LEVADITI, LEVADITI, SCHMUTZ und WILLEMIN, KLING, PETTERSON und WERNSTEDT, KRAMER, SOBEL, GROSSMANN und HOKSWITH, KRAMER, HOKSWITH und GROSSMANN, LEVADITI und WILLEMIN, STILLMAN und BRODIE u. a.).

4. Befunde, welche kürzere oder längere Zeit (Wochen, Monate oder Jahre) nach Ablauf der Erkrankung erhoben wurden (KLING, PETTERSON und WERNSTEDT, LUCAS u. OSGOOD, KRAMER, SOBEL, GROSSMANN und HOKSWITH).

Auf die Gesamtzahl der Untersuchungen bezogen waren die positiven Befunde keineswegs zahlreich. Nach einer Zusammenstellung von KLING lieferten 56 von verschiedenen Autoren im akuten Stadium der Poliomyelitis entnommene Proben des Nasenrachensekretes nur 7 positive Resultate.[1] C. LEVADITI (*3*), der diese Angabe zitiert (l. c., S. 589), bemerkt allerdings, daß man hierbei die technischen Schwierigkeiten berücksichtigen müsse, die sich aus der Notwendigkeit ergeben, die Proben zwecks Ausschaltung pathogener Begleitbakterien zu filtrieren, wodurch der an und für sich geringe Virusgehalt unter die Grenze der Nachweisbarkeit herabgedrückt werden kann. Läßt man diese Begründung gelten und nimmt man an, daß die Anwesenheit des Virus in der Nasenschleimhaut und ihren Absonderungen als eine relativ häufige, vielleicht sogar regelmäßige Erscheinung betrachtet werden darf, so gewinnen zwar die epidemiologischen Folgerungen (siehe oben) an Wahrscheinlichkeit, aber die Frage, wie man sich diese „Ausscheidung" vorzustellen hat, wird naturgemäß um so dringender und schwieriger, je mehr man von der Voraussetzung eines gesetzmäßigen Phänomens ausgeht.

Im Experiment am Affen kann man die Eintrittspforte des Virus beliebig variieren. FLEXNER konnte nun schon 1907 zeigen, daß das Virus in der Nasenschleimhaut von intracerebral geimpften Affen auftritt, was von anderen Autoren bestätigt wurde, und THOMSEN berichtete sogar über positive Befunde nach intraperitonealen Infektionen. Da der Nachweis in allen diesen Versuchen erst *nach* dem Auftreten nervöser Symptome erfolgte, kann man den Übergang in die Nasenschleimhaut als eine Folge der Infektion des Zentralnervensystems ansehen und in diesem Sinne von einer „Ausscheidung" sprechen. Sicher ist diese Deutung freilich nicht, da es sich auch um koordinierte Prozesse handeln könnte;

[1] Die neueste Statistik von KRAMER, HOSKWITH und GROSSMAN umfaßt das gesamte bis September 1938 vorliegende Material. Darnach entfielen auf 535 Proben — vermutlich mehr, da nicht alle Autoren die negativen Ergebnisse zahlenmäßig angeführt haben — 64 positive Resultate, ein Verhältnis, welches mit dem von KLING aus einer zirka zehnmal kleineren Zahl von Untersuchungen errechneten Prozentsatz (12,4%) merkwürdig gut übereinstimmt.

und wenn sie richtig ist, bliebe der Weg vom Zentralnervensystem zur Nasenschleimhaut ungewiß.

A priori wird man vielleicht geneigt sein, an eine rückläufige Virusbewegung in den Bahnen zu denken, auf denen sich der Antransport von der Nasenschleimhaut zum Gehirn (zum Bulbus olfactorius) vollzieht. Das wären nach den Ausführungen auf S. 834 entweder die perineuralen Scheiden der Olfactoriusfäden oder das zentrifugale Durchwuchern des peripheren Olfactoriusneurons. Aber es scheint, daß keine dieser beiden Möglichkeiten in Betracht gezogen werden darf. Das zentrifugale Durchwuchern des Olfactoriusneurons nicht, weil dieser Prozeß von den Bulbi olfactorii ausgehen müßte und die Bulbi bei intracerebral infizierten Affen keine histologischen Veränderungen zeigen [SABIN und OLITSKY (*1*)]; und die perineuralen Lymphräume nicht, weil man sich nicht vorstellen kann, daß hier korpuskuläre Elemente regelmäßig sowohl in cerebropetaler wie cerebrofugaler Richtung passiv befördert werden. Man müßte somit annehmen, daß das Virus auf hämatogenem Wege die Nasenschleimhaut erreicht, was ja für das Auftreten von Vaccinevirus im Rachen nach cutaner Impfung (GINS, HACKENTHAL und KAMENTZEWA) als gesichert gelten darf.

Stammt aber das in den Absonderungen der Nasenschleimhaut zutage tretende Virus aus dem Zentralnervensystem? Nach den Untersuchungen von JONESCO-MIHAIESTI, TUPA und WIESNER soll der Nachweis des Virus im Rückenmark von an Poliomyelitis gestorbenen Menschen nach dem zehnten Krankheitstage nicht mehr gelingen und LEINER und WIESNER sowie LEVADITI und LANDSTEINER fanden das Mark ebenfalls meist avirulent, wenn seit dem Eintritt der Lähmungen längere Zeit verstrichen war. Da man bei Menschen und experimentell infizierten Affen, wenn auch nur ganz ausnahmsweise, Rezidive beobachtet hat, wird behauptet, daß sich das Virus gelegentlich auch längere Zeit im infizierten Organismus halten kann [C. LEVADITI (*3*, S. 555 und 582) und K. LANDSTEINER, l. c., S. 797]; ob diese schlummernden Infekte im Zentralnervensystem lokalisiert sind, ist jedoch meines Wissens nicht nachgewiesen. Die Persistenz des Virus in der Nasenschleimhaut kann jedenfalls sehr lange dauern und setzt, da gewisse Quantitäten mit den Sekreten kontinuierlich entfernt werden, einen Nachschub von einem entfernt liegenden Reservoir oder von lokalen Herden voraus. Berücksichtigt man die positiven Befunde bei Personen, welche im Kontakt mit Patienten standen, ohne selbst zu erkranken (gesunde Träger), bei welchen also ein Nachschub aus dem Zentralnervensystem auszuschließen war, so drängt sich die Überzeugung auf, daß die Stätte der Virusvermehrung in der Nasenschleimhaut selbst liegen muß, u. zw. nicht in ihren nervösen Strukturen, da keinerlei Symptome für diese Möglichkeit sprechen, sondern außerhalb derselben, möglicherweise im lymphoiden Gewebe, dem ja auf Grund von Virusbefunden in Lymphdrüsen engere Beziehungen zum Poliomyelitisvirus zugeschrieben werden (M. T. BURROWS, J. LEVADITI, KLING, OLIN und GARD).

Man muß sich selbstverständlich vor Augen halten, daß die Daten über das Vorhandensein von Poliomyelitisvirus in der Nasenschleimhaut bzw. in ihren Absonderungen recht spärlich sind. Das vorliegende Material läßt sich nicht einmal entfernt mit unseren Kenntnissen über Meningokokkenträger und Meningokokkenausscheider, um eine naheliegende Parallele heranzuziehen, vergleichen, und selbst in diesem Falle sind bekanntlich die Ansichten über die Beziehungen des Auftretens der Erreger im Nasenrachenraum und der Infektion der Meningen durchaus nicht eindeutig abgeklärt. Die Feststellung der Träger und Ausscheider von Poliomyelitisvirus ist, wie bereits an anderer Stelle erwähnt wurde, mit erheblichen Schwierigkeiten und Kosten verbunden und es ist daher kaum zu erwarten, daß die tatsächlichen Erhebungen in absehbarer Zeit so weit vervollständigt werden können, daß ein sicheres und abschließendes Urteil möglich sein wird.

Man kann somit zu der Frage nur provisorisch oder bedingungsweise Stellung nehmen. Wenn es de facto richtig ist, daß die Nasenschleimhaut das Virus nicht bloß „abscheidet“, sondern daß sie eine Stätte der Virusvermehrung d. h. eine Lokalisation des Erregers darstellt, u. zw. in allen Phasen und Formen der Infektion, von der Inkubation angefangen bis weit über das Krankheitsende hinaus, beim klassischen schweren Verlauf ebensowohl wie bei den leichtesten abortiven Fällen (PAUL und TRASK, PAUL, TRASK und WEBSTER, TAYLOR und AMOSS, KLING, WERNSTEDT und PETTERSON), ließe sich die Lehre von der obligaten Neurotropie bzw. Neurocytotropie des Virus nicht mehr aufrechterhalten und damit würde auch die Hypothese erschüttert, daß das Virus nur durch zentripetales Fortwuchern in den Achsenzylindern der Olfactoriusfasern das Gehirn erreichen kann.

Nach den Untersuchungen von KLING, WERNSTEDT und PETTERSON, KLING, KLING und LEVADITI, LEVADITI und WILLEMIN, SAWYER, HARMON, TRASK, VIGNEC und PAUL, KRAMER, HOSKWITH und GROSSMANN kann man Poliomyelitisvirus auch in den Faeces von Kranken und Rekonvaleszenten nachweisen u. zw. häufiger als im Nasenrachensekret; nach der Zusammenstellung von KRAMER, HOSKWITH und GROSSMANN lieferten zirka 35% der untersuchten Proben positive Resultate. Vermutlich handelt es sich um verschlucktes virushaltiges Nasensekret, welches sich im Darmlumen bis zu einem gewissen Grade ansammelt, so daß das Virus hier höhere Konzentrationen annehmen kann als in dem fortwährend erneuerten Nasensekret, woraus sich die größere Zahl der positiven Ergebnisse erklären würde (KRAMER, HOSKWITH und GROSSMANN). Daß das Virus gegen die Einwirkung des sauren Magensaftes resistent ist, konnte jedenfalls durch Fütterungsversuche an Affen gezeigt werden (LEVADITI, KLING und LÉPINE, CLARK, ROBERTS und PRESTON, FLEXNER, CLARK und DOCHEZ u. a.). Andere Autoren nehmen allerdings eine direkte Virusausscheidung durch die Darmschleimhaut an [C. LEVADITI (*3*, S. 590), KLING], bleiben aber die Auskunft über den Mechanismus dieses hypothetischen Vorganges schuldig. Übrigens wird die Darmschleimhaut von M. KLING, C. LEVADITI, J. A. TOOMEY nicht nur als Ausscheidungsorgan, sondern auch als Eintrittspforte betrachtet, so daß sich dann eine analoge doppelgestaltige Problematik ergeben würde wie für die Nasenschleimhaut.

Die Ausscheidung des Variolavaccinevirus.

Die extreme Interpretation des Begriffes der Neurotropie und seine Übersteigerung zum Neurocytotropismus (E. W. GOODPASTURE) ist zweifellos der objektiven Erfassung des Problems der intranasalen Kontaktinfektion nicht förderlich gewesen. Es erscheint schon aus diesem Grunde angezeigt, die Verhältnisse bei einer Virusart zu analysieren, für welche der obere Respirationstrakt gleichfalls als Eintrittspforte und als Ausscheidungsorgan gilt, die aber im Gegensatze zum Poliomyelitisvirus nicht neurotrop ist bzw. von der Nasenschleimhaut aus keine Infektion des Zentralnervensystems oder seiner Hüllen hervorzurufen vermag. Für eine derartige Betrachtung eignet sich das *Variolavirus*, dessen maximale Kontagiosität einen bekannten und in mancher Hinsicht theoretisch verwertbaren Faktor darstellt. Vergleiche mit den verwandten Virusarten der Vaccine und der Rabbit pox können mit Vorteil herangezogen werden.

In jedem Lehr- oder Handbuch ist zu lesen, daß die Schleimhäute der oberen Luftwege als reguläre Eintrittspforte des Blatternerregers zu betrachten sind und daß die Übertragung hauptsächlich durch Tröpfcheninfektion stattfindet, was die Anwesenheit des Keimes in dem durch den Kranken versprayten Mundsekret voraussetzt. Nur auf diese Weise lasse sich die hohe Kontagiosität der Blattern erklären sowie die Tatsache, daß Ansteckungen schon im präexanthematischen Stadium sowie in Fällen von Variola sine exanthemate vorkommen; hämorrhagische Pocken, bei welchen der Tod vor Ausbruch des Exanthems eintreten kann, gelten sogar als infektiöser als vollausgebildete Verlaufsarten der Variola (F. R. BLAXALL).

Der Mechanismus der Invasion ist aber keineswegs sichergestellt. Wir wissen, daß es zu einer Eruption in der Mundhöhle und in den Rachenorganen kommt (Enanthem) und daß in diesen Effloreszenzen Variolavirus durch Verimpfung auf die Kaninchencornea (FRIEDEMANN und GINS, SCOTT, UNGERMANN und ZÜLZER) oder morphologisch (E. PASCHEN) nachgewiesen werden kann. Auch bei den spontan übertragbaren Rabbit pox findet man pockenähnliche Veränderungen in der Mundhöhle und in den oberen Atmungswegen [vgl. O. SEIFRIED (*2*)]. Daraus folgt in erster Instanz, daß diese Gewebebezirke infiziert werden können, und in weiterer Folge, daß das mit Tröpfchen oder Stäubchen eingeatmete Variolavirus an der Stelle haftet, auf welche es auftrifft, daß es also zur Bildung eines Primäraffekts (von L. PFEIFFER als „Protopustel" bezeichnet) kommt, von welcher die Generalisation des Infekts ausgeht. Aber „da noch niemand die Protopustel gesehen hat, ist sie bis jetzt nur eine Hypothese" (E. PASCHEN, l. c., S. 850) und man hat daher, was nicht weniger hypothetisch ist, angenommen, daß das Virus zunächst, ohne eine Veränderung im Rachen zu setzen, in die Blutbahn eindringt und daß man sowohl das Enanthem wie das Exanthem als hämatogene Lokalisationen des inzwischen bereits zur Vermehrung gelangten Agens zu betrachten habe.

Die Invasion in die Blutbahn soll nach PASCHEN in der Weise vor sich gehen, daß das eingeatmete Virus verschluckt und in die Lymphbahnen der Darmwand aufgenommen wird; von hier aus soll nach vorausgegangener Anreicherung die Überführung in die Blutzirkulation durch den Ductus thoracicus erfolgen. PASCHEN beruft sich auf einige Beobachtungen (im Original, S. 851 nachzulesen), denen zufolge Variola- und Vaccinevirus vom Darmkanal aus Menschen und empfängliche Tiere zu infizieren vermag; eine Resorption aus der Rachenhöhle hält er für wenig wahrscheinlich. Diese Ansicht bedarf indes in Anbetracht der Versuche von YOFFEY, SULLIVAN und DRINKER und insbesondere von YOFFEY und SULLIVAN einer Revision.

Nach den Angaben dieser Autoren tritt intranasal eingeführtes Vaccinevirus bei empfänglichen Tieren (Affen, Katzen, Kaninchen) 12 Stunden nach der Instillation in der Lymphe der cervicalen Lymphgefäße auf und hält sich daselbst durch volle 7 Tage, so daß sich während dieser Zeit ein beständiger Strom von Virus mit der Lymphe in das Blut ergießt. Es scheint sich nicht um eine bloße Resorption zu handeln. Die Tatsache, daß das Virus nicht vor 12 Stunden in der Lymphe gefunden wird, spricht eher dafür, daß sich zuerst eine Infektion der Nasenschleimhaut entwickeln muß, bevor der Abtransport stattfinden kann. Daß das Virus die Lymphdrüsen passiert, ist nach YOFFEY und SULLIVAN so zu erklären, daß das Virus an Lymphocyten gebunden ist, welche aus den Lymphdrüsen bekanntlich in großer Zahl austreten. Da die Lymphocyten die Wände der Blutkapillaren durchwandern können, sei es verständlich, daß man Vaccinevirus in jedem Gewebe findet, in welches es mit den weißen Blutzellen kommen kann.

Darnach wäre also doch die Schleimhaut des Nasenrachenraumes als Eintrittspforte anzusehen, aber der „Primäraffekt" würde nicht die Form einer Pustel, sondern einer diffusen Entzündung haben. Natürlich würden diese Angaben, falls sie vollinhaltlich bestätigt werden können, nur für das Vaccinevirus gelten.

Aber die supponierte Entzündung der Schleimhaut erinnert sehr an die *Pharyngitis variolosa*, welche von DE JONGH beschrieben wurde und die besonders im Symptomenbild der Variolois sine exanthemate hervortritt. Es besteht aber die Tendenz, derartige Lokalerscheinungen sowie namentlich alle Virusbefunde im Nasenrachenraum nicht auf die primäre Ansiedlung, sondern auf die sekundäre Ausscheidung des spezifischen Agens zu beziehen.

Daß eine sekundäre Ausscheidung stattfindet, darf als gesichert gelten, seit GINS, HACKENTHAL und KAMENTZEWA bei Erstimpflingen sowie bei cutan und intracutan geimpften Versuchstieren (Meerschweinchen oder Kaninchen) Vaccinevirus auf der Nasenrachenschleimhaut nachgewiesen haben, u. zw. schon am 2. oder 3. Tage nach der Inokulation, also noch vor dem Auftreten von Veränderungen am Orte der Impfung. Da zu derselben Zeit auch die inneren Organe von Versuchstieren (Leber, Milz, Niere) reichlich Virus enthalten, nimmt GINS an, daß sich das Virus im Körper ohne Reaktionserscheinungen vermehrt („symptomlose Generalisation"); der Ausscheidung würde somit eine Anreicherung in den Organen bzw. im Blute vorausgehen. Der Austritt des Virus soll aus den lymphatischen Geweben (Tonsillen) stattfinden und durch auswandernde weiße Blutzellen (Leuko- oder Lymphocyten) vermittelt werden, deren Affinität zum Vaccinevirus festgestellt werden konnte [H. HACKENTHAL, DOUGLAS und SMITH, A. B. SABIN (*3*), W. SMITH (*1*), YOFFEY und SULLIVAN]. Bei den Pocken (FRIEDEMANN und GINS, E. PASCHEN) und bei den Rabbit pox (LEVADITI und NICOLAU) kann das im Nasenrachensekret nachweisbare Virus aus den Effloreszenzen stammen, welche sich auf den Schleimhäuten entwickeln; es gibt aber offenbar noch eine andere Art der Ausscheidung, welche vom Auftreten eines Enanthems unabhängig ist. Wie die Virusabsonderung bei Rekonvaleszenten nach Variola vor sich geht, ist nicht sicher bekannt; insbesondere steht nicht fest, ob die positiven Befunde, welche längere Zeit nach beendeter Abschuppung erhoben werden konnten (FRIEDEMANN und GINS, J. M. SCOTT), auf nicht-abgeheilte Naseneffloreszenzen zu beziehen sind.

Wie sich die Invasion und die Ausscheidung des Pockenvirus in den oberen Atmungswegen vollziehen, ist, wie die vorstehenden Ausführungen erkennen lassen, einstweilen noch in mehrfacher Beziehung hypothetisch. Sicher ist aber, daß die Anwesenheit des Virus im Schleimhautsekret weder zur Encephalitis noch zur Meningitis führt; das gilt auch für das Vaccinevirus und das Virus der Rabbit pox.

Intranasale Instillationen des Virus der Rabbit pox haben beim Kaninchen regelmäßig eine Infektion zur Folge; es treten aber keine anderen Manifestationen auf wie nach anderen Übertragungsarten, und das Zentralnervensystem wird, trotz ausgedehnter Beteiligung der Mund- und Rachenschleimhaut, nicht in Mitleidenschaft gezogen (ROSAHN, HU und PEARCE). Das prinzipiell gleiche Ergebnis hatten intratracheale und intrabuccale Impfungen von Kaninchen mit der sog. „Neurovaccine" [J. MESROBEANU, l. c., S. 248); das Verhältnis der „Neurovaccine" zur Vaccine boviner Provenienz sowie die Neurotropie der Neurovaccine sind allerdings umstritten (siehe u. a. J. MESROBEANU (l. c., S. 249), C. LEVADITI und VOET], aber die Tatsache einer außerordentlich starken Vermehrung im Gehirn nach cerebraler Impfung steht fest und es bleibt daher unklar, warum keiner der von der Nasenschleimhaut zum Gehirn führenden Wege benutzt werden kann. Auch Variolavirus wirkt übrigens beim Menschen, wenn es auf die Nasenschleimhaut gebracht wird, ebenso wie bei irgendeiner anderen Art der spontanen oder absichtlichen (traumatischen) Übertragung; wir dürfen das daraus schließen, daß im 6. Jahrhundert in China eine Schutzimpfung angewendet wurde, die in der Einführung von virulentem Material in die Nasenlöcher bestand (K. SÜPFLE, l. c., S. 12).

Die Tropismen der Virusarten, aufgefaßt als spezifische Lokalisationen.

Klassifikationen.

Die Diskussion verschiedener Paradigmen hat ergeben, daß wir über die Tropismen unbeweglicher Erreger im allgemeinen und der Viruselemente im besonderen nur sehr dürftige Kenntnisse besitzen, wenn wir die Tropismen als jene Vorgänge definieren, welche das Eindringen in den Wirt und den Transport von der Eintrittspforte zu den Bestimmungsorten (den Ansiedlungsstätten) gesetzmäßig regeln. Man kann aber dem Fragenkomplex eine einfachere, der experimentellen Untersuchung leichter zugängliche Fassung geben, wenn man auf die genetische Behandlung verzichtet und den *Endeffekt* d. h. *die Verteilung der Lokalisationen der infektiösen Agenzien im Wirtsorganismus* ins Auge faßt. Daß bestimmte Mikroben (Virusarten) in bestimmten Organen haften und sich nur dort zu vermehren vermögen, kann ja auch nur auf spezifische Affinitäten zurückgeführt werden, die wir als *Organotropismen* oder *Histotropismen* bezeichnen dürfen sowohl im Hinblick auf ihre allgemeine Wirkungsweise als auch mit Rücksicht auf ihren Dienst an der Erhaltung der Erreger, dem sie offensichtlich unterstellt sind.

So orientiert, nimmt die Lehre von den Organotropismen oder spezifischen Lokalisationen zunächst einen *deskriptiven* Charakter an mit der selbstverständlichen Konsequenz, die mannigfaltige Phänologie zu sichten, die Organotropismen zu klassifizieren und nach gewissen Gesichtspunkten in „Systeme" zu ordnen. Als Prinzip für die Einteilung bzw. für die Benennung der Gruppen wurden in Anlehnung an BRUMPT (siehe S. 827) die *Organe* verwendet, in welchen die Virusvermehrung zu einer pathologischen, anatomisch und klinisch erfaßbaren Auswirkung führte; und da die klinischen Manifestationen der Organerkrankung auch das Krankheitsbild bestimmen, gewannen diese Klassifikationen Ähnlichkeit mit den Einteilungen nicht-infektiöser Prozesse in Krankheiten der Haut, der Leber, der Lunge, des Zentralnervensystems usw., wie man sie noch heute in jedem Lehr- oder Handbuch der inneren Medizin findet. Die Gesamtheit aller Infektionen läßt sich aber nicht in einem derartigen System unterbringen, weil es — und das gilt besonders auch für die Viruskrankheiten — Prozesse gibt, welche in der Regel akut (cyclisch) ablaufen und bei denen die Allgemeinerkrankung im Vordergrund steht, während Lokalisationen in bestimmten Organen fehlen oder für das anatomische und symptomatologische Gepräge nicht wesentlich sind.

Als Beispiel sei hier die Einteilung der „filtrierbaren" Virusarten angeführt, welche B. LIPSCHÜTZ 1930 veröffentlicht hat. Sie umfaßte hauptsächlich jene Virusinfektionen, welche „mit der Bildung von ‚Zelleinschlüssen' einhergehen oder sonstige charakteristische mikroskopische Befunde (Erreger usw.) aufweisen" und hatte folgende Form:

I. *Lokalisierte epidermale oder epitheliale Vira:*

1. Molluscum contagiosum.
2. Verruca vulgaris.
3. Condyloma acuminatum.
4. Larynxpapillom (experimentelles Scheidenpapillom der Hündin).
5. Aphtoid.
6. Paravaccine.
7. Herpes venereus.
8. Trachom und die anderen Schleimhautinklusionen.

II. *Dermotrope Vira:*

1. Variola.
2. Varicellen.
3. Alastrim.
4. Masern.
5. Geflügelpocke.
6. Schafpocke.
7. Stomatitis bovis papulosa specifica.
8. Maul- und Klauenseuche.
9. Myxomkrankheit der Kaninchen.

III. *Dermoneurotrope Vira:*

1. Zoster.
2. Herpes febrilis.

IV. *Neurotrope Vira:*

1. Lyssa.
2. Poliomyelitis.
3. BORNAsche Krankheit der Pferde.
4. Hundestaupe.

V. *Organotrope Vira:*

1. Peripneumonie der Rinder.
2. Agalaktie der Schafe.
3. Originäres Kaninchenhodenvirus.
4. Originäres Meerschweinchendrüsenvirus (Submaxillardrüse).
5. Grippe.

VI. *Akute allgemeine Infektionskrankheiten:*

1. Geflügelpest.
2. Denguefieber.
3. Schweinepest.

B. LIPSCHÜTZ (*2*, l. c., S. 381) hat übrigens schon viel früher (1913) versucht, die damals bekannten Virusarten „nach ihren spezifischen Aviditäten zu bestimmten Geweben oder nach der vorwiegenden Beteiligung der befallenen Organe" zu gruppieren. Der Vergleich dieser älteren mit der oben reproduzierten Tabelle ist in mehrfacher Hinsicht interessant; nicht nur, weil er erkennen läßt, daß der Autor seine Ansichten über die Einreihung einiger Virusarten geändert hat, sondern auch, weil in der alten Übersicht eine Gruppe der *hämotropen* Virusarten (Leukämie der Hühner, perniziöse Anämie der Pferde) zu finden ist, und weil sie das für jene Forschungsperiode bemerkenswerte Zugeständnis enthält, daß ein und dieselbe Virusart in verschiedenen Wirten verschiedene Tropien zeigen kann (Hühnerpest beim Huhn und bei der Gans).

Die Schemata von B. LIPSCHÜTZ mußten sich in der Folge viele Ergänzungen, Umstellungen und Korrekturen gefallen lassen. Auch trat bei manchem Autor die Tendenz zutage, die Gruppierung mehr nach der Ähnlichkeit der Krankheitsbilder vorzunehmen [R. BIELING (*2*)], während von anderer Seite die Lokalisation der *histopathologischen Veränderungen* in bestimmten Organen und Geweben stärker betont wurde. O. SEIFRIED (*1*), dem wir eine „vergleichende Histo- und Cytopathologie der Virus-Infektionskrankheiten" verdanken, kommt auf dieser Basis zu einer provisorischen Einteilung der Virusarten in *polyorganotrope* (septikämieerzeugende) und *monoorganotrope* und unterscheidet innerhalb der zweiten Kategorie *neurotrope*, *dermatotrope*, *pneumotrope*, *fibrotrope* und *hämatotrope* Virusarten.

Der Grund für das Beharrungsvermögen einer als unbefriedigend empfundenen Einteilung der Organotropien virusartiger Infektionsstoffe ist wohl in dem Umstande zu suchen, daß uns die Gründe für die elektive Ansiedlung dieser Agenzien nicht bekannt sind. B. LIPSCHÜTZ (*1*, l. c., S. 374) hat sich mit der naheliegenden und einfachen Erklärung beholfen, daß die für die Entwicklung von Erregern notwendigen Nährstoffe nur in bestimmten Geweben vorhanden sind, während ihr Nichtgedeihen im Blut oder in anderen Gewebearten dadurch begründet wäre, daß daselbst „nach der EHRLICHschen Nomenklatur die Bedingungen der Athrepsie vorherrschen." Die Vermehrung der Virusarten hängt indes nicht nur von Nährstoffen im engeren Sinne, sondern auch von anderen Faktoren ab, welche nach der herrschenden Lehre *nur im Inneren von Wirtszellen* gegeben sind. Ob man diese Bindung der Virusvermehrung an den Binnenraum höher organisierter Zellen als „obligaten Zellparasitismus" auffassen darf, ist fraglich [R. DOERR (*4*), S. 78ff.]; jedenfalls aber sind die das Phänomen bestimmenden Partialfaktoren nicht festgestellt, und es kann insbesondere auch nicht angegeben werden, welche Beziehungen zwischen der Vermehrung *in Zellen überhaupt* und der Vermehrung in *bestimmten Zellarten* bestehen. Das

Lyssavirus wird ebenso wie das Poliomyelitisvirus zu den streng neurotropen Virusarten gerechnet; mit Poliomyelitisvirus lassen sich aber nur Menschen und Affen infizieren, während die Tollwut nicht nur auf alle Säugetierspezies, sondern auch auf Vögel und Kaltblüter (Frösche) übertragen werden kann. Es ist klar, daß diese beiden Fälle von „obligatem" Neurotropismus biologisch ganz verschieden zu bewerten sind; da man aber nicht weiß, worauf die Differenz beruht, werden sie in allen Klassifikationen (B. LIPSCHÜTZ, TH. RIVERS, O. SEIFRIED, R. BIELING, E. W. HURST, I. GALLOWAY, W. SEIFFERT u. v. a.) in die gleiche Gruppe gestellt.

Definiert man somit die Tropismen als die Orte einer bis zu pathologischer Auswirkung gesteigerten Virusvermehrung, so bedeutet dies keinen wesentlichen Fortschritt, sondern bei dem jetzigen Stand unserer Kenntnisse nur eine Umschreibung, gegen welche zudem noch der Einwand erhoben werden kann, daß sich die Stätten der Virusvermehrung weder im klinischen Bild noch im anatomischen Befund in vollem Umfange ausprägen. Jedenfalls wird die phänologische Betrachtungsweise durch die „trophische Hypothese" ebensowenig geändert wie die Nomenklatur der Tropismen.

Die entwicklungsgeschichtliche Bedingtheit der Tropismen.

In den Jahren 1903 bis 1905 stellte A. BORREL den Begriff der „*infektiösen Epitheliosen*" auf. Er faßte unter dieser Bezeichnung Erkrankungen zusammen, welche durch virusartige Infektionsstoffe hervorgerufen werden und durch proliferative Vorgänge an den Epithelien ausgezeichnet sind (Variola, Vaccine, Schafpocken, Geflügelpocken, Maul- und Klauenseuche, Rinderpest). B. LIPSCHÜTZ (*2*) erblickte das Wesen dieser Zusammenfassung nicht in der Art des pathologischen Prozesses, sondern in der Tatsache, daß viele filtrierbare Erreger eine „biologisch sehr bemerkenswerte und charakteristische" Avidität zu „*entwicklungsgeschichtlich bestimmten Zellgruppen und Geweben*" ihrer Wirte zeigen. Diesen Grundgedanken hat C. LEVADITI (*6*) in eigenartiger Weise ausgebaut und umgestaltet. Die experimentelle Erforschung der neurotropen Virusarten, zu welchen er außer dem Herpesvirus, dem Virus der Lyssa und der Poliomyelitis auch das Virus der Variolavaccine rechnete, lieferte ihm die Daten zu einer Ordnung der Virusaffinitäten (Tropismen) nach den embryonalen Keimblättern, welchen die besiedlungsfähigen Gewebe angehören. Nach seiner Ansicht lassen die neurotropen Virusarten keine deutliche Affinität zu *mesodermalen* Strukturen erkennen; sie bekunden vielmehr eine ausgesprochene Vorliebe *für alle Abkömmlinge des Ektoderms* (die Haut, die Cornea und das Zentralnervensystem, ferner für die gleichfalls vom Ektoderm abzuleitende Schleimhaut des Mundes und des Nasenrachenraumes).

Allerdings waren nicht bei allen Gliedern der Gruppe sämtliche der aufgezählten Spezialektodermotropien vorhanden. Poliomyelitisvirus wirkt z. B. weder auf die Haut noch auf die Cornea. Aber C. LEVADITI (*6*) ordnete die Virusarten, auf welche sich seine Ausführungen bezogen, in eine Reihe, derart, daß die Affinität zur Haut und zur Cornea von Virus zu Virus abnahm, während die Affinität zum Zentralnervensysten wuchs (Variolavaccine → Herpes → Lyssa → Poliomyelitis). Er bezeichnete es als wahrscheinlich, daß die Infektiosität eines Virus für das Zentralnervensystem schwindet, je mehr es sich an das „Ektoderm im engeren Sinne" anpaßt und umgekehrt, und verwies auf die Analogie mit dem Treponema pallidum, bei welchem die Anpassung an das Gehirn oder Rückenmark ebenfalls die Dermotropie auslösche. Da ferner auch Virusarten bekannt waren, bei welchen mehrere Spezialektodermotropien festgestellt werden konnten (beim Herpesvirus z. B. für die Haut, die Cornea und das Gehirn), nannte LEVADITI die natürlichen und experimentellen Erkrankungen, welche durch Virusarten mit den präzisierten Eigenschaften hervorgerufen werden, „*neurotrope Ektodermosen*“; ihnen wurden die Infektionen des Mesoderms *(Mesodermosen)* gegenübergestellt, deren Erreger hauptsächlich zu den Bakterien gehören sollten.

Biologisch könnte diese Auffassung nur in dem Sinne gedeutet werden, daß die Organe und Gewebe, welche sich aus dem äußeren Keimblatt entwickeln, auch nach beendeter ontogenetischer Differenzierung noch gewisse gemeinsame, für die Vermehrung der neurotropen Virusarten maßgebende Charaktere besitzen, so daß die Anpassung an ein bestimmtes Gewebe ektodermalen Ursprunges z. B. an die Haut, die Ansiedlungsfähigkeit in anderen Geweben der gleichen embryonalen Provenienz mitbedingt. Damit stünde jedoch der Antagonismus zwischen Dermotropie und Neurotropie, den LEVADITI selbst unterstreicht, in Widerspruch. Ferner werden die Tropismen — wie übrigens auch von anderen Autoren — zu sehr als absolute Qualitäten der Virusarten betrachtet, obwohl sie Wechselbeziehungen darstellen, welche auch von der Wirtsspezies, vom besiedelten Organ und vom Übertragungsmodus abhängen.

Abgesehen von solchen theoretischen Bedenken wurden gegen die Konzeption der neurotropen Ektodermosen sachliche Gründe geltend gemacht, welche schließlich zu ihrer Ablehnung führten. Den Ausgangspunkt bildeten die weitläufigen Diskussionen um die Tropismen des Virus der Variolavaccine. Sowohl die Dermotropie wie die Neurotropie wurden bestritten und J. C. G. LEDINGHAM kam auf Grund experimenteller Untersuchungen zu dem Schluß, daß das Vaccinevirus geradezu als Typus eines Virus zu betrachten sei, dessen Affinitäten sich fast ausschließlich gegen mesodermale Zellen kehren, gleichgültig, ob es sich um Infektionen der Haut oder des Gehirnes (bei cerebral geimpften Versuchstieren) handelt. Die Existenz eines direkten Epidermotropismus des Vaccinevirus, welcher sich als primärer Faktor an der Pathogenese der cutanen Läsionen beteiligt, stellt LEDINGHAM in Abrede oder erklärt die Annahme einer derartigen Eigenschaft zumindest für überflüssig (l. c., S. 256).

Trotz des anscheinend diametralen Gegensatzes leistete LEDINGHAM seinem Gegner insofern Gefolgschaft, als er implicite eine Abhängigkeit der Tropismen von den Keimblättern, aus welchen die Wirtsgewebe entstehen, zugibt. Wie bei LEVADITI tritt uns auch bei LEDINGHAM, nur in weniger scharfer Präzisierung, die Ansicht entgegen, daß sich Ektodermotropismus und Mesodermotropismus gegenseitig ausschließen, ein Satz, der sich ja aus der Keimblättertheorie als unmittelbare Ableitung ergeben würde. Es hat sich aber gezeigt, *daß ein und dasselbe Virus Affinitäten zu ektodermalen und mesodermalen Geweben aufweisen kann.*

So hat W. SMITH (*2*) festgestellt, daß man beim Kaninchen durch intravenöse Injektion von Herpesvirus Herde in den Nebennieren erzeugen kann, u. zw. nicht nur im Mark, sondern in der vom Mesoderm gebildeten Rindenschicht. Daß sich das Vaccinevirus in mesodermalen Geweben ansiedeln und anatomische Veränderungen erzeugen kann, läßt sich nach den Versuchen von B. WALTHARD, LEDINGHAM und MCCLEAN, DOUGLAS, SMITH und PRICE, H. DEMME, HURST und FAIRBROTHER u. v. a. nicht bezweifeln. Auf der anderen Seite erscheint jedoch auch die Epitheliotropie sichergestellt, u. zw. nicht nur durch die mikroskopische Untersuchung der Vorgänge in der infizierten Chorioallantois des Hühnerembryos (K. HERZBERG, F. HIMMELWEIT), sondern auch durch die experimentelle Analyse des Prozesses, welcher sich in der geimpften Kaninchenhaut abspielt und zur Bildung der lokalen Pustel führt (D. WIDELOCK). Eine gleichzeitige Ansiedlung und pathologische Auswirkung im Epiblast und in der mesodermalen Subcutis hat R. DOERR bei Personen beobachtet, welchen virulente

Lymphe am Vorderarm subcutan injiziert worden war; in der Subcutis kam e zu einer äußerst intensiven, phlegmonös ausgebreiteten, durch das Vaccinevir verursachten Entzündung, auf der Haut entstand in einem gewissen Prozentsat der Fälle eine typische Pustel, aber stets nur an der Stelle des Einstiches, w sie offenbar durch traumatische Infektion der Epithelien durch die virusbeladen Spitze der Injektionskanüle zustande kam (vgl. S. 720). Kombinationen vo mesodermotropen und ektodermotropen Eigenschaften findet man ferner be dem von Gildemeister und Ahlfeld untersuchten neurotropen Mäuseviru (siehe S. 789).

Besonders wichtig in dem hier erörterten Zusammenhang sind die Resultate welche E. V. Keogh durch Impfung der Chorioallantois von Hühnerembryone mit dem Virus des Rous-Sarkoms erzielte. *Das Virus, das als exquisit meso dermotrop gilt, erzeugte ektodermale Wucherungen,* je nach seiner Konzentratio entweder ausschließlich oder neben mesoblastischen Proliferationen. Die Rück verimpfung der ektodermalen Herde auf erwachsene Hühner ergab wiede typische Sarkome.[1] Im Embryo sind hier somit die Affinitäten nicht nach Keim blättern geschieden; die scharfe Einstellung auf die mesenchymalen Strukturen des erwachsenen Huhnes ist nicht durch die Verschiedenheit des embryonalen Mesoderms vom Ektoderm bedingt, sondern eine Folge der späteren Differenzierung. Also die Umkehrung dessen, was man vom Standpunkt der Lehre von den neurotropen Ektodermosen erwarten würde.

Schließlich hat Levaditi selbst seine ursprüngliche Auffassung über die Affinitäten des Vaccinevirus geändert. Die Qualifikation der Vaccineinfektion als „neurotrope Ektodermose" beruhte auf der experimentellen Darstellung der „*Neurovaccine*" durch fortgesetzte cerebrale Kaninchenpassagen (Literatur bei J. Mesrobeanu u. a.). Diese Anpassung an das Kaninchenhirn hielt Levaditi für eine durch die Hirnpassage verstärkte, aber potentiell bereits vorgebildete Avidität zu einem weiteren Abkömmling des Ektoderms (zum Zentralnervensystem), welche sich zu der schon vorhandenen Epitheliotropie hinzugesellt. In neueren Arbeiten [Levaditi und Voët, Levaditi (*4, 5*)] wird dagegen der Standpunkt vertreten, daß das vom Kalb gewonnene Vaccinevirus von Haus aus vorherrschend epitheliotrop ist und daß die fortgesetzte Kaninchenpassage diese Eigenschaft allmählich zurückdrängt, *um sie durch eine immer stärker hervortretende Mesodermotropie* zu ersetzen. Die *Neurovaccine* gilt also als mesodermotrope Variante eines ektodermotropen Virus. In der Tat hat man ja bald erkannt, daß die Neurovaccine nicht als neurotrop anzusehen ist in dem Sinne, wie etwa das Virus der Lyssa oder der Poliomyelitis; sie entsteht auch nicht durch Anpassung an das Gehirn, sondern hauptsächlich durch Anpassung an den Kaninchenorganismus, da man bekanntlich Stämme mit den Eigenschaften einer Neurovaccine auch durch intratestikulare Kaninchenpassagen erhalten kann.

Hinter all diesen Wandlungen und Irrungen steckt die laxe und unkritische Anwendung des Begriffes der Neurotropie, eine Fehlerquelle, auf welche R. Doerr (*5, 6*) wiederholt aufmerksam gemacht hat. Auf S. 846 dieses Kapitels wurde bereits betont, daß die Affinitäten des Lyssavirus und des Poliomyelitisvirus

---

[1] Keogh hat Kontrollversuche mit anderen Virusarten angestellt, welche negative Resultate gaben. Bei der Impfung der Hühnereier mit gewissen Virusarten nach der Methode von Burnet kann man aber doch Kombinationen von mesodermalen Veränderungen mit ektodermalen Proliferationen beobachten, wobei es allerdings sehr wahrscheinlich ist, daß letztere aspezifische Prozesse darstellen, welche nicht als direkte Folgen der Virusinfektion anzusehen sind; Badenski und Bruckner haben solche Befunde nach Infektionen der Chorioallantois mit dem Virus der Influenza, der Lymphogranulomatose und der Pseudorabies beschrieben.

zum Zentralnervensystem ungerechtfertigterweise auf das gleiche Niveau gerückt werden, weil es sich im ersten Fall um eine von der Artzugehörigkeit des Wirtes weitgehend unabhängige, ausschließlich von der Gewebeart bestimmte Eigenschaft handelt, im zweiten Fall um das Gegenteil. Damit ist jedoch der Sachverhalt nicht erschöpfend gekennzeichnet. Das Poliomyelitisvirus zeigt beim Menschen und beim Affen eine hochspezifizierte Neurotropie, welche auf ganz bestimmte Teile des Zentralnervensystems (die motorischen Ganglienzellen in den Vorderhörnern des Lendenmarkes, die Ganglienzellen des motorischen Cortex und die Olfactoriusbahn) eingestellt ist. Bei der Lyssa gibt es zwar auch bevorzugte Stellen der Virusvermehrung, aber das Prinzip der Spezialneurotropien ist nicht entfernt in dem Grade ausgeprägt wie bei der Poliomyelitis. Das Virus der Louping-ill zeichnet sich wieder durch eine besondere Affinität zu den PURKINJEschen Zellen des Kleinhirnes aus. Diese Beispiele ließen sich beliebig vermehren, namentlich wenn man nicht nur die Lokalisationen im Gehirn und im Rückenmark, sondern auch die Wege der Virusarten zum Zentralnervensystem und die von den infizierten Zentren ausgehenden rückläufigen Invasionen in nervöse Gewebestrukturen ins Auge faßt [vgl. hierzu R. DOERR (*5*) und G. M. FINDLAY]. Man sieht ein, daß ganz heterogene Phänomene mit dem gemeinsamen Terminus „Neurotropie" bezeichnet werden.[1] Wenn sich ferner eine Virusart nur in bestimmten und scharf begrenzten, anatomisch und physiologisch charakterisierten Partien der Zentren anzusiedeln vermag, kann man nicht annehmen, daß der Tropismus lediglich durch die Abstammung vom äußeren Keimblatt determiniert wird, bzw. daß die Differenzen der Besiedlungsfähigkeit verschiedener Abkömmlinge des Ektoderms geringer sein können als die gewaltigen Unterschiede in ein und demselben Organ.

Monotropismen, Polytropismen. — Konstanz und Variabilität.

Versucht man sich darüber Rechenschaft abzulegen, ob die Tropismen (Gewebeaffinitäten) der Virusarten trotz ihrer Mannigfaltigkeit gewisse gemeinsame Grundeigenschaften erkennen lassen, so wird man mühelos folgende Momente feststellen: 1. Die Affinität kann sich auf eine einzige Gewebeart bzw. auf ein bestimmtes Organ der empfänglichen Wirte erstrecken oder eine Mehrzahl verschiedener Gewebe (Organe) umfassen; dieser Alternative hat E. W. HURST durch die Einteilung der Virusarten in neurotrope und pantrope, O. SEIFRIED durch die Unterscheidung von monoorganotropen und polyorganotropen Virusarten Rechnung getragen. 2. Die Tropismen sind für die Virusarten charakteristisch und bis zu einem ziemlich hohen Grade konstant; vor der Durchbildung besonderer Methoden für die exaktere Messung der Teilchengröße und für die färberische Darstellung der Elementarkörperchen waren die Tropismen das hauptsächlichste Hilfsmittel für die Differenzierung und Identifizierung der Virusarten. 3. Die Tropismen sind aber nicht absolut unveränderlich, sie können modifiziert werden

[1] Welche Konsequenzen die Ausweitung des Umfanges des Neurotropiebegriffes auf Kosten eines exakt definierbaren Inhaltes zeitigen muß, ergibt sich aus der Überlegung, daß man schließlich alle Erreger, welche sich innerhalb des Knochengehäuses der nervösen Zentren lokalisieren, als neurotrop bezeichnen müßte. Bei den Virusmeningitiden ist dieser Schritt schon getan, wobei man allerdings zu berücksichtigen hat, daß es zur Zeit schwierig ist, den Grad und die Art der Mitbeteiligung des Hirnparenchyms an der Infektion der Meningen zu bestimmen. Bei der Meningokokkenmeningitis besteht jedoch in dieser Hinsicht keine Unklarheit, und da erscheint die Frage berechtigt, ob man die Meningokokken als neurotrope, als mesodermotrope oder — einfach die Beobachtung umschreibend — als meningotrope Keime ansprechen soll.

nicht nur quantitativ (im Sinne einer Erhöhung oder Verminderung der Infektiosität und Pathogenität), sondern auch qualitativ derart, daß sie sich gegen ein anderes Ziel (ein anderes Organ oder Gewebe) richten.

Mono- und Polytropie, Konstanz und Variabilität stehen zueinander in Gegensatz, und es ergibt sich daraus für die kausal orientierte Hypothesenbildung die Gefahr, daß man von den widerstreitenden Motiven nur eines auswählt und zur Grundlage des Erklärungsversuches macht. Wir werden hierauf noch in der Folge zurückkommen. Zunächst soll als Ausgangspunkt der kritischen Betrachtung eine Hypothese von C. Levaditi (*4*) besprochen werden.

Nach Levaditi soll jedes Viruselement aus einem Eiweißträger bestehen, durch welchen die allen Virusarten gemeinsamen Eigenschaften bedingt sind, und an diesen angekoppelten „aktiven Gruppen", welche den speziellen Charakteren u. zw. insbesondere den Tropismen zugrunde liegen. Von der Größe des Eiweißträgers und der Zahl der Funktionsgruppen soll die Affinität der Virusarten zu bestimmten Wirtsspezies und zu bestimmten Geweben abhängen, u. zw. in dem Sinne, daß die Mannigfaltigkeit der Affinitäten mit den Dimensionen der Elemente zunimmt.

Innerhalb der Gruppe der „Ectodermoses neurotropes" (zu welchen am angeführten Orte die Lyssa, die Pseudorabies, die Bornasche Krankheit, die equine Encephalomyelitis, die St. Louis-Encephalitis, das Louping-ill und die Poliomyelitis gezählt werden) konstatiert Levaditi eine gute Übereinstimmung der Tatsachen mit der von der Hypothese geforderten Gesetzmäßigkeit, wobei jedoch die Mannigfaltigkeit der „Affinitäten" nicht an der Zahl der besiedlungsfähigen Gewebe, sondern an der Zahl der empfänglichen Wirtsspezies gemessen wird, was, wie später gezeigt werden soll, wichtig ist. Auch im Gebiete der anderen Virusarten soll sich der Satz bewähren, daß die Zahl der infizierbaren Wirte mit der Größe der Elemente wächst. Ausnahmen von der Regel werden zugegeben, sollen aber zumeist Virusarten betreffen, deren Infektiositätsspektrum noch nicht vollständig ermittelt ist. In Wahrheit sind jedoch die Unstimmigkeiten weit zahlreicher wie die Fälle, welche sich der Regel zu fügen scheinen; es läßt sich dies leicht feststellen, wenn man die Tabellen auf S. 177—180 und auf S. 536 im I. Teil dieses Handbuches durchgeht und bei den einzelnen Positionen die Zahl der bisher bekannten empfänglichen und refraktären Wirtsarten anmerkt. Hier mag es genügen, auf das Virus des Kaninchenfibroms, das Virus des Rous-Sarkoms, das Gelbfiebervirus, das Virus der Maul- und Klauenseuche und die phytopathogenen Virusarten hinzuweisen.

Die mangelhafte sachliche Motivierung der Hypothese fällt indes vom erkenntniskritischen Standpunkt weniger in die Waagschale als ihr Inhalt.

Es wird vorerst angenommen, daß den Affinitäten d. h. der Infektiosität für eine beliebige Anzahl von Wirtsspezies (siehe oben) ebenso viele präformierte Gruppen zugrunde liegen. Wenn man aber bedenkt, daß es sich hier in der weitaus überwiegenden Mehrzahl nicht um *natürliche*, sondern nur um *mögliche (experimentelle)* Wirte handelt, an welche sich das Virus nicht angepaßt haben kann, bleibt die Existenz der vielen, von der Hypothese postulierten Gruppen biologisch unverständlich. Da ferner die Virusarten mit wenigen Ausnahmen auf der Chorioallantois des Hühnerembryos gezüchtet werden konnten, müßte man konsequenterweise auch für diese Affinität eine funktionale Gruppe zugestehen, deren Entwicklungsgeschichte gleichfalls rätselhaft wäre. Sodann fordert, um nur das Wichtigste hervorzuheben, die Vorstellung zum Widerspruch heraus, daß alle Virusarten einen „Eiweißträger" besitzen, der das organische Substrat ihrer gemeinsamen Eigenschaften darstellen soll. Man sieht eben wieder, daß das von manchen Autoren noch immer verfochtene Dogma der Sonderstellung und biologischen Einheitlichkeit der virusartigen Infektionsstoffe [siehe die Kritik dieser Auffassung bei R. DOERR (*4*)] zu ganz unhaltbaren Ansichten führen kann. Unzweifelhaft ermöglichen auch die bis auf molekulare Dimensionen absinkenden Größenverhältnisse der Virusarten manche Kombinationen, die im Bereiche der höher organisierten parasitischen Mikroben (Entozoen, Protozoen usw.) keinen Boden fänden, obzwar ja hier ebenfalls alle Formen von Monocytotropie, Monoorganotropie und Pantropie vertreten sind und obwohl man auch hier die Paarung des Beharrungsvermögens der Tropismen mit einer gewissen Plastizität beobachtet. Trotz dieser Wesensgleichheit der Phänomene wird man beispielsweise bei den Malariaplasmodien nicht darauf verfallen, die Affinitäten, welche sie im Menschen und in der Anopheles bekunden, in einer Weise zu erklären, welche an die EHRLICHschen Symbole („haptophore" und „toxophore" Gruppen) erinnert.

Theorien über die Verschiedenheit der Elemente der gleichen Virusart als Ursache des Polytropismus und der Variabilität desselben.

Wenn man aus der Hypothese von C. LEVADITI die Vorstellung eines allen Virusarten gemeinsamen Eiweißkernes mit angekoppelten, den spezifischen Tropismen zugrunde liegenden Seitenketten eliminiert, bleibt als wesentlicher Gedanke die Annahme zurück, daß die Tropismen Eigenschaften der Viruselemente sind, welche auf dem Gehalt an bestimmten chemischen Stoffen beruhen. Diese Annahme kann sich auf manche analoge, bei den Bakterien festgestellte Verhältnisse berufen; sie dürfen hier als bekannt vorausgesetzt werden, so daß der Hinweis auf die Virulenzantigene und auf die mit einer Änderung des Antigenbestandes einhergehende Umwandlung der S-Formen in die R-Formen sowie auf die experimentelle Transformierung bestimmter Pneumokokkentypen in andere Typen genügt. Wie schon aus diesen Beispielen hervorgeht, steht die materielle Präformierung funktioneller Eigenschaften mit der Variabilität der Affinitäten (Tropismen) nicht in prinzipiellem Widerspruch.

C. LEVADITI (*4, 5*) will jedoch die Variabilität der Affinitäten, obzwar er das Verhältnis der S- zu den R-Formen zitiert, in anderem Sinne deuten. Nach seiner Ansicht bestehen die Stämme der Virusarten nicht aus gleichartigen Elementen, sondern aus korpuskulären Einheiten, welche sich durch ihre Dimensionen, durch ihre Infektiosität und Pathogenität, möglicherweise auch durch ihre Antigenfunktionen unterscheiden. In solchen Gemischen sind die Varianten, welche aus dem Ausgangsstamm hervorgehen können, vorgebildet. Durch gewisse als „*Selektoren*" bezeichnete Einflüsse (Wirtsspezies, Gewebeart, embryonale Zellen) wird die Vermehrung einer bestimmten Komponente des Gemisches elektiv begünstigt, so daß eine Verschiebung der Mengenverhältnisse resultiert.

Wie dies zu verstehen ist, läßt sich an einem Beispiel erläutern. Das Lyssavirus setzt sich nach LEVADITI in der Regel aus zwei Sorten von Elementarkörperchen zusammen, von welchen die eine „r" (von virus des rues abgeleitet) das Straßenvirus im ideal reinen Zustand, die andere „f" (von virus fixe) das Virus fixe repräsentiert. In den Stämmen des Straßenvirus hat meist r das numerische Übergewicht, f ist in der Minderzahl, so daß sich etwa die Formel $10\,r + 2\,f$ ergibt. Durch die Anpassung an den Kaninchenorganismus, bei welcher das Zentralnervensystem dieses Tieres die Rolle des Selektors übernimmt, kehrt sich die Proportion um und nimmt die Gestalt $2\,r + 10\,f$ an (schematisch). Die Ausgangsstämme können auch der Formel $6\,r + 6\,f$ oder $3\,r + 7\,f$ oder auch $0\,r + 10\,f$ entsprechen, woraus sich die Verschiedenheiten der Anpassungsfähigkeit an das Kaninchen erklären sollen sowie die Existenz von Stämmen, welche sich von Haus aus wie Virus fixe verhalten. Die r- und f-Elemente sind nach den Messungen von LEVADITI, PAÏC und KRASNOFF nicht gleich groß; nach der Methode der Ultrafiltration von ELFORD erhält man für Virus fixe eine andere Filtrationskurve als für Straßenvirus, und der Durchmesser der Teilchen wird auf Grund der erhaltenen Resultate für Virus fixe im Mittel auf 175, für das Straßenvirus auf durchschnittlich 200 mμ geschätzt.

In ähnlicher Weise versucht LEVADITI (*5*), gestützt auf experimentelle, in Gemeinschaft mit zahlreichen Mitarbeitern ausgeführte Untersuchungen, die Entstehung der sog. „*Neurovaccine*" aus den vom Kalb gewonnenen Vaccinestämmen zu deuten. Die Vaccine soll aus zwei Arten von Elementarkörperchen, den epitheliotropen (E) und den mesodermotropen (M) bestehen (vgl. hierzu S. 847). In der Vaccine überwiegen die epitheliotropen Elemente (Schema: $8\,E + 2\,M$), in der Neurovaccine die mesodermotropen ($2\,E + 8\,M$), und die dominierende Komponente bestimmt die Art der pathogenen Auswirkung. Die Umsetzung der Vaccine in die Neurovaccine erfolgt durch die Virusvermehrung in Gegenwart von Geweben (Selektoren), welche das Wachstum von M einseitig begünstigen. LEVADITI und seine Mitarbeiter verwendeten als Selektoren 1. die Züchtung in der Chorioallantois, 2. die Kultur im Reagenzglas mit Hilfe von embryonalen Hühnerzellen, 3. die cerebrale Kaninchenpassage und 4. die Vermehrung in Mäusetumoren (Carcinomen oder Sarkomen). In den Tumoren entwickelte sich die Dermovaccine schlecht oder gar nicht, so daß eine notwendige Voraussetzung für das Zustandekommen der Transformation fehlte. Bei den anderen drei Gliedern der Reihe nahm die selektive Wirkung (von LEVADITI als selektives Potential = *ps* bezeichnet) ab, derart, daß die Züchtung in der Chorioallantois sicher und rasch (eventuell schon in einer einzigen Passage) eine typische Neurovaccine lieferte, während sich das Kaninchenhirn als ein „schlechter Selektor" erwies. Auch hier schreibt LEVADITI den vom Kalb gewonnenen Vaccinestämmen eine verschiedene Konstitution zu und definiert sie wie beim Lyssavirus durch das wechselnde Verhältnis von $E : M$; Stämme, die von Haus aus sehr arm an mesodermotropen Elementen sind, würden der Umwandlung in Neurovaccine, d. h. dem supponierten Selektionsprozeß, stärkeren Widerstand entgegensetzen und können sich sogar als nicht-transformierbar erweisen. Das Endresultat hängt also von zwei Faktorengruppen ab, von der Beschaffenheit des Ausgangsstammes und von der Intensität der Wirkung des Selektors, die ihrerseits wieder durch die Tierspezies, durch das Organ (die Stätte der Vermehrung) und den Differenzierungszustand der Zellen (embryonale Zellen) bestimmt wird. Da die Faktorengruppen synergistisch oder antagonistisch zusammenwirken können und da anderseits innerhalb jeder der beiden Gruppen beliebig viele quantitative Abstufungen als möglich zugegeben werden, sieht man ohne weiteres ein, daß es kein experimentelles Resultat geben kann, das sich nicht in den Rahmen der Hypothese einfügen ließe.

Schon vor LEVADITI haben FINDLAY und STERN sowie FINDLAY die Vermutung geäußert, daß im gewöhnlichen Gelbfiebervirus zwei Arten von Partikeln enthalten sein könnten, die entweder schon vor der Verimpfung auf Versuchstiere vorhanden sind oder kurz nach derselben durch Mutation entstehen. Wenn man Rhesusaffen subcutan impft, würden sich die pantropen (viscerotropen) Partikel vermehren, so daß die Tiere mit Läsionen in den Eingeweiden eingehen. Injiziert man dagegen Mäuse oder durch intraperitoneale Seruminjektion partiell geschützte Affen cerebral, so proliferieren die neurotropen Elemente und der Tod erfolgt infolge einer Encephalitis. Mit der Zahl der cerebralen Passagen nimmt die Quote der pantropen Partikel allmählich ab, bis sie schließlich fast völlig verschwinden. Es wurden aber Ausnahmen von dieser Regel beobachtet (FINDLAY und MCCALLUM, FINDLAY und CLARKE, STEPHANOPOULO,

L. VAN DEN BERGHE), aus welchen hervorgeht, daß die pantropen (viscerotropen) Eigenschaften auch nach einer sehr großen Zahl von cerebralen Passagen wieder zum Vorschein kommen können, wenn man solche neurotrope Stämme auf Affen überträgt. FINDLAY und MCCALLUM denken an eine rückläufige Mutation, wie man sie als seltenes Ereignis bei tierischen oder pflanzlichen Mutanten beschrieben hat, oder an das Auftreten von angepaßten Fermenten bei Bakterien (YUDKIN). VAN DEN BERGHE dagegen hat eine andere Auffassung. Er beobachtete bei einem cerebral mit neurotropem Virus geimpften kynocephalen Affen (Papio jubilaeus) und zwei mit der Leber derselben infizierten Macacus rhesus ebenfalls Erscheinungen, welche einem viscerotropen Stamm entsprachen; da sich aber das aus dem Gehirn dieser Affen gewonnene Virus bei der Rückübertragung auf Mäuse neurotrop, das von der Leber entnommene wie ein pantropes Ausgangsvirus verhielt, meint VAN DEN BERGHE, daß man nicht an eine Mutation zu denken brauche, sondern daß es vom Organ, in welchem die Vermehrung erfolgt, abhängt, welcher der beiden Tropismen, die im Gelbfiebervirus stets coexistieren, überwiegt. Die Versuchsergebnisse von VAN DEN BERGHE stimmen jedoch nicht mit den Beobachtungen von FINDLAY und MCCALLUM überein, welche auch aus der Leber (der unter visceralen Symptomen verendeten und mit einem neurotropen Stamm geimpften Rhesus-Affen) ein Virus erhielten, das auf die Maus genau so wie das neurotrope Passagevirus selbst wirkte.

Die in diesen Arbeiten über die Tropismen des Gelbfiebervirus zum Ausdruck gebrachten Vorstellungen sind mit der von LEVADITI vertretenen Selektorentheorie in mehrfacher Hinsicht nahe verwandt. Nur nimmt die Hypothese bei LEVADITI die Form einer bis in die Einzelheiten ausgebauten Lehre an und ist insofern konsequenter als beispielsweise die Erörterungen von FINDLAY und MCCALLUM, als das Prinzip der Anpassungsfähigkeit vollständig durch den Grundsatz der Auslese von bereits vorhandenen Varianten substituiert wird, während FINDLAY und MCCALLUM neben der Duplizität der Viruselemente auch Mutationen, u. zw. reversible Mutationen, als gestaltende Kräfte annehmen.

LEVADITI selbst betont, daß der Wahrheitswert der Selektorentheorie von dem Ergebnis weiterer experimenteller Forschungen bestimmt werden wird. Ohne diese Entscheidung abzuwarten, können jedoch schon jetzt Einwände erhoben werden, welche, obwohl theoretischer Natur, die Richtigkeit der Hypothese in Frage stellen.

Zunächst kann eine bestimmte Virusart eine größere Zahl von Affinitäten besitzen als bloß zwei. Das Herpesvirus ist beispielsweise dermotrop, neurotrop und mesodermotrop und man müßte daher folgerichtig eine Mischung aus drei Partikelarten als Ursache der Pantropie zugeben. Übrigens beruhen die Gegenüberstellungen von zwei Tropismen auf der Fiktion, daß man sich unter Neurotropie, Ektodermo- und Mesodermotropie oder gar unter Pantropie (Viscerotropie) einfache, nicht weiter zerlegbare Qualitäten vorstellen darf, was jedoch, wie schon an anderer Stelle (S. 849) auseinandergesetzt wurde, nicht zutrifft. Die Mesodermotropie des Herpesvirus, des Hühnerpestvirus, des Gelbfiebervirus und der Meningokokken sind voneinander total verschiedene Dinge. Wollte man aber die willkürlichen Zusammenfassungen vermeiden und für alle gesetzmäßig auftretenden Spezialaffinitäten (zur Cornea, zur Haut, zum Hoden, zur Nebenniere, zur Leber usw.) besondere Partikel supponieren, so würden sich untragbare Konsequenzen ergeben.

Was ferner die Idee anbelangt, daß jeder Affinität ein besonderer materieller Träger zugrunde liegen muß, findet sie bei den Tropismen der *Gifte* keine Stütze. Es ist zwar bekannt, daß sich die Angriffspunkte höhermolekularer Gifte ändern können, wenn man am Molekül chemische Eingriffe, z. B. Substitutionen, vornimmt; es ist aber dann nicht der geänderte Teil der Molekularstruktur, welcher die abweichende Wirkung für sich allein bestimmt, sondern das Molekül wirkt als Ganzes, als ein „anderes Quale". Jedenfalls existiert eine große Schar von Giften bekannter chemischer Konstitution, welche „pantrop" sind; man wird aber keinen Versuch machen, die verschiedenen Affinitäten solcher Stoffe auf spezifische Partialstrukturen im Molekül zurückzuführen, um so weniger als es elementare Substanzen gibt, welche ebenfalls polytrop sind, wie z. B. das dermo- und neurotrope Brom oder das Quecksilber mit seinen mannigfaltigen, aber nach Zahl und Art gleichwohl bestimmten Angriffspunkten. Erst wenn es sich um Gifte von unbekannter chemischer Zusammensetzung handelt, tritt das Bestreben in Erscheinung, für jeden Partialeffekt einen besonderen Stoff anzunehmen, wofür die Literatur über die Schlangengifte und Bakterientoxine Zeugnis ablegt. Die Affinitäten der Gifte lassen sich allerdings nicht in allen Beziehungen mit den Tropismen der Infektionserreger, speziell auch der Virusarten vergleichen, wie sie in diesem Kapitel definiert werden; denn im zweiten Fall geht in den Begriff des Tropismus die örtlich gebundene Vermehrungsfähigkeit des pathogenen Agens ein, ein Faktor, der bei den Giften nicht in Betracht kommt; aber die Analogien sind trotzdem tragfähig genug, um sie als Basis für kritische Überlegungen benutzen zu können.

Am schwersten wiegt in allgemein biologischer Hinsicht die völlige Ausschaltung der Anpassungsfähigkeit bei der Erklärung von Phänomenen, welche wie die Variierung der Virusarten durch Wirts- oder Kulturpassagen das typische Gepräge von Anpassungsprozessen zeigen. Das gilt ganz besonders für den Fall, daß man alle Virusarten ohne Ausnahme als Mikroorganismen auffaßt. Zahlreiche Variationen beanspruchen längere Zeit bzw. eine große Zahl von Passagen, wie z. B. die Umwandlung von Straßenvirus der Lyssa in Virus fixe oder die Darstellung von exquisit neurotropem Gelbfiebervirus aus viscerotropem Ausgangsmaterial; auch der Umstand, daß sich verschiedene Ausgangsstämme der gleichen Virusart bei der Gewinnung solcher Varianten sehr verschieden verhalten können, ist für die Beurteilung der Natur der Vorgänge von Bedeutung. LEVADITI möchte die Differenzen der Anpassungsfähigkeit verschiedener primärer Stämme der gleichen Virusart durch das Mischungsverhältnis der mit verschiedenen Affinitäten ausgestatteten Viruspartikel erklären; ein Lyssastamm mit der Formel $10\,r + 2\,f$ (vgl. S. 851) würde sich schwerer in Virus fixe transformieren lassen als ein Stamm vom Typus $3\,r + 7\,f$. Diese Deutung ist jedoch gerade vom Standpunkt der Selektorentheorie abzulehnen; wenn die Vermehrung einer Sorte von Viruspartikeln elektiv begünstigt wird, müßte ja das ursprüngliche Verhältnis in weitem Umfang irrelevant sein.

Außerdem gibt es hier eine „Probe aufs Exempel". Nimmt man von einer bestimmten Vaccineaufschwemmung gleiche Volumina und verimpft dieselben cerebral auf Kaninchen, so müßte der Umwandlungsprozeß in Neurovaccine identisch verlaufen, da das zahlenmäßige Verhältnis der epitheliotropen zu den mesodermotropen Viruselementen ($E : M$) in diesem Falle stets dasselbe wäre. Das trifft aber nicht zu. Wenn der Gegensatz zur Erwartung damit motiviert wird, daß der Selektor nicht identisch ist, bzw. daß sich ein Kaninchenhirn vom anderen unterscheidet, so läuft diese Argumentation auf die Feststellung hinaus, die schon auf S. 852 gemacht wurde, daß mit der Zahl der hypothetischen, quantitativ abgestuften und bald synergistisch, bald antagonistisch wirkenden Faktoren die Möglichkeit zunimmt, jede Beobachtung der Theorie zu unterordnen.

Wegen ihrer prinzipiellen Wichtigkeit mag hier noch eine Versuchsreihe von LEVADITI (*5*, S. 495) besprochen werden. Ein Stamm von Dermovaccine (von der gleichen Ernte herrührend) wurde im Eisschrank gehalten und am 8., 82.,

96. und 143. Tage der Konservierung unter gleichen Verhältnissen auf eine kleine Zahl von Kaninchen (9, 5, 5 und 9) cerebral verimpft. In Prozenten ausgedrückt — was bei der geringen Zahl der Einzelversuche nicht berechtigt erscheint — reagierten in der ersten Serie 33%, in der zweiten 0%, in der dritten 40% und in der vierten 50% mit „neurovaccinaler Encephalitis“. Alle Kaninchen erwiesen sich in der Folge als immun gegen eine cerebrale Reinokulation mit Neurovaccine. Da es sich um verschiedene Kaninchenlieferungen handelte, die nach Maßgabe des Bedarfes verwendet wurden, meint LEVADITI, daß das selektive Potential der Kaninchengehirne gewechselt hat, sei es infolge individueller Antezedentien oder infolge hereditärer Einflüsse (Immunisierung durch Überstehen der Rabbit pox). Ähnliche Erfahrungen hat aber jeder Autor gemacht, welcher Tiere gleicher Art und Rasse in gleicher Weise zu infizieren suchte, sei es mit Bakterien, mit Protozoen, mit Fleckfiebermaterial oder mit Virusarten; in der Literatur findet man solche Beispiele in Menge, u. zw. für alle möglichen Arten der Übertragung. Es ist nur eine Umschreibung der Beobachtung, wenn man derartige Ergebnisse auf die Schwankungen der individuellen Empfänglichkeit bezieht. Denn die Tiere, welche nicht reagieren, können auf eine gleichartige Reinfektion ansprechen, und da die Wahl des Zeitpunktes der Reinfektion im Belieben des Experimentators liegt, kann man nicht daran denken, daß sich die individuelle Resistenz gerade im Intervall zwischen erster und zweiter Impfung in ihr Gegenteil verkehrt hat. Auch spricht ja das *serienweise* Gelingen und Mißlingen der Infektionsversuche, welches E. KOPPISCH nach intravenösen Injektionen von Herpesvirus festgestellt hat und das auch in den obigen Reihen von LEVADITI in Erscheinung tritt, gegen die Existenz individueller Empfänglichkeitsunterschiede. Eine erworbene spezifische Immunität (siehe oben) kann in den meisten Fällen dieser Art sicher ausgeschlossen werden. In *methodologischer Beziehung* ist natürlich festzuhalten, daß der unregelmäßige Verlauf von gewissen Infektionsversuchen zu berücksichtigen ist, damit man nicht aus zufälligen Resultaten weitgehende Folgerungen ableitet.

Zusammenfassung.

Dieses Kapitel verfolgte die Absicht, die über den *Mechanismus* der Tropismen bekannten Tatsachen und aufgestellten Hypothesen vorzuführen. In der Darstellung kam daher nur dieses Motiv zur Geltung. Das spezielle Wissen über die Art und besonders auch über die Variabilität der Tropismen unter natürlichen und experimentellen Bedingungen wurde mit erreichbarer Vollständigkeit von G. M. FINDLAY in seinem Beitrag „*Variation in Viruses*“ bearbeitet.

Es wurde auseinandergesetzt, daß *Tropismen, d. h. gesetzmäßige Wirkungen*, welche die Verhältnisse der Infektionsstoffe zu ihren Wirten regeln und so das Zustandekommen von praktisch unbegrenzten, für die Erhaltung der Parasiten in der Natur notwendigen „Infektketten“ sichern, in mehrfacher Weise in Aktion treten können, nämlich 1. als Regulatoren des Kontakts zwischen Wirt und Erreger, 2. als Kräfte, welche das Eindringen der Erreger in den Wirtsorganismus begünstigen oder ermöglichen, und 3. bei der Verteilung der Erreger im Wirt und ihrer Beförderung zu den für die Vermehrung und zweckmäßige Ausscheidung in Betracht kommenden Organen und Geweben. Die Schwierigkeiten, denen die Ursachenforschung auf diesem Gebiete begegnet, sind außerordentlich groß und werden bei den Virusarten noch dadurch gesteigert, daß es sich um Keime ohne Eigenbewegung handelt und daß es derzeit nicht möglich ist, die Virusbahnen im Organismus der Wirte optisch zu verfolgen [vgl. hierzu R. DOERR (*6*)]. Dementsprechend ist auch die bisherige Ausbeute gering.

Was sich aber konstatieren läßt, ist die experimentell nachweisbare *Verteilung des Virus* in verschiedenen Stadien eines Infektionsprozesses und die *Anordnung der anatomischen (histologischen) Läsionen.* Diesen Weg benutzend, hat sich die Lehre von den Tropismen zu einer *Phänologie der Lokalisationen* entwickelt, die naturgemäß deskriptiven Charakter hatte. Das Bedürfnis, das mannigfaltige Beobachtungsmaterial zu sichten, veranlaßte verschiedene Klassifikationen, und der Wunsch, das Einteilungsprinzip über das Niveau einer „Ordnung nach Organen" hinauszuheben, erzeugte wieder hypothetische Systeme, wie z. B. die Einteilung der Histotropien nach Keimblättern (B. LIPSCHÜTZ, C. LEVADITI) oder die Unterscheidung der neurotropen Virusarten in streng neurotrope und pantrope Virusarten unterschiedlichen Grades (E. W. HURST). Einen anderen experimentellen Angriffspunkt bot die *Variabilität* der Lokalisationen (G. M. FINDLAY, C. LEVADITI). Man kann aber nicht behaupten, daß man auf einem dieser beiden Wege dem Kern des Problems nähergerückt ist; Vermutungen, die zum Teil mit Tatsachen in Widerspruch stehen, und einige Analogien mit den bei gewissen Bakterien beobachteten Verhältnissen bleiben als Rückstand, wenn man das Unwahrscheinliche ablehnt.

Von einer phylogenetischen Betrachtung der Tropismen ist wohl nicht viel zu erwarten. Im allgemeinen herrscht die Auffassung, daß der Übergang der unabhängigen Existenz in die parasitische Lebensweise durch physiologische Funktionen der Wirte, u. zw. in erster Linie durch die Nahrungsaufnahme vermittelt wird. Im höherorganisierten Wirt würden daher die Schmarotzer zuerst Darmbewohner und die Invasion in die Blutbahn oder in die Gewebe würde ein sekundäres Stadium im Werdegang der Parasiten darstellen. Wir können aber diese Vorgänge nicht verfolgen, sondern nur vermutungsweise erschließen, z. B. dann, wenn Darm- und Blut- bzw. Gewebeparasitismus heute noch nebeneinander existieren (Malariaplasmodien im Menschen und in der Anopheles). Bei den Virusarten sind die Verhältnisse schon deshalb komplizierter, weil im Gegensatz zu den pathogenen Protozoen und Bakterien die saprophytischen Gegenstücke nicht bekannt sind. Bei den Bakterien ist ferner, wenn auch nicht immer, so doch in vielen Fällen die Verwandlung pathogener Arten in nichtinfektiöse „Kulturbakterien" möglich; die Umwandlung der Viruselemente in Keime, welche sich in Abwesenheit lebender Wirtszellen vermehren können, wurde dagegen noch nie beobachtet. Wahrscheinlich ist die Biologie der Virusarten, soweit sie als Mikroben von minimalen Dimensionen betrachtet werden dürfen, eine letzte phylogenetische Phase des Parasitismus, in welcher die ursprünglichen durch spätere Anpassungsprozesse bis zur Unkenntlichkeit überdeckt sind. Immerhin sind meines Erachtens zwei Tatsachen bemerkenswert: 1. die Coexistenz von Darm- und Blut- bzw. Gewebeparasitismus, die wir zumindest für einige durch hämatophage Insekten übertragbare Virusarten (Gelbfieber, equine Encephalomyelitis) als erwiesen betrachten können [R. DOERR (*5*)], und 2. die Empfänglichkeit der kleinen Nager, speziell der Mäuse, für eine sehr große Zahl von Virusarten, eine Erscheinung, für welche man eine phylogenetische Bedingtheit annehmen darf, weil sie den sonst zutage tretenden spezifischen Beziehungen zwischen Wirtsspezies und Parasitenart widerspricht [R. DOERR (*7*)].

Literaturübersicht.

BADENSKI, G. et J. BRUCKNER: Contributions a l'étude des virus filtrants. Arch. Roum. Path. exp. et Microbiol. **10**, 341 (1937).

VAN DEN BERGHE, L.: Mutation et dédoublement du tropisme par inoculation intracérébrale du virus amaril neurotrope a un singe cynocéphale. C. r. Soc. Biol. **131**, 153 (1939).

BIELING, R.: (*1*) Entstehung und biologische Bekämpfung typischer Infektionskrankheiten, S. 87. Leipzig, 1937.
— (*2*) Viruskrankheiten des Menschen. Leipzig, 1938.
BLAXALL, F. R.: Smallpox. Syst. of Bact. VII, 84 (1930).
BRUMPT, E.: Précis de parasitologie. Paris: Masson et Cie., 1936.
BURNET, F. M.: The growth of viruses on the chorioallantois of the chick embryo. Handbuch der Virusforschung, 1. Hälfte, S. 419. 1938.
BURNET, F. M., KEOGH and DORA LUSH: The immunological reactions of the filterable viruses. Austral. J. exper. Biol. a. med. Sci. **15**, 233 (1937).
BURROWS, M. T.: Is poliomyelitis a disease of the lymphatic system? Arch. int. Med. (Am.) **48**, 33 (1931).
CERRUTTI, C. F.: La distribution du virus de la grippe chez la souris infectée. C. r. Soc. Biol. **126**, 500 (1937).
CLARK, W. E. LE GROS: Rep. on publ. health, No. 54. London, 1929.
CLARK, ROBERTS, and PRESTON: J. prevent. Med. **6**, 47 (1932).
DEMME, H.: Tierexperimentelle Untersuchungen über die Beziehungen des Vakzinevirus zum Zentralnervensystem. Z. Immunit.forsch. **55**, 191 (1928).
DOERR, R.: (*1*) Die Lehre von den Infektionskrankheiten in allgemeiner Darstellung. Lehrbuch der inneren Medizin, 4. Aufl., S. 68. 1936. (Vgl. auch die 1. und 2. Auflage.)
— (*2*) Die Wanderungen von Toxin und Virus in peripheren Nerven. Z. Hyg. (usw.) **118**, 212 (1936).
— (*3*) Wanderungen von Toxin und Virus in peripheren Nerven. Schweiz. med. Wschr. **67**, 329 (1937).
— (*4*) Die Entwicklung der Virusforschung und ihre Problematik. Handbuch der Virusforschung, 1. Hälfte, S. 1. 1938.
— (*5*) Die Ausbreitung der Virusarten im Wirtsorganismus. — Nervenwanderung. Dieses Handbuch, 2. Hälfte.
— (*6*) Die Ausbreitung der Virusarten im peripheren und zentralen Nervensystem. 3. intern. Kongreß f. vergl. Path. Rom, 1939.
— (*7*) Werden, Sein und Vergehen der Seuchen. Basler Rektoratsreden Nr. 4 (1932).
DOERR, R. u. M. KON: Schieneninfektion, Schienenimmunisierung und Konkurrenz der Infektionen im Z. N. S. beim Kaninchen. Z. Hyg. (usw.) **119**, 679 (1937).
DOUGLAS, S. R. and W. SMITH: A study of vaccinal immunity in rabbits by means of "in vitro" methods. Brit. J. exper. Path. **11**, 96 (1930).
DOUGLAS, SMITH, and PRICE: Generalised vaccinia in rabbits with especial reference to lesions in the internal organs. J. Path. a. Bacter. **32**, 99 (1929).
FINDLAY, G. M.: Variation in animal viruses. J. Roy. micr. Soc. **56**, 213 (1936).
FINDLAY, G. M. and L. P. CLARKE: (*1*) Infection with neurotropic yellow fever virus following instillation into the nares and conjunctival sac. J. Path. a. Bacter. **40**, 55 (1935).
— (*2*) Reconversion of the neurotropic into the viscerotropic strain of yellow fever virus in rhesus monkeys. Trans. Roy. Soc. trop. Med. Hyg. **28**, 579 (1935).
FINDLAY, G. M. and F. O. MACCALLUM: Spontaneous variation in the neurotropic strain of yellow fever virus. Brit. J. exper. Path. **19**, 384 (1938).
FINDLAY, G. M. and R. O. STERN: The essential neurotropism of the yellow fever virus. J. Path. a. Bacter. **41**, 431 (1935).
FLEXNER, S.: Experimental cerebrospinal meningitis in monkeys. J. exper. Med. (Am.) **9**, 142 (1907).
FLEXNER, CLARK, and FRASER: Epidemic poliomyelitis. Passive human carriage of the virus of poliomyelitis. J. amer. med. Assoc. **60**, 201 (1913).
FLEXNER and LEWIS: The transmission of acute poliomyelitis to monkeys. J. amer. med. Assoc. **53**, 1639, 1913 (1909).
FRANCIS, TH.: Epidemiological studies in influenza. Amer. J. publ. Health **29**, 211 (1937).
FRIEDEMANN, U. u. H. A. GINS: Experimentelle Untersuchungen über die Übertragung der Pocken. Dtsch. med. Wschr. **1917**, 1159.

GALLOWAY, I. A.: The routes of infection and Paths of transmission of viruses. Proc. Soc. Med., Lond. **29**, 36 (1936).

GILDEMEISTER, E. u. J. AHLFELD: Über eine bei der weißen Maus spontan aufgetretene Meningo-Enzephalomyelitis. Zbl. Bakter. usw., Abt. I, Orig. **142**, 144 (1938).

GILDEMEISTER, E. u. G. HEUER: (*1*) Über den Nachweis der Vaccinevirus im Blute nach kutaner Impfung. Zbl. Bakter. usw., Abt. I, Orig. **105**, 86 (1927/28).

— (*2*) Über den Nachweis von Herpesvirus im Blute bei experimentell infizierten Kaninchen und über experimentellen Hautherpes. Dtsch. med. Wschr. **1929**, Nr. 22.

GINS, H. A.: Beiträge zur Pathogenese und Epidemiologie der Infektionskrankheiten. Leipzig, 1935.

GINS, HACKENTHAL u. KAMENTZEWA: Experimentelle Untersuchungen über die Generalisierung des Vaccinevirus beim Menschen und beim Versuchstier. Z. Hyg. (usw.) **110**, 429 (1929).

GOODPASTURE, E. W.: (*1*) Cytotropismus und das Vordringen der Virusarten im Nervensystem. Z. Neur. u. Psych. **129**, 599 (1930).

— (*2*) Cytotropic viruses. Amer. J. Hyg. **17**, 154 (1933).

— (*3*) Pathogenesis of neurocytotropic virus diseases. The problem of mental disorder. New York u. London, 1934.

HACKENTHAL, H.: Über die Lokalisation des Kuhpockenvirus im Blute von mit Pockenlymphe infizierten Meerschweinchen. Dtsch. med. Wschr. **1929**, 960.

HARMON, P. H.: The use of chemicals as nasal sprays in the prophylaxis of poliomyelitis in man. J. amer. med. Assoc. **109**, 406, 1061 (1937).

HERZBERG, K.: Über die färberische Darstellung einiger Virusarten (Elementarkörperchen) unter besonderer Berücksichtigung der intracellularen Vermehrungsvorgänge. Klin. Wschr. **15 II**, 1385 (1936).

HIMMELWEIT, F.: Observations on living vaccinia and ectromelia viruses by high power microscopy. Brit. J. exper. Path. **19**, 108 (1938).

HOWITT, B. F.: (*1*) Equine Encephalomyelitis. J. infect. Dis. (Am.) **51**, 493 (1932).

— (*2*) Propagation of virus of equine encephalomyelitis after intranasal instillation in the guinea-pig. Proc. Soc. exper. Biol. a. Med. (Am.) **32**, 58 (1934).

HURST, E. W.: Infection of the rhesus monkey and the guinea-pig with the virus of equine encephalomyelitis. J. Path. a. Bacter. **42**, 271 (1936).

JACOBSGAARD, J.: Fortleitungswege der rhinogenen und epidemischen Meningitis. Klin. Wschr. **15**, 213 (1936).

DE JONGH, C. L.: Über leichte Pockenfälle. Klin. Wschr. **1930**, 2021.

KEOGH, E. V.: Ectodermal lesions produced by the virus of Rous Sarcoma. Brit. J. exper. Path. **19**, 1 (1938).

KLING, C.: Recherches sur l'épidémiologie de la poliomyélite. Offic. intern. hyg. publ. **20**, 1779 (1928).

KLING et LEVADITI: Étude sur la poliomyélite aigue épidémique. Ann. Inst. Pasteur, Par. **27**, 718, 839 (1913).

KLING, C., OLIN et GARD: L'infectiosité du système lymphatique dans la poliomyélite humaine et expérimentale. C. r. Soc. Biol. **129**, 451 (1938).

KLING u. PETTERSON: Keimträger bei Kinderlähmung. Dtsch. med. Wschr. **1914**, 320.

KLING, PETTERSON, and WERNSTEDT: Investigations on epidemic infantile paralysis. Rep. f. State med. Inst. of Sweden to the XV Congr. of Hyg. a. Demogr. Washington, D. C. 1912, 5.

KOPPISCH, E.: Die Erzeugung einer primären Myelitis des Lendenmarkes durch intravenöse Injektion von Herpesvirus. Z. Hyg. usw. **117**, 635 (1935).

KRAMER, S. D., HOSKWITH and GROSSMAN: Detection of the virus of poliomyelitis in the nose and throat and gastro-intestinal tract of human beings and monkeys. J. exper. Med. (Am.) **69**, 49 (1939).

KRAMER, SOBEL, GROSSMAN and HOKSWITH: Survival of the virus of poliomyelitis in the oral and nasal secretion of convalescents. J. exper. Med. (Am.) **64**, 173 (1936).

LEDINGHAM, J. C. G.: Studies on virus problems. Bull. Hopkins Hosp., Baltim. **56**, 247, 337 (1935); **57**, 32 (1935).

LEINER u. WIESNER: Experimentelle Untersuchungen über Poliomyelitis acuta anterior. Wien. klin. Wschr. **1909**, 1698; **1910**, 91. 323, 817.

LEVADITI, C.: (*1*) Comparaison entre les divers Ultra-virus neurotropes. C. r. Soc. Biol. **85**, 425 (1921).

— (*2*) L'Herpès et le Zona. Ectodermoses neurotropes. Paris: Masson & Cie, 1926.

— (*3*) Poliomyelite infectieuse épidémique. Les Ultravirus des maladies humaines, ed. p. C. LEVADITI et P. LÉPINE, S. 517. Paris, 1938.

— (*4*) La constitution et la structure des ultravirus. Bull. Acad. Méd., Par. **118**, 278 (1937).

— (*5*) Les „sélecteurs". Rev. Immunol. (Fr.) **4**, 481 (1938).

LEVADITI, FASQUELLE, REINIE et SCHOEN: Ann. Inst. Pasteur, Par. **60**, 142 (1938).

LEVADITI, C. et HABER: La neuroprobasie du virus herpétique administré au lapin par voie nasale. C. r. Soc. Biol. **119**, 21 (1935).

LEVADITI, C., HORNUS et HABER: Virulence de l'ultravirus herpétique administré par voise nasale et digestive. Mécanisme de sa neuroprobasie centripète. Ann. Inst. Pasteur, Par. **54**, 389 (1935).

LEVADITI, C. et NICOLAU: (*1*) Ectodermoses neurotropes. Études sur la vaccine. Ann. Inst. Pasteur, Par. **37**, 1 (1923).

— (*2*) Adaptation du virus vaccinal au nevraxe. — Affinités de la neurovaccine. C. r. Soc. Biol. **89**, 363 (1923).

— (*3*) Les feuillets embryonnaires en rapport avec les affinités du virus vaccinal. C. r. Acad. Sci. **174**, 778 (1922).

LEVADITI, PAÏC et KRASNOFF: Taille approximative des virus fixe et rues. C. r. Soc. Biol. **123**, 866 (1937).

LEVADITI, C., SCHMUTZ and WILLEMIN: Official report on the epidemic of poliomyelitis in Alsace. J. amer. med. Assoc. **96**, 126 (1931) und Sonderheft 3 von Immunität usw. 41 (1931).

LEVADITI, C. et R. SCHOEN: Les corps de NEGRI dans le cytoplasme des épitheliums de la cornée. Ann. Inst. Pasteur, Par. **55**, 69 (1935).

LEVADITI, C. et J. VOËT: Études sur le neurovaccin. Presse méd. Nr. 7 (1937).

LEVADITI, C. et WILLEMIN: Étude de l'épidemie de poliomyélite du département du Bas-Rhin. Ann. Inst. Pasteur, Par. **46**, 233 (1931).

LEVADITI, JEAN: Caractère inapparent de la poliomyélite épidémique. Par. méd. **95**, 37 (1935).

LIPSCHÜTZ, B.: (*1*) Chlamydozoën-Strongyloplasmenbefunde bei Infektionen mit filtrierbaren Erregern. Handb. d. path. Mikroorg., 3. Aufl., Bd. VIII, 1, S. 375. 1930.

— (*2*) Filtrierbare Infektionserreger. Handb. d. path. Mikroorg., 2. Aufl., Bd. VIII, S. 345. 1913.

LOEB, JACQUES: Vorlesungen über die Dynamik der Lebenserscheinungen. Leipzig: A. Barth, 1906.

LUCAS, W. P. and R. B. OSGOOD: J. amer. med. Assoc. **60**, 1611 (1913).

MESROBEANU, J.: Purification biologique du virus vaccinal. Les Ultravirus des maladies humaines. Ed. par LEVADITI et LÉPINE, S. 241. 1938.

NICOLAU, S.: La visibilité de l'ultravirus vaccinal dans le tissu nerveux d'animaux infectés expérimentalement avec la neuro-vaccine. Bull. Acad. Méd., Roum., Bucarest (Fr.) **6**, 683 (1938).

OLITSKY, P. K. and H. R. COX: Temporary prevention by chemical means of intranasal infection of mice with equine encephalomyelitis virus. Science (Am.) **80**, 566 (1934).

PASCHEN, E.: Pocken. Handb. d. path. Mikroorg., 3. Aufl., Bd. VIII, 2, S. 821. 1930.

PAUL, J. R. and J. D. TRASK: The detection of poliomyelitis virus in so called abortive types of the disease. J. exper. Med. (Am.) **56**, 319 (1932).

PAUL, J. R., TRASK, and WEBSTER: Isolation of poliomyelitis virus from the nasopharynx. J. exper. Med. (Am.) **62**, 245 (1935).

Pfeffer: Untersuchungen aus dem bot. Inst. Tübingen **1**, 363 (1881—1885).

Plotz, H.: La sensibilité des singes à l'infection poliomyélitique expérimentale. Bull. Acad. Méd., Par. **111**, 721 (1934).

Rake, G.: (*1*) Absorption trough the nasal mucosa of mice. Proc. Soc. exper. Biol. a. Med. (Am.) **34**, 369 (1936).

— (*2*) Pathology of pneumococcus infection in mice following intranasal instillation. J. exper. Med. (Am.) **63**, 17 (1936).

— (*3*) The rapid invasion of the body trough the olfactory mucosa. J. exper. Med. (Am.) **65**, 303 (1937).

— (*4*) Pathogenesis of pneumococcus infections in mice. J. exper. Med. (Am.) **63**, 191 (1936).

Rake, G. and H. R. Cox: (*1*) Effect of tannic acid on intranasal infection with pneumococci. Proc. Soc. exper. Biol. a. Med. (Am.) **34**, 514 (1936).

— (*2*) Absorption trough the nasal mucosa of tannic acid treated mice. Proc. Soc. exper. Biol. a. Med. (Am.) **34**, 716 (1936).

Rosahn, P. D., Hu, and Pearce: Studies on the etiology of rabbit pox. J. exper. Med. (Am.) **63**, 259 (1936).

Sabin, A. B.: (*1*) Progression of different nasally instilled viruses along different nervous pathways in the same host. Proc. Soc. exper. Biol. a. Med. (Am.) **38**, 270 (1938).

— (*2*) Experimental poliomyelitis by the tonsillopharyngeal route. J. amer. med. Assoc. **111**, 605 (1938).

— (*3*) Rôle of leucocytes in immunity to vaccinia. Brit. J. exper. Path. **16**, 158 (1935).

Sabin, A. B. and P. K. Olitsky: (*1*) The olfactory bulbs in experimental poliomyelitis. J. amer. med. Assoc. **108**, 21 (1937).

— (*2*) Effect of age on the invasion of the brain by virus instilled in the nose. J. exper. Med. (Am.) **66**, 15 (1937).

— (*3*) Effect of age on the invasion of the peripheral and central nervous systems by virus injected in the leg muscles or the eye. J. exper. Med. (Am.) **66**, 35 (1937).

— (*4*) Effect of age and pathway of infection on the character and localization of lesions in the central nervous system. J. exper. Med. (Am.) **67**, 201 (1938).

— (*5*) Variations in neuroinvasiveness in different species. J. exper. Med. (Am.) **67**, 229 (1938).

Sawyer, W. A.: Amer. J. trop. diseas. a. prev. Med. **3**, 164 (1915).

Schlesinger, M.: Über die Bindung des Bakteriophagen an homologe Bakterien. Z. Hyg. usw. **114**, 136 (1933).

Seifried, O.: (*1*) Vergleichende Histo- und Cytopathologie der Virus-Infektionskrankheiten. Erg. Path. **31**, 201 (1936).

— (*2*) Die Krankheiten des Kaninchens. Berlin: Julius Springer, 1937.

Smith, W.: (*1*) The distribution of virus and neutralizing antibodies in the blood and pathological exudates of rabbits infected with vaccinia. Brit. J. exper. Path. **10**, 93 (1929).

— (*2*) Lesions of the adrenal glands of rabbits caused by infection with herpes virus. J. Path. a. Bacter. **34**, 493, 747 (1931).

Smith, W., Andrewes, and Laidlaw: Influenza: experiments on the immunization of ferrets and mice. Brit. J. exper. Path. **16**, 291 (1935).

Smorodintseff, A. A., Ostrovskaja u. Drobishevskaya: Die Verteilung von Influenzavirus im Organismus empfänglicher Tiere. Arch. biol. Nauk. **52**, 32 (1938) [russ.].

Stéphanopoulo, G. J.: Sur le virus amaril d'origine murine inoculé à Macacus rhesus. Bull. Soc. Path. exot. **25**, 866 (1932).

Süpfle, K.: Leitfaden der Vakzinationslehre. Wiesbaden, 1910.

Taylor and Amoss: Carriage of the virus of poliomyelitis, with subsequent development of the infection. J. exper. Med. (Am.) **26**, 745 (1917).

Thomsen, O.: Experimentelle Untersuchungen über Poliomyelitis. Berl. klin. Wschr. **1912**, 63.

TOOMEY, J. A.: (1) Spread of poliomyelitis virus from the gastrointestinal tract. Proc. Soc. exper. Biol. a. Med. (Am.) **31**, 680 (1934).
— (2) Poliomyelitis histology in rhesus monkeys; virus introduced via gastrointestinal tract. Proc. Soc. exper. Biol. a. Med. (Am.) **34**, 593 (1936).
— (3) Poliomyelitis. Jb. Kinderhk. **143**, 353 (1934).
— (4) Spread of poliomyelitis virus along nerve fibers of the sympathic system. Proc. Soc. exper. Biol. a. Med. (Am.) **31**, 502 (1934).
— (5) Experiments with poliomyelitis virus. Proc. Soc. exper. Biol. a. Med. (Am.) **32**, 1185 (1935).
TOPLEY, W. W. C. and G. S. WILSON: The principles of bacteriology and immunity. Sec. ed., London, 1936.
TRASK, J. D., VIGNEC, and PAUL: Isolation of poliomyelitis virus from human stools. Proc. Soc. exper. Biol. a. Med. (Am.) **38**, 147 (1938).
WALDMANN, O.: Pneumotrope Virusarten. Dtsch. med. Wschr. **61**, 8 (1935).
WALTHARD, B.: Über die Beziehungen des Vaccinevirus zum Zentralnervensystem vaccineempfänglicher Tierspezies. Schweiz. med. Wschr. **7**, 854 (1926).
v. WASIELEWSKI, TH. u. W. F. WINKLER: Das Pockenvirus. Erg. Hyg. usw. **7**, 1 (1925).
WEBSTER, L. F. and A. D. CLOW: (1) The limited neurotropic character of the encephalitis virus (St. Louis type) in susceptible mice. J. exper. Med. **63**, 433 (1936).
— (2) Experimental encephalitis (St. Louis type) in mice with high inborn resistance. A chronic subclinical infection. J. exper. Med. (Am.) **63**, 827 (1936).
WIDELOCK, D.: Studies on vaccinia virus. J. infect. Dis. (Am.) **62**, 27 (1938).
YOFFEY, J. M. and E. R. SULLIVAN: The lymphatic pathway from the nose and pharynx. J. exper. Med. (Am.) **69**, 133 (1939).
YOFFEY, J. M., SULLIVAN, and C. K. DRINKER: The lymphatic pathway from the nose and pharynx. J. exper. Med. (Am.) **68**, 941 (1938).
YUDKIN, J.: Enzyme variation in micro-organisms. Biol. Rev. Cambridge philos. Soc. **13**, 93 (1938).

6. Variation in Viruses.

By

G. M. FINDLAY.

Wellcome Bureau of Scientific Research, London.

The fact that variation occurs in viruses has been appreciated in the East for many centuries in connection with variolation, while the production by Pasteur of a variant of the rabies virus was accomplished more than fifty years ago.

Only within the last few years, however, have extensive investigations been carried out on the conditions favouring the production of virus variants. Such investigations are of importance for an understanding of the true nature of viruses; it is, for instance, essential to determine whether the capacity for specific or racial differentiation of special activities which, in varying degrees of distinctness, is found in the tissues and organs of all the higher plants and animals is resident also in the structurally undifferentiated organization of viruses, even though certain of these viruses may consist only of proteins of high molecular weight. A study of variation in viruses is also of interest in view of the uncertainty that still exists in regard both to the methods by which heritable variations are produced in the higher animals and plants and the means by which, once they are produced, they manage to establish themselves.

From the practical point of view the production from highly pathogenic viruses of attenuated variants is of extreme importance since the use as vaccines of such attenuated variants forms the most satisfactory means of prophylaxis at present available.

Variations are here described in animal and plant viruses and in bacteriophage. Variations, occurring either naturally or under experimental conditions, are known in connection with many, probably the majority of viruses. There are, however, certain viruses as, for example, among animal viruses mumps, louping ill and Virus III in which variations have never been described. This may be because such viruses are relatively stable, but is more probably due to insufficient investigation. In other cases, measles for instance, there is historical evidence of variation in virulence as shown by changes in the death rate during the past two centuries. Such changes may, however, be due not to variation in the virus itself but to changes in the associated bacterial flora.

A. Variation in animal viruses.

Variations are discussed in relation to the following animal viruses:

1. The mammalian pox viruses
   a) Human pox viruses
      I. Variola and Alastrim
      II. Vaccinia
   b) Animal pox viruses
      I. Cow-pox
      II. Horse pox
      III. Sheep-pox
      IV. Goat-pox
      V. Swine-pox
      VI. Camel-pox
2. Bird-pox
3. Varicella and zoster
4. Herpes
5. Pseudo-rabies
6. Rabies
7. Poliomyelitis
8. Spontaneous encephalomyelitis of mice
9. Fox encephalitis
10. Foot and mouth disease
11. Vesicular exanthema of swine
12. Vesicular stomatitis
13. Rinderpest
14. Yellow Fever
15. Rift Valley fever
16. Dengue
17. Horse sickness
18. Swine fever
19. Equine encephalomyelitis
20. Fowl pest
21. Plague of blackbirds
22. Cell inclusion disease
23. Influenza
24. Lymphocytic choriomeningitis
25. Infectious anaemia of horses

26. Infectious laryngo-tracheitis of fowls
27. Salivary gland viruses
28. Ectromelia
29. Infectious myxomatosis of rabbits
30. Rabbit fibroma virus
31. Filterable fowl tumours
32. Filterable leucoses of fowls
33. Filterable warts
34. Fowl coryza and mouse catarrh.
35. Lymphocystis disease of fish.

1. Mammalian pox viruses.

It is appropriate that a review of variations in animal viruses should begin with a discussion of the pox infections, for from time immemorial efforts have been made to obtain attenuated variants of the small-pox virus.

Artificial variolation was practised in India at least three thousand years ago, the source of the contagion being dried scabs or the contents of pocks and pustules. In some countries, such as China, where the disease was introduced about 49 A. D. when the Emperor Chien Wu was at war with the Huns, the virus mixed with essential oils was instilled into the nostrils; in other countries the virus was placed on the lightly scarified skin.

In the hands of skilled variolators the resulting reactions were, as a rule, slight, perhaps because, through repeated skin passage in man, the virus had become so attenuated as to resemble either vaccinia or the mild small-pox now known as alastrim.

With the introduction of vaccination by JENNER (1798) the practice of variolation gradually ceased, though till the beginning of the present century vaccination rested on a purely empirical basis, since the relationship between variola and vaccinia was unknown.

Vaccinia, there is now little doubt, is a true variant of variola and its derivation from the parent strain must therefore be discussed.

In addition to true small-pox, however, man suffers from a form of mild small-pox known as alastrim. Whether alastrim is a variant derived from small-pox or is a disease *sui generis* is still uncertain.

Certain species of animals, all of them domesticated, the cow, buffalo (ORESTE and SABBATINI, 1876), horse, sheep, goat, camel, and pig also suffer from pock diseases and some at any rate of these viruses can give rise to vaccinial variants.

Occasionally natural pock outbreaks have been reported in wild animals. Thus SCHMIDT (1870), and later BLEYER (1922) recorded that mild small-pox among the natives of the Upper Uruguay River in Brazil spread to monkeys *(Mycetes* and *Cebus)*, which died in large numbers, the bodies of sick and dead monkeys being covered with variolous pustules.

Recently spontaneous outbreaks of a pock disease have been recorded in domestic rabbits kept under laboratory conditions in New York. In this connection it is of some interest to note that ASTRUC (1724) in describing a widespread outbreak of sheep-pox in the Cevennes and Languedoc mentions that a pock-like disease also attacked wild rabbits in the same region and with such severity that whole warrens were exterminated. MAHLICH (1919) also states that occasionally a disease called "Pocken" appears in hutch rabbits in Europe.

In connection, therefore, with variation in the mammalian pox viruses the following points require consideration:

a) Alastrim and its relation to variola.
b) Vaccinia and its relation to variola and the animal pock diseases.
c) Variants of vaccinia virus.
d) Animal pock diseases:—

I. Cow-pox, II. Horse-pox, III. Sheep-pox, IV. Goat-pox, V. Swine-pox, VI. Camel-pox.

a) Alastrim and its Relation to Variola.

The relation of the form of small-pox variously termed mild small-pox, variola minor, para-variola, amaas, kaffir-pox, or alastrim to true variola is still uncertain. "Alastrim", the name now most commonly applied, is derived from a Portuguese word meaning "to spread about", and is preferable to "variola minor" or "mild small-pox" since it does not imply that the disease is necessarily derived from ordinary small-pox, a view that was at one time generally accepted. Attention was first drawn to the condition in Great Britain by Copeman (1920), who investigated a small outbreak at Beccles in Suffolk. There is, however, evidence to suggest that alastrim occurred in Great Britain at earlier dates both before and after the introduction of vaccination. Early 18th century accounts of small-pox are necessarily complicated by the fact that varicella was only clearly differentiated from small-pox by William Heberden the elder in 1767. One outbreak of extremely mild small-pox was, however, described by Jenner himself (1798) in Gloucestershire, others by Adams (1807) and Marson (1866). There is evidence that in the 16th century small-pox was attended by a very low mortality (*cf.* Copeman 1899). In the 17th and 18th centuries it was much more virulent as shown by the number of deaths in the Austrian, French and English royal families: as Sir Thomas Browne wrote in 1690 "the small-pox grows more pernicious than the Great".

There have been many outbreaks of alastrim both in the Old and New Worlds. Anderson (1867) first described the condition in Jamaica, where in 1865 a wide-spread epidemic took place. Fehrsen (1922) stated that in South Africa in 1876 and 1878 epidemics involved thousands of natives, though under the name of "amaas" or "Kaffir-pox" the disease was believed to have existed among the Kaffirs from time immemorial. After the Spanish-American War the same type of infection appeared in Cuba. Thence it spread to the Southern United States, to Canada and Brazil (Ribas, 1910). Its distribution is now almost world-wide, for in only a few countries such as Ceylon has its presence been undetected. Nevertheless ordinary small-pox is by no means extinct, for it is still endemic in Mexico and in the East, its original home, whence it was probably first introduced into Western Europe during the fifteenth century. Occasionally it reappears in Western Europe.

The question whether true small-pox can change into alastrim or *vice versa* is still unsettled. When an outbreak of small-pox begins with virulent cases, mild cases do not as a rule occur at a later stage. Now and then at the beginning of an epidemic there are mild cases, usually with very slight skin rashes, but virulent cases occur later. At other times virulent and mild cases occur at the same time, but under these circumstances mild give rise to mild, virulent to virulent infections. A very large number of alastrim outbreaks has now been investigated, and in the vast majority the disease has bred true. The only epidemic in which there is a possibility that alastrim was converted into small-pox is that recorded by Davies (1905) from Avonmouth. Here there occurred an outbreak involving fourteen persons, all of whom suffered from very mild attacks. Infection, however, was carried by a labourer from Bristol to South

Wales, where fifteen cases occurred of a severe type; four were confluent and one person died.

It has been suggested that virulent small-pox occurs only in populations that are largely unvaccinated while alastrim is found only in highly immunized communities. This suggestion, however, is improbable, for the population of Gloucester, in which city a widespread epidemic of alastrim broke out, was notoriously unvaccinated.

Historically and epidemiologically, therefore, there is no evidence that the virus of alastrim has arisen as a variant of that of small-pox.

It is now necessary to review very briefly the clinical, pathological, and serological evidence in regard to the relationship of the two diseases.

Epidemiologically the main difference between the two conditions lies in the low mortality of alastrim (0,25 to 4,5 per thousand) as compared with the high mortality of small-pox (210 per thousand in Alexandria, 1932–3). In South Africa HAY (1938) finds that whereas alastrim occurs almost solely in the winter months true small pox is found in both hot and cold seasons. Although the rash may be very extensive in alastrim, it is only on very rare occasions that it becomes haemorrhagic. MOODY (1924), for instance, saw only one haemorrhagic case of alastrim, in a pregnant woman, among 2,912 cases occurring in Jamaica. As a general rule the rash in alastrim does not appear till the fourth or fifth day of fever. MARSDEN (1936), with a very extensive clinical experience of alastrim, states that there is similarity in practically every clinical feature between small-pox and alastrim: the only exception is found in the vesicular stage where in alastrim there is an almost universal absence of loculation and umbilication. BLAXALL (1930) has suggested that in typical small-pox the virus has the power of generating a toxin which conduces to the growth and morbid activity of pyogenic organisms, especially the streptococcus, either by direct stimulation or by hampering and restricting the normal bacteriolytic action of the tissue cells. In alastrim such toxic powers are in abeyance: alastrim in fact appears to be small-pox deprived of the greater part of its toxicity and divorced from streptococcal commensalism, though boils and impetigo are not uncommon sequelae. Is it possible that the difference between alastrim and variola lies less in the virus than in the associated bacteria? Scarlet fever, a disease associated with a streptococcus, has indeed in the past fifty years suffered a diminution in virulence, but this diminution has been world-wide and in scarlet fever highly virulent, as distinct from avirulent, outbreaks do not at present occur.

Histological differences between variola and alastrim have recently been emphasized by MAGARINOS TORRES and TEIXEIRA (1935), who studied the appearances of the malpighian cells in portions of skin removed at biopsy from human patients suffering from true variola and alastrim, as well as in the skin of rhesus monkeys infected with the two viruses. Differences in the morphology and tinctorial properties of both the cytoplasmic and intranuclear inclusions of alastrim and variola were distinguished. Immunological studies, both *in vivo* and *in vitro*, have also been undertaken in order to throw light on the relationship of the two conditions. Both alastrim and variola can be transferred to rhesus monkeys and thence to rabbits and calves, giving rise in both cases to vaccinia, though it is still uncertain whether variola-vaccinia is identical with alastrim-vaccinia.

A stable alastrim-vaccinia, according to AMIES (1934), is difficult to obtain by continued dermal passage on the rabbit. Alastrim, when transferred directly to the monkey, behaves like ordinary variola, while direct transference to calves and rabbits is uncertain and most likely to fail, though the chances of securing some sort of atypical take at the first attempt would, according to LEDINGHAM (1925), appear to be greater than in the case of variola. It is, however, possible that slight differences may exist between the various alastrims with respect to their animal affinities, a suggestion raised by the experiments of CLELAND and FERGUSON (1915) and GREEN (1916) with Australian alastrim.

It is still uncertain how far vaccination with variola-vaccinia protects against alastrim. MOODY (1924) in Jamaica found that in the spread of the disease throughout the island isolation of cases and vaccination of contacts quickly suppressed localized outbreaks, but on the other hand alastrim occurred in five children with scars of vaccination, three of whom were only 2 years old; three adults vaccinated 1, $1^1/_2$ and 3 years previously also contracted alastrim.

Although many persons who have suffered from alastrim are immune to variola-vaccinia, there is still dispute as to whether it is ever possible to vaccinate sufferers from alastrim. BONNEL (1928) claims to have vaccinated a number of Senegalese who were still showing lesions due to alastrim. CAMPENHOUT (1935) states that vaccinia will develop on the arm of a person with alastrim while persons with recent vaccination marks may suffer from alastrim. Alastrim still persists in the Belgian Congo in spite of Jennerian vaccination. On the other hand MARSDEN (1936) found it impossible to vaccinate during convalescence those who had recovered from alastrim. In six cases however the focal small-pox rash appeared more than thirteen days after a successful vaccination.

AMIES (1932) has shown that the elementary bodies of true variola and of alastrim are both agglutinated by small-pox antisera, but suspensions of the elementary bodies of vaccinia are not agglutinated by small-pox antisera unless the animals have received a number of injections of vaccinia virus. CUNHA and TEIXEIRA (1934) have also found that experimental alastrim in monkeys confers an immunity against vaccinia virus only in low dilutions; on the other hand a monkey immunized against vaccinia was later immune to alastrim.

BLAXALL (1923) in experiments with monkeys showed unequivocally that English alastrim gave protection against vaccinia. GREEN (1916), however, working with alastrim from Australia, found that it conferred no immunity against either vaccinia or variola, but vaccinia protected against the Australian disease in 25 p. c. of cases, and variola gave immunity to the Australian disease in 40 p. c. of cases. Also, while vaccinia protected against variola in 100 p. c. of trials, variola protected against vaccinia in only 40 p. c.

In vitro tests have up to the present failed to distinguish between alastrim and true variola, for the results of complement fixation and flocculation tests, as carried out by GORDON (1925) and CRAIGIE and TULLOCH (1931), are similar with sera from cases of both alastrim and variola.

It may therefore be said that the persistently non-toxic, non-lethal character of alastrim is consistent with the view that this virus is a true variant of variola but its toxic properties for the human organism have become suppressed while its affinities for other animal species have not been appreciably changed. On the other hand there is neither historical evidence to show when or where alastrim arose as a variant of variola nor experimental evidence to show that variola can be experimentally converted into alastrim. (Such evidence might possibly be obtained, however, by repeated passage of true variola in tissue culture: *cf.* yellow fever virus and vaccinia.) Epidemiological or experimental evidence that alastrim can revert to true variola is also lacking.

For the present, therefore, alastrim cannot be regarded as a variant of variola in the sense that fixed is a variant of street rabies virus or the neurotropic a variant of the pantropic yellow fever virus.

Investigation of the antigenic structure of the isolated elementary bodies, on the one hand of variola and alastrim, on the other of variola-vaccinia and alastrim-vaccinia, should in time yield evidence of the true relationship of these viruses.

b) Vaccinia and its Relation to Variola and the Animal Pock Diseases.

For more than a hundred years after JENNER had advocated the use of variola-vaccinia, its employment as a prophylactic against small-pox remained empirical. Only at the beginning of the present century, with the use of the monkey and rabbit as intermediaries, did it become possible with any certainty to convert variola into vaccinia. Early workers such as CHAUVEAU (*1*) (1866) found that when variola did take in the calf it did not become converted immediately into vaccinia; the same is true even when variola is passaged on the skin of the rabbit. Sometimes after a few passages the virus dies out altogether, at other times a gradual conversion of variola into vaccinia occurs. HORGAN (1938) appears to have converted variola to vaccinia by passage through rabbit's testicles after transference from Cercopithecus monkeys.

This gradual and somewhat variable conversion of variola into vaccinia suggests, either that certain virus particles are converted from variola to vaccinia by the change of environment, direct adaptation, or that the original inoculum placed on the skin of rabbit or calf is, or rapidly becomes, heterogeneous as a result of spontaneous variation and is thus made up of a few vaccinia particles combined with a preponderance of variola particles. Selection would then be exercised by the skin or testicle of the rabbit, less successfully by the skin of the calf, so that the growth of vaccinia particles would be favoured, that of variola particles suppressed. The question is discussed more fully later.

The actual relationship between variola and vaccinia is still uncertain, for the statement of BLAXALL (1930) remains true that nothing is known that definitely differentiates the aetiological factor of small-pox from that of vaccinia, unless it be the failure of vaccinia to produce the intranuclear changes said to be characteristic of small-pox. Complement fixation and flocculation tests reveal no difference between the two viruses. AMIES (1932), however, has found that the washed elementary bodies of vaccinia are not agglutinated by small-pox antisera from human patients that act specifically on the elementary bodies of variola. On the other hand, monkeys hyperimmunized with variola antigen develop agglutinins in their sera both for variola and for vaccinia. It therefore seems probable that variola and vaccinia share a common antigenic structure and that in the two viruses this structure differs qualitatively rather than quantitatively. LEDINGHAM (1935) suggests that the so-called "attenuated" variant known as vaccinia stands towards variola in the sort of relationship to which the rough non-virulent but Vi-antigen-containing variant of *Bacterium typhosum* stands to its smooth virulent parent. For prophylaxis against virulent strains only the possession of a Vi-antigen would seem to be essential. It must, however, be remembered that variola-vaccinia though avirulent for man is highly virulent for the rabbit.

If variola-vaccinia can be regarded as a stable variant, a mutation of variola, the question arises whether reconversion of vaccinia into variola may ever occur in man.

Special interest in this connection attaches to the rare cases of generalized vaccinia. Many of these cases are associated with eczematous conditions of the skin, the virus localizing more especially in the inflamed skin areas. Other cases of generalized vaccinia appear spontaneously, and it is in these that the question urgently arises as to whether they are due to a reconversion of vaccinia into small-pox, to a modification in the susceptibility of the host or to an increased virulence in the vaccinia virus.

The possibility of increased virulence in the vaccinia virus is suggested by the occurrence reported by HASLUND (1899). Of 175 cadets revaccinated at the same time 55 had no reaction of any sort but among the other 120, twelve had generalized reactions, one of which ended fatally.

The most important argument in favour of the view that no reconversion has occurred is found in the fact that cases of generalized vaccinia have not formed foci of epidemics of small-pox. How far the contacts with these cases of generalized vaccinia were already immune through vaccination does not appear to have been taken into account. The second point which has been urged in favour of an absence of reconversion is the fact that in the hands of certain observers it has been possible to produce vaccinial lesions in the rabbit with virus from the secondary pustules. In one instance DRAGO (1924) succeeded in causing in the rabbit's cornea a lesion which showed Guarnieri bodies, while DIBLE and GLEAVE (1934) produced typical vaccinial lesions in the rabbit's skin with material from the secondary pocks of a case of generalized vaccinia. In this case the appearance of the epithelial lesions was very similar to that given in the older descriptions of small-pox. On the other hand GINS (1930) favours the view that there is a possible "change" in the virus from vaccinia to variola, since the production of skin lesions in the rabbit with virus from secondary pustules in generalized cases often fails, whereas success follows the use of material from the primary pustule. PASCHEN (1932) states that proof of the vaccinial nature of the virus in these generalized cases by rabbit inoculation is very rare. No extensive series of experiments has ever been undertaken to investigate generalized vaccinia using monkeys as the experimental animal. Monkeys would most certainly be superior in this respect to rabbits for the latter are highly susceptible to vaccinia, relatively insusceptible to variola. If in cases of generalized vaccinia there were a mixture of variola and vaccinia particles, by inoculation into the rabbit the growth of the latter would be favoured at the expense of the former.

The question of reconversion of vaccinia into variola thus requires further investigation.

No evidence is yet forthcoming in cases of postvaccinial encephalitis of a vaccinia virus with enhanced neurotropic pathogenicity.

c) Variants of Vaccinia Virus.

By appropriate means the virus of variola-vaccinia can be induced to undergo variation. Four artificial variants have been produced: (I) the neuro-testicular strain, neurovaccine; (II) the intradermal strain; (III) the tissue culture strain; (IV) heat-resistant virus. In addition a possible spontaneous variant (V) appears to be the causal agent of rabbit-pox.

I. Neurovaccine.

HACH (1925) and ARNOLD (1929) were the first to show that dermal strains of vaccinia virus passaged in rabbits' testicles produced severe reactions and widespread necrosis when subsequently inoculated into the rabbit's skin.

HAAGEN, GILDEMEISTER and CRODEL (1932) found that an ordinary dermal strain of vaccinia virus grown in tissue cultures containing rabbit testicle acquired a distinct capacity to produce haemorrhagic and necrotizing lesions when injected subcutaneously into rabbits. Other observers (*cf.* NAUCK and PASCHEN 1931) have failed to obtain this transformation *in vitro*.

LEVADITI, HARVIER and NICOLAU (1922) found that after several intratesticular passages in the rabbit they were eventually able to pass vaccinia virus indefinitely from brain to brain of the rabbit. At first it was necessary (after two or three intracerebral passages in rabbits) to return the virus to the testicle, but eventually the virus became completely adapted to the nervous tissues of the rabbit. LEVADITI and his colleagues believed that this affinity for the rabbit's brain is not associated with an adaptation to the central nervous system of all animals, for neither in the monkey, mouse, nor hen were they able to produce symptoms after intracerebral inoculation. Others, however, have been able to infect the monkey and mouse intracerebrally, and HAAGEN (1934) has reported experiments by which mice were regularly killed in 5–9 days by intracerebral injection of a strain of neurovaccine, the virulence of which had been "fixed" by continued brain passage. The ease with which strains of vaccinia can become fixed shows considerable variation (BUCKUP 1935).

The main difference between neurovaccine and dermovaccine lies in the greater virulence of the former not only for the nervous tissues of the rabbit, but also for the viscera and skin as shown by DOUGLAS, SMITH and PRICE (1929). Neurotesticular strains, for instance, tend to produce Guarnieri bodies not only in ectodermal cells but in fibroblasts and endothelial cells.

General statements on tissue susceptibility to vaccinia virus must, however, be received with caution, for it seems probable that tissue "affinities" are merely the result of acclimatization of the virus in a new environment, a conclusion supported also by the experiments of WALTHARD (1927) and HAAGEN (1934). When cultivated on the chorio-allantoic membrane of the chick embryo however neurovaccine and dermovaccine have been found by BUDDINGH (1936) to retain their special characteristics for at least fifty passages.

LEVADITI and NICOLAU (1923) were unable to infect the skin of the hen with neurovaccine, a point of some interest, for the ordinary strain of dermovaccine produces a well-marked reaction on the cock's comb. After a small number of passages on the skin of the rabbit the power of producing a reaction on the cock's comb was, however, regained by neurovaccine.

Experiments were undertaken by NICOLAU and POINCLOUX (1924) to determine whether by repeated intradermal passage neurovaccine can be reconverted into dermovaccine. A strain of neurovaccine passaged many times on the skin of rabbit and man when inoculated on the cock's comb produced only pustules of a yellow, purulent character similar to those caused by dermovaccine. After a further single passage in the brain of the rabbit this same strain again produced only pustules of the neurovaccinial type with haemorrhage and oedema. These experiments suggest that neurovaccine should be regarded as a *Dauermodifikation* rather than as a fixed variant of dermovaccine.

Another suggestion as to the nature of neurovaccine has recently been made by BORREL (1936), who points out that the rabbit is the species in which the ordinary dermovaccine is said to undergo transformation into neurovaccine, and thus in view of the existence of spontaneous outbreaks of rabbit pox it is possible that neurovaccine is in reality rabbit pox virus activated by testicular passage much in the same way as Virus III may be brought to light by intratesticular injections (*cf.* p. 581). LEVADITI and VOET (1937), however, have shown that dermovaccine obtained from the cow and cultivated on the chorio-allantoic membrane of the chick embryo acquires the character of neurovaccine without having ever passed through the rabbit while MOLINA (1937) claims to have converted dermovaccine into neurovaccine by a single passage on the chorio-allantoic membrane.

LEVADITI and his colleagues (1938) have now adopted the view put forward by others for the viruses of yellow fever and rabies that the particles of vaccinia are heterologous, some of them having marked mesodermotropic affinities, others ectodermotropic. Certain tissues, more especially the chorio-allantoic membrane of the developing chick embryo and chick embryo cells, select and favour the growth of mesodermotropic rather than ectodermotropic vaccinia particles. GASTINEL and FASQUELLE (1939) also found that after fifteen passages on the chorio-allantoic membrane dermovaccine was much more active in producing generalised vaccinia on intravenous injection of rabbits.

II. Intradermal Vaccine.

The usual method of passaging ordinary calf lymph on the skin of the rabbit is by applying the virus to lightly scarified areas on the skin. An alternative method is by intradermal inoculation. LEDINGHAM and McLEAN (1928) have pointed out that vaccinia virus may become adapted to one or other of these methods of propagation. When samples of calf lymph are tested on the rabbit in parallel series by intradermal inoculation and by scarification, they are usually potent in about the same final dilution. When, however, an attempt is made to passage intradermally, a marked fall of potency occurs and a number of passages have to be made before the virus is fully adapted to propagation by intradermal inoculation. In the same way when a virus is fully adapted to intradermal inoculation a loss of propagating power takes place if the virus is applied to scarified surfaces. Though the actual tissues in which the virus grows are the same in both cases, intradermal inoculation probably selects one special type of virus particle, possibly that which prefers growth under slightly anaerobic conditions.

BARG and RUDENKO (1935) have recently confirmed and extended these observations by showing that a complete cross-immunity exists between the two strains. This variation also suggests a *Dauermodifikation*.

III. Tissue culture virus.

Evidence brought forward by RIVERS and WARD (1933) from the cultivation of vaccinia virus *in vitro* suggests that a change is induced in the virus by growth under artificial environmental conditions. It was found that vaccinia virus of calf lymph origin grown for two years in a medium of chick embryo tissue and Tyrode's solution induced little or no reaction in the skin of rabbits, although it still gave rise to typical vaccinial pustules in man. The change in the activity of the virus for the rabbit appeared to be due not entirely, and perhaps not at all, to a gradual diminution in the amount of virus in successive sets of cultures, but to some alteration in the character of the virus itself.

IV. Heat resistant virus.

By continued selection and propagation, ARMSTRONG (1929) obtained a strain of rabbit testicular vaccinia of exalted virulence for animals. The virus was able to withstand a temperature of 37.5° C. for a much longer period than the parent strain and still produced typical skin lesions on rabbits. The sixty-first transfer was still potent after 33 days at 37.5° C. This strain of virus was found by ROSENAU and ANDERVONT (1931) to be capable of propagation in mouse brains, though the histological lesions produced were not those characteristic of vaccinial encephalitis in man.

It thus seems probable that vaccinia virus is capable of adaptation to different environments, though such adaptations do not necessarily exhibit the same degree of permanency as the variation that occurs when variola is converted into vaccinia.

V. Rabbit-pox.

Of the variants of vaccinia virus so far discussed all have been produced by artificial adaptation of the virus to certain tissues of the rabbit. The condition known as rabbit-pox is in a somewhat different category. On the one hand it may be due to a spontaneous increase in the pathogenic properties of vaccinia virus for the rabbit, though in order to allow the virus to produce an epizootic it would be necessary to postulate with GREENE (1935) the existence also of diminished resistance on the part of the hosts. On the other hand it may be a disease *sui generis* and, as previously mentioned, it has been suggested that neurovaccine may in reality be rabbit-pox.

From time to time it has been noted in laboratories where studies on vaccinia are pursued that occasionally apparently normal rabbits are encountered that are quite immune to vaccinia. This acquirement of immunity was shown by LEVADITI and SANCHIS-BAYARRI (1927) to be associated, however, with cases of orchitis, kerato-conjunctivitis and rhinitis while sometimes vaccinia virus could be obtained from the popliteal glands of apparently normal rabbits. The occurrence of spontaneous vaccinial infections in rabbits is obviously of great importance in relation to the alleged transformation of various animal pock viruses into vaccinia by means of rabbit inoculations. Apart from these monosymptomatic infections, fatal epizootics among rabbits have been described in Paris by NICOLAU and KOPCIOWSKA (1929) and in New York by PEARCE, ROSAHN and HU (*1*, *2*, 1933). The first epizootic wave occurred in New York, according to GREENE, in 1930; it was followed in 1932 by a more extensive outbreak, while a third wave came in the winter of 1933–4.

Before the actual onset of the epizootic the health of the rabbit colony had deteriorated. Immunity was of short duration, but at the same time, though contagiousness remained high, the severity of the natural disease decreased in animals which possessed no specific immunity. The first animals to contract infection reacted with a fulminating pneumonia and for some time the specific lesions were entirely visceral. At the height of the epidemic, pathological changes were widespread and cutaneous manifestations were the most typical clinical feature. Towards the end visceral lesions were infrequent, monosymptomatic infections were common, and skin changes rare.

The experiments of PEARCE, ROSAHN, and HU (*1*, *2*, 1933) showed that the rabbit-pox virus was decidedly more virulent than the laboratory passage strain of neurovaccine and far more virulent than dermovaccine. This virulence was retained for a period of nine months, then gradual reversion to a less virulent condition occurred and spread of the infection ceased. Rabbit-pox, like small-pox in man, is essentially a winter disease. Although according to PEARCE, ROSAHN, and HU (1936) the differences between rabbit-pox and neurovaccine are not great, it seems most probable that the two viruses are distinct, more especially in view of the description by MAHLICH (1919) of an apparently spontaneous rabbit-pox in Europe and of the fact that at the time of the origin of the epidemic in New York there was no apparent source from which neurovaccine could have reached the rabbits. On the other hand the gradual waxing and waning of the virulence of the virus in relation to environment, as described by GREEN, suggest that the variation may be more akin to a *Dauermodifikation* than to a true mutation.

d) Animal Pock Diseases.

I. Cow-pox.

The origin of cow-pox is still uncertain. Jenner (1798) believed that cow-pox always arose from "grease" or horse-pox. This view was replaced by the theory that the disease in the cow was contracted from cases of human variola. Cows and calves, however, are by no means easily variolated directly from man and, as was shown by Chauveau (*2*, 1866), lymph from cows inoculated with human variola frequently produced in man the development of pox as a severe general affection. It is in fact only by repeated passage and by using the monkey as intermediary, as was first shown by Copeman (1902), that success may be obtained. Even when a vaccinial variant has been produced it is by no means easily propagated in series in the calf, for serial passage of vaccine lymph results in marked loss of activity unless reactivated by passage through the rabbit (*cf.* Clearkin and Skau, 1931). With increase in the number of vaccinated persons in the community it was thought that cow-pox arose from vaccinated human beings, yet efforts to connect outbreaks of cow-pox with either human variola or vaccinia have as a rule ended in failure. Ceeley (1840) in describing cow-pox in the Vale of Aylesbury stated that he had never succeeded in tracing positive or probable intercourse of convalescents from small-pox, their friends or attendants, with a dairy or its occupants except in one doubtful instance where a milker labouring under modified small-pox had carried a child some miles.

In more recent times outbreaks of cow-pox have occurred in Pomerania, in Austria, and in Holland; in the latter country a case of what appeared to be encephalitis was associated with an outbreak of cow-pox. Frenkel (1931) in Holland described five outbreaks in one year, but no connection between these outbreaks and recently vaccinated persons could be demonstrated. In Great Britain cow-pox appears to be much more prevalent in certain localities than others despite the widespread practice of vaccination of human beings against small pox.

Kaiser and Weinfurter (1931–32) and Kaiser, Gherardini, and Michna (1933) in Austria also failed to show any close connection between vaccinia in man and outbreaks in cattle. A spontaneous outbreak of a pox disease transmissible to man was described by Oreste and Sabbatini (1878) in buffaloes. Sayer and Amos (1936) however believe that they observed cow-pox developing in cows as a result of infection from recently vaccinated persons. One recently vaccinated individual was, however, reinfected from the cows and developed a single lesion on the hand. The question of paravaccinia, milker's warts, was not considered. For the present, therefore, as Ledingham (1935) has recently pointed out, cow-pox must be regarded as a disease *sui generis*.

The connection of cow-pox with vaccinia is nevertheless a close one and as a general rule material collected from cows "takes" on rabbits' corneas or on the skin of calves. The lesions of cow-pox in man, however, are not always identical with those of vaccinia: recently Kaiser and Gherardini (1933–4), for instance, have described in addition to the local lesions on the fingers, hands and face, accompanied by lymphangitis and lymphadenitis, hard cherry-red nodules which are possibly related to the lesions described by von Pirquet (1915) as occurring particularly in association with revaccination and termed by him paravaccinia. This condition, characterized by acidophilic intranuclear inclusions (Lipschütz, 1919–20) and an absence of Guarnieri bodies is probably due not to vaccinia but to another virus.

The question of "Milkers' Warts", "false cow-pox" or paravaccinia is fully discussed by Bonnevie (1937) who showed that both cows and sheep were susceptible to a paravaccinial virus which gave no reaction on the rabbit's cornea. In addition to milkers the disease was not infrequently seen in slaughter house workers. Salkan (1933) found that immunity to small-pox did not protect against the warts while in persons not immune to small-pox or vaccinia the disease in no way differed from that seen in immune persons.

On the other hand, numerous observers [Green 1908, Reece 1921, van Heelsbergen 1922, Frenkel 1931 and Downie (*2*) 1939] found that the virus of spontaneous cow-pox and laboratory strains of vaccinia produced effective immunity against each other in animals, while immune sera prepared against either virus neutralized both. Downie (*2*) 1939, however, showed that in agglutination and complement-fixation tests with hyperimmune sera, the titres for the homologous virus are usually higher than for the heterologous virus. By cross absorption of such sera with elementary body suspensions of the virus, differences in their antigenic composition can be demonstrated.

Downie (*1*) 1939 has noted differences in the cytoplasmic inclusions produced in rabbits and guinea-pigs by strains of vaccinia and cow-pox. The inclusions caused by vaccinia appear as irregular granular masses in the cytoplasm of infected cells, while those due to cow-pox are large, homogeneous and sharply defined. Cow-pox virus inclusions are seen in cells of mesodermal origin more commonly than in the case of vaccinia virus. In addition, lesions produced by cow-pox are of a more haemorrhagic nature, while the vaccinial lesions show a greater tendency to cellular necrosis with an excess of polymorphonuclear leucocytes in the inflammatory exudate. Similar differences in the lesions produced by the two types of virus are seen in the chorio-allantoic membrane of the developing chick embryo.

It seems probable, therefore, that the virus of spontaneous cow-pox is not identical with that of vaccinia and that although the antigens of the two are very much alike, there exist both qualitative differences in the heat labile antigens and differences in the lesions experimentally produced.

II. Horse-pox.

The existence of a disease in horses analogous to cow-pox was first recognized by Jenner (1798), who believed that "grease" was the source of cow-pox. For a time Jenner used equine lymph for human vaccination. Loy (1801) defined more precisely the disease termed "grease" and showed that at least two conditions were included under this term, one a specific infection, the other non-specific and applied to any banal lesion about the heels. The term horse-pox was first employed by Bouley (1862), while de Jong (1916) proved that contagious pustular stomatitis was the same infection as horse-pox. Following Jenner, a number of observers, including Loy (1801), Pételard (1868), Eggeling and Ellenberger (1878), Friedberger (1879), Bassi (1896), and Cameron (1908) recorded the possibility of infecting man either directly from the horse or indirectly through the calf. In both man and calf the resulting lesions resembled vaccinia.

Attempts to infect horses with small-pox have not been numerous, and according to Blaxall (1930) it is uncertain whether the eruption produced is analogous to vaccinia or variola.

Horses are, however, definitely susceptible to vaccinia, which may produce either a generalized reaction or pustular stomatitis. Horses which have suffered from horse-pox are refractory to vaccinia infection. Rabbits immune to vaccinia are said by de Jong (1916) to exhibit an allergic reaction when inoculated with horse-pox, and *vice versa*. Inoculation of the rabbit cornea with horse-pox produces typical Guarnieri bodies in the corneal cells. Further confirmation of these results was obtained by Toth (1922) and Zwick (1924). Van de Kasteele (1915) found that an antigen prepared from horse-pox lesions fixed complement in the presence of serum from a rabbit immunized against vaccinia.

It is thus obvious that the virus of horse-pox is very closely related to that of vaccinia, nevertheless efforts to attribute the origin of all epidemics of horse-pox to infection from recently vaccinated human beings or calves or to associate all epidemics in horses with outbreaks of cow or sheep-pox have failed. Horse-pox, for the present at any rate, must, as in the case of cow-pox, also be regarded as a disease *sui generis*. Further observations on the antigenic structure of the viruses of horse-pox and horse-pox vaccinia are obviously required.

III. Sheep-pox.

There is still much uncertainty in regard to the relationship between sheep-pox and the other pox viruses, more especially vaccinia. The following facts are not in dispute. The lesions of sheep-pox bear a close resemblance to those of variola and vaccinia, and Guarnieri-like bodies are found in the cytoplasm of certain cells. Although considerable differences in virulence exist between strains of sheep-pox virus, there is no evidence of different antigenic strains (Donatien and Lestoquard, 1930, 1936; Ježić, 1932). In some outbreaks, possibly owing to the breed of sheep attacked, possibly owing to loss of virulence on the part of the virus, the eruption does not reach the vesicular stage, but the red nodules remain stationary for a time, then peel off and disappear. Certain races of sheep, more especially the North African and the Breton, are highly resistant (Nocard, 1888). The goat can with some difficulty be inoculated with sheep-pox according to Voigt (1909) and Blanc, Melanidi and Stylianopoulo (1926), although under natural conditions it is resistant (Balozet, 1931). Bridré (1931) has found that local lesions may follow intradermal inoculation in the gazelle *Gazella dorcas* and the mouflon *Ovis tragelaphus*.

Inoculated subcutaneously in the sheep, sheep-pox virus produces an oedematous swelling and if passaged in series by this route there is gradual adaptation to mesodermal and loss of virulence for epidermal tissues, the adaptation being similar to that noted by Ledingham and McLean (1928) in the case of vaccinia (*cf.* Donatien and Lestoquard 1936).

Prolonged cultivation on the chorio-allantoic membrane of the chick embryo is said by Gins and Kunert (1937) to induce loss of virulence in the sheep-pox virus.

The sheep is susceptible to variola-vaccinia which can be passaged in series. On passage in the sheep variola-vaccinia retains its original character and is still transmissible to the rabbit and calf. Inoculation with variola-vaccinia undoubtedly protects the sheep against a second inoculation of vaccinia, at least temporarily and provided that the first inoculation had produced a satisfactory reaction.

At this point agreement ends. It is still uncertain whether vaccinia in the sheep gives rise to immunity against sheep-pox or *vice versa*, whether sheep-pox can be transmitted to laboratory animals, thereby immunizing them against variola-vaccinia, or whether by passage in laboratory animals sheep-pox can be converted into vaccinia.

On the one hand there have been numerous claims to convert sheep-pox into vaccinia.

SACCO (1809) vaccinated children directly from sheep-pox, proving them immune by subsequent variolation. Sheep-pox after passage through man or calf was found to have lost its virulence for sheep and merely set up a local reaction at the point of inoculation. Sheep inoculated with vaccinia, probably humanized lymph, were said to have been immunized against sheep-pox.

CHAUMIER (1905) inoculated a calf, goat, and ass with sheep-pox material. No result was obtained on the calf, but goat and ass were positive and transference to calf and children gave typical vaccinia.

GINS (1919) inoculated rabbits cutaneously with sheep-pox and on passage to the fourth rabbit produced an eruption that on subsequent transference to the calf gave typical confluent vesiculation. On the corneas of rabbits histological changes were set up which after further passage became similar to those produced by normal vaccinia.

He also attempted to inoculate a sheep with material from a pustule in a child dead of small-pox. After five days small pustules arose at the site of inoculation and the temperature rose, remaining above normal with some intermissions for twelve days. There were no constitutional symptoms and no generalization of the eruption. Unfortunately, it was not proved that immunity to sheep-pox had been induced by the human variola. GINS (1920) also showed that sheep could be immunized against true small-pox by inoculation with crude calf lymph; glycerinated lymph produced only partial immunity. More recently GINS and KUNERT (1937) have again claimed to protect sheep against sheep-pox by the injection of fresh highly active vaccinia virus. TOYODA (1924) found direct transference of sheep-pox to the calf difficult, but passage through the ass facilitated the change. Complete immunity in sheep, calf, child, rabbit and guinea-pig was given by sheep-pox not only against vaccinia but also against fowl-pox.

KII and KASAI (1926) inoculated sheep-pox virus intratesticularly into rabbits; transference to the calf after three or four passages yielded typical vaccinia. Sheep-pox virus passed through rabbit testicles did not, however, immunize against sheep-pox, nor did vaccinia in their hands immunize sheep against sheep-pox.

KASAI (1931) claimed to have transmitted sheep-pox virus to the rabbit by intratesticular passage: after three transfers the virus gave rise to cutaneous pustules of a vaccinial type in several calves. These calves were subsequently immune to vaccinia, as were ten children who on inoculation with the sheep-rabbit-calf strain had presented lesions indistinguishable from those of vaccinia. Although a transformation of sheep-pox into cow-pox is claimed, there is no indication that precautions were taken to prevent either the rabbits or calves becoming spontaneously infected with vaccinia.

KASAI (1931) also obtained an "ovinized" vaccine by passing vaccinia virus through the sheep.

After twenty-three generations the "ovinized" strain became avirulent for the calf and much less virulent for the rabbit. Sheep inoculated with this virus exhibited a certain degree of immunity against sheep-pox but were partially susceptible to vaccinia.

SANJWA RAO (1938) who has studied the effect of cultivating sheep-pox virus on the chorio-allantoic membrane of the developing chick embryo, found that the lesions showed no umbilication as in vaccinia. Natural sheep-pox virus failed to infect the rabbit, but the virus as modified by passage on the chorio-allantoic membrane caused a delayed reaction, while after three passages it behaved like vaccinia in the calf. Serial passage in eggs also caused a loss of generalizing power in the sheep, purely dermal lesions being induced. Although the cultured sheep-pox virus produced no appreciable immunity in the rabbit against low dilutions of vaccinia, it inhibited the vaccinial reaction in high dilutions. A rabbit immunized against vaccinia, on the other hand, was immune to cultured sheep-pox virus even in dilutions of 1 in 10. Anti-vaccinial serum completely neutralized the cultured sheep-pox virus and an anti-sheep-pox serum partially inhibited both cultured sheep-pox virus and vaccinia virus.

In opposition to these successful or partially successful experiments must be set the following failures.

Nocard and Leclainche (1903) failed to infect man, the horse, cow, goat, pig, dog, monkey, rabbit, guinea-pig, and birds. Borrel (1903) could find no immunity in the sheep between vaccinia and sheep-pox.

Voigt (1909) as a result of attempts to inoculate the calf and rabbit, believed that his sheep-pox virus was contaminated by vaccinia virus. Roncal and Sonoria (1915) found that sheep inoculated with vaccinia were not entirely protected against sheep-pox. Bridré and Donatien (1921) considered vaccinia and sheep-pox entirely distinct. They were unable to transmit sheep-pox to calves or rabbits or to show that sheep-pox immunized against vaccinia. Gins (1927) failed to infect rabbits with sheep-pox either by intravenous or intra-testicular inoculation.

Blanc, Caminopetros, and Melanidi (1927) at first claimed that by intra-cerebral inoculation of sheep-pox into rabbits they had produced an encephalitis, the brain after the third passage giving rise to typical vesicles in calves and in children. Later, however, these claims were withdrawn as it was believed that the rabbits had become infected with neurovaccine. Ježić (1931) also failed to immunize sheep against sheep-pox with vaccinia virus. Bridré (1931) reached the same conclusion, the positive results of previous workers being criticized on the grounds that they were almost all obtained in lymph establishments. The ease with which calves and rabbits kept in such laboratories become spontaneously infected with vaccinia is now well-known, but in the majority of cases where claims to convert sheep-pox into vaccinia have been made, quite inadequate precautions have been taken to guard against accidental contamination. Where precautions have been taken negative results have generally been obtained. More extensive and more carefully controlled experimental evidence is thus required before it can be asserted that sheep-pox can be converted into vaccinia or that vaccinia is antigenically identical with sheep-pox. Sheep and goat-pox would seem to be closely akin and from the nature of the lesions produced by sheep-pox it is obvious that some relationship exists to the other pox viruses, though the exact degree of kinship must await further study. It is possible that atypical forms of sheep-pox may occur. Stark and his colleagues (1934), for instance, obtained a strain from the Southern Ukraine which histologically and experimentally differed from typical sheep-pox.

IV. Goat-pox.

Goats also suffer from a pox infection that has many analogies with sheep-pox. They are susceptible to vaccinia, the lesions being very similar to those in the calf: according to Melanidi and Tzortzaki (1937) they can also be infected with variola, being then immune to goat pox. Goats can also be infected with sheep-pox, though there is little or no evidence in support of Bollinger (1877), who believed that goat-pox is always contracted from sheep- or cow-pox. Nocard and Leclainche (1903) look upon the disease as one peculiar to goats. In mixed herds of sheep and goats, goat-pox infects only the latter. This is also the view of BLANC, MELANIDI, and STYLIANOPOULO (1926), who failed to transmit goat-pox to rabbits, dogs, fowls, or man, but found that it could be transferred to sheep. Calves are also insusceptible. These observations have been confirmed by KOLAYLI, MAVRIDIS, and ILHAMI (1933), who state that goat-pox virus inoculated intradermally into sheep causes only a slight reaction, though it immunizes sheep against sheep-pox and after passage through sheep becomes attenuated for goats. An antiserum against goat-pox virus neutralizes sheep-pox virus.

The majority of observers deny the possibility that the disease can be transmitted to man, though it is said that in Norway and Italy goatherds have been known to acquire the disease in the form of vesicles on the hands and arms. Whether these human infections occurred in persons immune to vaccinia is unknown. The only claims to have converted goat-pox into vaccinia are those made by GINS (1919), who repeatedly passaged the virus on the skin of the rabbit. Definite results were not obtained till the fourth rabbit passage, when the same appearances were obtained as with virulent vaccinia. The infection was then transmitted to the calf. As in the experiments with sheep-pox, no adequate precautions were taken to avoid the possibility of spontaneous vaccinia occurring in rabbits.

For the present, therefore, the conversion of goat-pox into vaccinia must be regarded as non-proven. There is, however, sufficient evidence to suggest that goat- and sheep-pox are closely allied, though the relation of these two viruses to vaccinia and the other pock diseases awaits further analysis. It must always be remembered, as GLOVER (1931) has pointed out, that certain outbreaks of so called pox in the goat may in reality have been contagious pustular dermatitis, a virus disease that attacks both sheep and goats but has no relation to the pox viruses. Ecthyma of sheep is also quite distinct from the pox infections.

V. Swine-pox.

Very little is yet known in regard to the potentialities of swine-pox virus. VIBORG (quoted by GINS, 1927) related an instance of swine having been infected with human variolous material. CHAUVEAU (*1*, 1866) claimed to have transmitted cow-pox to hogs, while BOLLINGER (1877) believed that the disease is contracted from infected cows or sheep. Vaccinia is certainly transmissible to swine. Whether the infections set up in swine by this and other pox viruses are equivalent to true swine-pox is unknown.

FRIEDBERGER and FRÖHNER (1908) described infection of man from swine, while GERLACH (1908) claims to have infected goats with swine-pox.

GINS (1927) by repeated passage on the skin of the rabbit believed that he had converted swine-pox into vaccinia, for after four rabbit passages he was able to infect a calf, producing typical vaccinial lesions, and from the calf a child. Spontaneous vaccinia in the rabbit was not guarded against in these experiments. YOSHIKAWA (1930) also believed that variola-vaccinia immunized against swine-pox and that the two viruses were identical. AKAZAWA and MATSUMURA (1935), in Japan, were able to produce with swine-pox first an orchitis in rabbits, while from the testicle-passage-strain rabbits could be inoculated intradermally. Spontaneous swine-pox was said to immunize 90 p. c. of pigs, the experimental infection 65 p. c., and vaccinia 42 p. c. MCNUTT, MURRAY and PURWIN (1928), on the other hand, were quite unable to transmit swine-pox to the rabbit, as was LWOFF (1935).

The problem of what is true swine-pox is still obscure, for it has been suggested that the pock disease of sucking pigs—water-pox—is distinct from true swine-pox (BENDINGER, SHILIN, and ZAITZEW, 1935). This benign condition has also been noted in Russia by LWOFF (1935) and in England by BLAKEMORE and GLOVER (1937). LWOFF found that experimentally infected pigs were not immune to swine pox while BLAKEMORE and GLOVER failed to find cytoplasmic inclusions in affected epithelial cells.

VI. Camel-pox.

If little is yet known of the true nature of the pox viruses that attack cattle, horses, sheep, goats, and pigs, even less is certain in regard to camel-pox.

This infection, first described by MASSON (1840) in India, appears sporadically in the Urals (AMANSCHULOFF, SAMARZEW, and ARBUSOFF, 1930).

It is suggested, though without any definite proof, that the infection of camels may originate either in variola in man or in sheep-pox. LEESE (1909), who has frequentely observed the disease, has never found any correlation between it and horse-pox, sheep-pox, or human variola. The disease can, however, be transmitted to man and is not uncommon in camel-drivers, where it is seen in the form of a benign eruption on the hands and forearms. This eruption is said to immunize against human variola. The camel is susceptible to vaccinia.

The inter-relationship of the pox mammalian viruses.

It will be seen from the foregoing discussion how little is yet definitely known in regard to the relationship of the whole group of pox viruses.

The following points appear, however, more or less certain:

I. Man is susceptible to four pock diseases, small-pox and alastrim, cow-pox and horse-pox. The relationship between the two former viruses is very close, but both breed true and there is no clinical, epidemiological, or experimental evidence to suggest that they are mutually interchangeable.

Although alastrim behaves as if it were derived from small-pox by the loss of a virulence antigen, there is no record of when such a derivation occurred. It seems, therefore, most probable that the two viruses separated off from a common stock at some remote period in the history of the human race, possibly in some relatively isolated community, for true small-pox does not seem to have reached Western Europe from the East before the fifteenth century A. D., and was certainly not present in America at the time of its discovery.

II. The evidence that variola-vaccinia is a stable variant of variola is almost conclusive.

The vaccinial variant appears when the variola virus is transferred to a new environment, either the skin of the rabbit after passage through the monkey, or less readily the skin of the calf. This need not necessarily imply that the variant is produced by the changed environment, for it is quite possible that vaccinia virus particles are present together with variola virus in the original inoculum placed on the skin of the rabbit. The function of the environment would thus be not formative but selective, vaccinia particles being encouraged to multiply, variola particles being killed off.

III. Vaccinia virus itself can produce variants. The epidermal, dermal, and tissue culture variants have rather the characters of *Dauermodifikationen* than of true mutations but neurovaccine would seem to be a true mutation. The status of rabbit-pox is uncertain.

IV. In addition to variola-vaccinia there is also a vaccinia formed from alastrim. Whether these two vaccinial viruses are identical or differ in certain respects quantitatively is as yet unknown.

V. Finally there remain the animal pox viruses which are found only in domestic animals—the cow, horse, sheep, goat, pig, and camel. Cow-pox and vaccinia are antigenically related; cow and horse-pox would also seem to possess some relationship, as would sheep and goat-pox, but so for as is at present known all these animal pock infections are probably diseases *sui generis*. Whether the pock diseases all originated from a primitive mammalian pox virus or whether through domestication and contact with man his domestic animals became infected with, and in the course of time modified, a human variola virus it is at present impossible to decide.[1]

VI. Some, if not all, of these pock viruses can probably give rise to vaccinial variants which may or may not be identical with variola-

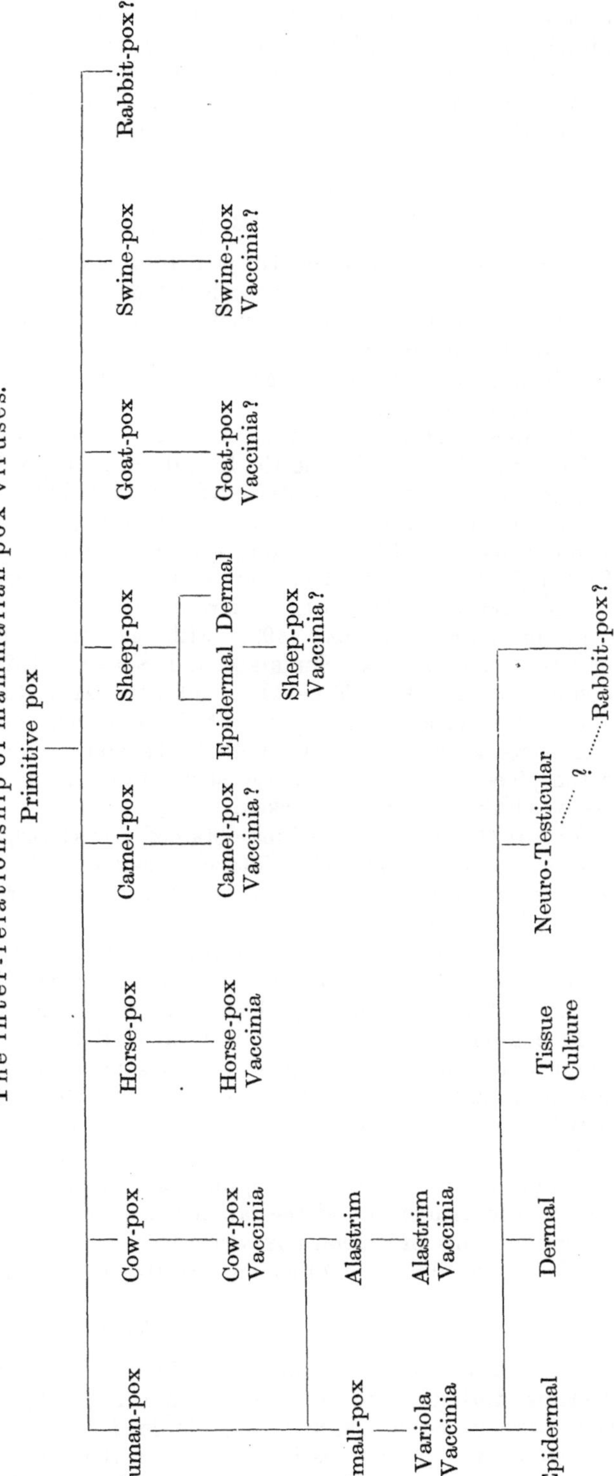

The inter-relationship of mammalian pox viruses.

[1] Domestication of the horse, sheep, cow, and camel almost certainly occurred in Asia, probably as early as 5000–3000 B. C. True small-pox is also of Asiatic origin.

vaccinia. Much of the evidence for the formation of vaccinia variants from the animal pox viruses is, for reasons already stated, by no means conclusive.

The pock viruses almost certainly represent an antigenic mosaic.

Antigenic analysis of the various virus particles can alone throw further light on the inter-relationship of this group of viruses for which a highly tentative scheme is proposed in p. 879.

2. Bird-pox.

As in the case of mammalian-pox, bird-pox viruses have been isolated from spontaneous outbreaks in a considerrable number of species. Hens, pigeons, turkeys, partridges, pheasants, quail, guinea-fowl, pea-cocks, rheas (VOGELSANG 1938) storks and ducks have all been found infected under natural conditions. The disease has also been recorded in canaries, house sparrows, bunting sparrows, and other finches.

The relationship of the various bird-pox viruses is still obscure.

Thus the strains infecting the fowl do not all possess the same pathogenicity for pigeons. BOLLINGER (1873) first recognized that pigeons are usually resistant to infection with fowl-pox virus. CARNWATH (1908) and BASSET (1926) failed to infect pigeons with virus from the hen, while SAITO (1926) and DOYLE and MINETT (1927) transferred hen-pox to pigeons only with considerable difficulty. GALLI-VALERIO (1925) with his strain easily transmitted infection from fowl to pigeon, as did FINDLAY (1928) with one strain though with two others he entirely failed. ZWICK, SEIFRIED, and SCHAAF (1928) BIERBAUM, EBERBECK, RASCH, and KAYSER (1931–1932), and BIERBAUM (1935) recognized mono- and bi-pathogenic strains in this group of viruses of which only the latter are effective in cross-species transmission. IRONS (1934) adapted one of three fowl-pox strains to the pigeon. On returning the strain from the pigeon to the hen there was loss of virulence for the chicken.

VITTOZ (1936) in Cochinchina obtained a fowl virus which was at first highly pathogenic for hens but after fifteen passages on the pigeon's skin its virulence for hens was much reduced: passage in the pigeon's brain also reduced the pathogenicity for hens.

GLOVER (1939) cultivated a fowl-pox virus on the chorio-allantoic membrane of the developing chick embryo: after 32 passages there was some attenuation for the fowl but no gain of pathogenicity for the pigeon.

Pigeon-pox strains show similar variability. Some produce a typical but benign lesion in the fowl and can be passed back to the pigeon after a single passage through the fowl (MARX and STICKER, 1902). FINDLAY (1928) and BIERBAUM, EBERBECK, and KAYSER (1931–32) found only a slight reduction in virulence for the pigeon after passage in chicks, the virulence being quickly restored after passage in pigeons. IRONS (1934) obtained similar results, but observed that the reduction in virulence and the rapidity with which it was regained varied with different strains of pigeon-pox virus.

The susceptibility of other species also varies with different strains.

a) Turkeys.

LAHAYE (1929–30) found no difficulty in passaging bird-pox between chickens, turkeys, and guinea-fowl. TIETZ (1932) could infect turkeys only with fowl-pox virus. IRONS (1934) obtained slight lesions in the chick with a turkey-pox virus; after serial passage in the chick the lesions appeared more typical of fowl-pox. The virus of turkey-pox could not be transferred to the pigeon even after passage through the hen. BRUNETT (1934) also failed to transmit turkey-pox to pigeons, but turkeys were susceptible to pigeon-pox though no immunity was produced against turkey-pox virus.

BRANDLY and DUNLAP (1938) described a strain highly pathogenic for turkeys but only feebly pathogenic for fowls to which it could not be adapted. However turkeys could be protected by vaccinating with a fowl-pox virus.

b) Guinea-fowl.

Both WARD and GALLAGHER (1926) and LAHAYE (1929–30) mention the susceptibility of this species, but IRONS (1934) failed to produce infection both with fowl-pox and pigeon-pox strains.

c) Partridges.

FINDLAY (1928) identified the lesions of bird-pox in a wild partridge, but was unable to infect chickens. Later a small outbreak occurred in partridges on an experimental game farm. The strain could be transferred to pigeons but not to hens or canaries; after passage in the pigeon mild lesions were obtained in hens.

d) Pheasants.

DOBSON (1938) isolated a virus from pheasants which was pathogenic also for fowls and pigeons: on passage in fowls the virulence increased for fowls but decreased for pigeons.

e) Ducks.

WARD and GALLAGHER (1926) state that the duck is susceptible, while TIETZ (1932) claims to have infected ducks and geese. DOYLE and MINETT (1927), FINDLAY (1928), and IRONS (1934) all failed to infect ducks. BEAUDETTE and HUDSON (1938), however, found that pigeon-pox grew readily on the chorio-allantoic membrane of the developing duck embryo.

f) Finches.

Localized pock diseases of canaries and other finches were described by SHATTOCK (1898) in the bunting-sparrow and by LAHAYE (1930) and EBERBECK and KAYSER (1932). Both the latter sets of observers found that their strains were pathogenic for canaries, sparrows, and chaffinches but not for fowls or pigeons. In both cases also the disease was of a benign type, immunity to subsequent inoculation being present after healing.

A strain examined in the writer's laboratory is strictly monopathogenic since it infects only sparrows and canaries. Cultivation for two years in a serum-Tyrode medium containing chick embryo tissue has failed to induce virulence for fowl or pigeon or to modify the virulence for canaries. REIS, NOBREGA and REIS (1936) have also described strains pathogenic only for canaries and for *Sporophila* sp. One virus isolated from an epidemic in canaries produced inclusions in *Sicalis flaveola*, *Oryzoborus angolensis* and *Sporophila* sp. but was completely innocuous for *Cyanocompsa cyanea* and the domestic sparrow.

BURNET (1933) found that the canary virus described by KIKUTH and GOLLUB (1932) closely resembled certain fowl-pox strains. It was extremely virulent for canaries and, in addition to the skin and bronchial epithelium to which ordinary fowl-pox lesions are usually restricted, all three germinal layers showed specific inclusions. This virus was pathogenic also for sparrows and mildly pathogenic for pigeons. Of three fowl-pox strains tested one produced lesions in the canary similar to those caused by KIKUTH's canary virus. After canary passage this fowl-pox virus showed some loss of pathogenicity for the chick. A fowl-pox virus failed to infect canaries, but IRONS (1934) managed to infect both canaries and sparrows with a pigeon-pox virus. TIETZ (1932) failed to infect canaries and other finches with fowl- or pigeon-pox.

In addition to mono- and bipathogenic strains of finch pox, REIS and NOBREGA (1937) isolated a tripathogenic virus which produced typical inclusions in the skin of fowls, pigeons and canaries. Repeated passage in fowls, pigeons or canaries did not induce any tendency to dissociation into monopathogenic strains. Fowls and pigeons immune to the tripathogenic virus were also immune to fowl and pigeon-pox viruses.

The evidence thus shows that there are many strains of bird-pox viruses differing slightly in their pathogenicity for various species but in some instances capable of increasing their pathogenicity for species other than those in which they originated and at the same time losing their pathogenicity for their original hosts. Pathogenicity may be regained by passage in the original hosts. This power of adaptation to environment suggests a *Dauermodifikation.*

BURNET (1936) has found that the lesions produced on the chorio-allantoic membrane of the developing chick-embryo are very similar whatever the strain of fowl pox employed. One strain, obtained in Australia, however, after passage produced foci of a type very similar to those caused by vaccinia virus. The virus retains its normal pathogenicity for the fowl after repeated egg passage.

Immunological observations have been few in number. As a general rule strains of fowl-pox cross-immunize, while pigeon-pox inoculated on the hen will immunize against fowl-pox though not always as well as strains obtained from hens. In the pigeon FINDLAY (1928) found that treatment with strains pathogenic only for the hen produced partial immunity against a strain pathogenic for pigeon and hen. Cross neutralization tests using the pock-counting method of BURNET and LUSH (1936) on the chorio-allantoic membrane of the developing chick embryo show that the viruses of fowl-pox and KIKUTH's canary disease though serologically very closely related are not identical. KAURA and GANAPATHY IYER (1938) noted slight antigenic differences between an Indian and an English strain of pigeon pox. The relationship of strains of bird-pox virus derived from different sources requires further investigation, more especially in regard to the action of agglutinating sera on the elementary bodies. As with mammalian-pox the bird pox viruses undoubtedly represent an antigenic mosaic.

BUDDINGH (*2* and *3*) (1938) found that a single intracerebral passage in young chicks of a fowl-pox virus modified its behaviour. The virulence for epithelial cells was increased and a capacity for infecting mesodermal and entodermal tissues was also newly acquired. This sudden change suggests a mutation.

Attempts to convert a strain of finch-pox into pigeon-pox and *vice versa*, using the method used by BERRY in converting rabbit fibroma into virus myxomatosum, have, in the writer's experience, entirely failed.

The possibility of a relation between bird-pox and mammalian-pox, more especially variola or vaccinia, has been suggested on rather slender evidence.

BOLLINGER (1873) many years ago recognized that fowl-pox cannot be transmitted to man. Of the various claims that have been made to transmit fowl-pox to rabbits all have neglected the possibility of spontaneous vaccinia in rabbits. LEVADITI and NICOLAU (1923), FINDLAY (1928), and IRONS (1934) entirely failed to infect rabbits. Although vaccinia can be transmitted to chickens, an anti-vaccinial rabbit serum has no virucidal action on the virus of fowl-pox, while LEDINGHAM (1932) has shown that a serum that agglutinates the elementary bodies of vaccinia has no action on those of fowl-pox.

ECHENIQUE-GUZMAN (1937) who has emphasized the clinical, immunological and histopathological differences between fowl-pox virus and vaccinia virus, has shown that continued growth of vaccinia virus on the chorio-allantoic membrane of the developing chick embryo does not lead to any approximation to fowl-pox in the character of the vaccinia virus.

The avian pox viruses should thus be regarded as distinct from the mammalian pox viruses; whether both groups arose from a common ancestor or whether their similarities are due to some degree of evolutionary convergence is unknown.

3. Varicella and zoster.

Since VON BÓKAY (1909) first postulated a common origin for zoster and varicella evidence has accumulated to show that the two conditions are very closely related. Although occasionally small epidemics of zoster have been recorded (MARINESCO and DRAGANESCO, 1923), the commonest observation is that varicella develops in susceptible children after exposure to a case of zoster, the interval between exposure and the development of varicella corresponding with the incubation period of the latter disease. This occurs, as was shown by KER (1920), with sufficient regularity to exclude its being due to chance. Less commonly zoster may develop after exposure to varicella, but in this case the victim of zoster is usually an elderly person who quite possibly may have suffered from varicella in youth. The two diseases thus have a different age incidence and in some years a different seasonal occurrence. On rare occasions zoster and varicella may coexist in the same person [*cf.* LOWE and SOMASUNDARAM (1936) and FERRIMAN (1939)]. In the majority of cases the patients were males over 50: the zoster was either coincident with or antecedent to the varicella, the longest interval being 12 days.

Nevertheless there is considerable evidence to show that the viruses responsible for zoster and varicella are either identical or very closely related.

KUNDRATITZ (1925) and LIPSCHÜTZ and KUNDRATITZ (1925) obtained typical chicken-pox eruptions in three out of twenty-eight children experimentally inoculated with zoster vesicle fluid. Several healthy contacts developed clinical varicella after the usual incubation period. In addition, children who had had varicella were insusceptible to the inoculation of zoster vesicle fluid and those that had recovered from experimental zoster infection were immune to the inoculation of varicella vesicle fluid. Similar results have been obtained by SIEGL (1927) and BRUUSGAARD (1932). Serological methods have also been used in order to obtain evidence of relationship between zoster and varicella. NETTER and URBAIN (1924, 1931) claimed that the sera of patients convalescent from either disease would fix complement in the presence of an antigen consisting of a saline extract of the crusts from either varicella or zoster. THOMSEN (1934) and HASSKO et al. (1938) were unable to confirm these results, while BRAIN (1933) likewise obtained unsatisfactory results with antigens prepared from crusts. Zoster fluid, however, gave good fixation in the presence of either zoster or varicella sera, and the same was true of varicella vesicle fluid. Different samples of vesicle fluid varied in their antigenic potency, and occasionally a vesicle fluid was found which was useless as an antigen. RIVERS and ELDRIDGE (1929), after demonstrating that chickenpox vesicle fluid will produce characteristic inclusions when inoculated intratesticularly in *Cercopithecus* monkeys, used this reaction to ascertain whether zoster convalescent sera contained antibodies capable of neutralizing varicella virus. Such a neutralizing effect was found in only one of three sera tested.

Paschen (1933) and Amies (1934) employed agglutination reactions. Paschen found that the elementary bodies in zoster vesicle fluid are agglutinated when mixed either with zoster or varicella convalescent serum. These results were confirmed by Amies, who also showed that suspensions of varicella elementary bodies were agglutinated in a fair number of cases by zoster convalescent sera, as were zoster suspensions by varicella convalescent sera.

It is thus obvious that the viruses of zoster and varicella are very closely related if not, as seems probable, identical. No satisfactory explanation, however, is forthcoming as to why in some instances varicella, in others zoster should result. There are two possibilities: *a*) a variation in the virus, *b*) a variation in the soil in which the virus is implanted.

The latter is the more probable explanation, zoster occurring when the ordinary virus of chicken-pox gains entrance to the nervous system of a person whose other tissues possess either partial or complete immunity. The immunity produced by a single attack of zoster is not great. Stern (1937) records three second attacks at intervals of $3^1/_2$, 5 and 24 years.

Coincident zoster and varicella would be explained as due to an escape of the virus from the nervous system to the blood in amounts sufficient to overcome a low degree of immunity.

The evidence on which this hypothesis is based is as follows-:

I. Viruses, e. g. yellow fever, Rift Valley fever, introduced into the central nervous system with immune bodies present in the circulation produce not the ordinary systemic disease but encephalitis.

II. Zoster occurs as a rule less commonly in young children who have never had chicken-pox than in older people, many of whom give a history of chicken-pox in childhood. Of 197 cases of zoster only 24 were in children under 10 years of age.

III. Immune bodies present in the circulation, e. g. in poliomyelitis and louping ill, do not necessarily immunize the central nervous system.

IV. Many viruses may coexist in an active condition in the tissues while immune bodies are present in the circulation, e. g. Virus III in the testicle of rabbits.

V. Symptomatic zoster, occurring for instance in association with the administration of arsenic or bismuth, is apparently due to the same virus as the idiopathic condition (Netter and Urbain, 1924). Bedson (1930) suggests that the virus of all types of zoster is the same as that of chicken-pox and that many persons are carriers of this virus in the central nervous system. The dormant virus is lit up by nerve injury (spinal cord, root ganglia, or peripheral nerves) and, reaching the skin by way of the affected nerves, produces an eruption in the area of skin supplied by them.

There is no evidence to suggest that the occasional cases of varicella encephalitis are produced by a virus with increased neurotropic tendencies.

4. Herpes.

Evidence in regard to the absolute similarity of all strains of herpes is at present lacking, for while immunity may develop in man against an autogenous strain, infection may still occur with a heterogenous virus. The virus of herpes possesses pantropic potentialities, since it is capable of producing lesions in tissues derived from all three embryonic layers. Under certain circumstances the neurotropic potentialities of the virus are enhanced, for while certain strains of the virus placed on the scarified rabbit cornea give rise merely to a keratitis, others pass up the optic nerve and cause a fatal encephalitis. DOERR and KON (1937) however divide the non-encephalitogenic strains into those which travel normally from the periphery to the brain, conferring latent immunity on the latter and those which may or may not travel but do not confer immunity.

The relationship between the strains is still obscure. LÉPINE and SCHOEN (1931) have found that strains of virus from fresh cases are more likely to produce encephalitis than strains isolated from persons with recurrent herpes, these latter strains being as a rule keratogenic only. The writer however has isolated a highly encephalitogenic strain from a case of recurrent traumatic herpes. Other differences between the neurotropic and pantropic strains have been observed.

KOPCIOWSKA and STROIAN (1929) found that freshly isolated strains inoculated into the brains of rabbits were more likely to travel along the peripheral nerves than strains adapted to the rabbit brain by a long series of intracerebral passages.

LEVADITI and NICOLAU (1922) observed that a herpes virus kept in glycerol may lose its power of producing skin lesions in the rabbit while retaining its neurotropic power. BEDSON (1930) also found that a dermotropic strain soon becomes inactive in glycerol.

Some strains, as was first pointed out by FLEXNER and AMOSS (1925), may remain active in 50 p. c. glycerol for a year or more while others become inactive in a few weeks. Dissociation of the tissue potentialities of the herpes virus may also result from exposure to heat for, as VEGNI (1922) and MARIANI (1924) have shown, exposure to 56° C. may destroy the keratogenic before the neurotropic activity. Oxidation may possibly cause a similar dissociation, for while PERDRAU (1927) found that a neurotropic strain kept best at a low oxygen tension, BEDSON (1930) found this factor unimportant for a skin strain.

Neurotropic strains are generally active when diluted 10^{-3} to 10^{-6}, skin strains rarely bear dilution more than 10^{-4}.

There is some evidence, which, however, requires increasing, to show that brain passage of a herpes virus results in a loss of affinity for the skin and cornea and *vice versa.*

ELFORD, PERDRAU and SMITH (1933) have found that the approximate size of the two strains is the same. It thus seems probable that the distinction between neurotropic and dermotropic strains is quantitative rather than qualitative in character, more especially as MAGRASSI (1935) has recently shown that "non-encephalitogenic" strains do actually invade the brain. BURNET, LUSH and JACKSON (*1*, 1939) found that repeated passage of two herpes strains on the chorio-allantoic membrane of the chick embryo produced increased virulence for the chick embryo, in one instance associated with decreased activity for the rabbit's cornea.

SABIN (1934) has brought forward evidence to show that there is a generic relationship between herpes, pseudorabies and Virus B.

The exact status of virus B is still rather uncertain. GAY and HOLDEN (1933) regard it as a somewhat atypical herpes strain, but SABIN (*1*, *2* and *3*) (1934) and SABIN and WRIGHT (1934) point out certain significant differences in its behaviour such as its pathogenicity for monkeys, production of visceral lesions in rabbits and failure to cause keratitis. BURNET, LUSH and JACKSON (*2*) (1939) believe, however, that herpes and virus B are closely related immunologically. The inoculation of monkeys with virus B results, for instance, in the appearance of antibody considerably more active against herpes virus than against the homologous virus, suggesting that virus B is a more "complete" antigen than herpes virus.

5. Pseudo-rabies.

A number of strains of the virus of pseudo-rabies or AUJESZKY's disease have now been been isolated in Europe, Africa and America. The behaviour of these various strains in animals appears to be very similar. REMLINGER and BAILLY (1937), however, have noted certain slight quantitative differences. Thus the African strain is virulent in much higher dilution than the European, though the latter is more resistant to desiccation: the African strain is less resistant to exposure to ether than the European and American. SHOPE (1931) found that whereas the European strain becomes septicaemic in experimental animals, the American strain is localized at the site of inoculation and in the lung. Virulence of the virus may be modified by animal passage. SHOPE (1933) noted that after repeated intracerebral inoculation in guinea-pigs the virus becomes apathogenic for this species when inoculated subcutaneously unless enormous doses are employed, although full pathogenicity is retained for the rabbit both on subcutaneous and intracerebral inoculation. GLOVER (1939) observed that after cultivation on the chorio-allantoic membrane of the developing chick embryo the virus is gradually attenuated as shown by a steady increase in the duration of the experimental disease from 2 to 5 or 6 days in guinea-pigs and from 2 or 4 to 7 or 10 days in mice. In addition, the general symptoms of the disease are less marked, pruritus disappears and the local lesion is almost always absent. BURNET, LUSH and JACKSON (*1*) (1939) obtained similar results but found that at the same time the virulence of the virus had increased for the chick embryo.

The relationship on pathological and immunological ground of the viruses of herpes, virus B and pseudo-rabies has already been mentioned. While herpes virus produces mild infections in man associated with the carrier state, virus B appears to be similarly related to the rhesus monkey and pseudo-rabies to the pig, at least in the middle west of America. It is reasonable to suppose that the three viruses have at some time arisen from a common ancestor, and in the course of time have become adapted to an almost commensal existence in man, the rhesus monkey and pig respectively. Although unrelated immunologically, virus III in rabbits possesses epidemiological and pathological similarities to the above three viruses.

6. Rabies.

Variation in the virus of rabies is of special interest, for it is now just over fifty years since PASTEUR first demonstrated that modification of rabies virus may be caused at will by the simple expedient of brain to brain passage in the rabbit.

Before discussing the exact relationship of fixed to street rabies virus it is of interest to determine whether all the rabic viruses found in nature are identical in their pathogenicity for animals, in the pathological changes they produce, and in their antigenic characters.

There is a general idea that, on the whole, strains of street virus from Africa and Eastern Europe are more benign than those of Western Europe. Comparison of a number of Moroccan and Eastern European strains shows, however, that there is no essential difference between the two groups, although in both groups strains of either reduced or enchanced pathogenicity may be encountered.

From time to time somewhat atypical symptoms are produced by rabic viruses. Thus KOBAYASHI (1925) obtained a virus in the epidemic of encephalitis that occurred in Japan in 1924, though the evidence that it was of human origin is not quite clear. Although resembling in many ways a typical rabies virus, it differed by infecting dogs only when introduced subdurally, in localizing chiefly in the brain of infected animals, and in the prolonged course of the experimental disease. Cowdry (1927), however, from a comparative study of the virus of Kobayashi and that of rabies, believes that they are identical.

Koritschoner (1923) also isolated a somewhat atypical virus from the brain of a patient who died of encephalomyelitis six weeks after having been bitten by a dog and having undergone a course of antirabic treatment. Rabbits inoculated intercerebrally with a brain emulsion developed an encephalitis with paralytic symptoms after an incubation period of 3–5 days. Intracerebral inoculation in dogs produced paralytic symptoms after an incubation period of four days, but without the formation of typical Negri bodies. Both Doerr and Zdansky (1924) and Nicolau (1925) regard this virus as closely related to that of rabies, while Takaki (1926) by serum neutralization tests claims to have identified the Koritschoner virus with rabies. This apparently rapid conversion of a street rabies virus into something resembling a fixed virus in the brain of a person whose viscera were in all probability partially immunized is of interest, more especially in view of the fact that the reverse process has recently been described by Proca and Jonnesco (1935). Mice inoculated intracerebrally with a fixed rabies virus and subcutaneously with immune serum died after a prolonged incubation period of from 42 to 57 days. The virus obtained from their brains gave rise to rabies in rabbits only after an incubation period of from 11 to 12 days, more than twice as long as with the ordinary fixed virus. In addition, well-formed Negri bodies were found in the rabbits' brains.

During the past few years a form of paralytic rabies in cattle has been found to occur in South America and in Trinidad. Hurst and Pawan (1932) at first suggested that the disease in Trinidad, where human paralytic cases also occur, is due to a rabic virus modified by passage through the tissues of the bat. One ground for this assumption was the relative difficulty in establishing the virus in the rabbit as contrasted with the monkey and the guinea-pig. This behaviour, however, is not peculiar to the Trinidad virus, for Hurst (*2*, 1936) has also encountered the same difficulty with a rabic virus isolated in New Jersey, U. S. A., from a case of paralytic canine rabies. Pawan (1936), however, found that the inoculation of dogs with Trinidad virus always proved negative, but after passage through monkeys it was possible to infect dogs. In no case, however, did the dogs show symptoms of furious rabies, the dumb form only, with paralysis of the jaws and hind legs, developing. It thus seems doubtful whether all naturally occurring rabies viruses are absolutely identical in character, though the differences are probably quantitative rather than qualitative.

The transformation of street virus into fixed virus is brought about by the continued brain to brain passage of the virus in the rabbit, whereby the incubation period is progressively shortened. A rabies virus is said to be fixed when it produces by subdural inoculation into the rabbit a disease characterized by a constant short incubation period and a constant rapid evolution. The conversion or fixation of all street viruses does not occur in the same time. Thus Levaditi, Nicolau, and Schoen (1926) divide street rabies viruses into three classes according to the ease with which they can be converted into fixed virus: (*1*) strains with spontaneous mutations—the transformation appears on first passage in rabbit brains and is maintained (virus renforcé of Remlinger), (*2*) easily mutable strains—transformation into fixed virus only occurs after a certain number of passages, (*3*) nonmutable strains that do not become converted into fixed virus even after a considerable number of passages.

A number of strains of street virus have been isolated with a very short incubation in rabbits by Jonnesco (1938) and Pawan (1938). The latter obtained a virus from a vampire bat with an incubation period in the rabbit of 48 hours.

LEVADITI, LÉPINE, and SCHOEN (1929) also found that from the same original strain two lines may be obtained, one that showed a sudden conversion into a virus of the fixed type with a complete absence of Negri bodies, the other a gradual conversion into a fixed virus. NICOLAU, MATHIS, and CONSTANTINESCO (1932) observed in addition a constant difference in the incubation period of two lines derived from the same strain of virus.

The fact that by passage of a streeet virus through guinea-pig's brains its virulence for rodents was more rapidly enhanced than when the passages were made in rabbits was apparently known to PASTEUR. HURST (*3*, 1937) has recently shown that in both rabbits and guinea-pigs rabies follows intravenous and intramuscular injection much more constantly and more readily if the infecting material is guinea-pig brain rather than rabbit brain. This is not due to any property inherent in guinea-pig brain *per se* but to the fact that the number of infective units of guinea-pig virus needed to infect by the intravenous route is much smaller than in the case of rabbit virus. The former can be said truly to be more virulent on peripheral inoculation than the latter. The effect of guinea-pig passage is, however, seen only with strains of rabies virus that are some passages removed from the street virus.

Apart from the constant short incubation period produced by the fixed as compared with the street virus, the other main changes resulting from fixation are: (*1*) the failure to produce Negri bodies in the brain; (*2*) the lack of pathogenicity when inoculated subcutaneously, more especially in primates.

The capacity to produce Negri bodies varies, however, with different strains of fixed virus as was indicated by NICOLAU and KOPCIOWSKA (1932) and LEVADITI and SCHOEN (1935), who, for instance, found that the Tunis strain of fixed virus produced more Negri bodies than either the Pasteur or Tangier strains. LÉPINE and SAUTTER (1936) have found that the Sassari strain of fixed virus readily produces Negri bodies in rabbits and is also virulent for laboratory animals when injected subcutaneously. Initially the Sassari strain was derived from the Paris strain from which it now differs profoundly. GENEVRAY and DODERO (1936) have reported that the Hanoi strain of fixed virus has also undergone differentiation from the parent Paris strain.

The lack of pathogenicity of the fixed virus when inoculated subcutaneously has been ascribed to failure of the virus to pass centripetally up the nerves (NICOLAU, DIMANCESCO-NICOLAU, and GALLOWAY, 1929) and to increased adaptation to the central nervous system, since a fixed virus with progressive disappearance of Negri bodies can also be produced by brain to brain passage of a street virus in dogs (JONNESCO, 1930). These conclusions are strengthened by certain experiments reported by BOZZELLI (1935). Mixtures of fixed and street virus were inoculated subdurally, into the anterior chamber of the eye, the muscles of the neck and the muscles of the limbs of various animals. When the mixture was inoculated subdurally the animals died from fixed virus, when into muscles they died from street virus.

LEVADITI, SCHOEN, and REINIÉ (1937) have found that the street virus can easily be passaged in series in the PEARCE-BROWN rabbit carcinoma; with fixed virus it was not possible to obtain subpassages with regularity.

On the other hand in passing continously from rabbit brain to rabbit brain REMLINGER and BAILLY (1935) have found that certain fixed viruses become more sensitive to desiccation and to the action of glycerine, but less sensitive to dilution and to the action of ether. REMLINGER and BAILLY (*3*, 1937) recall the fact that Högyes started his dilution method with a virus whose lethal dose was 0,2 cc of a $^1/_{5000}$ dilution. In 1934 the corresponding dilution for the Tangier strain was $^1/_{900\,000}$. Of 11 strains of street virus of Moroccan origin the virulence varied greatly, the titres ranging from $^1/_{200}$ to $^1/_{100\,000}$. Remlinger and Bailly (*4*, 1937) ascribe this variation to the nature of the particular strain. In addition the clinical symptoms produced in the rabbit by certain fixed strains may show considerable variation and all variations between the purely paralytic and the purely encephalitic may be seen.

The characteristics of a number of fixed strains are discussed by Lépine (1938), Paris and Sassari strains, Dodero (1937), Hanoi strain, Virga (1938), Palermo strain, and Chiari (1938), Asmara strain.

Comparatively few observations have been made to determine whether there exist immunoligical differences between various strains of rabies virus. Puntoni (1923) and Schoening (1925), however, in experiments on the vaccination of dogs, encountered strains against which fixed virus failed to protect.

Havens and Mayfield (1932–1933), in experiments which still await confirmation, described four strains which failed to agglutinate with a serum made from fixed virus and four that agglutinated in low dilution but not to the full titre of the serum; the results of agglutination were controlled by virucidal experiments. They suggest that all strains of rabies virus possess one or more antigenic components in common, the differences being due to either (*1*) variation in the proportion or amount of these components, or (*2*) the possession by certain strains of additional fractions not represented in others. From a comparison of three strains before and after passage through the rabbit it is suggested that associated with other changes already described as characteristic of fixed rabies virus there occurs in the process of fixation a pronounced rearrangement of the antigenic structure.

From the above survey, therefore, it seems probable that as with fixed, so with street rabies virus there exist a number of strains. Since certain strains of street virus are very easily converted by passage into fixed virus while others are converted only with difficulty or not at all, it is not easy to assert that it is the actual passage through the rabbit that produces the change. It seems rather that the changed environment selects certain variants; these variants may be already formed before the environment is changed, may occur after the environment is changed, or may never occur. Just as in the higher animals and plants each species has a normal rate of variation, so in the case of the rabies virus, strains probably differ in the rate at which they produce variations.

If this conception of the relationship between variation and environment is correct it should, theoretically at least, be possible to reconvert certain strains of fixed virus into street virus provided that the variation rate of the fixed virus is of the same order as that of the street virus. Such a reconversion would of course only become apparent in an environment where street virus was selected at the expense of fixed virus. If, as seems probable, the central nervous system selects fixed in preference to street virus, no reconversion should become apparent as a result of continued passage in the brain. Thus Nicolle and Burnet (1924) made eleven successive intracerebral passages in the dog without producing any changes in the pathogenic properties of the virus. Later Nicolle and Balozet (1932) stated "le retour, par voie cérébrale, pendant plus de cent passages (huit années) à l'espèce d'où le virus tire son origine ne lui a restitué aucune des propriétés perdues: elle lui en a fait, au contraire, perdre d'autres". Similar results were obtained by Levaditi, Nicolau, and Schoen (1926), who after numerous intracerebral inoculations in dogs, monkeys and hens came to the conclusion that the transformation of street into fixed virus was irreversible, while Levaditi, Schoen, and Mezger (1932) failed to produce reconversion by passage in series in the brains of mice.

If reconversion of fixed into street virus is to be brought about it must obviously be in an environment other than that provided by the central nervous system. By continous growth of fixed rabies virus in the sciatic nerve of rabbits Nicolau and Kopciowska (*3*, 1935) appear to have brought about at least a partial reconversion. Their choice of the sciatic nerve as the environment in which reconversion might occur was due to the discovery by Nicolau, Dimancesco-Nicolau, and Galloway (1929) that street virus introduced into the brains of rabbits is dispersed centrifugally by the peripheral nervous system, while fixed virus inoculated in the same way is disseminated in a much less constant manner. If street virus is accustomed to travel along the peripheral nerves, it was argued that continued passage in the sciatic nerve should favour the growth of street virus in preference to fixed virus. It was, in fact, found that passage of the fixed Pasteur Institute strain, after 1493 passages in rabbits' brains, in the sciatic nerve of rabbits led to a great increase in the number of Negri bodies produced, to an increased capacity to travel along peripheral nerves (Kopciowska 1935) and to an irregularity in the incubation period—all characteristics of street virus. "Reconverted" virus, however, placed on the scarified skin of rabbits did not reach the central nervous system as it should have done had the reconversion into street virus been complete. It is of interest also that, as Nicolau and Kopciowska (*4*, 1935) have shown, intracerebral passage of the partially reconverted virus in rabbits causes a rapid loss of the power to produce Negri bodies. Further observations are obviously required to determine whether more prolonged passage in the peripheral nervous system will lead to a complete reconversion. Theoretically also street virus passaged in the sciatic nerves of rabbits should continue unfixed indefinitely.

It may here be noted that the capacity of fixed virus to produce Negri bodies may also be altered by passage in the brain of the hibernating hedgehog, in which animal numerous Negri bodies are found. An emulsion of the infected hedgehog brain injected intracerebrally into rabbits' brains also gives rise to an increased number of Negri bodies (Jonnesco) (1927). In dogs symptoms suggestive of infection with street virus were produced, together with Negri bodies but after three or four passages in dogs this power was lost (Jonnesco 1932). Similar temporary increases in the incubation period in rabbits and in the capacity to produce Negri bodies have been described by Proca and Jonnesco (1935) as the result of treating mice with antirabic serum and by Dodero (1938) following immersion in glycerine.

The claim made by Schweinburg and Wolfram (1937) that pemphigus and rabies viruses are immunologically related requires further confirmation.

7. Poliomyelitis.

Though there is as yet no evidence that variant strains of poliomyelitis virus exist comparable in their differences to the street and fixed rabies virus, there are nevertheless well-founded suggestions that all recently isolated "human" strains are not necessarily identical and, less convincing, that prolonged passage in monkeys, the only susceptible laboratory animals, produces some change in antigenic character if not in pathogenicity. It may be said at once that the suggestion that prolonged monkey passage reduces pathogenicity for man has recently been disproved in tragic circumstances, for a number of deaths have resulted from attempts to immunize human beings with monkey passage strains (Leake, 1935). As in the case of many other viruses, poliomyelitis virus is neither permanently attenuated nor in any way biologically altered by physical or chemical means (FLEXNER, 1935).

The suggestion that a plurality of poliomyelitic viruses exists in nature was first made by FLEXNER and CLARK (1911) on the ground that strains differ in the ease with which they can be passaged in monkeys for, even when primary transmission has been accomplished, many viruses die out after a few passages. In a sense, therefore, all strains in the laboratory are artificially selected for monkeys. For reasons at present obscure some strains of high virulence suddenly lose their pathogenicity for monkeys, but regain it after storage in glycerine (FLEXNER, CLARK and AMOS, 1914). Definite evidence that freshly isolated strains may be antigenically distinct was, however, first brought forward by ERBER and PETTIT (1934), who found that antisera prepared against four different strains, while neutralizing the homologous, differed considerably in their power to neutralize the heterologous strains.

Old passage strains of poliomyelitis were shown by STEWART and RHOADS (1929) to exhibit slight immunological differences one from another while TOOMEY (1938) has observed that the same anti-serum varied in its capacity to neutralize two different strains derived from the same original virus. More easily demonstrable differences were found by BURNET and MACNAMARA (1931) between a strain recently isolated from a human case in Australia and a strain that had been passed many times through monkeys. Thus, in comparing the neutralizing action of different human sera on their human strain and on a New York (MV) passage strain, it was found that, although pooled convalescent sera would neutralize both strains, a few tests with individual samples of convalescent sera failed to show this parallelism in that only the human strain was neutralized. Later HOWITT (1933) made similar comparative observations with seven samples of sera from convalescent adults. All these convalescent sera neutralized her human strain, whereas less than half of the sera neutralized her passage strain. It is of interest that the human strain employed was not derived from the epidemic in which the patients had sustained their attacks of poliomyelitis. PAUL and TRASK (1933 and 1935) also carried out experiments of this type. There was found to be a significant difference between two human strains and two passage strains, a slight difference between the two human strains, and no significant difference between the two passage strains. That all recently isolated "human" strains necessarily acquire the properties of passage strains after being carried through a long series of monkeys is improbable.

TRASK, PAUL, BEEBE and GERMAN (1937) for instance believe that, immunologically, prolonged monkey passage produces very little change in antigenic character. Similarities seem to exist between strains isolated from the same epidemic rather than between strains that have undergone the same number of monkey passages. TRASK and PAUL (1936) and HOWITT (1937) for instance both isolated strains that are infective for monkeys when given intradermally in small doses. Sera from patients infected by this "Sacramento" virus were found by HOWITT to give no protection against a monkey passage virus while sixty per cent. of monkeys immune to the Sacramento virus lacked tissue immunity against the passage virus. This may possibly imply a qualitative difference between the Sacramento and the passage virus. Definite variations in virulence have been noted between recently isolated strains similar to those between passage and recently isolated strains (KESSEL et al. 1938).

Although two attacks of poliomyelitis are rare, a certain number of cases have been described (COHEN, 1935) possibly because the immunity from one attack may not always suffice to protect against a slightly different virus.

FLEXNER (1937), however, has shown that monkeys recovered from one attack of poliomyelitis can be subsequently reinfected both with heterologous and homologous virus strains, a finding which shows that the tissue immunity produced may not always be sufficiently great to overcome infection even with the homologous virus. The evidence, as far as it goes thus suggests that qualitative differences may exist between different strains of poliomyelitis virus as shown by (*1*) lower invasive power of more recently isolated strains when compared with more virulent monkey passage strains (*cf.* KESSEL, VAN WORT, FISK and STIMPERT (1936) (*2*) differences in the neutralizing power of immune sera.

The evidence thus seems in favour of the view put forward by STIMPERT and KESSEL (1938 and 1939) that indications of immunologic variation are due to differences in antigenic structure.

8. Spontaneous encephalomyelitis of mice.

A form of spontaneous encephalomyelitis of mice, with lesions not unlike those caused by the virus of anterior poliomyelitis in man and the rhesus monkey, has been described by THEILER (1934 and 1937) in America. It has not been found in mice in England. THEILER (1937) has isolated five separate strains all of which have approximately the same degree of virulence with the exception of strain 4 which was relatively avirulent in that none or only a few mice inoculated developed symptoms of paralysis. By continuous passage in mice all strains tended to become more virulent. Cross immunity studies of four strains indicated that they were all very closely related if not identical.

9. Fox encephalitis.

The virus of fox encephalitis is as a rule highly pathogenic for foxes. GREEN (1936), however, found that in groups of foxes passively immunized by a serum containing immune bodies against the virulent strain a mild type of encephalitis developed, producing in the immunized animals a mortality of about 1 per cent. Under experimental conditions the virus produced the typical intranuclear inclusions in the endothelial cells but the mortality did not exceed 20 per cent. Subsequent observations have indicated that this mild type of virus is immunologically distinct from the type originally described. The original virulent virus is referred to as type A, the virus of low virulence as type B.

10. Foot-and-mouth disease.

Although the discovery of LOEFFLER and FROSCH that foot-and-mouth disease is due to a filterable ultramicroscopic virus was made as long ago as 1898, it was only after the high susceptibility of the guinea-pig had been demonstrated (WALDMANN and PAPE, 1920, 1921) that, as a result of the work of VALLÉE and CARRÉ (1922) two distinct strains were differentiated antigenically despite the fact that it was not possible to distinguish between them either clinically or pathologically. The types were designated "A" (allemand) and "O" (Oise). Later WALDMANN and TRAUTWEIN (1926) in Germany isolated three distinct types which were termed "A", "B", and "C". VALLÉE and CARRÉ's types "A" and "O" correspond to WALDMANN and TRAUTWEIN's types "B" and "A", while C is entirely distinct. To avoid confusion in nomenclature the three types are now labellad "A" and "O" (VALLÉE and CARRÉ) and "C" (WALDMANN). The method of typing usually employed is to adapt the virus to the pad of the guinea-pig, in some instances a lengthy process and at times one of considerable difficulty (ANDREWS, 1931). The results of typing strains on guinea-pigs have been shown to apply to cattle and other animals (STOCKMAN and MINETT, 1926 and 1927). Occasionally, when pigs and cattle are employed for typing, some strains show an apparent variation. Thus, TRAUTWEIN (1927) refers to an atypical "C" strain which required ninety-four serial passages in guinea-pigs before it reverted to a pure "C" type. Other variants were also described (TRAUTWEIN, 1929, and TRAUTWEIN and REPPIN, 1932); in addition it was found that while experimental infection of guinea-pigs with one of the three type strains provoked the formation of strictly homologous antibodies only, similar monovalent infection in cattle brings about the appearance of heterologous antibodies in 52 p. c. of experimental animals. This might, of course, be due to the fact that the cattle had previously suffered from unrecognized mild attacks giving rise to a partial immunity. SCHMIDT (1936), however, has found that guinea-pigs injected with vaccines containing two types and tested immediately afterwards by injection of active virus acquire immunity against the third type of virus with which they have never been injected. MANNINGER and LÁSZLÓ (1939) and MANNINGER (1931) have cast an element of doubt on the current assumption that fixed guinea-pig types can be considered as really representing corresponding fixed types in cattle. Thus they believe that in the course of an outbreak a virus may change its immunological character and acquire the capacity to reinfect animals in which it has already once caused an infection. They conclude that, though considerable immunological differences may exist in cattle, bovine strains with characteristics are not encountered in these animals. The so-called fixed types represent modifications that overlap or even change into one another, while in nature there are factors that induce a virus to change from "C" through "A" to the better fixed "O" type. LAWRENCE (1936) has recently described an apparently spontaneous variation occurring under natural conditions in Southern Rhodesia.

TRAUTWEIN and REPPIN (1932), in addition, call attention to the existence of "O" variants capable of infecting guinea-pigs immune to all three standard types, which later by repeated passage in guinea-pigs were induced to revert to the normal "O" form. ANDREWS (1931) also refers to the difficulties encountered in determining the types of certain strains of virus obtained from the Argentine. When tested in cattle three of them appeared to belong to the "O" type, though when tests were made on guinea-pigs the results were not so clearly defined, probably because of incomplete adaptation. Recently DAUBNEY (1934) has thrown further light on the constitution of fixed types by observations of foot-and-mouth viruses obtained from Kenya and Rhodesia. Three Kenya strains, two of them obtained from the same district at an interval of a year, when first transferred from cattle to guinea-pigs almost completely overlapped both "A" and "C" types, but as a result of repeated passage eventually became fixed in guinea-pigs as an "A". As the power to overlap "A" and "C" types had been maintained unchanged in cattle under natural conditions for at least a year, this type must be accepted as a relatively stable one in cattle.

Two Rhodesian viruses behaved quite differently. "Belingwe" virus began in guinea-pigs apparently as an "O" type, but in cattle at this stage it was able to infect animals immune to "A" and "C", and in one instance, a cow immune to "A", "C" and "Belingwe"; later it changed from "O" to the "A" and "C" type. When this transition had occurred, a further twenty-five passages failed to bring about fixation as a pure "A". The second Rhodesian virus, "Msase", in its first passage in cattle infected both "A" and "C" immunes and "Belingwe" immunes and did not itself confer any subsequent immunity against "O" strains. During its earlier passages in guinea-pigs there was, as in cattle, no cross-immunity between it and either "O" or "A" and "C" immunes. By the fifteenth guinea-pig passage it had, however, become an "O" type and so it remained for more than thirty passages, behaving also in cattle as an "O" type. On the other hand, virus taken in the form of stripped pads at the fourth giunea-pig passage and stored in glycerine for periods of from 5 to 14 months was found to have become fixed as an "A" type. Rhodesian viruses have also been investigated by the British Foot and Mouth Disease Research Committee (1937). The first five strains obtained from the 1931–1933 outbreak were difficult to adapt to guinea-pigs, but the sixth was adapted quite easily. From tests carried out on guinea-pigs these viruses appeared to be of the "O" type, but cattle immune to true "O" type virus were not even partially protected against the Rhodesian strains. From the 1934 outbreak in Rhodesia viruses of a different type were obtained which showed no immunity with the early Rhodesian strains or with viruses of the "O", "A" and "C" types. After 24 passages in guinea-pigs one strain, R/V. 8, from Salisbury, Rhodesia, showed some evidence of linkage with the "A" type. A strain obtained in Bechuanaland in 1934 (N'gamiland strain) was distinct from earlier Bechuanaland strains and from the "O", "A" and "C" type strains, but after 21 guinea -pig passages conformed to the "A" type. Difficulties in typing strains are encountered not only with viruses from Africa and South America, but with European strains, as is shown by the following results obtained by the British Foot and Mouth Disease Research Committee (1937).

Type determination of British Field Strains. (British Foot and Mouth Disease Research Committee 1937.)

Period	No. of strains examined	Type			
		"O"	"A"	"C"	Indeterminate
1924–1926	17	16	1	—	—
1928–Sept. 1930	23	21	—	—	2
Sept. 1930–Dec. 1930	5	5	—	—	—
Period ending Dec. 1931	16	5	—	1	10
,, ,, ,, 1932	14	12	2	—	—
,, ,, ,, 1933	29	13	15	—	1
,, ,, ,, 1934	24	16	5	1	2
Total 1924–1934	128	88	23	2	15

Particulars of some of the indeterminate strains are not without interest, for instance:—

Virus 147 on first adaptation to guinea-pigs appeared first as a "C" variant, after further passages it became a pure "C". After prolonged cold storage more of the original material adapted to guinea-pigs developed into a pure "O".

Virus 93 contained "O" and "C" antigenic components and was not a mixture.

Virus 108 possessed affinities with both "C" and "A" and was not a mixture of the two viruses.

Virus 163 passaged in England behaved as an "O" type, but passaged in Rotterdam behaved as an "A" type.

TRAUTWEIN (1927) and MANNINGER and LÁSZLÓ (1930) have also reported change of type as a result of storage in glycerine, while LIGNIÈRES (1932) has also found change of type from "A" to "O" as a result of prolonged guinea-pig passage. ECCLES, LONGLEY and THOMSON (1938) describe a virus from a bovine source which in cattle showed relationship with both O and A but none with C.

After ten guinea pig passages the virus was classified as O with no evidence of an A type factor. The twelfth passage gave evidence of the presence of A, O and C type antigens while after fourteen passages the virus was classified as a pure C type. Storage in glycerine for two years caused no further change of type. The bovine virus must therefore be regarded as a labile organism liable in cattle to spontaneous variations so great that they may render possible the reinfection of cattle through which the virus has quite recently passed. It is possible that the liability to spontaneous phase variations may be increased by natural passage through sheep, pigs, wild ruminants, or hedgehogs; the liability to variation is certainly increased by passage in the guinea-pig, an animal not naturally susceptible. It seems probable therefore that the strains of virus occurring naturally in cattle and swine are very frequently of complex antigenic character. The number of naturally occurring simple fixed types is still uncertain but undoubtedly there are many strains in which components of two or perhaps more types are combined. One particular type component of a complex strain may largely determine the immunological relations of the virus while another type component may be so combined as to be almost completely "recessive". The process of fixation in guinea-pigs may be regarded as involving an analysis of complex strains into simple components, certain types tending to survive, mutate or become dominant at the expense of others. Thus when mixtures of two types are passaged by the use of pad-inoculum in guinea-pigs type "O" as a rule is dominant to type "A".

Apart from antigenic differences it has been found both in the field and as a result of repeated transmission by artificial means that the foot-and-mouth virus may undergo wide fluctuations in pathogenicity, slowly increasing in virulence or losing potency so rapidly that the outbreak spontaneously subsides. In the tropics foot-and-mouth disease is often very mild, the mouth vesicles being so slight as hardly to interfere with feeding and drinking. This decreased virulence may be associated with the poor nutritional condition of tropical cattle since in European cattle foot-and-mouth viruses from the tropics are fully virulent.

On various occasions and in different countries, especially Germany, it has been found that an outbreak of foot-and-mouth disease was mainly or even exclusively confined to farm animals of one particular species although conditions appeared to be perfectly favourable to the extension of the disease to other susceptible species. Thus certain viruses have been found naturally occurring in pigs which are almost devoid of virulence for cattle while certain bovine strains may be almost apathogenic for pigs. The British Foot and Mouth Disease Research Committee (1937) found that with one virus of bovine and two of porcine origin earlier guinea-pig passages failed to increase pathogenicity for naturally resistant species and although after further guinea-pig passages inoculations caused characteristic but limited reactions in the resistant hosts the strains still failed to infect resistant species by contact. In no instance did the viruses become firmly established in or adapted to the resistant species. A type "A" strain of bovine origin sent from Holland to England was found after eight guinea-pig passages to have become almost apathogenic for cattle but highly pathogenic for swine.

Passage of foot-and-mouth disease virus through guinea-pigs in addition to modifying antigenic structure may thus bring about equally profound alterations in other characters.

Although foot and mouth disease virus will survive in the brains of mice attempts to obtain a neurotropic strain have so far failed.

11. Vesicular exanthema of swine.

In 1932 an outbreak of an infectious disease in hogs, characterized by vesicles and erosions on the snout and feet, occurred on a ranch in southern California. A year later another similar outbreak took place on a ranch near San Diego, California. As the sites and appearance of the lesions were identical with those of foot and mouth disease, it was at first thought that these outbreaks were due to foot and mouth disease. Traum (1936) found, however, that though the exanthema could be produced artificially in swine and at times in horses, it was not transmissible to cattle or guinea-pigs, and thus could not be classified as either foot and mouth disease or vesicular stomatitis. The virus of vesicular exanthema of swine, as it was termed, could also be differentiated by its inability to infect hedgehogs, which are highly susceptible to foot and mouth disease (Foot and Mouth Disease Research Committee 1937) and by the fact, that swine immune to the O, A and C strains of foot and mouth disease are nevertheless susceptible to vesicular exanthema of swine. It was suggested, however, that vesicular exanthema might be related to vesicular stomatitis. Crawford (1937), on the other hand, found that swine recovered from vesicular exanthema are susceptible to vesicular stomatitis as well as to foot and mouth disease. The disease must, therefore, be regarded as *sui generis*. Four strains of swine vesicular exanthema virus (A, B, C and D) have now been differentiated by Crawford (1937). Each of these strains appears to be a distinct type, causing an immunity to the homologous type, but not to the other three. Two of the types B and D, are infectious only for swine, while the other two types, A and C, are infectious for horses as well as swine.

12. Vesicular stomatitis.

The virus of vesicular stomatitis, a malady in certain respects not unlike foot-and-mouth disease, also exists in at least two strains (Indiana and New Jersey) which, though producing identical lesions in horses, cattle, and guinea-pigs, give no cross immunity (Cotton, 1927). Neither of the two strains of vesicular stomatitis yields any immunity against the virus of foot-and-mouth disease, from which, as Galloway and Elford (1933) have shown, it may be differentiated by filtration, the virus particles being of different size. While the virus of foot-and-mouth disease shows no power of producing lesions in the central nervous system, Cox and Olitsky (1933) have found that the virus of vesicular stomatitis produces encephalitis in mice, guinea-pigs, and monkeys. The dermotropic strain does not noticeably affect the liver and kidneys of guinea-pigs, though neurotropic strains injure these organs. In the kidneys there is found granular degeneration of cells lining the renal tubules, especially those of convoluted type, in the liver granular degeneration of the parenchyma and, in more advanced cases, isolated areas of focal necrosis, together with punctiform haemorrhages. Neurotropic strains still retain their capacity to produce lesions in the pads of guinea-pigs (Olitsky, Cox, and Syverton, 1934) though whether the dermotropic power is gradually reduced by repeated passage in brain tissue is not yet known. Naidu (1935) has described two neurotropic strains, one producing encephalomyelitis, the other meningitis. A strong protective antibody could be produced against the homologous but not against the heterologous strain. Neurotropism was increased not only by intracerebral passage but by tissue culture in brain tissue. It seems most probable that the virus of vesicular stomatitis is naturally pantropic i. e. capable of attacking tissues derived from all three embryonic layers. Further research is required to determine whether it is possible to produce strains pathogenic only for one embryonic layer.

13. Rinderpest.

Although there is some evidence to suggest that different breeds of cattle may vary in their reactions to infection with Rinderpest virus, there is as yet little evidence that variant strains of the virus exist in cattle under natural conditions, although occasionally very mild epidemics occur. POULTON (1927) records that in 1918 large numbers of waterbuck, *Kobus ellipsiprymes*, died from rinderpest in Uganda. In 1926 the mortality in the same species was very low. The virus may become attenuated for cattle under natural conditions by passage through wild pig (ALLAN 1930), buffalo (CARMICHAEL 1938) or antelope (CACCAVELLA 1936). After passage in cattle virulence again increases.

EDWARDS (1930), has also shown that as a result of passage through the goat the virus becomes attenuated for cattle. KERR and MENON (1934) have therefore employed spleen from infected goats as a vaccine for cattle and have found that in these animals the goat passage virus only produces a slight rise in temperature. The same is true in buffaloes (KERR, 1935), though in sheep, goat virus causes a 50 p. c. mortality (SRIKANTAIAH, 1934). Injection of bovine rinderpest virus into animals protected by the goat passage virus causes no reaction (RAHIM-UD-DIN, 1936). The goat-adapted virus is now being extensively used in India for immunization against rinderpest in cattle; 450 cattle in Bengal were successfully immunized with a low rate of mortality (OLIVER, 1936). NAIK (1938) has found that immunity in cattle induced by goat virus lasts for at least five years. The exact relationship of the variant to the parent strain is at present unknown.

A curious variation, not in the virus itself, but in its animal host is recorded by ELTON (1927). The African buffalo *(Bubalis caffer)* originally fed almost entirely by day, but after the rinderpest outbreak of 1890 it became a much more nocturnal feeder.

14. Yellow fever.

During the past few years intensive laboratory studies have been made of the possibilities of variation in the yellow fever virus with the object of obtaining a biologically attenuated virus that can be used for human immunization. Before describing the variations produced under laboratory conditions it is necessary to consider the question whether all naturally occurring yellow fever viruses are absolutely similar, the criteria for judging such similarities being (I) cross immunity, and (II) pathogenicity for animals and man. It was for long held that the yellow fever encountered in South American ports was rather less pathogenic for Europeans than that encountered in West Africa. Studies in immunity and of the lesions produced in animals show, however, that there are no gross differences between urban American and African strains. Differences in pathogenicity for animals do, however, exist, for one South American strain (F. W.), obtained from an urban outbreak, has for rhesus monkeys a very low pathogenicity, which it has consistently maintained for several years under laboratory conditions. The same low pathogenicity for rhesus monkeys is found in several strains of virus obtained from "jungle yellow fever" in South America. Two strains of yellow fever virus obtained from an urban outbreak in Accra, Gold Coast, in 1937 were also of low virulence for monkeys and in addition were of interest because in man they gave rise to intranuclear inclusions in 70–80 per cent, of the liver cells; most strains produce intranuclear inclusions in only 20–30 per cent. of human liver cells.

In certain parts of South America, as shown by SOPER (1935), the yellow fever virus is transmitted by mosquitoes other than the domestic *Aëdes aegypti*. The virus obtained from cases of jungle yellow fever can, however, be readily transmitted by *A. aegypti* and when transmitted by this mosquito and introduced into a town behaves as a typical urban virus. Whitman and Antunes (1938) believe that with strains of jungle yellow fever virus the minimal period in *Aëdes aegypti* between the infectious meal and the earlies capacity to transmit by bite is longer than with viruses of urban origin.

Variation in naturally occurring strains of yellow fever virus requires further investigation. If yellow fever viruses are maintained for long periods in laboratory animals, there occasionally occur periods when for no apparent reason the virulence of a virus decreases while later the full pathogenicity may be spontaneously restored.

Neurotropic Yellow Fever Virus.

It has long been recognized that nervous symptoms are by no means rare in the terminal stages of yellow fever; more recently Stéfanopoulo and Mollaret (1934) and Findlay and Stern (1935) have recorded symptoms such as optic atrophy, facial paralysis, and ptosis as sequelae of cases of ordinary yellow fever.

Theiler (1930) however, was the first to show that, under laboratory conditions, the neurotropic potentialities of yellow fever virus can be enhanced to such an extent as to change almost completely the pathogenicity of the virus. By inoculating mice intracerebrally with the French strain of ordinary yellow fever virus encephalomyelitis developed.

At first, following intracerebral inoculation, the mice died only after an interval of from 7 to 10 days; with repeated passage the interval to death was decreased, and finally the majority of the mice died on the fourth or fifth day after inoculation; the virus is then apparently fixed for mouse brains. At death, after intracerebral inoculation, virus is not found in the blood but only in the central nervous system, the peripheral nerves, and the adrenals.

In the tropics cerebral symptoms may develop in mice in three days after inoculation (Lloyd, Penna and Mahaffy 1933).

Adaptation of other strains of yellow fever virus to mouse brains was accomplished by Sawyer and Lloyd (1931) and others, until now there is abundant evidence to show that any strain of yellow fever virus may easily be rendered neurotropic by repeated passage in mouse brains.

Increased neurotropism due to repeated mouse brain passage alters the pathogenicity of yellow fever virus for other animal species also, for Sawyer, Kitchen, and Lloyd (1931) and Sellards (1931) found that intraperitoneal or subcutaneous inoculation of "fixed" neurotropic yellow fever virus in rhesus monkeys produced no necrosis of the liver, but only slight fever; intracerebral inoculation, however, was shown by Sellards (1931) and Lloyd and Penna (1932) to produce a fatal encephalomyelitis, while at death virus, as in mice, was present only in the central nervous system, the peripheral nerves, the adrenals and salivary glands, findings indicative of centrifugal distribution from the brain and cord along the nerve fibres. It is noteworthy, however, that the capacity to produce viscerotropic lesions in monkeys is not entirely lost with the first production of neurotropic lesions in mice; its disappearance is gradual. Dinger (1931), for instance, was able to produce ordinary yellow fever in monkeys by injecting ground-up mosquitoes subcutaneously or by allowing mosquitoes to bite monkeys, the mosquitoes having been infected with virus after ten to twelve passages in mouse brains. After from twenty to thirty consecutive passages in mouse brains, however, ordinary yellow fever is no longer produced in monkeys by subcutaneous inoculation, though encephalitis invariably follows intracerebral injection.

In man also the subcutaneous inoculation of neurotropic virus does not give rise to such alarming symptoms as the pantropic, though if nervous tissues are infected encephalomyelitis will result.

When fully "fixed" for mouse brains, the neurotropic virus thus differs markedly in its tissue affinities from the ordinary yellow fever virus, which is essentially pantropic, since it is capable of producing lesions in tissues derived from all three embryonic layers. The neurotropic virus, on the other hand, has its pathogenicity enhanced for nervous tissues, reduced for other tissues. In accordance with this increased nervous affinity the neurotropic, unlike the pantropic, strain does not remain for long in the peripheral blood stream, but if the brain is injured while virus is actually circulating encephalomyelitis invariably results.

In pathogenicity for other animal species the neurotropic virus differs considerably from the pantropic. The latter injected subcutaneously produces fatal lesions, as far as is known, only in man, a few species of monkeys, such as the rhesus monkey and Barbary ape, and in hedgehogs. The neurotropic virus, on the other hand, produces encephalitis on intracerebral inoculation in all species of monkeys so far tested, and, in addition to mice, in a number of rodents such as the guinea-pig, agouti, field vole, and red squirrel. In all these species subcutaneous or intraperitoneal inoculation of neurotropic virus only rarely produces encephalitis except in the case of very young animals or in association with cerebral trauma. In the European hedgehog, *Erinaceus europaeus*, however, death invariably occurs not only after intracerebral but also after subcutaneous inoculation of the neurotropic virus.

The relative pathogenicity of the pantropic and neurotropic strains for animals is thus well seen in the case of primates, insectivora and rodents.

Evidence in favour of the difference in character between the neurotropic and pantropic viruses is further increased by the experiments of DAVIS, LLOYD and FROBISHER (1932), who were able to transmit the neurotropic virus through *Aëdes aegypti* without any evidence of reversion to the pantropic strain, the neurotropic virus having undergone from 149 to 181 consecutive passages in mouse brains. ROUBAUD and STÉFANOPOULO (1933) obtained similar results. These observers all found, however, that the neurotropic was less easily transmitted by *Aëdes aegypti* than the pantropic strain. This is probably due to the transitory infection of the blood stream caused by the former virus.

HAAGEN (1933) cultivated the neurotropic virus in tissue cultures of chick embryo for more than 100 passages; no loss of neurotropism occurred. There is thus considerable evidence to suggest that the neurotropic virus is "fixed" not specially for mouse brain but for nervous tissues in general.

On the other hand, there is a close relation between the neurotropic and the pantropic strains. Many of the physical properties of the two viruses are similar (FROBISHER, 1933), while their dimensions, as calculated by FINDLAY and BROOM (1933), and BAUER and HUGHES (1935) are the same. In addition, evidence is not lacking that the neurotropic virus is capable of giving rise in certain species to lesions in organs other than those of the central nervous system. In the European hedgehog, for instance, the neurotropic virus, injected subcutaneously, causes lesions in the liver and stomach which, though less severe, are similar in type to those caused by the viscerotropic virus (FINDLAY and CLARKE (*1*, 1934). SMITH (1936) has found that intracerebral inoculation of neurotropic virus in Pruner's hedgehog, *Atelerix albiventris* (Nigerian variety), gives rise to necrotic lesions in the liver as well as encephalitis in the brain (*cf*. FINDLAY, HEWER and CLARKE, 1935, and FINDLAY and MAHAFFY, 1936).

In the guinea-pig fatty infiltration of the liver is by no means rare as a result of infection with neurotropic virus (STÉFANOPOULO and WASSERMANN, 1933).

In a rhesus monkey STÉFANOPOULO (1932) on one occasion obtained spontaneous viscerotropic lesions following subcutaneous inoculation with French neurotropic virus that had undergone 161 passages in mouse brains.

FINDLAY and MACCALLUM (1938) have recently found that a strain of the neurotropic virus maintained for nearly 8 years by mouse brain passage gave rise to viscerotropic lesions when inoculated intracerebrally into rhesus monkeys. The virus was still fully neurotropic for mice.

In man subcutaneous injection of neurotropic virus invariably causes leucopenia and bradycardia, while LAIGRET (1933) has recorded symptoms such as albuminuria and jaundice suggestive of organic lesions.

FINDLAY and CLARKE (1935) were able to reconvert the neurotropic yellow fever virus, after more than 200 consecutive passages in mouse brain, into the pantropic strain by intrahepatic passage in rhesus monkeys. At first intrahepatic inoculation of neurotropic virus produced only slight lesions in the liver, less extensive than, but similar in type to, those caused by the pantropic virus. Further intrahepatic passage increased the severity of the lesions in the liver, stomach, kidney and heart, and eventually produced a typical yellow fever with extensive liver necrosis and haemorrhage in the stomach. At the same time intracerebral inoculation led to a decrease in the severity of the encephalitic lesions. Once reconversion had been obtained by intrahepatic passage the reconverted strain was found to behave as a typical pantropic virus not only in rhesus monkeys, but in mice and hedgehogs. Its pantropic character was retained after freezing and drying for many months, but was again lost by repeated intracerebral passage in mice.

It is thus obvious that the pathogenicity of the yellow fever virus may vary within wide limits in accordance with the particular environment in which the virus lives, neurotropism being accentuated by growth in brain tissue, pantropism by growth in liver.

The question thus arises whether *(a)* the environmental change actually induces the variation, *(b)* the variation is truly hereditable.

Evidence already detailed in regard to the retention of neurotropism in tissue culture, after passage through mosquitoes and after subcutaneous inoculation in man and rhesus monkeys, shows that the acquirement of increased neurotropism has at least some degree of stability and cannot be regarded as a mere fluctuation equivalent, for instance. to the conversion of the red-flowered variety of the Chinese primrose into the white-flowered variety with rise of temperature or to the appearance of adaptative enzymes in bacteria as a result of the presence of specific food-stuffs in the substrate:—

If the neurotropic variation is hereditable in any degree it might be:—

a) partially hereditable and equivalent to a *Dauermodifikation*;

b) fully hereditable and equivalent to a true mutation.

The distinction between these two types of hereditable variation is by no means easy to draw, but a *Dauermodifikation* should return to the norm with considerable rapidity when the abnormal environment that produced the modification itself becomes normal; on the other hand, reversion to the norm may occur suddenly even in the case of true mutations.

Before deciding whether neurotropic yellow fever virus is a true mutation or a *Dauermodifikation*, it will be advisable to study more closely the evidence bearing on the action of the environment in bringing to light the variation.

The action of the changed environment might occur in two ways:—

a) The neurotropic variation might actually occur in a homogeneous population and be subsequently selected by the environment, which has therefore both a formative and a selective action.

b) The population might originally be heterogeneous, the environment having only a selective action.

The evidence, though still incomplete, suggests that the second is the more probable explanation for the following reasons:—

I) Intracerebral inoculation of any pantropic strain of yellow fever virus into mice invariably gives rise to encephalitis.

II) Intracerebral inoculation of a pantropic strain into African monkeys, insusceptible to pantropic virus by subcutaneous injection, gives rise to encephalitis (THEILER and HUGHES, 1935).

III) On rare occasions the pantropic virus causes nervous lesions in man.

IV) Intracerebral inoculation of pantropic virus into rhesus monkeys with their viscera protected by subcutaneous injection of immune serum causes death from encephalitis (FINDLAY and STERN, 1935, and PENNA, 1936); subsequent passage in monkey brains produces a "fixed" neurotropic virus.

The possibility that enhanced neurotropism immediately appears whenever yellow fever virus is inoculated into nervous tissue cannot be entirely excluded; nevertheless, it seems more probable that certain particles with enhanced neurotropic affinities are already present in the inoculum, but on subcutaneous or intraperitoneal inoculation are unable to manifest their neutropism.

Further evidence to suggest that the ordinary inoculum of yellow fever virus contains particles with different tissue affinities is to be found in a study of the effects of inoculating mixtures of neurotropic and pantropic virus into susceptible animals. HOSKINS (1935) found that mixtures of neurotropic and pantropic particles inoculated subcutaneously into monkeys did not cause the death of the animals, though control monkeys injected with the pantropic virus alone invariably died. FINDLAY and MACCALLUM (*1*, 1937) confirmed the fact that in general the neurotropic virus protects against the viscerotropic virus when the mixture is injected subcutaneously, though monkeys inoculated intracerebrally with the mixtures died with neurotropic changes, while hedgehogs inoculated subcutaneously with mixtures invariably died with neurotropic lesions. These results are exactly similar to those that have been obtained from the inoculation into monkeys and hedgehogs of pantropic virus that has been passaged from five to ten times in mouse brains. As a rule, with these partially "fixed" viruses, the monkeys recover, but occasionally death occurs with pantropic lesions.

On the whole, therefore, it seems probable, though the evidence is not yet conclusive, that under normal conditions certain virus particles possess high neurotropic potentialities as a result of spontaneous mutation on the part of the yellow fever virus. The neurotropic potentialities are normally kept in abeyance, so long as the virus does not gain entrance to a nonimmune central nervous system; when this occurs the virus particles with neurotropic potentialities multiply, as a result of selection, in preference to those that do not possess this property. Inoculation and passage in monkey liver, on the other hand, favours the growth of virus particles with pantropic rather than neurotropic potentialities.

If this conception of the yellow fever virus is correct, it will probably be found that the proportion of pantropic and neurotropic particles is not necessarily the same in all naturally occurring viruses.

Tissue Culture Virus.

A variation of somewhat different type has been produced in the yellow fever virus by LLOYD (1936), who has found that as a result of prolonged culture in mouse embryo tissues the pantropic virus has become greatly attenuated for rhesus monkeys. LLOYD, THEILER and RICCI (1936), for instance, found that monkeys and hedgehogs inoculated subcutaneously with the tissue culture virus did not die with yellow fever. Similar results in monkeys have been obtained by FINDLAY and MACCALLUM (*2*, 1937) and THEILER and SMITH (*1*, 1937), who, however, noted that the hedgehog, the susceptibility of which to pantropic virus exceeds that of the rhesus monkey, may with earlier passages succumb with lesions of the liver, kidneys, heart and stomach. At first by rapid passage in the hedgehog the virulence of the culture virus for rhesus monkeys could be restored. After more than two hundred passages in tissue culture the virus, however, had become nonpathogenic for hedgehogs and on intracerebral inoculation into monkeys did not cause a fatal meningo-encephalitis, thus with decrease in the pantropic pathogenicity there had been no increase in neurotropic pathogenicity. THEILER and SMITH (*2*, 1937) and FINDLAY and MACCALLUM (*2*, 1937) found that the tissue culture virus is so attenuated that it can be injected subcutaneously in man without causing any severe reaction. ROUBAUD, STÉFANOPOULO and FINDLAY (1937) and WHITMAN (1939) reported that the attenuated tissue culture virus is not readily, if at all, transmitted by *Aëdes aegypti*. SMITH and THEILER (1937) claimed that growth of unmodified strains of yellow fever virus in tissue culture *in vitro* containing mouse embryo brain increased the neurotropic pathogenicity of the virus: FINDLAY and MACCALLUM (*4*, 1937) however produced no increased neurotropism of the already attenuated tissue culture virus by prolonged growth *in vitro* in mouse and chick embryo brains. FINDLAY and MACCALLUM (*3*, 1937) found that growth *in vivo* of the pantropic virus may also produce a high degree of attenuation, provided that the virus is injected and subsequently passaged in rapidly growing mouse carcinomata. The attenuation either *in vivo* or *in vitro* would seem to be due to the prolonged growth of the virus in relatively undifferentiated tissue.

Since the full virulence of the virus can at first be quickly restored it seems probable that the tissue culture virus should be classified as a *Dauermodifikation*: nevertheless prolonged passage *in vitro* appears to be in a fair way to render this *Dauermodifikation* permanent.

15. Rift valley fever.

The virus of Rift Valley fever was first described by DAUBNEY, HUDSON, and GARNHAM (1931) in Kenya, where it was found to be the cause of a fatal epizootic of sheep, lambs, and cattle. Later FINDLAY and DAUBNEY (1931) and FINDLAY (1932) showed that it was highly pathogenic for mice, rats, and other rodents, producing, as in lambs, a widespread necrosis of the liver. Monkeys were also susceptible, but in these animals only small focal necroses of the liver were seen and the disease was never fatal. For nearly five years the virus was maintained in mice under laboratory conditions, and during this time it showed no signs of neurotropic activity, although its pathogenicity for mice, and incidentally for men, was unimpaired. By adopting the technique employed in the case of yellow fever by FINDLAY and STERN (1935), whereby the pantropic virus was inoculated intracerebrally after intraperitoneal inoculation of immune serum, MACKENZIE and FINDLAY (1936) and FINDLAY, MACKENZIE and STERN (1936) were able to produce a strain of virus which on subcutaneous or intraperitoneal inoculation into mice, sheep, and lambs was almost devoid of pathogenicity, but which on intracerebral inoculation gave rise to a fatal encephalitis. Intracerebral inoculation of monkeys also caused a fatal encephalitis [FINDLAY, MACKENZIE and STERN (1936)]. After about thirty passages the virus no longer produced liver necrosis and became "fixed" for mice in the same way as the neurotropic strain of yellow fever, with which the neurotropic variety of Rift Valley fever virus has many analogies.

16. Dengue.

In yellow fever second attacks are unknown and the immunity conferred is life-long; in dengue second attacks are by no means rare. This may be due either to the fact that the immunity produced by one attack is of short duration or to the existence of a number of strains of dengue which, like those of foot-and-mouth disease and horse sickness, do not cross-immunize. Unfortunately the transmission of dengue to laboratory animals does not succeed except perhaps in the case of certain species of monkeys in which the experimental disease is largely asymptomatic, so that there is at present little possibility of a satisfactory solution of the problem. In favour of the existence of a number of strains is the not infrequent experience that persons who have suffered from dengue in one country may again contract the disease in another part of the world.

In view of the artificial production under laboratory conditions of neurotropic strains of yellow fever and Rift Valley fever, it is of interest to note that nervous manifestations also occasionally occur in association with dengue.

Thus CATSARAS (1931) reported a fatal case of encephalitis associated with dengue and GHIANNOULATOS (1931), BENSIS (1931), and AVARITSIOTIS (1931) all observed nervous symptoms during the Greek epidemic. RICHARDSON (1933) has recorded ocular symptoms and complications, while CHENEY (1935) has given details of a non-fatal encephalitis which came on about the ninth or tenth day in a volunteer who had been inoculated experimentally with a dengue-like disease occurring in Northern California. *Aëdes aegypti*, however, does not occur in California, though *A. varipalpus* is endemic. Although yellow fever, Rift Valley fever and dengue give no cross-immunity, the three diseases appear to fall into a natural group, since they are all transmitted by arthropod vectors, all produce similar clinical symptoms and pathological changes, and all are possessed of neurotropic potentialities.

17. Horse sickness.

The virus of horse sickness is also one of which a number of closely related antigenic strains apparently exist under natural conditions although the pathological lesions produced are similar. This plurality of strains was first demonstrated by observations made in the field, which showed that an animal solidly resistant to natural infection in one particular district might succumb to horse sickness when exposed to natural infection in another area. THEILER (1908) also showed experimentally that when a horse or mule is inoculated with a certain strain of virus, the animal is as a rule immune against that particular strain, but when the animal is tested or hyperimmunized at a later date with virus of a different strain, reactions and death are noted, thus proving that the immunity afforded by the first inoculation is in no way complete.

The exact relation between the antigenic strains is unknown, but the experiments of THEILER suggest that the antigenic structure differs quantitatively rather than qualitatively. The same conclusion has been reached by ALEXANDER

(*2*, 1935) using certain neurotropically fixed strains of horse-sickness virus. The response to *repeated* injections of one virus strain was the appearance of virucidal antibodies in the serum capable of neutralizing all the other strains that have been fixed neurotropically. A *single* immunizing injection, on the other hand, produced solid immunity only against that component which predominates. In other words it appears that each of the fixed virus strains possesses the same antigenic components, which are present in vastly different proportions. The result of simultaneous injection of three different strains of neurotropic virus was found by ALEXANDER (*5*, 1936) to result in the production of a solid immunity against each: in other words there was no antagonistic action of one strain against another. Apart from the horse, mule and ass, very few animals are susceptible to the natural virus of horse sickness. In 1903 EDINGTON succeeded in transmitting the disease to goats, while later THEILER (1906) reported the susceptibility of the dog. In connection with the disease in goats, THEILER (1907) found that not every animal reacted; the blood of a reacting goat was infective for other goats and for the dog, but not for horses; the disease could be retransferred to the horse only by passage through the dog. Similarly in the case of dogs, KUHN and KUHN (1911) showed that the severity of the disease in the dog depended, among other factors, on personal idiosyncrasy and on the strain of virus employed.

In 1932 NIESCHULZ reported that the white mouse was susceptible to intracerebral injection with horse sickness virus, an encephalitis resulting. This was confirmed by ALEXANDER (*1*, 1933), who also reported the susceptibility of the guinea-pig to intracerebral injections. Later the rat, *Rattus norvegicus*, the multimammate mouse *Mastomys coucha* and the gerbille, *Tatera lobengular*, were also found to be highly susceptible (ALEXANDER, 1933). Neurotropic strains of horse sickness thus resemble neurotropic yellow fever strains in being pathogenic for a number of small rodents, which are not susceptible to the viscerotropic strain and in being strictly neurotropic in these species. A difference from neurotropic yellow fever virus is found in the fact that intraperitoneal injection of horse sickness in mice, combined with cerebral trauma, results in neurotropic localization in only a small percentage of mice [ALEXANDER (*3*), 1935]. Virus is not present in the adrenals after intracerebral injection of horse sickness virus. ALEXANDER and DU TOIT (1934) showed that the neurotropic virus after passage in the mouse brain becomes to a certain extent "fixed" and on subcutaneous injection into horses, although the virus circulates in the blood, it causes at most a mild febrile reaction without definite symptoms of horse sickness. According to ALEXANDER (*1*, 1933) the neurotropic virus is not neurotropic in the horse, thus differing from the neurotropic strains of yellow fever and Rift Valley fever which produce encephalitis in those animals that are highly suceptible to the ordinary virus. ALEXANDER, NIETZ and DU TOIT (1936) have now obtained six strains of horse sickness virus, all of which appear to differ antigenically. Some strains of horse sickness are more easily adapted to mouse brains than others and the same appears to be true of the developing chick embryo. ALEXANDER (1938), for instance, found no difficulty in adapting a strain to the developing chick embryo, virus multiplying chiefly in the brain. On attempting to repeat the experiment, however, complete failure ensued.

18. Swine fever.

Little or no difference has been found to exist between European and New World strains of swine fever virus. HUPBAUER (1934), for instance, compared two strains from the Balkans, one from Spain, one from North America, and one from the Argentine. All were serologically identical and showed no difference in virulence. MONTGOMERY (1921), however, described a form of swine fever virus from East Africa which gives no cross-immunity with European strains of the virus and is also slightly less resistant to heat. In addition, in Europe swine fever is often slow and chronic, carriers occur, and outbreaks are usually traceable to movements of infected, though apparently healthy, animals. In East Africa the outbreaks are explosive in character and appear to arise spontaneously. It is possible that infection may be spread by the wart hog *(Phacochoerus)* or the bush pig *(Potamochoerus)*, for these animals, though developing no symptoms when inoculated with East African swine fever virus, retain the virus in the circulating blood stream for seventeen days after inoculation, as shown by inoculation of their blood into domestic pigs. The exact relationship between the European and East African viruses requires further investigation which may well show that each produces a disease *sui generis*. In Germany GEIGER (1937) has reported a fatal disease in wild pig: it can not be transmitted to domestic pigs while wild pig infected with swine fever virus showed only mild reactions.

It has usually been thought that swine fever cannot be transmitted to laboratory animals. Le CHUITON, MISTRAL and DUBREUIL (1936 and 1939), however, claim to have infected guinea-pigs and rats by intracerebral and intratesticular inoculation. In guinea-pigs after an incubation period of 4–6 days fever developed and lasted for from 6–8 days. With passage the virulence of the virus increased for the guinea-pig but decreased for the pig. JACOTOT (1939) failed to confirm these results.

19. Equine encephalomyelitis.

From time to time there have been recorded in the New World severe and extensive outbreaks of encephalomyelitis among horses. One such outbreak in California was investigated by MEYER, HARING and HOWITT (1931), who succeeded in isolating from horses with the disease a filterable virus which was pathogenic for many species of small laboratory animals. A little later TENBROECK and MERRILL (1933), from an epidemic of equine encephalomyelitis then raging along the eastern seaboard of the United States of America, isolated a similar virus. It was found, however, both by GILTNER and SHAHAN (1933) and by TENBROECK and MERRILL (1933) that there was a definite serological difference between viruses isolated on the one hand from New Jersey and Virginia on the other hand from Utah, Nevada, and South Dakota. Two strains, Eastern and Western, were thus differentiated. A third strain of equine encephalomyelitis isolated from the Argentine appears to be closely related to the Western strain, both in regard to infectivity and cross-protection (MEYER, WOOD, HARING and HOWITT, 1934), while a fourth strain from Venezuela has been found to differ immunologically from both Eastern and Western strains although there may be a remote relationship with the former (BECK and WYCKOFF 1938). The immunity established against the western virus may be broken by the eastern virus; on the other hand the eastern virus apparently protects against the western virus. The clinical course is more rapid when the disease is produced by the eastern virus; rabbits, for instance, inoculated intracerebrally with the eastern strain usually succumb, those injected with the western virus suffer nothing more than a temporary illness. In addition, the lesions in the central nervous system produced by the western virus are far less numerous and intense, the cerebral cortex showing few areas of involvement (HURST, 1934). A further difference between the eastern and western strains of equine encephalomyelitis virus lies in the ease with which they are transmitted by different species of mosquito. The western virus is readily transmitted by the bites of *Aëdes aegypti* L. in which it undergoes multiplication. The eastern virus, on the other hand, is only transmitted with great difficulty, if at all, by *A. aegypti* (MERRILL, LACAILLADE, and TENBROECK, 1934) since the virus is unable to penetrate the intestinal wall of this mosquito (MERRILL and TENBROECK, 1935). The eastern strain of equine encephalomyelitis is transmitted especially by salt-marsh mosquitoes such as *A. sollicitans*, and *A. cantator*. *A. vexans*, a freshwater mosquito, may possibly be associated with transmission of the western strain, which is also transmitted by the bites of *A. nigromaculis* Lud., *A. taeniorhynchus* (KELSER, 1938), *A. dorsalis* (MADSEN and KNOWLTON, 1935). *A. sollicitans*, and *A. albopictus*.

While from the humoral point of view the two viruses may be easily differentiated, when tissue immunity is considered the distinction is not quite so apparent. HOWITT (1935), for instance, found that about half the guinea-pigs immunized against one strain were able to withstand an intracerebral injection of the heterologous strain. RECORDS and VAWTER (1933) and MEYER, WOOD, HARING, and HOWITT (1934) have also recorded similar finding in horses.

There are thus at least two, probably three, strains of equine encephalomyelitis which, though they differ serologically, in pathogenicity, and in the ease with which they are transmitted by certain species of aedine mosquitoes, nevertheless show a close relationship in regard to tissue immunity. HOWITT (1935) suggests that possibly a strain from Utah may prove to be intermediate between the two main strains, which appear to have differentiated as a result of adaptation to different environments, the eastern strain being restricted to the neighbourhood of salt marshes.

Although a form of equine encephalomyelitis, Borna disease, has long been known in Europe, it appears to have no relation to the New World equine encephalomyelitis, for the viruses are of different dimensions, the virus of Borna disease is more virulent for rabbits, the lesions produced are distinct (HURST, 1934), and there is no cross immunity (HOWITT, 1934). In Russia, however, WYSCHELESSKIJ and SSUCHOW (1934) have recently described a form of equine encephalomyelitis which differs in certain respects from Borna disease. In the pregnant guinea pig the Russian virus does not penetrate the foetal tissues, as do the American viruses, though with these the general dissemination is greater for the eastern than for the western type [HOWITT (*3*, 1935)]. According to IVANOV (1937) the Russian form of encephalomyelitis is commony associated with hepatitis and jaundice, symptoms rare with the American viruses.

HOWITT (1935) and WYSCHELESSKIJ and his colleague (1934) believe that the Russian virus is quite distinct both from that of Borna disease and from the New World forms of equine encephalomyelitis. The complement fixation test forms a ready means of differentiating the two New World forms from each other and from the Russian virus [HOWITT, (*3*, 1935)]. LAZARUS and HOWITT (1937) found the size of the Russian virus by filtration through collodion membranes to be 85 to 130 mμ. The size of the American viruses is from 20 to 30 mμ (BAUER, COX and OLITSKY, 1935). One of the Russian strains (Alma-Ata) is said to be more infective for the cat than for other animals. HOWITT (1938), in addition, has found that the Moscow strain 2 is most infective when given intracerebrally and cannot be isolated from the blood and the tissues except from the central nervous system and salivary glands, thus differing from the American viruses.

A form of equine encephalomyelitis has also been reported in Japan, but its relationship to the Russian and American forms is at present unknown (*cf.* EMOTO, KONDO and WATANABE 1936).

A further question of interest is the origin of the American form of equine encephalomyelitis, since, as is well known, horses were only reintroduced into the New World by the Spanish conquistadores. GILTNER and SHAHAN (1933), however, had found that experimentally the pigeon is susceptible, while REMLINGER and BAILLY (*2*, 1935) had infected the cat and dog. Recently pigeons (FOTHERGILL and DINGLE, 1938) and ring-necked pheasants (TYZZER et al. 1938) have been found naturally infected with the eastern strain, while human cases have occurred as a result of infection with both the eastern (FOTHERGILL et al. 1938, WEBSTER and WRIGHT, 1938 and EKLUND and BLUMSTEIN, 1938) and the western strains (HOWITT, *6*, 1938). These observations suggest that the term "equine" encephalomyelitis is really a misnomer and that infection of horses is merely incidental to an epizootic occurring either in wild birds or mammals.

Attempts have been made to produce under laboratory conditions variants of the American equine encephalomyelitis virus in addition to the two natural variants already discussed. Although OLITSKY, COX, and SYVERTON (1934) found that the virus of equine encephalomyelitis could produce vesicles in the pads of guinea-pigs and be maintained by pad to pad transfer, they did not find any evidence that the neurotropism of the virus was thereby reduced. TRAUB and TENBROECK (1935) and TRAUB (1938) on the other hand, found that serial passage through the brains of pigeons greatly reduced the pathogenicity of the virus, both for the horse and for laboratory animals, so that this passage virus could be used for immunizing purposes. Although the modified virus usually fails to produce disease when injected subcutaneously in guinea-pigs, yet if it is brought directly into contact with the central nervous system encephalomyelitis results. Its activity following intracerebral injection in guinea-pigs is, however, about 100 times less than that of unmodified virus. Intracerebral passage of the modified virus through a horse, calf, sheep, rabbit and serially through five guinea-pigs failed to restore the lost property of invasiveness of the central nervous system following subcutaneous injection. Here again change of environment, possibly growth above 40° C., has brought to light another virus variant.

On occasions outbreaks of bovine encephalomyelitis have been described, as by ESCALONA and CAMARGO (1936) in Mexico and by DELLA MARIA (1935) in Sardinia. The relation of these forms of bovine encephalomyelitis to one another or to equine encephalomyelitis is unknown.

The strains of equine encephalomyelitis (Borna disease) found in Western Europe all exhibit remarkable similarity: NICOLAU and GALLOWAY (1931), however, found that a strain passaged for eight years in rabbits became attenuated since the time from inoculation to death averaged 44 instead of 32 days. As virulence decreased the size and numbers of the intranuclear inclusions also decreased. CHLUSZOW and RASTEGAJEWA (1935) also showed that though no differences in virulence could be detected by intracerebral injection of rabbits, slight variations between strains were noticeable when the inoculations were given subcutaneously or intramuscularly.

20. Fowl pest.

From time to time various authors, such as KRAUS and LOEWY (1915) have described a number of variant strains of fowl pest. The relationship of these strains to one another is uncertain since it is now recognized that at least two diseases, true fowl pest and Newcastle disease or pseudo-fowl pest, are capable of producing in hens symptoms that have certain similarities. The chief interest in regard to variation in true fowl pest lies in the production of neurotropic variants, although earlier observers (*cf.* KLEINE 1905, KRAUS and DOERR 1908, PFENNINGER and FINIK 1926) had noted that encephalitic lesions were constantly present in the brains of hens. In 1931 DOERR, SEIDENBERG and WHITMAN showed that fowl pest virus could be adapted to the mouse brain by intracerebral passage. Despite the fact that all strains of fowl pest are not adapted to the mouse with equal ease (*cf.* PLOTZ 1936), it is usually possible so to increase the virulence for the mouse that not only intracerabral injection but also intraperitoneal or subcutaneous inoculation will bring about death of a high percentage of the mice although, as NIESCHULZ and BOS (1934) have shown, one hundred passages through mice will not lower the virulence of the virus for fowls. MACKENZIE and FINDLAY (1937) found that starting from an original strain of fowl pest virus which was only slightly pathogenic for mice on intracerebral inoculation it was possible to produce two distinct variants; the first of these variants was obtained by intracerebral passage first in the brains of canaries and later in the brains of mice, the second by passage in the brains of canaries alone. The death rates after inoculating the parent and the two variant strains into mice intracerebrally, intraperitoneally and intranasally were so divergent as to indicate significant statistical differences between the three strains. This variability in pathogenicity as a result of intracerebral passage may help to explain the results obtained by LÉPINE (1936), who records a mortality of 40–50 per cent. of mice inoculated intracerebrally, while JANSEN and NIESCHULZ (1933) obtained a mortality of 100 per cent. FINDLAY and MACKENZIE (*1*, 1937) observed that pathogenicity for the mouse paralleled pathogenicity for other mammals. A strain of fowl pest highly pathogenic for mice was found, for instance, to kill ferrets whether inoculated intracerebrally, intraperitoneally or intranasally; a second strain less pathogenic for mice killed ferrets after intracerebral inoculation and intranasal installation but not after intraperitoneal inoculation; a third strain, only very slightly pathogenic for mice, failed to kill when inoculated by any route although intracerebral injection was followed by a febrile reaction. Similarly rhesus monkeys were shown by FINDLAY and MACKENZIE (*2*, 1937) to be susceptible to intracerebral inoculation with strains possessed of increased neurotropism. BALOZET (1934) by intracerebral passage of fowl pest virus in pigeons was able to increase the virulence of the virus for pigeons. JOUAN and STAUB (1920) also produced an increase of virulence by inoculating very young pigeons. FINDLAY and MACKENZIE (*2*, 1937) reported in a small number of experiments that nervous symptoms were frequently produced in pigeons by inoculation of a strain of fowl pest virus passaged in the brains of canaries, less commonly by a strain passaged in the brains of mice. ØERSKOV and SCHMIDT (1936) believe that the distribution of virus in the tissues of the mouse differs according to whether the strain is virulent or not for mice. A strain of fowl pest highly virulent for mice and hens when injected intravenously into mice disappeared from the blood stream within 20 minutes and within 90 minutes was demonstrable in the liver, spleen and brain. Secondary septicaemia appeared within 48 hours and subsequently waned so that by the tenth day virus had disappeared from all the tissues. With a strain highly virulent for hens, but not for mice, the primary spread did not reach its maximum till 48 hours after inoculation, while the secondary septicaemia did not appear till the third day. While naturally occurring strains of fowl pest appear to be immunologically similar (TODD 1928, PURCHASE 1931) the same holds good for strains whatever their pathogenicity for mice (ØERSKOV, SCHMIDT and STEENBERG 1936 and MACKENZIE and FINDLAY 1937).

Under certain biological conditions it appears to be possible to reduce the virulence of fowl pest virus. HALLAUER (1934 and 1939) found that when grown in chick embryonic liver tissue cultures, fowl plague virus rapidly lost its virulence for fowls, though it retained its immunizing porperties. SCHMIDT, ØERSKOV and STEENBERG (1936) believed that fowl pest virus adsorbed on aluminium hydroxide became reduced in potency while PLOTZ (1937) observed that a strain of fowl pest grown *in vitro* for 5 years became attenuated after 4 years so that hens died in 3 instead of 2 days and the maximum virus titre was only 1 in 10,000 to 1 in 50,000 instead of 1 in 1,000,000.

The so-called Egyptian fowl plague, originally described by LAGRANGE (1929) is now recognized to be merely an attenuated strain of fowl pest (PURCHASE 1931, LAGRANGE 1932). RACHAD (1934) in Egypt has encountered three strains of fowl pest, one highly the other two only feebly virulent for hens.

Newcastle disease and Fowl pest.

In 1927 DOYLE described a disease of fowls which, though resembling fowl pest in certain respects, could readily be distinguished from true fowl pest. This disease, now known as Newcastle disease from the fact that the first outbreak occurred near the town of that name in England, has since been recorded from India, Ceylon, Java, the Philippines, Korea, Japan and Australia. The disease has been observed, not only in fowls, but in ducks, turkeys, guinea-fowl, pigeons, parrots, crows and other wild birds.

Newcastle disease may be distinguished from true fowl pest on the following grounds:—

1. Clinical symptoms: in fowls the incubation period is usually longer in Newcastle disease than in fowl pest: bronchial symptoms and salivation are much more pronounced in Newcastle disease.
2. Contact infection is common in Newcastle disease, rare in fowl pest.
3. The blood is rarely infective in Newcastle disease but infective in fowl pest.
4. Rapid serial passage of Newcastle disease in fowls causes no increase in virulence for fowls or loss of virulence for pigeons (DOYLE 1935).
5. Newcastle disease causes in pigeons symptoms differing from those caused by fowl pest—the incubation period is longer.
6. While the various strains of Newcastle disease cross immunize (DOYLE 1935, PICARD 1934, COOPER 1931 and NAKAMURA, OYAMA, FUKOSHO and TOMONAGA 1933), no immunity exists with strains of fowl pest. HALLAUER (1934), however, reports that MANNINGER's strain of Newcastle disease cross immunizes with known strains of fowl pest.
7. Newcastle disease does not produce inflammatory foci or other characteristic lesions in the brain.
8. Newcastle disease cannot be transmitted to mice by intracerebral inoculation or to ferrets, monkeys or hedgehogs. Ferrets inoculated with Newcastle disease virus are not immune to fowl pest.
9. By filtration through graded collodion membranes the size of the virus of fowl pest is approximately 60–90 mμ (ELFORD and TODD 1933), that of Newcastle disease 80–120 mμ (BURNET and FERRY 1934).
10. Newcastle disease virus is more resistant to photodynamic inactivation with methylene blue than fowl plague virus.
11. Newcastle disease virus produces a characteristic lesion in the chorio-allantoic membrane of the developing chick embryo.

These differences suggest that Newcastle disease is a distinct entity and not, as MANNINGER (1932 and 1936) claims, an attenuated variety of fowl pest.

It is possible, however, as PICARD (1934) suggests, that the two viruses have arisen from a common parent strain.

21. Plague of blackbirds.

In the autumn of 1901 there occurred in the neighbourhood of Modena a striking mortality among birds of the thrush family, chiefly blackbirds and mistle-thrushes. The disease was investigated by MAGGIORA and VALENTI (1903) and shown to be due to a filterable virus, which was transmissible to the blackbird, kestrel, owl *(Strix bubo)* and sometimes the sparrow, but not to the fowl or pigeon. As an outbreak of fowl pest had occurred in the district earlier in the same year, the possibility of fowl pest was considered, but unfortunately no cross immunity tests were carried out.

22. Cell inclusion disease.

In 1925 ADLER described a disease of hens in Palestine associated with inclusions in the leucocytes. MACFIE (1914) had previously reported the existence of very similar inclusion bodies in the leucocytes of hens from Nigeria. In 1931 GILBERT and SIMMINS reported that the disease was caused by a virus. Later (1934) they pointed out that though cell inclusion disease in certain instances showed some similarity to fowl plague, it could be differentiated by the following facts:— 1. Cell inclusion disease may exist in a chronic form and sometimes be so slight clinically as to pass unnoticed, 2. The variable mortality even in acute outbreaks, 3. The usual instability of the virus when preserved in glycerine, 4. The presence of cytoplasmic inclusions in the leucocytes. By rapid passage in hens, the virulence of the virus could be raised (GILBERT and SIMMINS 1936), but the resistance to glycerine was not increased. KOMAROV (1934), however, believes that *acute* "cell-inclusion disease" is identical with fowl plague and that from *chronic* cell inclusion disease it is not possible to obtain a virus, while the chromatic inclusions are of a non-specific character. Further work, more especially on immunological lines, is obviously required to determine the true nature of "cell inclusion" disease though the demonstration by LÉPINE and HABER (1935) that in fowl plague 25 to 40 per cent of the leucocytes contain inclusions, that 0,2 to 3,0 per cent of the leucocytes from normal fowls also contain inclusions and that the number of inclusions can be increased seven or eight times by artificial fever is strong presumptive evidence that "cell inclusion disease" is merely a form of fowl pest.

23. Influenza.

In 1931 SHOPE isolated from swine a virus which in association with *Haemophilus suis* reproduced all the symptoms of swine influenza. In 1933 SMITH, ANDREWES, and LAIDLAW, by inoculating ferrets intranasally with nasal washings from human cases of influenza, isolated a very similar virus which, there is little reason to doubt, is the cause of human influenza. The two viruses, human and porcine, produce similar lesions in ferrets, mice and pigs. SHOPE and FRANCIS (1936) found that serial passage of the human virus in pigs caused no increase in pathogenicity for these animals. As ELFORD, ANDREWES, and TANG (1936) have recently shown, both viruses are identical in size. Strains of human influenza isolated in London, New York, and Porto Rico give complete cross immunity, but the swine influenza which has only been isolated from pigs in the Middle Western States of America is not antigenically identical with the human virus. Ferrets after recovery from disease caused by the swine virus proved solidly immune to the human virus, but ferrets convalescent from the human virus were not completely immune to the pig strain (SMITH, ANDREWES, and LAIDLAW, 1933 and 1935). The antigenic differences between the two viruses appear to be quantitative rather than qualitative, for FRANCIS (1936) has shown that repeated inoculations with one virus broaden the immune zone, so that the serum may then offer cross passive protection to mice not only against the homologous but against the heterologous virus as well. This effect was found to be most definite in the serum of animals receiving repeated inoculations of human influenza virus. SHOPE (1937) has also shown that antibodies capable of neutralizing swine influenza virus are not present in the sera of swine recovered from human influenza, but antibodies do appear in the majority of such swine, following reinoculation with swine influenza virus, even in the absence of clinical symptoms.

By studying the immunological response in rabbits, which are not susceptible to influenza virus, MAGILL and FRANCIS (1936) have come to the conclusion that while immunologically distinct the human and swine viruses contain common antigens, the swine antigenic components being present in the human virus as secondary antigens. Evidence has also been obtained to suggest that while very closely related the antigenic constitution of all human viruses may not be absolutely identical.

Observations by MAGILL and FRANCIS (1938), FRANCIS and MAGILL (1938), SMITH and ANDREWES (1938) and SHAW, KENNEY and STOKES (1939) show that the structure of the virus is a mosaic of antigens, numerous strains containing the same antigens arranged in such a way that each strain or group of strains is characterized by its own peculiar antigenic pattern. Four main antigenic components can be differentiated, though all strains may not contain all the antigenic components of all other strains. Although serologically different strains may be recovered from the same epidemic, strains which most closely resemble one another are in general those isolated from the same epidemic of influenza.

Although the swine influenza virus has never been isolated from human beings, ANDREWES, LAIDLAW, and SMITH (1935) have found that antibodies to the swine virus are frequently present in the sera of persons over the age of ten but not in those under this age. It can hardly be concluded that the inhabitants of large cities in Great Britain have acquired immune bodies by direct infection from pigs especially since the swine influenza virus has not been isolated in that country. It is, therefore, suggested that the swine influenza virus was prevalent in man rather more than ten years ago, but since then has died out as a human infection though still remaining as a parasite of swine. This view is supported by the fact that epidemics of swine influenza were not recorded in America before 1918, while in China in 1918 influenza was present at Harbin in pigs and human beings at the same time (CHUN 1919). SHOPE (*11*, 1936), however, has recently found that the virus of swine influenza has been present in human beings during the last six years, since the serum of one six-year-old child contained immune bodies to this strain.

A further point in connection with variation in the influenza virus is the fact that mice can only be infected with difficulty by influenza virus obtained directly from human beings (FRANCIS and MAGILL (*1*, 1937) and CLAMPIT and GORDON (1937) though, after producing an almost symptomless infection in mice for the first few passages, pathogenicity for mice is slowly increased. After passage in the ferret the virus becomes more easily adapted to mice. As a rule adaptation to the mouse is acquired after two or three passages in the ferret, one strain, however, required thirteen passages in ferrets before it would infect mice (ANDREWES, LAIDLAW, and SMITH, 1934). Influenza virus cultivated on the chorio-allantoic membrane of the developing chick embryo is already pathogenic for mice and does not require ferret passage to raise its virulence.

Recently it has been found that influenza virus may undergo spontaneous variation in virulence. BURNET (1937) by cultivation of the Melbourne strain of human influenza virus on the chorio-allantoic membrane of the chick embryo obtained a marked reduction in pathogenicity for animals without any reduction in immunizing power. The W. S. strain on adaptation to the chick embryo showed increased virulence for the embryo and retained its virulence for animals (BURNET and LUSH, 1938). ANDREWES and WILSON SMITH (1937) on the other hand noted a sudden spontaneous increase in virus titre of from ten to a hundred fold in the filtered suspensions from mouse lungs after sixty-five mouse passages. No further increase in virus titre took place during the ensuing 18 months. This increase in virus titre might be due either to more rapid multiplication of the virus particles so that in a given volume more virus particles are actually present or to the fact that without an increase in numbers each virus particle possesses increased aggressiveness.

Attempts to produce a neurotropic variant of the influenza virus appear in part to have been successful. DADDI and PANÀ (1937) claimed to have produced encephalitis in rabbits and to have passaged the infection in series by intracerebral inoculation. CERRUTI and DI AICHELBURG (1938) also succeeded in passing the virus for three passages in the brains of rabbits, but were unable to determine the existence of any encephalitic lesions. In mice CERRUTI (1937) found that the brain contained virus after intranasal inoculation, but DADDI and PANÀ (1938) found no evidence of encephalitis. The best evidence that influenza virus may attack nervous tissues was, however, furnished by BURNET (1936) who reported that after cultivation of the Melbourne strain of human influenza virus for sixty three generations on the developing hen's egg the chick embryo died and the brain of the embryo showed a haemorrhagic encephalitis. In 1938 BURNET and LUSH reported that the virulent mouse W. S. virus also produced haemorrhagic encephalitis in chick embryos after only twenty six passages. STUART-HARRIS (1939) employing the W. S. strain after twenty one serial passages on the chorio-allantoic membrane of the chick embryo inoculated infected chick brain intracerebrally into young mice and produced a well marked encephalitis. Inoculation of ferrets with mouse brain emulsion after twenty-five intracerebral passages produced typical influenzal symptoms.

The relationship of the influenza virus to that causing infectious bronchopneumonia of cattle or bovine influenza, as described by ROSSI (1937), requires further investigation. The virus obtained by DOCHEZ, MILLS and MULLIKEN (1937) from the lungs of apparently normal mice which is pathogenic for mice, ferrets and possibly rabbits, appears to be quite distinct from that of influenza. Its virulence for mice is rapidly enhanced by rapid intranasal passage. MCINTOSH and SELBIE (1937) isolated from the lungs of patients dying of influenzal pneumonia viruses that immunologically seem to have some relation to the virus of influenza but, unlike it, are pathogenic not only for mice and ferrets but for rabbits, guinea pigs and Cercopithecus monkeys.

24. Lymphocytic choriomeningitis.

While working on the virus of St. Louis encephalitis, ARMSTRONG and LILLIE (1934) encountered what appeared to be a new virus. This virus in susceptible animals, more especially mice, monkeys and guinea-pigs, causes infiltrative lesions not only in the meninges and choroid plexus of the central nervous system, but in many other organs. The virus can infect mice without causing signs of ill health and has now been isolated from strains of apparently healthy mice in New York (TRAUB, 1935), London (FINDLAY, ALCOCK and STERN 1936), and Paris (LÉPINE and SAUTTER 1936). In addition the same virus has been obtained. from the cerebrospinal fluid of persons suffering from lymphocytic meningitis.

The virus has now been grown for more than two years in a serum-Tyrode medium containing chick embryo tissue. Some antigenic alteration has occurred and in addition though killing mice in 6 to 8 days as before, it now produces flaccid and not spastic paralysis. Virulence for guinea pigs has decreased. (Unpublished observations.)

The strains of virus already obtained show considerable differences in their pathogenicity for monkeys, guinea-pigs and rats. TRAUB (1937) found that a strain of lymphocytic choriomeningitis, as isolated from a naturally infected white mouse, could be attenuated for guinea-pigs by serial passage through white mice. Parallel passages of the same strain through guinea-pigs maintained its high virulence for this species but slightly reduced its pathogenicity for mice (*cf.* also RONSE 1937).

Recently MACCALLUM, FINDLAY and MCNAIR SCOTT (1939) have isolated two strains of a virus which they have termed pseudolymphocytic choriomeningitis. Although the lesions produced in mice, guinea-pigs and monkeys resemble in many respects those caused by true lymphocytic choriomeningitis there is no cross immunity, the incubation period in mice is shorter and the dimensions of the virus particles are greater.

A full summary of lymphocytic choriomeningitis is given by KREIS (1937).

25. Infectious anaemia.

Although equine infectious anaemia is known to attack donkeys, mules and very occasionally men (LÜHRS, 1920, PETERS, 1924) it is less commonly realized that a form of infectious anaemia has also been described in sheep and goats, dogs, and possibly cattle. Ovine infectious anaemia was first reported and shown to be due to a virus infection by DONATIEN and LESTOQUARD (1924) in Algeria. Later it was found to occur in Morocco, Turkey, and Anatolia, while CARRÉ and VERGE (1935) believe that it not improbably exists also in France. Its geographical distribution is thus much more restricted than that of equine infectious anaemia. The relationship between the ovine and equine viruses is at present unknown. So far as symptoms, pathological changes, and alterations in the blood are concerned there is a close similarity, which applies also to the properties of the virus, the natural means of infection, and the existence of virus carriers. Unfortunately a closer comparison is impossible in the absence of any demonstrable immunity, and as a result the impossibility of using cross-immunity tests. So far as is known, however, sheep and goats cannot be infected with the equine virus, though the horse is susceptible to the ovine virus. BALOZET (1937) found the equine virus present in the blood of sheep eight, but not forty days after inoculation: no symptoms were produced by the equine virus in sheep. The monkey *Macacus inuus* can be infected with ovine anaemia virus, but is entirely resistant to the equine strain. No experiments appear to have been undertaken to determine whether by prolonged passage in the horse the pathogenicity of the ovine virus is modified for sheep and goats.

Infectious anaemia of the dog was described by TRINCAS (1906). The virus, which can be easily filtered through Berkefeld V and W candles, is transmissible in series. Nothing is known in regard to the pathogenicity of the virus for other species, though numerous attempts to infect dogs with equine anaemia have failed.

Quite recently DOBBERSTEIN and PIENING (1934) have described a curious form of anaemia in cattle. Four animals coming from a farm where cattle leukaemia regularly occurred appeared in excellent condition, but their blood showed changes suggestive of leukaemia. Three healthy cows inoculated with their blood, after an incubation period of 6–8 days developed recurrent febrile attacks and very severe anaemia, associated with a lymphocytosis. The symptoms thus resembled those of equine infectious anaemia, but cattle are regarded as being totally resistant to this virus. On the other hand, the association with cattle leukaemia recalls the close connection of avian leukaemia and anaemia. Further observations are obviously required to determine the relation, if any, between the various forms of infectious anaemia that have been recorded in domestic animals.

26. Infectious laryngo-tracheitis of Fowls.

Although no qualitative differences have been found between various strains of laryngo-tracheitis virus, BURNET (1936) has described quantitative differences by which a strain from Victoria, Australia, could be distinguished, from an American strain and from strains isolated in New South Wales. The Victorian strain possessed only a low grade of virulence since it produced a very small number of deaths. The lesions produced on the chorio-allantoic membrance of the chick could easily be differentiated, the Victorian strain failing to produce the acute necrosis and desquamation characteristic of the other strain. Immunological observations also showed a quantitative difference, Victorian strains being less easily neutralized by immune serum.

KERNOHAN (1930) and HUDSON and BEAUDETTE (1932) have transmitted the virus of laryngo-tracheitis to pheasants. The latter observers noticed no alteration in pathogenicity for hens as a result of pheasant passage but KERNOHAN (1931) claims to have obtained a virus from a natural outbreak of laryngo-tracheitis in pheasants that was not transmissible to fowls or pigeons. The virus of infectious bronchitis of hens is apparently quite distinct from that of laryngo-tracheitis (*cf.* BEAUDETTE and HUDSON, 1937).

27. Salivary gland viruses.

A number of viruses of low pathogenicity are known to be present in the salivary glands of certain species of rodents; all are characterized by the presence of large intranuclear inclusions in the duct cells, more especially in those of the submaxillary glands. The inclusion bodies in the case of the guinea-pig were described by JACKSON (1920), but their association with a virus infection was first demonstrated by COLE and KUTTNER (1926). The infection is apparently species specific.

THOMPSON (1932 and 1934) found that in the salivary glands of apparently healthy mice and rats there are sometimes present small foci of inflammatory cells, associated with intranuclear and cytoplasmic inclusions in many of the cells of the ducts and parenchymatous tissue. Here again the infection is species specific. KUTTNER and WANG (1934) described a similar virus infection in the salivary glands of the hamster.

In the salivary glands of other species, such as the mole (RECTOR and RECTOR, 1934) and the monkey *Cebus fatuellus* (COWDRY and SCOTT, 1935) identical lesions and inclusion bodies have been described, but no actual virus has been demonstrated. Similar inclusion bodies have from time to time been noted in the parotid glands of man, the first to describe them being RIBBERT (1904). Here again actual association with a virus has not been proved, but from the similarity of the inclusions to those produced by known viruses there is little doubt that such an association does exist. Further observations are necessary to determine the inter-relationships of this group of viruses.

28. Ectromelia.

The virus of ectromelia originally described by MARCHAL (1930) has been shown by PASCHEN (1936) to undergo variation when cultivated on the chorio-allantoic membrane of the chick embryo. Although the original virus from mouse liver possessed no power of infecting the rabbit or guinea-pig, passage on the chorio-allantoic membrane of the chick-embryo endowed it with the capacity to infect first the cornea and then the skin of the rabbit. Guinea-pig cornea and skin could also be infected. The virus after passage in these animals was still capable of producing typical infections in mice. After twenty intra-cerebral passages in mice death took place rather more quickly but there was no increase in neurotropism (JAHN 1939).

29. Infectious myxomatosis of rabbits.

A highly fatal disease of the domestic rabbit *(Oryctolagus)* was first described by SANARELLI (1898), under the name of myxomatosis cuniculi, as the result of an outbreak among laboratory rabbits in Monte Video. Subsequent reports indicated that the disease was widespread in South America, as it was described in the Argentine by SPLENDORE (1909), and in Brazil by ARAGÃO (1911 and 1927) and MOSES (1911). In the summer of 1930 a disease having similar characteristics was reported as occurring in rabbitries in Southern California by KESSEL, PROUTY and MAYER (1930–31). Epidemics also occurred in California in the summers of 1931, 1932 and 1933 (KESSEL, FISK and PROUTY, 1934), but so far the disease has not been recorded either from Central America or from Mexico, so that it is not possible to link up the South and North American foci.

The Californian and South American strains appear to be identical, though the former is slightly less virulent. Variations in virulence may, however, occur with South American strains.

Domestic animals and those usually employed in the laboratory are entirely insusceptible. The question of the origin of virus myxomatosum, as was first pointed out by FINDLAY (1929), is thus of considerable interest, for true rabbits *(Oryctolagus)* have never existed in a wild condition in the New World to which they were introduced, as domesticated animals, at the end of the sixteenth century, after the Spanish conquest. Attention was, therefore, naturally directed to the susceptibility of the wild rabbits of America. In reality these so-called rabbits, the cottontail, jack and horse-shoe rabbits, are hares, since their young are not born blind. Earlier efforts to infect these animals were unsuccessful. MOSES (1911), for instance, found that only once in many trials was he able to infect a jack rabbit, while HOBBS (1931) and HYDE and GARDNER (1933) were unable to infect the cotton-tail *(Sylvilagus)*. SHOPE (*4*, 1932) also in three attempts to infect cotton-tails by subcutaneous injection obtained only one doubtful infection, a transient thickening of the epidermis and subcutaneous tissues developing at the site of injection 16 days after inoculation. More recent efforts to infect cotton-tails have, however, proved more successful. SHOPE (*8*, *9*, 1936), for instance, found that virus myxomatosum can be passaged in series in the testicles of cotton-tails. In the testicle it gives rise to a localized fibromatous or myxomatous orchitis which is never fatal. BERRY and LICHTY (1936) successfully infected cotton-tails by intracutaneous or intravenous inoculation, though here again the disease was never fatal. HYDE (1936) also infected cotton-tails by subcutaneous injection of myxoma virus, seven serial passages being made in these animals. The only pathological lesion was thickening of the epidermis.

The particular interest of these observations on the infectibility of cotton-tails lies in the fact that in 1932 SHOPE described a fibroma-like tumour due to a filterable virus in the cotton-tail. At first this fibroma-like growth appeared to have no connection with myxomatosis, for it could readily be transmitted both to cotton-tails and domestic rabbits, caused only local lesions, and was never fatal. It was found, however, that if domestic rabbits which had recovered from infection with the fibroma virus were subsequently injected with virus myxomatosum they either recovered or were completely resistant.

Later SHOPE (*8*, *9*, 1936) found that cotton-tails infected with myxoma virus were subsequently quite resistant to infection with fibroma virus, while their sera possessed neutralizing antibodies effective against both the fibroma virus and virus myxomatosum.

Cross-immunity was also observed in the case of domestic rabbits that had survived an attack of infectious myxoma. MARTIN (1936) obtained similar results: rabbits immune to virus myxomatosum developed an allergic reaction 24–36 hours after inoculation with fibroma virus, but the superficial hyperaemia and swelling disappeared by the third day and no fibromas developed. BERRY and LICHTY (1936) and HYDE (1936) also confirmed the close antigenic relationship between fibroma virus and virus myxomatosum. It seems probable, however, that the antigenic structure of the two viruses is not absolutely identical. The antigenic components comprising fibroma virus and common also to the myxoma virus are sufficient to establish in fibroma-immune rabbits a state of resistance to myxoma. Virus myxomatosum injected into the testicles of fibroma-recovered rabbits persists, however, for at least 16 days and can be transmitted in series, but when injected into the testicles of myxoma-immune rabbits it is promptly neutralized. Thus it seems probable that though virus myxomatosum contains antigenic components essential to the production of a complete fibroma virus immunity, the incomplete protection of rabbits in the reverse direction must be interpreted as indicating that the fibroma virus is antigenically only a partial replica of virus myxomatosum.

The problem has been studied by LEDINGHAM (1936) in relation to agglutination of the elementary bodies obtained from virus myxomatosum and the fibroma virus. Rabbits inoculated with fibroma quickly developed agglutinins for myxoma elementary bodies, but often little or none for fibroma elementary bodies till a dose of myxoma was given in response to which agglutinins both for myxoma and fibroma appeared to a high titre. When a serum containing agglutinins both for myxoma and fibroma was absorbed either with fibroma or myxoma elementary bodies the fibroma agglutinins were completely the myxoma agglutinins probably less completely removed. LEDINGHAM suggests that possibly the fibroma virus may contain a "rough but Vi-containing" variant of the full "smooth Vi-containing" myxoma antigen. RIVERS and WARD (1937) also found that a certain amount of agglutination of myxoma elementary bodies occurred in the presence of serum from a rabbit recovered from fibroma, a mixture of serum from a rabbit convalescent from fibroma mixed with a myxoma virus-free dermal filtrate resulted in a precipitate, but not to the same extent as when the serum came from an animal that had recovered from myxoma. Using complement fixation VAN ROOYEN and RHODES (1938) obtained no cross reactions. LUSH (1939), however, observed fixation with myxoma antigen and both myxoma and fibroma antiserum. Higher concentrations of antigen were required to give optimum fixation with the fibroma serum than with the myxoma serum. Inactivation *in vitro* of myxoma virus by fibroma antiserum was demonstrated by tests both on the rabbit and on the chorio-allantoic membrane of the developing chick embryo.

In view of the immunological relationship between the filterable fibroma and virus myxomatosum, attempts have been made to convert one into the other. SHOPE 9, 1936) found that ten serial passages of virus myxomatosum through the testicles of cotton-tails failed to alter its pathogenicity for domestic rabbits. HYDE (1936), however, later observed that after seven serial subcutaneous passages in cotton-tails, virus myxomatosum, when transferred to the domestic rabbit, gave rise to a large more or less discrete growth, resembling the fibroma virus in structure; only later did myxomatous changes appear and death occur.

What appears to be a complete transformation of fibroma virus into myxoma virus has been accomplished by BERRY and DEDRICK (1936). Employing a method suggested by Griffith's studies on the transformation of pneumococcal types, they inoculated domestic rabbits with a mixture of active fibroma virus and heat-inactivated myxoma virus. The myxoma suspensions were inactivated for 30 minutes at 60° C., at 75° C., and at 90° C. Transformation from fibroma to myxoma occurred with material heated at 60° C and 75° C., but not at 90° C. Typical myxomatosis resulted and could be passaged by transfer, normal animals being infected by simple contact. Further details are given by BERRY (*1*, 1937). The transformation of heat inactivated myxoma virus was brought about by a number of fibroma strains and also by the variant strains produced by ANDREWES and SHOPE (1936) (*cf.* p. 919). Heat inactivated myxoma suspensions derived from cutaneous and testicular lesions of cotton tails after from 30 to 35 serial cotton tail passages of myxomatosis served as "transforming agent" not only in domestic rabbits but in cotton tails. Transformation took place even when the active fibroma virus and the heat inactivated myxoma virus were injected separately into different sites, either simultaneously or at different times. It is suggested that something in suspensions of myxomatous material, thermostable up to 75° C., which by itself is unable to induce myxomatosis in rabbits lends virulence to fibroma virus and changes it into myxoma virus. The "something" in the suspensions of myxomatous material is however contained in the myxoma elementary bodies for BERRY (*2*, 1937) has found that myxoma elementary bodies washed and heated to 65° C. and 75° C. can transform fibroma virus into myxoma virus. HURST (*5*, 1937) has confirmed BERRYS' results. Both the original "tumour-producing" strain of fibroma virus and the mutant inflammatory strain of fibroma virus mixed with heat-inactivated myxoma virus may give rise to myxomatosis when inoculated into normal but not into fibroma-immune rabbits. Passage animals die of quite typical myxoma. Neither heat inactivated nor living neuro-myxoma virus (HURST[*4*, 1937]) mixed with fibroma virus proved effective in bringing about this transformation. Other observers (HYDE, 1936 and MECK and ACREE 1939) have however entirely failed to convert a mixture of active fibroma virus and heated-inactivated myxoma virus into active myxoma virus.

It thus seems probable that some time in the last four hundred years the fibroma virus has been accidentally transferred from the cotton-tail to the domestic rabbit, in which species it has produced a variant in the shape of virus myxomatosum highly pathogenic for its new, but comparatively harmless for its original host. In support of this view it must be remembered that both in the fibroma and in virus myxomatosum the fibroblast is the essential cell which is affected. Both viruses also, as HYDE (1936) has shown, are inactivated after heating at 55° C. for 10 minutes, and both are negatively charged at pH 5,1–10,2.

THOMPSON (1938), however, has found that by increasing the temperature of the rabbit's skin it is possible to prevent the growth of fibroma virus. The myxoma virus is less sensitive to increase of temperature.

HURST (*4*, 1937) reported that variation in the characteristics of the myxoma virus can be induced by intracerebral passage in rabbits, the transfers being made approximately every seventh day. Virus after the first and second intracerebral passages, when inoculated intradermally in the rabbit, still produced typical myxoma lesions with death. By the eighth intracerebral passage a change had occurred and the virus, when introduced in a single area intradermally no longer invariably produced death, about 80 per cent. of the animals recovering. At the site of injection a localized lesion with necrosis developed which after the seventh day began to dry up, the scab finally separating off in the course of three to four weeks. Generalization in the skin with eye symptoms as in myxoma was also seen, but the disease was much milder. Of the rabbits inoculated intracerebrally with this neurotropic strain, after from 8 to 19 intracerebral passages, about 10 per cent. developed paralysis with meningitic lesions in the lumbar region, and about 20 per cent. died. In later passages the virus acquired greater virulence for the brain, but not for the skin. Corresponding to the differences in the clinical symptoms, there were found histological changes. The meninges in the first four passages exhibited a polymorphonuclear leucocytic reaction with the formation of large myxoma cells: somewhat similar cells were formed from glia and ependyma. At the fifth and seventh intracerebral passages the histological changes were intermediate, but by the tenth passage the reacting cells were ordinary mononuclear leucocytes and fibroblasts, and large myxoma cells were no longer formed in either the nervous system or the skin. Whether reversion to the ordinary myxoma virus can be brought about has not yet been determined, but after two intratesticular passages there was no evidence of reconversion: the modified virus when given favourable opportunity for proliferation may, however, easily cause fatal infections. Admixture with heated myxoma virus did not alter the pathogenic properties of living neuro-myxoma virus nor did heated neuro-myxoma virus added to living myxoma virus have any influence on the resulting disease. These results could not be confirmed by MOSES (1938). Numerous observers have noted that the character and distribution of the lesions is intimately bound up with the virulence of the strain of virus employed and by other environmental conditions. Rapid intratesticular passage increases the virulence of the virus as also, according to RIVERS (1930), does storage for one to two years in glycerine. SPRUNT (1932) found that in rabbits in an advanced stage of pregnancy visceral, as opposed to dermal, lesions were accentuated. As a result of culture in a serum-Tyrode mixture containing embryo tissue HAAGEN and DU DSCHENG-HSING (1938) found that the pathogenicity of the virus was greatly reduced and only a local lesion was produced by intradermal injection of rabbits. BERRY (1938) obtained a nonlethal mutant strain of virus myxomatosum that had been derived originally from fibroma virus.

One other point in relation to infectious myxomatosis is not without interest. Earlier observers failed to describe lesions in the epidermal cells adjacent to the myxoma nodules. RIVERS (1927) working in New York, however, found large cytoplasmic inclusion in the cells of the epidermis, as did HYDE and GARDNER (1933). FINDLAY (1929) working in London failed to determine their presence in the strain of rabbits employed, while KESSEL, FISK, and PROUTY (1934) stated that the so-called inclusion bodies, so easily produced in the epithelial cells of animals infected with the South American strain, were not observed as a result of infection with the less virulent Californian strain. Further work is required to determine whether the production of epidermal inclusions is due to the strain of rabbit employed or more probably to variation in the virulence of the virus.

SHOPE (*3,* 1932) found that in the original cotton-tail the epidermal cells overlying the fibroma contained acidophilic intracytoplasmic inclusions, but these were absent on passing the disease to domestic rabbits.

30. The rabbit fibroma virus.

The rabbit fibroma virus, apart altogether from its possible relationship to virus myxomatosum, is of considerable interest in that it has itself produced a variant strain which can no longer be characterised as a fibroma. The virus, first discovered in a cotton-tail in 1932, was found by SHOPE to be readily transmissible not only to cotton-tails but to domestic rabbits. On inoculation into the testis, skin or muscles, the virus produced localized tumour-like swellings, apparently formed by the multiplication of young connective tissue cells. The growths did not metastasize and ultimately always regressed more quickly in the domestic rabbit than in the cotton-tail. The growths cannot therefore be regarded as true tumours. After some eighteen passages in domestic rabbits a change appeared in the virus. This variant has been studied both by ANDREWES (1936) and SHOPE (*10,* 1936). ANDREWES found that in his hands the variant no longer gave rise to fibroma-like growths, but produced only acute inflammatory lesions; in addition, many inoculated rabbits developed a generalized pock-like eruption on the skin. This pock-like eruption has, however, been produced in England by the original strain and has regularly occurred in rabbits of several different breeds, including Dutch, Chinchilla, Himalayan, Belgian hares and half-lops. The occurrence of a generalized eruption has never been observed in America. The conditions determining generalization are thus obscure. In SHOPE's hands the variant virus produced changes of the same general nature as those observed by ANDREWES, but differed in degree, for when injected intratesticularly the variant produced in addition to the inflammatory reaction a varying but usually scanty connective tissue proliferation. A further difference in the English and American variant strains was to be found in their behaviour when passaged back in series through cotton-tails. SHOPE found that his variant was at least partially reversible, since the mere passage of the virus back through cotton-tails was sufficient to restore temporarily its fibroma-producing properties, but through numerous passages in the domestic rabbit it continued to produce lesions of a mixed character, partly inflammatory, partly fibromatous. Efforts at changing ANDREWE's new inflammatory strain back into the original fibroma-producing strain were unsuccessful, though the two strains cross-immunized.

An artificial mixture of inflammatory and fibromatous viruses behaved in all respects like the American variant strain. It is therefore suggested that this variant strain is in reality a mixture of the original and the inflammatory virus. In regard to the nature of the English inflammatory strain there is no evidence that an extraneous virus became mixed with the original strain, for in addition to the facts already described, the original and the inflammatory strains were both found by ANDREWES to be capable on occasion of producing cytoplasmic inclusions in the epithelial cells of the skin of the domestic rabbit. Both strains are thus potentially epitheliotropic. It is possible that the inflammatory strain may be the result of gradual adaptation of the fibroma virus to existence in an abnormal host, the domestic rabbit. It is, however, difficult to believe that one strain of virus from the cotton-tail, when passaged in domestic rabbits in several series, should in one series retain its original character essentially unaltered and in another should change as a result of gradual adaption to its new environment. There is, in fact, no evidence of gradualness, for once the original virus had quite suddenly turned into the American variant no further progressive modification in its properties occurred. It seems probable, therefore, that the inflammatory strain is a variant of the original strain. If the sudden appearance of a variant were a rare event it would not be surprising to find evidence of it in one series of passages through rabbits and not in another. Since the cotton-tail favours the original as against the inflammatory strain, a variant of the inflammatory type occurring in this, its natural host, would probably be suppressed. Some domestic rabbits have been shown to favour the development of the inflammatory virus, others the original strain. The fate of a variant occurring in the tissues of the domestic rabbit would thus depend on the reactions of the individual rabbits it encountered on its first occurrence and in the course of subsequent passages. It is suggested that the isolation of the purely inflammatory virus from the material first sent to England may have depended either on some differential effect of the conditions of the journey on the two strains in a mixture or possibly on the chance that the virus encountered in England a succession of rabbits favouring the variant strain.

31. Filterable fowl tumours.

Since virus particles have been isolated by LEDINGHAM and GYE (1935) from the Rous sarcoma and the size of the various tumour agents has been determined by ELFORD and ANDREWES (1935), there seems little doubt that the agents responsible for filterable fowl tumours are viruses, in no way different from those causing many other maladies. The question therefore arises as to the exact relationship between the causative agents of these various specific tumours.

In addition to the Rous sarcoma No. 1, a considerable number of filterable tumours have been studied and passaged in the fowl. The individuality of these tumour strains was already recognized by ROUS and MURPHY (1914) and has been emphasized by many subsequent workers. Individuality is seen not only in the constant histological picture, but in such characteristics as the rate and mode of growth, the proportion of successful inoculations and regressions, the incidence, and, more especially, the distribution of metastases, all of which are retained indefinitely even when passages are made with filtered material.

Attempts to settle the problem by recourse to antigenic analysis have led to considerable confusion, in part due to the fact that neutralizing sera of considerable potency may on occasion be found in apparently normal fowls. A complete review of the whole question is given by FOULDS (1934), and it will be sufficient here to mention the work of ANDREWES (1931, (*2*, 1932, *4*, *5*, 1933), who found that sera from fowls with slow-growing fibrosarcomata neutralized filtrates of ROUS sarcoma. Ducks, however, immunized against FUJINAMI sarcoma, had sera which neutralized not only filtrates of that tumour but also filtrates of ROUS sarcoma No. 1, as well as of other strains. Thus the FUJINAMI sarcoma is not entirely distinct from other tumours. Sera from fowls with slow-growing fibrosarcomata also neutralized to a varying extent filtrates of several other tumours, though less readily than those of ROUS sarcoma 1. ANDREWES (1934) concluded that all fowl tumours which had been tested had some antigenic relationship, though no two were serologically identical. Further observations are obviously required.

Apart from the question of the interrelationship of the fowl filterable tumours, the ROUS sarcoma No. 1 has exhibited a gradual adaptation to an ever-widening circle of hosts. In its earlier days the ROUS sarcoma would grow only in Plymouth Rocks, the variety of hen in which the original tumour was found. Later growth occurred in all varieties of hens, and finally, with some preliminary difficulties, the tumour has been propagated in guinea-fowls and turkeys by DES LIGNERIS (1932) and in pheasants by ANDREWES (*3*, 1932). Similar difficulties in inducing adaptation to new host species are recorded for a considerable number of other viruses.

Whether the non-filterable phase of the ROUS sarcoma virus described by GYE and ANDREWES (1926) was due to variation in the virus or in the physical properties of the cells is unknown.

32. Filterable leucosis of fowls.

Leucosis of fowls was shown to be transmissible both by cells and by filtrates by ELLERMAN and BANG (1908). It is now generally agreed that there are three types of fowl leucosis: I. lymphatic, II. myeloid, and III. erythroleucosis or erythroblastosis. The majority of observers believe that lymphatic leucosis is not transmissible under ordinary circumstances. ENGELBRETH-HOLM and ROTHE-MEYER (1935) have never seen any case of transmissible lymphatic leucosis among 5500 birds, nor has spontaneous lymphatic leucosis been transmitted to normal animals. Lymphomatous infiltration and tumours of the viscera may, however, be produced by the same agent that is responsible for fowl paralysis, neurolymphomatosis gallinarum, but in this condition many of the cells are not true lymphocytes but plasma cells.

While it seems clear that lymphatic leucosis is quite distinct from both myeloid leucosis and erythroblastosis, the relation between the two latter conditions is still obscure. Although two distinct viruses may be present, as has been shown by FURTH (*1*, *2*, 1936) in one mixed strain capable of producing sarcoma and leucosis, it seems more probable that in most cases a single agent is involved, the resulting disease depending on the developmental potentialities of the cells infected. This would account not only for the alternation of cases of myeloid leucosis and haemocytoblastosis, but also for the occurrence of tumours having the appearance of sarcomata or endotheliomata, although the application of the term "sarcoma" or "endothelioma" does not imply that the growths are to be equated with the ROUS sarcoma No. 1 or the MILL HILL 2 endothelioma. ROTHE-MEYER and ENGELBRETH-HOLM (1933 and 1935) suggest that the method of inoculation is an essential factor in determining whether leucosis or sarcoma will develop. When blood from a fowl attacked by leucosis is injected intravenously into normal fowls pure leucosis will in most cases be produced, while if blood is injected intramuscularly or subcutaneously sarcoma is much more likely to develop at the site of inoculation. This conception is in accord also with the results obtained by TROISIER and SIFFERLEN (1933).

An analogy may be drawn between these findings and those obtained in yellow fever in rhesus monkeys and in Rift Valley fever in mice. If these viruses are confined by experimental means to the central nervous system, the resulting lesions differ entirely from those obtained when virus is allowed to attack the abdominal viscera although FURTH and BREEDIS (1937) find that in general leucosis viruses multiply in vitro only in the presence of those cells on which they confer neoplastic properties. Possibly prolonged passage of a leucotic virus in tissue cultures of pure fibroblasts might result in a virus capable of producing sarcomata only. In this connection it is of interest, in view of the action of glycerine on certain other viruses, such as that of foot-and-mouth disease, to note that OBERLING and GUÉRIN (*1*, *2*, 1933 and 1934) believe that prolonged storage of leucotic material, either in glycerin or in the ice-chest, caused a tendency for the leucotic virus to produce sarcomata, though when passaged further all the sarcomata eventually gave rise to leucoses.

Further evidence of the close relationship, if not absolute identity of the viruses causing myeloid leucosis and erythroblastosis is brought forward by ROTHE MEYER, ENGELBRETH-HOLM and UHL (1935), who have found that birds which have spontaneously recovered from myeloid leucosis are thence-forward immune to all forms of leucosis including tumour producing strains.

33. Filterable warts.

Warts have been described in man, the dog, fox, horse, cow, chamois, sheep, cotton-tail, jack and domestic rabbit. The infective warts of man, the dog and the cow exhibit a high degree of species specificity (FINDLAY 1930). Although further work is required, the antisera also appear to be highly specific [*cf.* BEARD and KIDD (1936)]. Numerous unsuccessful attempts have been made to transmit human warts to rhesus and cercopithecus monkeys, species in which infective warts have not been described under natural conditions. KUMER (1935), however, succeeded in transmitting chamois warts to a rabbit, but further passage entirely failed and HOLMBOE (1935) suggests, on somewhat slender evidence, that a fox may have been infected by eating sheeps' heads, warts being found in the mouths of sheep.

The oral papillomatosis described in rabbits by PARSONS and KIDD (1936) appears to be species specific. Less specificity, however, is shown by the infective warts that occur naturally in America in cotton-tail and jack rabbits (in reality hares). These warts were first described by SETON (1909), specimens being collected from Oklahoma, Nebraska and Colorado. In Minnesota, according to LARSON, SHILLINGER and GREEN (1935) the disease is seen in more or less endemic form. The condition was first transmitted in series to cotton-tails by SHOPE (1933), a result confirmed by GREEN and SHILLINGER (1934). GREEN and SHILLINGER (1935) and BEARD and ROUS (1935) also transmitted the disease to jack rabbits and snow-shoe hares, while GREEN and SHILLINGER (1934) and SHOPE (1935) succeeded in infecting domestic rabbits. Transmission in series to rabbits was, however, a matter of considerable difficulty. Thus SHOPE (1935) reported that of fifty-eight attempts to carry the virus beyond its first rabbit passage, thirteen only were successful, while of seven attempts to carry the virus beyond its second passage, four only were successful. The incubation period was longer than in the natural host and the papillomata more discrete. After three or four passages in domestic rabbits, transmission from rabbit to rabbit became much easier. There was thus an adaptation of the virus to the cells of a new host, the situation being similar to that described by DES LIGNERIS (1932) and ANDREWES (1932 and 1933) in regard to the transmission of Rous sarcoma No. 1 to turkeys, guinea-fowls and pheasants.

The viruses of filterable warts, which all produce similar pathological changes, thus resemble in certain respects the mammalian and avian pox viruses where, however, species specificity has not advanced quite so far as it has with the wart viruses.

Cancerous degeneration of human infectious warts is very rare, though it has occasionally been described (ZOLTAN 1938). In connection with the filterable papillomata of cotton-tails, an important discovery has been made by ROUS and BEARD (1934) who found that in the rabbit the virus-induced growths frequently become malignant, although only those papillomas become cancerous that are engendered by a very active virus (ROUS, BEARD and KIDD, 1936). The strains of virus employed are not recoverable in active form from fully developed cancer, so that the relationship of the virus to the actual cancer has required indirect methods. The papilloma itself has malignant potentialities at an early stage, the cells affected by the virus are those that become cancerous and the formative influence of the virus is perceptible in many of the ultimate tumours. The observed differences in individual cancers can be readily explained by variant changes in a virus stimulating the cells, and certainly a virus causes and accompanies the papilloma, gives it neoplastic characters, acts to determine carcinosis and influences the characters of the cancers. Nevertheless a hypothetical superimposed cause can still be invoked as responsible for the malignancy.

34. Fowl coryza and mouse catarrh.

From an uncomplicated coryza of the fowl and from a catarrhal condition in mice there have been isolated by NELSON (1937) small Gram negative cocco-bacilliform bodies, predominantly spherical in shape and generally under 0,5 in diameter. They are found in large numbers in the exudates from both diseases and are capable of reproducing the two diseases after filtration through largepored collodion membranes. The bodies grow readily in tissue cultures but unlike the true viruses their growth in tissue culture is dependent not on living cells but on some diffusible cell constituent; in this they resemble the Rickettsiae more closely than the viruses. Recently isolated strains show no evidence of growth in nutrient media but the fowl coryza bodies may survive in blood broth and if carried through an extended series of transfers may ultimately grow sparsely in it (*cf.* NELSON 1939).

The precise nature of these cocco-bacilliform bodies is unknown. They may, it is suggested, occupy a position between the elementary bodies of vaccinia and other viruses of a similar nature on the one hand and the true bacteria on the other.

In certain respects they resemble the group of pleuropneumonia-like organisms.

35. Lymphocystis disease of fish.

SINCE LOWE (1874) first observed lymphocystis disease in Norfolk, England, the disease has been described in the following fish:

Species	Habitat	Observer
Pleuronectes flesus L. Flounder	Europe	Lowe 1874 Weissenberg 1914
P. platessa. Plaice	,,	McIntosh 1884
Acerina cernua. Perch	,,	Weissenberg 1914
Sargus annularis	,,	Joseph 1917
Macropodus viridauratus. Paradise fish	China	Joseph 1917
Stizostedium vitreum. Pike-perch	North America	Mavor 1918
Angelichthys isabelita. Common angel fish	,,	Smith & Nigrelli 1937
Lachnolaimus maximus. Hog fish	,,	Weissenberg, Nigrelli & Smith 1937
Aleutera schoepfii. Orange file fish	,,	Weissenberg 1938
Fundulus hetroclitus. Killifish	,,	Weissenberg 1939
Amphibrion percula	East Indies	Smith & Nigrelli 1937

Although the disease can be easily transmitted from one individual to another of the same species and is very similar in all species in its pathology (cf. WEISSENBERG 1914 and 1921), it has up to the present proved impossible to transfer the virus from one species to another, even when both species are susceptible (WEISSENBERG 1939). This suggests that there exist a number of distinct lymphocystis viruses each adapted to different species of fishes. Further observations are required.

References.

ADAMS, J.: Observations on Morbid Poisons, Chronic and Acute, 2nd Ed. London: J. Callow, 1807.

ADLER, S.: A disease of fowls in Palestine characterised by leucocyte inclusions. Ann. trop. Med. Parasitol. **19**, 127 (1925).

AKAZAWA, S. and T. MATSUMURA: Swine pox in Chosen. J. Jap. Soc. vet. Sci. **14**, 1 (1933).

ALEXANDER, R. A.: (*1*) Preliminary note on the infection of white mice and guinea-pigs with the virus of horse sickness. J. S. Africa vet. med. Assoc. **4**, 1 (1933).

— (*2*) Studies on the neurotropic virus of horse sickness. I. Neurotropic fixation. Onderstepoort J. vet. Sci. **4**, 291 (1935).

— (*3*) Studies on the neurotropic virus of horse sickness. III. The intracerebral protection test and its application to the study of immunity. Onderstepoort J. vet. Sci. **4**, 349 (1935).

— (*4*) Studies on the neurotropic virus of horse sickness. IV. The pathogenesis in horses. Onderstepoort J. vet. Sci. **4**, 379 (1935).

— (*5*) Studies on the neurotropic virus of horse sickness. V. The antigenic response of horses to simultaneous trivalent immunization. Onderstepoort J. vet. Sci. **7**, 11 (1936).

— (*6*) Studies on the neurotropic virus of horse sickness. VI. Propagation in the developing chick embryo. Onderstepoort J. vet. Sci. **11**, 9 (1938).

ALEXANDER, R. A. and P. J. DU TOIT: The immunization of horses and mules against horse sickness by means of the neurotropic virus of mice and guinea-pigs. Onderstepoort J. vet. Sci. **2**, 375 (1934).

ALEXANDER, R. A., W. D. NIETZ, and P. J. DU TOIT: Horse sickness immunization of horses and mules in the field during the season 1934–1935 with a description of preparation of polyvalent mouse neurotropic vaccine. Onderstepoort J. vet. Sci. **7**, 17 (1936).

ALLAN, W. A.: Unpublished departmental Report. Vet. Dept. Uganda (1930).

AMANSCHULOFF, S. A., A. A. SAMARZEW und L. N. ARBUSOFF: Über die „Kull-Pocken“, eine Art von Hauterkrankungen bei den Kamelen im Uralbezirk (Kasakstan). Z. Infekt.krkh. Haustiere **38**, 186 (1930).

AMIES, C. R.: (*1*) An agglutination reaction in variola. Lancet **1932 II**, 558.

— (*2*) The elementary bodies of zoster and their serological relationship to those of varicella. Brit. J. exper. Path. **15**, 314 (1934).

ANDERSON, I.: On epidemic varioloid varicella in Jamaica. Trans. Epidem. Soc. **2** (Session 1865–1866), 414 (1867).

ANDREWES, C. H.: (*1*) The immunological relationships of fowl tumours with different histological structure. J. Path. a. Bacter. **34**, 91 (1931).

— (*2*) The transmission of fowl tumours to pheasants. J. Path. a. Bacter. **35**, 407 (1932).

— (*3*) Some properties of immune sera active against fowl tumour viruses. J. Path. a. Bacter. **35**, 243 (1932).

— (*4*) The active immunization of pheasants against fowl tumours. J. Path. a. Bacter. **37**, 17 (1933).

— (*5*) Further serological studies on fowl tumour viruses. J. Path. a. Bacter. **37**, 27 (1933).

— (*6*) Viruses in relation to the aetiology of tumours. Lancet **1934 II**, 63, 117.

— (*7*) A change in rabbit fibroma virus suggesting mutation. I. Experiments on domestic rabbits. J. exper. Med. (Am.) **63**, 157 (1936).

ANDREWES, C. H., P. P. LAIDLAW, and W. SMITH: (*1*) The susceptibility of mice to the viruses of human and swine influenza. Lancet **1934 II**, 859.

— (*2*) Influenza: observations on the recovery of virus from man and on the antibody content of human sera. Brit. J. exper. Path. **16**, 566 (1935).

ANDREWES, C. H. and R. E. SHOPE: A change in rabbit fibroma virus suggesting mutation. III. Interpretation of findings. J. exper. Med. (Am.) **63**, 179 (1936).

ANDREWES, C. H. and WILSON SMITH: Influenza: further experiments on the active immunization of mice. Brit. J. exper. Path. **18**, 43 (1937).

ANDREWS, W. H.: The determination of immunological types of virus. 4th Progress Rep. Foot-and-Mouth Disease Research Committee. Section III, p. 62. London: H. M. Stationery Office, 1931.

ARAGÃO, H. DE BEAUREPAIRE: Sobre o microbio do myxoma dos coelhos. Brasil-Med. **25**, 471 (1911).

ARAKI, S.: S atische Beobachtungen über Herpes zoster und Herpes simplex. Jap. J. Derm. a. Ur. **41**, 97 (1937).

ARMSTRONG, C.: The Selection of a Heat-Resistant Strain of Vaccine Virus (Rabbit Testicular). Publ. Health Rep. (Am.) **44**, 1183 (1929).

ARMSTRONG, C. and R. D. LILLIE: Experimental Lymphocytic Choriomeningitis of Monkeys and Mice produced by a Virus encountered in Studies of the 1933 St. Louis Encephalitis Epidemic. Publ. Health Rep. (Am.) **49**, 1019 (1934).

ARNOLD, K. V.: Neuere Arbeiten über Variola und Vaccine. Erg. Hyg. usw. **10**, 367 (1929).

ASTRUC, J.: Dissertation sur la contagion de la peste, où l'on prouve que cette maladie est véritablemente contagieuse et où l'on répond aux difficultés qu'on oppose contre ce sentiment. Toulouse: J. J. Desclassen, 1724.

AVARITSIOTIS, E.: Sur le neurotropisme de la dengue. Ann. Méd. **30**, 5 (1931).

BALOG, P.: Histologische und experimentelle Untersuchungen über das infektiose Vulvapapillom der Kuh. Arch. Derm. (D.) **173**, 518 (1936).

BALOZET, L.: (*1*) Receptivité de la chèvre et du cheval à l'inoculation intracérébral du virus claveleux. C. r. Soc. Biol. **107**, 1461 (1931).

— (*2*) Expériences sur la peste aviaire. Arch. Inst. Pasteur Afr. N., Tunis **23**, 49 (1934).

— (*3*) Inoculation du virus de l'anémie infectieuse des equidés à d'autres espèces. C. r. Soc. Biol. Paris, **124**, 1150 (1937).

BARG, G. S., and L. S. RUDENKO: Versuche zum Studium des nach LEDINGHAM und MCCLEAN intrakutan passierten Virus der Pockenvakzine. Z. Immunit.forsch. **85**, 370 (1935).

BASSET, J.: Variole aviaire et vaccine. Immunité dans la variole aviaire. C. r. Soc. Biol. Paris, **94**, 525 (1926).

BASSI: Che puo essere la stomatite pustulosa del cavallo se non vaiolo equine o horse-pox. Mod. Zooiat. (1896).

BAUER, J., H. R. COX, and P. K. OLITSKY: Ultrafiltration of the virus of equine encephalomyelitis. Proc. Soc. exper. Biol. a. Med. (Am.) **33**, 378 (1935).

BAUER, J. H. and T. P. HUGHES: Ultrafiltration studies with yellow fever virus. Amer. J. Hyg. **21**, 101 (1935).

BEARD, J. W. and J. G. KIDD: Antigenic individuality of certain papilloma viruses. Proc. Soc. exper. Biol. a. Med. (Am.) **34**, 451 (1936).

BEARD, J. W. and P. ROUS: Effectiveness of the SHOPE papilloma virus in various American rabbits. Proc. Soc. exper. Biol. a. Med. (Am.) **33**, 191 (1935).

BEAUDETTE, F. R. and C. B. HUDSON: (*1*) Cultivation of the virus of infectious bronchitis. J. amer. vet. med. Assoc. **90** (N. ser. **43**), 51 (1937).

— — (*2*) Cultivation of pigeon-pox virus on the chorio-allantoic membrane. J. amer. vet. med. Assoc. **93** (N. ser. **46**), 146 (1938).

BECK, C. E. and R. W. G. WYCKOFF: Venezuelan equine encephalomyelitis. Science **88**, 530 (1938).

BEDSON, S. P.: Herpes Zoster and Varicella in: A System of Bacteriology in Relation to Medicine, vol. 7, p. 157. London: H. M. Stationery Office, 1930.

BENDINGER, G. G., M. C. SHILIN u. W. I. ZAITZEW: Forschungen über Ferkelpocken. Tierärztl. Rdsch. **41**, 269 (1935).

BENSIS, W.: Étude clinique de la dengue. Par. méd. **2**, 137 (1931).

BERRY, G. P.: (*1*) The transformation of the virus of rabbit fibroma (SHOPE) into that of infectious myxomatosis. Proc. amer. Phil. Soc. **77**, 1473 (1937).

— (*2*) Rabbit fibroma to myxoma transformation with heat inactivated myxoma elementary bodies. J. Bacter. (Am.) **34**, 349 (1937).

— (**3**) A non-lethal "mutant" strain of virus myxomatosum derived from fibroma virus. J. Bacter. (Am.) **36**, 285 (1938).

BERRY, G. P. and H. M. DEDRICK: A method for changing the virus of rabbit fibroma (SHOPE) into that of infectious myxomatosis (SANARELLI). J. Bacter. (Am.) **31,** 50 (1936).

BERRY, G. P. and J. A. LICHTY jr.: Immunological and serological evidences of a close relationship between the viruses of rabbit fibroma (SHOPE) and infectious myxomatosis (SANARELLI). J. Bacter. (Am.) **31,** 49 (1936).

BIERBAUM, K.: Über bipathogenes Taubenpockenvirus. Arch. Tierheilk. **69,** 439 (1935).

BIERBAUM K., E. EBERBECK u. W. KAYSER: Anpassung von Taubenpockenvirus an das Huhn. Arch. Tierheilk. **64,** 20 (1931/32).

BIERBAUM K., E. EBERBECK, K. RASCH u. W. KAYSER: Weitere Untersuchungen über Geflügelpocken. Z. Infekt.krkh. Haustiere **39—40,** 141 (1931/32).

BLAKEMORE, F. and R. E. GLOVER: Variola in the pig. Vet. Record. **49,** 750 (1931).

BLANC, G., J. CAMINOPETROS, and C. MELANIDI: Clavelée et vaccine. C. r. Soc. Biol. **97,** 456 (1927).

BLANC, G., C. MELANIDI et M. STYLIANOPOULO: (*1*) Contribution à l'étude expérimentale des varioles animales. L'encéphalite claveleuse du mouton, variole des chèvres et stomatite pustuleuse. C. r. Soc. Biol. **94,** 959 (1926).

— (*2*) Contribution à l'étude des varioles animales. Variole des chèvres et stomatite pustuleuse. C. r. Soc. Biol. **95,** 259 (1926).

BLAXALL, F. R.: (*1*) La variole en Angleterre pendant l'année 1922, avec quelques notes sur des expériences faites sur ce sujet. Bull. Acad. Méd., Par. **88,** 146 (1923).

— (*2*) Small-pox in: A System of Bacteriology in Relation to Medicine, Vol. 7, p. 84. London: H. M. Stationery Office, 1930.

— (*3*) Horse-pox in: A System of Bacteriology in Relation to Medicine, Vol. 7, p. 148. London: H. M. Stationery Office, 1930.

BLEYER, J. C.: Über Auftreten von Variola unter Affen der genera *Mycetes* und *Cebus* bei Vordringen einer Pockenepidemie im Urwaldgebiete an den Nebenflüssen des Alto Uruguay in Südbrasilien. Münch. med. Wschr. **69,** 1009 (1922).

BÓKAY, J. VON: Über den ätiologischen Zusammenhang der Varizellen mit gewissen Fällen von Herpes zoster. Wien. klin. Wschr. **22,** 1323 (1909).

BOLLINGER, O.: (*1*) Über Epithelioma contagiosum beim Haushuhn und die sogenannten Pocken des Geflügels. Arch. path. Anat. **58,** 340 (1873).

— (*2*) Über Menschen- und Tierpocken, über den Ursprung der Kuhpocken und über intrauterine Vaccination. Slg. klin. Vortr., Nr. 116. Leipzig: R. v. Volkmann, 1877.

BONNEL, F.: Relation d'une épidémie d'alastrim survenue dans un détachement de tirailleurs sénégalais. Bull. Soc. Path. exot. **21,** 87 (1928).

BONNEVIE, P.: Milker's Warts: infection from "false cowpox" with a paravaccinial virus. Brit. J. Derm. **49,** 164 (1937).

BORREL, A.: (*1*) Epithélioses infectieuses et épithéliomas. Ann. Inst. Pasteur, Par. **17,** 81 (1903).

— (*2*) Variola des chèvres et stomatite pustuleuse des ovins. Arch. Inst. Pasteur hellén. **1** 382 (1923).

— (*3*) Virus vaccine dans la péritoine du lapin. C. r. Soc. Biol. **121,** 1084 (1936).

BOULEY, H.: De l'origine de la vaccine sur le cheval. Rec. Méd. vét. **39,** 735 (1862).

BOZZELLI, R.: Studio comparativo sul comportamento della cavia, del coniglio e del cane, trattati con inoculazioni simultanee di virus rabbico fisso e di strada. Gi. Batter. **14,** 281 (1935).

BRAIN, R. T.: The relationship between the viruses of zoster and varicella as demonstrated by the complement fixation test. Brit. J. exper. Path. **14,** 67 (1933).

BRANDLY, C. A. and G. L. DUNLAP: An outbreak of pox in turkeys with notes on diagnosis and immunization. Poultry Sci. **17,** 511 (1938).

BRIDRÉ, J.: Les varioles des animaux domestiques. XI. Int. vet. Cong. London, III, 1 (1931).

BRIDRÉ, J. et A. DONATIEN: Vaccine et clavelée. Ann. Inst. Pasteur, Par. **35,** 718 (1921).

BRUNETT, E. L.: Some observations on pox-virus obtained from a turkey. Rept. New York State Vet. Coll., 1932–1933, 69 (1934).

BRUUSGAARD, E.: Mutual relation between zoster and varicella. Brit. J. Derm. **44**, 1 (1932).

BUCKUP, G.: Über das Verhalten verschiedener Variola-Vakzinestämme bei intrazerebraler Impfung von weißen Mäusen. Zbl. Bakter. usw., Abt. I, Orig. **134**, 56 (1935).

BUDDINGH, J. H.: (*1*) Comparison of the behaviour of a neurotesticular and a dermal strain of vaccine virus in the chorio-allantoic membrane of the chick embryo. Amer. J. Path. **12**, 511 (1936).

— (*2*) A meningo-encephalitis in chicks produced by the intracerebral injection of fowl-pox virus. J. exp. Med. **67**, 921 (1938).

— (*3*) A study of the behaviour of fowl-pox virus modified by intracerebral passage. J. exp. Med. **67**, 933.

BURNET, F. M.: (*1*) A virus disease of the canary of the fowl-pox group. J. Path. a. Bacter. **37**, 107 (1933).

— (*2*) Immunological studies with the virus of infectious laryngotracheitis of fowls using the developing egg technique. J. exper. Med. (Am.) **63**, 685 (1936).

— (*3*) The immunological relationship between Kikuth's canary virus and fowl pox. Brit. J. exper. Path. **17**, 302 (1936).

— (*4*) The use of the developing egg in virus research. Med. Res. Council Special Rep. Series Nr. 220 (1936).

— (*5*) Influenza on the developing egg. IV. The pathogenicity and immunizing power of egg virus for ferrets and mice. Brit. J. exper. Path. **18**, 37 (1937).

— (*6*) Influenza on the developing egg. I. Changes associated with an egg-passage strain of the virus. Brit. J. exp. Path. **17**, 282 (1937).

BURNET, F. M. and J. D. FERRY: The differentiation of the viruses of fowl plague and Newcastle disease: experiments using the technique of chorio-allantoic membrane inoculation of the developing egg. Brit. J. exper. Path. **15**, 56 (1934).

BURNET, F. M. and D. LUSH: (*1*) The immunological relationship between Kikuth's canary virus and fowl pox. Brit. J. exper. Path. **17**, 302 (1936).

— (*2*) Influenza virus on the developing egg. VIII. A comparison of two antigenically dissimilar strains of human influenza virus after full adaptation to the egg membrane. Austral. J. exper. Biol. a. med. Sci. **16**, 261 (1938).

BURNET, F. M., D. LUSH and A. V. JACKSON: (*1*) The propagation of herpes, B and pseudo-rabies viruses on the chorio-allantois. Austral. J. exper. Biol. a. med. Sci. **17**, 35 (1939).

— (*2*) The relationship of herpes and B viruses: immunological and epidemiological considerations. Austral. J. exper. Biol. a. med. Sci. **17**, 41 (1939).

BURNET, F. M. and J. MACNAMARA: Immunological differences between strains of poliomyelitic virus. Brit. J. exper. Path. **12**, 57 (1931).

CACCAVELLA: Observations sur la transmission de la peste bovine chez les antilopes pongo *(Tragelaphus scriptus)* et isha *(Sylvicapra grimmi)*. Sérothérapie et virus de passage sur les bovidés. Ann. Soc. belge Méd. trop. **16**, 309 (1936).

CAMERON, A. F.: Horse-pox directly transmitted to man. Brit. med. J. **1**, 1292 (1908).

CAMPENHOUT, E. VAN: Considérations sur le diagnostic de variola major et variola minor. Bull. Off. internat. Hyg. publ., Par. **27**, 1738 (1935).

CARMICHAEL, J.: Rinderpest in African game. J. comp. Path. a. Ther. **51**, 264 (1938).

CARNWATH, T.: Zur Ätiologie der Hühnerdiphtheria und Geflügelpocken. Arb. ksl. Gesdh.amt, Berl. **27**, 388 (1908).

CARRÉ, H. et J. VERGE: Les anémies infectieuses des animaux domestiques. Bull. Off. internat. Hyg. publ., Par. **10**, 87 (1935).

CATSARAS, J.: Pathologisch-anatomische Beobachtungen zum Dengue Fieber. Arch. Schiffs- u. Tropenhyg. usw. **35**, 278 (1931).

CEELEY, R.: Observations on the variolae vaccinae as they occasionally appear in the Vale of Aylesbury with an account of some recent experiments in the vaccination, retro-vaccination and variolation of cows. Trans. Prov. Med. Surg. Assoc. **8**, 287 (1840).

Cerruti, C. F.: La distribution du virus de la grippe chez la souris infectée. C. r. Soc. Biol. **126**, 500 (1937).

Cerruti, C. F. et U. di Aichelburg: La réceptivité du lapin au virus de la grippe humaine. C. r. Soc. Biol. **126**, 501 (1937).

Chaumier, E.: Note sur la transformation de la clavelée du mouton en vaccin Jennérien. Gaz. méd. Centre Tours, **10**, 207 (1905).

Chauveau, A.: (*1*) Production expérimentale de la vaccine naturelle improprement appelée *vaccine spontanée*. Rec. Méd. vét. **43**, 305 (1866).

— (*2*) Des conditions qui président au développement de la vaccine dite *primitive*. Rec. Méd. vét. **43**, 625 (1866).

Cheney, G.: Appearance of a dengue-like fever in Northern California. Arch. int. Med. (Am) **56**, 1067 (1935).

Chiari, B.: Il virus fisso dell' Istiuto Siero Vaccinogeno Eritreo di Asmara (Ceppo Pasteur). Boll. Ist. sieroter. milan. **17**, 47 (1938).

Chluszow, K. A. u. A. M. Rastegajewa: Charakteristik der Virusstämme der Encephalo-myelitis (Bornaschen Krankheit der Pferde). Dtsch. tierärztl. Wschr. **43**, 484 (1935).

Chun, J. W. H.: Influenza: including its infection among pigs. Nat. med. J. China **5**, 34 (1919).

Clampit, J. M. and F. B. Gordon: Recovery of influenza virus from Chicago epidemic. Proc. Soc. exper. Biol. a. Med. (Am.) **36**, 747 (1937).

Clearkin, P. A. and D. Skau: The effect of repeated calf passage on the immunizing power of calf lymph. Brit. J. exper. Path. **12**, 322 (1931).

Cleland, J. B. and E. W. Ferguson: The nature of the recent small-pox epidemic in Australia: microbiological findings and animal inoculations. Proc. R. Soc. Med. (Epid. Sec.) **8**, 19 (1915).

Cohen, L.: Anterior poliomyelitis with reference to the occurrence of two attacks in the same individual: report of two cases. New Engld J. Med. **213**, 601 (1935).

Cole, R. and A. G. Kuttner: A filterable virus present in the submaxillary glands of guinea-pigs. J. exper. Med. (Am.) **44**, 855 (1926).

Cooper, H.: Ranikhet disease: a new disease of fowls in India due to a filter-passing virus. Indian J. vet. Sci. anim. Husb. **1**, 107 (1931).

Copeman, S. M.: (*1*) Vaccination: its natural history and pathology. London, 1899.

— (*2*) The inter-relationship of variola and vaccinia. Proc. roy. Soc., Lond., Ser B: Biol. Sci. **72**, 121 (1902).

— (*3*) The relationship of small-pox and alastrim. Ann. Rep. Minist. Hlth. London for 1919–1920, App. II (1920).

Cotton, W. E.: Vesicular stomatitis. Vet. Med. **22**, 169 (1927).

Cowdry, E. V.: Comparison of a virus obtained by Kobayashi from cases of epidemic encephalitis with the virus of rabies. J. exper. Med. (Am.) **45**, 799 (1927).

Cowdry, E. V. and G. H. Scott: Nuclear inclusions. Amer. J. Path. **11**, 659 (1935).

Cox, H. P. and P. K. Olitsky: Neurotropism of vesicular stomatitis virus. Proc. Soc. exper. Biol. a. Med. (Am.) **30**, 653 (1933).

Craigie, J. and W. J. Tulloch: Further investigations on the variola-vaccinia flocculation reaction. Med. Res. Council Spec. Rep. Series, Nr. 156. London: H. M. Stationery Office, (1931).

Crawford, A. B.: Experimental vesicular exanthema of swine. J. amer. vet. med. Assoc. **90**, 380 (1937).

Cunha, A. M. da et J. Teixeira: Notes sur l'alastrim, relations d'immunité entre l'alastrim et la vaccine. C. r. Soc. Biol. **116**, 61 (1934).

Daddi, G. e C. Panà: (*1*) Ricerche sulle alterazioni prodotte nel cervello del coniglio dal vines influenzale inoculato per via intracranica. Gi. Batter. **19**, 761 (1937).

— — (*3*) Ricerca dell' attivatà encefalitogena del virus influenzale inoculato per via intracranica nel topolino. Gi. Batter. **21**, 439 (1938).

Daubney, R.: Foot-and-mouth disease: the fixed virus types. J. comp. Path. a. Ther. **47**, 259 (1934).

DAUBNEY, R., J. R. HUDSON, and P. C. GARNHAM: Enzootic hepatitis or Rift Valley fever: an undescribed virus disease of sheep, cattle and man from East Africa. J. Path. a. Bacter. **34**, 545 (1931).

DAVIES, D. S.: Ann. Rep. Med. Off. Health City and County of Bristol for 1904, p. 43 (1905).

DAVIS, N. C., W. LLOYD, and M. FROBISHER jr.: The transmission of neurotropic yellow fever virus by *Stegomyia* mosquitoes. J. exper. Med. (Am.) **56**, 853 (1932).

DE JONG, D. A.: Le rapport entre la stomatite pustuleuse contagieuse du cheval, la variole équine (horse-pox de JENNER) et la vaccine (cow-pox de JENNER). Fol. microbiol. **4**, 239 (1916).

DELLA MARIA, G.: Encephalo-mielite infettiva dei bovini in Sardegna. Profilassi **8**, 54 (1935).

DES LIGNERIS, M. J. A.: On the transplantation of ROUS fowl sarcoma No. 1 into guinea-fowls and turkeys. Amer. J. Canc. **16**, 307 (1932).

DIBLE, J. H. and H. H. GLEAVE: Histological and experimental observations upon generalized vaccinia in man. J. Path. a. Bacter. **38**, 29 (1934).

DINGER, J. E.: Gelbfieber bei weißen Mäusen. Zbl. Bakter. usw., Abt. I, Orig. **121**, 194 (1931).

DOBBERSTEIN, J. u. C. PIENING: Über eine übertragbare Anämie des Rindes und ihre Beziehungen zur Rinderleukose. Berl. tierärztl. Wschr. **50**, 449 (1934).

DOBSON, N.: Pox in pheasants. J. comp. Path. a. Ther. **50**, 401 (1938).

DOCHEZ, A. R., K. C. MILLS, and B. MULLIKEN: A virus disease of Swiss mice transmissible by intranasal inoculation. Proc. Soc. exper. Biol. a. Med. (Am.) **36**, 683 (1937).

DODERO, J.: (*1*) Dessiccation et conservation en glycérine des moelles rabiques (virus fixe de Hanoi). Bull. Soc. Path. exot. **30**, 348 (1937).

— (*2*) Réactivation par séjour en glycérine du virus rabique fixe. C. r. Soc. Biol. **128**, 150 (1938).

DOERR, R. und M. KON: Schieneninfektion, Schienenimmunisierung und Konkurrenz der Infektionen im Z. N. S. beim Herpes-virus. Zbl. Hyg. **119**, 679 (1937).

DOERR, R., S. SEIDENBERG u. L. WHITMAN: Untersuchungen über das Virus der Hühnerpest. Z. Hyg. usw. **112**, 732 (1931).

DOERR, R. u. E. ZDANSKY: Kritische und Experimentelles zur ätiologischen Erforschung des Herpes febrilis und der Encephalitis lethargica. Z. Hyg. usw. **102**, 1 (1924).

DONATIEN, A. et F. LESTOQUARD: (*1*) L'anémie pernicieuse du mouton et de la chèvre. C. r. Acad. Sci. **178**, 2203 (1924).

— (*2*) Recherches sur l'unicité du virus claveleux. C. r. Soc. Biol. Paris **104**, 267 (1930).

— (*3*) Le virus claveleux. Rep. IIIe. Congrès internat. Path. comp. Athens. **1**, 155 (1936).

DOUGLAS, S. R., W. SMITH, and L. R. W. PRICE: Generalized vaccinia in rabbits with special reference to lesions in the internal organs. J. Path. a. Bacter. **32**, 99 (1929).

DOWNIE, A. W.: (*1*) The immunologic relationship of the virus of spontaneous cowpox to vaccinia virus. Brit. J. exper. Path. **20**, 158 (1939).

— (*2*) A study of the lesions produced experimentally by cow-pox virus. J. Path. a. Bacter. **48**, 361 (1939).

DOYLE, T. M.: (*1*) A hitherto unrecorded disease of fowls due to a filter passing virus. J. comp. Path. a. Ther. **40**, 144 (1927).

— (*2*) Newcastle disease of fowls. J. comp. Path. a. Ther. **48**, 1 (1935).

DOYLE, T. and F. MINETT: Fowl-pox. J. comp. Path. a. Ther. **40**, 247 (1927).

DRAGO, A.: Su di un raro caso di esantema vaccinale generalizzato. Pediatria (Riv.) **32**, 1045 (1924).

EBERBECK, E. u. W. KAYSER: Über das Vorkommen von Pockenerkrankungen bei Kanarienvögeln, Buchfinken und Sperlingen. Arch. Tierheilk. **65**, 307 (1932).

ECCLES, A., E. O. LONGLEY and J. K. THOMSON: The demonstration of a change in the antigenic structure of a bovine strain of foot and mouth disease virus during serial transmission in the guinea-pig. J. comp. Path. a. Ther. **50**, 412 (1938).

ECHENIQUE-GUZMAN, E.: Zur Frage der Virusänderung durch Kultur in befruchteten Hühnereiern und der Beziehung zwischen Variolavakzine und Geflügelpocken. Zbl. Bakter. usw., Abt. I, Orig. **139**, 314 (1937).

EDINGTON, A.: Note on the correlation of several diseases occurring among animals in South Africa. J. Hyg. (Brit.) **3**, 137 (1903).

EDWARDS, S. F.: Rinderpest: some properties of the virus and further indications for its employment in the serum simultaneous method of protective inoculation. Trans. 7th Congr. Far-East. Ass. trop. Med. 1927, III, 699. Calcutta, 1930.

EGGELING u. ELLENBERGER: Stomatitis pustulosa contagiosa der Pferde. Arch. wiss. prakt. Tierheilk. **4**, 334 (1878).

EKLUND, C. M. and A. BLUMSTEIN: The relation of human encephalitis to encephalomyelitis in horses. J. amer. med. Ass. **111**, 1734 (1938).

ELFORD, W. J. and C. H. ANDREWES: Estimation of the size of the fowl tumour virus by filtration through graded membranes. Brit. J. exper. Path. **16**, 61 (1935).

ELFORD, W. J., C. H. ANDREWES, and F. F. TANG: The sizes of the viruses of human and swine influenza as determined by ultra-filtration. Brit. J. exper. Path. **17**, 51 (1936).

ELFORD, W. J., J. R. PERDRAU, and W. SMITH: The filtration of herpes virus through graded collodion membranes. J. Path. a. Bacter. **36**, 49 (1933).

ELFORD, W. J. and C. TODD: The size of the virus of fowl plague estimated by a method of ultra-filtration analysis. Brit. J. exper. Path. **14**, 240 (1933).

ELLERMAN, V. u. O. BANG: Experimentelle Leukämie bei Hühnern. Zbl. Bakter. usw., Abt. I, Orig. **46**, 595 (1908).

ELTON, C. S.: Animal Ecology. London: Sidgwick and Jackson, 1927.

EMOTO, O., S. KONDO and M. WATANABE: On the epidemic of equine encephalitis which occurred in the year 1935 in Japan. J. jap. Soc. vet. Sci. **15**, 41 (1936).

ENGELBRETH-HOLM, J. and A. ROTHE MEYER: On the connection between erythroblastosis (haemocytoblastosis), myelosis and sarcoma in chickens. Acta path. te microbiol. scand. (Dän.) **12**, 352 (1935).

ERBER, B. et A. PETTIT: A propos de la pluralité des souches de virus poliomyélitique. C. r. Soc. Biol. Paris **117**, 1175 (1934).

ESCALONA, J. and F. CAMARGO: Bovine encephalomyelitis in Mexico. J. amer. vet. med. Assoc. **88**, 81 (1936).

FEHRSEN, J.: Amaas or alastrim? Lancet **1922 I**, 403.

FERRIMAN, D. G.: Herpes zoster and varicella simultaneously in the same patient. Lancet **1939 I**, 930.

FINDLAY, G. M.: (*1*) Immunological and serological studies on the viruses of fowl-pox and vaccinia. Proc. roy. Soc., Lond., Ser. B: Biol. Sci. **102**, 354 (1928).

— (*2*) Notes on infectious myxomatosis of rabbits. Brit. J. exper. Path. **10**, 214 (1929).

— (*3*) Warts in: A System of Bacteriology in Relation to Medicine, Vol. 7, p. 252. London: H. M. Stationery Office, 1930.

— (*4*) The relationship of Climatic bubo and Lymphogranuloma inguinale. Lancet **1932 II**, 11.

— (*5*) Rift Valley fever or enzootic hepatitis. Trans. roy. Soc. trop. Med. Hyg. **25**, 229 (1932).

— (*6*) Unpublished observations. (1936.)

— (*7*) Variation in animal viruses. J. roy. micr. Soc. **56**, 213 (1936).

FINDLAY, G. M., N. S. ALCOCK, and R. O. STERN: The virus etiology of one form of lymphocytic meningitis. Lancet **1936 I**, 650.

FINDLAY, G. M. and J. C. BROOM: Experiments on the filtration of yellow fever virus through "Gradocol" membranes. Brit. J. exper. Path. **14**, 391 (1933).

FINDLAY, G. M. and L. P. CLARKE: (*1*) The susceptibility of the hedgehog to yellow fever. I. The viscerotropic virus. Trans. roy. Soc. trop. Med. Hyg. **28**, 193 (1934).

— (*2*) The susceptibility of the hedgehog to yellow fever. II. The neurotropic virus. Trans. roy. Soc. trop. Med. Hyg. **28**, 335 (1934).

— (*3*) Reconversion of the neurotropic into the viscerotropic strain of yellow fever virus in rhesus monkeys. Trans. roy. Soc. trop. Med. Hyg. **28**, 579 (1935).

FINDLAY, G. M. and R. DAUBNEY: The virus of Rift Valley fever or enzootic hepatitis. Lancet **1931 II**, 1350.

FINDLAY, G. M., T. F. HEWER, and L. P. CLARKE: The susceptibility of Sudanese hedgehogs to yellow fever. Trans. roy. Sos. trop. Med. Hyg. **28**, 413 (1935).

FINDLAY, G. M. and F. O. MACCALLUM: (*1*) An interference phenomenon in relation to yellow fever and other viruses. J. Path. a. Bacter. **44**, 405 (1937).

— (*2*) Vaccination contre la fièvre jaune au moyen du virus pantrope atténué employé seul. Bull. Off. internat. Hyg. publ., Par. **29**, 1145 (1937).

— (*3*) Attenuation of the yellow fever virus by growth in tumours *in vivo*. Trans. roy. Soc. trop. Med. Hyg. **30**, 507 (1937).

— (*4*) Spontaneous variation in the neurotropic strain of yellow fever virus. Brit. J. exp. Path. **19**, 384 (1938).

FINDLAY, G. M. and R. D. MACKENZIE: (*1*) The transmission of fowl pest to ferrets. Brit. J. exper. Path. **18**, 146 (1937).

— (*2*) Fowl pest: the susceptibility of monkeys hedgehogs and other animals. Brit. J. exper. Path. **18**, 258 (1937).

FINDLAY, G. M., R. D. MACKENZIE, and R. O. STERN: Studies on neurotropic Rift Valley fever virus: the susceptibility of sheep and monkeys. Brit. J. exper. Path. **17**, 431 (1936).

FINDLAY, G. M. and A. F. MAHAFFY: The susceptibility of Nigerian hedgehogs to yellow fever. Trans. roy. Soc. trop. Med. Hyg. **29**, 417 (1936).

FINDLAY, G. M. and R. O. STERN: The essential neurotropism of the yellow fever virus. J. Path. a. Bacter. **41**, 431 (1935).

FLEXNER, S.: (*1*) Concerning active immunization in poliomyelitis. Science **82**, 420 (1935).

— (*2*) Reinfection (second attack) in experimental poliomyelitis. J. exper. Med. (Am.) **65**, 497 (1937).

FLEXNER, S. and H. L. AMOSS: Contributions to the pathology of experimental virus encephalitis. I. An exotic strain of encephalitogenic virus. II. Herpetic strains of encephalitogenic virus. III. Varieties and properties of the herpes virus. J. exper. Med. (Am.) **41**, 215, 233, 357 (1925).

FLEXNER, S. and P. F. CLARK: Experimental poliomyelitis in monkeys. Ninth note: immunity principles; effects of hexamethylenamin (urotropin); early diagnosis; virus carriers. J. amer. med. Assoc. **56**, 585 (1911).

FLEXNER, S., P. F. CLARK, and H. L. AMOSS: A contribution to the epidemiology of poliomyelitis. J. exper. Med. (Am.) **19**, 195 (1914).

FOOT-AND-MOUTH DISEASE RESEARCH COMMITTEE. 5th Progress Rep. (1937). London: H. M. Stationery Office.

FOTHERGILL, L. R. and J. H. D. DINGLE: A fatal disease of pigeons caused by the virus of the eastern variety of equine encephalomyelitis. Science **88**, 549 (1938).

FOTHERGILL, L. R., S. H. D. DINGLE and S. FARBER and M. L. CONNERLEY: Human encephalitis caused by virus of the eastern variety of equine encephalomyelitis. New Engld J. Med. **219**, 411 (1938).

FOULDS, L.: The filterable tumours of fowls: a critical review. Imperial Cancer Res. Found. Sci. Rep. **11**, Suppl. 1 (1934).

FRANCIS, T., jr.: The immunological relationship between the viruses of human and swine influenza. J. Bacter. (Am.) **31**, 37 (1936).

FRANCIS, T., jr. and T. P. MAGILL: (*1*) Direct transmission of human influenza virus to mice. Proc. Soc. exper. Biol. a. Med. Am. **36**, 132 (1937).

— (*2*) Direct isolation of human influenza virus in tissue culture medium and on egg membrane. Proc. Soc. exper. Biol. a. Med. (Am.) **36**, 134 (1937).

— (*3*) Antigenic differences in strains of epidemic influenza virus. II. Crossimmunization tests in mice. Brit. J. exper. Path. **19**, 284 (1938).

FRENKEL, H. S.: On so-called spontaneous cow-pox. 11th Int. vet. Congr. London, 1930, III, 22 (1931).

FRIEDBERGER: Stomatitis pustulosa contagiosa der Pferde. Dtsch. Z. Thiermed. **5**, 265 (1879).

Friedberger and Fröhner: Veterinary Pathology, 6th Edit. Trans. M. H. Hayes. London: Hurst and Blackett, 1910.

Freire Muñoz, C.: La acción de la vacuna antirrabica, considerada bajo distintos aspectos, en su aplicacion práctica y experimental. An. Fac. Vet. Montevideo. No's 2 & 3, 197 (1937).

Frobisher, M., jr.: A comparison of certain properties of the neurotropic virus of yellow fever with those of the corresponding viscerotropic virus. Amer. J. Hyg. **18**, 354 (1933).

Furth, J.: (*1*) The relation of leukosis to sarcoma of chicken. II. Mixed osteochondrosarcoma and lymphomatous strain 12. J. exper. Med. (Am.) **63**, 127 (1936).

— (*2*) The relation of leukosis to sarcoma of chicken. III. Sarcomata of strains 11 and 15 and their relation to leukosis. J. exper. Med. (Am.) **63**, 145 (1936).

Furth, J. and C. Breedis: Attempts at cultivation of viruses producing leukosis in fowls. Arch. Path. **24**, 281 (1937).

Galli-Valerio, B.: La vaccinothérapie de l'epithélioma contagiosum (Geflügelpocke) des poules. Schweiz. Arch. Tierheilk. **67**, 243 (1925).

Galloway, I. A. and W. J. Elford: Differentiation of virus of vesicular stomatitis from virus of foot-and-mouth disease by filtration. Brit. J. exper. Path. **14**, 400 (1933).

Gastinel, P. et R. Fasquelle: Virus vaccinal de culture allantoïdienne et vaccine generalisée. C. r. Soc. Biol. **130**, 1554 (1939).

Gay, F. P. and M. Holden: The herpes encephalitis problem II. J. infect. Dis. (Am.) **53**, 287 (1933).

Geiger, W.: Virusschweinepest beim Wildschwein. Dtsch. tierärztl. Wschr. **45**, 606 (1937).

Genevray, J. et J. Dodero: Le virus rabique fixe de l'Institut Pasteur de Hanoi. Ann. Inst. Pasteur, Par. **57**, 638 (1936).

Gerlach: Quoted by Friedberger and Fröhner, Veterinary Pathology, **2**, 620, 6th Ed. Trans. M. H. Hayes. London: Hurst and Blackett, 1910.

Ghiannoulatos, G. P.: Aperçu clinique sur les séquelles nerveuses et psychiques de la dengue (un cas de pseudo-tabes). Rev. neur. (Fr.) **1**, 599 (1931).

Gilbert, S. J. and G. B. Simmins: (*1*) Observations on a disease of fowls due to a filterable virus and associated with leucocytic inclusions. J. comp. Path. a. Ther. **44**, 157 (1931).

— (*2*) Further observations on cell inclusion disease of fowls and differential diagnosis from fowl plague. J. comp. Path. a. Ther. **47**, 201 (1934).

— (*3*) Notes on a minor outbreak of cell inclusion disease. J. comp. Path. a. Ther. **49**, 148 (1936).

Giltner, L. T. and M. S. Shahan: The **1933** outbreak of infectious equine encephalomyelitis in the Eastern States. North. Amer. Vet. **14**, 25 (1933).

Gins, H. A.: (*1*) Über Beziehungen zwischen Tier- und Menschenpocken. Z. Hyg. usw. **89**, 231 (1919).

— (*2*) Versuche über die Vakzination der Schafe. Z. Hyg. usw. **90**, 322 (1920).

— (*3*) Die Beziehungen zwischen den Menschen- und Tierpocken in: Handbuch der Pockenbekämpfung und Impfung. Berlin: R. Schoetz, 1927.

— (*4*) Impfschäden. Z. Kinderhk. **24**, 145 (1930).

Gins, H. A. u. H. Kunert: Weitere Erfahrungen mit Kuhpocken-Schutzimpfung bei Schafen. Dtsch. tierärztl. Wschr. **45**, 257 (1937).

Glover, R. E.: (*1*) Variola in Domestic animals. Contagious pustular dermatitis of the sheep and goat. 11th Int. vet. Congr. London, III, 29 (1931).

— (*2*) Immunization of birds against fowl-box and pigeon-pox respectively with viruses propagated on the chorio-allantoic membrane of the developing egg. J. comp. Path. a. Ther. **52**, 29 (1939).

— (*3*) Cultivation of the virus of Aujeszký's disease on the chorio-allantoic membrane of the developing egg. Brit. J. exper. Path. **20**, 150 (1939).

Gordon, M. H.: Studies on the viruses of vaccinia and variola. Med. Res. Council Spec. Rep. Series No. 98. London: H. M. Stationery Office, 1925.

GREEN, A. B.: An outbreak of cow-pox. Lancet **1908 II,** 719.
— (*2*) The Australian epidemic, 1914. J. Hyg. (Brit.) **15,** 315 (1916).
GREEN, R. C.: Types of fox encephalitis virus. J. Bacter. (Am.) **32,** 119 (1936).
GREEN, R. G. and J. E. SHILLINGER: (*1*) Rep. Minn. Wild Life Dis. Investigation **1,** 13, 60 (1934).
— (*2*) Rep. Minn. Wild Life Dis. Investigation **2,** 5 (1935).
GREENE, H. S. N.: Rabbit-pox. III. Report of an epidemic with especial reference to epidemiological factors. J. exper. Med. (Am.) **61,** 807 (1935).
GREENWOOD, M., A. BRADFORD HILL, W. W. C. TOPLEY, and J. WILSON: Experimental Epidemiology. Med. Res. Council Spec. Rep. Series No. 209. London: H. M. Stationery Office, 1936.
GRIFFITHS, F.: The significance of pneumococcal types. J. Hyg. (Brit.) **27,** 113 (1928).
GYE, W. E. and C. H. ANDREWES: A study of the ROUS fowl sarcoma No. 1: I. Filterability. Brit. J. exper. Path. **7,** 81 (1926).
HAAGEN, E.: (*1*) Weitere Untersuchungen über das Verhalten des Gelbfiebervirus in der Gewebekultur. Zbl. Bakter. usw., Abt. I, Orig. **128,** 13 (1933).
— (*2*) Ein Verfahren zur Prüfung der Pocken- und Vakzineimmunität. Zbl. Bakter. usw., Abt. I, Orig. **131,** 420 (1934).
HAAGEN, E. und DU DSCHENG-HSING: Weitere Untersuchungen über das Verhalten des Kaninchenmyxomvirus *in vitro*. Zbl. Bakter. usw., Abt. I, Orig. **143,** 23 (1938).
HAAGEN, E., E. GILDEMEISTER u. B. CORDEL: Über das Verhalten des Variola-Vakzinevirus in der Gewebekultur. II. Mitteilung. Zbl. Bakter. usw., Abt. I, Orig. **124,** 478 (1932).
HACH, I. W.: Gewebskulturen als Methode zum Studium des Vakzinevirus. Zbl. Bakter. usw., Abt. I, Orig. **94,** 270 (1925).
HALLAUER, C.: I. Immunitätsstudien bei Hühnerpest. Z. Hyg. usw. **116,** 456 (1934).
— (*2*) Studien über die Variabilität des Hühnerpestvirus im Gewebsexplant. Arch. Virusforsch. **1,** 70 (1939).
HASLUND, A.: Vaccinia generalisata und deren Pathogene. Arch. Derm. (D.) **48,** 371 (1899).
HASSKO, A., L. VAMOS und M. THOROCZKAY: Über die Komplementbindung der Sera von Herpes und von Vartzellen. Z. Immunit.forsch. **93,** 80 (1938).
HAVENS, L. C. and C. R. MAYFIELD: (*1*) Antigenic properties of rabies virus. II. Multiplicity of strains as shown by agglutinin absorption and neutralization. J. infect. Dis. (Am.) **51,** 511 (1932).
— (*2*) Antigenic properties of rabies virus. III. Composition of serological variants and nature of fixed virus. J. infect. Dis. (Am.) **52,** 364 (1933).
HAY, G. G.: Amaas. S. afr. med. J. **12,** 639 (1938).
HOBBS, J. R.: The occurrence of natural and acquired immunity to infectious myxomatosis of rabbits. Science **73,** 94 (1931).
HOLMBOE, F. V.: Papillomatose hos Sølvraev. Nord. vet. Tskr. (Schwd.) **47,** 407 (1935).
HORGAN, E. S.: The experimental transformation of variola to vaccinia. J. Hyg **38,** 702 (1938).
HOSKINS, M.: A protective action of neurotropic against viscerotropic yellow fever virus in *Macacus rhesus*. Amer. J. trop. Med. **15,** 675 (1935).
HOWITT, B. F.: (*1*) Poliomyelitis. IV. Further studies on the immunization of sheep to the virus of poliomyelitis, with a comparison of neutralization tests, using the old and a recent strain of virus. J. infect. Dis. (Am.) **53,** 145 (1933).
— (*2*) Tests for Cross-Immunity between the Virus of Borna Disease and that of Equine Encephalomyelitis. J. infect. Dis. (Am.) **54,** 364 (1934).
— (*3*) An immunological study in laboratory animals of thirteen different strains of equine encephalomyelitic virus. J. Immunol. (Am.) **29,** 319 (1935).
— (*4*) Recently isolated strain of poliomyelitic virus. Science **85,** 268 (1937).
— (*5*) The Moscow 2 strain of equine encephalomyelitis as compared with other strains of equine encephalitis. J. infect. Dis. (Am.) **63,** 269 (1938).
— (*6*) Recovery of the virus of equine encephalomyelitis from the brain of a child. Science **88,** 455 (1938).

HUDSON, C. B. and F. R. BEAUDETTE: (*1*) The susceptibility of pheasants and a pheasant-bantam cross to the virus of infectious bronchitis. Cornell Vet. **22**, 70 (1932).
— (*2*) Complement fixation test differentiating three strains of equine encephalomyelitis virus and virus of lymphocytic choriomeningitis. Proc. Soc. exper. Biol. a. Med. (Am.) **35**, 526 (1937).
— (*3*) A recently isolated strain of poliomyelitis virus. Science **85**, 268 (1937).
— (*4*) Method of transmission of immunity to equine encephalomyelitic virus in the guinea-pig. J. infect. Dis. (Am.) **61**, 89 (1937).
HUPBAUER, A.: Zur Frage der Pluralität des Schweinepestvirus. Z. Infekt.krkh. Haustiere **45**, 294 (1934).
HURST, E. W.: (*1*) The histology of equine encephalomyelitis. J. exper. Med. (Am.) **59**, 529 (1934).
— (*2*) Discussion on paper by E. DE VERTEUIL and F. W. URICH. Trans. roy. Soc. trop. Med. Hyg. **29**, 317 (1936).
— (*3*) An effect of guinea-pig passage on the virus of rabies. Brit. J. exper. Path. **18**, 205 (1937).
— (*4*) Myxoma and the SHOPE fibroma. II. The effect of intracerebral passage on the myxoma virus. Brit. J. exper. Path. **18**, 15 (1937).
— (*5*) Myxoma and the SHOPE fibroma. III. Miscellaneous observations bearing on the relationship between myxoma neuromyxoma and fibroma viruses. Brit. J. exper. Path. **18**, 23 (1937).
HURST, E. W. and J. L. PAWAN: A further account of the Trinidad outbreak of acute rabic myelitis: histology of the experimental disease. J. Path. a. Bacter. **25**, 301 (1932).
HYDE, K. E.: The relationship between the viruses of infectious myxoma and the SHOPE fibroma of rabbits. Amer. J. Hyg. **23**, 278 (1936).
HYDE, R. R.: Concerning the transmission of the fibroma virus (Shope) of rabbits. Amer. J. publ. Hyg. etc. **24**, 217 (1936).
HYDE, R. R. and R. E. GARDNER: Infectious myxoma of rabbits. Amer. J. Hyg. **17**, 446 (1933).
IRONS, V.: Cross-species transmission studies with different strains of bird-pox. Amer. J. Hyg. **20**, 329 (1934).
IVANOV, B. J.: Novoe v izučenii patologo-anatomičeskih izmeneenii pri encefalomelite lošadef. Soveyt Vet. No. 11 & 12, p. 64 (1937).
JACKSON, L.: An intracellular protozoan parasite of the duct of the salivary glands of the guinea-pig. J. infect. Dis. (Am.) **26**, 347 (1920).
JACOTOT, H.: Sur la transmissibilité de la peste porcine à diverses espèces animales. Ann. Inst. Pasteur, Par. **62**, 516 (1939).
JAHN, H.: Experimentelle Untersuchungen über das Virus der Ektromelia infectiosa. Arch. Virusforsch. **1**, 91 (1939).
JANSEN, J. and O. NEISCHULZ: Over het infecteeren van muizen met hoenderpest-virus. Tijds. Diergeneesk. **60**, 245 (1933).
JENNER, E.: An Inquiry into the Causes and Effects of the Variolae Vaccinae, a Disease Discovered in Some of the Western Counties of England, particularly Gloucestershire, and known by the name of Cow-Pox. London, 1798.
JEŽIĆ, J. A.: (*1*) Beitrag zur Immunisation der Schafe gegen Schafpocken mittels Kälberrohvaccine. Z. Immunit.forsch. **69**, 443 (1931).
— (*2*) Gibt es eine Pluralität des Schafpockenerregers? Z. Immunit.forsch. **75**, 456 (1932).
JONNESCO, D.: (*1*) Recherches sur la rage. Bucarest: L. Geller, 1927.
— (*2*) Le virus rabique fixe pour le chien. C. r. Soc. Biol. **104**, 717 (1930).
— (*3*) Recherches sur la reversibilité du virus rabique fixe. Ann. Inst. Pasteur, Par. **48**, 735 (1932).
— (*4*) Étude de quatre souches de virus des rues isolées de cas pour lesquels le traitement antirabique a echoué. Ann. Inst. Pasteur, Par. **61**, 527 (1938).
— (*5*) Modification durable du virus rabique renforcé "J" due a la glycerine. C. r. Soc. Biol. **130**, 578 (1939).

JOSEPH, H.: Untersuchungen über Lymphocystis Woodc. Arch. Protistenk. **38**, 155 (1917).

JOUAN, C. et A. STAUB: Étude sur la peste aviaire. Ann. Inst. Pasteur, Par. **34**, 343 (1920).

KASAI, H.: Studies on the etiological relationship between small-pox and sheep-pox, and prophylactic vaccination against sheep-pox. Part I. On the transformation of sheep-pox virus into vaccinia. Part II. On the ovinized vaccine. Jap. J. exper. Med. (e.) **9**, 281, 299 (1931).

KAISER, M. u. M. GHERARDINI: Studien über Melkerknoten. Arch. Derm. (D.) **169**, 177 (1933/34).

KAISER, M., M. GHERARDINI u. H. K. MICHNA: Über die vaccinale Immunität von Kühen. Z. Hyg. usw. **115**, 687 (1933).

KAISER, M. u. F. WEINFURTER: Über Kuhpocken und vaccinale Melkerkrankungen. Z. Hyg. usw. **113**, 192 (1931/32).

KARSTRÖM, H.: Über die Enzymbildung in Bakterien und über einige physiologische Eigenschaften der untersuchten Bakterienarten. Helsingfors: Thesis, 1930.

KAURA, R. L. and S. GANAPATHY-IYER: Studies on a natural outbreak of pigeon-pox. Indian J. vet. Sci. **8**, 199 (1938).

KELSER, R. A.: Transmission of the virus of equine encephalomyelitis by *Aëdes taeniorhynchus*. J. amer. vet. med. Assoc. **92**, 195 (1938).

KER, C.: Herpes and chicken-pox. Brit. med. J. II, 126 (1920).

KERNOHAN, G.: (*1*) Infectious bronchitis in fowls. Cal. Agr. exper. Stat. Bull. 494 (1930).

— (*2*) Infectious laryngotracheitis in pheasants. J. amer. vet. med. Assoc. **78**, 553 (1931).

KERR, P. J.: The use of a goat tissue vaccine for the control of outbreaks of rinderpest in Bengal. Indian J. vet. Sci. **5**, 67 (1935).

KERR, P. J. and M. B. MENON: Preliminary note on the use of goat tissue vaccine alone for the control of outbreaks of rinderpest. Indian J. vet. Sci. **4**, 75 (1934).

KESSEL, J. F., R. T. FISK, and C. C. PROUTY: Studies with the Californian strain of the virus of infectious myxomatosis. Proc. 5th Pacific Sci. Cong., Victoria and Vancouver, B. C., Canada, 1933 (1934).

KESSEL, J. F., C. C. PROUTY, and J. W. MEYER: Occurrence of infectious myxomatosis in Southern California. Proc. Soc. exper. Biol. a. Med. (Am.) **28**, 413 (1930/31).

KESSEL, J. F., F. D. STIMPERT and R. T. FISK: Immunologic comparison of Los Angeles strain of poliomyelitis virus with M. V. strain. Amer. J. Hyg. **27**, 519 (1938).

KESSEL, J. F., R. VAN WORT, R. T. FISK, and F. D. STIMPERT: Observations on the virus recovered from 1934/35 poliomyelitis epidemic in Los Angeles. Proc. Soc. exper. Biol. a. Med. (Am.) **35**, 326 (1936).

KII, N. and H. KASAI: On the transformation of sheep-pox virus into vaccinia during passages through the testicles of rabbits. Far East. Assoc. trop. Med. Trans. 6th Congr. Tokyo, 1925, **2**, 859 (1926).

KIKUTH, W. u. H. GOLLUB: Versuche mit einem filtrierbaren Virus bei einer übertragbaren Kanarienvogelkrankheit. Zbl. Bakter. usw., Abt. I, Orig. **125**, 313 (1932).

KLEINE, F. K.: Neue Beobachtungen zur Hühnerpest. Z. Hyg. **51**, 177 (1905).

KOBAYASHI, R.: Studies on virus of experimental encephalitis. Jap. med. Wld. **5**, 145 (1925).

KOLAYLI, A. C., N. MAVRIDIS et ILHAMI: Étude sur le virus de la variole des chèvres. Vaccination du mouton et de la chèvre. Rec. Méd. vét. **109**, 920 (1933).

KOMAROV, A.: A study on "cell-inclusion disease" in fowls. I. On the identity of acute cell inclusion disease and fowl plague. J. comp. Path. a. Ther. **49**, 282 (1934).

KOPCIOWSKA, L.: Septinévrite à virus rabique fixe „ramené en arrière" (transformé apparemment en virus des rues). C. r. Soc. Biol. **119**, 143 (1935).

KOPCIOWSKA, L. et N. STROIAN: Sur la septinévrite provoquée par le virus introduit dans le cerveau du lapin. C. r. Soc. Biol. **100**, 540 (1929).

KORITSCHONER: Über die Überimpfung des Encephalitis virus auf Hunde. Wien. klin. Wschr. **36**, 385 (1923).

KRAUS, R. u. R. DOERR: Über das Verhalten des Hühnerpestvirus im Zentralnervensystem empfänglicher, natürlich und künstlich unempfänglicher Tiere. Zbl. Bakter. usw., Abt. I, Orig. **46**, 709 (1908).

KRAUS, R. u. O. LOEWY: Über Hühnerpest. III. Über eine Varietät des Hühnerpestvirus. Zbl. Bakter. usw., Abt. I, Orig. **76**, 343 (1915).

KREIS, B.: La maladie d'ARMSTRONG: chorioméningite lyphmocytaire. Une nouvelle entité morbide? Paris: Baillière et fils, 1937.

KUHN, P. u. E. KUHN: Ergebnisse von Pferdesterbeimpfungen am Hunde. Z. Immunitforsch. **1**, 665 (1911).

KUMER, L.: Über die Papillomatose der Gemsen. Wien. klin. Wschr. **48**, 890 (1935).

KUNDRATITZ, K.: Experimentelle Übertragung von Herpes zoster auf den Menschen und die Beziehung von Herpes zoster zu Varicellen. Mschr. Kinderhk. **29**, 516 (1925).

KUTTNER, A. G. and S. WANG: The problem of the inclusion bodies found in the salivary glands of infants and the occurrence of inclusion bodies in the submaxillary glands of hamsters, white mice and wild rats (Peiping). J. exper. Med. (Am.) **60**, 773 (1934).

LAGRANGE, E.: (*1*) Une nouvelle maladie des poules à virus filtrable observée en Egypte. Bull. Soc. Path. exot. **22**, 64 (1929).

— (*2*) Études sur la peste aviaire d'Egypte. Ann. Inst. Pasteur, Par. **48**, 208 (1932).

LAHAYE, J.: Contribution à l'étude comparative de diverses varioles animales. Ann. Méd. vet. **74—75**, 515 (1929/30).

LAIGRET, J.: La vaccination contre la fièvre jaune. Bull. Soc. Path. exot. **26**, 806 (1933).

LARSON, C. L., J. E. SHILLINGER, and R. G. GREEN: Transmission of rabbit papillomatosis by the rabbit tick, *Haemophysalis leporis palustris*. Proc. Soc. exper. Biol. a. Med. (Am.) **32**, 536 (1935).

LAWRENCE, D. A.: Foot and mouth disease in: Report of the Director Vet. Res., Southern Rhodesia, for the year 1935, p. 7. Salisbury, S. Rhodesia, 1936.

LAZARUS, A. S. and B. F. HOWITT: Ultrafiltration of virus of equine encephalomyelitis (Russian strain, Moscow No. 2). Proc. Soc. exper. Biol. a. Med. (Am.) **36**, 595 (1937).

LE CHUITON, F., C. MISTRAL et J. DUBREUIL: (*1*) Transmission de la peste porcine au cobaye avec passage en série. Perte de virulence rapide pour le porc dès le premier passage du virus au cobaye. C. r. Acad. Sci. **202**, 96 (1936).

— (*2*) Essais de vaccination du porc avec le virus de la peste porcine passé par cobaye. Perte de virulence rapide pour le porc et aussi du pouvoir antigénique vis-à-vis du virus porcin original. C. r. Acad. Sci. **206**, 1837 (1938).

LEAKE, J. P.: Poliomyelitis following vaccination against this disease. J. amer. med. Assoc. **105**, 2152 (1935).

LEDINGHAM, J. C. G.: (*1*) Alastrim and variola. The experimental side of the question. Lancet **1925 I**, 199.

— (*2*) Etiological importance of elementary bodies. Lancet **1931 II**, 525.

— (*3*) The development of agglutinins for elementary bodies in the course of experimental vaccinia and fowl-pox. J. Path. a. Bacter. **35**, 40 (1932).

— (*4*) The comparative study of clinically allied viruses: some unsolved problems of EDWARD JENNER. Proc. Soc. Med., Lond. **29**, 73 (1935).

— (*5*) Discussion on mechanism of immunity in virus diseases and practical applications thereof. Rep. Proc. 2nd int. Congr. Microbiol., p. 102. London, 1936.

LEDINGHAM, J. C. G. and W. E. GYE: On the nature of the filterable tumour-exciting agent in avian sarcomata. Lancet **1935 I**, 376.

LEDINGHAM, J. C. G. and D. MCCLEAN: The propagation of vaccine virus in the rabbit dermis. Brit. J. exper. Path. **9**, 220 (1928).

LEESE, A. S.: Two diseases of young camels. J. trop. vet. Sci. **4**, 1 (1909).

LÉPINE, P.: (*1*) Neurotropisme de la peste aviaire. C. r. Soc. Biol. **121**, 509 (1936).

— (*2*) On the evolution of fixed strains of rabies virus. J. Hyg. (Brit.) **38**, 180 (1938).

Lépine, P. et P. Haber: Inclusions leucocytaires dans la peste aviaire. Démonstration de leur non-specificité par l'electropyrexie. C. r. Soc. Biol. **119**, 1083 (1935).

Lépine, P. et V. Sautter: (*1*) Existence en France du virus murin de la chorioméningite lymphocytaire. C. r. Acad. Sci. **202**, 1624 (1936).

— (*2*) Aptitude negrigène du virus fixe de Sassari. C. r. Soc. Biol. **122**, 542 (1936).

Lépine, P. et R. Schoen: Étude comparative de l'aptitude encéphalitogène pour le lapin de diverses souches herpétiques humaines au moment de leur isolement. C. r. Soc. Biol. **108**, 769 (1931).

Levaditi, C., R. Fasquelle, J. Mesrobeanu, L. Reinié, L. Stamatin et E. Bequignon: Les „selecteurs". Rev. Immunol. (Fr.) **4**, 481 (1938).

Levaditi, C., P. Harvier et S. Nicolau: Étude expérimentale de l'encéphalite dite „lethargique". Ann. Inst. Pasteur, Par. **36**, 63 (1922).

Levaditi, C., P. Lépine et R. Schoen: Mutation brusque du virus rabique des rues en une variété particulière de virus fixe. C. r. Soc. Biol. **101**, 1050 (1929).

Levaditi, C. et S. Nicolau: (*1*) Affinités du virus encéphalitique. C. r. Soc. Biol. **87**, 1141 (1922).

— (*2*) Ectodermoses neurotropes: études sur la vaccine. Ann. Inst. Pasteur, Par. **37**, 1 (1923).

Levaditi, C., S. Nicolau et R. Schoen: Recherches sur la rage. Ann. Inst. Pasteur, Par. **40**, 973 (1926).

Levaditi, C. et V. Sanchis-Bayarri: Infection spontanée du lapin par le virus du vaccin jennérien. C. r. Soc. Biol. **97**, 371 (1927).

Levaditi, C. et R. Schoen: Le potentiel negrigène des virus rabique fixes. C. r. Soc. Biol. **119**, 811 (1935).

Levaditi, C., R., Schoen et J. G. Mezger: L'irreversibilité de la mutation du virus rabique des rues en virus fixe. C. r. Soc. Biol. **110**, 274 (1932).

Levaditi, C., R. Schoen et L. Reinié: Virus rabique et cellules néoplasiques. Ann. Inst. Pasteur, Par. **58**, 353 (1937).

Levaditi, C. et J. Voet: Études sur le neurovaccin. Affinités du virus vaccinal. Presse méd. **45**, 113 (1937).

Lignières, J.: Sur la variabilité de la qualité pathogène et immunisante du virus aphteux. C. r. Acad. Sci. **194**, 1863 (1932).

Lipschütz, B.: Untersuchungen über Paravaccine. Arch. Derm. (D.) **127**, 193 (1919/20).

Lipschütz, B. u. K. Kundratitz: Über die Ätiologie des Zoster und über seine Beziehungen zu Varizellen. Wien. klin. Wschr. **38**, 499 (1925).

Lloyd, W.: L'emploi d'un virus cultivé associé à l'immunsérum dans la vaccination contre la fièvre jaune. Bull. Off. internat. Hyg. publ., Par. **27**, 2365 (1936).

Lloyd, W. and H. A. Penna: (*1*) Estudos sobre a pathogenesa do virus neurotropico da febre amarella no *Macacus rhesus*. Nota previa. Brasil-Med. **46**, 9 (1932).

— (*2*) Yellow fever virus encephalitis in South American Monkeys. Amer. J. trop. Med. **13**, 243 (1933).

Lloyd, W., H. A. Penna, and A. F. Mahaffy: Yellow fever virus encephalitis in rodents. Amer. J. Hyg. **18**, 323 (1933).

Lloyd, W., M. Theiler, and N. I. Ricci: Modification of the virulence of yellow fever virus by cultivation of tissues *in vitro*. Trans. roy. Soc. trop. Med. Hyg. **29**, 481 (1936).

Loeffler u. Frosch: Berichte der Kommission zur Erforschung der Maul- und Klauenseuche bei dem Institut für Infektionskrankheiten in Berlin. Zbl. Bakter. usw., Abt. I, Orig. **23**, 371 (1898).

Lowe, G. H. and A. Somasundaram: Varicella herpetica. Malayan med. J. **11**, 227 (1936).

Lowe, J.: Fauna and flora of Norfolk. IV. Fishes. Trans. Norfolk Norwich Nat. Soc. 1, 21 (1874).

Loy, J. G.: An Account of Some Experiments on the Origin of the Cow-Pox. Whitby, 1801.

Lührs: [Résultats scientifiques obtenus dans la lutte contre les maladies contagieuses.] Z. Veterinärk. **32**, 89 (1920).

LUSH, D.: The serological relationship of myxoma and shope's fibroma virus. Austral. J. exper. Biol. a. med. Sci. **17**, 85 (1939).

LWOFF, N. S.: Die Pockenkrankheit der Schweine. Berl. tierärztl. Wschr. **51**, 499 (1935).

MACCALLUM, F. O., G. M. FINDLAY and I. MCNAIR SCOTT: Pseudo lymphocytic choriomeningitis. Brit. J. exper. Path. **20**, 260 (1939).

MACFIE, J. W. S.: Notes on some blood parasites collected in Nigeria. Ann. trop. Med. **8**, 439 (1914).

MACKENZIE, R. D. and G. M. FINDLAY: (*1*) The production of a neurotropic strain of Rift Valley fever virus. Lancet **1936 I**, 140.

— (*2*) Variations in fowl pest virus. Brit. J. exper. Path. **18**, 138 (1937).

MCKINNEY, H. H.: (*1*) Factors affecting certain properties of a mosaic virus. J. agric. Res. **35**, 1 (1927).

— (*2*) Mosaic disease in the Canary Islands, West Africa and Gibraltar. J. agric. Res. **39**, 557 (1929).

MCINTOSH, J. and F. R. SELBIE: The pathogenicity to animals of viruses isolated from cases of human influenza. Brit. J. exper. Path. **18**, 334 (1937).

MCINTOSH, W. C.: Diseases of fish: multiple tumours in plaice and common flounders. 3rd Ann. Rep. Sect. Fish. Board. p. 66 (1884).

MCNUTT, S. H., C. MURRAY, and P. PURWIN: Swine-pox. J. amer. vet. med. Assoc. **74**, 752 (1929).

MADSEN, D. E. and G. F. KNOWLTON: Mosquito transmission of equine encephalomyelitis. J. amer. vet. med. Assoc. **86**, 662 (1935).

MAGARINOS TORRES, C. e J. DE CASTRO TEIXEIRA: Estudo comparativo das inclusoes do alastrim e da variola vera. Mem. Inst. Cruz, Rio **30**, 183 (1935).

MAGGIORA, A. u. G. L. VALENTI: Über eine infektiöse Krankheit beim Genus *Turdus*. Zbl. Bakter. usw., Abt. I, Orig. **34**, 326 (1903).

MAGILL, T. P. and T. FRANCIS jr.: (*1*) Antigenic differences in strains of human influenza virus. Proc. Soc. exper. Biol. a. Med. (Am.) **35**, 465 (1936).

— (*2*) Antigenic differences in strains of epidemic influenza virus. I. Cross neutralization in mice. Brit. J. exper. Path. **19**, 273 (1938).

MAGRASSI, F.: Studii sull'infezione e sull'immunità da virus erpetico. Nota II. Sul contenuto in virus del cervello, in rapporto a diversi ceppi di virus, a diversi vie d'infezione, a diversi fasi del processo infettivo. Z. Hyg. usw. **117**, 501 (1935).

MAHLICH, P.: Unsere Kaninchen. Berlin: Fritz Pfeuningstorff, 1919.

MANNINGER, R.: (*1*) Sur la pluralité du virus aphteux. Bull. Off. internat. Epizoot. **5**, 1 (1931).

— (*2*) Über die Beziehungen der Newcastle-Krankheit zur Geflügelpest. Zugleich ein Beitrag zur Frage der Pluralität der filtrierbaren Krankheitserreger. Arch. wiss. prakt. Tierheilk. **65**, 256 (1932).

— (*3*) Fowl plague and Newcastle disease. J. comp. Path. a. Ther. **49**, 279 (1936).

MANNINGER, R. u. S. v. LÁSZLÓ: Untersuchungen über die Pluralität des Aphthenseuchevirus. Zbl. Bakter. usw., Abt. I, Orig. **116**, 414 (1930).

MARCHAL, J.: Infectious ectromelia, a hitherto undescribed virus disease of mice. J. Path. a. Bacter. **33**, 713 (1930).

MARIANI, G.: Experimentelle Untersuchungen und kritische Erwägungen über die Ätiologie der Herpeserkrankungen. Arch. Derm. (D.) **147**, 259 (1924).

MARINESCO, G. et S. DRAGANESCO: Contribution à la pathogénie et à la physiologie pathologique du zona zoster. Rev. neur. (Fr.) **30 I**, 30 (1923).

MARSDEN, J. P.: A critical review of the clinical features of 13,686 cases of small-pox (Variola minor). London: London Country Council, 1936.

MARSON, J. F.: Small-pox in: A System of Medicine edited by J. R. REYNOLDS. London: Macmillan 1, 1866.

MARTIN, Sir CHARLES: Observations on *Myxomatosis cuniculi* (SANARELLI) made with a view to the use of the virus in the control of rabbit plagues. Council Sci. and Industrial Research, Commonwealth of Australia, Bull. No. 96 (1936).

MARX, E. u. A. STICKER: Untersuchungen über das Epithelioma contagiosum des Geflügels. Dtsch. med. Wschr. **28**, 893 (1902).

Masson: An account of a disease, which affects the camels in the Province of Lus, called photo shootur by the natives, and supposed by them to have properties analogous to those of the variolae vaccinae. Trans. med.-phys. Soc. Bombay **3**, 214 (1840).

Mavor, J. W.: *Lymphocystis vitrei*, a new sporozoon from the pike-perch *Stizostedion vitreum* Mitchell. Trans. Wis. Acad. Sci. Arts Lett. **19**, 559 (1918).

Meck, J. S. and E. G. Acree: Attempted transformation of rabbit fibroma virus into the virus of infectious myxoma. Proc. Soc. exper. Biol. a. Med. (Am.) **40**, 487 (1939).

Melanidi, C. et N. Tzortzaki: La variole caprine. Rev. Microbiol. appl. (Fr.) **3**, 25 (1937).

Merrill, M. M.: The mass factor in immunological studies upon viruses. J. Immunol. (Am.) **30**, 169 (1936).

Merrill, M. M., C. W. Lacaillade, and C. Ten Broeck: Mosquito transmission of equine encephalomyelitis. Science **80**, 251 (1934).

Merrill, M. M. and C. Ten Broeck: The transmission of equine encephalomyelitis virus by *Aëdes aegypti*. J. exper. Med. (Am.) **62**, 687 (1935).

Meyer, K. F., C. M. Haring, and B. F. Howitt: The etiology of epizootic encephalomyelitis of horses in the San Joaquin Valley, 1930. Science **74**, 277 (1931).

Meyer, K. F., F. Wood, C. M. Haring, and B. F. Howitt: Susceptibility of non-immune, hyperimmunized horses and goats to eastern, western and Argentine virus of equine encephalomyelitis. Proc. Soc. exper. Biol. a. Med. (Am.) **32**, 56 (1934).

Molina, L.: Sulle modificazioni biologiche del virus vaccinico inoculato nell'embrione di pollo. Boll. Ist. sieroter. milan. **16**, 383 (1937).

Montgomery, R. E.: A form of swine fever occurring in British East Africa. J. comp. Path. a. Ther. **34**, 159, 243 (1921).

Moody, L. M.: Some notes on alastrim. Proc. Int. Congr. on Health Problems in Tropical America, Kingston, B. W. I., p. 760. Boston: United Fruit Co., 1924.

Moses, A.: (*1*) Untersuchungen über das Virus myxomatosum der Kaninchen. Mem. Inst. Cruz, Rio **3**, 46 (1911).

— (*2*) Observações sobre o virus do myxoma infectuoso. Livro Jubilar do Professor Lauro Travassos, Rio de Janeiro. p. 579 (1938).

Nadson, G. A.: Sur les variations héréditaires provoquées expérimentalement chez les levures. C. r. Acad. Sci. **200**, 1875 (1935).

Naidu, P. M. N.: Neurotropismus des Virus der Stomatitis vesicularis. Z. Infekt.krkh. Haustiere **47**, 203 (1935).

Naik, R. N.: Duration of immunity following goat virus vaccination in cattle. Indian J. vet. Sci. anim. Husb. **8**, 103 (1938).

Nakamura, J., S. Oyama, K. Fukosho u. N. Tomonaga: Vergleichende immunbiologische Untersuchungen des Korea-Hühnerseuchenvirus und des Japanischen Geflügelpestvirus. Zugleich über die Beziehung zum Virus der Newcastle disease. J. Jap. Soc. vet. Sci. **12**, 135 (1933).

Nauck, E. G. u. E. Paschen: Über Züchtung von Pockenvirus in Gewebskulturen bei Verwendung von humanisierter Lymphe. Zbl. Bakter. usw., Abt. I, Orig. **121**, 312 (1931).

Nelson, J. B.: (*1*) The cocco-bacilliform bodies of fowl coryza and mouse catarrh. J. Bacter. (Am.) **34**, 181 (1937).

— (*2*) Growth of the fowl coryza bodies in tissue culture and in blood agar. J. exper. Med. (Am.) **69**, 199 (1939).

Netter, A. et A. Urbain: (*1*) Zonas varicelleux. Anticorps varicelleux dans le sérum de sujets atteints de zona. Anticorps zostériens et anticorps varicelleux dans le sérum. C. r. Soc. Biol. **90**, 189 (1924).

— (*2*) Le virus varicello-zonateux. Ann. Inst. Pasteur, Par. **46**, 17 (1931).

Nicolau, S.: Étude de quelques virus dits encéphalitiques. C. r. Soc. Biol. **92**, 553 (1925).

Nicolau, S., O. Dimàncesco-Nicolau et I. A. Galloway: Étude sur les septinévrites à ultravirus neurotropes. Ann. Inst. Pasteur, Par. **43**, 1 (1929).

NICOLAU, S. et I. A. GALLOWAY: Modification de certains propriétés d'une souc de virus d'encéphalo-myelite enzootique (Maladie de Borna). C. r. Soc. Biol. 10 135 (1931).

NICOLAU, S. et L. KOPCIOWSKA: (1) Epizootie maligne spontanée apparue ch les lapins. Vaccine maligne spontanée epizootique du lapin. C. r. Soc. Biol. 10 551, 553 (1929).

— (2) Zone élective pour les corps de NEGRI chez les lapins morts de rage expé mentale à virus fixe. C. r. Acad. Sci. **194**, 1865 (1932).

— (3) Sur la transformation du virus rabique fixe en virus des rues. C. r. Soc. Bi **119**, 140 (1935).

— (4) Essais de transformation du virus rabique fixe en virus des rues. Ann. Ins Pasteur, Par. Supplément. Numéro commémoratif sur la rage, 1935.

NICOLAU, S., C. MATHIS et V. CONSTANTINESCO: Sur la transformation en virus fi d'une souche particulière de virus rabique des rues. C. r. Soc. Biol. **110**, 433 (193

NICOLAU, S. et P. POINCLOUX: Conservation des caractères particuliers du neur vaccin, malgré sa culture sur la peau humaine. C. r. Soc. Biol. **91**, 1239 (192

NICOLLE, C. et L. BALOZET: Essai de restauration du virus rabique fixe par passa intracérébraux sur le chien. C. r. Acad. Sci. **194**, 1706 (1932).

NICOLLE, C. et E. BURNET: Sur la restauration du virus fixe. C. r. Soc. Biol. 9 366 (1924).

NIESCHULZ, O.: (1) Over de infectie van muizen met het virus der Zuid-Afrikaansc Paardezeikte. Tijds. Diergeneesk. **59**, 1433 (1932).

— (2) Infection von Mäusen mit dem Virus der südafrikanischen Pferdesterb Zbl. Bakter. usw., Abt. I, Orig. **128**, 465 (1933).

NIESCHULZ, O. u. BOS, A.: Weitere Untersuchungen über die Infektion von Mäuse mit Hühnerpestvirus. Zbl. Bakter. usw., Abt. I, Orig. **131**, 1 (1934).

NOCARD, E.: Sur l'immunité naturelle des moutons bretons à l'égard de la clavelé Rec. Méd. vet. **7**, 772 (1888).

NOCARD, E. et E. LECLAINCHE: Les maladies microbiennes des animaux, 3e E Paris: Masson et Cie, 1903.

OBERLING, C. et M. GUÉRIN: (1) Lesions tumorales en rapport avec la leucém transmissible des poules. Bull. Assoc. franc. Étude Canc. **22**, 180 (1933).

— (2) Nouvelles récherches sur la production de tumeurs malignes avec le virus de leucémie transmissible des poules. Bull. Assoc. franc. Étude Canc. **22**, 326 (1933

— (3) La leucémie érythroblastique ou erythroblastose transmissible des poule Bull. Assoc. franc. Étude Canc. **23**, 38 (1934).

ØERSKOV, J. u. S. SCHMIDT: Infektionsmechanische Untersuchungen über die G flügelpestinfektion der Maus mit besonderer Berücksichtigung der Aluminiur hydroxywirkung. Zbl. Bakter. usw., Abt. I, Orig. **137**, 1 (1936).

ØERSKOV, J., S. SCHMIDT et E. STEENBERG: Caractères immunologiques de deu souches de virus de la peste aviaire à pouvoir pathogène différent vis-à-vis de l souris. Rev. Immunol. (Fr.) **2**, 254 (1936).

OLITSKY, P. K., H. R. COX, and J. T. SYVERTON: Comparative studies on the viruse of vesicular stomatitis and equine encephalomyelitis. J. exper. Med. (Am.) 159 (1934).

OLIVER, A.: A note on the control of rinderpest in India. Agric. Live-Stk. India 626 (1936).

ORESTE and SABBATINI: Vaiuolo enzootico nei bufali. Gazz. med. vet. **30** (1876)

PARSONS, R. J. and J. G. KIDD: A virus causing oral papillomatosis in rabbit Proc. Soc. exper. Biol. a. Med. (Am.) **35**, 441 (1937).

PASCHEN, E.: (1) Vaccine und Vaccineausschläge in: Handbuch der Haut- und Ge schlechtskrankheiten, Bd. II, S. 64. Berlin: Julius Springer, 1932.

— (2) 1. Weitere Mitteilungen über Vakzineviruszüchtung in der Gewebekultu 2. Elementarkörperchen im Bläscheninhalt bei Herpes zoster und Varizellen Zbl. Bakter. usw., Abt. I, Orig. **130**, 190 (1933).

— (3) Züchtung des Ektromelievirus auf der Chorion-Allantois-Membran von Hühner embryonen. Zbl. Bakter. usw., Abt. I, Orig. **135**, 445 (1936).

PAUL, J. R. and J. D. TRASK: (*1*) A comparative study of recently isolated human strains and a passage strain of poliomyelitis virus. J. exper. Med. (Am.) **58**, 513 (1933).

— (*2*) The neutralization test in poliomyelitis: comparative results with four strains of virus. J. exper. Med. (Am.) **61**, 447 (1935).

PAWAN, J. L.: (*1*) Quoted by E. DE VERTEUIL and F. W. URICH. The study and control of paralytic rabies transmitted by bats in Trinidad, British West Indies. Trans. roy. Soc. trop. Med. Hyg. **29**, 317 (1936).

— (*2*) An unusual strain of rabies virus in a vampire bat. Ann. trop. Med. **32**, 35 (1938).

PEARCE, L., P. D. ROSAHN, and C. K. HU: (*1*) Experimental transmission of rabbit-pox by a filterable virus. Proc. Soc. exper. Biol. a. Med. (Am.) **30**, 894 (1933).

— (*2*) A filterable virus from a pandemic disease in rabbits. Arch. Path. (Am.) **16**, 300 (1933).

— (*3*) Studies on the etiology of rabbit-pox. V. Studies on species susceptibility to rabbit-pox virus. J. exper. Med. (Am.) **63**, 491 (1936).

PENNA, H. A.: The production of encephalitis in *Macacus rhesus* with viscerotropic yellow fever virus. Amer. J. trop. Med. **16**, 331 (1936).

PERDRAU, J. R.: Preservation of the virus of herpes. Brit. J. exper. Path. **8**, 167 (1927).

PÉTELARD: De la variole spontanée du cheval. Bull. Soc. cent. Méd. vét. (1868).

PETERS, J. T.: L'anémie infectieuse du cheval chez l'homme. Presse méd. **32**, 105 (1924).

PFENNINGER, W. u. S. FINIK: Studien über Hühnerpest. II. Beiträge zur Kenntnis der histologischen Veränderungen im Zentralnervensystem. Zbl. Bakter. usw., Abt. I, Orig. **99**, 145 (1926).

PICARD, W. K.: Über Pseudogeflügelpest und die Variabilität des Pseudogeflügelpest-virus. Zbl. Bakter. usw., Abt. I, Orig. **132**, 440 (1934).

PIRQUET, C. VON: Paravakzine. Wien. klin. Wschr. **28**, 355 (1915).

PLOTZ, H.: (*1*) Nouvelles observations sur la souche de peste aviaire adaptée à la souris. C. r. Soc. Biol. **122**, 624 (1936).

— (*2*) A propos de la virulence d'une culture de peste aviaire cultivée *in vitro* pendant cinq ans. C. r. Soc. Biol. **125**, 602 (1937).

POULTON, W. F.: Game preservation and economic development. Govt. Press. Uganda (1927).

PROCA, G., S. BABES et D. JONNESCO: Serovaccination et serothérapie de la rage chez la souris. C. r. Soc. Biol. **118**, 729 (1935).

PROCA, G. et D. JONNESCO: (*1*) Sur une modification durable du virus rabique de passage. C. r. Soc. Biol. **120**, 1274 (1935).

— (*2*) Sur une modification durable du virus rabique de passage. C. r. Soc. Biol. **120**, 1274 (1935).

PUNTONI, V.: La vaccinazione antirabica degli animali. Umbria med. **3**, 580 (1923).

PURCHASE, H. S.: (*1*) An atypical fowl-plague virus from Egypt. J. comp. Path. a. Ther. **44**, 71 (1931).

— (*2*) A study of cross immunity with viruses of fowl plague and observations on the duration of immunity. Brit. J. exper. Path. **12**, 199 (1931).

RACHAD, M.: La peste aviaire. Bull. Off. internat. epizoot. **8**, 324 (1934).

RAHIM-UD-DIN, M.: Experiment with bull virus (rinderpest) on animals protected with goat virus. Indian vet. J. **13**, 48 (1936).

RECORDS, E. and L. R. VAWTER: Equine encephalomyelitis cross-immunity in horses between western and eastern strains of virus. J. amer. vet. med. Assoc. **38**, 89 (1934).

RECTOR, E. J. and L. E. RECTOR: Intranuclear inclusions in the salivary glands of moles. Amer. J. Path. **10**, 629 (1934).

REECE, R. J.: An account of the circumstances associated with an outbreak of disease among milch cows, horses and their attendants believed to be of the nature of "cow-pox" in the county of Somersetshire in the year 1909 and considerations arisine there from Proc. R. Soc. Med. (Sect. Epidem) 15, 13 (1921).

REIS, J. and P. NOBREGA: Sobre un virus tripathogenico de bouba de canario. Arch. Inst. biol., São Paulo. 8, 211 (1937).

REIS, J., P. NOBREGA e A. S. REIS: Tratado de doenças das Oves. São Paulo, p. 14 (1936).

REMLINGER, P. et J. BAILLY: (*1*) Comment procéder à l'expertise d'un virus rabique fixe. Bull. Inst. Pasteur, Par. **33**, 609 (1935).

— (*2*) Transmission de l'encéphalite argentine des equidés au chien, au chat et au hérisson. C. r. Soc. Biol. **120**, 1067 (1935).

— (*3*) Action de la dilution sur les virus rabiques de rue. C. r. Soc. Biol. **124**, 7 (1937).

— (*4*) Action de la dilution sur les virus rabiques de rue. Ann. Inst. Pasteur, Par. **58**, 377 (1937).

— (*5*) La souche africaine de la maladie d'AUJESZKY. Bull. Acad. Méd., Par. **118**, 155 (1937).

RIBAS, E.: Alastrim, amaas, or milk-pox. Trans. Soc. trop. Med. Hyg. **4**, 224 (1910).

RIBBERT, H.: Über protozoenartige Zellen in der Niere eines syphilitischen Neugeborenen und in der Parotis von Kindern. Zbl. Path. **15**, 945 (1904).

RICHARDSON, S.: Ocular symptoms and complications observed in dengue. Trans. amer. ophthalm. Soc. **31**, 450 (1933).

RITZ, H.: Über Rezidive bei experimenteller Trypanosomiasis. II. Mitteilung. Arch. Schiffs- u. Tropenhyg. **20**, 392 (1916).

RIVERS, T. M.: (*1*) Changes in epidermal cells covering myxomatous masses induced by virus myxomatosum (SANARELLI). Proc. Soc. exper. Biol. a. Med. (Am.) **24**, 435 (1927).

— (*2*) Infectious myxomatosis of rabbits. Observations on the pathological changes induced by *Virus myxomatosum* (SANARELLI). J. exper. Med. (Am.) **51**, 965 (1930).

RIVERS, T. M. and L. A. ELDRIDGE: Relation of varicella to herpes zoster. II. Clinical and experimental observations. J. exper. Med. (Am.) **49**, 907 (1929).

RIVERS, T. M. and S. M. WARD: (*1*) Further observations on the cultivation of vaccine virus for Jennerian prophylaxis in man. J. exper. Med. (Am.) **58**, 635 (1933).

— (*2*) Infectious myxomatosis of rabbits. Preparation of elementary bodies and studies of serologically active materials associated with the disease. J. exper. Med. (Am.) **66**, 1 (1937).

RONCAL, A. and SONORIA: Rev. Hig. Sanid. vet. Madrid, **1915** (20th May).

RONSE, M.: Au sujet du virus de la chorio-meningite Arch. internat. Méd. expér. (Belg.) **12**, 535 (1937).

ROSENAU, M. J. and H. B. ANDERVONT: Vaccinia: susceptibility of mice and immunologic studies. Amer. J. Hyg. **13**, 728 (1931).

ROSSI, P.: La broncho-pneumonie infectieuse ou influenza des bovidés ne serait-elle pas due à un virus filtrant? C. r. Soc. Biol. **125**, 104 (1937).

ROTHE MEYER, A. u. J. ENGELBRETH-HOLM: Experimentelle Studien über die Beziehungen zwischen Hühnerleukose und Sarkom an der Hand eines Stammes von übertragbarer Leukose-Sarkoma-Kombination. Acta path. et microbiol. scand. (Dän.) **10**, 380 (1933).

ROTHE MEYER, A., J. ENGELBRETH-HOLM, and E. UHL: Further studies on the agent of chicken leukosis. Acta path. et microbiol. scand. (Dän.) **12**, 378 (1935).

ROUBAUD, E. et G. J. STEFANOPOULO: Recherches sur la transmission par voie stégomyienne du virus neurotrope murin de la fièvre jaune. Bull. Soc. Path. exot. **26**, 305 (1933).

ROUBAUD, E., G. J. STEFANOPOULO et G. M. FINDLAY: Essais de transmission par les stégomyies du virus amaril de cultures en tissu embryonnaire. Bull. Soc. Path. exot. **30**, 581 (1937).

ROUS, P. and J. W. BEARD: A virus-induced mammalian growth with the characters of a tumour (the SHOPE rabbit papilloma). J. exper. Med. (Am.) **60**, 701, 723, 741 (1934).

ROUS, P., J. W. BEARD, and J. G. KIDD: Concerning the relationship of the virus inducing rabbit papillomas to the cancers developing therefrom. J. Bacter. (Am.) **31**, 46 (1936).

Rous, P. and J. B. Murphy: On the causation of filterable agents of three distinct chicken tumours. J. exper. Med. (Am.) **19**, 52 (1914).

Sabin, A. B.: (*1*) Studies on the B. virus. I. the immunological identity of a virus isolated from a human case of ascending myelitis associated with visceral necrosis. Brit. J. exper. Path. **15**, 248 (1934).

— (*2*) Studies on the B. virus. II. Proparties of the virus and pathogenesis of the experimental disease in rabbits. Brit. J. exper. Path. **15**, 268 (1934).

— (*3*) Studies on the B. virus. III. The experimental disease in *Macacus rhesus* monkeys. Brit. J. exper. Path. **15**, 32 (1934).

Sabin, A. B. and A. M. Wright: Acute ascending myelitis following a monkey bite, with the isolation of a virus capable of reproducing the disease. J. exper. Med. (Am.) **59**, 115 (1934).

— (*4*) The immunological relationships of pseudorabies (infectious bulbar paralysis, mad itch). Brit. J. exper. Path. **15**, 372 (1934).

Sacco, L.: Trattato di Vaccinazione. Milano, 1809.

Saito, T.: Untersuchungen über Immunitätsreaktionen bei Geflügelpocken. Z. Immunit.forsch. **46**, 23 (1926).

Salkan, P. M.: Zur Klinik der Epidemiologie und Ätiologie der Melkerknoten. Acta derm.-vener. (Schwd.) **14**, 342 (1933).

Sanarelli, G.: Das myxomatogene Virus. Beitrag zum Studium der Krankheitserreger außerhalb des Sichtbaren. (Vorläufige Mitteilung.) Zbl. Bakter. usw. Abt. I, Orig. **23**, 865 (1898).

Sanjwa Rao, R.: Cultivation of sheep-pox virus on the chorio-allantoic membrane of the chick embryo. Indian J. med. Res. **26**, 497 (1938).

Sawyer, W. A., S. F. Kitchen, and W. Lloyd: Vaccination of humans against yellow fever with immune serum and virus fixed for mice. Proc. Soc. exper. Biol. a. Med. (Am.) **29**, 62 (1931).

Sawyer, W. A. and W. Lloyd: The use of mice in tests of immunity against yellow fever. J. exper. Med. (Am.) **54**, 533 (1931).

Sayer, S. W. and F. B. Amos: Outbreak of cow pox caused by a vaccination involving two families and two herds of cattle. N. Y. J. Med. **36**, 1163 (1936).

Schmidt, M.: Zoologische Klinik. Handbuch der vergleichenden Pathologie und pathologischen Anatomie der Säugethiere und Vögel. I. Die Krankheiten der Affen, S. 96. Berlin: A. Hirschwald, 1870.

Schmidt, S.: Immunisierung des Meerschweinchens gegen drei verschiedene Typen von Maul- und Klauenseuchenvirus vermittels eines trivalenten Aluminiumhydroxydabsorbaten. Z. Immunit.forsch. **88**, 91 (1936).

Schmidt, S., J. Oerskov et E. Steenberg: Immunisation active contre la peste aviaire. Biol. Medd. danske Vidensk. Selsk. **12**, 21 (1936).

Schweinburg, F. and S. Wolfram: Über serologische und immunologische Beziehungen zwischen den Erregern des Pemphigus und Lyssa. Z. Immunit.forsch. **91**, 341 (1937).

Schoening, H. W.: Studies on the single-injection method of vaccination as a prophylactic against rabies in dogs. J. agric. Res. **30**, 431 (1925).

Sellards, A. W.: The behaviour of the virus of yellow fever in monkeys and mice. Proc. nat. Acad. Sci. Wash. **17**, 339 (1931).

Seton, E. T.: Life Histories of Northern Animals, Part I, p. 672. New York: Charles Scribner's Sons, 1909.

Shattock, S. G.: Molluscum contagiosum in two (mated) bunting sparrows. Trans. path. Soc. Lond. **49**, 394 (1898).

Shaw, D. R., A. S. Kenney and J. Stokes Jr.: Serologic and immunologic studies relative to the viruses of human and swine influenza virus. Amer. J. med. Sci. **197**, 247 (1939).

Shope, R. E.: (*1*) Swine influenza. III. Filtration experiments and etiology. J. exper. Med. (Am.) **54**, 373 (1931).

— (*2*) An experimental study of "mad itch" with especial reference to its relationship to pseudorabies. J. exper. Med. (Am.) **54**, 233 (1931).

SHOPE, R. E.: (*3*) A transmissible tumour-like condition in rabbits. J. exper. Med. (Am.) **56**, 793 (1932).

— (*4*) A filterable virus causing a tumour-like condition in rabbits and its relationship to virus myxomatosum. J. exper. Med. (Am.) **56**, 803 (1932).

— (*5*) Modification of the pathogenicity of pseudorabies virus by animal passage. J. exper. Med. (Am.) **57**, 925 (1933).

— (*6*) Infectious papillomatosis of rabbits. J. exper. Med. (Am.) **58**, 607 (1933).

— (*7*) Serial transmission of infectious papillomatosis in domestic rabbits. Proc. Soc. exper. Biol. a. Med. (Am.) **32**, 830 (1935).

— (*8*) Infectious fibroma of rabbits. III. The serial transmission of *virus myxomatosum* in cotton-tail rabbits and cross-immunity tests with the fibroma virus. J. exper. Med. (Am.) **63**, 33 (1936).

— (*9*) Infectious fibroma of rabbits. IV. The infection with virus myxomatosum of rabbits recovered from fibroma. J. exper. Med. (Am.) **63**, 43 (1936).

— (*10*) A change in rabbit fibroma virus suggesting mutation. II. Behaviour of the variant virus in cotton-tail rabbits. J. exper. Med. (Am.) **63**, 173 (1936).

— (*11*) The incidence of neutralizing antibodies for swine influenza virus in the sera of human beings of different ages. J. exper. Med. (Am.) **63**, 669 (1936).

— (*12*) Immunological relationship between the swine and human influenza viruses in swine. J. exper. Med. (Am.) **66**, 151 (1937).

SHOPE, R. E. and T. FRANCIS jr.: The susceptibility of swine to the virus of human influenza. J. exper. Med. (Am.) **64**, 791 (1936).

SIEGL, J.: Zum ätiologischen Zusammenhang von Herpes zoster und Varizellen. Münch. med. Wschr. **1927**, 189.

SMITH, E. C.: Nigerian Insectivora (hedgehogs and shrews)—their reaction to neurotropic yellow fever virus. Trans. roy. Soc. trop. Med. Hyg. **29**, 413 (1936).

SMITH, G. M. and R. F. NIGRELLI: Lymphocystis disease in *Angelichthys*. Zoologica **22**, 293 (1937).

SMITH, H. H. and M. THEILER: The adaptation of unmodified strains of yellow fever virus to cultivation *in vitro*. J. exper. Med. (Am.) **65**, 801 (1937).

SMITH, W. and C. H. ANDREWES: Serological races of influenza. Brit. J. exper. Path. **19**, 293 (1938).

SMITH, W., C. H. ANDREWES, and P. P. LAIDLAW: (*1*) A virus obtained from influenza patients. Lancet **1933 II**, 66.

— (*2*) Influenza: experiments on immunization of ferrets and mice. Brit. J. exper. Path. **16**, 291 (1935).

SOPER, F. L.: Rural and Jungle Yellow Fever. A New Public Health Problem in Colombia. Bogota: Edit. Minerva, 1935.

SPLENDORE, A.: Über das Virus myxomatosum der Kaninchen. Zbl. Bakter. usw., Abt. I, Orig. **48**, 300 (1909).

SPRUNT, D. H.: Infectious myxomatosis (SANARELLI) in pregnant rabbits. J. exper. Med. (Am.) **56**, 601 (1932).

SRIKANTAIAH, G. N.: Rinderpest in sheep, with a special reference to artificial infection. Indian vet. J. **11**, 104 (1934).

STARK, A. M., M. M. TIESENHAUSEN, N. M. GOZANSKAJA, E. W. SKROZKY, D. S. SCHTSCHASTNY u. W. A. ZUK: Über die Pockenätiologie der sogenannten Melkerknoten. Arch. Derm. (D.) **170**, 38 (1934).

STÉFANOPOULO, G. J.: Sur le virus amaril d'origine murine inoculé à *Macacus rhesus*. Bull. Soc. Path. exot. **25**, 866 (1932).

STÉFANOPOULO, G. J. et P. MOLLARET: Hémiplégie d'origine cérébrale et névrite optique au cours d'un cas de fièvre jaune. Bull. Soc. méd. Hôp. Par. **50**, 1463 (1934).

STÉFANOPOULO, G. J. et R. WASSERMANN: Sensibilité du cobaye au virus neurotrope de la fièvre jaune. Bull. Soc. Path. exot. **26**, 557 (1933).

STERN, L. S.: The mechanism of herpes zoster. Brit. J. Derm. **49**, 263 (1937).

STEWART, F. W. and C. P. RHOADS: Intradermal versus subcutaneous immunization of monkeys against poliomyelitis. J. exper. Med. (Am.) **49**, 959 (1929).

STIMPERT, F. D. and J. F. KESSEL: (*1*) Variations in strains of poliomyelitis virus. J. Bacter. (Am.) **36**, 292 (1938).

— (*2*) Variations in strains of poliomyelitis virus. Amer. J. Hyg. **29**, 57 (1939).

STOCKMAN, S. and F. C. MINETT: (*1*) Experiments on Foot-and-Mouth disease. J. comp. Path. a. Ther. **39**, 231 (1926).

— (*2*) 2nd Progress Rep. Foot-and-Mouth Disease Research Committee. London: H. M. Stationery Office, 1927.

STUART-HARRIS, C. H.: A neurotropic strain of human influenza virus. Lancet **1939 I**, 497.

TAKAKI, I.: Über das Virus der Encephalitis japonica. Z. Immunit.forsch. **47**, 456 (1926).

TEN BROECK, C. and M. K. MERRILL: A serological difference between eastern and western encephalomyelitis virus. Proc. Soc. exper. Biol. a. Med. (Am.) **31**, 217 (1933).

THEILER, A.: (*1*) Transmission of horse sickness into dogs. J. comp. Path. a. Ther. **18**, 160 (1906).

— (*2*) On the correlation of various diseases of stock in South Africa. Rep. vet. Bact. S. Afr. 1905/06. Transvaal Dept. Agric. 67 (1907).

— (*3*) Inoculation of mules with polyvalent virus and serum. Rep. vet. Bact. S. Afr. 1906/07. Transvaal Dept. Agric. 162 (1908).

THEILER, M.: (*1*) Studies on the action of yellow fever virus in mice. Ann. trop. Med. **24**, 249 (1930).

— (*2*) Spontaneous encephalomyelitis of mice—a new virus disease. Science **80**, 122 (1934).

— (*3*) Spontaneous encephalomyelitis of mice, a new virus disease. J. exper. Med. (Am.) **65**, 705 (1937).

THEILER, M. and T. P. HUGHES: Studies on circulating virus and protective antibodies in susceptible and relatively insusceptible monkeys after inoculation with yellow fever virus. Trans. roy. Soc. trop. Med. Hyg. **28**, 481 (1935).

THEILER, M. and H. H. SMITH: (*1*) The effect of prolonged cultivation *in vitro* upon the pathogenicity of yellow fever virus. J. exper. Med. (Am.) **65**, 767 (1937).

— (*2*) The use of yellow fever virus modified by *in vitro* cultivation for human immunization. J. exper. Med. (Am.) **65**, 787 (1937).

THOMPSON, J.: (*1*) Intranuclear inclusions in the submaxillary gland of the rat. J. infect. Dis. (Am.) **50**, 162 (1932).

— (*2*) Inclusion bodies in the salivary glands and liver of mice and rats. Amer. J. Path. **10**, 676 (1934).

THOMPSON, R. L.: The influence of temperature upon proliferation of infectious fibroma and infectious myxoma virus *in vivo*. J. infect. Dis. (Am.) **62**, 307 (1938).

THOMSEN, O.: Komplementbindungsuntersuchungen bei Zoster und Varizellen. Z. Immunit.forsch. **82**, 88 (1934).

TIETZ, G.: Über die Empfänglichkeit verschiedener Vogelarten für eine Infektion mit originärem Hühner- und Taubenpockenvirus. Arch. wiss. prakt. Tierheilk. **65**, 244 (1932).

TODD, C.: Experiments on the virus of fowl plague. Brit. J. exper. Path. **9**, 101 (1928).

TOOMEY, J. A.: Poliomyelitis antiserum obtained from horses. II. Neutralizing effect against various strains of virus. Amer. J. Dis. Childr. **55**, 1261 (1938).

TOTH, A. V.: Beiträge zur Ätiologie der Pocken bei Vögeln, mit besonderer Berücksichtigung der Pferdepocken. Dtsch. tierärztl. Wschr. **30**, 249 (1922).

TOYODA, T.: Versuche über Infektion und Immunität bei verschiedenen Tierpockenarten. Z. Hyg. usw. **102**, 592 (1924).

TRASK, J. D. and J. R. PAUL: Experimental poliomyelitis induced by intracutaneous inoculation: a strain of the virus apparently peculiarly infective when injected by this route. J. Bacter. (Am.) **31**, 527 (1936).

TRASK, J. D., J. R. PAUL, A. R. BEEBE, and W. J. GERMAN: Viruses of poliomyelitis: an immunological comparison of six strains. J. exper. Med. (Am.) **65**, 687 (1937).

TRAUB, E.: (*1*) A filterable virus recovered from white mice. Science **81**, 298 (1935).
— (*2*) Immunization of guinea-pigs with a modified strain of lymphocytic choriomeningitis virus. J. exper. Med. (Am.) **66**, 317 (1937).
— (*3*) Experimentelle Untersuchungen über einen durch Taubenpassage veränderten Virusstamm der amerikanischen Pferdeenzephalomyelitis. Zbl. Bakter. usw., Abt. I, Orig. **143**, 7 (1938).
TRAUB, E. and C. TEN BROECK: Protective vaccination of horses with modified equine encephalomyelitis vaccine. Science **81**, 572 (1935).
TRAUM, J.: Vesicular exanthema of swine. J. amer. vet. med. Assoc. **88**, 316 (1936).
TRAUTWEIN, K.: (*1*) Die Pluralität des Maul- und Klauenseuche-Virus. Arch. wiss. prakt. Tierheilk. **56**, 505 (1927).
— (*2*) Die Pluralität des Maul- und Klauenseuche-Virus. Zbl. Bakter. usw., Abt. I, Orig. **110**, 164 (1929).
— (*3*) Experimentelle Untersuchungen über einen durch Taubenpassage veränderten Virus-Stamm der amerikanischen Pferde-Enzephalomyelitis. Zbl. Bakter. usw. Abt. I, Orig. **143**, 7 (1939).
TRAUTWEIN, K. u. K. REPPIN: Über die Variabilität der Maul- und Klauenseuche-Virus. I. Mitteilung. Z. Immunit.forsch. **73**, 347 (1932).
TRINCAS: Una forma d'anemia dei cani data da un virus filtrabile attraverso il Berkefeld W. Boll. Soc. Sci. med. nat. Cagliari **4** (1906).
TROISIER, J. et J. SIFFERLEN: Leucose et sarcomatose des poules: unité de virus. Ann. Inst. Pasteur, Par. **55**, 501 (1935).
TYZZER, E. E., A. W. SELLARDS and B. L. BENNETT: The occurrence in nature of equine encephalomyelitis in the ring-necked pheasant. Science **88**, 505 (1938).
VALLÉE, H. et H. CARRÉ: Sur la pluralité des virus aphteux. C. r. Acad. Sci. **174**, 1498 (1922).
VAN DE KASTEELE, R. P.: Immuniteit en complementbindung bij vaccine. Leiden, 1915.
VAN HEELSBERGEN, T.: Kuhpocken beim Menschen durch das Virus der Stomatitis pustulosa contagiosa equi. Zbl. Bakter. usw., Abt. I, Orig. **89**, 173 (1922).
VAN ROOYEN, C. E. and A. J. RHODES: The immunological relationship of Shope's rabbit fibroma virus to the virus of infectious myxomatosis: complement fixation. Zbl. Bakter. usw., Abt. I, Orig. **142**, 149 (1938).
VEGNI, R.: Contributo allo studio sperimentale dell'infezione erpetica. Riforma med. **38**, 270 (1922).
VIBORG: Quoted by GINS in: Die Beziehungen zwischen den Menschen- und Tierpocken. Handbuch der Pockenbekämpfung und Impfung. Berlin: R. Schoetz, 1927.
VIRGA, E.: Sulla virulenza e sulla resistenza ai vari agenti di attenuazione del virus rabbico fisso. G. Batt. Immun. **20**, 47 (1938).
VITTOZ, R.: Récherches sur la diphtérie aviaire en Cochinchine (virus gallin et virus colombin). Arch. Inst. Pasteur Indochine, Saigon **6**, 375 (1936).
VOGELSANG, E. E.: Viruela aviavia en el nandu (*Rhea americana*). Sem. méd. (Arg.) **45**, 556 (1936).
VOIGT, L.: Tierversuche mit Vakzine, Variola und Ovine. Z. Infekt.krkh. Haustiere **6**, 101 (1909).
WALDMANN, O. u. J. PAPE: (*1*) Die künstliche Übertragung der Maul- und Klauenseuche auf das Meerschweinchen. Berl. tierärztl. Wschr. **36**, 519 (1920).
— (*2*) Experimentelle Untersuchungen über Maul- und Klauenseuche. Berl. tierärztl. Wschr. **37**, 349 (1921).
WALDMANN, O. u. K. TRAUTWEIN: Experimentelle Untersuchungen über die Pluralität des Maul- und Klauenseuche-Virus. (Vorläufige Mitteilung.) Berl. tierärztl. Wschr. **42**, 569 (1926).
WALTHARD, B.: Die Züchtung des Vaccinevirus in nichtektodermalen Geweben. Z. Hyg. usw. **107**, 221 (1927).
WARD, A. R. and B. A. GALLAGHER: Diseases of Domesticated Birds. London and New York: Macmillan, 1926.

WEBSTER, L. T. and F. H. WRIGHT: Recovery of eastern equine encephalomyelitis virus from the brain tissue of human cases of encephalitis in Massachusetts. Science 88, 305 (1938).

WEISSENBERG, R.: (*1*) Über infektiöse Zellhypertrophie bei Fischen (Lymphocystiserkrankung). S.ber. preuß. Akad. Wiss., Berl., Physik.-math. Kl. **30**, 792 (1914).

— (*2*) Lymphocystiskrankheit der Fische. Handbuch der pathogenen Protozoen, edited by Prowazek-Nöller, **3**, 1344 (1921).

— (*3*) Studies on virus diseases of fish. I. Lymphocystis disease of the orange file fish (*Aleutera schoepfii*). Amer. J. Hyg. **28**, 455 (1938).

— (*4*) Studies on virus diseases of fish. II. Lymphocystis disease of *Fundulus heteroclitus*. Biol. Bull. (Am.) **76**, 251 (1939).

WEISSENBERG, R., R. F. NIGRELLI and G. M. SMITH: Lymphocystis in the hog fish, *Lachnolaimus maximus*. Zoologica. **22**, 303 (1937).

WHITMAN, L.: Failure of *Aëdes aegypti* to transmit yellow fever cultured virus (17 D). Amer. J. trop. Med. **19**, 19 (1939).

WHITMAN, L. and P. C. A. ANTUNES: The transmission of two strains of jungle yellow fever virus by *Aëdes aegypti*. Amer. J. trop. Med. **18**, 135 (1938).

WYSCHELESSKIJ, N. S. and M. N. SSUCHOW: The virus of equine encephalomyelitis. Sovyet Vet. No. 9, 36 (1934).

YOSHIKAWA, M.: Die Untersuchungen über die Schweinepocken in Mandschurei. II. Mitteilung. Über den prophylaktischen Wert von Schweinepocken und Variola-Vaccine und ihr Zusammenhang bezüglich der Immunität. J. Jap. Soc. vet. Sci. **9** (1930).

ZOLTAN, L.: (Cancerous degeneration of verrucoe). Orv. Hetil. (Ung.) **82**, 192 (1938).

ZWICK, W.: Über die Beziehungen der Stomatitis pustulosa contagiosa des Pferdes zu den Pocken der Haustiere und des Menschen. Berl. tierärztl. Wschr. **52**, 757 (1924).

ZWICK, W., O. SEIFRIED u. J. SCHAAF: Die Schutzimpfung gegen Hühnerpocken und Hühnerdiphtherie. Z. Infekt.krkh. Haustiere **34**, 300 (1928).

B. Variations in plant viruses.

The variations occuring among plant viruses, though similar in character, are even more numerous than those of animal viruses.

Only a very brief description of variation in plant viruses can therefore be attempted, though in many respects they are of considerable interest and importance, especially since it has been possible to analyse certain virus variants of plants more fully than those of animals. Unfortunately, many of the criteria employed in differentiating animal viruses are of little use when applied to plant viruses. Such terms as "mosaic", "crinkle" or "curl" refer merely to symptoms common to many plant viruses and have no bearing on the actual viruses concerned: the same virus may induce different symptoms in different varieties of the same host plant: in addition several plant virus diseases are associated with the presence of two or more viruses which may be entirely unrelated, a condition specially true of the mosaic diseases of potato.

As CALDWELL (1935) points out:

1. One virus may completely inhibit the development of the other in the host's tissues. (*cf*. SALAMAN, 1933.)

2. One virus may multiply without inducing typical disease symptoms.

3. Both viruses may multiply in the tissues and each induce the symptoms typical of its specific disease.

4. The effect of the second virus may be to cause a symptom complex differing from that which either virus would cause alone.

These factors often render it difficult to determine whether disease in a particular plant is due to a specific virus or to a variant strain of some already known virus.

Variant strains can as a rule be differentiated by a comparison of the following:—

1. the symptoms produced in the same species of host,
2. the range of susceptible hosts,
3. the means of transference,
4. serological reactions,
5. interference with the pathogenic action of other virus strains,
6. physical properties of the virus,
7. characteristics of the "virus proteins" as obtained from such conditions as tobacco mosaic disease and tobacco ringspot (*cf.* STANLEY, 1935, and MACFARLANE, 1939).

The question of virus variants in relation to plant virus classification is discussed by J. JOHNSON (1927), KUNKEL (1935) and SMITH (1933 and 1937). The classification of plant viruses adopted by SMITH (1937) is here employed and his monograph (1937) should be consulted for information on many points which cannot be here fully discussed.

As in the case of animal viruses examples will be found of 1. naturally occurring variants, 2. variants occurring spontaneously during the course of experiments not specially directed to the production of variants, 3. variants arising as a result of experimental changes in environmental conditions. Variations are discussed in relation to the following:—

1. Solanum (potato) viruses.
2. Nicotiana (tobacco) viruses.
3. Cucumis (cucumber) viruses.
4. Crucifera viruses.
5. Beta (sugar beet) viruses.
6. Manihot (cassava) viruses.
7. Fragaria (strawberry) viruses.
8. Rubus (raspberry) viruses.
9. Prunus (peach) viruses.
10. Legume viruses.
11. Medicago (alfalfa) viruses.
12. Arachnis (ground-nut) viruses.
13. Santalum (sandal) viruses.
14. Dahlia viruses.
15. Callistephus (aster) viruses.
16. Lycopersicum (tomato) viruses.
17. Musa (banana) viruses.
18. Tulipa (tulip) viruses.
19. Saccharum (sugar cane) viruses.
20. Zea (maize) viruses.
21. Triticum (wheat) viruses.
22. Abutilon virus.

1. Solanum (Potato) viruses.

Considerable confusion and disagreement still exist in regard to the classification of the potato mosaic viruses. According to CLINCH, LOUGHNANE and MURPHY (1936) the potato mosaic viruses so far isolated fall into three or possibly four groups, each of which is again divisible into a number of virus variants.

SMITH (1937) now divides primary potato viruses into eighteen types, designated Solanum virus 1–18. The following potato viruses, probably owing to insufficient investigation, have not been observed to undergo variation and, therefore, do not require further consideration: *Solanum virus 5* (Di Vernon streak, Virus C): *Solanum virus 7* (Paracrinkle virus, potato virus E): *Solanum virus 11* (Leaf-rolling mosaic, potato virus 7, J. JOHNSON's classification): *Solanum virus 12* (Potato spindle-tuber virus, potato marginal leaf-roll virus): *Solanum virus 13* (Potato unmottled curly dwarf virus, potato virus 9, J. JOHNSON's classification): *Solanum virus 14* (Potato phloem-necrosis virus, potato leaf-roll virus: potato virus 1, J. JOHNSON's classification): *Solanum virus 15* (Potato Witch's broom virus: potato virus 11, J. JOHNSON's classification): *Solanum virus 16* (Potato yellow dwarf virus: potato virus 5, J. JOHNSON's classification): *Solanum virus 17* (Potato yellow top virus, potato apical leaf-roll virus): *Solanum virus 18* (Psyllid yellows disease virus).

Variations, however, have been described and require discussion in relation to: *Solanum virus 1* (Potato virus X, simple mosaic virus, potato acronecrosis virus, latent potato virus, tobacco ringspot virus, interveinal mosaic virus, potato virus 16, J. JOHNSON's classification); *Solanum virus 2* (Potato virus Y, streak virus, leaf-drop streak virus, stipple-streak virus, acropetal necrosis, Hy II and vein-banding virus); *Solanum virus 3* (Potato virus A: super-mild mosaic virus; *Solanum virus 4* (Potato virus B: up to date streak); *Solanum virus 6* (President streak virus, potato foliar necrosis virus, potato virus D); *Solanum virus 8* (Potato virus F, tuber blotch virus, pseudo-net-necrosis virus: Monocraat virus); *Solanum virus 9* (Potato aucuba mosaic virus, potato virus G: non-infectious chlorosis virus); *Solanum virus 10* (Potato calico virus).

The possibility of variation in virulence by progressive passage through susceptible varieties of tobacco was originally noted by K. M. SMITH (1929), although there may have been some unconscious selection for virulence. SMITH (1933) later recognized that the X virus might exhibit variation in symptoms on tobacco, the rings being large or small, single or concentric or even half double rings. It should be noted that variation in power to infect *Petunia* is based on a difference of genetic behaviour in *Petunia* and not on the character of the X virus used.

Solanum virus 1 causes distinctive symptoms in tobacco, *Datura stramonium*, *Petunia* and other solanaceous hosts: is not transmissible by *Myzus persicae* and produces a variety of symptoms on different strains of potato. On Epicure, Arran Crest and King Edward it causes top necrosis but on Arran Victory and President only a mild mosaic mottling without necrosis: on Eclipse the mottling is more pronounced and on Up-to-Date and Di Vernon there are no visible symptoms (SALAMAN and BAWDEN, 1932).

As a result of the work especially of SALAMAN (1938) and KÖHLER (1939) a large number of variant strains of the X virus are now known.

SALAMAN (1933, 1937 and 1938) has obtained six distinct strains of X virus which he has termed X^H, X^G, X^L, X^S, X^D and X^N which show a gradual increase in pathogenicity in the order named. The physical properties of these strains are similar except for the dilution end points. Thus, in raw unclarified juice at room temperature, the strains all live for 4 months, the thermal death point is 68–70° C and the particle size 113 mμ. The dilution end points are:—

X^H	1 in	3000
X^G	1 ,,	10000
X^L	1 ,,	10000
X^S	1 ,,	10000
X^D	1 ,,	5000
X^N	1 ,,	100000.

The six strains can be differentiated by their reactions on a number of host species (SALAMAN 1938).

SMITH (1933) suggested that a strain of X virus might undergo spontaneous variation, since after long sojourn in the tobacco plant, virus X was returned to the potato with difficulty. SALAMAN (1938) found that among his six strains conversion could occur both spontaneously and as a result of experimental procedures. Spontaneous conversion of X^S into X^G and X^L into X^G was observed, such spontaneous conversion being favoured by interference with the p_H and other physical conditions of the sap inoculum, a process suggesting acceleration of mutation rate. Experimentally it was found that X^S could be converted into X^G by passage through unrelated hosts such as horse beans, red beet, sugar beet [SALAMAN (1937)] and the *Chenopodiaceae*. Passage through solanaceous plants, other than certain varieties of the potato, failed to induce any change. Conversion could, however, be effected *in vitro* by mixing X^S infected tobacco juice with that of healthy sugar beet, the resulting strain being X^G. Every example of strain conversion either occurring spontaneously or artificially induced was invariably from a higher to a lower virulence.

BÖHME (1933) claims to have isolated four strains of potato X virus which produce slightly different symptoms in certain host plants. One of the strains could not be transmitted mechanically to certain varieties by grafting: two others were transmissible by grafting. Another potato virus, isolated by BAWDEN (1934), and termed the virus of foliar necrosis or D virus is classified by SMITH (1937) as a distinct entity—Solanum virus 6. SALAMAN (1938), however, regards it as a strain of X virus on the following grounds. The disease in the potato with certain exceptions, is very similar to that induced by the X^N strain: sap inoculation to *Nicotiana tabacum* and *Datura stramonium* produces a reaction identical with that of X^G. The D virus and the various strains of X are antigenically similar: the D virus can be purified by exactly the same process as the X^S and X^G strains.

KÖHLER (1937, 1938 and 1939) has also investigated a number of strains which he divides into two main groups.

The relationship of these various strains of X virus have been investigated by serological tests and by means of the phenomenon described by THUNG (1931), SALAMAN (1933) and others, where a weak strain of a virus will protect the host's tissues against a more virulent strain of the same virus. Thus SALAMAN (1933) showed that the X^G strain interferes with the pathogenic action of the X^S and X^L strains, while BAWDEN (1934) found that the X^D strain was partially inhibited by the X^G strain. Not only in the potato does previous infection with a weak strain of the X virus give protection against infection with foliar necrosis but tobacco or *Datura* infected with X^G is protected against foliar necrosis and those plants infected with foliar necrosis are protected against X^S and X^L. SALAMAN (1938) finds that X^G, X^L or X^D and the completely masked strain X^H all protect equally effectively against the necrotic ring spot types X^S and X^N. The X^G strain also inhibits the pathogenic action of HAMILTONS "Hy IV", an X type of virus discovered in field crops of *Hyoscyamus* [HAMILTON (1932)]. NEWTON (1936) has described a virus, streak X, on tomatoes, which also appears to belong to this group. Streak X differs from ordinary potato X by the more pronounced symptoms it induces on tobacco, *Datura, Nicotiana glutinosa* and tomato and particularly by the streaking and necrosis of the stems and leaves of tomato. The characteristic symptoms do not occur on tomatoes already infected with the ordinary potato X virus. Antigenic reaction showed that the streak virus is a member of the potato X group.

By serological tests it has been shown by SPOONER and BAWDEN (1935) and BAWDEN (1935) that X^G and X^L strains are identical with the X^S strain while antigenically X^D is also closely related. CHESTER (1935), using precipitin and complement fixation tests, came to the conclusion that the X group of viruses comprises a number of serologically closely related strains, among them potato mottle, potato ring spot and British Queen streak, though the last is not generally recognized as an entity. In addition [CHESTER (1937)] spot necrosis, attenuated spot necrosis, Hy IV, masked latent mosaic and foliar necrosis were all found to be closely related. According to BIRKELAND (1934) the viruses of spot necrosis and attenuated spot necrosis also belong to this group. For a further analysis of the antigenic character of the X viruses CHESTER (1936) has employed an absorption technique originally suggested by BEALE (1934). By this means he has analysed potato mottle, potato ring spot and masked potato mottle. All three strains contain a common antigenic factor "*a*" but masked potato mottle contains a group found not in ordinary potato mottle but in potato ring spot. CHESTER (1936) suggests that the antigenic structure of the three strains may be represented by the following formulae.

Potato mottle... *abc*
Masked potato mottle... *abd*
Potato ring spot... *ade*.

Serologically X virus is distantly related to cucumis viruses 2 and 2 A but the strains of X virus are much more closely related to one another than to the cucumis viruses [BAWDEN and PIRIE (1937)]. X Virus does not infect cucumbers nor do cucumis viruses infect tobacco.

As a result of these various investigations, SALAMAN (1938) recognizes five distinct radicles in the X virus molecule and its strains:

Radicle A: responsible for attachment of the virus to the plant protoplast, specific for X virus (Solanum virus 1).

Radicle M: responsible for the induction of non-necrotic mottle in tobacco plants.

Radicle N: responsible for the induction of necrotic lesions in tobacco plants.

Radicle P: responsible for necrotic foliar lesions in the potato.

Radicle C: responsible in union with a radicle present in certain strains of tobacco mosaic virus for the evocation of a distinct and lightly necrotic mottle in tobacco.

This view of the constitution of the X virus molecule is in opposition to that of KÖHLER (1935, 1939) who believes that there are two groups, "mottle" and "ringspot", which possess different radicles, "CS" and "Ers", which occur either separately in different intensities in the molecule or may be contained in the same molecule.

STANLEY and WYCKOFF (1937) have isolated non-crystalline heavy proteins from plants infected with X virus; comparison of the proteins isolated from variant strains of X virus will probably reveal slight differences.

Solanum virus 2 or *Viruses of the Y type* are readily transmissible by *Myzus persicae*: they are not inoculable to *Datura stramonium*: are not filterable through L_3 candles: produce green vein-banding in tobacco and in certain potato varieties cause acropetal necrosis. When first differentiated by K. M. SMITH (1931) it was thought that Y virus was a constant entity not liable to fluctuations in virulence. It is now realized, however, that the Y viruses represent a group differing slightly in their physical reactions and liable, if suitable means are employed, to variation in virulence. KÖHLER (*1*, 1934, *2*, 1935, and *3*, 1937) believed that he had obtained relatively avirulent strains of Y virus but almost certainly he was dealing with strains of A virus. More recently SALAMAN (1936) has obtained true variant strains of Y. In 1935 two plants of *Schizanthus retusus* were obtained with a mass of axillary shoots, forming a sort of "witches' broom". In tobacco plants inoculated with sap from these axillary shoots there developed a dull vein clearing, followed by a faint mottle and a weakly-developed vein-banding on the older leaves, all characters of the Y virus but in a weakened form. Passage through *Schizanthus* induced a further weakening so that the new strain protected tobacco plants against further infection with the normal Y virus.

Further Y strains of low virulence were prepared by SALAMAN (1937) by infecting root fibres of tobacco plants with weak and strong strains of Y virus set up in Erlenmeyer flasks, and incubating them under sterile conditions at room temperature and at 22° C., 35° C. and 40° C. After about a week's incubation virulence was greatly reduced, whether the original infection was made with a weak or strong strain. The process was not greatly affected by temperature but on the whole better results were obtained at higher temperatures. Nearly 100 attenuated separate cultures were obtained and remained unaltered for at least three months. In every case the weak strain afforded complete protection against normal Y virus in tobacco. In potato the weak Y strains caused a very much reduced reaction. KÖHLER (*5*, 1937) also has now produced an attenuated form of a true Y virus but from its action on tobacco it appears to be of considerably higher virulence than the strains obtained by SALAMAN.

BÖHME (1933) has found differences in physical behaviour between different strains of Y virus: one strain had a thermal death point at about 50° C. while another was still infectious when heated to 55° C. While serological tests by GRATIA and MANIL (1934) and SPOONER and BAWDEN (1935) have demonstrated the complete separation of X and Y viruses, CHESTER (1936) has shown that Y virus is very closely related to the viruses of cucumber mosaic, a relationship supported by infection tests on the cow-pea *Vigna sinensis* L. The majority of observers have, however, failed to infect the cow-pea with X virus. Valleau's tobacco virus 10729 also shows marked affinities with these viruses.

Solanum virus 3 (Viruses of the A type) was first described by MURPHY and M'KAY (1932) and is now regarded by CLINCH, LOUGHNANE and MURPHY (1936) as forming a group closely related to the Y group but differing from it in its reaction on *Solanum nodiflorum*, on which Y causes a pronounced veinal mosaic while A causes no symptoms. The strains of varying virulence described as Y by KÖHLER [(*1*) 1934, (*2*) 1935 and (*3*) 1937] appear to be strains of A. The serological reactions of this group do not appear to have been extensively investigated but there seems to be no relation to the Y group.

Solanum virus 4 (Viruses of the B type), top necrosis virus, latent in many potato varieties, is commonly stated to be closely related to virus *X*, but according to DYKSTRA (1935) it infects U. S. D. A. potato seedling 41956 which is said to be resistant to *X*. The serological relations of the *B* group have not yet been investigated.

Solanum virus 6 (Viruses of the D type). The relationship of these to *Solanum virus 1* has already been discussed.

Solanum virus 8 (Viruses of the F type), the tuber blotch virus, produces characteristic purple fringed spots on *Solanum nodiflorum* and *Capsicum annuum* followed by clear mosaic on the latter: it is carried symptomlessly by tobacco and *Datura stramonium* and produces bright yellow spotting of the lower leaves of potatoes.

Whether the Virus *F* of CLINCH, LOUGHANE and MURPHY (1936) is identical with the pseudonetnecrosis virus, the Monocraat virus, the aucuba mosaic virus and the calico virus is as yet unknown. BALD (1937) has recently isolated an *F* type virus in Australia.

DYKSTRA (1939) believes that Canada streak pseudo-net necrosis and aucuba mosaic are all closely related to the type virus. *Solanum virus 8* appears to be closely related to *Solanum virus 9* as evidenced by physical properties and host reactions, but can be differentiated by the absence of yellow spotting on tomato and *Solanum dulcamara* and more severe tuber symptoms. A curious fact noted by CLINCH, LOUGHNANE and MURPHY (1936) is that the insect vector, the aphis *Myzus persicae* Sulz. cannot transmit *Solanum virus 8* unless *Solanum virus 3* is also present.

Solanum virus 9 (Viruses of the G type) occurs both in Europe and America, the strain being probably identical in the two continents. Despite the similarities to *Solanum virus 8*, CHESTER (1935) has shown that viruses of the G type are antigenically unrelated to other viruses attacking potatoes. *Solanum virus 10*, potato calico virus, produces changes in the potato virus similar to, but not identical with those of *Solanum virus 9*.

2. Nicotiana (Tobacco) viruses.

Historical interest attaches to tobacco mosaic since it was the first disease which was definitely shown to be due to a virus infection. Since IWANOWSKI's discovery in 1892 many of the classic advances in our knowledge of virus infections have been associated with the virus of tobacco mosaic. Several viruses of the tobacco mosaic group undoubtedly exist in nature. Thus, J. JOHNSON (1927) and SALAMAN (1937) state that no less than seventy variant tobacco mosaic viruses are known while McKINNEY (1937) believes that altogether more than one hundred variant tobacco mosaic viruses have been described.

SMITH (1937) at present distinguishes fifteen primary tobacco viruses, designated Nicotiana viruses 1–15. Variations are discussed in relation to the following:—

Virus	Synonyms
Nicotiana virus 1	Tobacco mosaic virus: tobacco calico virus: tomato mosaic virus: ordinary tobacco mosaic virus: tobacco green mosaic virus: tobacco severe mosaic type 1 virus: tobacco distorting mosaic virus: ordinary field type tobacco.
Nicotiana virus 7	Tobacco virus 13 E. M. JOHNSON in J. JOHNSON's classification 1927. Tobacco etch virus.
Nicotiana virus 10	Tobacco virus 16 STOREY in J. JOHNSONS classification 1927: tobacco leaf-curl virus: tobacco Kroepoek virus tobacco crinkle dwarf virus.
Nicotiana virus 11	Tobacco necrosis virus.
Nicotiana virus 12	Tobacco virus 10 FROMME in J. JOHNSON's classification 1927. Tobacco ringspot: ringspot no. 1.

Nicotiana virus 12 (tobacco ringspot no. 1), Nicotiana virus 13 (tobacco ringspot no. 2) and Nicotiana virus 14 [Bergerac ringspot virus, SMITH (1935)] possess many similarities but can be differentiated by certain physical properties and by their behaviour on differential hosts [SMITH (1937)].

Nicotiana virus 1. Among the variants of tobacco mosaic virus many have been observed to arise spontaneously during either field or experimental observations. Certain of the variants, however, have been found under natural conditions. These include the tobacco distorting or enation virus (Nicotiana virus 1 A) first described in 1935 in Great Britain, tomato yellow leaf virus (Nicotiana virus 1 B) and tomato aucuba mosaic virus (Nicotiana virus 1 C).

Nicotiana virus 1 A differs in its reaction from the type virus in producing enations not only on *Nicotiana paniculata* and *N. tomentosa* but on tomato and possibly other plants. It produces only local lesions without systemic infection in White Burley tobacco plants, but SMITH (1937) with another strain of this virus has produced systemic infection of White Burley tobacco. *Nicotiana virus 1 B* was first described by SMITH (1937) in the tomato. On tobacco and *N. glutinosa* the virus gives local lesions only with no systemic spread.

Nicotiana virus 1 C was shown by KUNKEL (1934) to be a strain of the type virus and not a different entity. Although very similar lesions are produced in many plants, *Nicotiana sylvestris* and *N. tabacum* can be used as differential hosts. On *N. sylvestris* the aucuba mosaic virus produces necrotic lesions on the inoculated leaf without any further spread of the virus, while the type virus gives only faint chlorotic spots on the inoculated leaves followed by systemic invasion, "clearing" of the veins of the youngest leaves and mottling of the other leaves.

BAWDEN and SHEFFIELD (1939) have described a variation in the type of inclusion produced by Nicotiana virus 1 C (aucuba mosaic). In common with ordinary tobacco mosaic and enation mosaic two kinds of inclusion are distinguishable, amorphous material (X bodies) and flat crystalline plates. Some years ago it was found that in *Solanum nodiflorum,* aucuba mosaic produced amorphous bodies in large numbers early in infection, and crystalline plates appeared to be formed only from disintegrating bodies. Crystallike spikes, often as long as the cell, were also frequently seen. More recently no such spikes were seen and fewer amorphous bodies but large numbers of crystals. Even when plants were infected in 1936 with virus from leaves dried in 1927, no spikes were found but these plants contained large numbers of amorphous bodies. After this source of virus had been subcultured continually for two years it also produced crystalline material in large amounts without first forming the bodies.

No explanation is forthcoming for this alteration in the type and relative proportions of the inclusions produced by aucuba mosaic.

It seems probable that the "white mosaic" originally described by E. M. JOHNSON (1930) in Kentucky is a strain of Nicotiana virus 1. THUNG (1938) has recently described two new mosaic diseases of the white mosaic type, mosaic virus VI b and VI c in Batavia. Both viruses are of the slow-moving type.

In addition to the naturally occurring variant strains of tobacco mosaic viruses a number of attenuated strains have been obtained by subjecting the ordinary mosaic virus to abnormal environmental conditions. J. JOHNSON (1926) attenuated tobacco mosaic viruses by heat. Tobacco plants, immediately after inoculation, were placed at a temperature of between 35° and 37° C and kept at this temperature for ten or more days. Symptoms were wholly or partially masked. Transference from such plants when compared with virus from plants unexposed to heat showed that a decided attenuation had occurred. The degree of attenuation could within certain limits be varied by the temperature of exposure. No less than forty-six attenuated stocks were thus obtained: it was found that though the attenuated strains were identical in host range with the ordinary mosaic the differences from the ordinary distorting strain were:

1. Ability to increase in host tissues at temperatures high enough to inhibit the multiplication of the parent strain.

2. Production of less chlorosis in the mottling patterns and later involvement of tissues near the growing point. The masked strains were remarkably stable and

could be repeatedly transferred in series through tobacco plants without changing the attenuated condition.

HOLMES (1934) also obtained a masked strain of tobacco mosaic virus by growing tomato plants infected from a single necrotic lesion on *Nicotiana glutinosa* L. at 34° C: after fifteen days incubation several tomato stems were crushed and inoculated into plants of *N. glutinosa*. The masked strain thus obtained showed no tendency to revert to the parent strain.

McKINNEY (1935) found that at 36° C mutations were rare: at 32° C they appeared quickly and were numerous: at 21–26° C they were slow in appearing and relatively rare.

BLOOD and WATSON (1937) reported that as a result of passage through the tissues of *Datura meteloides* a permanent modification of Nicotiana virus 1 had been produced.

VALLEAU and E. M. JOHNSON (1935) believe that there are a number of "burning" strains of tobacco mosaic which affect leaves that are without mosaic patterns. The characteristic symptoms are readily produced in series by "burning" strains.

Of even greater interest than the attenuated or burning strains of tobacco mosaic are the yellow tobacco mosaic viruses the origin of which has been studied by McKINNEY, JENSEN and others. McKINNEY (1926, 1929, 1931 and 1937) was the first to draw attention to the importance of the relation of yellow and green tobacco mosaics for an understanding of the question of variation in plant viruses.

JENSEN (1933) obtained a series of yellow necrotic strains of tobacco mosaic from the bright yellow spots that occasionally occur on the leaves of tobacco plants infected with ordinary tobacco mosaic virus, such virus having apparently been freed from contaminating viruses by successive transfers from primary necrotic lesions on the leaves of *Nicotiana glutinosa* L. Later (JENSEN (1935), when it was found that tobacco mosaic virus was infective in dilutions of 1 in 10000000, transfers were made with high dilutions in the hope of obtaining infections with single virus units: yellow mosaics nevertheless continued to appear. Some of the yellow strains isolated seemed to be identical with yellow strains of tobacco mosaic occurring in nature. Others, however, differed from any yellow strain previously described. Thus one strain produced on tomato and tobacco plants lesions similar to those caused by aucuba mosaic of tomato and, like tomato aucuba mosaic, produced primary lesions on the mature leaves of *Nicotiana sylvestris* SPEGAZ. and COMES of certain other host plants. The variant yellow mosaic viruses showed great differences in:

1. the intensity of the yellow symptoms, the amount of distortion and the amount of necrosis produced in tobacco;
2. the intensity of the yellow symptoms and the degree of stunting produced in tomato;
3. the type of infection, whether necrotic or chlorotic, produced in *Nicotiana sylvestris* SPEGAZ. and COMES;
4. the relative speed of movement from the point of inoculation;
5. the relative infectivity.

Despite these differences JENSEN (1937) was able to classify J. JOHNSON's tobacco virus 1 and fifty-four derivative strains into twelve main groups. Thus one virus derived from a slow-moving necrotic-type strain on tobacco invariably killed tomato plants. Two strains produced unusually small lesions on the leaves of *Nicotiana glutinosa*. Some strains transferred by single pin puncture inoculations to young tobacco plants caused infection in 50 per cent. of attempts, other strains were transmitted in less than 1 per cent. of attempts. Many of th yellow variant strains have been transferred continuously for a period of mor than two years and during this time have retained their original characteristic unimpaired. Nevertheless reversion occasionally takes place and green mottling o the tip leaves suddenly appears. Transfer of virus from such leaves cause symptoms in tobacco resembling those produced by the ordinary or green tobacc mosaic. In a number of other instances a yellow mosaic virus showed a sudde increase of activity, and in plants inoculated with a slow-moving virus a systemi yellow mosaic infection appeared.

The production of yellow variant tobacco mosaics is not confined to the ordinary green mosaic strain, for both Johnson and Grant (1932) and Holmes (1936) obtained yellow mosaics from masked strains of tobacco mosaic virus. Although such yellow mosaic strains were not confined to the primary lesions of the masked strain they were found to lack the high degree of invasiveness possessed by many yellow mosaic strains derived directly from a distorting strain of tobacco mosaic virus.

The uninvasive character originally obtained at the time of isolation of the masked strain was thus retained in the systemic yellow-type derivatives of this strain and was serially transmitted without loss of the distinctive characteristic.

Holmes suggests that the changes over to the yellow type and to the invasive type are independent of each other and represent unit differences in the structure of the virus similar to unit differences in the genetic structure of animals and plants.

Variants may themselves give rise to variants as is shown by Norval (1938). Of the variants obtained by Jensen (1937), one strain J 14, was only slightly infectious in Turkish tobacco and never became systemic, causing spreading necrotic lesions. This variant has given rise to a wide range of strains varying in infectivity, ability to move, action on chlorophyll and destruction of tissues. These variants may be classified as follows:—

Characteristics	No. of strains
1. Systemic	13
2. Systemic—slow-moving yellow type	6
3. Fast-moving yellow type	21
4. Fast-moving severe yellow type	13
5. Non-distorting green type	6
6. Distorting green type	21
7. Necrotic type	2
8. Necrotic ring type	1

These results favour the view that the same mutation occurs again and again, while the fact that the majority of the variants appear about ten days after inoculation suggests that, as in the case of many animal viruses, the inoculum was heterogeneous.

If the strains causing necrosis in Turkish tobacco are regarded as having the full complement of factors for necrosis, then strains which do not destroy tobacco tissues but those of more sensitive plants are thought to lack some of these factors. By using a range of host plants differing in their sensitivity it has thus been possible to recognize several different factors for necrosis, as shown in the following table:—

Strain type	Action on		
	Turkish tobacco	Tomato	*Nicotiana sylvestris*
A	Necrosis	Necrosis	Necrosis
B	No necrosis; yellow	,,	,,
C	,, ,, ; ,,	No necrosis	,,
D	,, ,, ; ,,	,, ,,	No necrosis

McKinney (1935) classifies the yellow mosaic tobacco viruses into three types.

Type A produces in tobacco plants at high summer temperatures a bright yellow, often creamy, mottling. At temperatures of from 13–15° C this yellow mosaic is indistinguishable from ordinary mosaic, but virus from plants grown at these lower temperatures induces typical yellow mosaic in plants grown at 21° to 24° C. On the Canary Islands strain of *Nicotiana glauca* symptoms are either absent or very mild. This virus type resembles J. Johnson's tobacco mosaic virus No. 6 and possibly a yellow mosaic (No. 102) obtained by Jensen (1933).

Type B. On the Canary Islands strain of *N. glauca* this mosaic is systemic in the leaves, stems and petioles, causing in all these parts a severe mottling at temperatures above 21° C.

Type C causes a degree of yellowing less than that produced by types A and B. The yellow pattern on *N. glauca* resembles lace. This virus was originally associated with a dark green mosaic.

Although the majority of green tobacco mosaics appear to undergo spontaneous variation McKinney (1935) has encountered three green mosaic strains which have never shown any tendency to produce yellow mosaics.

The variant strains of tobacco mosaic virus have been compared with their parent strains in regard to:

1. physical properties,
2. serological reactions,
3. properties of the purified virus proteins.

1. All strains of the tobacco mosaic virus so far examined appear to be of approximately the same size as shown by filtration through graded collodion membranes with the possible exception of aucuba mosaic [*cf.* MacClement and Smith (1932)]: all strains are inactivated by an exposure to 80°–90° C, with the possible exception of a slow-moving strain inactivated at 50° C.

2. A number of observers have studied the reactions of precipitating sera on viruses of the tobacco mosaic group.

Birkeland (1935) showed by precipitin tests that while cucumber mosaic and tobacco ring spot are serologically quite distinct from green tobacco mosaic, green tobacco mosaic on the other hand is probably identical with aucuba mosaic, both yellow and green strains, and also with tomato streak. Chester (1934 and 1935) has also used the precipitin tests to show that the tobacco mosaic viruses fall into a serological group distinct from tobacco ring spot and cucumber mosaic though distantly related to the virus of severe etch of tobacco. The thermal inactivation point of severe etch differs however from that of tobacco mosaic. In the tobacco mosaic group were included ordinary green mosaic, Holmes's symptomless strain, aucuba mosaic, Johnson's yellow tobacco virus, white mosaic and Jensen's brilliant yellow and slow moving strains. Further evidence of the close relationship between ordinary mosaic and its variants is, as McKinney (1935) points out, the fact that the common mosaic inhibits the growth of yellow mosaic when both are inoculated into the same plant. Price (1935) also found that aucuba mosaic inoculated into *Zinnia elegans* rendered it immune to necrotic mosaic viruses. In order, however, to distinguish more accurately small differences between strains of tobacco mosaic, CHESTER (1936 and 1937) employed an absorption technique: ten strains of tobacco mosaic were studied, all being propagated in Turkish tobacco plants. Thus it was found that when tobacco mosaic immune serum is allowed to react fully with aucuba mosaic extract the serum is still capable of reacting with tobacco mosaic extract. Tobacco mosaic virus extracts thus contain antigenic material that is lacking in aucuba mosaic extracts. Similarly tests with aucuba mosaic serum indicate that aucuba mosaic extracts contain antigenic material that is absent from tobacco mosaic extracts. The precipitin reactions show, however, that the extracts of the two viruses also contain common antigenic material.

The antigenic constitution of tobacco mosaic might be expressed as xy, that of aucuba mosaic as xz, x being the common antigenic fraction. On the results of these tests HOLMES's masked tobacco mosaic was very closely related in antigenic constitution to the ordinary green tobacco mosaic. Of 7 yellow tobacco mosaic strains isolated by JENSEN from the field type, all causing yellow mottling in Turkish tobacco plants and all indistinguishable from one another in symptoms:

4 contained xz (J 108, J 201, J 302 and J 303),
4 contained xy (J 102, J 201, J 202 and J 306),
1 contained xyz (J 201).

Since in addition there is an antigen common to diseased and healthy tobacco plants "p", the complete formula is:

Tobacco mosaic (JOHNSON's tobacco virus 1)	pxy
Aucuba mosaic	pxz
Masked tobacco mosaic (HOLMES)	pxy
JENSEN's yellow tobacco mosaic 102	pxy
,, ,, ,, ,, 108	pxz
,, ,, ,, ,, 201	$pxyz$
,, ,, ,, ,, 202	pxy
,, ,, ,, ,, 302	pxz
,, ,, ,, ,, 303	pxz
,, ,, ,, ,, 306	pxy

BAWDEN and PIRIE (*2*, 1937) have also compared the antigenic structure of strains of tobacco mosaic virus. Ordinary tobacco mosaic virus, aucuba mosaic virus and enation mosaic virus all possess a common antigen, or possibly group of antigens, but the first two contain a fraction not present in enation mosaic virus. Aucuba mosaic virus and enation mosaic virus contain a fraction not present in tobacco mosaic virus, and enation mosaic virus contains a fraction not present in aucuba mosaic virus. The following formulae are suggested: tobacco mosaic virus AB, aucuba mosaic virus ABC, and enation mosaic virus A–CD.

According to CHESTER (1937) the viruses of Petunia mosaic in Japan should be included on serological grounds in the Nicotiana virus 1 group.

3. The isolation of a purified crystalline protein by STANLEY (1935), having the properties of ordinary tobacco mosaic virus, has naturally raised the question whether similar proteins are obtainable from other strains of tobacco mosaic virus. This question has been studied by BAWDEN, PIRIE, BERNAL and FANKUCHEN (1936) and also by WYCKOFF, BISCOE and STANLEY (1937) who have subjected to ultracentrifugal analysis crystalline virus proteins obtained from tobacco plants infected with different strains of tobacco mosaic virus. By this means it has been possible to show that the virus proteins of the various strains of tobacco mosaic consist of a group of related but differing molecular species. Some of the virus proteins are molecularly homogeneous: others show the broad and diffuse

sedimenting boundaries that are indicative of a considerable molecular homogeneity. Still others, giving double boundaries, contain two well defined molecular species. Whenever wide differences were found in the sedimentation constants of two virus proteins examination revealed differences in the symptoms produced by the proteins in inoculated plants.

These results do much to reconcile the views of JENSEN and MCKINNEY in regard to the unitary or composite character of green tobacco mosaic virus. JENSEN believes that yellow variants appear in lesions produced by a single infecting unit of green tobacco mosaic virus while MCKINNEY favours the view that several strains of virus resulting from mutation may be present in many tobacco plants having common mosaic. The presence of such complexes may explain the so-called attenuation or increased virulence attributed to exposure of certain viruses to changes of environment, such as extremes of temperature, passage through different hosts or other treatment. If, as in higher animals and plants and in many animal viruses, mutation is a recurrent phenomenon, certain tobacco mosaics may mutate before others after transference to fresh plants.

These observations show that variation in the tobacco mosaic viruses is intimately bound up with chemical changes in the virus proteins. These chemical changes have been shown by BERNAL and FANKUCHEN (1937) to be associated with alterations in the intramolecular patterns as interpreted by X-ray photographs. These virus proteins do not appear to possess the indefinite repetition of identical units in three-dimensional space which is characteristic of true crystals. While the long molecules of the virus proteins are packed with a perfect hexagonal two-dimensional regularity at right angles to their length, there is no evidence of regularity of molecular arrangement in the direction of their length. The intramolecular pattern indicates that the molecules are made up of piles of submolecules of dimensions 22 Å. × 20 Å. × 20 Å. and themselves divided into nearly identical units with half these dimensions. This is not unlike the "microtactoids" observed in colloidal solutions of the fibrous type.

Three strains of "crystalline" virus proteins from tobacco mosaic virus, (Nicotiana virus 1) enation (Nicotiana virus 1 A) and aucuba (Nicotiana virus 1 C) and two varieties of cucumber virus, prepared by BAWDEN and PIRIE (1937), were compared. All the three varieties of tobacco virus showed the same intermolecular distance in dry gels prepared in the same way but showed consistent differences of relative intensity of the different lines. These results indicate the possibility of deriving a system of classification of viruses on their X-ray patterns.

Relative intensities of intermolecular reflections obtained from proteins obtained from variant virus strains.

h^2+k^2+hk	$hkil$	Tobacco mosaic	Enation	Aucuba	Cucumis 2	Cucumis 2 A
1	1010	*s*+	*w*—*m*	*m*	*m*	*w*
3	1120	*s*	*s*	*s*	*m*	*w*—*m*
4	2020	*m*	*m*	*m*	*w*	*vw*
7	2130	*m*—*s*	*m*—*s*	*m*—*s*	*s*	*s*
9	3030	*vvw*	*o*	*o*	*o*	*o*
12 13	2240 3140	*o*	*vvw*	*o*	*m*—*s*	*m*

Ultracentrifugal analysis of the aucuba mosaic virus protein by WYCKOFF (1938) shows that it is very similar but not identical in its ultracentrifugal behaviour with that of Nicotiana virus 1 protein. Aucuba virus protein was more readily injured by salts. The sedimentation constants of the proteins of Nicotiana virus 1 and aucuba mosaic compared with those of certain other virus proteins are shown in the table [after MCFARLANE (1939)].

Sedimentation constants of the plant viruses.

Virus	Host	S_W 20° C	Observer
Tobacco mosaic	Tobacco	190, 197, 235	ERIKKSSON-QUENSEL & SVEDBERG (1936)
„ „	Mature tobacco	175–195	WYCKOFF *et al.* (1937)
„ „	Tomato	173, 207	*Ibid.*
„ „	Phlox	174	*Ibid.*
Aucuba mosaic	Mature tobacco	220–240	*Ibid.*
Latent potato mosaic......	Tobacco	113	LORING & WYCKOFF (1937)
Cucumis virus 2 and 2 A	Cucumber	172, 175	PRICE & WYCKOFF (1937)
Ring spot	Tobacco	115	STANLEY & WYCKOFF (1937)
Bushy stunt ..	Tomato	146	MCFARLANE & KEKWICK (1938)

LORING and STANLEY (1937) have recently found that, though tobacco plants, *Nicotiana tabacum*, infected with virus derived from ordinary tobacco mosaic by several passages in *N. glutinosa* plants by means of single necrotic lesions, develop symptoms of typical tobacco-mosaic disease, nevertheless the "crystalline" virus protein obtained differs in certain respects from that isolated from plants infected with ordinary tobacco virus. The crystals are longer and narrower, the sedimentation constant is higher and the solubility, under comparable conditions is less. The virus protein from the single lesion strain is more homogeneous than that isolated from plants infected with the ordinary strain of tobacco mosaic virus.

It is of interest to note that STANLEY (1938) has isolated the same macromolecular protein from excised tomato roots grown *in vitro* and infected with aucuba mosaic virus as from diseased tomato plants grown under normal conditions.

Nicotiana virus 7. Little is known in regard to variation in this virus. CHESTER (1937), however, by precipitin reactions classifies together as strains of the same virus etch, severe etch and the Z-mosaic of Datura.

Nicotiana virus 10. Tobacco leaf curl or "kroepoek" disease occurs in a number of forms of which KERLING (1933) describes two and THUNG (1932) three. All three strains are transmitted by the Aleyrodid White fly *Bemisia gossypiperda* and all are much alike except for the severity of the symptoms. *Type A*, common kroepoek, produces curving of the veins with swellings and cup-like outgrowths. The swellings are round, elongated or irregular knobs and in extreme cases the cup-like outgrowths have stalks about 1 cm. in length supporting a pocket-like lamina of leaf form. The veins may be thickened and cord-like. *Type B.* Curl disease: the leaves, especially the top ones, have regularly downward curled margins while the mesophyll between the veins protrudes convexly upwards. The main and lateral veins of the first order are not contorted, and the thickenings of the veins are more regularly spread over the whole lamina. *Type C.* Clear kroepoeck. The margins of the leaf are turned upwards, main and lateral veins are shorter than normal with small thickenings. Some tertiary veins appear transparent: thickening of the veins and secondary leaflets does not occur. Serological tests on the three leaf curl viruses have not been carried out.

Nicotiana virus 11. Although no actual variation has been recorded in the tobacco necrosis virus described by SMITH and BALD (1935) it is of interest to note that PIRIE, SMITH, SPOONER and McCLEMENT (1938) have isolated two virus nucleoproteins with similar chemical composition from tobacco plants infected with tobacco necrosis virus. One of these is crystalline and has a sedimentation constant of 130×10^{-13}, the other is amorphous and its principal component has a sedimentation constant of 58×10^{-13}. Each preparation will infect, the same dilution precipitates with antiserum but so far it has not proved possible to convert one into the other and the nature of the difference between preparations in the two states is obscure.

Nicotiana virus 12. PRICE (1936) distinguished four strains of tobacco ring spot virus:—

1. Ringspot No. 1 originally described by WINGARD (1928).
2. Green ring spot [VALLEAU (1932)].
3. Yellow ring spot [VALLEAU (1932)].
4. Ring spot No. 2 [PRICE (1936)].

Plants inoculated with ring spot No. 1 are resistant to further inoculation with both this virus and with green ring spot, while they are very resistant to yellow ring spot though the protection is not absolute. Yellow ring spot on the other hand protects completely against itself and also against ring spot No. 1. Ring spot No. 2 protects only against itself. Although CHESTER (1937) suggests, on the results of precipitin tests, that ring spot No. 2 belongs to the same group, SMITH (1937) regards it as quite distinct (Nicotiana virus No. 13), while yellow and green ring spots are classified as strains of the type virus. Precipitin tests by CHESTER (1935) failed to differentiate green and yellow ring spot viruses but showed that this group was quite distinct from other tobacco viruses. BIRKELAND (1935) obtained similar results, while STANLEY and WYCKOFF (1937) found that the virus protein isolated from ring spot infected plants differed markedly from tobacco-mosaic virus protein in physical, chemical and serological properties.

3. Cucumis (Cucumber) viruses.

Although a number of tobacco mosaic viruses are capable of infecting cucumbers, there appear to be certain mosaic viruses which are primarily associated with the cucumber. The exact number of such viruses is, however, still uncertain. Thus J. JOHNSON (1927) considers that there are probably five basic mosaic cucumber viruses, with an additional thirteen strains, twelve of which are variants of cucumber virus 1. AINSWORTH (1935) distinguished three cucumber mosaic viruses in England but SMITH (1937) prefers to differentiate only two primary cucumber mosaic viruses. Cucumis virus 1 corresponds to the common cucumber mosaic virus of America originally described by DOOLITTLE (1920) and termed by J. JOHNSON (1927) cucumber virus 1. The following strains of Cucumis virus 1 are distinguished by SMITH (1937).

Cucumis virus	1 A	—	synonyms	cucumber virus 5 (PRICE 1934).
„ „	1 B	—	„	cucumber virus 6 (PRICE 1934) or yellow cucumber mosaic.
„ „	1 C	—	„	cucumber mosaic (PRICE 1934).
„ „	1 D	—	„	"Bettendorf" mosaic (PORTER 1930). cucumber virus 2 (J. JOHNSON 1927). cucumber mosaic (PORTER 1931).

Cucumis virus 2 corresponds to the cucumber virus 3 of the classification o J. Johnson (1927), to cucumber mild or ordinary mosaic virus [Bewley (1923) and to cucumber green mottle mosaic virus [Ainsworth (1935)]. A strain of thi virus, cucumis virus 2 A, corresponds to cucumber virus 4 of J. Johnson's classi fication, to cucumber aucuba mosaic virus [Bewley (1923)] and cucumber yello mosaic virus [Ainsworth (1935)].

Cucumis virus 1 produces chlorosis, mottling, stunting, malformation an necrosis on cucumber plants. It is transmissible to a wide range of solanaceou plants but the chlorotic areas, usually situated near the tips of young leaves, ar larger in size than those produced by the majority of tobacco mosaic viruse while, in addition, no intracellular X bodies are found in any solanaceous or othe plant infected with this virus.

Cucumis virus 1 also differs serologically from Nicotiana virus 1, although th yellow strain of cucumis virus 1 is superficially indistinguishable from a yello strain of the tobacco mosaic virus [Chester (1934 and 1937)]. Cucumis virus 1 A can be readily distinguished from the type virus by the presence of necrotic pri mary lesions in tomato, *Nicotiana glutinosa*, *N. langsdorffii* and Turkish tobacc and spinach. The necrosis becomes systemic on the first four of these hosts, bein usually seen in the form of solid spots or zonate rings [Price (1934)]. Yellow an necrotic primary lesions are found in cucumber. Cucumis virus 1 B is characterize by brilliant yellow primary lesions in *Nicotiana glutinosa*, *N. langsdorffii* Turkis tobacco, cucumber, spinach and tomato, while on becoming systemic a brigh yellow and dark green mottling is produced. Cucumis virus 1 C differs from al the other strains in being able to produce a systemic infection in cow pea (*Vigna sinensis* var. Black Eye) with mosaic symptoms of a green and yellow mottl [Price (1934)]. Cucumis virus 1 D, the "Bettendorf" mosaic, was differentiated by Porter (1930 and 1931) on the symptoms appearing in certain hosts. On cucum- bers, rigidity of the terminal leaves is produced with one or more yellow blotches, at first discrete, later coalescing to form a dense mottle of yellow and green. This strain is able to infect the Chinese long cucumber which is very resistant to the type virus. On the other hand, the water melon *Citrullus vulgaris* Schrad. is not nearly so easy to infect with cucumis virus 1 D as with the type virus.

Cucumis virus 2 differs from cucumis virus 1 in that its host range appears to be confined to the Cucurbitaceae and that it is not transmissible either to solanaceous plants or to the vegetable marrow, *Cucurbita peto* or *Bryonica dioica*. Cucumis virus 2 A resembles its type except that on the cucumber var. Butcher's disease resister, the incubation period is longer. The slight clearing of the veins and temporary crumpling of the apical leaves are followed by a bright yellow mottle with little or no leaf distortion. The fruit is affected with yellow or silver coloured spots or streaks which may be intensified at high temperatures. On other Cucur- bitaceae the symptoms are similar to those of the type virus, but the mottling is yellower. Cucumis virus 2 and 2 A have so far only been recorded in Great Britain [Bewley (1926)].

Cucumis viruses 2 and 2 A thus differ from cucumis virus 1 but are them- selves intimately related, since cucumis virus 2 A may almost certainly arise as a variant of cucumis virus 2. Plants infected with virus 2 can only with diffi- culty be infected with virus 2 A and *vice versa* but a cucumber inoculated either with 2 or 2 A can subsequently be inoculated with cucumis virus 1.

Serologically 2 and 2 A are closely related (Chester, 1937).

Bawden and Pirie (*1*, *2*, 1937), who have isolated nucleo-protein "crystals" from cucumis viruses 2 and 2 A, have found that cucumis virus 2 protein is serologically related to tobacco mosaic virus (Nicotiana virus 1): in addition to the antigens specific to each, the two viruses have two common antigens and, while the total of the two antigens in each is of the same order, tobacco mosaic virus contains a preponderance of one and cucumis virus 2 a preponderance of the other. If the common antigens are called X and Y, then tobacco mosaic virus might be indicated as NXnY and cucumis virus 2 as nXNY.

An examination of the intramolecular patterns of the nucleoproteins by BERNAL and FANKUCHEN (1937) has revealed significant differences both from tobacco mosaic and from one another. The sedimentation constants for Cucumis viruses 2 and 2 A were found to be Sw, 20° C = 172 and 175 by PRICE and WYCKOFF (1938): that for tobacco mosaic varied from 175 to 195 [WYCKOFF et al. (1937)].

The history of the differentiation of strains of cucumis virus 1 is not without interest. PRICE (1934) isolated several different strains of yellow mosaic from the bright yellow spots that occasionally occur on the leaves of tobacco plants infected with ordinary cucumber-mosaic virus (Cucumis virus 1). All these yellow strains, as well as the original green cucumber mosaic, produce necrotic primary lesions in the leaves of cow-peas, variety Black Eye. No strain produces mottling in the cow-pea. Among the necrotic lesions regularly produced on cow-pea leaves by the green mosaic virus, PRICE found two chlorotic lesions from which he isolated a cucumber mosaic virus (Cucumis virus 1 C), that is both systemic and causes mottling in cow-peas. Thus was obtained a strain of cucumber mosaic virus that differs from all other known strains in respect to the symptoms produced on cow-peas. It is possible that this strain effects the lima bean with mosaic and stunting. The interrelationships of a number of cucumber viruses have been examined by PRICE (1935) on *Zinnia elegans* JACQ. Most strains produce mottling of varying intensity. Thus strain 2 causes a brilliant yellow and green mottling, strains 1, 9 and PORTER's cucumber mosaic a mottling of light and dark green. One strain, No. 6, however, induces the formation of bright yellow primary lesions which soon become dark brown and necrotic. Nevertheless, plants infected with mottling strains become immune to the necrotic strain, thus showing that all the five cucumber viruses studied fall into a natural group. To this group must be added the cucumber "mild mosaic" virus described by HOGGAN (1935). This virus differs from cucumis virus 1 in having a thermal death point of 60° to 65° C. while the ordinary cucumber mosaic survives 70° C. It is transmissible to solanaceous plants such as *Nicotiana glutinosa* but produces only very mild symptoms. On *Phytolacca decandra* it produces only local infections, whereas cucumis virus 1 causes a systemic infection with severe chlorosis and necrosis of the leaves.

Observations on cucumber mosaic virus by means of precipitin reactions have been made by BIRKELAND (1935) who showed that cucumber mosaic virus is distinct from tobacco ringspot and tobacco mosaic but, as CHESTER (1935) has pointed out, precipitin tests fail to differentiate between strains of the same virus. Nevertheless, precipitin reactions suggest that the Y group of potato viruses and cucumber mosaic are very closely related, a relationship that is supported by infection tests on the cow-pea *Vigna sinensis* L.: other observers, however, have failed to obtain any antigenic reaction in rabbits with Y viruses.

Further observations are required on the cucumber mosaic group in order to determine the relationship of viruses such as that described by K. M. SMITH (1935) as causing a disease on *Primula obconica* and related plants. The symptoms produced are very similar to those produced by cucumber virus 1. Spinach blight has been shown by HOGGAN (1933) to be due to a cucumis virus. Certain of the celery mosaics also appear to be either identical with or closely related to cucumis virus 1 [DOOLITTLE (1931)]. WELLMAN (1934) pointed out, however, that although southern celery mosaic virus, first described in Florida in 1924 by FOSTER and WEBER, presents certain similarities to cucumis virus 1 it differs slightly both in symptomatology and host range, in greater ability to withstand aging *in vitro* and in the possession of a somewhat higher thermal death point. PRICE (*3, 4,* 1935) has shown that though celery mosaic virus appears to be rather more infectious than ordinary cucumber mosaic virus, nevertheless southern celery mosaic virus induces in *Zinnia elegans*, var. Golden Gem Midget, a specific resistance to a yellow strain of cucumber mosaic virus. The virus causing "Southern Celery Mosaic" is therefore generally accepted as a strain of Cucumis virus 1. However, it should be noted that CHESTER (1937) as a result of precipitin tests has found no serological relation between Cucumis virus 1 and either celery mosaic or lilly mosaic.

Further observations are required to determine the relation of Cucumis virus 1 to mosaic of vegetable marrows both in the U. S. A. and Great Britain.

SMITH (1931) also states that a strain of Cucumis virus 1 has been, found in England causing symptoms somewhat resembling those of aster yellows.

PRICE (1937) has recently shown that lily-mosaic virus should also be classified in the cucumber-mosaic virus group. Zinnias infected with virus from mosaic lilies are immune from infection by Cucumis virus 1. During the course of investigations on lily mosaic a number of rapidly-moving strains of the virus have been isolated as variants from slow-moving strains.

Three viruses related to Cucumis virus 1 have recently been isolated from lily, hyacinth and tulip by AINSWORTH (1938). The viruses are differentiated by their reactions on tobacco and cucumber. They tend to remain localised in test plants in which the type virus becomes systemic.

There is some evidence that the viruses of Delphinium stunt Disease [*cf.* BURNET (1934)], Delphinium virus 1 and Delphinium virus 2 [*cf.* VALLEAU (1932)] may also be related to Cucumis virus 1 but *Datura Stramonium* which is highly susceptible to Cucumis virus 1 is resistant to Delphinium virus 1.

4. Crucifera viruses.

The number of distinct viruses affecting cruciferous plants is still uncertain. SMITH (1937) distinguishes four *Brassica* viruses 1, 2, 3 and 4 and a *Matthiola* virus, while certain viruses at present unclassifiable affect *Cochlearia armoracia*, horse radish, *Raphanus sativus*, radish, *Raphanus* sp. Chinese radish, *Brassica napus*, rape, and *Lunaria annua*, honesty.

Brassica virus 1 was described by SMITH (1935) as wallflower mosaic virus or cabbage ringspot virus: the cabbage blackspot virus of TOMKINS, GARDNER and THOMAS (1937) is probably identical. Brassica virus 2, first described by HOGGAN and JOHNSON (1935) as turnip virus 1 is very similar to Brassica virus 1 but does not infect *Nicotiana langsdorffii* and on *N. glutinosa* produces more necrosis, with local lesions on the inoculated leaves.

Brassica virus 3 (Cauliflower mosaic virus) appears to be quite distinct but Brassica virus 4, described by CLAYTON (1930), as the Crucifer Mosaic virus, may really be a strain of Brassica virus 2.

Two mosaic diseases of the annual stock *Matthiola incana* var. *annua* have been distinguished in California under the names of "mild mosaic" and "severe mosaic". The former was originally described by TOMPKINS (1934). The symptoms common to both diseases are leaf mottling and flower breaking which are more conspicuous in the severe form. Both viruses are transmitted by *Lipaphis pseudobrassicae* and the physical properties are similar but certain differential hosts are known

[TOMPKINS (1939)]. The exact relationship of the two viruses requires further investigation. SMITH (1935) in England has described a similar or closely allied virus from wallflowers.

5. Beta (sugar beet) viruses.

Of the five sugar beet viruses [Beta viruses 1 to 5, SMITH (1937)], Beta virus 1, or curly-top sugar beet virus, alone shows variation.

Although it produces similar symptoms both in the United States of America and in the Argentine, some doubt exists as to whether the same strain of virus is responsible in both countries, for in North America the virus, as shown by SMITH and BONCQUET (1915), is transmitted by the beet leaf hopper *Eutellix tenellus* BAKER, while in the Argentine the insect vector, according to FAWCETT (1927) is *Agallia sticticollis* STAL. also a jassid. Possibly the virus in South America has undergone variation in adapting itself to transmission by a new host.

Beta virus 1 undergoes considerable attenuation as a result of passage either through individual resistant sugar beet plants or through resistant weeds [*cf.* CARSNER and STAHL (1924)]. In the case of transmission through resistant sugar beet plants it has been found by LACKEY (*1*, 1929) that the degree of attenuation directly corresponds to the severity of the symptoms on the infected resistant plant used as a source of the attenuated virus. While attenuation has been obtained with at least three different strains, CARSNER and LACKEY (1928) have been unable to restore virulence either by prolonged development of the attenuated virus in a susceptible plant or by repeated passage in susceptible plants. CARSNER (1925) has also found that passage through the weed *Chenopodium murale* has an attenuating effect on the curly top virus but in this case the original virulence can be restored by passage on chickweed *Stellaria media*, although passages through very susceptible sugar beets are without effect in restoring virulence. The exact action of *Stellaria media* is unknown, since this plant has no effect on the curly top virus in its virulent condition. Various other wild and cultivated plants have been shown by LACKEY (*2*, 1929) to have the power of attenuating curly top virus — lamb's quarter *Chenopodium album* and *C. album viride*, tomato and peasants' tobacco, *Nicotiana rustica*. Experimental evidence shows that the attenuation is due not to the quantity of the virus involved but to some change in quality, for while the incubation periods of the virulent and restored forms of the virus were practically of the same length the attenuated virus was shown by LACKEY (1932) to have a much longer incubation period.

Alfilaria, *Erodium cicutarium*, and pepper grass, *Lepidium nitidum*, also act in the same way: restoration occurs most frequently in alfilaria when the plants are young and growing rapidly. Sugar beets in the cotyledon stage occasionally restore virulence to the attenuated virus [LACKEY (1937)]. BENNETT (1935) has found that a very similar degree of attenuation is produced by heating the virus at 76° to 79° C. for ten minutes.

GIDDINGS (1938) believes that Beta virus 1 is a complex of strains that can be separated into recognizable entities by differential host-plant responses. Four strains have already been distinguished by differential reactions of sugar beets, percentage of plants infected and severity of the symptoms. Beets of the resistant line 1167 showed distinctive reactions to each of the four virus strains, while susceptible beets gave reactions that also differentiated the four strains. The more virulent strains 1 and 3 were easily distinguished from 2 and 4 by inoculation into tobacco and tomato which showed no reactions to the latter, but strains 1 and 3 or 2 and 4 could not be separated by these means. Plantain, *Plantago erecta*, peppergrass, *Lepidium nitidum*, and the Great Northern var. of *Phaseolus vulgaris* were not infected by virus strain 2.

6. Manihot (Cassava) viruses.

At least two manihot viruses have been described, cassava stem lesion virus (manihot virus 2) and cassava mosaic virus (manihot virus 1). The latter virus, according to STOREY (1936) and STOREY and NICHOLS (1938), exists at Amani in East Africa in the form of two strains, or more correctly groups of strains. One groups causes severe, the other mild symptoms. In the former the degree of chlorosis is extreme, yellow or sometimes nearly white, with chlorotic areas, usually large and more or less uniformly distributed. In the mild group, the chlorosis is slight, the affected areas being only slightly paler than normal. Often the disease may be symptomless. Both groups are transmitted by *Bemisia* sp. When severe strains are introduced by the appropriate insect vector into plants already carrying a mild strain of virus, the action of the former is reduced. No certain evidence was obtained of the spontaneous appearance of variant strains.

7. Fragaria (strawberry) viruses.

Four viruses of strawberries are distinguished. 1. The strawberry yellows virus described by PLAKIDAS (1927) also known as strawberry virus 1 (J. JOHNSON's classification), strawberry yellow edge virus, HARRIS (1933), and Fragaria virus 1 [SMITH (1937)]. 2. Strawberry crinkle virus [Fragaria virus 2, SMITH (1937)]. 3. Witch's Broom virus (Fragaria virus 3) and 4. strawberry dwarf virus (Fragaria virus 4). HARRIS (1937) believes that, at any rate in England, both Fragaria viruses 1 and 2 are present together in the same affected plants. Both may occur in mild or severe form and each may be present in mild form in "healthy" plants. The great variation in the degree of severity in yellow edge produced by Fragaria virus 1 may be due to interaction with different strains of crinkle virus or to the existence of different strains of yellow-edge or even of distinct yellow edge viruses.

8. Rubus (raspberry) viruses.

Since RANKIN, HOCKEY and McCURRY (1922) first separated mosaic as a virus disease entity distinct from other raspberry diseases much discussion has taken place as to the exact number of raspberry mosaic viruses. DODGE and WILCOX (1926), for instance, described one type of mosaic on red raspberries and three types on black raspberries. Later RANKIN (1931) distinguished three mosaic viruses, red (raspberry) mosaic, yellow mosaic and mild mosaic. All investigators are agreed as to the individuality of the yellow-mosaic virus: it now seems probable from the work of COOLEY (1936) that mild mosaic is identical with red (raspberry) mosaic and that one strain of this virus may produce all the symptoms other than yellow mosaic that have been observed on black raspberries in the north eastern United States. It is suggested [SMITH (1937)] that raspberry mosaics should be classified into:—

Rubus virus 1. Green mottle mosaic (= red mosaic or red-raspberry mosaic).
Rubus virus 2. Yellow mosaic.

Whether yellow mosaic ever arises as a variant from the green mottle mosaic is at present unknown.

There is, however, some evidence to suggest that the green mottle mosaic virus is able to modify the symptoms of yellow mosaic on leaves developed at temperatures too high for green mosaic alone to produce any effect.

In England, three types of mosaic symptoms have been described by HARRIS (1933) but the relationship of the English to the American raspberry mosaics is still uncertain [HARRIS (1935)].

The leaf-curl disease of raspberries has been found by BENNETT (1930) to be due to two closely allied viruses (Rubus viruses 3 and 3 A or alpha and beta curl viruses). The former occurs in Michigan, U. S. A., on the Cuthbert variety of red raspberry and is transmissible only to red varieties of raspberry, whereas the beta virus is found in Michigan and Ohio on the Cumberland variety of black raspberry and can be transmitted to and from red, purple and black varieties of raspberry. The exact relation of these two viruses awaits further investigation.

9. Prunus (peach) viruses.

Six distinct Prunus viruses are distinguished by SMITH (1937). Prunus virus 1 is the well-known Peach yellows; Prunus virus 2 is Peach Rosette, first described by E. F. SMITH in 1894; Prunus virus 3 is Phony Peach; Prunus virus 4 is Peach red suture or red suture virus while Prunus virus 5 is Peach Mosaic. Prunus virus 6, described by THOMAS and HILDEBRAND in 1936, appears to be restricted to the plum and prune, and so far has only been recorded from Niagara County, New York State, U. S. A.

Variations have been described in Prunus virus 1 and Prunus virus 5.

Peach yellows was first observed near Philadelphia in 1791 whence it spread gradually northwards through the New England States to Canada. It now has a widespread distribution in North America. Little peach, though having much the same geographical distribution, was not observed till nearly one hundred years after the discovery of yellows. Since trees infected with little peach are resistant to yellows and vice versa the two viruses appear to be related. Little peach would then be classified as a mild strain of yellows from which it is probable that it originall yarose. There is some evidence that in nature distinct strains exist of both yellows and little peach [*cf.* KUNKEL (1936)].

In Bulgaria, ATANASOFF (1935) reports successful transmission of cherry mosaic and plum mosaic to peach, while in California COCHRAN and HUTCHINS (1938) find that peach mosaic inoculated to apricot, plum, prunus and almond causes no symptoms, but causes the trees to become symptomless carriers. Buds from trees showing typical apricot mosaic grafted on to healthy peach trees caused, on the other hand, symptoms typical of peach mosaic. Spontaneous mosaic of almond and prunus similarly induced typical peach mosaic in peach trees. Thus while spontaneous mosaics of almond, apricot and plum induce peach-mosaic-like symptoms in peach, the reverse relationship is not true. These results suggest the possibility of virus strains of the mosaic disease of stone-fruit trees, but further work is necessary to determine the true relationship of the various viruses.

There is some evidence to suggest a relationship between the virus causing mosaic of plum and rose mosaic virus (Rosa virus 1). Incidentally, BRIERLEY (1935) has described a yellow mosaic of roses which many be a strain of the ordinary rose mosaic.

10. Legume viruses.

Considerable confusion still exists in regard to the exact number of viruses responsible for mosaic diseases of the Leguminosae.

MERKEL (1929) attempted to classify bean mosaics into three types on the basis of symptomatology. ZAUMEYER and WADE (1935), however, distinguish two types, affecting the bean mosaic *Phaseolus vulgaris* L. These types are referred to as common bean mosaic *(Phaseolus virus 1)* and yellow bean mosaic *(Phaseolus virus 2.)* The latter is differentiated by the more severe symptoms produced in *P. vulgaris* and by its transmissibility to certain varieties of *P. sativum*. They are apparently distinct from the rugose mosaic virus which has been described by NELSON (1932) as attacking the American variety of bean "Stringless Refugee". The exact relationship of the pea viruses is still obscure [*cf.* ZAUMEYER (1938)].

Two pea mosaics, one infectious the other non-infectious to beans, are described by ZAUMEYER and WADE (1935). CHESTER (1935 and 1937) found that two pea mosaic viruses isolated from legumes and tentatively referred to as pea mosaic viruses 2 and 3 behave serologically as strains of the same virus, though serologically quite distinct from all other viruses studied. The question of pea mosaic viruses has been reinvestigated by STUBBS (1937) who also distinguished two distinct mosaic viruses: pea mosaic virus 1 [enation pea mosaic, Pisum virus 1 SMITH (1937)] is inactive in a dilution of 1 in 3000 and after 4 days aging *in vitro*. Pea mosaic virus 2, Pisum virus 2, is inactive in a dilution of 1 in 1500 and after 24 hours' aging *in vitro*. Osborn (1938) distinguishes two strains of Pisum virus 1 differing in symptoms and ease of transmission by mechanical means. Three strains of pea mosaic virus 2 could be distinguished, marble pea mosaic, speckle pea mosaic and mild pea mosaic: the latter causes very little mottle since the plants do not become very chlorotic. Dwarfing and distortion of foliage are also absent.

The relationship of the various clover mosaics also requires further investigation. The mosaic virus of red clover (Trifolium virus 1 SMITH) is not transmissible to the common bean. According to ZAUMEYER and WADE (1936) mosaic of red clover is identical with pea mosaic proper. The mosaic viruses of white clover, *Trifolium repens* L., Alsike clover *T. hybridum* L., yellow sweet clover, *Melilotus officinalis* L., white sweet clover, *M. alba* DESR. and sweet pea *Lathyrus odoratus* L., are, however, all transmissible to the bean though the symptoms that they produce show slight but definite differences. The exact relation of the white clover virus 1 of PIERCE (1935) and the white clover mosaic of ZAUMEYER and WADE is still uncertain. The latter, according to SMITH (1937) may be a virus mixture. The pea streak virus 1 described by ZAUMEYER (1938) appears to be related to the broad bean local lesion virus isolated be PIERCE (1935) from red clover. The local lesions produced by both viruses on *Vicia faba* are similar but only pea-streak virus 1 becomes systemic. The latter is probably a more virulent strain of PIERCE's local lesion virus.

11. Medicago (alfalfa) viruses.

Four separate alfalfa viruses have been distinguished. Alfalfa virus 1 [common alfalfa mosaic virus or Medicago virus 1, SMITH (1937)] originally described by WEIMER (1934) is not sap-inoculable and is non-transmissible to beans and peas. Medicago virus 3, alfalfa or lucerne dwarf disease virus, was also described by WEIMER (1931) and the disease, though not sap-inoculable, can be transmitted by grafting. Medicago virus 4, Lucerne witches' broom virus, is also quite distinct but may occur in two strains, one in Australia, the other in Utah and Idaho, U. S. A. Medicago virus 2 (alfalfa virus 1, alfalfa mosaic virus) was originally reported by PIERCE (1934) and later by ZAUMEYER and WADE (1935). This virus is sap-inoculable and three separate strains are now distinguished by ZAUMEYER (1937 and 1938). The three viruses, which are quite distinct from pea streak virus 1 of ZAUMEYER, all produce the same symptoms on peas except that they vary in intensity. Strains 1 and 2 produce a leaf mottling, while strain 3 causes both leaf mottling and leaf spotting and slight streaking of the stems. On *Vicia faba*, strain 2 causes more severe symptoms than strain 1 and, in addition, is infectious to *Cucumis sativus*, *Lathyrus odoratus*, *Lespedeza striata* and *Zinnia elegans*. Strain 3 is infectious to all these except *Lathyrus odoratus*.

12. Arachnis (ground nut) viruses.

The rosette disease of ground nuts (peanuts) Arachnis virus 1, described by STOREY and BOTTOMLEY (1928) possibly exists in the form of several strains, unless there is more than one form of rosette disease. HAYES (1932), working in the Gambia, differentiated three types as "chlorosis rosette", "green rosette" and "Type No. 3". The first is associated with yellow and pale green patches on a dark green background, the second by an abnormal dark green colouration of the leaves without chlorosis, and the third by thickening of the stem and reduction in the size of the leaves.

When plants infected with chlorosis rosette and green rosette respectively are grafted together, chlorosis rosette develops in the plant showing green rosette, while green rosette appears in the chlorotic plant. BROOKS (1932) therefore suggests that this lack of immunity indicates that the two diseases may be quite distinct.

13. Santalum (sandal) viruses.

Considerable uncertainty still exists in regard to the virus diseases of sandal (*Santalum album* L.). It is suggested that sandal spike disease virus, first described by COLEMAN (1923), occurs in two forms which have been differentiated by VENKATA RAO and IYENGAR (*1* and *2*, 1934) as Sandal spike rosette virus (Santalum virus 1) and pendulous spike (Santalum virus 1 A). The two viruses differ in the symptoms produced but are transmitted by the same grafting methods, while similar intra-cellular inclusions are found in the affected cells. Otherwise nothing is known of their relation.

14. Dahlia viruses.

Two strains of the Dahlia ring spot virus have been described by BRIERLEY (1933). Dahlia ring spot virus (Dahlia virus 2) causes irregular concentric rings or irregular zigzag markings, hieroglyphic patterns and green islands. The width and number of the zones expressed vary within a given variety. The colour of the chlorotic areas varies from pale green to yellowish green but in Dahlia yellow ring spot (Dahlia virus 2 A) the concentric rings are bright yellow in the variety Long Island. In other varieties the symptoms are less marked and consist of yellow rings or segments of rings. The relation of Dahlia virus 2 to Lycopersicum virus 3 (tomato spotted wilt), which also causes a ringspot disease in dahlias, requires further investigation.

15. Callistephus (asters) viruses.

Two strains of aster yellows virus are known to exist in America. Working in California, SEVERIN (1929) found that a species of leaf hopper referred to as *Cicadula sexnotata* FALL. readily transmitted aster yellows to celery. The vector, according to DORST (1931), is really *C. divisa* UHL. Working in New York, with a locally isolated strain, KUNKEL (1931) failed to transmit the virus to celery, which thus appeared either entirely or highly resistant to aster yellows.

Later KUNKEL (1932), having obtained a strain of the western virus, found that it was easily transmitted to celery plants in New York, while under identical conditions the local strain was not. The variation was thus due not to a difference in the strain of celery plant, but to some difference in the western strain of virus, although as regards symptoms, incubation periods and identity of insect vectors the eastern and western strains are identical. A virus has thus varied in one part of its geographical range in adapting itself to a new host. Such a virus, as

K. M. SMITH (1933) points out, may be regarded merely as a slightly different strain of aster yellows, as a different entity, or as a stage in the evolution of an entirely new virus. An analogy may be drawn with the eastern and western strains of equine encephalomyelitis which have become adapted to different arthropod vectors. SMITH (1937) refers to the New York virus as Callistephus virus 1, the Californian strain as Callistephus virus 1 A. The latter has two additional insect vectors *Thamnotettix montanus* VAN D. and *T. geminatus* VAN D. [SEVERIN (1934)] and infects, in addition to celery, *Zinnia elegans* and *Solanum tuberosum*. Curiously enough the virus cannot be recovered from infected potatoes by *Cicadula divisa*.

While Callistephus virus 1 is widely destributed in America, Canada, Bermuda, Japan and Budapest, Callistephus virus 1 A is confined to California from the Sonoma to Los Angeles counties. A strain, capable of infecting celery, has also been reported from Utah. KUNKEL (1937) has pointed out that though strains of differing severity are not met with in nature nevertheless they may be produced by keeping virus-infected leaf hoppers at 32° C. for a few days. Twelve mild strains have thus been produced which differ from the natural virus in producing a less severe chlorosis of the leaves, stems and flowers and a lesser degree of stunting.

The exact relationship of carrot, parsley and parsnip yellows to aster yellows is as yet undetermined. According to SEVERIN (1932) this virus is also transmitted by *Cicadula divisa* UHL. [SEVERIN and HAASIS (1934.)]

16. Lycopersicum (tomato) viruses.

Six distinct Lycopersicum viruses are distinguished by SMITH (1937):

Virus 1. Tomato stripe.
,, 2. Tomato ring mosaic.
,, 3. Tomato spotted wilt.
,, 4. Tomato Bushy Stunt.
,, 5. Tomato "Big bud".
,, 6. Tomato bunchy top.

Variation has been described in relation to Lycopersicum viruses 1 and 3.

In 1935 SMITH described a yellow strain of Lycopersicum virus 1. Although the general characteristics of this yellow strain (Lycopersicum virus 1 A) are similar to those of the type virus, there is an absence of necrosis. Local chlorotic spots appear on the inoculated leaves of tobacco plants, and these are followed by a yellow systemic mottle. The type virus is active in a greater dilution and can be separated from the variant by ultrafiltration.

17. Musa (banana) viruses.

Although *Pentalonia nigronervosa* Coq. transmits both bunchy top of banana (Musa virus 1) in Australia and bunchy top of abaca or manila hemp (Musa virus 2) in the Philippine Islands, and the diseases are very much alike, nevertheless the virus of bunchy top of abaca is not transmissible to bananas, either in the field or experimentally, by the vector which transmits bunchy top of bananas in Australia [*cf.* MAGEE (1930) and OCFEMIA and BUHAY (1934)].

18. Tulipa (tulip) viruses.

The condition of transmissible variegation in tulips, called "breaking", has been known for many years and was much admired by the Dutch flower painters of the seventeenth century. Two types of symptoms are described by McKenny Hughes (1931) "red break" and "white break". It is suggested that the former may be an earlier stage in the development of the virus while the latter is the final stage. A more plausible explanation, suggested by McWhorter (1932), is that breaking is due to the interaction of two viruses one of which carries a colour-adding factor and has no visible effect on leaves while the other removes flower colour and strongly stripes the leaves. No evidence is available as to whether these two viruses are related to one another.

McWhorter (1935), however, finds that the thermal death-point of both viruses is between 65° and 70° C.; they both withstand dilutions up to 1 in 100000; they also resist desiccation in leaves for eleven days and show the same resistance to alcohol. McWhorter (1938) believes that the established broken tulips of commerce contain physiologically balanced mixtures of the two viruses. The flower colour-adding virus does little damage to tulip plants and does not interfere with the subsequent development of symptoms due to the virus inhibiting flower and leaf colour.

Thus whether the difference is comparable to that between "species" or "strains" is still uncertain. There is some evidence to suggest that the tulip viruses are related to Cucumis virus 1.

19. Saccharum (sugar cane) viruses.

Smith (1937) distinguishes seven strains of Saccharum virus 1. Saccharum virus 1 A was described by Storey (1929) in the Transvaal, South Africa, where it was found attacking maize and *Sorghum* spp. and producing the same symptoms as those of ordinary sugar cane mosaic virus. Attempts to transmit this virus to sugar cane by *Aphis maidis* and by mechanical means failed, so that it is concluded that this strain is non-virulent for sugar cane. The next four strains 1 B, 1 C, 1 D and 1 E were all distinguished by Summers (1934). Saccharum virus 1 B has only been obtained from four C. P. sugar cane seedlings in Louisiana, U. S. A., and on a selected range of sugar cane varieties it causes the ordinary mosaic symptoms, while on Canal Point 28/60 this strain produces only a slight mottling with very little chlorosis and little or no stunting. Saccharum virus 1 C, on the other hand, causes severe mottling with large chlorotic areas, necrosis and marked stunting and ordinary mosaic symptoms, on the other selected varieties, Louisiana Purple, C. O. 281, P. O. J. 36 M., P. O. J. 213 and P. O. J. 234. Saccharum virus 1 D was noted because on C. P. 28/60 it causes elongated, almost white, blotches or islands, some of which may later coalesce into long streaks which may follow the mid-rib and cause necrosis and temporary blighting or sometimes death of the growing point. Similar severe symptoms are caused on the other selected sugar cane varieties. Strain 1 E causes the same symptoms on C. P. 28/60 but ordinary mosaic symptoms on the other varieties. Saccharum virus 1 F was found by Tims (1935) on sugar cane C. P. 28/70 in Louisiana. It produces a severe yellow mottling with stunting of the leaves but in other varieties of sugar cane the symptoms are identical with those of the type virus. Saccharum virus 1 G, "Agaul" mosaic virus, was found by Storey (1936) affecting Agaul, a sugar cane variety now found in South and East Africa. Although the mosaic pattern on the leaves is similar to that caused by the type virus, attempts at transfer, either by needle inoculation or by *Aphis maidis* have failed, nor is there evidence of natural spread to other varieties. Although on this evidence Storey separates this virus entirely from Saccharum virus 1, Smith (1937) includes it for the present as a strain of the common mosaic virus.

Tims, Mills and Edgerton (1935), during the course of their work in Louisiana, noted that in 1931 certain strains of cane which had been very resistant to mosaic quite suddenly became susceptible thus suggesting that a new strain of virus had made its appearance.

20. Zea (maize) viruses.

Several different types of streak have been described by Storey and McClean (1930) in East Africa. The virus of each disease shows a specialization for its own host plant. Thus the virus of maize streak (Zea virus 2) causes a severe and permanent disease in maize but only a transitory infection in Uba cane. The Uba cane streak virus on the other hand causes a mild but permanent disease in cane while in maize it produces a very mild disease which, with the growth of the plant, tends to become suppressed. A streak disease differing but little from that of maize and cane affects the wild grass *Digitaria horizontalis* Willd. All these streak diseases are transmitted by the same vectors the leaf hoppers *Cicadulina (Balclutha) mbila* and *C. zeae*. Certain races of *C. mbila* are unable to transmit Zea virus 2: the ability to transmit is inherited as a simple dominant Mendelian factor, linked with sex.

A disease, due to Zea virus 1, resembling in many ways Storey's maize streak is prevalent in Hawaii. Kunkel (1927), however, believes that it is distinct from sugar cane mosaic. It is transmitted, according to Kunkel (1922), from maize to maize by *Peregrinus maidis* but it cannot be transmitted from maize to cane. Stahl (1927) finds that the same insect transmits a similar disease of maize in Cuba. *Cicadulina mbila* does not occur either in Hawaii or Cuba but *Peregrinus maidis* does occur in East Africa where, however, it does not act as a vector of the East African streak of maize.

These maize diseases of East Africa, Hawaii and Cuba are so similar in symptom manifestations that it is difficult to believe that they are not very closely related. Kunkel (1921) finds in the Hawaiian disease characteristic inclusion bodies in the affected cells, both of stems and leaves but neither the Cuban nor East African maize streaks has been studied from this point of view. No serological observations have so far been made on this group of viruses.

According to Fukushi (1934) the dwarf disease of rice (Oryza virus 1) has many similarities to the maize stripe of Cuba. Maize is not attacked, it is suggested, because it is not a favourable food for the leaf hopper, *Nephotettix apicalis* Motsch. var. *cincticeps* Uhl., which transmits the dwarf disease of rice.

21. Triticum (wheat) viruses.

Although Smith (1937) classifies all wheat mosaics as strains of one virus, Triticum virus 1, McKinney (1937) now believes that seven viruses are capable of producing mosaic symptoms in wheat. These viruses can be differentiated by inoculation into the wheat variety, Harvest Queen. These viruses with the type of lesion produced are:—

1. Green mosaic or mosaic rosette.
2. Green mosaic: the only wheat virus that can be transmitted to *Agropyron repens*.
3. Yellow mosaic.
4. Light green mosaic.
5. Yellow mosaic.
6. Mild streak mosaic.
7. Yellow streak mosaic.

When first isolated, virus 1 produced from 80 to 100 per cent. of infections: later it became less virulent. Both wheat viruses 1 and 4 occasionally produce a distinctly yellow mosaic. McKINNEY (1925 and 1930) found that the tendency to produce yellow mosaic depended greatly on the species and variety of the host. The original green mosaic, it is suggested [McKINNEY (1931)], always contains a small amount of the yellow form and *vice versa*. The yellow form can, however, be concentrated relatively to the green.

22. Abutilon virus.

HERTZSCH (1927) recognized that two different types of virus affected variegated members of the Malvaceae. The two viruses were designated A and B chlorosis. Type B caused more pronounced symptoms and more intense variegation. *Lavatera arborea*, which is resistant to type A, was susceptible to type B virus. These results were extended by KEUR (1934) who believed that the type of virus present in *Abutilon* clone Garden Stock differed from that present in *Abutilon Thompsonii*, in which the variegation was much more intense, since the symptoms differed in the same susceptible stock. *Abutilon* clone Eclipse, *A. Mulleri* and *A. megapotamicum variegatum* carry the same virus as *A. Thompsonii*.

References.

AINSWORTH, G. C.: (*1*) Mosaic disease of the cucumber. Ann. appl. Biol. **22**, 55 (1935).

— (*2*) A note on certain viruses of the cucumber virus 1 type isolated from monocotyledonous plants. Ann. appl. Biol. **25**, 867 (1938).

ATANASOFF, D.: Mosaic disease of drupaceous fruit trees. Yearbook Univ. Sofia Fac. Agric. 1934—1935, **13**, 9 (1935).

BALD, J. G.: An F type potato virus in Australia. Nature (Brit.) **139**, 674 (1937).

BAWDEN, F. C.: (*1*) A study on the histological changes resulting from certain virus infections of the potato. Proc. roy. Soc., Lond., Ser. B: Biol. Sci. **111**, 74 (1932).

— (*2*) quoted by SMITH, K. M.: Recent advances in the study of plant viruses. London, 1933.

— (*3*) Studies on a virus causing foliar necrosis of the potato. Proc. roy. Soc., Lond., Ser. B: Biol. Sci. **116**, 375 (1934).

— (*4*) The relationship between the serological reactions and the infectivity of potato virus X. Brit. J. exper. Path. **16**, 435 (1935).

BAWDEN, F. C. and N. W. PIRIE: (*1*) Liquid crystalline preparations of cucumber viruses 3 and 4. Nature (Brit.) **139**, 546 (1937).

— (*2*) The relationships between liquid crystalline preparations of cucumber viruses 3 and 4 and strains of tobacco mosaic virus. Brit. J. exper. Path. **18**, 275 (1937).

BAWDEN, F. C., N. W. PIRIE, J. D. BERNAL, and I. FANKUCHEN: Liquid crystalline substances from virus infected plants. Nature (Brit.) **138**, 1051 (1936).

BAWDEN, F. C. and F. M. L. SHEFFIELD: The intracellular inclusions of some plant virus diseases. Ann. appl. Biol. **20**, 102 (1939).

BEALE, H. P.: The serum reactions as an aid in the study of filterable viruses of plants. Contrib. Boyce Thompson Inst. **6**, 407 (1934).

BENNETT, C. W.: (*1*) Further observations and experiments on the curl disease of raspberries. Phytopathology **20**, 787 (1930).

— (*2*) Studies on properties of curly top virus. J. agric. Res. **50**, 211 (1935).

BERNAL, J. D. and I. FANKUCHEN: Structure types of protein "crystals" from virus infected plants. Nature (Brit.) **139**, 923 (1937).

BEWLEY, W. F.: (*1*) Diseases of Glasshouse Plants. London, 1923.

— (*2*) 11th Ann. Rept. Cheshunt exp. sta for 1925, p. 86 (1926).

BIRKELAND, J. M.: (*1*) Serological studies of plant viruses. Bot. Gaz. **95**, 419 (1934).

— (*2*) Further serological studies of plant viruses. Ann. appl. Biol. **22**, 719 (1935).

Blood, H. L. and R. D. Watson: A modification of the tobacco mosaic virus no. 1 occurring in *Datura meteloides*. Proc. Utah Acad. Sci. **15**, 15 (1937).

Böhme, R. W.: Vergleichende Untersuchungen mit Stämmen des „X"- und „Y"-Virus. Phytopath. Z. **6**, 517 (1933).

Brierley, P.: (*1*) Dahlia mosaic and its relation to stunt. Amer. Dahlia Soc. Ser. **65**, 6 (1933).

— (*2*) Symptoms of rose mosaic. Phytopathology **25**, 8 (1935).

Brooks, A. J.: Ann. Rept. Dept. Agric. Gambia (1932).

Burnett, G.: Stunt, a virosis of Delphinium. Phytopathology **24**, 467 (1934).

Caldwell, J.: On the interaction of two strains of a plant virus: experiments on induced immunity in plants. Proc. roy. Soc., Lond., Ser. B: Biol. Sci. **117**, 120 (1935).

Carsner, E.: Attenuation of the virus of sugar beet curly top. Phytopathology **15**, 745 (1925).

Carsner, E. and C. F. Lackey: Further studies on attenuation of the virus of sugar beet curly top. Phytopathology **18**, 951 (1928).

Carsner, E. and C. F. Stahl: Studies on curly top disease of the sugar beet. J. agric. Res. **28**, 297 (1924).

Chester, K. S.: (*1*) Specific quantitative neutralization of the viruses of tobacco mosaic, tobacco ringspot and cucumber mosaic by immune sera. Phytopathology **24**, 1180 (1934).

— (*2*) Serological evidence in plant-virus classification. Phytopathology **25**, 686 (1935).

— (*3*) Separation and analysis of virus strains by means of precipitin tests. Phytopathology **26**, 778 (1936).

— (*4*) A critique of plant serology. Part II. Application of serology to the classification of plants and the identification of plant products. Quart. Rev. Biol. (Am.) **12**, 165 (1937).

— (*5*) Serological studies of plant viruses. Phytopathology **27**, 903 (1937).

Clayton, E. E.: A study of the mosaic disease of crucifers. J. agric. Res. **40**, 263 (1930).

Clinch, P., J. B. Loughnane, and P. A. Murphy: A study of the aucuba or yellow mosaics of the potato. Sci. Proc. R. Dublin Soc. **21**, 431 (1936).

Cochran, L. C. and L. M. Hutchins: Further studies on host relationships of peach mosaic in Southern California. Phytopathology **28**, 890 (1938).

Coleman, L. C.: The transmission of sandal spike. Ind. forester. **49**, 6 (1923).

Cooley, L. M.: The identity of raspberry mosaics. Phytopathology **26**, 44 (1936).

Dodge, B. O. and R. B. Wilcox: Diseases of raspberries and blackberries. U. S. Dept. agric. Bull., No. 1488 (1926).

Doolittle, S. P.: (*1*) The mosaic disease of cucurbits. U. S. Dept. agric. Bull., No. 879 (1920).

— (*2*) *Commelina nudiflora*, a monocotyledonous host of celery mosaic (Abstract). Phytopathology **21**, 114 (1931).

Doolittle, S. P. and F. L. Wellman: *Commelina nudiflora*, a monocotyledonous host of celery mosaic in Florida. Phytopathology **24**, 48 (1934).

Dorst, E. H.: Studies on the genus *Cicadula (Homoptera, Cicadellidae)*. J. Kansas ent. Soc. **4**, 39 (1931).

Dykstra, T. P.: (*1*) A top necrosis virus found in some apparently healthy potatoes. Phytopathology **25**, 1115 (1935).

— (*2*) A study of the yellow mosaic of potato. Phytopathology **29**, 6 (1939).

Eriksson-Quensel, I. B. and T. Svedberg: Sedimentation and electrophoresis of the tobacco mosaic virus protein. J. amer. chem. Soc. **58**, 1863 (1936).

Fawcett, G. L.: The curly top of sugar beet in the Argentine. Phytopathology **17**, 407 (1927).

Foster, A. C. and G. F. Webber: Celery diseases in Florida. Florida agric. exper. Sta. Bull., No. 173 (1924).

Fukushi, T.: Plants susceptible to dwarf disease of rice plant (translated). Trans. Sapparo. Nat. Hist. Soc. **13**, 162 (1934).

GIDDINGS, N. J.: Studies of selected strains of curly top virus. J. agric. Res. **56**, 883 (1938).

GRATIA, A. et P. MANIL: Différenciation sérologique des virus X et Y de la pomme de terre chez les plantes infectées ou porteuses de ces virus. C. r. Soc. Biol. **25**, 490 (1934).

HAMILTON, M. A.: On three new virus diseases of *Hyoscyamus niger*. Ann. appl. Biol. **19**, 550 (1932).

HARRIS, R. V.: (*1*) The strawberry 'yellow-edge' disease. J. Pom. hort. Sci. **11**, 56 (1933).

— (*2*) Mosaic disease of the raspberry in Great Britain. J. Pom. hort. Sci. **11**, 237 (1933).

— (*3*) Some observations on the raspberry disease situation in North America. Ann. Rept. East Malling Res. sta. 1934 (1935).

— (*4*) Transmission experiments with crinkle in 1935. Ann. Rept. East Malling Res. Sta. for 1936 (1937).

HAYES, T. R.: Rosette disease of the peanut. Trop. Agric. Trinidad. **9**, 211 (1932).

HERTZSCH, W.: Beiträge zur infektiösen Chlorose. Z. Bot. **20**, 65 (1927).

HOGGAN, I. A.: (*1*) Some viruses affecting spinach and certain aspects of insect transmission. Phytopathology **23**, 446 (1933).

— (*2*) Two viruses of the cucumber mosaic group on tobacco. Ann. appl. Biol. **22**, 27 (1935).

HOGGAN, I. A. and J. JOHNSON: A virus of crucifers and other hosts. Phytopathology **25**, 648 (1935).

HOLMES, F. O.: (*1*) A masked strain of tobacco-mosaic virus. Phytopathology **24**, 845 (1934).

— (*2*) Comparison of derivatives from distinctive strains of tobacco-mosaic virus. Phytopathology **26**, 896 (1936).

IWANOWSKI, D.: Über die Mosaikkrankheit der Tabakspflanze. Bull. Acad. Sci., St. Pétersb., n. s. III, **35**, 67 (1892).

JENSEN, J. H.: (*1*) Isolation of yellow mosaic viruses from plants infected with tobacco mosaic. Phytopathology **23**, 964 (1933).

— (*2*) Studies on the origin of yellow mosaic viruses. Phytopathology **26**, 266 (1935).

— (*3*) Studies on representative strains of tobacco-mosaic virus. Phytopathology **27**, 69 (1937).

JOHNSON, E. M.: Virus diseases of tobacco in Kentucky. Kentucky agric. exper. Sta. Bull., No. 306, 289 (1930).

JOHNSON, J.: (*1*) The transmission of viruses from apparently healthy potatoes. Wis. agric. exper. Sta. Res. Bull., No. 63 (1925).

— (*2*) The attenuation of plant viruses and the inactivating influence of oxygen. Science **64**, 610 (1926).

— (*3*) The classification of plant viruses. Wis. agric. exper. Sta. Res. Bull., No. 76 (1927).

JOHNSON, J. and T. J. GRANT: The properties of plant viruses from different host species. Phytopathology **22**, 741 (1932).

KERLING, L. C. P.: The anatomy of the "kroepoek"-diseased leaf of *Nicotiana tabacum* and of *Zinnia elegans*. Phytopathology **23**, 175 (1933).

KEUR, J. Y.: Studies on the occurrence and transmission of virus disease in the genus *Abutilon*. Bull. Torrey bot. Cl. **61**, 53 (1934).

KÖHLER, E.: (*1*) Untersuchungen über die Viruskrankheit der Kartoffel. III. Weitere Versuche mit Viren aus der Mosaikgruppe. Phytopath. Z. **7**, 1 (1934).

— (*2*) Über die Variabilität des Ringmosaikvirus (X-Virus) der Kartoffel. Naturw. **23**, 828 (1935).

— (*3*) Über ein „Veinbanding-Virus" der Kartoffel. Phytopath. Z. **10**, 17 (1937).

— (*4*) Fortgeführte Untersuchungen mit verschiedenen Stämmen des X-Virus der Kartoffel (Ringmosaik-Virus). Phytopath. Z. **10**, 31 (1937).

— (*5*) Zur Frage der Schutzimpfung bei den Veinbanding-Viren. Nachr.bl. dtsch. Pfl.sch.dienst **17**, 32 (1937).

— (*6*) Über Variationserscheinungen am X-Mosaikvirus. Naturw. **25**, 669 (1937).

KÖHLER, E.: (7) Vergleichende Untersuchungen über die Ausbreitungsgeschwindigkeit verschiedener Stämme des X-Mosaikvirus in der Tabakpflanze. Z. Pflanzenkrankh. **48**, 118 (1938).

— (8) Über das Auftreten abweichender Varianten bei den Cs-Stämmen des Kartoffel-X-Virus. Arch. Virusforsch. **1**, 46 (1939).

KUNKEL, L. O.: (1) A possible causative agent for the mosaic disease of corn. Bull. Hawaii. Sug. Ass. bot. Ser. **3**, 44 (1921).

— (2) Insect transmission of yellow stripe disease. Hawaii. Plant. Rec. **26**, 58 (1922).

— (3) The corn mosaic of Hawaii distinct from sugar cane mosaic. Phytopathology **16**, 67 (1927).

— (4) Studies on aster yellows in some new host plants. Contrib. Boyce Thompson Inst. **3**, 85 (1931).

— (5) Celery yellows of California not identical with the aster yellows of New York. Contrib. Boyce Thompson Inst. **3**, 405 (1932).

— (6) Studies on acquired immunity with tobacco and aucuba mosaics. Phytopathology **24**, 437 (1934).

— (7) Possibilities in plant virus classification. Bot. Rev. **1**, 1 (1935).

— (8) Immunological studies on the three peach diseases, yellows, rosette and little peach. Phytopathology **26**, 201 (1936).

— (9) Isolation of mild strains of aster yellows from heat-treated leaf-hoppers. J. Bacter. (Am.) **34**, 132 (1937).

LACKEY, C. F.: (1) Attenuation of curly-top virus by resistant sugar beets which are symptomless carriers. Phytopathology **19**, 975 (1929).

— (2) Further studies on the modification of sugar-beet curly-top virus by its various hosts. Phytopathology **19**, 1141 (1929).

— (3) Restoration of virulence of attenuated curly-top virus by passage through *Stellaria media*. J. agric. Res. **44**, 755 (1932).

— (4) Restoration of virulence of attenuated curly top virus by passage through susceptible plants. J. agric. Res. **55**, 453 (1937).

LORING, H. S. and W. M. STANLEY: Comparative properties of virus proteins from a single lesion strain and from ordinary tobacco-mosaic virus (Abstract). Phytopathology **27**, 134 (1937).

LORING, H. S. and R. W. G. WYCKOFF: The ultracentrifugal isolation of latent mosaic virus protein. J. biol. Chem. (Am.) **121**, 225 (1937).

MACCLEMENT, D. and J. HENDERSON SMITH: Filtration of plant viruses. Nature (Brit.) **130**, 129 (1932).

MCFARLANE, A. S.: Chemistry of the plant viruses. Biol. Rev. Cambridge philos. Soc. **14**, 223 (1939).

MCFARLANE, A. S. and R. A. KEKWICK: Physical properties of Bushy stunt virus protein. Biochem. J. (Brit.) **32**, 1607 (1938).

MCKENNY HUGHES, A. W.: Aphides as vectors of "breaking" in tulips. Ann. appl. Biol. **18**, 16 (1931).

MCKINNEY, H. H.: (1) A mosaic disease of winter wheat and winter rye. U. S. Dept. agric. Bull., No. 1361 (1925).

— (2) Virus mixtures that may not be detected in young tobacco plants. Phytopathology **16**, 893 (1926).

— (3) Mosaic diseases in the Canary Islands, West Africa and Gibraltar. J. agric. Res. **39**, 557 (1929).

— (4) A mosaic of wheat transmissible to all cereal species in the tribe Hordeae. J. agric. Res. **40**, 547 (1930).

— (5) Étude sur les mélanges de virus. IIe Congr. int. Path. comp., C. R. et Commun. **2**, 449 (1931).

— (6) Differentiation of viruses causing green and yellow mosaics of wheat. Science **73**, 650 (1931).

— (7) Evidence of virus mutation in the common mosaic of tobacco. J. agric. Res. **51**, 951 (1935).

— (8) The inhibiting influence of a virus on one of its mutants. Science **82**, 463 (1935).

McKinney, H. H.: (*9*) Virus mutation and the gene concept. J. Hered. (Am.) **28**, 51 (1937).
— (*10*) Mosaic diseases of wheat and related cereals. U. S. Dept. Agriculture Circular No. 442 (1937).
McWhorter, F. P.: (*1*) A preliminary analysis of tulip breaking (Abstract). Phytopathology **22**, 998 (1932).
— (*2*) The properties and interpretation of tulip-breaking viruses. Phytopathology **25**, 898 (1935).
— (*3*) The antithetic virus theory of tulip-breaking. Ann. appl. Biol. **25**, 254 (1938).
Magee, C. J.: A new virus disease of bananas. Agric. Gaz. New South Wales **41**, 929 (1930).
Matsumato, T.: Differentiation of two mosaic diseases of petunia by means of serological, cytological and inoculation experiments (trans.). Bot. a. Zool. (Tokyo) **3**, 893 (1935).
Merkel, L.: Beiträge zur Kenntnis der Mosaikkrankheit der Familie der Papilionaceen. Z. Pflanz.krkh. **39**, 289 (1929).
Mungomery, R. W. and A. F. Bell: Fiji disease of sugar cane and its transmission. Bur. Sug. exper. Sta. Dir. Path. Bull., No. 4, Brisbane (1933).
Murphy, P. A. and J. B. Loughnane: A comparison of some Dutch and Irish potato mosaic viruses. Sci. Proc. R. Dublin Soc. **21**, 419 (1936).
Murphy, P. A. and A. M'Kay: (*1*) A comparison of some European and American virus diseases of the potato. Sci. Proc. R. Dublin Soc. **20**, 347 (1932).
— (*2*) Methods for investigating the virus diseases of the potato and some results obtained by their use. Sci. Proc. R. Dublin Soc. **18**, 169 (1936).
Nelson, R.: Investigations in the mosaic disease of bean (*Phaseolus vulgaris* L.). Tech. Bull. Mich. agric. exper. Sta., No. 118 (1932).
Newton, W.: Virus studies. II. Streak X, a disease of tomatoes caused by a virus of the potato X group unassociated with tobacco mosaic. Canad. J. Res. **14**, 415 (1936).
Norval, I. P.: Derivatives from an unusual strain of tobacco mosaic virus. Phytopathology **28**, 675 (1938).
Ocfemia, G. O.: An insect vector of the Fiji disease of sugar cane. Amer. J. Bot. **21**, 113 (1934).
Ocfemia, G. O. and G. C. Buhay: Bunchy top of abaca or Manila hemp. II. Further studies on the transmission of the disease and a trial planting of abaca seedlings in a bunchy-top devastated field. Philipp. Agric. **22**, 567 (1934).
Osborn, H. T.: Studies on pea virus 1. Phytopathology **28**, 923 (1938).
Pierce, W. H.: (*1*) Viruses of the bean. Phytopathology **24**, 87 (1934).
— (*2*) The identification of certain viruses affecting leguminous plants. J. agric. Res. **51**, 1017 (1935).
Pirie, N. W., K. M. Smith, E. T. C. Spooner and W. D. McClement: Purified preparations of tobacco necrosis virus. Parasitology **30**, 543 (1938).
Plakidas, A. G.: Strawberry Xanthosis (Yellows), a new insect-borne disease. J. agric. Res. **35**, 1057 (1927).
Porter, R. H.: (*1*) A new mosaic disease of cucumber. (Abstract.) Phytopathology **20**, 113 (1930).
— (*2*) The reactions of cucumbers to types of mosaic. Iowa St. Coll. J. Sci. **6**, 95 (1931).
Price, W. C.: (*1*) Acquired immunity to ring spot in Nicotiana. Contrib. Boyce Thompson Inst. **4**, 359 (1932).
— (*2*) Isolation and study of some yellow strains of cucumber mosaic. Phytopathology **24**, 743 (1934).
— (*3*) Acquired immunity from cucumber mosaic in Zinnia. Phytopathology **25**, 776 (1935).
— (*4*) Classification of southern celery mosaic virus. Phytopathology **25**, 947 (1935).
— (*5*) Specificity of acquired immunity from tobacco ring spot diseases. Phytopathology **26**, 665 (1936).
— (*6*) Classification of lily-mosaic virus. Phytopathology **27**, 561 (1937).

PRICE, W. C. and R. W. G. WYCKOFF: The ultracentrifugation of the proteins of cucumber viruses 3 and 4. Nature (Brit.) **141**, 685 (1938).

RANKIN, W. H.: Virus diseases of black raspberries. Tech. Bull. N. Y. Sta. agric. exper. Sta., No. 175 (1931).

RANKIN, W. H., J. F. HOCKEY, and J. B. MCCURRY: Leaf curl and mosaic of the cultivated red raspberry. (Abstract.) Phytopathology **12**, 58 (1922).

SALAMAN, R. N.: (*1*) Virus disease of the potato: streak. Nature (Brit.) **126**, 246 (1930).

— (*2*) The analysis and synthesis of some diseases of the mosaic type: the problem of carriers and auto-infection in the potato. Proc. roy. Soc., Lond., Ser. B: Biol. Sci. **110**, 186 (1932).

— (*3*) Protective inoculation against a plant virus. Nature (Brit.) **131**, 468 (1933).

— (*4*) Immunity to virus diseases in plants. Trans. III. Int. Congr. comp. Path., Athens, I, 167 (1936).

— (*5*) Plant viruses and their relation to those affecting man and animal. Lancet **1937 I**, 827.

— (*6*) Acquired immunity against the Y potato virus. Nature (Brit.) **139**, 925 (1937).

— (*7*) (Personal communication.) (1937.)

— (*8*) The potato virus "X", its strains and reactions. Phil. Trans. roy. Soc. London **229**, 137 (1938).

SALAMAN, R. N. and F. C. BAWDEN: An analysis of some necrotic virus diseases of the potato. Proc. roy. Soc., Lond., Ser. B: Biol. Sci. **111**, 53 (1932).

SEVERIN, H. H. P.: (*1*) Yellows disease of celery, lettuce and other plants transmitted by *Cicadula sexnotata* Fall. Hilgardia **3**, 543 (1929).

— (*2*) Transmission of carrot, parsley and parsnip yellows by *Cicadula divisa*. Hilgardia **7**, 163 (1932).

— (*3*) Transmission of California aster and celery yellows virus by three species of leaf-hoppers. Hilgardia **8**, 339 (1934).

SEVERIN, H. H. P. and F. A. HAASIS: Transmission of California aster yellows to potato by *Cicadula divisa*. Hilgardia **8**, 329 (1934).

SMITH, E. F.: Peach yellows and peach rosette. U. S. D. A. Farmer's Bull. No. 17 (1894).

SMITH, K. M.: (*1*) Studies on potato virus diseases. IV. Further experiments with potato mosaic. Ann. appl. Biol. **16**, 1 (1929).

— (*2*) On the composite nature of certain potato virus diseases of the mosaic group. Proc. roy. Soc., Lond., Ser. B: Biol. Sci. **109**, 251 (1931).

— (*3*) Recent advances in the study of plant viruses. London: J. and A. Churchill, 1933.

— (*4*) A virus disease of *Primula obconica* and related plants. Ann. appl. Biol. **22**, 236 (1935).

— (*5*) Colour changes in wall flowers and stocks. Gdn. Chron. **98**, 112 (1935).

— (*6*) New virus diseases of the tomato. J. R. Hort. Soc. **60**, 448 (1935).

— (*7*) A virus disease of cultivated crucifers. Ann. appl. Biol. **22**, 239 (1935).

— (*8*) A text book of plant virus diseases. London (1937).

SMITH, K. M. and J. G. BALD: A necrotic virus disease affecting tobacco and other plants. Parasitology **27**, 231 (1935).

SMITH, R. E. and P. A. BONCQUET: Connection of a bacterial organism with the curly leaf of the sugar beet. Phytopathology **5**, 335 (1915).

SPOONER, E. T. and F. C. BAWDEN: Experiments on the serological relations of the potato virus "X". Brit. J. exper. Path. **16**, 218 (1935).

STAHL, C. F.: Corn stripe disease in Cuba not identical with cane mosaic. Bull. trop. Pl. Res. Fdn., No. 7 (1927).

STANLEY, W. M.: (*1*) Isolation of a crystalline protein possessing the properties of tobacco mosaic virus. Science **81**, 664 (1935).

— (*2*) Aucuba mosaic virus protein isolated from diseased excised tomato roots grown *in vivo*. J. biol. Chem. (Am.) **126**, 125 (1938).

STANLEY, W. M. and R. W. G. WYCKOFF: The isolation of tobacco ringspot and other virus proteins by ultracentrifugation. Science **85**, 181 (1937).

STOREY, H. H.: (*1*) A mosaic virus of grasses, not virulent to sugar cane. Ann. appl. Biol. **16**, 525 (1929).

— (*2*) The bearing of insect vectors on the differentiation and classification of plant viruses. IIe Congr. int. Path. comp., C. R. et Commun. **2**, 471 (1931).

— (*3*) 8th Ann. Rept. East African agric. Res. Sta. Amani. (1936).

— (*4*) Virus diseases of East African plants. IV. A survey of the viruses attacking the Gramineae. East Afric. agric. J. **1**, 333 (1936).

STOREY, H. H. and A. M. BOTTOMLEY: The rosette disease of peanuts. Ann. appl. Biol. **15**, 26 (1928).

STOREY, H. H. and A. P. D. MACLEAN: The transmission of streak disease between maize, sugar cane and wild grass. Ann. appl. Biol. **17**, 691 (1930).

STOREY, H. H. and R. F. W. NICHOLS: Studies of the mosaic disease of cassava. Ann. appl. Biol. **25**, 790 (1938).

STOVER, W. G. and M. T. VERMILLION: Some experiments with a yellow mosaic of tomato. Phytopathology **23**, 34 (1933).

STUBBS, M. W.: Certain viruses of the garden pea, *Pisum sativum*. Phytopathology **27**, 242 (1937).

SUMMERS, E. M.: Types of mosaic on sugar cane in Louisiana. Phytopathology **24**, 1040 (1934).

THOMAS, H. E. and E. M. HILDEBRAND: A virus disease of prune. Phytopathology **26**, 1145 (1936).

THUNG, T. H.: (*1*) Smetstof en plantencel bij enkele virusziekten van de tabaksplant. Hand. 6. ned.-ind. natuurw. Cong., p. 450. Bandoeng (Java), 1931.

— (*2*) De krul- en kroepoekziekten van tabak en de oorzaken van hare verbreidung. Meded. Proefst. vorstenl. Tab. **72**, 54 (1932).

— (*3*) Smetstof en plantencel bij enkele virusziekten van de tabaksplant IV. Tijdschr. Plantenziekten. **44**, 225 (1938).

TIMS, E. C.: Severe type of mosaic on a sugar cane variety. Phytopathology **25**, 36 (1935).

TIMS, E. C., P. J. MILLS, and C. W. EDGERTON: Studies on sugar cane mosaic in Louisiana. Bull. La. agric. Exp. Sta., No. 263 (1935).

TOMPKINS, C. M.: (*1*) Breaking in stock (*Matthiola incana)*. Phytopathology **24**, 1137 (1934).

— (*2*) Two mosaic diseases of annual stock. J. agric. Res. **58**, 63 (1939).

TOMPKINS, C. M., M. W. GARDNER and H. R. THOMAS: Black ring, a virosis of cabbage and other crucifers. Phytopathology **27**, 955 (1937).

VALLEAU, W. D.: (*1*) Seed transmission and sterility studies of two strains of tobacco ring spot. Bull. Ky. agric. exp. Sta., No. 327, 43 (1928).

— (*2*) A virus disease of Delphinium and tobacco. Kentucky agric. exp. Sta. Bull. **327**, 81 (1932).

VALLEAU, W. D. and E. M. JOHNSON: Burning and non-burning strains of tobacco mosaic. Kentucky agric. Exp. Sta. Res. Bull., No. 361, 233 (1935).

VENKATA RAO and K. GOPALA IYENGAR: (*1*) Two types of spike disease. Mysore Sandal Spike Invest. Comm. Bull. **4** (1934).

— (*2*) Studies in spike disease of sandal. Mysore Sandal Spike Invest. Comm. Bull. **5** (1934).

WEIMER, J. L.: (*1*) Alfalfa dwarf: a hitherto unreported disease. Phytopathology **21**, 71 (1931).

— (*2*) Studies on alfalfa mosaic. Phytopathology **24**, 239 (1934).

WELLMAN, F. L.: Identification of celery virus. 1. The cause of southern celery mosaic. Phytopathology **24**, 695 (1934).

WINGARD, S. A.: Hosts and symptoms of ring spot, a virus disease of plants. J. agric. Res. **37**, 127 (1928).

WYCKOFF, R. W. G.: An ultracentrifugal analysis of the aucuba mosaic virus protein. J. biol. Chem. (Am.) **124**, 585 (1938).

WYCKOFF, R. W. G., J. BISCOE, and W. M. STANLEY: An ultracentrifugal analysis of the crystalline virus proteins isolated from plants diseased with different strains of tobacco mosaic virus. J. biol. Chem. (Am.) **117**, 57 (1937).

ZAUMEYER, W. J.: (*1*) Pea streak and its relationship to strains of alfalfa mosaic. (Abstract.) Phytopathology **27**, 144 (1937).

— (*2*) A streak disease of peas and its relation to several strains of alfalfa mosaic virus. J. agric. Res. **56**, 747 (1938).

ZAUMEYER, W. J. and B. L. WADE: (*1*) The relationship of certain legume mosaics to beans. J. agric. Res. **51**, 715 (1935).

— (*2*) Pea mosaic and its relation to other legume mosaic viruses. J. agric. Res. **53**, 161 (1936).

C. Variation in bacteriophages.

Despite the vast amount of work that has been carried out on the question there is still uncertainty as to the true nature of bacteriophage. One theory regards bacteriophages as living organised entities, analogous to viruses and either obligate parasites or symbionts of bacteria. The variations that are found in bacteriophages are, on this theory, due to the existence of distinct strains of bacteriophage or to variations in one of the strains. The other theory regards the bacteriophage as derived from the bacteria on which it lives, though as to the true nature of this non-living derivative there is little agreement [*cf.* HARVEY (1933), KRUEGER (1936), and WOLLMAN and WOLLMAN (1932 and 1936), who regard bacteriophages as hereditary factors which may be liberated from bacteria by various lytic agents]. On this second theory bacteriophages do not possess spontaneous powers of variation, the variations observed being due to changes in the bacterial substrates from which the bacteriophages are derived. This theory has recently received support from the work of NORTHROP (1937) who has isolated a protein with a molecular weight of approximately 500000; this protein is adsorbed by susceptible living or dead bacteria but not by resistant bacteria to the same extent as bacteriophage which it also resembles in its physical properties. The isolation of this heavy protein brings the bacteriophage into line with virus proteins obtained from plants infected with tobacco mosaic and cucumber mosaic viruses but is not in itself direct evidence that the bacteriophage is derived from the bacterium *ab initio*. More direct evidence of such an origin of bacteriophages from bacteria is brought forward by WHITEHEAD and HUNTER (1937) in connection with *Streptococcus cremonis* ORLA JENSEN, used in making cheese through the fermentation of lactose. In a sensitive strain of the streptococcus, bacteriophage appears to arise spontaneously, often very suddenly, and while the majority of the organisms are lysed a few surviving cocci may give rise to a resistant culture. This resistant culture in its turn suffers attack by another bacteriophage quite distinct from the original one, a whole series of resistant cultures and secondary phages being thus obtained, the relationship between each bacteriophage and its particular culture being specific. Either therefore it is necessary to postulate a multiplicity of bacteriophages consequently existing in the environment or to believe that the bacteriophages are a product of the coccus, existing within its cell body and only being extruded according to some unspecified growth conditions. All the lactic streptococci bacteriophages examined by WHITEHEAD and HUNTER had a thermal death point of 70°–75° C. at p_H 6,0 with the exception of one which was destroyed at 55°–60° C.

SERTIC (1929) would explain the above phenomenon on the following lines. According to him bacteriophage suspensions, as isolated, consist of individual bacteriophages with different characters, that is to say variants: these may be isolated as individuals or types by plating out the phage suspension upon bacteria partially immunized, thus rendering the plaques of the minority variant visible. In this way a series of variants is obtained which act on resistant secondary cultures of the corresponding bacterial species.

Whether bacteriophages are organised entities *sui generis* or are derived directly from bacterial cells, the view, originally put forward by D'HÉRELLE (1927), that though there is but one bacteriophage as isolated from the organism there are an infinite number of strains, is now generally discarded, since evidence of many quite distinct bacteriophages has undoubtedly been obtained. Classification of bacteriophages may be made on the following grounds.

1. Characteristics of plaques.
2. Particle size.
3. Serological reactions.
4. Resistance to certain chemical and physical agents:
   a) rate of photodynamic inactivation by methylene blue;
   b) inhibition of lysis by sodium citrate;
   c) denaturing by urea;
   d) ultraviolet light absorption [SANDHOLZER, MANN and BERRY (1937)];
   e) resistance to ultrapressures [BASSET, WOLLMAN, MACHEBOEUF and BARDACH (1933), and BASSET, WOLLMAN, WOLLMAN and MACHEBOEUF (1935)].

1. In the case of cholera bacteriophages a very large number of strains have been isolated and have been shown [*cf.* ASHESHOV, KHAN, and LAHIRI (1930), ASHESHOV (1931), and MORISON (1932)], to differ in the characters of the plaques to which they give rise as well as in other ways. Thus the plaques of cholera bacteriophage type A have sharply defined margins and inside the plaques there are frequently small bacterial colonies. Type A also has a rapid effect, is unstable, delicate in action and restricted in range of action to "smooth" strains of *Vibrio cholerae*. The more stable races of this type are not very polyvalent and attack only about 30 per cent of freshly isolated strains of *V. cholerae*. Plaques of type B have margins less sharply defined and secondary colonies are not so frequent. Plaques of type C are frequently surrounded by a halo. Types B and C are almost omnivirulent and even act on some nonagglutinable vibrios. Different phages may exhibit considerable variations in lytic activity against the same strain of *V. cholerae*. BURNET (*1*, 1933) has also used differences in plaques as one means of differentiating coli-dysentery phages (*cf.* Table).

2. The size of various bacteriophage particles has been investigated by ELFORD and ANDREWES (1932) by the method of filtration through graded collodion membranes. Certain bacteriophages have small particles (8 to 12 mμ) others large (50 to 70 mμ). These results, in addition to showing the inverse correlation with plaque size, also suggest that bacteriophage sizes tend to be grouped around certain values rather than to form a continuous series between the two extremes.

3. The classification of bacteriophages on serological grounds was foreshadowed by the work of BAIL (1923) who developed the cross resistance method for further classification of the small plaque types while WATANABE (1923) was able to show, using guinea-pig antisera, that serological methods gave much the same grouping as the resistance tests. BURNET (*1*, 1933), however, has made the most extensive investigations on the serological differentiation of the coli-dysentery bacteriophages. He distinguishes at least twelve distinct serological groups. Bacteriophages falling into the same serological group (1) always produce plaques of the same structural type and, within fairly wide limits, are of a similar range in size: (2) always belong to one major resistance group [*cf.* BAIL (1923)] (I, II,

"smooth" or "specific" BURNET describes one exception): (3) may lyse quite distinct bacterial species: (4) may show distinct minor differences in their ability to provoke resistant strains of bacteria.

Within one serological group bacteriophages may show considerable minor antigenic differences, but there is practically no evidence of intermediates between the main groups.

Classification of coli-dysentery bacteriophages [BURNET (*1*, 1933)].

Type of Plaque	Particle of size in mμ	Major resistance groups					
		I	II	Specific dysentery	Specific *coli*	"Smooth" dysentery	"Smooth" *coli*
I. Very large with wide shelving edge (8–12 mm)	8–12 15–20	[C 13, C 8][2]	[S 13][1] [S 13][1]	— —	— —	[D44][2]	C 45
II. Moderately large with distinct halo (2–6 mm)	20–30	[S 18, C 36, C 37, C 38, M][3] [D 5, D 48 C 50, C 51][4]	[D 20, G][5]	[D 13][6]	—	—	—
III. Intermediate size with distinct halo (1–3 mm)	25–40		[C 18, C 26, C 47, C 34, C 35][7]	—	—	[D 3][8]	—
IV. Small with soft edge or very narrow halo (0,5–1,5 mm)	30–45	[S 8, L, C 33, S 41, S 28][9]		—	[C 5, C 21][10]	D 6, D 33	C 28, C 29
V. Small or tiny with sharp edge (0,1–1,2 mm)	50–75		[D 4, D 29, C 4, C 15, C 16, H, J, K, D 12, D 53, C 32, C 46, C 20][11]	—	—	—	—

The serological groups are enclosed in square brackets and numbered; unbracketed bacteriophages were not neutralised by any available sera.

4. According to BURNET (*2*, 1933) the coli-dysentery phages show considerable variety in their rate of photodynamic inactivation by methylene blue. Thus a large group is completely inactivated (C 13, D 44, S 18, C 36, C 38, M, D 5, D 48, C 50, C 51, G, D 13, C 5, C 21), a small group is almost completely inactivated (D 3 and D 20) and a third group is inactivated only slightly if at all (S 13, D 4, D 12, D 29, D 53, H, J, K, C 4, C 16, C 20, C 32, C 46).

5. The influence of sodium citrate on inhibiting coli-dysentery bacteriophage activity on agar [BURNET (*2*, 1933)] is as follows:

Lowest concentration of sodium citrate completely inhibiting lysis	Bacteriophage
0,25 per cent	S 13.
0,50 „ „	S 18, C 33, S 41, L, S 18, C 36, C 37, C 5, C 21.
1,0 „ „	C 18, C 26, C 34, C 47.
Unaffected by 1,5 per cent	C 13, C 51, D 13, D 20, G, D 3, D 4, D 29, C 4, C 16, H, J, K.

6. The denaturing action of urea (26,3 per cent solution) on coli-dysentery bacteriophages [BURNET (*2*, 1933)] is as follows:

Complete inactivation .... D 12, D 29, C 4, C 16, H, J, K, C 21.
Almost complete inactivation... L, S 8, C 8, C 13, D 44.
No evident inactivation........ S 13, D 5, D 48, C 51, S 18, C 36, C 38, D 13, D 20, D 3, C 18.

No correlation either positive or negative between any two of the above biochemical tests is apparent nor is there any evident influence of particle size except in inactivation by urea; although large particle bacteriophages were specially sensitive, one group of very small phages was also very sensitive to urea. Very wide differences thus exist between bacteriophages acting on a single type of bacterium.

Biochemical reactions of bacteriophages typical of the 11 serological groups (BURNET *2*, 1933).

Serological group and type phage	Particle of size in mμ	Methylene blue inactivation	Inhibition by citrate	Inactivation by urea
1	8–12	—	+++	—
2	15–20	+++	—	++
3	20–30	++	+++	—
4	20–30	++	—	—
5	20–30	++	—	—
6	20–30	++	—	—
7	25–40	++	+	—
8	25–40	+	—	—
9	30–45	++	+++	++
10	30–45	++	+++	+++
11	50–75	—	—	+++

In addition to the above variations in bacteriophages, differences may be present in the character of the bacteriophage surface which, BURNET (1934) postulates, is made up of a mosaic of two kinds of active groups, A and B, which determine antigenicity and virulence respectively. Since the antigenic types of bacteriophages are as diverse as those of bacteria the antigenic molecular groupings on their surface must be correspondingly varied. The B groups, directed towards the bacterium, are very largely independent of the A groups since phages lysing the same bacteria may be antigenically distinct while antigenically similar phages may lyse quite different bacterial species.

According to BURNET and FREEMAN (1937) the activity of B receptors varies greatly within populations of the same phage, between variant stocks of the same phage and from bacteriophage type to bacteriophage type. A further difference in bacteriophages lies in the readiness with which they are inactivated by suitable bacterial extracts of a polysaccharide substance (phage inhibiting agent, P. I. A.). Phage strains readily inactivated by P. I. A. are rare and the majority of bacteriophages are completely insusceptible. Susceptibility to P. I. A. is easily lost. Thus BURNET and FREEMAN (1937) by exposing a phage to a large excess of potentially susceptible bacteria obtained by selection only bacteriophages with B receptors of a low grade of avidity and the type became, to some extent at least, genetically fixed.

This method of obtaining variant bacteriophages was originally employed by SCHLESINGER (1932 and 1934). Such bacteriophage particles are less readily bound by susceptible bacteria than the normal bacteriophage. Associated or probably correlated with this change are (1) the production of a higher final titre in broth and larger plaques on agar (2) somewhat increased susceptibility to inactivation by immune serum (3) insusceptibility to inactivation by P. I. A and (4) considerably diminished resistance to inactivation by heat.

Susceptibility to the action of P. I. A may be produced in bacteriophages by exposure to a low concentration of immune serum which does not produce complete inactivation. This, according to BURNET and FREEMAN (1937), is due, not to a selection effect, but to a directly induced modification of the reactivity of each particle. The exact stability of this induced modification is uncertain.

Apart from variants produced by experimental means apparently sudden changes, analogous to mutations have been described amongst cholera bacteriophages by ASHESHOV, ASHESHOV, KHAN, LAHIRI, and CHATTERJI (1933): while sudden variations of a similar character have been described by D'HÉRELLE and RAKIETEN (1934) and BURNET and LUSH (1936). The former observed change in the character of a bacteriophage incorporated in a lysogenic strain, the latter rapid change in the characteristics of a bacteriophage acting on a non-pathogenic strain.

Four distinct serological types of bacteriophage specific for the Vi or virulent form of *Bacterium typhosum* have been observed by CRAIGIE and YEN (1938). None of these phages was observed to attack the W form of *Bact. typhosum* or other Salmonella species. These strains differed in serology, particle size, thermal death point and in their lytic activity for different Vi form strains, strains known to be associated epidemiologically reacting similarly in certain particulars. Investigation showed that the affinities of Type II phage were conditioned by the particular strain of *Bact. typhosum* on which it had been propagated. Thus phage II, when grown on the RAWLINGS or WATSON strains, developed an equally high lytic activity for both these strains but affected strain Ty_2 only when applied in relatively strong concentrations; grown on strain Ty_2, however, this phage lost its selective affinity for the RAWLINGS and WATSON strains, developing instead a high affinity for the Ty_2 strain. By changing the substrate strain of *Bact. typhosum*, a number of differently reacting preparations of phage II could be obtained and duplicated. If constant mutation rates for the phage are assumed, any preparation of phage would contain, in addition to the dominant mutant determined by the nature of the typhoid strain, a small proportion of other mutants which would fail to multiply to any significant extent. Selective propagation of any one of the other mutants can be effected if a strain capable of supporting the growth of the mutant in question be substituted for the original strain of *Bact. typhosum*.

Differences in Vi Bacteriophage.

Vi phage	Relative particle size	Thermal Death-point (30 min.)	Neutralization by antiphage serum				Lytic activity for V forms of *Bact. typhosum*
			I.	II.	III.	IV.	
Type I	large phage	67—70° C	+	—	—	—	lyses all V forms
Type II	medium phage	69—72° C	—	+	—	—	develops a high selective activity for the type of *Bact. typhosum* on which it is propagated
Type III	small phage	61—64° C	—	—	+	—	lyses majority of V forms
Type IV	medium phage	59—62° C	—	—	—	+	lyses majority of V forms with exception of types F (RAWLINGS-WATSON) and D

GRATIA (1936) has observed what appears to be spontaneous mutation in a bacteriophage carried by *Bacillus megatherium* 899. This bacteriophage, which also lysed *B. megatherium* 36, underwent dissociation, giving rise on the one hand to a large number of particles of a slightly virulent phage (Bacteriophage T), the plaques of which were covered with a resistant culture, and on the other hand to a very small number of particles of a highly virulent phage (Bacteriophage C), which produced clear plaques and attacked and dissolved completely not only *B. megatherium* 36 but also *B. megatherium* 899, whence it arose. Plaques of Bacteriophage T, if passaged, again underwent spontaneous dissociation into large numbers of Bacteriophage T particles. LOMINSKI (1938) finds that, in contrast to bacteriophages carried on by lysis, phages carried by lysogenic strains sometimes lose either wholly or in part their virulence for the bacterial species which carries them, while continuing to lyse other nearly related species. Various claims to have successfully adapted bacteriophages to chemical and physical agents have from time to time been made. The adaptation to chemicals such as phenol, mercuric chloride, chloramine and glycerol, or to changes of p_H and increased temperature, is in many instances very limited and frequently within the limits of experimental error. In addition, it is a well known fact that a given bacteriophage will display considerable variation in its behaviour when tested over a period of time. Further critical experiments are required on the power of adaptation of bacteriophages to differences of environment caused by physical or chemical factors.

Of more interest are the numerous claims to have adapted a particular bacteriophage to bacterial species not previously susceptible: such adaptations, although they have not succeeded in the hands of all observers, are frequently associated with loss of pathogenicity for the original bacterial species. The adaptation is thus analogous to that observed in many viruses and is not necessarily due to a sudden mutation in the character of the bacteriophage.

In discussing plant viruses it has been pointed out that by inoculation of a plant with a feebly pathogenic strain of virus it is possible to protect against a highly virulent strain of the same virus while a similar finding has been recorded in relation to yellow fever and Rift Valley fever viruses by FINDLAY and MACCALLUM (1937). It is not without interest, however, that an analogous phenomenon has been recorded in relation to bacteriophages [*cf.* BRUCE WHITE (1937)] since feebly lytic bacteriophages protect *V. cholerae* against strongly lytic bacteriophages. It is suggested that the feebly lytic bacteriophage, lacking nothing in combining vigour, establishes itself on the "phage receptors" of the bacterium, forbidding entry to its more destructive confrères.

It will thus be seen that between bacteriophages and plant and animal viruses there are many close analogies so far as variations are concerned, for in bacteriophages, as in the viruses, there are (1) distinct types, (2) different strains of the same type, (3) experimentally produced variants and (4) spontaneous variants.

References.

ASHESHOV, I. N.: 8th Conf. Med. Res. Workers. Simla, 1931.

ASHESHOV, I. N., J. ASHESHOV, S. KHAN, and M. N. LAHIRI: Bacteriophage inquiry. Report on the work during the period from 1st. January to 1st. September 1929. Indian J. med. Res. **17**, 971 (1930).

ASHESHOV, I. N., I. ASHESHOV, S. KHAN, M. N. LAHIRI, and S. K. CHATTERJI: Studies on cholera bacteriophage. Indian J. med. Res. **20**, 1101 (1933).

BAIL, O.: Versuche über die Vielheit von Bakteriophagen. Z. Immunit.forsch. **38**, 57 (1923).

Basset, J., E. (Mme.) Wollman, M. Macheboeuf A. et M. Bardach: Études sur les effets biologiques des ultra-pressions: action des pressions très élevées sur les bactériophages et sur un virus invisible (virus vaccinal). C. r. Acad. Sci. **196**, 1138 (1933).

Basset, J., E. Wollman, E. (Mme.) Wollman et M. A. Macheboeuf: Études sur les effets biologiques des ultra-pressions: action des pressions très élevées sur les bactériophages des spores et sur les autolysines. C. r. Acad. Sci. **200**, 1072 (1935).

Bruce White, P. B.: Lysogenic strains of *V. cholerae* and the influence of lysozyme on cholera phage activity. J. Path. a. Bacter. **44**, 276 (1937).

Burnet, F. M.: (*1*) The classification of dysentery-coli bacteriophages. II. The serological classification of coli-dysentery phages. J. Path. a. Bacter. **36**, 307 (1933).

— (*2*) The classification of dysentery-coli bacteriophages. III. A correlation of the serological classification with certain biochemical tests. J. Path. a. Bacter. **37**, 179 (1933).

— (*3*) The phage-inactivating agent of bacterial extracts. J. Path. a. Bacter. **38**, 285 (1934).

Burnet, F. M. and M. Freeman: A comparative study of the inactivation of a bacteriophage by immune serum and by bacterial polysaccharide. Austral. J. exper. Biol. a. med. Sci. **15**, 49 (1937).

Craigie, J. and Chun Hui Yen: The demonstration of types of *B. typhosus* by means of preparations of Type II Vi phage. Canad. publ. Health. J. **29**, 448 (1938).

Burnet, F. M. and D. Lush: Induced lysogenicity and mutation of bacteriophage within lysogenic bacteria. Austral. J. exper. Biol. a. med. Sci. **14**, 27 (1936).

d'Herelle, F. and T. L. Rakieten: Mutations as governing bacterial characters and serologic reactions. J. infect. Dis. (Am.) **54**, 313 (1934).

d'Herelle, F.: Bacteriophagy and bacteriophage. Trans. 7th Cong. Far Eastern Ass. Trop. Med. II, 278 (1927).

Elford, W. J. and C. H. Andrewes: The sizes of different bacteriophages. Brit. J. exper. Path. **13**, 446 (1932).

Findlay, G. M. and F. O. MacCallum: An interference phenomenon in relation to yellow fever and other viruses. J. Path. a. Bacter. **44**, 405 (1937).

Gratia, A.: Mutation d'un bactériophage du *Bacillus megatherium*. Considérations sur le pouvoir lysogène et sur l'épidémiologie. C. r. Soc. Biol. **123**, 1253 (1936).

Harvey, W. R.: Bacteriophage with special reference to plague and cholera. Trop. Dis. Bull. **30**, 331 (1933).

Krueger, A. P.: Nature of bacteriophage and its mode of action. Physiol. Res. **16**, 129 (1936).

Lominski, I.: Attentuation de virulence des bactériophages entretenus par souche lysogènes. C. r. Soc. Biol. **127**, 866 (1938).

Morison, J.: Bacteriophage. Ann. Rept. Pasteur Inst. Shillong, p. 2 (1932).

Northrop, J. H.: Bacteriophage. J. Bacter. (Am.) **34**, 131 (1937).

Sandholzer, L. A., M. M. Mann and G. P. Berry: Determination of ultraviolet light absorption by certain bacteriophages. Science **86**, 104 (1937).

Schlesinger, M.: (*1*) Die Bestimmung von Teilchengröße und spezifischem Gewicht des Bakteriophagen durch Zentrifugierversuche. Z. Hyg. usw. **114**, 161 (1932).

— (*2*) Die spezifische Agglutination von Bakteriophagenteilchen. Z. Hyg. usw. **116**, 171 (1934).

Sertic, V.: Procédé d'obtention de variantes du bactériophage adaptées à lyser des formes bactériennes secondaires. C. r. Soc. Biol. **100**, 612 (1929).

Watanabe, T.: Serologische Untersuchungen an Shiga-Bakteriophagen. Z. Immunit. forsch. **37**, 106 (1923).

Whitehead, H. R., and G. J. E. Hunter: Observations on the activity of bacteriophage in the group of lactic streptococci. J. Path. a. Bacter. **44**, 337 (1937).

Wollman, E. et E. (Mme.) Wollman: (*1*) Recherches sur le phénomène de Twort-d'Hérelle (bactériophage). Ann. Inst. Pasteur, Par. **49**, 41 (1932).

— (*2*) Recherches sur le phénomène de Twort-d'Hérelle (bactériophage ou autolyse hérédo-contagieuse). Ann. Inst. Pasteur, Par. **56**, 137 (1936).

D. The nature of virus variations.

A study of the variations recorded in multicellular and unicellular organisms [*cf.* TIMOFÉEFF-RESSOVSKY (1934 and 1936), FINDLAY (1936) and YUDKIN (1938)] shows not only how many are the types of variation that occur, but how little is yet definitely known as to the mechanism underlying many of the variations. This absence of precise knowledge applies particularly to fluctuations and more especially to *Dauermodifikationen* and their relationship to the true genotypic mutations. Nevertheless there is seen to be no essential difference, and certainly no clear dividing line, between the types of variation encountered in multicellular and unicellular organisms on the one hand and animal and plant viruses on the other, despite the fact that neither in bacteria nor in viruses is there clear evidence that hereditary characteristics are transmitted by structures of the type of chromosomes or genes.

Many analogies have from time to time been drawn between genes and viruses, and in one sense viruses may be regarded as functionally equivalent to genes. According to one view, viruses have sprung from more complicated organisms which, from adopting a parasitic intracellular existence, have gradually lost all structure and function other than that connected with division and the transmission of hereditary characters [*cf.* GREEN (1935) and LAIDLAW (1938)]. Since in the higher animals and plants the transmission of hereditary characters is performed by the genes, it may be argued that the viruses are composed of small collections of "naked" genes. When a virus enters a cell, its action would thus be equivalent to the appearance in that cell of abnormal genes, and, as in the case of mutant genes, the action in most cases is lethal. There are, however, objections to a comparison of the relations between virus particles and the host tissues on the one hand, and the gene and the somatic structure of animal or plant cells on the other [*cf.* MCKINNEY (1935 and 1937)], since the nuclear gene at any rate is part of a fixed structure within the cell and is reproduced in an orderly manner in company with other cell structures. The analogy between virus and gene, however, gains in strength if made between the smaller virus particles and the free genes of the cytoplasm [SALAMAN (1938)]. If such an analogy prove correct, there would be a close similarity in the mechanism by which hereditary characters are transmitted both in multicellular organisms and in viruses: the term mutation could then be applied correctly to certain of the variations occurring in viruses.

The forms of variation met with in viruses may be classified into four groups:

I. Variation in virulence.
II. Variation in the type of tissue lesion produced in the host.
III. Variation in antigenic character.
IV. Variation in the type of lesion and in antigenic character.
V. Variation in the chemical and physical properties of "virus proteins".

I. Variation in virulence, apart from alteration in the antigenic character of the virus and unassociated with change in the type of lesion produced, is seen in the gradual acquirement of virulence for new species of animals, as in the adaptation of the influenza virus to mice, the virus of lymphogranuloma inguinale to mouse brains, the Rous sarcoma to turkeys, pheasants and guinea-fowl, and the papilloma of cotton-tails to domestic rabbits. In these instances increased virulence is usually associated with repeated passage. The reverse process with decrease in virulence is seen in the case of vaccinia virus, fowl pest virus and yellow fever virus repeatedly grown in cultures of embryo tissues. Among plant viruses very considerable variations in virulence are noted. Some strains may be almost avirulent, but these avirulent strains may protect against fully virulent strains [*cf.* THUNG (1931) in regard to tobacco mosaic and SALAMAN (1933) in regard to X virus of potatoes)].

II. Variation in the type of pathological lesion produced is exemplified in the different lesions produced by street and fixed rabies virus, by pantropic and neurotropic yellow fever virus, by pantropic and neurotropic Rift Valley fever virus, and by fibroma- and necrosis-producing strains of Shope's rabbit fibroma virus. In the case of rabies, yellow fever and Rift Valley fever the variant strains have become specially adapted to growth in one particular tissue, that provided by the central nervous system, and at the same time disadapted from growth in other tissues. In the necrotic strain of rabbit fibroma virus the type of lesion is changed but the tissue affinity remains the same. Variation in the character of the lesions produced is very commonly met with in strains of the same plant virus as in tobacco mosaic or potato virus X [SALAMAN (1938)].

III. Variation in antigenic character but without alteration in the type of pathological lesion produced is seen in the various strains of foot-and-mouth disease, equine encephalomyelitis, vesicular stomatitis and influenza. In all these cases the variation in antigenic character would seem to be quantitative rather than qualitative in character.

IV. When variation in the type of lesion is associated with a high degree of variation in antigenic character an entirely new disease entity may be said to have arisen. On *a priori* grounds there is no reason why such new virus entities should not from time to time arise, although their occurrence is probably rare.

Nevertheless it has been calculated that among plants only two successful new species become established in every century and, since the time required for the development of a single generation of plants is far longer than that required for a single generation of virus particles, the possibility of viable variations surviving should, if the mutation rates be equal, be far greater in the case of viruses than of plants.

Evidence has already been brought forward to suggest that certain virus diseases must have arisen in historical times, *e. g.* infectious myxomatosis of rabbits. The sudden origin of St. Louis encephalitis still remains entirely mysterious, unless it is in some way related to the summer encephalitis of Japan.

It is of interest also that certain of these apparently "young" viruses are geographically restricted to a comparatively small area. The suggestion put forward by WILLIS (1922) for plants, that the size of an area occupied by a species is an index of its age (more recent species occupying smaller areas) has been in some measure confirmed for animals by RILEY (1924). ROBSON and RICHARDS (1936) believe that the theory has a partial validity; its possible application to viruses is worthy of further investigation. New pathogenic viruses might conceivably arise in three ways: *a*) a saprophytic or free-living virus might become parasitic; more probably *b*) a virus feebly pathogenic in one species might become highly pathogenic in another; *c*) a virus restricted to the skin or mucous membranes might develop invasive powers: "with new diseases on ourselves we war".

It would of course be almost impossible actually to observe the birth of an entirely new pathogenic variant from some free-living virus but it is possible to mark various stages in the evolution of new virus entities, as the following series shows:

The neurotropic strains of yellow fever and Rift Valley fever, artificially produced in the laboratory, and the necrotic form of the filterable fibroma, arising spontaneously in the rabbit, show no variation from the parent strains in antigenic character but a very marked change in the type of pathological lesion produced.

Infectious myxomatosis and the rabbit fibroma show a considerable degree of antigenic similarity but differ in the pathological changes produced.

Herpes, pseudorabies, and virus B infection, while differing pathologically, show a slight degree of antigenic similarity and appear to have become differentiated by prolonged passage in particular hosts.

Yellow fever, Rift Valley fever and dengue show no antigenic similarity either *in vitro* or *in vivo*; the lesions produced and the animal species infected are distinct; at the same time there is a certain family resemblance in the clinical symptoms and pathological lesions found in man and monkeys, in the neurotropic potentialities possessed by all three viruses, and in their transmission by aëdine mosquitoes. Unless these similarities are due to convergent evolution they suggest that the three viruses were originally derived from some common ancestor.

V. Variations in the chemical and physical properties of the virus proteins obtained from tobacco mosaic viruses and cucumber viruses show that if, as seems possible, these proteins are indeed the actual viruses, very small differences may be associated with great differences in the pathological lesions produced or in the virulence of the viruses.

When the conditions are considered under which virus variants arise, or, to use a more colourless expression, are brought to light, a further classification becomes possible:

I. *Variants appearing in the same tissue in the same species*, e. g. the necrotic strain of rabbit fibroma and possibly rabbit-pox. In this category would also be placed yellow mosaic arising from ordinary tobacco mosaic virus in plants [McKinney (1929), Jensen (1933)], the variant strains of potato virus X [Salaman (1938)] and also the dissociation phenomena amongst cholera bacteriophage described by Asheshov, Asheshov, Khan, Lahiri and Chatterji (1933). Changes in the characters of phage have also recently been described by d'Hérelle and Rakieten (1934), Burnet and Lush (1936) and Craigie and Yen (1938). The spontaneous reversion in the neurotropic strain of yellow fever [Findlay and MacCallum (1938)] also falls into this group.

II. *Variants appearing in the same tissue but in a different species*, e. g. vaccinia in the skin of the rabbit and calf, the "monkey" strain of poliomyelitis produced by passage in the brain of the rhesus monkey, bipathogenic strains of bird-pox.

III. *Variants appearing in a different tissue either of the same or of a different species*, e. g. fixed rabies virus, neurotropic yellow fever virus, neurotropic Rift Valley fever virus, neurovaccinia, neurotropic strain of infectious myxomatosis and fowl pox and the pigeon-brain strain of equine encephalomyelitis.

IV. *Variants appearing as a result of prolonged growth in tissue culture*, e. g. tissue culture vaccinia virus, tissue culture yellow fever virus, tissue culture fowl pest virus, influenza virus passaged on the chorio-allantoic membrane of the developing chick embryo.

V. *Variants appearing following physical changes in the environment such as preservation in glycerine or growth at high temperatures*, e. g. foot and mouth disease virus, Y virus of potatoes.

It will be seen that very occasionally a virus variant appears spontaneously without any obvious change in the environment, though even in the case of the rabbit fibroma virus there is a suggestion that prolonged preservation in glycerine may have had some association with the appearance of the variant. Nevertheless the fact that the variation appeared suddenly and showed no tendency to revert, does suggest that this variant has many analogies with the true mutants seen in the higher animals and plants. No obvious explanation is forthcoming, however, as to why, without change in environment, the necrotic form of the rabbit fibroma virus should become "dominant" to the fibroma-producing strain which is itself quite well adapted to growth in the rabbit. This difficulty also applies to the development of yellow mosaic from tobacco mosaic virus. Unless some change in environment favours the mutant forms selection can have no part in the dominance, and the phenomenon of mutation "en bloc", although suggested, has never been observed in other organisms.

Much more frequently virus variants appear when the environment is changed, either by transplantation of the virus to new tissues or to new species. Is it therefore possible to assert that the change in environment is the actual cause of the variation? The change in environment might conceivably act in the following ways.

1. If viruses can be conceived as possessing more than one gene, the dominancy of a particular gene may depend on the environment, or, in chemical terms, the activity of an enzyme is dependent on the particular conditions of the environment, as in the case of the adaptative enzymes of bacteria [*cf.* YUDKIN (1938)].

Variations or fluctuations of this type certainly occur also in plants and animals. In the classical case of the red-flowered variety of the Chinese primrose, *Primula sinensis*, for instance, the red flowers only appear at ordinary temperatures; at higher temperatures the flowers are white. In a similar way in *Drosophila*, the abnormal abdomen, a character dependent on mutation in a single gene, is seen only under moist conditions. In a dry atmosphere the flies are normal in appearance and a pure strain may be kept normal for generations provided the humidity is controlled.

Variations of this type, which change immediately with the environment and thus are not hereditary, do not appear to be common in animal viruses unless the sudden changes seen in fowl leucosis, myeloid leucosis, erythroblastosis, and sarcoma may thus be classified.

2. Sudden hereditary variations, analogous to mutations, may be induced in the virus particles by the environment. This would imply a form of true Lamarckian inheritance; there is, however, a suggestion in the case of animals that modifications of habit, such as preference for a new food plant, may become permanent. In viruses, where there seems little or no possibility of contrasted parts corresponding to nucleus and cytoplasm, the distinction between Lamarckian and genetic variation virtually breaks down.

3. The action of the changed environment may be selective only, the population being already heterogeneous in character before the change in environment takes place.

4. The environment may induce fluctuations akin to *Dauermodifikationen*, temporary, but reversible, alterations of the hereditary constitution.

Though reconversion to the normal may occur either rapidly or, more commonly, gradually, when the environmental stimulus ceases to act, it is always possible that a *Dauermodifikation* existing for a sufficiently long period may at length become permanent. If permanent modifications arise in this way in the higher animals and plants [*cf.* ROBSON and RICHARDS (1936)], in which the rate of propagation is comparatively slow, they should, it seems, be more likely to occur in viruses whose rate of propagation is very rapid. Change of environment may thus be the underlying cause of all heritable variation. Nevertheless before the environment can be endowed with a Lamarckian power of causing variations of an hereditable character, two conditions must be fulfilled:—

1. The virus particles involved must be absolutely homogeneous in character and must therefore be descendants of a single particle.

2. The rate of variation of the virus under standard environmental conditions must be known.

At present it is not possible to fulfil either of these conditions.

1. Although theoretically it should be possible to produce infection in animals or to obtain growth in tissue culture with a single virus particle, this has not yet been attained in practice. MERRILL (1936), for instance, has recently calculated that the minimum infective dose of vaccinia for the skin of the rabbit contains at least ten virus particles.

2. Nothing is yet known in regard to the normal rate of variation of any virus, nor can the variation rate be judged simply from an examination of the observed variants. PENROSE and HALDANE (1935), for instance, have recently pointed out that the X chromosome which determines haemophilia in the human male is present once in every 50000–100000 births. Taking a generation as time unit, this human mutation rate is higher than that of the mutation called "white locus" in the fruit fly, which happens only once in 300000 births, from which it would seem that *Homo sapiens* is a more mutable species than *Drosophila melanogaster*. Thus, though a change in environment may quite possibly produce sudden hereditable variants in virus particles, the evidence at present is not sufficiently strong to warrant this assumption.

An alternative explanation to the above would be that the action of the environment is purely selective and acts on a heterogeneous population. Some selective action must certainly be credited to the environment, for the fact that encephalitis may be produced in mice or even rhesus monkeys at any time by intracerebral inoculation of an ordinary strain of yellow fever virus, and that as the encephalitic power increases with passage so the viscerotropic power decreases, suggests that the virus particles are heterogeneous in character, those with neurotropic potentialities growing best or being selected in the environment provided by the central nervous system. On the other hand, the fact that one strain of street rabies becomes fixed almost at once while another strain never becomes fixed, suggests that variation has already occurred in the first strain and that it never occurs in the second; the variation rate of the two strains would, in fact, be the essential difference and the action of the environment would be in no way formative but only selective.

If the vast numbers of virus particles produced in a short time be taken into account it may be said that the variation rate of most viruses is relatively small. Thus intracerebral inoculation of mice with 0,03 c. cm. of neurotropic yellow fever virus is always fatal in a dilution of 10^{-8}, the usual inoculum employed is 0,03 c. cm. of a 20 per cent suspension of the virus, which must therefore contain at least twenty million virus particles. A human population of this size would contain from two to four hundred haemophilics, a *Drosophila* population between sixty and seventy flies with "white locus". ROBSON (1928) points out that in botany and zoology there is little doubt that we habitually designate as species groups of diverse constitution, either compact homogeneous groups or others of composite nature containing very diverse genotypic elements. These separate hereditary strains are capable of being bred out into distinct strains (biotypes).

In suggesting that the change of environment has a selective action on a virus population containing different biotypes it must be remembered that in multicellular animals direct evidence for the occurrence of natural selection is very meagre and carries little conviction. ROBSON and RICHARDS (1936) have pointed out that, even in the much quoted case of the melanic Lepidoptera, the elimination of lighter individuals on a darkened background has not been subjected to detailed investigation, but mimicry in insects does apparently ensure selection on the part of predatory birds [*cf.* MORTON-JONES (1932), CARRICK (1936)], and bacteriologists have long been familiar with "selective" media in which, as in the coli-typhoid group, the addition or subtraction of a single chemical compound may make all the difference as to which of two closely allied organisms survives. The implantation in nervous tissues of pantropic viruses, such as those of yellow fever and Rift Valley fever, has in fact many similarities to the transference of closely allied bacteria to a selective medium. Antigenic analysis of variant strains of viruses may well reveal differences akin to those in the specific polysaccharides of pneumococcus, in which organisms, as shown by GRIFFITHS (1928) and REIMANN (1929), a Type I may by appropriate means be converted into a Type II pneumococcus.

In the case of variations in the rabbit fibroma virus described by ANDREWES and SHOPE (1936), or in strains of potato virus X observed by SALAMAN (1938), selection due to changed environment provides no explanation either for their appearance or for their growth in preference to the parent strain, while the same is true of the reversion in the neurotropism of yellow fever virus maintained in mouse brains.

This difficulty, however, is not peculiar to virus variants, for no theory of evolution has yet satisfactorily explained the means by which mutations in animals and plants spread and establish themselves in nature.

If the action of the environment on certain heterogeneous viruses is largely of a selective character, the problem still remains as to why these viruses exhibit "spontaneous" variation. The problem is thus only pushed back one stage further. Possibly it may be necessary to credit viruses with that fundamental property of organization possessed by other living organisms whereby they are able within limits to adapt themselves to a diversity of environmental conditions.

The differentiation which is here suggested between those virus variants that exhibit analogies with *Dauermodifikationen* and those that show a similarity to true mutations is not simply of academic interest. In increasing numbers virus variants of reduced or altered pathogenicity are being used as vaccines for immunization against more potent viruses. If virus vaccines are merely fluctuations akin to *Dauermodifikationen* there is every possibility that reversion will readily occur. If they correspond to true mutations the possibility of reversion is greatly reduced, though it must be remembered that in the higher animals and plants a mutant gene may occasionally revert to the norm either spontaneously or under the action of X-rays; the mutant organism has in fact a variation rate of its own, though this rate may not necessarrily correspond to that of the parent strain from which the mutant originally arose. Unfortunately it is only by experiment that a true mutation can be differentiated from a *Dauermodifikation*.

Although variation may not be an exclusive property of living organisms or even of organic compounds [REICHERT (1919)] the close analogy between the variations found in animal viruses and those in animals and plants renders almost essential the adoption of a vitalistic conception of the nature of animal viruses. In addition, viruses are not capable of variation in all degrees and in all directions. They thus resemble other animals and plants in which a similar limitation of variation is referred [PANTIN (1932)] to the fact that protoplasm has but a limited molecular structure.

In the higher animals it is not uncommon for a series of ordered mutations of the parent gene to produce specific modifications in a step-like manner, the phenomenon of multiple allelomorphs as seen in the eye colour of Drosophila or albinism in the hair of rodents. The series of variants in the potato X virus observed by SALAMAN (1938) is very similar, since the strains present a series of definite steps from a higher to a lower virulence. Since these modifications have all occurred in a nucleoprotein and the same type of nucleoprotein, exhibiting anisotropy of flow in solution, has been recovered from each strain it follows that the variation must involve a comparatively slight modification of the original protein, possibly a change in position of a single radicle or its replacement by another. A similar slight modification of a gene is probably the basis of mutation in the higher animals and plants.

While certain of the variants described in animal viruses more closely resemble *Dauermodifikationen* there seems little doubt that the majority of virus variants are similar in character to the mutants seen among the higher animals and plants. The evidence available also suggests that the mechanism underlying virus mutation is similar to that in animals and plants.

It is obvious that only a beginning has been made in our knowledge of virus variants: as it increases, it may well suggest more logical and ever more efficient methods of combating both the highly pathogenic viruses that now exist and, since evolution is still at work, those that are as yet unborn.

At the same time greater knowledge of virus variants is likely to throw further light on evolution itself, for in viruses the time factor, so potent a hindrance in the study of evolution in the higher animals, is largely eliminated. Evolution can be studied in organisms that have never reached, or have long since discarded, the complexities of structure associated with cellular organization.

References.

ANDREWES, C. H. and R. E. SHOPE: A change in rabbit fibroma suggesting mutation. III. Interpretation of findings. J. exper. Med. (Am.) **63**, 179 (1936).

ASHESHOV, I. N., J. ASHESHOV, S. KHAN, M. N. LAHIRI, and S. K. CHATTERJI: Studies on cholera bacteriophage. Indian J. med. Res. **20**, 1101 (1933).

BURNET, F. M. and D. LUSH: Induced lysogenicity and mutation of bacteriophage within lysogenic bacteria. Austral. J. exper. Biol. a. med. Sci. **14**, 27 (1936).

CARRICK, R.: Experiments to test the efficiency of protective adaptations in insects. Trans. R. ent. Soc. London **85**, 131 (1936).

CRAIGIE, J. and CHUN HUI YEN: The demonstration of types of *B. typhosus* by means of preparations of Type II Vi phage. Canad. publ. Health J. **29**, 448 (1938).

D'HERELLE, F. and T. L. RAKIETEN: Mutations as governing bacterial characters and serologic reactions. J. infect. Dis. (Am.) **54**, 313 (1934).

FINDLAY, G. M.: Variation in animal viruses. J. microsc. Soc. **56**, 213 (1936).

FINDLAY, G. M. and F. O. MACCALLUM: Spontaneous variation in the neurotropic strain of yellow fever virus. Brit. J. exper. Path. **19**, 384 (1938).

GREEN, R. G.: On the nature of filterable viruses. Science **82**, 443 (1935).

GRIFFITHS, F.: The significance of pneumococcal types. J. Hyg. (Brit.) **27**, 113 (1928).

JENSEN, J. H.: Isolation of yellow mosaic viruses from plants infected with tobacco mosaic. Phytopathology **23**, 964 (1933).

LAIDLAW, P. P.: Virus diseases and viruses. The Rede lecture. Cambridge, 1938.

MCKINNEY, H. H.: (*1*) Mosaic diseases in the Canary Islands, West Africa and Gibraltar. J. agric. Res. **39**, 557 (1929).

— (*2*) Evidence of virus mutation in the common mosaic of tobacco. J. agric. Res. **51**, 951 (1935).

— (*3*) Virus mutation and the gene concept. J. Hered. (Am.) **28**, 51 (1937).

MERRILL, M. M.: The mass factor in immunological studies upon viruses. J. Immunol (Am.) **30**, 169 (1936).

MORTON-JONES, F.: Insect coloration and the relative acceptability of insects to birds. Trans. R. ent. Soc. London **80**, 345 (1932).

PANTIN, C. F.: Physiological adaptation. J. Linn. Soc. (Zool.), London **37**, 705 (1932).

PENROSE, L. S. and J. B. S. HALDANE: Mutation rates in man. Nature (Brit.) **135**, 907 (1935).
REICHERT, E. T.: A biochemic basis for the study of problems of taxonomy. Carnegie Inst. Washington Publ. 270, pt. 1.
REIMANN, H. A.: The reversion of R to S pneumococci. J. exper. Med. (Am.) **40**, 237 (1929).
RILEY, N. D.: Presidential address. Proc. S. Lond. ent. nat. Hist. Soc., p. 74 (1924).
ROBSON, G. C.: The species problem. Edinburgh-London, 1928.
ROBSON, G. C. and O. W. RICHARDS: The variation of animals in nature. London: Longmans, Green & Co., 1936.
SALAMAN, R. N.: (*1*) Protective inoculation against a plant virus. Nature (Brit.) **131**, 468 (1933).
— (*2*) The potato virus "X" its strains and reactions. Philos. Trans. London **229**, 137 (1938).
THUNG, T. H.: Smetstof en plantencel bij enkels virusziekten van de tabaksplant. Hdb. ned.-ind. natuurw. Congr., p. 459. Bandoerg (Java), 1931.
TIMOFFÉEFF-RESSOVSKY, N. W.: (*1*) The experimentell production of mutations. Biol. Rev. Cambridge philos. Soc. **9**, 411 (1934).
— (*2*) A discussion on the present state of the theory of natural selection. Proc. roy. Soc. London, Ser. B: Biol. Sci. **121**, 45 (1936).
WILLIS, A. G.: Age & Area. Cambridge: University Press, 1922.
YUDKIN, J.: Enzyme variation in microorganisms. Biol. Rev. Cambridge philos. Soc. **13**, 93 (1938).

7. Die Virusarten als tumorerzeugende Agenzien.

Von

OLUF THOMSEN,

Institut für allgemeine Pathologie in Kopenhagen.

Einleitung.

Die stürmische, von Erfolg zu Erfolg fortschreitende Entwicklung der Lehre von den belebten Krankheitserregern mußte, wie sie auf das gesamte medizinische Wissen und Denken umgestaltend wirkte, alsbald auch auf das Problem der Ätiologie der Geschwülste, insbesondere der carcinomatösen Formen, Einfluß nehmen. Analogien, welche die Pathologen des vorigen Jahrhunderts zwischen gewissen Infektionskrankheiten (Tuberkulose) und malignen Tumoren zu erkennen glaubten, ließen die Existenz eines *spezifischen „Krebsmikroben"* als glaubwürdig erscheinen und gaben den Impuls, seinen Nachweis zunächst mit den vielfach bewährten Methoden der Bakteriologie anzustreben. Positive Befunde wurden veröffentlicht, erzielten aber nicht einmal vorübergehende Beachtung, da es sich stets rasch herausstellte, daß es sich um banale Bakterien handelte, die als zufällige Verunreinigungen zu betrachten waren oder auf eine sekundäre Infektion des Tumorparenchyms bezogen werden mußten.

Neben diesen bakteriologischen Untersuchungen tauchten zwei Forschungsrichtungen auf, die schon im Hinblick auf ihre Fragestellung ganz anders orientiert waren. Sie gingen beide von der Überlegung aus, daß die Carcinome durch eine exzessive Wucherung epithelialer Zellen charakterisiert sind und daß diese Art der pathogenen Auswirkung bei Prozessen von sicher bakterieller Ätiologie unbekannt ist, bzw. zu jener Zeit unbekannt war. Dagegen wußte man, daß das *Coccidium oviforme*, welches die Epithelien der Gallengänge in der Kaninchenleber besiedelt, diese Zellen zur Wucherung bringt und die Bildung von intrahepatischen Geschwülsten (Adenomen) verursacht. Auf der anderen Seite fand BUSSE 1894 in einem Material, das angeblich von einem erweichten Sarkom der Tibia stammte, eine Hefeart, welche er in Reinkultur erhalten konnte und die sich auf verschiedene Versuchstiere insofern mit Erfolg übertragen ließ, als geschwulstartige Formationen entstanden. Wie sich aus diesen Anfängen die *Coccidien- (Sporozoen-) Theorie* und die *Blastomyzetenhypothese* der malignen Tumoren entwickelten und wie sie wieder vom Schauplatz abtreten mußten, hat A. BORREL (*1*) 1901 in dem Referat „Les théories parasitaires du cancer" geschildert, eine Darstellung, die, aus ihrer Epoche heraus beurteilt, als Zeugnis für das hohe Niveau des Autors betrachtet werden darf.

Was aber den Auseinandersetzungen von A. BORREL einen besonderen, über die Erfassung des augenblicklichen Standes von Lehre und Forschung hinausgehenden Wert verleiht, ist seine Kritik des Begriffes „*Krebserreger*". Er bezeichnet diesen Ausdruck als ganz besonders unklar („particulièrement impropre"), wenn man ihn im Singular verwendet, denn es sei von vornherein gewiß, daß die Mannigfaltigkeit der Carcinome nicht durch ein einziges ätiologisches Agens erklärt werden kann. *Es müsse also verschiedene Krebsmikroben geben,* und es sei durchaus möglich, daß auch *Tumoren ohne mikrobielle Ätiologie* („tumeurs sans microbes") existieren. Durch diese beiden Sätze hat BORREL eine Situation intuitiv gekennzeichnet, die in der Folge tatsächlich eingetreten ist.

BORREL (*2*) war es auch, welcher zwei Jahre nach der Veröffentlichung des eben zitierten Referates die Möglichkeit diskutierte, daß tumorerzeugende Infektionsstoffe der Gruppe der Virusarten angehören könnten. Unter dem Namen der *infektiösen Epitheliosen* faßte er eine Reihe von virusbedingten Prozessen zusammen (Schafpocken, Vaccine, Variola, Maul- und Klauenseuche, Rinderpest, Geflügelpocken), deren gemeinsames Kriterium er auf Grund eingehender histologischer Untersuchungen in der Beteiligung der Epithelien erblickte, welche auf die spezifische Noxe mit proliferativen Vorgängen reagieren, so daß man — allerdings nur im weitesten Sinne des Wortes — von einer Bildung epithelialer Tumoren sprechen dürfe. In diesem Punkte seien die „Epitheliosen" mit den „Epitheliomen" verwandt und es sei daher theoretisch gerechtfertigt, das cancerogene Agens nicht nur wie bisher unter den Bakterien, Hefen, Sporozoën usw., sondern auch unter den Virusarten zu suchen und die Methodik in dieser Richtung zu orientieren. BORREL kannte die Arbeiten von C. O. JENSEN[1] (1902/3) über die serienweise Übertragbarkeit maligner Mäusetumoren und hatte selbst Gelegenheit, solche Experimente auszuführen; er hielt das Mäusecarcinom für das vorteilhafteste Forschungsobjekt, welches damals für die Lösung des ätiologischen Krebsproblems zur Verfügung stand, und gab seiner Meinung über die zukünftige Entwicklung dieses Problems mit den Worten Ausdruck: „La question aura fait un grand pas le jour où, en dehors de toute intervention de la cellule cancéreuse vivante, l'inoculation positive aura définitivement fait justice aux théories diathésiques du cancer" (l. c., S. 116).

Gerade die Passagen des gleichen Tumors von Tier zu Tier, welche nach dem Bekanntwerden der Versuche von C. O. JENSEN in großer Zahl in der ganzen Welt durchgeführt wurden, mußten jedoch Zweifel an der parasitären Ätiologie der malignen Tumoren erwecken. Die Übertragung gelang nur mit Hilfe von Tumorzellen, also nicht in der von BORREL geforderten Art, und es zeigte sich, daß es die schon cancerisierten Zellen waren, die sich ständig weiterteilten, während das eigene Gewebe des Wirtstieres in den Krebsprozeß nicht mitein-

[1] Vor JENSEN hat MORAU (1894) Angaben über die erfolgreiche Verimpfung von Mäusecarcinomen gemacht, die aber unbeachtet blieben [cit. nach A. BORREL (*2*)].

bezogen wurde, sofern es nicht etwa als Stützgewebe für die wuchernden Krebsepithelien in Betracht kam. Die Geschwülste wuchsen „aus sich selbst heraus" (RIBBERT), was ganz besonders an den Metastasen von Geschwülsten mit charakteristischem Zelltypus in die Augen fiel. Die Metastasen bestanden aus der gleichen Art von Zellen, wie sie die Muttergeschwulst aufbauten; das umgebende Gewebe wurde dagegen nicht cancerisiert. Das galt nicht nur für Metastasen von transplantierten, sondern auch für solche von spontan entstandenen Geschwülsten des Menschen und der Tiere. Die Metastase eines Magencarcinoms in der Leber oder in einer Lymphdrüse war nie, nicht einmal teilweise, aus carcinomatösen Leber- oder sarkomatösen Mesenchymzellen aufgebaut, sondern nur aus Zellen vom Typ der Primärgeschwulst, wenn sich auch das Aussehen etwas verändern konnte (Anaplasie).

In einzelnen Fällen, besonders in solchen von transplantierbarem Carcinom (Carcinoma mammae bei Mäusen) hatte man freilich Prozesse beobachtet, die von vielen Autoren als eine sarkomatöse Umbildung des Bindegewebes aufgefaßt wurden. Nach einer gewissen Anzahl von Passagen lag ein „Carcino-Sarkom" vor, in welchem der sarkomatöse Anteil sogar in dem Grade die Oberhand gewinnen konnte, daß sich der Tumor schließlich als reines Sarkom fortpflanzen ließ. Ein Beispiel hierfür ist der im Laboratorium des Imperial Cancer Research Fund gezüchtete Tumor 37, der ursprünglich als Mammacarcinom einer Maus aufgetreten war und nach und nach in zwei Stämme „37 C" und „37 S" aufspaltete, die nur aus Carcinom- bzw. aus Sarkomzellen bestanden und von denen jeder unter Wahrung der angenommenen Struktur weiter transplantiert werden konnte. Die Deutung solcher Vorkommnisse ist jedoch durchaus nicht einheitlich. So wurde z. B. behauptet, daß die spindelförmigen Tumorzellen nicht Sarkomzellen, sondern anaplastisch veränderte Carcinomzellen seien, da sich Übergänge von den typischen Epithelzellen bis zu in hohem Grade sarkomähnlichen Elementen feststellen ließen. Anderseits gehen auch die Ansichten der Autoren auseinander, welche die Entwicklung eines Sarkoms annehmen, indem die Frage verschieden beantwortet wird, ob die Sarkomzellen vom Stroma des primären Tumors oder vom Bindegewebe der Passagemäuse abstammen. Schließlich muß auch noch mit der Möglichkeit gerechnet werden, daß schon die Ausgangsgeschwulst ein Mischtumor (Carcino-Sarkom) war, in welchem die sarkomatöse Komponente nur einen geringen Anteil ausmachte, der erst durch das Passageverfahren verstärkt wurde. Der Beweis, daß normale Zellen durch Krebszellen „angesteckt" und dadurch selbst cancerisiert werden, läßt sich auf Grund derartiger Beobachtungen keinesfalls erbringen. Auch muß man bei der Deutung sog. Übergangsbilder zwischen normalen und cankrösen Zellen oder Zellverbänden mit der in solchen Fällen stets gebotenen Vorsicht zu Werke gehen, hier sogar in gedoppeltem Ausmaße, da P. ROUS (*3*, *6*) nachgewiesen hat, daß man sehr suggestive „Übergangsbilder" sogar experimentell — durch Mischtransplantation von normalem Fetal- und Tumorgewebe — erzeugen kann.

Bei den *Sarkomen* war die genetische Abhängigkeit der Metastasen vom Primärtumor schwieriger festzustellen, da man voraussetzen mußte, daß maligne Geschwulstzellen mesenchymaler Herkunft häufig dasselbe Aussehen haben würden, gleichgültig, ob sie sich aus dem Stützgewebe dieses oder jenes Organs entwickeln. Die Art des von einem zentralen Focus in zentrifugaler Richtung ausgehenden Wachstums sprach jedoch auch hier dafür, daß es die den Organen embolisch zugeführten Sarkomzellen der Muttergeschwulst waren, welche durch fortgesetzte Teilung die Metastase bildeten und die normalen Zellen der Umgebung verdrängten oder zerstörten. An metastatischen, durch pathogene Mikroben, speziell durch Bakterien erzeugten Entzündungsprozessen konnte man zwar neben exsudativen und degenerativen Vorgängen gleichfalls proliferative Erscheinungen beobachten, besonders bei chronisch verlaufenden Infektionen (Tuberkulose, Aktinomykose, Lues usw.); aber es war doch kaum fraglich, daß die Proliferation vom Gewebe des sekundär angegriffenen Organs ihren Ausgang nahm.

Außer dieser Differenz, deren essentielle Bedeutung auch BORREL (*2*, S. 116) in vollem Ausmaße würdigte, war die Tatsache maßgebend, daß für die Kontagiosität des Carcinoms keine zuverlässigen Beweise vorlagen. Und schließlich bestanden — abgesehen von den verschiedenen Hypothesen über die Pathogenese der Geschwülste, welche die Annahme eines infektiösen Agens als überflüssig erscheinen ließen — auch nicht wegzuleugnende Erfahrungen, welche eine andere Ätiologie weit wahrscheinlicher machten. So hatten die Beobachtungen über Teer- und Paraffinkrebse nicht nur die Überzeugung von der Richtigkeit der VIRCHOWschen Reiztheorie gestärkt, sondern auch die ersten — zunächst allerdings noch ergebnislosen oder unbefriedigenden — Versuche veranlaßt, die Wirkung cancerogener Substanzen im Tierexperiment zu erproben (HANAU, 1889, A. BROSCH, 1900, u. a.). Es war daher fast zum Dogma geworden, *daß Tumoren, u. zw. speziell maligne Tumoren nicht als Prozesse aufgefaßt werden können, welche auf Infektionen mit pathogenen Mikroorganismen beruhen.*

Die Entdeckung von Peyton Rous.

In Anbetracht der bestimmten Einstellung der wissenschaftlichen Meinung erregte es ein gewisses Aufsehen, als PEYTON ROUS (*1, 2, 4*) 1910—1911 mitteilte, daß er ein bei einem Huhne spontan aufgetretenes Fibromyxosarkom (in der Folge „Tumor (Sarkom) Nr. I“ genannt) auf andere Hühner transplantieren und außerdem Sarkome vom gleichen Typus durch intramuskuläre Injektion von zellfreien Filtraten der Tumorextrakte oder von anderem Material, das keine lebenden Zellen enthalten konnte, hervorrufen konnte; so erwiesen sich u. a. Suspensionen von eingetrockneter und zerriebener Tumormasse, in Glycerin aufbewahrte Geschwulstteile oder mehrfach gefrorenes und wieder aufgetautes Tumorgewebe als wirksam [ROUS und MURPHY (*5*) sowie andere Mitarbeiter]. Es ist indes sehr charakteristisch für die damalige Situation, daß das Interesse schnell abebbte, da es offenbar die meisten Autoren, gerade wegen der nachgewiesenen Existenz eines übertragbaren Agens oder Virus, als sicher betrachteten, daß es sich nicht um einen „echten Tumor“ handeln könne, sondern daß ein infektiöses Granulom mit tumorähnlichem Aussehen vorliegen müsse.

So wollte O. TEUTSCHLÄNDER (*2*) noch 1923 die „filtrierbaren Hühnersarkome“[1] einer besonderen Gruppe von pathologischen Zuständen, den *Sarkosen* oder *Blastosen* zurechnen, zu denen nach seiner Ansicht auch die Hühnerleukosen gehören sollten. Erst später schloß sich TEUTSCHLÄNDER (*4*) der jetzt allgemein anerkannten Auffassung an, daß es sich um wirkliche Tumoren handelt. EWINGS bekanntes, 1919 erschienenes Werk „Neoplastic diseases“ enthält zwar ein 13 Seiten langes Kapitel über die parasitäre Theorie des Carcinoms, aber das Wort „Virus“ oder ein synonymer Ausdruck kommt darin überhaupt nicht vor; mit Recht hat später C. H. ANDREWES (*9*) in einem Artikel (in welchem er sich übrigens auch mit dem Begriff des „echten Tumors“ auseinandersetzte) auf diese Tatsache hingewiesen, weil sie die kühle Aufnahme der Entdeckung von ROUS besser widerspiegelt als eine ausführlich motivierte Ablehnung.

ROUS selbst erkannte indes die prinzipielle Bedeutung seiner Entdeckung für unsere ganze Auffassung von der Pathogenese der Geschwülste. In Gemeinschaft mit zahlreichen Mitarbeitern setzte er seine experimentellen Untersuchungen

[1] Der Ausdruck *„filtrierbarer Tumor“* wird im folgenden der Kürze halber als Bezeichnung für Tumoren angewendet, bei welchen die Übertragung durch zellfreies, aus dem Tumor gewonnenes Material sichergestellt werden konnte.

fort und erzielte eine Reihe neuer und wertvoller Ergebnisse, so daß schließlich die aktive und passive Opposition verstummte. Der erste Schlußsatz des Berichtes, den C. H. ANDREWES (*9*) über die Virusätiologie der Tumoren 1934 erstattet hat, lautete: "The filtrable fowl tumors are true tumors, only differing from those of mammals in that a causative agent or agents can be demonstrated apart from the cells." Was A. BORREL vorausgeahnt, war somit erfüllt worden. Man darf allerdings nicht vergessen, daß ROUS in den gewaltigen Fortschritten der Virusforschung eine sehr wirksame Unterstützung fand und daß die Beziehungen seiner Entdeckung zum Gesamtproblem der Tumorgenese doch erst zur vollen Geltung kamen, nachdem festgestellt worden war, daß auch bei epithelialen Tumoren der Säugetiere, u. zw. auch bei Tumoren mit malignem Charakter, Virusarten als übertragbare Agenzien nachweisbar sind. P. ROUS (*9*) hat 1936 in einem Vortrag, den er im Rahmen der Harvey lectures hielt, anerkannt, daß diese Ergänzung wesentlich war; die betreffende Stelle (l. c., S. 241) lautet: "Are mammalian tumors also due to viruses—some of them at least? This prime question remains, and recently a material has come to hand wherewith it can be studied. There is now available for experiment a virus-induced papilloma which possesses the immediate attributes of a tumor and not infrequently becomes a genuine cancer."

Die nachstehende Darstellung schließt sich dem historischen Gang der Forschung insofern an, als sie von den Tumoren der Hühner, speziell vom Roussarkom, ausgeht.

I. Die virusbedingten Tumoren der Hühner.

A. Sarkome.

Die Bezeichnung „*Roussarkom*" wird nicht selten in fehlerhafter Weise auf jeden sarkomatösen, filtrierbaren Tumor von Hühnern angewendet. Es handelt sich aber um eine *Gruppe* von verschiedenen Geschwülsten, die sich vor allem durch ihre histologische Struktur unterscheiden; man kennt *Myxome*, *Fibrome*, *Spindelzellensarkome*, *Chondrome*, *Osteome*, *Rundzellensarkome* und *Endotheliome*, und die Transplantation liefert in der Regel immer wieder Tumoren vom Typus der Ausgangsgeschwulst. Auch in anderen Beziehungen konstatiert man wesentliche Differenzen.

Der Tumor, mit welchem P. ROUS seine grundlegenden Experimente ausführte („Roussarkom Nr. 1"), bestand aus festverwebten, zum Teil sich kreuzenden Bündeln von spindelförmigen, schlanken Zellen, zwischen welche auch mehr rundlich geformte Elemente eingestreut waren. Er war bei einer Plymouth-Rock-Henne von „pure blood" (worunter vermutlich nur das gemeint ist, was die Züchter unter „reiner Rasse" verstehen) entstanden, als das Tier zirka 15 Monate alt war, saß als hühnereigroßer Knoten in der rechten Brustmuskulatur und zeigte auf dem Durchschnitt nekrotische Partien.

Mesenchymale Tumoren bei Hühnern (Fibrome, Myxome, Lymphome, Sarkome) waren um diese Zeit (1910) bereits bekannt; die Übertragungsversuche mit Hilfe des Transplantationsverfahrens hatten jedoch negative Resultate ergeben. Auch der Tumor, den ROUS zu untersuchen Gelegenheit hatte, war schwer transplantierbar. Er ließ sich anfänglich nur auf nahe Verwandte (Geschwister) des ursprünglichen Tumorträgers verimpfen, der Prozentsatz der erfolgreichen Transplantationen war sehr gering und die Entwicklung des Inoculums zu einer makroskopisch sichtbaren Geschwulst beanspruchte längere Zeit (35 Tage). ROUS (*2*, S. 703) hebt ausdrücklich hervor, daß ihn dieser Umstand bewog, keine Übertragungsversuche mit Zellfragmenten oder zellfreien Präparaten anzustellen, und daß er daher auch die Frage unerledigt ließ, ob das Wachstum der experimentell induzierten Sarkome nur von den transplantierten Zellen ausging. Wenn man aus der Tafel in dieser ersten Publikation von Rous (S. 701) entnimmt, daß von zirka 45 Transplantationen nur drei ein deutlich positives Resultat hatten, muß man in der Tat zugestehen, daß die technischen Voraussetzungen für die Prüfung weitgehender Fragestellungen nicht vorhanden waren.

Im Laufe der Passagen wurde das Wachstum des Tumors kräftiger, die Verpflanzung gelang auch auf Plymouth-Rock-Hühner, welche mit dem ursprünglichen Tumorträger nicht verwandt waren, und schließlich erwiesen sich alle Hühnerrassen bzw. Hühnermischrassen als empfänglich. Als dieser Umschlag (zunächst noch innerhalb der Plymouth-Rock-Rasse) deutlich geworden war, holte Rous (*4*) den nunmehr durchführbaren Versuch nach,[1] das Sarkom *durch zellfreie Filtrate aus Tumorextrakten* zu erzeugen. Rous erwartete, wie er selbst betont, *kein* positives Ergebnis. Experimente dieser Art, welche man früher mit Tumoren von Mäusen, Ratten und Hunden angestellt hatte, waren nie gelungen, und das Hühnersarkom verhielt sich in jeder Beziehung wie ein Neoplasma „of classical behaviour", so daß nicht anzunehmen war, daß sich nun plötzlich eine Differenz zeigen könnte. Aber das Resultat war überraschenderweise positiv: Hühner, welche mit auszentrifugierten oder *(durch Berkefeldkerzen) filtrierten Tumorextrakten in den Brustmuskel geimpft wurden, bekamen Sarkome von der gleichen histologischen Struktur wie die ursprüngliche Geschwulst.* Rous setzte sich mit dieser Tatsache folgendermaßen auseinander: Es sei am naheliegendsten, als das aktive, aus sich heraus wachsende („self-perpetuating") Agens des Sarkoms einen ultramikroskopischen parasitischen Organismus anzunehmen; es sei aber auch denkbar, daß im Tumor ein chemischer Reizstoff erzeugt wird, welcher in einem anderen Wirt Tumorbildung und damit die Produktion von neuem Reizstoff auslöst. Er könne sich für den Augenblick für keine der beiden Hypothesen entscheiden (*4*, S. 409).

Übertragbarkeit des Roussarkoms auf Hühner und andere Vogelarten.

Es wurde bereits erwähnt, daß das Roussarkom Nr. I nur *an Verwandten des ursprünglichen Tumorträgers* zum Haften gebracht werden konnte[2]; überdies waren es nur *junge* Hühner, bei welchen die Transplantate angingen, während sich alte Hühner, obwohl der gleichen reinen Zucht von Plymouth-Rock angehörig, als refraktär erwiesen. Diese Einschränkung der Empfänglichkeit muß als *höchst auffallend* bezeichnet werden, speziell wenn man den Tumor auf Grund des

---

[1] V. Ellermann und O. Bang (*1, 2*) hatten schon 1908 berichtet, daß die Leukämie der Hühner zellfrei übertragen werden kann. P. Rous (*2*, S. 697) zitiert die Arbeiten dieser Autoren in seiner ersten Mitteilung, leitete aber aus ihnen keineswegs die Veranlassung zu seinen eigenen Filtrationsexperimenten ab, die er ja, wie oben auseinandergesetzt wird, aus dem Grunde ausführte, um zu beweisen, daß sich das Hühnersarkom wie jeder andere maligne Tumor verhält. Die Hühnerleukämie betrachtete Rous — eben wegen des erbrachten Virusnachweises — als einen infektiösen Prozeß; ihre enge Beziehung zu den filtrierbaren Hühnersarkomen wurde erst viel später erkannt.

[2] Auch für andere Hühnertumoren gilt die Regel, daß die Übertragung anfangs besser oder sogar ausschließlich auf Tiere gelingt, welche mit dem ursprünglichen Tumorträger verwandt sind. Doch kommen auch Ausnahmen vor: Teutschländers Sarkom und der Tumor XVIII von P. Rous gingen gleich im Beginn der Passageversuche bei Hühnern aller Rassen gleich gut an.

Vorhandenseins eines unbegrenzt übertragbaren Agens als einen Infektionsprozeß betrachten wollte, welcher durch einen parasitischen Mikroben verursacht wird. Das erste Auftreten der Empfänglichkeit bei einem Individuum einer sonst resistenten Hühnerrasse macht durchaus den Eindruck einer *Mutation (Idiovariation)*, und das Protokoll über die positiven und negativen Transplantationen (*4*, S. 402) ähnelt — wenigstens in den ersten 4—5 Generationen — den Stammbäumen, die beispielsweise als Argumente für die Erblichkeit der Idiosynkrasien beim Menschen publiziert worden sind. Die Biologie führt jeden Fall von Parasitismus letzten Endes auf die Anpassung von ursprünglich autonomen Lebewesen an den Lebensraum besonderer Wirte zurück; wie man sich jedoch die Entstehung der hyperspezifischen Beziehung eines hypothetischen Sarkomerregers an den ursprünglichen Tumorträger bzw. an eine beschränkt-erbliche Eigenschaft desselben erklären soll, läßt sich wohl nicht beantworten.

Von einer Anpassung an Plymouth-Rock-Hühner *beliebiger Herkunft und schließlich an Hühner beliebiger Rasse* war erst in der 6. bis 8. Generation der Sarkomübertragungen etwas zu sehen. Nach den Daten, welche ROUS (*4*) veröffentlicht hat, scheint der Umschwung zwar nicht plötzlich, aber doch im Laufe von wenigen Passagen eingetreten zu sein. Vermutlich war auch die Wirksamkeit zellfreier Filtrate nicht von Anfang an in vollem Ausmaße entwickelt, sondern nahm — gemessen am Prozentsatz der reagierenden Hühner und der Geschwindigkeit des Tumorwachstums — zu, wahrscheinlich gleichzeitig mit der Verstärkung des Transplantationseffektes; man darf dies auf Grund von anderen Beobachtungen schließen [J. MCINTOSH (*3*)]. Die höhere Empfänglichkeit *junger* Hühner, gekennzeichnet durch rascheres Tumorwachstum und höhere Tendenz zur Metastasenbildung, blieb im Rahmen der geschilderten, von manchen Autoren als „Virulenzsteigerung" bezeichneten Veränderungen erhalten [ROUS und MURPHY (*7*), SUGIURA].

Dagegen galt es viele Jahre hindurch als unmöglich, das Roussarkom Nr. I auf andere Vögel als auf Hühner zu übertragen; auch nahe verwandte Vogelspezies aus der Familie der Phasianidae wurden als refraktär betrachtet, ebenso natürlich Säugetiere. In dieser Hinsicht hat sich indes eine gewisse Änderung vollzogen. Wie C. H. ANDREWES (*6, 7*) fand, können Fasane sowohl mit Zellen als auch mit Filtraten des Roussarkoms Nr. I mit Erfolg inokuliert werden. Bei der Mehrzahl der geimpften Fasane entwickeln sich progressiv wachsende, in den Lungen metastasierende und den Tod der Tiere herbeiführende Tumoren. Zuweilen hört allerdings das Wachstum auf, die Geschwülste bilden sich zurück und hinterlassen eine Resistenz oder Immunität gegen eine zweite Impfung. Auch erwies es sich unerwarteterweise als schwierig, den Tumor in Fasanenpassagen fortzuführen. Ferner hat M. J. A. DES LIGNERIS (*1*) mitgeteilt, daß die Übertragung auf Truthähne und Perlhühner (die übrigens nach POLL der Spezies Huhn am nächsten verwandt sein sollen) gelingt; man kann aber — ähnlich wie bei den Fasanen — nur 2 bis 3 Passagen erzielen, weil das Wachstum rasch erlahmt und bald ganz aufhört. Schließlich können unter besonderen Umständen sogar Übertragungen auf Enten glücken (s. S. 1008).

Durch die fortgesetzten Hühnerpassagen ist das Roussarkom Nr. I nunmehr ein für Hühner äußerst maligner Tumor geworden. Das Wachstum schreitet schnell fort, bis die Tiere mit ausgedehnten Metastasen, in der Regel 3—4 Wochen nach der Inokulation eingehen. Tumoren, welche nach der Injektion von *Filtraten* in die Brustmuskulatur entstehen, haben meist eine *längere Latenzzeit* (10 Tage bis 3 Wochen, ev. noch mehr) als Transplantationstumoren, die sich aus einem zirka 1 mm großen Gewebestück schon im Laufe einer Woche zu Knoten von 1 bis 2 cm Durchmesser auswachsen. Die Übertragungen liefern jetzt 80% positive

Resultate. Spontane Rückbildungen der Impftumoren sind sehr selten; wenn sie eintreten, wird das Tier in der Regel immun gegen eine erneute Inokulation. Es kommen jedoch auch Hühner vor, welche von Haus resistent sind und sich gegen wiederholte Impfungen als refraktär erweisen (siehe S. 1040).

Andere filtrierbare Hühnersarkome und ihre Differenzierung.

Die Beobachtung von PEYTON ROUS ist nicht vereinzelt geblieben. ROUS selbst und seine Mitarbeiter [ROUS, MURPHY und TYTLER (*1*, *2*), L. B. LANGE] fanden unter zahlreichen spontan entstandenen Hühnertumoren, die dem Laboratorium in den Jahren 1910—1914 zur Verfügung gestellt wurden, insgesamt fünf filtrierbare[1] und natürlich auch transplantable Geschwülste; nämlich:

a) den soeben ausführlicher beschriebenen Tumor Nr. I, ein 1910 von P. ROUS untersuchtes *Fibromyxosarkom*;

b) den Tumor Nr. VII, ein Osteochondrosarkom (W. H. TYTLER, 1913);

c) den Tumor Nr. XVIII, ein Sarkom mit sinusartigen Gefäßen, wodurch eine „intrakanalikuläre" Struktur bedingt wurde (ROUS und LANGE, 1913);

d) den Tumor Nr. XXXVIII, der in seinem Bau dem Tumor Nr. XVIII sehr ähnlich war [ROUS (*8*), 1914];

e) den Tumor Nr. XLIII, dessen histologische Struktur jener des Sarkoms Nr. I entsprach (LANGE, 1914).

Durch Abbildungen illustrierte Beschreibungen dieser Tumoren und Angaben über ihr Verhalten im Übertragungsversuch findet man außer in den zitierten Originalmitteilungen auch bei GYE und PURDY (*3*), CLAUDE und MURPHY, L. FOULDS (*6*), P. ROUS (*9*) u. a.

Von anderen ähnlichen Hühnertumoren sei in erster Linie eine in Japan beobachtete Gruppe angeführt, insbesondere das von FUJINAMI und INAMOTO (*1*, *2*) schon im Jahre 1911 beschriebene Sarkom, das oft als Myxosarkom bezeichnet wird, das aber histologisch mit dem Roussarkom Nr. I fast völlig identisch ist. In biologischer Hinsicht ist es allerdings durch einige Besonderheiten charakterisiert, vor allem dadurch, daß es auf Enten serienweise übertragen werden kann (siehe weiter unten). In einer späteren Mitteilung (1930) führt FUJINAMI elf verschiedene in Japan gefundene, transplantable Hühnertumoren an, unter welchen aber neben Sarkomen auch Fibrome, Osteome und Chondrome figurieren. Über transplantable Hühnersarkome in Japan haben ferner OSHIMA sowie KUBO berichtet. Sodann wurden filtrierbare Hühnersarkome gefunden und beschrieben: in Deutschland ein polymorphzelliges Sarkom von TEUTSCHLÄNDER (*1*), in Italien ein Spindelzellensarkom von PENTIMALLI (*3*) und in England ein Fibrosarkom (Mill Hill Nr. 1) und ein Endotheliom (Mill Hill Nr. 2) von A. M. BEGG (*1*, *2*, *3*) bzw. MURRAY und BEGG.

Diese Übersicht ist natürlich nicht vollständig. In den verschiedenen Zusammenstellungen, wie sie von CLAUDE und MURPHY, L. FOULDS (*3*, *6*), W. E. GYE (*4*), J. TROISIER (*1*) veröffentlicht wurden, findet man noch zahlreiche Angaben über andere Hühnertumoren der gleichen Kategorie, die sich aber mehr oder weniger eng an die besprochenen Typen anschließen, so daß eine detaillierte Aufzählung wenig Zweck haben würde. Unberücksichtigt blieben ferner jene Sarkome, welche mit den Leukosen in genetischer Beziehung stehen, da ihnen ein besonderes Kapitel (siehe S. 1046) vorbehalten wurde. Zählt man die leukämischen Hühnertumoren mit, so sind derzeit etwa 30 verschiedene mesen-

[1] Aus dieser Zahl läßt sich selbstverständlich kein Schluß auf die Häufigkeit des Auftretens solcher Tumoren ableiten.

chymale Neoplasmen der Hühner bekannt, von welchen sich 12 oder 13 zellfrei übertragen lassen; die anderen können nur wie die meisten Säugetiergeschwülste mit Hilfe von Zellen erfolgreich verpflanzt werden [ENGELBRETH-HOLM (*6*)].

Angesichts solcher Listen taucht die Frage auf, welche Momente dafür maßgebend sind, einen spontan entstandenen Tumor, der sich als übertragbar erweist, mit einem bereits bekannten zu identifizieren oder ihn als ein Novum, als *neue Tumorspezies* zu betrachten.

In erster Instanz hat man sich hier an die Erfahrungstatsache zu halten, *daß die Tumoren ihren histologischen Bau im Laufe fortgesetzter Passagen im allgemeinen beibehalten*, gleichgültig, ob die Übertragung durch Verpflanzung von Tumorzellen oder durch zellfreies Material (Virus) bewerkstelligt wird. Allerdings kann sich das histologische Bild unter besonderen Bedingungen bis zu einem gewissen Grade verändern; doch kehrt der ursprüngliche Typus in der Regel wieder zurück, wenn der variierende Faktor nicht mehr einwirkt.

Daß Ausnahmen von diesem Verhalten möglich sind, kann jedoch nicht mit Bestimmtheit in Abrede gestellt werden. So haben C. L. CONNOR und namentlich R. F. BERG behauptet, daß man verschiedene Tumoren (Endotheliome, Myelome, Osteosarkome, Riesenzellsarkome, ja sogar Epitheliome) erhält, wenn man eine Zellsuspension des BEGGschen Endothelioms Mill Hill Nr. 2 in das Knochenmark junger Hühner injiziert. Nach L. FOULDS (*6*) soll es sich nur um mehr oder weniger zufällige Varianten im Rahmen eines an und für sich gut definierten Geschwulsttypus handeln, Varianten, die durch „collaterale Hyperplasien" der normalen Gewebe (v. HANSEMANN) entstehen, wenn sie mit Tumorgewebe in engere Berührung kommen. Andere Autoren rechnen dagegen mit der Möglichkeit einer „polyvalenten Wirkung", so u. a. A. PEYRON (*1*), welcher in einer Besprechung des zitierten Artikels von FOULDS berichtet, daß man durch Impfung des ROUSschen Spindelzellensarkoms Nr. I in den Brustmuskel im Falle langsamer Entwicklung Rhabdomyome erzeugen kann, deren Metastasen in den Lungen und Ovarien Myocyten enthalten. Besondere Beachtung erheischt in dieser Hinsicht die Mitteilung von E. V. KEOGH, welcher durch Impfung der Chorioallantois bebrüteter Hühnereier mit Extrakten aus dem Roussarkom Nr. I neben mesodermalen Herden epitheliale Läsionen (Epithelwucherungen) erzielte, die bei der Rückverimpfung auf Hühner wieder typische Spindelzellensarkome gaben. Wenn man einwenden wollte, daß es sich hier um embryonale Gewebe handelt, ist zu betonen, daß in den Experimenten von CONNOR und von BERG gleichfalls eine atypische Übertragung, u. zw. in das Knochenmark junger Hühner vorgenommen wurde.

Wichtiger als die Konstanz der Tumorstruktur erscheint indes in dem hier erörterten Konnex die Frage, *ob ein gleichartiger histologischer Bau genügt, um zwei Hühnersarkome auch ätiologisch zu identifizieren*. Die Antwort muß aus aprioristischen Gründen verneinend lauten. Ebenso wie nicht alle eitrigen Meningitiden oder alle lobären Pneumonien den gleichen Erreger haben, muß man auch bei den virusbedingten Tumoren die Möglichkeit zugeben, daß histologisch einheitlichen Prozessen eine Vielheit pathogener Agenzien entspricht. Die Erfahrung macht aus dieser Möglichkeit eine Gewißheit. Es wurde schon an anderer Stelle (siehe S. 1001) hervorgehoben, daß das von FUJINAMI und INAMOTO gefundene und untersuchte Sarkom einen ganz ähnlichen Bau zeigt wie das Roussarkom Nr. I (Spindelzellensarkome mit myxomatösen Partien); der Tumor von FUJINAMI läßt sich aber im Gegensatze zum Roussarkom Nr. I leicht auf Enten übertragen und in Entenpassagen fortzüchten, das Agens des Fujinami-Tumors vermag auf der Chorioallantois keine epithelialen Wucherungen zu erzeugen (E. V. KEOGH, siehe S. 848) und zeigt als Antigen besondere Eigenschaften, welche es von den Virusarten anderer Geflügeltumoren unterscheiden. Aus diesem Beispiel ist die Forderung abzuleiten, daß ein transplantabler und zellfrei übertragbarer Tumor erst dann hinreichend charakterisiert ist, wenn man alle

Kriterien, welche heute einer Untersuchung überhaupt zugänglich sind, sorgfältig geprüft hat: *das Verhalten bei der Übertragung auf Tiere derselben Spezies oder anderer Arten, die Wirkung auf die Chorioallantois, die physikalisch-chemischen Eigenschaften des isolierten (von Zellen befreiten) Agens, seine Antigenfunktionen und die Dimensionen seiner Elemente.*

Nur in wenigen, mit großen Mitteln ausgestalteten Instituten war die Gelegenheit vorhanden, eine größere Zahl von Tumoren eingehender zu studieren. In Ermangelung umfassender Vergleichsuntersuchungen ist es daher nicht leicht zu beurteilen, wie *oft spontan entstandene Tumoren zur Beobachtung kamen, welche als Wiederholungen einer schon bekannten Type aufgefaßt werden durften.* Man hat aber doch den Eindruck, daß solche Ereignisse selten waren, d. h. daß in der anscheinend so eng begrenzten Gruppe der Hühnersarkome eine nicht erwartete Mannigfaltigkeit zutage trat, welche sich nur schwer mit der Vorstellung einer parasitären Ätiologie vereinbaren läßt [vgl. hierzu P. Rous (*9*, S. 270)]; gleiche Schwierigkeiten bereitet das sporadische Auftreten dieser Geschwülste im Verein mit ihrer Ausbreitung über alle Länder der Erde, in welchen Hausgeflügel gehalten wird.

Transplantierbarkeit und zellfreie Übertragung.

P. Rous (*4*) hat die zellfreie Übertragung seines Hühnersarkoms Nr. 1 erst versucht, nachdem der Tumor bereits mehrere Transplantationspassagen durchgemacht hatte. Es ist aber naturgemäß von prinzipieller Bedeutung, *ob die zellfreie Übertragbarkeit d. h. die Existenz eines virusartigen Stoffes schon am primären, spontan entstandenen Tumor nachgewiesen werden kann.* Dies ist nun in der Tat in einigen Fällen gelungen, und W. E. Gye (*4*, S. 96) führt drei eigene Beobachtungen dieser Art an, von denen sich eine auf ein Rhabdomyosarkom, zwei auf Fibrosarkome beziehen.

Nur eine Minderzahl der spontan auftretenden Sarkome ist transplantierbar und die transplantierbaren Sarkome sind nur zu 40% auch zellfrei übertragbar [Engelbreth-Holm (*6*)]. Mit der Aussage, daß ein transplantabler Tumor nicht filtrierbar sei, muß man zurückhalten, bis alle Möglichkeiten erschöpft sind. Schon Rous und Murphy (*6*) konnten feststellen, daß der Nachweis des filtrierbaren Agens um so leichter gelingt, je bösartiger der Tumor ist, d. h. je rascher er wächst, und W. E. Gye (*4*), der sich auf reichhaltige Erfahrungen berufen kann, bestätigt neuerdings diese Regel. Wenn — wie sich das beim Roussarkom Nr. I ereignete (siehe S. 999) — die Wachstumsenergie mit der zunehmenden Zahl der Passagen erheblich gesteigert wird, kann die zellfreie Übertragung zunächst schwer durchführbar oder unmöglich sein, während sie später einen hohen Prozentsatz positiver Resultate liefert. Es kommt aber auch vor, daß die Wachstumsenergie in einer Passagereihe abwechselnd anschwillt und abflaut und daß dann Perioden der zellfreien Übertragbarkeit mit Zeiten wechseln, in welchen jedes derartige Experiment fehlschlägt. Als Beispiel für eine solche „*alternierende Filtrierbarkeit*“ nennt W. E. Gye (l. c., S. 98) den Endotheliomstamm des Imperial Cancer Research Fund, der bald leicht filtrierbar ist, bald wieder nicht-filtrierbar wird; Gye zitiert Guérin und Bonciu, welche aus diesem Tumor, den sie offenbar in einer ungünstigen Phase untersuchten, keine wirksamen Filtrate herzustellen vermochten. Übrigens wurden solche Perioden auch bei vielen anderen filtrierbaren Sarkomen festgestellt, namentlich auch beim Roussarkom Nr. I. So berichten Gye und Andrewes [vgl. hierzu Gye und Purdy (*3*)], daß sie bei diesem Tumor 6 Monate hindurch keine zellfreie Übertragung bewerkstelligen konnten, so daß sich der Stamm während dieses Zeitintervalls wie ein Säugetierkarzinom verhielt.

Natürlich hat man sich im Falle des Versagens zellfreier Übertragungen Rechenschaft darüber abzulegen, ob die Versuche nicht unter Bedingungen angestellt werden, welche an sich geeignet sind, ein positives Ergebnis zu verhindern.

Faktoren, welche die Resultate zellfreier Übertragungen beeinflussen.

Unter der „*Zellfreiheit*" eines aus Tumorgewebe hergestellten Präparats versteht man im weiteren Sinne jeden Zustand, der die Deutung eines etwaigen positiven Erfolges als Transplantationseffekt (Verpflanzung von entwicklungsfähigen Geschwulstzellen) ausschließt. Schon P. Rous (*4*, *5*) verwendete zu diesem Zwecke das Trocknen und Pulverisieren von Tumorgewebe, die längere Aufbewahrung von Tumorstücken in Glycerin, das wiederholte Einfrieren und Wiederauftauen, und die Filtration von aus den Tumoren hergestellten Auszügen war nur *eines* der im Prinzip als ebenbürtig betrachteten Mittel. De facto sind jedoch diese Verfahren verschieden zu bewerten.

Was speziell die Filtration anlangt, hat man sich vor Augen zu halten, daß die tumorerzeugenden Virusarten sowie alle anderen „korpuskulär" sind, d. h. daß sie aus geformten Elementen von bestimmten Dimensionen bestehen. Nach den Messungen von Elford und Andrewes sowie von H. Yaoi und W. Nakahara beträgt der Durchmesser etwa 100 mμ. Teilchen von dieser Größenordnung passieren die gewöhnlichen Sorten der Hartfilter, so daß die Verwendung solcher Filter, welche für diese Viruselemente impermeabel wären, kaum in Frage kommt. Man hat aber die Adsorption an das Filtermaterial und die Bindung an Stoffe, welche im Filtrans vorhanden sein können, zu berücksichtigen. Daher sind die Versuche von Cramer und Foulds wichtig, durch welche gezeigt wurde, daß in Perioden, in welchen sich Filtrate aus Tumorextrakten als inaktiv erwiesen, auch andere „zellfreie" Präparate negative Ergebnisse liefern, wie sie beispielsweise durch wiederholtes Einfrieren und Wiederauftauen von Tumormaterial zu gewinnen sind (siehe oben).

Die *Menge* der Filtrate, welche erforderlich ist, um einen Tumor zu erzeugen, schwankt naturgemäß innerhalb weiter Grenzen, entsprechend dem durch zellfreie Übertragung nachweisbaren Virusgehalt, der bei verschiedenen Tumorstämmen und bei dem gleichen Stamm zu verschiedenen Zeiten (siehe S. 1003) sehr verschieden sein kann. Doch haben sich unter gewissen Umständen noch so kleine Quantitäten, wie 0,001 ccm, als wirksam gezeigt [Gye und Purdy (*3*), Baker und McIntosh u. a.].

Zusatz von Kieselgur (Diatomeenerde) erhöht die Wirksamkeit der Filtrate [Rous, Murphy und Tytler (*2*)], u. zw. in doppeltem Sinne, indem einerseits der Prozentsatz der positiven Resultate ceteris paribus wächst, und indem anderseits die Tumoren rascher an der Impfstelle erscheinen. Es ist dies offenbar darauf zurückzuführen, daß die Fremdkörper eine lokale Schädigung oder Reizung erzeugen, welche — wie W. Podwyssozki in Versuchen an Meerschweinchen festgestellt hat — zu einer durch das Auftreten von Makrophagen, Fibroblasten und Riesenzellen charakterisierten Gewebeproliferation führt. Der wesentlichste Faktor für die Sarkombildung ist hierbei vermutlich die Beschleunigung der Zellteilungen, sei es, daß die Zellen im Teilungsstadium für die Viruseinwirkung zugänglicher werden (Analogie mit den Bedingungen der Bakteriophagenvermehrung), sei es, daß sich die größeren Massen virushaltiger Zellen leichter behaupten und der Tendenz zur Regression besser Widerstand leisten. Ob die mitinjizierten Fremdkörper (Kieselgurpartikel u. dgl.) das *Eindringen* der Viruselemente erleichtern, erscheint mehr als zweifelhaft. Eingetrocknetes und pulverisiertes virushaltiges Tumorgewebe soll hinsichtlich der Sicherheit des Erfolges im allgemeinen den Filtraten überlegen sein; als Erklärung wird in Analogie zu den Versuchen mit Kieselgur eine die Haftung des Virus begünstigende Fremdkörperwirkung angenommen.

Die Steigerung der Aktivität der Filtrate durch Zusatz von Kieselgur konnte von einigen Autoren, wie E. FRÄNKEL (*2*), E. MASCHMANN und B. ALBRECHT, W. E. GYE und PURDY (*3*) u. a., nicht beobachtet werden. Möglicherweise sind diese Differenzen auf die verschiedene Beschaffenheit der verwendeten Filtrate zu beziehen; es wäre z. B. verständlich, daß eine Verstärkung der tumorerzeugenden Fähigkeit vorzugsweise bei Filtraten in Erscheinung tritt, die von Haus aus nur eine relativ geringe Wirksamkeit besitzen.

Über die verschiedenen Methoden zur Herstellung zellfreier Präparate und über die Impftechnik gibt die Übersicht von L. FOULDS (*6*) detaillierte Auskunft, sowie der ausführliche Artikel von O. TEUTSCHLÄNDER und R. WERNER im Handbuch der pathogenen Mikroorganismen.

Die Vorgänge an der Impfstelle.

1. Transplantation.

Verpflanzt man virushaltige Tumorzellen in das normale Gewebe eines neuen Wirtes, so sind a priori zwei Möglichkeiten der Tumorentwicklung gegeben: 1. *die fortgesetzte Proliferation der überimpften Zellen*, oder 2. *die Umwandlung normaler Wirtszellen durch das im Transplantat vorhandene Virus*. Natürlich könnte auch eine Kombination dieser beiden Prozesse vorliegen.

P. ROUS (*4*) sowie ROUS und MURPHY (*2*) untersuchten das Schicksal der Transplantate histologisch und fanden, daß sich die transplantierten Zellen so verhalten wie bei der Transplantation von Säugetiertumoren: Die inokulierten Stücke sind zunächst 2—3 Tage hindurch vollkommen vom Wirtsgewebe geschieden, werden aber dann von diesem aus mit Gefäßen und Stroma versorgt, und nun setzen die Teilungen der überlebenden Zellen des Transplantates ein; das Impfstück vergrößert sich und wird zur Geschwulst, welche infiltrativ in die Umgebung vordringt. Der Tumor wächst also nach dieser Schilderung „aus sich heraus“ und das Virus hat keine oder nur eine ganz untergeordnete Bedeutung. Dieser Auffassung schlossen sich später auch andere Autoren an, wie FUJINAMI und INAMOTO, PENTIMALLI (*2*), TEUTSCHLÄNDER (*3*).

Umgekehrt wurde auch die diametral entgegengesetzte Ansicht vertreten, daß die Viruswirkung der maßgebende Faktor ist und daß die implantierten Tumorzellen zugrunde gehen (RICCARDI). ROUS und MURPHY (*7*) suchten sich in diesem Widerstreit der Meinungen Gewißheit zu verschaffen, indem sie die Versuchshühner prophylaktisch mit embryonalem Hühnergewebe behandelten, um eine Resistenz gegen fremde Zellen zu erzielen. Bei Mäusen kann man auf diese Weise einen refraktären Zustand gegen Tumortransplantation erzeugen (EHRLICH, RASHFORD, CRAMER und MURRAY, SCHÖNE u. v. a.); die angestrebte Immunisierung von Hühnern gegen die Transplantationsimpfung mit Sarkomgewebe lieferte dagegen keine klaren Ergebnisse, und ob sich die diskutierte Alternative bloß mit Hilfe histologischer Untersuchungen sicher entscheiden läßt, ist von FOULDS (*6*) mit Recht bezweifelt worden.

Selbstverständlich hat die ganze Fragestellung nur dann einen Sinn, wenn man die Möglichkeit einer zellfreien Übertragung zugibt und sich nicht auf den Standpunkt stellt, daß die positiven Resultate, welche sie beweisen sollen, als „*maskierte Transplantationen*“ betrachtet werden können. Einige Autoren (TEUTSCHLÄNDER (*2*), JUNG, NAKAHARA (*1, 2, 3*)] behaupteten nämlich, daß die angewendeten Methoden keine sichere Gewähr bieten, daß die als zellfrei bezeichneten Präparate nicht noch Zellen oder regenerationsfähige Zellfragmente enthalten, von denen die Tumorbildung ausgehen könnte. Ruft man sich die Ausführungen auf S. 997 in Erinnerung, so erkennt man, daß eine Zeitlang folgende Situation bestand: Entweder ist eine zellfreie Übertragung der Hühnersarkome möglich und diese Geschwülste sind dann keine „echten" Tumoren, oder es handelt sich um echte maligne Tumoren und die Angaben über zellfreie Übertragung beruhen auf Versuchsfehlern. NAKAHARA und NAKAJIMA konnten aber mit Filtraten, deren Zellfreiheit optisch kontrolliert worden war, Tumorbildung hervorrufen, und NAKAHARA bekehrte sich infolgedessen zu einer positiven Einstellung. LÖWENTHAL glaubte nachweisen zu können, daß das Virus in Filtrierpapierstreifen, welche mit dem unteren Ende in Tumorextrakte eintauchen, durch kapillare Kräfte höher steigt als vorhandene Tumorzellen oder zugesetzte Bakterien; da die oberen bakterienfreien Partien der Papierstreifen typische Sarkome erzeugten, hielt er die Existenz eines von den Zellen abtrennbaren Agens für bewiesen. Ferner behauptete E. FRÄNKEL (*2*), daß für eine Tumorbildung durch Transplantation eine größere Menge von Tumorzellen (50000—500000) erforderlich sei und daß daher die zufällige Anwesenheit einiger weniger lebender Zellen in den als zellfrei bezeichneten Präparaten nicht imstande wäre, positive Impferfolge zu erklären.[1] Ob durch alle diese Untersuchungen eine größere Sicherheit für die Zellfreiheit geschaffen wurde als durch die Methoden an sich (Filtration, Trocknen, Einfrieren und Wiederauftauen, Aufbewahrung in Glycerin), mag bezweifelt werden. Auf jeden Fall konnte W. E. GYE (*4*) im April 1938 den Satz aussprechen, „daß heute kein verantwortungsbewußter Forscher in irgendeinem Lande daran zweifelt, daß die Methoden, die angewandt werden, tatsächlich die Gegenwart lebender Zellen ausschließen".

Die allgemeine Anerkennung der zellfreien Übertragung mußte naturgemäß die Ansichten über die Entstehung der Tumoren aus Transplantaten beeinflussen. Wenn der Tumor durch die Einwirkung eines Virus auf normale Wirtszellen und ihre Umwandlung in Sarkomzellen erzeugt werden *kann*, wäre ja nicht einzusehen, warum dieser Vorgang bei der Verpflanzung eines Gemisches von Virus und Tumorzellen ausgeschlossen sein soll. Auf der anderen Seite konnte aber die Vermehrung der eingeimpften Tumorzellen als geschwulstbildender Faktor schon mit Rücksicht auf die Transplantation der Säugetiertumoren nicht geleugnet werden, und so ergab sich automatisch eine vermittelnde Auffassung, welche ein Kooperieren beider Prozesse für das wahrscheinlichste hielt, wobei aber je nach den besonderen Umständen bald die eine, bald die andere Komponente vorherrschen sollte.

So gab schon P. ROUS (*7*) in einer seiner ersten Arbeiten 1913 an, daß — wenn auch selten — Hühner vorkommen, welche gegen die implantierten fremden Zellen mehr oder weniger resistent, für das Virus aber empfänglich sind; bei solchen Tieren würden sich die eigenen, in Sarkomzellen transformierten Gewebezellen an der Tumorbildung beteiligen. In der Folge legte man auch auf die speziellen Eigenschaften der Tumorstämme Gewicht. MURRAY und BEGG hielten z. B. bei dem Endotheliom M. H. 2 den Einfluß des Virus auf die Tumorbildung für besonders wahrscheinlich, und W. E. GYE (*4*) macht in dieser Beziehung einen Unterschied zwischen bösartigen und langsamer wachsenden Geschwülsten; für die malignen Tumoren (Roussarkom und Myxosarkom von FUJINAMI) sei nach seinen Erfahrungen die doppelspurige Genese (durch Vermehrung der überpflanzten Tumorzellen *und* durch Umwandlung der normalen Wirtsgewebe) als gesichert zu betrachten, während er bei den Tumoren mit langsamem Wachs-

[1] Untersuchungen *über die für eine erfolgreiche Transplantation gerade noch ausreichenden Mengen von Geschwulstzellen* sind auch bei Säugetiertumoren angestellt worden. Man hat hier ebenfalls anfänglich sehr hohe Zahlen angenommen (10^4 bis 10^6 Zellen). SYMEONIDIS stellte aber fest, daß man beim EHRLICHschen Mäusesarkom mit 3000 Zellen positive Resultate bekommt, und KAHN und FURTH fanden, daß ein durch 1-2-Benzpyren bzw. 3-4-Benzpyren erzeugtes Sarkom mit 50—100 Zellen leicht übertragen werden konnte.

tum nicht die Überzeugung gewinnen konnte, daß das Virus bei der Fortzüchtung in Passagen irgendeine Rolle spielt. Wenn aber auch die gutartigen Tumoren ein zellfrei übertragbares Agens enthalten, ist es nicht klar, warum sie sich im Transplantationsversuch anders verhalten sollen als die rasch proliferierenden. Man war daher bestrebt, dem Problem von anderer Seite beizukommen.

Vergleich der Latenzzeit nach Transplantation und nach zellfreier Übertragung.

Man will beobachtet haben, daß der Tumor nach Impfungen mit zellfreiem Material später auftritt als nach der Inokulation von lebenden Geschwulstzellen. Auch neuere Autoren bezeichnen dieses Verhalten als die Regel. So gibt z. B. M. DES LIGNERIS (*5*) an, daß die Geschwulstbildung nach der Impfung mit Zellen sofort einsetzt, so daß keine eigentliche Latenzzeit vorhanden ist, während man nach der Injektion von Filtraten Inkubationen von 8—12 Tagen und darüber verzeichnet. Doch gilt dies wohl nur, wenn man sich als Beginn der Tumorentwicklung einen *sichtbaren oder palpablen Knoten* vorstellt; und selbst unter dieser Voraussetzung ist zu bedenken, daß die Intensität und Schnelligkeit der Wirkung von Filtratimpfungen von einer großen Zahl von Faktoren bestimmt wird, so vom Injektionsvolum, von seinem Virusgehalt, von der Infektiosität und Pathogenität (der „Virulenz") des Stammes, von eventuellen Begleitstoffen, welche sowohl fördernd wirken können (Kieselgur, eingetrocknete Gewebepartikel), als auch hemmend (siehe S. 1004). E. FRÄNKEL (*7*) fand ferner, daß Filtratimpfungen in den ersten Frühjahrsmonaten mehr positive Resultate liefern als in den Wintermonaten, vielleicht infolge der erhöhten Funktion der Ovarien. Vergleichende Prüfungen sind unter diesen Umständen kaum exakt durchführbar.

Stellt man nicht auf die makroskopischen Verhältnisse, sondern auf die *mikroskopischen Befunde* ab, so verliert der vorgegebene Unterschied seine Bedeutung vollständig. Injiziert man Filtrate maligner Tumoren intradermal in kleinen Mengen (0,1 ccm), so ist schon nach 2—3 Tagen ein kleines, durchscheinendes Knötchen an der Injektionsstelle zu erkennen [HOSFORD, cit. nach W. E. GYE (*4*)]. G. MAUER, auf dessen sorgfältige Untersuchungen wir noch an anderer Stelle (siehe S. 1014) zurückkommen werden, studierte die Vorgänge, welche sich nach Einspritzung von Filtraten des Roussarkoms in die Brustmuskulatur abspielen, im histologischen Präparat; schon am 2. Tage nach der Injektion hatten sich die im Stichkanal angesammelten monocytären Elemente in Fibrocyten umgewandelt, welche einen auffälligen Polymorphismus und zahlreiche Zellteilungsfiguren zeigten, so daß das charakteristische Zellbild eines Sarkoms resultierte. Wenige Tage später machten sich auch in der Umgebung der Gefäße Anzeichen einer malignen Entartung bemerkbar. Allerdings hat man im Auge zu behalten, daß sich gerade das Roussarkom Nr. I — wenigstens in gewissen Stämmen oder Phasen — durch eine besondere Wachstumsgeschwindigkeit auszeichnet und daß man daher Angaben, welche sich auf diesen Tumor beziehen, nicht ohne weiteres verallgemeinern darf; es genügt aber ein Fall bzw. einige wenige, um die Möglichkeit einer sehr beschleunigten Filtratwirkung zu beweisen und so die auf die gegenteilige Annahme basierte Abgrenzung derselben von den Zelltransplantationen hinfällig zu machen.

Die Übertragungen auf andere Vogelspezies als Mittel zur Erforschung des Mechanismus der Geschwulstbildung.

Das Sarkom von FUJINAMI kann vom Huhn auf Enten übertragen und in Entenpassagen fortgezüchtet werden; es wächst in der Ente sehr schnell und führt den Tod der Tiere innerhalb von 25 Tagen herbei (FUJINAMI und SUZUE (*2*),

FUJINAMI und HATANO). Von der Ente ist die Rückübertragung auf das Huhn ohne Schwierigkeiten möglich. Diese Tatsachen wurden von W. E. GYE (*2*, *3*) bestätigt und dahin erweitert, daß die Übertragung vom Huhn auf die Ente nicht nur durch Transplantation, sondern auch durch Injektion von Filtraten bewerkstelligt werden kann. Bei sehr jungen Enten verlief die Krankheit tödlich, während sich die Tumoren bei halberwachsenen und älteren Enten meist (unter Hinterlassung einer hochgradigen Resistenz gegen eine erneute Impfung) spontan zurückbildeten. PURDY (*1*) konnte auch bei erwachsenen Enten Sarkome erzeugen, welche nicht zurückgingen, u. zw. durch Inokulation großer Mengen feinverteilten Tumorgewebes. PURDY (*2*) versuchte nun, mit diesem Verfahren auch das Roussarkom Nr. I auf junge Enten zu übertragen und erzielte positive Ergebnisse; *aber die Verimpfung von Filtraten auf junge Enten blieb stets erfolglos, gleichgültig, ob das Filtrat von einem Tumor stammte, der sich im Huhn oder in einer Ente entwickelt hatte.*

Dieser Sachverhalt spricht zunächst dafür, daß das Virus des Roussarkoms nicht imstande ist, normale Entenzellen in Sarkomzellen zu verwandeln; der Tumor, der sich in Enten nach Transplantation von Roussarkomgewebe entwickelt, könnte also nur „aus sich heraus" wachsen, er müßte aus direkten Abkömmlingen der inokulierten *Hühnersarkomzellen* bestehen. Das Myxosarkom von FUJINAMI läßt sich dagegen zellfrei auf Enten verimpfen; das Tumorvirus kann somit in diesem Falle die Transformation von normalen Entenzellen in Sarkomzellen bewirken und der so entstandene Tumor würde sich aus malign entarteten *Entenzellen* aufbauen. Diese Folgerungen wurden durch serologische Untersuchungen [GYE und PURDY (*4*, *5*), C. R. AMIES] bestätigt (siehe S. 1042). W. E. GYE immunisierte Ziegen und andere Tiere mit embryonalem Hühner- oder Entengewebe. Die so gewonnenen Antisera vermochten Tumorvirus zu neutralisieren, wie GYE und PURDY (*4*, *5*) und später nochmals GYE (*4*) behaupteten, nur in Gegenwart von frischem Meerschweinchenserum (Komplement), nach C. R. AMIES auch ohne Komplementzusatz, was aber für die hier diskutierten Fragen nicht wesentlich ist. Wichtig erscheint dagegen die Tatsache, daß nur die Entenembryonenantisera das in der Ente nach zellfreier Impfung entstandene Fujinamisarkom neutralisierten, nicht aber die Hühnerembryonenantisera; umgekehrt wurde das Agens der in Enten durch Transplantation erzeugten Roussarkome nur durch Hühnerembryonenantisera, nicht aber durch Entenembryonenantisera inaktiviert. Man ist somit de facto berechtigt, im ersten Fall von einem „*Ententumor*", im zweiten von einem „*Hühnertumor*" zu sprechen, obzwar sich beiderlei Geschwülste in Enten entwickelt hatten [R. DOERR (*2*)].

Es bleibt nun noch jene Versuchsanordnung übrig, welche mit dem Thema dieses Kapitels die engste Beziehung aufweist, nämlich die Übertragung des Fujinamisarkoms auf Enten durch *Transplantation*. W. J. PURDY (*4*) hat auch diese Kombination geprüft, indem er die fein verteilte Substanz eines Fujinamitumors, *der sich bei einem Huhn entwickelt hatte*, auf erwachsene *Enten* verimpfte. Zweck des Experiments war, es herauszufinden, ob die Geschwülste, die sich nach diesem (als Transplantation zu qualifizierenden) Eingriff entwickelten, ganz aus Entenzellen bestanden, oder ob sie sich zum Teil aus Enten-, zum Teil aus Hühnerzellen aufbauten. Die Extrakte der Ententumoren wurden jedoch durch Hühnerembryonenantiserum überhaupt nicht beeinflußt, durch Entenembryonenantiserum hingegen fast vollständig neutralisiert, so daß PURDY den Schluß zog, daß die Tumorbildung ausschließlich von den Zellen des Wirtes ausging und daß sich die Zellen des Inoculums in keiner Weise daran beteiligten.

Die Virusneutralisierung durch Antisera gegen Embryonalgewebe stellt, wie C. R. AMIES (*2*) hervorhob, einen noch nicht aufgeklärten Vorgang dar, und man könnte sich daher mit AMIES fragen, ob aus den Ergebnissen solcher Versuche weitgehende Folgerungen abgeleitet werden dürfen. Zweifel sind um so mehr berechtigt, als man noch eine andere Form der Virusneutralisierung kennt, nämlich durch sog. *Tumorantisera*, welche man durch Immunisierung verschiedener Tiere (Ziegen, Kaninchen, Pferde usw.) mit Filtraten von Tumorauszügen gewinnen kann [ROUS, ROBERTSON und OLIVER, GYE und PURDY (*4*), PENTIMALLI, ANDREWES (*8*)]. Verwendet man als Antigene Filtrate von Fujinamisarkomen, die sich in Hühnern oder in Enten entwickelt haben, so erhält man in beiden Fällen Antisera, welche in gleicher Weise Virus aus Hühner- und aus Ententumoren neutralisieren. Von der auf den Tumorträger eingestellten Spezifität der Antiembryonensera ist hier somit nichts zu sehen.

An und für sich wäre es nicht unverständlich, daß auch die Transplantation des Fujinamisarkoms von Hühnern auf Enten nur einen „Ententumor" gibt. Es ist durchaus möglich, daß die in eine andere Tierspezies verimpften virushaltigen Zellen zugrunde gehen und daß das frei werdende Virus die Umstimmung der normalen Wirtsgewebe bewirkt. Schwerer zu begreifen ist es, daß die Transplantation des Roussarkoms vom Huhn auf die Ente einen „Hühnertumor" erzeugt. Man kann sich allerdings vorstellen, daß das Virus des Roussarkoms Entenzellen nicht zu infizieren vermag; damit ist jedoch die Beobachtung nicht zur Hälfte erledigt, weil man ja noch zu erklären hätte, warum die Heterotransplantation nur beim Roussarkom, nicht aber beim Fujinamisarkom gelingt, präziser ausgedrückt, warum sich Hühnergeschwulstzellen nur im ersten Fall in der Ente zu vermehren vermögen, nicht aber im zweiten. Wie man erkennt, werden auf diese Weise komplizierte Fragen der Lehre von der Transplantation angeschnitten, auf die wir im folgenden kurz eingehen wollen.

Über Implantationen artfremder Zellen.

Es ist bekannt, daß Implantationen von Zellen bzw. Geweben in fremde Arten nur unter besonderen Bedingungen möglich sind. Das gilt auch für Tumorzellen im allgemeinen und für die Zellen der Geflügelsarkome im besonderen.

Ein eigenartiges Beispiel für die Heterotransplantation von Säugetiertumoren ist das sog. Putnokycarcinom, ein besonderer Stamm des übertragbaren EHRLICHschen Mäusecarcinoms, der sich leicht auf Ratten verimpfen und in denselben vorübergehend fortzüchten läßt.

Ferner wäre auf die von mehreren Untersuchern (zuerst von MURPHY und ROUS) festgestellte Möglichkeit zu verweisen, Tumorgewebe (bis zu einem gewissen Grade auch normales Embryonalgewebe) in befruchteten Eiern eine Zeitlang wachsen zu lassen. Das Gewebe des Roussarkoms kann z. B. in die Chorioallantois von Tauben- oder Entenembryonen oder in den Körper solcher Embryonen implantiert werden. Zellen von Säugetiertumoren (Maus, Ratte) wachsen in diesem Milieu ebenfalls gut bis zum 16.—18. Tage; um diese Zeit beginnt dann eine intensive cellulare Abwehrreaktion (Lymphocyten, Makrophagen) und die Implantate verfallen einer raschen Rückbildung, um schließlich ganz zu verschwinden. Im Hinblick auf die Untersuchungen über die Verpflanzung von Hühnersarkomen auf Enten ist es übrigens interessant, daß zellfreies Material vom Roussarkom Nr. I in befruchteten Eiern von Tauben und Enten Tumorbildung hervorruft (MURPHY und ROUS).

Erwähnt seien endlich die Versuche, den Widerstand des Wirtsorganismus gegen heterologes Tumorgewebe durch verschiedene Eingriffe zu überwinden. Es wurden Tiere, auf welche die Transplantation vorgenommen werden sollte, mit hohen Dosen von Röntgenstrahlen behandelt und auf diese Weise für Tumoren empfänglich gemacht, die bei unbestrahlten Tieren nicht angingen (C. KREBS,

Krebs, Rask-Nielsen und A. Wagner u. a.). Dieselbe Wirkung wollte man durch *Blockade des Reticulo-Endothels erzielen.* So impfte Roskin (*2*) das Roussarkom Nr. I auf Mäuse, welche mit einem Eisenoxyd-Zucker-Präparat vorbehandelt waren; nach den Angaben des Autors war anfänglich Wachstum zu beobachten, das aber nach kürzerer oder längerer Zeit regelmäßig von Rückbildung gefolgt war. S. Milone (*2*) griff zu einem anderen Mittel, um die heterologe Transplantierbarkeit zu erzwingen: er verimpfte das Roussarkom Nr. I abwechselnd vom Huhn auf die Ratte, von der Ratte wieder auf das Huhn usw., und konnte einige Wochen hindurch das Vorhandensein lebender Tumorzellen konstatieren. Wahrscheinlich lag indes hier ein bloßes Überleben in den Ratten und nicht eine Passage durch eine heterologe Tierspezies vor. Daß sich die Virusarten der Hühnersarkome im Organismus refraktärer Tiere einige Zeit in wirksamem Zustande erhalten können, wurde von Fujinami und Hatano festgestellt. Das Virus des Fujinamisarkoms war im Meerschweinchen und in der Ratte noch 1—2 Wochen nach der Einverleibung nachweisbar, in Kröten sogar noch nach mehreren Monaten. Oshima und Adachi fanden aktives Virus noch nach 33 Tagen in Vegetabilien (Früchten) wieder, in welche es injiziert worden war. Aus diesen Angaben geht gleichzeitig hervor, daß der refraktäre Zustand heterologer Spezies nicht darauf beruht, daß das Virus rasch zerstört wird; es muß vielmehr angenommen werden, daß das Virus in solchen Fällen keine Zellen vorfindet, welche seine Vermehrung und die Entfaltung seiner pathogenen Funktionen ermöglichen (vgl. hierzu die folgenden Ausführungen).

2. Die Vorgänge an der Impfstelle nach der Injektion von zellfreiem Virus.

Wie eben erwähnt, haben sich Fujinami und Hatano mit den Schicksalen des Sarkomvirus im Körper unempfänglicher Tierarten beschäftigt. Sie konstatierten nicht nur eine unerwartet lange Persistenz, sondern auch eine starke Ausbreitung des Virus, indem sich dieses in verschiedenen, von der Injektionsstelle entfernten Organen nachweisen ließ. Eine Bindung an die Gewebe der experimentellen Eintrittspforte war somit nicht erfolgt. Was geschieht aber, wenn das Virus in ein hochempfängliches Tier eingeführt wird, u. zw. nicht in die Blutzirkulation, sondern so, daß es mit fixen mesenchymalen Strukturen sofort Kontakt bekommt?

Die Versuche von Hosford gestatten zum Teil eine Beantwortung dieser Frage. Hosford injizierte Hühnern kleine Mengen (0,1 ccm) hochaktiver Filtrate des Roussarkoms Nr. I und des Myxosarkoms von Fujinami intradermal. In 2—3 Tagen erscheint an der Injektionsstelle ein kleiner durchscheinender Tumor, und wenn dieser unmittelbar nach seinem Auftreten (d. h. bevor sich noch bösartige Sarkomzellen in der darunterliegenden Muskulatur ausbreiten können) exstirpiert wird, können die Hühner vollständig geheilt werden und bleiben auch bei lange fortgesetzter Beobachtung rezidivfrei. Gye (*4*), welcher diese Beobachtungen zitiert, erblickt in denselben eine Bestätigung der alten Angaben von P. Rous, daß die Wirkung von Filtraten streng lokalisiert ist. Das Virus tritt offenbar sofort in engste Beziehung zu den Zellen, mit welchen es durch die intradermale Einspritzung in Berührung gebracht wird, und wir sind berechtigt, uns diese Beziehung als ein Eindringen der Viruselemente in Zellen, bzw als Aufnahme derselben durch die Zellen vorzustellen.

Was sich unmittelbar an die Invasion oder Intussuszeption des Virus anschließt ist nicht bekannt, und die Hypothesenbildung hat daher hier weiten Spielraum Vor allem wird man sich überlegen, *ob eine normale Zelle durch das bloße Eindringen des Virus zu einer Sarkomzelle wird.* Vielleicht sollten wir diesem Problem eine leicht geänderte Fassung geben. Aus der Infektionspathologie wissen wir, daß die pathologische Auswirkung eines Infektes eine *Vermehrung* der eingedrungenen Erreger zur Voraussetzung hat; man sollte daher auch in dem diskutierten Falle annehmen, daß die Cancerisierung der Zellen *nicht früher* erfolgen kann als bis aus der Invasion eine Infektion geworden ist, d. h. nicht vor dem Beginn der intracellularen Virusproliferation. Ob noch *nach diesem Moment* eine gewisse Zeit verstreichen muß, bevor sich die Umwandlung der normalen in eine sarkomatöse Zelle vollzogen hat, ist nicht gewiß, aber sehr wahrscheinlich. Die cancerisierte Zelle unterscheidet sich von der normalen durch einen anderen Stoffwechsel (WARBURG, KÖGL und ERXLEBEN, KÖGL) und vererbt diese Eigenschaft auf ihre Nachkommen; diese Änderung wird sich wohl nicht schlagartig abspielen, vielleicht auch nicht in einer einzigen Zellgeneration perfekt werden. Auf der anderen Seite zwingen experimentelle Beobachtungen (u. a. die auf S. 1010 bzw. S. 1014 besprochenen Versuche von HOSFORD und G. MAUER) dazu, für hochaktive Filtrate rasch wachsender Tumorstämme ein *sehr kurzes „präcanceröses Stadium“* anzunehmen, besonders wenn man, wie das C. H. ANDREWES (*9*) getan hat, die Wirkungsweise der cancerogenen Stoffe zum Vergleiche heranzieht. Cancerogene Kohlenwasserstoffe erzeugen auch bei Mäusen, den empfindlichsten Versuchstieren, im allgemeinen erst nach mehreren Monaten Tumoren; Latenzzeiten von 30 oder weniger Tagen gehören zu den Ausnahmen. Immerhin gibt es eben auch im Bereiche der cancerogenen Substanzen erhebliche Differenzen (A. BUTENANDT, BRAUNSCHWEIG und TSCHETTER, M. J. SHEAR u. a.), so daß man die schnellere Cancerisierung durch Virus als ein quantitatives Extrem auffassen könnte.

Daß wie bei anderen virusbedingten Tumoren so auch bei den Hühnersarkomen das Virus aus dem Tumorgewebe verschwinden kann, obwohl die Zellen des Tumors ihre Eigenschaften, vor allem auch ihre Transplantierbarkeit bewahren, bedeutet einen Widerspruch, wenn man die Entstehung eines Sarkoms durch Filtratwirkung als Infektion durch ein exogenes Agens u. zw. durch einen Mikroorganismus von virusartigen Dimensionen definieren will. Die einfachste „Erklärung“, durch welche man diesem Konflikt ausweichen könnte, besteht in der Annahme, daß das Virus überhaupt nicht verschwindet, sondern daß entweder seine Konzentration unter das Niveau der Nachweisbarkeit sinkt oder daß es in einen sehr labilen Zustand übergeht, welcher die Anwendbarkeit der üblichen Methoden der zellfreien Übertragung verhindert. Diese Hypothese würde es überdies verständlich machen, daß das Virus temporär aus den Passagen eines Tumorstammes verschwinden kann, um später wieder zu erscheinen. Der Schwund wäre eben auch in diesem Falle nur durch die begrenzte Leistungsfähigkeit des Virusnachweises vorgetäuscht.

Solche Gedanken sind schon bei anderen Virusproblemen aufgetaucht, wenn bestimmte Beobachtungen auf die Anwesenheit von Virus im Gewebe schließen ließen, obwohl die Versuche, das Virus experimentell festzustellen, konsequent scheiterten. Gerade dieser Umstand könnte indes das Mißtrauen wecken, daß es sich mehr um eine Ausflucht handelt, zu der man greift, wenn Theorie und Experiment kollidieren. In dem besonderen Falle der Virussarkome wurde darauf hingewiesen, daß die Filtration durch Hartkerzen bzw. *die Adsorption des Virus an das Material solcher Filter* schuld sein könnte, daß die Viruskonzentration, wenn sie schon im unfiltrierten Tumorextrakt niedrig ist, im Filtrat so stark herabgedrückt wird, daß die Verimpfung desselben erfolglos bleibt (siehe S. 1004). Die Kontrollexperimente von CRAMER und FOULDS haben indes gezeigt, daß auch andere Verfahren der Zellausschaltung (z. B. Frieren und Wiederauftauen) unwirksame Präparate liefern, wenn die Filtrate nicht mehr Tumoren zu erzeugen vermögen. GYE (*4*, S. 105) erwähnt — allerdings in anderem Zusammenhang — folgende Tatsache: Die meisten Autoren geben an, daß man aus chemisch induzierten Hühnersarkomen keine aktiven Filtrate gewinnen kann. Auch hier könnte man an die Adsorption von einem hypothetischen Virus an das Filtermaterial denken. Wenn man aber die Extrakte aus solchen Tumoren nur 5 Minuten lang bei 5000 Umdrehungen zentrifugiert, büßen sie ihre tumorerzeugende Fähigkeit ein, obwohl hier die Adsorption gar nicht in Betracht kommt und die Zellausschaltung auf außerordentlich schonendem Wege erfolgt. Außerdem sprechen gewisse Erfahrungen bei anderen Tumoren (SHOPES Kaninchenpapillom) dafür, daß ein ursprünglich vorhandenes zellfrei übertragbares Agens tatsächlich verschwinden kann.

Daß ein durch Virus erzeugter Tumor nach dem Schwunde des Virus weiterwachsen und transplantierbar bleiben kann, würde dem Verständnis an und für sich keine Schwierigkeiten bereiten. Wenn die durch das Virus induzierte Veränderung der normalen Wirtszellen in der Folge der Zellgenerationen erblich fixiert ist, muß ja ein Verhalten resultieren, welches dem der Säugetiertumoren gleicht. Was man sich aber vom Standpunkt der parasitären Theorie nicht zurechtlegen könnte, wäre ein effektives Verschwinden und späteres Wiedererscheinen von Virus in der Passagereihe eines und desselben Tumors.

Die Angabe, daß zellfreies Virus meist nur Tumorbildung an der Injektionsstelle erzeugt, soll im nachstehenden Kapitel erörtert werden.

Von welchen Zellelementen geht die Sarkomentwicklung aus?

In einer Reihe älterer Arbeiten hatte A. CARREL (*1*, *2*, *3*, *4*) auf Grund von Untersuchungen an Gewebekulturen (Milz, Knochenmark, Blut usw.) behauptet, daß die Fibroblasten explantierter Tumoren schon nach wenigen Tagen ihrer Fähigkeit verlustig gehen, bei Hühnern intramuskulär injiziert Sarkome hervorzubringen. Die großen, runden oder amöboiden Zellen, welche CARREL für identisch oder „nahe verwandt“ mit Monocyten[1] hielt, entwickelten sich dagegen noch nach einer Züchtungsdauer von 4 Wochen und darüber zu Sarkomen, woraus CARREL schloß, daß sich das Virus ausschließlich in diesen Zellen vermehrt. Ferner gelang es CARREL, aus Normalblut durch Zentrifugieren abgesonderte und in vitro gezüchtete Makrophagen (die er mit Monocyten identifizierte) in Tumorzellen umzuwandeln, wenn er sie mit getrocknetem Tumorgewebe oder mit Tumorfiltrat infizierte. Im tatsächlichen mit CARREL einig, gab A. FISCHER (*2*) an, daß sich die amöboiden Zellen, die Träger der tumorerzeugenden Wirkung, bei fortgesetzter Kultur in Fibroblasten transformieren können, welcher vermittelnden Auffassung sich CARREL (*4*) zum Teil anschloß. In neuerer Zeit hat jedoch R. J. LUDFORD (*6*) Fibroblasten (aus dem Pectoralis usw.) im Explantat gezüchtet und durch Behandlung mit Filtraten von Fujinami- und Roussarkom derart beeinflußt, daß sie bei der Verimpfung auf junge Hühner Sarkome gaben. Wurden die infektiösen Fibroblasten vor der Übertragung mit neutralisierendem Immunserum versetzt, so blieb ihre Wirksamkeit erhalten. Aus

[1] Die runden Zellelemente im Roussarkom und anderen mesenchymalen Hühnertumoren führen in der Literatur zahlreiche Bezeichnungen, wie Monocyten, Histioblasten, Histiocyten, Makrophagen, epitheloide Zellen usw. Ob mit diesen Namen verschiedene, gleiche oder verwandte Zellformen gemeint sind, ist nicht sicher zu entscheiden. Es dürfte sich aber doch nur um Varianten eines einheitlichen Typus handeln, unter welchem man sich runde Zellen mit großen Kernen vorzustellen hat, welche beweglich und in hohem Grade mit der Fähigkeit der Phagocytose ausgestattet sind.

Monocytenkulturen schwand dagegen das Virus schon in kurzer Frist und konnte durch den Tierversuch nicht mehr nachgewiesen werden. LUDFORD schließt aus seinen Versuchen, welche zu den Angaben von CARREL in striktem Gegensatz stehen, daß die Sarkome aus infizierten Fibroblasten und nicht aus Makrophagen hervorgehen.

Auch histologische Untersuchungen des Tumorgewebes und Vitalfärbungen [LUDFORD (*4*), McJUNKIN, A. HADDOW (*1*)] wurden herangezogen, um die Histiogenese der filtrierbaren Sarkome aufzuklären. Auf eine nähere Besprechung dieser Arbeiten kann aus einem doppelten Grund verzichtet werden. Es wiederholen sich hier die Diskussionen, ob die Monocyten oder die Spindelzellen den Ausgangspunkt für die Tumorbildung darstellen, und die Angaben, daß beide Zelltypen durch Übergänge verbunden sind. Dann aber erscheint es von vornherein ziemlich willkürlich, einer bestimmten Zellform eine überwiegende oder sogar ausschließliche Bedeutung zuzumessen. So findet auch L. FOULDS (*2*, *6*) die Auffassung unbegründet, daß die Spindelzellen im Gegensatz zu den runden und amöboiden Zellen des Roussarkoms nicht malign seien; er stützte sich hierbei auf Vitalfärbungen des Tumorgewebes, bei denen sich spindelförmige und runde Zellen gleich, aber anders als normale Gewebe verhielten.

Man hat sich bei diesen Erörterungen allzusehr an den Typus des Roussarkoms Nr. I gebunden, wofür keine Veranlassung vorlag, da man verschiedene andere Typen kennt, die von den reinen Fibrosarkomen über die Endotheliome von MURRAY und BEGG (M. H. 2) zur Leukose bzw. Leukämie hinführen. Wahrscheinlich liegt die Sache so, daß die Zellen, welche für das Sarkomvirus empfänglich sind, im allgemeinen als primitive Formen betrachtet werden dürfen, die sich zum Teil nur in einer einzigen, zum Teil aber in verschiedenen Richtungen ausdifferenzieren können, wenn sie unter den umgestaltenden Einfluß des Virus geraten. Auf diese Weise würde es verständlich, daß die gewebliche Struktur der virusbedingten Sarkome unter differierenden Verhältnissen nicht unbeträchtlich variieren kann und daß anderseits doch Besonderheiten existieren, welche für den einzelnen Typus charakteristisch sind. Die voneinander abweichenden potentiellen Reaktivitäten der Zellen verweben sich vermutlich im pathologischen Effekt mit den verwandtschaftlichen Beziehungen der Virusarten bzw. Virusstämme. Wie die serologischen Untersuchungen lehren, ist das Virus jeder einzelnen Geschwulstform nur relativ spezifisch, es kann auch mit den Immunsera anderer Typen in mehr oder minder ausgesprochenem Grade reagieren.

A priori beurteilt sollten die Einzelheiten der Histiogenese am deutlichsten in Erscheinung treten, *wenn es sich wie bei der Injektion von Filtraten um eine reine Viruswirkung handelt.* Man kann dann die Stellen, in welche das Filtrat injiziert wurde, nach verschiedenen Zeitintervallen exstirpieren und histologisch untersuchen; rücken die Zeitpunkte der Untersuchung nahe aneinander, so darf man hoffen, die Kontinuität des Prozesses aus den einzelnen Bildern rekonstruieren zu können. Allerdings ist man hierbei, wie allgemein bekannt, Täuschungen ausgesetzt; sichere morphologische Anhaltspunkte stehen ja nicht zur Verfügung, um die in den Zellen vorhandenen Reaktionspotenzen zu bestimmen und zu beurteilen, nach welcher Richtung sich die gesichteten Zellformen weiterentwickeln müssen oder können. Immerhin konnten mit der bezeichneten Methode Ergebnisse erzielt werden, welche in gewissem Sinne harmonieren und die oben präzisierte Auffassung einer — zumindest potentiell — multiplen Histiogenese rechtfertigen.

MURRAY und BEGG, deren Untersuchungen sich auf das Endotheliom M. H. 2 bezogen, heben hervor, daß man zuerst eine Anhäufung von Zellen sieht, die teils als Lymphocyten, teils als Makrophagen anzusprechen sind und von denen viele Mitosen zeigen. Dann erfolgt ein Einwachsen in die feinen Gefäße, deren Endothelzellen mit ihren vergrößerten und in Teilung begriffenen Kernen an Tumorzellen erinnern. Durch Bildung neuer Zellen längs der Kapillaren schreitet das Wachstum des Tumors *in Form von perivascularen Monocyteninfiltraten* fort, während die Kapillaren selbst als Proliferationszentren in den Hintergrund treten und ein mehr oder weniger normales Aussehen annehmen. MURRAY und BEGG deuten ihre Befunde so, daß sich das Virus zunächst nur in den Monocyten (Makrophagen) vermehrt, daß es aber durch Zerfall dieser Zellen in Freiheit gesetzt und dann befähigt wird, auch andere, in seinem Bereiche vorhandene, empfängliche Zelltypen (Bindegewebezellen, Sarkolemmzellen) anzugreifen. Das Virus müßte also nach MURRAY und BEGG zuerst eine Passage durch Makrophagen mitmachen, würde aber durch diesen Prozeß instand gesetzt, auf eine Reihe differenter mesenchymaler Elemente cancerisierend zu wirken.

Auch in der so umstrittenen Frage der Histiogenese des durch reine Viruswirkung provozierten Roussarkoms ist dank der sehr sorgfältigen Untersuchungen von G. MAUER (vgl. S. 1011) ein Fortschritt zu verzeichnen. MAUER benutzte ein Filtrat, das aus einer feinen Aufschwemmung von Roussarkommaterial mit Hilfe der Ultrafilter von SEITZ hergestellt worden war. Von diesem Filtrat wurden je 0,5 ccm einem Huhn an sechs markierten Stellen in die Brustmuskulatur injiziert und die injizierten Muskelgebiete in Abständen von 3, 6, 24, 48, 96 und 240 Stunden, in einigen Fällen auch nach 6, 8 und 13 Tagen herausgenommen und in Serienschnitte zerlegt. Als Kontrollversuche dienten intramuskuläre Injektionen von Filtraten aus normalem Muskelgewebe, verdünntem Alttuberkulin und Rinderbouillon. Die bei den Kontrollen festgestellten Veränderungen entsprachen bis zu einer bestimmten Entwicklungsstufe durchaus den durch das Rousfiltrat erzeugten Vorstadien des Roussarkoms; letzteren konnte deshalb kein spezifischer Charakter zugesprochen werden, vielmehr werden sie als *allgemeine reparative Reaktion auf das Injektionstrauma* aufgefaßt. Übrigens genügte schon der Stich mit einer Kanüle in die Brustmuskulatur *ohne* Injektion, um eine derartige Reaktion auszulösen. Von einem gewissen Moment angefangen divergierte jedoch die weitere Entwicklung, u. zw. dann, wenn sich die Rundzellen der Infiltrate in Spindelzellen umzuwandeln begannen. Aus den Kontrollinjektionen entstanden kleine Granulome, an den Stellen der Virusinjektion traten dagegen Spindelzellen mit zahlreichen Mitosen auf, welche „fortlaufend neuen Nachschub durch die Umwandlung monocytärer Zellen erhielten“. Die ersten Zeichen sarkomatöser Degeneration waren schon nach 48 Stunden zu sehen, und diese „ersten Sarkomzellen“ sind nach MAUER direkte Abkömmlinge der *Blutmonocyten.* Später treten aber auch Sarkomzellen auf, welche sich von endothelialen oder adventitiellen Elementen herleiten. Der vollständige Entwicklungsgang würde nach MAUER durch die Reihe dargestellt:

Blutmonocyt, Endothelzelle, adventitielle Zelle

↓

großer wuchernder Monocyt

↓

Fibrocyt

↓

Sarkomzelle.

Als weitere Ausgangsherde können noch das perimysiale Bindegewebe in Betracht kommen oder die Muskelfasern selbst, auf deren Beteiligung schon A. PEYRON

1921 hingewiesen hatte. Die Frage, ob schon die Monocyten das Virus aufgenommen haben und nur die sarkomatöse Manifestation erst im Augenblick der fibrocytären Umwandlung einsetzt, oder ob überhaupt erst die Spindelzelle für das Sarkomagens empfänglich ist, will MAUER nicht entscheiden (vgl. hierzu S. 1012).

Wesentlich ist wohl an den Ausführungen, mit welchen MAUER seine tatsächlichen Befunde kommentiert, daß er die Monocyten als die Vorstufen der malignen Spindelzellen auffaßt, aber annimmt, daß diese Monocyten ihrerseits aus verschiedenen Zellelementen hervorgehen können (Blutmonocyten, endothelialen oder adventitiellen Zellen, Zellen des Perimysiums usw.). Der große wuchernde Monocyt wäre somit ein gemeinsames Durchlaufstadium auf dem Wege von der normalen Mesenchymzelle zur Sarkomzelle, eine einheitliche Phase der „Entdifferenzierung". Das nach Filtratinjektion auftretende Sarkom soll nicht nur durch Vermehrung der zuerst entarteten Zellen („aus sich heraus"), sondern auch appositionell wachsen, wobei die Infiltration der Umgebung und die damit verbundene Gewebezerstörung (analog dem Injektionstrauma) das zur malignen Umwandlung geeignete Rundzellenmaterial liefern würden. Denn auch der erste Impuls für die Entstehung des Sarkoms geht — nach MAUER — nicht vom injizierten Filtrat (vom Virus) aus, sondern von der traumatisierten, durch den Kanülenstich zerstörten Muskulatur, welche auf den Insult durch Rundzelleninfiltration reagiert; erst diese reparative, zur Entdifferenzierung normaler Zellen führende Reaktion schafft das biologische Objekt, welches der Einwirkung des Virus zugänglich ist.

Es fehlt jedoch der zuverlässige Beweis, daß die traumatisch induzierte Gewebereaktion als eine notwendige Bedingung der Geschwulstbildung anzusehen ist. Beobachtet wurde ja nur, daß sich ein Sarkom in derartig reagierenden Gewebepartien entwickeln *kann*, und die Voraussetzung, daß sich der Unterschied zwischen entzündlicher Wucherung und werdendem Tumor schon in den ersten 2 Tagen (s. S. 1014) morphologisch manifestieren müßte, braucht keineswegs richtig zu sein. Durch die Bewertung des traumatischen Faktors sieht sich MAUER veranlaßt, nochmals auf die Zweifel zurückzukommen, ob die virusbedingten Sarkome als „echte" Geschwülste betrachtet werden dürfen, und findet solche Bedenken, sofern man die Initialstadien ins Auge faßt, zum Teil gerechtfertigt; „im vollausgebildeten Zustand müsse man sie allerdings zu den echten Sarkomen rechnen".

Würde man sich nun entschließen, auf Grund der histologischen Befunde den *Makrophagen* eine entscheidende Rolle bei der Tumorentwicklung zuzuschreiben, so geriete man mit den oben zitierten Untersuchungsergebnissen von LUDFORD in einen Konflikt, welcher derzeit unlösbar scheint, da sich ja nicht bloß Meinungen und Deutungen mikroskopischer Bilder, sondern Tatsachen gegenüberstehen. Die Makrophagen sind jedenfalls durch ihre lebhaft phagocytierende Tätigkeit ausgezeichnet und die Verlagerung der Viruselemente in das Innere von Zellen wäre durch diesen Umstand in befriedigender Weise mechanisch aufgeklärt. Die Viruselemente sind zweifellos unbewegliche Gebilde und ein aktives „Eindringen" derselben in das Cytoplasma der Wirtszellen wäre daher nicht vorstellbar [R. DOERR (*3*, *4*)]; müssen sie *passiv* aufgenommen werden, so wären phagocytierende Zellen für die Infektion gewissermaßen prädestiniert. Diese Überlegung gilt natürlich nur für die ersten Phasen einer reinen Virusinfektion: Ist das Virus einmal in die Zelle gelangt, so wird es sich daselbst vermehren und kann dann mit Hilfe der aufeinanderfolgenden Zellteilungen automatisch von jeder Zellgeneration auf die nächste übertragen werden. Eine sorgfältige cytologische Untersuchung der Zellen des Roussarkoms ist ganz kürzlich von M. LEVINE publiziert worden.

Die Metastasen der Hühnersarkome.

Häufigkeit und Prädilektionsstellen der Metastasen.

Die meisten der bisher besprochenen Hühnersarkome zeigen eine mehr oder weniger ausgebreitete Metastasenbildung. Es bestehen aber hinsichtlich der *Häufigkeit* und der *Lokalisation* der Metastasen Unterschiede zwischen den einzelnen Tumorstämmen, über welche eine Zusammenstellung von L. FOULDS (*3*, *6*) Auskunft gibt, welche sechs verschiedene Sarkome — darunter auch das Roussarkom Nr. I — umfaßt; andere Daten sind in der Literatur über experimentelle Hühnersarkome verstreut.

Merkwürdigerweise geben sowohl P. ROUS (*1*) als auch PENTIMALLI (*3*) an, *daß langsames Wachstum des Primärtumors mit größerer Häufigkeit der Metastasen einhergeht.* Vielleicht spielt hier der Umstand eine Rolle, daß die Hühner mit langsam wachsenden Primärtumoren länger leben. Es wäre jedoch auch möglich, daß *antagonistische Beziehungen* zwischen Primärtumor und Metastasen Einfluß nehmen; man hat wenigstens wiederholt beobachtet, daß die Metastasen bis zum Tode der Tiere weiterwuchern, während der Primärtumor gleichzeitig zurückging [FOULDS (*3*. *6*), GYE und PURDY (*3*)]. Im ganzen genommen metastasieren das Roussarkom Nr. I und der Tumor M. H. 2 von BEGG und MURRAY am häufigsten.

Was die *bevorzugten Lokalisationen* anlangt, sitzen die Metastasen beim Roussarkom Nr. I vorwiegend in den Lungen, im Herzen und im Pankreas [ROUS, MURPHY und TYTLER (*2*), FOULDS (*3*, *6*)], bei den Tumoren Nr. XVIII und Nr. XXXVIII dagegen meist in der Skelettmuskulatur; beim Tumor M. H. 2 von BEGG und MURRAY findet man sie in der Regel in der Leber, der Milz, im Knochenmark und in der Thymus und bei zwei in der Aufstellung von FOULDS ebenfalls angeführten Fibrosarkomen (M. H. 1 und M. H. 14) relativ oft im Peritoneum. Wovon diese Differenzen, die natürlich nicht absolut, sondern nur prozentual sind, abhängen, kann man nicht einmal vermutungsweise entscheiden, *besonders wenn man daran denkt, daß die Übertragung gewöhnlich in einer Injektion des Materials in die Brustmuskulatur besteht und daß die Primärtumoren infolgedessen den gleichen Sitz haben.* Käme die Metastasenbildung ausschließlich durch Vermehrung verschleppter Tumorzellen zustande, so wären die von der Natur des Tumors bestimmten Prädilektionsstellen jedenfalls schwieriger zu verstehen, als wenn neben diesem Vorgang auch eine Umwandlung von Wirtszellen durch kreisendes und an gewissen Punkten zur Haftung gelangendes Virus in Betracht käme; denn in diesem Falle stünden uns zahlreiche Analogien aus dem Gebiete der Metastasierung bakterieller Infektionen zu Gebote, welche hier als bekannt vorausgesetzt werden dürfen. Damit erscheint ein Problem angeschnitten, das für die Beurteilung der Stellung virusartiger Agenzien in der Tumorätiologie von höherem Wert ist als gemeinhin zugegeben wird.

Die Entstehung der Metastasen virusbedingter Hühnertumoren.

Es stehen hier nur zwei Kombinationen zur Diskussion, nämlich *die ausschließliche Entstehung durch verschleppte Zellen des Primärtumors* (durch das strömende Blut, gelegentlich auch durch die Lymphzirkulation) oder *als akzidentieller Vorgang die Infektion entfernter normaler Zellbezirke durch Virus, welches im Primärtumor produziert wird und sich im Organismus des Tumorträgers ausbreitet.* Ein Versuch, nur den an zweiter Stelle genannten Mechanismus zuzulassen und die Entstehung der Metastasen aus verschleppten Tumorzellen auszuschließen, ist hingegen nicht in beachtlicher Form unternommen worden.

P. ROUS (*4*) vertrat die Ansicht, daß es so gut wie immer nur verschleppte Sarkomzellen sind, aus welchen die Metastasen hervorgehen, und daß eine Umwandlung von normalen Zellen durch reine Viruswirkung nicht in Betracht komme. Er stützte sich hierbei u. a. auf histologische Untersuchungen, aus welchen hervorging, daß die Zellen im Primärtumor (Sarkom Nr. I) oft in Gefäße einwuchern und daß die Metastasen in radiärer Richtung von einem Zentrum aus wachsen, welches oft durch ein Gefäß gebildet wird, das mit Tumorzellen verstopft ist. Ähnliche Beobachtungen wurden von FUJINAMI und INAMOTO (*3*), TEUTSCHLÄNDER (*3*), MURRAY und BEGG an den von ihnen entdeckten und beschriebenen Tumoren gemacht und im gleichen Sinne gedeutet; auch L. FOULDS (*3, 6*) fand keine Anhaltspunkte dafür, daß die Metastasen auf Viruswirkung zurückzuführen wären.

Es wurden jedoch auch andere Auffassungen geäußert.

PENTIMALLI (*2, 3*) z. B. will beim Roussarkom Nr. I zwei Arten von Metastasen unterscheiden, die *weißen Knoten*, die sich aus embolisierten Tumorzellen entwickeln sollen, und die *roten* (hämorrhagischen), die besonders in der Leber auftreten und nach PENTIMALLI durch direkte Viruswirkung hervorgerufen werden. Als Beweis wird angeführt, daß die Verimpfung des Blutes von Hühnern mit roten Metastasen stets Tumorbildung ergab, was aber nicht unbedingt auf den Gehalt an freiem Agens bezogen werden muß; Hämorrhagien findet man übrigens nicht bloß in Metastasen, sondern auch in Primärtumoren [ROUS und MURPHY (*4*)]. MCGOWAN meint ferner, daß die Zahl der Sekundärtumoren oft so groß ist, daß die ausschließliche Entstehung aus verschleppten Tumorzellen als unwahrscheinlich bezeichnet werden muß. Eine sichere Entscheidung ist indes auf solchen Wegen nicht zu erreichen und man hat daher zu anderen Mitteln gegriffen, um größere Klarheit zu schaffen, nämlich zur *Prüfung der Infektiosität des Blutes tumortragender Hühner* und zur *intravenösen Injektion von virushaltigem Material.*

Die Infektiosität des Blutes tumortragender Hühner.

Daß man durch Verimpfung des Blutes tumortragender Hühner in die Brustmuskulatur normaler Hühner Sarkome erzeugen kann, wurde von einer großen Zahl von Experimentatoren festgestellt, so von ROUS, MURPHY und TYTLER (*3*), BÜRGER, JABLONS, LEWIS und ANDERVONT (*1*), E. FRÄNKEL (*2*), PENTIMALLI (*2*), DOERR, BLEYER und W. G. SCHMIDT, RAGNOTTI, LLAMBIAS und BRACHETTO-BRIAN u. a. Die Versuche lieferten einen hohen Prozentsatz positiver Resultate (60—100% nach PENTIMALLI, 50% nach RAGNOTTI) und es genügten zuweilen sehr kleine Blutmengen (20—30 mg nach DOERR, BLEYER und SCHMIDT), um einen Tumor zu erzeugen. Es wurden sowohl *Vollblut* als auch *ungeformte* und *geformte Blutbestandteile* mit Erfolg verwendet, so z. B. *Plasma* von ROUS, MURPHY und TYTLER (*3*), LEWIS und ANDERVONT (*1*), RAGNOTTI, PENTIMALLI (*7*), *Serum* von E. FRÄNKEL (*2*), *Erythrocyten* von RAGNOTTI, LLAMBIAS und BRACHETTO-BRIAN und von PENTIMALLI (*7*), *Fibrin* von RAGNOTTI, *weiße Blutzellen* von LEWIS und ANDERVONT (*1*), RAGNOTTI usw.

Im Blute der tumortragenden Hühner kreist somit Virus, u. zw. in manchen Fällen regelmäßig oder auch zu bestimmten Zeiten — wovon noch später die Rede sein soll — *in beträchtlichen Mengen. Es fragt sich jedoch, in welcher Form; sind es Geschwulstzellen, welche die Aktivität der Blutproben bedingen, oder ist es das freie Agens, das Virus?*

Man könnte Blutausstriche von tumortragenden Hühnern auf das Vorhandensein von Tumorzellen *mikroskopisch* untersuchen und sich durch gleichzeitige Titrierung der Infektiosität überzeugen, ob diese mit einem eventuellen Gehalt an Tumorzellen übereinstimmt. Unseres Wissens liegen keine Angaben über derartige Untersuchungen vor, von denen vielleicht die Überlegung abgeschreckt hat, daß die Tumorzellen (auf die Volumeinheit Blut bezogen) auf jeden Fall viel zu spärlich sein würden, um ihren mikroskopischen Nachweis zu ermöglichen. Ob diese Annahme unbedingt richtig ist, erscheint aber zweifelhaft. DOERR, BLEYER und SCHMIDT erzielten durch intramuskuläre Verimpfung von 20—30 mg Blut (0,02—0,03 ccm) positive Resultate. Das waren aber nur die kleinsten geprüften, aber nicht die kleinsten eben noch aktiven Dosen. Höchstwahrscheinlich kann man zumindest bei einzelnen Tumorhühnern noch viel weiter hinuntergehen (siehe weiter unten den Erfolg, den JIDA mit 0,001 ccm zu verzeichnen hatte), und in solchen Fällen wäre die mikroskopische Untersuchung der Blutausstriche nicht mehr a priori aussichtslos und auch dann, wenn sie stets negative Ergebnisse bei hinreichend genauer Durchmusterung der Präparate liefern würde, verwertbar. Da aber in dieser Hinsicht eine Lücke besteht, kann man einstweilen nur konstatieren, daß eine hohe Blutinfektiosität kaum durch den Gehalt des Blutes an Tumorzellen bedingt sein kann; es wären ja ganz enorme Mengen von Zellen, die sich von dem Primärtumor ablösen und in die Zirkulation eingeschwemmt werden müßten, da man das gesamte Blutvolum des Huhnes zu berücksichtigen hat wie auch den Umstand, daß fremde Gebilde durch die Uferzellen des Blutstromes fixiert und so aus dem flutenden Blut ausgeschieden werden.

JIDA hat einen anderen und an und für sich sehr sicheren Weg eingeschlagen. Er untersuchte sehr kleine Mengen Plasma von tumortragenden Hühnern mikroskopisch; erwies sich das Quantum als zellfrei, so wurde es einem normalen Huhn intramuskulär injiziert. Von 81 solcher Proben erzeugte *nur eine einzige* ein Sarkom, was selbstverständlich nicht für irgendwelche Schlüsse ausreicht. Möglicherweise waren aber die Versager eben durch die zu kleinen Plasmamengen verschuldet (meist 0,001 ccm), welche zur Verimpfung gelangten. Mehrere Autoren berichten, daß Plasma überhaupt weniger infektiös ist als Vollblut oder Erythrocyten [PENTIMALLI (*1*), RAGNOTTI, LLAMBIAS und BRANCHETTO-BRIAN], so daß auch dieser Faktor eine Rolle gespielt haben könnte.

Die Tatsache, daß es gelungen ist, mit makroskopisch metastasenfreien Organen, bzw. mit Extrakten aus solchen Organen Tumoren zu erzeugen [M. BÜRGER, FUJINAMI und SUZUE (*1*), E. FRÄNKEL (*2*), A. COSTA, OSHIMA und YABUUCHI (*1*)], besagt nicht mehr als die Infektiosität des Blutes; die Organe enthalten ja Blut, das sich nicht vollständig entfernen läßt, und können sowohl Tumorzellen als auch Viruselemente, welche durch ihre Gefäße rollen, zurückhalten. Für jeden Fall wäre es nicht zulässig, die Infektiosität der Organe auf freies Virus zu beziehen. Versuche mit Extrakten oder Suspensionen metastasenfreier Organe, die von tumortragenden Säugetieren stammten oder von Feten, deren Mütter im trächtigen Zustand mit Tumoren behaftet waren, haben zum Teile positive Resultate gegeben. Man hat aus derartigen Experimenten den Schluß ziehen wollen, daß auch die malignen Geschwülste der Säugetiere ein filtrierbares Agens enthalten. Diese gewagte Folgerung wurde jedoch mit Recht abgelehnt, da die verimpften Massen sehr wohl einzelne Tumorzellen oder Zellgruppen enthalten konnten, welche eine erfolgreiche Übertragung ermöglichten [s. A. WAGNER (*2*) (ausführliche Bibliographie)]. Auch aus diesen Beobachtungen läßt sich somit nicht entnehmen, worauf die Aktivität der metastasenfreien Organe tumortragender Hühner beruht, und in weiterer Folge, ob die Infektiosität des Blutes solcher Hühner durch den Gehalt an freiem Virus oder an Tumorzellen bedingt ist.

Größere Bedeutung könnte man vielleicht *den zeitlichen Schwankungen der Infektiosität des Blutes* beilegen, wenn sie mit genügender Exaktheit bestimmt worden wären, was aber leider nicht zutrifft. DOERR, BLEYER und SCHMIDT verimpften Blutproben von 4 Hühnern in der Menge von je 20—30 mg (an Wollscheibchen angesaugt) intramuskulär; 2 Blutproben, welche 18 Tage nach der erfolgreichen Impfung entnommen worden waren, erzeugten Sarkome, die anderen 2, 30—34 Tage nach der Impfung entnommen, erwiesen sich als unwirksam. Ferner gibt E. FRÄNKEL (*2*) an, daß das Blut tumortragender Hühner erst am

18. Tage nach einer intramuskulären Impfung infektiös wird, die metastasenfreie Milz dagegen schon am 14. Tage. Damit ist natürlich nicht viel anzufangen. Man hat aber doch den Eindruck, daß nach der Implantation eines rasch wachsenden Sarkoms (bei den erwähnten Experimenten wurde das Roussarkom Nr. I verwendet) eine Latenzperiode von etwa 2 Wochen verstreicht, während welcher das Blut keine Infektiosität aufweist, ein Schluß, der sich auf die Feststellung gründet, daß FRÄNKEL ziemlich große Blutmengen (einige Kubikzentimeter) verimpfte. Dann setzt ziemlich unvermittelt ein rascher Anstieg der Blutinfektiosität ein, so daß schon kleine Quantitäten Tumorbildung auslösen. Und schließlich erfolgt ein Abfall, der vermutlich bis auf Null hinuntergeht.

DOERR und seine Mitarbeiter gingen von der Voraussetzung aus, daß eine Vermehrung des Virus im Blute als ausgeschlossen zu betrachten sei und daß seine Anwesenheit in der Zirkulation nur auf eine Einschwemmung aus dem Primärtumor bezogen werden könne. Die anscheinend gesetzmäßigen Schwankungen der Blutinfektiosität sind daher möglicherweise nur der Ausdruck von Vorgängen, die sich im Primärtumor abspielen und die experimentell erfaßbar sind, wenn man die Infektiosität von Extrakten quantitativ bestimmt, welche aus Tumoren verschiedenen Alters mit einer gleichartigen Technik gewonnen werden. Diese Erwartung bestätigte sich insofern, als die tumorerzeugende Wirkung der Extrakte mit dem Alter der Geschwülste zunächst zunahm, bis nach zirka 3 Wochen ein Maximum erreicht war, und dann rasch absank [hiermit stimmen auch neuere Untersuchungen von MELLANBY (*5*) überein]; auf dem Höhepunkt erwiesen sich noch 1000fache und höhere Verdünnungen als wirksam, während von den Extrakten aus älteren Sarkomen nur die konzentrierten Extrakte oder auch diese nicht mehr positive Resultate gaben. Im Prinzip konnte allerdings die Geschwulstbildung nach Extraktinjektion auch auf den Gehalt der Extrakte an transplantabeln Sarkomzellen zurückgeführt werden; aber DOERR und seine Mitarbeiter schlossen diese Möglichkeit aus, weil man bei den hochaktiven Extrakten, die sich 1000fach und stärker verdünnen lassen, annehmen müßte, daß sie im Kubikzentimeter eine große Zahl von Tumorzellen enthalten, von denen jede einzelne befähigt sein würde, aus sich heraus ein Sarkom zu erzeugen, und weil man anderseits im Hinblick auf die unwirksamen Extrakte zugeben sollte, daß die Transplantierbarkeit der Tumorzellen alle Abstufungen von Null bis zur „Einzellverimpfung“ zeigen kann.

Um den Beweiswert der angeführten Versuche von DOERR, BLEYER und SCHMIDT richtig einzuschätzen, hat man sich vor Augen zu halten, daß die Anwesenheit von Zellen in den verwendeten „Extrakten“ nicht sicher ausgeschlossen wurde. Die Filtration der Extrakte durch Hartkerzen (Chamberland L_2) hatte nämlich Filtrate gegeben, welche nicht oder nur in großen Dosen, ev. erst unter Zuhilfenahme von mitinjizierten Fremdkörpern (Quarzsand) Tumoren zu erzeugen vermochten. Die (durch Verreiben von Tumorgewebe mit dem zehnfachen Quantum Tyrodelösung hergestellten) Emulsionen wurden daher nur zentrifugiert und die abpipettierten, überstehenden Flüssigkeiten zur Auswertung der Wirksamkeit benutzt. Ob aber diese überstehenden Flüssigkeiten noch Tumorzellen enthielten und in welcher Menge (Konzentration), wurde mikroskopisch nicht kontrolliert. Die geringe oder fehlende Aktivität der Filtrate könnte man sogar in dem Sinne deuten, daß die aus den Tumoren gewonnenen Emulsionen nur wenig oder auch kein freies Agens enthielten und daß daher auch die Richtigkeit der von DOERR gezogenen Schlüsse anfechtbar sei.

Selbst wenn die Infektiosität des Blutes tumortragender Hühner der Hauptsache nach auf seinem Gehalt an freiem Agens (Virus) beruhen würde, ist damit noch nicht gesagt, daß die Metastasen vorwiegend oder zum Teile durch das Virus erzeugt werden. Die intramuskuläre Injektion von Blutproben ist ein traumatischer Übertragungsmodus, welcher sich unter denselben Bedingungen auswirken kann wie eine Einspritzung von Filtraten oder anderen zellfreien Präparaten; für Virus, welches vom Primärtumor durch Zerfall von Geschwulstzellen abgegeben wird und im geschlossenen Gefäßsystem kreist, liegen die Verhältnisse ganz anders. Von diesem Standpunkt aus erscheint es angezeigt, normalen Hühnern einerseits Suspensionen von Tumorzellen, anderseits Filtrate oder äquivalente zellfreie Präparationen intravenös zu injizieren und zu prüfen, ob sich Differenzen feststellen lassen oder nicht.

Intravenöse Injektionen von Tumorzellensuspensionen und von zellfreiem, virushaltigem Material.

ROUS, MURPHY und TYTLER (*2*) injizierten in die Flügelvene von Hühnern zellfreie (durch Berkefeldkerzen filtrierte) Tumorextrakte *intravenös*. Nur selten (in 4 von 17 Einzelversuchen) entwickelten sich Sarkome, die ihren Sitz im funktionierenden Ovarium, in einem Falle auch in der Leber hatten. Wurde den Filtraten Diatomeenerde zugesetzt, so erhöhte sich die Zahl der positiven Ergebnisse von 24 auf 35% (7 von 20 Versuchen), so daß es den Anschein hatte, daß die Gewebeschädigungen das Haften des Virus begünstigten. Damit würde die Lokalisation im Ovar stimmen, in welchem im Anschluß an den Ovulationsprozeß Blutungen und Zellproliferationen auftreten und so den „locus minoris resistentiae“ schaffen.[1] Obzwar aber die Diatomeenpartikel zahlreiche, über den ganzen Körper zerstreute und anatomisch leicht nachweisbare Läsionen erzeugten, entstanden auch in dieser Versuchsserie in der Regel bloß solitäre Primärtumoren; eine multiple primäre Sarkomatose gehörte zu den Ausnahmen und eine diffuse miliare Sarkomatose konnte von ROUS und seinen Mitarbeitern ebensowenig beobachtet werden wie später von DOERR, BLEYER und SCHMIDT.

Die *spontanen Metastasen* von Hühnern, bei denen sich infolge einer intramuskulären Impfung ein Sarkom gebildet hat, findet man dagegen in der weitaus überwiegenden Mehrzahl der Fälle in der *Lunge*. Unter 157 solchen Tieren,

[1] Analoge Angaben wurden auch von anderen Autoren gemacht. PENTIMALLI injizierte Filtrate intravenös und stellte fest, daß Sarkome nur an Stellen auftraten, die mit einem Thermokauter behandelt worden waren. Nach PENTIMALLI übt das Gewebe, in welchem sich nach einem Trauma reparative Prozesse abspielen, auf kreisendes Virus eine anziehende und fixierende Wirkung aus, was man wohl als einen Spezialfall eines allgemeinen Phänomens aufzufassen hat, welches von ALBERTO ASCOLI als Anachorese bezeichnet und von ihm sowie namentlich von VALY MENKIN und seinen Mitarbeitern eingehend experimentell studiert wurde. Die verschiedensten Stoffe (Bakterien, Tuschepartikel, artfremde Proteïne, Farben) dringen aus dem Blut rasch in entzündete Herde ein und werden in denselben festgehalten und gespeichert. Wenn man daher erfährt, daß sich die Sarkombildung nach intravenöser Filtratinjektion an Orten lokalisiert, welche in irgendeiner Weise geschädigt wurden (z. B. durch Verbrennung [PENTIMALLI], durch Injektion von Histamin [FINDLAY (*1*)], durch Injektionen verschiedener Fremdkörper [MACKENZIE und STURM, FUJINAMI und SUZUE] oder auch durch einen bloßen Kanülenstich [ROUS, MURPHY und TYTLER, DOERR, BLEYER und SCHMIDT]), muß dies nicht unbedingt so gedeutet werden, daß das Virus nur das in reparativer Wucherung begriffene, aber nicht das normale Gewebe anzugreifen vermag (G. MAUER). Es wäre auch ein anderer Zusammenhang denkbar. Bei einer subcutanen oder intramuskulären Filtratinjektion wirkt das Virus in größter Menge bzw. in höchster Konzentration auf einen kleinen Gewebebezirk ein. Injiziert man dagegen Filtrate intravenös, so wird das Virus schon durch die Verteilung im Blute des Versuchstieres stark verdünnt, daher meist unwirksam; ein Trauma könnte jedoch trotzdem lokale Sarkombildung ermöglichen, weil es eben eine örtliche Konzentrierung des Virus erzeugt.

über welche ROUS, MURPHY und TYTLER (*3*) berichtet haben, waren nur 5, bei welchen sich in den Lungen keine Metastasen nachweisen ließen,[1] 111 hatten Metastasen sowohl in den Lungen als auch in den anderen Organen und bei 41 Hühnern waren nur die Lungen befallen. Diese Verteilung entspricht der Erwartung, wenn man annimmt, daß die Metastasen aus Tumorzellen entstehen, welche sich von einem Primärtumor ablösen, in den venösen Schenkel des großen Kreislaufes gelangen und in den Lungenkapillaren abfiltriert werden. Daß Tumorzellen oder Zellgruppen größtenteils in den Lungengefäßen zurückgehalten werden, wo sie, die Gefäßwand durchwuchernd, den Ausgangspunkt von Metastasen bilden können, läßt sich übrigens mikroskopisch nachweisen, wenn man normalen Hühnern frisch hergestellte Suspensionen von Sarkomzellen in eine Flügelvene einspritzt [ROUS, MURPHY und TYTLER (*3*)].

Bei derartigen Versuchen hat man mit einer Fehlerquelle zu rechnen, deren Bedeutung schon ROUS, MURPHY und TYTLER erkannten und auf welche später wiederholt, so von DOERR, BLEYER und SCHMIDT und von L. FOULDS (*6*) aufmerksam gemacht wurde. Es kann sich an der Einstichstelle in die Flügelvene ein Tumor entwickeln und die Metastasen, die man bei der Obduktion findet, müssen dann nicht als Folgen der intravenösen Injektion aufgefaßt werden, da sie ebensogut auf den Tumor an der Eintrittspforte zurückgeführt werden können. ROUS und seine Mitarbeiter suchten sich gegen solche Vorkommnisse zu schützen, indem sie die Injektionsnadel vor bzw. während des Herausziehens derselben mit NaCl-Lösung abspülten und außerdem die angestochene Vene unterbanden. Durch diese Prozedur konnten sie das Tumorwachstum an der Injektionsstelle „praktisch ausschalten". DOERR, BLEYER und SCHMIDT verzeichneten jedoch trotz analoger Vorsichtsmaßregeln fast immer Mißerfolge; wenn die intravenöse Injektion[2] überhaupt Erfolg hatte (10 von 30 Versuchen), entstand an der Einstichstelle stets ein Sarkom. Nur bei einem Huhn, welches 0,00002 ccm eines sehr wirksamen Extrakts intravenös erhalten hatte, *blieb die Einstichstelle* frei und bei der Sektion fand sich in der Bauchhöhle ein riesiger solitärer Tumor.

Bemerkt sei, daß in den Versuchen von DOERR, BLEYER und SCHMIDT zuweilen noch sehr kleine Dosen intravenös injiziert positive Resultate gaben (0,002—0,00002 ccm); die Regel war dies aber nicht, vielmehr wirkte von mehreren Verdünnungen des gleichen Extrakts meist nur die höchste Konzentration, u. zw. auch dann, *wenn die intramuskuläre Impfung noch mit sehr kleinen Quanten möglich war.* An der spontanen Metastasenbildung der intramuskulär geimpften Hühner war — in Übereinstimmung mit den Angaben von ROUS, MURPHY und TYTLER — die Lunge (mit einer einzigen Ausnahme) stets beteiligt; bei den intravenös injizierten Tieren fanden sich Lungenmetastasen nur in der Hälfte der Fälle und ebensooft wurden Knoten in der Bauchhöhle, aber ohne bestimmbare Beziehung zu einem Organ festgestellt.

Was kann man aus diesen einander zum Teil widersprechenden und aus nicht ganz identischen Versuchsanordnungen abgeleiteten Angaben schließen? Mit einem gewissen Vorbehalt zunächst so viel, *daß die intravenöse Einverleibung von virushaltigem Material weit weniger wirksam ist als die intramuskuläre*, u. zw. sowohl hinsichtlich der Zahl der Erfolge als auch in Anbetracht der für ein positives Resultat erforderlichen Dosen. Das gilt in besonderem Maße für das zell-

---

[1] In diesen fünf Fällen hatte man bei der Autopsie nicht auf das Vorhandensein eines offenen Foramen ovale geachtet, welches die „gekreuzte Zellembolie" erklären könnte. Bei zwei später beobachteten analogen Fällen konnte jedoch ein offenes Foramen ovale konstatiert werden.

[2] Über die Beschaffenheit der von DOERR und seinen Mitarbeitern verwendeten Extrakte siehe S. 1019.

freie Virus, wobei man aber zu berücksichtigen hat, daß hier auch die intramuskuläre Injektion weit unsicherer ist als die Übertragung von Zellen bzw. Tumorstückchen. A. Fischer (*4*) berechnet, daß nur 1% aller Hühner gegen die intramuskuläre Transplantation von lebenden Sarkomzellen refraktär sind, dagegen 40% gegen das freie Agens. Das Trefferverhältnis „Zelle : freies Agens" scheint somit einfach auf ein tieferes Niveau verschoben, wenn man von der intramuskulären zur intravenösen Impfung übergeht.

Es ist ferner, wie erwähnt, schwierig, durch die intravenöse Injektion von Zellen oder zellfreiem Agens ein positives Resultat zu erzielen, ohne daß an der Einstichstelle ein Sarkom entsteht. Kann dies nicht vermieden werden, so bleibt es zweifelhaft, ob die sich entwickelnden Metastasen vom Primärtumor aus entstehen oder ob sie durch das intravenös injizierte Material erzeugt wurden. Für die Beurteilung der Frage, ob die Wirkung einer intravenösen Injektion differiert, je nachdem man Zellsuspensionen oder zellfreies Virus einspritzt, sind daher strenge genommen nur jene Experimente verwertbar, in welchen die Einstichstelle nicht mit Tumorbildung reagiert (siehe S. 1020 und S. 1021). Von diesem Standpunkt betrachtet, kann festgestellt werden, *daß die Verteilung der Lokalisationen tatsächlich verschieden ist, je nachdem man Zellsuspensionen oder freies Agens in die Zirkulation bringt; im ersten Fall sind vorwiegend die Lungen, im zweiten die Abdominalorgane (Ovarien) beteiligt.* Der Unterschied ist jedoch nicht absolut, sondern nur graduell und läßt sich nicht befriedigend erklären; die mechanische Vorstellung, daß Zellen oder Zellgruppen in den Lungenkapillaren größtenteils stecken bleiben, während freies Agens durchtritt, reicht offenbar nicht aus, da sie keine Auskunft gibt, warum freies Agens in den Lungen so selten und in den Bauchorganen so oft zur Haftung gelangt.

Es wird behauptet, daß sich zellfreies Virus noch in einer anderen Beziehung auszeichnet. Nach intramuskulären Impfungen mit Filtraten soll nämlich meist nur ein Tumor an der Injektionsstelle entstehen. Aus den Angaben von Rous, Murphy und Tytler, Doerr, Bleyer und Schmidt, A. Fischer (*4*) u. a. geht aber das Gegenteil hervor. Von 20 Hühnern z. B., welche A. Fischer in den linken Pectoralis mit zellfreiem Virus impfte, reagierten 12 positiv und bekamen ausnahmslos Metastasen, und von 16 Hühnern, welche Doerr und seine Mitarbeiter mit ihren Extrakten intramuskulär infiziert hatten, reagierten nur 3 bloß mit einem Tumor an der Impfstelle ohne Metastasenbildung, die anderen 13 zeigten außer dem Primärtumor Knoten in der Lunge, der Leber, im Herzen, im Abdomen und in den Muskeln.

Wie man konstatieren muß, haben somit weder die Vergleiche zwischen intramuskulären und intravenösen Injektionen noch die Bemühungen, bei diesen beiden Übertragungsarten durch Variierung des Impfgutes (Zellsuspensionen, zellfreies Material) Differenzen zu erzeugen, die Frage nach der Entstehung der Metastasen eindeutig gelöst. Das kam und kommt ja auch darin zum Ausdruck, daß diametral entgegengesetzte Ansichten geäußert wurden. Autoren, welche dem Virus die Hauptrolle zuteilen wollen, verwiesen darauf, daß virusreiche Tumoren in besonderem Grade zur Metastasenbildung neigen, wie das Roussarkom Nr. I. A. Fischer (*5*), der ebenfalls auf diesem Standpunkt steht, infizierte eine Gewebekultur des Roussarkoms Nr. I mit Tuberkelbazillen und erzeugte durch Verimpfung derselben Primärtumoren, in welchen die Bazillen nachweisbar waren, während sie in den Metastasen fehlten. Daraus folgt aber nicht, daß die Metastasen nicht aus verschleppten Zellen entstanden sein könnten. Foulds, der die Metastasen der Hauptsache nach als Zellableger ansieht, behauptet, daß die Lokalisation der Metastasen in den verschiedenen Organen für jeden Tumorstamm charakteristisch sei und davon abhänge, ob die verschleppten

Zellen am neuen Standort die bis zu einem gewissen Grade spezialisierten Wachstumsbedingungen antreffen; die naheliegende und auf Analogien basierende Annahme, daß die Haftung und Ansiedlung des Virus in bestimmten Organen durch besondere Affinitäten (Tropismen) geregelt wird, hält FOULDS für unwahrscheinlich.

Die Schicksale des Virus nach der Einbringung in die Blutbahn des Huhnes.

Es ist klar, daß das in der Überschrift formulierte Problem in engem Konnex mit der Frage nach dem Mechanismus der Metastasenbildung steht. Wie die vorstehenden Ausführungen gezeigt haben, wurde die Lösung dieser Frage auf indirektem Wege angestrebt, nämlich durch die Bestimmung der Infektiosität des Blutes tumortragender Hühner und durch die Feststellung der Wirkungen intravenöser Filtratinjektionen bzw. durch den Vergleich derselben mit den Resultaten der intravenösen Injektion von Sarkomzellen. Es stellte sich heraus, daß die in den genannten Richtungen erzielten Ergebnisse entweder ausgesprochen doppeldeutig oder doch nicht ganz eindeutig waren, und daraus ergibt sich die Notwendigkeit, andere Momente heranzuziehen, um die Beurteilung der experimentellen Beobachtungen so weit als möglich bestimmter zu gestalten. Dazu gehört auch das Schicksal von intravenös injiziertem Virus; unsere Einstellung zu manchen der früher angeführten Versuchsresultate wird naturgemäß verschieden sein, je nachdem wir erfahren, daß das Virus rasch aus dem Blute schwindet oder längere Zeit nachweisbar bleibt, daß es nach dem Schwunde aus der Zirkulation noch in Organen feststellbar ist usw. Darüber sind wir nun durch eine Arbeit von SITTENFELD, JOHNSON und JOBLING (*3*) ziemlich genau unterrichtet.

Die Versuche waren nach folgendem Muster angeordnet: Es wurde zunächst die minimale Dosis von Tumorfiltraten bestimmt, welche bei *intramuskulärer* Injektion einen Tumor gab; betrug diese Minimaldosis 0,2—0,1 ccm, so wurde die zehnfache Menge *intravenös* eingespritzt (2,0 ccm). Bemerkt sei, daß 12 Hühner, welche 2,0 ccm Filtrat intravenös erhalten hatten, ausnahmslos mit Sarkombildung in den inneren Organen reagierten und an ihren Tumoren eingingen; von der unsicheren bzw. unregelmäßigen Wirkung intravenöser Filtratinjektionen war also in diesem Falle nichts zu bemerken, wahrscheinlich, weil die verwendeten Filtrate eine ganz außergewöhnliche Aktivität besaßen (vgl. hierzu die Angaben auf S. 1021). Bei den zwölf intravenös injizierten Hühnern wurden nun Blutproben entnommen und in der Menge von je 4 ccm *intramuskulär* auf zwölf frische Hühner übertragen. Die Resultate sind aus nachstehender Tabelle zu entnehmen:

Intervall zwischen der intravenösen Filtratinjektion und der Blutentnahme	Zahl der mit den Blutproben (4 ccm) intramuskulär geimpften Hühner	Ergebnisse der intramuskulären Injektion der Blutproben	
		Tumor	negativ
24 Stunden	12	7	5
48 „	11	4	7
72 „		durchwegs negative Resultate	

Um festzustellen, ob das Agens nach 48 Stunden wirklich aus dem Blute verschwunden oder ob es auch dann noch vorhanden, aber an „some of the elements“ gebunden war, wandten die Autoren eine Technik an, die sich ihnen bei früheren Versuchen bewährt hatte. SITTENFELD, JOHNSON und JOBLING (*1*, *2*) hatten nämlich in Filtraten des Roussarkoms Nr. I (sowie im Serum von einzelnen normalen oder tumortragenden Hühnern) einen Hemmungsstoff gefunden, den sie durch Ansäuern der virushaltigen Substrate ausschalten konnten. Bei Herstellung eines p_H 4 entsteht ein Niederschlag, der das Agens enthält, während der Hemmungsstoff in der sauren Flüssigkeit bleibt; durch Auflösen des Präzipitats bei p_H 8 erhält man daher Präparate, welche wirksamer sind als das Ausgangsmaterial. In einer zweiten Versuchsserie erhielten nun 26 Hühner je 4,0 ccm Tumorfiltrat intravenös; von zwei oder mehreren dieser Tiere wurden nun täglich bis zum 15. Tag je 4 ccm Blut entnommen, in der oben beschriebenen Weise behandelt und die gelösten Präzipitate anderen Hühnern intramuskulär injiziert. Bis zum 5. Tag nach der intravenösen Injektion waren alle Blutproben wirksam, vom 6. bis zum 8. Tag noch 50% (5 von 10 Versuchen) und erst nach dem 8. Tag gelang der Nachweis auch mit der verbesserten Methode nicht mehr.

Es hat sich sonach gezeigt, daß das Agens 48 Stunden lang in aktivem Zustand im Blut kreist und daß es nach Ablauf dieser Frist nicht zerstört oder aus der Zirkulation verschwunden, sondern daß es bis zum 8. Tag in einer unwirksamen Verbindung vorhanden ist, aus welcher es durch ein geeignetes Verfahren als aktives Agens wiedergewonnen werden kann. Durch besondere Untersuchungen konnte ferner erwiesen werden, daß sich das Virus schon 2 Stunden nach der intravenösen Injektion in der Milz findet, während andere Organe virusfrei bleiben. Schließlich tritt ein Stadium ein, wo das Virus im Blut nicht mehr feststellbar ist; es tritt erst dann wieder auf, wenn sich in der Milz oder in einem anderen Organ ein Tumor entwickelt hat.

Aus diesen Angaben darf man folgern: 1. daß die Infektiosität des Blutes tumortragender Hühner, auch wenn sie sich über längere Zeiträume erstreckt, auf dem Gehalt an freiem Virus beruhen kann; denn dieses wird eben, falls es in das Blut eingeschwemmt wird, nicht sofort aus demselben eliminiert, sondern kreist 48 Stunden in aktiver Form; 2. daß zumindest die Infektiosität der metastasenfreien Milz tumortragender Hühner ebenfalls auf das Vorhandensein des freien Agens zurückgeführt werden darf und nicht unbedingt auf verschleppte Tumorzellen bezogen werden muß. Vielleicht wäre die Ausbeute noch größer gewesen, wenn man auch kleinere Blutmengen und nicht nur immer 4 ccm geprüft hätte. Es wäre erwünscht, die Versuche von SITTENFELD, JOHNSON und JOBLING nach dieser Richtung hin zu ergänzen.

B. Epitheliale Hühnertumoren.

Carcinome sind bei Hühnern keineswegs selten. Sie kommen besonders in den *Ovarien* relativ häufig vor, doch kennt man auch *Epitheliome der Haut*. Die zahlreichen Versuche, solche Tumoren experimentell zu übertragen und in denselben ein filtrierbares Virus nachzuweisen, gaben im allgemeinen negative Resultate; nur in Ausnahmefällen konnte ein spärliches Wachstum erzielt und durch wenige Passagen aufrechterhalten werden. L. FOULDS (*8*) konnte jedoch 1937 über ein Carcinom berichten, das im Ovidukt eines $2^1/_2$—3 Jahre alten White Leghorn spontan entstanden war; FOULDS hatte zur Zeit seiner Mitteilung bereits 12 Passagen durchgeführt, so daß man eine praktisch unbegrenzte Übertragbarkeit dieses Tumors annehmen kann. *Das Filtrat erwies sich als wirkungslos.* Selbstverständlich muß man, wie W. CRAMER (*1*) betont hat, zellfreies Material aus epithelialen Neoplasmen stets auf solche Art einverleiben, daß ein eventuell vorhandenes Virus mit empfänglichen Epithelzellen in intimen Kontakt treten kann. Von intramuskulären Injektionen, die bei Sarkomen in der Regel angewendet werden, kann man keine positiven Resultate erwarten.

C. Die durch cancerigene Stoffe induzierten Tumoren (Sarkome).

Seitdem es allgemein bekannt wurde, daß Steinkohlenteer und gewisse aus dem Teer isolierte oder synthetisch hergestellte Kohlenwasserstoffe eine mehr oder weniger intensive cancerigene Wirkung besitzen, hat man durch wiederholte Pinselungen der Haut bei verschiedenen Tieren (namentlich Kaninchen, Ratten, Mäusen) Carcinome und durch subcutane Injektionen oder intramuskuläre Einspritzungen auch Sarkome erzeugt.[1] In geringerem Ausmaße wurden solche Versuche auch an *Hühnern* vorgenommen in der Absicht, die durch cancerigene Stoffe induzierten Sarkome mit den spontan entstandenen zu vergleichen und speziell die Existenz eines filtrierbaren Agens innerhalb der erstgenannten Gruppe festzustellen.

A. M. Begg und W. Cramer geben an, daß B. R. G. Russell 1913 ein Sarkom bei einem teerbehandelten Huhn gesehen, seine Beobachtung jedoch nicht veröffentlicht habe. Sieht man hiervon ab, so waren J. B. Murphy und K. Landsteiner (vgl. hierzu auch E. Sturm und J. B. Murphy) die ersten, welche bei einem Huhn ein Teersarkom erzeugen konnten (1925). Der Tumor ließ sich ohne besondere Schwierigkeiten von Huhn zu Huhn transplantieren; dagegen scheiterten alle Bemühungen, durch zellfreies Material aus dem Tumor Sarkome hervorzurufen. Die zellfreie Übertragung von Tumoren, welche infolge der Behandlung mit Teer oder Kohlenwasserstoffen (Dibenzanthracen) entstanden waren, wurde in der Folge noch wiederholt versucht, so von A. Leith, P. R. Peacock (*1*), Gye und Purdy [cit. nach W. E. Gye (*4*)], E. Mellanby (*2*), C. H. Andrewes (*1*, *3*) u. a., aber stets ohne Erfolg. Einige von den chemisch provozierten Geschwülsten wuchsen recht kümmerlich und die Transplantation schlug fehl oder glückte nur nach vielen vergeblichen Einzelversuchen, so daß man sich in diesen Fällen von der zellfreien Übertragung a priori kein positives Ergebnis versprechen konnte, speziell auch im Hinblick auf die Erfahrungen, die man bei spontan entstandenen Hühnersarkomen gemacht hatte. Histologisch unterschieden sich die chemisch induzierten Geschwülste nicht von den wohlbekannten spontanen Fibrosarkomen.

Nur McIntosh (*1*, *3*) erhielt unter 13, durch intramuskuläre Injektion von teererzeugten Tumoren (zum Teil Fibrosarkomen, zum Teil Angio-Endotheliomen, Leukosarkomen usw.) 4, welche sich serienweise fortzüchten ließen, wobei 5 verschiedene histologische Typen entstanden; und unter diesen 5 Typen fanden sich 3, bei denen die Übertragung durch zellfreies Material (Berkefeldfiltrate) gelang. McIntosh betonte, daß die Transplantation anfangs schwierig war, weil die Transplantate nur in einem kleinen Prozentsatz der Einzelversuche angingen und sich sehr langsam entwickelten; in einer neuen Arbeit von McIntosh und F. R. Selbie, auf welche wir noch später zurückkommen müssen, sind die ersten 13 Passagen eines solchen Tumors schematisch dargestellt (l. c., Abb. 3, S. 53) und man erkennt, mit welchem enormen Aufwand an Versuchshühnern die Erhaltung solcher Tumoren erkauft wurde. In einigen Fällen nahm

---

[1] Zusammenfassende Abhandlungen über die verschiedenen cancerigenen Kohlenwasserstoffe und ihre Derivate (von denen sich Methylcholanthren, 3,4-Benzpyren und 1,2,5,6-Dibenzanthracen als besonders wirksam erwiesen haben) haben u. a. veröffentlicht: H. Burrows, J. Hieger und E. L. Kennaway (1932), G. Barry und J. W. Cook (1934), M. J. Shear (1936/37), W. E. Bachman, J. W. Cook, A. Dausi, C. G. M. de Worms, G. A. D. Haslewood, C. L. Hewett und A. M. Robinson (1937), L. F. Fieser (1936), L. F. Fieser, M. Fieser, E. B. Hershberg, M. S. Newman, A. M. Seligman und M. J. Shear (1937), A. Butenandt (1938). Von neueren und ausführlichen Zusammenfassungen wären ferner zu nennen: J. W. Cook und Mitarbeiter (1937/38), L. F. Fieser (1938) und M. J. Shear (1938/39).

aber die Quote der positiven Resultate zu und dieses Stadium erwies sich dann auch als günstig für die zellfreie Verimpfung. Bei zwei von den chemisch induzierten und transplantablen Geschwülsten war die Wachstumsgeschwindigkeit besonders gering und konnte auch nicht gesteigert werden; bei diesen zwei Tumoren fielen auch fortgesetzte Versuche der zellfreien Übertragung konstant negativ aus. Die filtrierbaren Tumoren entwickelten sich im allgemeinen schneller, doch bestanden unter ihnen beträchtliche Unterschiede der Wachstumsintensität, welche in der durchschnittlichen Frist, nach welcher eine weitere Passage notwendig wurde, zum Ausdruck kamen. Die nachstehende Tabelle (entnommen aus McINTOSH und SELBIE, l. c., S. 51) gibt über diese Verhältnisse Aufschluß.

Bezeichnung des Teersarkoms	Zahl der Passagen	Durchschnittliches Intervall zwischen den Passagen	Filtrierbarkeit
1	3	82	—
2	42	33	+
3	31	51	+
4	8	85	—
5	81	25	+

Wie schon erwähnt, hatten alle Autoren mit Ausnahme von McINTOSH negative Resultate. Um ihren Beweiswert richtig einzuschätzen, erscheint es notwendig, eine oder die andere von diesen Untersuchungen etwas genauer kennenzulernen.

W. E. GYE (*3*) erhielt durch Injektion von Steinkohlenteer und Dibenzanthracen im Laufe von 10 Jahren 20 Geflügeltumoren. Nur vier ließen sich durch Transplantation übertragen, aber „in jedem Falle mit Schwierigkeiten"; bloß ein Tumor (ein Fibrosarkom) konnte durch Jahre hindurch fortgezüchtet werden, und selbst bei diesem überschritten die Impferfolge nicht 60%. Bei den primären Tumoren sowohl als auch bei den ersten 4 Generationen der Transplantationstumoren wurde die Übertragbarkeit durch Filtrate oder durch die überstehenden Flüssigkeiten nach leichtem Zentrifugieren (5000 Umdrehungen durch 5 Minuten) geprüft; *es wurde kein einziges positives Resultat erzielt* und daran änderte sich auch bei erneuten Filtrationsversuchen nichts.

P. R. PEACOCK (*2*) berichtete auf dem II. Internationalen Mikrobiologenkongreß in London 1936 über elf durch Teer und Dibenzanthracen erzeugte transplantable Hühnersarkome. Die Versuche wurden in einem Laboratorium ausgeführt, in welchem nicht mit virushaltigen Tumoren gearbeitet wurde, und in der an dieses Laboratorium angeschlossenen Hühnerfarm hatte sich in 5 Jahren kein Fall von filtrierbarem Spontantumor gezeigt, so daß die Maßnahmen gegen zufällige Infektionen als wirksam bezeichnet werden durften. *Alle Bemühungen, die chemisch induzierten Tumoren zellfrei (durch Filtrate oder eingetrocknetes Tumorgewebe) zu übertragen, waren vergeblich.* Obwohl jeder Tumorstamm histologische Besonderheiten aufwies, welche er im Laufe der Passagen beibehielt, konnte ein *prinzipieller* morphologischer Unterschied zwischen filtrierbaren und nicht-filtrierbaren (chemisch induzierten) Sarkomen nicht festgestellt werden; wenn daher, meint PEACOCK, ein nicht-filtrierbarer, z. B. ein chemisch induzierter Tumor zufällig durch ein filtrierbares onkogenes Virus verunreinigt würde, könnte dieser Zustand unbemerkt bleiben, falls das Virus den histologischen Bau des an sich nicht-filtrierbaren Tumors nicht deutlich modifiziert.

E. MELLANBY (*1, 2*) behandelte das Gewebe eines filtrierbaren Tumors (Roussarkom Nr. I) mit verschiedenen Chemikalien, bis alle oxydativen und glykolytischen Prozesse irreversibel erloschen waren, und fand, daß mit dem so behandelten Material Sarkome erzeugt werden konnten; Gewebe von nicht-filtrierbaren chemisch induzierten Tumoren büßten dagegen ihre Wirksamkeit schon nach einer weit weniger eingreifenden chemischen Schädigung ein, ein Gegensatz, der MELLANBY veranlaßte, zwischen diesen beiden Arten von Geschwülsten einen grundsätzlichen ätiologischen Unterschied anzunehmen.

Unter diesen Umständen mußte sich naturgemäß der Gedanke aufdrängen, daß die positiven Ergebnisse von MCINTOSH auf einer nicht beachteten Fehlerquelle beruht haben könnten, und MCINTOSH (*1*) selbst leistete solchen Vermutungen Vorschub, indem er auf einige Einwände hinwies, die dann von anderer Seite aufgegriffen wurden. MCINTOSH berichtete jedoch in einer neueren Mitteilung (in Gemeinschaft mit F. R. SELBIE), daß er vier weitere Teersarkome erzeugt habe und daß sich unter diesen wieder zwei vorfanden, die durch Berkefeldfiltrate wiederholt übertragen werden konnten. In dieser Publikation setzt sich MCINTOSH mit der an seiner ersten Versuchsreihe geübten Kritik auseinander; in Anbetracht der außerordentlichen Wichtigkeit der Angelegenheit [vgl. R. DOERR (*1*, *4*)] soll das Pro und Contra ausführlich erörtert werden.

1. Zunächst wurde darauf hingewiesen, daß die angeblichen Teersarkome *Spontantumoren* gewesen sein könnten. Diese Möglichkeit hält MCINTOSH für ausgeschlossen, weil er unter 8000 Hühnern, welche er innerhalb von 12 Jahren verwendet hatte, nur 3 Spontantumoren beobachten konnte, eine ungewöhnlich niedrige Frequenz, welche dadurch erklärt wird, daß für die Versuche nur junge (zirka 3 Monate alte) Hühner benutzt wurden. Von den mit Teer behandelten Hühnern bekamen 40% Sarkome.

2. In der ersten Versuchsserie wurde bei einigen der tumortragenden Hühner Leukämie festgestellt. C. L. OBERLING und M. GUÉRIN konnten nun durch Passagen eines Hühnerleukämiestammes Sarkome erzeugen, welche den Endotheliomen von MURRAY und BEGG ähnlich waren und sich wie diese zellfrei übertragen ließen. Tumorstämme, welche sowohl Sarkome als auch Leukämie hervorzurufen vermögen, wurden auch von J. FURTH (*3*, *6*), ROTHE MEYER und ENGELBRETH-HOLM (*4*), STUBBS und FURTH (*3*) beschrieben und in allen diesen Fällen mißlangen Versuche, die leukämische von der sarkomerzeugenden Wirkung abzutrennen, so daß ein einheitlicher Stoff als Träger beider Funktionen angenommen wurde. Es wäre daher denkbar, daß jene Hühner in den Experimenten von MCINTOSH, welche auf die Teerung mit zellfrei verimpfbaren Sarkomen reagiert hatten, schon vorher oder während des Versuches leukämisch infiziert wurden, und daß das Agens, welches im zellfreien Zustand wirkte, eben ein Leukämievirus war und mit dem chemisch erzeugten Tumor nichts zu tun hatte [PEACOCK (*1*, *2*)]. MCINTOSH ist indes überzeugt, daß die Leukämie bei der Entstehung der filtrierbaren Teersarkome keine essentielle Rolle gespielt haben kann. Nach seiner Auffassung ist das filtrierbare Agens, das in solchen Tumoren nachgewiesen werden konnte, vom Virus der Leukämie verschieden, und die Anlegung von Passagen ist ein Mittel, diese beiden Wirkungsstoffe, wenn sie zufällig in einem bestimmten Tumor gleichzeitig vorhanden sind, voneinander zu isolieren. Je nach der Virulenz der beiden Agenzien und der Impfstelle kann der eine oder der andere die Oberhand bekommen und den Partner so vollständig unterdrücken, daß er im weiteren Verlauf der Passagen nie mehr zum Vorschein kommt. MCINTOSH beschreibt Passageserien, in welchen solche definitive Verdrängungen direkt beobachtet werden konnten. So gab z. B. ein Tumor (Nr. 8) bei der ersten Passage nur leukämische Knoten, bei der zweiten waren leukämische und bindegewebige Elemente zu sehen und von der dritten angefangen wurden nur noch reine Sarkome gewonnen.

In den späteren Versuchen (MCINTOSH und SELBIE) wurden Hühner aus einer Zucht verwendet, in welcher das Auftreten von Leukämie nur äußerst selten festgestellt werden konnte; bei den Teertumoren dieser Serie wurde die Komplikation mit Leukämie infolgedessen (bis auf eine Ausnahme, die sich in der Abzweigung einer größeren Passagekette ereignete) nicht mehr beobachtet.

3. McIntosh injizierte den in Fett gelösten Teer beiderseits in die Brustmuskulatur; die Tumoren entwickelten sich aber nicht immer genau am Orte der Teerapplikation, sondern in einigen Fällen an entfernteren Stellen. Die Bedenken, die sich aus dieser Tatsache ergeben können [C. H. Andrewes (*9*, *12*)], hält McIntosh nicht für berechtigt. Der eingespritzte Teer kann durch die Blut- und Lymphzirkulation verschleppt werden oder der scheinbar primäre Tumor könnte eine Metastase mikroskopisch kleiner und daher nicht beachteter Herde im Pectoralis gewesen sein; schließlich wäre es denkbar, daß die Aufnahme des Teers in das Blut zu Proliferationsprozessen in den verschiedensten Organen führte, von denen der als primär angesprochene Knoten bloß der auffallendste war. *Die Sarkome der zweiten Serie* (McIntosh und Selbie) *saßen jedenfalls ausnahmslos in den Brustmuskeln und enthielten ein zentral gelegenes Teerdepot.*

4. Daß alle anderen Autoren durch Behandlung mit cancerigenen Substanzen nur nicht-filtrierbare Sarkome erzielten, hält McIntosh (siehe McIntosh und Selbie, l. c., S. 59) nicht für auffallend. Es werden verschiedene, hauptsächlich versuchstechnische Gründe angeführt, welche diese Mißerfolge zu erklären vermögen. So wird als cancerigener Stoff häufig 1,2,5,6-Dibenzanthracen benutzt, weil es relativ sicher wirkt; die entstehenden Tumoren sind aber hart und fibrös, wachsen sehr langsam und lassen sich nicht oder nur weit schwerer als Teersarkome übertragen. Bei den Teersarkomen muß die Übertragung ausgeführt werden, wenn die Tumoren noch jung sind und sich vergrößern, und für jede Passage hat man eine genügende Anzahl Hühner (12—20) einzustellen, um sicher zu sein, daß sich in dieser Menge genügend empfängliche Exemplare befinden. Wichtig ist es ferner — nach den Angaben von McIntosh und Selbie —, daß man für die ersten Passagen sowohl zerkleinertes Tumorgewebe als auch die mehr verdünnten Zellemulsionen verwendet. Nach einigen Passagen mit Zellemulsionen steigt dann in der Regel die Zahl der positiven Resultate, welche man mit diesem Material bekommt; wenn sich aber ein Tumor durch Emulsionen überhaupt nicht übertragen läßt, so liefert er nach den Erfahrungen der genannten Autoren auch kein aktives Berkefeldfiltrat.

Daß sich auch unter den von McIntosh chemisch erzeugten Sarkomen eine Anzahl fand (4 von 9 im ganzen), welche stets inaktive Berkefeldfiltrate gab, kann, wie McIntosh (*3*) sowie McIntosh und Selbie mit Recht betonen, durchaus nicht befremden, da man den gleichen Zustand während längerer Perioden auch bei anerkannt filtrierbaren Tumoren wie beim Roussarkom Nr. I beobachtet hat (W. E. Gye und C. H. Andrewes). Das könne auf Schwankungen des Verhältnisses des Virus zur Tumorzelle beruhen, auf einer Virulenzabnahme, auf der Gegenwart von Hemmungsstoffen in den Filtraten oder auf dem Umstand, daß die Viruselemente zu groß sind, um Berkefeldkerzen zu passieren. Das sog. „Sheffield Dibenzanthracensarkom“ konnten McIntosh und Selbie zwar nicht durch Berkefeldfiltrate, wohl aber durch Filtrate übertragen, welche mit Hilfe von Sand und Papierbrei (paper-pulp) hergestellt worden waren, und unter ihren eigenen nicht-filtrierbaren chemisch induzierten Tumoren fanden sie solche, welche nur mit zerkleinertem Tumorgewebe verpflanzt werden konnten, und andere, bei denen auch Zellemulsionen wirksam waren. Es scheinen also nicht so sehr scharfe Gegensätze zwischen „filtrierbar“ und „nicht-filtrierbar“ zu bestehen, als Variationen oder Abstufungen, die in den verschiedenen „Übertragbarkeitsgraden“ ihren experimentellen Ausdruck finden.

5. Dorothy Parsons hat über ein Sarkom berichtet, das nach subkutaner Injektion eines wasserlöslichen Derivats von 1,2,5,6-Dibenzanthracen bei einer Maus aufgetreten war; gleichzeitig stieg die Anzahl der Lymphocyten, in geringerem Grade auch jene der myeloiden Zellen im Blut und die Milz vergrößerte sich wie bei einer Leukämie. Eine gut gelungene Transplantation war von den ähnlichen Blutveränderungen begleitet und ebenso 5 Tumoren, welche durch die Injektion von Filtraten des Sarkoms erzeugt worden waren. Sowohl Gye (*4*) als auch McIntosh und Selbie zitieren diese Angaben in dem Sinne, daß sich chemische Induktion und Filtrabilität eines Tumors nicht prinzipiell ausschließen.

6. Die filtrierbaren Agenzien in den chemisch induzierten Tumoren ähnelten in ihrem Verhalten dem Virus des Roussarkoms Nr. I. Sie konnten in Ultrazentrifugen bei annähernd gleichem Schwerefeld ausgeschleudert werden, waren gegen Austrocknung sowie gegen Einfrieren und Wiederauftauen resistent und die Aktivität der Tumorfiltrate wurde durch Behandlung mit Trypsin verstärkt.

7. In der ersten Publikation [McIntosh (*1*)] hat McIntosh versucht, sich durch verschiedene Hypothesen mit der Tatsache abzufinden, daß bei einigen Hühnern, bei welchen sich Teersarkome entwickelt hatten, ein leukämischer Zustand konstatiert worden war. So dachte McIntosh u. a. auch an die Möglichkeit, daß bei den Prozessen ein einheitliches Agens zugrunde liegen könnte, welches mit Affinitäten zu sämtlichen mesenchymalen Zelltypen ausgestattet ist, so daß bald eine Leukämie, bald ein Fibrosarkom, bald ein Endotheliom usw. resultiert, wenn der Teer die Zellproliferation anregt und dadurch das Virus instand setzt, junge mesoblastische Zellen anzugreifen und die Zellwucherung in Gang zu halten. Diese Hypothese nötigt zu der Annahme, daß das ,,Einheitsvirus" in latentem Zustand bei den Hühnern weitverbreitet ist, wie das Herpesvirus nach der Ansicht der meisten Autoren beim Menschen [vgl. jedoch hierzu R. Doerr (*2*, *4*)]. In der Arbeit von McIntosh und Selbie ist von einem solchen Einheitsvirus nicht mehr die Rede, vielmehr wird jetzt ein Standpunkt vertreten, demzufolge das Agens der Teersarkome vom leukämischen Virus scharf zu scheiden und die Koinzidenz von Leukämie und Teersarkom als zufälliges Ereignis zu betrachten ist (siehe die Ausführungen in Punkt 2). Über das Verhältnis der cancerigenen Substanzen (Teer, 1,2,5,6-Dibenzanthracen) zum Virus der durch solche Stoffe hervorgerufenen Sarkome äußern sich McIntosh und Selbie dahin, daß eben der Nachweis des Virus lehre, daß die cancerigenen Substanzen nur als auslösende Faktoren (,,factors in the induction of these tumours") gelten können, welche mit der Aufrechterhaltung des anschließenden malignen Prozesses nichts mehr zu tun haben. Und wenn man in den chemisch induzierten Sarkomen kein virusartiges Agens finden könnte? Dann würde sich eine provisorische Einstellung ergeben, wie sie von P. Rous und J. G. Kidd anläßlich eines Vergleiches der durch Virus erzeugten und der durch Teer hervorgerufenen Kaninchenpapillome (noch in Unkenntnis der späteren Veröffentlichung von McIntosh und Selbie) präzisiert wurde (l. c., S. 422): "To suppose, for experimental purposes, that the papillomas which tarring elicits are caused by a virus rendered pathogenic by this procedure, is to demand least of the unknown. Yet it does not follow that the must be due to a virus."

Zusammenfassend muß gesagt werden, daß die Angaben von McIntosh und Selbie über die Ursachen der Mißerfolge anderer Experimentatoren einen starken Eindruck machen. Da aber nun der Weg gewiesen ist, um zu positiven Resultaten zu gelangen — allerdings ein Weg, der große Beharrlichkeit und einen gewaltigen Aufwand an Zeit und Versuchstieren erheischt — muß man mit dem definitiven Urteil zuwarten, bis eine Bestätigung von anderer Seite vorliegt.

Einstweilen empfiehlt es sich, Fragen und Untersuchungen ins Auge zu fassen, welche mit dem Grundproblem der Existenz von Virus in chemisch induzierten Tumoren in engem Konnex stehen, und dazu gehören: das Vorhandensein von heterologem Virus in Geschwülsten, der *indirekte* Virusnachweis in chemisch induzierten Neoplasmen der Hühner und die chemische Cancerisierung normaler Zellen im Reagenzglas.

Das Vorhandensein von heterologem Virus in Tumoren.

E. Mellanby (*3*) erzeugte bei Hühnern gleichzeitig einen chemischen und durch Verimpfung von Geschwulstmaterial einen Roustumor. Es gelang, mit dem zellfreien Saft des chemischen Tumors ein gesundes Huhn zu infizieren; was sich aber entwickelte, war histologisch nicht dem chemischen Tumor, sondern dem Roussarkom ähnlich, und um die histologische Identität mit dem chemischen Tumor zu erzielen, mußte man die Zellen desselben transplantieren. Mellanby deutet dies so, daß das Virus des Roussarkoms, so wie es alle Gewebe des Huhnes infiltriert, auch in den chemischen Tumor eindringt; bei der zellfreien Übertragung kommt dann eben nur das mitgeschleppte Rousvirus zur Geltung. Warum jedoch bei der Verimpfung von Zellmaterial das Virus, das ja in demselben voraussetzungsgemäß vorhanden sein müßte, überhaupt nicht zu pathologischer Auswirkung gelangte, konnte Mellanby nicht erklären. Diese Versuche wurden in einer späteren Arbeit von E. Mellanby (*4*) noch weiter ausgebaut. Das Rousvirus zeigte in chemisch induzierten Tumoren nur eine beschränkte Vermehrung und war nach der zweiten Passage nicht mehr nachweisbar.

Ein anderes Beispiel für die Möglichkeit, daß sich heterologes Virus in Tumoren vorfinden kann, brachten Rivers und Pearce. In manchen Gegenden, speziell in Amerika, beherbergt der Organismus der Laboratoriumskaninchen das sog. Virus III in latentem Zustand. Auf gesunde Kaninchen verimpft, erzeugt das Virus eine akute lokale Entzündung und verschwindet sodann durch Autosterilisation. Im Gewebe von Neoplasmen (Brown-Pearcesches Carcinom) bleibt aber das Virus III nicht nur aktiv, sondern kann sich daselbst unbegrenzt vermehren, so daß es bei der serienweisen Transplantation der Tumoren von Kaninchen zu Kaninchen mitgeführt wird und Schwierigkeiten bestehen, „virusfreie" Carcinome zu erzielen. In frischen Transplantationstumoren (nicht in älteren) verrät das Virus III seine Anwesenheit und seine Aktivität durch die Bildung von Einschlußkörperchen, welche im reinen Carcinom von Brown-Pearce nicht auftreten. Andere analoge Angaben finden sich namentlich auch bei Levaditi und Schoen und bei Schoen.

Die Beobachtungen von Mellanby und besonders jene von Rivers und Pearce lehren jedenfalls, *daß in Tumoren filtrierbare Agenzien vorhanden sein und durch Passagen übertragen werden können, welche mit der Pathogenese der Tumoren nichts zu schaffen haben.* Auch Pockenvirus kann durch Passagen von Mäusetumoren „weiter befördert werden, ganz so wie ein Reisender in einem Zug befördert wird" [W. E. Gye (*3*), S. 105]. Darf man aber hieraus ohne weiteres schließen, daß die von McIntosh erzielten Resultate de facto auf einen analogen Sachverhalt zurückzuführen sind? E. Mellanby hat diese Konsequenz gezogen. Nach seiner Ansicht wären Virustumoren und chemisch induzierte Sarkome essentiell verschieden; die zellfreie Übertragung der letzteren könne nur gelingen, wenn die Hühner, von welchen das Impfmaterial genommen wird, latente Träger des Rousvirus oder, da die Bezeichnung „Rousvirus" offenbar zu speziell ist, wenn sie Träger eines sarkomerzeugenden Virus sind. Es wäre aber sehr auffällig, daß solche latent infizierte Hühner gerade nur McIntosh in die Hände gerieten, obwohl andere Autoren jahrelang und an einem großen

Tiermaterial experimentierten. Ob ferner die Annahme genügt, daß in einem chemisch induzierten Primärtumor oder in Tumoren, welche aus demselben durch Transplantation abgeleitet wurden, das latente Virus in derselben Konzentration vorhanden ist wie im übrigen Körper der Hühner, ist zweifelhaft; daß sich aber das vorher latente Virus im chemisch erzeugten Tumor (nach Art der von RIVERS und PEARCE festgestellten Verhältnisse) stärker vermehrt, wäre eine weitere, derzeit unbewiesene Hilfshypothese.

Der indirekte Virusnachweis in chemisch induzierten Tumoren.

E. MELLANBY (*3*) schloß die Besprechung seiner Versuche mit den Worten: "At the same time I must admit that these deductions are contrary to everything I expected and the discovery of a link connecting the initiating factors in the two types of tumour would no doubt alter the interpretation of the experimental results described.“ Die Empfindung, daß durch die scharfe Differenzierung von filtrierbaren Spontantumoren und nicht-filtrierbaren Teersarkomen ein sonst einheitliches pathologisches Phänomen gespalten wird, hat nicht nur bei MELLANBY Ausdruck gefunden. Histologisch bestehen jedenfalls zwischen den beiden Gruppen von Sarkomen keine prinzipiellen Unterschiede, und biochemische Untersuchungen ließen auch keine konstanten Abweichungen des Stoffwechsels der Tumorgewebe erkennen. Solche Erkenntnis mußte schließlich dazu führen, in den nicht-filtrierbaren Geschwülsten nach einem Agens zu fahnden, das zwar nicht imstande ist, die Tumorbildung in Gang zu bringen, das aber seine Anwesenheit und seinen Charakter auf andere Weise verrät.

Von dieser Absicht geleitet, immunisierte L. FOULDS (*7*) Kaninchen mit Berkefeldfiltraten aus einem Tumor, der beim Huhn nach 3 Injektionen von 1, 2, 5, 6-Dibenzanthracen (in Öl) entstanden war. Dieser Tumor konnte durch Transplantation in 40 Passagen fortgezüchtet werden, ließ sich aber zellfrei nicht übertragen. Wohl aber waren die mit Filtraten erzeugten Kaninchenimmunsera imstande, aktive d. h. tumorerzeugende Filtrate aus Roussarkom und Fujinamisarkom zu neutralisieren. Durch Kontrollversuche konnte die Möglichkeit ausgeschlossen werden, daß der neutralisierende Antikörper gegen Hühnereiweiß gerichtet war und mit Rousvirus bloß eine „Mitreaktion“ gab (vgl. hierzu auch GYE und FOULDS). W. E. GYE [(*3*), S. 105] meint, daß diese Tatsachen, soweit sich dies eben jetzt beurteilen läßt, nur in dem Sinne gedeutet werden können, daß der Dibenzanthrazentumor ein Antigen enthält, welches zu dem Virus des Roussarkoms in enger Beziehung steht. Ob dieses Antigen „spezifisch ist oder nicht“, müßte erst durch weitere Versuche ermittelt werden.

C. H. ANDREWES (*12*, *13*) verwendete zu seinen Versuchen ein Teersarkom, das er von MELLANBY bezogen hatte. Der Tumor war ein Fibrosarkom, schwer übertragbar und völlig unfiltrierbar. Verimpfungen von Zellmaterial auf Fasane hatten Erfolg; es entwickelten sich Knoten, die 1—2 Wochen, zuweilen auch länger wuchsen und sich dann meist zurückbildeten. Im Serum solcher Fasane traten Antikörper auf, welche das Virus des Roussarkoms neutralisierten und auch in diesem Falle konnte der serologische Beweis erbracht werden, daß die Wirkung nicht auf dem Vorhandensein von Hühnereiweiß-Antikörpern beruhte.

In 2 Fällen entstanden bei den Fasanen wohlentwickelte Tumoren, welche 6 bis 7 Wochen wuchsen, bevor die Rückbildung einsetzte. Da die Regression sonst erheblich früher eintrat, nahm ANDREWES an, daß es sich in diesen Fällen um ein durch Virus bedingtes Wachstum gehandelt haben könnte, das von den eigenen Zellen des Fasans ausgegangen war. ANDREWES versuchte mit Hilfe des Präcipitintestes herauszufinden, ob die Tumorzellen tatsächlich Fasanzellen oder Hühnerzellen waren. Durch Immunisierung von Fasanen mit Hühnerserum konnte ein präzipitierendes Immunserum gewonnen werden, welches mit Hühnerserum sowie mit einem wässerigen Extrakt aus einem (im Huhn gewachsenen) Roussarkom Niederschläge gab, nicht aber mit dem Extrakt des im Fasan gewachsenen Tumors. Hieraus lassen sich jedoch keine zuverlässigen Schlüsse ableiten, was auch ANDREWES klar gewesen sein dürfte; denn das Präcipitin richtete sich ja gegen Serumeiweiß und nicht gegen die Zellproteïne, so daß die Reaktion mit dem Extrakt aus einem im Fasan gewachsenen Tumor auch dann negativ sein konnte, wenn der Tumor aus Hühnerzellen aufgebaut war.

Ebenso wie FOULDS und GYE möchte auch ANDREWES aus den Ergebnissen seiner serologischen Untersuchungen folgern, daß in den Teersarkomen ein Virus vorkommt, das an der Tumorbildung als ätiologischer Faktor beteiligt ist, das aber nicht direkt, sondern nur durch seine Antigenfunktion nachgewiesen werden kann. Gegen diese Auffassung hat TH. RIVERS (*3*) energisch Stellung genommen. Wenn man in dem BROWN-PEARCEschen Kaninchencarcinom Virus III findet und wenn im Serum solcher Kaninchen Antikörper gegen Virus III auftreten, darf man daraus nicht schließen, daß das Carcinom durch das Virus III hervorgerufen wird; ganz analog liege der Fall für die Beurteilung der Versuchsresultate von C. H. ANDREWES und L. FOULDS. Gleich MELLANBY stellt sich somit RIVERS offenbar vor, daß das Rousvirus hin und wieder bei Hühnern latent vorkommt oder daß es während der Entwicklung des Teersarkoms von außen her eindringt; sein Nachweis im Gewebe chemisch induzierter Tumoren sei als rein zufälliger Befund zu bewerten. W. E. GYE (*4*) läßt diesen Einwand nicht gelten. Pockenvirus in Mäusetumoren und Virus III in Kaninchencarcinomen werden durch ihre spezifischen Wirkungen festgestellt; ebenso auch Rousvirus, wenn es zufälligerweise im Dibenzanthracentumor eines Huhnes vorhanden ist, da der zellfreie Extrakt des Tumors in solchem Fall ein Neoplasma vom histologischen Bau eines Roussarkoms erzeugt [E. MELLANBY (*4*)]. Die Extrakte der chemisch induzierten Tumoren sind aber „völlig harmlos", sie enthalten somit kein tumorerzeugendes Virus, sondern bloß einen Stoff, der mit einem solchen Virus immunchemisch verwandt ist. Diese nicht ganz klaren Ausführungen von GYE (l. c., S. 106) sind vermutlich so zu verstehen, daß nach seiner Ansicht auch „latentes" Virus im Tierversuch wirksam sein müßte, was zwar einigermaßen willkürlich, aber berechtigt erscheint, wenn man auf eine exakte Beweisführung dringt. Es ist ja aus der Literatur über den rezidivierenden und provozierten Herpes zur Genüge bekannt, zu welch unhaltbaren Konsequenzen man gelangt, wenn man hemmungslos mit dem Begriff von latentem und nicht nachweisbarem Virus operiert.

Was sind aber die Antigene in den Extrakten der chemisch induzierten Sarkome, wenn sie infolge ihrer fehlenden Aktivität, ihrer Unfähigkeit, die Tumorbildung anzuregen, nicht als „Virus" bezeichnet werden sollen oder dürfen?

Nach L. FOULDS (*7*) soll das Virus eine Verbindung mit dem Protoplasma der Wirtszellen eingehen, die so intim ist, daß das Virus ein Teil der Zelle wird und sich pari passu mit derselben teilt. Die Möglichkeit zellfreier Übertragung würde dann von einer Dissoziation abhängen, welche ein Agens in Freiheit setzt, das sich mit normalen Zellen unter Regeneration des ursprünglichen Zelle-Virus-Komplexes zu vereinigen vermag. Diese Hypothese macht aus dem grundlegenden Phänomen der zellfreien Übertragung eine nebensächliche Erscheinung; man braucht ja nur anzunehmen, daß die virusabspaltende Dissoziation des Komplexes aus irgendwelchen Gründen unterbleibt, und kann dann alle Tumoren, gleichgültig, ob sie filtrierbar sind oder nicht, auf den gleichen Nenner reduzieren. Die zellfreie Übertragung hätte nur noch insofern Bedeutung, als sie in geeigneten Fällen den isolierten Nachweis einer Komponente des hypothetischen Komplexes ermöglicht. Die Antigenfunktion der Extrakte nicht-filtrierbarer Tumoren wird allerdings durch die Theorie eines dissoziierbaren Viruskomplexes nicht erklärt. Man könnte daran denken, daß die Dissoziation des Komplexes nicht immer in der gleichen Weise vor sich geht und daß das frei werdende Agens die Fähigkeit, sich mit normalen Wirtszellen erfolgreich zu verbinden, nicht unbedingt besitzen muß, so daß von der Dynamik des Vollvirus eben nur das antigene Vermögen zurückbleibt. Im unwirksamen, d. h. nicht übertragbaren zellfreien Tumorextrakt wäre dann tatsächlich „inaktives Virus“ vorhanden. Worauf der Mangel an Aktivität beruht, bliebe unbekannt.

Hypothetische Beziehungen zwischen den Antigenfunktionen der Tumorzellen und dem filtrierbaren Sarkomvirus.

Es existiert jedoch eine andere, gleichfalls hypothetische, aber einfachere Lösung; *die antigenen Eigenschaften der Tumorzellen könnten mit jenen des Virus der filtrierbaren Sarkome weitgehend übereinstimmen.* Was in den Extrakten der nicht-filtrierbaren Hühnersarkome vorhanden ist und im Organismus von Kaninchen oder anderen Tieren die Produktion virusneutralisierender Antikörper hervorruft, braucht, falls die Voraussetzung richtig ist, kein „inaktives Virus“ zu sein; *es könnte sich um Stoffe handeln, welche dem Zerfall bzw. der mechanischen Zerkleinerung von Tumorzellen entstammen und filtrierbar, aber infolge ihrer Provenienz nicht-pathogen (onkogen) sind.*

Diese Konzeption ist insofern mehr als eine bloße Vermutung, als virusneutralisierende Antisera nicht nur durch Immunisierung mit Virus bzw. mit zellfreien aktiven Filtraten, sondern auch durch Verwendung anderer Antigene hergestellt werden können, so z. B. durch Behandlung mit *normalem Hühnergewebe* (Embryonalzellen, Blut usw.). Die Neutralisierung (Inaktivierung) von Virus durch solche „Hühner-Antisera“ besteht allerdings meist nur in einer partiellen Abschwächung und scheint an die Gegenwart von Komplement gebunden zu sein; diese Art der Wirkung konnten L. FOULDS und C. H. ANDREWES mit der erreichbaren Sicherheit ausschließen. Es gibt aber auch Antisera, die man durch *Immunisierung mit Sarkomzellen* gewinnt und welche das Virus stärker und namentlich auch ohne Komplement neutralisieren; diesem Reaktionstypus entsprachen die Antisera, welche die genannten Autoren durch Immunisierung mit Extrakten aus nicht-filtrierbaren (chemisch induzierten) Tumoren erhalten hatten.

Man kann aus diesen Beobachtungen die Vorstellung ableiten, *daß die Sarkomzelle als solche d. h. im virusfreien Zustand, bereits ein Antigen enthält,* welches von dem Antigen normaler Mesenchymzellen abweicht und einen Antikörper liefert, welcher auch das Virus aus einem filtrierbaren Sarkom zu beeinflussen bzw. zu inaktivieren vermag. Nur muß man sich darüber klar sein, daß die Reaktionen der Immunsera, die man durch Immunisierung mit Tumorzellen oder mit Extrakten aus Tumorgewebe erzeugt, durch diese Konzeption den Anspruch verlieren, als zuverlässige Beweise für das Vorhandensein von Virus in nicht-filtrierbaren Sarkomen gelten zu dürfen. Die theoretische Einstellung zu der Lehre von der Antigengemeinschaft zwischen Sarkomzelle und freiem Virus hängt naturgemäß von der Meinung ab, die man sich über die Natur des Virus gebildet hat. Wer jedes Agens, welches die Bezeichnung „Virus“ führt, als einen *von außen eindringenden Parasiten* betrachtet, hat wohl weniger Veranlassung, eine gemeinsame immunchemische Konstitution für Wirtszelle und exogenen Mikroben zuzugeben. Bekennt man sich dagegen — wenigstens in einigen Fällen und besonders bei den filtrierbaren Tumoren — zu der Möglichkeit einer endogenen Virusbildung, zu der Auffassung, daß das Virus in der sarkomatösen Zelle entsteht, so ist die Antigengemeinschaft der zu erwartende Ausdruck einer solchen genetischen Beziehung. R. DOERR hat das Pro und Contra der endogenen Virusentstehung im ersten Teil des Handbuches — auch in Beziehung auf die virusbedingten Geflügeltumoren — so ausführlich besprochen, daß sich weitere Ausführungen an dieser Stelle erübrigen.

Und wenn man die Hypothese der endogenen Virusentstehung so radikal verwirft wie beispielsweise E. HAAGEN oder GRATIA, muß man dann schon konsequenterweise zugeben, daß die Teersarkome ein Virus gleicher Art enthalten wie die filtrierbaren Hühnertumoren, mit der Begründung, daß Teer-Sarkom-Immunsera Virus inaktivieren? Wie das implicite aus den vorstehenden Erörterungen erhellt, ist das nicht der Fall. Es existieren andere hypothetische Erklärungen, die vorläufig nicht nach ihrem Wahrscheinlichkeitswert gegeneinander und gegen die Annahme eines nur als Antigen nachweisbaren Virus abgewogen werden können. Schließlich wäre zu bedenken, daß die Antigenfunktionen der Filtrate bisher nur bei einer relativ geringen Zahl nicht-filtrierbarer Sarkome geprüft wurden; vermutlich gibt es auch Sarkome, deren Zellen keinen virusneutralisierenden Antikörper bilden, woraus sich für alle vorgeschlagenen Deutungen Schwierigkeiten ergeben würden.

Cancerigene Stoffe in Kombination mit embryonalem Gewebe. Wirkung solcher Substanzen auf explantierte Zellen.

Namentlich aus älterer Zeit liegen Arbeiten von A. CARREL (*10, 11, 12*) und seinen Mitarbeitern vor, aus welchen man entnehmen könnte, daß sich Sarkome bei Hühnern leicht erzeugen lassen, wenn man Hühnerembryonengewebe subcutan inokuliert und dann gewisse Substanzen, wie Teer, Arsenik oder Indol, subcutan oder intravenös einspritzt. Wurde nur Embryonalgewebe implantiert, so erfolgte in einigen Fällen ein teratomartiges Wachstum, das jedoch keine Tendenz zu bösartiger Wucherung zeigte. Wenn man aber nur eine kleine Menge Teer zusetzte, änderte sich nach den Angaben von CARREL die Situation. Es entstanden typische Sarkome, welche durch Transplantation in Passagen fortgeführt werden konnten, ungewöhnlich malign waren und aktive Filtrate lieferten. Namentlich das von Miß McFAUL in CARRELs Laboratorium erzeugte Sarkom besaß eine maximale Aggressivität; der Tumor tötete Hühner in 4—5 Tagen und *die Filtrate aus demselben wirkten gleichfalls stärker und sicherer als die bis dahin untersuchten*. Durch Zusatz von Arsenverbindungen und Indol wurden ebenfalls sehr rasch wachsende und filtrierbare Sarkome erzielt.

Da diese Angaben mit den späteren Erfahrungen über Teersarkome und Dibenzanthracentumoren in Widerspruch standen, wurde ihre Richtigkeit in Zweifel gezogen. Gegenwärtig neigen wohl viele Autoren der Ansicht zu, daß irgendein Versuchsfehler für die Resultate verantwortlich war, z. B. eine zufällige Verunreinigung der Instrumente oder der Hände des Operateurs mit Material vom Roussarkom, mit welchem zu derselben Zeit im Laboratorium gearbeitet wurde. Daß die Verwendung einer nicht-sterilisierten Kanüle oder eines anderen nicht-sterilisierten Instruments ausreicht, um einen Tumor zu erzeugen, falls ein vorheriger Kontakt mit virushaltigem Material möglich war, konnte mehrfach konstatiert werden. Auch im Laboratorium des Verfassers wurde ein analoges Ereignis beobachtet. Bei einer Reihe von Hühnern, welche mit dem normalen Blut anderer Hühner immunisiert worden waren, entwickelten sich Leukosen; die für die Blutinjektion benutzte Spritze war zwar mehreremal mit Wasser durchspült, aber nicht ausgekocht worden, und es bestand die Möglichkeit, daß sie kurz vorher zur Blutentnahme bei leukotischen Hühnern gedient hatte (O. THOMSEN, ENGELBRETH-HOLM und ROTHE MEYER).

Konsequenterweise müßte man eine analoge Erklärung für die von A. FISCHER (*3*) mitgeteilten Versuche akzeptieren, in welchen es gelungen sein soll, in vitro gezüchtete Milzzellen eines normalen Hühnerembryos durch Zusatz von Teer oder arseniger Säure zum Kulturmedium in Sarkomzellen überzuführen. A. CARREL (*13*) hatte schon vorher (in Zusammenarbeit mit K. LANDSTEINER) über negative Resultate einer identischen Versuchsanordnung berichtet und A. FISCHER war in der Folge nicht imstande, seine früheren Versuchsergebnisse zu reproduzieren. Auf der anderen Seite berichtete jedoch H. LASER (unter der Leitung von A. FISCHER) 1927 über gelungene Umwandlungen der bezeichneten Art, und aus demselben Jahre stammen die Angaben von A. W. M. WHITE sowie von E. HAAGEN (*1*) über positive Resultate. 1935 hat ferner DES LIGNERIS (*3*) folgendes Experiment mitgeteilt: Er setzte zu einer Kultur von Fibroblasten (die aus einem Hühnerembryo stammten) einen Monat lang eine Emulsion von 1, 2, 5, 6-Dibenzanthracen in Lecithin zu und überimpfte die Kultur sodann eine Woche hindurch in ein kohlenwasserstofffreies Medium. Hierauf wurde die Kultur 6 Hühnern eingespritzt, von welchen eines nach 3 Wochen ein transplantables Hühnersarkom aufwies, das in vielgliedriger Passage fortgeführt werden konnte. DES LIGNERIS weist selbst auf zwei mögliche Fehlerquellen hin: 1. die Übertragung von Dibenzanthracen mit der Kultur auf das Versuchstier, was aber wegen der kurzen Inkubation des Tumorwachstums und in Anbetracht der beschriebenen Versuchsanordnung für unwahrscheinlich angesehen wird; 2. die akzidentelle Infektion mit Virus aus filtrierbaren Sarkomen, mit welchen zur selben Zeit experimentiert wurde; auch diese Eventualität schließt DES LIGNERIS auf Grund gewisser Immunitätsreaktionen aus. Daß der beobachtete Tumor ein Spontansarkom gewesen sein könnte, läßt sich zwar nicht mit absoluter Sicherheit in Abrede stellen, müßte aber doch als eine recht unwahrscheinliche Koinzidenz betrachtet werden [siehe hierzu auch C. R. AMIES, CARR und PURDY, die eine Analyse des Sarkoms von DES LIGNERIS durchgeführt haben, ferner BISCEGLIE und DI GRATIA und EARLE und VOEGTLIN; bei AMIES und Mitarbeitern sowie bei G. MAUER (*2*) findet man auch eingehendere Literaturangaben].

Handelt es sich wie bei den positiven Resultaten von A. CARREL, die übrigens von FELLONI (1930) nicht bestätigt werden konnten, und bei den in vitro erfolgten Umsetzungen normaler Zellen in Sarkomzellen (A. FISCHER, H. LASER, A. W. M. WHITE, E. HAAGEN) um vereinzelte Beobachtungen, welche nicht oder nicht mit der erforderlichen Regelmäßigkeit reproduziert werden konnten, so ist natürlich größte Zurückhaltung in der Beurteilung des Tatbestandes und in seiner Verwertung zu weitergehenden Folgerungen geboten. Es muß aber doch betont werden, daß die Entkräftung der positiven Ergebnisse durch den Hinweis auf mögliche Versuchsfehler eine Vermutung ist und daß man derzeit auch damit rechnen sollte, daß bei den Versagern unbekannte Faktoren interveniert haben könnten, welche den Erfolg vereitelten. In einer so wichtigen Sache will man Gewißheit haben; es wäre daher notwendig, mit allen Kautelen und unter hinreichender Variierung der experimentellen Bedingungen zu prüfen, ob man filtrierbares Sarkomvirus gewinnen kann, ohne von ihm auszugehen.

Anhangsweise seien noch die Angaben von CALIFANO erwähnt, welcher die Zellen eines TEUTSCHLÄNDERschen Sarkoms in Arseniklösung (1 : 200000) aufschwemmte und die Wirkung dieser Aufschwemmungen mit jener von Suspensionen derselben Zellen in Kochsalzlösung verglich. Der Zusatz des Arseniks ergab Tumoren von weit größerer Wachstumsenergie. Warum, war nicht völlig klar; es lag vielleicht eine direkte Einwirkung auf die transplantierten Zellen vor.

Über die Umbildung von Kulturen normaler Fibroblasten zu Sarkomzellen *bei Kontakt mit Sarkomvirus* siehe GYE (*6*).

Zu dem diskutierten Thema stehen auch die Versuche von H. J. BAGG mit Hodenteratomen von Hühnern in einer gewissen Beziehung. Solche Tumoren treten besonders in den Frühjahrsmonaten spontan auf. BAGG versuchte die Frequenz solcher Tumoren speziell auch außerhalb der Frühjahrszeit zu steigern, indem er erwachsenen Hühnern Zinkchlorid intratestikular injizierte; der Eingriff wurde in einer zweiten Versuchsreihe mit Einspritzungen von gonadotropem Hormon kombiniert. Von 99 Hähnen bekamen 4 Teratome (2 der ersten und 2 der zweiten Versuchsserie); die Tumoren zeigten schnelles Wachstum, enthielten Gewebe aller 3 Keimblätter, zum Teil auch carcinomatöse Partien, bildeten aber keine Metastasen und waren nicht transplantierbar. Injektionen in unreife Hoden verliefen durchwegs ergebnislos [siehe auch V. ANISSIMOWA sowie L. J. FALIN und K. E. GRONEZEWA (1939)].

Die Immunitätsverhältnisse bei den Hühnersarkomen.

1. Die natürliche Resistenz.

a) Speziesresistenz.

Es wurde bereits an anderer Stelle (siehe S. 1000) auseinandergesetzt, daß sich Hühnertumoren im allgemeinen nur auf Hühner, nicht aber auf andere Vogelarten übertragen lassen, daß aber einige Ausnahmen von dieser Regel beschrieben wurden, wie die Übertragungen des Roussarkoms Nr. I auf Fasane (C. H. ANDREWES), auf Truthähne und Perlhühner (DES LIGNERIS) sowie auf Enten (PURDY, GYE und PURDY) und die Übertragungen des Sarkoms von FUJINAMI auf Enten.

Die heterologen Verimpfungen konnten in einigen Kombinationen *sowohl durch Tumorzellen als auch durch zellfreie Filtrate* bewerkstelligt werden (Roussarkom Nr. I auf Fasane, Fujinamisarkom auf Enten). Im zweiten Falle muß die Tumorbildung von den *eigenen Zellen der fremden Wirtsspezies* ausgehen. Verimpft man dagegen Zellen, welche genügende Mengen Virus enthalten, so wäre theoretisch das Fortwuchern der implantierten Tumorzellen ohne Beteiligung der heterologen Wirtsgewebe möglich, aber die serologische Analyse einer derartigen Kombination (Transplantation des Fujinamisarkoms auf Enten) lieferte überzeugende Anhaltspunkte, daß die Viruswirkung überwiegt, d. h. *daß der neue Wirt das Material zum Aufbau des Tumors beisteuert und nicht das Inoculum* (siehe S. 1068).

Das Roussarkom Nr. I kann auf Enten transplantiert werden, die zellfreie Übertragung gelingt dagegen nicht, was offenbar so zu deuten ist, daß das Virus Entenzellen nicht anzugreifen vermag. Wenn sich Sarkome bei den geimpften Enten entwickeln, kann es sich nur um eine Transplantation im engeren Wortsinn handeln; es müßten Hühnerzellen sein, aus welchen der Tumor besteht. Auch hierfür konnte ein serologischer Beweis erbracht werden. Rein äußerlich betrachtet, ergibt sich hieraus, daß die *Unempfänglichkeit einer Spezies für das Virus eines Tumorstammes nicht notwendigerweise mit einer Unempfänglichkeit für den Tumor selbst verbunden sein muß*; können sich transplantierte Zellen im heterologen Empfänger fortschreitend vermehren, so bilden sie in diesem ein Enklave, das anatomisch das Neoplasma darstellt und dem wir die Fähigkeit zuschreiben müssen, dem Virus als Stätte der Vermehrung und spezifischen Auswirkung zu dienen.

Das Roussarkom Nr. I ist ein filtrierbarer, also nach den herrschenden Auffassungen virusbedingter Tumor. C. H. ANDREWES (*12, 13*) hat jedoch gezeigt, daß sich *nicht-filtrierbare, chemisch induzierte Hühnertumoren* ebenfalls heterolog (auf Fasane) übertragen lassen, selbstverständlich nur mit Hilfe einer der Transplantation gleichwertigen Technik, aber nicht zellfrei. Hier sollte man erst recht erwarten, daß der Tumor im Empfänger nur durch Proliferation der verpflanzten Geschwulstzellen zustande kommt, da sich ja Virus in freier Form *weder durch homologe noch durch heterologe Übertragung* nachweisen läßt. Über die Gründe, welche C. H. ANDREWES veranlaßten, in diesem Falle das Gegenteil anzunehmen, siehe S. 1032.

Es ergibt sich somit aus den vorliegenden Beobachtungen folgender Satz: Eine Spezies ist für einen filtrierbaren Tumor refraktär, wenn ihre Zellen für das Virus unempfänglich sind und wenn sich transplantierte Zellen des Tumors in ihrem Organismus nicht zu vermehren vermögen. Für die Erklärung der Unempfänglichkeit für einen nicht-filtrierbaren Tumor genügt — zumindest theoretisch — das refraktäre Verhalten gegen die heterologen (in einer anderen Wirtsart entstandenen) Tumorzellen als Erklärung. Man kommt somit hier zu der Auffassung, daß die natürliche Resistenz gegen Tumoren eine zweifache Ursache haben kann, eine Auffassung, welche ROUS (7) schon 1913 mit anderer Begründung vertreten hatte (siehe weiter unten).

Die auf andere Vogelarten übertragenen Hühnersarkome lassen sich nicht in vielgliederigen Passagen fortführen [C. H. ANDREWES, DES LIGNERIS (*1*) u. a.]. Die Wachstumsintensität nimmt rasch ab und die Impfungen gehen schon im 4.—5. Gliede solcher Reihen überhaupt nicht mehr an. Dies gilt auch für filtrierbare Tumoren (Roussarkom Nr. I); es erfolgt also keine Anpassung des Virus an den neuen Wirt, sondern eine kontinuierliche Abschwächung, was besonders bemerkenswert ist, wenn man die Viruselemente als exogene Parasiten betrachten will. Eine Ausnahme scheint das Fujinamisarkom zu bilden, bei welchem die Fortpflanzung in längeren Entenserien keine Schwierigkeiten bereiten soll.

Es ist nichts darüber bekannt, daß sich die Speziesresistenz ändern kann. Sie zeigt im Erbgang die Eigenschaften eines konstanten Artmerkmales.

b) Die Rassenresistenz.

Der erste, von ROUS untersuchte Tumor konnte anfänglich nur auf *Plymouth-Rock-Hühner* und innerhalb dieser Rasse sogar nur auf engere Verwandte des Tieres, bei welchem sich die Geschwulst spontan entwickelt hatte, übertragen werden; ferner bestand noch die Einschränkung, daß die Impfungen nur bei jungen, nicht aber bei alten Hühnern der verwendeten *Plymouth-Rock*-Zucht hafteten. Daß diese Beobachtungen schwer verständlich sind, wenn man sich unter dem Virus einen exogenen Parasiten denkt, wurde bereits erörtert An dieser Stelle soll nur die Tatsache kommentiert werden, daß sich die extreme Exklusivität im Laufe der Passagen von Grund aus änderte, so daß der Roustumor Nr. I schließlich auf Hühner aller Rassen übertragen werden konnte. Es ist klar, daß man hier nicht etwa Schwankungen der Rasseresistenz verantwortlich machen kann, sondern daß der Umschlag auf das pathogene Agens bezogen werden muß; man kann jedoch nicht sicher sagen, ob in solchem Fall eine Anpassung des Virus im Sinne einer gesteigerten und vielleicht dadurch verbreiterten Aktivität vorliegt oder ob die Tumorzellen, durch die Transplantation von Huhn zu Huhn fortgeführt, eine Modifikation erfahren, die in der erhöhten Transplantabilität zum Ausdruck kommt. Es wäre natürlich auch eine Kombination beider Vorgänge möglich. Jedenfalls hat man in derartigen homologen Versuchsreihen [vgl. dazu die analogen Angaben von McINTOSH (*1*)] ein Verhalten konstatiert, das mit den oben beschriebenen Beobachtungen der Passageserien in einer fremden Wirtsart in einem gewissen Gegensatz steht; die Vermutung, daß hinter diesem Gegensatz der Unterschied zwischen *Homo- und Heterotransplantation* steckt, liegt nahe.

Es sind übrigens Hühnersarkome beschrieben worden, die sofort auf Hühner aller Rassen überimpft werden konnten (vgl. S. 999). Warum das in diesen Fällen so und beim Roussarkom Nr. I anders war, läßt sich an Hand des vorliegenden literarischen Materials nicht entscheiden. Auf keinen Fall können für solche

Unterschiede Differenzen der „Virulenz“ des pathogenen Agens verantwortlich gemacht werden. Wie immer man den Ausdruck „Virulenz“ definieren will [vgl. R. DOERR (*5*), S. 69], wird man feststellen müssen, daß von der Intensität oder dem Grade dieser Eigenschaft die Zahl der empfänglichen Arten oder Rassen *nicht* abhängt, gleichgültig, welche Kategorie von Infektionsstoffen in Betracht gezogen wird.

c) Die individuelle Resistenz.

Impft man mehrere Hühner derselben Rasse in gleicher Weise und mit gleichen Dosen desselben Substrates, *so erhält man in der weitaus überwiegenden Mehrzahl der Fälle nur in einem mehr oder minder großen Prozentsatz der Einzelversuche positive Resultate.* Zwischen die positiven und die negativen Ergebnisse können sich *Abstufungen* einschalten, indem sich an der Impfstelle nur kleine Knoten bilden, welche sich nach einer kurzen Frist wieder rückbilden; ohne mikroskopische Untersuchung ist es zuweilen nicht möglich zu bestimmen, ob ein positiver, wenn auch rudimentärer Impferfolg verzeichnet werden darf.

In den ersten Phasen der Züchtung des Roussarkoms Nr. I ließ sich innerhalb der gleichen Hühnerrasse (Plymouth-Rock) ein ausgesprochener Einfluß des Alters konstatieren, indem nur junge Hühner auf die Impfungen reagierten. Bei der Übertragung des gleichen Tumors auf Enten konnte ebenfalls die höhere Empfänglichkeit der jungen Vögel beobachtet werden [PURDY (*2*)]. Meist ist jedoch keine Aussage über den Grund des unterschiedlichen Verhaltens der geimpften Hühner möglich. Nimmt man „*Differenzen der individuellen Resistenz*“ an, so umschreibt man lediglich den Tatbestand, u. zw. durchaus nicht in einwandfreier Form (A. BRADFORD HILL). Man weiß ja nicht, ob das Versuchstier in der beobachteten Art reagiert hat, *weil es so reagieren mußte,* oder ob irgendein unbekannter bzw. nicht beachteter Umstand den Versager verschuldet hat, der mit der individuellen Verfassung des Tieres nichts zu tun hatte. Man kann dies auch nicht nachträglich sicher entscheiden, indem man die Hühner ein zweites Mal impft; selbst wenn man imstande wäre, die Bedingungen einer solchen Probe jenen des ersten Übertragungsversuches völlig anzugleichen, müßte man damit rechnen, daß die erste, wenn auch erfolglose Impfung den Reaktionszustand des Tieres geändert hat.

Im Plasma (Serum) von normalen Hühnern wurden schon vor einer Reihe von Jahren virusinaktivierende Stoffe nachgewiesen, so u. a. von A. CARREL (*9*) und von A. FISCHER (*4*). A. FISCHER schätzt die Zahl der Hühner, deren Serum das Virus in vitro neutralisiert, auf Grund seiner eigenen Untersuchungen sehr hoch ein (zirka 40%), und YOSHIKAWA und ISHIMOTA [siehe auch ISHIMOTA (*2*)] gehen noch darüber hinaus, da sie unter 22 Hühnern 12 mit virusneutralisierendem Serum fanden. C. H. ANDREWES (*4*) dagegen stellte unter 38 normalen Sera nur 2 fest, welche Virus im Reagenzglase zu inaktivieren vermochten. Hierzu ist zu bemerken, daß es beim Nachweis der virusneutralisierenden Fähigkeiten eines Serums in hohem Grad auf die Aktivität und auf die Menge des zum Versuch verwendeten virushaltigen Filtrats ankommt und daß die bezeichnete Fähigkeit von einem Serum zum anderen zweifellos variieren bzw. sehr verschieden stark entwickelt sein kann. Es erscheint daher verständlich, daß Untersuchungen mit schwach aktiven Filtraten einen weit höheren Prozentsatz positiver Befunde ergeben können als Proben unter verschärften Bedingungen. Quantitative Bestimmungen der virusinaktivierenden Kraft normaler Hühnersera liegen nicht vor. Ob man diese Kraft einem „natürlichen Antikörper“ oder einem „Hemmungsstoff“ zuschreiben soll, ist zweifelhaft. Hemmungsstoffe wurden in den Extrakten vieler, namentlich langsam wachsender Sarkome und auch im Serum gefunden; übrigens ist der Hemmstoff im Serum seiner Natur und Wirkungsweise nach unbekannt.[1]

Nach den Angaben von YOSHIKAWA und ISHIMOTA waren die Hühner, deren Serum in vitro Virus inaktivierte, selbst gegen die Impfung resistent. Daß diese Koinzidenz — falls die Beobachtung richtig war — als Regel zu gelten hat, ist indes sicher nicht anzunehmen. Erstens ist die natürliche Resistenz ein relativer Begriff. Ob bei einem Huhn infolge einer Impfung ein Sarkom entsteht, ist keineswegs bloß von dem Zustande des Huhnes abhängig, sondern wird weitgehend durch den Tumorstamm (seine sog. „Virulenz"), durch die Dosis und die spezielle Beschaffenheit des Impfmaterials (Filtrat, getrocknetes Tumorgewebe, Emulsion von Tumorzellen usw.) und schließlich auch durch die Technik der Impfung bestimmt. Vielleicht gibt es Hühner, welche von Haus aus absolut refraktär sind; da man dies aber im Einzelfalle kaum jemals behaupten kann, muß die Aussage über die Resistenz durch die möglichst genaue Angabe des Prüfungsverfahrens ergänzt werden. Zweitens liegen zureichende Beweise vor, daß das Virus, solange es sich im Inneren der Wirtszellen befindet, durch virusneutralisierende Serumstoffe nicht beeinflußt werden kann. Die Berichte über die natürliche Resistenz geimpfter Hühner beziehen sich nun größtenteils auf *Impfungen mit Tumorzellen*, so daß es unverständlich erscheint, warum zwischen der so festgestellten Resistenz und dem Besitz von humoralen Antikörpern (Hemmungsstoffen) ein Parallelismus bestehen soll.

Da sich die individuell variable Reaktivität der Hühner auch im Bereiche der positiven Resultate äußert (verschiedene Inkubation und Geschwindigkeit des Tumorwachstums, Unterschiede der Rückbildungstendenz usw.), würden quantitative Untersuchungen auf große Schwierigkeiten stoßen, falls man für jedes der miteinander zu vergleichenden Objekte, z. B. für jede Verdünnung einer Auswertungsserie, ein besonderes Huhn benutzen wollte. A. CARREL (*13*) schlug daher vor, solche Titrierungen an demselben Huhn vorzunehmen, indem man kreisrunde und gleich große Wollscheibchen, welche zirka 0,05 ccm Flüssigkeit aufzusaugen vermögen, mit den verschiedenen Verdünnungen eines Extrakts tränkt und die Scheibchen sodann einem Huhn subcutan unter die Brusthaut in genügender Entfernung voneinander implantiert; die fortlaufende Beobachtung zeigt dann, von welchen der Scheibchen die Bildung lokaler Sarkome ausgeht. Das Verfahren wurde u. a. von R. DOERR, L. BLEYER und W. G. SCHMIDT mit Erfolg benutzt und unterliegt nur insofern einer technischen Beschränkung, als das virushaltige Impfgut die Form einer homogenen (keine gröberen Partikel enthaltenden) Flüssigkeit haben muß.

Wirft man die Frage nach den *Ursachen* auf, welche für das verschiedene Verhalten von Hühnern derselben Rasse unter sonst gleichen Bedingungen maßgebend sind, so wurde bereits hervorgehoben, daß *die Resistenz gegen transplantierte Sarkomzellen* nach dem jetzigen Stand unserer Kenntnisse nicht humoral durch das Vorhandensein von virusneutralisierenden Stoffen im Serum (bzw. im Blut) erklärt werden kann. Damit steht die Tatsache in Einklang, daß man die nämlichen Verhältnisse bei *nicht-filtrierbaren* (spontan entstandenen oder chemisch induzierten) Sarkomen beobachtet, bei denen ein neutralisierbarer ätiologischer Faktor (ein Virus) zumindest nicht nachweisbar ist, ferner daß auch für die transplantablen malignen Tumoren der Säugetiere analoge Erfahrungssätze gelten. Man wird daher zu der Annahme gedrängt, daß die Aussichten verpflanzter Sarkomzellen, sich am neuen Standort zu behaupten und

[1] In einer eben erschienenen Arbeit (1939) äußert sich CLAUDE (*2*) dahin, daß der Hemmungsstoff ein Protein sei; der Autor gibt hier auch eine Darstellung seiner eigenen früheren Untersuchungen sowie derjenigen von MURPHY und dessen Mitarbeitern.

zu vermehren, von Huhn zu Huhn variieren und daß hier Erscheinungen zutage treten, die man in anderer Form bei homologen Gewebetransplantationen beobachtet hat. Sind die inokulierten Zellen virushaltig, so könnte man sich vorstellen, daß dieser Umstand ihre Proliferationsenergie steigert und ihnen die Überwindung von Widerständen seitens des Wirtsorganismus erleichtert. Eine Angabe von MCINTOSH (*1*) ließe sich zum Beweise heranziehen, derzufolge filtrierbares Virus in Teersarkomen gerade dann nachweisbar wird, wenn die „Virulenz" der Tumorstämme zunimmt, d. h. wenn im Laufe der Passagen die Impfausbeuten steigen und die Wachstumsgeschwindigkeit größer wird. Was man indes tatsächlich beobachtet, ist die Erscheinung, daß die individuellen Differenzen der Empfänglichkeit bzw. der Resistenz weniger stark zum Ausdruck kommen, wenn man mit Tumorstämmen von hoher Aktivität und mit hinreichend großen Dosen operiert. Das konstatiert man aber auch bei Transplantationsversuchen mit Säugetiertumoren, welche sich zellfrei nicht übertragen lassen.

Bei der *zellfreien Übertragung der Hühnersarkome* hat es sich gleichfalls herausgestellt, 1. daß Hühner von gleicher Rasse und gleichem Alter verschieden reagieren können und 2. daß diese Unterschiede zum Teil nivelliert werden, wenn man hochaktive Filtrate in höherer Dosis verwendet. In diesem Fall ist man naturgemäß geneigt, einen anderen Mechanismus anzunehmen wie bei der Resistenz gegen transplantierte Zellen, ohne freilich eine präzisere Angabe machen zu können.[1] Aber wenn es de facto zutreffen würde, daß die Phänomene der individuellen Resistenz gegen Zell- und gegen Virus- bzw. Filtratimpfung auf verschiedener Grundlage ruhen,[2] obzwar sie äußerlich gleichartig sind, wäre dies

---

[1] Auf Grund seiner ausgedehnten Arbeiten über das Roussarkom Nr. I unterschied A. FISCHER (*4*) scharf zwei verschiedene Formen der natürlichen Resistenz gegen diesen Tumor: eine „*humorale*" und eine „*solidäre*". Die *humorale* soll bei 40% aller Hühner vorhanden sein und auf dem von A. CARREL nachgewiesenen antagonistischen Prinzip des Blutserums beruhen (vgl. jedoch S. 1039); sie richtet sich nur gegen freies Virus und schützt die betreffenden Hühner nur gegen eine primäre Infektion mit zellfreien Tumorfiltraten oder — bei einem bereits bestehenden Sarkom — gegen die Metastasenbildung durch zirkulierendes freies Virus, vermag aber das Angehen der Geschwülste nach Transplantation von lebendem Sarkomgewebe oder die Metastasenbildung durch verschleppte Tumorzellen nicht zu verhindern. Die solidäre Resistenz ist dagegen absolut, aber sehr selten, da sie nach FISCHER nur bei 1% aller untersuchten Hühner festgestellt werden kann. Als Beweis führt A. FISCHER u. a. folgenden Versuch an, der auch dann vollste Beachtung verdient, wenn man sich nicht zu den daraus abgeleiteten Schlüssen bekennt. A. FISCHER impfte 20 Hühner in den linken Brustmuskel mit Filtrat; 12 bekamen Sarkome (waren also nach der Ansicht von FISCHER nicht humoral resistent) und alle zeigten bei der Autopsie Metastasen. Die 8 restlichen Hühner wurden als humoral resistent betrachtet und mit lebenden Sarkomzellen nachgeimpft; diese Nachimpfungen hatten durchwegs positive Erfolge (Seltenheit der „solidären" Resistenz) und Metastasen entwickelten sich nur in der Hälfte der Fälle, was A. FISCHER auf die Verschleppung von Tumorzellen zurückführt, ein Vorgang, der ja voraussetzungsgemäß nicht ausgeschaltet war. Es ist anzunehmen, daß die erzielten Resultate nur für den Roustumor in der von FISCHER untersuchten Aktivitätsphase gelten und daß hinter der schematischen Trennung von solidärer und humoraler Resistenz nicht viel mehr steckt als die bekannte Tatsache, daß Filtratimpfungen im allgemeinen schwerer haften als die verschiedene Art der Transplantation.

[2] Für die Beantwortung dieser Frage müssen jetzt auch die Mitteilungen von F. G. BANTING (1939) herangezogen werden, welche sich auf ein außerordentlich großes Tiermaterial beziehen. Unter 6000 Hühnern, welche dieser Autor im Laufe von 10 Jahren zu Versuchen mit dem Roussarkom verwendete, zeigten 118 einen gewissen Grad von Resistenz. Besonders wichtig in dem oben diskutierten Zusammen-

nicht als Widerspruch zu deuten. Denn es handelt sich hier um Beobachtungen allgemeinster Art. L. T. WEBSTER (1923) hat dies so formuliert:" ... even when as few as twenty individual mice of a given age and weight, reared alike, are assembled, so small a group will contain individuals highly subject to infection or intoxication, as the case may be, individuals very resistant to the same injurious agencies, and individuals standing between such extremes."

L. T. WEBSTER gehörte zu jenen Autoren, welche das größte Gewicht auf die *erblichen Grundlagen* der natürlichen Resistenz gegen verschiedene Noxen, speziell auch gegen bakterielle Infektionen gelegt haben. Kritische Besprechungen der zahlreichen Experimente, welche in dieser Richtung an Mäusen, Ratten, Meerschweinchen, Hühnern und anderen Tieren ausgeführt wurden, findet man bei A. BRADFORD HILL, R. TURPIN, R. DOERR (*3*). Wenn man auf gesicherte Ergebnisse abstellt, war die Ausbeute trotz des ungeheuren Aufwandes an Zeit und Geld minimal. Systematische Versuche über die hereditäre Bedingtheit der natürlichen individuellen Resistenz von Hühnern gegen die verschiedenen Formen übertragbarer Sarkome liegen nicht vor. Zu erwähnen wäre nur die schon an anderer Stelle (siehe S. 998) zitierte Angabe, daß die ersten Überimpfungen des Roussarkoms Nr. I nur auf Verwandte des ursprünglichen Tumorträgers gelangen und daß diese familiäre Disposition im Laufe der späteren Passagen völlig verschwand. Immerhin kann dies als Hinweis gelten, daß weitere, in diesem Sinn orientierte Untersuchungen Erfolg haben könnten.

Bei Untersuchungen über die genotypische Bedingtheit der natürlichen Tumorresistenz wäre übrigens in Hinkunft eine Fehlerquelle zu berücksichtigen, die zwar schon seit einiger Zeit bekannt ist (vgl. u. a. BRADFORD HILL und R. TURPIN), deren spezielle Bedeutung für die Hühnersarkome jedoch erst von C. H. ANDREWES (*14*) 1939 erkannt wurde. ANDREWES fand nämlich im Eigelb sowie im Serum von ganz jungen (24—48 Stunden alten) Kücken virusneutralisierende Antikörper, wenn die Mutterhenne solche Stoffe im Blute hatte. Nach ein paar Wochen waren die Antikörper aus dem Serum der Kücken wieder verschwunden. Die Verwendung ganz junger Hühner zu Experimenten über den Erbgang der natürlichen Resistenz gegen Sarkome kann daher irrige Schlüsse veranlassen.

2. Die erworbene Immunität.

Nur die erworbene Immunität gegen Tumorbildung, welche experimentell durch die Probeimpfung mit einem für Kontrolltiere wirksamen Material festgestellt werden kann, soll hier kurz behandelt werden; was über die *Antigene* und *Antikörper* der Hühnertumoren wissenswert ist, haben CRAIGIE und HALLAUER im VI. Abschnitt dieses Handbuches dargestellt.

Der Organismus des Huhnes reagiert auf die Entwicklung eines Sarkoms häufig mit der Produktion von virusneutralisierenden Antikörpern. Es sind insbesondere Hühner mit langsam wachsenden Sarkomen, deren Serum antikörperhaltig befunden wird [C. H. ANDREWES (*4*, *8*), MURPHY und STURM (*4*) u. a.]. Tumorwachstum und Antikörper im Blute schließen sich somit gegenseitig nicht aus. Der wachsende Tumor bedingt auch keine Immunität gegen die Tumorbildung an anderer Stelle. Das ergibt sich nicht nur aus der Entwicklung der Metastasen, sondern auch aus einer interessanten Beobachtung von DOERR, BLEYER und W. G. SCHMIDT. Diese Autoren führten bei einem tumortragenden

hang erscheint die Angabe, daß 13 Hühner, die wiederholt ohne Erfolg mit zellfreiem Tumorextrakt injiziert worden waren, auf die Impfung mit zellhaltigem Material mit letal verlaufender Tumorbildung reagierten. Von 180 mit dem Fujinamisarkom infizierten Hühnern ließen 22 einen gewissen Grad von Resistenz erkennen. Es konnte ferner festgestellt werden, daß ein und dasselbe Huhn gegen das Roussarkom resistent, für den Fujinamitumor dagegen empfänglich sein kann und umgekehrt; in manchen Fällen war indes eine Resistenz gegen beide Tumorarten vorhanden.

Huhn Punktionen der Flügelvene aus, um die erhaltenen Blutproben auf ihren Virusgehalt zu untersuchen. Die Blutbefunde waren positiv und *an jeder Punktionsstelle bildete sich ein Sarkomknoten.*

Auf einem etwas abweichenden Standpunkt steht A. FISCHER (*4*) hinsichtlich der Metastasenbildung (vgl. hierzu auch die Fußnote auf S. 1040). Wie schon früher F. PENTIMALLI (*1, 2, 3, 5*) nimmt auch FISCHER an, daß zwei Mechanismen der Metastasenbildung existieren, nämlich die Entwicklung aus verschleppten Zellen des Primärtumors und die Umwandlung wirtseigener Zellen durch zirkulierendes freies Virus. Die Anwesenheit von genügenden Antikörpermengen im Blute soll die zweite Art der Entstehung verhindern, während die erste unter allen Umständen möglich bleibt, da in Zellen eingeschlossenes Virus für den Antikörper unangreifbar ist. Bewiesen ist diese humorale Immunität gegen Metastasenbildung nicht, und FISCHER gab selbst zu, daß sie versagen könnte, wenn das kreisende Virus über die Antikörper im Blut ein quantitatives Übergewicht erlangt.

Dagegen steht es fest, *daß Vögel, bei welchen sich ein Sarkom zurückgebildet hat, eine ausgesprochene Immunität gegen eine nochmalige Impfung, u. zw. auch gegen eine Impfung mit Sarkomzellen besitzen.*

So fand C. H. ANDREWES (*6, 7, 8*), daß viele Hühnersarkome in Fasanen zunächst angehen und eine Zeitlang wachsen, dann aber wieder spontan zurückgehen. Solche Fasane reagieren nicht mehr auf einen zweiten Übertragungsversuch, u. zw. nicht nur, wenn man homologes, sondern auch, wenn man heterologes Tumormaterial zur Immunitätsprobe verwendet; sie sind u. a. auch völlig oder partiell refraktär gegen das Roussarkom Nr. I, was um so bemerkenswerter ist, als dieser Tumor in unvorbehandelten Fasanen bis zum Tode der Tiere fortwuchert. Der „hyperimmune" Zustand der Fasane, welche einen Sarkomprozeß überstanden haben, kommt auch darin zum Ausdruck, daß ihr Serum eine starke und bis zu einem gewissen Grad auch spezifische neutralisierende Wirkung auf freies Sarkomvirus entfaltet, eine Beobachtung, welche J. C. MOTTRAM auch an einigen Hühnern mit rückgebildeten Sarkomen bestätigen konnte. Regredierende Sarkome erzeugen dagegen bei Hühnern keine Immunität gegen das Fujinamisarkom, woraus gefolgert werden darf, daß dieser Tumor von anderen Sarkomtypen weiter absteht als das Roussarkom Nr. I.

Um eine „Durchseuchungsimmunität" gegen das Fujinamisarkom zu erzielen, muß man die Versuche an erwachsenen Enten anstellen, weil die Tumorentwicklung im Huhn ununterbrochen fortschreitet. In der erwachsenen Ente dagegen setzt das Wachstum nach zirka einwöchiger Dauer aus [vgl. W. E. GYE (*2, 3*)]; nur wenn man massive Dosen verimpft — z. B. 2,0 ccm zerkleinertes Tumorgewebe — gehen die Tiere zuweilen ein [W. J. PURDY (*1*)]. Nach mäßigen Dosen tritt dagegen in der Regel Genesung ein, der Tumor geht zurück und die Enten sind dann gegen eine erneute Infektion mit Fujinamisarkom völlig refraktär [PURDY (*5*)], da sie auch auf Inokulationen sehr beträchtlicher Dosen fein verteilten Geschwulstgewebes nicht mehr reagieren [GYE (*3*), PURDY (*5*)]. Die Immunität setzt schon frühzeitig ein, so daß eine zweite Dosis Tumormaterial, 3 Tage nach der ersten injiziert, eine weit geringere Wirkung hat; wenn der Primärtumor Zeichen der Rückbildung erkennen läßt, also zirka 7 Tage nach der Impfung, ist der refraktäre Zustand bereits maximal entwickelt [PURDY (*5*)].

Gekreuzte Immunität zwischen Roussarkom und Fujinamisarkom konnte an Enten nicht festgestellt werden. Da sich der Roustumor Nr. I nur auf ganz junge (vor kurzem aus dem Ei geschlüpfte) Enten übertragen läßt, muß zuerst dieser Tumor auf solche Tiere verimpft werden und nach dem Angehen der Geschwülste das Fujinamisarkom; es war jedoch keine erhöhte Resistenz zu beobachten, indem sich die mit Roussarkom vorgeimpften Entchen gegen das

Fujinamisarkom so verhielten wie normale. Man muß sich jedoch angesichts dieses negativen Resultats fragen, ob das Roussarkom eine homologe Immunität erzeugt, da im Falle einer verneinenden Antwort das heterologe Experiment bedeutungslos würde. Leider konnte dieser Versuch an der Ente nicht ausgeführt werden, erstens, weil die Entchen, bis sich infolge der ersten Impfung ein Roustumor entwickelt, wachsen und in das Alter kommen, in welchem sie für diesen Tumor ohnehin unempfänglich sind, und zweitens, weil der Roustumor kleiner Enten aus Hühnerzellen, d. h. aus Zellen einer anderen Vogelspezies besteht, ein Umstand, der geeignet wäre, eine Resistenz gegen eine zweite Implantation von Hühnerzellen zu bewirken, mögen diese nun malign sein oder nicht. Es blieb somit nur der Ausweg, den homologen Immunitätsversuch mit Roussarkom in den Organismus des Huhnes zu verlegen; doch hatte PURDY (*5*) keinen Erfolg oder, präziser ausgedrückt, die Hühner mit *wachsendem* Roussarkom erwiesen sich gegen eine Reinokulation mit dem gleichen Tumor nicht als refraktär.

PURDY [(*5*), S. 301] meint, daß sich die homologe Immunität gegen Roussarkom beim Huhn vielleicht eher nachweisen lassen würde, wenn man einen *langsam wachsenden Tumorstamm* verwenden könnte (der ihm nicht zur Verfügung stand), und daß seine negativen Ergebnisse zunächst nur für Rousstämme mit der gewohnten Malignität gelten. Es erscheint indes zweifelhaft, ob die Malignität bzw. die Wachstumsgeschwindigkeit für die immunisierende Wirkung maßgebend ist. Aus den Angaben von ANDREWES, GYE, PURDY u. a. scheint hervorzugehen, daß sich das Auftreten einer Immunität gegen homologe oder heterologe Inokulationen mit der Rückbildung des Tumors zeitlich deckt, sei es, daß der Rückbildungsprozeß selbst den immunisierenden Vorgang repräsentiert oder daß er nur als Teilerscheinung der erwachenden Immunität aufzufassen ist. Die erste Version hat mehr für sich. Das Fujinamisarkom, das sich bei alten Enten nach der Impfung mit mäßigen Dosen entwickelt, ruft allerdings schon in den drei ersten Tagen, also noch während seines Wachstums, eine deutliche Immunität hervor. Es ist aber anzunehmen, daß die Rückbildung nicht erst einsetzt, wenn sich der Tumor makroskopisch zu verkleinern beginnt, sondern daß in gewissen Fällen — in welchen es eben später zur sichtbaren Schrumpfung und zur Immunität kommt — Proliferation und Regression von Beginn an parallel nebeneinander verlaufen. Außer den bereits angeführten Tatsachen können auch die Versuche von L. GROSS als Beweise herangezogen werden. GROSS berichtet, daß Hühner, welche 0,2 ccm einer 10—20%igen Sarkomzellenemulsion subcutan oder intracutan erhalten hatten, sämtlich an Sarkom starben; nach kleineren Dosen (0,01 ccm einer 2—3%igen Emulsion intracutan) entstanden bei einer Reihe von Hühnern Tumoren, welche sich zurückbildeten und eine Immunität gegen eine zweite Impfung hinterließen.

Immunisierungsversuche mit verschiedenartigen Zellen.

In zahlreichen Arbeiten und bei Säugetieren (speziell Mäusen und Ratten), auch mit partiellem Erfolg, hat man versucht, eine Erhöhung der Resistenz gegen implantiertes Tumorgewebe durch eine vorausgehende Immunisierung mit verschiedenartigen Zellen zu erzielen. Nach B. R. G. RUSSELL (*1*) ist der Effekt, den man beispielsweise durch Injektionen von embryonalen Zellen erhält, nicht als spezifische Krebsimmunität aufzufassen, sondern vielmehr als eine gesteigerte Abwehrfähigkeit gegen artfremde Zellen, eine Auffassung, die jetzt allgemein anerkannt sein dürfte.[1]

[1] Die ältere Literatur über künstlich erhöhte Resistenz gegen Zellen hat W. H. WOGLOM (*1, 3*) zusammengestellt.

Auch bei Vögeln, namentlich bei Enten hat man analoge Experimente angestellt, die hier kurz besprochen werden sollen.

W. J. PURDY (*3*) behandelte eben ausgeschlüpfte Entchen a) mit Suspensionen von Hühnerembryonengewebe (intramuskuläre Injektionen von je 0,5 ccm), b) mit Suspensionen von Entenembryonengewebe; eine dritte Kontrollgruppe wurde nicht vorbehandelt. Nach Ablauf von 8 Tagen erhielten sämtliche Entchen eine Injektion eines Extrakts aus einem im Huhn gewachsenen Fujinamitumor, der durch dreimaliges Zentrifugieren von zelligen Elementen befreit worden war. Alle Tiere reagierten mit Tumorbildung und es waren keine Unterschiede zwischen den 3 Gruppen zu konstatieren. Diesen Befund faßte PURDY so auf, daß eine Resistenz gegen Hühnerzellen die Wirkung von freiem Virus nicht zu beeinträchtigen vermag. In einem zweiten, gleich angeordneten Versuch wurden die Entchen nicht mit zellfreiem Extrakt, sondern mit einer feinen Suspension eines im Huhn gewachsenen Fujinamitumors infiziert. Es entstanden zwar auch diesmal bei allen kleinen Enten Tumoren, aber das Wachstum blieb in der ersten Gruppe (Vorbehandlung mit Hühnerembryonengewebe) gegenüber den beiden anderen Gruppen merklich zurück; wenige Wochen später hatten sich allerdings die Differenzen wieder ausgeglichen. Nach PURDY kam in der Gruppe a) eine Resistenz gegen das Wachstum der implantierten Hühnerzellen zum Ausdruck und der Tumor mußte sich aus den durch das Virus transformierten Wirtszellen (Entenzellen) aufbauen; in den beiden anderen Gruppen konnten sich die implantierten Hühnerzellen ebenso an der Tumorbildung beteiligen wie die eigenen Zellen der Entchen, woraus sich die anfängliche Beschleunigung erklären würde.

Als Ergänzung zu den vorstehenden Angaben kann eine Versuchsreihe gelten, in welcher die Entchen mit Entenembryonengewebe immunisiert und dann mit Fujinamitumor, der sich in einer Ente entwickelt hatte, geimpft wurden. Es ergab sich keine Änderung der Reaktion im Vergleich zu nicht-vorbehandelten Kontrollen. In diesem Falle konnte sich der Tumor bei den vorbehandelten Tieren sowohl durch Wucherung der implantierten Entenzellen als auch aus den eigenen, durch das Virus umgestimmten Zellen der Versuchstiere aufbauen, weil offenbar Entenzellen im Organismus der Ente keine Steigerung der Widerstandsfähigkeit gegen Entenzellen zu bewirken vermögen. Experimente, bei denen das Versuchstier, die implantierten und die zur Immunisierung verwendeten Zellen derselben Tierart angehörten, wurden schon früher von ROUS und MURPHY (*7*) mitgeteilt, welche durch Behandlung von Hühnern mit Hühnerembryonengewebe eine Resistenzerhöhung gegen Zelltransplantation hervorzurufen gedachten; sie verliefen gleichfalls negativ.

In der erwachsenen Ente entwickelt sich nach der Impfung mit einem im Huhn gewachsenen Fujinamisarkom eine Geschwulst, die sich serologisch (Neutralisierbarkeit durch Entenembryonen-Antiserum) als „Ententumor" qualifiziert, u. zw. auch dann, wenn die Technik der Übertragung einer Transplantation gleichkommt (siehe S. 1008). Die Vorbehandlung erwachsener Enten mit Hühnerembryonengewebe sollte daher keinen Einfluß auf die spätere Entwicklung eines Fujinamitumors ausüben, und diese Annahme trifft de facto zu [PURDY (*3*)]. Da sich der Fujinamitumor bei erwachsenen Enten nach Ablauf einer Woche stets spontan zurückbildet (siehe S. 1008), mußte der Vergleich der Reaktionen vorbehandelter Enten und nicht-vorbehandelter Kontrollen am 7. Tage nach der Implantation der Tumorzellen (2 ccm einer frischen Suspension) vorgenommen werden.

Sehr charakteristisch ist ferner das Verhalten des Roussarkoms Nr. I in jungen Entchen. Die zellfreie Übertragung ist hier nicht möglich, sondern nur die Verimpfung von Zellsuspensionen; dies und die serologischen Reaktionen (siehe S. 1008) lehren, daß sich in den kleinen Enten „Hühnertumoren" bilden. Dementsprechend verleiht die Vorbehandlung mit Hühnerembryonengewebe eine starke Immunität gegen die Impfung mit den Zellen des Roussarkoms, u. zw. sowohl dann, wenn die Zellsuspension einem im *Huhn* als auch wenn sie einem in der *Ente* gewachsenen Roussarkom entstammt. Auch eine große Zahl aufeinanderfolgender Entenpassagen ändert an diesem Sachverhalt nichts, d. h. das Roussarkom behält seinen Charakter als artfremder Tumor in der Ente bei; es bleibt eine aus Hühnerzellen zusammengesetzte Geschwulst. Die Vorbehandlung mit Entenembryonengewebe gewährt den jungen Enten keinen Schutz gegen die spätere Impfung mit Zellen des Roussarkoms, auch wenn sich dieses im Entenorganismus entwickelt hatte, was im Sinne der präzisierten Erklärungen völlig der Erwartung entspricht.

Außer der natürlichen Immunisierung durch regredierende Tumoren und der experimentellen Erhöhung der Resistenz durch parenterale Behandlung mit Hühner- oder Entenembryonengewebe wurde noch ein dritter, gleichfalls aktiver Modus geprüft, nämlich die wiederholte Injektion von Sarkomzellen.

C. H. ANDREWES (*7*) benutzte für solche Zwecke Fasane, welche eine erste Inokulation von Tumormaterial überlebt hatten. Die Fasane wurden sodann wiederholt in die Brust- oder Beinmuskulatur injiziert, u. zw. zum Teil mit *Filtraten* einer 5%igen Tumoremulsion in ansteigenden Dosen (1—5, gelegentlich auch 10 ccm), zum Teil mit *Zellen* (0,1—0,5 ccm), aber stets homolog, d. h. mit dem gleichen Tumortypus, welcher für die erste Inokulation verwendet worden war. Jeder Turnus umfaßte 4—5 Injektionen und die Immunitätsprüfung (intramuskuläre Injektion eines annähernd zellfreien Filtrats aus einem Roussarkom) erfolgte 1—2 Wochen nach der letzten immunisierenden Injektion. Für die immunisierende Vorbehandlung wurden verschiedene für Fasane relativ ungefährliche Tumorstämme benutzt (in Fasanen gewachsenes Roussarkom, FUJINAMIS Myxosarkom, das Endotheliom M. H. 2 und die Stämme R. F. 4, B. S. 1 und R. F. 11). Es gelang, eine solide Immunität gegen das im Huhn gewachsene Roussarkom zu erzielen, für welches Fasane sonst sehr empfindlich sind; der refraktäre Zustand richtete sich auch gegen das Fujinamisarkom und beide Tumoren konnten sowohl in Filtraten wie auch als Zellmaterial inokuliert werden, ohne eine Tumorbildung auszulösen. Eine streng spezifische Beziehung zwischen den verschiedenen Tumortypen trat nicht in Erscheinung; die Immunität gegen die beiden bezeichneten Tumorarten kam auch durch die Behandlung mit heterologen Stämmen zustande, konform der von ANDREWES schon früher (*4*) festgestellten Tatsache, daß Virusarten aus verschiedenen Hühnertumoren serologische Verwandtschaft zeigen. Ein besonderes Gewicht legt ANDREWES darauf, daß es sich hier nicht um eine Resistenz gegen transplantierte Tumorzellen handelt, sondern um eine Immunität gegen das kausale Agens (das Virus), zumindest der Hauptsache nach. ANDREWES beruft sich darauf, daß die Behandlung von Fasanen mit Hühnerembryonengewebe keine oder nur eine ganz unbedeutende Steigerung der Resistenz gegen die Impfung mit Rouszellen erzeugte und daß bei solchen Vögeln — im Gegensatz zu den mit Tumorzellen immunisierten Fasanen — keine virusneutralisierenden Stoffe im Serum gefunden wurden.

In einer anderen Publikation berichtet C. H. ANDREWES (*8*) über 2 Hühner, von welchen eines einen Roustumor, das andere ein Fujinamisarkom gehabt hatten, welche spontan zurückgegangen waren, was nur ganz ausnahmsweise beobachtet wird. Die beiden Hühner waren gegen Reinokulationen mit Filtraten des homologen Tumors refraktär und wurden 6 Wochen später der Immunitätsprüfung in der Weise unterzogen, daß in einen Schenkel Rousfiltrat, in den anderen Fujinamifiltrat injiziert wurde. Bei dem Rous-immunen Huhn entwickelte sich nur der Fujinamitumor, bei dem anderen nur der Roustumor, woraus, wie auch aus anderen Versuchen, zu schließen ist, daß die Antigenfunktionen der beiden Virusarten hinsichtlich ihrer Spezifität differieren.

Da in den vorstehend referierten Experimenten die künstliche Immunisierung mit Geschwulstzellen erst einsetzte, nachdem durch einen regredierenden Tumor eine Art „*Grundimmunität*" zustande gekommen war, können sie auch als Belege für die Wirkungen des Rückbildungsprozesses aufgefaßt werden.

Versuche, das sarkomerzeugende Agens zu reinigen. — Bestimmung der Partikelgröße. — Verhalten gegen chemische und physikalische Einflüsse. Züchtung in vitro.

Um Wiederholungen zu vermeiden, müssen wir uns an dieser Stelle mit dem Hinweis auf den ersten Teil dieses Handbuches begnügen, insbesondere auf die Kapitel von W. J. ELFORD (S. 167 und 168), von C. HALLAUER (S. 408), von F. M. BURNET (S. 443) und von W. M. STANLEY (S. 463—465).

B. Hühnerleukosen.

1. Die spezifische Wirkung des Virus.

Als ELLERMANN und BANG (*1*, *2*) 1908 den Nachweis erbracht hatten, daß die Leukämie (Leukose) der Hühner auf ein filtrierbares Virus zurückzuführen ist, neigten diese Forscher ebenso wie manche spätere Autoren, welche diese Resultate bestätigten, der Ansicht zu, daß die Leukosen als virusbedingte Infektionskrankeiten zu betrachten seien. Die Auffassung der Leukämie als „flüssiger Tumor" lag damals noch in weiter Ferne, was insofern merkwürdig erscheint, als die proliferativen Vorgänge das anatomische Bild beherrschen, während degenerative Prozesse und Entzündungen gar keine oder höchstens eine ganz untergeordnete Rolle spielen.

Bei den mehr chronisch verlaufenden Fällen beobachtet man allerdings einen gewissen Grad von Anämie. Es ist aber zweifelhaft, ob dieser Zustand auf einen vermehrten Zerfall von Blutzellen zu beziehen ist oder auf eine gesteigerte Neubildung unreifer, nicht-hämoglobinhaltiger Vorstadien (Hämocytoblasten, Erythrogonien, Erythroblasten), welche natürlich den Verlust nicht kompensieren kann, der durch das physiologische Zugrundegehen älterer Erythrocyten bedingt ist.

Außer der Vermehrung unreifer Vorstadien der Erythrocyten und Leucocyten, die als Ausdruck neoplastischer Prozesse im Knochenmark, vielleicht auch in anderen myeloiden Herden verschiedener Organe anzusehen ist, findet man nicht selten *mehr oder weniger scharf begrenzte, tumorähnliche Infiltrate*, welche sich zum Teil aus unreifen Vorstadien von Blutzellen, zum Teil aus jungen Bindegewebs- und Endothelzellen aufbauen. Sie wurden bereits von ELLERMANN selbst (*4*, *5*, *6*) sowie von SCHMEISSER, PENTIMALLI (*2*), TEUTSCHLÄNDER (*5*), McGOWAN (*2*), C. W. ANDERSEN und BANG u. a. beobachtet und beschrieben; doch legte man auf diese Befunde kein besonderes Gewicht.

Nach einer Periode relativen Stillstandes wandte sich das Interesse wieder dem Studium der Leukose bei Säugetieren und namentlich auch den filtrierbaren Hühnerleukosen zu, und die Arbeiten der letzten 10 Jahre [McGOWAN (*1*, *2*), JARMAI (*4*), FURTH (*10*), STUBBS und FURTH (*2*), McINTOSH (*1*), OBERLING und GUÉRIN (*1*, *2*, *5*, *6*), ferner die zahlreichen Publikationen von ENGELBRETH-HOLM, ROTHE MEYER und E. UHL aus dem Pathologischen Institut in Kopenhagen] brachten die Erkenntnis, daß es Leukosestämme gibt, bei welchen unter gewissen Bedingungen die Tumorbildung klinisch und anatomisch stark in den Vordergrund tritt, und andere, bei denen Leukose und Sarkom nebeneinander vorkommen.

So sei erwähnt, daß 1933 drei Institute fast gleichzeitig über derartige „pluripotente“ oder „komplexe“ Stämme berichten konnten.

Oberling und Guérin (*1*, *2*) fanden bei einem Huhn, das $4^1/_2$ Monate nach einer Impfung mit Sarkomgewebe (Roustumor Nr. I) eingegangen war, neben erythroblastischen Organveränderungen einen kleinen Sarkomknoten im Mesenterium, der auf zwei weitere Hühner intramuskulär verimpft wurde; eines von diesen zwei Tieren zeigte nach Ablauf von 50 Tagen erythroblastotische Veränderungen im Blut und an der Impfstelle einen in Rückbildung begriffenen Sarkomknoten. Dieselben Autoren stellten bei einem Huhn, welches $7^1/_2$ Monate nach einer Infektion mit Filtrat aus dem Endotheliom von Murray-Begg (M. H. 2, siehe S. 1001) verendete, ein malignes Neoplasma der Leber fest. Bei einem mit dem Lebertumor geimpften Huhn entwickelten sich leukotische Veränderungen in verschiedenen Organen und außerdem ein „tumeur rétrorénale myélomateuse“; die weitere Übertragung erzeugte nur noch schnell verlaufende Leukosen (vorwiegend Erythroblastosen), vielleicht weil die Akuität der Prozesse keine Zeit für die Entwicklung eines Tumors ließ. Material, welches bei niedriger Temperatur in Glycerin aufbewahrt wurde, rief zum Teil ebenfalls rapid ablaufende Leukosen hervor, zum Teil erwies es sich aber als „abgeschwächt“, indem die Leukosen einen mehr protrahierten Charakter zeigten, und in diesen Fällen waren in den Organen kleine, geschwulstartige, aus endothelialen Elementen aufgebaute Infiltrate zu sehen; von solchen Hühnern ausgehende weitere Passagen mit Glycerinmaterial (Blut, Knochenmark, Milz) verliefen entweder wieder als reine Erythroblastosen oder waren mit Sarkombildung kompliziert, wobei das Sarkom eine ähnliche Struktur aufwies wie der Roustumor Nr. I. Die Größe der Tumoren schien von der Geschwindigkeit des Ablaufes der Erythroblastose abzuhängen. Oberling und Guérin meinen, daß sowohl die leukotischen als die neoplastischen Prozesse auf dasselbe Agens zurückgeführt werden müssen, welches durch eine Mutation in den Stand gesetzt worden sei, sowohl die hämopoetischen Zellen als auch fixe mesenchymale Elemente anzugreifen. Bei zwei Tieren entstanden übrigens außer Sarkomen auch Gewebsneubildungen, welche von den genannten Autoren als carcinomatös angesprochen wurden; das Agens, welches Leukose und Sarkome hervorruft, soll auch hier der ätiologische Faktor sein, eine Behauptung, die indes als sehr unwahrscheinlich zu bezeichnen ist.

Kürzlich wurde von Oberling und Guérin (*6*) noch mitgeteilt, daß nach *intracutanen* Injektionen von Blut häufiger Sarkome entstehen als nach *subcutanen* (vgl. hierzu die auf S. 1050 zitierten Angaben von Rothe Meyer und Engelbreth-Holm). Blut, das im Apparat von Flosdorf-Mudd eingetrocknet war, erzeugte in den Versuchen von Oberling und Guérin (*6*) nur Leukosen.

Ähnliche Beobachtungen wie von Oberling und Guérin wurden von J. Furth (*10*) sowie von Stubbs und Furth (*3*) veröffentlicht. In der an zweiter Stelle genannten Mitteilung wird über einen Virusstamm 13 berichtet, der von einem Huhn stammte, das mit dem rein erythroblastotischen Stamm 1 intravenös geimpft worden war. Stamm 13, der auch in Form zellfreier Präparate aktiv war, erzeugte, wenn er intravenös injiziert wurde, meist Leukose (Erythroblastose und diffuse Endothelproliferationen in den blutbildenden Organen); wurde das Agens dagegen intramuskulär eingespritzt, so entstand ein Sarkom an der Injektionsstelle oder eine Kombination von Sarkom mit Leukose. Die wirksamen Mengen waren sehr niedrig (0,00001 ccm Blut). Auch hier wurde als Träger der pathologischen Effekte ein einheitliches Virus angenommen, welches infolge seiner Pluripotenz verschiedene Zellsysteme mesenchymalen Ursprungs zu beeinflussen vermag.

In der Folge hat J. Furth noch eine Reihe anderer Stämme beschrieben, welche einige Besonderheiten darboten, die zum Teile auch in einem anderen als dem oben präzisierten Sinne gedeutet wurden. Dazu gehört der Stamm 12. Er leitete sich von einem Huhn ab, das nach einer intravenösen Impfung mit virushaltigem Blut (Stamm 2) leukotische Veränderungen und ein Osteochondrosarkom aufwies. Bei fortgesetzter Passage erzeugte das Blut der kranken Hühner, intramuskulär einverleibt, entweder Sarkome ohne Leukose oder umgekehrt Leukose ohne Sarkom oder auch Kombinationen beider Zustände. Das Blut von Hühnern mit reiner Leukose rief nur leukotische Veränderungen hervor, während die Implantation von Sarkomgewebe sowohl Sarkombildung als auch Leukose zur Folge hatte. Hier nimmt FURTH (*13*) *eine Mischung zweier Virusarten* an, von denen die eine Leukose, die andere Sarkombildung auslöste; das Osteochondrosarkom bei dem Ausgangshuhn der Passagereihen wird als „Spontantumor" aufgefaßt, so daß also die neoplastische Komponente des Gemisches als zufällige Verunreinigung zu gelten hätte. Diese Auffassung wird u. a. damit begründet, daß es leicht gewesen sei, das Leukosevirus aus der Assoziation frei zu machen, während die Isolierung des Sarkomagens nicht gelang. Das Sarkom konnte mit Zellen leicht übertragen werden; die zellfreie Verimpfung lieferte dagegen nur selten ein positives Resultat.

J. FURTH (*14*) hat auch Experimente mit einem *künstlich hergestellten Virusgemisch* ausgeführt. Eine Komponente des Gemenges war ein „reines" Leukosevirus Stamm 1, die andere (Stamm 11) stammte aus einem Tumor, der bei einem unbehandelten Huhn aufgetreten war, leicht zellfrei fortgepflanzt werden konnte und in histologischer Hinsicht ganz dem Roussarkom Nr. 1 entsprach. Die beiden Virusarten bewahrten im gleichen Versuchstier ihre Individualität und ließen sich ohne Schwierigkeiten voneinander isolieren, was insofern verständlich erscheint, als hier Extremtypen, auf der einen Seite das ROUSsche Fibrosarkom, auf der anderen „reines" Leukosevirus, verwendet wurden. Zu dem Ausdruck „reines Leukosevirus" ist übrigens zu bemerken, daß die Leukose, welche durch ein und dasselbe Virus induziert wird, sowohl erythroblastotisch als auch myeloid auftreten kann [FURTH (*3*, *6*), eigene Beobachtungen].

In der zitierten Arbeit von FURTH (*14*) befindet sich ferner eine Angabe über einen Stamm 15, der durch Impfung von Plasma eines mit *Neurolymphomatose* behafteten Huhnes in den rechten Ischiadicus eines anderen Huhnes gewonnen worden war. Der Tumor, der sich im Anschluß an diesen Eingriff entwickelte, stellte sich jedoch als ein bisher nicht beobachteter, leicht metastasierender Typ mit eigentümlichen Riesenzellen dar, der bei weiteren Passagen (mit Blut oder Tumormaterial) nur Geschwülste von gleicher Beschaffenheit, aber keine Neurolymphomatose hervorrief, so daß es sich wahrscheinlich um ein „spontan" entstandenes Sarkom gehandelt haben dürfte, das mit dem verimpften Plasma bzw. mit seiner Provenienz nicht in ursächlicher Beziehung stand.

Die sehr komplizierte Frage des Verhältnisses der lymphatischen bzw. neurolymphatischen Leukose zu den übrigen Leukoseformen kann hier nur kurz und nur, soweit die Tumorbildung in Betracht kommt, gestreift werden. ELLERMANN (*5*, *6*) nahm an, daß die (in gewissen Hühnerbeständen nicht selten auftretende) lymphatische Leukose mit erythroblastotischer und myeloider Leukose alternieren könne, und sah darin ein epidemiologisches Argument für ein allen drei Krankheitsprozessen gemeinsames Virus. Später wurde indes diese unitarische Auffassung recht zweifelhaft. FURTH sowohl wie auch ENGELBRETH-HOLM, WALLBACH u. a. sind der Meinung, daß die lymphatische Form einen Prozeß sui generis vorstelle, der nicht durch ein Virus bedingt zu sein scheint, da er sich nur mit Mühe oder gar nicht von Tier zu Tier übertragen läßt; er kommt aber, wie bereits erwähnt, in manchen Hühnerzuchten auch unter den unbehandelten Tieren häufig vor und kann daher eine Wirkung von injiziertem Leukosematerial bei den Versuchshühnern vortäuschen. Bei den im Laboratorium des Verfassers während der letzten 7—8 Jahre vorgenommenen umfangreichen Untersuchungen hat sich diese Form von lymphatischer Leukose nur relativ selten gezeigt; Anhaltspunkte dafür, daß sie mit den anderen Leukoseformen in ätiologischem Konnex stehen könnte, ließen sich nicht ermitteln.

Damit erscheint jedoch das Problem nicht restlos erledigt. Es darf als weitgehend gesichert gelten, daß *mehrere Formen von lymphatischer Leukose bzw. Lymphomatose* existieren. Neben den eben erwähnten nicht übertragbaren kommen auch *übertragbare Typen* vor, und unter diesen kann man nach FURTH (*9, 10, 11, 12*) wieder *zwei Varietäten* unterscheiden.

Die eine scheint eine echte Leukose bzw. Leukämie zu sein und läßt sich mit zellfreiem Material leicht übertragen. In den verschiedenen Organen, in welchen proliferierende Herde sitzen, findet eine neoplastische Wucherung der Lymphocyten bzw. ihrer Stammformen statt, die sich im wesentlichen so verhalten wie die entsprechenden Zellen bei der lymphatischen Leukose der Säugetiere. Die Zellen lassen sich leicht transplantieren und vermehren sich, besonders bei intramuskulären Injektionen, am neuen Standort autochthon und tumorartig. Die Erkrankung ist fast immer von schwerer Anämie begleitet; oft findet sich eine lymphomatöse Infiltration der Nerven, die jedoch nur selten Lähmungen verursacht.

Die andere, als *Neurolymphomatose* (oft auch als „*fowl paralysis*" oder „Neurolymphomatosis gallinarum") bezeichnete Form ist hauptsächlich durch lymphomatöse Wucherungen in den Stämmen und feineren Ästen der Nerven charakterisiert; solche Infiltrate findet man häufig auch in anderen Organen, während leukämische Veränderungen, die übrigens nur selten beobachtet werden, auf einer Kombination mit der erstgenannten Form beruhen dürften. Die Infiltrate können sehr beträchtlich werden, haben ganz das Aussehen von Neoplasmen und sind wohl ohne Vorbehalt als Tumoren des lymphoiden Systems (als Lymphome oder Lymphosarkome) zu definieren. Die Krankheit tritt häufig spontan auf und ist zweifellos kontagiös, im Gegensatz zu den Leukosen. Die Angaben von LEE, WILCKE, CH. MURRAY und HENDERSON, daß auch die Leukosen leicht durch Kontaktinfektion übertragen werden, wenn man kranke und gesunde Hühner in den gleichen Käfigen hält, steht mit den Erfahrungen aller anderen Autoren in Widerspruch[1] und ist darauf zurückzuführen, daß LEE und seine Mitarbeiter alle Leukosen (mit Einschluß der Neurolymphomatose) als einen einheitlichen Krankheitsprozeß auffassen, dessen Wesen in der neoplastischen Wucherung unreifer Zellen (der sog. „Hämocytoblasten") besteht, welche sich zu jeder beliebigen Art von fertigen Blutzellen differenzieren können. Im übrigen sei auf die Arbeiten von PAPPENHEIMER, DUNN, CONE und SEIDLIN sowie von LEE, WILCKE, CH. MURRAY und HENDERSON (woselbst auch die Literatur bis zum Jahre 1937 eingehend besprochen wird) verwiesen.

Die Untersuchungen von ROTHE MEYER und ENGELBRETH-HOLM.

Die im Institut des Verfassers gewonnenen Erfahrungen über *komplexe Stämme*, welche sowohl Leukose als Sarkom zu erzeugen vermögen, sind in erster Linie den eingehenden Untersuchungen von ROTHE MEYER und ENGELBRETH-HOLM zu verdanken.

Der Ursprung des interessantesten Stammes („E.-Sark." genannt) ist insofern unsicher, als das Ausgangshuhn mehrfach geimpft worden war. Bei der

[1] Auch wir haben während einer Reihe von Jahren nie einen Fall beobachtet, der sich mit einiger Wahrscheinlichkeit als Folge einer Kontaktinfektion hätte deuten lassen.

Sektion fand sich eine *myelocytäre Leukose* (mit einer gewissen Beteiligung der unreifen Zellen der Erythrocytenreihe); ferner waren *typische Sarkome* in der Tibia der einen und im Femur der anderen Körperseite festzustellen. Übertragungsversuche mit Blut lieferten je nach der Art der Zufuhr verschiedene Ergebnisse. Nach *intravenösen* Injektionen entstanden in der Regel Leukosen, meist von erythroblastotischem Typus, während *intramuskuläre* Impfungen mit dem gleichen Material ganz überwiegend Sarkome von fusocellularer oder von mehr endothelialer Struktur erzeugten, die in einigen Fällen auch mit leukotischen Veränderungen vergesellschaftet waren. In den Passagereihen gab es Perioden, in welchen die Abhängigkeit der pathologischen Auswirkung vom Übertragungsmodus scharf ausgeprägt war; zu anderen Zeiten traten die beiden Gruppen von Veränderungen mehr in kombinierter Form auf, obwohl die bezeichnete Beziehung zwischen Zufuhr und Wirkung noch immer deutlich erkennbar war. Die Sarkome ließen sich ohne Schwierigkeit transplantieren; auch konnten alle Veränderungen mit zellfreiem Material hervorgerufen werden, nämlich mit rezentrifugiertem Plasma, dessen Zellfreiheit wiederholt kontrolliert wurde.

ROTHE MEYER (*1*, *2*), der diesen Stamm ausführlich beschrieben hat (vgl. auch ENGELBRETH-HOLM und ROTHE MEYER (*3*)], hielt es nicht für wahrscheinlich, daß hier eine mehr oder weniger zufällige Mischung verschiedener Agenzien vorlag. Er denkt vielmehr an einen *einheitlichen, aber pluripotenten Wirkstoff*. Da aber ROTHE MEYER auf Grund der mikroskopischen Bilder zu der Ansicht kam, daß es fließende Übergänge von den verschiedenen Formen der Sarkomzellen zu den pathologischen Blutzellen gibt, rechnete er auch mit der Möglichkeit, daß das filtrierbare Virus an einem einzigen Punkt angreift, nämlich an einer allen genannten Zellen gemeinsamen Stammform, dem „Hämohistioblasten", dem eben als primitivem mesenchymalem Zelltypus die Fähigkeit der Ausdifferenzierung nach den verschiedensten Richtungen eigen ist. Vom Standpunkt der Ökonomie der Hypothesenbildung wird man naturgemäß nur *eine* der beiden Annahmen gelten lassen können; ein einziger Angriffspunkt macht ein pluripotentes Agens überflüssig und umgekehrt. Da man ferner nur in geringem Ausmaß über die Differenzierungsmöglichkeiten früherer wie auch späterer Zellstadien unterrichtet ist, erscheint es zur Zeit nicht sehr aussichtsvoll, bei der Erklärung der experimentellen Resultate gerade auf solche Vorgänge abzustellen. Realeres Interesse bietet die Frage, ob ein einziges Agens eine solche Mannigfaltigkeit der Zellproduktion hervorzurufen imstande ist, oder ob man eher Gemenge von zwei oder mehreren Wirkstoffen annehmen soll. Diese Alternative soll im folgenden Kapitel unter Berücksichtigung unserer Versuche erörtert werden. Vorher sei zwecks Ergänzung des Tatbestandes erwähnt, daß auch von JARMAI (*4*) und von TROISIER (*2*) Stämme beschrieben wurden, welche den bereits besprochenen Sarkom-Leukose-Stämmen mehr oder weniger vollständig entsprachen [siehe auch J. GREPPIN (1937) und M. PIKOWSKI und L. DOLJANSKI].

Einheitliches, aber pluripotentes Virus oder Virusgemisch?

Es wurde bereits in den vorausgehenden Auseinandersetzungen bemerkt, daß sich die Ansichten der Autoren in dieser Sache nicht völlig decken. OBERLING und GUÉRIN sowie ROTHE MEYER haben sich, soweit ihre eigenen Beobachtungen in Betracht kommen, zugunsten eines einheitlichen Agens entschieden. FURTH dagegen glaubt, daß diese Konzeption nur in gewissen Fällen die Wahrscheinlichkeit für sich hat und daß man in anderen berechtigt sei, Gemische von Agenzien mit differenter Wirkungsweise anzunehmen.

In einer 1937 erschienenen Arbeit versuchten OBERLING und GUÉRIN (*5*, vgl. auch VERNE, OBERLING und GUÉRIN) für ihre unitarische Auffassung, daß das unter gewöhnlichen Bedingungen *hämotrope* Agens unter besonderen Verhältnissen *histiotrop* werden kann, einen weiteren Beweis durch die „*preuve cruciale*" zu erbringen. Fragmente von „leukämischem Sarkom" (erzeugt durch intramuskuläre Injektion von leukämischer Leber) wurden einerseits auf normale, anderseits auf Leukämie-immune Hühner überimpft. Von 16 normalen Tieren reagierten 14 mit letal ablaufender Leukämie und 10 mit mehr oder weniger entwickelten Sarkomen an der Impfstelle; die 15 immunen Hühner bekamen weder eine Leukämie noch auch Sarkome mit Ausnahme eines einzigen, bei dem ein kleiner, rasch zurückgehender Knoten aufgetreten war. 8 von diesen immunen Tieren wurden später mit Fragmenten eines „Rous-ähnlichen" Tumors geimpft, der zwar auch als „sarcom leucémique", aber als ein anderer (heterologer) Stamm bezeichnet wird; bei allen 8 Hühnern entstanden Tumoren, bei 4 mit normaler, bei 2 mit langsamer und bei den restlichen 2 mit regredierender Entwicklung.

Die Immunität gegen Leukämie kehrte sich somit auch gegen die sarkomerzeugende Wirkung desselben Agens; wurde dagegen ein anderes, obgleich ähnliches Sarkomvirus zur Prüfung verwendet, so war kein Schutz zu konstatieren. Daraus wird gefolgert, daß im gleichen Stamm die leukämisierende und die tumorbildende Funktion an ein und denselben stofflichen Träger gebunden sind.

Nun hatten STUBBS und FURTH (*3*) schon vorher ähnliche Experimente mit dem Leukosesarkomstamm 13 angestellt, die aber insofern ein entgegengesetztes Resultat gaben, als die gegen Leukämie immunen Hühner auf die intramuskuläre Impfung mit lebenden Zellen dieses Tumors mit Sarkombildung reagierten. Da STUBBS und FURTH den genannten Stamm ebenfalls als ein einheitliches Virus mit mehrfachen Wirkungsqualitäten auffassen, differieren sie von OBERLING und GUÉRIN in dem von ihnen untersuchten Fall nicht hinsichtlich des theoretischen Standpunktes, sondern in Beziehung auf das tatsächliche Ergebnis einer scheinbar identischen Versuchsanordnung. OBERLING und GUÉRIN weisen aber darauf hin, daß der Sarkomstamm 13 eine extrem hohe Virulenz besaß, während bei dem von ihnen benutzten Material das Gegenteil behauptet werden durfte. Es sei aus den Erfahrungen über das Roussarkom bekannt, daß Hühner, welche gegen die Impfung mit zellfreiem Virus infolge einer spezifischen Vorbehandlung refraktär geworden sind, Sarkome bekommen, wenn man ihnen Tumorzellen inokuliert. Um die „preuve cruciale" realisieren zu können, müsse man daher entweder Tumoren von geringer oder minimaler Transplantabilität verwenden oder zellfreies Material. STUBBS und FURTH haben ihren gegen Leukämie immunisierten Hühnern zum Teil auch getrocknetes Gewebe des Tumors 13 eingeimpft, und diese Tiere bekamen keine Sarkome, während die Kontrollen mit Leukämie und Tumorbildung reagierten. OBERLING und GUÉRIN betrachten daher die von STUBBS und FURTH mitgeteilten Experimente nicht als eine Widerlegung, sondern als eine Bestätigung ihrer Angaben und der aus ihnen abgeleiteten Schlüsse.

Ohne Zweifel sind noch umfangreiche, in verschiedener Richtung variierte Untersuchungen notwendig, um über mehr oder weniger subjektiv gefärbte Deutungen hinaus zu gesicherteren Erkenntnissen zu gelangen.

J. FURTH (*15*) gibt übrigens an, daß man „einfaches" und „komplexes" Virus durch das verschiedene Verhalten in Kulturen von Sarkomzellen oder von Fibroblasten aus blutbildenden Organen (Knochenmark usw.) differenzieren kann. Einfaches Leukosevirus geht in solchen Kulturen innerhalb weniger Wochen zugrunde, während der Sarkomstamm 13 noch nach 122 Tagen imstande war, sowohl Leukämie als auch Sarkom hervorzurufen. Man könnte das so erklären, daß das einfache Leukosevirus keine geeigneten Zellen findet, in welchen es sich vermehren kann, sobald die Blutzellen, auf welche es eingestellt ist, abgestorben sind, während das komplexe Virus auch in anderen mesenchymalen Elementen (normalen oder Tumorzellen) reproduziert werden kann und dadurch erhalten bleibt; daß die Fähigkeit des komplexen Virus Leukämie zu erzeugen, unter diesen Umständen beständig ist, spricht natürlich sehr dafür, daß diese Fähigkeit eine Funktion des gleichen Wirkstoffes darstellt, welcher das Sarkom verursacht. Es ist wohl überflüssig, darauf aufmerksam zu machen, daß man den Gegensatz von „einfachem" und „komplexem" Virus nicht mit der Antithese „einheitliches Virus→Virusgemisch" zusammenwerfen darf. Der Stamm 13, auf den sich FURTHs Angaben beziehen, ist (nach der Ansicht des Autors, vgl. S. 1047) ein einheitliches, aber komplexes Virus, d. h. ein Wirkstoff mit multiplen pathogenen Funktionen.

Variabilität des Leukosevirus.

Es darf als gesichert gelten, daß die onkogenen Virusarten (u. zw. nicht nur jene der Hühner, sondern auch die Agenzien, die man bei neoplastischen Prozessen der Säugetiere, namentlich der Kaninchen nachgewiesen hat) in hohem Grade variabel sind. Wie man die beobachteten Veränderungen bezeichnen will (Modifikationen, Mutationen usw.), erscheint zunächst unwesentlich.

Man hat in verschiedenen Laboratorien (u. a. auch im Kopenhagener Institut) festgestellt, daß die Wirkung eines bestimmten Stammes durch lange Passagereihen hindurch nahezu konstant bleiben kann, so daß beispielsweise immer wieder reine oder fast reine, erythroide oder myeloide Leukosen entstehen, bis dann auf einmal mannigfaltigere Bilder erscheinen, z. B. Kombinationen der zwei genannten Krankheitsformen, eventuell unter Mitbeteiligung des lymphatischen Systems. Gleiches gilt auch von der Tumorbildung. Eine Reihe unserer Leukosestämme entfaltete lange Zeit — von gelegentlichen, lokalisierten Anhäufungen unreifer Blutzellen abgesehen — anscheinend rein leukotische Wirkungen, bis die Tumorbildung bei dem Stamm „E.-Sark." mit seiner ausgeprägt polymorphen Aktivität (siehe S. 1050) die Aufmerksamkeit auf sich lenkte. Es stellte sich jetzt heraus, daß auch die sog. „reinen" Stämme nicht ganz selten, wenn auch bei weitem nicht mit derselben Häufigkeit und Intensität wie „E.-Sark.", Tumoren hervorrufen können; vielleicht hatte man hierauf vorher weniger geachtet oder die Stämme hatten sich tatsächlich hinsichtlich ihrer Wirkungsweise geändert (E. UHL).

L. FOULDS (*6*) hält es für ganz unwahrscheinlich, daß ein und dasselbe Agens bald eine Leukämie, bald ein Spindelzellensarkom vom Typus des Roustumors oder ein Endotheliom mit der Struktur des von MURRAY beschriebenen Neoplasmas (M. H. 2, siehe S. 1002) erzeugen kann. Schließt man sich dieser Meinung an, so müßte man die Aussage jedoch dahin einschränken, daß die Identität der Wirkung nur *unter identischen Bedingungen* sicher zu erwarten ist. Es wurde aber schon auseinandergesetzt, daß der Übertragungsmodus *(intravenös* oder *intramuskulär)* die Art des Ergebnisses zu beeinflussen vermag (siehe S. 1050), vielleicht weil es darauf ankommt, mit welchen Zelltypen ein „*pluripotentes*" Agens vorzugsweise in Berührung kommt. Allerdings können solche Beobachtungen auch mit der Annahme mehrerer, voneinander unabhängiger und nur zufällig assoziierter Agenzien zwanglos in Einklang gebracht werden. Wenn man beispielsweise ein sehr aktives, auf die Zellen des hämopoetischen Systems spezifisch eingestelltes Virus intravenös injiziert, kann es eine akute, in 10—12 Tagen zum Tode führende Erythroblastose hervorrufen, so daß ein im Inoculum gleichzeitig anwesender, gegen andere mesenchymale Zellen gerichteter Wirkstoff seine tumorerzeugende Wirkung nicht oder nicht in stärkerem Ausmaß zu entfalten vermag. Intramuskuläre oder subcutane Impfungen bieten bessere Aussichten für die Realisierung der Funktionen einer onkogenen Komponente, und daß bei dieser Art der Zufuhr auch ein leukoseerzeugendes Agens resorbiert werden und zur Geltung kommen kann, erscheint verständlich; in der Tat sind ja reine Sarkome als Effekte komplexer bzw. gemischter Stämme selten, komplizierende, mehr oder weniger ausgeprägte leukotische Veränderungen die Regel. Dagegen findet man bezeichnenderweise öfters leukotische Zustände ohne Entwicklung von Sarkomen (siehe oben).

Die *epizootischen Verhältnisse* geben gleichfalls keine Anhaltspunkte für eine sichere Entscheidung. Wohl treten die „*komplexen*" Stämme nach den Erfahrungen verschiedener Institute ziemlich häufig spontan auf. Aber der Schluß, daß durch diese Frequenz ein rein zufälliges Zusammentreffen verschiedener Agenzien oder Virusformen unwahrscheinlich wird, wäre nicht gerechtfertigt, gleichgültig, welche Vorstellung über die Natur solcher Stoffe man für richtig erachtet. Es sei auf das Kapitel „*Ätiologische Assoziationen (Virus plus Bacterium, Virus plus Virus)*" von R. Doerr (dieses Handbuch, S. 587ff.) verwiesen, in welchem man Beispiele für solche Vorkommnisse findet.

Cancerigene Stoffe und Leukosen.

An dieser Stelle sollen kurz Untersuchungen besprochen werden, welche darauf ausgingen, durch cancerigene Stoffe bei Hühnern oder Säugetieren Leukosen hervorzurufen, ein Gedanke, der nahelag, nachdem die Auffassung der Leukose als eines Tumors weite Verbreitung erlangt hatte.

O. Thomsen und Engelbreth-Holm (vgl. auch J. Furth und O. B. Furth) teilten 1931 mit, daß sie bei einer größeren Zahl von Hühnern (11 von 62), welchen Teer ins Knochenmark eingespritzt worden war, Organ- und Blutveränderungen feststellen konnten, welche sich von den spontan entstandenen Leukosen (des gemischten, erythroblastotischen und myeloiden Typus) weder makroskopisch noch mikroskopisch unterscheiden ließen. Einige Experimente, in welchen versucht wurde, den Prozeß nach Art der Leukosen auf normale Hühner zu übertragen, verliefen negativ, so daß sich hier — wenn man von den Angaben von McIntosh sowie McIntosh und Selbie absehen wollte — eine ähnliche Situation ergeben würde wie bei den durch Teer induzierten Hühnersarkomen.

1937 berichteten Bürger und Uiker über die Erzeugung von „leukämieartigen Gewebeveränderungen", welche bei Mäusen nach der Injektion von Gallensubstanzen auftraten, also von Stoffen, die wie z. B. die Gallensäuren das gleiche Ringskelett haben wie eine der wirksamsten cancerigenen Verbindungen, nämlich das Methylcholanthren. Weit wichtiger — besonders im Hinblick auf die oben zitierten Angaben von Thomsen und Engelbreth-Holm über die Mißerfolge der Übertragung chemisch induzierter Hühnerleukosen — sind die Arbeiten von Dorothy Parsons (*1*, *2*), welche bei einer Maus durch subcutane Injektion von 1,2,5,6-Dibenzanthracen ein Sarkom erzielte, das sich transplantieren und zellfrei übertragen ließ und von leukämischen Veränderungen begleitet war (siehe S. 1029).

Die leukotischen Prozesse, welche in den ersten Versuchsreihen von McIntosh (*1*) bei mit Teer behandelten und in der Folge an Sarkom erkrankten Hühnern auftraten, wurden bereits an anderer Stelle (S. 1029) eingehend besprochen. Wie a. a. O. auseinandergesetzt wird, hat McIntosh seine ursprüngliche Ansicht, daß Sarkom und Leukose Koeffekte der Teerung waren, später aufgegeben und (in der Publikation mit Selbie) eine zufällige Koinzidenz angenommen, weil in den späteren Versuchen mit Hühnern aus einer fast leukosefreien Zucht durch

Teerung nur mehr reine Sarkome erhalten wurden. Mit den obigen Angaben, wonach durch Teer leukämische Blutveränderungen induziert werden können, harmoniert der Standpunkt von McINTOSH und SELBIE nicht.

2. Vorkommen des Virus im infizierten Huhn. — Freies oder an Zellen gebundenes Virus.

Das Virus kommt nicht nur in den pathologisch veränderten Blutzellen, sondern auch frei im Plasma, in der Lymphe und in Transsudaten vor. In den Organen läßt es sich natürlich schon infolge ihres Blutgehaltes nachweisen. Normale Zellen sind wahrscheinlich virusfrei.

Die *Mindestmenge* Blut oder Plasma, welche man benötigt, um die Krankheit hervorzurufen, ist nicht immer gleich groß; jedenfalls aber können sich sehr geringe Quantitäten (0,00001 ccm oder sogar noch weniger) als wirksam erweisen [J. FURTH (*8*), ENGELBRETH-HOLM (*2*) u. a.]. Die Faktoren, welche die infizierende Minimaldosis bestimmen, dürften verschieden sein. Zunächst wird man wohl mit *Konzentrationsunterschieden* zu rechnen haben. Es scheinen aber auch *qualitative Momente* eine Rolle zu spielen. Impfungen mit Plasma sollen z. B. eine längere Latenzzeit haben als Impfungen mit Blut, auch wenn Plasma und Blut den gleichen Titer haben (J. FURTH). Filtriertes Material wirkt nicht so sicher als unfiltriertes, was man auf eine Konzentrationsverminderung durch Virusadsorption an die Substanz der Filter zurückführen könnte; es ist jedoch nicht ausgeschlossen, daß gewisse, an den Filtrationsprozeß gebundene Einflüsse (Oxydation?) eine Abschwächung des Agens, also eine qualitative Änderung bewirken.

Die „Aktivität" oder „Virulenz" der Stämme wird jedenfalls nicht so sehr nach der infizierenden Minimaldosis, sondern auf Grund anderer Kriterien geschätzt, nämlich nach dem *Prozentsatz der positiven Resultate, der Dauer der Inkubation* und der *Akuität bzw. Malignität des Krankheitsablaufes.* Selbstverständlich setzt die Anwendung dieses Maßstabes wenigstens annähernd gleiche Versuchsbedingungen voraus, wenn man zu einer einigermaßen verläßlichen Aussage kommen will, und die Erfüllung dieser Forderung bereitet zuweilen erhebliche Schwierigkeiten. Kann man schon einen der beiden Faktoren eines Übertragungsversuches, nämlich das zu verimpfende Material, in quantitativer und qualitativer Hinsicht nicht als bekannte Größe behandeln, so erwachsen größere und weit schwerer zu beherrschende Fehlerquellen von der Seite des lebenden Versuchsobjektes her. In dem folgenden Abschnitt sind einige Daten zusammengestellt, welche sich auf die Schwankungen der individuellen Resistenz der Hühner gegen diese Kategorie von Virusformen beziehen.

Ganz wie bei den virusbedingten Sarkomen kann die Übertragung der Leukosen im Prinzip auf zwei grundsätzlich verschiedene Arten erfolgen: 1. durch fortgesetzte Teilung der verimpften pathologischen Zellen, also durch einen Vorgang, der biologisch als Transplantation zu qualifizieren ist, oder 2. durch Einwirkung des Virus auf die eigenen Zellen in den blutbildenden Organen des Versuchstieres. Impft man mit wiederholt auszentrifugiertem Plasma oder mit einem anderen zellfreien Material, so kommt naturgemäß nur der an zweiter Stelle genannte Mechanismus in Betracht. Inokuliert man dagegen Zellen, so ist es nicht von vornherein sicher, daß eine reine Zelltransplantation zustande kommt, da es ja möglich ist, daß die verpflanzten pathologischen Zellen am neuen Standort zugrunde gehen und dadurch Virus in Freiheit setzen, das ins Blut und mit diesem in verschiedene Erfolgsorgane gelangt.

CRANK und FURTH haben Untersuchungen über das Schicksal der transfundierten pathologischen (myeloiden) Zellen angestellt und gefunden, daß man schon $^1/_2$—1 Stunde nach der Transfusion einen erheblichen Anstieg der pathologischen unreifen Zellen konstatieren kann, falls es infolge der Blutübertragung zu einer leukotischen Erkrankung des Huhnes kommt. So betrug in einem Falle die Leukocytenzahl 27 500, $^1/_2$ Stunde nach der Transfusion von 20—35 ccm Leukoseblut 365 000 und 3 Tage darauf 910 000. Die Zellen des Blutes in der Peripherie sowohl als auch in den inneren Organen zeigten zahlreiche Mitosen. Das Knochenmark bestand dagegen hauptsächlich aus Fett und ließ nur einen geringen Grad von Hyperplasie erkennen. Als beste Erklärung der tatsächlichen Befunde wird die Vorstellung bezeichnet, daß hier der neue Wirt den transplantierten leukämischen Blutzellen als „Inkubator" gedient hat.

3. Natürliche Resistenz und erworbene Immunität.

a) Natürliche Resistenz.

Als allgemeine Regel kann gelten, daß junge Hühner empfänglicher sind als alte. Bei Kücken von wenigen Tagen bis zu ein paar Monaten erhält man bis zu 100% positive Resultate und ROTHE MEYER (*2*) konnte unter 1900 Kücken nur drei resistente Exemplare finden.

Die Erfahrung besagt, daß die Aktivität eines von einem Spontanfall abgeleiteten neuen Stammes im Laufe der Passagen wächst, bis ein für diesen Stamm gültiges Maximum erreicht ist. Aber selbst bei Verwendung von Stämmen, welche schon zahlreiche Passagen durchgemacht haben, beobachtet man mehr oder weniger regelmäßige jahreszeitliche Schwankungen, die von ENGELBRETH-HOLM und ROTHE MEYER (*4*) genauer studiert wurden. Die Autoren konnten im Laufe von 3 Jahren an einem 1000 erwachsene Hühner umfassenden Material konstatieren, daß das Maximum der Empfänglichkeit auf die Monate April und Mai (zirka 80% positive Ergebnisse) und das Minimum auf den Oktober und November mit einer Ausbeute von 40% fällt. In der Folge traten aber ganz unregelmäßige Schwankungen auf, die anscheinend keinem Gesetz folgten (unveröffentlichte Untersuchungen). Welche Einflüsse hier maßgebend sind, ist ungewiß. Mit Rücksicht auf gewisse Analogien (siehe BRADFORD HILL, vgl. auch S. 1041) könnte man die Erbverfassung der Versuchstiere verantwortlich machen; doch liegen hierfür keine experimentellen Beweise vor.[1]

Die Aussage, daß ein bestimmtes Huhn gegen leukotisches Virus resistent ist, kann auf Grund eines einzigen Infektionsversuches nicht mit Sicherheit gemacht werden, falls man nicht mit einem Stamm von 100%iger Aktivität arbeitet. Es ist wiederholt vorgekommen, daß Hühner erst auf eine zweite Impfung mit dem gleichen Stamm reagierten [ELLERMANN (*5*, *6*), ENGELBRETH-HOLM (*2*, *4*), ROTHE MEYER (*1*)], ohne daß sich eine Ursache für den Mißerfolg der ersten Impfung ausfindig machen ließ. Die in solchen Fällen übliche Behauptung, daß die individuelle Resistenz des Tieres transitorischen Charakter hatte, ist von R. DOERR mit Recht als unlogisch abgelehnt worden, eher könnte man, wenn die zweite Impfung unter schärferen Bedingungen ausgeführt wird wie die erste, an das Versagen einer *relativen* Resistenz denken. Unter nicht mehr ganz jungen Hühnern gibt es jedoch auch einige, die eine starke, ja sogar absolute und dauernde Resistenz bekunden. Doch besteht die Möglichkeit, daß es sich bei solchen Tieren um eine *erworbene Immunität* handelt, die auf das Überstehen einer früheren Erkrankung zu beziehen ist.

---

[1] Sog. Rassehühner (Plymouth Rock, White Leghorn, Rhode Island Red usw.) sind keineswegs als ein genotypisch homogenes Material zu betrachten. Trotz ihres gleichartigen Äußeren besitzen sie zahlreiche verschiedene Erbeigenschaften, wie aus den Untersuchungen über ihre Blutgruppen hervorgeht, welche eine hochgradige Variabilität innerhalb der gleichen Rasse ergeben haben (LANDSTEINER und LEVINE, TODD, O. THOMSEN).

Ebenso wie bei dem Roustumor Nr. I und anderen ähnlichen Sarkomen kann sich auch die Resistenz gegen Leukosen entweder gegen das Virus oder gegen transplantierte pathologische Zellen richten. Eine *isolierte Virusresistenz* wäre nicht imstande, Hühner gegen die Proliferation verpflanzter Zellen zu schützen, falls wir sie als einen humoral, d. h. durch das Vorhandensein von Antikörpern bedingten Zustand auffassen. Es ist bekannt, daß virusneutralisierende Antikörper, wie sie im Serum geheilter Hühner zu finden sind, zellfreies Agens in vitro inaktivieren, während sie sich gegenüber von Zellen bzw. dem in denselben enthaltenen Virus als unwirksam erweisen [J. Furth (*7*), Rothe Meyer (*2*), E. Uhl (*1*)]. Eine isolierte Resistenz gegen transplantierte Zellen würde wohl die Vermehrung derselben im geimpften Huhn verhindern; es bestünde aber die Möglichkeit, daß bei dem Zerfall der transplantierten Zellen Virus in genügender Menge frei wird und die eigenen Zellen des Wirtstieres angreift.

Im Organismus spontan geheilter Hühner[1] konnte das Virus nicht mehr nachgewiesen werden. Die Ausnahme, daß es in einer „inaktiven" Form in den Organen persistiert, ist zwar nicht absurd, aber willkürlich.

Ebenso wie vom Sarkomvirus glaubte man anfangs auch vom Leukosevirus, daß es nur auf Hühner verschiedener Rassen experimentell übertragen werden kann. Später stellte es sich jedoch heraus, daß auch andere, mit den Hühnern verwandte Vogelarten empfänglich sind. So fanden Engelbreth-Holm und Rothe Meyer (*1*), daß *Perlhühner*, welche dem Haushuhn am nächsten stehen, auf Impfungen mit der gleichen subchronischen Form von erythroblastotischer Anämie reagieren können, wie man sie hin und wieder auch bei Hühnern beobachten kann. Diese Angabe wurde von Schaaf und von Jarmai (*5*) bestätigt; Jarmai erzielte durch Rückimpfung auf Hühner typische Leukosen und erbrachte so den Beweis für die ätiologische Identität der beiden Prozesse. Bei *Truthühnern* und *Fasanen* konnte Jarmai durch intravenöse Injektion von virushaltigem Material ebenfalls Erkrankungen hervorrufen. Bei anderen, im natürlichen System weiter entfernten Vogelspezies und bei Säugetieren verliefen alle Versuche negativ.

b) Die erworbene Immunität gegen Leukosen.

Es hat sich gezeigt, daß neutralisierendes Serum von spontan geheilten Tieren nicht nur das Virus des Stammes, welches die Leukose mit nachfolgender Antikörperproduktion verursacht hatte, inaktiviert, sondern auch das Virus anderer Leukosestämme, gleichgültig, ob diese vorzugsweise erythroblastotische oder myeloide Veränderungen erzeugen. Die neutralisierende Wirkung solcher Impfstoffe, welche nach dem Überstehen einfacher Leukoseerkrankungen im Blut auftreten, erstreckt sich auch auf die komplexen Stämme, welche Sarkom oder Leukose oder beiderlei Prozesse hervorrufen können, ein weiteres Argument für die Richtigkeit der Vorstellung, daß der Träger der pathologischen Effekte eines komplexen Stammes ein einheitliches Virus ist [Rothe Meyer (*2*), E. Uhl (*1*)].

Versuche, die neutralisierende Fähigkeit der Immunsera *quantitativ* zu bestimmen, haben den Umstand zu berücksichtigen, daß das Vitroantigen seiner Menge nach meist unbekannt ist. Ein großes Virusquantum wird auch große Dosen Antiserum zu seiner Neutralisierung erfordern; wieviel aktives Agens aber in einem bestimmten Plasmavolum, z. B. 0,1 ccm, enthalten ist, kann man nicht einmal schätzungsweise angeben, wenn man nicht vorher die minimal infizierende

[1] *Spontanheilungen* sind relativ selten. Rothe Meyer (*2*) verzeichnete unter 1060 erwachsenen Hühnern, welche leukotische Veränderungen gezeigt hatten, nur 26 Fälle von Genesung.

Plasmadosis austitriert hat. Man darf wohl auch nicht voraussetzen, daß der Antikörperspiegel im Serum eines immunen Huhnes konstant bleibt, so daß Serumproben, welche man zu verschiedenen Zeiten entnimmt, als gleichwertig betrachtet werden dürfen; es ist infolgedessen auch nicht möglich, verschiedene Proben von Antigen (virushaltigem Plasma) fortlaufend mit dem Serum eines Huhnes einzustellen bzw. auszuwerten. Schließlich muß die erfolgte Inaktivierung durch einen Tierversuch festgestellt werden, dessen Ausfall zum Teil auch von der individuellen Empfänglichkeit der Hühner abhängt.

Die Neutralisierung in vitro erfolgt *ohne Komplement* und erstreckt sich nur auf freies Virus, wie es z. B. im Plasma kranker Hühner vorhanden ist. Die infizierende Fähigkeit leukotischer Zellen kann dagegen durch die Einwirkung von neutralisierendem Antiserum nicht aufgehoben werden. Es sind dies die gleichen Verhältnisse, wie man sie beim Roussarkom Nr. I und den verwandten Hühnertumoren feststellen konnte. Ein wesentlicher Unterschied ergab sich nur insofern, als Antisera gegen normales Hühnerblut oder normale Hühnergewebe das Leukosevirus nicht oder nur andeutungsweise beeinflussen [E. Uhl (*1*)].

Normales Hühnerserum besitzt keine virusneutralisierenden Eigenschaften und die *Sera natürlich resistenter Hühner* sind ebenfalls häufig unwirksam. Kann man im Serum natürlich resistenter Hühner Antikörper nachweisen, so erscheint es zweifelhaft, ob tatsächlich eine natürliche Resistenz oder eine infolge von Durchseuchung entstandene Immunität vorliegt. Um ein Huhn mit einiger Berechtigung als „resistent“ bezeichnen zu dürfen, muß man meist mehrere Proben mit hochaktivem Material vornehmen; eine gutartige und kurz dauernde Infektion, welche durch diese Eingriffe erzeugt wird, kann leicht übersehen werden, falls das Blut nicht täglich untersucht wird [Rothe Meyer (*2*)].

Aus den recht umfangreichen Versuchen von E. Uhl (*1*) geht hervor, daß man auch durch die Immunisierung von *Enten* mit leukotischem Blut wirksame Antisera gewinnen kann. Uhl hat solche Entensera in vitro mit virushaltigem Hühnerplasma im Verhältnis von 20 : 1 gemischt und je 2 ccm der Mischung einer größeren Anzahl von Kücken injiziert; zu Kontrollzwecken wurde die gleiche Virusdosis, mit physiologischer Kochsalzlösung oder normalem Kaninchenserum versetzt, einer annähernd gleich großen Zahl von Kücken eingespritzt. Von 137 Kücken, welche die Mischung von Virus und Immunserum erhalten hatten, starben 23 (16,9%) an Leukose, von 124 Kontrolltieren 109 (88,5%). Auch lebten die Kücken, welche trotz der Serumzufuhr an Leukose eingingen, durchschnittlich bedeutend länger als die Kontrollen.

Merkwürdigerweise konnten solche Immunsera auch „*zellgebundenes Agens*“, d. h. virushaltige Blutkörperchen neutralisieren, obschon hier die Wirkung etwas schwächer war (27% Todesfälle bei den mit Antiserum-Blut-Mischung geimpften Kontrollen gegen 89% in der Kontrollgruppe). Eine derartige Inaktivierung von Virus in Zellform durch Serumantikörper konnte bisher nicht nachgewiesen werden, u. zw. weder beim Roussarkom Nr. I und verwandten Hühnertumoren (siehe S. 1039), noch auch bei den Hühnerleukosen, wenn die Antisera von geheilten Hühnern stammten. Es fällt daher schwer, für die Ausnahme, welche die Entensera von Uhl repräsentieren, eine befriedigende Erklärung zu geben. Man muß indes die besondere Beschaffenheit der virushaltigen Zellen (Blutkörperchen und ihre Vorstadien) berücksichtigen. Im Organismus der Ente können sich Antikörper gegen solche vom Huhn stammende Zellen bilden, und diese Antikörper könnten einerseits die Vermehrung der verimpften leukotischen Zellen verhindern und anderseits ein partielles Eindringen des virusneutralisierenden Antikörpers in diese Zellen ermöglichen. Immunsera von Enten, die durch die Behandlung mit normalem Hühnerblut hergestellt worden waren, vermochten virushaltiges Plasma nicht zu neutralisieren, was ja auch nicht anders zu erwarten war; wie aber solche Sera auf leukotische Zellen wirken, wenn man sie mit virusneutralisierendem Serum von rekonvaleszenten Hühnern kombiniert, scheint nicht untersucht worden zu sein.

Hühner, welche eine Erkrankung durchgemacht haben, sind gegen Reinfektion in hohem Grade immun [J. FURTH (*7*), ROTHE MEYER (*2*)], wie das ja auch bei den rückgebildeten Sarkomen (siehe S. 1042) die Regel ist. Dagegen sind zunächst alle Bemühungen erfolglos geblieben, den gleichen Zustand durch aktive Immunisierung mit abgeschwächtem oder abgetötetem Material, mit neutralen Mischungen von virushaltigem Plasma und Antiserum [ROTHE MEYER (*2*) u. a.] oder mit Hühnerembryonengewebe [K. JARMAI (*5*)] zu erzielen. OBERLING und GUÉRIN (*7*) haben auch aktive Immunisierungen durch *intracutane* Injektionen von leukämischem Blut versucht; die Hühner, welche die Behandlung überlebten, waren jedoch nicht in höherem Grade resistent als nach der Anwendung eines anderen Injektionsmodus.

Passive Immunisierungen durch wiederholte Injektionen des Serums rekonvaleszenter oder natürlich resistenter Hühner gaben ebenfalls negative Resultate (K. JARMAI, T. STENSKY und L. FARKAS). Schließlich aber gelang UHL im Kopenhagener Institut die aktive Immunisierung mit einem Verfahren, das sich auch bei anderen Virusarten mehrfach bewährt hat (vgl. S. SCHMIDT), nämlich durch Adsorption des Virus an Aluminiumhydroxyd. Das Ergebnis der Versuche war sehr eindrucksvoll, da alle immunisierten Hühner Virusdosen vertrugen, welche bei nahezu 100% der Kontrollen eine tödliche Leukose erzeugten.

Es liegen keine Untersuchungen darüber vor, ob beim Huhn im Hinblick auf die Immunitätsverhältnisse Beziehungen zwischen filtrierbaren Tumoren (speziell Sarkomen) und filtrierbaren Leukosen bestehen. Es wäre jedoch sehr erwünscht, diese Frage gründlich zu prüfen, besonders auch mit Hilfe gekreuzter Neutralisierungsversuche durch Antisera. Vielleicht würden solche Experimente in manchen Punkten Klarheit schaffen und dazu beitragen, allzu gewagten Spekulationen eine Grenze zu setzen.

4. Die allgemeinen Eigenschaften des Leukosevirus.

Das Virus der Hühnerleukosen verhält sich fast in allen Beziehungen wie die filtrierbaren Agenzien der Hühnersarkome (gleiche Resistenz gegen Erwärmen, Einfrieren und Wiederauftauen, Eintrocknen oder gegen chemische Substanzen). Es ist glycerinbeständig, indem es z. B. bei niedriger Temperatur in 50%igem Glycerin mehrere Monate aufbewahrt werden kann. Gegen ultraviolettes Licht und gegen Röntgenstrahlen scheint es sehr widerstandsfähig zu sein [JARMAI (*1*), JARMAI, STENSKY und FARKAS, ENGELBRETH-HOLM (*1*)]. Die Partikelgröße wurde von FURTH und MILLER (mittels Filtration durch Kollodiummembranen) mit 0,05—0,075 μ bestimmt. Das Virus kann an Erythrocyten empfänglicher und unempfänglicher Tierspezies (Huhn, Kaninchen, Mensch usw.) gebunden werden und läßt sich dann auch durch wiederholtes Waschen mit physiologischer Kochsalzlösung nicht wieder abtrennen. Gegen oxydative Einflüsse ist Leukosevirus (eben wie Sarkomvirus) ziemlich empfindlich; doch sind besondere Vorsichtsmaßregeln beim Experimentieren mit zellfreiem Material in der Regel nicht notwendig.

Unter besonderen Versuchsbedingungen soll das Serum leukämischer Hühner andere spektroskopische Verhältnisse zeigen als das Serum normaler Hühner (J. und M. MAGAT).

Das Problem, ob das Virus ein von außen eindringender parasitärer Mikroorganismus oder ein endogen entstehendes Zellprodukt ist, präsentiert sich hier geradeso wie bei den Agenzien der filtrierbaren Hühnersarkome. Sicher entschieden ist diese Alternative bis jetzt weder in dem einen noch in dem anderen Fall. Gegen die mikroparasitäre Natur spricht hier wie dort das Fehlen der Kontagiosität (siehe S. 1049), um so mehr, als Übertragungsversuche mit blutsaugenden Insekten keine überzeugenden Resultate geliefert haben.

Inwieweit die Leukämie und gewisse Formen der Leukose bei Säugetieren virusbedingt sein könnten, ist vorderhand ungewiß. Daß man bisher kein Virus nachzuweisen imstande war, könnte darauf beruhen, daß es sich um ein Agens handelt, das eine größere Labilität besitzt als das für Hühner pathogene Leukosevirus. In diesem Zusammenhange sei auf die von ENGELBRETH-HOLM und FREDERIKSEN mitgeteilten Untersuchungen verwiesen (siehe S.1081).

III. Die virusbedingten Neubildungen der Säugetiere.

1. Verrucae (Warzen, Kondylome) und Papillome beim Menschen und mehreren Säugetierspezies.

Ein Teil der als *Verrucae (Warzen)* bezeichneten, fibroepithelialen, tumorartigen Neubildungen ist unzweifelhaft virusbedingt; es gibt aber auch Formen, bei welchen dies nicht der Fall ist. Die Systematik ist jedenfalls noch nicht genügend geklärt und kann hier nicht eingehender behandelt werden. Von zusammenfassenden Darstellungen seien genannt: der Artikel von B. LIPSCHÜTZ (*5*) im Handbuch der pathogenen Mikroorganismen, eine neuere umfangreiche Monographie von BALÓ und KORPASSY (1936) und eine Abhandlung über Genitalwarzen von J. F. WILSON (1937).

Es gibt keine scharfe Grenze zwischen den verzweigten festen Verrucae und jenen Papillomen, die auf der Haut vorkommen. Papillome der Schleimhäute, z. B. jene der Harnblase, können sich anders verhalten und den Charakter von Carcinomen annehmen. Auf Schleimhäuten mit typischem vielschichtigem Plattenepithel kommen jedoch auch Papillome vor, welche sowohl im Hinblick auf ihre Struktur als auch in Anbetracht ihres gutartigen Verlaufes völlig den gleichbenannten Gebilden der Haut entsprechen.

Schon lange wußte man, daß gewisse Verrucae *ansteckend* sind, u. zw. sowohl für den Träger (Autoinokulation) als für andere Personen. Das gleiche gilt für die in der Genital- und Analregion, besonders bei Frauen mit gonorrhoischem Ausfluß, auftretenden spitzen Kondylome (Condylomata acuminata), die eine recht beträchtliche Größe und Ausbreitung erreichen können. In den oberflächlichen, mazerierten Schichten der Kondylome kann man natürlich *Bakterien*, oft auch *Spirochäten* verschiedener Art nachweisen; ätiologische Bedeutung konnte jedoch keinem dieser Befunde zugesprochen werden. Dagegen liegen experimentelle Untersuchungen vor, denen zufolge es als bewiesen anzusehen ist, daß die ansteckenden Warzen durch ein *filtrierbares Virus* hervorgerufen werden, welches seine Wirkung allerdings nur unter besonderen Bedingungen, vor allem bei speziell disponierten Versuchspersonen auszuüben vermag.

Zunächst wurde die Übertragbarkeit der Warzen von Mensch zu Mensch durch VARIOT (1894) und in besonders ausgedehnten Versuchen von JADASSOHN (1895) festgestellt. 1907 wies dann CIUFFO nach, daß die Infektion auch mit Filtraten (Berkefeld N) gelingt, welche aus zerriebenen Verrucae hergestellt werden; die Inkubation der Filtratwirkung war sehr lang; in einem Selbstversuch CIUFFOs betrug sie 5 Monate. Positive Resultate mit Filtraten wurden auch von SERRA sowie von WILE und KINGERY erzielt. Durch Inokulation von Filtraten aus spitzen Kondylomen in die Haut erhält man typische Warzen (ZIEGLER, FREY), woraus nach FREY gefolgert werden darf, daß der morphologische Unterschied zwischen Warzen und Papillomen nicht ätiologisch, sondern lediglich durch die differente Lokalisation begründet ist.

Weniger klar sind die ätiologischen Beziehungen zwischen den Verrucae vulgares und gewissen Papillomen, insbesondere *Larynxpapillomen.* E. V. ULLMANN (1920) exstirpierte bei einem 6 Jahre alten Knaben Papillome aus dem Larynx und der Trachea, stellte aus diesem Material eine feine Emulsion her und verimpfte dieselbe a) in den Oberarm und die Bauchhaut eines Arztes durch Scarifikation und b) in die Mund- und Scheidenschleimhaut zweier Hündinnen durch Einreiben. Auf dem Oberarm der Versuchsperson (es war der Autor selbst) entwickelten sich nach einer Latenz von 4 Monaten Papillome, welche sich auf eine zweite Person mit gleichem Erfolg übertragen ließen, und mit dem Filtrat dieses Impfpapilloms der zweiten Passage gelangen dann wieder Rückimpfungen auf die erste Versuchsperson und ein drittes Individuum. ULLMANN berichtet ferner, daß bei der Entfernung der Larynxpapillome mit dem scharfen Löffel eine kleine Verletzung am Mundwinkel des Knaben zustande kam; an dieser Stelle traten flache Warzen auf, welche auf die Gesichtshaut übergriffen und die Inkubation war bemerkenswerterweise fast die gleiche wie jene der experimentell erzeugten Impfpapillome. Auf der Schleimhaut der Vagina einer der beiden Hündinnen entstand aber ebenfalls ein Papillom, das sich durch intensive Proliferation der Stachelschicht mit ausgeprägter Verhornung auszeichnete und in seinen Zellen zahlreiche Kerneinschlüsse zeigte; B. LIPSCHÜTZ bestätigte diese Beobachtungen und fand außerdem im Protoplasma „Elementarkörperchen". Was hier in erster Linie auffällt, ist der Umstand, daß das Agens nicht streng spezifisch auf eine bestimmte Wirtsart eingestellt war. Das Virus der Verrucae vulgares konnte auf Tiere (Mäuse, Meerschweinchen, ja selbst auf Affen) nicht übertragen werden (siehe BALÓ und KORPASSY, l. c., S. 30); übrigens schlug auch ein Versuch von FINDLAY (*2*) fehl, ein vom Menschen stammendes Larynxpapillom auf Hunde zu verimpfen.

Einige Autoren haben mehr oder weniger charakteristische Veränderungen in den Epithelzellen solcher Gebilde beschrieben. Am eindeutigsten sind wohl die von B. LIPSCHÜTZ 1923 nachgewiesenen basophilen Kerneinschlüsse, welche sowohl in Warzen als auch in Kondylomen vorkommen.

Übergang in Carcinom kommt vor, ist aber im ganzen genommen selten.

Die Immunitätsverhältnisse wurden bisher nur wenig untersucht. Da sowohl bei Trägern von Warzen wie von Kondylomen häufig Autoinfektionen beobachtet werden, könnte man das Vorhandensein von virusneutralisierenden Antistoffen a priori als unwahrscheinlich bezeichnen. Wie in anderen analogen Fällen sollte man freilich auch hier zwischen einer Infektion durch reine Viruswirkung und einer Verpflanzung von Zellen, welche durch humorale Einflüsse nicht paralysiert werden kann, unterscheiden. Da es sich aber nicht um maligne Zellen handelt, ist der an zweiter Stelle genannte Vorgang wohl kaum anzunehmen. Vermutlich sind Auto- und Heteroinfektionen auf die Wirkung von freiem Virus zu beziehen und, falls die ganze Überlegung richtig ist, würde sich daraus das Fehlen von Antistoffen als Konsequenz ergeben. BEARD und KIDD (1936) haben aber gefunden, daß neutralisierende Antistoffe (welche allerdings nur auf homologes, nicht aber auf heterologes Virus wirken) mit großer Regelmäßigkeit produziert werden. Man stößt also auf Verhältnisse, auf welche schematische, aus unseren Kenntnissen über filtrierbare Tumoren abgeleitete Erklärungen nicht passen; vielmehr ist die weitgehendste Übereinstimmung mit dem Verhalten des Herpes febrilis beim Menschen zu konstatieren.

Auf Schleimhäuten, namentlich im Mund und auf der Zunge, trifft man auch bei verschiedenen Tierspezies (Rindern, Pferden, Hunden, Gemsen usw.) nicht selten Papillome an, die zum Teil als Manifestationen virusartiger Agenzien bezeichnet wurden. Sie bieten kein spezielles Interesse und brauchen daher nicht näher besprochen zu werden. Literaturangaben findet man bei BALÓ und KORPASSY (l. c., S. 241—262).

2. Molluscum contagiosum.

Ob man die als „*Molluscum contagiosum*“ bezeichneten, meist multipel auftretenden Geschwülste als „echte Tumoren“ anerkennen will oder nicht, hängt davon ab, wie man den Begriff des Tumors definiert. An und für sich ist die Rubrizierung, mag sie nun in diesem oder jenem Sinn erfolgen, von untergeordneter Bedeutung.

Die Infektiosität des Prozesses wurde schon 1840 von PATERSON nachgewiesen und von RETZIUS (1871) bestätigt. Für experimentelle Übertragungen beläuft sich die Inkubation auf 2—6 Monate, ist also wie bei den Impfwarzen und Impfpapillomen sehr lang. Übertragungen auf Tiere sind ausnahmslos mißlungen. Auch unter den Menschen finden sich nur wenige empfängliche Individuen, so daß experimentelle Infektionen meist negativ ausfallen und die Fortführung in Passagen auf große Schwierigkeiten stößt. Die Filtrierbarkeit des ätiologischen Agens wurde von JULIUSBERG (1905) im Institut von JADASSOHN nachgewiesen. Unter natürlichen Verhältnissen erfolgt die Ansteckung vermutlich in der Weise, daß aus den Molluscumknötchen virushaltiger Inhalt austritt, welcher in kleine Hautdefekte eindringt.

In den degenerierten Zellen der Molluscumknoten treten bei der Färbung nach GIEMSA rot gefärbte, 0,25—0,3 μ große, unbewegliche, die Zellen in dichten Massen erfüllende Körnchen auf, welche LIPSCHÜTZ (1907) als Strongyloplasmen bezeichnete und als die Erreger des Prozesses ansah; diese Auffassung hat sich in der Folge ziemlich allgemein durchgesetzt, nur werden die Gebilde wie alle Viruspartikel jetzt „Elementarkörperchen“ genannt. Näheres hierüber enthält der Artikel von G. M. FINDLAY „Inclusion bodies and their relationship to viruses“ in der ersten Hälfte dieses Handbuches (siehe daselbst S. 302).

Immunreaktionen in vitro wurden nicht beobachtet. Die Angabe von F. LUCKSCH, daß man mit Molluscummaterial allergische Hautreaktionen hervorrufen kann, bedarf einer Nachprüfung.

3. SHOPE's Kaninchenpapillom.

1933 wies R. E. SHOPE (*3*) nach, daß die Hautpapillome, welche als ansteckende enzootische Krankheit bei wilden Kaninchen, den sog. „cottontails“ (Sylvilagus floridanus) in gewissen Gegenden Nordamerikas (Jowa, Kansas, Oklahama, Texas) auftreten, durch ein Virus hervorgerufen werden, welches infolge seines reichlichen Vorhandenseins in den Papillomen spontan von Tier zu Tier übertragen wird. Die Papillome finden sich nur an der Haut, zeigen unter natürlichen Verhältnissen mit ganz wenigen Ausnahmen gutartigen Charakter und bilden sich von selbst zurück.

Nach SHOPE (*3*) sowie ROUS und BEARD (*1, 2, 6*) läßt sich das Virus leicht durch Impfung in die scarifizierte Haut auf zahme Kaninchen (Genus Oryctolagus) übertragen. Nach einer Inkubation von 7—30 Tagen entstehen auf den infizierten Hautpartien größere oder kleinere, bald spitze, bald mehr abgerundete Papillome; sie bauen sich aus einem verzweigten bindegewebigen Grundstock auf, der von einem vielschichtigen proliferierenden Epithel mit starker Neigung zur Verhornung bekleidet ist. Die Papillome sind als echte Tumoren von vorwiegend epithelialem Typus zu bezeichnen; das Bindegewebe spielt eine mehr passive Rolle als Stroma mit reicher Vascularisation, welche für die Ernährung der wuchernden Epithelzellen zu sorgen hat. Die Tatsache, daß hier ein echter, durch ein Virus erzeugter Säugetiertumor vorlag, mußte naturgemäß großes Interesse erwecken, das noch durch einen anderen Umstand erheblich gesteigert wurde. Der Prozeß verläuft nämlich bei zahmen Kaninchen nicht so harmlos wie bei den „cottontails". Das Epithel wächst in die Tiefe, bis es auf den Widerstand von straffem Bindegewebe stößt; dann hört wohl meist das Wachstum auf, aber es kommt nur selten zur Rückbildung. Unter gewissen Umständen kann der Prozeß ausgesprochen bösartig werden und zu ausgedehnter Bildung von Metastasen führen, welche die histologische Struktur eines verhornenden Plattenepithelcarcinoms zeigen (siehe S. 1065).

Eigenschaften des Papillomvirus.

Das Virus erträgt 30 Minuten lang eine Temperatur von 65° C (SHOPE), ist also relativ thermoresistent. Es ist widerstandsfähig gegen das Eintrocknen und findet sich daher bei wilden Kaninchen auch in den oberflächlichen, verhornten Epithelschichten der Papillome, welche leicht abschilfern und die Verbreitung des Virus in der Umgebung der kranken Tiere vermitteln; *es bestehen somit sehr günstige Voraussetzungen für Kontaktinfektionen unter natürlichen Bedingungen*, ganz im Gegensatz zu den filtrierbaren Hühnersarkomen und den virusbedingten Hühnerleukosen, bei welchen die Ansteckung gesunder Tiere durch Berührung mit kranken nicht sichergestellt werden konnte (vgl. S. 1059). Wie so viele andere Virusarten ist auch das Virus des Kaninchenpapilloms glycerinfest; Gewebestücke können viele Monate hindurch bei niedriger Temperatur in 50%igem Glycerin ohne Änderung ihrer Aktivität aufbewahrt werden.

Die experimentelle Übertragung.

Die zweckmäßigste Methode der experimentellen Infektion ist das Einreiben in die frisch rasierte Haut, die man vorher mit Sandpapier etwas aufgerauht hat. Dieses Verfahren eignet sich auch in entsprechender Anordnung für *quantitative Virusbestimmungen* in einem vorgelegten Material (siehe R. DOERR, dieses Handbuch, S. 648). Solche Titrierungen wie auch intracutane Injektionen kleiner Mengen lassen den Schluß zu, daß nur wenig Virus für eine erfolgreiche lokale Infektion notwendig ist. Will man daher andere Arten der Einverleibung, z. B. intravenöse oder intraperitoneale Einspritzungen, auf ihre Wirksamkeit prüfen, so kann sich an der Einstichstelle, falls man dies nicht durch besondere Kautelen verhindert, ein (ev. nur kleines und daher leicht zu übersehendes) Papillom entwickeln, wodurch der Zweck des Versuches unter Umständen vereitelt wird.

Merkwürdigerweise ist es in der Regel nicht möglich, die Papillomatose bei zahmen Kaninchen in längerer Passage fortzuführen, zumindest nicht zellfrei, während das bei den Cottontails keine Schwierigkeiten bereitet.[1] Im Rahmen der umfangreichen Untersuchungen der letzten Jahre wurde jedoch der Nachweis geführt [u. a. von SHOPE (*4*, *8*)], daß vereinzelte Stämme bei zahmen Kaninchen serienweise übertragen werden können; einer dieser Stämme hatte bis zum Jahre 1937 schon 14 Passagen durchgemacht, was aber jedenfalls als Ausnahme zu betrachten ist. Die möglichen Erklärungen dieser Erscheinung sollen später diskutiert werden.

Eine Verimpfung der Papillomatose auf andere Tierarten gelang nicht. Es muß aber hervorgehoben werden, daß die wilden Cottontails und die gewöhnlichen Kaninchen (mit ihren verschiedenen Rassen und Mischrassen) als zwei verschiedene Spezies anzusehen sind. Nach KIDD und PARSONS sind auch Hasen empfänglich.

Das Virus haftet nur auf bzw. in der Haut. Selbst wenn man das Epithel verschiedener Schleimhäute durch das Fehlen von A-Vitamin in der Nahrung

[1] Ein Teil der wilden Cottontails erweist sich als refraktär, was möglicherweise auf eine frühere ausgeheilte Infektion zurückzuführen ist.

epidermisähnlich macht und zur Verhornung bringt, ist die Erzeugung von Papillomen an solchen Stellen nicht möglich (KIDD und PARSONS). PARSONS und KIDD haben zwar eine Papillomatose der Mundschleimhaut bei Kaninchen beobachtet und beschrieben, die ebenfalls auf einer Viruswirkung beruhte; dieses Virus war aber mit dem SHOPEschen Virus nicht identisch.

Die ausgeprägte Epitheliotropie des SHOPEschen Virus äußert sich auch noch in anderer Weise. Injiziert man *zellfreies Virus* intravenös, so fixiert es sich nur in der Haut und kann hier, besonders an vorher lädierten Stellen, Papillome erzeugen. Bringt man dagegen fein verteilte Papillomsuspensionen in die Blutbahn, so können sich in einzelnen Fällen kleine (0,5—2 mm im Durchmesser haltende) Tumorknötchen in der Lunge (nicht in anderen Organen) bilden. Dieses Resultat ist indes zweifellos als ein Transplantationseffekt aufzufassen. ROUS und BEARD (*3*) implantierten nämlich dünne Scheiben von Papillomen oder Fragmente derselben in Muskeln, in die Milz, die Leber, die Niere usw. desselben Tieres und konnten sich überzeugen, daß diese Implantate regelmäßig wuchsen und oft enorme Tumoren bildeten, denen die Tiere (namentlich wilde Kaninchen, bei welchen das Wachstum besonders rapid war) im Laufe von 2—3 Monaten erlagen; die Implantate glichen verhornenden Plattenepithelcarcinomen. Wurde ein solcher Tumor z. B. aus den Muskeln operativ entfernt, so kam es regelmäßig zu einem lokalen Rezidiv, bisweilen auch zu Tumorbildung in der Subcutis, wenn bei der Operation Geschwulstzellen in dieses Gewebe verschleppt wurden. ROUS und BEARD geben an, daß das Gewebe implantierter Tumoren oft in Blutgefäße einwuchert; man sollte daher ein häufiges Auftreten von Metastasen erwarten, da die Verschleppung von Tumorgewebe durch den Blutstrom als ein der Transplantation gleichwertiger Vorgang betrachtet werden kann. De facto metastasieren jedoch implantierte Tumoren nur selten; findet man Knoten an anderen Stellen als am Ort der Implantation, so bleibt es zuweilen fraglich, ob es sich um Metastasen handelt oder um Tumoren, welche auf die Implantation selbst (unabsichtliche Verstreuung von entwicklungsfähigem Material) zurückzuführen sind. HÖRA konnte jedenfalls keine Anhaltspunkte für die Malignität von Autotransplantaten finden.

Ebenso wie im primären Papillom läßt sich das Virus auch leicht in den Implantationstumoren der Cottontails nachweisen. In den Implantationstumoren von zahmen Kaninchen kann es dagegen nicht festgestellt werden, entsprechend der Tatsache, daß es bei diesen Tieren — von Ausnahmen abgesehen — auch in den Papillomen nicht zu finden ist.

Im Gegensatz zu den virushaltigen Warzen und Kondylomen (siehe daselbst), die sich oft durch Autoinfektion ausbreiten, kommen derartige Sekundärinfektionen beim SHOPEschen Kaninchenpapillom nicht vor. Sofern es sich um zahme Kaninchen handelt, erscheint das verständlich, da die Papillome dieser Spezies im allgemeinen kein infektiöses Agens enthalten. Nach ROUS und BEARD (*2*) scheint das gleiche jedoch auch bei den Cottontails der Fall zu sein, wofür vielleicht das Auftreten virusneutralisierender Stoffe im Blute [SHOPE (*2*)] verantwortlich gemacht werden kann. Vermutlich aus dem gleichen Grund sind tumortragende Kaninchen nach Ablauf der ersten paar Wochen gegen *Superinfektionen* mit dem Virus der Cottontails resistent, während Transplantationen körpereigenen Tumorgewebes (Autotransplantationen) ohne weiteres zu bewerkstelligen sind; der Unterschied zwischen reiner Viruswirkung und Transplantation tritt hier klar zutage.

Auf der Änderung der Reaktionslage des Tumorträgers beruht es ferner, daß der Tumor sich nicht in der Weise vergrößert, daß er neue, bisher noch normale Zellen in den Prozeß miteinbezieht, sondern daß die Geschwulst — ähnlich wie beim Roussarkom — „aus sich heraus“ wächst. Das läßt sich dort deutlich feststellen, wo das Wachstum von pigmenthaltigen Zellen ausgegangen ist. Selbstverständlich kann aber das Wachstum von Anfang an plurizentrisch sein, wenn das Virus bei der Inokulation mit mehreren, von einander getrennten Zellbezirken in Kontakt gebracht wurde; darauf beruht ja die Methode der quantitativen Bestimmung des Papillomvirus (siehe R. DOERR, dieses Handbuch, S. 648).

Werden die Hautpapillome sich selbst überlassen, so ulcerieren sie und rufen durch häufige Blutungen Anämie hervor; die Tiere (zahme Kaninchen) gehen dann an Kachexie oder sekundären Infektionen zugrunde. Werden die Blutungen aber durch Verbände usw. verhindert, so wachsen die Papillome in die Höhe — das Breitenwachstum hört in unkomplizierten Fällen bald auf — und die Kaninchen werden in der Regel nicht sehr stark mitgenommen; SHOPE sah einzelne Tiere, bei welchen die Papillome 13 Monate und länger bestanden und wuchsen. Die entzündlichen Veränderungen sind, wenn man von sekundären bakteriellen Infektionen absieht, gering. Implantierte Tumoren können von zelligen Infiltraten (Lympho- und Leukocyten) wie von einer Kapsel umgeben sein.

Das Virus kann in vitro nur schwer, vielleicht überhaupt nicht zur Vermehrung gebracht werden. Methoden, die sich bei anderen Virusarten, speziell auch bei den Agenzien der Hühnersarkome (vgl. die Artikel von C. HALLAUER und von F. M. BURNET in diesem Handbuch, 1. Hälfte, S. 369 und 419) bewährt haben, versagen. Insbesondere sind embryonale Gewebe als Ammengewebe unbrauchbar, vielleicht mit einziger Ausnahme der fetalen Kaninchenhaut [ROUS und BEARD (*1*, *2*)], mit welcher aber KIDD und PARSONS auch nur negative Resultate bekamen.

In den Zellen der Papillome treten keine Einschlußkörperchen auf, welche den Zelleinschlüssen bei anderen Viruskrankheiten gleichgestellt werden könnten [E. W. HURST (*1*), SHOPE], größere eosinophile Klumpen, die beobachtet wurden, sind als unspezifische und nicht charakteristische Degenerationsprodukte zu bewerten. Neuere Untersuchungen über die histologischen und cytologischen Verhältnisse stammen von A. PEYRON und PUMEAU-DELILLE (*1*, *2*, *3*) (1938/39).

Beziehungen zwischen dem Virus des Kaninchenpapilloms und anderen ähnlich wirkenden Virusarten.

Zwischen dem SHOPEschen Kaninchenpapillom und den ebenfalls von SHOPE eingehend untersuchten und untereinander verwandten Virusinfektionen, welche man als *Kaninchenfibrom* und *Kaninchenmyxom* bezeichnet (siehe S. 1072 und S. 1073), bestehen keine engeren Beziehungen; SHOPE konnte dies durch gekreuzte Immunitätsversuche beweisen. Es wurde ferner an anderer Stelle erwähnt, daß bei verschiedenen Tierarten virusbedingte Papillome nicht selten vorkommen (siehe S. 1060); auch hier lehrt die gekreuzte Prüfung der Immunitätsverhältnisse, daß es sich um Virusarten handelt, welche von dem SHOPEschen Papillomvirus verschieden sind (BEARD und KIDD). Außerdem kennt man bei diesen Affektionen keinen Übergang in Carcinom; nur beim Menschen werden bisweilen carcinomatöse Entartungen, besonders auf dem Boden akuter Kondylome, beobachtet (KONJETZNY, BUSCHKE und LÖWENSTEIN u. a.). Über die von PARSONS und KIDD beschriebene Mundpapillomatose und ihre ätiologische Sonderstellung siehe S. 1063. Mit Rücksicht auf die sogleich ausführlicher zu besprechende Tatsache, daß das SHOPEsche Papillom bei zahmen Kaninchen den Charakter eines malignen Plattenepithelkrebses annehmen kann, erscheinen die Beziehungen dieses Tumors zu anderen Carcinomformen des Kaninchens von besonderem

Interesse. In diesem Sinn orientierte Untersuchungen lieferten jedoch negative Ergebnisse. Kaninchen, bei denen sich ein BROWN-PEARCE-Carcinom zurückgebildet hat, sind gegen eine Impfung mit dem SHOPEschen Papillomvirus nicht immun [ROUS und BEARD (*2*)] und weder im Serum solcher Tiere noch im Serum von Kaninchen mit Teerkrebsen finden sich Antikörper, welche Papillomvirus in vitro zu neutralisieren vermögen.

Papillomvirus und cancerigene Stoffe.

In Anbetracht des bereits hervorgehobenen Umstandes, daß die Infektion mit Papillomvirus bei zahmen Kaninchen schwerer verläuft als bei den wilden Cottontails, versuchten BEARD und ROUS durch exogene Einflüsse ein aggressiveres Wachstum zu erzielen. Es konnte in der Tat konstatiert werden, daß das Epithel der Papillome nach subepidermoidalen Injektionen von Scharlach R oder Sudan III (in gesättigter Lösung in Olivenöl) nach unten wuchert und daß auf diese Art Bilder entstehen, welche morphologisch einem Carcinom sehr ähnlich sein können. Das proliferierende Epithel bildet „Perlen" und dringt auch oft in Gefäße ein, aber dieses künstlich stimulierte Wachstum hält nur so lange an, als der injizierte Stoff am Ort der Einwirkung anwesend ist, und es kommt nicht zur Entwicklung von Metastasen.

In einer späteren Arbeit berichteten jedoch ROUS und BEARD, daß bei 7 von 10 zahmen Kaninchen, bei welchen der Tumor 200 Tage oder länger gewachsen war, die spontane Umwandlung in ein Carcinom eingetreten sei.

Bei fünf von diesen Kaninchen saßen in den regionären Lymphdrüsen *Metastasen;* in einem Falle fanden sie sich außerdem auch in den retroperitonealen Drüsen und in den Lungen. Von einem Falle konnte Krebsgewebe mit Erfolg transplantiert werden. Die Chancen für eine solche maligne Entartung sind um so größer, je intensiver die Papillome wachsen und je längere Zeit sie bereits bestehen. Bei den Cottontails ist der Verlauf des Prozesses weit leichter und bei dieser Spezies konnte man auch keine Carcinome beobachten, bis dann doch vereinzelte Fälle von SYVERTON und BERRY sowie von ROUS, KIDD und BEARD mitgeteilt wurden. ROUS, KIDD und BEARD berichteten über ein Carcinom bei einem natürlich infizierten Cottontail und über ein zweites, das bei einem solchen Tier nach der Impfung mit einem Papillomstamm aufgetreten war, der auch bei zahmen Kaninchen häufig krebsige Prozesse hervorrief; im zweiten Fall entstand nicht nur ein Carcinom, sondern auch ein Sarkom mit Knochenbildung, aber die Malignität wurde zu spät entdeckt, so daß es nicht mehr möglich war, weitere Übertragungen vorzunehmen. Wie soeben angedeutet, verhalten sich verschiedene Papillomstämme hinsichtlich der Tendenz zur Umwandlung in Carcinom verschieden. Es spielen aber auch andere Faktoren eine maßgebende Rolle, wie z. B. der eben erörterte Einfluß der *Artzugehörigkeit* (Cottontails und zahme Kaninchen) und bei den zahmen Kaninchen auch die *Rasse* (BEARD und ROUS), indem die „Dutch belted rabbits" stärker disponiert waren als die „agouti rabbits"; innerhalb der gleichen Rasse scheinen übrigens noch individuelle Differenzen zu existieren. Ferner hat es sich — wie zu erwarten war — gezeigt, daß Carcinome um so häufiger entstanden, je größer das Areal des primären Papilloms war.

Die Carcinome, welche aus den Papillomen meist erst nach 4—5monatigem oder noch längerem Wachstum hervorgehen, sind histologisch als maligne Papillome oder meist als verhornende Plattenepithelcarcinome (Epitheliome) zu bezeichnen. Oft sieht man graurote und dunkle Tumorpartien nebeneinander („Pfeffer und Salz"), je nachdem, ob der Wachstumsreiz pigmenthaltige Zellen (Melanoblasten) getroffen hat oder nicht.

Beziehungen zwischen Papillomvirus und Tumorwachstum.

Von prinzipieller Bedeutung ist das Verhältnis des Virus zur Geschwulstbildung oder, genauer präzisiert, die Frage, ob das Papillom bei zahmen Kaninchen ohne Mitwirkung des Virus weiterwächst und ob es sich insbesondere ohne Virus in Carcinom umwandeln kann. Die Berechtigung dieser Frage ergibt sich aus der Tatsache, daß sich das Virus in den Tumoren zahmer Kaninchen durch den Übertragungsversuch in der Regel nicht nachweisen läßt.

Gleichwohl sind manche Autoren der Meinung, daß man eine essentielle Beteiligung des Virus an der fortgesetzten Proliferation der Papillome und an ihrer Transformation in carcinomatöse Neoplasmen annehmen darf. Abgesehen davon, daß der Nachweis des Virus in einzelnen Fällen doch möglich war [SHOPE (*4*)], wird namentlich geltend gemacht, daß man sowohl bei Tieren mit Papillomen als auch solchen mit Carcinomen einen *spezifischen neutralisierenden Antikörper* feststellen kann, der als Reaktionsprodukt auf ein in den Tumoren vorhandenes, aber irgendwie maskiertes (inaktives) Virus aufzufassen sei [SHOPE (*3*), KIDD, BEARD und ROUS (*2*)]. Auch zeigte SHOPE (*8*), daß man Kaninchen sowohl mit infektiösem Material (von Cottontails) als auch mit nicht-infektiösem Material (von zahmen Kaninchen) durch intraperitoneale Injektionen aktiv immunisieren kann und daß bei solchen Kaninchen ebenfalls der neutralisierende Antikörper im Blute bzw. im Serum erscheint. Wichtig ist ferner, daß der Antikörper im Serum normaler Kaninchen fehlt und daß, wie dies KIDD, BEARD und ROUS (*2*) mit ihrer quantitativen Methodik (siehe S. 648) festzustellen vermochten, der Titer des Antikörpers beim Tumorträger in proportionalem Verhältnis zu der Masse der Papillome steht.[1]

Transplantationen der Carcinome auf andere Kaninchen von gemischter Abstammung („impure breed") gelingen nur selten (was auch für Teerpapillome und Teercarcinome zutrifft). In einem Fall hatten jedoch KIDD, BEARD und ROUS (*3*) Erfolg und bei diesem Tier trat im Serum ein Antikörper auf, welcher Papillomvirus neutralisierte. Nun stammte das Transplantat in diesem Versuch aus einer Metastase, bestand daher nicht aus Papillom-, sondern aus Carcinomzellen; die Bildung eines Antikörpers gegen Papillomvirus könnte als Beweis dafür gelten, daß sich dieses Virus auch in den Carcinomzellen weiter vermehrt. Es sei jedoch bemerkt, daß der Titer des Antikörpers niedrig war. Ein Volum Serum neutralisierte nur 20 Viruseinheiten im gleichen Volum Flüssigkeit, während die Sera einiger Kaninchen, welche mit Papillom behaftet waren, eine bis 200mal größere Virusmenge zu neutralisieren vermochten.

Der Vorstellung, daß das Virus in den Papillomen und Carcinomen zahmer Kaninchen in maskierter (inaktiver) Form vorhanden ist, so daß es nur noch als Antigen, aber nicht mehr als pathogenes Agens nachgewiesen werden kann, sind wir bereits in ganz analoger Fassung bei den chemisch induzierten Hühnersarkomen begegnet. Wie bei diesen kann auch beim SHOPEschen Kaninchenpapillom der Einwand erhoben werden, daß die Anwesenheit von Virus in der Form von Antigen noch kein vollgültiger Beweis ist, daß ein ätiologischer Konnex zwischen diesem und der Geschwulstbildung besteht; es wurde ja darauf hingewiesen (siehe S. 1030), daß sich Virusarten, welche an der Entstehung vorhandener Tumoren nicht beteiligt sind, in diesen halten und sogar vermehren können, wie z. B. das Virus III in den Zellen des BROWN-PEARCEschen Kaninchencarcinoms.

[1] Es kommt aber auch vor, daß der Antikörper trotz gut entwickelter Papillome fehlt, und anderseits kann er sich in hoher Konzentration bei Kaninchen finden, die nur ein geringfügiges und kurze Zeit bestehendes Papillom haben. Offenbar machen sich hier noch andere unbekannte Einflüsse geltend.

Beim Papillomvirus liegt indes die Sache doch etwas anders. In den Papillomen der wilden Kaninchen (Cottontails) ist das Virus vorhanden und vermehrt sich in denselben in solchem Ausmaß, daß die Papillomatose bei dieser Tierspezies zur kontagiösen Seuche wird; und es ist eben dieses Virus, das auf zahme Kaninchen mit qualitativ gleicher Wirkung übertragen werden kann wie auf die Cottontails. Für jeden Fall sind also die Geschwülste der zahmen Kaninchen durch Virus induziert und in der ersten Phase ihrer Entwicklung „virusbedingt"; es könnte nur in der Hinsicht ein Zweifel bestehen, ob das Wachstum später — in sonderbarem Gegensatz zu den Verhältnissen bei den Cottontails — autonom, d. h. vom Virusreiz und von der Virusvermehrung unabhängig wird. Die Teersarkome der Hühner sind dagegen chemisch induziert und wir wissen nichts Bestimmtes über den Anteil, den ein Virus in irgendeiner Epoche ihres Werdeganges am Prozeß der Tumorbildung nimmt.

Die Beziehung zwischen Virus und Papillom bzw. Carcinom wird auch noch durch eine spezielle Versuchsanordnung von ROUS und KIDD (*1, 2*) beleuchtet. Durch $1^1/_2$—3 Monate fortgesetzte Pinselungen mit Teer wurde zunächst die Bildung der bekannten Teerpapillome hervorgerufen und sodann eine größere Menge eines virushaltigen Extrakts intravenös injiziert. Nach Ablauf von 2 Wochen — einer Frist, welche der gewöhnlichen Inkubation der Viruswirkung entspricht — setzte bei einer größeren oder kleineren Zahl der Papillome eine stürmische Entwicklung ein; sie schwollen an, wurden saftreich und bildeten scheiben- oder kugelförmige fungöse Tumoren. Oft kam es zur Ulceration und die Tiere gingen unter andauerndem Tumorwachstum im Laufe weniger Wochen zugrunde. Histologisch erwiesen sich die Geschwülste als Carcinome mit ausgesprochen infiltrierendem Wachstum (so wurden z. B. Knorpelplatten durchwuchert) und hochgradiger Anaplasie der Zellen. Nur an den Stellen, welche vorher mit Teer gepinselt worden waren,[1] entwickelten sich die (meist multiplen) Carcinome; doch entstand nicht jedes Carcinom aus einem schon vorhandenen Papillom, vielmehr konnten krebsige Tumoren primär an Stellen auftreten, die scheinbar noch unverändert waren, vielleicht weil Teerung und Virusreiz kombiniert wirkten, so daß sich das Wachstum sofort in carcinomatöser Form manifestierte. Neben malignen zeigten die Kaninchen auch benigne Papillome; das Bild mußte ja in hohem Grade polymorph werden, da sich zwei Faktoren in variablem Verhältnis an dem pathologischen Geschehen beteiligen konnten. Eine so „*fulminante Carcinose*", wie sie eben beschrieben wurde, konnte bei ausschließlicher Teerung nie beobachtet werden, ebensowenig aber auch bei den nur durch Virus hervorgerufenen, spontan in Krebs übergehenden Papillomen.

KIDD und ROUS (*1, 2*) prüften auch den Einfluß des Virus auf Vitro-Kulturen von Teerpapillomen oder von normaler, aber mit Teer behandelter Haut. Wurden so präparierte Gewebe als Autotransplantate inokuliert, so zeigten sie — im Gegensatze zu gleichen, nicht durch Virus beeinflußten Geweben — Wachstum in Form von papillomatösen Bildungen, die gelegentlich auch malignen Charakter annahmen.

Auf Grund ihrer experimentellen Erfahrungen vertreten ROUS, BEARD und KIDD die Auffassung, daß zwischen dem Papillomvirus und den Carcinomen, welche aus dem SHOPEschen Papillom hervorgehen können, eine weit innigere Beziehung bestehen muß als zwischen den Carcinomen im allgemeinen und den bisher bekannten cancerigenen Faktoren (Teer usw.). Die cancerigenen Stoffe

---

[1] P. RONDONI und M. J. EISEN sahen jedoch auch Lokalisationen des intravenös injizierten Virus an Hautstellen, welche durch Scarifikation, Verbrennung oder Parasiteninvasion geschädigt waren.

sollen chronische Störungen in den Geweben hervorrufen und auf dem Boden dieser Störungen soll sich das Carcinom als ein prinzipiell neuer Prozeß entwickeln. Das Dibenzanthracen schwindet aus dem Tumor, den es induziert hat, oder aus dem Gewebe, bevor der Tumor erschienen ist; das Virus soll dagegen wenn auch nur in inaktiver bzw. nicht direkt nachweisbarer Form verbleiben und sich daselbst, wie man auf Grund der Titrierungen von KIDD, BEARD und ROUS (*2*, *3*) annehmen darf, auch vermehren. Es ist jedoch klar, daß die bloße Anwesenheit des Virus nicht genügt, um die Entstehung eines Carcinoms in Gang zu bringen. Zweifellos handelt es sich um einen komplizierten Prozeß, bei welchem auch der Umstand beteiligt sein kann, daß die Papillomzellen gegenüber verschiedenen Einwirkungen erheblich empfindlicher sind als normale Epithelien. Das geht aus der Tatsache hervor, daß das Papillomvirus auf Zellen, welche durch Teer präpariert sind und sich eventuell schon in Proliferation befinden (Teerpapillome), viel intensiver und speziell stark cancerigen wirkt, ein Verhalten, das um so beachtenswerter erscheint, als Kohlenwasserstoffe (Dibenzanthracen) das Wachstum bereits entwickelter Transplantationscarcinome hemmen. Es wird jedoch von M. APPEL und seinen Mitarbeitern (die auch die einschlägige Literatur referieren) angegeben, daß das Wachstum gewisser transplantabler Tumoren (BROWN-PEARCEsches Hodencarcinom) durch die Einwirkung cancerigener Stoffe beschleunigt werden kann [siehe hierzu auch A. HADDOW (*3*, *4*) und A. HADDOW und A. M. ROBINSON].

Daß das Virus keine hinreichende Bedingung für die Krebsentwicklung ist, ergibt sich auch aus dem mehrfach erwähnten Verhalten der Cottontails. Obwohl die Papillomatose unter den Cottontails der westlichen Gebiete Amerikas (den „western-cottontails“) schon seit mindestens 50 Jahren als Enzootie herrscht, kommen Carcinome bei diesen Tieren nur selten vor. Nach der Ansicht von BEARD und ROUS hat sich infolge der lang andauernden Durchseuchung eine Art Gleichgewichtszustand zwischen Virus und Wirt herausgebildet, der dadurch zum Ausdruck kommt, daß sowohl natürliche als auch experimentelle Infektionen gut ertragen werden und fast immer durch Rückbildung der Papillome in Heilung ausgehen. Die Resistenz der Cottontails bewirkt es auch, daß experimentell eingeimpftes Virus mehrere Monate lang latent in der Haut verharren kann; durch Teerpinselung wird das schlummernde Virus jedoch aktiviert und erzeugt Papillome [KIDD, BEARD und ROUS (*2*)]. Bei zahmen Kaninchen wurde ein analoges Verhalten nie beobachtet.

Mit dem Zusammenwirken von Virus und cancerigenen Substanzen beschäftigten sich in besonderer Form auch die Versuche von LACASSAGUE und NYKA (*1*, *2*). Die Ohren von Kaninchen wurden zuerst 4—8 Monate lang mit einer 1%igen Lösung von Benzpyren in Benzol gepinselt und dann wurde den Tieren ein zentrifugierter Extrakt von Papillomgewebe intravenös injiziert. Vor Beginn des ganzen Experiments wurde bei einem Teil der Kaninchen die Hypophyse zerstört, bei den anderen unterblieb dieser Eingriff. Die Tiere mit intakter Hypophyse reagierten schon auf die Pinselung stärker als die operierten und die Kombination der Pinselung mit Extraktinjektion bewirkte (in Übereinstimmung mit den bereits erwähnten Angaben von ROUS und KIDD, siehe S. 1067) ein starkes Auflodern der Papillome mit Übergang in Carcinom, während bei den Kaninchen ohne Hypophyse auch die Virusinjektion wenig Effekt hatte. Es ist anzunehmen, daß die Differenz durch den Ausfall des vom Hypophysenvorderlappen produzierten Wachstumshormons bedingt war; für jeden Fall geht aus diesen Beobachtungen hervor, daß das Ergebnis der Einwirkung von Virus und von cancerigenen Stoffen durch Faktoren entscheidend beeinflußt wird, welche man zunächst gar nicht in Betracht zieht.

Reine Teercarcinome des Kaninchens als virusbedingte Prozesse.

Auf Grund der vorstehend erörterten Erfahrungen mit dem SHOPEschen Papillom erwägen ROUS und BEARD (*4*) die Möglichkeit, daß auch die reinen Teercarcinome der Kaninchen durch ein Virus verursacht sein könnten. Der Teer würde nur die für die Aktivierung des Virus erforderliche Störung der normalen Lebensvorgänge im Gewebe bewirken; das hypothetische Virus aber müßte, falls die Hypothese richtig sein soll, immer oder doch mit sehr großer Regelmäßigkeit als latentes Agens in der Epidermis vorhanden sein. Ob man diesem Gedanken einen gewissen Grad von Wahrscheinlichkeit zubilligen will, ist wohl dem subjektiven Ermessen anheimgestellt; er würde sich sowohl mit der Vorstellung vertragen, daß die onkogenen Virusarten (die effektiv nachgewiesenen wie auch die willkürlich angenommenen) von außen eindringende Parasiten sind, wie auch mit der Annahme, daß es sich um endogen entstandene Produkte der Wirtszellen handelt.

Die Immunitätsverhältnisse beim SHOPEschen Papillom.

Wie bei allen transplantablen Tumoren, mögen sie nun filtrierbar sein oder nicht, existieren auch beim SHOPEschen Papillom *individuelle Differenzen der Empfänglichkeit* innerhalb der gleichen Tierspezies oder Tierrasse. KIDD (*6*) konnte feststellen, daß diese Unterschiede zum Ausdruck kommen, wenn man verschiedene Stämme des Papillomvirus (in den Experimenten von KIDD waren es drei) gleichzeitig auf dasselbe Kaninchen verimpft; es entstehen dann entweder nur progredierende oder nur regredierende Tumoren. Höhere Grade der Resistenz können auch durch die momentane Reaktionslage der Tiere bedingt sein; HAGENAU und seine Mitarbeiter beobachteten bei laktierenden Kaninchen, die mit antirabischer Vaccine behandelt wurden, komplette Regression der Impfgeschwülste.

Vom virusneutralisierenden Antikörper im Serum tumortragender Kaninchen war bereits an mehreren Stellen dieses Kapitels die Rede (siehe S. 1063, 1066). Ergänzend sei bemerkt, daß solche Sera mit Extrakten oder Filtraten aus Papillomen als Antigen Komplementbindung geben [J. G. KIDD (*2*, *4*, *5*, *6*, *7*)]. Nach KIDD (*6*, *7*) waren Extrakte aus nicht-infektiösen Papillomen von zahmen Kaninchen im Gegensatze zu Extrakten aus den infektiösen Papillomen der Cottontails in der Regel als Antigene unwirksam, was auch im Hinblick auf das verschiedene Verhalten der beiden Papillomvarianten beim Versuch, das Virus als schweres Protein zu isolieren, bedeutungsvoll erscheint (siehe S. 1071). Allerdings steht mit dem häufigen Fehlen von wirksamem Antigen in den nichtinfektiösen Papillomen die Angabe in Widerspruch, daß die Sera von papillomtragenden Tieren bei der Komplementbindungsreaktion positiv reagieren, gleichgültig, ob es sich um zahme Kaninchen oder Cottontails handelt, wozu zu bemerken ist, daß Kontrollsera (von normalen Kaninchen sowie von Kaninchen mit Teerpapillomen, ferner von zahmen Kaninchen, welche gegen Fibrom- oder Myxomvirus immun geworden waren) negative Ergebnisse lieferten. Sera von Kaninchen, welche nach dem Verfahren von SHOPE (siehe weiter unten) immunisiert worden waren, gaben mit einem geeigneten Antigen Komplementbindung [KIDD (*6*, *7*)].

Zwischen den komplementbindenden und den virusneutralisierenden Fähigkeiten der Sera soll Parallelismus bestehen, was insofern bemerkenswert ist, als die Neutralisierung des Virus nicht an die Anwesenheit von Komplement gebunden ist.

Wie bereits erwähnt (siehe S. 1063), erweisen sich Kaninchen einige Wochen nach einer erfolgreichen Impfung als absolut oder relativ resistent gegen Reinfektionen. Die relative oder partielle Resistenz äußert sich so, daß die Haut auf die erneute Einwirkung von Virus erst nach langer Inkubation und mit der Bildung kleinerer und weniger zahlreicher Papillome reagiert als die Haut normaler Tiere. In der Regel ist im Blute der resistent gewordenen Kaninchen neutralisierender Antikörper vorhanden.

SHOPE (7) stellte sich nun die Frage, ob die Immunität der Kaninchen nicht auf andere Weise als durch den Ablauf einer Infektion erreicht werden kann. Bekanntlich wirken die virusartigen Infektionsstoffe nur dann immunisierend und erzeugen auch nur dann Antikörper, wenn sie einen Infektionsprozeß auslösen, d. h. wenn sie sich im empfänglichen Organismus vermehren; die immunisierende Infektion muß allerdings nicht den Charakter einer manifesten Erkrankung annehmen, sie kann auch subklinisch verlaufen. „Abgetötetes" Virus scheint keine oder nur eine schwache und transitorische Wirkung zu haben. Mit Rücksicht darauf, daß kein anderes Gewebe des Kaninchens empfänglich ist als die Haut, injizierte SHOPE Virus (von Cottontails) intravenös, intracerebral oder intraperitoneal. Die Tiere wurden gegen Impfungen in die Haut absolut oder partiell refraktär. Bei 2 Kaninchen entwickelten sich allerdings im Anschluß an die immunisierenden Einspritzungen Papillome, und bei diesen konnte natürlich die eintretende Immunität nicht ausschließlich als Wirkung des Immunisierungsverfahrens betrachtet werden; bei den anderen war aber keine Spur einer Infektion des Epithels zu entdecken, und da man auch nicht annehmen kann, daß sich das Virus extracellular vermehrt, schien die Erzeugung einer „*Immunität ohne Infektion*" gesichert.

Nachdem es sich herausgestellt hatte, daß das gewünschte Resultat schon durch zwei intraperitoneale Injektionen erreicht werden kann und daß sich auf diese Weise die zufällige Entstehung von Hautpapillomen am leichtesten vermeiden ließ, variierte SHOPE den Impfstoff. Er behandelte die Kaninchen a) mit Papillomvirus von Cottontails, b) mit Papillomvirus von zahmen Kaninchen[1] und c) mit nicht-infektiösen Papillomsuspensionen zahmer Kaninchen. Bei sämtlichen Tieren (3 Gruppen zu je 8) wurde eine totale oder partielle Immunität gegen die Probe mit aktivem Material erzielt und im Serum der vaccinierten Kaninchen war neutralisierender Antikörper nachzuweisen. Der Erfolg war also davon unabhängig, ob zur Immunisierung infektiöses oder nicht-infektiöses Papillommaterial verwendet wurde. Das zeigte sich auch in einer anderen Versuchsreihe, in welcher die immunisatorische Wirkung von infektiösem und nicht-infektiösem[1] Papillomgewebe von Cottontails miteinander verglichen wurde. 10 zahme Kaninchen wurden durch Scarifikation mit nicht-infektiösem, von zahmen Kaninchen stammendem Material cutan geimpft; sie bekamen natürlich keine Papillome, *wurden aber auch nicht immun, nicht einmal in geringem Grade*, ein Resultat, das die Bedeutung der Einverleibungsart der Impfstoffe unterstreicht, wie SHOPE bemerkt, das aber im Zusammenhalt mit der so prompten Wirkung der intraperitonealen Injektionen sehr merkwürdig erscheint. Der Einwand, daß in den injizierten Präparaten lebende Tumorzellen vorhanden gewesen sein könnten, wird von SHOPE abgewiesen, weil die verimpften Gewebe 2 Monate oder länger in 50%igem Glycerin gelegen hatten.

Für SHOPE besteht nun kein Zweifel mehr, daß in den Papillomen der zahmen Kaninchen ein maskiertes Virus vorhanden ist und daß dieses Virus, welches als „biologisch inaktivierte Virusvaccine" bezeichnet wird, die Fähigkeit besitzt, Immunität zu erzeugen, ohne mit aktiv proliferierendem Epithel in Wechsel-

[1] So wie man ausnahmsweise von zahmen Kaninchen aktives Material gewinnen kann, kommt es umgekehrt auch — obschon nur selten — vor, daß Papillome von Cottontails nicht-infektiös sind.

wirkung zu treten. Die Existenz von inaktivem Virus ist nach SHOPE auch für die aus Papillomen entstandenen Carcinome als gesichert zu betrachten, weil Kaninchen, denen man das Gewebe einer Carcinommetastase implantiert, neutralisierende Antikörper produzieren [KIDD, BEARD und ROUS (*3*); vgl. auch S. 1063).

Es muß aber zugegeben werden, daß die von SHOPE mitgeteilten Versuchsergebnisse in Widerspruch zu früheren Erfahrungen stehen und daß die aus ihnen abgeleiteten Folgerungen auch an sich, d. h. wenn die experimentellen Resultate durchaus den Tatsachen entsprechen, so beschaffen sind, daß man sich darüber Rechenschaft ablegen muß, ob alle anderen Erklärungsmöglichkeiten erschöpft sind. Nun haben wir es als unwahrscheinlich hingestellt, daß sich das Virus außerhalb der Zellen vermehrt, und unwahrscheinlich ist es auch, daß es in den Zellen des Peritoneums oder anderer Gewebebezirke proliferiert, ohne daß diese auch nur die geringsten Zeichen einer Infektion zeigen. Dagegen wäre es denkbar, daß das Virus aus den Papillomen der zahmen Kaninchen de facto verschwindet, daß aber die Zellen der Papillome durch die Einwirkung des Virus eine Änderung, namentlich auch hinsichtlich ihrer antigenen Eigenschaften erfahren, die sie dann bei fortgesetzten Teilungen bewahren. Es wäre dann verständlich, daß infektiöse und nicht-infektiöse Papillome denselben Antikörper erzeugen; doch ist diese Vorstellung natürlich rein hypothetisch und gibt auch nicht auf alle Fragen Antwort, welche sich an die Immunisierungsversuche von SHOPE knüpfen. Es ist klar, daß man auf sicherem Boden stünde, wenn man auf irgendeinem anderen Wege dartun könnte, daß das Virus aus den Papillomen der zahmen Kaninchen tatsächlich verschwindet, während es bei den Cottontails erhalten bleibt und sich vermehrt. Hierzu hat, wie im folgenden Abschnitt auseinandergesetzt wird, R. W. G. WYCKOFF einen wesentlichen Beitrag geliefert.

Die Isolierung des Virus der SHOPEschen Kaninchenpapillomatose.

Die erfolgreichen Versuche von W. M. STANLEY (*1—4*; vgl. außerdem den Abschnitt „Biochemistry and Biophysics of viruses" in der ersten Hälfte dieses Handbuches, S. 447—546), phytopathogene Virusarten aus erkrankten Pflanzengeweben auf chemischem oder mit Hilfe der Ultrazentrifuge auf mechanischem Wege (STANLEY und WYCKOFF) in reiner Form zu gewinnen, veranlaßten BEARD und WYCKOFF, auch die Isolierung tierpathogener Virusformen zu bewerkstelligen. Sie bedienten sich zu diesem Zwecke der Zentrifugiermethode, die im Prinzip einfacher ist als die chemischen Verfahren und die Möglichkeit einer unbeabsichtigten Inaktivierung oder Deteriorierung des wirksamen Agens vermeidet. Als Ausgangsmaterial wurden Kochsalzextrakte aus den infektiösen Papillomen von cottontails benutzt, u. zw. fünf verschiedene Proben; aus jeder dieser Proben konnte auf der Zentrifuge ein hochmolekularer Eiweißkörper abgeschieden werden (Sedimentierungskonstante $= 260 \times 10^{-13}$, Partikeldurchmesser zirka 40 $m\mu$), von welchem noch 10^{-8} g pro Kubikzentimeter genügten, um eine Infektion hervorzurufen. *Der Extrakt von 10 g Papillommasse von zahmen Kaninchen wurde derselben Prozedur unterworfen, lieferte aber überhaupt kein schweres Protein.* Wenn nun der von WYCKOFF und BEARD isolierte Eiweißkörper mit dem Virus des SHOPEschen Papilloms identisch ist, versteht man, warum die Papillome der zahmen Kaninchen nicht infektiös sind, da sie ja dieses Protein nach der Angabe von BEARD und WYCKOFF nicht enthalten; aber man kann sich nicht vorstellen, warum die Extrakte aus solchen Papillomen Immunität gegen das Virus und neutralisierende Antikörper erzeugen. Wollte man annehmen, daß zwar die Infektiosität an die Intaktheit des extrem großen Eiweißmoleküls gebunden ist [wofür WYCKOFF und BEARD in einer späteren Arbeit (*2*) den experimentellen Beweis erbringen konnten], daß aber beim Zerfall des Moleküls weit kleinere Bruchstücke entstehen, welche noch immer antigene bzw. immunisatorische Fähigkeiten besitzen, so wäre auch diese Schwierigkeit um den Preis einer weiteren Hilfshypothese hinweggeräumt; was jedoch solche Fragmente mit dem Wachstum der Papillome und Carcinome zu schaffen haben, bliebe ein Rätsel, an dem auch eine wenig gehemmte Spekulation erlahmen müßte.

Man erkennt die große Bedeutung der Mitteilungen von WYCKOFF und BEARD. Die Untersuchungen sollten sorgfältig nachgeprüft und insbesondere auch ergänzt werden. Es wäre doch sehr wichtig zu erfahren, wie sich die auf S. 1070 erwähnten Ausnahmen von der Regel hinsichtlich ihres Gehaltes an schwerem Virusprotein verhalten, namentlich die nicht-infektiösen Papillome der Cottontails einerseits und die infektiösen der zahmen Kaninchen anderseits.

4. Das virusbedingte Kaninchenfibrom (SHOPE) und das virusbedingte Kaninchenmyxom oder die Myxomatose (SANARELLI).

SHOPE (*1*) fand 1931 bei drei Cottontails tumorähnliche Gebilde ($1{,}5 \times 2$ cm), die aus fibrösem Gewebe aufgebaut waren und in der Haut bzw. im subcutanen Gewebe saßen. Sie machten nicht den Eindruck der Malignität und es fanden sich auch keine Metastasen in den inneren Organen. Das verdickte Epithel, das die Tumoren bedeckte und sich in Form von Zapfen in das darunterliegende Bindegewebe einsenkte, erinnerte an das Epithel des Molluscum contagiosum. In vielen der vakuolisierten Epithelzellen waren granulierte eosinophile Massen zu sehen, in welche schärfer begrenzte, runde, eosinophile *Einschlußkörperchen* eingelagert waren. Diese Einschlußkörperchen traten jedoch nur bei natürlich oder experimentell infizierten Cottontails auf, nicht aber bei zahmen Kaninchen, auf welche die Krankheit übertragen worden war.[1]

SHOPE (*2*) konnte in den beschriebenen Gebilden einen virusartigen Wirkstoff nachweisen, der sich als glycerinbeständig erwies und die Berkefeldfilter V und N, aber nicht oder nicht regelmäßig die weniger durchlässige Marke W zu passieren vermochte.

Transplantationen kleiner Tumorfragmente in die Haut junger zahmer Kaninchen erwiesen sich als möglich. Serienweise Passagen konnten jedoch nur erzielt werden, wenn Gewebe von aktiv wachsenden Fibromen mit dem Troikart entnommen und in die Hoden verpflanzt wurde. *Einreiben* in die *scarifizierte Haut* oder *intradermale Injektionen* wirkten nicht sicher und riefen, falls ein Erfolg zu verzeichnen war, nur Tumoren hervor, die sich bald zurückbildeten. *Intravenöse* und *intraperitoneale* Injektionen waren wirkungslos. *Spontane Übertragungen* wurden nicht beobachtet, selbst wenn infizierte und gesunde Kaninchen im gleichen Käfig längere Zeit hindurch untergebracht waren; auch entstand unter diesen Bedingungen keine Immunität infolge latenter Durchseuchung.

Die Krankheit nimmt einen gutartigen Verlauf und heilt bei zahmen Kaninchen oft [nach AHLSTRÖM (*2*) konstant] spontan aus, während sie bei den Cottontails fortbesteht, ohne jedoch das Befinden der Tiere wesentlich zu beeinträchtigen. Außer Cottontails und zahmen Kaninchen erwiesen sich alle untersuchten Tierspezies als refraktär.

Inwieweit es sich um einen Tumor im engeren Wortsinn oder bloß um eine relativ begrenzte Bindegewebshyperplasie handelt, ist wohl mehr eine Ansichtssache. Nach der Auffassung von SHOPE (*1*) steht das Fibrom zwischen den

[1] Eine genauere histologische Beschreibung hat 1938 C. G. AHLSTRÖM (*1*) veröffentlicht.

neoplastischen und den inflammatorischen Prozessen. Jedenfalls darf man annehmen, daß das Virus auf Bindegewebszellen einwirken muß, wenn es zu einer manifesten pathologischen Auswirkung kommen soll.

Kaninchen, welche die Krankheit überstanden haben, sind gegen Reinfektion ausgesprochen immun. *Sie sind aber auffallenderweise auch gegen das Virus der Myxomatose in höherem oder geringerem Grade resistent*, obwohl der genannte Prozeß klinisch und anatomisch vom Fibrom völlig differiert. Diese Beziehungen sollen im folgenden analysiert werden, zu welchem Zweck es sich empfiehlt, die wichtigsten Beobachtungen über die Myxomatose vorauszuschicken.

Die Myxomatose des Kaninchens.

1898 beschrieb G. SANARELLI eine bei Kaninchen in Montevideo auftretende und in der Regel letal ablaufende Infektionskrankheit, die er *Myxomatosis* nannte, weil an den Augenlidern, an der Schnauze, in der Analgegend, zuweilen auch noch an anderen Körperstellen myxomatöse Anschwellungen auftreten. 1930 berichteten KESSEL, PROUTY und MAYER, daß die Myxomatose bzw. eine ganz ähnliche Seuche auch unter den Kaninchen in Kalifornien enzootisch vorkommt. SANARELLI konnte im veränderten Gewebe keine Bakterien nachweisen und sprach daher die Vermutung aus, daß der ätiologische Faktor ein Virus sein könnte (siehe weiter unten).

Die Krankheit kann auf verschiedene Art experimentell übertragen werden: durch intracutane oder intratestikulare Injektion von infektiösem Material, durch Auftropfen desselben auf die scarifizierte Conjunctiva usw.

Der *Verlauf der Impfkrankheit* nach intracutaner Infektion [vgl. hierzu E. HAAGEN (*2*)] gestaltet sich folgendermaßen: 24—48 Stunden nach der Inokulation erscheint bei zahmen Kaninchen eine diffuse Rötung in der Umgebung der Impfstelle; schon nach kurzer Zeit fühlt sich die Haut hart und verdickt an und zeigt eine bläulich-livide Verfärbung. Die Schwellung verbreitet sich rasch im subcutanen Gewebe und erstreckt sich oft über ein Areal von 10×15 cm. Sodann generalisiert sich der Prozeß und es treten die eingangs erwähnten myxomatösen Schwellungen um die Augen und das Maul auf. Der Tod erfolgt häufig schon in 4—7 Tagen, bisweilen auch ein paar Tage später. Genesung wird nur ausnahmsweise beobachtet. Bei der Autopsie zeigt sich die Subcutis in der weiteren Umgebung der Impfstelle gallertig verändert, die deckende Epidermis ist meist zugrunde gegangen; die Gefäße sind beträchtlich erweitert, und wenn die Impfung an der Bauchhaut ausgeführt wurde, sind auch die angrenzenden Teile des Peritoneums stark hyperämisch. Die Milz ist vergrößert, in den Lungen finden sich pneumonische Herde und oft sind auch noch andere Organe in Mitleidenschaft gezogen.

Das infektiöse Agens der Myxomatose.

Wie schon erwähnt, dachte SANARELLI an ein Virus. Den Beweis für diese Annahme suchte man in verschiedener Weise zu erbringen, nämlich a) durch Filtration, b) durch den Nachweis von Zelleinschlüssen und von Elementarkörperchen, c) durch die Feststellung, daß sich das Agens in vitro nur wie ein Virus, d. h. in Gegenwart von lebendem Gewebe, zu vermehren vermag.

a) *Filtrierbarkeit.* BIFFI und SPLENDORE filtrierten durch Chamberlandkerzen und erhielten nur unwirksame Filtrate, MOSES verwendete Berkefeldfilter und konnte mit den Filtraten Infektionen hervorrufen. Der Widerspruch ist jedoch nur scheinbar und dadurch bedingt, daß das Virus der Myxomatose zu den größten Virusarten gehört (siehe weiter unten) und infolgedessen nur Filter mit gröberen Poren passiert.

b) Über *Zelleinschlüsse* bei der infektiösen Myxomatose und beim filtrierbaren Kaninchenfibrom findet man ausführliche Angaben bei G. M. FINDLAY (dieses Handbuch, erste Hälfte, S. 306 und 307), wo auch die Literatur über die *Elementarkörperchen* eingehend besprochen wird. Die wichtigsten Untersuchungen, welche sich auf die Elemente des Virus der Myxomatose beziehen, wurden 1937 von C. E. VAN ROOYEN und von RIVERS und WARD veröffentlicht. Die genannten Autoren entnahmen Material von der durch Scarifikation infizierten Cornea oder von der die myxomatösen Schwellungen bedeckenden Epidermis und fanden in demselben kleine Körperchen, welche gelegentlich auch kurze Ketten bildeten, etwas größer waren als die PASCHENschen Körperchen der Variolavaccine (Durchmesser im gefärbten Zustand gleich 310—360 mμ, während der Durchmesser von Vaccinekörperchen, unter identischen Bedingungen bestimmt, 250—300 mμ betrug) und wie diese nach der von E. PASCHEN angegebenen Methode (siehe M. KAISER, dieses Handbuch, erste Hälfte, S. 254ff.) gefärbt werden konnten.

c) Die Bedingungen, unter welchen sich das Virus in vitro vermehrt, entsprechen dem Verhalten, welches die als Virusarten bezeichneten Infektionsstoffe fast ausnahmslos zeigen (vgl. C. HALLAUER und F. M. BURNET, erste Hälfte dieses Handbuches).

Das Virus konnte in den erkrankten Geweben sowie in allen Bestandteilen des Blutes (Plasma, Serum, Erythrocyten und Leukocyten) nachgewiesen werden.

Beziehungen des Myxomvirus zu anderen Virusarten.

1. Allgemeine Charakteristik.

Nach der Auffassung von TH. RIVERS (*4*) überbrückt das Virus der Myxomatose die Kluft, welche zwischen den filtrierbaren Tumoren und den übrigen Viruskrankheiten besteht. Diesen Gedanken hat C. H. ANDREWES (*9*) weiterentwickelt, indem er eine Kette von Viruskrankheiten aufstellte, in welcher die rein proliferativen Prozesse (die Hühnersarkome) das eine und die rein destruktiven, mit Entzündung und Zelldegeneration einhergehenden Vorgänge (Maul- und Klauenseuche) das andere Endglied repräsentieren. Zwischen diese beiden *Extreme* lassen sich *Zwischenformen* einreihen, bei denen bald die zellstimulierenden, bald die zur Nekrose führenden Auswirkungen vorherrschen oder sich annähernd die Waage halten. Von diesem Standpunkt gesehen würde das Kaninchenfibrom den filtrierbaren Sarkomen näherstehen als die Myxomatose.

Solche Klassifikationen und Ordnungen sind naturgemäß immer als Produkte schematisierender Spekulation zu betrachten und können auf die Dauer nicht befriedigen. Es hat jedoch unzweifelhaft etwas für sich, die Onkogenese nicht als einen ganz isoliert dastehenden Prozeß zu betrachten, der keine Berührungspunkte mit anderen pathologischen Vorgängen hat; die Anerkennung von Beziehungen erleichtert zweifellos das Verständnis der virusbedingten Tumoren. Ob man allerdings noch weitergehen und die Abgrenzung der virusbedingten Tumoren gegen Geschwülste, bei denen ein Virus als ätiologisches Agens nicht nachweisbar ist, im Prinzip fallen lassen darf, ist eine andere Frage, die sich bei dem jetzigen Stand unserer Kenntnisse nicht sicher beantworten läßt.

2. Beziehungen zwischen Myxomatose und Fibrom.

Nachdem schon früher Beobachtungen vorlagen, welche für eine nahe, vielleicht genetische Verwandtschaft der beiden Virusarten sprachen, unternahm R. E. SHOPE (*6*) 1936 ausgedehnte Versuche, um eine ausreichende experimentelle Basis für die Beurteilung dieses Verhältnisses vom immunologischen Standpunkt zu schaffen. SHOPE injizierte 62 zahme Kaninchen, welche Fibrom überstanden hatten, mit Myxomvirus, u. zw. mit Dosen, welche bei nicht-beeinflußten Kontrollen eine letal ablaufende Infektion hervorriefen. Von diesen 62 Kaninchen überlebten 59 die Myxominfektion, während 150 normale Kontrolltiere ausnahmslos eingingen. Die Resistenz gegen Myxomvirus war schon 14 Tage nach der Impfung mit Fibrom nachweisbar und hielt mindestens 100 Tage lang an, eine Dauer, welche die Möglichkeit einer „unspezifischen Resistenz“ mit großer Wahrscheinlichkeit auszuschließen gestattete; es war also eine aktive, erworbene Immunität anzunehmen, deren Spezifität auf der Verwandtschaft der beiden Virusarten beruhte. Es ist besonders zu betonen, daß zum Zustandekommen der Schutzwirkung ein Haften der Fibromimpfung, d. h. ein Wachstum der Fibrome erforderlich war. Injektionen von Fibromvirus z. B. ins Peritoneum, welche keine pathologische Auswirkung zur Folge hatten, genügten also nicht, was auch deshalb bemerkenswert ist, weil es dem gleichen Autor [R. E. SHOPE (*7*)] anscheinend gelang, eine Immunität gegen das Kaninchenpapillom ohne Infektion, also nach dem Schema einer bloßen Antigenimpfung, zu erzielen (siehe S. 1080). Entsprechend der Tatsache, daß die Entwicklung des immunen Zustandes an den Ablauf einer Infektion gebunden war, scheiterten auch Versuche, den Grad der Schutzwirkung durch wiederholte Injektionen von Fibromvirus zu steigern.

Für das Verständnis der gekreuzten Immunitätsversuche ist es notwendig zu wissen, daß das Überstehen einer Fibromerkrankung eine homologe Immunität gegen Fibromreinfektionen hinterläßt und daß das Serum der genesenen Kaninchen einen Antikörper enthält, welcher Fibromvirus (aber nicht Myxomvirus, siehe weiter unten) neutralisiert. Die homologe Immunität gegen Myxomvirus läßt sich nicht so leicht feststellen, weil diese Infektion bei zahmen Kaninchen fast ausnahmslos tödlich endigt. In ganz vereinzelten Fällen konnte aber doch gezeigt werden, daß zahme Kaninchen, wenn sie eine Myxomatose durchgemacht haben, gegen eine zweite Infektion mit Myxomvirus refraktär waren (FISK und KESSEL, SHOPE) und daß in ihrem Serum ein Antikörper auftritt, welcher Myxomvirus (HOBBS) und nach einer Beobachtung von SHOPE auch Fibromvirus neutralisiert.

Um den oben besprochenen gekreuzten Immunitätsversuch auch in umgekehrter Richtung (Myxom- gegen Fibromvirus) ausführen zu können, ging SHOPE (*6*) so vor, daß er zahmen Kaninchen eine Mischung von Myxomvirus und neutralisierendem Serum in die Hoden injizierte. Es kam nur zu einer leichten Infektion und die Tiere erwiesen sich sowohl gegen Myxom-, als auch gegen Fibromvirus als resistent; ihr Serum vermochte beide Virusarten in vitro zu inaktivieren. Man wäre berechtigt, von diesen Resultaten auf eine Identität oder enge Verwandtschaft des Myxomvirus mit dem Fibromvirus zu schließen, wenn nicht der Umstand hinderlich wäre, daß im Serum zahmer Kaninchen nach dem Überstehen des Fibroms ein monovalenter Antikörper auftritt, welcher auf Myxomvirus nicht einwirkt. Da aber solche Tiere eine relative Immunität gegen Myxom besitzen, besteht ein Widerspruch zwischen der Reaktionslage und den humoralen Immunitätsverhältnissen.

Die durch Fibrom erzeugte Immunität gegen Myxom ist insofern nur relativ oder partiell, als einzelne Tiere doch der Myxominfektion erliegen (in den auf S. 1076 zitierten Versuchen SHOPEs waren es 3 von 62) und die Tiere, bei welchen die Erkrankung gutartig abläuft, eine lokale Reaktion erkennen lassen, welche mikroskopisch durch ein Infiltrat um die Impfstelle (Rundzellen) und durch das Auftreten zahlreicher acidophiler Einschlüsse in Epithelien (des Hodens oder der Epidermis) ausgezeichnet ist. Trotz des benignen Charakters, den die Myxominfektion bei den Fibromrekonvaleszenten zeigt, hält sich das Myxomvirus längere Zeit und ist bemerkenswerterweise nach 16 Tagen (von der Infektion an gerechnet) noch für normale Kaninchen maximal infektiös.

Die Diskrepanz zwischen der erworbenen Immunität und dem Antikörperbestand des Serums kommt übrigens noch in anderer Form zum Ausdruck. Die wilden Cottontails sind gegen Myxomvirus viel weniger empfänglich als zahme Kaninchen, was an Cottontails von verschiedener Herkunft festgestellt werden konnte (MOSES, HOBBS, HYDE und GARDNER, SHOPE). Impft man Cottontails *subcutan* mit Myxomvirus, so zeigen sie — von Ausnahmen abgesehen — keine oder nur ganz unbedeutende lokale Symptome; sie werden zwar resistent gegen Fibromvirus, *aber ihr Serum beeinflußt weder dieses noch Myxomvirus.*

Die Resultate ändern sich etwas, wenn man Cottontails *intratestikular* mit Myxomvirus infiziert. Die Reaktion ist dann stärker als nach einer subcutanen Infektion; der Prozeß bleibt aber auch dann in der Regel rein lokal, die Inkubation ist verlängert (6—12 Tage) und etwa am 25. Tage kommt es zur Rückbildung. Das Serum solcher intratestikular infizierter und genesener Cottontails neutralisierte nun Fibromvirus vollständig und vermochte Myxomvirus so weit abzuschwächen, daß die Virus-Serum-Gemische bei zahmen Kaninchen eine etwas mildere Erkrankung hervorriefen, was sich freilich oft nur durch eine Verlängerung der Lebensdauer äußerte. Überlebten jedoch die zahmen Kaninchen die Infektion eines Gemisches von Myxomvirus und Immunserum von Cottontails, so zeigte sich, a) daß sie gegen die Infektion mit Fibrom und Myxom resistent waren, b) daß ihr Serum beide Virusarten komplett inaktivierte und c) daß intratestikular injiziertes Myxomvirus augenblicklich verschwand, d. h. nicht mehr nachzuweisen war (vgl. hierzu die Persistenz des Myxomvirus in zahmen, durch Fibrom immunisierten Kaninchen).

Serienweise Passagen durch die Hoden von Cottontails waren nicht imstande, die Infektiosität und Pathogenität des Myxomvirus für diese Tierspezies zu erhöhen; der Effekt bestand nach wie vor in einer begrenzten (fibromatösen oder myxomatösen) Orchitis. Auch wurde die Virulenz für zahme Kaninchen durch die intratestikulare Passage nicht geändert (R. E. SHOPE (*5*)]. Auch die Passage durch die Hoden zahmer, infolge einer vorausgegangenen Fibrominfektion partiell resistenter Kaninchen beeinflußte die ursprünglichen Eigenschaften des Myxomvirus nicht.

Auf die neueren Arbeiten, welche sich mit den Beziehungen zwischen Fibrom und Myxom befassen [E. W. HURST (*4*), VAN ROOYEN (*2*), VAN ROOYEN und RHODES], kann hier nur hingewiesen werden. Es sei ferner eine Angabe von HYDE (*3*) erwähnt, derzufolge man durch Immunisierung mit durch Wärme (bei zirka 60° C) inaktiviertem Virus eine relative Immunität erzielen kann. CL. MCKEE (1939) konnte diese Behauptung nicht bestätigen, wie ja auch frühere Autoren (Literatur bei CL. MCKEE) mit „abgeschwächtem" oder „abgetötetem" Virus nur negative oder zweifelhafte Ergebnisse zu verzeichnen hatten. Dagegen soll man nach CL. MCKEE eine deutliche Immunität nebst gleichzeitiger Erhöhung des Antikörpertiters im Serum bekommen, wenn man als Antigen eine Kombination von wärmeinaktiviertem Virus und Pneumokokken (Typus III) benutzt.

Zur Erklärung dieser ziemlich verwickelten Verhältnisse wurden zunächst verschiedene Hypothesen herangezogen, wie z. B. die Annahme, daß sich das Myxomvirus aus mehreren Komponenten zusammensetzen könnte [siehe TH. RIVERS (*1*)], oder die Vorstellung, daß die Myxomatose die eigentliche primäre Krankheit sei, welche sich in den wild lebenden Cottontails durch fortgesetzte natürliche Passagen in Fibrom umgesetzt habe [siehe R. E. SHOPE (*1*)]. Es waren aber experimentelle, in verschiedenen Richtungen orientierte Arbeiten, welche nicht nur neue Beobachtungen brachten, sondern auch die Beziehungen zwischen Fibrom und Myxom besser beleuchteten.

Varianten des Fibromvirus.

C. H. ANDREWES (*11*) hatte von R. E. SHOPE einen Stamm von Fibromvirus bezogen, der nach seinem Eintreffen in England auf zahme Kaninchen übertragen wurde und nun ganz anders wirkte, als man das von typischem Fibromvirus zu sehen gewohnt war. Er rief akut entzündliche Prozesse hervor, die sich mitunter zur Nekrose steigern konnten, und bei einigen Kaninchen trat sogar eine pockenartige Eruption auf der Haut in Erscheinung; die tumorartigen Veränderungen spielten dagegen im Gesamtbild der Impfkrankheit keine Rolle. Der Stamm (im folgenden mit IA = *inflammatorischer Stamm* bezeichnet) wurde auch von SHOPE (*7*) in Amerika an amerikanischen zahmen Kaninchen überprüft und zeigte auch hier das von ANDREWES geschilderte Verhalten; er war durch eine Reihe von Passagen aus einem Fibromstamm OA (= Originalstamm) abgeleitet worden, der die Eigenschaften von typischem Fibromvirus besaß, was noch nachträglich sichergestellt werden konnte, da SHOPE Material in Glycerin konserviert hatte. Der Stamm IA immunisierte gegen OA und umgekehrt. Bemühungen, die Eigenschaften der Stämme willkürlich zu ändern, schlugen fehl. Ein dritter Stamm, welcher gemischte, d. h. sowohl inflammatorische als auch fibromatöse Veränderungen erzeugte und „the changed strain“ genannt wurde, behielt diese Wirkung in zahmen Kaninchen ständig bei; sehr interessant war die Feststellung, daß sich dieselbe Art der Reaktion erzielen ließ, wenn die Tiere einfach mit einem Gemenge von IA und OA infiziert wurden.

SHOPE (*7*) berichtet, daß die für den „changed strain“ charakteristische Änderung der pathologischen Auswirkung in etwa der 18. Passage durch zahme Kaninchen manifest geworden war. Mittels einiger Passagen durch Cottontails konnte SHOPE die ursprüngliche Fähigkeit zur vorherrschenden Fibrombildung wiederherstellen, während sich der Stamm IA, den ANDREWES an SHOPE gesandt hatte, nicht beeinflussen ließ, sondern seine Merkmale bewahrte.

In einer gemeinsamen Veröffentlichung vertraten schließlich ANDREWES und SHOPE die Auffassung, daß der „changed strain“ vermutlich eine Mischung von OA und IA darstelle. IA betrachten sie nicht als eine zufällige Verunreinigung, sondern eher als eine „Mutation“, d. h. als eine diskontinuierlich entstandene erbliche Variante, eine Hypothese, für welche FAULKNER und ANDREWES experimentelle Argumente beizubringen suchten.

Manches an diesen Versuchsergebnissen und ihrer Deutung erinnert an die komplexen Stämme der Hühnerleukose (siehe daselbst). An sich sind die Beobachtungen über das Fibromvirus und seine Abarten eine wesentliche Stütze für die Vorstellung, daß eine kontinuierliche Reihe von virusinduzierten Prozessen existiert, welche von der reinen Tumorbildung bis zu akut entzündlichen, mit Degeneration und Nekrose der Zellen verbundenen Vorgängen hinleitet.

Fibromvirus und cancerigene Stoffe.

Angeregt durch die im Kapitel über SHOPES Kaninchenpapillom zitierten Versuche von ROUS und KIDD (siehe S. 1067), untersuchte C. H. ANDREWES, AHLSTRÖM, FOULDS und GYE die Wirkung von intravenös injiziertem Fibromvirus (Stamm OA) auf Kaninchen, die vorher intramuskuläre Injektionen von Teer erhalten hatten. Das Virus lokalisierte sich an den Stellen, wo der Teer appliziert worden war, und bildete daselbst große Geschwülste, welche sich meist nach sechswöchigem Bestand rückzubilden begannen. Bei einzelnen Versuchstieren war jedoch der Verlauf mehr progredient und relativ malign, und bei manchen Kaninchen, welche $4^1/_2$ Monate Teerinjektionen bekommen hatten, entwickelten sich nicht nur lokale Fibrome an den Orten der Teerdepots, sondern fibromatöse, mehrere Wochen persistierende und über den ganzen Körper (Ohren, Schnauze, Leber, Hoden, Lymphdrüsen) disseminierte Knötchen; eine solche Generalisierung konnte bei Kaninchen, welchen nur Virus intravenös injiziert worden war, nie beobachtet werden. Bei einem Tier entstand sogar ein polymorphzelliges Sarkom, dessen Ätiologie indes nicht als ganz sichergestellt zu betrachten ist.

Diese Resultate wurden von AHLSTRÖM und ANDREWES (*1*, *2*) in fortgesetzter Arbeit bestätigt und erweitert. Benzpyren und andere carcinogene Substanzen zeigten dieselbe Wirkung wie Teer. Auch bei diesen Versuchen kam ein Fall von transplantablem und metastasierendem Fibrosarkom zur Beobachtung. Ein spezifisches Virus war jedoch weder direkt noch indirekt im Tumorgewebe nachweisbar. AHLSTRÖM (*2*) erörtert die Möglichkeit, daß die Vorbehandlung mit Teer oder ähnlichen Stoffen eine Änderung des Virus (nach Art der von ANDREWES und SHOPE beobachteten „Mutation" des Fibromvirus, siehe oben) bewirkt oder die Reaktivität der Zellen verändert. Einen analogen, wenn auch nicht so ausgesprochenen Effekt hat J. CLEMESSEN (*2*, *3*) durch Vorbehandlung mit X-Strahlen erhalten. Daß lokale Teerbehandlung die Aktivität von virusartigen Agenzien verstärken kann, wurde übrigens schon geraume Zeit vorher von TEAGUE und GOODPASTURE beim Herpesvirus konstatiert.

Umwandlung von Fibromvirus in Myxomvirus.

Nachdem BERRY und LICHTY (*1*) die schon erwähnten Angaben über immunologische Beziehungen zwischen Fibrom- und Myxomvirus bestätigt hatten, gelang es BERRY und DEDRICK sowie BERRY, *das Fibromvirus mit Hilfe einer besonderen Methodik in Myxomvirus überzuführen.* Myxomvirus wurde durch 30 Minuten langes Erwärmen auf 60, 75 und 90° C inaktiviert, mit aktivem Fibromvirus versetzt und die Gemenge zahmen Kaninchen eingeimpft. Die Transformation erfolgte bei 6 Tieren, welche das auf 60° C erwärmte Myxomvirus erhalten hatten, bei 2 Tieren mit auf 75° C erwärmtem Virus, aber bei keinem der Kaninchen, bei welchem zum Fibromvirus das auf 90° C erhitzte Myxomvirus zugefügt und zur Infektion verwendet worden war. BERRY gab ferner an, daß die Umbildung auch dann erreicht werden kann, wenn man das Fibromvirus und das inaktivierte Myxomvirus gleichzeitig an verschiedenen Körperstellen einspritzt, ja sogar, wenn zwischen die beiden Injektionen ein gewisses Zeitintervall eingeschaltet wird. Auch im Organismus der Cottontails kann sich der Vorgang vollziehen. Er ist jedenfalls nur in der Richtung „Fibrom→Myxom" möglich; die Überführung von Myxom- in Fibromvirus ist nicht gelungen (K. E. HYDE).

Die Transformation war insofern eine vollständige, als die mit aktivem Fibromvirus + inaktivem Myxomvirus geimpften zahmen Kaninchen alle Erscheinungen einer typischen Myxomatose darboten und ausnahmslos verendeten. Das so gewonnene Myxomvirus konnte in Passagen fortgeführt werden und erwies sich auch als spontan übertragbar, indem sich normale Tiere durch den Kontakt mit kranken ansteckten. Kontrollversuche mit erwärmtem Myxomvirus allein oder in Kombination mit anderen Virusarten verliefen negativ, d. h. die Impfung mit solchem Material ergab keine Myxomatose, auch nicht, wenn das Passageverfahren zu Hilfe genommen wurde. Aus den Experimenten von BERRY und DEDRICK scheint hervorzugehen, daß ein Teil (vielleicht eine besondere Komponente) des myxomatösen Materials, welches Temperaturen bis zu 75° C widerstehen kann, eine spezielle Eigenschaft, die man in Ermanglung konkreten Wissens als „*Virulenz*" bezeichnen kann, auf das Fibromvirus überträgt. Die erfolgreiche Versuchsanordnung erinnert jedenfalls sehr an die Umwandlung eines bestimmten Pneumokokkentyps in einen anderen, und war auch durch die Kenntnis dieses Phänomens veranlaßt worden; eine wenngleich etwas entferntere Analogie darf man auch im Vi-Antigen der Typhusbazillen (Felix und Pitt) erblicken.

Die Angaben von Berry und Dedrick konnten von E. W. Hurst (*3*) bestätigt werden. Hurst vermochte nicht nur den von Berry verwendeten OA-Stamm, sondern auch den IA-Stamm des Fibromvirus in Myxomvirus auf die oben geschilderte Art umzuwandeln; er stellte ferner fest, daß die Transformation nur im normalen, nicht aber im fibromimmunen Kaninchen stattfindet, was natürlich zu erwarten war. Auffälligerweise ließ sich aber das inaktivierte Myxomvirus weder durch inaktiviertes noch auch durch aktives Neuromyxomvirus substituieren.

E. W. Hurst (*2*) hatte nämlich schon früher eine interessante Variante des Myxomvirus durch intracerebrale Kaninchenpassagen erhalten. Die Änderung vollzog sich nicht sprungweise, sondern mehr allmählich und kam zunächst darin zum Ausdruck, daß die mit der Modifikation (dem „*Neuromyxomvirus*") geimpften Kaninchen die Erkrankung in der Regel überlebten; Todesfälle waren meist auf sekundäre Komplikationen zu beziehen. Die Symptome nahmen bis zum 9.—12. Tag an Intensität zu und dann setzte — von den eben erwähnten Ausnahmen abgesehen — die Erholung ein. Der wesentlichste Unterschied zwischen dem Myxom und dem Neuromyxom trat im histologischen Befund zutage: *das vollständige Ausbleiben der Umwandlung mesenchymaler Elemente* in Myxomzellen. Neurotrop im eigentlichen Sinne, wie man aus der Bezeichnung „Neuromyxom" schließen könnte, war die neue Variante nicht; sie konnte mit Erfolg an peripheren Körperstellen inokuliert werden und bekundete dann keine Tendenz zur Invasion ins Zentralnervensystem. Wie oben erwähnt, war die Umsetzung von Fibromvirus in Myxomvirus mit Hilfe von inaktivem oder aktivem Neuromyxomvirus nicht möglich. Es gelang aber auch nicht, Myxomvirus durch Kombination mit inaktiviertem Neuromyxomvirus so zu beeinflussen, daß es die pathogenen Fähigkeiten dieser Variante annahm, und ebenso erwies sich die Überführung von Neuromyxomvirus in Myxomvirus (auf analogem Weg) als undurchführbar.

Gemeinsame Eigenschaften von Fibromvirus und Myxomvirus.

Schließlich sei auch noch auf die Untersuchungen von K. E. Hyde hingewiesen, welcher die Angaben von R. E. Shope über die Existenz einer gekreuzten Immunität zwischen Fibrom- und Myxomvirus bestätigte. Er zeigte ferner, daß beide Virusarten eine Reihe von Eigenschaften miteinander gemein haben: sie wurden bei einer Temperatur von 55° C inaktiv, widerstanden der Einwirkung flüssiger Luft (— 180° C) durch 10 Minuten und zeigten im elektrischen Feld ein fast gleiches Verhalten (elektronegative Ladung bei einem p_H von 5,1—10,2). Beide Virusarten werden von K. E. Hyde als „schwer filtrierbar" bezeichnet und gehören in der Tat zu den großkalibrigen Virusarten (siehe dieses Handbuch, erste Hälfte, S. 163 und S. 307), wie spätere Messungen ergaben; daß die Elementarkörperchen des Fibrom- und des Myxomvirus gleiche Dimensionen besitzen, läßt sich allerdings auf Grund der vorliegenden Daten nicht mit Sicherheit behaupten. Nur in einer Beziehung konstatierte K. E. Hyde einen erheblichen Unterschied, nämlich in der Infektiosität virushaltigen Gewebes. Während das Virus im Fibrom auf dem Höhepunkt der Tumorentwicklung einen Titer von 1:3000 (bezogen auf 1,0 g Gewebe) hatte, konnte das Material, welches Myxomvirus enthielt, millionfach verdünnt werden.

Die enge Verwandtschaft der beiden Virusformen [W. E. Hurst (*3*) spricht von „Variationen auf das gleiche Thema"] tritt auch noch in einer von J. C. G. LEDINGHAM untersuchten serologischen Reaktion zutage. Dieser Autor stellte sich mit Hilfe schnell rotierender Zentrifugen Suspensionen von Elementarkörperchen aus Fibromen und aus myxomatösen Geweben her und setzte die Sera von Kaninchen hinzu, welche Fibrom oder Myxom oder Neuromyxom überstanden hatten; es trat bei Verwendung beider Antigene *Agglutination* ein. LEDINGHAM meint, daß die relative Resistenz von fibromrekonvaleszenten Kaninchen gegen Myxom auf dem Besitz solcher Agglutinine beruhen könnte, welche kraft ihrer mechanischen Wirkung die eingedrungenen Myxomelemente lokalisieren.

Immunisierung gegen Myxomatose mit Fibromvirus.

MCKENNEY und SHILLINGER prüften die Frage, ob man Kaninchen in praxi durch präventive Impfung mit Fibromvirus gegen die Myxomatose schützen kann. Die Resultate waren recht entmutigend, nach SHOPES Ansicht hauptsächlich deshalb, weil sich hochaktives Fibrommaterial nur schwer in einer für solche Zwecke geeigneten Form aufbewahren läßt. SHOPE (*9*) selbst erzielte unter Verhältnissen, in welchen natürliche Ansteckungen zu erwarten waren, bessere Erfolge. Zur Gewinnung des Impfstoffes dienten Hoden von Kaninchen, welche 7 Tage nach der Infektion mit Fibromvirus herausgenommen und in 50%igem Glycerin bei niedriger Temperatur einen Monat lang steril aufbewahrt wurden. Zur Verimpfung kam eine 5%ige Suspension der Hoden in Kochsalzlösung. Eine Gruppe zahmer Kaninchen wurde intratestikular injiziert, eine zweite durch Einreiben in die mit Glaspapier aufgerauhte Haut; bei allen Tieren entwickelten sich an den Impfstellen Fibrome, welche das Maximum nach 12—14 Tagen erreichten und sich in Monatsfrist zurückbildeten. 33 Tage nach dem infizierenden Eingriff wurden beide Gruppen sowie eine nicht vorbehandelte Kontrollgruppe in einem großen Käfig mit einem Kaninchen zusammengebracht, welches 3 Tage zuvor subcutan mit Myxomvirus infiziert worden war und am 9. Tage post infectionem einging. Alle Kontrollkaninchen (9 an der Zahl) starben 13—19 Tage nach dem Einsetzen in den gemeinsamen Käfig an Myxomatose, während von den 14 geimpften alle am Leben blieben und nur ein einziges die Zeichen einer leichten Infektion darbot, wozu noch zu bemerken ist, daß der Versuch 2 Wochen nach dem Exitus des letzten Kontrollkaninchens abgeschlossen wurde. Darnach scheint kein Zweifel zu bestehen, daß es unter gewissen Umständen möglich ist, Kaninchen gegen die natürliche Ansteckung zu schützen; wie lange der Impfschutz anhält, ist natürlich eine andere Sache.

5. Andere virusbedingte Tumoren.

Tumorübertragungen von einer Tierart auf eine andere haben sich als undurchführbar erwiesen; nur wenn Träger und Empfänger des Tumors nahestehenden Spezies angehören, wurde in gewissen Fällen ein meist vorübergehendes heterologes Wachstum beobachtet, wie z. B. bei Verimpfungen von der Maus auf die Ratte (PUTNOKY), vom Kaninchen auf Hasen (v. DUNGERN und COCA), vom Huhn auf die Ente (FUJINAMI, PURDY), vom Huhn auf den Fasan (ANDREWES u. a.).

Es erweckte daher beträchtliches Aufsehen, als G. KLEIN (*1, 2*) vor einigen Jahren unter Vorlegung zahlreicher makro- und mikroskopischer Präparate über serienweise heterologe Übertragungen verschiedener Tumoren von Mäusen, Ratten und Kaninchen berichtete, *bei welchen angeblich auch zellfreies Material mit Erfolg angewendet worden war*. Die Versuche konnten in anderen Laboratorien nicht reproduziert werden, und es ist keine Aussage darüber möglich, welche Fehlerquellen — speziell auch bei den zellfreien Übertragungen — im Spiele gewesen sein könnten.

IV. Leukose (Leukämie) bei Säugetieren.

Über Leukosen bei verschiedenen Säugetierarten liegen zahlreiche Mitteilungen vor. Ein Teil dieser Leukosestämme war übertragbar, jedoch in der Regel nur auf Tiere derselben reingezüchteten Linie. Besonders für die ersten Passagen gilt diese Beschränkung, so daß die Empfänglichkeit — ganz wie das bei den ersten Übertragungen des Roussarkoms der Fall war (vgl. S. 999) — von der genotypischen Verfassung der Versuchstiere abzuhängen scheint. Im Laufe der weiteren Passagen kann sich dieses Verhalten ändern (wieder wie beim Roussarkom), so daß man positive Resultate, obschon seltener, auch bei Tieren von weniger übereinstimmender genotypischer Beschaffenheit (die aber natürlich der gleichen Art angehören müssen) erzielt.

Ähnliche Beobachtungen hat man bei resistenzvermindernden Eingriffen, z. B. bei der Bestrahlung mit Röntgenstrahlen, gemacht. Umfangreiche Untersuchungen von Krebs und seinen Mitarbeitern (Rask-Nielsen, Wagner, Kaalund-Jörgensen, Thrane) lehrten, daß die Übertragungen zunächst nur bei bestrahlten Tieren von Erfolg begleitet sind, daß aber in späteren Stadien der Passagereihen positive Resultate auch ohne die schädigende Vorbehandlung zustande kommen (siehe auch W. V. Magneord und L. O. Parsons).

Für die „spontane" Entstehung ist wieder die *Erbverfassung* von unverkennbarem Einfluß. Es gibt Linien, besonders bei Mäusen, in welchen spontane Leukämie bzw. Leukosarkomatose nur selten auftreten, während anderseits manche, in langer und strenger Inzucht gehaltene Linien vorkommen, in welchen fast alle Mäuse Zeichen von Leukose aufweisen, sobald ein bestimmtes Alter erreicht wird.

Trotz zahlreicher Versuche ist es bis vor kurzem nicht gelungen, die Leukosen der Säugetiere *zellfrei* zu übertragen. Wohl haben mehrere Autoren die Existenz eines an die Zellen gebundenen Virus angenommen; doch ist sein Nachweis nie geglückt, ja, wie man wohl sagen darf, nicht einmal wahrscheinlich gemacht worden. Eine endgültige Aussage, daß diese Prozesse nicht durch Virus bedingt sein können, wäre jedoch mit Rücksicht auf die Mitteilungen von Engelbreth-Holm und O. Frederiksen nicht gerechtfertigt.

Engelbreth-Holm und Frederiksen sind von einer lymphatischen Leukose der Mäuse ausgegangen, nämlich von dem von Furth, Seibold und Rathbone reingezüchteten Stamm, innerhalb dessen 80—90% der Tiere an spontaner Leukosarkomatose bzw. Leukämie erkranken, sobald sie ein Alter von 6 bis 10 Monaten erreichen. Die Impfung mit Zellsuspensionen erzeugt bei jungen Mäusen eine Lymphosarkomatose, welche in 2—4 Wochen zum Tode führt. Aus dem lymphoiden Tumorgewebe erkrankter Tiere wurde ein wässeriger Extrakt hergestellt und mehrmals auszentrifugiert, so daß die Anwesenheit intakter Zellen mit großer Wahrscheinlichkeit ausgeschlossen werden durfte. Die Injektion solcher Extrakte ergab unter gewöhnlichen Bedingungen allerdings stets negative Resultate. Da aber eine Reihe von Angaben vorliegt, denen zufolge das Virus der den Hühnerleukosen nahestehenden Sarkome durch Oxydationsprozesse inaktiviert werden kann [Mueller (*1*), Pirie und Holmes, Gye und Purdy (*3*) u. a.], suchten Engelbreth-Holm und Frederiksen oxydative Einflüsse durch besondere Kautelen auszuschalten. So wurden die Mäuse, von welchen das Material für die Bereitung der Extrakte entnommen werden sollte, durch intraperitoneale Injektion von Kaliumferricyanid getötet, und die Herstellung der Extrakte erfolgte unter Zusatz von Cystein-Kobaltsulfat in sauerstofffreier Atmosphäre. Diese anaerob gewonnenen und auszentrifugierten Extrakte riefen bei 4 Wochen alten Mäusen nach 30—35 Tagen eine generalisierte Lymphosarkomatose hervor, also unter Umständen, welche eine spontane Entstehung auszuschließen erlaubten. Die Versuche wurden mehrmals (einschließlich der Kontrollexperimente mit aerob hergestellten Extrakten) mit gleichbleibendem Ergebnis wiederholt. Es ist indes zu bedenken, daß nach FURTH, KAHN u. a. vereinzelte Zellen, ja sogar eine einzige Zelle, ausreichen *können*, um eine leukotische Infektion zu vermitteln, so daß erst weitere Untersuchungen die erforderliche Sicherheit bringen können. Schließlich muß man auch in Erwägung ziehen, daß es sich um aufgelöste Stoffe handeln könnte, die eine Beschleunigung der spontanen (erblichen) Entwicklung der Leukose hervorzurufen vermögen.

Die bei den Hühnersarkomen besprochene Kombination mit Leukämie (siehe S. 1027) wurde von BURROWS und COOK auch bei Säugetieren (Mäusen) beobachtet. Nach wiederholten Injektionen eines wasserlöslichen Derivats von 1,2,5,6-Dibenzanthracen entstand bei einigen Mäusen ein spindelzelliges oder polymorphes Sarkom, in anderen Fällen dagegen Leukämie, hin und wieder auch sowohl Sarkom als auch Leukämie und bei einer Maus schließlich auch eine Lymphosarkomatose (vgl. hierzu die Experimente von D. PARSONS, cit. auf S. 1029). Ferner konstatierte J. BERNARD bei Albinoratten nach Injektionen von Teer in das Knochenmark (Femur) verschiedene Blutveränderungen, darunter auch leukämische. Leukämische Veränderungen stellten auch J. FURTH und B. FURTH (zum Teil in Gemeinschaft mit O. BREDIS) bei Mäusen fest, welche Injektionen von Dibenzanthracen oder Benzpyren in die Milz erhalten hatten (vgl. hierzu E. und R. STORTI sowie J. J. MORTON und G. MIDER).

V. Das Adenocarcinom in den Nieren des Leopardfrosches.

1934 berichtete B. LUCKÉ (*1, 2*) über das Vorkommen eines Adenocarcinom in der Niere des Leopardfrosches (rana pipiens). Der Tumor, dessen genauere histologische Beschreibung in den Originalarbeiten nachzulesen ist, ist nicht selten, da er von LUCKÉ bei 158 Fröschen (87♂ und 71♀) gefunden wurde, wächst im Nierengewebe unter Verdrängung und Zerstörung desselben infiltrierend, bildet aber fast nie Metastasen (ein Fall mit einer Lebermetastase).[1] In den meisten Tumoren, aber mit wechselnder Häufigkeit, waren in den Epithelzellen *intranucleare, acidophile Einschlüsse* zu sehen, ein Befund, welcher für ein Virus als ätiologisches Agens spricht. LUCKÉ macht allerdings auf die schon mehrfach und in verschiedenem Zusammenhang erwähnte Möglichkeit aufmerksam, daß im Tumor ein Virus vorhanden ist und sich in seinen Zellen vermehrt, welches die Einschlüsse erzeugt, das aber mit der Entstehung des Tumors nichts zu tun hat (Analogie: die Vermehrung von Virus III im BROWN-PEARCEschen Kaninchencarcinom oder von Vaccinevirus in Mäusecarcinomen). Abgesehen davon kennt man Zelleinschlüsse, speziell acidophile Kerneinschlüsse, welche ohne jeden ursächlichen Zusammenhang mit einer Virusinfektion auftreten (siehe dieses Handbuch, S. 336).

In vielen tumorhaltigen Nieren konnte übrigens eine Trematodenlarve (oft auch ein Myxosporidium) nachgewiesen werden. Man will sogar einen örtlichen Konnex zwischen dem Wurmvorkommen und der Frequenz der Adenocarcinome beobachtet haben, indem die Frösche aus dem Staat Vermont (Kanada) auffallend

---

[1] In einer späteren Mitteilung hat LUCKÉ (*3*) diese Angabe dahin richtiggestellt, daß Metastasen (in der Leber, im Pancreas und in den Ovarien) nicht selten sind, falls die Tumoren längere Zeit bestehen; die Malignität dieser Geschwulstform erscheint dadurch bewiesen.

häufig Würmer beherbergten und gleichzeitig auch öfter (bis zu 2%) von Carcinom befallen waren als Leopardfrösche aus anderen Gegenden. Es ist indes nicht wahrscheinlich, daß die Würmer die Tumorbildung direkt auslösen, wogegen man sich gut vorstellen könnte, daß sie das Virus in die Nieren einschleppen. Versuche, den Tumor mit Hilfe von Wurmlarven zu übertragen, ergaben keine sicheren Resultate.

Außerhalb der Nieren (im retroperitonealen Zellgewebe!) wurden die Tumoren nur in zwei Fällen beobachtet. Die Tumoren sitzen entweder nur in einer oder in beiden Nieren; kommen in einer Niere mehrere Tumorknoten vor, so muß es sich entweder um ein multizentrisches Entstehen oder — was mit Rücksicht auf die Seltenheit der Metastasen in den Frühstadien weniger wahrscheinlich ist — um Metastasen handeln.

Von Interesse sind die Übertragungsversuche, welche LUCKÉ (*4*) ausgeführt hat. Er inokulierte lebende Tumorzellen in den Lymphsack von Fröschen und fand, daß das Material resorbiert wird und daß eine lokale Tumorbildung nicht beobachtet werden kann. Bei etwa 20% solcher Frösche, die mehr als 6 Monate gelebt hatten, entwickelten sich aber Geschwülste in den Nieren, weit häufiger als bei nicht vorbehandelten Kontrolltieren. Nach LUCKÉ soll auch getrocknetes oder in Glycerin aufbewahrtes Material, intraperitoneal injiziert, wirksam sein.

VI. Lymphogranulomatose (Hodgkins disease).

Es ist wohl zweifelhaft, ob man die HODGKINsche Krankheit als einen eigentlichen Tumor aufzufassen berechtigt ist oder ob es sich nicht vielmehr um einen chronisch-entzündlichen Prozeß handelt. Daß in den Lymphdrüsen eine reichliche Neubildung von lymphoïdem und reticulo-endothelialem Gewebe stattfindet, muß zugegeben werden, ebenso wie daß es Fälle gibt, welche sich von verschiedenen, im lymphatischen System auftretenden Tumorformen histologisch kaum unterscheiden lassen.

Angeführt wird die HODGKINsche Krankheit an dieser Stelle, weil GORDON (*1*) 1932 zeigte, daß der *filtrierte* Extrakt aus den veränderten Lymphdrüsen beim Meerschweinchen und Kaninchen ein Krankheitsbild mit cerebralen Symptomen hervorruft, falls er intracerebral injiziert wird. 2—6 Tage nach einer solchen Injektion treten Krämpfe auf, an welche sich oft Lähmungen anschließen. Bei der Sektion findet sich eine durchaus uncharakteristische Meningo-Encephalitis. GORDON glaubte, daß man mikroskopisch Gebilde nachweisen kann, welche den PASCHENschen Körperchen bei der Variolavaccine ähnlich sind; andere Autoren vermochten jedoch diese Angabe nicht zu beglaubigen.

Dieser sog. Gordontest hat sich in diagnostischer Hinsicht bewährt; von 100 Fällen gaben zirka 80 ein positives Resultat und Kontrolluntersuchungen (normale Lymphdrüsen, Drüsen mit Carcinom, Sarkom, Lymphosarkom, Leukämie, Pseudoleukämie, lymphoïde Hyperplasie, Adenitis) lieferten (mit einzelnen unsicheren Ausnahmen) negative Ergebnisse (vgl. insbesondere P. UHLENHUTH und WURM). Von den nach intracerebraler Impfung eingegangenen Testtieren konnten aber nie weitere Passagen angelegt werden, auch nicht durch cerebrale Übertragungen der Gehirne. Daß und warum man unter diesen Umständen keinen virusbedingten Prozeß annehmen darf, hat R. DOERR an anderer Stelle dieses Handbuches auseinandergesetzt. Nach neueren eingehenden Untersuchungen von UHLENHUTH, WURM, LIEBEGOTT und GAUPP (1939) ist die positive Reaktion von der Anwesenheit eosinophiler Zellen abhängig.

Schlußwort.

Durch die Entdeckung der tumorerzeugenden Virusarten ist ein großes, interessantes und auch praktisch bedeutungsvolles Arbeitsfeld erschlossen worden. Die experimentellen Untersuchungen haben in kurzer Zeit eine Fülle von Tatsachen zutage gefördert; aber die Gesamtheit dieser Tatsachen eint sich nicht zum geschlossenen Bild, und die Bemühungen, die zahlreichen Widersprüche wenigstens hypothetisch zu lösen, führten nicht zu einem befriedigenden Ergebnis, obwohl sich die Spekulation wenig Hemmungen auferlegt hat. Konflikte ergeben sich aber nicht nur aus dem Unvermögen, Beobachtungen und experimentelle Erfahrungen untereinander in logischen Zusammenhang zu bringen. Von allem Anfang an kam — was durchaus begreiflich ist — der Wunsch zur Geltung, von dem neu eroberten Angriffspunkt aus alle Phänomene der Onkogenese zu erfassen, und dies war, nicht zuletzt in ätiologischer Hinsicht, nicht durchführbar. Dazu gesellte sich noch die Unsicherheit unserer Kenntnisse über die Herkunft und die Natur der tumorerzeugenden Virusarten. Ob man diese infektiösen Agenzien, die übrigens auch untereinander differieren, in eine einheitliche Gruppe zusammenfassen soll, könnte bezweifelt werden; ihre pathogene Auswirkung würde dazu nicht nötigen, da es fließende Übergänge zwischen Virusformen, welche Zellproliferation und Tumorbildung hervorrufen, und jenen Virusarten gibt, welche rein degenerative und entzündliche Prozesse erzeugen. Die Unkenntnis der Natur der Virusarten macht sich ferner auf allen Gebieten der Virusforschung fühlbar. Die tumorerzeugenden Agenzien zeigen aber doch, so wie die bakteriophagen und wohl auch die phytopathogenen Virusarten, spezielle Eigenschaften und Wirkungen, für deren Verständnis ein positives Wissen über ihre wahre Beschaffenheit notwendiger erscheint als anderwärts.

So zeigen die Deutungen der Versuchsergebnisse, auch wenn diese selbst vollkommen gesichert sind, provisorischen Charakter und können, obwohl vorderhand zum Teil überzeugend, besserer Einsicht weichen, wenn die Arbeit im Laboratorium grundsätzlich neue Gesichtspunkte zur Diskussion stellen würde. Was hier dem Leser geboten werden konnte, war eine bis zu einem gewissen Grade kritische Übersicht über vorliegende Untersuchungen und die darauf basierten theoretischen Erwägungen.

Literaturverzeichnis.

AHLSTRÖM, C. G.: (*1*) The histology of the infectious fibroma in rabbits. J. Path. a. Bacter. **46**, 461 (1938).

— (*2*) Virus tumours in mammals. Trans. VII Scandinav. pathol. Congress, Copenhagen **1938**, prelim. Rep. S. 12.

AHLSTRÖM, C. G. and C. H. ANDREWES: Fibroma virus infection in tarred rabbits. J. Path. a. Bacter. **47**, 65 (1938).

— (*2*) siehe C. H. ANDREWES u. C. G. AHLSTRÖM (*1*).

AMIES, C. RUSSELL: (*1*) The particulate nature of the agent of ROUS sarcoma No 1 and of the FUJINAMI myxosarcoma. Rep. Proc. second intern. Congr. of Microbiol., London 1936, S. 99. **1937**.

— (*2*) The particulate nature of the agents of avian sarcoma agents. J. Path. a. Bacter. **44**, 141 (1937).

AMIES, C. RUSSELL, J. G. CARR and W. J. PURDY: Experiments on the Des Ligneris fowl sarcoma. Amer. J. Canc. **35**, 72 (1939).

ANDERSEN, C. W. et O. BANG: La leucémie ou leucose transmissible des poules. Festschr. f. Prof. BERNH. BANG, S. 353. Kopenhagen, 1928.

ANDREWES, C. H.: (*1*) Action of immune serum on vaccinia and virus III in vitro. J. Path. a. Bacter. **31**, 671 (1928).

— (*2*) Virus III in tissue cultures, further observations on formation of inclusion bodies; experiments bearing on immunity. Brit. J. exper. Path. **10**, 273 (1929).

— (*3*) Tissue culture in study of immunity to herpes. J. Path. a. Bacter. **33**, 301 (1930).

— (*4*) The immunological relationships of fowl tumors with different histological structure. J. Path. a. Bacter. **34**, 91 (1931).

ANDREWES, C. H.: (*5*) Some properties of immune sera active against fowl-tumour viruses. J. Path. a. Bacter. **35, 243** (1932).

— (*6*) The transmission of fowl tumours to pheasants. J. Path. a. Bacter. **35**, 407 (1932).

— (*7*) The active immunisation of pheasants against fowl tumours. J. Path. a. Bacter. **37**, 17 (1933).

— (*8*) Further serological studies on fowl-tumour viruses. J. Path. a. Bacter. **37**, 27 (1933).

— (*9*) Viruses in relation to the aetiology of tumours. Lancet **1934 II**, 63 und 117.

— (*10*) Application method of tissue-culture to some problems in virus pathology. Arch. exper. Zellforsch. **15**, 437 (1934).

— (*11*) A change in rabbit fibroma virus suggesting mutation. I. Experiments on domestic rabbits. J. exper. Med. (Am.) **63**, 157 (1936).

— (*12*) Evidence for the presence of virus in a non-filterable tar sarcoma of the fowl. J. Path. a. Bacter. **43**, 23 (1936).

— (*13*) Viruses in non-filterable tumours. Rep. Proc. second intern. Congr. of Microbiol., London 1936, S. 98. 1937.

— (*14*) Occurence of neutralising antibodies for ROUS sarcoma virus in the sera of young "normal" chickens. J. Path. a. Bacter. **48**, 225 (1939).

ANDREWES, C. H. and C. G. AHLSTRÖM: (*1*) A transplantable sarcoma occuring in a rabbit inoculated with tar and infectious fibroma virus. J. Path. a. Bacter. **47**, 87 (1938).

— (*2*) siehe AHLSTRÖM, C. G. and C. H. ANDREWES (*1*).

ANDREWES, C. H., C. G. AHLSTRÖM, L. FOULDS, and W. E. GYE: Reaction of tarred rabbits to the infectious fibroma virus (SHOPE). Lancet **1937**, 893.

ANDREWES, C. H. and R. E. SHOPE: A change in rabbit fibroma virus suggesting mutation. III. Interpretation of findings. J. exper. Med. (Am.) **63**, 179 (1936).

ANISSIMOVA, V.: Experimental zinc teratomas of the testis and their transplantation. Amer. J. Canc. **36**, 229 (1939).

APPEL, M., A. A. STRAUSS, KOLISCHER and NECKELES: The effect of 1,2,5,6-Dibenzanthracene on the growth of Browne-Pearce rabbit carcinoma. Amer. J. Canc. **33**, 239 (1938).

ASCOLI, A.: Die Anachorese. Milano, 1938.

BACHMAN, W. E., J. W. COOK, A. DAUSI, C. G. M. DE WORMS, G. A. D. HASLEWOOD, C. L. HEWETT, and A. M. ROBINSON: Production of cancer by pure hydrocarbons, Part. IV. Proc. roy. Soc., Lond., Ser. B: **123**, 343 (1937).

BAGG, H. J.: Experimental production of teratoma testis in the fowl. Amer. J. Canc. **26**, 69 (1936).

BAKER, S. L. and J. MCINTOSH: The influence of ferment action upon the infectivity of the ROUS sarcoma. Brit. J. exper. Path. **8**, 257 (1927).

BALÓ, J. u. J. KORPASSY: Warzen, Papillome und Krebs. Acta litt. scientiar. Univ. Budapest, Sect. med., T. VII (1936).

BANTING, F. G.: Resistance to experimental cancer. Proc. Soc. Med., Lond. **32**, 245 (1939); siehe auch Brit. med. J. 1938, S. 807.

BARRY, G. and J. W. COOK: A comparison of the action of some polycyclic aromatic hydrocarbons in producing tumours of connective tissue. Amer. J. Canc. **20**, 58 (1934).

BASHFORD, E. F., W. CRAMER, and J. A. MURRAY: The natural and induced resistance of mice to the growth of cancer. Brit. med. J. **1**, 207 (1906). — Siehe auch BASHFORD, E. F., J. A. MURRAY, and W. CRAMER: Third sci. Rep. Imp. Cancer Res. Fund., S. 315. 1908.

BEARD, J. W. and J. G. KIDD: Antigenic individuality of certain papilloma viruses. Proc. Soc. exper. Biol. a. Med. (Am.) **34**, 451 (1936).

BEARD, J. W., W. R. BRYAN, and W. G. WYCKOFF: The isolation of the rabbit papilloma virus proteïn. J. infect. Dis. (Am.) **65**, 43 (1939).

Beard, J. W. and P. Rous: (*1*) A virus induced mammali angrowth with character of tumour (Shope rabbit papilloma). II. Experimental alterations of the growth on the skin etc. J. exper. Med. (Am.) **60**, 723 (1934). I und III, siehe unter Rous, P. and J. W. Beard (*1*) und (*3*).

— (*2*) Effectiveness of Shope papilloma virus in various american rabbits. Proc. Soc. exper. Biol. a. Med. (Am.) **33**, 191 (1935).

Beard, J. W. and R. W. G. Wyckoff: The isolation of a homogeneous heavy protein from virus-induced rabbit papillomas. Science **85**, 201 (1937).

Beard, J. W., W. Ray Bryan, and Ralph W. G. Wyckoff: The isolation of the rabbit papilloma virus protein. J. infect. Dis. (Am.) **65**, 43 (1939).

de Beaurepaire-Aragao, H.: Sobre o microbio do myxoma dos coelhos (spanisch). [Über die Microbe des Kaninchenmyxoms.] Brasil-Med. **25**, 471 (1911) (cit. nach Rivers: Filterable Viruses, S. 150. London, 1928).

Begg, A. M.: (*1*) A filterable endothelioma of the fowl. Lancet **1927 II**, 912.

— (*2*) A transplantable fibrosarcoma of the fowl. Brit. J. exper. Path. **8**, 147 (1927).

— (*3*) A filterable fibrosarcoma of the fowl. Brit. J. exper. Path. **10**, 322 (1929).

Begg, A. M. and W. Cramer: On the alleged experimental production of malignant tumours in the fowl. Lancet **1929 II**, 697.

Berg, R. F.: Experimental production of several varieties of bone sarcoma by intramedullary injections of the virus of the filterable fowl endothelioma tumor. Amer. J. Surg. **15** (N. S.), 441 (1932).

Bernard, J.: Polyglobulies et leucémies provoquées par les injections intra-medullaires de goudron. Ann. Méd. **40**, 373, 486 (1936).

Berry, G. P.: Transformation of the virus of rabbit fibroma (Shope) into that of infectious myxomatosis (Sanarelli). Proc. amer. philos. Soc. **77**, 473 (1937) [Ref. aus Amer. J. Canc. **30**, 772 (1937)].

Berry, G. P. and H. M. Dedrick: Method of changing the virus of rabbit fibroma (Shope) into that of infectious myxomatosis (Sanarelli). J. Bacter. (Am.) **31**, 50 (1936).

Berry, G. P. and J. A. Lichty jr.: Immunological and serological evidences of a close relationship between the viruses of rabbit fibroma (Shope) and infectious myxomatosis (Sanarelli). J. Bacter. (Am.) **31**, 49 (1936).

Berry, G. P., J. A. Lichty, and H. M. Dedrick: On the relationship of rabbit fibroma (Shope) to infectious myxomatosis (Sanarelli) with a method for changing fibroma virus into myxoma virus. Rep. Proc. second intern. Congr. of Microbiol., London 1936, S. 96. 1937.

Bisceglie, V.: (*1*) Über die antineoplastische Immunität. I. Mitteilung: Heterologe Einpflanzung von Tumoren in Hühnerembryonen. Z. Krebsforsch. **40**, 122 (1933).

— (*2*) II. Mitteilung: Über die Wachstumsfähigkeit der heterologen Geschwülste in erwachsenen Tieren nach Einpflanzung in Kollodiumsäckchen. Z. Krebsforsch. **40**, 141 (1933).

Bisceglie, V. e A. di Gratia: L'azione del 1,2-benzpirene sulle cellule crescente in cultura in vitro. Acta cancrol. (Ung.) **2**, 417 (1936).

Bohnenkamp, H., P. Uhlenhuth u. K. Wurm: Zur Frage der Hodgkinschen Lymphogranulomatose. I. Klinisches und Epidemiologisches. II. Experimentelle Untersuchungen. Klin. Wschr. **15**, 1025 (1936).

Borrel, A.: (*1*) Les théories parasitaires du cancer. Ann. Inst. Pasteur, Par. **15**, 49 (1901).

— (*2*) épithélioses infectieuses et épitheliomas. Ann. Inst. Pasteur, Par. **17**, 81 (1903).

— (*3*) Sur les inclusions de l'épithélioma contagieux des oiseaux (molluscum contagiosum). C. r. Soc. Biol. **57**, 642 (1904).

— (*4*) Cytologie du sarcome de Peyton Rous et substance specifique. C. r. Soc. Biol. **94**, 500 (1926).

Bradford Hill, A.: The inheritance of resistance to bacterial infection in animal species. Med. Res. Counc. Spec. Rep. Ser. No 196. London, 1934.

Brosch, A.: Theoretische und experimentelle Untersuchungen zur Pathogenesis und Histogenesis der malignen Geschwülste. Virchows Arch. **162**, 32 (1900).

BRUNSCHWIG, A. and D. TSCHETTER: Age factor and latent period in production of sarcoma by methylcholanthrene in rats. Proc. Soc. exper. Biol. a. Med. (Am.) **36**, 439 (1937).

BURROWS, H.: Spindle-celled tumor in fowl following injection of 1:2:5:6-Dibenzanthracene in fatty medium. Amer. J. Canc. **17**, 1 (1933).

BURROWS, H. and J. W. COOK: Spindle-celled tumors and leucemia in mice after injection with a water soluble compound of 1:2:5:6-Dibenzanthracene. Amer. J. Canc. **27**, 267 (1936).

BURROWS, H., I. HIEGER, and E. L. KENNAWAY: The experimental production of tumours of connective tissue. Amer. J. Canc. **16**, 57 (1932).

BUSCHKE, A. u. L. LÖWENSTEIN: Über carcinomähnliche Condylomata acuminata des Penis. Klin. Wschr. **2**, 1726 (1925).

BÜRGER, M.: Untersuchungen über das Hühnersarkom (PEYTON-ROUS). Z. Krebsforsch. **14**, 526 (1914).

BÜRGER, M. u. R. UIKER: Über leukämieartige Gewebsveränderungen nach Injektion von Gallensubstanzen. Klin. Wschr. **16**, 334 (1937).

BUSSE, O.: Über parasitäre Zelleinschlüsse und ihre Züchtung. Zbl. Bakter. usw. **16**, 175 (1894); siehe auch Virchows Arch. **140**, 23 (1895).

BUTENANDT, A.: Über cancerogene Stoffe. Arch. exper. Path. (D.) **190**, 74 (1938).

CALIFANO, L.: Azione accelerante dell' arsenico sullo sviluppo del sarcoma dei polli (italienisch). [Die akzelerierende Wirkung von Arsenik auf die Entwicklung des Hühnersarkoms.] Rev. pat. sper. **6**, 113 (1930) [Ref. Amer. J. Canc. **15**, 1624 (1931)].

CARREL, A.: (*1*) Cultures pures de fibroblastes provenant de sarcomes fusocellulaires. C. r. Soc. Biol. **90**, 1380 (1924).

— (*2*) La malignité des cultures pures de monocytes du sarcome de ROUS. C. r. Soc. Biol. **91**, 1067 (1924).

— (*3*) Action de l'extrait filtré du sarcome de ROUS sur les macrophages du sang. C. r. Soc. Biol. **91**, 1069 (1924).

— (*4*) Comparaison des macrophages normaux et des macrophages transformés en cellules malignes. C. r. Soc. Biol. **92**, 584 (1925).

— (*5*) La genèse des sarcomes. C. r. Soc. Biol. **92**, 1491 (1925).

— (*6*) Des facteurs nécessaires à la genèse d'un sarcome. C. r. Soc. Biol. **92**, 1493 (1925).

— (*7*) La resistance de l'organisme à la formation du sarcome. C. r. Soc. Biol. **93**, 10 (1925).

— (*8*) Mesure de la susceptibilité de l'organisme à la substance de ROUS. C. r. Soc. Biol. **93**, 12 (1925).

— (*9*) Serum sanguin et résistance à la substance de ROUS. C. r. Soc. Biol. **93**, 85 (1925).

— (*10*) Action du principe filtrant d'un sarcome du goudron sur les cultures de rate. C. r. Soc. Biol. **93**, 491 (1925).

— (*11*) Le principe filtrant des sarcomes de la poule produits par l'arsenic. C. r. Soc. Biol. **93**, 1083 (1925).

— (*12*) Un sarcome fusocellulaires produit par l'indol et transmissible par un agent filtrant. C. r. Soc. Biol. **93**, 1278 (1925).

— (*13*) Mechanism of formation and growth of malignant tumors. Ann. Surg. **82**, 1 (1925).

— (*14*) Some conditions of the reproduction in vitro of the ROUS virus. J. exper. Med. (Am.) **43**, 647 (1926).

— (*15*) Un sarcome du goudron de faible malignité et transmissible par son extrait filtré. C. r. Soc. Biol. **94**, 337 (1926).

CARREL, A. and A. H. EBELING: The transformation of monocytes into fibroblasts through the action of ROUS virus. J. exper. Med. (Am.) **43**, 461 (1926).

CIUFFO, G.: Innesto positivo con filtrato di verucca vulgare. Gi. ital. Mal. vener. **42**, 12 (1907).

CLAUDE, A.: (1) A fraction from normal chick embryo similar to the tumor-producing fraction of chicken tumor I. Proc. Soc. exper. Biol. a. Med. (Am.) **39**, 398 (1938).

— (2) Properties of the inhibitor associated with the active agent of chicken tumor I. Amer. J. Canc. **37**, 59 (1939).

CLAUDE, A. and J. B. MURPHY: Transmissible tumours of the fowl. Physiol. Rev. (Am.) **13**, 246 (1933).

CLEMMESEN, J.: (1) The influence of x-radiation on the development of immunity to heterologous transplantation of tumors. Habilitationsschrift Copenhagen und Oxford, 1938.

— (2) SHOPE's fibroma in x-rayed rabbits. Acta path. et microbiol. scand. (Dän.) Suppl. **38**, 47 (1938).

— (3) The influence of ROENTGEN-radiation on immunity to SHOPE fibroma virus. Amer. J. Canc. **35**, 378 (1939).

CONNOR, C. L.: Experimental sarcoma of bone. Arch. Surg. **19**, 794 (1929).

COOK, J. W., G. A. D. HASLEWOOD, C. L. HEWETT, I. HIEGER, E. L. KENNAWAY, and W. V. MAYNEORD: Chemical Compounds of Carcinogenic Agents. Amer. J. Canc. **29**, 219 (1937).

COOK, J. W. and E. L. KENNAWAY: Chemical compounds as carcinogenic agents. Amer. J. Canc. **33**, 50 (1938).

COSTA, A.: Versuche über die Übertragung der experimentellen Tumoren der Hühner und Säugetiere durch Gehirnbrei von an Tumoren erkrankten Tieren. Z. Krebsforsch. **36**, 223 (1932).

CRAMER, W.: (1) Possibility of transmitting mammalian neoplasms without intervention of living cells. Ninth. Sci. Rep. Imp. Cancer Res. Fund., 1930, S. 21.

— (2) On transmission of mammalian new growths by frozen material. Lancet **1930 I**, 133.

CRAMER, W. and L. FOULDS: On the transmission of the ROUS Sarcoma No 1 of the fowl by frozen material. Ninth. Sci. Rep. Imp. Cancer Res. Fund., S. 33. **1930**.

CRANK, R. P. and J. FURTH: Fate of leucemic blood of fowl after transfusion. Proc. Soc. exper. Biol. a. Med. (Am.) **28**, 987 (1931).

DES LIGNERIS, M. J. A.: (1) On the transplantation of ROUS fowl sarcoma No 1 into guinea fowls and turkeys. Amer. J. Canc. **16**, 307 (1932).

— (2) Immunity in ROUS fowl sarcoma and its bearing on the problem of the nature of normal and cancerous growth. Publ. s. afr. Inst. med. Res., Joh.bg **6**, 1 (No **31**) (1934).

— (3) Un cas de cancérisation in vitro par le dibenzanthracène. C. r. Soc. Biol. **120**, 777 (1935); **121**, 1579 (1936).

— (4) Caractères biologiques d'une tumeur produite *in vitro* par le dibenzanthracène. C. r. Soc. Biol. **121**, 1579 (1936).

— (5) Fowl sarcomata and the tumour problem. S. afr. med. J. **12**, 67 (1938).

DOERR, R.: (1) Filtrierbare Virusarten. Erg. Hyg. usw. **16**, 121—208 (1934).

— (2) Discussion on the general characteristics of Viruses, including Bacteriophage. Rep. Proc. second intern. Congr. of Microbiol., London **1937**, S. 68.

— (3) Die erblichen Grundlagen der Disposition für Infektionen und Infektionskrankheiten. Z. Hyg. usw. **119**, 635 (1937).

— (4) Die Entwicklung der Virusforschung und ihre Problematik. Handbuch der Virusforschung, 1. Hälfte, S. 1—125. 1938.

— (5) Die Lehre von den Infektionskrankheiten in allgemeiner Darstellung. Lehrbuch der inneren Medizin, 4. Aufl. Berlin, 1939.

DOERR, R., L. BLEYER u. G. W. SCHMIDT: Über das Verhalten des Virus des ROUS-Sarkoms in der Blutzirkulation refraktärer und empfänglicher Tiere. Z. Krebsforsch. **36**, 256 (1932).

v. DUNGERN u. COCA: Über Hasensarkome, die in Kaninchen wachsen und über das Wesen der Geschwulstimmunität. Z. Immunit.forsch. **2**, 395 (1909).

EHRLICH, P.: Experimentelle Carcinomstudien an Mäusen. Arb. ksl. Inst. exper. Ther. Nr. 1, 77 (1906).

ELFORD, W. J. and C. H. ANDREWES: Estimation of the size of a Fowl Tumour Virus by Filtration through graded membranes. Brit. J. exper. Path. **16**, 61 (1935).

ELLERMANN, V.: (*1*) Untersuchungen über das Virus der Hühnerleukämie. Z. Klin. Med. **79**, 43 (1913).

— (*2*) Hönseleukosens histologiske Forhold (dän.). [Die histologischen Verhältnisse der Hühnerleukosen.] Kgl. Danske Vidensk. Selsk. Forhandl. **1914**, 329.

— (*3*) Untersuchungen über die übertragbare Hühnerleukose. Berl. klin. Wschr. **1915**, 794.

— (*4*) Vergleichende Leukosestudien. Myeloische Leukose mit periostaler Geschwulstbildung. a) Bei einem Menschen, b) bei einem Huhn. Virchows Arch. **225**, 115 (1919).

— (*5*) The Leucosis of fowls and leucemia problems. London, 1921.

— (*6*) Die übertragbare Hühnerleukose. Berlin: Julius Springer, 1928.

ELLERMANN, V. u. O. BANG: (*1*) Experimentelle Leukämie bei Hühnern. Zbl. Bakter. usw., I Orig. **46**, 595 (1908).

— (*2*) Experimentelle Leukämie bei Hühnern II. Z. Hyg. **63**, 230 (1909).

ENGELBRETH-HOLM, J.: (*1*) Beretning on en ny Stamme Hönseleukose. Hosp.tid. (Dän.) **74**, 941 (1931); Z. Immunit.forsch. **73**, 126 (1931).

— (*2*) Undersögelser over den saakaldte Erythroleukose hos Höns. Kgl. Danske Vidensk. Selsk. Biol. Meddel. **10**, 4 (1932); Z. Immunit.forsch. **75**, 425 (1932).

— (*3*) De la rélation entre les diverses formes de la leucose des poules. C. r. Soc. Biol. **109**, 1216 (1932).

— (*4*) Experimentelle Studier over den overförbare Hönseleukose (mit deutscher Zusammenfassung). Habilitationsschrift, Kopenhagen, 1933.

— (*5*) An die Jahreszeit gebundene Schwankungen im Vorkommen akuter Leukose. Klin. Wschr. **14**, 1677 (1935); Hosp.tid. (Dän.) **78**, 1173 (1935).

— (*6*) Tumour producing viruses in fowls. Acta path. et microbiol. scand. (Dän.) Suppl. **38**, 26 (1938).

ENGELBRETH-HOLM, J. og O. FREDERIKSEN: Overförelse af Museleukose paa sunde Dyr med cellefrit materiale (dänisch). Überführung von Mäuseleukose auf gesunde Tiere durch zellfreies Material. Hosp.tid. **81**, 271 (1938); C. r. Soc. Biol. **129**, 101 (1938); Acta path. et microbiol. scand. (Dän.), Suppl. **37**, 138 (1938).

ENGELBRETH-HOLM, J. u. A. ROTHE MEYER: (*1*) Bericht über neue Erfahrungen mit einem Stamm Hühnererythroblastose. Acta path. et microbiol. scand. (Dän.) **9**, 293 (1932).

— (*2*) Über den Zusammenhang zwischen den verschiedenen Hühnerleukoseformen. Acta path. et microbiol. scand. (Dän.) **9**, 312 (1932).

— (*3*) On the connection between Erythroblastosis (Haemocytoblastosis), Myelosis and Sarcoma in Chicken. Acta path. et microbiol. scand. (Dän.) **12**, 352 (1935).

— (*4*) Variations in the percentage of takes in 3 Strains of Chicken leucosis. Acta path. et microbiol. scand. (Dän.) **12**, 366 (1935).

EWING, JAMES: Neoplastic diseases. (Saunders) Philadelphia. London, 1919.

FALIN, L. J. and K. E. GRONEZEWA: Experimental teratoma testis in fowl produced by injections of zinc sulphate solution. Amer. J. Canc. **36**, 233 (1939).

FARKAS: Allat. Lap. (ungarisch) 1934; siehe JARMAI, K. (*4*).

FAULKNER, G. H. and C. H. ANDREWES: Propagation of strains of rabbit fibroma virus in tissue culture. Brit. J. exper. Path. **16**, 271 (1935).

FELIX, A. and R. M. PITT: Vi-antigens of various types. Brit. J. exper. Path. **17**, 81 (1936).

FELLONI, G.: Sulla questione della produzione sperimentale del sarcoma del pollo mediante pappe embrionale arsenicata (italienisch). Über die Frage der experimentellen Erzeugung von Hühnersarkom mittels Embryonalgewebebrei und Arsenik. Pathologica (It.) **22**, 256 (1930) [Ref. aus J. Canc. (Brit.) **15**, 329 (1931)].

FIESER, L. F.: (*1*) The Chemistry of natural Products related to phenanthrene, New York: Reinhold Publishing Corp., III Kap., 1936.

— (*2*) Carcinogenic activity, structure and chemical reactivity of polynuclear aromatic hydrocarbons. Amer. J. Canc. **34**, 37 (1938).

FIESER, L. F., M. FIESER, E. B. HERSHBERG, M. S. NEWMAN, A. M. SELIGMAN, and M. J. SHEAR: Carciogenic activity of the Cholanthrenes and other 1:2-Benz-anthracene derivatives. Amer. J. Canc. **29**, 260 (1937).

FINDLAY, G. M.: (*1*) Histamine and Infection. J. Path. a. Bacter. **31**, 633 (1928).

— (*2*) Notes on infectious myxomatosis in rabbits. Brit. J. exper. Path. **10**, 214 (1929).

— (*3*) A system of bacteriology in relation to medicine. Great Britain med. Res. Council, Vol. 7, p. 252. London: His Majesty's Stationary Office, 1930.

FISCHER, A.: (*1*) Sur la culture indéfiniment prolongée en dehors de l'organisme de cellules provenant de tumeurs malignes. C. r. Soc. Biol. **90**, 1181 (1924).

— (*2*) Sur la culture pure de cellules sarcomateuses entretenue pendant une année *in vitro*. C. r. Soc. Biol. **91**, 1105 (1924).

— (*3*) Transformation des cellules normales en cellules malignes in vitro. C. r. Soc. Biol. **94**, 1217 (1926).

— (*4*) Untersuchungen über die natürliche Immunität gegen ROUS-Sarkom. Z. Krebsforsch. **24**, 580 (1927).

— (*5*) Sarkomzellen und Tuberkelbazillen in vitro. Arch. exper. Zellforsch. **3**, 390 (1927).

FISCHER, A. u. H. LASER: Studien über Sarkomzellen in vitro etc. Arch. exper. Zellforsch. **3**, 363 (1927).

FISK, R. T. and J. T. KESSEL: Immunisation studies with virus of infectious myxomatosis. Proc. Soc. exper. Biol. a. Med. (Am.) **29**, 9 (1931).

FLOSDORF, E. W. and S. MUDD: (*1*) Procedure of apparatus for Preservation in "lyophile" form of serum and other biological substances. J. Immunol. (Am.) **29**, 389 (1935).

— (*2*) Rapid drying of serum and microorganisms from the frozen state for preservation. Rep. Proc. second intern. Congr. of Microbiol., London 1936, S. 45. 1937.

FOULDS, L.: (*1*) The effect of vital staining on the distribution of the BROWN-PEARCE rabbit tumour. Tenth Sci. Rep. Imp. Cancer Res. Fund., S. 21. 1932.

— (*2*) The vital staining of fowl tumours. Tenth Sci. Rep. Imp. Cancer Res. Fund., S. 191. 1932.

— (*3*) The growth and spread of six filterable tumours of the fowl transmitted by grafts. Eleventh Rep. Imp. Cancer Res. Fund., S. 1. 1934.

— (*4*) Histological studies on filterable tumours of the fowl, with special reference to metastatic growths. Eleventh Sci. Rep. Imp. Cancer Res. Fund., S. 15. 1934.

— (*5*) Autoplastic transplantation of the thymus gland of the fowl. Eleventh Sci. Rep. Imp. Cancer Res. Fund., S. 27. 1934.

— (*6*) The filterable tumours of fowls; a critical review. Suppl. Eleventh Sci. Rep. Imp. Cancer Res. Fund., S. 1—41. 1934.

— (*7*) Observations on the non-filterable fowl-Tumours. Production of neutralizing sera against filtrates of ROUS-sarcoma I by non-infective extracts of a sarcoma induced by 1:2:5:6-Dibenzanthracene. Amer. J. Canc. **31**, 404 (1937).

— (*8*) A transplantable carcinoma of a domestic fowl, with a discussion of the histogenesis of mixed tumours. J. Path. a. Bacter, **44**, 1 (1937).

FRÄNKEL, E.: (*1*) Untersuchungen über ROUS-Tumoren. Z. Krebsforsch. **24**, 252 (1926).

— (*2*) Untersuchungen über die ROUS-Tumoren beim Huhn. II. Mitteilung. Z. Krebsforsch. **25**, 407 (1927).

— (*3*) Das Rous-Sarkom beim Huhn. III. Mitteilung. Z. Krebsforsch. **27**, 152 (1928).

— (*4*) Untersuchungen über das „Agens" des ROUS-Sarkoms. IV. Mitteilung. Z. Krebsforsch. **27**, 467 (1928).

— (*5*) Versuche zur Filtration des blastogenen Prinzips beim ROUS-Sarkom. VII. Mitteilung. Z. Krebsforsch. **29**, 498 (1929).

— (*6*) Untersuchungen über das Immunitätsproblem beim ROUS-Sarkom des Huhnes. Z. Krebsforsch. **29**, 501 (1929).

— (*7*) Investigations into the blastogenic principle in fowl sarcoma, and their significance in theory of origin of malignant tumours. Lancet **1929 II**, 538.

FRÄNKEL, E.: (*8*) Untersuchungen über einen dispositionellen Faktor bei der Erzeugung des Roussarkoms. Z. Krebsforsch. **32**, 167 (1930).

— (*9*) Versuche zur zellfreien Übertragung bei Säugetiertumoren. Z. Krebsforsch. **33**, 454 (1931).

FUJINAMI, A.: (*1*) Über das histologische Verhalten des quergestreiften Muskels an der Grenze bösartiger Geschwülste. Virchows Arch. **159**, 115 (1900).

— (*2*) A pathological study in chicken sarcoma. Trans. jap. path. Soc. **20**, 3 (1930).

— (*3*) On the pathology of transplantable chicken sarcoma. Gann (Jap.) **24**, 281 (1930).

FUJINAMI, A. and S. HATANO: Contribution on the pathology of hetero-transplantation of tumour. A duck sarcoma from chicken sarcoma. Gann (Jap.) **23**, 67 (1930).

FUJINAMI, A. u. K. INAMOTO: (*1*) Über eine transplantable Hühnergeschwulst. Gann (Jap.) **5**, 13 (1911).

(*2*) Über Geschwülste bei japanischen Haushühnern, insbesondere über einen transplantablen Tumor. Z. Krebsforsch. **14**, 94 (1914).

FUJINAMI, A. and K. SUZUE: (*1*) Contribution to the pathology of tumour growth. Experiments on transplantable chicken sarcoma. Trans. jap. path. Soc. **15**, 281 (1925).

— (*2*) Contribution to the pathology of tumour growth. Experiments on the growth of chicken sarcoma in the case of hetero-transplantation. Trans. jap. path. Soc. **18**, 616 (1928).

FURTH, J.: (*1*) On the transmissibility of the leucemia of fowls. Proc. Soc. exper. Biol. a. Med. (Am.) **27**, 155 (1929).

— (*2*) Observations on the pathogenesis of the myeloid leucemia of fowls. Proc. Soc. exper. Biol. a. Med. (Am.) **27**, 383 (1930).

— (*3*) Erythroleucosis and the anaemias of the fowl. Arch. Path. (Am.) **12**, 1 (1931).

— (*4*) Nature of the agent transmitting leucosis of the fowl. Proc. Soc. exper. Biol. a. Med. (Am.) **28**, 449 (1931).

— (*5*) On the resistence and filterability of the agent transmitting leucosis. Proc. Soc. exper. Biol. a. Med. (Am.) **28**, 985 (1931).

— (*6*) Observations with a new transmissible strain of the leucosis of the fowls. J. exper. Med. (Am.) **53**, 243 (1931).

— (*7*) Immunity phenomena in transmissible leucosis of fowls. Proc. Soc. exper. Biol. a. Med. (Am.) **29**, 1236 (1932).

— (*8*) Studies on the nature of the agent transmitting leucosis of fowls. I. Its Concentration in blood cells and plasma and relation to its incubation period. J. exper. Med. (Am.) **55**, 465 (1932).

— (*9*) Studies on the nature of the agent transmitting leucosis of fowls. III. Resistence to desiccation, to glycerin, to freezing and thawing; survival at icebox and incubator temperatures. J. exper. Med. (Am.) **55**, 495 (1932).

— (*10*) Lymphomatosis, myelomatosis, and endothelioma of chicken caused by a filterable agent. I. Transmission experiments. J. exper. Med. (Am.) **58**, 253 (1933).

— (*11*) Lymphomatosis, myelomatosis, and endothelioma of chicken caused by a filterable agent. II. Morphological characteristics of the endotheliomata caused by this agent. J. exper. Med. (Am.) **59**, 501 (1934).

— (*12*) Lymphomatosis in relation to the fowl paralysis. Arch. Path. (Am.) **20**, 379 (1935).

— (*13*) The relation of leucosis to sarcoma of chickens. II. Mixed osteochondrosarcoma and lymphomatosis (strain 12). J. exper. Med. (Am.) **63**, 127 (1936).

— (*14*) The relation of leucosis to sarcoma of chickens. III. Sarcomata of strains 11 and 15 and their relation to leucosis. J. exper. Med. (Am.) **63**, 145 (1936).

— (*15*) Viruses in the aetiology of new growths. Rep. Proc. second intern. Congr. of Microbiol., S 95, 1937.

FURTH, J. and C. BREEDIS: Attempts at cultivation of viruses producing leucosis in fowls. Arch. Path. (Am.) **24**, 281—302 (1937).

FURTH, J., O. B. FURTH, and C. BREEDIS: Monocytic leucemia and other neoplastic diseases occuring in mice following intrasplenic injection of 1,2-benzpyrene. Amer. J. Canc. **34**, 169 (1938).

FURTH, J., M. C. KAHN, and C. BREEDIS: Transmission of leucemia of mice with a single cell. Amer. J. Canc. **31**, 276 (1937).

FURTH, J. and H. K. MILLER: Studies on the nature of the agent transmitting leucosis of fowls. II. Filtration of leucemic plasma. J. exper. Med. (Am.) **55**, 479 (1932).

FURTH, J., H. R. SEIBOLD, and R. R. RATHBONE: Experimental studies on lymphomatosis of mice. Amer. J. Canc. **19**, 521 (1933).

GORDON, M. H.: (*1*) Studies of the aetiology of lymphadenoma. Rose Research on lymphadenoma, S. 7—76. Bristol, 1932.

— (*2*) HODGKIN's disease; pathogenic agent in glands and its application in diagnosis. Brit. med. J. **1**, 641 (1933).

GREPPIN, J.: Les phénomènes d'immunité dans la leucémie transmissible des poules. Bull. Assoc. franç. Étude Canc. **26**, 232 (1937).

GUÉRIN, M. et C. BONCIU: Contribution à l'étude de l'endothéliome de MURRAY chez la poule. Bull. Assoc. franç. Étude Canc. **21**, 518 (1932).

GUO, R. D.: Über die Immunitätsbeziehungen zwischen dem SHOPEschen Fibroma-Virus, dem Myxomatose-Virus und dem Neurolapine-Virus bei Kaninchen. Zbl. Bakter. usw., I Orig. **139**, 308 (1937).

GYE, W. E.: (*1*) A note on the propagation of FUJINAMI's fowl myxosarcoma in ducks. Brit. J. exper. Path. **12**, 93 (1931).

— (*2*) The Propagation of FUJINAMI's fowl myxosarcoma in ducklings. Brit. J. exper. Path. **13**, 458 (1932).

— (*3*) Das Krebsproblem vom biologischen Standpunkt. Arch. exper. Path. (D.) **190**, 92 (1938).

— (*4*) Tumours transmissible with viruses. II. Intern. Congress, Bruxelles, S. 48.

— (*5*) Some recent work in experimental cancer research. Brit. med. J. **1**, 551 (1938).

— (*6*) Thirty-sixth annual Report, 1937—1938, Imp. Cancer. Res. Fund, 1938, S. 7—16.

GYE, W. E. and C. H. ANDREWES: A study of the ROUS fowl sarcoma I. I. Filterability. Brit. J. exper. Path. **7**, 84 (1926).

GYE, W. E. and L. FOULDS: Anti-sera, which neutralize the virus of the ROUS-sarcoma No 1, prepared by injecting rabbits with cell-free extracts of a non-filterable Dibenzanthracene-tumour of fowls. Rep. Proc. second intern. Congr. of Microbiol., S. 99. 1937.

GYE, W. E. and W. J. PURDY: (*1*) ROUS sarcoma No 1: Influence of mode of extraction on the potency of filtrates. Brit. J. exper. Path. **11**, 211 (1930).

— (*2*) The ROUS sarcoma I: Loss of filtrate activity at incubator temperature. Protection by means of hydrocyanic acid. Brit. J. exper. Path. **11**, 282 (1930).

— (*3*) The cause of cancer. London, 1931.

— (*4*) Antisera to viruses of filterable tumours. J. Path. a. Bacter. **34**, 116 (1931).

— (*5*) The infective agent in tumour filtrates: a further investigation by means of antisera to normal tissues. Brit. J. exper. Path. **14**, 250 (1933).

— (*6*) Neutralizing sera produced by injections of extracts of normal fowl tissues. Rep. Proc. second intern. Congr. of Microbiol., S. 99. 1937.

HAAGEN, E.: (*1*) Die Bedeutung der Monocyten in der ätiologischen Tumorforschung. Arch. Zellforsch. **4**, 433 (1927).

— (*2*) Untersuchungen über die übertragbare Myxomatose beim Kaninchen usw. Arb. Reichsgesdh.amt, Berl. **64**, 57 (1931); siehe auch Zbl. Bakter. usw., I Orig. **121**, 1 (1931).

— (*3*) Über das Verhalten der virusartigen Krankheitserreger in vitro. IV. Congr. intern. di patol. comp., Rom, Mai 1938, Vol. I, S. 3.

HAAGEN, E. u. D. H. DU: Weitere Untersuchungen über das Verhalten des Myxomvirus in vitro. Zbl. Bakter. usw., I Orig. **143**, 23 (1938).

HADDOW, A.: (*1*) The application of vital staining to the histogenesis of the ROUS sarcoma I. J. Path. a. Med. **37**, 149 (1933).

HADDOW, A.: (2) Viruses in relation to the aetiology of tumours. Lancet **1934 II, 217.**
— (3) Influence of certain Polycyclic Hydrocarbons on the growths of the JENSEN rat sarcome. Nature (Brit.) **136,** 868 (1935).
— (4) Influence of carcinogenic compounds and related substances on the rate of growth of spontaneous tumours of the mouse. J. Path. a. Bacter. **47,** 567, 581 (1938).
HADDOW, A. and ROBINSON: Influence of various polycyclic hydrocarbons on the growth rate of transplantable tumours. Proc. roy. Soc., Lond., Ser. B: Biol. Sci. **122,** 442 (1937).
HAGUENAU, J., L. CRUREILHIER et C. VIALA: Influence sur l'évolution de la tumeur de SHOPE du virus-vaccin antirabique pastorien chez les lapins en lactation. Bull. Assoc. franç. Étude Canc. **26,** 314 (1937).
HANAU: Versuche über die künstliche Erzeugung von Carzinomen. Korresp.bl. Schweiz. Ärzte **19,** 334 (1889).
v. HANSEMANN, D.: Die mikroskopische Diagnose der bösartigen Geschwülste, 2. Aufl. Berlin, 1902.
HOBBS, J. R.: (1) The occurence of natural and acquired immunity to infectious myxomatosis of rabbits. Science **73,** 94 (1921).
— (2) Studies on the nature of the infectious myxomavirus of rabbits. Amer. J. Hyg. **8,** 800 (1928).
HÖRA, J.: SHOPE-Papillom und SHOPE-Carcinom (spontane und experimentelle Umwandlung der Papillome in Krebs). Z. Immunit.forsch. **47,** 303 (1938).
HOSFORD: Zitiert nach W. E. GYE (3).
HURST, E. W.: (1) Myxoma and the SHOPE fibroma. I. The histology of myxoma. Brit. J. exper. Path. **18,** 1 (1937).
— (2) II. The effect of intracerebral Passage on the myxoma virus. Brit. J. exper. Path. **18,** 15 (1937).
— (3) III. Miscellaneous observations bearing on the relationship between myxoma, neuromyxoma and fibromaviruses. Brit. J. exper. Path. **18,** 23 (1937).
— (4) Myxoma and SHOPE fibroma, myxoma in fibroma-immune rabbit, with summary of present knowledge of relationship between myxoma and fibroma viruses. Austral. J. exper. biol. a. med. Sci. **16,** 205 (1938).
HYDE, K. E.: Relationship between the viruses of infectious myxoma and the SHOPE fibroma of rabbits. Amer. J. Hyg. **23,** 278 (1936).
HYDE, R. R.: (1) Immunity to virus myxomatosis as affected by the portal of entry. Amer. J. Hyg. **23,** 425 (1936).
— (2) Transmission of the fibroma virus (SHOPE) of rabbits. Amer. J. Hyg. **24,** 217 (1936).
— (3) The pathogenesis of infectious myxomatosis (SANARELLI) as modified by certain immunizing agents. Amer. J. Hyg. **30,** 37 (1939).
HYDE, R. R. and R. E. GARDNER: Infectious myxoma of rabbits. Amer. J. Hyg. **17,** 446 (1933).
IIDA, K.: Biological studies of the blood (especially the blood of the sarcoma chicken). Trans. jap. path. Soc. **23,** 733 (1933) [cited from abstract Amer. J. Canc. **22,** 135 (1934)].
ISHIMOTA, N.: (1) Immunological studies on fowl sarcoma (Fifth Report). Gann (Jap.) **25,** 83 (1931).
— (2) Immunological studies on fowl sarcoma V. The effect of serum obtained from natural immune fowl upon the growth of fowl sarcoma. Gann (Jap.) **25,** 83 (1931) [Ref. Amer. J. Canc. **16,** 295 (1932)].
JABLONS, B.: Recherches sur le sarcoma du poulet. C. r. Soc. Biol. **81,** 327 (1918).
JADASSOHN: Sind die Verrucae vulgares übertragbar? Verh. dtsch. derm. Ges. 1895, S. 497. Wien u. Leipzig, 1896.
JARMAI, K.: (1) Beiträge zur Kenntnis der Hühnerleukose. Arch. wiss. u. prakt. Tierheilk. (Budapest) **62,** 113 (1930).
— (2) Infektionsversuche bebrüteter Eier mit dem Virus der Hühnererythroleukose. Dtsch. tierärztl. Wschr. **41,** 418 (1933).

JARMAI, K.: (3) Leukosen der Haustiere. Erg. Path. **28**, 227 (1934).
— (4) Tumorerzeugung mit dem Leukoseagens der Hühner. Arch. wiss. u. prakt. Tierheilk. (Budapest) **69**, 275 (1935).
— (5) Zur Produktion und Artspezifität des Agens der Hühnerleukose. Arch. wiss. u. prakt. Tierheilk. (Budapest) **70**, 62 (1935).
JARMAI, K., T. STENSZKY u. L. FARKAS: Neuere Beiträge zur Kenntnis der übertragbaren Hühnerleukose. Arch. wiss. u. prakt. Tierheilk. (Budapest) **65**, 46 (1932).
JENSEN, C. O.: (1) Nogle Forsög med Kraeftsvulster (dän.). [Einige Versuche mit Krebsgeschwülsten.] Hospt. **1902**, 489.
— (2) Experimentelle Untersuchungen über Krebs bei Mäusen. Zbl. Bakter usw., I Orig. **34**, 28, 122 (1903).
JONES, F. F. and P. ROUS: On the cause of the localization of secundary tumours at points of injury. J. exper. Med. (Am.) **20**, 404 (1914).
JULIUSBERG, MAX: Zur Kenntnis des Virus des Molluscum contagiosum des Menschen. Dtsch. med. Wschr. **1905**, 1598.
JUNG, G.: Untersuchungen über die Anwesenheit von Zellen in Membran-Filtraten des übertragbaren Hühnersarkoms. Z. Krebsforsch. **20**, 20 (1923).
KAALUND-JØRGENSEN, O.: Experimental studies on a transmissible myelomatosis (reticulosis) in mice. Acta radiol. (Schwd.), Suppl. **29**, 1 (1936).
KAHN, M. C. and J. FURTH: Transmission of mouse sarcoms with small numbers of counted cells. Proc. Soc. exper. Biol. a. Med. (Am.) **38**, 485 (1938).
KENNAWAY, E.: Further experiments on cancer producing substances. Biochem. J. (Brit.) **24**, 497 (1930).
KEOGH, E. V.: Ectodermal lesions produced by the virus of ROUS sarcoma. Brit. J. exper. Path. **19**, 1 (1938).
KESSEL, J. F., C. C. PROUTY, and J. W. MEYER: Occurrence of infectious myxomatosis in Southern California. Proc. Soc. exper. Biol. a. Med. (Am.) **28**, 413 (1930).
KIDD, J. G.: (1) Virus causing oral papillomatosis in rabbits. Proc. Soc. exper. Biol. a. Med. (Am.) **35**, 441 (1936).
— (2) Complement-fixation reaction involving rabbit papilloma virus (SHOPE). Proc. Soc. exper. Biol. a. Med. (Am.) **35**, 612 (1937).
— (3) The course of virus-induced rabbit papillomas as determined by virus, cells and host. J. exper. Med. (Am.) **67**, 551 (1938).
— (4) Immunological reactions with a virus causing papillomas in rabbits. I. Demonstration of a complement fixation reaction; relation of virus-neutralizing and complement-binding antibodies. J. exper. Med. (Am.) **68**, 703 (1938).
— (5) Immunological reactions with a virus causing papillomas in rabbits. II. Properties of the complement-binding antigen present in extracts of the growths; its relation to the virus. J. exper. Med. (Am.) **68**, 725 (1938).
— (6) Antigenicity and infectivity of extracts of virus-induced rabbit papillomas. Proc. Soc. exper. Biol. a. Med. (Am.) **37**, 657 (1938).
— (7) Immunological reactions with a virus causing papillomas in rabbits. III. Antigenicity and pathogenicity of extracts of the growths of wild and domestic species; General discussion. J. exper. Med. (Am.) **68**, 737 (1938).
— (8) Complement-binding antigen in extracts of BROWN-PEARCE Carcinoma of rabbits. Proc. Soc. exper. Biol. a. Med. (Am.) **38**, 292 (1938).
KIDD, J. G., K. W. BEARD, and P. ROUS: (1) Certain factors determining the cours of virus-induced tumours. Proc. Soc. exper. Biol. a. Med. (Am.) **33**, 193 (1935).
— (2) Serological reactions with a virus causing rabbit papillomas with a virus which became cancerous. I. Tests of the blood of animals carrying the papilloma. J. exper. Med. (Am.) **64**, 63 (1936).
— (3) Serological reactions with a virus causing rabbit papilloma which became cancerous. II. Tests of the blood of animals carrying various epithelial tumours. J. exper. Med. (Am.) **64**, 79 (1936).
KIDD, J. G. and R. J. PARSONS: Tissue affinity of SHOPE papilloma virus. Proc. Soc. exper. Biol. a. Med. (Am.) **35**, 438 (1936).

KIDD, J. G. and P. ROUS: (1) Effect of papilloma virus (SHOPE) upon tar warts of rabbits. Proc. Soc. exper. Biol. a. Med. (Am.) **37**, 518 (1937).

— (2) Carcinogenic effect of a papilloma virus on the tarred skin of rabbits. II. Major factors determining the phenomenon, etc. J. exper. Med. (Am.) **68**, 529 (1938); siehe auch ROUS, P. u. J. G. KIDD (2).

KLEIN, G.: (1) Über die Krebsdisposition und ihre diagnostische und therapeutische Bedeutung. Wissenschl. Woche zu Frankfurt a. M. 2. bis 9. Sept. 1934, Bd. II: Carcinom, S. 39. 1935.

— (2) Krebsdisposition, Krebsabwehr und ihre Diagnose. Arch. klin. Chir. **183**, 194 (1935).

KÖGL, F.: Zur Ätiologie der Tumoren. Klin. Wschr. **18**, 801 (1939).

KÖGL, F. u. H. ERXLEBEN: Zur Ätiologie der malignen Tumoren. Hoppe-Seylers Z. f. physiol. Chem. **258**, 57 (1939).

KONJETZNY, G. E.: Über einen ungewöhnlichen Penistumor. Münch. med. Wschr. **16**, 904 (1914).

KREBS, C.: The effect of Roentgen irradiation on the interrelation between malignant tumours and their hosts. Acta radiol. (Schwd.), Suppl. **8**, S. 1—133 (1929).

KREBS, C., RASK-NIELSEN, and A. WAGNER: The origin of lymphosarcomatosis and its relation to other forms of leucosis in white mice. Acta radiol. (Schwd.), Suppl. **10**, S. 1—53 (1930).

KUBO: Übertragbares Hühnersarkom. Trans. jap. path. Soc. (Tokio) **1923**, 193.

LACASSAGNE, A. and W. NYKA: (1) Influence de la privation d'hypophyse sur le developpement des tumeurs chez le lapin. C. r. Soc. Biol. **121**, 822 (1936).

— (2) Faible réaction, à l'injection intraveineuse du virus de SHOPE au niveau des papillomes obtenus par badigeonnages au benzopyrène chez des lapins à hypophyse détruite. Bull. Assoc. franç. Étude Canc. **26**, 154 (1937).

LADEWIG, P.: (1) Über das SHOPEsche Cottontail-rabbit-Papillom. Schweiz. med. Wschr. **67**, 165 (1937).

— (2) Beiträge zur Kenntnis des SHOPEschen Cottontail-Kaninchen-Papilloms und seines filtrierbaren „Erregers". I. Das Verhalten des filtrierbaren „Erregers" gegen Röntgenstrahlen. Virchows Arch. **298**, 636 (1937).

LANDSTEINER, K. and PH. LEVINE: On individual differences in chicken blood. Proc. Soc. exper. Biol. a. Med. (Am.) **30**, 209 (1932).

LANDSTEINER, K. and C. PH. MILLER: On individual differences in chicken blood. Proc. Soc. exper. Biol. a. Med. (Am.) **22**, 100 (1924).

LANGE, L. B.: On certain spontaneous chicken tumors as manifestations of a single disease. II. Simple spindle-celled sarcomata. J. exper. Med. (Am.) **19**, 577 (1914).

LASER, H.: Erzeugung eines Hühnersarkoms in vitro. Klin. Wschr. **6**, 698 (1927).

LEDINGHAM, I. C. G.: (1) Virusproblems: Elementary bodies in virus infections and filterable avian tumors and their etiological significance. Bull. Hopkins Hosp., Baltim. **56**, 247, 337 (1935); **57**, 32 (1935).

— (2) Beitrag in die Diskussion über Immunität bei Viruskrankheiten. Rep. Proc. second intern. Congr. of Microbiol. (London), S. 102. 1937.

— (3) Studies on the serological inter-relationships of the rabbit viruses, myxomatosis (SANARELLI 1898) and fibroma (SHOPE 1932). Brit. J. exper. Path. **18**, 436 (1937).

LEE, C. D., H. L. WILCKE, CH. MURRAY, and E. W. HENDERSON: Fowl leukosis. J. infect. Dis. (Am.) **61**, 1 (1937).

LEITCH, A.: On the pathogenesis of cancer. Rep. of intern. Conf. on Cancer, London, S. 20. 1928.

LEVADITI, C. et R. SCHOEN: Virus rabique et cellules néoplastiques. C. r. Acad. Sci. **202**, 702 (1936).

LEVINE, M.: The cytology of the tumor cell in the ROUS chicken sarcoma. Amer. J. Canc. **36**, 276, 386, 581; **37**, 69 (1939).

LEWIS, M. R. and H. B. ANDERVONT: (1) The serial transmission of chicken tumors by means of injection of the white blood-cells and the plasma. Amer. J. Hyg. **6**, 498 (1926).

LEWIS, M. R. and H. B. ANDERVONT: (2) The inactivation of the chicken tumour by means of carmine. Bull. Hopkins Hosp., Baltim. **40**, 265 (1927); **41**, 185 (1927).
— (3) The adsorption of certain viruses by means of particulate substances. Amer. J. Hyg. **7**, 505 (1927).
— (4) The inactivation of the chicken tumor virus by means of calcium compounds. Bull. Hopkins Hosp., Baltim. **42**, 191 (1928).
LEWIS, M. R. and W. R. LEWIS: Further studies on the inactivation of tumour-producing viruses by means of dyes. Amer. J. Canc. **16**, 333 (1932).
LIPSCHÜTZ, B.: (1) Zur Kenntnis des Molluscum contagiosum. Wien. klin. Wschr. **20**, 235 (1907).
— (2) Über Chlamydozoa-Strongyloplasmen. X. Beitrag zur Kenntnis der Ätiologie der Warze (Verruca vulgaris). Wien. klin. Wschr. **37**, 286 (1924).
— (3) Cytology of acuminate condyloma. Arch. Derm. (D.) **146**, 427 (1924).
— (4) Untersuchungen über die Ätiologie der Myxomkrankheit des Kaninchens. Wien. klin. Wschr. **40**, 1101 (1927).
— (5) Ergebnisse cytologischer Untersuchungen an Geschwülsten. XVI. Mitteilung: Methodisches zum Nachweis und Studium der Stegosomen in Ausstrichpräparaten des Hühnersarkoms. Z. Krebsforsch. **34**, 646 (1931).
— (6) Abschnitte in: Handbuch der Haut- und Geschlechtskrankheiten, Bd. XII, S. 333. 1933. — KOLLE, KRAUS u. UHLENHUTH: Handbuch der pathogenen Mikroorganismen, 3. Aufl., Bd. VIII, S. 309, 1041 (1930).
LLAMBIAS u. BRACHETTO-BRIAN: Evolution et symptômes du sarcome infectieux de poules. C. r. Soc. Biol. Par. **90**, 247 (1924).
LOCKHART-MUMMERY, J. P.: (1) Paper on origin of tumours. Brit. med. J. **1**, 785 (1932).
— (2) The origin of cancer. London, 1934.
LOEWENTHAL, H.: Erfolgreiche Isolierung des infektiösen Agens des Rous-Sarkoms mittels der Capillarsteigmethode. Z. Krebsforsch. **34**, 551 (1931).
LUCKÉ, B.: (1) A neoplastic disease of the kidney of the frog, rana pipiens. Amer. J. Canc. **20**, 352 (1934).
— (2) Neoplastic disease of kidney of frog Rana pipiens on occurrence of metastasis. Amer. J. Canc. **22**, 326 (1934).
— (3) Carcinoma of kidney in leopard frog; occurrence and significance of metastasis. Amer. J. Canc. **34**, 15 (1938).
— (4) Carcinome in leopard frog; its probable causation by virus. J. exper. Med. (Am.) **68**, 457 (1938).
LUDFORD, R. J.: (1) The cytology of tar tumours. Proc. roy. Soc., Lond., Ser. B: Biol. Sci. **98**, 557 (1925).
— (2) Cell inclusions in: A system of Bacteriology in relation to Medicine, Vol. 7, p. 29—41. London, 1930.
— (3) The somatic cell mutation theory of cancer. Ninth sci. Rep. Imp. Cancer Res. Fund., S. 121. 1930.
— (4) The differential reaction to trypan blue of normal and malignant cells *in vitro*. Tenth Sci. Rep. Imp. Cancer Res. Fund., S. 169. London, 1932.
— (5) The reaction of normal and malignant cells to fat-soluble coloured compounds which are insoluble in water. Eleventh Sci. Rep. Imp. Cancer Res. Fund., S. 169. 1934.
— (6) Production of tumours by cultures of normal cells treated with filtrates of filterable fowl tumours. Amer. J. Canc. **31**, 414 (1937).
— (7) The occasional neutralization of the active agent of filterable fowl tumours by fluid media from tissue cultures. Amer. J. Canc. **35**, 63 (1939).
LUKSCH, F.: Die Virusformen. Prag, 1934.
MACKENZIE, R. D. and E. STURM: Some factors determining the localization of a chicken tumour agent. J. exper. Med. (Am.) **47**, 345 (1928).
MAGAT, J. et M. MAGAT: Recherches spectroscopiques sur le sang de poules leucémiques. Bull. Assoc. franç. Étude Canc. **26**, 259 (1937).

MASCHMANN, E.: Beiträge zur Kenntnis des carcinogenen Agens des Hühnersarkoms von P. ROUS. Klin. Wschr. **10**, 358 (1931).

MASCHMANN, E. u. B. ALBRECHT: Beiträge zur Kenntnis des carcinogenen Agens des Hühnersarkoms von P. ROUS. Hoppe-Seylers Z. f. physiol. Chem. **196**, 241 (1931).

MAUER, G.: (*1*) Die Histogenese des ROUS-Sarkoms Nr. 1. Z. Krebsforsch. **48**, 58 (1938).

— (*2*) Untersuchungen über die Einwirkung kanzerogener Kohlenwasserstoffe auf Gewebekulturen. Arch. exper. Zellforsch. **21**, 191 (1938).

MAYNEORD, W. V. and L. D. PARSONS: Effect of X-radiation on tumour production by a chemical compound in mice, and the associated blood changes. J. Path. a. Bacter. **45**, 35 (1937).

McGOWAN, J. P.: (*1*) Pernicious anemia, leucemia and aplastic anemia. London, 1926.

— (*2*) On ROUS, leucotic, and allied tumours in the fowl. London, 1928.

McINTOSH, J.: (*1*) On the nature of the tumours induced in fowls by injections of tar. Brit. J. exper. Path. **14**, 422 (1933).

— (*2*) The sedimentation of the virus of the ROUS sarcoma and the bacteriophage by a high-speed centrifuge. J. Path. a. Bacter. **41**, 215 (1935).

— (*3*) Virus infections in tar-induced tumours (sarcomata) of the fowl. Rep. Proc. second intern. Congr. of Microbiol. (London), S. 97, 1937.

McINTOSH, J. and F. R. SELBIE: (*1*) Measurement of size by high-speed centrifugalization. Brit. J. exper. Path. **18**, 162 (1937).

— (*2*) Further observations on filterable tumours induced in fowls by injection of tar. Brit. J. exper. Path. **20**, 49 (1939).

McJUNKIN: Histologic resemblance of the ROUS chicken sarcome No 1 to HODGKIN's granuloma. J. Canc. Res. (Am.) **12**, 47 (1928).

McKEE, CLARE M.: Immunization against infectious myxomatosis with heat-inactivated virus in conjunction with the type III pneumococcus. Amer. J. Hyg., Sect. B **29**, 165 (1939).

McKENNEY, F. D. and J. E. SHILLINGER: Infectious myxomatosis of domestic rabbits. J. amer. vet. med. Assoc. **87**, 621 (1935).

MELLANBYE, E.: (*1*) Report on work carried out in the Pharmacological Laboratory, Sheffield University. Tenth annual Rep. Brit. Imp. Cancer Campaign, S. 100, 1933.

— (*2*) Biochemical studies on cancer growth. Eleventh annual Rep. Brit. Imp. Cancer Campaign, S. 81, 1934.

— (*3*) The descemination of filterable active agent in cancerous and others tissues of fowls. Twelth annual Rep. Brit. Imp. Cancer Campaign, S. 99, 1935.

— (*4*) Transmission of the ROUS filterable agens to chemically induced tumours. J. Path. a. Bacter. **46**, 447 (1938).

— (*5*) Transmission of ROUS filterable agent to normal tissues of fowls. J. Path. a. Bacter. **47**, 47 (1938).

MILONE, S.: (*1*) Sull' assorbimento superficiale dell'agente del sarcoma dei polli di P. ROUS. Arch. Sci. med. **52**, 321 (1928).

— (*2*) Innesti a zig-zag di sarcoma di PEYTON ROUS fra pollo e ratto. Arch. Sci. med. **52**, 362 (1928) (Ref. Z. Krebsforsch., S. 52, Ref.).

MORAU: Sur la transmissibilité de certains neoplasmes. Arch. med. exper. (1894).

MORTON, J. J. and G. MIDER: Production of lymphomatosis in mice of known genetic constitution. Science (Am.) **87**, 327 (1938).

MOSES, A.: Untersuchungen über das Virus myxomatosum der Kaninchen. Mem. Inst. Cruz, Rio **3**, 46 (1911).

MOTTRAM, J. C.: (*1*) The effect of β-radiation on ROUS chicken tumour. Lancet **1926 II**, 1266.

— (*2*) The effect of radiation on ROUS chicken tumour. Brit. J. exper. Path. **9**, 147 (1928).

— (*3*) Mesoblastic tumours produced in fowls by exposure to radium. Proc. Soc. exper. Biol. a. Med. (Am.) **29**, 15 (1935).

MUELLER, J. H.: The effect of oxidation of filtrates of a chicken sarcoma (chicken tumour No 1—ROUS). J. exper. Med. (Am.) **48**, 343 (1928).

MURPHY, J. B.: (*1*) Transplantability of malignant tumours to the embryos of foreign species. J. amer. med. Assoc. **59**, 874 (1912).

— (*2*) The transplantability of malignant tumours to the embryo of a foreign species. Proc. N. Y. path. Soc. **12**, 206 (1913).

— (*3*) Transplantability of tissues to the embryo of foreign species. J. exper. Med. (Am.) **17**, 482 (1913).

— (*4*) Studies in tissue specificity. II. The ultimate fate of mammalian tissue implanted in the chicken embryo. J. exper. Med. (Am.) **19**, 181 (1914).

— (*5*) Heteroplastic tissue grafting effected through Roentgenray lymphoid destruction. J. amer. med. Assoc. **62**, 1459 (1914).

— (*6*) Factors of resistance to heteroplastic tissue-grafting. III. Studies in tissue specificity. J. exper. Med. **19**, 513 (1914).

— (*7*) Experimental approach to the cancer problem. I. Four important phases of cancer research. II. Avian tumours in relation to the general problem of malignancy. Bull. Hopkins Hosp., Baltim. **56**, 1 (1935).

MURPHY, J. B. and K. LANDSTEINER: Experimental production and transmission of a tar sarcoma in chickens. J. exper. Med. (Am.) **41**, 807 (1925).

MURPHY, J. B. and P. ROUS: The behaviour of a chicken sarcoma implanted in the developing embryo. J. exper. Med. (Am.) **15**, 119 (1912).

MURPHY, J. B. and E. STURM: (*1*) Further observations on an inhibitor principle associated with the causative agent of a chicken tumour. Science **74**, 180 (1931).

— (*2*) Normal tissues as a possible source of inhibitor for tumors. Science **75**, 540 (1932).

— (*3*) Properties of the causative agent of a chicken tumour. IV. Association of an inhibitor with the active principle. J. exper. Med. (Am.) **56**, 107 (1932).

— (*4*) Properties of the causative agent of a chicken tumour. VI. Action of the associated inhibitor on mouse tumors. J. exper. Med. (Am.) **56**, 483 (1932).

— (*5*) Properties of the causative agent of a chicken tumour. VII. Separation of the associated inhibitor from tumour extracts. J. exper. Med. (Am.) **56**, 705 (1932).

— (*6*) A factor from normal tissues inhibiting tumor growth. J. exper. Med. (Am.) **60**, 293 (1934).

— (*7*) The effect of a growth-retarding factor from tissues on spontaneous cancer of mice. J. exper. Med. (Am.) **60**, 305 (1934).

MURPHY, J. B., E. STURM, A. CLAUDE, and O. M. HELMER: Properties of the causative agent of a chicken tumour. III. Attempts at isolation of the active principle. J. exper. Med. (Am.) **56**, 91 (1932).

MURPHY, J. B., E. STURM, G. FAVILLI, D. C. HOFFMAN, and A. CLAUDE: Properties of the causative agent of a chicken tumor. V. Antigenic properties of a chicken tumor No 1. J. exper. Med. (Am.) **56**, 117 (1932).

MURRAY, J. A. and A. M. BEGG: Histology and histogenesis of a filterable endothelioma of the fowl. Ninth sci. Rep. Imp. Cancer Res. Fund., London, S. 1, 1930.

NAKAHARA, W.: (*1*) Survival of cells of a chicken sarcome through the process of desiccation or glycerination. Gann (Jap.) **20**, 13 (1926).

— (*2*) Demonstration of the filterable cells of the ROUS chicken sarcoma. Gann (Jap.) **20**, 27 (1926).

— (*3*) The nature of the entity transmitting chicken sarcoma, as evidenced by experiments on desiccated sarcoma tissue. Gann (Jap.) **22**, 1 (1928).

NAKAHARA, W. and H. NAKAJIMA: Strictly cell free transmission of the ROUS chicken sarcoma. Gann (Jap.) **25**, 131 (1931).

NAUCK, E. G.: Das SHOPEsche Kaninchenfibrom und seine Beziehungen zum Kaninchenmyxom. Ztrbl. Bakter. usw., I Orig. **140**, Beih. 160, 197 (1937).

OBERLING, CH. et M. GUÉRIN: (*1*) Lésions tumorales en rapport avec la leucémie transmissible des poules. Bull. Assoc. franç. Étude Canc. **22**, 180 (1933).

— (*2*) Nouvelles recherches sur la production de tumeur malignes avec le virus de la leucémie transmissible des poules. Bull. Assoc. franç. Étude Canc. **22**, 326 (1933).

OBERLING, CH. et M. HUÉRIN: (3) La leucémie érythroblastique ou érythroblastose transmissible des poules. Bull. Assoc. franç. Étude Canc. **23**, 38 (1934).
— (4) La production de tumeurs avec l'agent de la leucémie transmissible des poules. Rep. Proc. second intern. Congr. of Microbiol. (London), S. 94. 1937.
— (5) Greffes de tumeurs leucémiques à des poules immunisées contre la leucémie. C. r. Soc. Biol. **124**, 227 (1937).
— (6) Sur la production de tumeurs par inoculation intracutanée de virus leucémique de la poule. C. r. Soc. Biol. **129**, 1059 (1938).
— (7) Recherches sur l'immunisation par inoculation intracutanée du virus leucémique de la poule. C. r. Soc. Biol. **129**, 1061 (1938).
OBERLING, CH., J. VERNE et M. GUÉRIN: Greffes de tumeurs leucémiques à des poules immunisées contre la leucémie. C. r. Soc. Biol. **124**, 227 (1937).
OBERNDORFER, S.: Beiträge zur Kenntnis des SHOPEschen Cottontail-Kaninchenpapilloms und seines filtrierbaren Erregers. Virchows Arch. **301**, 204 (1938).
OSHIMA, F.: Übertragbares Hühnersarkom. Trans. jap. path. Soc. Tokio (1923).
OSHIMA, F. and K. ADACHI: Relation between the causative agent of chicken sarcoma and plants and fruits. Trans. jap. path. Soc. **23**, 663 (1933) [Ref. Amer. J. Canc. **22**, 135 (1934)].
OSHIMA, F. u. Y. YABUUCHI: (1) Studien über die Hühnergeschwülste. 19. Mitteilung: Beziehungen zwischen dem Agens des Hühnersarkoms und dem Auge. Gann (Jap.) **27**, 390 (1933).
— (2) Studien über die Hühnergeschwülste. 20. Mitteilung: Experimentelle Untersuchungen über die Übertragung des Hühnersarkom-Agens in die Eier von verschiedenen Vögeln usw. Gann (Jap.) **27**, 405 (1933).
PAPPENHEIMER, A. M., L. C. DUNN, and V. CONE: Studies on fowl paralysis (neurolymphomatosis gallinarum); clinical features and pathology. J. exper. Med. (Am.) **49**, 63 (1929).
PAPPENHEIMER, A. M., L. C. DUNN, and S. M. SEIDLIN: Studies on fowl paralysis (neurolymphomatosis gallinarum); transmission experiments. J. exper. Med. (Am.) **49**, 87 (1929).
PARSONS, DOROTHY L.: Blood changes in mice bearing experimental sarcomas; (A) Sarcomas induced by a derivate of 1:2:5:6-Dibenzanthracene. (B) Sarcoma produced by cell-free filtrates of mal. sarcoma 1. J. Path. a. Bacter. **43**, 1 (1936).
PARSONS, R. J. and J. G. KIDD: Virus causing oral papillomatosis in rabbits. Proc. Soc. exper. Biol. a. Med. (Am.) **35**, 441 (1936).
PATERSON, R.: Cases and observations on the molluscum contagiosum of BATEMAN, with an account of the minute structure of the tumours. Edinbgh med. surg. J. **56**, 279 (1841); cit. nach G. M. FINDLAY in: A system of bacteriology in relation to medicine, Vol. 7, p. 248. London, 1930.
PEACOCK, P. R.: (1) Production of tumours in the fowl by carcinogenic agents. 1. Tar. 2. 1:2:5:6-Dibenzanthracene-lard. J. Path. a. Bacter. **36**, 141 (1933).
— (2) Studies on fowl tumours induced by carcinogenic agents. I. A seasonable factor influencing rate of growth and transmissibility. II. Attempted transmission by cell-free material. Amer. J. Canc. **25**, 37, 49 (1935).
— (3) A comparative study of filterable and non-filterable fowl tumours. Rep. Proc. second intern. Congr. of Microbiol., S. 97. London, 1937.
PENTIMALLI, F.: (1) Lésions des tissues comme facteur de développement des tumeurs expérimentales. Arch. biol. norm. et path. **70**, Heft 3/4 (1916).
— (2) Über die Geschwülste bei Hühnern. I. Allgemeine Morphologie der spontanen und der transplantablen Hühnergeschwülste. Z. Krebsforsch. **15**, 111 (1916).
— (3) Über Metastasenbildung beim Hühnersarkom. Z. Krebsforsch. **22**, 62 (1925).
— (4) Über die elektive Wirkung des Virus des Hühnersarkoms. Z. Krebsforsch. **22**, 74 (1925).
— (5) Biologische Untersuchungen über Adsorption des Agens des Hühnersarkoms. Verh. dtsch. path. Ges. **22**, 116 (1927).
— (6) Neue Untersuchungen über das Vorhandensein des Sarkomagens im Blut von Hühnersarkom. Z. Krebsforsch. **40**, 166 (1933).

PEYRON, A.: Sur l'évolution néoplastique de fibres musculaires striées dans le sarcome infectieux des oiseaux. Bull. Assoc. franç. Étude Canc. **10**, 2 (1921).

PEYRON, A., E. HARDE et N. KOBOZIEFF: (*1*) Sur le papillome infectieux du lapin (tumeur de SHOPE). Bull. Assoc. franç, Étude Canc. **25**, 350 (1936).

— (*2*) Sur le papillome infectieux de SHOPE et son developpement sur les races françaises de lapins. C. r. Soc. Biol. **121**, 1623 (1936).

PEYRON, A. et G.-DELILLE POUMEAU: (*1*) Sur la signification des cellules claires et des inclusions observées dans le papillo-épithéliome de SHOPE. C. r. Soc. Biol. **129**, 1114 (1938).

— (*2*) Sur l'origine et l'évolution des mélanoblastes dans le papillo-épithéliome de SHOPE. C. r. Soc. Biol. **130**, 159 (1939).

— (*3*) L'histopathologie et les modalités évolutives de la tumeur cutanée de SHOPE chez le lapin. Bull. Assoc. franç. Étude Canc. **28**, 180 (1939).

PIKOWSKI, M. u. L. DOLJANSKI: Über die Beziehungen zwischen Leukämie- und Tumorgenese beim Huhn usw. Fol. haemat. (D.) **60**, 38 (1938).

PIRIE, A. and B. E. HOLMES: The cause of inactivation of the ROUS sarcoma filtrate during incubation. Brit. J. exper. Path. **12**, 127 (1931).

PODWYSSOZKI, W.: Zur Frage über die formativen Reize VIII. Riesenzellengranulome durch Kieselgur hervorgerufen. Beitr. path. Anat. **47**, 270 (1910).

POLL, H.: Arch. mikrosk. Anat. **94**, 365 (1920).

PURDY, W. J.: (*1*) The propagation of the FUJINAMI fowl-myxosarcoma in adult ducks. J. Brit. exper. Path. **13**, 467 (1932).

— (*2*) The propagation of ROUS sarcoma No 1 in ducklings. Brit. J. exper. Path. **13**, 473 (1932).

— (*3*) The hetero-transfer of two filterable tumours: an investigation by means of resistance induced by embryo tissue. Brit. J. exper. Path. **14**, 9 (1933).

— (*4*) The hetero-transfer of two filterable tumours: an investigation by means of immune sera. Brit. J. exper. Path. **14**, 260 (1933).

— (*5*) The FUJINAMI myxosarcoma in ducks: resistance to reinfection. Brit. J. exper. Path. **14**, 297 (1933).

PUTNOKY, J.: (*1*) Über die heteroplastische Transplantation des EHRLICHschen überimpfbaren Mäusecarcinoms. Z. Krebsforsch. **32**, 520 (1930); siehe auch **39**, 451 (1933).

— (*2*) On the immunity reactions of a heterotransplantable mouse carcinoma propagated in rats for seven years. Amer. J. Canc. **32**, 35 (1938).

RAGNOTTI, E.: Über die Infektiosität des Blutes von mit Rous-Sarkom behafteten Hühnern. Z. Krebsforsch. **29**, 510 (1929).

RETZIUS, G.: Dtsch. Klin. **23**, 450 (1871).

RIBBERT, H.: Das Karzinom des Menschen. Bonn: Friedrich Cohen, 1911.

RICCARDI, C.: Richerche sperimentale sul sarcoma di ROUS. Bull. Soc. med.-chir. Pavia **43**, 693 (1929) [Ref. Z. Krebsforsch. **33**, 162 (1931)].

RIVERS, T. M.: (*1*) Changes observed in epidermal cells covering myxomatous masses induced by *Virus myxomatosum* (SANARELLI). Proc. Soc. exper. Biol. a. Med. (Am.) **24**, 435 (1926/27).

— (*2*) Some general aspects of pathological conditions caused by filterable viruses. Amer. J. Path. **4**, 91 (1928).

— (*3*) Filterable viruses. London: Baillière, Tindall & Cox, 1928.

— (*4*) Infectious myxomatosis of rabbits; observations on pathological changes induced by virus myxomatosum (SANARELLI). J. exper. Med. (Am.) **51**, 965 (1930).

— (*5*) Diskussionsbemerkung. Rep. Proc. second intern. Congr. of Microbiol., London, S. 101. 1937.

RIVERS, T. M. and L. PEARCE: Growth and persistence of filterable viruses in a transplantable rabbit neoplasm. J. exper. Med. (Am.) **42**, 523 (1925).

RIVERS, T. M. and S. M. WARD: Infectious myxomatosis of rabbits. Preparation of elementary bodies and studies of serologically active materials associated with the disease. J. exper. Med. (Am.) **66**, 1 (1937).

RONDONI, P. et M. J. EISEN: Ricerche sul papilloma di SHOPE. Tumori II, **11**, 511 (1937).

ROOYEN, C. E. VAN: (*1*) Elementary (PASCHEN) bodies in infectious myxomatosis of the rabbit (Virus myxomatosum SANARELLI). Zbl. Bakter. usw., I Orig. **139**, 130 (1937); **140**, 117 (1937).

— (*2*) Specific complement-fixation with SHOPE's fibroma virus and its relationship to virus-neutralizing properties of immune sera. Brit. J. exper. Path. **19**, 156 (1938).

ROOYEN, C. E. VAN and A. J. RHODES: Immunological relationship of SHOPE's rabbit fibroma virus to virus of infectious myxomatosis; complement fixation studies. Zbl. Bakter. usw., I Orig. **142**, 149 (1938).

ROSKIN, G.: (*1*) Cytologie des Hühnersarkoms. Virchows Arch. **261**, 919 (1926).

— (*2*) Versuche mit heteroplastischer Überpflanzung der bösartigen Geschwülste. Z. Krebsforsch. **24**, 121 (1927).

ROTHE-MEYER, A.: (*1*) Om Kombination af Leukose og Sarkom hos Höns. Hosp.tid. (Dän.) **77**, 579 (1934).

— (*2*) Experimentelle Studier over Forholdet mellem Leukose og Sarkom hos Höns (dänisch, mit deutscher Zusammenfassung). Experimentelle Studien über das Verhältnis zwischen Leukose und Sarkom bei Hühnern. Habilitationsschrift. Kopenhagen, 1935.

ROTHE-MEYER, A. et J. ENGELBRETH-HOLM: (*1*) Adsorbtion de l'agent de la leucose des poules par les globules normaux des poules. C. r. Soc. Biol. **114**, 829 (1933).

— (*2*) La neutralisation de l'agent de la leucose des poules. C. r. Soc. Biol. **114**, 830 (1933).

— (*3*) Über das Agens der übertragbaren Hühnerleukose. Acta path. et microbiol. scand. (Dän.) **10**, 261 (1933).

— (*4*) Experimentelle Studien über die Beziehungen zwischen Hühnerleukose und Sarkom an der Hand eines Stammes von übertragbarer Leukose-Sarkom-Kombination. Acta path. et microbiol. scand. (Dän.) **10**, 380 (1933).

ROTHE-MEYER, A., J. ENGELBRETH-HOLM, and E. UHL: Further studies on the agent of chicken leukosis. Acta path. et microbiol. scand. (Dän.) **12**, 378 (1935).

ROUS, P.: (*1*) Metastasis and tumor immunity. Observations with a transmissible avian neoplasm. J. amer. med. Assoc. **55**, 1805 (1910).

— (*2*) A transmissible avian neoplasm (sarcoma of the common fowl). J. exper. Med. (Am.) **12**, 696 (1910).

— (*3*) The relations of embryonic tissue and tumor in mixed grafts. J. exper. Med. (Am.) **13**, 239 (1911); siehe auch J. amer. med. Assoc. **54**, 1939 (1910).

— (*4*) A sarcoma of the fowl transmissible by an agent separable from the tumor cells. J. exper. Med. (Am.) **13**, 397 (1911).

— (*5*) Transmission of a malignant new growth by means of cell-free filtrates. J. amer. med. Assoc. **56**, 198 (1911).

— (*6*) False transitions between normal and cancerous epithelium. J. exper. Med. (Am.) **17**, 494 (1913).

— (*7*) Resistance to a tumor-producing agent as distinct from resistance to the implanted tumor-cells. J. exper. Med. (Am.) **18**, 416 (1913).

— (*8*) On certain spontaneous chicken tumors as manifestations of a single disease. I. Spindlecelled sarcomata rifted with blood sinuses. J. exper. Med. (Am.) **19**, 570 (1914).

— (*9*) The virus tumors and the tumor problem. Amer. J. Canc. **28**, 233 (1936) [dieselbe Abhandlung in Harvey Lect. (Am.) **31**, 74—115 (1936)].

— (*10*) Present knowledge concerning viruses as a cause of tumors. Rep. Proc. second intern. Congr. of Microbiol. (London), S. 93. 1937.

ROUS, P. and J. W. BEARD: (*1*) A virus induced mammalian growth with the character of a tumor (the SHOPE rabbit papilloma). I. The growth on implantation within favorable hosts. J. exper. Med. (Am.) **60**, 701 (1934).

— (*2*) II. Siehe BEARD, J. W. and P. ROUS (*1*).

— (*3*) III. Further characters of the growth; general discussion. J. exper. Med. (Am.) **60**, 741 (1934).

ROUS, P. and J. W. BEARD: (*4*) The neoplastic traits of a mammalian growth due to a filterable virus—the SHOPE rabbit papilloma. Science **79**, 437 (1934).

— (*5*) Carcinomatous changes in virus-induced papillomas of skin of rabbit. Proc. Soc. exper. Biol. a. Med. (Am.) **32**, 578 (1935).

— (*6*) The progression to carcinoma of virus-induced rabbit papillomas (SHOPE). J. exper. Med. (Am.) **62**, 523 (1935).

— (*7*) Comparison of the tar tumors of rabbits and the virus-induced tumors. Proc. Soc. exper. Biol. a. Med. (Am.) **33**, 358 (1936).

ROUS, P., J. W. BEARD, and J. G. KIDD: Observation on the relation of the virus causing rabbit papillomas to the cancer deriving therefrom. II. The evidence provided by the tumors: general considerations. J. exper. Med. (Am.) **64**, 401 (1936).

ROUS, P. and J. G. KIDD: (*1*) The carcinogenic effect of a virus upon tarred skin. Science **83**, 468 (1936).

— (*2*) Carcinogenic effect of a papilloma virus on the tarred skin of rabbits. I. Description of the phenomenon. J. exper. Med. (Am.) **67**, 399 (1938).

— (*3*) II. Siehe KIDD, J. G. and P. ROUS (*2*).

— (*4*) A comparison of virus-induced rabbit tumors with the tumors of unknown cause elicited by tarring. J. exper. Med. (Am.) **69**, 399 (1939).

ROUS, P., J. G. KIDD, and J. W. BEARD: Observations on the relation of the virus causing rabbit papillomas to the cancers deriving therefrom. I. The influence of the host species and of the pathogenic activity and concentration of the virus. J. exper. Med. (Am.) **64**, 385 (1936).

ROUS, P. and L. B. LANGE: The characters of a third transplantable chicken tumour due to a filterable cause. A sarcoma of intracanalicular pattern. J. exper. Med. (Am.) **18**, 651 (1913).

ROUS, P. and J. B. MURPHY: (*1*) Tumor implantations in the developing embryo: Experiments with a transmissible sarcoma of the fowl. J. amer. med. Assoc. **56**, 741 (1911).

— (*2*) The histological signs of resistance to a transmissible sarcoma of the fowl. J. exper. Med. (Am.) **15**, 270 (1912).

— (*3*) The nature of the filterable agent causing a sarcoma of the fowl. J. amer. med. Assoc. **58**, 1938 (1912).

— (*4*) Variations in a chicken sarcoma caused by a filterable agent. J. exper. Med. (Am.) **17**, 219 (1913).

— (*5*) Beobachtungen an einem Hühnersarkom und seiner filtrierbaren Ursache. Berl. klin. Wschr. **1913**, 637.

— (*6*) On the causation by filterable agents of three distinct chicken tumors. J. exper. Med. (Am.) **19**, 52 (1914).

— (*7*) On immunity to transplantable chicken tumors. J. exper. Med. (Am.) **20**, 419 (1914).

ROUS, P., J. B. MURPHY, and W. H. TYTLER: (*1*) Transplantable tumors of the fowl: a neglected material for cancer research. J. amer. med. Assoc. **58**, 1682 (1912).

— (*2*) The rôle of injury in the production of a chicken sarcoma by a filterable agent. J. amer. med. Assoc. **58**, 1751 (1912).

— (*3*) The relation between a chicken sarcoma's behaviour and the growth's filterable cause. J. amer. med. Assoc. **58**, 1840 (1912).

— (*4*) A filterable agent the cause of a second chicken tumor, an osteochondrosarcoma. J. amer. med. Assoc. **59**, 1793 (1912).

ROUS, P., O. H. ROBERTSON, and J. OLIVER: Experiments on the production of specific antisera for infections of unknown cause. I—II. The production of a serum effective against the agent causing a chicken sarcoma. J. exper. Med. (Am.) **29** 283, 305 (1919).

RUSSELL, B. R. G.: (*1*) The nature of resistance to the inoculation of cancer. Third Sci. Rep. Imp. Cancer Res. Fund., S. 341. 1908.

— (*2*) The manifestation of active resistance to the growth of implanted cancer. Fifth Sci. Rep. Imp. Cancer. Res. Fund., S. 1. 1912.

SANARELLI, G.: Das myxomatogene Virus. Beitrag zum Studium der Krankheitserreger außerhalb des Sichtbaren. Z. Bakter. **23**, 865 (1898).

SCHAAF, J.: Die Leukose des Huhnes. Z. Infekt.krkh. u. Hyg. d. Haustiere **49**, 214 (1936).

SCHMEISSER, H. C.: Spontaneous and experimental leukemia of the fowl. J. exper. Med. (Am.) **22**, 820 (1915).

SCHMIDT, S.: Die Bedeutung der Adsorption für die aktive Immunisierung gegen Viruskrankheiten. Arch. Virusforsch. **1**, 215 (1939); siehe auch Bibl. Laeg. (Dän.) **128**, 269 (1936).

SCHOEN, E.: Évolution du virus lymphogranulomateux dans les élements neoplasiques sarcomateux. C. r. Soc. Biol. **128**, 135 (1938). Tumeurs et ultra-virus, etc. Ann. Inst. Pasteur, Par. **60**, 499 (1938).

SCHÖNE, G.: Untersuchungen über Karzinomimmunität bei Mäusen. Münch. med. Wschr. **53**, 2517 (1906).

SERRA, A.: Studi sul virus della verruca, del papilloma, del condiloma acuminato. Gi. ital. Mal. vener. **43**, 11 (1908) und ibidem **65**, 1808 (1924).

SHEAR, M. J.: Studies in carcinogenesis. Amer. J. Canc. **28**, 334 (1936); siehe auch **29**, 269 (1937); **33**, 499 (1938); **36**, 211 (1939).

SHOPE, R. E.: (*1*) A transmissible tumour-like condition in rabbits. J. exper. Med. (Am.) **56**, 793 (1932).

— (*2*) A filterable virus causing a tumour-like condition in rabbits and its relationship to virus myxomatosum. J. exper. Med. (Am.) **56**, 803 (1932).

— (*3*) Serial transmission of virus of infectious papillomatosis in domestic rabbits. Proc. Soc. exper. Biol. a. Med. (Am.) **32**, 830 (1935).

— (*4*) Infectious fibroma of rabbits. III. The serial transmission of virus myxomatosum in cottontail rabbits, and cross-immunity tests with the fibroma virus. J. exper. Med. (Am.) **63**, 33 (1936).

— (*5*) Infectious fibroma of rabbits. IV. The injection with virus myxomatosum of rabbits recovered from fibroma. J. exper. Med. (Am.) **63**, 43 (1936).

— (*6*) II. Behaviour of the variant virus in cottontail rabbits. J. exper. Med. (Am.) **63**, 173 (1936).

— (*7*) Immunisation of rabbits to infectious papillomatosis. J. exper. Med. (Am.) **65**, 219 (1937).

— (*8*) Protection of rabbits against naturally acquired infectious myxomatosis by previous infection with fibroma virus. Proc. Soc. exper. Biol. a. Med. (Am.) **38**, 86 (1938).

SHOPE, R. E. and E. W. HURST: Infectious papillomatosis of rabbits with note on histopathology. J. exper. Med. (Am.) **58**, 607 (1933).

SITTENFELD, M. J., B. JOHNSON, and J. W. JOBLING: (*1*) The demonstration of inhibitory substances in the filtrate of the ROUS chicken sarcoma and their separation from the active agent. Amer. J. Canc., Suppl. **15**, 2275 (1931).

— (*2*) Demonstration on a tumour-inhibiting substance in filtrate of ROUS chicken sarcoma and in normal chicken sera. Proc. Soc. exper. Biol. a. Med. (Am.) **28**, 517 (1931).

— (*3*) Recovery of the active agent of the ROUS chicken sarcoma after its intravenous injection into fowls. Amer. J. Canc. **16**, 345 (1932).

SPLENDORE, A.: Il virus mixomatoso di conigli. Rev. Soc. Sci. S. Paulo **3**, 13 (1908) u. Über das Virus myxomatosum der Kaninchen. Zbl. Bakter., I Orig. **48**, 300 (1909).

SPRUNT, D. H.: Infectious myxomatosis (SANARELLI) in pregnant rabbits. J. exper. Med. (Am.) **56**, 601 (1932).

STANLEY, W. M.: (*1*) Isolation of a crystalline protein possessing the properties of tobacco mosaic virus. Science **81**, 644 (1935).

— (*2*) Chemical studies on the virus of tobacco-mosaic. VI. The isolation from diseased turkish tobacco plants of a crystalline protein possessing the properties of tobacco mosaic virus. Phytopath. **26**, 305 (1936).

— (*3*) Crystalline tobacco-mosaic virus protein. Amer. J. Botany **24**, 59 (1937).

— (*4*) Some biochemical investigations on the crystalline tobacco-mosaic virus proteins. Proc. amer. philos. Soc. **77**, 447 (1937).

STANLEY, W. M.: (*5*) Crystalline tobacco-mosaic virus protein. Rep. Proc. second intern. Congr. of Microbiol. (London), S. 82, 86, 1937.

STANLEY, W. M. and H. S. LORING: Properties of purified viruses. IV. Congr. internat. d. Patologia compar. Rom, 15.—20. Mai 1939. Vol. I, S. 45.

STANLEY, W. M. and R. W. G. WYCKOFF: The isolation of tobacco ring spot and other virus proteins by ultra-centrifugation. Science **85**, 181 (1937).

STEWART, F. W.: The fundamental pathology of infectious myxomatosis. Amer. J. Canc. **15**, 2013 (1931).

STORTI, E. u. R. STORTI: Blut- und Gewebsveränderungen leukämischer und erythrämischer Art durch ins Knochenmark eingespritztes 1:2-Benzpyren. Klin. Wschr. **1937**, 1082.

STUBBS, E. L. and J. FURTH: (*1*) Transmission experiments with leucosis of fowls. J. exper. Med. (Am.) **53**, 269 (1931).

— (*2*) Relation of age and breed to susceptibility in leucosis of fowls. Proc. Soc. exper. Biol. a. Med. **28**, 986 (1931).

— (*3*) Relation of leucosis to sarcoma of chickens. I. Sarcoma and erythroleukosis. (Strain 13.) J. exper. Med. (Am.) **61**, 593 (1935).

STURM, E. and J. B. MURPHY: Further observations on a experimentally produced sarcoma of the chicken. J. exper. Med. (Am.) **47**, 493 (1928).

SUGIURA, K.: The availability of young chicks for tumor transplantation. J. Canc. Res. (Am.) **10**, 481 (1926).

SYVERTON, I. T. and G. P. BERRY: Carcinoma in cottontail rabbit following spontan virus papilloma (SHOPE). Proc. Soc. exper. Biol. a. Med. (Am.) **33**, 399 (1935).

TEAGUE, O. and E. GOODPASTURE: Experimental herpes zoster. J. med. Res. (Am.) **24**, 185 (1923).

TEUTSCHLÄNDER, O.: (*1*) Ein neuer übertragbarer Hühnertumor. Beitr. path. Anat. **69**, 489 (1921).

— (*2*) Über die angeblich zellfreie Übertragung der Hühnersarkome. Z. Krebsforsch. **20**, 43 (1923).

— (*3*) Über die Biologie meines übertragbaren Hühnersarkoms. Z. Krebsforsch. **20**, 79 (1923).

— (*4*) Die Roussarkome. (Ihr Wesen und ihre Bedeutung.) Z. Krebsforsch. **27**, 241 (1928).

— (*5*) Zwei Fälle von malignen hämatoblastischen Retikuloendotheliomen der Bursa Fabricii nach Impfung von Rousmaterial usw. Z. Krebsforsch. **32**, 65 (1930).

THOMSEN, O.: Untersuchungen über erbliche Blutgruppenantigene bei Hühnern. Hereditas (Schwd.) **9**, 243 (1934).

THOMSEN, O. u. J. ENGELBRETH-HOLM: Experimentelles Hervorrufen von leukotischen Zuständen bei Hühnern. Acta path. et microbiol. scand. (Dän.) **8**, 121 (1931); C. r. Soc. Biol. **109**, 1253 (1932).

THOMSEN, O., J. ENGELBRETH-HOLM u. A. ROTHE-MEYER: Erythroblastose bei Hühnern, entstanden während der Immunisierung. Z. Immunit.forsch. **86**, 500 (1935).

TODD, C.: Cellular individuality in higher animals, with special reference in the individuality of the red blood corpuscle. Proc. roy. Soc., Lond., Ser. B: Biol. **107**, 197 (1930).

THRANE, M.: Nogle röntgenbiologiske Forsög (dänisch). [Einige röntgenbiologische Versuche.] Habilitationsschrift. Kopenhagen, 1935.

TROISIER, J.: (*1*) Étude expérimentale de la sarcomatose spontanée des poules. Bull. Assoc. franç. Étude Canc. **23**, 225 (1934).

— (*2*) Leucose et sarcomatose des poules. Unité de virus. Ann. Inst. Pasteur, Par. **55**, 501 (1935).

TURPIN, R.: De l'influence des qualités héréditaires sur la sensibilité des animaux à l'égard des maladies infectieuses. Rev. Immunol. (Fr.) **2**, 54 (1936).

TYTLER, W. H.: A transplantable new growth of the fowl producing cartilage and bone. J. exper. Med. (Am.) **17**, 466 (1913).

UHL, E.: Experimentelle Studier over Agens ved Hönseleukoser (dänisch). [Experimentelle Studien über das Agens bei Hühnerleukosen.] Habilitationsschrift. Kopenhagen: Levin und Munksgaard, 1937.

— (2) Active immunization of chickens against chicken leucosis with agent absorbed by aluminium hydroxyde. Acta path. et microbiol. scand. (Dän.), Suppl. **37**, 544 (1938).

UHL, E., J. ENGELBRETH-HOLM, and A. ROTHE-MEYER: (1) On production of specific antibodies against the agent of chicken leucosis. Acta path. et microbiol. scand. (Dän.) **13**, 394 (1936).

— (2) On the production of sarcomata in pure chicken leucosis strains. Acta path. et microbiol. scand. (Dän.) **13**, 434 (1936).

— (3) Production of specific antibodies against the agent of the chicken leucosis. Rep. Proc. second intern. Congr. of Microbiol. (London), S. 95. 1937.

UHLENHUTH, P.: Diskussionsbemerkung über HODGKIN's disease. Rep. Proc. second intern. Congr. of Microbiol., S. 100. 1937.

UHLENHUTH, P. u. K. WURM: Zur Frage der HODGKINschen Lymphogranulomatose. II. Experimentelle Untersuchungen. Klin. Wschr. **15**, 1025 (1936) (siehe BOHNENKAMP, H., P. UHLENHUTH u. K. WURM).

UHLENHUTH, P., K. WURM, G. LIEBEGOTT u. R. GAUPP jr.: Untersuchungen zum Problem der HODGKINschen Krankheit. Z. exper. Med. **105**, 205 (1939).

ULLMANN, E. V.: On the aetiology of the laryngeal papilloma. Wien. klin. Wschr. **34**, 599 (1921); Acta oto-laryng. (Schwd.) **5**, 317 (1923).

VARIOT, G.: J. clin. Ther. infant. **94**, 892 (1893).

VERNE, J., CH. OBERLING et M. GUÉRIN: Tentatives de culture *in vitro* de l'agent de la leucémie transmissible des poules. C. r. Soc. Biol. **121**, 403 (1936).

WAGNER, A.: Investigations concerning the influence of Roentgen-radiation on resistance to cancer in white mice. Acta radiol. (Schwd.) **10**, 539 (1929).

— (2) Übertragung des EHRLICHschen Mäuseascitescarcinoms durch metastasenfreie Organe eines Tumorträgers. Z. Krebsforsch. **48**, 40 (1938).

WALLBACH, G.: Recherches sur la leucémie des poules. Sang **9**, 445, 553, 566 (1935).

WHITE, A. W. M.: Study of sarcoma of fowl produced by arsenic and embryonic pulp. J. Canc. Res. (Am.) **11**, 111 (1927).

WILE, U. J. and L. B. KINGERY: Etiology of common warts. J. amer. med. Assoc. **73**, 970 (1919).

WILSON, J. F.: Genital warts. J. roy. Army M. Corps. **68**, 227, 305 (1937).

WOGLOM, W. H.: (1) The study of experimental cancer. New York: Columbia Univers. Press, 1913.

— (2) Experimental tar cancer. Arch. Path. a. Labor. Med. (Am.) **2**, 533, 709 (1926).

— (3) Immunity to transplantable tumors. Canc. Rev. **4**, 129 (1929).

WYCKOFF, R. W. G.: The ultracentrifugal study of virus proteins. Proc. amer. philos. Soc. **77**, 455 (1937).

WYCKOFF, R. W. G. and J. W. BEARD: (1) The isolation of the homogeneous heavy protein from virus-induced rabbit papilloma. Science **85**, 201 (1937).

— (2) p_H stability of SHOPE papilloma virus and of purified papilloma virus protein. Proc. Soc. exper. Biol. a. Med. (Am.) **36**, 562 (1937).

YAOI, H. and W. NAKAHARA: The glutathione contents of malignant tumours, especially the ROUS chicken sarcoma. Gann (Jap.) **20**, 51 (1926).

YOSHIKAWA, H.: Immunologische Studien über das Hühnersarkom. Gann (Jap.) **23**, 79 (1929).

YOSHIKAWA, H. and N. ISHIMOTA: Ability of the serum of naturally immune chickens and sarcoma chickens to prevent the growth of chicken sarcoma. Trans. jap. path. Soc. **20**, 701 (1930) [Ref. Amer. J. Canc. **15**, 2853 (1931)].

Sechster Abschnitt.

Die Virusarten als Antigene und die erworbene Immunität gegen Virusinfektionen.

1. Die Antigenfunktionen und die serologischen Reaktionen der Virusarten *in vitro*.

By

James Craigie.

Connaught Laboratories and School of Hygiene University of Toronto, Canada.

A. Introduction.

In a number of virus infections antibodies are developed which produce specific *in vitro* reactions with the causal virus or with extracts derived from infected tissue. These reactions include agglutination of virus particles, precipitation of soluble antigens, and complement-fixation reactions with either type of antigen. In referring to these reactions the term "aggregation reaction" will be used to include agglutination and precipitation reactions. "S. S. S." or "soluble specific substance" will be employed to denote soluble antigens. This term, employed by Salaman (*2*) and by Burnet, Keogh and Lush, will be used without any implication regarding the nature of these substances.

There is evidence that certain viruses, under suitable circumstances, will react *in vitro* to a demonstrable degree with neutralizing antibody. It is convenient to consider this type of reaction apart from the aggregation and complement-fixation reactions which do not require resort to *in vivo* tests for their demonstration. Only animal viruses and bacteriophage will be included in this survey and the reader is referred to Part VII for information concerning the precipitin and neutralization reactions of plant viruses.

B. The theoretical aspects of virus *in vitro* reactions.

In the past a number of investigators have doubted whether viruses can produce *in vitro* reactions. Even at the present time, such reactions cannot be elicited with all viruses and consequently it would seem desirable to discuss the limitations to which their demonstration may be subject.

The aggregation and complement-fixation reactions which have been described for viruses have their counterparts in familiar bacterial reactions and we may therefore assume that the underlying antigen-antibody union and its sequelae follow the same laws. We may further assume that any virus of such a nature that it constitutes a protein foreign to the normal host cells will stimulate the production of homologous antibodies. These antibodies, it might be expected, will react with their appropriate antigens *in vitro*. Where these antigens, in the case of the larger and more highly organized viruses, are present on the surface of the virus particle, agglutination or complement-fixation reactions will be theoretically demonstrable and, in addition, alterations in the virus surface may impair the infectivity of the virus or prepare it for phagocytosis in the host. With these antigens in solution, precipitin and complement-fixation reactions are theoretically possible. *In vitro* reactions, however, have been demonstrated only with a limited number of viruses. Is this argument therefore fallacious, and is failure to obtain an *in vitro* reaction with a virus an indication that immunologically the virus behaves in a manner significantly different from bacteria and proteins? Before such a view can be entertained, there should be proof that the negative evidence on which it is based is significant. Therefore, when an *in vitro* reaction cannot be elicited, three questions arise:

a) Was there a sufficient concentration of possible virus antigen present?
b) Was there a sufficient concentration of possible antibody present?
c) Were other conditions in the test favourable to the development of an *in vitro* reaction?

MERRILL (*1*) has analysed the conditions under which visible aggregation reactions with viruses may be expected. On the basis of observations by others on egg albumen, pneumococcus carbohydrate and a diazo dye, it appears that 0,001 to 0,0001 mgm. represents the minimum mass of antigen with which a visible precipitin reaction can be elicited. Assuming that the same total antigenic mass is necessary to obtain visible aggregation of viruses, the number of virus particles required is given by the formula—$N \times M = 0{,}001$ mgm.—where N is the number of virus particles and M is the mass of each particle which can be estimated from its size and specific gravity. Table 1, abstracted and abridged from MERRILL's article, shows the approximate number of virus and other particles theoretically required to give a visible reaction, i. e., the number equivalent to 0,001 mgm.

Table 1.

Particle	Number theoretically required to give visible reaction, i.e. = 0,001 mgm.	No. determined experimentally to give visible reaction per c. c.	Surface experimentally found to give visible reaction sq. mm.
Red blood cell	$4{,}0 \times 10^3$	$4{,}0 \times 10^6$	80
B. paratyphosus B.	$4{,}0 \times 10^6$	$4{,}0 \times 10^7$	80
Vaccinia virus	$6{,}0 \times 10^8$	$7{,}7 \times 10^8$ [MERRILL (*1*)]	54
		$1{,}9 \times 10^8$ [PARKER and RIVERS (*3*)]	14
Large phage (C 16, BURNET)	$8{,}7 \times 10^9$	$2{,}0 \times 10^9$ (BURNET, 1933)	22
Poliomyelitis virus	$1{,}9 \times 10^{12}$	—	—
Egg albumen	$1{,}8 \times 10^{13}$	$2{,}0 \times 10^{13}$	1000

MERRILL considered the values obtained in this way to be correct within a factor of 10 times. Actually MERRILL's theoretical curve shows a deviation from the curve based on experimental data since the minimum antigenic mass necessary for visible aggregation increases as the size of the particle increases. This deviation would seem to be explained by the amount of antibody combined in the precipitate, which varies according to the surface area of the antigen particle. The ratio of antigen and antibody combining to form a precipitate is 1 to 100 in the case of egg albumen and 1 to 0,2 in the case of bacteria. MERRILL found that the experimentally determined number of vaccinia elementary bodies necessary to give visible agglutination agreed closely with the theoretically estimated number. In the case of this virus, assuming that 10 [MERRILL (*1*)] to 50 [vide PARKER and RIVERS (*3*)] elementary bodies constitute a minimal intradermal infective dose, a sufficient number of these bodies to give visible agglutination would be just available in a dermal lapine suspension of usual potency without resort to methods of concentration. Since vaccinia virus is the easiest virus to obtain on such a scale, the possibility of obtaining visible agglutination reactions with the smallest viruses may seem to be remote. The concentration of poliomyelitis virus in a reasonable state of purity to a density of 10^{12} particles per c. c. would appear to be technically formidable, should a relatively small number of particles of this virus be capable of initiating experimental infection.

Admittedly, some objection may be taken to MERRILL's use of mass as the basis of his estimates. Other factors such as surface area and the number of determinant antigen groups per unit area presumably bear a closer relationship to the minimum number of particles required to give a visible reaction than does the total mass of antigen. In table 1 the minimum surface experimentally found to be necessary has been calculated from MERRILL's data. At the present time sufficient data are not available to permit more refined estimates of the number of virus particles necessary to give visible aggregation. MERRILL's estimates, however, would appear to be reasonably close to the actual values and justify his contention that failure to obtain visible *in vitro* reactions is referable to an insufficient concentration of virus particles.

Similar considerations apply to the soluble specific substances which have been demonstrated in a number of virus infections. These, on account of their relatively smaller particle size, offer greater possibilities of a precipitin or complement-fixation reaction as far as the medium and large-sized viruses are concerned. On the other hand a hypothetical S. S. S. from a small virus such as that of poliomyelitis would probably offer a reacting surface only 5 to 100 times greater than the virus.

The consideration of mass of available virus has also an important bearing on the concentration of antibody available. If actual infection fails to produce sufficient antibody, hyperimmunization cannot be expected to do so unless a sufficient mass of antigen is injected. *Hektoen* and *Cole* found that about $9,4 \times 10^{14}$ to $5,4 \times 10^{15}$ molecules of crystalline ovalbumin were necessary to stimulate the production of precipitins in rabbits. Reviewing the literature they found data indicating a similar order of magnitude. This number is approximately 47 to 270 times the number of molecules required to give visible precipitation. Data obtained by WISHART and CRAIGIE indicate that in vaccinia-immune rabbits 5 times the amount of LS antigen giving a visible reaction is required to stimulate the reappearance of precipitins. A larger quantity of LS antigen is necessary to produce demonstrable precipitins in normal rabbits.

Even if sufficient virus and antibody are available there may be obstacles in the way of demonstrating specific aggregation. Obviously the virus must be in as great a state of dispersion as possible and the suspending fluid reasonably free from other particles. The salt content and hydrogen-ion concentration of the diluting fluid and temperature of incubation are also factors which may conceivably play a significant role in the successful demonstration of a reaction. These will be discussed in a later section.

C. The technique of *in vitro* tests.

The technical difficulties which are encountered in the demonstration of the *in vitro* reactions of mammalian viruses are referable, for the most part, to the relatively small proportion of virus present in infected tissue. Concentration of the virus or S. S. S. is not the only problem to be faced for the reactions may be obscured by other constituents of the tissue extract. Virus particles must be separated from other minute particles derived directly from cells or produced by the spontaneous flocculation of some tissue protein. Further, they must be washed free from gross amounts of S. S. S. and host protein. S. S. S., on the other hand, must be separated from substances which inhibit specific precipitation or exert an anticomplementary effect in the complement-fixation test. Under the most favourable circumstances the maximum yield of vaccinia elementary bodies which can be obtained from the skin of an average rabbit is 0,05 gm. This figure represents less than 1,5 per cent of the weight of lapine pulp in which the elementary bodies are harvested. Assuming that the soluble antigens of vaccinia give a visible precipitin reaction in a dilution of the order of 1 in 10^6 [*vide* Craigie and Tulloch, Parker and Rivers (*4*)], the precipitinogen present in the average Seitz filtrate of dermal lapine presents less than 2 per cent of the total proteins present. On the same basis, less than 1 per cent of variola crusts of high serological activity would appear to represent specific antigen. With the majority of mammalian viruses lower percentages of virus or S. S. S. must undoubtedly occur, particularly when a low proportion of cells is infected. In addition, the nature of the tissue involved, e. g. brain or testicle, may present special difficulties in the way of obtaining suitable antigen preparations.

The method used to obtain virus preparations for *in vitro* tests may be directed either to the isolation and concentration of the virus particles, or to the separation of virus-free S. S. S., or merely to the preparation of a serologically active extract regardless of whether its activity is due to virus or S. S. S. Further advances in the *in vitro* serology of viruses will be largely dependent on improvements in these methods. Those available at present have been developed apparently in a more or less empirical manner. It is therefore felt that some attempt to consider the technical problems and general principles that are involved may be of more value than a presentation of a detailed summary of the methods of each investigator.

1. The preparation of virus suspensions.

The preparation of a virus suspension for *in vitro* tests involves the following steps: (*a*) liberation of the virus from the infected cells, (*b*) dispersion of natural aggregates of the virus, (*c*) separation of the virus from other particles, (*d*) separation of the virus from soluble host protein and soluble specific substances, (*e*) concentration of the virus. Liberation of the virus is generally effected by grinding the infected tissue, but this may be dispensed with in the case of infected epithelium. Where a vesicular lesion is produced, free virus can be obtained from the vesicle fluid. Further manipulation involves differential centrifugation of the crude suspension by which tissue and cell fragments are first removed at a suitable speed and thereafter the virus is deposited and subsequently washed in a high-speed centrifuge. The first method of obtaining virus particles for agglutination tests was that introduced by LEDINGHAM (*1*) for vaccinia and fowl-pox elementary bodies. Early lesions on the skin or comb were removed and the pulp triturated in a mortar with distilled water. Ether was added and the mixture shaken. Further shaking was carried out at intervals while the mixture remained at room temperature for 24 hours. Thereafter it was centrifuged and the upper layer of ether and the middle emulsoid layer removed. The lower layer was then centrifuged at a speed of 9000 r. p. m. for 1 hour to deposit the elementary bodies present. These, along with some cell fragments which had not been taken up by the middle layer, were suspended in formol saline (1 in 400). Further purification of the elementary bodies was effected by sedimentation or centrifugation. EAGLES and LEDINGHAM in their experiments on the infectivity of the PASCHEN body used lapine pulp which was ground in a mortar without sand and then diluted with distilled water. After light centrifugation, the suspension was filtered through coarse filter paper and then passed through a BERKEFELD V filter. The elementary bodies were obtained from the filtrate by centrifugation at 10000 to 14000 r. p. m. Influenza elementary-body suspensions have been obtained by HOYLE and FAIRBROTHER (*2*) from infected mouse lung. A 10 per cent suspension of lung, obtained by grinding with sand and saline, was centrifuged at 4000 r. p. m. for 30 minutes and the elementary bodies and finer tissue particles then deposited at 13000 r. p. m. for 45 minutes. The deposit was suspended in saline and the tissue particles separated at 4000 r. p. m. The elementary bodies were then sedimented from the supernatant at 13000 r. p. m., resuspended in one-tenth of the original volume and finally centrifuged at 4000 r. p. m. to eliminate any larger particles not previously removed. In the methods which have been outlined, grinding of the tissue is resorted to. The degree to which this should be extended is important, for excessive trituration of the tissue will result in the presence of a high proportion of minute tissue particles or unstable proteins in the preliminary suspension, thus increasing the difficulty of subsequently separating the virus in a sufficient state of purity for agglutination tests.

The ideal method of effecting liberation of the virus would be one which would selectively free the virus only from those cells in which it had reached its maximum development. The inclusion of virus from cells less heavily infected will naturally decrease the ratio of virus to tissue particles, while methods which break down all the cells, irrespective of whether they are infected or not, will not only further decrease this ratio but probably cause loss of virus as a result of its adsorption by cell fragments. These considerations suggest that extreme trituration of virus-infected tissue may defeat its purpose by creating subsequent technical difficulties. The large yields of purified vaccinia elementary bodies obtainable by the method described by CRAIGIE and WISHART (*2*) and PARKER and RIVERS (*1*) depend largely on the fact that grinding of the lapine pulp is dispensed with altogether. Although this method, without modification, is not suitable for the separation of virus from other tissues, a discussion of some of its details may serve to draw attention to certain points which have a bearing on the general problem of preparing the virus suspensions.

In order to secure the maximum density of infection, a heavy dose of bacteriologically sterile vaccinia elementary bodies is applied to the skin of a rabbit by scarification, the edge of a folded strip of fine wire-gauze grasped in a haemostat being used to effect this with the minimum of gross trauma. The optimum time for harvesting the lapine is approximately 72 hours. It has been found that the best and cleanest yields of elementary bodies are obtained when the histological picture shows advanced hyperplasia of the epithelial cells with comparatively little lysis and cellular infiltration.[1] Dark-ground microscopic examination shows that at this stage the cytoplasm is almost completely replaced by elementary bodies and the cell is very readily ruptured. Before the lapine is harvested, the animal is exsanguinated and the skin is removed, stretched out tightly and cleansed several times with ether. The infected epithelium is scraped off into dilute buffer-solution by means of a blunt scalpel which, used without too great pressure, selectively removes material richest in virus. The mechanical effect of scraping ruptures some of the heavily infected cells and dissolution of the others depends on the marked hypotonicity of the diluting fluid. The suspension of lapine in dilute buffer is vigorously shaken and sharply centrifuged for 10 minutes to deposit tissue and cell fragments, leaving the virus and any smaller particles in suspension. A further quantity of elementary bodies may be obtained by suspending the deposited pulp in fresh buffer solution and again centrifuging. It is essential to carry out the manipulations up to this point as rapidly as possible for the quantity and purity of the elementary bodies obtained depends upon the speed with which the larger tissue particles are removed.

Of a large number of diluting fluids examined, 0,004 M. citric acid-disodium phosphate buffer, p_H 7,2, has been found to be the most suitable. Isotonic sodium chloride solution is to be avoided, for the rapidly forming coagulum of protein which attends its use limits the number of free elementary bodies. Moreover, elementary bodies which have been deposited by centrifugation after contact with isotonic solutions are more difficult to disperse and show a decreased stability. It seems probable that systematic study of the more immediate effects of different electrolyte solutions on various tissues may prove of value in improving or making possible the isolation of other viruses for a study of their *in vitro* reactions. Solutions which decrease the stability of the infected cells will obviously permit a greater liberation of virus, thus decreasing the necessity of extreme trituration of the tissue. However, the effect of the solution on the solubility or stability of the liberated cell proteins and on the state of dispersion and infectivity of the virus must also be considered. If the solution used does not favour dispersion of the virus or actually promotes its adsorption by cellular fragments, a considerable quantity may be lost in the stage of separation of the virus from grosser particles.

The supernatant obtained on removing the tissue fragments from the lapine suspension contains elementary bodies, S. S. S., and a high proportion of host protein. The elementary bodies are now deposited from this crude suspension by centrifugation. In the case of vaccinia the angle centrifuge with flat tubes (3 × 14 mm. in cross-section) has the advantage of being able to selectively separate the virus from smaller particles in a period of 45 to 60 minutes at 3500 r. p. m. The deposited elementary bodies are dispersed in dilute buffer (0,004 M.) and centrifugation and dispersion in fresh buffer is repeated several times. It should be borne in mind that repeated washing is not without a harmful effect on the elementary bodies. Apart from the elution of antigen from their surface, repeated deposition appears to affect their stability when resuspended. This is borne out by the results of ultracentrifugal analysis (BEARD, FINKELSTEIN and WYKOFF). After the last wash in the angle centrifuge, the suspension is returned to the horizontal centrifuge to clear it finally from clumps of elementary bodies and any particles not removed in the primary centrifugation. Loss of elementary bodies due to clumping may be reduced by dispersing them in a

[1] AMIES has recently made a special study of the influence of epidermal passage in the rabbit on the homogeneity of elementary body harvests and on the histology of the associated skin lesions.

small volume of fluid, centrifuging out the remaining clumps of elementary bodies and re-dispersing them in a further portion of fluid. This is repeated several times and the yields of dispersed elementary bodies are pooled. When as a result of delayed harvesting of the lapine, the elementary-body suspension obtained by this method contains other particles, the latter can frequently be removed by ether treatment. The suspension is thoroughly shaken with ether and then centrifuged at low speed. The lower layer which contains elementary bodies in a much purer state is removed. The middle layer, if extensive, also contains a considerable number of elementary bodies which can be recovered by dispersing it in dilute buffer and centrifuging. The elementary-body suspensions are then pooled and reprocessed.

2. Preparation of reacting tissue extracts.

A variety of methods have been used to obtain extracts of virus-infected tissue for precipitin and complement-fixation tests. Simple saline extracts of ground-up tissue may prove sufficient, but frequently more elaborate preparations have certain advantages. The preparations obtained may owe their *in vitro* activity to S. S. S. or to virus particles, or to both, the relative role of each being perhaps unknown. The methods used to obtain suspensions of the elementary bodies of vaccinia, myxoma, or influenza serve a double purpose, for considerable quantities of S. S. S. are found in the fluid from which the virus particles have been deposited. When other methods are used for the sole purpose of obtaining S. S. S. preparations, any virus present in the extract may be removed by suitable high-speed centrifugation or filtration. In order to obtain extracts of maximum activity, information regarding the time at which the tissue shows its greatest content of virus antigen is desirable. It might be added that such observations, with special reference to the ratio of infective virus to S. S. S. at different stages of the infection are of considerable interest in as far as they may throw light on the relationship of the S. S. S. to the virus. If suspensions of the virus are not desired, the choice of method of extraction is to be determined not only by its effectiveness as measured by the yield of active antigen but by the suitability of the extract for precipitin or complement-fixation tests. Special methods of dealing with the tissue or crude extracts include repeated freezing and thawing, maceration in hypertonic salt solution, drying from the frozen state, ether extraction, autolysis, and boiling with $\frac{N}{1}$ acetic acid. These may be used singly or in conjunction.

The effects of repeated freezing and thawing and of maceration in hypertonic (10 per cent) NaCl solution, followed by dilution with distilled water, are rather similar. In addition to the disruption of cells, a certain amount of otherwise soluble protein is coagulated and the coagulum, in turn, serves to remove a large number of suspended particles. Maceration in hypertonic salt is the best method of extracting the S. S. S. from variola crusts and has been used in extracting the complement-fixing antigen from the liver in yellow fever [FROBISHER (*1*)]. Drying of the material from the frozen state alone has probably no advantage over the procedures just described. However, it may prove useful for the preservation of active material, i. e., yellow-fever precipitinogen (HUDSON) and in the case of brain or other tissue from which ether soluble substances should be removed, it is an essential preliminary. The dried tissue is powdered and extracted with several changes of ethyl ether prior to trituration with distilled water, buffer solution, or saline. HOWITT (*2*) has successfully used this method, followed by repeated freezing and thawing, for the extraction of complement-fixing antigens of equine encephalomyelitis, type B encephalitis (St. Louis) and lymphocytic choriomeningitis. SOXHLET treatment of dried vaccinia brain with ether or acetone prior to extraction with distilled water and saline yields preparations with which a precipitin reaction can be readily demonstrated. Autolysis has been referred to since SMITH (*3*), CH'EN, and PARKER and RIVERS (*4*) obtained the heat-stable antigen of vaccinia from infected rabbit testicle autolysed at 37° C. for several days. CIUCA found that a suitable antigen for the complement-fixation reaction in foot-and-mouth disease was furnished by permitting infected pads from guinea-pigs to undergo septic maceration for 15 days, prior to SEITZ filtration.

It has been found that vaccinia extracts which have been SEITZ filtered may show more clear-cut precipitation reactions than unfiltered portions of the extracts. This effect, in part at least, is referable to the selective adsorption by the filter of serologically inert material which can also be deposited at 15,000 r. p. m. In resorting to SEITZ filtration it should be borne in mind that filters of this nature will adsorb a certain amount of antigen. Adsorption may be reduced by first filtering buffer p_H 7,0 and then 10 c. c. of 1 in 10 normal rabbit serum in saline through the disc.

Little has been attempted in the way of developing methods whereby virus antigen may be fractionated, without degradation, from tissue proteins and subsequently concentrated. It is known, however, that yellow-fever precipitinogen is associated with the albumen fraction of the serum (HUGHES) and that the LS antigen of vaccinia, on the other hand, may be separated along with euglobulin-like protein. The difficulties encountered in attempts to purify this antigen are perhaps of interest. The isoelectric point and solubility of the LS antigens in salts commonly used for the fractionation of proteins may be very greatly influenced by the host proteins present in the crude extract, and consequently, consistent results cannot always be obtained with different lots of lapine. For example, the LS antigen of vaccinia is not sharply precipitated by ammonium sulphate from SEITZ filtrates of lapine, its range extending from a 15 to 50 per cent concentration of this salt. However, on removal of protein suluble in 50 per cent ammonium sulphate the antigen is precipitated by a concentration of 20 to 25 per cent. Further purification, however, again decreases its precipitability by this reagent. CRAIGIE and WISHART (*6*), describing a method of partially purifying LS antigen by isoelectric precipitation, pointed out that for lapine SEITZ filtrates obtained with other strains of virus the p_H of precipitation should be determined by actual experiment. HOYLE and FAIRBROTHER (*2*) found that the complementfixing antigen of influenza could be purified by precipitation with 0,025 per cent acetic acid. On treatment of this precipitate with phosphate buffer, p_H 7,3, the antigen redissolved leaving a residue of insoluble material which was removed by centrifugation.

3. Serum production.

The degree to which infection stimulates the production of agglutinins, precipitins, and complement-fixing antibodies varies with different viruses. Those which are predominantly neurotropic generally fail to produce demonstrable amounts of these antibodies but apart from this there is no obvious correlation between the tissue affinities of a virus and the degree to which these antibodies are developed. When hyperimmunization is resorted to in order to obtain more active sera, it is obviously important to use virus preparations from the same animal species as that used for serum production in order to avoid the formation of heterophil antibodies and antibodies for heterologous host protein. Even when this is practised control sera should be prepared from normal tissue suspensions until it is demonstrated that the reaction obtained with virus antigen is virus-specific. In addition, the possible formation of bacterial antibodies should be borne in mind when the inoculum is derived from tissues in which secondary bacterial infection may occur. The choice of route for hyperimmunization is generally determined by the nature of the antigen preparation. Intraperitoneal or subcutaneous inoculation is necessary if the antigen consists of crude tissue-virus emulsion, but with more refined preparations intravenous injection may be possible. While the latter route may provide a more rapid response it is not necessarily the most desirable. Besides the possibility of fatal thrombosis or other lethal effects which may follow the injection of normal tissue extracts, there may be a limitation of the antibody response due to loss of some antigenic constituent of the virus-infected tissue from which the inoculum was fractionated. Examples of this are provided by influenza elementarybody suspensions which contain relatively little complement-fixing antigen [HOYLE and FAIRBROTHER (*1*)] and the LS fraction of lapine which is apparently deficient in its capacity to produce X agglutinin for vaccinia elementary bodies [CRAIGIE and WISHART (*6*)].

Prolonged hyperimmunization may be necessary for the production of sera suitable for in vitro tests. BEDSON and BLAND found that 6 to 8 intraperitoneal inoculations of 1 to 2 c. c. of 10 per cent herpes virus were required to produce good sera in guineapigs. BEDSON (*4*) obtained psittacosis agglutinating and complement-fixing sera by inoculating guineapigs intraperitoneally with infected spleen suspension. Weekly injections of 2 to 3 c. c. of a 10 per cent suspension were given, with periodic rests of 1 to 2 months. Apparently more than 9 injections were necessary to obtain a useful serum. HOWITT (*1*, *2*) found that weekly subcutaneous or intravenous inoculations of live virus extending over 2 to 4 months were necessary to obtain complement-fixing sera for equine encephalomyelitis virus and encephalitis virus (St. Louis type). With lymphocytic choriomeningitis virus this author obtained demonstrable complement-fixing antibodies in only 1 out of 6 guineapigs after a similar course of inoculation. With vaccine virus, on the other hand, WISHART and CRAIGIE found that the intravenous inoculation of 3 to 4 graded doses of the LS antigen at 5-day intervals, in rabbits vaccinated several months previously, brought about a maximal response and that thereafter the antibody titres fell in spite of continued inoculation. Here an adequate mass of antigen was available for inoculation. This is undoubtedly an important factor in the production of hyperimmune sera, since significant multiplication of the virus *in vivo* cannot occur under such conditions. It is to be expected that the use of more concentrated preparations would provide a more effective stimulus to antibody formation but whether the course of inoculation could thereby be curtailed in every case is unknown. Few investigators give full details of the course and dosage employed in hyperimmunization and when the latter is stated, it is usually expressed in terms of tissue percentage with no indication of the number of minimal infective doses of virus probably present.

Regarding the preservation of sera, it is obvious that the use of chemical preservatives frequently employed for antibacterial sera are undesirable, not only because of the relatively high concentration in which the sera may have to be used in *in vitro* reactions but also since the sera may be required for neutralization tests. It is therefore best to filter the fresh serum and store with aseptic precautions. In using fresh sera of low titre, the possibility of an inhibitory effect on agglutination and precipitation at 50° C. or even 37° C. should be born in mind [CRAIGIE (*2*), WHITE].

4. Agglutination and precipitin tests.

These will be discussed together for two reasons, namely, uncertainty, in certain instances, concerning the physical state of the antigen participating in the aggregation reaction, and further, the obvious resemblance, in a physical sense, of agglutination of a small virus to a precipitin type of reaction.

The technique of conducting agglutination and precipitin tests with viruses does not require complete description since the methods used are similar to those used in serology generally. While the usual macroscopic agglutination methods are to be preferred, the hanging-drop micro-agglutination test [Ledingham *(5)*], may have to be used when only a limited quantity of virus suspension is available. With soluble antigens ring tests have occasionally been employed, but there is no evidence that they possess any advantage over the usual precipitin test. In general, the nature of the diluent and the time and temperature of incubation are to be chosen on the basis of actual experiment and not arbitrarily, particularly when dealing with preparations where other factors may militate against the development of a visible reaction. The only extensive data available concerning these factors relate to vaccine virus. Citric acid phosphate buffer, p_H 7,0 (0,2 M.) diluted with 24 to 49 volumes of 0,85 per cent sodium chloride solution, forms a satisfactory diluent for agglutination and precipitin tests with this virus. The tests should be paralleled with appropriate controls containing normal serum in dilutions similar to the immune serum. Should it be necessary to carry out agglutination tests with an elementary-body suspension which is becoming unstable as a result of prolonged storage or repeated washing, a considerable degree of stability can be secured by reducing the sodium chloride in the diluent to 0,1 per cent and adding normal rabbit serum to a dilution of 1 in 40. The L and S agglutination and precipitin reactions of this virus proceed most rapidly at 50° C. and aggregation is ultimately more complete at this temperature than at 37° C. or lower temperatures. When open tubes are incubated in a closed water-bath at 50° C., sedimentation of all aggregates is usually complete in 16 hours. While it might be thought that tests involving the labile L antigen of vaccinia would give erroneous and erratic results when conducted at 50° C. this temperature actually appears to be the optimum. Unless the temperature of a mixture of L antigen and L serum is raised within a few seconds of mixing to 50° C., no temperature effect on the antigen is demonstrable. If tests involving this antigen are allowed to remain at room temperature for 10 to 15 minutes before being placed in the water-bath an ample margin of safety is provided.

In vaccinia precipitin tests prezones and postzones may be encountered and either may be due to excess of antigen or antibody. In addition prezones with antigen excess may be encountered which cannot be explained on the basis of antigen excess since they are eliminated by purification or merely high-speed centrifugation of the antigen. These zones, whether due to antigen or antibody excess or to some other factor are characterized by some degree of specific turbidity without aggregation. Before serum is used for the titration of antigen, or *vice versa*, the optimum dilution of the test reagent should be determined by preliminary tests, for a gross excess may preclude the detection of small amounts of antigen or antibody. In the case of an antigenically complex virus like vaccinia this precaution is doubly necessary since crude preparations of soluble antigen may contain varying proportions of LS, L and S antigens. Thus, for example, a preparation of S antigen which contains a small residual amount of LS or L antigen may, used in too great a concentration, show a post-zone due to excess of S antigen and some reaction with L antibody due to reacting traces of L antigen in this concentration.

The antigenic complexity of vaccine virus has made necessary the development of absorption methods for analysis of the soluble antigens and the antibody content of sera. CRAIGIE and WISHART (*5*, *6*) found that the DEAN and WEBB, or "constant-serum", optimum corresponded closely to the equivalence of vaccinia precipitinogens and their homologous precipitin, and thus served as a valuable guide in precipitin absorption tests. The test is carried out by setting up a closely spaced series of amounts of antigen in a constant volume with a constant volume of the serum to be absorbed. The mixtures in a series must be made as rapidly as possible and the tubes must be of uniform diameter. The mixtures are kept under observation until the optimum mixture, which flocculates first, is identified. Serum and antigen are mixed in the proportions indicated, left at room temperature for 1 hour, then incubated at 50° C. for the same period and finally centrifuged until clear. The supernatant is subjected to tests for residual antigen or antibody and in doing so the following controls are essential.

1. Antigen excess control.
2. Antibody excess control.
3. Saline dilutions of the absorbed material as a control on completeness of precipitation.
4. Inhibition controls.

The latter are necessary in case substances which inhibit precipitation are carried over from the necessarily large concentration of soluble antigen preparation used in the absorption. They are set up by adding to dilutions of the absorbed material, constant amounts of known antigen and antibody which will yield, in diluent alone, an amount of precipitate which is readily visible but small enough to be readily suppressed by inhibition effects, SALAMAN (*2*) considered that such inhibition effects were attributable to antigen excess and should not be called "non-specific", and this is certainly true in his experiments in which an excess of antigen was employed. On the other hand, inhibition may sometimes be encountered when absorption is carried out at optimal proportions and in such cases is either non-specific and referable either to an effect of host proteins present in the preparations, or to degraded antigen which forms an unprecipitable complex with antibody. SALAMAN (*2*) has recently applied the DEAN and WEBB reaction to the determination of the absorbing dose of vaccinia elementary bodies. He used a micro-method in which the necessary mixtures, separated by airspaces, were drawn into a long capillary. This modification is necessary since the optimal ratio is obscured by the great opacity of the elementarybody suspension when the test is set up with larger volumes.

5. Complement-fixation tests.

A variety of techniques have been employed for the demonstration of complement-fixation reactions with viruses and S. S. S. The main difficulties, however, lie not so much in the design of the test but in obtaining sera and antigen preparations of sufficient activity to give specific reactions beyond the range of their anticomplementary activity. BEDSON and BLAND found herpes and vaccinia hyperimmune rabbit sera too anticomplementary and therefore employed hyperimmune guineapig sera. It is not clear why rabbit antivaccinia serum should have proved so unsatisfactory in the hands of these workers for excellent specimens may be obtained when an adequate mass of antigen is used for immunization and the fresh serum, before storage, is heated at 56° C. for 45 minutes. The anticomplementary qualities of antigen preparations may be reduced by drying the tissue from the frozen state and extracting with ether. HOWITT (*1, 2*) used this method in preparing extracts of equine encephalomyelitis brain and FROBISHER (*4*) subjected dried liver from monkeys which had died of yellow fever to SOXHLET extraction with ether and obtained a suitable antigen for the complement-fixation reaction in this disease. On the other hand, extracts of infected tissue which have been fractionated to obtain a more clear-cut precipitin reaction, may evince marked anticomplementary qualities which are probably referable to globulin denaturation. The use of formol saline to stabilize vaccinia elementary bodies for agglutination tests renders them so anticomplementary as to be useless for complement-fixation tests.

When serum and antigen show marked anticomplementary qualities, tests may be carried out to estimate the amount of complement which is fixed specifically. Thus in the scheme for rabies complement-fixation described by GREVAL, antigen and antibody in fixed amounts are tested separately against 2 and 3 m. l. d. of complement and together against 8, 10 and 12 m. l. d. In complement-fixation tests with variola and alastrim, NETTER and URBAIN (*2*) estimated the number of units of complement fixed by standard amounts of vaccinial antigen and patients' serum. It should be noted that the results obtained by such a technique with different sera or antigens cannot be compared since the optimal antigen-antibody ratio for maximal complement-fixation (GOLDSWORTHY) cannot occur when serum and antigen are used throughout in constant proportions. The majority of workers, however, have used a constant amount of complement and varied the serum or antigen.

Time and temperature in incubation are important factors. Much of the earlier work on the complement-fixation reactions of viruses was done with a short incubation period at 37° C. BEDSON and BLAND pointed out that more prolonged fixation (2 to 3 hours at room temperature or 18 to 20 hours at ice-box temperature) resulted in more marked reactions. Investigation of the vaccinia complement-fixation reaction, however, has shown that duration of incubation is not the only important factor, for the interval elapsing between mixing of the reagents and the reduction of temperature of the mixture to refrigerator temperature may markedly affect the degree of fixation [CRAIGIE and WISHART (*1*)]. Thus, a serum which showed a titre of 1 in 1200 when the test was chilled immediately to 4° C. showed a titre of only 1 in 300 when the tests were allowed to remain at room temperature for 60 minutes before chilling. This effect, in part at least, appears to be related to the speed with which specific precipitation can occur in the mixture. When rapid precipitation takes place, complement-fixation is diminished, presumably as a result of a marked reduction in the surface area available for the fixation of complement. The results obtained with vaccinia and variola suggest that if incubation at 37° C. is to be used in conjunction with ice-box fixation it should follow, and not precede, fixation at the latter temperature.

In choosing the conditions of time and temperature of incubation for virus complement-fixation tests, the effect of these factors on the specificity of the reaction has to be taken into account. The occurrence of non-specific fixation with normal control sera, as observed by LAIDLAW and DUNKIN in the case of dog-disemper virus preparations, may greatly curtail the period which can be allowed for fixation of the complement. The facility with which the complement is fixed may be an important factor in obtaining positive results when only weak reactions are obtainable. Dried complement, representing the pooled serum of at least 12 guineapigs, has given consistent results in vaccinia and variola complement-fixation tests. With certain virus antigens, the species from which the immune serum is obtained may be of some importance. BEDSON (*6*) was unable to obtain complement-fixation with the heat-stable precipitinogen of psittacosis and guineapig hyperimmune serum, although the serum was able to precipitate this antigen. Rabbit immune serum, on the other hand, gives marked complement-fixation reactions with the heat-stable precipitinogen of vaccinia and variola. BEDSON suggested an analogy to the differences between rabbit and horse pneumococcal antisera (HORSFALL and GOODNER) both of which precipitate specific polysaccharide while only rabbit antiserum will fix complement with this antigen.

D. The aggregation and complement-fixation reactions of viruses.

Before passing to a review of the *in vitro* reactions of individual viruses, it is perhaps desirable to restate the more important difficulties that have to be surmounted in the demonstration of *in vitro* reactions with viruses. Some of these arise from the limited mass of virus antigen available either for use in *in vitro* tests or for the production of hyperimmune sera. Others arise from the very high proportion of host substances present in crude suspensions or extracts of virus-infected tissue. Future advances in the study of the *in vitro* reactions of viruses must largely depend on the further development of methods of concentrating and purifying viruses and the soluble specific substances found in virus-infected tissue. The lability of some virus antigens may be expected to increase the difficulties of investigation in this direction. It is to be expected that with improvements in technique, the list of viruses with which *in vitro* reactions can be demonstrated will continue to expand. Such improvements must obviously be developed individually for each virus and a technique which has been successfully applied to one virus, infecting one type of tissue can, at best, serve merely as a guide for other viruses or the same virus when it infects other tissues.

Vaccinia and variola.

The literature which deals with the *in vitro* reactions of vaccinia and variola viruses is an extensive one. For accounts of the earlier work, which relates mainly to the complement-fixation reaction, the reader is referred to reviews by GORDON, SOBERNHEIM and SCHULTZ. The definite and specific results obtained by GORDON both with flocculation and complement-fixation tests provide an interesting contrast to the negative results of SCHULTZ, BULLOCK and LAWRENCE, who used unsuitable materials and methods. In view of their negative results, the latter advanced the suggestion that the reactions obtained by GORDON and other workers were referable to concomitant bacteria in dermal vaccine and antibodies produced thereto. This criticism has been effectively disposed of by several workers who obtained specific flocculation or complement-fixation with antigens and antisera prepared from vaccine virus propagated under bacteriologically sterile conditions (THOMPSON and BUCHBINDER, THOMPSON, HAZEN and BUCHBINDER, CRAIGIE and TULLOCH, GILMORE).

Homogeneous suspensions of the elementary bodies of vaccinia and fowl-pox in formol saline were obtained by LEDINGHAM (*1*, *2*) who demonstrated, by means of the hanging-drop micro-agglutination method, that they were specifically agglutinated by immune serum. This was confirmed in the case of vaccinia elementary bodies of rabbit and calf origin by CRAIGIE (*1*) who obtained these bodies in sufficient quantity to carry out macroscopic agglutination tests. It was shown by the independent experiments of EAGLES and LEDINGHAM, and CRAIGIE (*1*) that infectivity was resident in the elementary bodies. CRAIGIE, in addition, found that the agglutination of elementary bodies was only partly responsible for the previously described flocculation reactions. After removal of the elementary bodies by centrifugation and SEITZ filtration, flocculating extracts of lapine gave a specific precipitin reaction. Cross-absorption tests showed that the antibodies involved in the agglutination and precipitin reactions were identical. The presence of two serologically active fractions in suspensions of vaccinia-infected tissue, i. e., elementary bodies and S. S. S., has been confirmed by PARKER and RIVERS (*4*), and SALAMAN (*2*). These can readily be separated either by high-speed centrifugation or by filtration through suitable gradocol membranes or a SEITZ EK disc. CRAIGIE and WISHART (*5*) found that the surface antigen of the elementary bodies does not remain fixed but passes, in decreasing amounts, into solution in the suspending fluid.

In addition to agglutination and precipitin reactions, respectively, both elementary bodies and S. S. S. give specific complement-fixation reactions [CRAIGIE and WISHART (*1*)]. FINLAYSON found that washed elementary bodies fixed complement in the presence of immune serum but that the fluid in which they were suspended, under the conditions of his tests, failed to do so. Actually, the S. S. S. fraction of a suspension from vaccinia-infected skin gives a much greater degree of complement-fixation than the elementary bodies present. The numerous reports of complement-fixation with vaccinia, which have appeared since JOBLING first obtained this reaction with calf lymph, can justifiably be regarded as having been obtained with vaccinia S. S. S. rather than with the elementary bodies of vaccinia. Following GORDON's studies which confirmed previous reports of positive complement-fixation reactions with vaccinia and variola, GILMORE obtained this reaction with calf lymph and vaccinia culture virus passed 17 to 24 times in MAITLAND and LAING medium, using sera from rabbits infected with the culture virus and also from cases of alastrim. THOMPSON, HAZEN and BUCHBINDER obtained specific fixation with antigens obtained from vaccinia-infected brain and testicle as well as skin. Similar results were reported by PARKER and MUCKENFUSS who also showed that the presence of infective virus was not essential. PARKER noted the development of complement-fixing antibodies in all of 5 humans receiving a primary vaccination and in 13 of 14 individuals who showed an accelerated reaction. CH'EN demonstrated complement-fixation with a heat-stable polysaccharide fraction isolated from vaccinia-infected tissue, and MYERS and CHAPMAN did so with suspensions of vaccinia-infected chorio-allantoic membranes of chick embryos.

CRAIGIE and TULLOCH found that the flocculable antigen of vaccinia was definitely unstable at 56° C. However, a heat-stable precipitating substance was obtained from autolysed vaccinia-infected rabbit testes by SMITH (*3*) by briefly boiling the extract at p_H 5,5 and 8,0. Chemical tests showed both protein and carbohydrate radicles in the extracts, which in strong concentration were precipitated by antivaccinia serum but possessed no antigenic power. SMITH considered that the substance obtained might be of a similar nature to bacterial haptenes. The presence of two specific agglutinins in vaccinia-immune sera was demonstrated by CRAIGIE and WISHART (*2*). The corresponding agglutinogens of the elementary bodies were found to differ in their relative stability to heat and other agents. The more labile agglutinogen (L antigen) had its agglutinability and its capacity to absorb agglutinins destroyed by exposure to temperatures ranging from 56° to 60° C. Thus, by absorbing agglutinating sera with heated elementary bodies, sera which agglutinated only suspensions containing uninactivated L agglutinogen were obtained. The more stable agglutinogen (S antigen) was found to survive exposure to 95° C.

CRAIGIE and WISHART (*3*) by means of pure L and S sera showed that both L and S antigens were present in extracts of dermal vaccinia derived from three animal species, viz., rabbit, calf, and guinea-pig.[1] The L sera were prepared by absorbing hyperimmune sera containing both L and S antibodies with heated elementary bodies or S. S. S., while the S sera were prepared by hyperimmunizing rabbits with elementary bodies or S. S. S. heated to 70° C. The same authors (*5*) later showed that both L and S antigens were present in S. S. S. which had dissociated from the elementary bodies on washing or storage. They were unable to separate these antigens by absorption with L or S antibody since each antibody precipitated both antigens. Control experiments showed that neither L nor S antigen was absorbed by other antigen precipitates and it was concluded that the L and S antigens existed in a combined state—the LS antigen. Extension of these observations [CRAIGIE and WISHART (*6*)] to the S. S. S. found in SEITZ filtrates of dermal lapine showed that the soluble substance was serologically similar to the L and S agglutinogens of the elementary bodies and to the LS antigen dissociated from them. As in the case of the antigen dissociated from elementary bodies, evidence was obtained which indicated that the L and S antigens existed in a combined state. This interpretation has since been confirmed by the finding [CRAIGIE and WISHART (*7*)] that free L and S antigens, which are not precipitable by heterologous antibody, appear in preparations which have been stored for some time.

More recently, PARKER (*2*) has reported that pure S antiserum specifically removed the S antigen from a fresh extract of dermal virus, leaving the L antigen to half of its original titre. CRAIGIE and WISHART employed antigen freshly dissociated from elementary body suspensions or precipitinogen freshly processed as "LS fraction" from dermal vaccinia filtrates when they observed that pure L or S sera precipitated the heterologous as well as the homologous antigen. The latter authors used apparently pure S sera obtained by hyperimmunization with S antigen whereas PARKER used S antiserum obtained by the injection of normal rabbits with purified S antigen. In addition to thus demonstrating that the heat-stable substance of vaccinia can act as a primary stimulus for the production of antibodies directed specifically against itself, PARKER also showed that it fails to produce any significant amount of neutralizing antibody or any demonstrable degree of immunity to infection with the virus.

In the course of cross-absorption tests with elementary bodies and the LS fraction of vaccinia filtrates (S. S. S. partially purified by precipitation at p_H 4,45) CRAIGIE and WISHART (*6*) observed that the LS fraction was unable to remove all the agglutinin from certain sera. More recently, some evidence has been obtained that fresh S. S. S. preparations will precipitate in the presence of this third or X agglutinin. SALAMAN (*2*) confirmed that SEITZ filtrates of dermal lapine failed to remove all agglutinins from hyperimmune sera prepared by hyperimmunizing rabbits with virulent elementary bodies. He also observed that freshly prepared elementary bodies failed to remove all the precipitins from the

[1] Additional evidence that the LS antigen is a product of the virus has been brought forward by SMADEL and WALL who found that extracts of chorio-allantoic membranes of chick embryos infected with vaccine virus contain both L and S precipitinogens. The same authors also prepared suspensions of vaccinia elementary bodies from infected membranes and obtained agglutination of these with immune rabbit and guinea-pig sera.

same sera. This latter effect is probably related to the presence of the additional X agglutinogen in elementary bodies and is perhaps analogous to the influence of V agglutinogen on the absorbing activity of a suspension of *B. typhosus* for 0 antibody, but further investigation of the phenomenon is required.

The lability of the L antigen extends to its capacity to produce antibody. Its antigenicity is abolished on heating at 70° C. (WISHART and CRAIGIE) and later observations show that the temperature of complete inactivation is as low as 60° C. Soluble preparations of the LS antigen stimulate the production of both L and S antibodies but unheated elementary-body suspensions seem to be more effective (WISHART and CRAIGIE).

The separation of a heat-stable precipitable substance from vaccinia-infected arbbit testes by SMITH (*3*) has been referred to. CH'EN obtained a similar substance from chick embryo culture virus and testicular lapine. This substance gave specific precipitin and complement-fixation reactions but apparently was unable to stimulate the formation of antibodies. CH'EN employed SMITH's technique, followed by repeated precipitation with alcohol-ether or alcohol and dialysis, finally obtaining a white powder which gave weak reactions for protein and a strong MOLISCH reaction. This material, however, cannot have represented the active material in a pure state since the precipitin titre of the material was low (maximum 1 in 640) and smaller amounts of a similar but serologically inactive material was extracted from normal control tissue. CH'EN concluded that the specifically precipitable substance was a polysaccharide. A heat-stable, serologically active substance was obtained by PARKER and RIVERS (*4*) from dermal and testicular vaccine. Commencing with a SEITZ filtrate of dermal vaccine or the supernatant from minced infected testicle incubated for 5 to 7 days at 37° C., the solution was boiled at p_H 7,0 for 5 minutes and then fractionated by alternate treatment with ammonium sulphate and dialysis. The fraction soluble in 25 per cent but insoluble in 50 per cent saturated ammonium sulphate was precipitated at p_H 4,6, redissolved and again heated. The material remaining in solution was recovered, after dialysis, by desiccation from the frozen state. From 500 c. c. of SEITZ filtrate of dermal lapine 15 mg. of a voluminous white powder were recovered, The purified material in a dilution of 1 in 640 000 gave a precipitate with an S serum but did not react with a pure L serum. It contained 16,5 per cent nitrogen and while it had the characteristics of an alcohol-soluble protein, gave a strong MOLISCH reaction. It is not yet known whether the carbohydrate indicated by the latter reaction represented impurity or carbohydrate of constitution. RIVERS and PARKER did not investigate the capacity of this substance to stimulate the production of antibodies. The preparations of SMITH and CH'EN were not antigenic and therefore may be considered to be haptene preparations. Both steamed elementary bodies and steamed LS antigen will produce S antibody, but are less active in this respect than when heated only to 60 to 70° C. Unpublished observations by CRAIGIE and WISHART indicate that treatment of S antigen with acetic acid at 100° C. produces a very marked decrease in its capacity to stimulate the production of S antibody without significantly affecting its ability to react *in vitro*. It seems probable that such preparations consist mainly of S haptene and that their feeble antigenicity is referable to residual traces of S antigen.

The information at present available concerning the serology of vaccine virus indicates a complex antigenic structure analogous to that of some bacteria. The S. S. S. apparently lacks or rapidly loses certain of the antigenic qualities of the elementary bodies, namely, those necessary for the production of immunity and neutralizing antibody, and for combination *in vitro* with neutralizing antibody and X agglutinin. The LS antigen which survives in preparations of vaccinia

S. S. S. gradually dissociates. The L antigen is readily inactivated by treatment such as exposure to 56° C., leaving the stable S antigen from which a haptene-like preparation may be obtained.

The complement-fixing antibodies which develop in variola are of comparatively little value in diagnosis since they are present only in small amount in the early stages of the disease. On the other hand, the S. S. S. constantly present in the specific focal lesions of variola provides material for earlier diagnosis. Gordon showed that hyperimmune rabbit antivaccinia sera could be applied to the recognition of specific antigen in variola crusts, using either the complement-fixation or the precipitin reaction. Using the simpler flocculation (precipitin) test, Burgess, Craigie and Tulloch examined variola crusts obtained from 4 outbreaks of variola minor and concluded that the method provided specific results of diagnostic value. A more extended investigation of this reaction enabled Craigie and Tulloch to effect a number of improvements in the technique of the test. The crusts submitted for test were thoroughly dried over $CaCl_2$ and the cleanest seeds selected, weighed, and reduced to powder. Pure ether was added to this powder, shaken at intervals for 30 minutes. and centrifuged. After removal of the ether, the crust powder was triturated with 0,9 per cent NaCl which was added in small increments until a final volume of 1,25 c. c. per 0,01 g. of dried crust was obtained. This suspension was frozen and thawed several times to separate unstable protein and then centrifuged. The clear supernatant thus obtained was tested in serial dilutions against hyperimmune antivaccinia and normal rabbit sera, the tests being incubated at 55° C. overnight in a dry incubator. Ether extraction of the dry crusts and freezing and thawing of the extract were found to prevent the occurrence of non-specific flocculation of protein which may otherwise occur in the range of dilutions used. It is now known that the visible reaction obtained with antivaccinia serum and crust extracts prepared in the way described is a precipitin reaction and that the optimum temperature of incubation is 50° C. The test is less sensitive than the complement-fixation reaction which is to be preferred when the necessary facilities are available. Altogether 225 specimens of crusts were examined in these investigations. All of 14 specimens from variola major and 103 of 106 specimens from variola minor gave positive reactions. The 3 crusts giving negative reactions appeared to consist mainly of dried discharge from septic lesions. Chicken-pox specimens. numbering 59, were examined and found negative. Of 36 vaccinia specimens of human, bovine, rabbit, and guineapig origin, all gave positive reactions. Havens and Mayfield (*1*), using turbid saline extracts of incompletely dried crusts, reported rather unsatisfactory results in variola and varicella. Some of the non-specific reactions observed with normal as well as antivaccinia rabbit sera were attributed by these authors to staphylococcal antibodies. Later, Havens and Mayfield (*2*) obtained more clear-cut reactions, the crusts being extracted by the earlier method described by Burgess, Craigie and Tulloch.

Gilmore obtained positive complement-fixation reactions with sera from 11 out of 12 cases of variola minor, using the calf lymph and culture virus as antigens. A modified Wassermann technique was employed by Venkataraman who obtained positive results with sera taken from 20 cases of variola between the 15th to the 44th day of the disease. Glycerinated calf lymph, diluted 1 in 40, was used as antigen after the coarser particles had sedimented. Samples of serum from two persons who had had smallpox several years before were negative in dilutions from 1 in 5. Parker and Muckenfuss using rabbit testicular antigen obtained positive complement-fixation reactions with serum in only 3 out of 10 cases of smallpox. Some of the negative sera were tested with variolar antigen but gave no reaction. These authors also tested specimens from cutaneous lesions in 38 cases of variola, 5 of vaccinia, 14 of chicken-pox, and 13 of dermatitis, using hyperimmune serum prepared against testicular vaccine. Only 3 of the smallpox specimens gave a negative complement-fixation reaction. These were collected after the 12th day of the eruption. The vaccinia specimens all gave positive results and the 27 control specimens were negative.

CRAIGIE and WISHART (*4*) pointed out a possible source of false negative reactions in the variola complement-fixation test. Variola crust or vesicle fluid extracts show the presence of both L and S antigens, but the L antigen is likely to deteriorate if the specimen remains moist or is subjected to too high a temperature during transit. This deterioration of the L antigen was later noted in the case of specimens of egg membranes infected with variola virus (*vide* LAZARUS, EDDIE and MEYER). The relative L titre obtained with these specimens appeared to be related to the degree of dryness of the specimen on receipt after a period of transit which occupied several days. PARKER and MUCKENFUSS found that their vaccinia antigen deteriorated on storage and it therefore seems probable that L antigen and L antibody played a predominant part in the reactions which they obtained. Hyperimmune antivaccinia sera prepared from unheated antigen generally show an L titre considerably in excess of their S titre. If such a serum is used in concentrations indicated by its titre for fresh antigen, the deficiency of S antibody in these concentrations will result in a negative complement-fixation or flocculation reaction with specimens in which only S antigen survives. Since the S antigen exhibits a high degree of stability the test should be directed to the detection of this antigen rather than the labile L antigen. CRAIGIE and WISHART also found by direct comparison that their complement-fixation technique, employing 3 m. h. d. of complement for 0,25 c. c. of a 5 per cent sheep-cell suspension, was 8 to 12 times more sensitive than the flocculation test (CRAIGIE and TULLOCH). Well-marked positive reactions were obtained with variola major and minor crusts 7 years old or over, complete fixation being obtained with amounts of dried crusts ranging from 0,1 to 0,006 m. g.

Complement-fixation, precipitin and precipitin absorption tests which depend on soluble antigens fail to reveal any serological difference between vaccinia and variola. However, AMIES (*1*) has reported agglutination tests with variola and vaccinia elementary bodies which appear to suggest an antigenic difference. The variola minor elementary bodies were obtained on primary transfer of fresh material to the monkey. The variola major specimen, sent from Calcutta to England, proved to be of low infectivity on monkey transfer and was therefore, in turn, transferred intradermally to a rabbit to obtain material for preparation of an elementary-body suspension. Agglutination tests were carried out by means of the micro-technique with 11 sera from cases of smallpox which occurred in Calcutta. Only 4 of these gave agglutination of variola elementary bodies, their titre not exceeding 1 in 16, and none agglutinated a suspension of vaccinia elementary bodies. Of 28 variola minor sera, 6 failed to agglutinate either variola and vaccinia elementary bodies and 20, while agglutinating variola elementary bodies to various titres up to 1 in 64, failed to agglutinate the vaccinia elementary bodies. Monkeys inoculated with variola virus produced agglutinins for variola only, but rabbits infected with pulp from these monkeys produced agglutinins for both variola and vaccinia elementary bodies. AMIES accordingly suggested that agglutinins specific for variola elementary bodies were produced in man or the monkey by infection with this virus. However, sufficient data to support this suggestion are not included in AMIES' report. Reciprocal tests with rabbit antivaccinia sera were not reported, and the observations may therefore merely indicate quantitative differences in the L and S agglutinability of the vaccinia and variola suspensions used. The question of a possible serological difference between variola and vaccinia elementary bodies can be answered only by agglutinin absorption tests with variola elementary bodies obtained with the minimum of animal transfer.

An immunological and serological comparison of two strains of spontaneous cowpox and two strains of vaccine virus, one of which was derived from a case of variola, has been carried out by DOWNIE. DOWNIE found in agglutination and complement-fixation tests with these viruses that the titres of hyperimmune rabbit sera for the homologous virus were usually higher than for the heterologous virus. Agglutination, complement fixation and neutralization tests with sera absorbed by homologous and heterologous virus preparations yielded results which DOWNIE suggests are due to qualitative differences in the heat labile antigens of the viruses of cowpox and vaccinia.

Infectious Myxomatosis and SHOPES rabbit fibroma.

In view of the relationship between rabbit fibroma and myxoma demonstrated by SHOPE (*1, 2, 3*) and by the *in vivo* conversion of fibroma into myxoma virus by BERRY and DEDRICK, the serological relationship of the causal viruses is of particular interest. LEDINGHAM (*4*) obtained elementary-body suspensions from both infections and demonstrated by means of hanging-drop tests that cross-agglutination occurred. In a further communication LEDINGHAM (*5*) has reported in detail observations on the development of agglutinins infected with fibroma, myxoma and neuromyxoma. Fibroma inoculated animals were found to develop agglutinins more readily for myxoma elementary bodies than for homologous elementary bodies. Tentative cross-absorption tests, however, furnished no indication of a significant difference between fibroma and myxoma elementary bodies or agglutinins. Large quantities of myxoma elementary bodies have recently been obtained from the skin of infected rabbits by RIVERS and WARD who used methods similar to those developed for vaccinia. RIVERS and WARD, in addition to providing evidence that the elementary bodies represent the virus (confirmed independently by VAN ROOYEN and RHODES) demonstrated their agglutinability by both myxoma and fibroma sera in macroscopic tests. RIVERS and WARD also found a soluble precipitinogen in the skin extracts from which the elementary bodies were obtained. Of special interest is the fact that virus-free soluble precipitinogen was found in SEITZ filtrates of the serum of rabbits extensively infected with myxoma virus. Previously, yellow fever (*q. v.*) provided the only known example of the presence of specific antigen, apart from virus, circulating in the blood of infected animals. The yellow fever antigen, however, is associated with the albumen fraction of the serum.

Further studies of the soluble antigen of myxoma (RIVERS, WARD, and SMADEL) have shown that this antigen is a heat-labile protein which can be partially purified by methods applicable to the soluble antigen of vaccinia. These authors also found that the soluble antigen stimulated the development of homologous precipitins and agglutinins in rabbits. The antigen, however, failed to produce neutralizing antibodies or resistance to infection with the virus. VAN ROOYEN and RHODES (*2*) found that rabbits immunized with live SHOPE fibroma virus developed complement-fixing as well as virus neutralizing antibodies in the sera and that there was a close paralellism between the activity of the two antibodies. VAN ROOYEN and RHODES carried out complement-fixation tests with fibroma and myxoma virus preparations and obtained results which failed to indicate any serological inter-relationship between the two viruses. In the complement-fixation tests employed, the degree of fixation was assessed in terms of units of complement fixed using constant arbitrary amounts of serum and antigen. Saline extracts of dessicated rabbit testes were used as antigen. Fibroma antiserum was found to contain only homologous complement-fixing antibodies. When the complement-fixing antibody disappeared from the sera of rabbits immunized against fibroma virus, the same rabbits were immunized with myxoma virus and two weeks later complement-fixing antibodies for myxoma were detected in the sera but no reaction occurred with fibroma virus.

SHOPE rabbit papilloma.

A complement-fixation reaction has been demonstrated by KIDD (*1*) with SHOPE papilloma virus and the sera of rabbits bearing virus-induced papillomas. No fixation was obtained using papilloma antigen and sera of normal rabbits or rabbits immune to vaccinia, herpes, fibroma, myxoma, or rabbits with syphilis or bearing tar-induced papillomas. A close paralellism was found between complement-fixing antibody and the virus neutralizing activity of the serum. KIDD (*2*) in a further study of the fibroma complement-fixing antigen found that the antigen could be readily extracted from papillomas containing infective virus but not from the normal skin of rabbits bearing the growths. The fibroma complement-fixing antibody appears to be very closely related to the virus, having apparently the same particle size and the same point of thermal inactivation. However, it was found possible by irradiation with ultraviolet light or treatment with a weak alkali to render the papilloma extracts non-infective without destroying the complement-fixing antibody.

Psittacosis.

Agglutination of the elementary bodies of psittacosis was demonstrated by BEDSON (*3*) who used the microscopic hanging-drop method. Difficulty was experienced in obtaining a satisfactory antiserum in the mouse. Agglutinating sera were produced by the repeated inoculation of guineapigs with washed elementary bodies obtained by fractional centrifugation from mouse spleen. Accordingly a control guineapig anti-mouse spleen serum was prepared. This serum flocculated normal mouse spleen extracts, but, unlike the guineapig anti-psittacosis sera did not agglutinate washed psittacosis elementary bodies. BEDSON also demonstrated that specific complement-fixation could be obtained with washed psittacosis elementary bodies. Using a suspension of virulent mouse spleen as antigen, BEDSON (*4*) showed that human convalescent sera contained specific complement-fixing antibodies and that a suitable test for their prescence could be applied to diagnosis of the disease [BEDSON (*5*)]. The reaction was found positive as early as the 12th day of illness and as late as the 5th week. For the diagnostic test BEDSON employed a 5 per cent suspension of virulent spleen which had been stored in the refrigerator to allow inactivation of the complement present in fresh extracts. Dilutions of the patient's serum, in the presence of 2 M. H. D. of complement, were tested against this antigen and a control consisting of normal mouse spleen. Fixation was allowed to proceed for 2 to 3 hours at room temperature.

Evidence that more than one antigen is involved in the *in vitro* reactions of psittacosis virus was brought forward by BEDSON (*6*) using complement-fixation tests. Antiserum was absorbed with elementary-body suspensions *a*) unheated and *b*) boiled for 1 hour. When the absorbed antisera were tested against unheated and boiled antigens it was found that the heated antigen was capable of absorbing only antibody for itself, leaving antibody which reacted with unheated antigen. BEDSON also found that the complement-fixing activity of crude preparations of the virus depended both on virus and more highly dispersed material, the latter being retained by a SEITZ filter and partly deposited by centrifugation at 10000 r. p. m. Repeatedly washed elementary bodies gave weak and varied complement-fixation reactions but their complement-fixing activity was very markedly increased after boiling. This increase is not attributable to the liberation of soluble antigen since centrifugation at 3000 r. p. m. deprived the supernatant of activity. On boiling crude suspensions and separating the coagulated protein, the supernatant did not react, but the deposit showed virtually undiminished activity. This deficiency of complement-fixing soluble antigen in psittacosis contrasts with the findings in the case of vaccine virus. However, soluble antigens are not entirely absent in psittacosis preparations, for BEDSON obtained a clear fluid by boiling SEITZ filtrates which, although possessing no demonstrable complement-fixing activity, gave a weak precipitin reaction and produced a specific allergic reaction in sensitized guineapigs. BEDSON (*7*) reported that heated virus provided a more sensitive diagnostic test in human psittacosis. Normal and infected mouse spleens respectively were suspended in M/50 phosphate buffer, p_H 7,6, and lightly centrifuged after 24 hours' storage at refrigerator temperature. The virus was deposited, using an angle centrifuge and the control was similarly treated. The deposits were resuspended in dilute buffer, steamed for 30 minutes, and used as antigens for the test.

Influenza.

After unsuccessful attempts to obtain complement fixation in this infection with ferret virus and antiserum, SMITH (*4*) showed that a definite reaction could be obtained with antigen prepared from infected mouse lung or chick-embryo culture. A prolonged fixation time (2 hours at 37° C., followed by 18 hours at ice-box temperature) was found to be necessary. Positive reactions were obtained both with human and horse immune sera. The test failed to differentiate human and swine influenza viruses. SMITH's findings were independently confirmed by FAIRBROTHER and HOYLE (*1*), who considered that the evidence indicated two distinct antigenic components, "a specific factor reacting in neutralization tests and a common factor involved in complement fixation". HOYLE and FAIRBROTHER (*1*) noted a significant increase in the complement-fixing titre of human sera after an attack of influenza, while FRANCIS, MAGILL, BECK and RICKARD correlated this increase with the recovery of virus from the nasopharynx of the patient.

HOYLE and FAIRBROTHER (*1*) demonstrated that influenza-infected mouse lung contained two antigenic components *a*) influenza virus elementary bodies and *b*) a soluble substance which remains in suspension when the virus is deposited at 13000 r. p. m. The latter substance was found to be almost wholly responsible for the complement-fixation reaction. It was found to be largely adsorbed by a SEITZ filter, and to be labile on heating at 60 to 70° C., and when treated with N/5 NaOH. Comparatively feeble fixation was obtained with the washed elementary bodies which in this respect appear to be similar to those of vaccinia. The deposited influenza elementary bodies were found to be infective and to produce a complete immunity as well as potent neutralizing sera. Sera so produced in rabbits and ferrets were found to be devoid of demonstrable amounts of complement-fixing antibody, although the vaccination of mice with whole, dried, mouse lung (i. e., virus + complement-fixing antigen) produced both neutralizing and complement-fixing antibodies. SMITH (*4*) observed that the vaccination of humans with formolized virus led to the production of neutralizing antibody only. However, FAIRBROTHER and HOYLE (*2*) later found that washed elementary-body suspensions, which did not demonstrably fix complement, stimulated the production of complement-fixing antibodies in addition to neutralizing antibodies when inoculated into mice. On the other hand, the "soluble substance", responsible for the complement-fixation reaction, failed to induce any appreciable amount of complement-fixing or neutralizing antibody when freed from elementary bodies and purified by precipitation with 0,025 per cent acetic acid.

Hoyle and Fairbrother (*2*) report that the complement-fixing antigen is produced when washed influenza elementary bodies are inoculated on the chorio-allantoic membrane of the developing hen's egg. Simple saline extracts of fresh or dried infected membranes showed a high antigen content with little anticomplementary activity. In applying these antigen preparations to the titration of sera it was found to be important to determine the optimum dilution of antigen for this purpose since excess was found to reduce the degree of complement-fixation.

Apparently an agglutination reaction has not yet been described with the elementary bodies of influenza. Whether the elementary bodies of some viruses fail to yield such a reaction, or do so only under special conditions of test, is a question of some interest. In this connection, the failure of Jahn to obtain agglutination reactions with suspensions of ectromelia elementary bodies and immune mouse sera may be cited.

Varicella and Zoster.

Netter, Urbain and Weismann-Netter showed that a specific complement reaction could be obtained with zoster convalescent sera and antigens prepared from zoster vesicle fluid or crusts. Netter and Urbain (*1*) claimed that they had obtained by means of this reaction evidence of the identity of origin of varicella and zoster. Bedson and Bland using a rather different technique confirmed that zoster convalescent sera fixed complement in the presence of zoster antigen.

Brain (*2*), using varicella and zoster vesicle fluids and the technique of Bedson and Bland for virus complement-fixation tests, confirmed the work of Netter and his colleagues. Sera from 44 zoster cases and 17 varicella cases as well as 80 control sera were tested. Completely negative results were obteined with zoster sera in only 3 out of 84 tests using zoster antigens and in none of 34 tests using varicella antigens. With varicella sera, negative reactions were recorded in none of 10 tests with homologous antigens and in 3 out of 38 tests with zoster antigens. Only 1 positive reaction was noted in 111 tests of normal serum with zoster antigens, while 19 similar tests with varicella antigen were all negative. Each of the 2 antigens gave equally good fixation with both varicella and zoster sera, but varicella vesicles were found to yield a definitely poorer reaction.

The apparent serological similarity of zoster and varicella antigens and antibodies shown by complement-fixation tests contrasts with the more specific reactions obtained by Amies in agglutination tests. Amies (*2*) obtained relatively pure suspensions of varicella elementary bodies by high-speed centrifugalization of citrated chicken-pox fluid. Using the micro hanging-drop technique this author found that specimens of serum from 35 out of 55 cases of chicken-pox agglutinated these elementary bodies in 24 to 48 hours at room temperature, while normal human, monkey or rabbit sera or hyperimmune rabbit antivaccinia sera were without effect. The titres of the convalescent sera ranged from 1 in 4 to 1 in 256, agglutinins being noted as early as the fifth day after the onset of the eruption. Amies (*3*) extended these observations to zoster elementary bodies which he obtained in a similar way. In all except 2 cases, convalescent serum from 32 zoster patients (43 samples) showed agglutinin titres for zoster elementary bodies ranging from 1 in 4 to 1 in 128. Crossagglutination tests with 30 samples giving positive agglutination with zoster elementary bodies showed that 20 of these agglutinated varicella elementary bodies to rather lower titres. Similar tests with 9 positive varicella sera showed that 5 of these also contained agglutinins for zoster elementary bodies. The frequency of a higher titre for the homologous suspension suggests that the viruses of varicella and zoster are not serologically identical, but the significance of this is in doubt.

Yellow fever.

The complement-fixation reaction in yellow fever was first demonstrated, independently, by MOSES and FROBISHER (*1*). The latter used saline extracts of spleen and liver from monkeys dying of yellow fever and demonstrated fixation with convalescent sera from both humans and monkeys. DAVIS made an extensive study of this reaction and found that serum-virus taken on the first and second day of fever and heated for 15 minutes at 55° C. provided a suitable antigen which fixed complement with convalescent serum in dilutions from 1 in 50 to 1 in 1000. This serum-antigen was used in a strength of 4 to 5 antigenic units, together with 2 units of complement, for the titration of serum antibody. Primary incubation was carried out for 15 to 18 hours at ice-box temperature. DAVIS also made a study of the conditions under which the complement-fixing antibody was developed. Although certain irregularities were noted, he regarded the reaction as specific for yellow fever. FROBISHER (*2*, *3*) and HUDSON also studied this reaction in detail and developed techniques of a high degree of standardization and sensitivity. Summarizing the observations of these investigators briefly, it may be stated that the complement-fixing antigen of yellow fever is found *a*) in infected liver, spleen and brain, *b*) in blood serum taken during the febrile period of an attack of the disease, and *c*) in infected mosquitoes. The corresponding antibody is developed to a variable degree after infection and unlike the protective antibody persists for only a short time. SOPER, FROBISHER, KERR and DAVIS, however, used the complement-fixation test in a post-epidemic survey. In conjunction with tests for protective antibody the reaction is of value in distinguishing areas where the infection has been of recent occurrence.

A precipitin reaction was obtained by HUGHES who used convalescent monkey and human sera and, as antigen, sera obtained from monkeys towards the end of the period of acute infection. HUGHES showed that the circulating precipitinogen did not parallel the virus content of the blood, virus being present without concomitant precipitinogen in the early stage of infection, and precipitinogen being present without virus in the terminal stage. The amount developed appeared to be related to the severity of the infection and the virulence of the strain of virus used. With recovery from infection, the precipitinogen disappeared from the blood after stimulating the development of precipitins. That the precipitating and protective antibodies are independent is evidenced by HUGHES' findings. Sera obtained after mild infections contained protective antibodies but no precipitin. Conversely, inoculation of virus-free sera which contained precipitinogen resulted in the formation of precipitins but not of protective antibody. HUGHES considered, as seems entirely probable, that the precipitin reaction is the basis of the complement-fixation reaction in yellow fever. He found that the precipitinogen was associated with the albumen fraction of the serum and was stable at 55° C. The independence of precipitin and protective antibody and also of precipitinogen and infective virus led HUGHES to regard the precipitin as an auto-antibody resulting from stimulation with products of cellular injury.

Herpes.

A number of workers have failed to obtain complement-fixation with herpes virus [GREENBAUM and HARKINS, MUTERMILCH and NICOLAU, SCHULTZ and HOYT, TANG and CASTENADA, GAY and HOLDEN (*1*), MYERS and CHAPMAN]. Positive results were reported by KRAUS and TAKAKI, and TAKAKI, BONIS and KOREF. BEDSON and BLAND obtained specific fixation using sera from hyperimmunized guineapigs, but they found rabbit antiserum too anticomplementary for use in the test. The antigen was obtained by clarifying, by centrifugation, a 5 per cent suspension of infected guineapig pads in M/5 phosphate, p_H 7,6. Fixation was allowed to proceed for 2 to 3 hours at room temperature. Overnight fixation at refrigerator temperature, while frequently giving a more marked specific reaction tended to produce non-specific reactions with the controls. BRAIN (*1*) confirmed the findings of BEDSON and BLAND and also demonstrated herpes antibody in human sera by means of the test. Fixation was obtained with 23 sera out of 52 unselected specimens, and 48 sera from individuals of known herpetic history. The subsequent failure of MYERS and CHAPMAN to obtain definite evidence of complement fixation with herpes virus seems to be due to their use of highly neurotropic strains which gave only negligible skin reactions.

Foot-and-Mouth Disease.

Type-specific complement reactions with the O, A and C types of foot-and-mouth disease virus have been reported by CIUCA. Vesicle fluid diluted with saline and septic macerates of infected guineapig pads were found to provide suitable antigens. The latter were allowed to macerate for 15 days, partly at room temperature and partly in the cold room, before filtration through a SEITZ filter. Such filtrates contained infective virus and proved to be highly sensitive as antigens in the complement-fixation test. With a primary incubation period of 1 hour at 37° C., type-specific complement-fixing antibodies were consistently demonstrated in the blood of inoculated guineapigs. These antibodies appeared in 5 days and increased up to the end of the third week. Even after hyperimmunization the sera reacted only with the homologous antigen. CIUCA's observations have been confirmed by HELM and GALEA and provide an analogy to the type specificity of the complement-fixation reaction in equine encephalomyelitis.

Dog distemper.

LAIDLAW and DUNKIN obtained specific complement-fixation reactions with hyperimmune distemper serum and preparations containing this virus. Antigens prepared from ferret spleen, either fresh, frozen, or dried, and from dog spleen, lymph gland, liver or brain gave well marked positive reactions while extracts prepared from normal organs gave no fixation. The presence of virus was found to be essential and the authors considered that the amount of virus present could be roughly assessed by means of the reaction. The complement-fixing qualities of spleen emulsion were seriously impaired by heating it at 50° C. and completely abolished in 30 minutes at 60° C. Formaldehyde (0,1 per cent) inactivated the antigen in several days and the authors state that the complement-fixing activity of formolized vaccines disappeared long before their vaccinating potency had seriously diminished. Convalescent sera, although possessing definite protective qualities gave a comparatively poor reaction as compared with hyperimmune sera. LAIDLAW and DUNKIN incubated their tests, prior to addition of the haemolytic system, for 30 minutes at 37° C. since the normal serum controls became unsatisfactory with longer incubation. Extension of the incubation period, while increasing specific fixation, led to the development of some degree of fixation with normal sera. The authors found that sera from 11 "compound" dogs, presumably susceptible to distemper, and from the horse, sheep, hog, goat, and ox gave non-specific fixation with distemper ferret spleen when overnight fixation was employed.

Rift valley fever.

A specific complement-fixation reaction in this infection has been reported by BROOM and FINDLAY who used as antigen a saline extract of the livers of rats or mice dying of Rift Valley fever infection. Fresh liver was found to provide a better antigen than less infective dried liver. The reaction was demonstrated with human, monkey, sheep, rat, and mouse immune sera, the degree of reaction being proportional to the severity of infection. One individual, repeatedly exposed but with no history of clinical infection, was discovered to have developed complement-fixing antibodies to the virus.

Virus III.

Specific complement-fixation with virus III has been reported by MYERS and CHAPMAN. Saline extracts of fresh or dried infected rabbit testes, clarified by centrifugation, were used as antigens, and ice-box fixation was employed. Fixation was also obtained with peritoneal fluid and blood serum taken 3 and 4 days after testicular inoculation. The complement-fixing titres of the sera tested were higher than the titres usually encountered in antisera to other viruses. One rabbit given 4 dermal and 4 testicular injections over a period of 14 months gave a serum active in a dilution of 1 in 4096, while two rabbits each receiving a single dermal injection of virus showed titres of 1 in 256.

Equine encephalomyelitis—Lymphocytic choriomeningitis—St. Louis encephalitis.

HOWITT (*1*, *2*) found that the complement-fixation test could be applied to the differentiation of strains of equine encephalomyelitis, lymphocytic choriomeningitis and St. Louis encephalitis. The method employed to obtain suitable antigens is of interest in view of the difficulties encountered in eliciting specific precipitin or complement-fixation reactions with virus-infected brain tissue. The antigens were prepared by drying infected guineapig or mouse brain from the frozen state, extracting the dried powdered brain with ether, suspending the extracted powder in saline and freezing and thawing the suspension repeatedly before centrifuging at 2400 r.p.m. The supernatant fluid thus obtained was used as antigen in the tests. Ice-box fixation for 16 hours was employed. HOWITT stresses the necessity for adequate controls and careful adjustment of complement in view of the anticomplementary tendency of brain antigen even when prepared according to the method described. While the reaction was found to be independent of the presence of live virus in the antigen, the activity of the antigen was related to the viability of the virus in the dried brain at the time of extraction. Antigen preparations remained potent for as long as 5 months. The antisera were obtained by prolonged hyperimmunization with live virus and it was noted that neutralizing antibodies appeared earlier than complement-fixing antibodies. With guineapig brain antigen, clear-cut differentiation of the immunologically different eastern American, western American, and Russian (Moscow 2) strains was obtained, but with a more active antigen derived from mouse brains a minor degree of cross-reaction between the American strains was noted. With mouse-brain antigens the cross-fixation tests included lymphocytic choriomeningitis and St. Louis encephalitis viruses, both of which gave specific reactions.

SMADEL, BAIRD, and WALL have confirmed that a complement-fixation reaction occurs with the virus of lymphocytic choriomeningitis and hyperimmune homologous sera. They found the complement-fixing antigen in the spleen, consolidated lung, liver, and brain of infected guinea-pigs but not in tissues from normal animals. The antigen was found to be more readily obtainable from spleen than from brain. The fixation reaction is referable to soluble antigen since deposition of the virus by ultra-centrifugation leaves the complement-fixing antigen in the supernatant fluid. SMADEL, BAIRD, and WALL tested a number of sera from patients with lymphocytic choriomeningitis and obtained positive fixation with sera from six patients taken 6–8 weeks after the onset of the disease, but in other instances following benign infection neither neutralizing or complement-fixing antibodies were found. Complement-fixing antibodies have also been demonstrated by LÉPINE and SAUTTER in the case of a laboratory worker recovered from infection with the virus of lymphocytic choriomeningitis.

Rabies.

Following earlier conflicting reports, MARIE and URBAIN claimed to have obtained a specific complement-fixation reaction in rabies. They found that with unheated antigen and immune serum, 5 times as much complement was fixed by a rabies brain extract as compared with normal brain extract. These authors also stated that marked precipitation occurred when immune serum was mixed with a 1 in 100 suspension of rabies brain. This did not occur with normal serum, but no details are given.

A technique for the complement-fixation reaction in rabies has been described by GREVAL. Sheep-brain vaccine (5 per cent carbolized vaccine) was found to provide a better antigen than rabbit-brain vaccine. Vaccine, 3 months old, was filtered through filter paper and the almost clear filtrate seems to have been used without further dilution. Filtrates from vaccines less than 7 days old gave poor reactions. The sera were obtained by hyperimmunizing sheep. The antigen and serum were tested alone against 2 and 3 units of complement, and together against 8, 10 and 12 units. The fixation period was 1 hour at room temperature, followed by 45 minutes at 37° C. HAVENS and MAYFIELD (*3*, *4*) reported specific flocculation and complement-fixation with fixed and street virus and claimed that they were able to demonstrate differences in antigenic composition between different strains by cross-absorption tests. The work of these authors does not appear to have been confirmed and the significance of their flocculation experiments is difficult to assess since they used a 1 per cent suspension of fresh brain in saline as antigen and incubated their tests at 37° C. Under these conditions non-specific flocculation is liable to develop.

Avian sarcoma.

AMIES (*4*) extending the observations of LEDINGHAM and GYE obtained from ROUS No. 1 and FUJINAMI sarcoma, by means of fractional high-speed centrifugation, suspensions of particles resembling very small elementary bodies. These suspensions contained the tumour-exciting agent and with them agglutination tests were carried out by the micro-method. When fowls, inoculated with cell-free extracts or purified suspensions of the tumour agents, developed tumours, agglutinins for the homologous suspension were produced in 17 out of 18 birds in the case of the ROUS agent and 15 of 32 birds in the case of FUJINAMI agent. Agglutinin development, however, was impaired when the tumours developed rapidly. Negative results were obtained with the sera of 46 normal chickens and also 12 normal fowls later shown to be susceptible to the ROUS agent. However, agglutinins were found to be present in 8 out of 20 adult fowls of another variety. Some degree of cross-agglutination of the suspensions was noted and a complement-fixation reaction was demonstrated. The interpretation of these observations of AMIES is in some doubt. FRAENKEL and MAWSON report that no quantitative relationship exists between "elementary bodies" obtained by high-speed centrifugation and tumour-producing activity, which may be present in eluates which contain very few of these bodies. Since elementary-body agglutination can be observed only with reasonably homogeneous suspensions it would appear that either AMIES was more successful than FRAENKEL and MAWSON in obtaining purified and active suspensions of the ROUS sarcoma agent by high-speed centrifugation, or that the "elementary bodies" obtained by AMIES had uniformly adsorbed some antigenic substance related to fowl sarcoma.

Rheumatic diseases.

Particles resembling virus elementary bodies were obtained by high-speed centrifugation of pericardial fluid from acute rheumatic pericarditis by SCHLESINGER, SIGNY and AMIES, who suggested that these particles represented the infective agent of acute rheumatism. This opinion was based on the finding that they were specifically agglutinated by sera of patients suffering from and actively resisting an acute rheumatic infection. These tests were carried out by the micro hanging-drop method. Sera from patients ill with other infections and from normal individuals yielded negative reactions. No evidence was obtained that either streptococcal or iso-antibodies were responsible for the reaction. These observations were extended by EAGLES, EVANS, FISHER and KEITH to sera from cases of rheumatoid arthritis and chorea as well as rheumatic fever. The suspensions were obtained from joint fluids of cases of rheumatoid arthritis, from the cerebrospinal fluid of a case of chorea and from pleural and pericardial fluids of rheumatic fever cases. Sera which agglutinated these suspensions, with one exception, did not agglutinate control suspensions obtained from non-rheumatic pleural and pericardial fluids. A considerable degree of cross-agglutination of the rheumatic and chorea suspensions was noted while negative reactions were obtained with 21 control sera. Only about half of the rheumatic and chorea sera gave agglutination, and in rheumatic fever no correlation between clinical condition or stage and presence of agglutinins was found. Unsuccessful attempts were made to obtain a precipitin reaction with the supernatant of a pericardial fluid from which an agglutinable suspension had been obtained. While these findings are compatible with a virus etiology of rheumatic infections, they are merely suggestive. However, in view of the number of positive agglutination results obtained with particles resembling virus elementary bodies, these observations and those of AMIES on avian sarcoma cannot be disregarded since they concern reactions which are either virus *in vitro* reactions or phenomena which must be distinguished therefrom.[1]

Bacteriophage.

Apart from the neutralization reaction, three phage-antibody reactions have been described: agglutination, precipitation, and blockade of the neutralizing antibody by phage S. S. S. BURNET (*1*) demonstrated that phage-coated bacilli

[1] COBURN and PAULI have recently reported the occurrence of a precipitin reaction between sera taken just before and shortly after the onset of acute rheumatism. Adsorption of such a precipitinogen offers a possible explanation of the agglutination of minute particles fractionated from pericardial and joint fluid in rheumatic diseases.

were specifically agglutinated by antiphage serum exhausted of bacterial agglutinins and that such suspensions absorbed homologous phage antibody. SCHLESINGER and BURNET (*3*) showed independently that large particle phages could be agglutinated by homologous antiserum. The former directly observed aggregation of phage particles in immune serum mixtures under the ultramicroscope, while BURNET obtained macroscopic agglutination of phage washed on gradocol membranes. A high concentration of phage (10^{10} particles per c. c. or over) was necessary to obtain visible agglutination and no reaction was obtained with ultrafiltrates. Ultraviolet photographs showed that the clumps formed consisted of aggregates of particles having a diameter equal to the estimated size of the phage (50–75 $m\mu$). The antiserum, one prepared against a dysentery-coli phage (C16) and from which the bacterial agglutinins had been removed, was found to agglutinate all of 8 strains of phage which were inactivated by C16 antiserum. BURNET, KEOGH and LUSH have since reported agglutination of small plaque staphylococcal phages. Phage soluble specific substances, which showed a specific "blocking" effect on the phage-antiphage reaction, were obtained by BURNET (*2*) by filtering lysed cultures through gradocol filters which retained the phage. The specificity of this effect was shown by cross tests with 3 dysentery Y phages which were serologically distinct. The ultrafiltrates were non-lytic and therefore the blocking substances present in the ultrafiltrates appear to be equivalent to soluble bacterial antigens or soluble specific substances. In one case a precipitin reaction was obtained with an ultrafiltrate of phage C16 and homologous antiserum from which bacterial agglutinins had been removed.

Silk worm Grasserie.

PAILLOT and GRATIA have reported that the virus of grasserie of the silk worm can be fractionated in quantity as minute granules from the serum and tissues of infected silk worms. The serological investigation of these infective granules and the characteristic polyhedra of grasserie has been carried out by GRATIA and PAILLOT. The sera of rabbits inoculated with purified preparations of the polyhedra and the infective granules agglutinated emulsions of the granules and polyhedra in dilutions as high as 1 in 3000 but failed to agglutinate minute particles obtained by a similar technique from normal silk worm tissues. Rabbit sera prepared against granules obtained from normal tissue and serum failed to agglutinate the polyhedra or the infective granules, although they yielded a specific precipitin reaction with normal silk worm serum and tissue juices. In addition to thus demonstrating that the virulent granules and the polyhedra of grasserie possess antigenic qualities distinct from those of the normal tissues of the silk worm, GRATIA and PAILLOT also showed that the triangular polyhedra and large granules from a virus infection of the caterpillar of Euxoa Segetum were not agglutinated by grasserie antisera.

E. The relationship of S. S. S. and virus.

Soluble specific substances are encountered in a number of virus infections, viz. psittacosis, vaccinia, myxoma, influenza, and yellow fever, and the problem of their origin is an important one. If they are not formed by the virus, but result instead from cellular injury produced by the infective process, the *in vitro* reactions of washed virus particles become suspect since these reactions might be attributable to extrinsic antigen firmly adsorbed to surface of the virus. In the case of the larger viruses there is no evidence in favour of the hypothesis of antigens arising from cell injury, which was advanced by DAVIS and HUGHES in discussion of the nature of the complement-fixing antigen and precipitinogen of yellow fever. The soluble antigens of vaccinia, psittacosis, myxoma, and influenza are specific to each of these infections. With the exception of myxoma, which appears to be restricted in its host range to the rabbit, each of these virus infections produces the same specific antigens or corresponding antibodies in different susceptible species. For example, influenza complement-fixing antigen may be obtained from infected mouse lung, chick embryo membrane or tissue culture, while the corresponding antibody is developed in response to infection in man and susceptible animals. The L and S antigens of vaccinia-variola virus have been identified in the lesions produced by this virus in man, the calf, rabbit and guineapig and also in the chorio-allantois of chick embryos. No serological difference is evident in the LS antigen derived from these various sources. The development of soluble antigens in a tissue are dependent on infection of that tissue with the related virus and it is reasonable to assume that these antigens are produced in the infected cell. The separation of LS antigen from vaccinia elementary bodies does not appear to be reversible when the latter are exposed to abnormally high concentrations of soluble antigen. In view of the available evidence the soluble antigens of the larger viruses may reasonably be regarded as being directly elaborated by the virus and thus analogous to bacterial antigens. However, enquiry into their exact point of formation, whether it is within the virus particle or at its surface, merely invokes speculation regarding virus metabolism. The complement-fixing antigen and precipitinogen of yellow fever may appear to offer a rather different problem on account of the small size and uncertain nature of this virus. The facts, however, are not inconsistent with the view that these antigens are produced by or from the virus. The lack of parallelism between the presence of infective virus and antigen in the blood may be explained by the necessity of a sufficient concentration of virus particles (10^{11} per c. c., infective or "dead") being attained in the blood before a visible *in vitro* reaction becomes theoretically demonstrable.

F. The in vitro activity of neutralizing antibody.

A series of conflicting reports concerning the *in vitro* activity of neutralizing antibody have appeared during the past ten years, the extremes of opinion regarding their interpretation being that either no *in vitro* reaction is possible between virus and neutralizing antibody or that an *in vitro* reaction does occur. Some workers who have accepted the latter view have suggested "sensitization" of the virus which is subsequently destroyed or taken up by phagocytic cells *in vivo*. The investigations of various workers are characterized by differences in approach and technique which make comparison and evaluation of the results sometimes difficult. In many instances the necessary *in vivo* tests have been too limited in their range to permit of interpretation and attention has been directed to the demonstration of uninactivated virus in neutral mixtures rather than to determination of the percentage reduction in activity of the virus. The latter may be explained by a lack of sufficiently accurate methods of titrating viruses. A difficulty of interpretation has been introduced by the dilution phenomenon shown by neutral mixtures which become infective on dilution prior to inoculation or on injection into some other tissue. Where this phenomenon actually represents dissociation of an unstable *in vitro* complex of virus and antibody, recovery of virus from neutral mixtures obviously cannot be interpreted as evidence that an *in vitro* union did not occur. Some investigators have considered that the apparent absence of combination with protective antibody is a special characteristic of viruses, but the recent observations of ENDERS and SHAFFER on type III pneumococcus confirms that this is not the case.

We may conveniently consider investigations of the *in vitro* aspects of the neutralization reaction according to whether underneutralized or overneutralized mixtures were employed. In the former case, demonstration of a progressive, specific reduction in the amount of demonstrable virus, as contact with immune serum is prolonged, can be explained only on the basis of a progressive *in vitro* reaction whereby the antibody either inactivates the virus or renders it incapable of initiating infection in susceptible cells. BEDSON (*1*) showed that underneutralized mixtures of dermal strains of herpes virus and immune serum became less infective when held at room temperatures for periods up to 4 hours, while ANDREWES (*3*) found that progressive neutralization of ROUS virus was demonstrable on incubation of the serum-virus mixture for 1 to 4 hours at 37° C. FAIRBROTHER (*1*) found that *in vitro* contact with immune serum for 4 to 24 hours at room temperature had a modifying effect on the infectivity of vaccinia virus and suggested that sensitization of the virus *in vitro*, facilitating its destruction *in vivo*, had occurred.

In the case of neutral or overneutralized mixtures the dilution phenomenon [BEDSON (*1*), TODD] and physical separation of virus and serum have been employed to determine whether an *in vitro* reaction has occurred. Complete recovery of all virus by dilution can be effected only if no reaction has taken place or if any combination of virus and antibody, which may have occurred, can be completely dissociated. A number of methods have been used to effect separation; these include *a*) selective absorption with substances such as kaolin, euglobulin and blood clot, *b*) filtration, *c*) cataphoresis and *d*) centrifugation. BEDSON (*1*) found that when herpes virus-immune serum mixtures were held for 1 to 4 hours before being diluted, the amount of virus thus unmasked was definitely decreased. TODD concluded from a study of the dilution phenomenon with fowl-plague virus that immune serum did not destroy the virus *in vitro* in a period of 4 hours at 37° C., but did not carry out comparative titrations to determine whether any of the virus had been inactivated. ANDREWES (*1*) used the dilution phenomenon to show that infective vaccine virus could be recovered from neutral mixtures even after 24 hours contact, but did not demonstrate that recovery was complete. In further experiments with vaccinia virus [ANDREWES (*2*)], the period or contact with immune serum was extended up to 4 days at room temperature or 24 hours at 37° C. and the amount of virus recovered by dilution or absorption with euglobulin compared with that recovered from control mixtures made immediately before testing. The results showed that with prolonged contact the virus became progressively more difficult to recover. LONG and OLITSKY investigated the recovery of vaccine virus from neutral mixtures by dilution and suggested that some of their results might be interpreted as indicating a loose union which dissociates on dilution according to the mass law. Evidence was obtained by MCKINNON that the degree to which mixtures of vaccinia virus and antiserum could be reactivated by dilution, decreased with time of contact. The tests with immune serum were strictly controlled on the same rabbit by similarly treated normal serum-virus mixtures. A marked increase in degree of neutralization was found in 24 hours irrespective of whether the dilutions of the virus-serum mixture were made immediately after mixing, or just prior to the test. CRAIGIE and TULLOCH reported experiments in which infective vaccine virus was recovered from neutral mixtures when these were diluted immediately but not after they had been incubated at 37° C. for 4 hours. Even when the mixtures were diluted immediately the virus was not recovered to titre, indicating that the hyperimmune serum used had some rapid irreversible *in vitro* effect on the virus. Goyal carried out a series of experiments on the reactivation of vaccine and louping-ill viruses in serum-virus mixtures in which a very definite excess of immune serum was present. While more or less balanced mixtures of vaccine virus and serum could be reactivated by dilution, rapid inactivation occurred in overneutralized mixtures. It was shown by the use of appropriate controls of serum and virus which were diluted before being mixed, that this failure to recover virus was not due to insufficient dilution of the serum. Goyal's experiments with louping-ill virus were carried out in mice injected intracerebrally. The degree of neutralization of this virus was found to be proportional to the time of contact and temperature within certain limits. The virus could not be recovered by dilution from neutral serum-virus mixtures incubated for 4 hours at 37° C.

Findlay, in a study of the mechanism of immunity to Rift Valley fever virus, made an extensive series of observations on the effect of immune serum on this virus. He found that reactivation of neutral mixtures by dilution *in vitro*, or by changing from the intraperitoneal to the intranasal route of inoculation, occurred only when a certain proportion of virus was present in the initial mixture. When smaller amounts of virus, fully active in control experiments with normal serum, were mixed with immune serum, active virus could not be recovered from the mixtures. Merrill (*2*, *3*) working with equine encephalomyelitis virus, also obtained evidence of an *in vitro* interaction of virus and antibody. When underneutralized mixtures were diluted and injected intracerebrally the titre of the mixture was 10 to 100 times less than that of similar dilutions of virus and serum mixed after dilution. All dilutions of a neutral mixture proved non-infective on intraperitoneal inoculation while similar proportions of virus and serum diluted before mixing proved infective in the range of higher dilutions. Merrill found that the filterability of this virus was diminished by the addition of subneutralizing doses of serum. This he interpreted as evidence of specific aggregation of the virus particles brought about by immune serum and interpreted the 90 to 99 per cent neutralization which occurred over a wide range of serum-virus ratios on this basis. In the narrow range of serum-virus ratios in which neutralization was complete, Merrill found a direct relationship between the number of infective doses of virus and the amount of serum required for neutralization.

Failure to recover virus to titre when neutral mixtures are reactivated by dilution provides evidence of an irreversible effect of the antibody on some of the virus. On the other hand, the reactivation of virus which occurs on dilution has been regarded as evidence of a dissociation of the virus-antibody complex analogous to the dissociation of toxin-antitoxin mixtures. Evidence that dissociation may occur is provided by Burnet's observations (*vide infra*) in which the egg membrane titration method was employed. Dissociation, however, cannot be inferred when the number of unneutralized virus particles at different levels of dilution cannot be determined on account of a continuance of the action of the serum *in vivo*. For example, when a neutral vaccine virus-immune serum mixture is inoculated intradermally, its apparent neutrality, which can be disproved by intracerebral or intratesticular inoculation, is in all probability dependant on the early passive blockading effect of serum which remains at the site of inoculation, thus preventing the development of appreciable lesions from initial foci of infection produced by the uninactivated percentage of virus in the mixture.

Absorption methods have been employed to demonstrate the presence of infective virus in neutral mixtures. These require only brief reference since such methods do not permit of quantitative estimation of the proportion of virus recovered. ANDREWES (*1*) demonstrated the presence of vaccinia and virus III in neutral mixtures by adsorbing the virus with kaolin, and, in the case of the former virus, more successfully with euglobulin. Actually, ANDREWES recovered so little of virus III by absorption of neutral mixtures with kaolin, that intratesticular inoculation had to be resorted to instead of intradermal inoculation. Later [ANDREWES (*2*)], when investigating the effect of prolonged contact with neutralizing antibody on vaccine virus, this author found that under such circumstances the virus could be less readily recovered by absorption. The same author (1932) found that the ROUS virus could be recovered by adsorbing immune serum-virus mixtures with euglobulin only if the period of contact of serum and virus was brief. GOYAL found that vaccine virus could not be recovered by absorption with kaolin from overneutralized mixtures. SABIN (*1*), who carried out an extensive investigation with vaccinia, virus B and pseudo-rabies viruses, introduced centrifugation as a method of recovering infective virus particles from neutral mixtures. Large amounts of virus may be recovered in this way and SABIN concluded that virus and neutralizing antibody do not combine *in vitro*. However, in the case of vaccine virus, one of the protocols submitted by SABIN [*75* (*1*), table IV] fails to support this conclusion. In this particular instance, mixtures of vaccine virus with *a*) an excess of immune serum and *b*) normal serum were centrifuged at 14000 r.p.m. for 3 hours after they had been kept for 4 hours at 37° C. and 14 days at 1° C. The sedimented virus was redispersed and titrated intradermally in tenfold dilutions. Virus from the immune serum mixture showed a titre of 1 in 1000 while that from the normal serum mixture showed a titre of 1 in 10000. Since intradermal titrations of vaccine virus may vary within a tenfold dilution [SABIN (*3*)], these findings are equally compatible with *a*) inactivation of 99 per cent of the virus or *b*) with complete absence of inactivation. MAGRASSI and HALLAUER, who employed underneutralized mixtures, were unable to confirm SABIN's statement that high-speed centrifugation of mixtures of vaccine virus and immune serum yielded sediments in which infective virus was present in a practically undiminished concentration. On comparing the infectivity of vaccine virus deposited from normal serum and from underneutralized immune serum mixtures, they found that in the presence of immune serum a 90 to 99 per cent reduction had occurred in the amount of demonstrable virus. Similar results have been obtained in unpublished experiments carried out by CRAIGIE both with underneutralized and overneutralized mixtures of vaccine virus and immune serum. The virus recovered by centrifugation from apparently unagglutinated immune serum mixtures never showed a titre equal to that recovered from the normal serum mixtures, only 1 to 10 per cent of the virus being demonstrable on intradermal titration.

Although infective virus can be recovered by centrifugation of neutral serum-virus mixtures in the case of vaccine virus, virus B and pseudo-rabies virus, this is not necessarily true of all viruses. Evidence has been brought forward by MAGILL and FRANCIS that neutral mixtures of influenza virus and immune serum, incubated for 35 minutes at 37° C. cannot be dissociated in this way. The sediment obtained by high-speed centrifugation of neutral mixtures was not reactivated even by further washing and did not contain free neutralizing antibody. Clearly, therefore, influenza virus combines with and is irreversibley inactivated *in vitro* by immune serum.

Most investigations of the neutralization reaction have been concerned with the effect of the serum on the virus. However, it is obvious that evidence of specific absorption of neutralizing antibody by virus would furnish unequivocal proof of an *in vitro* reaction. ANDREWES (*1*) failed to demonstrate absorption of vaccinia neutralizing antibody on removing the virus by filtration through an L2 candle, even after a period of contact of 24 hours, or when 250 times as much virus was used for absorption as the serum was capable of completely neutralizing. With virus III, on the other hand, antibody was recovered by filtration of neutral mixtures to remove the virus, only in five out of nine attempts.

Absorption of vaccinia and herpes neutralizing antibodies was attempted by SMITH (*2*) using very heavy doses of suspensions of testes infected with the respective viruses and some evidence of specific absorption was obtained. GAY and HOLDEN (*2*) stated that they were unable to absorb herpes neutralizing antibody with herpetic brain and JUNGEBLUT reported a similar failure to reduce the activity of poliomyelitis serum by prolonged contact with heavy doses of virus suspension. SABIN (*1*) considered that he was unable to demonstrate absorption of neutralizing antibody with an unstated excess of vaccine virus. Actually in one experiment absorption occurred but SABIN attributes this to flocculation which occurred on mixing the virus filtrate with the serum. This explanation seems improbable since the L and S antibodies may be removed from anti-vaccinia sera by precipitation with S or LS antigen, without effecting any demonstrable reduction in their neutralizing activity. Definite evidence that vaccinia elementary bodies combine *in vitro* with neutralizing antibody has been obtained by SALAMAN (*2*). Massive doses of elementary bodies were found to remove the neutralizing antibody from immune sera while control preparations of normal skin and herpetic skin did not do so. SALAMAN estimated that SABIN in his absorption experiments used a dose of virus at least 100 times too small for detectable absorption. In SALAMAN's experiments the ratio between the amount of elementary bodies required to absorb the neutralizing antibody from a given quantity of serum and the maximum amount of elementary bodies neutralized, according to intradermal tests, by the same quantity of serum, varied from 1500 to 1 to as much as 100000 to 1. "Absorption" of virus by antibody was demonstrated by BEDSON (*2*) who found that collodion particles treated with immune serum had a greater avidity for herpes virus than particles treated with normal serum. Control experiments showed that this absorption was real and could not be explained by dissociation of sufficient antibody from the particles to neutralize unabsorbed virus in suspension. Some investigators have considered that neutralizing antibody functions *in vitro* by opsonizing the virus. FAIRBROTHER (*2*) reported that the addition of leucocytes *in vitro* to vaccinia-immune serum mixtures definitely increased the neutralizing power of the serum when the mixtures were tested intracerebrally. Analogous results were obtained by JAMUNI and HOLDEN with herpes virus, addition of leucocytes to virus-immune serum mixtures decreasing their infectivity by the intracerebral route. SABIN (*3*), however, considered that opsonization of vaccine virus does not occur *in vitro*.

Some of the observations which have been referred to clearly indicate that an *in vitro* reaction may occur between virus and neutralizing antibody. On the other hand, it is equally clear that this reaction does not generally result in complete inactivation of the virus. This, together with the use of insufficiently accurate methods of titrating virus, has directed the attention of some investigators to the amount of virus recovered from neutral mixtures rather than to the percentage of virus which may have been inactivated. In this connection the observations of ANDREWES and ELFORD on the neutralization of bacteriophage are significant. It was found that over a very wide range of phage dilutions a given dilution of phage antiserum neutralized a constant percentage of phage irrespective of the total number of phage particles present. For example, a 1 in 100 dilution of an anti-C36 serum neutralized, in 4 hours, 95 per cent of C36 phage irrespective of whether the phage was undiluted or diluted 1 in 1000000. ANDREWES and ELFORD considered that this "percentage law" depended on innate differences in the serum resistence of individual phage particles. MERRILL (*2, 3*) in extensive studies on the neutralization of equine-encephalomyelitis virus found that over a wide range of serum-virus ratios 90 to 99 per cent of the virus was neutralized. BURNET, KEOGH, and LUSH, using the egg-membrane titration method found that the "percentage law" could be demonstrated with vaccinia, influenza, and rabbit myxoma viruses. Results consistent with the hypothesis that under constant conditions a constant percentage of any dose of vaccinia virus is inactivated by a given quantity of antiserum have also been obtained by SALAMAN (**3**) who titrated the surviving infective virus intradermally in rabbits.

BURNET's (*4*) development of the pock-counting method on the chorio-allantois of the developing egg and the application of this [BURNET (*5, 6*), KEOGH, BURNET, KEOGH, and LUSH] to the study of the *in vitro* aspects of virus neutralization, marks an important advance in the elucidation of this reaction and provides evidence that it proceeds *in vitro*. This method, in principle, is similar to those involved in bacterial colony counts, in plaque counts and in the quantitative study of mosaic viruses. The differences observed between the behaviour of immune serum virus mixtures on the chorio-allantois and in adult mammals undoubtedly arise, not from any differences in the reaction *in vitro*, but from differences in the susceptible tissue, and the possibility, in the adult mammal, of local passive protection arising from retention of antibody at the site of inoculation. The thesis advanced by BURNET, KEOGH, and LUSH is that the immunological reactions of viruses do not require the postulation of any essentially new processes, since a hypothesis developed from accepted immunological theory predicts results not incompatible with the experimental facts observed when the pock-counting method is employed.

Space does not permit an adequate account of this hypothesis and the assumptions on which it is based. Very briefly, it may be indicated that mathematically, a serum-concentration-virus survivor curve may be constructed for an "ideal case" which involves a freely reversible reaction between uniformly avid antibody and uniformly susceptible virus particles. This ideal reaction may be modified in several ways, the chief deviations arising from,

a) the increased time necessary for the attainment of equilibrium with dilute reagents;

b) a progressive decrease in the reversibility of the antigen-antibody union with the passage of time;

c) differences in the susceptibility of the virus particles to inactivation by antibody.

BURNET, KEOGH and LUSH found that the experimental results obtained with louping-ill virus agreed closely with the results predictable from the "ideal case" of a freely reversible reaction. In the case of vaccinia a deviation from theory could be explained by assuming that 1,2 per cent of the virus particles were completely insusceptible to any concentration of antibody. In the case of influenza virus the reaction, in the early stages, appeared to be completely reversible, but a secondary irreversible reaction was more directly demonstrable than with vaccinia. The results with myxoma virus indicated *a*) incomplete dissociation even at an early stage, *b*) no progressive increase of the reaction with time, and *c*) a proportion of highly resistant virus particles. It is of interest that the viruses studied in detail by this method showed points of individuality although their reactions showed a general conformity with theory.

Information regarding the relationship of neutralizing antibody to antibodies which participate in aggregation and complement-fixation reactions is meagre. In yellow fever, influenza and vaccinia, there is an obvious lack of parallelism between these antibodies, and this, in the case of vaccinia, has been confirmed by absorption tests. In the case of serologically complex viruses which stimulate the production of more than one antibody, it might be expected on the basis of analogy with the serology of bacteria, that one of the antibodies would play a dominant role in neutralization. This is true of vaccinia virus, which may be neutralized by sera devoid of demonstrable agglutinins. On the other hand, agglutinins may influence the results of neutralization tests when conditions are favourable and this virus, thus aggregated, is not fully redispersed. Merrill (*2*) thought that the percentage neutralization of equine encephalomyelitis virus was attributable to aggregation of the virus by immune serum and distinguished between this and neutralization. Burnet, Keogh and Lush, however, doubt if aggregation plays as important a part in neutralization as Merrill suggests.

References.

1. Amies, C. R.: (*1*) An agglutination reaction in variola. Lancet **2**, 558 (1932).
   — (*2*) The elementary bodies of varicella and their agglutination in pure suspension by the serum of chicken-pox patients. Lancet **1**, 1015 (1933).
   — (*3*) The elementary bodies of zoster and their serological relationship to those of varicella. Brit. J. exper. Path. **15**, 314 (1934).
   — (*4*) The particulate nature of avian sarcoma agents. J. Path. a. Bacter. **44**, 141 (1937).
   — (*5*) The production of homogeneous suspensions of vaccinia elementary bodies and the histology of the associated skin lesions. J. Path. a. Bacter. **47**, 205 (1938).
2. Andrewes, C. H.: (*1*) The action of immune serum on vaccinia and virus III in vitro. J. Path. a. Bacter. **31**, 671 (1928).
   — (*2*) Antivaccinial serum. J. Path. a. Bacter. **33**, 265 (1930).
   — (*3*) Some properties of immune sera active against fowl-tumour viruses. J. Path. a. Bacter. **35**, 243 (1932).
3. Andrewes, C. H. and W. J. Elford: Observations on anti-phage sera; "percentage law". Brit. J. exper. Path. **14**, 367 (1933).
4. Beard, J. W., H. Finkelstein and R. W. G. Wyckoff: The p_H stability range of the elementary bodies of vaccinia. Science **66**, 331 (1937).
5. Bedson, S. P.: (*1*) Observations on the mode of action of viricidal serum. Brit. J. exper. Path. **9**, 235 (1928).
   — (*2*) Further observations on the mode of action of a viricidal serum. Brit. J. exper. Path. **10**, 364 (1929).
   — (*3*) The nature of the elementary bodies of psittacosis. Brit. J. exper. Path. **13**, 65 (1932).
   — (*4*) Immunological studies with the virus of psittacosis. Brit. J. exper. Path. **14**, 162 (1933).
   — (*5*) The use of the complement-fixation reaction in the diagnosis of human psittacosis. Lancet **2**, 1277 (1935).
   — (*6*) Observations bearing on the antigenic composition of psittacosis virus. Brit. J. exper. Path. **17**, 109 (1936).
   — (*7*) Observations on the complement-fixation test in psittacosis. Lancet **2**, 1477 (1937).
6. Bedson, S. P. and J. O. W. Bland: Complement-fixation with filterable viruses and their antisera. Brit. J. exper. Path. **10**, 393 (1929).
7. Berry, G. P. and H. M. Dedrick: A method for changing the virus of rabbit fibroma (Shope) into that of infectious myxomatosis (Sanarelli). J. Bacter. (Am.) **31**, 50 (1936).

8. Brain, R. T.: (*1*) Demonstration of herpetic antibody in human sera by complement fixation and the correlation between its presence and infection with herpes virus. Brit. J. exper. Path. **13**, 166 (1932).

— (*2*) Relationship between viruses of zoster and varicella as demonstrated by complement-fixation reaction. Brit. J. exper. Path. **14**, 67 (1933).

9. Broom, J. C. and G. M. Findlay: Complement-fixation in Rift Valley fever. Lancet **1**, 609 (1932).

10. Burgess, W. L., J. Craigie and W. J. Tulloch: Diagnostic value of the "vaccinia variola" flocculation test. Sp. Rep. Ser. Med. Res. Counc. London, No. 143 (1929).

11. Burnet, F. M.: (*1*) Immunological studies with phage-coated bacteria. Brit. J. exper. Path. **14**, 93 (1933).

— (*2*) Specific soluble substance from bacteriophages. Brit. J. exper. Path. **14**, 100 (1933).

— (*3*) Specific agglutination of bacteriophage particles. Brit. J. exper. Path. **14**, 302 (1933).

— (*4*) The use of the developing egg in virus research. Sp. Rep. Ser. Med. Res. Counc. London, No. 220 (1936).

— (*5*) Immunological studies with the virus of infectious laryngotracheitis of fowls using the developing egg technique. J. exper. Med. (Am.) **63**, 685 (1936).

— (*6*) Influenza on the developing egg: 3. the "neutralization" of egg virus by immune sera. Austral. J. exper. Biol. a. med. Sci. **14**, 247 (1936).

12. Burnet, F. M., E. V. Keogh and D. Lush: The immunological reactions of the filterable viruses. Austral. J. exper. Biol. a. med. Sci. **15**, 231 (1937).

13. Ch'en, W. K.: Preparation of specific soluble substance from vaccinia virus. Proc. Soc. exper. Biol. a. Med. (Am.) **32**, 491 (1934).

14. Ciuca, A.: Reaction in complement-fixation in foot-and-mouth disease as means of identifying different types of virus. J. Hyg. (Brit.) **28**, 325 (1929).

15. Coburn, A. F. and R. H. Pauli: A precipitinogen in the serum prior to the onset of acute rheumatism. J. exper. Med. **69**, 143 (1939).

16. Craigie, J.: (*1*) The nature of the vaccinia flocculation reaction, and observations on the elementary bodies of vaccinia. Brit. J. exper. Path. **13**, 259 (1932).

— (*2*) Inhibition of the vaccinia flocculation reaction by fresh rabbit serum. Trans. Roy. Soc. Canad., Sec. V, 303 (1932).

17. Craigie, J. and W. J. Tulloch: Further investigations on the variola-vaccinia flocculation reaction. Sp. Rep. Ser. Med. Res. Counc. London, No. 156 (1931).

18. Craigie, J. and F. O. Wishart: (*1*) The complement fixation reaction with the elementary bodies of vaccinia and the specific precipitable substance of vaccinia. Trans. Roy. Soc. Canad., Sec. V, 91 (1934).

— (*2*) The agglutinogens of a strain of vaccinia elementary bodies. Brit. J. exper. Path. **15**, 390 (1934).

— (*3*) The titration of the L and S antigens of vaccinia virus in extracts of the vaccinated skin of the rabbit, calf, and guinea-pig. Proc. Roy. Soc. Canad., Sec. V, 57 (1935).

— (*4*) The complement-fixation reaction in variola. Canad. publ. Health J. **27**, 371 (1936).

— (*5*) Studies on the soluble precipitable substances of vaccinia: I. the dissociation in vitro of soluble precipitable substances from elementary bodies of vaccinia. J. exper. Med. (Am.) **64**, 803 (1936).

— (*6*) Studies on the soluble precipitable substances of vaccinia: II. the soluble precipitable substances of dermal vaccine. J. exper. Med. (Am.) **64**, 819 (1936).

— (*7*) The antigenic qualities of vaccinia virus. J. Bacter. (Am.) **35**, 25 (1938).

19. Davis, G. E.: Complement fixation in yellow fever in monkey and in man. Amer. J. Hyg. **13**, 79 (1931).

20. Dean, H. R. and R. A. Webb: The influence of optimal proportions of antigen and antibody in the serum precipitation test. J. Path. a. Bacter. **29**, 473 (1926).

21. DOWNIE, A. W.: The immunological relationship of the virus of spontaneous cowpox to vaccinia virus. Brit. J. exper. Path. **20**, 158 (1939).
22. EAGLES, G. H. and J. C. G. LEDINGHAM: Vaccinia and PASCHEN body: infection experiments with centrifugalised virus filtrates. Lancet **1**, 823 (1932).
23. EAGLES, G. H., P. R. EVANS, A. G. T. FISHER and J. D. KEITH: Virus in aetiology of rheumatic diseases. Lancet **2**, 421 (1937).
24. ENDERS, J. F. and M. F. SHAFFER: Behavior exhibited by mixtures of pneumococcus type III and homologous antiserum, analogous to that described for similar associations of virus and antiviral serum. J. Immunol. (Am.) **32**, 379 (1937).
25. FAIRBROTHER, R. A.: (*1*) Action of antivaccinial serum on vaccinia virus. J. Path. a. Bacter. **35**, 35 (1932).
— (*2*) The production of immunity to vaccinia virus by mixtures of immune serum and virus, and the importance of phagocytosis in antivaccinial immunity. J. Path. a. Bacter. **36**, 55 (1933).
26. FAIRBROTHER, R. W. and L. HOYLE: (*1*) Observations on aetiology of influenza. J. Path. a. Bacter. **44**, 213 (1937).
— (*2*) Active immunization against experimental influenza: the use of heat-killed elementary body suspensions. Brit. J. exper. Path. **18**, 430 (1937).
27. FINDLAY, G. M.: The mechanism of immunity to Rift Valley fever. Brit. J. exper. Path. **17**, 89 (1936).
28. FINLAYSON, M. H.: Complement-fixation with vaccinial elementary body suspensions and antivaccinial rabbit seru. Brit. J. exper. Path. **16**, 358 (1935).
29. FRAENKEL, E. M. and C. A. MAWSON: Further studies of the agent of the ROUS fowl sarcoma: A. ultra-centrifugation experiments; B. experiments with the lipoid fraction. Brit. J. exper. Path. **18**, 454 (1937).
30. FRANCIS, T. P.: Immunological relationships of strains of filtrable virus recovered from cases of human influenza. Proc. Soc. exper. Biol. a. Med. (Am.) **32**, 1172 (1935).
31. FRANCIS, T. and T. P. MAGILL: Immunological studies with the virus of influenza. J. exper. Med. (Am.) **62**, 505 (1935).
32. FRANCIS, T., T. P. MAGILL, M. D. BECK and E. R. RICKARD: Studies with human influenza virus during the influenza epidemic of 1936–37. J. amer. med. Assoc. **109**, 566 (1937).
33. FROBISHER, M. JR.: (*1*) The complement fixation test in yellow fever. Proc. Soc. exper. Biol. a. Med. (Am.) **26**, 846 (1929).
— (*2*) Results of complement fixation tests with yellow fever antigens. J. prevent. Med. (Am.) **5**, 65 (1931).
— (*3*) Antigens and methods for performing the complement fixation test for yellow fever. Amer. J. Hyg. **13**, 585 (1931).
— (*4*) An improved antigen for the complement fixation test in yellow fever. Amer. J. Hyg. **14**, 147 (1931).
— (*5*) Comparison of certain properties of neurotropic virus of yellow fever with those of corresponding viscerotropic virus. Amer. J. Hyg. **18**, 354 (1933).
34. GALEA, M.: Études sur la réaction de fixation du complément dans la fièvre aphteuse. Arch. roum. Path. expér. (Fr.) **8**, 87 (1935).
35. GAY, F. P. and M. HOLDEN: (*1*) Herpes-encephalitis problem. J. infect. Dis. (Am.) **45**, 415 (1929).
— (*2*) Herpes-encephalitis problem, II. J. infect. Dis. (Am.) **53**, 287 (1933).
36. GILMORE, E. ST. G.: Complement-fixation with vaccinia culture-virus. Brit. J. exper. Path. **12**, 165 (1931).
37. GOLDSWORTHY, N. E.: Experiments upon relationship of complement fixation to precipitation. J. Path. a. Bacter. **31**, 220 (1928).
38. GORDON, M. H.: Studies of the viruses of vaccinia and variola. Sp. Rep. Ser. Med. Res. Counc. London, No. 98 (1925).
39. GOYAL, R. K.: Experiments on reactivation of the virus in neutral serum-virus mixtures. J. Immunol. (Am.) **29**, 111 (1935).

40. Gratia, A. et A. Paillot: Étude sérologique du virus de la grasserie des vers a soie isolé par ultracentrifugation. Arch. Virusforsch. **1**, 130 (1939).
41. Greenbaum, S. S. and M. J. Harkins: Experimental studies on immunity in herpes simplex, with notes on infectivity of blood and spinal fluid and on filtrability of herpetic virus. Arch. Derm. (Am.) **11**, 789 (1925).
42. Greval, S. D. C.: On rabies. Complement fixation in rabies: technique, its purpose and associated considerations. Indian J. med. Res. **20**, 913 (1933).
43. Havens, L. C. and C. R. Mayfield: (*1*) Flocculation experiments with variola and vaccinia virus. Amer. J. publ. Health **21**, 329 (1931).
— (*2*) Flocculation tests for differential diagnosis of smallpox and chickenpox. J. infect. Dis. (Am.) **50**, 242 (1932).
— (*3*) The antigenic properties of rabies virus. J. infect. Dis. (Am.) **50**, 367 (1932).
— (*4*) Antigenic properties of the virus of rabies: II. multiplicity of strains as shown by agglutinin absorption and neutralization. J. infect. Dis. (Am.) **51**, 511 (1932).
44. Hektoen, L. and A. G. Cole: Precipitinogenic action of minute quantities of ovalbumin. J. infect. Dis. (Am.) **50**, 171 (1932).
45. Helm, R.: Die Differenzierung der Virustypen der Maul- und Klauenseuche durch die Komplementbindung. Zbl. Bakter. usw. **130**, 305 (1933).
46. Horsfall, F. L. and K. Goodner: Lipoids and immunological reactions; relation of phospholipins to type-specific reactions of antipneumococcus horse and rabbit sera. J. exper. Med. (Am.) **62**, 485 (1935).
47. Howitt, B. F.: (*1*) Complement fixation test differentiating 3 strains of equine encephalomyelitic virus and the virus of lymphocytic choriomeningitis. Proc. Soc. exper. Biol. a. Med. (Am.) **35**, 526 (1937).
— (*2*) The complement fixation reaction in experimental equine encephalomyelitis, lymphocytic choriomeningitis and the St. Louis type of encephalitis. J. Immunol. (Am.) **33**, 235 (1937).
48. Hoyle, L. and R. W. Fairbrother: (*1*) Isolation of influenza virus and relation of antibodies to infection and immunity; Manchester influenza epidemic of 1937. Brit. med. J. **1**, 655 (1937).
— (*2*) Antigenic structure of influenza viruses; the preparation of elementary body suspensions and the nature of the complement-fixing antigen. J. Hyg. (Brit.) **37**, 512 (1937).
— (*3*) Further studies of complement-fixation in influenza: antigen production in egg-membrane culture and the occurrence of a zone phenomenon. Brit. J. exper. Path. **18**, 425 (1937).
49. Hudson, N. P.: Dried infectious monkey serum as antigen in yellow fever complement fixation. Amer. J. Hyg. **15**, 557 (1932).
50. Hughes, T. P.: Precipitin reaction in yellow fever. J. Immunol. (Am.) **25**, 275 (1933).
51. Hughes, T. P., R. F. Parker and T. M. Rivers: Immunological and chemical investigations of vaccine virus: II. chemical analysis of elementary bodies of vaccinia. J. exper. Med. (Am.) **62**, 349 (1935).
52. Jahn, H.: Experimentelle Untersuchungen über das Virus der Ektromelia infectiosa. Arch. Virusforsch. **1**, 91 (1939).
53. Jamuni, A. and M. Holden: Role of leucocytes in immunity to herpes. J. Immunol. (Am.) **26**, 395 (1934).
54. Jobling, J. W.: The occurrence of specific immunity principles in the blood of vaccinated calves. J. exper. Med. (Am.) **8**, 707 (1906).
55. Jungeblut, C. W.: Immunological characteristics of poliocidal substance in human serum; concentration, thermostability, absorption and specificity. J. Immunol. (Am.) **27**, 17 (1934).
56. Keogh, E. V.: Titration of vaccinia virus on the chorioallantoic membrane of the chick embryo and its application to immunological studies of neurovaccinia. J. Path. a. Bacter. **43**, 441 (1936).

57. Kidd, J. G.: (*1*) Immunological reactions with a virus causing papillomas in rabbits. I. Demonstration of a complement fixation reaction: relation of virus-neutralizing and complement-binding antibodies. J. exper. Med. **68**, 705 (1938).
— (*2*) Immunological reactions with a virus causing papillomas in rabbits. II. Properties of the complement-binding antigen present in extracts of the growths: its relation to the virus. J. exper. Med. **68**, 725 (1938).
58. Kraus, R. u. J. Michalka: Die Diagnose des Lyssavirus mittels Komplementablenkung mit Koktoimmunogen und Glyzerinextrakt. Z. Immunit. forsch. **47**, 504 (1926).
59. Kraus, R. u. J. Takaki: Zur Ätiologie der postvakzinalen Encephalitis. Med. Klin. **50**, 1872 (1925).
60. Laidlaw, P. P. and G. W. Dunkin: Studies in dog distemper; dog distemper antiserum. J. comp. Path. a. Ther. **41**, 1 (1931).
61. Lazarus, A. S., B. Eddie and K. F. Meyer: Propagation of variola virus in the developing egg. Proc. Soc. exper. Biol. a. Med. (Am.) **36**, 7 (1937).
62. Ledingham, J. C. G.: (*1*) Aetiological importance of elementary bodies in vaccinia and fowl-pox. Lancet **2**, 525 (1931).
— (*2*) The development of agglutinins for elementary bodies in the course of experimental vaccinia and fowl-pox. J. Path. a. Bacter. **35**, 140 (1932).
— (*3*) The development of agglutinins for Paschen bodies in experimental vaccinia, with illustrative charts. J. Path. a. Bacter. **36**, 425 (1933).
— (*4*) Rept. Proc. 2nd Internat. Congr. for Microbiol., Sec. 2, p. 102. London: Harrison and Sons, 1937.
— (*5*) Studies on the serological inter-relationships of the rabbit viruses, myxomatosis (Sanarelli, 1898), and fibroma (Shope, 1932). Brit. J. exper. Path. **18**, 436 (1937).
63. Ledingham, J. C. G. and W. E. Gye: On the nature of the filterable tumour-exciting agent in avian sarcomata. Lancet **1**, 376 (1935).
64. Lépine, P. et V. Sautter: Contamination de laboratoire avec le virus de la chorioméningite lymphocytaire. Ann. Inst. Pasteur, Par. **61**, 519 (1938).
65. Long, P. H. and P. K. Olitsky: Recovery of vaccine virus after neutralization with immune serum. J. exper. Med. (Am.) **51**, 209 (1930).
66. Magill, T. P. and T. Francis: The action of immune serum on human influenza virus in vitro. J. exper. Med. (Am.) **65**, 861 (1937).
67. Magrassi e Hallauer: Sul mecanismo d'azione degli anticorpi prottetivi nell'infezione vaccinica. Gi. Batter. **17**, No. 6 (1936).
68. Marie, A. C. and A. Urbain: The complement-fixation reaction in rabies. C. r. Soc. Biol. **101**, 559 (1929).
69. McKinnon, N. E.: The union of vaccine virus and its specific antiserum in vitro. J. prevent. Med. (Am.) **4**, 411 (1930).
70. Merrill, M. H.: (*1*) The mass factor in immunological studies upon viruses. J. Immunol. (Am.) **30**, 169 (1936).
— (*2*) Quantitative studies on the neutralization of equine encephalomyelitis virus by immune serum. I. combination of virus and antibody in vitro. J. Immunol. (Am.) **30**, 185 (1936).
— (*3*) Quantitative studies on the neutralization of equine encephalomyelitis virus by immune serum. II. the "percentage law". J. Immunol. (Am.) **30**, 193 (1936).
71. Moses, A.: Reaccoes serologicas na febre amarella. Arch. Hyg. (Bras.) **3**, 27 (1929). Quoted by Davis, G. E. (1931).
72. Mutermilch, S. et S. Nicolau: La réaction de fixation dans l'encéphalite épidémique humaine. C. r. Soc. Biol. **95**, 645.
73. Myers, R. M. and M. J. Chapman: Complement fixation in vaccinia, virus III of rabbits and herpes. Amer. J. Hyg. **25**, 16 (1937).

74. NETTER, A. et A. URBAIN: (*1*) Zonas varicelleux. Anticorps varicelleux dans le sérum de sujets atteints de zona. Anticorps zosteriens et anticorps varicelleux dans le sérum de sujets atteints de varicelle. C. r. Soc. Biol. **90**, 189 (1924).
— (*2*) Déviation du complément dans la variole et l'alastrim. Relation entre les deux maladies. C. r. Soc. Biol. **92**, 952 (1925).

75. NETTER, A., A. URBAIN et WEISMANN-NETTER: Antigènes et anticorps dans le zona. C. r. Soc. Biol. **90**, 75 (1924).

76. OLITSKY, P. K. and P. H. LONG: Relation of vaccinal immunity to persistence of virus in rabbits. J. exper. Med. (Am.) **50**, 263 (1929).

77. OLITSKY, P. K., C. P. RHOADS and P. H. LONG: Effect of cataphoresis on poliomyelitis virus. J. exper. Med. (Am.) **50**, 273 (1929).

78. PAILLOT, A. et A. GRATIA: Essai d'isolement du virus de la grasserie des vers a soie par l'ultracentrifugation. Arch. Virusforsch. **1**, 120 (1939).

79. PARKER, R. F.: (*1*) Study of vaccinal immunity by means of complement fixation. J. infect. Dis. (Am.) **55**, 88 (1934).
— (*2*) Immunological studies of a heat-stable substance isolated from tissues infected with vaccine virus. J. exper. Med. **67**, 361 (1938).

80. PARKER, R. F. and R. S. MUCKENFUSS: Complement fixation in vaccinia and in variola. J. infect. Dis. (Am.) **53**, 44 (1933).

81. PARKER, R. F. and T. M. RIVERS: (*1*) Immunological and chemical investigations of vaccine virus. I. preparation of elementary bodies of vaccinia. J. exper. Med. (Am.) **62**, 65 (1935).
— (*2*) Immunological and chemical investigations of vaccine virus. III. response to rabbits to inactive elementary bodies of vaccinia and to virus-free extracts of vaccine virus. J. exper. Med. (Am.) **63**, 69 (1936).
— (*3*) Immunological and chemical investigations of vaccine virus. IV. statistical studies of elementary bodies in relation to infection and agglutination. J. exper. Med. (Am.) **64**, 439 (1936).
— (*4*) Immunological and chemical investigations of vaccine virus. VI. Isolation of a heatstable, serologically active substance from tissues infected with vaccine virus. J. exper. Med. (Am.) **65**, 243 (1937).

82. PARKER, R. F. and C. V. SYMTHE: Immunological and chemical investigations of vaccine virus. V. metabolic studies of elementary bodies of vaccinia. J. exper. Med. (Am.) **65**, 109 (1937).

83. RIVERS, T. M. and S. M. WARD: Infectious myxomatosis of rabbits; preparation of elementary bodies and study of serologically active materials associated with disease. J. exper. Med. (Am.) **66**, 1 (1937).

84. RIVERS, T. M., S. M. WARD and J. E. SMADEL: Infectious myxomatosis of rabbits: studies of a soluble antigen associated with the disease. J. exper. Med. **69**, 31 (1939).

85. SABIN, A. B.: (*1*) The mechanism of immunity to filterable virus. I. does the virus combine with the protective substance in immune serum in the absence of tissue? Brit. J. exper. Path. **16**, 70 (1935).
— (*2*) The mechanism of immunity to filterable viruses. II. fate of the virus in a system consisting of susceptible tissue immune serum and virus, and the role of the tissue in the mechanism of immunity. Brit. J. exper. Path. **16**, 84 (1935).
— (*3*) The mechanism of immunity to filterable viruses. III. role of leucocytes in immunity to vaccinia. Brit. J. exper. Path. **16**, 158 (1935).

86. SALAMAN, M. H.: (*1*) The flocculable substance of vaccinia: the effect on its antigenic properties of adsorption on collodion particles. Brit. J. exper. Path. **15**, 381 (1934).
— (*2*) Combining properties of vaccinia virus with antibodies demonstrable in antivaccinial serum. Brit. J. exper. Path. **18**, 245 (1937).
— (*3*) Further studies on the combination of vaccinia with anti-vaccinial serum: the action in vitro of neutralizing antibody on the elementary bodies. Brit. J. exper. Path. **19**, 192 (1938).

87. SCHLESINGER, M.: Die direkte nephelometrische Erfassung hoher Bakte phagenkonzentrationen in einem Medium mit geringer eigener Lichtstreuu Z. Hyg. **114**, 746 (1933).

88. SCHLESINGER, M., A. G. SIGNY and C. R. AMIES: Aetiology of acute rheu tism. Experimental evidence of a virus as the causal agent. Lancet 1145 (1935).

89. SCHULTZ, E. W.: Die antigenen Eigenschaften der ultravisiblen Virusart Erg. Hyg. usw. **9**, 184 (1928).

90. SCHULTZ, E. W., L. T. BULLOCK and F. LAWRENCE: Studies on antigenic p perties of ultraviruses; antigenic properties of rabies virus. J. Immu (Am.) **15**, 243 (1928).

91. SCHULTZ, E. W. and J. HOYT: Studies on antigenic properties of ultraviru antigenic properties of herpes virus. J. Immunol. (Am.) **15**, 411 (1928)

92. SHOPE, R. E.: (*1*) A filtrable virus causing a tumor-like condition in rab and its relationship to virus myxomatosum. J. exper. Med. (Am.) **56**, (1932).
— (*2*) Infectious fibroma of rabbits. III. the serial transmission of vi myxomatosum in cottontail rabbits, and cross-immunity tests with fibroma virus. J. exper. Med. (Am.) **63**, 33 (1936).
— (*3*) Infectious fibroma of rabbits. IV. the infection with virus myx atosum of rabbits recovered from fibroma. J. exper. Med. (Am.) **63**, (1936).

93. SMADEL, J. E. and M. J. WALL: Elementary bodies of vaccinia from infec chorio-allantoic membranes of developing chick embryos. J. exper. Med. 325 (1937).

94. SMADEL, J. E., R. D. BAIRD and M. J. WALL: Complement-fixation in infecti with the virus of lymphocytic choriomeningitis. Proc. Soc. exper. Biol. Med. (Am.) **40**, 71 (1939).

95. SMITH, W.: (*1*) Distribution of virus and neutralizing antibodies in blood a pathological exudates of rabbits infected with vaccinia. Brit. J. exp Path. **10**, 93 (1929).
— (*2*) Specific antibody absorption by the viruses of vaccinia and herp J. Path. a. Bacter. **33**, 273 (1930).
— (*3*) A heat-stable precipitating substance extracted from vaccinia vir Brit. J. exper. Path. **13**, 434 (1932).
— (*4*) The complement-fixation reaction in influenza. Lancet **2**, 1256 (193

96. SOBERNHEIM, G.: Handbuch der Pockenbekämpfung und Impfung. Berl 1927.

97. SOPER, F. L., M. JR. FROBISHER, J. A. KERR, and N. C. DAVIS: Studies distribution of immunity to yellow fever in Brazil; post-epidemic sur of Mage, Rio de Janeiro, by complement fixation and monkey protect tests. J. prevent. Med. (Am.) **6**, 341 (1932).

98. TAKAKI, J., A. BONIS u. O. KOREF: Die Komplementablenkung mittels Kok antigene als Methode zur Identifizierung und Differenzierung des filtrierba Virus (Herpes, Encephalitis). Z. Immunit.forsch. **47**, 431 (1926).

99. TANG, F.-F. and M. R. CASTANEDA: Complement fixation reaction with ra and herpes virus. J. Immunol. (Am.) **16**, 151 (1929).

100. THOMPSON, R. and L. BUCHBINDER: Flocculation of vaccinial virus-tissue s pensions by specific antisera. J. Immunol. (Am.) **21**, 375 (1931).

101. THOMPSON, R., E. L. HAZEN and L. BUCHBINDER: Antibodies against vacc virus demonstrable in vitro. II. alexin-fixation by vaccinia virus tissue susp sions and their specific antisera. J. Immunol. (Am.) **22**, 189 (1932).

102. TODD, C.: On dilution phenomenon observed in titration of serum of fo immunized against virus of fowl plague. Brit. J. exper. Path. **9**, 244 (19

103. VAN ROOYEN, C. E.: Specific complement-fixation with Shope's fibroma vi and its relationship to virus-neutralizing properties of immune sera. Brit exper. Path. **19**, 156 (1938).

104. VAN ROOYEN, C. E. and A. J. RHODES: Centrifugation of the elementary bodies of infectious myxomatosis of the rabbit. Zbl. Bakter. usw. **140**, 117 (1937). — (2) The immunological relationship of Shope's rabbit fibroma virus to the virus of infectious myxomatosis: complement-fixation studies. Z. Bakt. **142**, 149 (1938).

105. VENKATARAMAN, K. F.: Complement-fixation in variola. Indian J. med. Res. **20**, 1063 (1933).

106. WHITE, P. B.: Observations on Salmonella agglutination and related phenomena; influence of fresh normal serum on agglutination. J. Path. a. Bacter. **34**, 23 (1931).

107. WISHART, F. O. and J. CRAIGIE: Studies on the soluble precipitable substances of vaccinia. III. the precipitin responses of rabbits to the LS antigen of vaccinia. J. exper. Med. (Am.) **64**, 831 (1936).

2. Die erworbene Immunität gegen Virusinfektionen.

Von

C. HALLAUER, Bern,

unter Mitwirkung von **FL. MAGRASSI**, Rom.

Einleitung.

Die Erforschung der erworbenen Immunität gegen Virusinfektionen verfolgt nicht nur das praktisch wichtige Ziel, eine Grundlage zu schaffen für die Anwendung von Schutzimpfungsverfahren und therapeutisch wirksamer Immunsera, sondern sie sucht bekanntlich auch, aus den beobachteten Immunitätsphänomenen Rückschlüsse zu ziehen auf die Natur der Virusarten als Infektionsstoffe.

Die zweite Zielsetzung hat insofern einen spekulativen Charakter, als sie sich nicht nur mit der Registrierung der bei Virusinfektionen festgestellten Immunitätsvorgänge begnügt, sondern dieselben zu interpretieren versucht, u. zw. lediglich als Folgeerscheinungen besonderer Erregereigenschaften, in welchen die Virusarten gegenüber anderen Infektionsstoffen grundsätzlich differieren sollen. Die Folge dieser Bestrebungen ist die oft geäußerte Meinung, daß die Immunität bei Virusinfektionen ein mehr oder weniger einheitliches Gepräge erkennen lasse und daß sich die Virusimmunität grundsätzlich von der erworbenen Immunität gegenüber anderen Antigenen, Giftstoffen oder Infektionserregern unterscheide.

Gegen diese Deduktionen hat DOERR (vgl. dieses Handbuch, I. Teil, 1. Kapitel) bereits kritisch Stellungnahme bezogen. DOERR weist vor allem darauf hin, daß es keine Form der Immunität gebe, die nur für *eine* Gruppe von Infektionserregern (Bakterien, Spirochäten, Protozoën, Virusarten) charakteristisch wäre, und daß dies auch gar nicht zu erwarten sei, da unter den verschiedenen Erregern, gleichgültig, welcher der genannten Mikrobengruppen sie angehören, hinsichtlich ihrer infektiösen und pathogenen Eigenschaften die größten Unterschiede bestehen können. Insbesonders ließen auch die Virusarten gemeinsame, nur diesen Infektionsstoffen zukommende Merkmale nicht erkennen.

Allgemeine, nur für die Virusimmunität gültige Aussagen sind deshalb nach DOERR nicht oder ebensowenig möglich wie bei der erworbenen Immunität gegenüber anderen Infektionsstoffen. So läßt sich z. B. die häufig gemachte Angabe, daß sich die erworbene Immunität gegen Virusinfektionen durch ihre Festigkeit und lange Dauer auszeichne, bekanntlich keineswegs auf alle Viruskrankheiten ausdehnen; denn auch bei den Viruskrankheiten kommen ebenso wie bei den bakteriellen Infektionen alle Übergänge von der absoluten, lebenslänglichen bis zur relativen, kurzfristigen Immunität vor. Auch wird wohl gerade der Grad und die Dauer der Immunität nicht nur durch die Eigenschaften des Erregers, sondern auch durch die Reaktivität des Wirtsorganismus, die je nach der Tierspezies, -rasse oder -individualität wechselt, bestimmt. Die einseitige Betrachtung und Erklärung aller bei Virusinfektionen beobachteter Immunitätsvorgänge nur von Seiten des Erregers würde schließlich nach DOERR auch dazu führen, daß sowohl für die erworbene Phagenimmunität (Lysoresistenz) als auch für die Virusimmunität der Tiere und der höheren Pflanzen nach einem gemeinsamen Immunitätsmechanismus, der in diesem Fall nur rein cellulären Charakter haben könnte, gesucht werden müßte. Bei der gänzlich unterschiedlichen Organisation der drei genannten Wirtsorganismen wird man sich jedoch nicht ohne weiteres zu einer solchen Annahme bereit erklären können.

Die Erforschung der erworbenen Immunität gegen Virusinfektionen hat sich aber auch im allgemeinen mit denselben Fragen, die bei jeder anderen Art von Immunität von Bedeutung sind, zu befassen; nämlich mit der antigenen Qualität der Infektionsstoffe; mit der Art der gebildeten Antikörper, deren Wirksamkeit im Reagenzglas, in den Körpersäften oder in den Geweben, fernerhin mit den Fragen, ob der antiinfektiöse Effekt „humoral" oder „cellulär" bedingt ist, ob die Immunität eine allgemeine oder lokal begrenzte ist, von welchen Faktoren die Dauer und der Grad eines Immunitätszustandes abhängen, welchen Einfluß der Infektionsablauf auf die Ausbildung der Immunität hat, und schließlich auch mit der Prüfung, ob eine aktive Immunisierung auch unter Ausschaltung des Infektionsprozesses, d. h. mit Antigenimpfstoffen möglich ist.

Trotzdem verdient die Virusimmunität eine gesonderte Besprechung, hauptsächlich deshalb, weil das Studium der Immunität gegen Virusarten teilweise eine andersartige Untersuchungsmethodik erfordert und weil die verschiedenen Virusarten bestimmte Merkmale aufweisen, die sie zur Lösung immunologischer Fragen als ganz besonders geeignet erscheinen lassen.

Die untersuchungstechnischen Besonderheiten und Vorteile, durch welche die Erforschung der Virusimmunität ausgezeichnet ist, sind wohl die folgenden:

1. Zahlreiche Virusarten besitzen ausgezeichnete immunisierende Eigenschaften.

2. Für die meisten Virusarten steht mindestens *ein* empfängliches Versuchstier zur Verfügung; oft sind auch für ein Virus mehrere bis viele empfängliche Wirtsspezies bekannt, so daß die immunisierenden Eigenschaften ein und desselben Virus an mehreren Tierspezies geprüft werden können.

3. Die Methoden des Virusnachweises sind empfindlich und zum Teil auch dann leistungsfähig, wenn es sich darum handelt, Virus in einem immunen Organismus nachzuweisen. Es ist deshalb — bei geeigneter Versuchsanordnung — möglich, das Schicksal des Virus während und nach einer Immunisierung zu verfolgen.

4. Für den qualitativen und quantitativen Nachweis der antiinfektiösen („virusneutralisierenden") Antikörper stehen ebenfalls mehr oder weniger standardisierte Methoden zur Verfügung. Fernerhin ist es möglich, in Gewebeexplantaten die prophylaktische bzw. kurative Wirksamkeit der Antikörper zu untersuchen. Bestimmte Fragen der „cellulären Immunität" (Wirkungsmechanismus des zellständigen Antikörpers, Mitbeteiligung bestimmter Zellen und Gewebe am antiinfektiösen Vorgang) werden damit der experimentellen Bearbeitung zugänglich.

5. Durch Merkmale, die entweder allen Virusarten gemeinsam sind (intime Beziehungen zu den Körperzellen; „Cytotropie") oder die nur einigen Virusarten in besonders ausgeprägter Form zukommen (monospezifische Affinität zu be-

stimmten Zell- und Gewebesystemen; „Neurotropie“), wird die Immunitätsforschung vor Probleme gestellt, die sich zwar keineswegs nur bei den Virusarten ergeben, deren experimentelle Analyse hier aber unumgänglich und versuchstechnisch wohl auch durchführbar ist.

So ist festzustellen, in welcher Weise die „Cytotropie“, d. h. die Befähigung der Virusarten, sich innerhalb der Zellen anzusiedeln und zu vermehren, den Ablauf der Immunitätsvorgänge beeinflußt. Vor allem müssen die vielseitigen Wechselbeziehungen, die zwischen Virus, Zelle und Antikörper bestehen können, untersucht werden; die Methode der Gewebsexplantation erscheint hierfür als besonders geeignet, indem hier die Versuchsbedingungen beliebig variiert und relativ übersichtlich gestaltet werden können.

Bei Virusarten, die ausgesprochene Tropismen zu bestimmten Zellen und Geweben erkennen lassen, besteht die Möglichkeit zu prüfen, ob den einzelnen Geweben eine immunologisch selbständige, d. h. von der allgemeinen „humoralen Immunität“ unabhängige Reaktivität zu eigen ist und durch welche Vorgänge (lokal entstehende Antikörper, Viruspersistenz, Phänomen der „Autosterilisation“) gegebenenfalls diese lokalisierte Gewebeimmunität bedingt ist.

Bei den „streng neurotropen“ Virusarten ist außerdem die Frage zu entscheiden, ob und in welchem Ausmaße dem Zentralnervensystem in immunologischer Hinsicht eine Sonderstellung zukommt.

6. Von großer praktischer Bedeutung ist schließlich die Tatsache, daß zahlreiche Virusarten nicht nur in immunologisch distinkten Typen bzw. Stämmen vorkommen, sondern daß sie auch experimentell (im Tierversuch, in Gewebeexplantaten oder im Reagenzglas durch die Einwirkung bestimmter chemischer Agenzien) derartig abgewandelt werden können, daß sie wohl ihre Infektiosität und Pathogenität verändern bzw. verlieren, ihr immunisierendes bzw. antigenes Vermögen jedoch beibehalten. Die Leistungsfähigkeit von Infektionsimpfungen einerseits und von Antigenimpfungen anderseits läßt sich deshalb bei den Virusarten oft für ein und dasselbe Virus vergleichend feststellen und beurteilen.

Alle diese Gründe sind wohl dafür verantwortlich, daß die Immunitätsforschung bei Viruskrankheiten bereits eine Reihe wichtiger Tatsachen, die uns bisher — wenigstens teilweise — bei andern Infektionskrankheiten verschlossen geblieben sind, zutage gefördert hat. Eine grundsätzliche Abtrennung der Virusimmunität von den übrigen Immunitätsformen ist jedoch, wie bereits erwähnt wurde, hierdurch keinesfalls gerechtfertigt; im Gegenteil sollte versucht werden, den durch die Erforschung der Virusimmunität erzielten Ergebnissen dadurch allgemeine Gültigkeit zu verleihen, daß deren Bedeutung auch für die Immunität gegenüber andern Infektionsstoffen nachgewiesen werden könnte.

Der Mechanismus der Virusimmunität.

Wie bei jeder anderen Immunität kann auch der Mechanismus der erworbenen Immunität gegen Virusarten in der Hauptsache auf dreifache Art analysiert werden, nämlich

I. durch die Untersuchung der gebildeten Antikörper auf ihr Reaktionsvermögen in vitro und auf ihre Wirksamkeit in vivo;

II. durch die Verfolgung des Schicksals von Virus im immun werdenden bzw. bereits immunen Organismus, und

III. durch die Prüfung, auf welche Weise künstlich eine Immunität erzeugt werden kann.

Im folgenden wurde das vorliegende Tatsachenmaterial nach diesen methodologischen Gesichtspunkten geordnet.

I. Der antiinfektiöse Antikörper.

Im Jahre 1892 machte GEO STERNBERG (327) die Beobachtung, daß ein Vaccinevirus, wenn es mit dem Serum eines vaccineimmunen Kalbes im Reagenzglas vermischt wird, schon nach kurzer Zeit seine Infektiosität für die scarifizierte Haut des Kalbes verliert. STERNBERG schloß aus diesem Versuch, daß im Serum vaccineimmuner Tiere Antikörper vorhanden sein müssen, welche das Virus im Reagenzglas neutralisieren oder, was er für wahrscheinlicher hielt, abtöten. Bald darauf (1896) leisteten BÉCLÈRE, CHAMBON & MÉNARD (17, *1*) den Nachweis, daß Rinder, die mit größeren Mengen von Serum vaccineimmuner Tiere vorbehandelt werden, gegenüber einer nachträglichen Vaccineinfektion geschützt sind.

Mit diesen Versuchen war wohl der erste Beweis geliefert, daß bei einer typischen Virusinfektion Antikörper gebildet werden, welche anscheinend imstande sind, Virus sowohl im Reagenzglas als auch im Tierkörper zu inaktivieren. Mit Hilfe des STERNBERGschen Mischversuches gelang in der Folge auch der Nachweis, daß die Mehrzahl aller Virusarten zur Produktion derartiger „virusneutralisierender“ bzw. „protektiver“ Antikörper befähigt sind. Da zunächst andere Antikörperqualitäten im Serum virusimmuner Tiere mit Sicherheit nicht nachgewiesen werden konnten und diese Virusantikörper sich auch in mehrfacher Hinsicht von anderen antiinfektiösen Antikörpern zu unterscheiden schienen, hatte es den Anschein, als ob den Virusarten hinsichtlich ihrer Antigenfunktionen im Vergleich zu anderen Infektionsstoffen eine Sonderstellung zukommen würde [vgl. E. W. SCHULTZ (305)]. Bekanntlich hat sich diese Annahme nicht verifizieren lassen; für eine größere Anzahl von Virusarten ließen sich bereits Antigenfunktionen nachweisen, die sich von denen bakterieller Antigene grundsätzlich nicht unterscheiden, und auch die Reaktionsweise virusneutralisierender Antikörper dürfte bei anderen, nicht gegen Virusarten gerichteten antiinfektiösen Antikörpern eine Parallele finden. Dagegen kann wohl kein Zweifel sein, daß der virusneutralisierende Antikörper mit anderen, bisher bei einigen Virusarten aufgefundenen Antikörperqualitäten, die sich vorwiegend gegen eine von den Elementarkörperchen abtrennbare Substanz („S. S. S.“) richten, d. h. den L- und S-Agglutininen, Präcipitinen und Komplement fixierenden Antikörper nicht identisch ist. Auch dürfte feststehen, daß nur dem virusneutralisierenden Antikörper eine ausgesprochen antiinfektiöse Wirkung zukommt und daß es nur dieser Antikörper ist, der bei der Immunität gegen Virusarten eine dominante Rolle spielt.

Die Untersuchungen namentlich der letzten Jahre haben nun unsere Kenntnisse über die Eigenschaften dieses Antikörpers, über sein Reaktionsvermögen in vitro, über seine Wirksamkeit in der Gewebekultur und im Tierkörper erheblich vertieft. Auch sind wir besser als früher darüber unterrichtet, unter welchen Bedingungen dieser Antikörper im Tierkörper entsteht und welche Bedeutung demselben bei der Immunität gegenüber den verschiedenen Virusarten zukommt. Schließlich sind auch die Methoden des qualitativen und quantitativen Antikörpernachweises verfeinert und teilweise standardisiert worden.

1. Eigenschaften des virusneutralisierenden Antikörpers (Thermostabilität, Verteilung auf die verschiedenen Serumeiweißfraktionen).

Übereinstimmend wird angegeben, daß sämtliche virusneutralisierenden Antikörper *thermostabil* sind, d. h. bei einer Temperatur von 55—60° C nicht inaktiviert werden. Damit scheint festzustehen, daß diese Antikörper auch ohne die Mitwirkung von Komplement virusneutralisierende Eigenschaften haben und daß sich der Vorgang der Virusneutralisierung schon hierdurch von den cytolytischen Immunphänomenen unterscheidet.

Immerhin liegen einige Angaben vor, wonach die Gegenwart von Komplement den Reaktionsablauf zwischen Virus und Antiserum beschleunigt bzw. verstärkt. So beobachtete GORDON (108), daß das neutralisierende Vermögen eines Vaccineantiserums — allerdings ausnahmsweise — durch die Zugabe von Komplement beträchtlich gesteigert wurde, und DOUGLAS und SMITH (66) vermochten festzustellen, daß der „virulicide" Effekt von Normalkaninchenblut gegenüber Vaccinevirus von einer thermolabilen Komponente des Blutplasmas bzw. Serums abhängt. Auch PURDY (274) machte die Angabe, daß von Kaninchen gewonnene, gegen das Mosaikvirus der Tabakpflanze gerichtete Immunsera durch Erhitzen auf 56° C partiell inaktiviert werden, daß jedoch derartig abgeschwächte Sera durch den Zusatz von Komplement wieder ihre volle Aktivität zurückgewinnen.

MÜLLER (233) vermochte sich fernerhin davon zu überzeugen, daß das Virus des ROUSschen Hühnersarkoms durch die Sera von Enten, Gänsen und Kaninchen, die gegen Roussarkomvirus hyperimmunisiert wurden, in verstärktem Maße neutralisiert wurde, wenn Komplement zugegen war, dagegen oft nur unvollständig, wenn Komplement fehlte. Die Versuchsergebnisse von MÜLLER lassen sich möglicherweise durch die serologisch-immunologischen Untersuchungen von GYE und PURDY (117, *1*, *2*) beim Rous- und Fujinamisarkomvirus erklären. GYE und PURDY machten bekanntlich die bemerkenswerte Feststellung, daß die v rushaltigen, zellfreien Filtrate dieser Tumoren durch zwei, hinsichtlich ihrer Genese, Spezifität und Wirksamkeit differente Antikörper in vitro neutralisiert werden können. Während der eine, „tumorspezifische" (durch die Immunisierung mit Tumorgewebe gewonnene) Antikörper thermostabil war, zu seiner Wirkung kein Komplement benötigte und jedes homologe Tumorvirus (gleichgültig welcher Provenienz) neutralisierte, zeigte der „artspezifische" Antikörper (Ziegenimmunserum gegen Normalhühner- bzw. Entengewebe) in allen diesen Punkten ein gegensätzliches Verhalten; dieser Antikörper wurde bei einer Temperatur von 56° C inaktiviert, reagierte nur in Gegenwart von Komplement und neutralisierte — je nach seiner Artspezifität — nur das vom Huhn bzw. von der Ente stammende (Fujinami-) Tumorvirus. AMIES (2) stellte späterhin — in Bestätigung der Angaben von GYE und PURDY — fest, daß auch ein durch fraktioniertes Ultrazentrifugieren gereinigtes (von Normalhühnereiweiß befreites) Roussarkomvirus durch ein gegen Normalhühnergewebe gerichtetes Kaninchenimmunserum in vitro neutralisiert wird; bei der Verwendung von gereinigtem Tumorvirus erwies sich jedoch die Gegenwart von aktivem Komplement als überflüssig.

Im allgemeinen wird aber wohl mit Recht die Ansicht vertreten, daß für die in vitro ablaufende Virus-Antikörper-Reaktion (vgl. unten) die Gegenwart von Komplement nicht erforderlich ist.[1] Da diese Reaktion bekanntlich nicht zu einer Zerstörung, sondern nur zu einer Inaktivierung des Virus führt, kann dieser Befund kaum überraschen. Auch die Annahme, daß das in vitro sensibilisierte Virus erst im Tierkörper durch die Einwirkung von Komplement zerstört werden könnte, besitzt wenig Wahrscheinlichkeit. Würde dies tatsächlich der Fall sein, so wäre nicht einzusehen, weshalb das Komplement nicht auch in vitro diesen

---

[1] Wenn diese Feststellung immer wieder hervorgehoben wurde, um den prinzipiellen Unterschied zwischen cytolytischen Antikörpern einerseits und den virusneutralisierenden bzw. antitoxischen Antikörpern anderseits zu dokumentieren, so ist dies — falls man sich auf den Boden der unitarischen Theorie stellt — nicht recht verständlich. Die für jeden Antikörper allein charakteristische Eigenschaft, nämlich sein Vermögen, sich mit dem Antigen in spezifischer Weise zu verbinden, ist in *jedem Fall* vom Komplement unabhängig, und dieses Merkmal wurde auch für den virusneutralisierenden Antikörper nachgewiesen. Ob das Komplement noch eine nachträgliche Veränderung des sensibilisierten Antigens bewirkt oder nicht, ist wohl nicht von der Art des Antikörpers, sondern von Eigenschaften des Antigens abhängig.

Effekt ausübt; und fernerhin sind Beispiele (Bakteriophagen, Pflanzenvirus) bekannt, bei denen eine derartige nachträgliche Komplementwirkung überhaupt nicht in Frage kommen kann.

In der Frage, ob die virusneutralisierenden Antikörper an einer ganz bestimmten *Serumeiweißfraktion* des Immunserums haften, konnte, wie von vornherein zu erwarten war, keine Übereinstimmung erzielt werden. Schon BÉCLÈRE, CHAMBON und MÉNARD (17, *2*) stellten fest, daß der Vaccineantikörper in einem vom Rind gewonnenen Immunserum ausschließlich nur in der Globulinfraktion nachzuweisen ist. HENSEVAL (127) machte dagegen die Angabe, daß sich der Vaccineantikörper zwar auf sämtliche Serumfraktionen verteilt, aber in der Euglobulinfraktion in größter Menge aufzufinden ist. FINDLAY (76, *1*), der das Serum eines vaccineimmunen Kaninchens in seine Eiweißfraktionen zerlegte, überzeugte sich davon, daß der größte Teil des Antikörpers mit der Euglobulin-, ein kleinerer mit der Pseudoglobulinfraktion ausgefällt wird. Sehr eingehende und genaue Untersuchungen über die Verteilung des virusneutralisierenden Antikörpers im Serum eines gegen Vaccinevirus hyperimmunisierten Pferdes wurden von LEDINGHAM, MORGAN und PETRIE (183) angestellt. Da diese Autoren auch den Eiweißgehalt der einzelnen Serumfraktionen (Euglobulin, Pseudoglobulin und Albumin) quantitativ bestimmten, waren sie in der Lage, nicht nur die absolute Antikörpermenge, sondern auch die Antikörperkonzentration (Antikörpermenge pro 1 g Eiweiß) in den einzelnen Serumfraktionen zu eruieren. Es wurde hierbei gefunden, daß sich der Antikörper sowohl in der Euglobulin- als auch in der Pseudoglobulinfraktion nachweisen ließ, wogegen die Albuminfraktion frei von Antikörpern war; die höchste Antikörperkonzentration war in der Euglobulinfraktion (2—3mal mehr als in der äquivalenten Eiweißmenge der Pseudoglobulinfraktion) vorhanden, dagegen war die Gesamtmenge von Antikörpern in der Pseudoglobulinfraktion (entsprechend ihrem absolut viel höheren Gesamteiweißgehalt) trotzdem größer als im Euglobulinanteil.

Wechselnde Ergebnisse zeitigte auch die Fraktionierung von Immunserum gegen andere Virusarten. Im Poliomyelitisimmunserum hyperimmunisierter Pferde fanden WEYER, PARK und BANZHAF (375, *1*) den Großteil des Antikörpers im Pseudoglobulin, MORGAN und FAIRBROTHER (231) dagegen im Euglobulin. Der virusneutralisierende Antikörper gegen Rinderpestvirus (vom Rind gewonnen) findet sich nach HARTLEY (125) ausschließlich in der Euglobulinfraktion; denselben Befund erhoben ARNOLD und WEISS und ASHESHOV bei der Fraktionierung eines vom Kaninchen gewonnenen Antibakteriophagenserums. Nach LAIDLAW und DUNKIN (180, *1*) haftet der Großteil aller Antikörper in einem Hundestaupeimmunserum an der sog. „Felton-Fraktion", einem relativ sehr kleinen, bereits weniger wasserlöslichen Anteil der Pseudoglobulinfraktion. Zu einem ähnlichen Befund gelangten wohl auch LAIDLAW, SMITH, ANDREWES und DUNKIN (181) bei ihren Versuchen, das Serum gegen Influenzavirus hyperimmunisierter Pferde zu konzentrieren; auch sie stellten fest, daß die Antikörperkonzentration in einem kleinen, leichter präzipitablen Anteil der Pseudoglobulinfraktion am größten ist.

Die bisherigen Angaben über die Verteilung der virusneutralisierenden Antikörper auf die verschiedenen Serumfraktionen lassen demnach höchstenfalls den Schluß zu, daß auch diese Antikörper — wie alle übrigen — nur im Globulin-, nicht dagegen im Albuminanteil eines Immunserums aufzufinden sind. In der Frage jedoch, ob der virusneutralisierende Antikörper häufiger an der Euglobulin- oder an der Pseudoglobulinfraktion haftet, konnte keine Übereinstimmung erzielt werden. Diese Feststellung kann schon deshalb nicht überraschen, weil die einzelnen Autoren ganz verschiedenartige Fraktionierungsmethoden (Dialyse, Salzfällung usw.) befolgten und deshalb wohl auch zu ungleichartigen Fraktionen gelangen mußten. In welcher Weise die Art der Fraktionierung die Versuchsergebnisse zu verändern vermag, lehrt ja die Erfahrung mit anderen (antibakteriellen und antitoxischen) Antikörpern zur Genüge. Aber selbst bei gleichbleibender, standardisierter Technik ist wohl die Erwartung, daß bestimmte Antikörperarten (antibakterielle, antitoxische und virusneutralisierende Antikörper) eine konstante oder sogar charakteristische Prädilektion für eine bestimmte Globulinfraktion haben, völlig illusorisch. Die Art der Verteilung eines Antikörpers auf die Globulinfraktionen ist bekanntlich in hohem Grade abhängig nicht nur von der Tierspezies, von welcher das Immunserum gewonnen wird, sondern auch von der Art und der Dauer der Immunisierung und schließlich sicher auch von der individuellen Reaktivität des serumspendenden Versuchstieres. Die weitverbreitete Ansicht, daß Antitoxine regelmäßig und nahezu quantitativ in der Pseudoglobulinfraktion des Immunserums ausgefällt werden können, hat wohl ebenfalls keine allgemeine Gültigkeit, sondern trifft höchstenfalls für den speziellen Fall zu, daß das antitoxische Serum vom Pferd gewonnen und nach einer standardisierten Methode (Ausfällung mit Ammonsulfat) in seine Fraktionen zerlegt wird. Zur Charakterisierung virusneutralisierender Antikörper und zu deren eventueller Unterscheidung von anderen Antikörperarten ist demnach die Methode der Serumfraktionierung sicher ungeeignet. Eine größere Bedeutung kommt wohl dieser Methode nur in praktischer Hinsicht zu, nämlich für die Herstellung gereinigter bzw. konzentrierter Immunsera.

2. Reaktivität des virusneutralisierenden Antikörpers in vitro.

In welcher Weise der neutralisierende Antikörper in vitro reagiert und welche Veränderungen hierbei das Virus erleidet, war lange Zeit völlig unbekannt.

Früheren Autoren erschien es eine Selbstverständlichkeit, daß der Virusantikörper in vitro viruliciде Eigenschaften entfaltet. Schon STERNBERG (1892) hielt es für das wahrscheinlichste, daß ein Gemisch von Vaccinevirus und Immunserum nur deshalb seine Infektiosität eingebüßt hat, weil das Virus durch den Antikörper abgetötet worden war. BÉCLÈRE, CHAMBON und MÉNARD (1899), die sich ebenfalls mit der Frage befaßten, in welcher Weise Vaccinevirus durch den Antikörper in vitro verändert wird, waren bei der Interpretation ihrer Versuchsergebnisse bedeutend vorsichtiger; sie ließen nämlich bereits damals die Frage offen, ob der Antikörper auf das Virus direkt (als virulicider Antikörper) oder nur „stimulierend" (als protektiver Antikörper) auf die Gewebe des Versuchstieres einwirke. v. PIRQUET (1907) stellte anläßlich seiner Studien über die Vaccineallergie die Hypothese auf, daß zwei Antikörperarten wirksam sind, nämlich ein antitoxischer und ein lytischer („hüllenlösender") Antikörper. GORDON (1925) machte ebenfalls die Annahme, daß der Vaccineantikörper die Funktionen eines Lysins ausübt; er stützte sich hierbei auf die Beobachtung, daß durch Komplementzusatz die Virusantikörperreaktion gelegentlich verstärkt wird. Auch SOBERNHEIM (1925) vertrat die Meinung, daß dem Vaccineantikörper virulicide Eigenschaften zugeschrieben werden müßten, schon deshalb, weil völlig neutralisierte Virus-Antiserum-Gemische keine immunisierende Wirkung mehr besitzen.

Die ursprüngliche Annahme, daß die Virusantikörper im Reagenzglas einen viruliciden Effekt entfalten, wurde erst durch eine Beobachtung, welche von drei Autoren, TODD (344), BEDSON (19, *1*) und ANDREWES (5, *2*), bei drei verschiedenen Virusarten (Hühnerpest-, Herpes-, Vaccinevirus) zu gleicher Zeit (1928) gemacht wurde, erschüttert. Die genannten Autoren stellten nämlich fest, daß durch einfaches Verdünnen eines „neutralen" Virus-Antiserum-Gemisches mit physiologischer Kochsalzlösung aktives Virus zurückgewonnen werden kann. Dieses „Verdünnungsphänomen", das übrigens schon zuvor von OTTO und MUNTER (1922) in entsprechenden Versuchen mit Bakteriophagen beobachtet wurde, ließ sich in der Folge bei der Mehrzahl aller Virusarten reproduzieren. Fernerhin zeigte sich, daß aktives Virus — außer durch Verdünnung der Gemische — auch auf andere Art liberiert werden kann, nämlich a) durch Absorption an verschiedene Adsorbentien — Kaolin, pulverisiertes Chamberland-Filterkerzenmaterial, Euglobulinniederschlag — [ANDREWES (5, *2*, *8*)], b) durch Kataphorese [LONG und OLITZKY (206, *2*), OLITZKY, RHOADS und LONG (257)] oder c) durch Ausschleudern des Virus mit der Ultrazentrifuge [SABIN (288, *2*), MAGRASSI und HALLAUER (220), SALAMAN (290)]. Anderseits gelang es auch den Antikörper anscheinend quantitativ vom Virus abzutrennen; bei der Filtration eines Virus-Antiserum-Gemisches durch virusdichte Filter findet sich der Antikörper im Filtrat [ANDREWES (5, *2*)], beim Ultrazentrifugieren in der überstehenden Flüssigkeit. Schließlich wurde auch beobachtet, daß Virus-Antiserum-Gemische spontan zu dissoziieren vermögen, d. h. daß anfänglich neutrale Gemische durch längeres Lagern in der Kälte wieder infektiös werden [LONG und OLITZKY (206,*2*)].

Die Gegenwart von aktivem Virus in scheinbar neutralen Virus-Antiserum-Gemischen ging aber auch mit aller Evidenz aus den zahlreichen Beobachtungen (vgl. S. 1167) hervor, wonach derartige Gemische auch in vivo zu „dissoziieren" vermögen, wenn sie bestimmten Geweben einverleibt werden, d. h. es wurde festgestellt, daß ein und dasselbe Virus-Antiserum-Gemisch je nach der Applikationsart einmal inaktiv, einmal infektiös ist. An der Tatsache, daß sich Virus-Antiserum-Gemische — unter bestimmten Umständen — dissoziieren lassen, konnte demnach kein Zweifel sein. Auch schien damit die Annahme, daß der Antikörper in vitro einen viruliciden Effekt ausübt, widerlegt. Dagegen machte die Interpretation dieses Dissoziationsphänomens zunächst erhebliche Schwierigkeiten. A priori waren zwei Erklärungsmöglichkeiten gegeben:

1. Die Dissoziation eines Virus-Antiserum-Gemisches ist möglich, weil sich Virus und Antikörper in vitro reversibel verbinden.
2. Die Wiedergewinnung von Virus und Antikörper aus einem Gemisch gelingt deshalb, weil in vitro zwischen Virus und Antikörper überhaupt keine Verbindung zustande kommt.

Man hätte nun erwarten sollen, daß sich die wichtige Frage, ob sich die Virusarten mit ihren zugehörigen neutralisierenden Antikörpern in vitro verbinden, ohne weiteres entscheiden lassen müßte, u. zw. auf Grund von Kriterien, die für jede Antigen-Antikörper-Reaktion Gültigkeit haben. Als sichere Merkmale einer in vitro vor sich gehenden Reaktion zwischen Virus und Antikörper könnten nun die folgenden Feststellungen gewertet werden:

1. Die Virusneutralisation in vitro verläuft progressiv, d. h. die Infektiosität eines Virus-Antiserum-Gemisches nimmt mit zunehmender Zeit ab (Einfluß des Zeitfaktors). Die Reaktion geht bei höherer Temperatur beschleunigt vor sich (Einfluß des Temperaturfaktors).
2. Virus und Antikörper reagieren in bestimmten Mengenverhältnissen.
3. Der Antikörper wird in spezifischer Weise vom Virus absorbiert.

Wenn zunächst in der Frage, ob diese Merkmale einer Virus-Antikörper-Reaktion in vitro nachzuweisen sind — trotz intensiver experimenteller Bearbeitung — keine Übereinstimmung erzielt werden konnte, so waren hierfür wohl in erster Linie versuchstechnische Mängel und Schwierigkeiten verantwortlich, nämlich 1. die häufige Verwendung von Gemischen, in welchen die Mengenverhältnisse der Reaktionskomponenten (Konzentration von Virus und Antikörper) nicht oder nur ungenügend variiert wurden; 2. die Anwendung von unzuverlässigen bzw. ungenauen Methoden zum quantitativen Nachweis von nicht-inaktiviertem Virus; 3. die Ausführung des Neutralisationstestes in verschiedenartigen Körpergeweben, die sich als Indikatoren des in vitro erreichten

Neutralisationsgrades eines Virus-Antikörper-Gemisches in sehr unterschiedlicher Weise eignen, und 4. die unzureichende Beachtung quantitativer Verhältnisse bei der Anstellung von Absorptionsversuchen.

Bei einer Virusart, den Bakteriophagen, machten sich allerdings diese versuchstechnischen Schwierigkeiten insofern wenig bemerkbar, als hier schon frühzeitig standardisierte und einwandfreie Methoden für den quantitativen Virusnachweis (Bestimmung des Lysintiters in flüssigen Nährböden, Auszählung der Phagenplaques bzw. Phagenpartikel auf der Agaroberfläche) zur Verfügung standen, mit welchen die Virusinaktivierung hinreichend quantitativ und unter den konstanten Bedingungen eines Reagenzglasversuches geprüft werden konnte. Durch die Möglichkeit, Bakteriophagen in einfacher Weise — durch die Anreicherung von Lysin an der Oberfläche lysosensibler Keime — zu konzentrieren, ergaben sich auch größere Aussichten, den Antikörpergehalt eines Immunserums in spezifischer Weise abzusättigen. Es kann demnach nicht erstaunen, daß zunächst nur bei den Bakteriophagen untrügliche Anzeichen für eine in vitro vor sich gehende Virus-Antikörper-Reaktion gewonnen werden konnten. Tatsächlich wurden bei dieser Virusart sämtliche Merkmale einer spezifischen Lysin-Antikörper-Verbindung in eindeutiger Weise erbracht, nämlich durch den Nachweis, a) daß die Lysininaktivierung mit zunehmender Zeit fortschreitet (38, 272, 260, 313), b) daß das Reaktionstempo von der Temperatur (260, 313, 11, 309, 38) und von der Menge bzw. Konzentration des Antikörpers (313, 232, 309, 45, 7, 38) abhängig ist, c) daß der Antikörpergehalt eines Immunserums durch hinreichende große Lysinmengen quantitativ adsorbiert bzw. abgesättigt wird (35, *1*), d) daß die Virusinaktivierung auch in quantitativer Hinsicht gesetzmäßig — nach dem von ANDREWES und ELFORD ermittelten „Percentage Law" — verläuft, d. h. daß eine bestimmte Antikörperkonzentration in einer gegebenen Zeit stets denselben Prozentsatz von Phagenpartikeln inaktiviert, unabhängig von der im Gemisch jeweils vorhandenen Phagenmenge (7, 45, 227, *1*).

Bei den übrigen, tierpathogenen Virusarten bedurfte es nun aber — aus den bereits erwähnten Gründen — besonderer Versuchsanordnungen und der Entwicklung quantitativer Auswertungsmethoden, bevor der stringente Nachweis einer Virus-Antikörper-Verbindung in vitro geführt und deren Mechanismus hinreichend aufgeklärt werden konnte (vgl. CRAIGIE, Abschnitt VI, 1, S. 1134 dieses Handbuches).

Das Gesamtergebnis dieser Versuche läßt wohl nur den einen Schluß zu, nämlich, daß sich Virus und neutralisierender Antikörper in vitro verbinden und daß hierbei eine progressive Virusinaktivierung stattfindet. Die experimentellen Befunde, die diese Annahme wohl außer Zweifel stellen, sind die folgenden:

1. Unterneutralisierte Virus-Antiserum-Gemische, d. h. Gemische, die sofort nach ihrer Herstellung für bestimmte Gewebe (Gehirn) noch infektiös sind, verlieren mit zunehmender Dauer der Bebrütung ihre Infektiosität. Derartige Beobachtungen wurden bei einer größeren Reihe von Virusarten gemacht, nämlich beim Vaccinevirus [FAIRBROTHER (73, *2*)], Speicheldrüsenvirus der Meerschweinchen [ANDREWES (5, *7*)], Poliomyelitisvirus [SCHULTZ, GEBHARDT und BULLOCK (307)], Virus des Louping ill [GOYAL (113)], Virus der equinen Encephalomyelitis [COX und OLITZKY (51, *3*)].

2. Neutrale bzw. überneutralisierte Virus-Antiserum-Gemische lassen sich je nach der Antikörperkonzentration bzw. der Dauer der Bebrütung nicht oder nur unvollständig durch Verdünnung oder Ultrazentrifugieren dissoziieren, d. h. aus derartigen Gemischen kann höchstenfalls ein relativ kleiner Anteil an aktivem Virus zurückgewonnen werden. Auch dieser Befund wurde bei einer Anzahl von Virusarten erhoben, nämlich beim Vaccinevirus von ANDREWES (5, *5*), MCKINNON (212), CRAIGIE und TULLOCH (53), GOYAL (113), MAGRASSI und HALLAUER (220) und SALAMAN (290); beim Herpesvirus von BEDSON (19, *1*); beim Speichel-

drüsenvirus der Meerschweinchen und beim Roussarkomvirus von ANDREWES (5, *7*, *8*); beim Rift-Valley-fever-Virus von FINDLAY (76, *3*); beim Virus der equinen Encephalomyelitis von MERILL (227, *1*) und beim Influenzavirus von MAGILL und FRANCIS (217, *3*).

3. Auch bei tierpathogenen Virusarten verläuft die Virusinaktivierung in vitro nach dem von ANDREWES und ELFORD für die Phagenneutralisation aufgestellten „Percentage Law", ein Befund, der zuerst von MERILL (227, *2*) für das Virus der equinen Encephalomyelitis sichergestellt wurde.

4. Der Antikörpergehalt eines Immunserums kann, wie von SMITH (318, *2*) beim Herpes- und Vaccinevirus, von SALAMAN (290) beim Vaccinevirus und von BURNET, KEOGH und LUSH (38) beim Influenzavirus nachgewiesen wurde, durch hinreichend große Virusmengen quantitativ abgesättigt werden.

Genauere Kenntnisse über den *Mechanismus der Virus-Antikörper-Reaktion* wurden aber erst erzielt, als es gelang, auch bei tierpathogenen Virusarten den Neutralisationsgrad von Virus-Antiserum-Gemischen nach einer Methode zu bestimmen, welche der Titration von Phagen-Antiserum-Gemischen auf der Agaroberfläche weitgehend entspricht. Die von BURNET und seinen Mitarbeitern (vgl. Abschnitt III, 2, dieses Handbuches) ausgearbeitete Methode des quantitativen Virusnachweises auf der Chorionallantois des befruchteten Hühnereies („Pock counting method") und deren Anwendung für die Auswertung von Virus-Antiserum-Gemischen [BURNET (35, *2*, *5*), KEOGH (159, *1*), BURNET, KEOGH und LUSH (38)] ermöglichte die wohl einwandfreiste und vollkommenste Analyse der Virus-Antikörper-Reaktion. Die hauptsächlichsten versuchstechnischen Vorteile dieser Methode bestehen darin, 1. daß die Anzahl der in einem Virus-Antiserum-Gemisch vorhandenen, nicht-inaktivierten Viruspartikel („Survivors") direkt und mit hinreichender Genauigkeit bestimmt werden kann; 2. daß die Chorionallantois als Testgewebe insofern optimale Verhältnisse bietet, als ihre Empfänglichkeit für bestimmte Virusarten weitgehend konstant ist, ihre passive Immunisierbarkeit relativ gering ist, und ihr das Vermögen zur aktiven Bildung von Antikörpern anscheinend völlig fehlt. Nachträgliche In-vivo-Effekte machen sich deshalb wohl kaum oder nur selten bemerkbar, und 3. daß die Virus-Antikörper-Reaktionen aller Virusarten, die auf der Chorionallantois charakteristische Läsionen bilden, unter einheitlichen Versuchsbedingungen studiert und deshalb miteinander verglichen werden können.

Es kann nun nicht die Aufgabe dieser Darstellung sein, die reichhaltigen und interessanten Untersuchungen, die BURNET und seine Mitarbeiter [vgl. die Monographie von BURNET, KEOGH und LUSH (38)] mit einer größeren Anzahl von Virusarten (Vaccinevirus, Influenzavirus, Virus des Louping ill, New Castle Disease Virus, Virus der infektiösen Tracheitis der Hühner, Myxomvirus) angestellt haben und in denen in systematischer Weise die Reversibilität der Virus-Antikörper-Reaktion, der Einfluß der Zeit, der Virus- und Serumkonzentration auf den Vorgang der Virusinaktivierung geprüft wurden, ausführlich wiederzugeben.

Es genügt hier die Feststellung, daß auf Grund der von BURNET und seinen Mitarbeitern erhobenen Befunde die Annahme gerechtfertigt ist, daß sämtliche Virusarten sich mit ihren neutralisierenden Antikörpern nach dem Grundtypus reversibler chemischer Reaktionen verbinden. Der Vorgang der Virusinaktivierung verläuft anscheinend in zwei Phasen. In der ersten Phase streben die Reaktionskomponente einem Gleichgewichtszustand zu, der je nach der Konzentration des Antikörpers in unterschiedlich rascher Zeit erreicht wird. Dieser Gleichgewichtszustand ist nun dadurch charakterisiert, daß das prozentuale Verhältnis der inaktivierten Viruspartikel zu den nicht-inaktivierten („Survivors") bei einer bestimmten Serumkonzentration stets dasselbe ist, unabhängig von der im Gemisch vorhandenen Viruskonzentration („Percentage Law"); dagegen ist der Prozentsatz der „überlebenden" Viruspartikel umgekehrt proportional zur Serumkonzentration, d. h. es gilt die Regel: $C \times P =$ konstant ($C =$ = Konzentration des Antikörpers, $P =$ Prozentsatz der überlebenden Viruspartikel). Die Virusinaktivierung kommt nach BURNET dadurch zustande, daß jedes Viruspartikel sich mit einer bestimmten Anzahl von Antikörpermolekülen (im „Idealfall" mit 1 Antikörpermolekül) verbindet und daß derartige mit Antikörper beladene Viruspartikel nicht mehr infektiös sind. Diese Virusinaktivierung ist in der ersten Reaktionsphase noch reversibel, d. h. es gelingt, den Antikörper vom Virus zu dissoziieren und hierdurch das Virus zu reaktivieren. Die schon von ANDREWES und ELFORD und MERILL diskutierte Tatsache, daß sich ein bestimmter Prozentsatz von Viruspartikeln der Antikörperwirkung entzieht, bzw. nicht inaktiviert wird, erklären BURNET, KEOGH und LUSH dadurch, daß nicht alle Viruspartikel innerhalb einer Viruspopulation die gleiche Empfindlichkeit gegenüber dem Immunserum aufweisen.

Diese erste reversible Phase der Virusinaktivierung betrachten nun BURNET und seine Mitarbeiter als die eigentlich charakteristische. Die zweite Phase, in der eine Dissoziation von Virus und Antikörper nicht mehr möglich, d. h. das Virus irreversibel inaktiviert ist, wurde von BURNET — in Übereinstimmung mit den Befunden von GOYAL, FINDLAY und MERILL — zwar ebenfalls festgestellt, aber nicht näher analysiert.

Das Schicksal von Virus, das in vitro der Wirkung eines Immunserums ausgesetzt wird, ist demnach nicht einheitlich; während ein relativ kleiner Virusanteil meist völlig aktiv bleibt, wird der Großteil des Virus — in neutralen bzw. überneutralisierten Gemischen 90—99% — zunächst reversibel, dann irreversibel inaktiviert. Ob das irreversibel inaktivierte Virus seine Infektiosität definitiv eingebüßt hat, d. h. als „abgetötet" aufgefaßt werden kann, läßt sich zunächst nicht entscheiden.

Die Reaktivität des virusneutralisierenden Antikörpers in vitro ist demnach wohl endgültig ihrer Mystik entkleidet. Auch ist es sicher nicht gerechtfertigt, dem virusneutralisierenden Antikörper eine Sonderstellung zuzubilligen; die Reversibilität bzw. die Tatsache, daß das Antigen durch die Verbindung mit dem Antikörper nicht zerstört wird, ist wohl ein Charakteristikum jeder Antigen-Antikörper-Reaktion. Die weitgehende Analogie der Virus-Antikörper- mit den Toxin-Antitoxin-Reaktionen wurde zwar frühzeitig zugegeben, dagegen wurde meist auf die unterschiedliche Reaktionsweise des virusneutralisierenden Antikörpers einerseits und der bakteriolytischen Amboceptoren anderseits hingewiesen. Daß auch dieser Gegensatz nur oberflächlicher Art ist, wurde schon erwähnt (S. 1151); außerdem ist bereits eine Reihe typischer antiinfektiöser Antikörper bekannt, bei denen auch dieser Unterschied nicht besteht. So wirken hochwertige Immunsera gegen Pest [KOLLE und HETSCH (165)], gegen Milzbrand [SOBERNHEIM (322, *2*)] und — wie neuerdings gezeigt wurde — auch gegen Pneumokokken [ENDERS und SHAFFER (71)] in vitro keineswegs nach Art bactericider Antikörper, und auch in diesem Fall ist die Reaktion während einer gewissen Zeit voll reversibel. Von HAMMERSCHMIDT (122) wurde kürzlich darauf hingewiesen, daß ein typisches antiinfektiöses Immunserum gegen B. murisepticus weder direkt bactericide noch opsonierende Eigenschaften erkennen läßt. Auch bei Protozoëninfektionen scheinen antiinfektiöse Antikörper ähnlicher Art vorzukommen. Der von TALIAFERRO (334) beschriebene, entwicklungshemmende Antikörper gegen Trypanosoma Lewisi zeigt jedenfalls hinsichtlich seiner Wirkungsweise (Reversibilität der Reaktion in vitro, Ausbleiben des trypanociden

Effektes, Hemmung der Trypanosomenzellteilung in vivo) auffallende Analogien mit den Virusantikörpern. Schließlich haben SABIN und OLITZKY (289, *2*) nachgewiesen, daß Antikörper gegen Toxoplasmen nach Art virusneutralisierender Antikörper reagieren.

Höchstwahrscheinlich ist damit die Reihe dieser Analogien zwischen den antiinfektiösen Antikörpern gegenüber den verschiedenartigsten Erregern bzw. Infektionsstoffen noch nicht abgeschlossen. Man gewinnt vielmehr schon jetzt den Eindruck, daß bei Infektionen, die nicht durch Virusarten bedingt sind, derartig wirksame Antikörper nur deshalb übersehen oder zu wenig beachtet worden sind, weil hier das Hauptaugenmerk mehr auf die in vitro nachweisbaren Reaktionen gelegt wurde.

3. Wirksamkeit des virusneutralisierenden Antikörpers in der Gewebekultur.

Daß Gewebsexplantate für das Studium bestimmter Antikörperwirkungen ganz besonders geeignet sind, wurde u. a. von LEVADITI und MUTERMILCH (194, *1*, *2*, *3*, *4*) bereits im Jahre 1913 in einer Reihe von Versuchen gezeigt. Nachdem diese Autoren festgestellt hatten, daß verschiedene bakterielle, pflanzliche und tierische Gifte (Diphtherietoxin, Ricin, Kobragift) das Auswachsen von embryonalen Hühnerherzfibroblasten in vitro zu hemmen vermögen, wurde geprüft, ob sich dieser Effekt durch die entsprechenden Antitoxine aufheben läßt. Die Wirksamkeit antitoxischer Immunsera wurde hierbei in dreifacher Weise untersucht, nämlich durch die Zugabe eines in vitro vorbebrüteten Toxin-Antitoxin-Gemisches zur Gewebekultur, durch die Vorbehandlung der Gewebefragmente mit Antitoxin (prophylaktischer Versuch) und durch die Nachbehandlung von bereits vergiftetem Gewebe mit Antitoxin (kurativer Versuch). Die erzielten Versuchsergebnisse waren eindeutig. Die vorbebrüteten Toxin-Antitoxin-Gemische waren auch im Explantat atoxisch; die nur kurz (5 Minuten) mit Antitoxin vorbehandelten (und hierauf ausgiebig gewaschenen) Gewebefragmente hatten anscheinend hinreichend Antitoxin fixiert, um der nachträglichen Giftwirkung zu widerstehen; und die primär vergifteten Gewebe ließen sich nur dann durch Antitoxin wieder entgiften, wenn das Toxin nur während kurzer Zeit (5—20 Minuten je nach der Toxinkonzentration) auf die Zellen einzuwirken Gelegenheit hatte, späterhin war dagegen die Giftwirkung irreversibel, d. h. auch durch große Antitoxinmengen nicht mehr rückgängig zu machen.

Die im Gewebsexplantat erzielten Ergebnisse entsprachen demnach völlig den im Tierversuch gemachten Erfahrungen, wonach antitoxische Sera prophylaktisch zwar einen großen, kurativ dagegen einen geringen bzw. zeitlich begrenzten Schutz- oder Heileffekt ausüben. Daß das Antitoxin auch im Gewebsexplantat nur dadurch die Zellvergiftung verhindert oder aufhebt, daß es das freie bzw. noch nicht fest an der Zelle verankerte Toxin direkt beeinflußt, d. h. neutralisiert, erschien selbstverständlich und nicht zweifelhaft. Bemerkenswert ist nach LEVADITI und MUTERMILCH lediglich, daß anscheinend geringe Mengen von „zellständigem“ Antitoxin dem Gewebe einen vollständigen Schutz verleihen.

An diese Versuche muß erinnert werden, da die späterhin angestellten Untersuchungen über die Wirksamkeit virusneutralisierender Antikörper im Gewebsexplantat sich einer sehr ähnlichen Versuchsanordnung bedienten und auch zu ähnlichen Ergebnissen — die nun aber in sehr unterschiedlicher Weise interpretiert wurden — geführt haben.

Schon zu Beginn der Viruszüchtung wurde die Beobachtung gemacht, daß die Virusvermehrung im Explantat unmöglich ist, wenn die Kulturen Plasma bzw. Serum immuner Tiere enthalten. Nachdem bereits STEINHARDT und LAMBERT (326) festgestellt hatten, daß in Explantaten von Cornea und von Plasma immunisierter Kaninchen jede Vermehrung des Vaccinevirus ausbleibt, leistete HARDE (123) den Nachweis, daß dies auch der Fall ist, wenn Fragmente von Normalcornea in Immunplasma gezüchtet werden. Denselben Züchtungsmißerfolg von Vaccinevirus erzielten auch NYE und PARKER (247) in Explantaten von Kaninchenhoden in einem vom Kalb gewonnenen Hyperimmunserum. Anderseits lagen aber auch Beobachtungen vor, wonach die Gegenwart von Immunplasma bzw. Serum im Explantat auf die Virusvermehrung keinen Einfluß hat. So züchteten KRONTOWSKI und HACH (178) Fleckfieberrickettsien auch dann mit Erfolg, wenn Fragmente von in vivo infiziertem Milzgewebe in Immunplasma explantiert wurden. Auch FISCHER (83) gelang der Nachweis, daß Zellen, die mit Roussarkomvirus infiziert sind, während Monaten ohne Infektiositätsverlust im Plasma hochimmuner Tiere gezüchtet werden können. Einen ähnlichen Befund erhoben RIVERS, HAAGEN und MUCKENFUSS (280); in mit Vaccinevirus in vivo und in vitro infizierten Cornealfragmenten, die nachträglich in Immunplasma gezüchtet wurden, konnten nach 24—48stündiger Züchtung sowohl GUARNIERIsche Körperchen als auch aktives Virus nachgewiesen werden. Nach FISCHER und RIVERS, HAAGEN und MUCKENFUSS läßt sich die Tatsache, daß das Immunserum — in der von ihnen getroffenen Versuchsanordnung — keinerlei Einfluß auf den Infektionsablauf hatte, wohl nur dadurch erklären, daß das im bereits infizierten Zellgewebe intracellulär gelagerte Virus vor der Einwirkung des Antikörpers geschützt ist.

Daß es für den Ausfall derartiger Versuche nicht gleichgültig ist, in welcher zeitlichen Reihenfolge Virus und Antikörper auf die explantierten Gewebe einwirken, wurde dann späterhin von ANDREWES in einer größeren, mit Virus III (5, *3*), Herpesvirus (5, *6*) und Speicheldrüsenvirus (5, *7*) angestellten Versuchsreihe in überzeugender Weise nachgewiesen. Aus diesen Versuchen geht hervor, daß eine Virusvermehrung bzw. die Bildung von Einschlußkörperchen nicht zu beobachten ist, wenn das Immunserum kurze Zeit vor oder gleichzeitig mit dem Virus den Gewebefragmenten zugesetzt wird, daß dagegen das Immunserum keinen Einfluß mehr auf die Zellinfektion ausübt, wenn dem Virus Gelegenheit geboten wird, zuvor mit dem Gewebe während einer bestimmten Zeit in Kontakt zu treten. Diese von ANDREWES erhobenen Befunde sind nun späterhin in entsprechenden Versuchen mit anderen Virusarten — Vaccinevirus [STOEL (329)], Gelbfiebervirus [HAAGEN (118, *1*, *2*, *3*)], Hühnerpestvirus [HALLAUER (121, *1*)], Poliomyelitisvirus (PAULI (264)], Ektromelievirus [DOWNIE und MCGAUGHEY (68)] und Influenzavirus [MAGILL und FRANCIS (217, *3*)] — verifiziert worden.

Hinsichtlich der Wirksamkeit virusneutralisierender Antikörper im Gewebsexplantat wurden demnach prinzipiell dieselben Ergebnisse wie mit Antitoxinen erzielt, d. h. es wurde ebenfalls nachgewiesen, daß der Antikörper prophylaktisch einen großen, kurativ nur einen geringen Effekt ausübt. Es ist nun für die Virusforschung im allgemeinen bezeichnend, daß zur Erklärung dieser im Explantat beobachteten Immunitätsverhältnisse ganz besondere Eigenschaften sowohl für den Antikörper als auch für das Virus postuliert worden sind.

Inwiefern die Annahme gerechtfertigt ist, daß der Virusantikörper im Gewebsexplantat antiinfektiöse Wirkungen besonderer Art entfaltet, läßt sich nun schon deshalb nicht ohne weiteres entscheiden, weil entsprechende Versuche mit antiinfektiösen Antikörpern gegenüber anderen Infektionserregern nicht vorliegen. Aus den zahlreichen Untersuchungen, in denen der Wirkungsmechanismus des Virusantikörpers im Explantat näher analysiert wurde, dürfte aber schon jetzt — trotz der teilweise widersprechenden Versuchsergebnisse — deutlich hervorgehen, daß auch hier in immunologischer Hinsicht kein Novum vorliegt.

SABIN (288, *3*) versuchte in einer größeren, mit Vaccine- und Pseudorabiesvirus angestellten Versuchsreihe die Frage zu entscheiden, in welcher Weise der Virusantikörper die Infektion explantierter Gewebe verhindert und welches Schicksal das Virus in Gegenwart von Gewebe (Kaninchenhoden) und Immunserum erleidet. Zunächst wurde untersucht, ob das Immunserum auf das Virus, auf die Gewebezellen oder auf beide zugleich einwirkt. Die erste Möglichkeit hielt SABIN schon deshalb für ausgeschlossen, weil aus seinen früheren Versuchen hervorging, daß Virus und Antikörper in vitro (auch ohne Gewebe) miteinander nicht reagieren. Tatsächlich stellte SABIN wiederum fest, daß Pseudorabiesvirus auch nach längerem Kontakt mit Immunserum in normalserumhaltigen Gewebsexplantaten ungehemmt vermehrungsfähig ist, wenn zuvor der Überschuß der Antikörper durch Ultrazentrifugieren entfernt wird. Dagegen kann nach SABIN darüber kein Zweifel bestehen, daß das Immunserum vom Gewebe fixiert wird und daß ein derartig mit Antikörper beladenes Gewebe (auch nach mehrmaligem Waschen mit Tyrodelösung) gegenüber der Virusinfektion vollständig refraktär ist. Die Bindung zwischen Gewebe und Antikörper ist allerdings, wie auch SABIN zugeben muß, keine irreversible, da es schließlich doch noch gelingt, die Gewebe antikörperfrei zu waschen und sie dadurch wieder der Infektion zugänglich zu machen.

Weiterhin verfolgte SABIN, in welcher Weise sich das Virus in einem immunserumhaltigen Explantat auf die Gewebefragmente und die zellfreie Phase verteilt, ob Anzeichen dafür vorhanden sind, daß die Gewebe infiziert werden (Nachweis von Einschlußkörperchen), und wie lange das Virus in einer derartigen Kultur seine Infektiosität beibehält.

Die erzielten Versuchsergebnisse waren insofern eindeutig, als der Nachweis geleistet wurde, daß die von den Gewebefragmenten zu Beginn des Versuches fixierte Virusmenge anscheinend dieselbe war, gleichgültig, ob die Explantate Normal- oder Immunserum enthielten, daß aber — im Gegensatz zu den Kontrollkulturen — die Virusvermehrung bzw. die Bildung von Einschlußkörperchen durch das Immunserum vollständig unterdrückt wurde, obschon aktives Virus während der ganzen Versuchsdauer (3 Tage) sowohl in den Gewebefragmenten als auch in der flüssigen Kulturphase nachzuweisen war. Der Virusgehalt in den mit Immunserum versetzten Explantaten war allerdings nach 3tägiger Bebrütung bei 37° wesentlich kleiner als zu Versuchsbeginn; da aber ein entsprechender Virusverlust auch in den Kontrollgefäßen (Virus + Normalserum ohne Gewebe) beobachtet wurde, bezieht SABIN diese Virusabnahme auf eine spontane Deteriorisierung des nicht vermehrungsfähigen Virus. Aus dem Gesamtergebnis seiner Versuche zieht nun SABIN die Schlußfolgerung, daß die im Gewebsexplantat in Gegenwart von Immunserum beobachtete Hemmung des Infektionsablaufes nicht dadurch bedingt sein kann, daß der Antikörper das Virus inaktiviert oder daran hindert, mit der Zelle in Kontakt zu treten, sondern, daß der Antikörper am Gewebe angreift, sich dort fixiert und dadurch den Zellen einen Schutz gegenüber der Infektion verleiht. Über den Mechanismus dieser Schutzwirkung läßt sich nach SABIN mit Bestimmtheit nur die eine Aussage machen, daß er nicht darin bestehen kann, daß die mit Antikörper beladenen Gewebe das ihnen anhaftende Virus aktiv zerstören.

In der Folge wurden nun aber Befunde erhoben, die wohl nicht geeignet sind, die von SABIN aufgestellte Hypothese zu stützen.

Zunächst kann wohl, wie bereits ausgeführt wurde, kein Zweifel sein, daß der Virusantikörper auch in Abwesenheit lebender Gewebe Virus zu inaktivieren vermag (vgl. CRAIGIE, Abschnitt VI, 1, dieses Handbuches). Wenn SABIN feststellte, daß auch mit Immunserum vorbehandeltes Virus im Gewebsexplantat noch vermehrungsfähig ist, so kann dieser Befund wohl nur darauf zurückgeführt werden, daß in der Versuchsanordnung von SABIN nicht sämtliches Virus inaktiviert wurde. MAGILL und FRANCIS (217, *3*), welche die Versuche von SABIN mit Influenzavirus nachprüften, überzeugten sich im Gegenteil, daß das aus einem vorbebrüteten Virus-Antiserum-Gemisch durch Ultrazentrifugieren gewonnene Virussediment (auch nach mehrmaligem Waschen) seine Vermehrungsfähigkeit im Explantat definitiv eingebüßt hatte. Auch vermochten MAGILL und FRANCIS die Angabe von SABIN, wonach ein mit Immunserum vorbehandeltes und hierauf vom Antikörperüberschuß durch Waschen befreites Gewebe gegenüber der Virusinfektion geschützt sein soll, nicht zu bestätigen. Die Versuchsergebnisse von MAGRASSI und HALLAUER (220), welche sich völlig der von SABIN angegebenen Versuchstechnik bedienten, weichen ebenfalls in wesentlichen Punkten von den Versuchsresultaten, die SABIN erzielte, ab. So vermochten sich diese Autoren nicht zu überzeugen, daß die zu Versuchsbeginn am Gewebe fixierte Virusmenge nahezu gleich groß ist, gleichgültig, ob die Explantate Normal- oder Immunserum enthalten. In den mit Immunserum versetzten Kulturen war sowohl in den Gewebefragmenten als auch in der zellfreien Kulturphase schon wenige Stunden nach Versuchsbeginn ausnahmslos ein beträchtlicher Virusverlust zu verzeichnen, so daß angenommen werden mußte, daß ein Großteil des Virus schon in kurzer Zeit inaktiviert worden war. Daß eine gewisse Quote von Virus in Gegenwart bestimmter Gewebe und Immunserum während einiger Tage überlebte bzw. nicht inaktiviert wurde, ging allerdings auch aus den Versuchen von MAGRASSI und HALLAUER hervor. Berücksichtigt man nun aber, daß sowohl SABIN als auch MAGRASSI und HALLAUER ihre Explantate mit unverhältnismäßig großen Virusdosen beimpften (100000—1000000 M. I. D.), so ist dieser Befund unter der Annahme verständlich, daß die Reaktion zwischen Virus und Antikörper auch im Explantat nur unvollständig verläuft. Nach dem von ANDREWES und ELFORD ermittelten „Percentage Law“ ist nämlich zu erwarten, daß die absolute Menge des nicht-inaktivierten Virus um so größer ist, je mehr Virus einer bestimmten Antikörpermenge zugefügt wird. Daß die *Virusdosis,* die zur Beimpfung von immunserumhaltigen Explantaten verwendet wird, darüber entscheidet, wie lange aktives Virus in derartigen Kulturen nachzuweisen ist, lehren die Versuche von STOEL (329) mit Vaccinevirus und von HALLAUER (121, *1*) mit Hühnerpestvirus. STOEL stellte fest, daß nur in massiv mit Virus beimpften Kulturen nach dem 5. Züchtungstag noch überlebendes Virus nachzuweisen ist, und HALLAUER vermochte in minimal mit Hühnerpestvirus beimpften Kulturen, die während 6 Tagen bebrütet wurden, aktives Virus nicht mehr aufzufinden. Die Hemmung der Virusvermehrung bzw. die Unmöglichkeit des Virusnachweises in immunserumhaltigen Explantaten ist nun allerdings nicht immer ein untrügliches Anzeichen dafür, daß die Virusinaktivierung in derartigen Kulturen komplett und definitiv ist. Eine Reihe von Beobachtungen weist vielmehr darauf hin, daß selbst in Kulturen, in denen die Virusvermehrung während der ersten Züchtungstage vollständig ausbleibt und der Virusgehalt beständig, oft bis zur Unnachweisbarkeit absinkt, bei ausgedehnter Bebrütung schließlich doch noch eine Virusvermehrung stattfindet. Derartige Befunde wurden von STOEL (329) beim Vaccinevirus, von HAAGEN (118, *1, 2, 3*) beim Gelbfiebervirus und von DOWNIE und MCGAUGHEY (68) beim Virus der infektiösen Ektromelie erhoben. Die Versuche von DOWNIE und MCGAUGHEY sind deshalb besonders bemerkenswert, weil aus ihnen hervorgeht, daß selbst in Explantaten, in welchen entweder die Gewebefragmente vor der Virusbeimpfung während einiger Stunden mit einem hochwirksamen Immunserum in Kontakt waren, oder in denen ein vorbebrütetes Virus-Antiserum-Gemisch (das sich in vivo als völlig inaktiv erwies) den Gewebefragmenten zugesetzt wurde, schließlich (vom 8.—12. Züchtungstage an) doch noch eine Virusvermehrung einsetzt.

Derartige Befunde, die sich wahrscheinlich — bei entsprechend verlängerter Versuchsdauer — auch bei anderen Virusarten erheben lassen würden, vermögen zwar die Annahme, daß der Großteil des Virus auch im Explantat inaktiviert wird, nicht zu erschüttern, sie weisen jedoch darauf hin, daß ein bestimmter Virusanteil — wahrscheinlich das primär nicht-inaktivierte Virus — trotz der Anwesenheit von Immunserum und von lebenden Zellen über längere Zeit vermehrungsfähig bleibt. Die Gründe, weshalb die anfängliche Hemmung der Virusvermehrung schließlich aufhört, sind nicht bekannt; die von HAAGEN ausgesprochene Vermutung, daß der Antikörper in Kulturen, die über längere Zeit bei 37° C bebrütet werden, sein neutralisierendes Vermögen einbüßt, konnte von DOWNIE und McGAUGHEY experimentell nicht gestützt werden. Wahrscheinlich geht der hierfür entscheidende Vorgang nicht außerhalb, sondern an der Oberfläche bzw. im Innern der Gewebezellen vor sich.

Die Zeitdauer, während der aktives Virus in einer immunserumhaltigen Kultur nachgewiesen werden kann, scheint aber auch von der *Stärke des verwendeten Immunserums* abhängig zu sein. So beobachtete PAULI (264), daß sich Poliomyelitisvirus in Explantaten von embryonalem Hühnergehirn nur dann über längere Zeit nachweisen läßt und — wie dieser Autor glaubt — auch vermehrt, wenn die Kulturen Rekonvaleszentenserum vom Affen oder Menschen enthalten; dagegen wurde das Virus in Kulturen mit Affenhyperimmunserum anscheinend rasch und irreversibel inaktiviert.

Und schließlich kann kein Zweifel sein, daß auch die *Art des explantierten Gewebes* über das endgültige Schicksal von Virus in immunserumhaltigen Gewebekulturen entscheidet. Schon aus den Versuchen von STOEL geht deutlich hervor, daß es nicht gleichgültig ist, ob das Immunserum in Gegenwart von explantiertem Hoden- oder Milzgewebe auf das Vaccinevirus einwirkt; in Hodenexplantaten blieb ein Teil des Virus nicht nur überlebend, sondern vermehrte sich schließlich (5.—7. Züchtungstag) auch; in den entsprechenden Milzexplantaten war dagegen ein rascher und vollständiger Virusschwund zu beobachten. Zu ganz ähnlichen Ergebnissen gelangten MAGRASSI und HALLAUER; auch sie stellten fest, daß Vaccinevirus, das in größerer Menge zu immunserumhaltigen Explantaten verschiedener Gewebe zugesetzt wird, am 4. Züchtungstag nur noch im Gehirn- und Nierengewebe, nicht aber im Milz- und Lebergewebe nachzuweisen ist. Dieselben immunologischen Differenzen zwischen Milz- und Hodengewebe beobachtete späterhin auch MAGRASSI (218, *4*) in Versuchen, in denen die Vaccineimmunität des Kaninchens mit Hilfe der Gewebsexplantation analysiert wurde (vgl. S. 1205). Die immunologische Sonderstellung von Geweben, die reich an *reticulo-endothelialen Zellen* sind, läßt sich demnach auch in vitro nachweisen. Daß die endgültige Virusinaktivierung in Milz- und Leberexplantaten auf eine aktive Leistung von Seiten dieser Gewebe zurückzuführen ist, scheint aus den Versuchen von HALLAUER (121, *1*), in denen gezeigt werden konnte, daß explantiertes Lebergewebe — auch in Abwesenheit von künstlich zugesetztem Immunserum — Hühnerpestvirus zu inaktivieren vermag, hervorzugehen. Die Mitwirkung von Antikörpern ist zwar auch in diesem Fall nicht auszuschließen, ja sogar wahrscheinlich, da nach den Angaben von KIMURA und FUJISAWA (162, *1*) explantiertes und in vitro mit Vaccinevirus infiziertes Milzgewebe zur aktiven Bildung von Antikörpern befähigt ist.

Die Frage, ob auch den *Blutleukocyten* bei der Virusinaktivierung in vitro eine besondere Rolle zufällt, wurde zwar wiederholt untersucht, konnte aber bisher in völlig eindeutiger Weise nicht entschieden werden. DOUGLAS und SMITH (66) stellten zunächst fest, daß Vaccinevirus, das mit Normal- bzw. Immunkaninchenblut vermischt wird, auch in vitro — wie dies schon vorher von

SMITH (318, *1*) und LONG und OLITZKY (206, *2*) in vivo nachgewiesen wurde — elektiv an die Leukocytenfraktion des Blutes gebunden wird; sie überzeugten sich fernerhin davon, daß das an den Normal- bzw. Immunleukocyten fixierte Virus in Gegenwart von Immunserum anscheinend rasch inaktiviert wird. Zu ähnlichen Ergebnissen gelangte FAIRBROTHER (73, *3*); auch er machte die Beobachtung, daß größere Mengen von Vaccinevirus (2000—4000 M. I. D.) nur in gleichzeitiger Gegenwart von Immunserum *und* Leukocyten — nach $2^1/_4$stündiger Bebrütung bei 37° C — vollständig inaktiviert, d. h. bei intracerebraler Injektion reaktionslos vertragen wurden. Kleinere Virusdosen (100 M. I. D.) büßten zwar sowohl in Gemischen mit Immunserum allein als auch mit Leukocyten zusammen ihre Infektiosität gleichermaßen ein; die nachträglich auf Immunität geprüften Tiere waren aber im einen Fall sämtlich immun, im andern dagegen nicht; nach FAIRBROTHER ein Beweis dafür, daß das Virus durch das Immunserum allein nur inkomplett, durch die Mitwirkung von Leukocyten dagegen vollständig inaktiviert bzw. zerstört worden war. Nach JAMUNI und HOLDEN (148) werden auch unterneutralisierte Herpesvirus-Antiserum-Gemische rasch inaktiv, wenn im Reaktionsmilieu Blutleukocyten zugegen sind.

Alle diese Autoren sind deshalb der Meinung, daß das Immunserum auf das Virus eine opsonierende Wirkung ausübt und daß die endgültige Virusinaktivierung erst durch Phagocytose zustande kommt.

SABIN (288, *4*), der diese Befunde mit Vaccinevirus nachprüfte, erzielte nun anscheinend völlig andersartige Versuchsresultate. Auch in den Versuchen von SABIN wurde zwar das Vaccinevirus in Gegenwart von Normalserum wie auch von Immunserum rasch von den Leukocyten gebunden; derartig virusbeladene Leukocyten blieben nun aber während der ganzen Versuchsdauer (20 Stunden bei 37° C) hochinfektiös. In den Immunserum-Leukocyten-Gemischen wurde zwar ein gewisser Virusverlust festgestellt; nach SABIN ist aber hierfür nicht eine Inaktivierung, sondern eine Maskierung des Virus durch den an den Zellen haftenden Antikörper verantwortlich. Daß der Virusantikörper nicht nach Art eines Opsonins bzw. Tropins auf das Virus einwirkt, schloß SABIN aus weiteren Versuchen, in denen Vaccinevirus zunächst mit Immunserum „sensibilisiert", dann vom Antikörperüberschuß durch Ultrazentrifugieren befreit, und hierauf einer Leukocytensuspension zugesetzt wurde. Auch in diesem Fall wurden keinerlei Anzeichen für eine Viruszerstörung durch Phagocytose gewonnen. Die von SABIN erhobenen Befunde wurden von HALLAUER (121, *2*) in entsprechenden Versuchen mit Hühnerpestvirus weitgehend bestätigt. Auch in diesen Versuchen zeigte sich, daß Hühnerpestvirus rasch und nahezu vollständig von den Leukocyten fixiert wird, daß sich aber das Virus auch in Anwesenheit von Immunserum in den antikörperfrei gewaschenen Leukocyten über mehrere Stunden nachweisen läßt. Erst wenn die Versuchsdauer auf 6—12 Stunden ausgedehnt wurde, war ein deutlicher Infektiositätsverlust (verlängerte Inkubation bei den Versuchstieren), bzw. eine vollständige Virusinaktivierung zu beobachten.

In den mit Blutleukocyten angestellten Versuchen wurde demnach lediglich in einem Punkt, nämlich, daß auch die Leukocyten Virus zu binden vermögen, völlige Übereinstimmung erzielt. Dagegen divergieren die von den einzelnen Autoren gewonnenen Versuchsresultate hinsichtlich der Hauptfrage, nämlich, ob die Virusinaktivierung in Gegenwart von Blutleukocyten anders verläuft als in deren Abwesenheit, und ob die endgültige Virusinaktivierung durch Phagocytose zustande kommt.

Die von DOUGLAS und SMITH, FAIRBROTHER und JAMUNI und HOLDEN erhobenen Befunde, wonach Virus in Gegenwart von Immunserum und Leukocyten rasch inaktiviert wird, stehen wohl außer Zweifel und werden auch durch die von SABIN und HALLAUER erzielten Versuchsergebnisse nicht erschüttert. In den Versuchen dieser Autoren wurde nämlich die Virusinaktivierung wohl nur deshalb übersehen oder zu wenig beachtet, weil die initial zugesetzte Virusmenge unverhältnismäßig groß bemessen war. Auch dürfte die Beobachtung von FAIRBROTHER und JAMUNI und HOLDEN zutreffen, wonach die Virusinaktivierung in Gegenwart von Leukocyten beschleunigter und vollständiger verläuft als wenn nur Immunserum zugegen ist. Dagegen ist die Annahme, daß die beschleunigte „Viruszerstörung“ durch die phagocytäre Tätigkeit der Leukocyten bedingt ist, nicht nur völlig unbewiesen, sondern auch in hohem Grade unwahrscheinlich. Zunächst wäre es schwer verständlich, daß eine Virusinaktivierung durch Phagocytose schon in der kurzen Zeit von 5 Minuten (vgl. FAIRBROTHER) möglich sein soll. Weiterhin ist anzunehmen, daß die Virus-Antikörper-Reaktion in vitro nicht nur in Gegenwart von Blutleukocyten, sondern auch anderer, nicht speziell phagocytierender Gewebezellen eine Beschleunigung erfährt. Wenn auch vergleichende Untersuchungen über die Wirksamkeit virusneutralisierender Antikörper in An- oder Abwesenheit explantierter Gewebezellen nicht vorliegen, so ist doch auffallend, daß das Virus im Explantat anscheinend auch dann nicht „unterneutralisiert“ ist, wenn nur relativ kleine Antikörpermengen zugegen sind. Die einfachste Erklärung dieses Phänomens dürfte darin liegen, daß im Explantat die Virus-Antikörper-Reaktion dadurch beschleunigt wird, daß sowohl Virus als auch Antikörper an der Zelloberfläche absorbiert werden und infolgedessen in einem konzentrierteren System zu reagieren vermögen. Abgesehen davon, dürfte aber — wie aus der Gesamtheit der angeführten Versuche hervorgeht — die Virus-Antikörper-Reaktion auch im Gewebsexplantat nicht anders verlaufen als im zellfreien Reaktionsmilieu, und nur in Explantaten von reticulo-endothelialem Gewebe konnten Anzeichen dafür gewonnen werden, daß sich die Gewebezellen aktiv an der Virusinaktivierung beteiligen. Mit dieser Feststellung ist nun selbstverständlich nicht erklärt, weshalb das explantierte Gewebe — zumindest während der ersten Versuchszeit — so zuverlässig gegenüber der Infektion geschützt ist. Aus den Reagenzglasversuchen ist jedenfalls bekannt, daß in einem Virus-Antiserum-Gemisch der Großteil des Virus zunächst nur reversibel inaktiviert wird und daß sich zudem ein bestimmter Virusanteil der Antikörperwirkung entzieht. Die Wiedergewinnung von aktivem Virus aus Gewebekulturen, in denen jede Virusvermehrung gehemmt ist, beweist, daß die Virusinaktivierung auch im Explantat nicht stets vollständig und irreversibel ist. Die Gründe, weshalb unter diesen Umständen die Infektion der Gewebe, bzw. die Virusvermehrung ausbleibt, sind nun vollständig unbekannt. Die häufig gemachte Annahme, daß antikörperbeladene Viruspartikel nicht in den Zellbinnenraum gelangen und sich deshalb auch nicht vermehren können, wurde neuerdings von BURNET, KEOGH und LUSH (38), wohl mit Recht, als wenig wahrscheinlich abgelehnt, indem diese Autoren darauf hinweisen, daß mit Antikörper überzogene Partikel im allgemeinen besonders leicht phagocytiert werden. Wahrscheinlicher ist die Annahme, daß Viruspartikel, deren Oberfläche mit Antikörper besetzt ist, auch dann nicht vermehrungsfähig sind, wenn sie von den Gewebezellen aufgenommen werden. Unter dieser Voraussetzung wären auch die Versuchsergebnisse von DOWNIE und MCGAUGHEY (68), aus denen hervorgeht, daß nach einer mehrtägigen Latenz schließlich doch noch eine Virusvermehrung zu beobachten ist, leichter verständlich. Die Reaktivierung des Virus würde in diesem Fall nicht außer-, sondern innerhalb der Gewebezellen zustande kommen. Möglicherweise wäre in dieser Frage eine größere Gewißheit zu erlangen, wenn das Schicksal von Virus in immunserumhaltigen Gewebsexplantaten unter Zuhilfenahme färberischer Darstellungsmethoden verfolgt werden könnte.

So groß zur Zeit die Schwierigkeiten sind, präzise Angaben darüber zu machen, in welcher Weise der Antikörper den Infektionsvorgang im Explantat unterbricht bzw. hemmt, so einfach und naheliegend schien die Interpretation des gegenteiligen Effektes, nämlich die Beobachtung, daß die Virusvermehrung bzw. die Zellinfektion dann beinahe ungehemmt vor sich geht, wenn das Immunserum erst dem Explantat zugesetzt wird, nachdem das Virus während einer gewissen Zeit mit dem Gewebe in Kontakt war.

Schon die ersten Autoren (FISCHER; RIVERS, HAAGEN und MUCKENFUSS; ANDREWES), welche dieses Phänomen beobachteten, gaben hierfür eine anscheinend plausible Erklärung, nämlich, daß das einmal intracellulär gelagerte Virus vor der Einwirkung des Antikörpers geschützt ist. Für die Richtigkeit dieser Annahme sprachen nun nicht nur eine Reihe analoger Beobachtungen hinsichtlich der Resistenz phagocytierter Bakterien und Erythrocyten gegenüber lytischen Antikörpern und chemischen Stoffen (WRIGHT und DOUGLAS; ROUS und JONES), sondern auch die Tatsache, daß eine gewisse Kontaktzeit zwischen Gewebezelle und Virus notwendig ist, damit der Schutz erreicht wird, fernerhin daß abgetötete Zellen zwar zur Virusadsorption befähigt sind, aber diesem keinen Schutz verleihen [ANDREWES (5, *9*), HAAGEN (118, *2*), ROUS, MCMASTER und HUDACK (287, *1*, *2*)], und schließlich daß auch die lebende Gewebezelle nur einen schützenden Effekt ausübt, wenn sie bei optimaler Züchtungstemperatur (37° C) mit Virus infiziert wird [ANDREWES (5, *3*)]. Daß Virusarten durch die Anwesenheit von Gewebezellen — unter den eben erwähnten Umständen — nicht nur gegenüber Immunserum, sondern auch gegen photodynamische Effekte gleichermaßen geschützt sind, vermochten PERDRAU und TODD (266, *1*, *2*, *3*, *4*) in einer Reihe eingehender Untersuchungen nachzuweisen, und diese Autoren interpretieren ihre Versuchsergebnisse ebenfalls damit, daß das einmal in das Zellinnere aufgenommene Virus der photodynamischen Wirkung nicht mehr ausgesetzt ist.

Die Möglichkeit, daß das im Zellbinnenraum lokalisierte Virus durch den Antikörper nicht mehr inaktiviert werden kann, läßt sich nun sicher nicht in Abrede stellen; die zahlreichen Beobachtungen über die Persistenz von Virus im hoch immunen Tierkörper und über die zeitlich begrenzte Wirksamkeit der Serumtherapie wären unter dieser Voraussetzung verständlich.

Gerade für die im Explantat erhobenen Befunde erscheint es nun aber fraglich, ob sie sich ausnahmslos durch einen Schutzmechanismus dieser Art erklären lassen.

Schon die zuerst von ANDREWES aufgestellte und von den späteren Autoren meist übernommene Hypothese, daß die Zeitdauer, während welcher Virus und Gewebe in Kontakt sein müssen, damit der nachträgliche Zusatz von Immunserum keinen hemmenden Einfluß mehr auf die Virusvermehrung ausübt, derjenigen Zeit entspricht, die für das Virus erforderlich ist, um in die Zelle „einzudringen", muß zu Bedenken Anlaß geben.

Nach ANDREWES (5, *3*) ROUS, MCMASTER und HUDACK (287, *2*) u. a. kann diese Zeit nur wenige (2—5—10—15) Minuten betragen, so daß man zur Annahme gezwungen wäre, daß zumindest einige Virusarten — Vaccinevirus, Virus III, Virus des SHOPEschen Kaninchenfibroms — die Gewebezellen mit größter Rapidität zu „invadieren" vermögen. Eine derartige Vorstellung ist nun schon a priori wenig wahrscheinlich, sie steht aber auch in Widerspruch nicht nur mit den Befunden von HERZBERG (129), der den Vorgang der Zellinfektion beim Vaccinevirus zeitlich verfolgte und hierbei PASCHENsche Körperchen frühestens 12 Stunden nach der Infektion im Zellinnern festzustellen vermochte, sondern auch mit den Versuchsresultaten von PERDRAU und TODD (266, *4*).

aus denen ebenfalls hervorgeht, daß Vaccine- bzw. Herpesvirus erst nach einem $10^1/_2$- bzw. 18stündigen Kontakt mit den Gewebezellen endgültig gegenüber der photodynamischen Inaktivierung geschützt sind.

Anderseits ist bemerkenswert, daß — nach den Untersuchungen von LEVADITI und MUTERMILCH (194, *1, 2, 3, 4*) — auch Toxine in ähnlich rascher Weise (5—20 Minuten) an den explantierten Geweben irreversibel verankert werden, so daß eine nachträgliche Entgiftung durch Antitoxine nicht mehr möglich ist; die Annahme, daß auch in diesem Fall das Toxin nur deshalb vom Antitoxin nicht mehr neutralisiert wird, weil es sich bereits im Zellinnern befindet, wäre zumindest ungewöhnlich.

Auch die von MAGILL und FRANCIS (217, *3*) erhobenen Befunde, wonach es von der Stärke des Immunserums — bei sonst völlig identischen Versuchsbedingungen — abhängt, ob das am explantierten Gewebe bereits fixierte Influenzavirus noch neutralisiert werden kann oder nicht, sprechen keineswegs zugunsten der Annahme, daß nur das intracellulär lokalisierte Virus gegenüber dem Antikörper geschützt ist. Würde man nämlich an dieser Vorstellung festhalten, so müßte man zur Erklärung der von MAGILL und FRANCIS erzielten Versuchsergebnisse die wohl absurde Hypothese aufstellen, daß das schwache Immunserum in die Zelle nicht „einzudringen“ vermag, das stark wirksame Antiserum jedoch hierzu befähigt ist.

Und schließlich hat auch die Beobachtung von ANDREWES (5, *3*), wonach Virus III im Gewebsexplantat nur dann vor der Einwirkung des Immunserums geschützt ist, wenn die Gewebefragmente zuvor nicht in der Kälte, sondern bei 37° C mit dem Virus infiziert werden, weder eine allgemeine Gültigkeit, noch kann die von ANDREWES hierfür gegebene Erklärung, daß nämlich das Virus nur bei 37°, nicht aber bei 0° C rasch den Zugang zum Zellinnern findet, zutreffen. Entsprechende Versuche mit Bakteriophagen führten jedenfalls, wie ANDREWES (5, *9*) selbst feststellte, zu einem völlig gegenteiligen Ergebnis, indem sich hier die „Schutzwirkung“ von Suspensionen lysosensibler Bakterien nur dann manifestierte, wenn der Phage nicht bei 37° C, sondern in der Kälte zugesetzt wurde. Dagegen ist — nach PERDRAU und TODD (266, *1*) — die Resistenz von Bakteriophagen gegenüber der photodynamischen Inaktivierung wiederum größer, wenn die Bakterien bei 37° C, statt bei Zimmertemperatur infiziert werden. Und schließlich hat HALLAUER (121, *1*) nachgewiesen, daß auch in Explantaten, die in der Kälte (+ 4° C) mit Hühnerpestvirus während 4 Stunden infiziert werden, die Virusvermehrung trotz des nachträglichen Immunserumzusatzes nahezu ungehemmt vor sich geht.

Die Hypothese, daß nur das bereits im Zellinnern befindliche Virus gegenüber der Einwirkung des Antikörpers geschützt ist, erscheint demnach keineswegs so fest begründet, wie man zunächst anzunehmen geneigt wäre. ROUS, MCMASTER und HUDACK (287, *2*), deren Versuchsresultate gewöhnlich zugunsten dieser Annahme zitiert werden, haben selbst ihre Befunde — in wesentlich vorsichtiger Art — wie folgt interpretiert: "They prove only that the protection of the viruses is in some way dependent upon cell life. The maintenance of a special state of affairs at or near the cell surface might suffice for protection". Die im Explantat gemachten Beobachtungen über die zeitlich begrenzte Wirkung von Immunserum (Antitoxin bzw. virusneutralisierender Antikörper) weisen nun tatsächlich darauf hin, daß schon eine festere Bindung zwischen Toxin bzw. Virus und der lebenden Zelle ausreicht, damit ein gewöhnliches Immunserum keinen inaktivierenden Einfluß mehr ausübt, und daß es höchstenfalls mit einem hochwirksamen Antiserum gelingt, diese Bindung rückgängig zu machen. Sollte diese Vorstellung zutreffen, so wäre zugleich erwiesen, daß die Gewebezellen schon wirksam mit Virus infiziert sind, noch bevor sich das Virus im Zellinnern befindet.

4. Wirksamkeit des virusneutralisierenden Antikörpers im Tierkörper.

a) Virus-Antiserum-Gemische.

Es wurde bereits hervorgehoben, daß Virus-Antikörper-Gemische, die Gewebsexplantaten zugesetzt werden, mit großer Regelmäßigkeit inaktiv sind, gleichgültig, ob die Gemische noch aktives Virus enthalten, und unabhängig davon, mit welchen Gewebearten die Gemische in Kontakt kommen. In jedem Fall ist die Virusvermehrung entweder gänzlich aufgehoben oder doch während längerer Zeit völlig gehemmt. Bei der Auswertung von Virus-Antiserum-Gemischen in vivo ist nun deren Neutralisationsgrad nicht nur abhängig von der Vollständigkeit der in vitro abgelaufenen Virus-Antikörper-Reaktion, sondern auch von der Applikationsart, d. h. von der Art des Testgewebes. Die Beobachtung, daß ein und dasselbe Virus-Antiserum-Gemisch je nach der Gewebeart, in die es einverleibt wird, bald infektiös, bald nicht-infektiös ist, wurde wiederholt nicht nur bei einer, sondern bei einer größeren Reihe von Virusarten gemacht. So können Vaccinevirus-Antiserum-Gemische, die bei der intracutanen Injektion beim Kaninchen nahezu ausnahmslos inaktiv sind, noch infektiös sein, wenn sie intratestikular, intracerebral oder intravenös appliciert [ANDREWES (5, *2*), CRAIGIE und TULLOCH (53), FAIRBROTHER (73, *2*), GOYAL (113), SABIN (288, *5*), MAGRASSI und MURATORI (221), VIEUCHANGE (357, *2*)], oder wenn sie auf der Chorionallantois des befruchteten Hühnereies ausgewertet werden [KEOGH (159, *1*), BURNET, KEOGH und LUSH (38), VIEUCHANGE und MESROBEANU (359)]. Dieselben Unterschiede in der Infektiosität zeigen auch Gemische von Virus III, je nachdem sie intracutan oder intratestikulär bzw. intravenös beim Kaninchen auf Neutralität geprüft werden (ANDREWES (5, *2*)].

Für das Hühnerpestvirus wurde gleichfalls nachgewiesen, daß Gemische, die intramuskulär reaktionslos vertragen werden, intravenös injiziert eine letal verlaufende Infektion verursachen [TODD (344), HALLAUER (121, *1*)]. Beobachtungen ähnlicher Arten wurden beim Virus B, Pseudorabiesvirus und Herpesvirus [SABIN (288, *1*, *5*)] gemacht. Auch hier wurde festgestellt, daß Gemische, die intracutan — beim Pseudorabiesvirus auch intranasal — inaktiv befunden wurden, bei intracerebraler Applikation voll infektiös waren. Beim Pseudorabiesvirus scheint außer der Gewebeart auch die Tierspezies darüber zu entscheiden, ob ein Gemisch noch infektiös ist oder nicht; dieselben, subcutan injizierten Gemische können für das Meerschweinchen inaktiv, für das Kaninchen dagegen infektiös sein [SHOPE (316, *1*), SABIN (288, *5*)]. Und schließlich wurde auch beim Rift-Valley-fever-Virus [FRANCIS und MAGILL (91, *1*), FINDLAY (76, *3*)] und beim Virus der equinen Encephalomyelitis [MERILL (227, *1*), OLITZKY und HARFORD (255, *1*)] übereinstimmend festgestellt, daß intraperitoneal anscheinend neutrale Gemische infektiös sind, wenn sie intranasal instilliert bzw. intracerebral injiziert werden.

Zur Erklärung der Tatsache, daß der Neutralisationstest in den verschiedenen Gewebearten unterschiedlich ausfällt, wurden mehrere Möglichkeiten erwogen:

1. Könnte man annehmen, daß die wechselnde Infektiosität der Gemische darauf zurückzuführen ist, daß zwischen den verschiedenen Gewebearten hinsichtlich ihrer Virusempfänglichkeit Unterschiede bestehen, derart, daß sich kleine Virusmengen in den einen Geweben nachweisen lassen, in anderen dagegen nicht. SABIN (288, *5*) hat nun aber in einer größeren Reihe von Versuchen, in welchen die minimale Infektionsdosis von Vaccinevirus, Herpesvirus, B-Virus

und Pseudorabiesvirus in den verschiedenen Geweben vergleichend ermittelt wurde, festgestellt, daß die Empfänglichkeit der einzelnen Gewebe für diese Virusarten nahezu dieselbe ist. Denselben Befund erhoben späterhin auch SCALFI (295, *1*) mit Vaccinevirus und OLITZKY und HARFORD (255, *1*) in entsprechenden Versuchen mit Encephalomyelitisvirus.

2. Ist nach SABIN damit zu rechnen, daß die verschiedenen Gewebearten ein verschieden großes „Antikörperbedürfnis" haben, d. h. daß die einen Gewebe schon in Gegenwart von kleinen, andere wieder erst von großen Antikörpermengen gegenüber der Infektion geschützt sind. Diese Annahme ist wohl nur unter der von SABIN gemachten Voraussetzung verständlich, daß sich nämlich die Antikörperwirkung nicht auf das Virus, sondern nur auf das Gewebe erstreckt, d. h. daß nur das mit Antikörper beladene Gewebe vor der Infektion geschützt ist. Abgesehen davon, daß diese Hypothese sicher nicht zutrifft, konnten aber auch im Explantat keinerlei Anzeichen dafür gewonnen werden, daß das „Antikörperbedürfnis" einzelner Gewebearten unterschiedlich ist.

3. Könnte die Möglichkeit für die Assoziation bzw. Dissoziation von Virus-Antiserum-Gemischen in den einzelnen Gewebearten insofern verschiedenartig sein, als Virus und Antikörper — je nach der Gewebestruktur — verschieden rasch von der Injektionsstelle wegdiffundieren. Zugunsten dieser Annahme spricht nun tatsächlich eine Reihe von Beobachtungen.[1] Zunächst ist sichergestellt, daß nur reversible, in vitro ebenfalls dissoziierbare Virus-Antikörper-Gemische im Tierkörper infektiös werden können [FINDLAY (76, *3*)]. Das Schicksal eines derartigen Virus-Antiserum-Gemisches wird demnach wohl in erster Linie davon abhängen, ob der Antikörper an der Injektionsstelle eine zeitlang retiniert, oder ob er mehr oder weniger rasch verdünnt bzw. entfernt wird. Im letzteren Fall wären die Voraussetzungen für eine „Dissoziation in vivo" ebenso gegeben wie bei der Reaktivierung eines Virus-Antiserum-Gemisches durch hinreichende Verdünnung in vitro. Daß nun in den einzelnen Organgeweben hinsichtlich der Diffusionsmöglichkeit für eingebrachte Stoffe völlig unterschiedliche Verhältnisse bestehen, ist wohl selbstverständlich. Aus den Untersuchungen, in denen die lokale passive Immunität (vgl. unten) bei Virusarten geprüft wurde, scheint denn auch deutlich hervorzugehen, daß das Retentionsvermögen der einzelnen Körperorgane für den Virusantikörper verschieden groß ist; so wurde festgestellt, daß der in die Haut injizierte Antikörper in loco während mindestens 24 bis 48 Stunden wirksam bleibt [RIVERS und TILLET (283), ANDREWES (5, *2*), THOMPSON (343)], daß dagegen die mit Antikörper vorbehandelte Nasenschleimhaut [SABIN (288, *8*)] oder das lokal mit Antikörper immunisierte Gehirn [HOYT, FISK, MOORE und TRACY (140)] einen wesentlich kurzfristigeren Schutz erwerben.

Mit der Vorstellung, daß die verschiedenen Körpergewebe hauptsächlich auf Grund anatomischer Eigentümlichkeiten den Ausfall des Neutralisationstestes

---

[1] Die entgegengesetzte Ansicht von SABIN (288, *5*), daß der unterschiedliche Ausfall des Neutralisationstestes kaum durch die in einem Gewebe vorhandene Diffusionsmöglichkeit in entscheidender Weise bestimmt wird, stützt sich hauptsächlich auf Versuche, in denen die Diffusibilität von Vaccinevirus-Antiserum-Gemischen mit Hilfe des Duran-Reynals-Faktors (Verwendung von Hodenvirus) künstlich gesteigert wurde und in denen — dessenungeachtet — keine Dissoziation der intracutan injizierten Gemische beobachtet werden konnte. Diese Versuche besitzen nun schon an und für sich wohl nicht die Beweiskraft, die ihnen SABIN zuschreiben möchte, sie wurden aber vor allem auch nicht bestätigt. VIEUCHANGE (357, *1*) hat jedenfalls neuerdings festgestellt, daß Vaccinevirus-Antiserum-Gemische, denen in vitro Hodenextrakt zugesetzt wird, mit größerer Regelmäßigkeit in der Kaninchenhaut dissoziiert werden.

zu beeinflussen vermögen, harmonieren auch die im Gewebsexplantat erhobenen Befunde; da hier die Gewebe in desorganisierter Form vorliegen und eine Eliminierung des Antikörpers nicht möglich ist, verhalten sich bekanntlich Virus-Antiserum-Gemische, gleichgültig zu welcher Gewebeart sie zugesetzt werden, stets inaktiv.

Wenn die Annahme zutrifft, daß die Infektiosität eines reversiblen Virus-Antikörper-Gemisches in erster Linie von der Menge des an der Injektionsstelle verbleibenden Antikörpers abhängt, so müßte sich der unterschiedliche Einfluß der verschiedenen Körpergewebe auf den Ausfall des Neutralisationstestes durch die Menge des injizierten Antikörpers weitgehend ausgleichen lassen. Dies ist nun auch tatsächlich der Fall; in Geweben (Gehirn, Blut usw.), in denen sonst eine Dissoziation der Gemische mit größerer Regelmäßigkeit zu beobachten ist, läßt sich dieser Effekt durch höhere Antikörperkonzentrationen bzw. Antiserummengen verhindern [GOYAL (113), HALLAUER (121, *2*)], und — umgekehrt — haben FINDLAY (76, *3*) für das Rift-Valley-fever-Virus und BEDSON (19, *4*) für das Psittacosisvirus bei weißen Mäusen nachgewiesen, daß auch in einem Gewebe (Peritoneum), in dem sich Virus-Antiserum-Gemische meist inaktiv verhalten, eine Dissoziation eintritt, wenn — statt größerer Dosen (0,4 bzw. 0,5 ccm) — kleinere Mengen (0,03 bzw. 0,1 ccm) ein und desselben Gemisches injiziert werden. Beobachtungen ähnlicher Art wurden von HUDSON und PHILIP (144) und HINDLE (130, *3*) gemacht, indem diesen Autoren der Nachweis von Gelbfiebervirus im antikörperhaltigen, strömenden Blut nur dann gelang, wenn statt großer kleine Blutproben auf die Versuchstiere übertragen wurden. Nach FINDLAY ist demnach die Menge des injizierten Gemisches für den Ausfall des Neutralisationstestes möglicherweise entscheidender als die Art des Testgewebes. Für die unterschiedliche Infektiosität kleiner bzw. großer Gemischdosen ist nun — wie FINDLAY annimmt — nicht nur die Menge des einverleibten Antikörpers, sondern auch des Virus maßgebend; bei einer großen Gemischdosis würde einerseits das injizierte Antiserum einen länger dauernden passiven Schutz bewirken, und anderseits würde die große Virusdosis einen ausreichend starken Antigenreiz abgeben, damit die Gewebe selbst zur aktiven Antikörperbildung angeregt werden, bei kleinen Gemischdosen wären dagegen diese beiden Voraussetzungen nicht erfüllt.

Die Menge des im Gemisch vorhandenen Antikörpers kann nun tatsächlich nicht der einzige Grund sein, weshalb reversible, bzw. sicher nicht-inaktiviertes Virus enthaltende Gemische in vivo dauernd inaktiv bleiben. Selbst im günstigsten Fall wird wohl der injizierte Antikörper nur einige Tage an der Injektionsstelle wirksam sein, und man müßte deshalb erwarten, daß derartige Gemische späterhin doch noch infektiös werden können. Beim Hühnerpestvirus ist dies nun auch häufig der Fall; intramuskulär injizierte Gemische können hier, selbst wenn sie größere Antiserummengen enthalten, die Versuchstiere — nach einer verlängerten Inkubation von 5—8 Tagen — schließlich doch noch tödlich infizieren [HALLAUER (121, *1*)]. Noch bemerkenswerter sind die Spättodesfälle, die GREEN und seine Mitarbeiter (114) bei der epizootischen Fuchsencephalitis beobachteten; von den Versuchstieren, die mit Virus-Antiserum-Gemischen intramuskulär injiziert worden waren, kam regelmäßig ein höherer Prozentsatz nach einer um 20—30 Tage verlängerten Inkubation ad exitum. Schließlich wurde auch in Gewebsexplantaten festgestellt, daß Virus-Antiserum-Gemische nachträglich — nach 8 bis 12 Tagen — doch noch infektiös werden können. In allen diesen Fällen wurden die Gemische anscheinend erst dann infektiös, wenn der Antikörper eliminiert, bzw. unwirksam geworden war.

Wenn nun anderseits festgestellt ist, daß in vitro dissoziierbare Virus-Antiserum-Gemische sich in vivo dauernd inaktiv verhalten, so können hierfür mehrere Gründe maßgebend sein. In Organgeweben (z. B. Haut, Peritoneum), welche Antikörper während einer gewissen Zeit zurückzuhalten vermögen, kann entweder die Reaktion zwischen Virus und Antikörper, ebenso wie im Gewebsexplantat, beschleunigt verlaufen, so daß das Virus rasch irreversibel inaktiviert wird, oder die Infektion kommt zwar zustande, sie verläuft aber derartig protrahiert, daß aktive Immunitätsvorgänge die Oberhand gewinnen. Daß beide Möglichkeiten vorkommen, lehren die wechselnden Immunisierungserfolge, die mit Virus-Antiserum-Gemischen erzielt wurden (vgl. S. 1249).

An der Tatsache, daß eine *entstehende aktive Immunität* über das endgültige Schicksal von Virus-Antiserum-Gemischen entscheiden kann, ist wohl nicht zu zweifeln. Die Chancen zur Ausbildung einer aktiven Immunität sind nun vermutlich in den einzelnen Organgeweben gleichfalls unterschiedlich groß; sie sind wohl nur vorhanden, wenn in einem Gewebe die Dissoziation eines Virus-Antiserum-Gemisches — zufolge des langsamen Wegdiffundierens des Antikörpers — allmählich erfolgt, und wenn ein Gewebe überhaupt zu einer prompten immunologischen Reaktion befähigt ist. BURNET und seine Mitarbeiter (36, 38) haben besonders auf die Möglichkeit hingewiesen, daß einzelne Organgewebe, wie das Zentralnervensystem und die Chorionallantois des befruchteten Hühnereies, naturgemäß nur über einen geringen Grad von immunisatorischer Abwehr verfügen könnten, und daß diese „Immunitätsschwäche" mit ein Grund dafür sein könnte, weshalb unterneutralisierte Virus-Antiserum-Gemische so häufig nur in diesen Testgeweben infektiös sind.

Ob ein Virus-Antiserum-Gemisch in einem bestimmten Organgewebe „dissoziiert" oder nicht, könnte schließlich auch davon abhängen, wie rasch und vor allem auf welchem Wege das *Virus* die Injektionsstelle verläßt, um in sein Erfolgsorgan zu gelangen. Nach OLITZKY und HARFORD (255, *2*), die sich ebenfalls um die Aufklärung der Frage bemühten, weshalb ein und dieselbe Menge von Antikörpern (im Gemisch oder im passiven Immunisierungsversuch) das eine Gewebe vor der Infektion schützt, das andere nicht, wäre dieser Faktor sogar von ausschlaggebender Bedeutung; jedenfalls weisen diese Autoren darauf hin, daß unterneutralisierte Gemische von equinem Encephalomyelitisvirus bei der weißen Maus nur dann inaktiv sind, wenn Testgewebe (Peritoneum, Muskulatur) verwendet werden, von welchen aus sich das Virus erfahrungsgemäß unter Benutzung des Blutweges nach dem Zentralnervensystem propagiert, daß dagegen dieselben Gemische meist infektiös sind, wenn dem Virus am Applikationsort (Nasenschleimhaut) nervöse Zuleitungsbahnen (N. olfactorius) zur Verfügung stehen. Der Einfluß eines bestimmten Organgewebes auf den Ausfall des Neutralisationstestes wäre demnach, wie OLITZKY und HARFORD annehmen, vor allem durch die Verschiedenartigkeit der für eine Virusart möglichen Ausbreitungswege bedingt. Zugunsten dieser Annahme könnte auch die häufig gemachte Beobachtung bewertet werden, wonach die Schutzwirkung des Antikörpers in ein und demselben Testgewebe — der Nasenschleimhaut — je nach den Wanderungseigenschaften einer Virusart unterschiedlich ist, nämlich häufig versagt gegenüber neurotropen, den N. olfactorius benutzenden Virusarten [Poliomyelitisvirus (306, *1*), Virus der equinen Encephalomyelitis (255, *2*)], dagegen meist deutlich vorhanden ist gegenüber Virusarten, die dieses Gewebe auf dem Lymph- bzw. Blutweg verlassen [Vaccinevirus (308)] oder erst mittelbar in die Nervenbahn (Trigeminus, Sympathicus) gelangen können [Pseudorabiesvirus (288, *5*, *9*)].

Unter der hier stets gemachten Voraussetzung, daß ein Virus auch in vivo nur dann neutralisiert wird, wenn der Antikörper während einer gewissen Zeit einzuwirken vermag, lassen sich nun auch die Gründe, weshalb der von einer

Virusart eingeschlagene Wanderungsweg über das Schicksal eines Virus-Antiserum-Gemisches mitbestimmen kann, zumindest vermuten. Erfolgt nämlich die Virusausbreitung auf dem Lymph- und Blutweg, so bleibt das Virus wohl im Bereich der Antikörperwirkung, und eine Dissoziation des Gemisches kommt nur zustande, wenn der Antikörper rasch bis zur Unwirksamkeit verdünnt wird, vermag sich dagegen ein Virus auf dem Wege peripherer Nerven zu propagieren, so kann es sich dank dieser Eigenschaft wohl schon frühzeitig der Antikörperwirkung entziehen, und das Gemisch wird infolgedessen „dissoziiert".

Überblickt man das experimentelle Tatsachenmaterial, so wird man wohl kaum erwarten dürfen, daß dem unterschiedlichen Verhalten von Virus-Antiserum-Gemischen in den einzelnen Körpergeweben ein einheitlicher Mechanismus zugrunde liegt; man gewinnt vielmehr den Eindruck, daß von Seiten der Gewebe mehrere Faktoren — wie beispielsweise die Diffusionsmöglichkeit für den Antikörper, die vorhandenen Wanderungswege für das Virus, das Vermögen zur Ausbildung einer aktiven Immunität usw. — eine Rolle spielen. Welcher oder welche dieser Faktoren im Einzelfall maßgebend sind, dürfte wiederum von der Menge und der Potenz des Antiserums, von der Menge des Virus, von dessen Ausbreitungsart und antigener Qualität abhängen.

b) Lokale passive Immunität.

Daß der Virusantikörper — auch ohne vorherigen Kontakt mit dem Virus in vitro — im Tierkörper antiinfektiöse Wirkung ausübt, läßt sich besonders deutlich in einer Versuchsanordnung nachweisen, in welcher der Antikörper und das Virus getrennt und nacheinander an ein und derselben Stelle eines Gewebes injiziert werden (sog. lokale passive Immunität). Versuche dieser Art wurden mit Vaccinevirus [Camus (43), Andrewes (5, *2*, *4*), Thompson (343), Craigie und Tulloch (53), Fairbrother (73, *2*)], Virus III [Rivers und Tillet (283)], Pseudorabiesvirus [Sabin (288, *5*, *8*)], dem Virus der Vesicularstomatitis [Long und Olitzky (260, *1*)], Ektromelievirus [Downie und McGaughey (68)], dem Virus des Louping ill [Goyal (113)] und dem Lyssavirus [Hoyt, Fisk, Moore und Tracy (140)] ausgeführt. Unter der Voraussetzung, daß einerseits hinreichend große Mengen eines potenten Antiserums und nicht exzessiv große Virusdosen injiziert werden, und daß anderseits das zeitliche Intervall zwischen den Injektionen nicht allzu groß ist, kann der an Ort und Stelle erzielte Schutz ein vollständiger sein, d. h. sowohl die Ausbildung lokaler Läsionen, bzw. klinisch manifester Symptome als auch die Weiterverbreitung des Virus im Tierkörper werden verhindert. Prinzipiell kann wohl jedes Organgewebe auf diese Weise passiv immunisiert werden; außer der als Testgewebe meistens verwendeten Haut (5, *2*, *4*, 343, 53, 73, *2*, 288, *5*, 283, 206, *1*, 68) lassen sich durch lokale Antikörpervorbehandlung auch die Hornhaut (43), das Gehirn (113, 140) und die Nasenschleimhaut (288, *8*) vorübergehend gegenüber einer nachträglichen Infektion völlig unempfänglich machen. Das unterschiedliche Vermögen der einzelnen Gewebe, den Antikörper an Ort und Stelle zu fixieren (vgl. oben), macht sich aber auch hier bemerkbar; während sich die lokale passive Immunität der Haut — bei sorgfältiger Versuchstechnik — meist mühelos und über eine Dauer von 1—2 Tagen nachweisen läßt, macht die örtliche passive Immunisierung der übrigen Organgewebe — besonders des Gehirns — oft Schwierigkeiten, und der diesen Geweben (Gehirn, Nasenschleimhaut) verliehene Schutz ist meistens wesentlich kurzfristiger.

Postinfektionell, d. h. nachträglich in den infizierten Gewebebezirk direkt injiziertes Immunserum hat dagegen — ebenso wie in Gewebsexplantaten — stets nur eine schwache bzw. zeitlich begrenzte Wirksamkeit; die Ausbildung lokaler Hautläsionen läßt sich beispielsweise beim Vaccinevirus (5, *4*, 343, 73, *2*) nur dann völlig unterdrücken, wenn der Antikörper unmittelbar oder nur wenige Minuten nach der gesetzten Infektion verabreicht wird, späterhin wird der Infektionsablauf höchstenfalls modifiziert (abortive Läsionen, verzögerte und beschleunigte Reaktionen), aber nicht mehr aufgehalten, und schließlich — meistens schon nach einigen Stunden — übt der Antikörper überhaupt keinen nachweisbaren Effekt mehr aus.

c) Allgemeine passive Immunität.

Werden Virus und Antikörper in Form eines in vitro hergestellten Gemisches oder getrennt an ein und derselben Gewebestelle appliziert, so ist die hauptsächlichste Vorbedingung für eine Virusneutralisierung, nämlich der sofortige und unmittelbare Kontakt zwischen Virus und Antikörper gegeben, und eine manifeste Infektion bleibt aus, wenn der Antikörper hinreichend lange und in ausreichender Konzentration auf das Virus einzuwirken vermag. Bei der allgemeinen passiven Immunisierung, bei welcher Virus und Antikörper getrennt an verschiedenen Stellen des Tierkörpers injiziert werden, sind diese Bedingungen nun nicht immer erfüllt; sei es, daß der Antikörper entweder durch seine Verteilung im Tierkörper bis zur Unwirksamkeit verdünnt wird, oder in den Geweben, in denen die Immunitätsprüfung ausgeführt wird, verspätet oder überhaupt nicht eintrifft; sei es, daß das Virus zufolge seiner Cytotropie oder seiner Ausbreitungsart im Organismus sich der Antikörperwirkung entzieht.

Unter diesen Umständen ist es a priori nicht erstaunlich, daß die Angaben über die passiv immunisierende Wirksamkeit virusneutralisierender Antikörper — je nach der gewählten Versuchsanordnung und der geprüften Virusart — sehr unterschiedlich lauten. Eine Übereinstimmung wurde wohl nur in den folgenden Punkten erzielt, nämlich 1. daß es anscheinend eines besonders hohen Grades von passiver Immunität bedarf, um die primären lokalen Gewebereaktionen, die bestimmte Virusarten am Orte ihrer Einverleibung verursachen, abzuschwächen oder völlig aufzuheben; 2. daß — im Gegensatz hierzu — schon kleine Antikörpermengen ausreichen, um die Generalisation bzw. Metastasierung einer Virusart auf dem Blutweg zu verhindern, und 3. daß eine passive Immunisierung gegen Virusarten, die sich auf dem Wege peripherer Nerven propagieren und im Zentralnervensystem ansiedeln, nur schwer zu erreichen ist und höchstenfalls dann gelingt, wenn ganz bestimmte Versuchsbedingungen eingehalten werden.

Die Beobachtung, daß ein anscheinend ausreichend passiv immunisierter Organismus gegenüber einer nachträglichen, in einem bestimmten Gewebe gesetzten Virusinfektion nicht oder nur unvollständig geschützt ist, wurde hauptsächlich bei Virusarten gemacht, die bei cutaner Applikation *Hautläsionen* verursachen (Vaccine-, Herpesvirus, Virus der Vesicularstomatitis und der Maul- und Klauenseuche).

Beim *Vaccinevirus* stellten schon ältere Autoren, wie HLAVA und HONL (131), BÉCLÈRE, CHAMBON und MÉNARD (17, *1*), HENSEVAL und CONVENT (128), CAMUS (43), CASAGRANDI (44) u. a., fest, daß die Haut von passiv immunisierten Kälbern und Kaninchen nur höchst ausnahmsweise einen absoluten Grad von Immunität erwirbt, d. h. daß sich meistens — selbst bei Einverleibung großer Antikörpermengen — auf der scarifizierten und mit Vaccinevirus infizierten Hautstelle zumindest einige wenige, abortive Vaccinepusteln entwickeln. Über die tatsächliche Schutzkraft des Vaccineantikörpers gaben aber diese Versuche schon deshalb keinen richtigen Aufschluß, weil in den meisten Fällen weder die Wertigkeit des Immunserums noch die Virustestdosis quantitativ bestimmt wurde. Wie sehr der Ausfall derartiger Versuche von der Menge und der Potenz des injizierten Immunserums und vor allem von der Virusdosis, die zur Immunitätsprüfung verwendet wird, abhängt, zeigten erst die späteren Untersuchungen von Okawachi (252), Bessho (23), Gordon (108), Hunt und Falk (146), Thompson (343), Ledingham, Morgan und Petrie (183), Tulloch (354), Andersen (3, *1*) Bridé und Bardach (30) u. a. In diesen Versuchen wurde der Nachweis geleistet, daß der Grad der Unempfänglichkeit der Kaninchenhaut gegenüber der cutanen Vaccineinfektion, d. h. die Anzahl der eben noch vollständig neutralisierten M. I. D. von Vaccinevirus, durch die Menge bzw. die Wertigkeit des zur Vorbehandlung verwendeten Immunserums bestimmt wird. Berücksichtigt man den Verdünnungsgrad, den das Immunserum durch seine Verteilung im Tierkörper erfährt, so ist die Antikörpermenge, die zur Erzielung einer partiellen oder absoluten Hautimmunität erforderlich ist, keineswegs unverhältnismäßig groß; ein hochwertiges Vaccineimmunserum vermag schon in Mengen von 1—2 ccm/1 kg Körpergewicht kleinere und mittelgroße Virusdosen komplett (Ausbleiben jeder makroskopisch sichtbaren Hautläsion) und größere partiell (rudimentäre und abortive Läsionen, verzögerte und beschleunigte Reaktionen) zu neutralisieren (354, 3, *1*), und eine Menge von 5 ccm/1 kg genügt oft, damit die Haut auch gegenüber den größten Virusdosen völlig refraktär wird (23). Die vollständige Neutralisation des Vaccinevirus in der Haut passiv immunisierter Kaninchen kann anscheinend in zweifacher Art begünstigt werden, nämlich dadurch, daß die Immunitätsprüfung nicht simultan, sondern einige Stunden nach der Serumapplikation vorgenommen wird (23), und daß das Virus nicht intracutan injiziert, sondern in die scarifizierte Haut inokuliert wird (183). Durch das zwischen die Immunisierung und Immunitätsprüfung eingeschobene zeitliche Intervall findet wohl im Gewebe eine zunehmende Anreicherung mit Antikörper statt, und durch die Scarifikation wird möglicherweise der Übertritt von Antikörper ins Gewebe traumatisch gefördert; für das Zustandekommen einer vollständigen Virusneutralisation am Orte der Immunitätsprüfung ist es nun zweifellos — wie auch in der Versuchsanordnung der sog. lokalen passiven Immunisierung gezeigt werden konnte — wesentlich, daß das Virus *sofort* auf eine ausreichend große Antikörperkonzentration stößt.

Unter denselben quantitativen Voraussetzungen wie beim Vaccinevirus läßt sich auch der Nachweis einer passiv induzierten Hautimmunität gegenüber dem *Herpesvirus* führen. Auch hier entscheiden die Intensität der Vorbehandlung und die Virustestdosis darüber, ob die Ausbildung lokaler Herpesbläschen nur — gegenüber dem Kontrolltier — an Zahl vermindert oder vollständig aufgehoben ist. Wie aus den Versuchen von Bedson und Crawford (20), Andervont (4) und Freund (95, *1*) hervorgeht, können Meerschweinchen und Mäuse durch die Vorbehandlung mit potenten Hyperimmunsera derart immunisiert werden, daß sie die cutane bzw. plantare Herpesinfektion völlig reaktionslos überstehen.

Bei der experimentellen *Vesicularstomatitis* der Meerschweinchen hätte man dagegen nach den Untersuchungen von Olitzky, Traum und Schoening (259) und Long und Olitzky (206, *1*) annehmen müssen, daß es nicht gelingt, die Tiere auf passivem Wege so zu immunisieren, daß sie bei plantarer Infektion nicht unter lokaler, primärer Vesikelbildung reagieren. Wagener (361, *4*) vermochte späterhin nun aber doch einwandfrei nachzuweisen, daß dieses Ziel ohne weiteres erreicht werden kann, wenn die Versuchstiere (Meerschweinchen, Ratten) mit einem hochwertigen Immunserum einige Stunden *vor* der plantaren Infektion präpariert werden, und wenn zur Immunitätsprüfung ein Virusstamm mittlerer Infektiosität verwendet wird. Erfolgte die Serumvorbehandlung 24 Stunden vor der Immunitätsprüfung, so genügten schon Serummengen von 0,2 ccm, damit die Meerschweinchen plantar völlig geschützt waren; wurde dagegen die Immunisierung und die plantare Impfung gleichzeitig ausgeführt, so konnte ein vollständiger Schutz nur erzielt werden, wenn die Tiere mit wesentlich größeren Serumdosen (1,0 ccm und mehr) präpariert wurden. Die von WAGENER erzielten Versuchsergebnisse waren derartig regelmäßig, daß von diesem Autor vorgeschlagen wird, die Wirksamkeit von Immunsera gegen Vesicularstomatitisvirus im passiven Schutzversuch an der Meerschweinchenplanta auszuwerten. In welcher Weise der Ausfall des passiven Schutzversuches durch den Virulenzgrad des Testvirus beeinflußt wird, wurde von WAGENER (361, *5*) ebenfalls geprüft; es stellte sich hierbei heraus, daß Meerschweinchen, die mit steigenden Serumdosen (0,2; 0,5; 1,0 und 2,5 ccm) vorbehandelt wurden, wohl durchwegs gegenüber dem gewöhnlichen (durch 48stündige Plantapassagen unterhaltenen) Virusstamm völlig geschützt, dagegen — ebenso ausnahmslos — gegenüber einem künstlich (durch 24stündige Passagen) in seiner Virulenz gesteigerten Virusstamm voll empfänglich waren, d. h. stets mit einer lokalen Bläscheneruption reagierten. Dieser Befund ist deshalb bedeutungsvoll, weil er möglicherweise erklärt, weshalb bei der *Maul-* und *Klauenseuche* — nach den Erfahrungen aller Autoren [vgl. WALDMANN und PAPE (364) und WALDMANN und TRAUTWEIN (366, *2*)] — die Ausbildung primärer Aphthen auch bei passiv hoch immunisierten Tieren nicht verhütet werden kann. Nach WAGENER (361, *3*) u. a. unterscheidet sich nämlich das Maul- und Klauenseuchenvirus vom Virus der Vesicularstomatitis pathogenetisch hauptsächlich durch seine größere Virulenz bzw. Infektiosität. Der außerordentlich rasche Infektionsablauf, durch den die Maul- und Klauenseucheinfektion an der Eintrittspforte (z. B. Meerschweinchenplanta) gekennzeichnet ist, ist nun tatsächlich wohl die Hauptursache dafür, daß die passive Immunität örtlich durchbrochen wird. Wird nämlich der stürmische Verlauf der Infektion dadurch abgebremst, daß nur 1—2 M. I. D. Virus cutan verimpft werden, so ist meistens die erzeugte passive Immunität ausreichend, damit auch die primäre Aphthenbildung vollständig unterdrückt wird [MINETT (230); BEDSON, MAITLAND und BURBURY (21)].

Die Frage, ob außer der Haut auch andere Organgewebe mit derselben Leichtigkeit passiv immunisiert, d. h. so unempfänglich gemacht werden können, daß die direkt im Gewebe vorgenommene Immunitätsprüfung reaktions- bzw. symptomlos überstanden wird, ist ebenfalls untersucht worden. TULLOCH (354) fand, daß bei passiv immunisierten Kaninchen intratestikulär appliziertes Vaccinevirus weder eine Orchitis noch makro- bzw. mikroskopisch erkennbare Läsionen des Hodengewebes verursacht, und LAIDLAW, SMITH, ANDREWES und DUNKIN (181) stellten fest, daß weiße Mäuse, die mit einem potenten Hyperimmunserum intraperitoneal vorbehandelt und hernach intranasal bzw. intrapulmonal mit Influenzavirus infiziert werden, ausnahmslos überleben und bei der Sektion höchstenfalls einige spärliche, bereits in Auflösung begriffene pneumonische Herde aufweisen. Zwei Organgewebe nehmen nun aber zweifellos hinsichtlich ihrer passiven Immunisierbarkeit eine Sonderstellung ein, nämlich die *Cornea* und das *Zentralnervensystem*. A priori liegt die Vermutung nahe, daß sich diese Gewebe auf passivem Wege nur deshalb — erfahrungsgemäß — schwer, bzw. unzureichend immunisieren lassen, weil sie nicht unmittelbar an die allgemeine Blutzirkulation angeschlossen sind (Gefäßlosigkeit der Cornea), oder durch „Barrieren" (Blut-Liquor- bzw. Blut-Gehirn-Schranke) von ihr getrennt sind, so daß höchstenfalls eine bestimmte Quote der im Blute kreisenden Antikörper in diese Gewebe übertritt. Unter dieser Voraussetzung ist zu erwarten, daß sich eine passive Immunität an der Cornea oder im Gehirn nur dann nachweisen läßt, wenn die Versuchstiere massiv mit Antikörper vorbehandelt werden, und die zur Immunitätsprüfung verwendete Virustestdosis nicht allzu groß bemessen ist. Die Nichtbeachtung dieser für den Ausfall jedes passiven Immunisierungsversuches ausschlaggebenden quantitativen Relation zwischen der Antikörpermenge, die in ein Gewebe gelangt, einerseits und der Infektionsdosis anderseits ist wohl der Grund dafür, daß über die Möglichkeit der passiven Immunisierbarkeit der Hornhaut und des Zentralnervensystems kontradiktorische Angaben vorliegen.

Was die Immunisierbarkeit der Cornea anbelangt, so stellten schon HAENDEL, GILDEMEISTER und SCHMITT (*119*) fest, daß die Kaninchenhornhaut durch die subkonjunktivale Injektion von Immunserum für Vaccinevirus vollständig unempfänglich gemacht werden kann. An der Richtigkeit dieser Beobachtung kann nicht gezweifelt werden, da — wie auch spätere Untersuchungen gezeigt haben — der Antikörpergehalt eines Vaccineimmunserums auf diese Weise leicht ausgewertet werden kann. Immerhin entspricht die Versuchsanordnung von HAENDEL, GILDEMEISTER und SCHMITT mehr derjenigen einer lokalen passiven Immunität und gibt jedenfalls keinen Aufschluß darüber, in welchem Ausmaß die Cornea an einer allgemeinen passiven Immunität teilnimmt. Beim Herpesvirus ist nun diese Frage mehrmals untersucht worden. Nach FREUND (95, *1*) hat auch die mehrmalige subcutane bzw. intravenöse Vorbehandlung von Kaninchen mit Immunserum auf das Angehen, die Intensität und den Verlauf der herpetischen Hornhautinfektion überhaupt keinen erkennbaren Einfluß. Zu etwas günstigeren Resultaten gelangten KITCHEVATZ (163) und HALLAUER (121, *6*); eine völlige Immunität der Kaninchencornea wurde zwar auch von diesen Autoren nicht erreicht, obschon von HALLAUER hierzu günstige Versuchsbedingungen (Transfusion von 30 ccm Hyperimmunblut; Immunitätsprüfung 24 Stunden nach der Vorbehandlung) gewählt wurden, dagegen wurde übereinstimmend festgestellt, daß die herpetische Keratitis bei passiv immunisierten Kaninchen einen — im Vergleich zu den Kontrolltieren — bedeutend milderen Verlauf (geringere Anzahl von Bläschen, raschere Regression) nimmt. Die Tatsache, daß die Cornea bei passiver — übrigens meistens auch bei aktiver — Immunisierung bestenfalls nur einen partiellen Schutz erwirbt, ist nun sicher nicht erstaunlich; sie erklärt sich hinlänglich dadurch, daß der Antikörper nach dem Passieren durch die Blut-Kammerwasser-Schranke nicht oder in unzureichender Menge am Infektionsort eintrifft. Möglicherweise wird die Hornhaut auch erst postinfektionell — durch die am Auge gesetzte entzündliche Hyperämie — ausreichend mit Antikörper versorgt.

Daß außer der Cornea auch das *Zentralnervensystem* nicht oder nur unregelmäßig und in geringfügigem Grad an der allgemeinen passiven Immunität partizipiert, geht aus den zahlreichen Versuchen hervor, in denen passiv immunisierte Tiere intracerebral auf Immunität geprüft wurden. Nach den völligen Mißerfolgen, die hierbei KRAUS und HOLOBUT (176), KRAUS und FUKUHARA (175), MURILLO (234), BUSSON und SCHWEINBURG (42) u. a. in Versuchen mit Lyssavirus, ZINSSER und TANG (*377*) und FREUND (95, *1*) mit Herpesvirus und LEINER und WIESNER (185), PAULI (264), GORDON (109) u. v. a. mit Poliomyelitisvirus zu verzeichnen hatten, hätte man annehmen müssen, daß eine Immunisierung des Zentralnervensystems auf passivem Weg überhaupt nicht möglich ist. Diesen negativen Befunden steht nun aber eine Reihe von Beobachtungen entgegen, denen zufolge passiv immunisierte Tiere auch gegenüber einer intracerebralen Virusinfektion geschützt sein können. So gelang die passive Immunisierung des Zentralnervensystems bzw. des Gehirns gegen Lyssavirus bei Hunden und Kaninchen [PONOMAREFF und TSCHECHKOFF (271)], bei Kaninchen [PONOMAREFF und SOLOVIEFF (270), LÖFFLER und SCHWEINBURG (204, *1*)] und bei weißen

Mäusen [Hoyt und Mitarbeiter (139, 140, 138, *1*, *2*)], gegen Herpesvirus beim Kaninchen [McKinley und Holden (211), Hallauer (121, *6*)], gegen Poliomyelitisvirus bei Affen [Flexner und Lewis (86), Flexner und Stewart (87), Howitt (137, *2*), Schultz und Gebhardt (106, *1*)], gegen das Virus der equinen Encephalomyelitis beim Meerschweinchen [Howitt (137, *3*, *6*)] und bei weißen Mäusen [Olitzky und Harford (255, *2*)] und schließlich auch gegen Hühnerpestvirus bei Hühnern [Hallauer (121, *6*)], also bei einer größeren Anzahl von Virusarten und bei den verschiedenartigsten Versuchstieren. Aus der Gesamtheit dieser Versuche ist nun auch zu ersehen, welche Bedingungen erfüllt sein müssen, damit sich eine Gehirnimmunität nach passiver Immunisierung nachweisen läßt. Nach den Erfahrungen der meisten Autoren überstehen nur passiv hoch immunisierte, d. h. mit großen Dosen eines potenten Immunserums vorbehandelte Tiere — und auch von diesen nur ein bestimmter Prozentsatz — die cerebrale Immunitätsprüfung, und weiterhin wurde festgestellt, daß der verliehene Schutz nur gegenüber kleinsten bzw. kleineren Virusdosen ausreichend ist. Diese Feststellungen können nun nicht überraschen, wenn man bedenkt, daß nur eine kleine Quote des in der Blutbahn kreisenden Antikörpers in das Zentralnervensystem übertritt; nach den exakten, bei passiv immunisierten Kaninchen angestellten Untersuchungen von Freund (95, *2*) verhält sich der Antikörpertiter des Blutserums zu demjenigen des (blutfreien) Gehirn- und Rückenmarkextraktes bzw. des Liquors durchschnittlich wie 100 : 0,7 bzw. 100 : 0,25. Eine passive Gehirnimmunität ist demnach nur zu erwarten, wenn die Antikörperkonzentration im strömenden Blut hinreichend groß ist. Selbst in diesem Fall sind aber — wie immer wieder beobachtet wurde — nicht sämtliche der gleichartig immunisierten Versuchstiere gegenüber der cerebralen Injektion immun, so daß die Annahme naheliegt, daß die Permeabilität der Blut-Gehirn- bzw. Liquor-Schranke individuell unterschiedlich ist. Ob auch bei den verschiedenen Tierspezies hinsichtlich der Antikörperdurchlässigkeit dieser Barrieren Unterschiede bestehen, läßt sich mit Sicherheit nicht entscheiden; wenn sich das Gehirn von Mäusen und Meerschweinchen anscheinend leichter und regelmäßiger auf passivem Weg immunisieren läßt als das Zentralnervensystem von Kaninchen und Affen, so könnten diese Differenzen ebensogut dadurch bedingt sein, daß die kleineren Versuchstiere — im Verhältnis zu ihrem Körpergewicht — meistens mit weit größeren Immunserumdosen vorbehandelt wurden.

Daß das Zentralnervensystem — bei einer hinreichenden Versorgung mit Antikörper — prinzipiell ebenso wie jedes andere Organgewebe passiv immunisiert werden kann, geht schließlich auch aus Versuchen hervor, in welchen der Antikörper direkt in das Nervengewebe injiziert (vgl. lokale, passive Immunität) oder durch subdurale bzw. intraspinale Injektion in dessen nächste Nähe gebracht wurde (271, 86, 269, 134), oder in denen die Permeabilität der Blut-Liquor- bzw. Gehirn-Schranke künstlich — durch die Erzeugung einer aseptischen Entzündung der Meningen (85, *1*, 87), durch „Pompage" des Subarachnoidealraumes (271) oder durch die Verabreichung von Diureticis (204, *1*) — gesteigert wurde.

Die Schwierigkeit, die Cornea und das Zentralnervensystem auf passivem Wege zu immunisieren, besteht demnach nur darin, den Antikörper am Orte der Immunitätsprüfung mit dem Virus in Kontakt zu bringen. Eine hohe Antikörperkonzentration im strömenden Blut ist hierzu die hauptsächlichste Vorbedingung, weil nur hierdurch der Übertritt von Blutantikörper in diese Gewebe erzwungen werden kann. Wahrscheinlich besteht nun auch zwischen dem Blut und den übrigen Organgeweben ein gewisses Antikörpergefälle, d. h. die Antikörperkonzentration in den Saftspalten der Gewebe dürfte — wenigstens anfänglich — stets geringer sein als in der Blutbahn. Unter dieser Annahme wäre zumindest verständlich, weshalb die direkt in einem Gewebe vorgenommene Immunitätsprüfung häufig nur einen geringen Grad von passiver Immunität anzeigt, während die Blutimmunität völlig ausreicht, um eine Generalisierung bzw. Metastasierung des Virus mit Sicherheit zu verhindern. Jedenfalls steht fest, daß die Antikörperkonzentration im Blut auf eine bestimmte Höhe getrieben werden muß, damit ein Gewebe gegenüber der direkten Virusinfektion so geschützt ist, daß die Ausbildung primärer lokaler Gewebeläsionen völlig unterdrückt ist; wogegen schon weit geringere Antikörperkonzentrationen im Blut gegenüber jeder manifesten Virusinfektion einen Schutz verleihen, sofern das Virus auf indirekte Art, d. h. auf dem Wege der Blutbahn in die Erfolgsorgane gelangt.[1]

Dieser Sachverhalt läßt sich namentlich bei Virusarten nachweisen, die bei cutaner Impfung primäre Hautläsionen verursachen, sich anschließend auf dem Blutweg im Tierkörper ausbreiten und hierbei in der Haut, auf Schleimhäuten und eventuell auch in anderen Organen Metastasen bzw. sekundäre Gewebeläsionen setzen, also dem *Vaccinevirus*, dem Virus der *Maul- und Klauenseuche* und der *Vesicularstomatitis* der Pferde. So stellte ANDREWES (5, *4*) fest, daß mit Vaccineimmunserum vorbehandelte Kaninchen auf eine cutane Virusinfektion (60000 M. I. D.) zwar lokal mit kaum abgeschwächten Hautläsionen reagierten, dagegen vor der manifesten Virusgeneralisation vollständig geschützt waren. Wurden die passiv immunisierten Tiere auf *intravenösem* Weg auf Immunität geprüft, so war die Immunität — vorausgesetzt, daß bestimmte Mengenverhältnisse zwischen Immunserum und Virus eingehalten wurden — vollständig, d. h. die für den verwendeten Virusstamm charakteristische, generalisierte Aussaat von Vaccinepusteln in der Haut und in den visceralen Organen blieb aus. Dieser Befund wurde späterhin von LEDINGHAM, MORGAN und PETRIE (183), TULLOCH (354) und SCHULTZ und HARTLEY (308) bestätigt; auch diese Autoren machten die Beobachtung, daß schon durch die Präparierung von Kaninchen mit relativ kleinen Mengen eines potenten Immunserums (2 ccm/1 kg Körpergewicht) ein vollständiger Schutz selbst gegen große, intravenös (183, 354) oder intranasal (255, *2*) applizierte Virusdosen erzielt werden kann.

Auch bei passiv gegen Maul- und Klauenseuche- oder Vesicularstomatitisvirus immunisierten Meerschweinchen treten diese graduellen Unterschiede

[1] Für das Verständnis der unterschiedlich großen Virusneutralisation in der Blutbahn einerseits und in den verschiedenen Geweben (Haut, Gehirn usw.) anderseits sind die neuerdings von FRIEDEMANN und seinen Mitarbeitern [J. Immunol. (Am.) **36**, 193, 205, 219, 231, 476 (1939)] mit bakteriellen Toxinen durchgeführten Untersuchungen von größtem Interesse. In diesen Versuchen wurde festgestellt, daß zwischen der Menge von Antitoxin, die eine bestimmte Testgiftdosis im Gemisch neutralisiert, und der Antitoxinmenge, die einem Versuchstier intravenös injiziert werden muß, damit dieselbe Toxindosis in einem bestimmten Gewebe (Haut) vollständig neutralisiert wird, ein quantitatives Verhältnis besteht, das sich durch die Berücksichtigung des Plasmavolumens des Versuchstieres, des Volumens, in welchem die Gifttestdosis intracutan injiziert wird, und des ebenfalls bestimmbaren — für jede Tierart konstanten — Antikörperverteilungskoeffizienten zwischen Blut und Haut mathematisch formulieren bzw. berechnen läßt. Für die Toxinneutralisation im passiv immunisierten Zentralnervensystem wurde nachgewiesen, daß außer diesen quantitativen Faktoren noch ein „spezifischer Faktor" (Bindungsvermögen des Toxins, bzw. Empfindlichkeit des Versuchstieres gegenüber der verwendeten Giftart) eine ausschlaggebende Rolle spielt. Hinsichtlich der Analogien und Rückschlüsse, die sich aus diesen Befunden für die passive Immunisierung gegenüber Virusarten ableiten lassen, muß auf die Originalarbeiten verwiesen werden.

zwischen Gewebe- und Blutimmunität deutlich zutage. Während bekanntlich schon kleine Immunserummengen ausreichen, um die Metastasierung dieser Virusarten auf dem Blutweg, d. h. die Entstehung sekundärer Aphthen mit Sicherheit zu verhindern [WALDMANN und PAPE (364), BEDSON, MAITLAND und BURBURY (21), WALDMANN und TRAUTWEIN (366, *2*), OLITZKY, TRAUM und SCHOENING (259), LONG und OLITZKY (206, *1*)], gelingt die Unterdrückung der primären Aphthenbildung an der Meerschweinchenplanta bei der Maul- und Klauenseuche meist nicht, bei der Vesicularstomatitis nur unter ganz bestimmten Versuchsbedingungen (vgl. oben).

Mit derselben Leichtigkeit, mit der die Metastasierung von Vaccine-, Maul- und Klauenseuche- und Vesicularstomatitisvirus auf dem Blutweg durch Immunserum aufgehoben werden kann, gelingt es auch, Versuchstiere gegen *septicämische Virusarten* auf passivem Wege zu immunisieren. Auch hier sind schon verhältnismäßig kleine Antiserummengen (0,1—0,3—0,6 ccm pro 1 kg Körpergewicht eines potenten Immunserums) ausreichend, um einen Organismus gegenüber der Infektion mit *Gelbfiebervirus* (337, 267, 330, 141, 145, 293, 339), *Rinderpestvirus* (120), *Hühnerpestvirus* (152, 224, 121, *1*, *2*), *Masernvirus* (245, 120) und *Pseudorabiesvirus* (169, 168, 276) zuverlässig zu schützen. Die guten Erfolge der passiven Immunisierung dürften auch bei diesen Infektionen darauf zurückzuführen sein, daß das Virus bereits in der Blutbahn mit dem Antikörper in ausreichenden Kontakt kommt, noch bevor die Erfolgsorgane erreicht bzw. irreparabel geschädigt werden.

Auf welche Weise das Immunserum appliziert und welcher Infektionsmodus gewählt wird, spielt anscheinend nur bei der passiven Immunisierung gegen Hühnerpest eine größere Rolle; wie HALLAUER (121, *1*) in einer größeren Versuchsreihe feststellte, sind bei Hühnern, die Immunserum und Virus gleichzeitig an verschiedenen Körperstellen erhalten, kleinere Antikörpermengen nur dann wirksam, wenn sowohl das Virus als auch der Antikörper nicht intramuskulär, sondern direkt in die Blutbahn injiziert werden. Daß der Zeitpunkt des Zusammentreffens zwischen Virus und Antikörper gerade bei der Hühnerpest von entscheidender Bedeutung ist, kann wohl nicht überraschen, wenn man bedenkt, daß die Hühnerpest gegenüber den anderen septicämischen Virusinfektionen durch einen besonders rapiden Infektionsverlauf ausgezeichnet ist.

Im Gegensatz zu den eindeutigen passiven Immunisierungserfolgen, die gegenüber septicämischen Virusarten erzielt werden konnten, sind die Angaben über die Wirksamkeit der passiven Immunisierung gegenüber *neurotropen Virusarten*, d. h. Virusarten, die sich teilweise (Herpes-, Encephalomyelitis-, Louping-ill-Virus) oder ausschließlich (Lyssa-, Poliomyelitisvirus) auf dem Wege peripherer Nerven nach dem Zentralnervensystem propagieren, zunächst außerordentlich widerspruchsvoll. So konnte in der Frage, ob die Ausbreitung *encephalitogener Herpesstämme* von der peripheren Eintrittspforte zum Zentralnervensystem durch passive Immunisierung aufgehoben werden kann, keine Übereinstimmung erzielt werden. Nach ANDERVONT (4) und GILDEMEISTER und AHLFELD (105, *1*) sind passiv immunisierte Mäuse gegenüber Herpesstämmen, die cutan appliziert bei Normaltieren regelmäßig eine Myelitis verursachen, größtenteils geschützt. Und FREUND (95, *1*) und KITCHEVATZ (163) stellten fest, daß encephalitogene Herpesstämme auf der Cornea passiv immunisierter Kaninchen wohl eine mild verlaufende Keratitis hervorriefen, an die sich aber keine Encephalitis anschloß. Zu hiervon abweichenden Ergebnissen gelangte HALLAUER (121, *6*); der von ihm verwendete Herpesstamm erzeugte auch bei passiv hochgradig immunisierten Kaninchen (30 ccm Hyperimmunblut i. v.) sowohl von der Haut als auch von der Cornea aus ausnahmslos eine Encephalitis bzw.

Myelitis. Geschützt waren die mit Immunblut vorbehandelten Tiere nur gegen die intravenöse Infektion von Herpesvirus, indem die bei diesem Infektionsmodus sonst stets auftretende Myelitis ausblieb.

Welche Gründe für diese Differenzen in den Versuchsergebnissen maßgebend sind, läßt sich bei der von den einzelnen Autoren getroffenen — hinsichtlich der Art der Vorbehandlung, der Größe der Infektionsdosis, der Herpesstämme und der Versuchstiere — unterschiedlichen Versuchsanordnung nicht entscheiden. Immerhin scheint die Annahme zulässig, daß das Herpesvirus bei passiv immunisierten Kaninchen nur dann ausnahmslos und zuverlässig neutralisiert wird, wenn seine Ausbreitung im Tierkörper auf dem Blutweg erfolgt, daß dagegen die Wirksamkeit der passiven Immunität schon zweifelhaft wird, wenn dem Virus von der Eintrittspforte — wie z. B. der Cornea — nervöse Zuleitungsbahnen zur Verfügung stehen.

Für die Richtigkeit dieser Annahme sprechen namentlich die exakten quantitativen Versuche, die OLITZKY und HARFORD (255, *2*) mit dem *Virus der equinen Encephalomyelitis* angestellt haben. Diese Autoren leisteten den Nachweis, daß weiße Mäuse, die mit derselben Dosis (0,015 ccm) eines Hyperimmunserums intraperitoneal vorbehandelt worden waren, gegen die intranasale bzw. intracerebrale Infektion keinen oder nur einen geringfügigen (gegen 1—10 M. I. D. Virus wirksamen) Schutz aufwiesen, daß dagegen dieselben Tiere, intramuskulär oder intraperitoneal infiziert, gegenüber den größten Virusdosen (10000000 M. I. D.) zuverlässig geschützt waren. Dieselben Befunde wurden auch mit Virus-Antiserum-Gemischen (vgl. S. 1167) erhoben.

Nach OLITZKY und HARFORD lassen sich nun diese — je nach dem Infektionsmodus — verschiedenen Grade von passiver Immunität nur so erklären, daß bekanntlich das Encephalomyelitisvirus von den einzelnen Geweben auf verschiedenen Wanderungswegen zum Zentralnervensystem gelangt, nämlich im einen Fall (Nasenschleimhaut) direkt mit dem Nervengewebe (Fila olfactoria) in Berührung kommt und sich hierdurch der Antikörperwirkung entziehen kann, im anderen Fall (Muskulatur, Peritoneum) zunächst den Lymph- und Blutweg benutzt und hierbei der neutralisierenden Wirkung des Antikörpers ausgesetzt ist.

Bei der passiven Immunisierung gegen *Louping-ill-Virus* wären analoge Verhältnisse zu erwarten. Auch diese Virusart erreicht bekanntlich das Zentralnervensystem — zumindest in bestimmten Wirten (Schafe, weiße Mäuse) — auf ähnlichen Wegen (Blutbahn, N. olfactorius) wie das Virus der equinen Encephalomyelitis. Wenn auch systematische Untersuchungen über den Einfluß des Infektionsmodus auf den Ausfall des passiven Immunisierungsversuches bei dieser Virusart nicht vorliegen, so geht zumindest aus Versuchen von BIELING (24) hervor, daß passiv immunisierte Mäuse gegenüber massiven, *intraperitoneal* einverleibten Infektionsdosen von Louping-ill-Virus ebenfalls vollständig geschützt sind.

Daß die passive Immunität meist dann versagt, wenn ein Virus sich auf nervösen Bahnen propagiert, scheint schließlich vor allem durch die vielen Mißerfolge, die bei passiven Immunisierungsversuchen gegenüber *streng neurotropen Virusarten* erzielt wurden, bewiesen.

Über die Möglichkeit, Versuchstiere gegenüber *Lyssavirus* auf passivem Wege zu immunisieren, besteht zwar im Schrifttum keineswegs Übereinstimmung [vgl. SCHWEINBURG (310)], die Mehrzahl aller Autoren vertritt jedoch den Standpunkt, daß die Serumprophylaxe, gleichgültig auf welche Weise das Virus appliziert wird, den Infektionsverlauf nicht zu beeinflussen vermag, u. zw. — wie allgemein angenommen wird — deshalb nicht, weil das Lyssavirus von der

Eintrittspforte sehr rasch in die peripheren Nervenstämme gelangt und hierdurch vor jeder Einwirkung des Immunserums geschützt ist.

Völlig aussichtslos ist allerdings die passive Immunisierung auch gegen Lyssa nicht; sie dürfte nämlich — in seltenen Fällen — dann gelingen, wenn das Virus an der Eintrittspforte neutralisiert wird, noch bevor es den Zugang zu den Nervenbahnen gefunden hat. Experimentell wurde dieses Ziel meist dadurch erreicht, daß das Immunserum in die Nähe des Infektionsortes injiziert wurde, nämlich bei cornealer Infektion in die Vorderkammer [KRAUS und HOLOBUT (176)], bei intraoculärer Infektion in den Liquor cerebrospinalis [PFEILER (269)], bei intraneuralem Infektionsmodus in den Nerven [MURILLO (234)] und bei plantarer Impfung des Meerschweinchens in die benachbarte Muskulatur [PROCA, BOBES und JONNESCO (273, *1*)]. Aber auch in dieser Versuchsanordnung, die mehr einer lokalen passiven Immunität entspricht, ist kein regelmäßiger Schutz zu erwarten; der Versuchsausfall scheint vielmehr von Zufälligkeiten oder — wie PROCA, BOBES und JONNESCO (273, *2*) gezeigt haben — auch davon abzuhängen, ob das Virus in ein mit Nerven reichlich oder spärlich versorgtes Gewebe injiziert wird.

Schließlich ist auch die Möglichkeit zuzugeben, daß das Lyssavirus in einem passiv immunisierten Organismus nicht peripher an der Eintrittspforte, sondern erst zentral nach seinem Eintreffen im Zentralnervensystem neutralisiert wird. Daß der Übertritt von Antikörpern ins Zentralnervensystem möglich ist, bzw. unter gewissen Umständen erzwungen werden kann, ist mit Sicherheit festgestellt (vgl. S. 1176), und es wäre deshalb durchaus denkbar, daß ein derartig passiv immunisiertes Zentralnervensystem nicht nur gegenüber der direkten, intracerebralen Virusinfektion geschützt (vgl. S. 1175), sondern auch für das auf natürlichem, d. h. nervösem Weg eintreffende Virus unempfänglich ist. Zugunsten dieser Annahme sprechen namentlich Versuche von LÖFFLER und SCHWEINBURG (204, *1*), in denen gezeigt wurde, daß passiv gegen Lyssavirus immunisierte Kaninchen, bei denen die Blut-Gehirn- bzw. Liquor-Schranke durch die Verabreichung von Theocin durchlässig gemacht wurde, sowohl die intracerebrale (2 M. I. D.) als auch die intramuskuläre (10—20 M. I. D.) Virusinfektion reaktionslos überstanden, während gleichartig mit Immunserum vorbehandelte und mit Virus nachinfizierte Tiere — ohne Theocinbehandlung — ausnahmslos der Infektion erlagen.

Möglicherweise sind die überraschend guten Erfolge, die seinerzeit FERMI (75) und REPETTO (277) bei der passiven Immunisierung weißer Mäuse gegen Virus Sassari erzielt haben, darauf zurückzuführen, daß es diesen Autoren — im Gegensatz zu ihren Nachprüfern — gelungen ist, auch das Zentralnervensystem zu immunisieren.

Ähnlich wie beim Lyssavirus sind die Chancen der passiven Immunisierung gegenüber *Poliomyelitisvirus* einzuschätzen. Von besonderem Interesse ist hier die Frage, ob die passive Immunisierung gegenüber der intranasalen Virusinfektion Schutz verleiht. Nach den Untersuchungen von FLEXNER und LEWIS (86), FLEXNER und AMOSS (85, *2*), WEYER, PARK und BANZHAF (375, *2*), HOWITT (137, *2*) und SCHULTZ und GEBHARDT (306, *1*) muß diese Frage bejaht werden; allerdings mit der Einschränkung, daß stets nur ein bestimmter Prozentsatz der Versuchstiere vor der manifesten Infektion geschützt werden kann, und daß zur Vorbehandlung relativ große Mengen hochwirksamer Immunsera notwendig sind. Wo das Virus der Antikörperwirkung ausgesetzt ist, ob schon auf der Nasenschleimhaut oder erst im Gehirn, wurde nicht festgestellt. Der von SCHULTZ und GEBHARDT erhobene Befund, wonach die Versuchstiere gegenüber der intranasalen Infektion kaum besser geschützt sind als bei der intracerebralen Immunitätsprüfung (Prozentsatz der überlebenden Tiere 29 bzw. 26%), deckt sich weitgehend mit den von OLITZKY und HARFORD (vgl. oben) mit dem Virus der equinen Encephalomyelitisvirus gemachten Erfahrungen und deutet eher darauf hin, daß die Mitbeteiligung des Zentralnervensystems an der passiven Immunität für den Erfolg derartiger Versuche von ausschlaggebender Bedeutung sein könnte.

Ob die passive Immunität gegenüber Poliomyelitisvirus zuverlässiger ist, wenn ein anderer, peripherer Infektionsmodus gewählt wird, ist praktisch von untergeordneter Bedeutung und wurde deshalb auch wenig untersucht. BRODIE (32, *3*) macht die Angabe, daß passiv immunisierte Affen eine sonst sicher tödliche, cutan applizierte Virusdosis reaktionslos überstehen, und nach TOOMEY (345) sind mit Immunserum vorbehandelte Affen gegenüber der — in der Versuchsanordnung dieses Autors anscheinend stets erfolgreichen — intestinalen Virusinfektion ausnahmslos geschützt.

Im allgemeinen sind aber die Erfolge der passiven Immunisierung gegenüber streng neurotropen Virusarten — nach der Ansicht wohl aller Autoren[1] — stets zweifelhaft und häufig nicht reproduzierbar. Begründet werden die zahlreichen Mißerfolge meist damit, daß das einmal im Nervengewebe befindliche Virus von der Antikörperwirkung nicht betroffen wird, sei es, daß der Antikörper nicht in die peripheren Nerven bzw. das Zentralnervensystem überzutreten vermag, sei es, daß das „innerhalb" der Neurone und Ganglienzellen befindliche Virus durch das Immunserum nicht mehr beeinflußt werden kann. Die Vorstellung, daß das auf dem Nervenweg ins Zentralnervensystem gelangende Virus in jedem Fall bereits so fest am Nervengewebe verankert ist, daß eine Virusneutralisierung auch dann nicht zu erwarten ist, wenn der Übertritt von Antikörper ins Zentralnervensystem erzwungen wird, erscheint jedoch revisionsbedürftig; sie steht zumindest im Widerspruch mit den Versuchen, in welchen der Erfolg der prä- und sogar postinfektionellen (vgl. unten) Serumprophylaxe anscheinend nur auf eine gelungene passive Immunisierung des Zentralnervensystems bezogen werden konnte.

Auch die häufig vertretene Meinung, daß die Chancen der *postinfektionellen Serumprophylaxe bzw. -therapie* bei den Virusinfektionen — im Vergleich zu bakteriellen Infektionen und Intoxikationen — deshalb besonders ungünstig sind, weil sämtliche Virusarten zufolge ihrer „Cytotropie" sehr rasch intime Beziehungen mit den Körperzellen eingehen, läßt sich in dieser allgemeinen Formulierung nicht aufrechterhalten. Bei einigen Virusarten, die sich auf dem Lymph- und Blutweg auszubreiten vermögen, ist die Wirksamkeit von postinfektionell appliziertem Immunserum sicher nicht geringer einzuschätzen als bei der — experimentell am besten studierten — Serumtherapie der Diphtherie. Auch gelten bei diesen Virusinfektionen dieselben Grundsätze, die für jede Art von Serumtherapie gültig sind, nämlich, daß eine ausgesprochene Schutzwirkung nur dann zu erwarten ist, wenn das Immunserum möglichst frühzeitig p. i. verabreicht wird, daß nur innerhalb der Inkubationsperiode größere Erfolge erreicht werden können, und daß nach Ausbruch manifester Symptome auch die größten Immunserummengen meist wirkungslos oder höchstenfalls imstande sind, das ungehemmte Fortschreiten des Infektionsprozesses aufzuhalten.

Bei den ausgesprochen septicämisch verlaufenden Virusinfektionen läßt sich besonders deutlich nachweisen, daß das Tempo, mit dem die Infektion verläuft, bzw. die Länge der Inkubationsdauer darüber entscheidet, in welchem Zeitpunkt

[1] Vgl. HARMON [Amer. J. Dis. Childr. **47**, 1179 (1934)] und GORDON, HUDSON und HARRISON [J. infect. Dis. (Am.) **64**, 241 (1939)].

nach der stattgefundenen Infektion noch ein Serumschutz erreicht werden kann. So hat bei den *Masern*, deren Inkubation bekanntlich 9—11 Tage beträgt, die Injektion von Rekonvaleszentenserum bis zum 6. bzw. 7. Tag nach der Ansteckung noch Erfolg, d. h. die manifeste Infektion wird — je nach der verwendeten Serumdosis — entweder völlig unterdrückt oder bedeutend mitigiert [Degkwitz (59)]; beim *Gelbfieber* und der *Rinderpest*, deren Inkubation bei Affen bzw. Rindern kürzer (durchschnittlich 3—6 Tage) ist, ist eine wirksame Serumprophylaxe nur in den ersten 48 oder allerhöchstens 72 Stunden nach der Infektion möglich [Pettit, Stefanopoulo und Frasey (267); Davis (58); Hall (120)], und bei der foudroyant verlaufenden Hühnerpest (Exitus der Versuchshühner nach 24—36 Stunden) gelingt es schon nach 15—30 Minuten p. i. auch durch die intravenöse Injektion von großen Immunserummengen nicht mehr, den letalen Ausgang aufzuhalten (Hallauer, unveröffentlichte Versuche).

Wie lange ein postinfektionell verabreichtes Immunserum prophylaktische bzw. therapeutische Wirksamkeit entfaltet, hängt schließlich nicht nur von der Virusart, sondern auch vom Infektionsmodus ab. Erfolgt die Virusapplikation direkt in das virusempfindliche Gewebe, so sind — wie sich nach den Erfahrungen bei der simultanen passiven Immunisierung erwarten läßt — die Aussichten einer nachträglichen Serumwirkung weit geringer, als wenn das Virus von der Eintrittspforte bis zum Erfolgsorgan einen Wanderungsweg zurückzulegen hat. Im ersten Fall vermag das Immunserum zufolge seines verspäteten Eintreffens am Infektionsort meist den Infektionsverlauf nur noch zu mildern, aber nicht aufzuheben, und auch dieser mitigierende Effekt ist zeitlich eng begrenzt (vgl. die analogen Ergebnisse bei der postinfektionellen, lokalen passiven Immunität); im zweiten Fall gelingt es dagegen, oft noch nach Tagen, die manifeste Virusinfektion vollständig zu blockieren. So wurde beim *Vaccinevirus* wiederholt festgestellt, daß die cutane Virusinfektion auch durch große, postinfektionell (bis 24 Stunden p. i.) applizierte Immunserummengen höchstenfalls mehr oder weniger stark abgeschwächt werden kann (Béclère, Chambon und Ménard (17, *1*) Bessho (23), Ledingham, Morgan und Petrie (183)], daß es dagegen möglich ist, die manifeste Generalisation von intranasal instilliertem Virus noch nach 2 Tagen durch Immunserum völlig aufzuhalten [Schultz und Hartley (308)].

Auch bei den günstigen serotherapeutischen Erfolgen, die Laidlaw, Smith, Andrewes und Dunkin (181) bei intranasal bzw. intrapulmonal mit *Influenzavirus* infizierten Mäusen noch nach 48—72 Stunden erzielten, wurde das Auftreten typischer Lungenläsionen nicht unterdrückt, sondern nur deren Progression verhindert.

Hinsichtlich der Wirksamkeit von postinfektionell injiziertem Immunserum gegenüber streng neurotropen Virusarten — *Lyssa-*, *Poliomyelitisvirus* — sind die erzielten Versuchsergebnisse allzu widersprechend, als daß sich hierüber bestimmtere Angaben machen ließen. Im allgemeinen herrscht über die Aussichten der postinfektionellen Serumprophylaxe bzw. -therapie bei diesen Virusinfektionen Skepsis und Resignation. Immerhin können einzelne Erfolge wohl nicht bestritten werden. So ist es mehrmals gelungen, selbst *intracerebral* mit Lyssavirus (271, 204, *1*, 138, *2*) oder Poliomyelitisvirus (86, 137, *2*, 164, *1*) infizierte Tiere noch nach mehreren (im Maximum 24—48) Stunden vor der tödlichen Infektion zu retten, allerdings nur, wenn die Infektionsdosis klein bemessen war, und wenn der Übertritt von Immunserum ins Zentralnervensystem gewährleistet wurde. Noch günstiger waren — in einzelnen Fällen — die Versuchsergebnisse, wenn die Versuchstiere *peripher* mit Lyssavirus (subcutan, intraoculär) oder mit Poliomyelitisvirus (intranasal, intracutan) infiziert wurden; in diesem Falle vermochte oft noch die zu Ende der Inkubationsperiode (3—6—8 Tage p. i.)

ausgeführte Serumbehandlung (Immunserum peripher oder intraspinal) die Tiere gegenüber der manifesten Lyssa (75, 269) bzw. Poliomyelitis (375, *2*, 32, *3*) zu schützen. Diese zwar wenig zahlreichen Befunde[1] erscheinen bedeutungsvoll, weil sie wohl darauf hinweisen, daß eine Virusneutralisierung noch im Zentralnervensystem möglich ist. Ähnliche Erfahrungen wurden übrigens auch bei der Serumtherapie des Tetanus beim Affen und beim Menschen gemacht; auch hier zeigte sich, daß große Antitoxinmengen auch dann noch wirksam waren, wenn ein Teil des Toxins bereits das Zentralnervensystem erreicht hatte [SHERRINGTON, WEST, DICKSON, DE COSTA, NABANO, cit. nach BRODIE (32, *3*)].

Ein abschließendes Urteil über die Leistungsfähigkeit der postinfektionellen Serumprophylaxe gegenüber streng neurotropen Virusarten ist demnach wohl so lange nicht möglich, bis Versuche vorliegen, in welchen die passive Immunisierung des Zentralnervensystems mit allen Mitteln — Verabreichung großer Mengen von hochwirksamen Immunsera und eventuell auch von Diureticis — angestrebt würde.

Für die *Dauer der passiven Immunität* sind bei den Virusinfektionen dieselben Faktoren bestimmend wie bei den bakteriellen Infektionen und Intoxikationen, nämlich die Provenienz, die Menge und die Wertigkeit des Immunserums, die Tierspezies und die Testdosis, mit der auf Immunität geprüft wird.

Hinsichtlich der Frage, welches Schicksal das Virus in einem passiv immunisierten Organismus erleidet und unter welchen Bedingungen eine passive Immunität in eine aktive übergeht, wird auf Kapitel II und III dieser Abhandlung verwiesen.

d) Vererbte passive Immunität.

Daß der virusneutralisierende Antikörper — ebenso wie andere Antikörperqualitäten (Antitoxine, Agglutinine, komplementbindende Antikörper, anaphylaktische Reaktionskörper)[2] — vom immunen mütterlichen Organismus auf den Fetus überzutreten vermag und hierdurch dem Neugeborenen in den ersten Wochen bzw. Monaten nach der Geburt eine passive Immunität verleihen kann, steht auf Grund der Beobachtung beim Menschen und den Ergebnissen des Tierversuches außer Zweifel.

Beim *Menschen* ist nachgewiesen, daß im Blut der Nabelschnur des Neugeborenen oder des Säuglings häufig dieselben Virusantikörper wie bei der immunen Mutter aufzufinden sind, nämlich Antikörper gegen Vaccinevirus [BÉCLÈRE, CHAMBON, MÉNARD und COULOMB (18), LESNÉ und DREYFUS-SÉE (190), SCHLOSSMANN und HERZBERG-KREMMER (297) u. a.], gegen Poliomyelitisvirus [AYCOCK und KRAMER (13)], gegen Influenzavirus [FRANCIS (90, *1*), BURNET und LUSH (39, *2*)] und gegen Gelbfiebervirus [SOPER, BEEUWKES, DAVIS und KERR (323), STEFANOPOULO und NAGANO (325)]. Von jeher wurde angenommen, wenn auch meist nicht völlig bewiesen, daß es diese Antikörper sind, die dem menschlichen Säugling während der ersten Lebensmonate jenen auffallenden Schutz gegen Virusinfektionen — vor allem gegenüber der Vaccination [vgl. SOBERNHEIM (322, *1*)] und der natürlichen Maserninfektion [vgl. GLANZMANN (107)] — verleihen.

Im *Tierversuch* konnte dagegen die Existenz einer kongenitalen passiven Immunität gegenüber einer größeren Reihe von Virusarten, nämlich dem *Vaccinevirus* (291, *1*, 237, *1*, *2*, 3, *2*, 25, *2*), dem *Herpesvirus* (4), dem Virus der *Maul- und Klauenseuche* (126) und der *Vesicularstomatitis* (361, *2*), dem *Gelbfiebervirus* (136, *1*, 323), dem Virus

---

[1] Vgl. HARMON [Amer. J. Dis. Childr. **47**, 1179 (1934)] und SCHULTZ und GEBHARDT [J. Pediatr. (Am.) **6**, 615 (1935)].

[2] Literatur bei RATNER, JACKSON und GRÜEHL [J. Immunol. (Am.) **14**, 249 (1927)] und bei DOERR (Handb. d. pathog. Mikroorg., 3. Aufl., Bd. 1, S. 841, 1929; und Handb. d. norm. u. path. Physiol., herausgegeben v. BETHE, Bd. 13, S. 715, 1929).

der *Hühnerpest* (301, *2*, 121, *4*), der *Rinderpest* (54) und der *Schweinepest* (229), dem Virus der *equinen Encephalomyelitis* (137, *5*, *8*) und dem *Lyssavirus* (166, 275), in eindeutiger Weise nachgewiesen werden. Aus allen diesen Versuchen scheint hervorzugehen, daß der *Mechanismus der angeborenen Immunität gegen Virusinfektionen derselbe ist wie bei der angeborenen antitoxischen Immunität und der kongenitalen Anaphylaxie.* So wurde stets festgestellt, daß die Unempfänglichkeit der Nachkommenschaft nur vom immunen Muttertier und nicht von Seiten des Vaters ererbt wird, daß die angeborene Immunität passiver Natur ist und daß die Art, wie die Antikörper vom Muttertier auf den Fetus, bzw. das Neugeborene übergehen, von der Tierspezies abhängt, nämlich beim Menschen und den Nagetieren vorwiegend diaplacentar, bei Rindern, Ziegen, Schafen, Schweinen durch die Laktation und bei Vogelarten direkt in das Ovulum (gelber Eidotter) erfolgt.

Eine gesonderte Besprechung der erblich übertragenen Immunität gegen Virusinfektionen würde sich demnach erübrigen, wenn sich nicht aus den zahlreichen Untersuchungen über die angeborene Virusimmunität einige bedeutsame Schlüsse hinsichtlich der Eigenart der auf natürlichem Weg erworbenen passiven Immunität einerseits und der Persistenz der Blutantikörper beim aktiv immunisierten Muttertier anderseits ableiten ließen.

Bemerkenswert ist zunächst die im Tierversuch gemachte Feststellung, daß durch den *natürlichen* Übergang von Antikörpern *zuweilen weit höhere Grade von passiver Immunität* erreicht werden als durch die *künstliche* Antikörpereinverleibung. Während nämlich die Immunität passiv vorbehandelter erwachsener Tiere bekanntlich oft nicht ausreicht, um die Versuchstiere gegenüber *jeder Art* von Immunitätsprüfung (massive Virusdosen, direkte Infektion der virusempfänglichen Gewebe oder des Zentralnervensystems) zuverlässig zu schützen, *besteht bei kongenital immunen Tieren häufig eine vollständige Unempfänglichkeit, deren passiver Charakter erst dadurch erkannt wird, daß die Tiere schon nach einigen Wochen bzw. Monaten wieder vollempfänglich werden.*

So wurde beispielsweise beobachtet, daß die Nachkommenschaft vaccineimmuner Kaninchen auch gegenüber der cutanen und sogar cornealen Virusinfektion vorübergehend vollständig refraktär sein kann [SATO (291, *1*), ANDERSEN (3, *2*)]. Denselben hohen Schutz genießen neugeborene Meerschweinchen, die von aktiv gegen Vesicularstomatitis oder Maul- und Klauenseuche immunisierten Muttertieren stammen; sie können nämlich selbst die plantare Infektion reaktionslos, d. h. ohne die Ausbildung primärer Aphthen überstehen [WAGENER (361, *2*), HEDLER (126)]. Außergewöhnlich hohe Grade von passiver Immunität beobachtete HALLAUER (121, *4*) bei Kücken, die aus den Eiern von gegen Hühnerpest hyperimmunisierten Legehennen hervorgegangen waren; sämtliche dieser Kücken vertrugen in den ersten 3—4 Wochen nach dem Ausschlüpfen die größten Virusdosen (bis 10 Millionen M. I. D.) — selbst bei intracerebralem Infektionsmodus —, ohne die geringsten Symptome aufzuweisen. Daß sich das Zentralnervensystem an der auf natürlichem Wege übertragenen passiven Immunität weit häufiger beteiligt, als dies gewöhnlich bei der passiven Immunisierung erwachsener Tiere der Fall ist, scheint schließlich auch aus den Untersuchungen über die kongenitale Immunität von Meerschweinchen gegenüber dem Virus der equinen Encephalomyelitis [HOWITT (137, *5*, *8*)] und von Hunden gegenüber Lyssavirus [KONRÁDI (166)] hervorzugehen. Nach den Angaben von HOWITT und von KONRÁDI sind Jungtiere aus den Würfen immuner Muttertiere in einem großen Prozentsatz auch gegenüber der intracerebralen Immunitätsprüfung zuverlässig geschützt, ein Befund, der diese Autoren — wohl zu Unrecht — veranlaßte, die Möglichkeit einer intrauterin erworbenen aktiven Immunität in Erwägung zu ziehen.

Der hohe Grad der kongenitalen passiven Immunität kommt schließlich wohl auch darin zum Ausdruck, daß es anscheinend niemals oder nur ausnahmsweise gelingt, passiv immune Neugeborene durch noch so häufige Nachinfektionen aktiv zu immunisieren (128, 237, *1*, 121, *4*), eine Beobachtung, die auch bei der angeborenen

Immunität gegen Diphtherie bzw. Tetanustoxin gemacht wurde [NATTAN-LARRIER, RAMON und GRASSET (236)].

In auffallender Analogie zu diesen bei Virusarten erhobenen Befunden stehen die von DOERR und SEIDENBERG (64, *1*, *2*) bei der kongenitalen Meerschweinchenanaphylaxie erzielten Versuchsergebnisse. Auch diesen Autoren ist es nicht entgangen, daß die Nachkommen von aktiv gegen Pferdeserum immunisierter Meerschweinchenmütter ungewöhnlich hohe Grade (gemessen an der eben noch schockauslösenden Antigendosis) von passiver Sensibilisierung aufweisen. Nach DOERR und SEIDENBERG ist dieser hochgradige Sensibilisierungszustand nur so zu erklären, daß entweder sehr große Quantitäten des mütterlichen antikörperhaltigen Blutplasmas die Placenta passieren, oder daß der in kleinen Mengen durchtretende Antikörper im Organismus des Fetus allmählich gespeichert wird. Aus den Versuchen über die kongenitale Virusimmunität würde eher hervorgehen, daß die zweite Möglichkeit zutrifft. Auch bei hochgradig immunen Feten bzw. Neugeborenen ist nämlich der Gehalt an virusneutralisierenden Antikörpern im Blut auffallend gering (291, *1*, 121, *4*) und in einigen Fällen wurden Blutantikörper überhaupt nicht nachgewiesen (166, 275). Dagegen kann kein Zweifel sein, daß der Virusantikörper von den fetalen Geweben in hohem Maße gespeichert wird. Hierfür spricht nicht nur die Feststellung, daß der Antikörpernachweis im Gewebe erfolgreich sein kann, auch wenn er im strömenden Blut mißlingt (121, *4*), sondern auch die Beobachtung, daß der Antikörper bei kongenital immunen Tieren anscheinand weit langsamer ausgeschieden wird als bei erwachsenen Tieren (121, *4*).

Die Versuchsanordnung der vererbten Anaphylaxie bzw. Immunität liefert nun aber nicht nur den prinzipiellen Beweis dafür, daß durch die passive Zufuhr von Antikörper ein noch höherer Sensibilisierungszustand bzw. ein ebenso hoher Immunitätsgrad erworben werden kann wie durch die aktive Immunisierung, sondern sie gibt auch Aufschluß darüber, *wie lange bei aktiv immunisierten Tieren Antikörper in der Blutbahn kreisen, d. h. auf die Nachkommenschaft übertragen werden können.*

Auch in dieser Frage wurde bei der vererbten Anaphylaxie bzw. Virusimmunität eine völlige Übereinstimmung erreicht, indem wiederholt festgestellt wurde, daß sowohl aktiv mit artfremdem Eiweiß sensibilisierte [vgl. DOERR und SEIDENBERG (64, *2*)], als auch mit Virusarten (166, 237, *1*, 121, *4*) immunisierte weibliche Versuchstiere noch einige Jahre nach der Präparierung hochgradig sensibilisierte bzw. virusimmune Nachkommen zur Welt bringen. Die maximale Frist, während der eine kongenitale passive Immunität zu beobachten ist, wurde überhaupt noch nicht eruiert, doch machen es schon die vorliegenden Daten wahrscheinlich, daß dieselbe mit der Dauer der aktiven Anaphylaxie bzw. Virusimmunität der Muttertiere zusammenfällt. Von besonderem Interesse ist nun aber die Feststellung, daß der „Vererbungsversuch“ bei anaphylaktischen bzw. virusimmunen Tieren auch dann noch positiv ausfallen kann, wenn im Blut der Muttertiere mit den üblichen Methoden *keine* Antikörper mehr nachgewiesen werden können [DOERR und SEIDENBERG (64, *2*), SEIDENBERG und WHITMANN (311), HALLAUER (unveröffentlichte Versuche mit Hühnerpestvirus)]. *Hieraus ergibt sich einerseits die beachtenswerte Tatsache, daß der „Vererbungsversuch“ als eine höchst empfindliche Methode für den Nachweis von Antikörpern herangezogen werden kann, und anderseits die Schlußfolgerung, daß die herrschende Auffassung über die Persistenz der Antikörper bei aktiv immunisierten Tieren, und vor allem die häufig gemachte Angabe, wonach Antikörper meist lange vor dem Erlöschen der Immunität aus dem strömenden Blut vollständig verschwinden, revisionsbedürftig sind.* Weshalb der „Vererbungsversuch“ anscheinend jeder anderen Methode des Antikörpernachweises überlegen ist, läßt sich zur Zeit nur vermuten; am wahrscheinlichsten ist wiederum die Annahme, daß die im mütterlichen Blutplasma in geringen Mengen kreisenden Antikörper während der

Gravidität kontinuierlich im Placentarfilter[1] und im Fetus gespeichert und angereichert werden.

Schließlich wurden auch bei der kongenitalen Virusimmunität beim Menschen Beobachtungen gemacht, die sich mit den im Tierversuch erhobenen Befunden in Einklang bringen lassen. So kann kein Zweifel sein, daß in der Kindheit vaccinierte oder durchgemaserte Mütter noch nach Jahrzehnten die Immunität auf ihre Nachkommen passiv übertragen können (18, 297, 107). Auch ist bekannt, daß zwischen der Immunität der Mutter und des Neugeborenen oft kein Parallelismus besteht, derart, daß beispielsweise neutralisierende Antikörper gegen Poliomyelitisvirus zwar im Blut des Neugeborenen, aber nicht der Mutter nachgewiesen werden können (13), oder daß die Vaccination des Neugeborenen erfolglos ist, obzwar keine Antikörper im Neugeborenenblut aufzufinden sind und die Mutter selbst nur über eine fragwürdige oder überhaupt nicht nachweisbare Vaccineimmunität verfügt (190, 297). Nach den Erfahrungen des Tierversuches wären auch diese „paradoxen" Befunde nicht unbedingt als Gegenbeweis gegen eine von der Mutter auf das Neugeborene übertragene passive Immunität zu bewerten.

5. **Neutralisationstest** („Protection test").

Für den qualitativen und quantitativen Nachweis virusneutralisierender Antikörper oder für die serologische Differenzierung von Virusantigenen wird der sog. Neutralisations- oder Schutztest ausgeführt. Im Prinzip besteht dieser Test darin, daß die Infektiosität bzw. Pathogenität von in vitro hergestellten Virus-Antiserum-Gemischen im Tierversuch geprüft wird.

a) Technik und Methodik des Neutralisationstestes.

Die technische Ausführung des Neutralisationstestes richtet sich nach der Fragestellung und vor allem nach der zu prüfenden Virusart. Eine Universalmethode kann es demnach nicht geben. Empirisch ist nun aber doch eine Reihe von Versuchsfaktoren ermittelt worden, die in jedem Fall beachtet werden müssen, damit der Neutralisationstest zu zuverlässigen, reproduzier- und vergleichbaren Ergebnissen führt. Auch ist über die Leistungsfähigkeit und Anwendbarkeit einzelner Methoden schon jetzt ein Urteil möglich.

Beschaffung und Beschaffenheit des Testvirus.

Das zum Test verwendete Virus wird entweder aus dem infizierten Tierkörper oder aus der Gewebekultur gewonnen. In beiden Fällen sollte nur ein optimal angepaßter, unter identischen Bedingungen passierter Virusstamm verwendet werden. Bei der Herstellung der Virussuspension ist darauf zu achten, daß das Virus in der Suspensionsflüssigkeit in möglichst homogener Form verteilt, d. h. vor allem nicht mehr in Zellen oder Gewebetrümmern eingeschlossen ist. Durch die sorgfältige Zerreibung der virushaltigen Gewebe im Mörser und die nachfolgende Entfernung der Zell- und Gewebereste durch Zentrifugieren kann dieses Ziel meist in befriedigender Weise erreicht werden. Bei Virusarten, die bakteriendichte Filter ohne große Verluste passieren, ist die Verwendung von Ultrafiltraten wünschenswert. Von Bedeutung ist auch die Art der Suspensionsflüssigkeit; da zahlreiche Virusarten in physiologischer Kochsalzlösung rasch geschädigt werden, empfiehlt sich entweder ein 10%iger Zusatz von Normalserum zur Salzlösung oder die Verwendung von Nährbouillon. Besteht das Bedürfnis, ein und dieselbe Virussuspension während längerer Zeit zu verwenden, so müssen spezielle Konservierungsmethoden (vgl. Band I, dritter Abschnitt, S. 382) angewendet werden.

[1] Vgl. die Arbeiten von McKAHNN und Mitarbeitern [J. infect. Dis. (Am.) **52**, 268 (1933), J. Pediatr. (Am.) **6**, 603 (1935)] über das Vorkommen von Antikörpern in der menschlichen Placenta.

Art des Immunserums.

Zur Erkennung feiner Antigenunterschiede innerhalb einer Virusart erweisen sich Hyperimmunsera als wenig tauglich, weil sie häufig übergreifende Reaktionen geben (1, *3*, 93, 137, *9*, 331). Testsera, die von minimal immunisierten, virusrefraktären Tieren gewonnen werden, sind anscheinend hierzu am besten geeignet (217, *4*, 316, *10*).

Herstellung der Virus-Antiserum-Gemische.

Virus und Antiserum werden meist zu gleichen Teilen gemischt; andernfalls ist es notwendig, die Gemischproben durch den Zusatz einer indifferenten Verdünnungsflüssigkeit auf ein konstantes Reaktionsvolum zu bringen.

Um die

Wertigkeit eines Immunserums

zu bestimmen, sind zwei Methoden üblich:

a) Eine konstante Menge des zu untersuchenden (meist unverdünnten) Serums wird mit steigenden Virusverdünnungen (z. B. in Zehnerpotenzen bis zur Titergrenze) versetzt. Bestimmt wird die Anzahl der M. I. D. Virus, die das betreffende Serum zu neutralisieren vermag. Eine vorherige Titration der Virussuspension zur Ermittlung der M. I. D. ist unerläßlich. Für den Nachweis spärlicher Antikörper — z. B. in Immunseren gegen Lyssavirus (310, 372), gegen Louping-ill-Virus (282), gegen das Virus der equinen Encephalomyelitis (51, *3*, 137, *3*) und gegen das Virus der lymphocytären Choriomeningitis (376) — ist diese Methode wohl besonders geeignet.

b) Zu einer konstanten Virustestdosis werden fallende Verdünnungen (z. B. in Potenzen von 2) des zu prüfenden Serums zugesetzt. Die Virustestdosis muß jeweils empirisch bestimmt werden; sie darf weder zu klein noch zu groß bemessen sein, d. h. sie sollte einerseits die Versuchstiere in einem konstant hohen Prozentsatz (90—100%) zu infizieren vermögen, und sollte anderseits auch durch kleinere Antikörpermengen noch vollständig neutralisiert werden. In der Regel wird eine Virusdosis, die zwischen 10 und 100 M. I. D. liegt, verwendet. Bei dieser Art des Testes wird demnach die kleinste Serummenge, die eben noch eine bestimmte Virusmenge neutralisiert, ermittelt. Zweifellos gibt diese Auswertungsmethode über den tatsächlichen Antikörpergehalt einen besseren Aufschluß als das erstgenannte Verfahren; sie wurde bisher angewendet zur Titrierung von Immunsera gegen Gelbfieber (335, *3*, 294, 222), Influenza (8, 91, *3*, 93, 92, 217, *4*, 319), Poliomyelitis (73, *1*, 137, *1*, 306, *1*, 216), Pferdesterbe (1, *3*) und Maul- und Klauenseuche (364, 366, *2*, 21).

Ob die Gemische sofort nach ihrer Herstellung geprüft werden können oder ob sie während einer gewissen Zeit in vitro bebrütet werden müssen, hängt von der Virusart ab; bei Gelbfiebervirus-Antiserum-Gemischen ist eine *Inkubierung* erfahrungsgemäß unnötig, während alle übrigen Virus-Antiserum-Gemische in der Regel während 1—2 Stunden bei 37° bebrütet und hierauf meist noch mehrere Stunden bei niederer Temperatur (+4° C) gehalten werden. Schließlich gehören zu jedem Neutralisationstest zwei *Kontrollen*; in der einen wird die Virustestdosis mit einem sicher antikörperfreien Normalserum („Viruskontrolle"), in der anderen mit einem bekannten Immunserum („Serumkontrolle") versetzt.

Testgewebe und Applikationsart.

Die Gemische können auf dreifache Art auf ihren „Neutralitätsgrad" geprüft werden, nämlich im empfänglichen Tierkörper, auf der Chorionallantois des befruchteten Hühnereies (38) und im Gewebsexplantat (217, *4*).

Die Technik der Antikörpertitration auf der Eihaut wurde bereits von Burnet (vgl. Band I dieses Handbuches, S. 438) eingehend beschrieben. Der Neutralisationstest auf der Chorioallantois ist bei Virusarten, die regelmäßig charakteristische Membranläsionen setzen und die außerdem im Tierversuch nur ungenau ausgewertet werden können (z. B. Vaccinevirus), wohl die genaueste, wenn auch nicht die empfindlichste Methode.

Die Prüfung von Virus-Antiserum-Gemischen im Gewebsexplantat bietet praktisch einstweilen keine Vorteile.

Werden die Gemische, wie dies meistens der Fall ist, im Tierversuch ausgewertet, so ist die Applikationsart, bzw. die Wahl des Testgewebes für den Versuchsausfall von ausschlaggebender Bedeutung (vgl. S. 1167). Optimal sind Organgewebe, die einerseits für die Infektion mit einer bestimmten Virusart hochempfänglich sind, und die anderseits die Dissoziation der Virus-Antiserum-Gemische nicht begünstigen. Bei einigen Virusarten, die nur bei einem ganz bestimmten Infektionsmodus mit Sicherheit zu infizieren vermögen, ist die Applikationsart von Virus-Antiserum-Gemischen von vornherein festgelegt: so kommt *für streng neurotrope Virusarten* (Lyssavirus, Poliomyelitisvirus, neurotropes Virus der Pferdesterbe usw.) wohl nur die intracerebrale bzw. subdurale und für das pneumotrope *Influenzavirus* die intranasale bzw. intrapulmonale Auswertung in Betracht. Bei anderen Virusarten, bei denen der Infektionsmodus mehr oder weniger freisteht, sollte die Wahl des Testgewebes auf diejenigen Organgewebe fallen, in denen der Neutralisationstest am empfindlichsten anzeigt, d. h. den Nachweis auch relativ kleiner Antikörpermengen erlaubt; erfahrungsgemäß eignen sich hierzu die Haut und die Peritonealhöhle am besten, andere Gewebe — speziell das Gehirn — dagegen weitaus weniger (vgl. S. 1168). So wurde bei der *equinen Encephalomyelitis* in eindeutiger Weise festgestellt, daß der plantar bei Meerschweinchen oder intraperitoneal bei weißen Mäusen ausgeführte Neutralisationstest dem intracerebralen Test an Empfindlichkeit bedeutend überlegen ist (341, 342, 255, *1*). Dasselbe trifft wohl auch für den Antikörpernachweis gegen *Herpesvirus*, *Virus B*, *Pseudolyssavirus* und *Rift-Valley-fever-Virus* zu; auch hier ist der intracutane bzw. intraperitoneale Test gegenüber dem intracerebralen vorzuziehen. Die Verwendung der Haut als Testgewebe ist schließlich die Methode der Wahl bei allen jenen Virusarten, die charakteristische Hautläsionen verursachen, also dem *Vaccinevirns*, dem *Virus der Maul- und Klauenseuche* und der *Vesicularstomatitis*. Beim *Gelbfieber* stehen für die praktische Ausführung des Neutralisationstestes zwei anscheinend gleichwertige Methoden zur Verfügung. Bei der von Theiler (335, *2*, *3*) ausgearbeiteten Technik werden die Gemische des neurotropen Gelbfiebervirus und der zu prüfenden Serumprobe weißen Mäusen intracerebral appliziert, während die von Sawyer und Lloyd (294) inaugurierte und von Mahaffy, Lloyd und Penna (222) weiter ausgebaute Methode darin besteht, daß die Gemische intraperitoneal injiziert und durch die gleichzeitige intracerebrale Injektion von 2% Stärkelösung die „Fixation" von nicht neutralisiertem Virus im Mäusegehirn gewährleistet wird. Für die Massenauswertung von Serumproben dürfte sich auch hier der intraperitoneale Test zufolge seiner größeren Einfachheit besser eignen; dagegen bietet der intracerebrale Test bei Mäusen nach Theiler oder bei Meerschweinchen nach Lloyd und Mahaffy (202) dann einen Vorteil, wenn nur sehr kleine Serummengen zur Verfügung stehen.

In Ausnahmefällen erfolgt die Prüfung von Sera auf ihren Gehalt an virusneutralisierenden Antikörpern nicht durch die Injektion von in vitro hergestellten Virus-Serum-Gemischen, sondern im eigentlichen passiven Schutzversuch, d. h. durch die getrennte Injektion von Antiserum und Virus. So geschieht die Auswertung von Maul- und Klauenseuchesera nach Waldmann und Pape (364) und Waldmann und Trautwein (366, *2*) am besten dadurch, daß plantar infizierten Meerschweinchen simultan fallende Mengen von Serum subcutan injiziert werden. Die kleinste Serummenge, die eben noch die manifeste Virusgeneralisation, d. h. die Ausbildung sekundärer Aphthen verhindert, gibt den Serumtiter an. Dieselbe Art der Auswertung eignet sich nach Olitzky, Traum und Schoening (259) auch für den quantitativen Antikörpernachweis bei der *Vesicularstomatitis*. Von Wagener (361, *4*) ist dieser Test dahin modifiziert worden, daß die Meerschweinchen 24 Stunden *vor* der plantaren Virusinfektion mit Antiserum vorbehandelt werden. Die Wertigkeit eines Immunserums gegen *Vesicularstomatitis* wird in diesem Falle durch die Ermittlung jener Serummenge bestimmt, die gerade noch die primäre Aphthenbildung an den infizierten Planten verhindert. Verfügt man über typenspezifische Testsera gegen Maul- und Klauenseuche bzw. gegen Vesicularstomatitis, so eignet sich dieser Test auch zur Differenzierung von Maul- und Klauenseuche- und Vesicularstomatitisvirus. Im einen Fall (Maul- und Klauenseuche) schützt das Immunserum nur gegenüber der manifesten Generalisation, im anderen (Vesicularstomatitis) auch gegen die primäre Aphthenbildung.

Neben dieser Auswertungsmethode, die sich namentlich (in Deutschland) für Maul- und Klauenseuchesera eingebürgert hat, kann aber auch der Neutralisationstest — sowohl bei der *Maul- und Klauenseuche* als auch bei der *Vesicularstomatitis* — in der üblichen Weise, d. h. durch die Injektion von Virus-Antiserum-Gemischen in die Fußsohle von Meerschweinchen ausgeführt werden (21, 361, *5*).

Versuchstiere.

Für den Neutralisationstest kommen nur Tierspezies in Betracht, welche für die zu prüfende Virusart eine konstante und hohe Empfänglichkeit haben. Hat man die Wahl zwischen mehreren Tierarten, so wird man sich für diejenige Spezies entschließen, die am leichtesten zu halten und unter den geringsten Kosten zu beschaffen ist. Die vorzügliche Eignung weißer Mäuse für den Neutralisationstest bei zahlreichen Virusarten (Gelbfieber-, Influenza-, equines und murines Encephalomyelitis-, humanes Encephalitis-, Choriomeningitis-, Louping-ill-, Rift-Valley-fever-, Pferdesterbevirus usw.) bedeutet in dieser Hinsicht einen entschiedenen Vorteil. Da gerade bei weißen Mäusen die Virusempfänglichkeit je nach der Rasse beträchtlich schwanken kann, sollten größere Versuchsreihen nur mit ausgewählten, hochempfänglichen Mäusestämmen (z. B. „Swiss albino mice") ausgeführt werden. Die unvermeidlichen individuellen Unterschiede in der Empfänglichkeit können dadurch weitgehend ausgeglichen werden, daß für jede Prüfungsdosis mehrere Versuchstiere verwendet werden. Wünschenswert ist auch, daß die Tiere annähernd dasselbe Alter bzw. Gewicht haben und möglichst unter identischen Lebensbedingungen gehalten werden.

Bewertung und Standardisierung des Neutralisationstestes.

Der Ausfall des Neutralisationstestes wird je nach der Virusart und der Versuchstechnik in verschiedenartiger Weise bewertet. Die schützende Kraft eines Immunserums kann entweder — bei der Mehrzahl der Virusarten — nach dem Überleben bzw. dem Tod der Versuchstiere oder — beim Vaccinevirus, Influenzavirus, dem Virus der Maul- und Klauenseuche und der Vesicularstomatitis — nach dem Ausbleiben bzw. Auftreten spezifischer Gewebeschädigungen beurteilt werden; in einzelnen Fällen (Influenzavirus) werden auch beide Kriterien herangezogen. Dient das Überleben der Versuchstiere als Maßstab, so sollte für jedes mit demselben Test- oder Kontrollgemisch geprüfte Tierkollektiv in einer Verhältniszahl angegeben werden, wieviel von den eingestellten Versuchstieren innerhalb einer bestimmten Zeit überleben, d. h. geschützt sind [die Angabe „6/6 (0/6)" würde z. B. bedeuten, daß in der Testgruppe sämtliche (6) Tiere überlebten, in der Kontrollgruppe dagegen sämtliche der Virusinfektion erlagen]. Eine Schutzwirkung wird meistens dann noch angenommen, wenn in einer Testgruppe die Hälfte der Tiere überlebt [z. B. „3/6 (0/6)"].

Für Reihenversuche, die sich über längere Zeit ausdehnen, ist es unbedingt notwendig, daß der Neutralisationstest unter möglichst identischen Bedingungen (Gebrauch desselben „Standardvirus", Befolgung einer völlig einheitlichen Versuchstechnik, Verwendung der gleichen, konstant empfänglichen Tierrasse usw.) ausgeführt wird. Daß dieses Ziel weitgehend erreicht werden kann, lehren die Untersuchungen über die Auswertung von Immunseren gegen Gelbfieber (335, *3*, 294, 222), Influenza (181, 8, 217, *4*, 319) und Maul- und Klauenseuche (364, 366, *2*).

Damit die Versuchsergebnisse verschiedener Autoren miteinander verglichen werden könnten, und vor allem zur Wertigkeitsbestimmung von Heilsera, wäre es notwendig, daß die Schutzkraft der zu prüfenden Seren nach einem einheitlichen *Standardserum* gewertet würde. Auch in dieser Richtung sind bereits Vorarbeiten geleistet worden (181, 8, 216).

Auf Grund der angegebenen Richtlinien sollte es auch dem mit der Technik der Virusforschung wenig Vertrauten möglich sein, den Neutralisationstest in korrekter Weise durchzuführen. Über die bei den verschiedenen Virusarten möglichen und gebräuchlichen Testmethoden orientiert die in Tabelle 1 (vgl. Anhang, S. 1266) wiedergegebene Übersicht.

b) Anwendung des Neutralisationstestes.

Wie bereits erwähnt wurde, dient der Neutralisationstest nicht nur für den Antikörpernachweis, sondern auch zur serologischen Differenzierung von Virusarten. Praktisch und theoretisch haben beide Untersuchungsarten die größte Bedeutung.

Durch die systematische Untersuchung menschlicher Sera auf das Vorhandensein neutralisierender Antikörper gegen Gelbfieber-, Poliomyelitis- und Influenzavirus usw. lassen sich bekanntlich epidemiologisch bedeutsame Erkenntnisse gewinnen. Auch zur Beurteilung aktiver Immunisierungsverfahren beim Menschen (Gelbfieber, Influenza) kann der Neutralisationstest mit Vorteil herangezogen werden. Und schließlich wird es auch möglich sein, Heilsera gegen Virusinfektionen mit derselben Genauigkeit auszuwerten, wie dies bei antitoxischen Seren bereits üblich ist.

Ebenso große Bedeutung hat der Neutralisationstest zur serologischen Differenzierung von Virusantigenen; entweder zur Identifizierung unbekannter Virusarten [z. B. Erkennung des Erregers des „Oulou Fato", des „Mal de Cadéras" und des „Trinidadvirus" als Straßenwutvirus, vgl. SCHWEINBURG (310)] oder zur Unterscheidung von Virusarten, die klinisch ähnliche Krankheitsbilder erzeugen (Maul- und Klauenseuche — Vesicularstomatitis, Encephalitis St. Louis — japanische Encephalitis, Herpesvirus — Virus B usw.), zur Differenzierung von Virustypen (Maul- und Klauenseuche, Vesicularstomatitis, equine Encephalomyelitis) oder von Virusstämmen, die in ihrer antigenen Zusammensetzung quantitative und qualitative Unterschiede erkennen lassen [Poliomyelitisvirus: frisch vom Menschen isolierte Stämme — Affenpassagevirus (374, *1*, 40, 84, *2*, 137, *4*, 263, *1*, *2*, 137, *7*, 349); Influenzavirus: humane und porcine Virusstämme (320, 316, *5*, 317, 93, 316, *9*, *10*); Varietäten bei humanen Virusstämmen (217, *1*, 35, *7*, 5, *10*, 331, 217, *4*, 319, 331); afrikanisches Pferdesterbevirus: neurotrope Virusstämme (1, *3*)].

6. Bildung und Erzeugung virusneutralisierender Antikörper.

Unabhängigkeit der Antikörperbildung von Infektionsvorgängen.

Die früher öfter vertretene Meinung, daß die Bildung virusneutralisierender Antikörper nur in einem virusempfänglichen Wirtsorganismus erfolgen kann und unbedingt an den Ablauf eines manifesten oder latenten Infektionsvorganges gebunden ist, läßt sich nicht mehr aufrechterhalten. Zunächst ist sichergestellt, daß auch virusrefraktäre Tierspezies bei geeigneter Immunisierung virusneutralisierende Antikörper zu produzieren vermögen. So eignen sich Kaninchen zur Gewinnung von Antisera gegen Gelbfiebervirus (SAWYER und FROBISHER, WHITMAN), Influenzavirus (FRANCIS und MAGILL, SHOPE), Rift-Valley-fever-Virus (FRANCIS und MAGILL), Hühnerpestvirus (MACKENZIE und FINDLAY), KIKUTHsches Kanarienvogelvirus (BURNET und LUSH), Roussarkomvirus (FISCHER, MÜLLER, MURPHY), Bakteriophagen (BORDET und CIUCA, D'HÉRELLE und ELIAVA, GRATIA) und pflanzlichen Virusarten (PURDY, GRATIA, CHESTER, SPOONER und BAWDEN). Auch Großtiere, namentlich Pferde und zum Teil auch Ziegen und Schafe, sind wiederholt mit Erfolg als Spender von Immunsera gegen Poliomyelitisvirus (NEUSTAEDTER und BANZHAF, PETTIT, FAIRBROTHER, HOWITT, SCHULTZ und GEBHARDT), Gelbfiebervirus (PETTIT und STEFANOPOULO), Influenzavirus (LAIDLAW, SMITH, ANDREWES und DUNKIN), Roussarkomvirus (GYE und PURDY) und Bakteriophagen (SCHULTZ und GEBHARDT) verwendet worden.

Die Möglichkeit, virusneutralisierende Antikörper in virusrefraktären Tierarten zu erzeugen, kann demnach nicht bestritten werden; immerhin ist hervorzuheben, daß häufig nur einzelne Tierindividuen zur Antikörperproduktion befähigt sind, und daß vor allem die Immunisierung der Tiere durch die wiederholte Einverleibung großer Mengen von lebendem Virus erzwungen werden muß. Der letztere Umstand weist darauf hin, daß das lebende Virus im unempfänglichen Tierkörper lediglich Antigenfunktionen ausübt, d. h. daß die Antikörperbildung die Folge eines antigenen Reizes ist und nicht — wie für einzelne Fälle vermutet werden könnte — durch den Ablauf einer latenten Infektion ausgelöst wird.

Daß die Entstehung virusneutralisierender Antikörper nicht unbedingt an den Ablauf von Infektionsvorgängen geknüpft ist, geht aber vor allem aus den zahlreichen Versuchen hervor, in welchen virusempfängliche Tierspezies mit Antigenimpfstoffen, d. h. zuverlässig inaktivierten Virusarten, mit Erfolg immunisiert werden konnten. Derartig vorbehandelte Tiere können erfahrungsgemäß — falls ausreichend große Mengen von Virusantigen zugeführt werden — ebenso reichlich virusneutralisierende Antikörper bilden wie nach der natürlichen oder experimentellen Infektion. Auch weitgehend gereinigte Virusarten — Elementarkörperchen von Vaccinevirus (52, 261), von Influenzavirus (74), von Psittacosisvirus (19, *5*); kristallisiertes Pflanzenvirus (vgl. STANLEY) — lassen sich so inaktivieren, daß sie noch antigene Wirkungen entfalten (vgl. S. 1262). Der häufig gemachte Einwand, daß die verwendeten Antigenimpfstoffe noch Spuren von aktivem Virus enthalten und daher nur über den Umweg einer immunisierenden Minimalinfektion wirksam sind, ist zwar durch den wiederholt gelungenen Nachweis von aktivem Virus in scheinbar völlig inaktivierten Impfstoffen begründet, hat dagegen für sämtliche als wirksam befundene Antigenimpfstoffe sicher keine Gültigkeit (vgl. S. 1263).

Die Feststellung, daß Virusarten auch dann im Tierkörper antigene Wirksamkeit haben, wenn als Impfstoff ein von Begleitsubstanzen weitgehend gereinigtes Virusantigen verwendet und wenn mit Sicherheit jeder Infektionsprozeß ausgeschaltet wird, kann als weiterer Beweis [vgl. auch CRAIGIE (d. Hdb., II. Teil)] für die Unhaltbarkeit der von SABIN (288, *6*, *7*) vertretenen Hypothese, wonach nicht dem Virus selbst, sondern den von den infizierten Gewebezellen liberierten Produkten antigene Eigenschaften zukommen sollen, gewertet werden.

Mangelhafte Antikörperbildung.

Während die Mehrzahl aller Virusarten ausgezeichnete Antikörperbildner sind und deshalb der Nachweis von virusneutralisierenden Antikörpern im Blute natürlich oder künstlich immunisierter Tiere meist ohne weiteres gelingt, sind Virusarten bekannt, die durch ein geringes oder anscheinend sogar fehlendes Vermögen zur Antikörperbildung ausgezeichnet sind. Die Gründe für diese Insuffizienz in der Antikörperbildung sind wohl mehrfacher Art. Zunächst ist anzunehmen, daß eine Reihe von Virusarten (Virus der Geflügelpocken, der Dengue, der Psittacosis, des Lymphogranuloma inguinale — und wohl auch — der equinen Encephalomyelitis, der Lyssa und der Poliomyelitis) von Natur aus schwache Antigene sind und infolgedessen erst dann die Produktion nachweisbarer Blutantikörper auszulösen vermögen, wenn größere Antigenmengen zur Auswirkung gelangen. Diese Annahme stützt sich hauptsächlich auf die Beobachtung, daß — bei diesen Virusinfektionen — neutralisierende Antikörper im Serum rekonvaleszenter oder einmalig immunisierter Tiere häufig nicht vorhanden, im Hyperimmunserum dagegen fast ausnahmslos nachzuweisen sind.

Für einige Virusarten ist wohl auch die Annahme zulässig, daß sie vor allem deshalb unregelmäßige bzw. schlechte Antikörperbildner sind, weil sie zufolge ihrer besonderen Ausbreitungsart im Tierkörper mit den antikörperbildenden Zentren nicht notwendigerweise in Kontakt kommen. Bei den tumorerzeugenden Virusarten ist wohl ein solcher Zusammenhang eindeutig nachgewiesen, indem bekanntlich Antikörper im Serum tumortragender Tiere in der Regel nur und erst dann auftreten, wenn der Tumor zerfällt und hierdurch größere Virusmengen in die Blutbahn gelangen. Auch bei den Virusinfektionen des Zentralnervensystems (Lyssa, Poliomyelitis) kann das häufige Fehlen oder das unregelmäßige und stark verspätete Erscheinen von Blutantikörpern sehr wohl davon abhängen, in welchem Grade die Infektion auf das Zentralnervensystem beschränkt bleibt, bzw. wie häufig Virus in die Blutbahn übertritt.

Das Ausmaß der Antikörperbildung wird schließlich nicht nur durch die antigenen und pathogenetischen Eigenschaften einer Virusart bestimmt, sondern auch in hohem Grade von der Reaktivität des Wirtsorganismus. Die Beobachtungen, daß ein und dieselbe Virusart zwar in der einen Tierspezies reichliche Mengen von Antikörpern erzeugt, in der anderen dagegen hierzu anscheinend außerstande ist, sind so zahlreich, daß sie hier nicht einzeln angeführt werden können. Auf die großen individuellen Schwankungen im Antikörperbildungsvermögen, die besonders bei der Immunisierung von virusrefraktären Tieren festzustellen sind, wurde bereits hingewiesen.

Humorale — celluläre Antikörper.

Alle Untersuchungen über das Vorkommen virusneutralisierender Antikörper erstrecken sich fast ausnahmslos auf deren Nachweis im strömenden Blut, und nach dem Vorhandensein oder Fehlen von Blutantikörpern wurden vielfach auch weitgehende Schlüsse auf den bei einzelnen Virusinfektionen bestehenden Immunitätsmechanismus gezogen. Ohne daß hier auf die Zulässigkeit derartiger Deduktionen eingegangen werden kann (vgl. Kapitel II dieser Abhandlung), soll bereits an dieser Stelle darauf hingewiesen werden, daß die Nachweisbarkeit von Blutantikörpern in hohem Grade von der Empfindlichkeit der verwendeten Testmethode (vgl. S. 1194) abhängt. Da nun die üblichen Methoden für den Antikörpernachweis (Neutralisationstest, passiver Schutzversuch) keineswegs sehr empfindliche, sondern eher rohe Verfahren darstellen (vgl. S. 1185), wird die Angabe, daß keine virusneutralisierenden Antikörper im strömenden Blut vorhanden sind, in den meisten Fällen zweifelhaft sein. Irrtümlich und völlig unstatthaft ist fernerhin die Annahme, daß die Abwesenheit von Blutantikörpern als Indikator für den völligen Antikörpermangel in einem immunisierten Tierkörper gelten kann. Die Abstoßung von Antikörpern aus ihren Bildungsstätten in die Blutbahn ist nämlich zwar eine häufige, aber wohl keineswegs notwendige Folge der Antikörperbildung. Demgemäß können sessile, zellständige Antikörper auch dann vorhanden sein, wenn das Blut scheinbar völlig frei von Antikörpern ist, u. zw. nicht nur während einzelner Phasen der Immunität — vor dem Erscheinen oder nach dem Verschwinden der Blutantikörper (siehe unten) —, sondern auch während deren ganzer Dauer. Daß es Immunitätszustände gibt, die dadurch charakterisiert sind, daß die gebildeten Antikörper in den Geweben dauernd zurückgehalten und höchstenfalls nur in spärlichen, oft nicht nachweisbaren Mengen in die Blutbahn abgegeben werden, muß nicht nur auf Grund bestimmter Immunitätsphänomene (vgl. Kapitel II, S. 1209) mit Wahrscheinlichkeit angenommen werden, sondern scheint auch durch den in diesen Fällen geleisteten, direkten oder indirekten Nachweis zellständiger Antikörper bewiesen. So stellten LEVADITI und NICOLAU (195, *1*), TEISSIER, GASTINEL und REILLY (340) und NICOLAU und GALLOWAY (241) fest, daß bei hochgradig gegen Herpes- bzw. Bornavirus immunisierten Kaninchen virusneutralisierende Antikörper nur im

Gehirn und eventuell auch in den Nebennieren nachzuweisen waren. Und aus den Untersuchungen von MADSEN und seinen Mitarbeitern (215), NEUFELD und MEYER (238) und SATO (391, *2*) scheint in eindeutiger Weise hervorzugehen, daß die Ausschüttung in den Geweben *präformierter* (antitoxischer, antibakterieller und virusneutralisierender) Antikörper in die Blutbahn durch unspezifische Provokationsmethoden (Injektion von Schwermetallsalzen) gesteigert bzw. erzwungen werden kann.

Termin und Ort der Antikörperbildung.

Auch über den frühesten Termin, in dem virusneutralisierende Antikörper auftreten können, gibt nur der Antikörpernachweis im Gewebe einen zuverlässigen Aufschluß. Im Blut gelingt bekanntlich der Antikörpernachweis meist erst vom 6.—8. Tag an; immerhin liegen einzelne Angaben vor, wonach virusneutralisierende Antikörper schon am 5. Tag [GASTINEL (100)], am 4. Tag [HURST (147)], am 3. Tag [THEILER und HUGHES (336)] und sogar schon am 2. Tag [SMITH (318, *1*), WALDMANN und TRAUTWEIN (366, *1*)] nach der immunisierenden Infektion in nachweisbaren Mengen in der Blutbahn kreisen. Mit diesen nur ausnahmsweise erhobenen Befunden stehen die Untersuchungen über den Ort und den Zeitpunkt der Antikörperbildung bei der Vaccineimmunität der Kaninchen in bester Übereinstimmung; in der Haut oder im Hoden von intracutan bzw. intratestikular infizierten Tieren ließen sich virusneutralisierende Antikörper bereits in den ersten 24—48 Stunden p. i. [OERSKOV und ANDERSEN (249, *1*, *2*), VIEUCHANGE und GALLI (358, *2*)], in den regionären Lymphdrüsen am 4. Tag nach der intracutanen Infektion [McMASTER und KIDD (214)] und in der Leber (und bereits auch in spärlicheren Mengen im Blut) am 5. Tag nach der cutanen Infektion [GASTINEL (100)] nachweisen.

Aus den angeführten Versuchen lassen sich zwei bedeutsame Schlüsse ableiten: 1. *daß virusinfizierte Gewebe erstaunlich rasch (innerhalb 24—48 Stunden) mit der Produktion virusneutralisierender Antikörper reagieren können*, und 2. *daß nicht nur die eigentlichen Zentren des R. E. S. (Leber, Milz, Knochenmark) zur Antikörperbildung befähigt sind, sondern auch andere Organgewebe (z. B. Haut, Lymphknoten, Hoden)*. Zu Beginn der Immunität (vor dem Erscheinen von Blutantikörpern) kann demnach der Antikörpergehalt der einzelnen Organgewebe unterschiedlich sein, indem die Antikörperbildung — anscheinend — den Etappen der Virusausbreitung folgt, d. h. in demjenigen Organgewebe am frühesten einsetzt, das zuerst mit Virus infiziert wird.

Diese bei der Vaccineimmunität erhobenen Befunde sind nun keineswegs neuartig; auch bei der antibakteriellen und antitoxischen Immunität wurden ja bekanntlich immer wieder Beobachtungen gemacht, die deutlich darauf hinweisen, daß die verschiedenartigsten Gewebe mit einer zunächst lokalen, sehr frühzeitig einsetzenden Antikörperbildung zu reagieren vermögen [vgl. insbesonders die Arbeiten von PFEIFFER und MARX (268), TURRÓ und DOMINGO (355), McMASTER und HUDACK (213) und WALSH und CANNON (368)].

Persistenz der Antikörper. Im allgemeinen gilt die Regel, daß die in einem aktiv immunisierten Organismus gebildeten Antikörper, gleichgültig welcher Art, allmählich aus der Blutbahn verschwinden. Der Zeitpunkt, in dem das Blut „antikörperfrei" wird, ist nun allerdings außerordentlich verschieden; er wird wohl in erster Linie bestimmt einerseits durch die Stärke (Qualität und Quantität) und die Dauer des antigenen Reizes, und anderseits durch die Artzugehörigkeit und die individuellen Eigenschaften des Wirtsorganismus. Auch ist bekannt, daß der Immunitätszustand den Antikörperschwund im Blut lange überdauern kann, eine Tatsache, die oft als Beweis gegen die Bedeutung humoraler

Antikörper, bzw. zugunsten der Existenz von „cellulären Abwehrmechanismen" gedeutet worden ist.

Die Erforschung der Virusimmunität hat nun einige Tatsachen gefördert, die zwar wiederum nicht völlig neuartig, möglicherweise aber doch geeignet sind, die landläufigen Vorstellungen über die — im Vergleich zur Dauer der Immunität — relativ kurzfristige Persistenz der Antikörper zu modifizieren.

Zunächst ist bekannt, daß in den Blutseren von Menschen, die Variola, Gelbfieber, Masern und Rift Valley fever überstanden haben, noch nach Jahren und Jahrzehnten virusneutralisierende Antikörper nachgewiesen werden können. Als völlig beweisend für die außerordentlich lange Persistenz virusneutralisierender Antikörper können allerdings nur die beim Gelbfieber erhobenen Befunde anerkannt werden, da hier in eindeutiger Weise nachgewiesen wurde, daß auch Individuen, die sich seit ihrer Gelbfieberattacke dauernd — während 24—78 Jahren — in völlig gelbfieberfreien Gegenden aufhielten und daher einer Reinfektion mit Sicherheit nicht ausgesetzt waren, immer noch antikörperhaltige Seren liefern [HINDLE (130, *2*), THEILER (335, *3*), SAWYER (292)]. Bei der Variola- und Masernimmunität muß dagegen stets mit der Möglichkeit, selbst Wahrscheinlichkeit gerechnet werden, daß die Antikörperproduktion durch sekundäre, latent verlaufende Reinfektionen unterhalten, d. h. zeitweise stimuliert wird. Mit Sicherheit festgestellt ist ein derartiger Zusammenhang zwischen Antikörperpersistenz und latenter Durchseuchung allerdings wohl nur für das Vorkommen von Diphtherieantitoxinen und Poliomyelitisantikörpern im menschlichen Blut. Wenn nun zumindest für die Immunität beim Gelbfieber bewiesen ist, daß die Bildung und die Abstoßung von Antikörpern ins Blut — nach einer einmaligen Infektion — scheinbar niemals aussetzt, sondern zeitlich unbegrenzt vor sich geht, so liegt hier ein Immunitätsphänomen vor, das einer Erklärung bedarf. Am naheliegendsten wäre wohl die Annahme, daß die Antikörperpersistenz die direkte Folge der Viruspersistenz im gelbfieberimmunen Organismus ist. Diese Hypothese könnte sich vor allem auf die Erfahrungstatsache stützen, daß Virusimmunität und Virusträgertum sehr häufig vergesellschaftet sind und daß die Koexistenz von Virus und Antikörper kein seltenes Ereignis ist (vgl. Kapitel II, S. 1219). Gerade für die Gelbfieberimmunität konnten nun aber bisher keine sicheren Anzeichen dafür gewonnen werden, daß das Virus über längere Zeit im immunen Organismus persistiert [HINDLE (130, *4*)].

Sieht man demnach von dieser Erklärungsmöglichkeit ab, so bleibt wohl nur die Annahme übrig, daß die einmal stimulierte Antikörperbildung — zumindest bei der Gelbfieberimmunität des Menschen — nie erlischt, sondern so lange dauert wie die Immunität selbst.[1]

Auch im Tierversuch wurden nun Befunde erhoben, die wohl eindeutig darauf hinweisen, daß Antikörper in der Blutbahn von aktiv immunisierten Tieren auch dann noch vorhanden sind, wenn sie mit den üblichen Methoden nicht mehr nachgewiesen werden können. So lehren die Untersuchungen über die kongenitale Anaphylaxie bzw. Virusimmunität (vgl. S. 1185), daß aktiv sensibilisierte bzw. immunisierte Muttertiere noch jahrelang, nachdem schon längst keine Antikörper im mütterlichen Blut mehr nachzuweisen sind, hochgradig passiv immunisierte Nachkommen zur Welt bringen können. Auch hier fällt wohl die Persistenz der Antikörper im Blut mit der Dauer der aktiven Immunität zeitlich zusammen.

[1] Nach den neueren Anschauungen über den Mechanismus der Antikörperbildung und der Antikörperpersistenz [MUDD: J. Immunol. (Am.) **23**, 423 (1932); BREINL und HAUROWITZ: Z. physiol. Chem. **192**, 45 (1930); ALEXANDER: Protoplasma (D.) **14**, 296 (1931); HOOKER: J. Immunol. (Am.) **33**, 57 (1937)] stünden auch dieser Annahme keine Bedenken entgegen.

II. Schicksal des Virus im immunen Organismus.

Wie bereits in der Einleitung hervorgehoben wurde, wird die Erforschung der Virusimmunität dadurch wesentlich erleichtert, daß relativ empfindliche Methoden zum Nachweis von Virus und Antikörper zur Verfügung stehen, und daß auch bestimmte Immunitätsvorgänge außerhalb des Tierkörpers, im Gewebsexplantat, studiert werden können. Fernerhin können dieselben Verfahren, die sich zur Dissoziation von in vitro hergestellten Virus-Antiserum-Gemischen als geeignet erweisen, auch für den Virusnachweis im antikörperhaltigen Gewebe angewendet werden. Versuchstechnisch sind demnach wohl alle Bedingungen erfüllt, um das Schicksal von Virus im Tierkörper in allen Phasen der Infektion bzw. Immunität zu verfolgen.

1. Übergang der Virusinfektion in die Virusimmunität: Schicksal des Virus während des Infektionsablaufes.

Wenn im folgenden über das Schicksal von Virus im infizierten und immun werdenden Organismus berichtet wird, so sollen hierbei in erster Linie diejenigen Wechselwirkungen zwischen Virus und Tierkörper untersucht werden, welche die Infektiosität und Pathogenität eines Virus verändern, abschwächen oder aufheben. Alle Angaben über den zeitlichen und quantitativen Ablauf der Virusvermehrung, über die Veränderung der Viruspathogenität und über den Virusschwund bzw. die Viruspersistenz in den verschiedenen Körperflüssigkeiten und Organgeweben sind wohl geeignet, darüber Aufschluß zu geben, welches Schicksal das Virus in den einzelnen Phasen der Infektion und Immunität erleidet, und lassen oft auch die Gründe erkennen, die hierfür verantwortlich sind.

a) Schicksal von Virus an der Eintrittsstelle.

Haut.

Schon Béclère, Chambon und Ménard (17, *2*) stellten fest, daß die „Virulenz" von *Vaccinevirus* im Vaccinepustelinhalt cutan geimpfter Rinder in den ersten Tagen nach der Infektion am größten ist und dann rasch absinkt. Nach dem 9.—13. Tag p. i. war überhaupt kein Virus mehr nachzuweisen. Nach der Ansicht dieser Autoren koinzidiert der allmähliche und schließlich völlige Virusschwund zeitlich mit dem Auftreten virusneutralisierender Antikörper im Blut. Auch Paschen (262) wies darauf hin, daß die Ausbeute an Vaccinevirus aus zweitägigen Hauteruptionen von Rindern und Kaninchen eine weit größere ist als bei Lymphen, die in einem späteren Termin (4. oder 5. Tag p. i.), wenn bereits die Antikörperbildung eingesetzt hat, gewonnen werden. Aus den Versuchen von Ledingham und McClean (182) geht fernerhin hervor, daß die Vermehrung von Vaccinevirus in der Kaninchenhaut bereits am 2.—3. Tag p. i. ihren Höhepunkt erreicht hat; die dauernde Viruspassage von Haut zu Haut gelang deshalb nur, wenn ein Überimpfungsintervall von nicht mehr als 3 Tagen eingehalten wurde, andernfalls rissen die Passagen regelmäßig ab. Noch aufschlußreicher sind die von Oerskov und Andersen (249, *1*) angestellten Untersuchungen, in denen der Ablauf der Vaccineinfektion in der Kaninchenhaut durch den täglichen quantitativen Virusnachweis verfolgt wurde. Hierbei wurde festgestellt, daß die Virusvermehrung — je nach der Größe der Infektionsdosis — schon nach 24, 48 oder 72 Stunden einen maximalen Grad erreichte, und daß sich an diese kurze Phase stärkster Virusvermehrung eine ebenso rasche Virusabnahme anschloß, so daß schon am 4. Tage p. i. kein Virus — in den eben erst voll ausgebildeten Hauteruptionen — mehr nachgewiesen werden konnte. Die frühzeitige und plötzlich einsetzende Hemmung der Virusvermehrung konnte nun dadurch aufgeklärt werden, daß sich schon in den 48stündigen Hautläsionen Stoffe auffinden ließen, die Vaccinevirus in vitro zu neutralisieren vermochten. Nach OERSKOV und ANDERSEN kann es sich hierbei wohl nur um virusneutralisierende Antikörper handeln, die höchstwahrscheinlich am Infektionsort selbst entstehen, da im Blut um diese Zeit noch keine Antikörper nachgewiesen werden konnten.

Ein entsprechender Vermehrungsrhythmus wurde nun auch für das cutan auf die Meerschweinchenplanta verimpfte *Maul- und Klauenseuchevirus* und das *Virus der Vesicularstomatitis* nachgewiesen. So haben BRACHMANN (29) und TOSHIO ABE (348) den Gehalt an *Maul- und Klauenseuchevirus* in den Primäraphthen fortlaufend quantitativ bestimmt; in der 24stündigen Blasenlymphe war die Viruskonzentration am größten, in den nach 48 bzw. 72 Stunden entnommenen Proben dagegen schon bedeutend geringer. Außerdem wurde festgestellt, daß die Überimpfung von 3-, 4- und 5tägigen Lymphen nur noch eine abortive und verspätet auftretende Vesikelbildung zur Folge hatte und daß schließlich mit 6tägigen Lymphen überhaupt keine Impferfolge mehr erzielt wurden.

Diese Versuchsergebnisse stehen in Einklang mit den von WALDMANN und PAPE (364) und ERNST (72) erhobenen Befunden, wonach plantare Dauerpassagen von Maul- und Klauenseuchevirus nur möglich sind, wenn hierzu 24stündiges Primäraphthenvirus verwendet wird. Derselbe Infektionsablauf läßt sich nun auch für das auf die Meerschweinchenplanta verimpfte *Vesicularstomatitisvirus* nachweisen. Die von OLITZKY (253) gemachte Beobachtung, daß bereits der 24stündige Blaseninhalt maximale Infektiosität besitzt und daß das Virus in den folgenden 2 Tagen rapid verschwindet und meist schon am 3. Tage p. i. nicht mehr nachzuweisen ist, wurde von WAGENER (361, *5*, *6*) in der Hauptsache bestätigt. Auch WAGENER überzeugte sich davon, daß zwischen dem 1- und 2tägigen Blasenvirus deutliche Virulenzunterschiede bestehen.

Cornea.

Auch bei der Herpesinfektion der Kaninchencornea ist bekanntlich das Konjunktivalsekret nur in den ersten 48 Stunden nach der Infektion maximal infektiös, später setzt auch hier ein rapider Virusschwund ein, so daß die Überimpfung des Sekrets nach dem 6. Tage meistens erfolglos bleibt (vgl. DOERR und BERGER (61)]. Das Maximum der Virusvermehrung fällt also auch hier nicht mit dem Höhepunkt der klinischen Symptome zusammen.

Hoden.

OERSKOV und ANDERSEN (249, *2*) verfolgten das Schicksal von *Vaccinevirus* auch im Hodengewebe von Kaninchen, indem sie wie in den früheren Versuchen fortlaufend nach Tagen den Virusgehalt quantitativ bestimmten. Außerdem prüften sie gleichzeitig Hoden und Blut auf das Vorhandensein virusneutralisierender Antikörper. Das hierbei erzielte Versuchsergebnis wich zwar in bemerkenswerter Weise von den früheren — bei der cutanen Vaccineinfektion — erhobenen Befunden ab, indem sich das intratestikulär injizierte Virus (1000000 cutane M. I. D.) bis zum 5. Tag p. i. deutlich vermehrte und erst am 9. Tag auf einen minimalen Infektiositätstiter absank, dagegen gelang der Nachweis von Antikörpern im infizierten Hodengewebe wiederum bereits nach 48 Stunden, d. h. mindestens um 1 Tag früher als im Blutserum. Auch wurde festgestellt, daß der Antikörpergehalt im virusinfizierten Hoden weit rascher zunimmt und bis zum 7. Tag auch größer ist als im strömenden Blut.

Gehirn.

Infiziert man Kaninchen mit Herpesvirus subdural bzw. intracerebral, so setzt — nach kurzer Latenz — eine intensive Virusvermehrung ein, so daß schon nach wenigen Tagen der pathogene Schwellenwert erreicht wird, und die Tiere unter den Symptomen einer akuten Encephalitis verenden. Das Gehirn dieser Tiere besitzt meistens — zur Zeit des Exitus — eine maximale Infektiosität und das Herpesvirus kann deshalb in cerebralen Kaninchenpassagen beliebig lange fortgeführt werden. Die Virusvermehrung nimmt demnach — wenn das Zentralnervensystem als primärer Infektionsort gewählt wird — scheinbar einen völlig ungehemmten Verlauf und der sonst stets festgestellte sekundäre Virusschwund ist hier anscheinend nicht zu beobachten. Dies könnte nun dadurch bedingt sein, daß entweder das Zentralnervensystem gegen die fortschreitende Infektion keine Gegenkräfte zu mobilisieren vermag, oder daß die zweite Phase des Infektionsablaufes, der Virusabfall, nur deshalb nicht festzustellen ist, weil die Versuchstiere schon auf der Höhe der Infektion ad exitum kommen. Daß die zweite Annahme zutrifft, ist nun durch eine Reihe von Beobachtungen von LEVADITI und NICOLAU und ihren Mitarbeitern (244, *1*, 195, *6*, 198, 199, 193) und DA FANO und PERDRAU (57) erwiesen.

Von diesen Autoren wurde bekanntlich festgestellt, daß bestimmte Herpesvirusstämme menschlicher Provenienz (recidivierender Hautherpes, Encephalitis lethargica) intracerebral auf Kaninchen bzw. Affen überimpft bei einzelnen Tieren — entweder schon bei der ersten Verimpfung oder erst nach einigen wenigen Passagen — eine chronisch verlaufende Encephalitis erzeugen, an der die Tiere erst in der 2. oder 3. Woche nach der Infektion zugrunde gehen. Im Gehirn dieser Tiere konnte nun kein Herpesvirus mehr nachgewiesen werden, und nur die klinischen Symptome und die stets nachgewiesenen mehr oder weniger starken histologischen Läsionen ließen keinen Zweifel darüber aufkommen, daß sich im Gehirn dieser Tiere zuvor eine herpetische Encephalitis bzw. eine ausgiebige Virusvermehrung abgespielt hatte. LEVADITI bezeichnete bekanntlich dieses Phänomen als „*autostérilisation mortelle*“, eine Bezeichnung, die zwar der Beobachtung entspricht, dem eigentlichen Tatbestand (siehe unten) aber nicht gerecht wird. Wie GILDEMEISTER und HERZBERG (106) für ein Herpespassagevirus und späterhin auch GASTINEL, STEFANESCO und REILLY (103) für ein Herpeskulturvirus nachgewiesen haben, kann nun dieser Vorgang der tödlichen Autosterilisation auch bei Kaninchen beobachtet werden, die nicht chronisch, sondern nach der üblichen Inkubationszeit (5—7 Tage) der herpetischen Encephalitis erliegen. Fernerhin ist festgestellt, daß das Phänomen der Autosterilisation bei allen Virusinfektionen des Zentralnervensystems, nämlich bei der *Lyssa* (199, 226, 242, *2*, *5*), der *Bornaschen Krankheit* (241), der *Poliomyelitis* (150, 149) und der *Pseudolyssa* (240) beobachtet werden kann, so daß LEVADITI den Begriff „neuro-infections auto-stérilisables“ eingeführt hat. Immerhin ist diese letal verlaufende Autosterilisation — bei der *direkten*, intracerebralen Viruseinverleibung — zweifellos ein relativ seltenes Ereignis; sie tritt in Erscheinung bei Virusstämmen bestimmter Provenienz und auch dann nur bei bestimmten Tierindividuen. Experimentell kann sie erzeugt werden mit künstlich abgeschwächten Virusstämmen (57, 241, 103) oder bei der Verwendung von minderempfänglichen Tierspezies (195, *6*, 65, 371, 3), bzw. von *partiell* (mit Äther- oder Formolimpfstoffen) immunisierten Tieren (241, 226, 199, 242, *2*, *5*).[1]

[1] Bei vorbehandelten Tieren (siehe später) kann — worauf namentlich NICOLAU (239) aufmerksam gemacht hat — die Autosterilisation ablaufen, *ohne* den Tod der Versuchstiere zu veranlassen („Neuroinfections autostérilisées non-mortelles“).

Levaditi und Nicolau haben das Phänomen der Autosterilisation mit vollem Recht als einen Immunitätsvorgang gedeutet; sie sind hierbei der Ansicht, daß das Virus durch celluläre Abwehrkräfte zerstört wird, und daß humorale Antikörper — die in keinem Fall nachgewiesen werden konnten — an diesem Vorgang nicht beteiligt sind. Mit dieser Interpretation steht nun aber eine Reihe von späteren Beobachtungen nicht in Einklang. So ist wohl festgestellt, 1. daß der Vorgang der Autosterilisation — unter bestimmten Voraussetzungen — ohne die geringste Reaktion von Seiten des Gewebes ablaufen kann (vgl. S. 1212), 2. daß bei der Autosterilisation virusneutralisierende Antikörper wohl eine entscheidende Rolle spielen (vgl. S. 1207) und 3. daß das Virus — zumindest im frisch autosterilisierten Gewebe — nicht zerstört, sondern lediglich durch den gleichzeitig im Gewebe vorhandenen Antikörper „maskiert" ist und deshalb durch Verfahren, die zur Dissoziation von Virus-Antiserum-Gemischen geeignet sind, wieder reaktiviert werden kann[1] (vgl. S. 1202).

Auch im Zentralnervensystem kann demnach das Virus dasselbe Schicksal — hinsichtlich seiner Infektiosität und Pathogenität — erleiden wie in den übrigen Geweben (Haut, Cornea, Hoden); in allen Fällen endet wohl die Infektion mit einer „Autosterilisation".

Man wäre deshalb schon jetzt zur Annahme geneigt, daß die Wechselbeziehungen zwischen den angeführten Virusarten und den verschiedenen Organgeweben, die als Eintrittspforten dienen, im Prinzip stets dieselben sind, nämlich zwei Phasen erkennen lassen: eine primäre, in der sich das Virus bis zum pathogenen Schwellenwert vermehrt (Phase der manifesten Infektion), und eine sekundäre, in der das Virus „autosterilisiert", d. h. durch gewebeständige, wahrscheinlich lokal gebildete Antikörper neutralisiert bzw. inaktiviert wird (Phase der latenten Infektion).

b) Schicksal des Virus auf den Ausbreitungswegen (Blut-, Lymph- und Nervenweg).

Blut.

Injiziert man septicämische Virusarten direkt in die Blutbahn von empfänglichen Tierspezies und untersucht man fortlaufend den Virusgehalt des Blutes, so lassen sich generell die folgenden Phasen feststellen: 1. eine primäre Virusabnahme, die so rapid verlaufen kann, daß das Virus schon nach kurzer Zeit — nach Minuten oder Stunden, je nach der injizierten Virusmenge — nur noch in spärlichen Mengen oder überhaupt nicht mehr nachgewiesen werden kann; 2. eine fortschreitende Viruszunahme, die schon nach einigen Stunden einsetzen und einige Tage dauern kann; 3. — falls die Tiere der Infektion nicht erliegen — eine sich anschließende, unterschiedlich lange Periode, während welcher der Virusnachweis nur noch unregelmäßig bzw. nur mit besonderen Nachweismethoden gelingt, und 4. der Zeitpunkt, in dem das Blut endgültig virusfrei geworden ist.

Einzelne Fälle nicht tödlich endender Autosterilisation beobachteten auch Levaditi, Lépine und Schoen (193) bei Kaninchen, die mit einem stark abgeschwächten Herpesvirus intracerebral infiziert wurden. Schließlich haben Olitzky und Long (256, *1*) für einen bestimmten Herpesvirusstamm, Doerr, Seidenberg und Whitman (65) für das Hühnerpestvirus und Webster und Clow (371, *3*) für das Encephalitisvirus St. Louis nachgewiesen, daß die Autosterilisation völlig symptomlos verläuft, wenn natürlich minderempfängliche bzw. virusresistente Tierspezies cerebral infiziert werden.

[1] Die Bezeichnung „Autosterilisation" sollte demnach durch „Virusneutralisation bzw. Virusinaktivierung" ersetzt werden. Eine völlige Ausmerzung dieses prägnanten Ausdruckes erscheint aber kaum möglich und vielleicht auch nicht in jedem Falle wünschenswert (vgl. S. 1219).

Die erste Phase des initialen Virusschwundes wurde beim Hühnerpestvirus sowohl bei Hühnern [DOERR und SEIDENBERG (64, *3*), HALLAUER (121, *2*)] als auch bei weißen Mäusen [OERSKOV und SCHMIDT (251)] näher untersucht. Es wurde hierbei festgestellt, daß das Hühnerpestvirus schon nach kurzer Zeit an die Leukocytenfraktion des Blutes fixiert wird (121, *2*), daß eine Viruszerstörung durch Phagocytose im strömenden Blut wohl nicht stattfindet (121, *2*), sondern daß das an den Leukocyten haftende Virus nach den Zentren des reticulo-endothelialen Systems (Milz, Leber, Knochenmark) abtransportiert und dort abgelagert wird (121, *2*, 251). Die primäre Reinigung des Blutes von Hühnerpestvirus verläuft demnach nach demselben Mechanismus wie die Eliminierung von intravenös injizierten Fremdkörpern, kolloidalen Farbstoffen und von saprophytären und pathogenen Mikroorganismen [vgl. WYSSOKOWITSCH, OERSKOV (248)], so daß anzunehmen ist, daß auch andere Virusarten (Vaccine-, Maul- und Klauenseuche-, Gelbfieber-, Rinderpestvirus usw.) im frühesten Stadium der Blutinfektion in ähnlicher Weise nach den erwähnten Organen abtransportiert werden und vorübergehend aus der Blutbahn verschwinden.

Wenn das Virus — in der zweiten Phase — wieder in der Blutbahn erscheint, so konnte in einzelnen Fällen — nämlich beim Hühnerpestvirus [DOERR und SEIDENBERG (64, *3*)] und beim Gelbfiebervirus [HUDSON und PHILIP (144)] — beobachtet werden, daß seine Infektiosität vorübergehend deutlich herabgesetzt ist. Die Ursache für diese Virusabschwächung ist nicht klargestellt; sie könnte darin gesucht werden, daß das Virus in den reticulo-endothelialen Geweben geschädigt bzw. zum großen Teil vernichtet wird. Für das Virus der Maul- und Klauenseuche (250) und des Louping ill (24) wurde auch tatsächlich beobachtet, daß der Virusgehalt von Leber und Milz schon wenige Stunden nach der Infektion zunächst rapid absinkt, so daß wohl mit einer primären Virusvernichtung in diesen Organen gerechnet werden muß. Die zweite Phase ist nun aber vor allem durch eine progressive Zunahme der Viruskonzentration im strömenden Blut gekennzeichnet. Die landläufige Meinung, daß sich das Virus hierbei im Blut selbst vermehrt, ist zumindest unbewiesen und wurde bisher auch durch die vielen erfolglosen Züchtungsversuche septicämischer Virusarten in Gegenwart von überlebenden Blutzellen in keiner Weise gestützt. Wahrscheinlicher ist wohl die Annahme, daß das Virus von den infizierten Organgeweben[1] kontinuierlich in die Blutbahn ausgeschüttet wird.

Bei den meisten septicämisch verlaufenden Virusinfektionen (Vaccineinfektion der Kaninchen, Maul- und Klauenseuche und Vesicularstomatitis der Meerschweinchen usw.) gelingt nun der Virusnachweis im Blut in den ersten 2—3—4 Tagen regelmäßig und mühelos; in späteren Infektionsstadien führt dagegen die Überimpfung von Vollblut sehr häufig zu negativen Resultaten.

Auch in diesem Fall ist aber das frühzeitige Verschwinden von Virus aus der Blutbahn nur dadurch vorgetäuscht, daß sich das Virus durch die gleichzeitige Anwesenheit von Antikörpern dem Nachweis entzieht. Durch Verfahren, in denen das Virus vom Antikörper weitgehend befreit (Waschen virusinfizierter Blutzellen, Fällung des Blutserums mit Aceton) oder in welchen die Dissoziation

[1] Daß vor allem die Leber am frühzeitigen Virusanstieg im Blut beteiligt sein könnte, würde sich möglicherweise aus dem eigentümlichen Verlauf, den die Virusvermehrung in Leberexplantaten erkennen läßt, ableiten lassen. So beobachtete HALLAUER bei der Züchtung von Hühnerpestvirus im Lebergewebe, daß die Virusvermehrung (nach einer mehrstündigen Latenzzeit, während der das Virus oft nicht nachzuweisen ist) explosionsartig ansteigt und bereits innert 24—36 Stunden ihr Maximum erreicht, und daß sich an diese überstürzte Virusbildung ein ebenso rascher Virusabfall anschließt.

von Virus und Antikörper in vivo begünstigt wird (Verimpfung kleiner, statt großer Blutmengen, intratesticuläre Verimpfung des Vollblutes), konnte nämlich für das Vaccinevirus [OHTAWARA, GILDEMEISTER und HEUER, SMITH (318, *1*) u. a.), Gelbfiebervirus [HUDSON und PHILIP (144), HINDLE (130, *3*)] und Maul- und Klauenseuchevirus [WALDMANN, TRAUTWEIN und PYL (367)] nachgewiesen werden, daß das Virus auch dann noch kreist, wenn die Antikörperkonzentration im Blut bereits einen erheblichen Grad erreicht hat. Wenn nun häufig die Ansicht vertreten wurde, daß eine derartige Koexistenz von Virus und Antikörper im strömenden Blut nur dadurch möglich ist, daß sich das Virus im Innern der Blutzellen, speziell der Leukocyten befindet, so stützt sich diese Hypothese vor allem auf die Feststellung, daß zahlreiche Virusarten (Vaccine-, Rinderpest-, Hühnerpestvirus usw.) vorwiegend oder ausschließlich an der Leukocytenfraktion des Blutes haften. Bewiesen ist nun aber diese Annahme keineswegs; denn erstens ist nicht nachgewiesen, daß das Virus tatsächlich intracellulär gelagert ist, und zweitens liegen Beobachtungen vor, wonach das Vaccinevirus (GILDEMEISTER und HILGERS) bzw. das Maul- und Klauenseuchevirus (WALDMANN, TRAUTWEIN und PYL) auch im zellfreien, antikörperhaltigen Blutplasma über längere Zeit aufgefunden werden kann. Außerdem ist ungewiß, welches Schicksal das Virus im antikörperhaltigen Blut de facto erleidet. Es wäre durchaus möglich und — auf Grund unserer Kenntnisse über das Schicksal von Virus in der Blutbahn bereits immuner Tiere (vgl. unten) — auch wahrscheinlich, daß ein Großteil des Virus kontinuierlich aus der Blutbahn eliminiert und späterhin auch inaktiviert wird, und daß das Blut nur deshalb über längere Zeit — meist 10 bis 14 Tage[1] — virushaltig bleibt, weil dieser Virusverlust durch einen entsprechend großen Virusnachschub aus den infizierten Geweben zunächst noch ausgeglichen wird.

Für die im Blut beobachteten Schwankungen des Virusgehaltes sind demnach wohl in erster Linie die in den Geweben, vor allem dem R. E. S., vor sich gehenden Infektions- und Immunitätsvorgänge verantwortlich. Und das endgültige Schicksal des Virus dürfte sich nicht im strömenden Blut, sondern im Gewebe entscheiden.

Lymphknoten.

Aus den Untersuchungen von McMASTER und HUDACK (213) und McMASTER und KIDD (214) geht hervor, daß intracutan injizierte abgetötete Bakterien oder aktives Vaccinevirus sehr rasch auf dem Lymphwege nach den regionären Lymphknoten abtransportiert werden und dort zu einer lokalen Antikörperbildung Anlaß geben. Die Lymphknoten sind demnach nach McMASTER und seinen Mitarbeitern als eigentliche Immunitätsorgane aufzufassen, da sie nicht nur die Aufgabe erfüllen, als „mechanische Barrieren" das Fortschreiten der Infektion zu behindern, sondern wohl auch imstande sind, den Erreger an Ort und Stelle durch die Bildung mikrobizider bzw. neutralisierender Antikörper zu schädigen bzw. zu inaktivieren. In den mit Vaccinevirus angestellten Ver-

[1] Bei einigen Virusinfektionen, nämlich der Maul- und Klauenseuche der Meerschweinchen und der Rinder [WALDMANN, TRAUTWEIN und PYL (367)] und der lymphocytären Choriomeningitis weißer Mäuse [TRAUB (350, *3*)], wurde eine außergewöhnlich lange — über Wochen und Monate dauernde — Viruspersistenz im strömenden Blute der längst hochgradig immun gewordenen Tiere beobachtet. Virusneutralisierende Antikörper waren im einen Fall (Maul- und Klauenseuche) reichlich vorhanden, im anderen (lymphocytäre Choriomeningitis) überhaupt nicht nachweisbar. Nach den Untersuchungen von TRAUB (350, *6*) ist diese Viruspersistenz im Blut wohl dadurch bedingt, daß aus den noch nicht völlig abgeheilten Infektionsherden in einigen Organgeweben andauernd Virus in die Blutbahn abgestoßen wird.

suchen von McMaster und Kidd wurde nun auch das Schicksal des einmal in den Lymphknoten angelangten Virus fortlaufend verfolgt. Es wurde hierbei festgestellt, daß das Virus bereits 4 Stunden nach der cutanen Infektion nachzuweisen ist und daß hierauf — nach einer gewissen Latenz — eine stärkere Virusvermehrung einsetzt, die anscheinend am 3. Tag ihr Maximum erreicht; am 5. Versuchstag konnte bereits weniger, am 7. Tag noch weniger und am 11. Tag überhaupt kein Virus mehr nachgewiesen werden. Da nun auch in diesem Fall die Virusabnahme, bzw. die Hemmung der Virusvermehrung zeitlich mit dem Termin des Auftretens lokaler Antikörper (am 4. Tag p. i.) zusammenfällt, so kann wohl kein Zweifel darüber bestehen, daß sich in den mit Vaccinevirus infizierten Lymphknoten derselbe immunologische Vorgang abspielt wie bei der Vaccineinfektion der Haut und des Hodens (Oerskov und Andersen), nämlich eine Autosterilisation.

Von Robles (284) und Topacio und Robles (346) wurden nun auch bei der Rinderpest Beobachtungen gemacht, die wohl nur als Autosterilisation der Lymphknoten gedeutet werden können. Nach den Angaben dieser Autoren büßen nämlich die Lymphknoten von pestinfizierten Rindern schon einige Tage nach dem Fieberabfall ihre Infektiosität ein, dagegen erzeugt die Verimpfung derartiger Lymphdrüsenextrakte eine zuverlässige aktive Immunität, ein Beweis dafür, daß noch aktives Virus zugegen ist. Fernerhin wurde der Befund erhoben, daß in den Lymphknoten selbst Antikörper gebildet werden und daß die Immunität bei der Rinderpest oft rein lokaler Natur, d. h. an die Lymphknoten gebunden ist.

Periphere Nerven, Ganglien.

Wie sich E. Koppisch überzeugte, ist die Wanderungsgeschwindigkeit encephalitogener Herpesstämme, die den Weg von der Kaninchencornea zum Gehirn im N. trigeminus zurücklegen, eine auffallend geringe. Außerdem wurde beobachtet, daß das Virus während seiner gesamten Wanderungszeit (6 Tage) in allen, auch den distalen Abschnitten der Nervenbahn nachweisbar bleibt. Schon aus diesen Gründen war die Annahme naheliegend, daß auf der Nervenbahn kein passiver Virustransport, sondern eine zentripetal fortschreitende Infektion stattfindet (Doerr). Die Frage jedoch, ob sich das Herpesvirus im Nerven vermehrt und ob die herpetische Infektion hier einen ähnlichen Verlauf nimmt wie in anderen Geweben (Cornea, Gehirn), wurde von Koppisch nicht entschieden, da der Virusnachweis nur qualitativ geführt wurde und die Versuchszeit auf wenige Tage begrenzt war. Doerr und Kon (63) haben diese Lücke späterhin ausgefüllt, indem sie — bei corneal infizierten Kaninchen — den Virusgehalt im zugehörigen Ganglion Gasseri fortlaufend bis zum Exitus des Versuchstieres bestimmten. In diesen Versuchen ließ sich denn auch feststellen, daß das Virus 2—4 Tage nach der cornealen Infektion im homolateralen Ganglion Gasseri nachweisbar wird, anscheinend dort an Menge zunimmt und dann mehr oder weniger plötzlich (nach 6—7 Tagen) verschwindet. Diesen Virusschwund haben Doerr und Kon — wohl mit Recht — als Autosterilisation der infizierten Bahn aufgefaßt und mit der Autosterilisation in der herpetisch infizierten Cornea sowie im Gehirn in Parallele gesetzt.

c) Schicksal von Virus in den Erfolgsorganen: Bedeutung der latenten Infektion.

Wie bereits festgestellt wurde, läßt der Ablauf der Virusinfektion an der Eintrittspforte — d. h. im direkt infizierten hochempfänglichen Gewebe: Haut, Cornea, Hoden, Gehirn — und sehr wahrscheinlich auch auf den Ausbreitungswegen (Lymphknoten, Nervenganglien) insofern ein einheitliches Gepräge erkennen, als auf eine rasch einsetzende Virusvermehrung, die in den meisten

Fällen zu einer Schädigung des Gewebes führt, eine Phase folgt, in welcher das Virus mit den üblichen Methoden nicht mehr nachgewiesen werden kann. Dieser Virusschwund, der gewöhnlich als „Autosterilisation" bezeichnet wird, wurde als Immunitätsvorgang, d. h. als ein lokaler — durch die Beteiligung gewebeständiger Antikörper bewirkter — Neutralisationsprozeß gedeutet. Daß das Virus im „autosterilisierten" Gewebe zunächst nicht zerstört, sondern noch latent vorhanden, d. h. reversibel neutralisiert ist, ging schon aus allen jenen Versuchen hervor, in denen es gelang, im autosterilisierten Gehirn von Kaninchen, die an einer herpetischen Encephalitis zugrunde gegangen waren, aktives Herpesvirus nachzuweisen, sei es durch die Konservierung des Gewebes in Glycerin [DA FANO und PERDRAU (57), NICOLAU und KOPCIOWSKA (242, *3*), PERDRAU (265, *2*)], sei es durch Kataphorese [LÉPINE (187, *1*)] oder durch Adsorption an Aluminiumhydroxyd [PERDRAU (265, *2*)]. Es wurde deshalb bereits die Vermutung ausgesprochen, daß die manifeste Virusinfektion eines Gewebes nicht mit einer kritisch erfolgenden Viruszerstörung endet, sondern zunächst in eine latente Infektion übergeht, und daß dieser Vorgang anzeigen würde, daß das Gewebe immun geworden ist.

Im folgenden soll der Versuch unternommen werden, alle jene Beobachtungen und experimentellen Ergebnisse zusammenzufassen, die zugunsten dieser Annahme gewertet werden können, d. h. aus denen hervorzugehen scheint, daß auch in den Erfolgsorganen das Schicksal von Virus durch lokale Neutralisationsprozesse entschieden wird, und daß es diese Vorgänge sind, denen die Gewebe in erster Linie ihre Immunität verdanken.

Herpesvirus.

Wird Herpesvirus von einer peripheren Eintrittspforte (Cornea, Nase, Haut, Hoden) dem Kaninchengehirn zugeleitet, so kann die Infektion des Zentralnervensystems — je nach der Art der verwendeten Virusstämme und der individuellen Reaktivität der Versuchstiere — bekanntlich einen sehr unterschiedlichen Verlauf nehmen:

1. Die Tiere verenden nach wenigen Tagen unter den Symptomen einer akuten Encephalitis. Das Gehirn dieser Tiere ist meistens im Zeitpunkt des Exitus hochinfektiös. Ausnahmsweise wurde aber auch festgestellt, daß kein Virus mehr vorhanden ist [„*Akute, tödliche Autosterilisation*" (106)].

2. Die herpetische Encephalitis nimmt einen chronischen Verlauf und die Tiere erliegen der Infektion meist erst nach 2—3 Wochen, oft auch erst nach mehreren Monaten. Der Virusnachweis im Gehirn dieser Tiere stößt meist auf Schwierigkeiten und ist oft nur möglich unter Zuhilfenahme von Dissoziationsverfahren [„*Chronische, tödliche Autosterilisation*" (184, 57, 218, *2*, 265, *2*)].

3. Die Tiere überstehen eine subakute oder chronische Encephalitis und erwerben hierdurch eine solide Immunität gegenüber der intracerebralen Reinfektion. Werden diese rekonvaleszenten Tiere in bestimmten Zeitintervallen nach der Infektion getötet und ihr Gehirn auf die Anwesenheit von Virus geprüft, so gelingt auch hier der Virusnachweis höchstenfalls durch die Anwendung von Reaktivierungsmethoden [„Nicht-tödliche Autosterilisation" (57, 85, *3*, 265, 2)].

4. Die Infektion des Zentralnervensystems verläuft klinisch nahezu oder völlig latent und hinterläßt eine hochgradige Immunität. Virus ist zunächst im Gehirn dieser Tiere vorhanden, späterhin entzieht es sich dem Nachweis[1] [„Latente immunisierende Infektion" (84, *1*, 218, *1*, *2*, 265, *2*)].

---

[1] Daß das Virus auch in diesem Fall oft nur scheinbar aus dem Zentralnervensystem verschwindet, ergibt sich aus der Beobachtung, daß derartige Tiere nach

Bereits NICOLAU (239) hat — auf Grund histologischer Untersuchungen — die Ansicht vertreten, daß die „Autosterilisation“, gleichgültig, ob sie mit dem Tod oder dem Überleben der Versuchstiere einhergeht, immunologisch denselben Mechanismus hat, und daß die tödlich endende „Autosterilisation“ lediglich als eine fehlgeschlagene Immunität („Immunisation manquée“) aufzufassen ist. Diese schon a priori wahrscheinliche Annahme wurde nun späterhin von MAGRASSI (218, *2*) in sehr ausgedehnten Untersuchungen verifiziert und in einem wichtigen Punkt ergänzt, nämlich durch den Nachweis, daß auch die völlig latent verlaufende Herpesinfektion des Kaninchengehirns mit einer „Autosterilisation“ verbunden ist. MAGRASSI (218, *1*, *2*) verwendete für seine Versuche zwei Herpesvirusstämme, nämlich einen encephalitogenen und einen nicht-encephalitogenen Stamm. Beide Stämme erzeugten auf der Kaninchencornea eine typische Keratokonjunktivitis und beide Stämme hatten die Eigenschaft, mit derselben Wanderungsgeschwindigkeit die Trigeminusbahn zurückzulegen, d. h. gleichzeitig (am 4. Tag p. i.) im Gehirn einzutreffen. Erst hier manifestierte sich die Verschiedenartigkeit der beiden Virusstämme; während nämlich der encephalitogene Stamm regelmäßig eine protrahiert verlaufende Encephalitis (Labyrinth- bzw. Kleinhirnsymptome) erzeugte, die entweder einen letalen Verlauf nahm oder schließlich regressierte, verursachte der nicht-encephalitogene Stamm nicht die geringsten Symptome. MAGRASSI verfolgte nun sowohl bei den manifest als auch den latent infizierten Tieren den Infektionsablauf, indem er die Tiere in regelmäßigen Zeitintervallen nach der cornealen Infektion tötete und den Virusgehalt des Gehirns quantitativ bestimmte. Hierbei zeigte sich nun, daß sich die beiden Virusstämme — wie schon auf Grund der unterschiedlichen klinischen Manifestation erwartet werden mußte — hinsichtlich ihrer Infektiosität im Gehirngewebe völlig different verhielten, indem nämlich das encephalitogene Virus — vom 6. bis zum 9. oder 12. Tag — an Menge beständig zunahm, wogegen das nicht-encephalitogene Virus sich nicht in nennenswerter Weise vermehrte, sondern lediglich in konstant bleibender Menge bis zum 10. Tage nachzuweisen war. Dagegen konnte kein Zweifel sein, daß das endgültige Schicksal beider Virusstämme im Gehirngewebe schließlich dasselbe ist, nämlich mit einer nahezu gleichzeitig (am 10. bzw. 12. Versuchstag) nachweisbaren „Autosterilisation“ endet. Unterschiedlich war lediglich, daß das encephalitogene Virus im autosterilisierten Gewebe noch während einiger Tage durch entsprechende Verdünnung reaktiviert, bzw. durch sein aktiv immunisierendes Vermögen nachgewiesen werden konnte, während für das autosterilisierte nicht-encephalitogene Virus diese Möglichkeit nicht bestand. Nach MAGRASSI haben diese Differenzen aber keine prinzipielle Bedeutung, da dieselben höchstwahrscheinlich nur quantitativer Art, d. h. durch den unterschiedlichen Virusgehalt des autosterilisierten Gewebes bedingt sein dürften.

Aus dem Verhalten des nicht-encephalitogenen Herpesstammes im Kaninchengehirn müßte weiterhin geschlossen werden, daß das Virus schon unmittelbar nach seinem Eintreffen im Zentralnervensystem in seiner Infektiosität gehemmt wird und daß demnach schon in diesem Zeitpunkt Immunitätsvorgänge einsetzen. Tatsächlich konnte nun auch MAGRASSI (218, *1*) nachweisen, daß die Immunität des Gehirns bereits am 4. Tag nach der cornealen Infektion einen erheblichen Grad erreicht hat, indem die Tiere eine intracerebrale Superinfektion von mindestens 1000 M. I. D. Virus anstandslos vertrugen. Das end-

---

einer monatelangen völligen Latenz plötzlich einer akuten Encephalitis, deren herpetische Ätiologie durch den leicht gelingenden Virusnachweis sichergestellt werden kann, erliegen können [LE FÈVRE DE ARRIC (184), PERDRAU (265, *2*)].

gültige „Verschwinden“ des Virus aus dem Gewebe, d. h. das eigentliche Autosterilisationsphänomen wäre demnach nicht als einleitende, sondern als abschließende Phase der entstandenen Gewebeimmunität aufzufassen.

Encephalitisvirus (St. Louis).

WEBSTER und CLOW (371, *3*) verfolgten das Schicksal von Encephalitisvirus (St. Louis) im Mäusegehirn, indem sie ebenfalls den Virusgehalt des Gehirns nach der intranasalen (und auch intracerebralen) Infektion fortlaufend quantitativ bestimmten. Die Versuchsanordnung dieser Autoren unterscheidet sich von derjenigen von MAGRASSI lediglich dadurch, daß nicht zwei Virusstämme verschiedener Infektiosität, sondern zwei Mäuserassen verschiedener Empfänglichkeit, nämlich hochempfängliche Mäuse einerseits und natürlich minderempfängliche Mäuse (die erst mit einer zirka 1000fach größeren Infektionsdosis tödlich infiziert werden konnten) anderseits, verwendet wurden. Die von WEBSTER und CLOW erzielten Versuchsergebnisse stimmen nun in mehrfacher Hinsicht mit den von MAGRASSI erhobenen Befunden überein. Für beide Mäuserassen wurde nämlich festgestellt, daß das Virus von der Nasenschleimhaut aus über den Nervus olfactorius gleich rasch ins Gehirn vordringt und dort erstmalig nach 24—48 Stunden nachweisbar wird, und daß auch in der weiteren Virusausbreitung im Gehirn keine Unterschiede bestehen. Völlig unterschiedlich war nun aber auch hier der Ablauf der Virusvermehrung und der klinischen Symptomatologie; während nämlich bei den hochempfänglichen Mäusen bereits vom 3. Tag an eine rapid fortschreitende Virusvermehrung einsetzte, die regelmäßig den Tod der Versuchstiere (am 6. oder 7. Tag) zur Folge hatte, verlief die Gehirninfektion bei den resistenten Tieren völlig latent, und eine nennenswerte Virusvermehrung wurde nicht beobachtet, trotzdem das Virus während längerer Zeit — regelmäßig bis zum 10. Tag, ausnahmsweise bis zum 28. Tag — im Gehirn dieser Tiere nachweisbar war. Eine Autosterilisation wurde bei den hochempfänglichen Mäusen nicht beobachtet — wahrscheinlich deshalb nicht, weil diese Versuchstiere allzu frühzeitig ad exitum kamen —, wohl aber bei der resistenten Mäuserasse. Jedenfalls entspricht der bei diesen Tieren von Anfang an stark gehemmte Infektionsablauf und der schließlich (nach dem 10. Versuchstag) regelmäßig eintretende Virusschwund völlig der von MAGRASSI analysierten latenten Herpesinfektion des Kaninchengehirns.

Vaccinevirus.

MAGRASSI zog aus seinen Versuchen mit Herpesvirus die Schlußfolgerung, daß die Virusinfektion eines Gewebes stets dann in die Latenz übergeht oder von Beginn an latent bleibt, wenn die Immunität des Gewebes entsteht. Das Studium der primär latenten Gewebeinfektion wäre demnach wohl am besten geeignet, Aufschluß zu gegen, in welchem Zeitpunkt und nach welchem Mechanismus das Gewebe immun wird. In den Untersuchungen von MAGRASSI (218, *4*) und von MAGRASSI und DE GREGORI (219), in denen das Schicksal von Vaccinevirus in den verschiedenen Organgeweben des Kaninchens verfolgt werden sollte, wurde denn auch absichtlich ein Virusstamm gewählt, der nur an der Eintrittspforte spezifische Gewebeläsionen, bei der weiteren Ausbreitung aber nur noch völlig latent verlaufende Gewebeinfektionen verursachte. Die Versuchsanordnung bestand zunächst darin, daß bei einer größeren Reihe von intracutan mit Vaccinevirus infizierten Kaninchen fortlaufend, d. h. in täglichen Intervallen nach der Infektion der Virusgehalt der Haut (an einer von der Eintrittspforte entfernt gelegenen Stelle), der Milz und des Hodens quantitativ ausgewertet wurde. Auf diese Weise wurde ermittelt, wann das Virus in diesen Organgeweben erstmalig eintrifft, in welchem Ausmaß es sich dort vermehrt und in welchem Zeitpunkt es wieder verschwindet.

Der in den einzelnen Organgeweben festgestellte Infektionsablauf zeigte nun einen Rhythmus, welcher mit der latenten Herpes- bzw. Encephalitis-Virusinfektion des Zentralnervensystems völlig in Parallele gestellt werden konnte. In sämtlichen untersuchten Geweben wurde das Virus erstmalig am 4. Tag p. i. in kleinsten Mengen nachgewiesen, in den 2—3 folgenden Tagen wurde festgestellt, daß sich das Virus in geringfügigem Grade vermehrt (Haut, Hoden) oder in gleichbleibender Menge verharrt (Milz, ev. Hoden), und schließlich konnte kein Virus mehr nachgewiesen werden (in der Milz schon am 7.—8. Tag; im Hoden zwischen dem 10. und 20. Tag p. i.). Der Infektionsablauf war demnach wiederum durch eine frühzeitig in Erscheinung tretende Hemmung der Virusvermehrung und durch die schließlich auftretende „Autosterilisation“ charakterisiert. Daß die Hemmung der Virusinfektion, d. h. deren latenter Verlauf bereits als Immunitätsvorgang gewertet werden muß, wurde auch in diesem Fall sichergestellt, nämlich einerseits durch den Nachweis, daß die Gewebe schon zu Beginn der Infektion (am 3.—4. Tag) eine vollständige (Hoden) oder partielle (Haut) Immunität gegenüber der Superinfektion besitzen (MAGRASSI und DE GREGORI), und anderseits, daß schon frühzeitig virusneutralisierende Antikörper intervenieren (MAGRASSI). Den eindeutigen Nachweis dafür, daß die Vaccineinfektion im Hoden und in der Milz nur deshalb völlig latent verläuft, weil die Infektion schon zu Beginn durch die Bildung von Antikörpern abgebremst wird, versuchte MAGRASSI mit einer Methode zu leisten, der sich schon zuvor HALLAUER (121, *1*) bei seinen Immunitätsstudien mit Hühnerpestvirus (siehe unten) mit Vorteil bedient hatte und die in der Explantation der in vivo infizierten Gewebe besteht. Diese Methode erlaubt es, einen in vivo vor sich gehenden Infektions- bzw. Immunitätsvorgang in jedem beliebigen Zeitpunkt zu unterbrechen und in vitro unter leicht kontrollierbaren Versuchsbedingungen weiterzuführen. Da nun auch hinreichend bekannt ist, in welcher Weise virusneutralisierende Antikörper die Virusvermehrung im Gewebsexplantat beeinflussen (vgl. S. 1158), ist dieses Verfahren besonders geeignet, darüber Aufschluß zu geben, ob das Gewebe im Zeitpunkt der Explantation schon Antikörper enthält und ob diese Antikörper für die Gewebeimmunität verantwortlich sind.

Auf Grund seiner Explantationsversuche hält es nun MAGRASSI für erwiesen, daß die im Milz-, und vor allem im Hodengewebe ablaufende latente Infektion mehrere distinkte Phasen, die wohl nur im Sinn eines progressiv verlaufenden Neutralisationsvorganges gedeutet werden können, erkennen läßt.

Die *erste Phase* (4.—6. Tag p. i.) wäre dadurch gekennzeichnet, daß die in vivo bereits deutlich erkennbare Hemmung der Virusvermehrung (bei noch fehlenden Antikörpern im Blut) durch die einfache Explantation des Gewebes in ein Kaninchennormalserum enthaltendes Kulturmilieu aufgehoben werden kann. Tatsächlich wurde für das in diesem Zeitpunkt explantierte Hodengewebe beobachtet, daß die Virusvermehrung einen vollständig ungehemmten Verlauf nimmt, d. h. einen maximalen Virustiter erreicht. Für das Milzgewebe war nun aber — bemerkenswerterweise — eine derartige Umformung einer latenten in eine manifeste Infektion bereits nicht mehr möglich; auch in vitro endete nämlich die Virusinfektion mit einer Autosterilisation. Wurde das Milzgewebe vor der Explantation mehrmals gewaschen (zur Entfernung von Antikörpern), so wurde zwar eine größere Virusmenge nachweisbar, und dieser Virusgehalt hielt sich auch während der Züchtung auf gleicher Höhe; eine Virusvermehrung konnte aber trotzdem nicht beobachtet werden. In ähnlicher Weise wie das in Normalserum explantierte (ungewaschene) Milzgewebe verhielt sich nun auch das Hodengewebe, wenn die Explantation in ein Maitlandmedium erfolgte, das nicht Normal-, sondern Immunserum enthielt. In diesem

Falle nahm die Infektion in vitro anscheinend völlig denselben Verlauf und Ausgang wie in vivo, d. h. das Virus vermehrte sich nicht und wurde schließlich ebenfalls „autosterilisiert“.[1]

Wurde das Gewebe in einem späteren Termin (6.—8. Tag p. i.) explantiert, so konnte eine *zweite Phase* ermittelt werden, in der sich nun das latent infizierte Hodengewebe im Explantat annähernd ebenso verhielt wie das nur einige Tage früher explantierte, gewaschene Milzgewebe, d. h. seinen Virusgehalt während der Züchtungszeit meist nur konservierte. Im Milzgewebe war um diese Zeit weder eine Virusreaktivierung durch Waschen noch eine Viruskonservierung in der Kultur zu erzielen.

Dieselbe Unmöglichkeit hinsichtlich der Virusreaktivierung und Konservierung in der Kultur wurde schließlich in der *dritten Phase* (zirka am 10. Tag p. i.) auch für das Hodengewebe festgestellt.

Aus den Versuchen von MAGRASSI geht jedenfalls mit Eindeutigkeit hervor, daß die Gewebe auf die Vaccineinfektion schon außerordentlich frühzeitig mit einer „Hemmung“ reagieren, die zunächst die Virusvermehrung abbremst, dann völlig behindert und schließlich den Virusnachweis erschwert. Alle diese „Phasen“ sind ausgezeichnet durch eine unterschiedliche große Reversibilität. Die Reversibilität und die Hemmung der Virusvermehrung in Gegenwart virusempfänglicher Gewebezellen sind nun bekanntlich die Hauptcharakteristika jeder Virus-Antikörper-Reaktion, und es ist deshalb anzunehmen, daß der virusneutralisierende Antikörper an jeder der beobachteten Phasen beteiligt ist und als der hauptsächlichste, wenn nicht alleinige Immunitätsfaktor der entstehenden Gewebeimmunität[2] betrachtet werden muß.

---

[1] Dieser Befund steht nun, wie MAGRASSI hervorhebt, in offenem Widerspruch zu den zahlreichen Beobachtungen, wonach der nachträgliche Zusatz von Immunserum zu bereits — in vitro — infizierten Explantaten auf die Virusvermehrung, bzw. auf das Fortschreiten der Infektion keinen entscheidenden Einfluß mehr ausübt (vgl. S. 1165). MAGRASSI suchte diese differente Wirksamkeit von postinfektionell verabreichtem Immunserum durch die Annahme zu erklären, daß zwischen dem Infektionsmodus in vitro und in vivo insofern ein großer Unterschied besteht, als im einen Fall die Gewebe in völlig unnatürlicher Weise mit Virus überschüttet, im anderen dagegen — zumindest wenn das Virus den Organgeweben in indirekter Art zugeführt wird — nur allmählich infiziert werden. Nach MAGRASSI wären demnach die Aussichten einer wirksamen Serumtherapie wesentlich größer als nach den Versuchen im Gewebsexplantat angenommen werden müßte.

Immerhin ist auch eine andersartige Deutung möglich. Das in vivo infizierte und erst nachträglich explantierte Hodengewebe könnte nämlich bereits so weit zur aktiven Antikörperbildung angeregt sein, daß es diese Funktion auch in vitro beibehält. Die im Hodenexplantat (in Gegenwart von Immunserum) vor sich gehende Autosterilisation wäre demnach wiederum die Folge des im Gewebe selbst entstehenden Antikörpers, und das künstlich zugesetzte Immunserum (das — bezeichnenderweise — für die Autosterilisation des Milzgewebes gar nicht notwendig ist) hätte lediglich die Aufgabe, den Infektionsprozeß in Schranken zu halten. Die unterschiedliche Wirksamkeit des künstlich zugesetzten Immunserums gegenüber dem in vitro oder in vivo infizierten Hodengewebe ist deshalb wohl nur vorgetäuscht; in beiden Fällen wird lediglich eine passive Immunität erzeugt, welche allein den Ablauf des Infektionsvorganges zwar — wie auch in den in vitro infizierten und nachträglich mit Immunserum versetzten Gewebekulturen beobachtet werden konnte (280, 68, 217, *3*) — deutlich hemmt, aber doch nicht aufzuhalten vermag. Zu einer Autosterilisation kommt es auch in vitro nur dann, wenn das Gewebe eine aktive Immunität erwirbt (vgl. auch Fußnote S. 1210).

[2] Der Übergang der Virusinfektion in die Virusimmunität vollzieht sich im Hodengewebe — wie MAGRASSI feststellte — ohne die geringste, makroskopisch oder mikroskopisch feststellbare Gewebereaktion.

Scalfi (295, *1*) ergänzte späterhin die Versuche von Magrassi durch den Nachweis, daß das Vaccinevirus auch im Milzgewebe, wo es sich rasch dem Nachweis entzieht, zunächst keineswegs zerstört, sondern nur in zunehmendem Grade neutralisiert wird. Durch die fortlaufende Verimpfung der „autosterilisierten" Milz (vom 7.—12. Tag nach der cutanen Infektion) in die Haut, in die Blutbahn und in den Hoden von frischen Kaninchen konnte gezeigt werden, daß das „Milzvirus" zunächst (zirka am 7. Tag p. i.) nur noch im Hoden eine manifeste Infektion auslöst, dann (zirka am 8.—9. Tag p. i.) nur noch aktiv immunisiert und schließlich (zirka am 12. Tag p. i.) das immunisierende Vermögen einbüßt und höchstenfalls — nach mehrmaliger intravenöser Applikation — noch spärliche Mengen von Antikörpern erzeugt. Diese von Scalfi erhobenen Befunde sind nun keineswegs neuartig; sie bestätigen lediglich die von anderen Autoren bereits für das Vaccinevirus [Casagrandi (44), Bigleri (26)], das Gelbfiebervirus [Hindle (130, *4*)], das Hühnerpestvirus [Lagrange (179, *1*, *4*, *5*, *6*), Hallauer (121, *1*, *2*), Oerskov und Schmidt (251)], das Rinderpestvirus [Robles (284)], das Maul- und Klauenseuchevirus [Oerskov, Schmidt und Hansen (250)] und das Herpesvirus [Magrassi (218, *2*)] mehr oder weniger zufällig gemachte Beobachtung, wonach autosterilisierte Gewebe solange aktiv immunisieren, als sie noch aktives Virus enthalten.

Die Versuchsergebnisse von Magrassi und seinen Mitarbeitern lassen wohl keinen Zweifel darüber zu, daß das Vaccinevirus nach seinem Eintreffen in den inneren Organen (Hoden, Milz) rasch neutralisiert wird, und daß der Infektionsablauf hierdurch frühzeitig abgestoppt wird. Denselben Neutralisationsvorgang beobachteten nun, wie bereits erwähnt wurde, auch Oerskov und Andersen (249, *1*, *2*) und McMaster und Kidd (214) für die Vaccineinfektion an der Eintrittspforte (Haut, Hoden) oder in den regionären Lymphknoten. Das Schicksal von Vaccinevirus in den verschiedenen Organgeweben wird demnach wohl stets durch denselben immunologischen Vorgang, nämlich durch die Bildung und die Einwirkung virusneutralisierender Antikörper, entschieden.

McMaster und Kidd und Oerskov und Andersen heben nun ausdrücklich hervor, daß die von ihnen beobachtete Autosterilisation nicht dadurch zustande kommt, daß den Geweben Antikörper aus dem strömenden Blut zugeführt werden, sondern daß das virusinfizierte Gewebe selbst zur Antikörperbildung befähigt ist. Diese Annahme stützte sich vor allem darauf, daß der Antikörper im infizierten Gewebe weit frühzeitiger nachzuweisen war als im Blut, und daß auch keinerlei Anzeichen dafür gewonnen werden konnten, daß der in der Blutbahn noch nicht nachweisbare Antikörper im entzündlich veränderten Gewebe angereichert wird. Auch Magrassi beobachtete, daß die Hemmung der Virusinfektion im Milz- und Hodengewebe schon dann in Erscheinung tritt, wenn noch keine nachweisbaren Mengen von Antikörpern in der Blutbahn kreisen. Und schließlich kann aus der Tatsache, daß anscheinend dieselben Autosterilisationsvorgänge im Zentralnervensystem, wo eine Beteiligung von Blutantikörpern leicht ausgeschlossen werden kann, möglich sind, gefolgert werden, daß die Neutralisation bzw. Autosterilisation von Vaccinevirus in den verschiedenen Organgeweben ebenfalls weitgehend unabhängig von „humoralen" Antikörpern vor sich gehen könnte.

Die *immunologische Autonomie der verschiedenen Organgewebe* gegenüber der Vaccineinfektion kann nun aber auch aus den folgenden Gründen nicht in Abrede gestellt werden:

1. Erwerben die einzelnen Gewebe ihre virusneutralisierenden Eigenschaften nicht gleichzeitig, sondern in einer Reihenfolge, die der Virusausbreitung im Organismus entspricht. So kann beispielsweise die Autosterilisation in der

Haut, d. h. an der Eintrittspforte, schon abgeschlossen sein, wenn die Virusneutralisation in den regionären Lymphknoten bzw. in den inneren Organen erst beginnt.[1]

2. Kann kein Zweifel sein, daß der Neutralisationsvorgang in den einzelnen Organgeweben mit unterschiedlicher Geschwindigkeit abläuft. In den Versuchen von MAGRASSI wurden diese Unterschiede im Neutralisationsvermögen zwischen Milz- und Hodengewebe in eindeutiger Weise nachgewiesen; während das Vaccinevirus in der Milz sehr rasch neutralisiert bzw. autosterilisiert wurde, erfolgte die endgültige Autosterilisation im Hoden wesentlich später. Dieselben Differenzen zwischen Milz- und Lebergewebe einerseits und anderen Gewebearten (Niere, Hoden, Gehirn) anderseits konnten MAGRASSI und HALLAUER (220) auch in immunserumhaltigen, in vitro mit Vaccinevirus infizierten Gewebekulturen feststellen. Da die Explantate in diesen Versuchen initial stets mit derselben Virusdosis infiziert und mit der gleichen Menge Immunserum versetzt wurden, konnte der ausschließlich in den Milz- und Leberkulturen beobachtete frühzeitige Virusschwund wohl nur auf eine aktive Leistung dieser Gewebe — höchstwahrscheinlich auf eine aktive Antikörperbildung in vitro (vgl. KIMURA und FUJISAWA (162, *1*)] — zurückgeführt werden. Auch in den Versuchen von OERSKOV und ANDERSEN (249, *1*, *2*) wurde das Vaccinevirus anscheinend in der Haut weit rascher autosterilisiert als im Hoden.

Und schließlich lehren auch die Untersuchungen über die Persistenz von Vaccinevirus im bereits hochimmunen Kaninchenorganismus, daß nicht alle Organgewebe gleichzeitig „virusfrei" werden, sondern anscheinend zu recht unterschiedlichen Zeiten, wobei der Virusnachweis in einigen Organgeweben, wie der Milz, der Leber und dem Knochenmark, wiederum nur kurzfristig, in den Generationsorganen (Hoden und Ovarien) dagegen oft — je nach der verwendeten Technik — auffallend lange gelingt [LEVADITI und NICOLAU (195, *5*), DOUGLAS, SMITH und PRICE (67), DRESEL (69) u. a.]. Unter der hier stets gemachten Voraussetzung, daß das Schicksal von Virus in einem Gewebe in der Hauptsache durch einen Neutralisationsvorgang entschieden wird, wäre demnach anzunehmen, daß die Autosterilisation in den einen Organen verhältnismäßig rasch mit einer völligen Virusinaktivierung — wie sie von SCALFI für die Milz beobachtet wurde — endet, in anderen Geweben jedoch diesen Endzustand erst viel später oder gar nicht erreicht.

3. Ist festgestellt, daß die verschiedenen Organgewebe gegenüber der Reinfektion unterschiedlich rasch immun werden[2] und auch unterschiedlich lange immun bleiben. So vermochten MAGRASSI und DE GREGORI (219) nachzuweisen, daß die Haut von cutan mit Vaccinevirus infizierten Kaninchen um einige Tage später eine volle Immunität gegenüber der Superinfektion erwirbt als der Hoden, obschon das Virus in diesen Organgeweben gleichzeitig eintrifft. Anderseits machten LEVADITI und NICOLAU (195, *4*) bei vaccineimmunen Kaninchen die Feststellung, daß die Immunität der Haut rascher verloren geht als diejenige des Hodens oder des Gehirns.

Alle diese Beobachtungen erlauben wohl die Schlußfolgerung, daß jedes Organgewebe immunologisch in selbständiger Weise auf die Infektion mit Vaccine-

---

[1] Eine Serie von zeitlich hintereinander ablaufenden Autosterilisationsphänomenen läßt sich besonders deutlich bei der von der Kaninchencornea über das Ganglion Gasseri zum Gehirn fortschreitenden Herpesinfektion nachweisen.

[2] Dasselbe gilt auch für die Herpesimmunität des Zentralnervensystems und der Cornea von Kaninchen, die mit bestimmten Virusstämmen corneal infiziert werden. Wie sich nämlich MAGRASSI (218, *1*) überzeugte, erwirbt das Gehirn weit frühzeitiger eine volle Unempfänglichkeit gegenüber der Reinfektion als die Cornea.

virus reagiert und infolgedessen auch eine unabhängige Immunität erwirbt. Bekanntlich wurde diese These von LEVADITI und NICOLAU (195, *1*, *2*, *4*, *5*) für die Herpes- und Vaccineimmunität schon lange verfochten, indem diese Autoren darauf hinwiesen, daß die Gewebeimmunität von der Gegenwart virusneutralisierender Antikörper im Blut unabhängig ist, daß die Virusimmunität einzelner Gewebe zu verschiedener Zeit entsteht und wieder verschwindet, und daß sich demnach die Gesamtimmunität eines Organismus aus einzelnen Gewebeimmunitäten zusammensetzt. Die Frage nach dem Mechanismus dieser „histogenen" Virusimmunität haben nun allerdings LEVADITI und NICOLAU größtenteils offengelassen. Durch die Untersuchungen von MAGRASSI und seinen Mitarbeitern, MCMASTER und KIDD und OERSKOV und ANDERSEN scheint nun auch diese Frage weitgehend abgeklärt, indem wohl der Nachweis geleistet wurde, daß auch die Gewebeimmunität auf einer Antikörperwirkung beruht, und daß der hierbei beteiligte Antikörper wohl nicht aus dem Blute stammt, sondern im manifest oder latent mit Virus infizierten Gewebe selbst entsteht.

Hühnerpestvirus.

Die Beobachtungen und Untersuchungen von LAGRANGE (179, *1*, *2*, *3*, *4*, *5*, *6*) über das Vorkommen von Autosterilisationsphänomenen bei der ägyptischen Hühnerpest müssen besonders hervorgehoben werden, weil dieser Autor den Vorgang der Autosterilisation wohl erstmalig richtig gedeutet und auch bereits die generelle Bedeutung dieses Immunitätsphänomens erkannt hat.

LAGRANGE (179, *1*) stellte zunächst fest, daß im Gehirn von Hühnern, die experimentell mit Hühnerpestvirus infiziert wurden und die nach der üblichen Inkubation ad exitum kamen, ausnahmsweise kein Virus nachgewiesen werden konnte, während die übrigen Organgewebe (Milz, Leber usw.) hochinfektiös waren. Derartige tödlich endende „Autosterilisationen" beobachtete nun LAGRANGE (179, *6*) auch bei Hühnern, die spontan der natürlich vorkommenden Hühnerpest erlagen, u. zw. — bemerkenswerterweise — dann in gehäuftem Maße, wenn die Hühnerpestseuche bereits im Abflauen war, so daß LAGRANGE annimmt, daß dem Phänomen der Autosterilisation auch eine epidemiologische Bedeutung zukommt, eine Annahme, die auch experimentell — durch den Nachweis, daß serienweise fortgeführte Kontaktinfektionen schließlich keine manifeste Hühnerpest mehr erzeugen — gestützt werden konnte (179, *3*). Daß das Virus im autosterilisierten Gehirngewebe zunächst nicht zerstört, sondern lediglich reversibel inaktiviert ist, erkannte LAGRANGE (179, *1*, *6*) ebenfalls, indem er darauf hinwies, daß das autosterilisierte Gewebe aktiv immunisiert und bei der Konservierung in Glycerin wieder infektiös wird. Fernerhin vermochte LAGRANGE (179, *1*, *2*) zu zeigen, daß die Autosterilisation in bestimmten Organgeweben (Gehirn, Milz, Leber) willkürlich erzeugt werden kann, wenn die Tiere mit einem abgeschwächten Virus infiziert werden. In diesen Versuchen wurde der Nachweis geleistet, daß die Autosterilisation nicht nur im Zentralnervensystem, sondern auch in anderen Organen zu beobachten ist und daß die Autosterilisation oft nur auf *ein* bestimmtes Organgewebe beschränkt bleibt und somit als ein lokales Immunitätsphänomen gewertet werden muß. Und schließlich machte LAGRANGE (179, *4*) auch die Beobachtung, daß die Autosterilisation im Zentralnervensystem von Hühnern, die mit Formolimpfstoffen vorbehandelt und dann infiziert werden, klinisch (und auch histologisch) völlig latent ablaufen kann, und daß das Hühnerpestvirus während dieser latenten Gehirninfektion die folgenden Phasen durchläuft: infektiös und pathogen — apathogen und immunisierend — apathogen und nicht immunisierend.

Die Angaben von LAGRANGE, wonach die „Autosterilisation" als ein lokaler Immunitätsvorgang aufgefaßt werden muß, der sich in jedem beliebigen Gewebe ereignen und klinisch manifest oder latent ablaufen kann, und der darin besteht, daß das Virus zunächst reversibel und schließlich irreversibel inaktiviert wird, stehen demnach in völliger Übereinstimmung mit den derzeitigen Kenntnissen über das Wesen des Autosterilisationsphänomens.

Daß auch bei der europäischen Hühnerpest entsprechende Autosterilisationsvorgänge in den inneren Organen schon frühzeitig einsetzen, aber durch den vorzeitigen Tod der Versuchstiere unterbrochen und deshalb nicht erkannt werden, vermochte HALLAUER (121, *1*) nachzuweisen. Die Versuchsanordnung von HALLAUER bestand darin, daß die Leber von pestinfizierten Hühnern unmittelbar vor dem Exitus der Versuchstiere in ein Maitland-Medium explantiert wurde. Auf diese Weise war es möglich, das Schicksal von Hühnerpestvirus im überlebenden Lebergewebe weiterhin zu verfolgen. Durch die tägliche Verimpfung dieser Kulturen auf Hühner wurde nun festgestellt, daß das Virus in charakteristischer Weise verändert wird, nämlich zunächst (in den drei ersten Züchtungstagen) noch vollinfektiös und pathogen ist, dann meist kritisch seine Pathogenität verliert und vorübergehend (während 1—2 Tagen) hochimmunisierende Eigenschaften hat, und schließlich (zirka am 8. Züchtungstag) — wiederum ziemlich unvermittelt — völlig inaktiviert wird. Die in vitro beobachtete Virusabwandlung entsprach demnach völlig einer in vivo ablaufenden Autosterilisation. Daß der *gesamte* Infektions- und Immunitätsvorgang in das Reagenzglas verlegt werden kann, wies HALLAUER ebenfalls nach, indem es ihm gelang, durch die Züchtung von Hühnerpestvirus in Explantaten von embryonaler Hühnerleber (und in späteren Versuchen auch von Hühnermilz) einen Impfstoff von höchster Wirksamkeit zu gewinnen. Auch in diesem Falle zeigte der Infektionsablauf alle Charakteristika einer Autosterilisation, indem die zunächst außerordentlich rasche und starke Virusvermehrung plötzlich (am 5.—6. Züchtungstag) von einem kritisch einsetzenden „Virusschwund", der nun aber auf Grund der erfolgreichen Immunisierungsversuche nur als Virusneutralisation gedeutet werden konnte, gefolgt war.[1]

Wenn HALLAUER feststellte, daß die beim Huhn stets manifest und rasch letal verlaufende Hühnerpestinfektion mit Hilfe der Explantationsmethode in eine latent immunisierende Infektion übergeführt bzw. zur Autosterilisation gebracht werden kann, so vermochten späterhin DOERR und seine Mitarbeiter (65) für denselben Virusstamm nachzuweisen, daß die Infektion auch in vivo mit einer typischen Autosterilisation (des Zentralnervensystems) endet, wenn die Hühnerpestinfektion in den Organismus von minderempfänglichen Tierspezies (weiße Maus, Meerschweinchen, Kaninchen) verlegt wird und in diesem Fall von Anfang an einen klinisch völlig latenten Verlauf nimmt. Auch die Untersuchungen von OERSKOV und SCHMIDT (251) über das Schicksal des von DOERR verwendeten Hühnerpeststammes in der weißen Maus lassen wohl keinen Zweifel darüber, daß sich das Virus in den inneren Organen (Leber, Milz, Gehirn) zunächst — in den ersten Tagen der klinisch ebenfalls latent bleibenden Infektion — ausgiebig vermehrt und dann (zwischen dem 5. und 10. Tag p. i.) aus allen diesen Geweben verschwindet, d. h. autosterilisiert wird.

[1] Mit Sicherheit wurde bisher das Phänomen der Autosterilisation in vitro nur in Explantaten von Milz und Leber beobachtet; in Kulturen, die andere Gewebearten enthalten, endet zwar die Virusvermehrung ebenfalls mit einem Virusabfall. Der Virusschwund ist aber in diesem Falle nicht vorgetäuscht, sondern reell und wohl dadurch bedingt, daß das Virus im zerstörten, in Autolyse begriffenen Gewebe nicht mehr lebensfähig ist. Eine Autosterilisation in vitro ist demnach wohl nur möglich, wenn das explantierte Gewebe selbst zur aktiven Antikörperbildung in vitro imstande ist; denn auch durch den künstlichen Zusatz von Immunserum zum Gewebsexplantat läßt sich die Autosterilisation nicht erzwingen.

Schieneninfektion und Schienenimmunität.

Schon aus den bisher ausgeführten Versuchen geht hervor, daß es für das Zustandekommen der Gewebeimmunität nicht gleichgültig ist, in welcher Weise das Virus dem Erfolgsorgan zugeleitet wird.

Neurotrope Virusarten, welche direkt (subdural, intracerebral bzw. intramedullär) in das Zentralnervensystem empfänglicher Tierspezies injiziert werden, verursachen in der Regel eine manifeste und meist auch letal endigende Infektion; eine immunologische Reaktion von Seiten des Gewebes wird demnach überhaupt nicht beobachtet, oder kommt doch zu spät, um die Versuchstiere vor einer tödlichen Gewebeschädigung zu schützen („Autostérilisation mortelle"). Werden dagegen dieselben Virusarten dem Zentralnervensystem indirekt — von einer peripheren Eintrittspforte aus — zugeleitet, so verläuft die Infektion im nervösen Gewebe häufig völlig latent und hinterläßt eine zuverlässige Immunität. Dieselbe Abhängigkeit des Infektionsablaufes vom Infektionsmodus läßt sich auch bei der *Vaccineinfektion* des Kaninchens beobachten; während die direkte Injektion von Vaccinevirus in die Haut oder den Hoden — trotz frühzeitig von Seiten dieser Gewebe einsetzender Immunitätsvorgänge [OERSKOV und ANDERSEN (249, *1*, *2*)] — fast ausnahmslos eine klinisch wahrnehmbare Gewebeschädigung zur Folge hat, verläuft die Infektion in denselben Geweben oft völlig latent und immunisierend, falls das Virus erst sekundär auf dem Lymph- und Blutweg in diese Organe gelangt [MAGRASSI (218, *4*), MAGRASSI und DE GREGORI (219)]. Bei der experimentellen Infektion weißer Mäuse mit *Influenzavirus* wurden entsprechende Befunde erhoben; auch hier führt die intranasale bzw. intrapulmonale Virusinstillation in der Regel zu mehr oder weniger ausgedehnten Lungenläsionen, denen die Tiere meistens auch erliegen, gelangt dagegen das Influenzavirus — nach der intraperitonealen Injektion größerer Virusmengen — auf indirektem Weg in das Erfolgsorgan, so werden die Lungen gar nicht oder nur in geringfügiger Weise geschädigt, die Tiere überleben und sind bereits 24—48 Stunden p. i. gegenüber der intranasalen Superinfektion zuverlässig geschützt [RICKARD und FRANCIS (279)].

Aus allen diesen Beobachtungen scheint hervorzugehen, daß das Virus auf seiner Wanderung von der peripheren Eintrittspforte bis zum Erfolgsorgan an Infektiosität und Pathogenität einbüßt und deshalb, am Infektionsziel angelangt, nicht mehr eine ungehemmt fortschreitende Infektion erzeugt, sondern nur noch immunisierende Wirkungen entfaltet. Diese ideal immunisierende Infektion hat DOERR (60, 63) als *„Schieneninfektion"* bzw. *„Schienenimmunisierung"*[1] bezeichnet, womit zum Ausdruck gebracht werden sollte, daß dieselbe anscheinend nur dann zustande kommt, wenn das Virus das Erfolgsorgan auf einer bestimmten Zuleitungsbahn bzw. „Schiene" erreicht. Das wesentliche Charakteristikum dieser Schienenimmunisierung besteht nun, wie MAGRASSI und seine Mitarbeiter in ihren Versuchen mit Herpes- und Vaccinevirus (vgl. S. 1203) nachgewiesen haben, darin, daß die von der Peripherie zutransportierte Infektion in den Erfolgsorganen *sofort* bis zur klinischen Latenz abgebremst wird, und daß diese *primäre* Hemmung der Virusvermehrung durch eine außerordentlich rasch einsetzende Gewebeimmunität bedingt ist. Der Mechanismus dieser entstehenden Immunität ist nun grundsätzlich derselbe wie in den Geweben, die auf direktem

[1] Die prägnanten Bezeichnungen „Schieneninfektion" und „Schienenimmunisierung" wurden im folgenden beibehalten, obschon sich späterhin herausstellte, daß eine entsprechende Virusabschwächung auch dann zustande kommt, wenn die Viruszuleitung nicht auf einer als Schiene aufzufassenden Nervenbahn, sondern auf anderen Ausbreitungswegen erfolgt.

Wege mit Virus infiziert und erst nachträglich immun werden (vgl. S. 1195), unterschiedlich ist lediglich, daß bei der Schienenimmunität die Phase der primären, bis zum pathogenen Schwellenwert fortschreitenden Virusvermehrung unterbleibt, so daß sich der Übergang der Infektion in die Immunität außergewöhnlich rasch und ohne die geringste Gewebeschädigung vollzieht.[1] Dieser Vorgang ist nun wohl nur unter der Annahme verständlich, daß das Virus bei der Schieneninfektion bereits in einem Zustand verminderter Infektiosität am Infektionsziel anlangt, vermutlich deshalb, weil der Infektionsprozeß schon peripher, an der Eintrittspforte oder auf den Ausbreitungswegen abgeschwächt wird. Auf welche Weise diese Abschwächung zustande kommt, läßt sich nun schon auf Grund der Untersuchungen über das Schicksal von Virus in den Geweben an der Eintrittspforte, auf den Ausbreitungswegen und in den inneren Erfolgsorganen mit Wahrscheinlichkeit vermuten. Wie bereits gezeigt wurde, verläuft die Infektion in jedem dieser Gewebe cyclisch, d. h. sie endigt mit der schließlichen Autosterilisation des Gewebes, und dieser Immunitätsvorgang ist dadurch gekennzeichnet, daß das Virus nicht zerstört, sondern lediglich durch den im Gewebe entstehenden Antikörper schon frühzeitig in seiner Vermehrung gehemmt und schließlich bis zum vollständigen Infektiositätsverlust neutralisiert wird. Bei der Schieneninfektion ereignen sich nun derartige infektionsbeschränkende Neutralisationsvorgänge nicht nur einmal, sondern — je nach der Anzahl der durchwanderten Gewebe — wiederholt oder, falls die Viruswanderung innerhalb eines größeren Gewebekontinuums (z. B. Nervengewebe) erfolgt, kontinuierlich, d. h. mit dem Vordringen des Infektionsvorganges Schritt haltend. So durchläuft die auf der Trigeminusschiene von der Kaninchencornea bis zum Gehirn fortschreitende Herpesinfektion eine Serie von Neutralisations- bzw. Autosterilisationsvorgängen [Magrassi (218, *2*), Doerr und Kon (63)]. Auch bei der Ausbreitung von Vaccinevirus von der Kaninchenhaut über die regionären Lymphknoten in die inneren Organgewebe findet, wie aus den Untersuchungen von Oerskov und Andersen (249, *1*), McMaster und Kidd (214) und Magrassi und seinen Mitarbeitern (218, *4*, 219) hervorgeht, in rascher zeitlicher Folge eine Reihe von Autosterilisationen statt.

Die Annahme, daß sich bei der Schienenimmunisierung bereits auf der peripheren Zuleitungsbahn *immunologische* Widerstände geltend machen, liegt demnach nahe und entspricht auch der Beobachtung, daß die Virusinfektion durch das Passieren einer „Schiene" in derselben Weise verändert, d. h. bis zur klinischen Latenz abgedrosselt wird, wie innerhalb eines einzelnen, immun werdenden Organgewebes. *Die Eigenart der Schienenimmunität besteht wohl lediglich darin, daß — durch die Fortbewegung von Virus auf einer geweblichen „Schiene" — das dynamische Verhältnis bzw. die Balance zwischen der Infektiosität (Vermehrungsgeschwindigkeit) des Virus und des immunologischen Abwehrvermögens des Gewebes sich beständig verändert, u. zw. im Sinne einer progressiven Abnahme an Infektiosität, bzw. relativen Zunahme der geweblichen Immunität.*

Unter dieser Voraussetzung ist auch verständlich, daß die Schienenimmunisierung nur unter ganz bestimmten Bedingungen möglich ist, nämlich nur dann zustande kommt, wenn einerseits die primäre Infektiosität einer Virusart oder

[1] Dieser Unterschied ist allerdings nicht durchgreifend. Auch die direkte Infektion eines virusempfindlichen Organs führt bekanntlich nicht ausnahmslos zu einer Schädigung des Gewebes; durch die Injektion von subklinischen Virusdosen oder von unterneutralisierten Virus-Antiserum-Gemischen kann es zuweilen — wie u. a. Scalfi (295, *2*) und Magrassi und Muratori (221) beim Vaccinevirus nachgewiesen haben — gleichfalls gelingen, den Infektionsablauf schon an der Injektionsstelle bis zur immunisierenden Latenz abzubremsen.

bestimmter Virusstämme hinreichend groß ist, damit die Infektion überhaupt bis zum Erfolgsorgan vordringt, und wenn anderseits der immunologische Widerstand ausreicht, damit das Virus in einem hinlänglich abgeschwächten Zustand am Infektionsziel eintrifft. Dieser Sachverhalt kann, wie DOERR und seine Mitarbeiter (KOPPISCH, MAGRASSI, HALLAUER, SEIDENBERG, KON) nachgewiesen haben, bei der Schienenimmunisierung des Kaninchengehirns bzw. Rückenmarks mit *Herpesvirus* in eindeutiger Weise demonstriert werden.

Verimpft man nämlich verschiedene Herpesvirusstämme auf die Kaninchencornea, so ist der Ausgang der — auf der Trigeminusbahn zentripetal fortschreitenden — Schieneninfektion je nach den Eigenschaften des verwendeten Virusstammes unterschiedlich. Während die einen Virusstämme (die sog. encephalitogenen Stämme) mit großer Regelmäßigkeit eine meist letal verlaufende Encephalitis erzeugen, gelangen andere Stämme zwar mit derselben Wanderungsgeschwindigkeit in das Zentralnervensystem, erliegen dort aber rasch der erwachenden Gewebeimmunität (nicht-encephalitogene, immunisierende Stämme von MAGRASSI); und schließlich gibt es Herpesstämme, die sich bereits peripher, d. h. an irgendeiner Stelle der Trigeminusschiene — vor, im oder nach dem Ganglion Gasseri — erschöpfen und die infolgedessen weder eine Encephalitis noch eine Gehirnimmunität verursachen (nicht-encephalitogene, nicht-immunisierende Stämme von DOERR und KON). Die Möglichkeit der Schienenimmunisierung ist demnach eng begrenzt und beschränkt sich — im vorliegenden Fall — auf diejenigen Virusstämme, die sich zwar bis zum Zentralnervensystem propagieren, aber hierbei *gerade* so weit abgeschwächt werden, daß sie nur noch immunisieren. Bei den anderen Virusstämmen ist dagegen die durch den Wanderungsvorgang erlittene Abschwächung entweder zu geringfügig oder zu groß, so daß sich der Infektionsprozeß in einem Fall auch im Gehirn noch nicht erschöpft, im anderen dagegen bereits auf der Zuleitungsbahn zum Stillstand kommt. Der von den Geweben ausgehende immunologische Widerstand ist nun stets derselbe; auch bei den encephalitogenen Stämmen ist nämlich der Infektionsablauf nur scheinbar völlig ungehemmt, auch hier passiert das Virus eine Reihe von Neutralisationsprozessen (vgl. DOERR und KON) und stößt bei seinem Eintreffen im Zentralnervensystem auf eine erwachende Gewebeimmunität (vgl. „Phänomen von MAGRASSI", S. 1232).

Der unterschiedliche Ausfall der Schieneninfektion kann demnach wohl nur auf die *ungleiche Infektiosität (Proliferationsfähigkeit) der verschiedenen Virusstämme*[1] zurückgeführt werden, wobei wohl die Annahme zutrifft, daß hochinfektiöse Stämme den spezifischen Leitungswiderstand zu „durchschlagen" vermögen, während Virusstämme von geringerer Infektiosität demselben früher oder später erliegen.

Von DOERR und seinen Mitarbeitern wurde fernerhin untersucht, ob eine Schienenimmunisierung des Zentralnervensystems von Kaninchen auch dann möglich ist, wenn das Herpesvirus von einer *anderen peripheren Eintrittspforte* (Haut, Nase, Peritoneum, Ischiadicus, Blutbahn) den nervösen Zentren (Gehirn und Rückenmark) zugeleitet wird. Für *intracutan* injiziertes Herpesvirus vermochte MAGRASSI (218, *3*) nachzuweisen, daß der Ausgang der Schieneninfektion

[1] Bei der direkten, intracerebralen Verimpfung von encephalitogenen und nicht-encephalitogenen Herpesstämmen kommen diese Infektiositätsunterschiede wenig zum Ausdruck. Nach MAGRASSI (218, *2*) und DOERR und KON (63) erzeugen nämlich auch minimale Infektionsdosen von nicht-encephalitogenen Stämmen stets manifeste und meist letal ablaufende Encephalitiden; die geringere Infektiosität dieser Stämme äußert sich aber auch bei diesem Infektionsmodus, nämlich in einer deutlich (um 1—2 Tage) verlängerten Inkubationsdauer [MAGRASSI (218, *2*)].

ebenfalls von bestimmten Eigenschaften der verwendeten Virusstämme abhängig ist; Stämme, die von der Cornea aus encephalitogene Wirkung hatten, erzeugten auch bei cutanem Infektionsmodus mit großer Regelmäßigkeit eine Encephalitis, und Stämme, die, corneal verimpft, sich zur Schienenimmunisierung als geeignet erwiesen, waren hierzu auch nach der cutanen Impfung befähigt. Im Verhalten corneal und cutan verimpfter Herpesstämme bestand demnach ein völliger Parallelismus. Unterschiedlich war lediglich, daß das Virus bei der cutanen Schienenimmunisierung anscheinend in derart spärlichen Mengen im Gehirn eintraf, daß der direkte Virusnachweis stets versagte, und daß die Gehirnimmunität bzw. die völlige Unempfindlichkeit gegenüber der intracerebralen Superinfektion etwas später, d. h. erst am 5.—6. Tag p. i., ausgebildet war. Daß eine Schienenimmunisierung des Kaninchengehirns auch nach der *intranasalen* Virusinstillation möglich ist, wurde von DOERR und HALLAUER (62) und HALLAUER (121, *5*) festgestellt. Dieser Befund war schon deshalb zu erwarten, weil auch das nasal applizierte Herpesvirus vorwiegend die Trigeminusbahn benutzt, um in das Gehirn einzuwandern (LEVADITI und HABER). Auch nach der nasalen Virusinfektion entsteht die Gehirnimmunität anscheinend wesentlich später (am 8. Tag p. i.) als nach der cornealen Impfung (121, *5*). Außerdem wurde beobachtet, daß nicht-encephalitogene Herpesstämme zuweilen überhaupt nicht bis zum Gehirn vorzudringen vermögen und deshalb auch nicht immunisieren (121, *5*), und daß auch ausgesprochen encephalitogene Stämme auf ihrer Wanderung von der Nasenschleimhaut zum Gehirn gelegentlich derart an Infektiosität einbüßen, daß sie nur noch schienenimmunisierende Wirkung entfalten (62). Der *intraperitoneale* Inokulationsmodus ist nach HALLAUER (121, *5*) zur Schienenimmunisierung anscheinend gänzlich ungeeignet, wohl deshalb, weil das Zentralnervensystem von dieser Eintrittspforte aus — auch bei der Verwendung von hochinfektiösen Herpesstämmen — nur ausnahmsweise (und in diesem Fall stets manifest) infiziert wird. Von größerem Interesse sind die Untersuchungen über das Schicksal von *intravenös* injiziertem Herpesvirus. Nachdem von KOPPISCH (167) der Nachweis geleistet wurde, daß bestimmte (encephalitogene) Herpesvirusstämme mit großer Regelmäßigkeit eine primäre Myelitis erzeugen, schien die Möglichkeit gegeben, auch das Rückenmark auf dem Wege der Schieneninfektion zu immunisieren.

Wie sich DOERR und HALLAUER (62) überzeugten, hängt nun auch der Ausgang der intravenösen „Schieneninfektion" des Rückenmarkes in erster Linie von der Art der verwendeten Virusstämme ab. Allen Stämmen war zwar gemeinsam, daß sie ausnahmslos das Zentralnervensystem in den unteren Rückenmarkssegmenten (Lumbal- und Thorakalmark) invadierten, während sich nun aber die einen (encephalitogenen) Stämme im Rückenmark bis zur pathogenen Auswirkung vermehrten und sich in der Regel auch ascendierend bis zum Gehirn propagierten, büßten andere (nicht-encephalitogene) Stämme nach ihrem Eintreffen im Rückenmark derart an Infektiosität ein, daß die Infektion einen klinisch völlig latenten Verlauf nahm und sich auch kranialwärts nicht weiterentwickelte, sondern auf die unteren und mittleren Rückenmarkssegmente lokalisiert blieb. Dieser latenten und lokalisiert bleibenden Infektion entsprach nun auch — erwartungsgemäß — eine vollständige Immunität des Rückenmarkes, und zwar, wie HALLAUER (121, *5*) feststellte, nicht nur gegenüber der intravenösen, sondern auch der intraneuralen (Ischiadicus) und intramedullären — mit myelitogenen Stämmen ausgeführten — Superinfektion. Auch für diese Immunität war charakteristisch, daß sie außerordentlich frühzeitig auftrat, d. h. bereits zu einem Zeitpunkt (6. Tag p. i.) voll ausgebildet war, in dem das Virus der Erstinfektion — erfahrungsgemäß — eben erst im Rückenmark nachgewiesen werden konnte. Die im Rückenmark entstehende Immunität ist nun wohl auch dafür verantwortlich, daß sich der Infektionsprozeß schon in den oberen Markssegmenten erschöpft, nicht bis zum Gehirn vorzudringen vermag und infolgedessen auch zu keiner Gehirnimmunität führt; wie nämlich DOERR und HALLAUER (62) und HALLAUER (121, *5*) nachzuweisen vermochten, sind Kaninchen, die über eine solide Rückenmarksimmunität verfügen, gegenüber der intracerebralen bzw. cornealen Virusinfektion ebenso empfänglich wie Normaltiere.[1] Mit der Beobachtung von DOERR und KON (63), wonach ein herpetischer Infektionsprozeß, der bereits in der zuleitenden Bahn (N. trigeminus) oder an ihrem Endpunkt (Trigeminuskern) erlischt, keine allgemeine Immunität des Zentralnervensystems (Gehirn) nach sich ziehen muß, steht dieser Befund in bester Übereinstimmung. Auch dem Rückenmark dürfte demnach die Funktion einer „Schiene" zukommen, auf welcher der aufsteigende Infektionsprozeß nach demselben Mechanismus gehemmt bzw. abgeschwächt wird wie auf einer peripheren Zuleitungsbahn.

Bei der direkten Infektion des Rückenmarkes (intramedulläre Injektion schwach infektiöser Herpesstämme) tritt nun allerdings, wie sich HALLAUER (121, *5*) überzeugte, dieser abschwächende Effekt wiederum nicht in Erscheinung; auch für die Schienenimmunisierung des Rückenmarkes ist es notwendig, daß das Virus auf indirektem Wege dem Zentralnervensystem zugeführt wird. Wodurch das in die Blutbahn injizierte Virus an Infektiosität verliert, ist nicht bekannt. Da das Virus bei diesem Infektionsmodus nach den Untersuchungen von KOPPISCH und DOERR und HALLAUER anscheinend direkt vom Blut aus, und nicht auf dem Umweg über andere Organgewebe oder periphere Nervenbahnen in das Rückenmark übertritt, muß wohl angenommen werden, daß die Virusabschwächung in der Blutbahn erfolgt, wobei man sich vorstellen könnte, daß das Virus entweder durch frühzeitig kreisende Antikörper partiell neutralisiert wird oder zufolge der in der Blutbahn erlittenen Verdünnung nur in spärlichen, subklinischen Mengen in das Rückenmark gelangt. Schließlich läßt sich auch eine Schienenimmunisierung des Rückenmarkes dadurch erzielen, daß nicht-myelitogene Herpesstämme *intraneural* — in den N. ischiadicus — verimpft werden (121, *5*). In der Mehrzahl der Fälle führt jedoch dieser Infektionsmodus zu einer klinisch manifesten Myelitis, wahrscheinlich deshalb, weil das Virus schon durch die Injektion bis zu den subarachnoidealen Lymphräumen des Rückenmarkes vorgetrieben wird, so daß der infektionsabschwächende Wanderungsvorgang auf der nervösen Schiene gar nicht stattfindet.

Bei der Schienenimmunisierung des Zentralnervensystems (Gehirn und Rückenmark) von Kaninchen mit Herpesvirus spielt demnach die Qualität bzw. Infektiosität der verwendeten Herpesstämme eine ausschlaggebende Rolle, mitbestimmend ist fernerhin die Art der peripheren Zuleitungsbahn, und schließlich kann wohl kein Zweifel sein, daß auch individuelle Unterschiede in der Empfänglichkeit bzw. immunologischen Reaktivität der Versuchstiere gelegentlich den Ausgang der Schieneninfektion in entscheidender Weise beeinflussen.[2]

---

[1] DOERR und HALLAUER und HALLAUER ist es dagegen nicht gelungen, die immunisatorische Unabhängigkeit des Rückenmarkes vom Gehirn auch in umgekehrtem Sinne nachzuweisen, d. h. eine nicht auf das Rückenmark übergreifende Gehirnimmunität zu erzeugen. Daß auch dieser Fall möglich ist, scheint jedoch aus den Versuchen von ARMSTRONG und LILLIE (10) und COOK (48), in denen weiße Mäuse gegen Encephalitisvirus (St. Louis) immunisiert wurden, hervorzugehen.

[2] Beweisend ist hierfür die häufig gemachte Beobachtung, daß ein und dieselben Virusstämme, die auf derselben Schiene dem Gehirn oder Rückenmark zugeleitet werden, nicht ausnahmslos encephalitogene bzw. myelitogene Eigenschaften haben, sondern hin und wieder einen schienenimmunisierenden Effekt auslösen, und daß —

Bei anderen Virusarten ist dagegen nachgewiesen, daß der Erfolg der Schienenimmunisierung in erster Linie vom immunologischen Reaktionsvermögen des Wirtsorganismus abhängig ist.

So machten OLITZKY, SABIN und COX (258, *1, 2*) die interessante Feststellung, daß weiße Mäuse auf die intranasale Instillation von *Vesicularstomatitisvirus* (Stamm „Indiana" und „New Jersey") je nach ihrem Lebensalter in völlig unterschiedlicher Weise reagierten. Während nämlich junge, noch nicht ausgewachsene Mäuse schon nach kleinen Infektionsdosen ausnahmslos an einer akut verlaufenden Encephalitis zugrunde gingen, überstanden alte Versuchstiere weit massivere, nasale Infektionen völlig symptomlos und erwiesen sich in der Folge als spezifisch immun gegen eine intracerebrale Reinfektion. Gegenüber der direkten, intracerebralen Infektion waren dagegen junge und alte Mäuse gleichermaßen hochempfindlich. Dieselben Resistenzunterschiede zwischen jungen und alten Mäusen beobachteten OLITZKY, SABIN und COX (258, *2*) und SABIN und OLITZKY (289, *4*) auch dann, wenn die Infektion an einer anderen peripheren Stelle — intramuskulär subcutan, intraoculär — erfolgte; auch in diesem Falle verendeten nur die jungen Tiere an einer Encephalitis, während die alten regelmäßig überlebten. Entsprechende, an Meerschweinchen ausgeführte Versuche führten teilweise zu ähnlichen Ergebnissen (289, *6*).

SABIN und OLITZKY (289, *3, 4*) haben nun diesen Sachverhalt in sehr eingehender Art analysiert, indem sie den Infektionsablauf, bzw. das Vordringen der Infektion zum Zentralnervensystem sowohl bei den empfänglichen als auch bei den resistenten Tieren durch quantitative Virusbestimmungen fortlaufend verfolgten. Hierbei wurde festgestellt, daß das nasal verimpfte Virus zwar in jedem Falle auf dem N. olfactorius bis zum Bulbus vordringt, daß nun aber der Infektionsprozeß bei alten Mäusen bereits an dieser Stelle abgestoppt wird, während er sich bei jungen anscheinend ungehemmt über das gesamte Zentralnervensystem ausbreitet und so die letale Encephalomyelitis auslöst. Diese bei erwachsenen Mäusen beobachtete, frühzeitige Hemmung des Infektionsablaufes kann nun — nach der Meinung von SABIN und OLITZKY (289, *3*) — weder dadurch erklärt werden, daß das Mäusegehirn mit zunehmendem Lebensalter eine erhöhte Resistenz gegenüber der Virusinfektion erwirbt, noch daß das Virus nach seinem Eintreffen im vorderen Riechhirn auf eine rasch erwachende Gehirnimmunität stößt.[1] Zur Erklärung der Tatsache, daß sich die Virusinvasion des Zentralnervensystems bei jungen Mäusen völlig ungehemmt vollzieht, bei erwachsenen dagegen an einer bestimmten Stelle aufgehalten wird, stellen nun SABIN und OLITZKY die Hypothese auf, daß sich — im Verlaufe der physiologischen Reifung der Versuchstiere — zwischen Bulbus olfactorius und Gehirn ein regionärer Widerstand („some local block"), bzw. eine anatomische oder physiologisch wirksame Schranke („structural or physiological factor") ausbildet.

Zu ähnlichen Versuchsergebnissen und infolgedessen auch entsprechenden Schlußfolgerungen gelangten SABIN und OLITZKY (289, *4*) bei ihren weiteren Untersuchungen über den Mechanismus der intramuskulären (Muskulatur der hinteren Extremität) bzw. intraoculären Virusinfektion. Auch in diesem Falle wurde beobachtet, daß die Virusinfektion bei alten Mäusen auf die Eintrittspforte lokalisiert blieb und nicht, wie bei jungen Mäusen, auf die zuleitenden Nervenbahnen (N. ischiadicus, N. opticus) übergriff. Nach SABIN und OLITZKY ist demnach auch mit der Existenz von „peripheren Barrieren", welche im einen Fall an der Verbindungsstelle von Muskel und

---

umgekehrt — die einigen Stämmen zukommende Eignung zur Schienenimmunisierung ebenfalls kein konstantes Merkmal darstellt.

[1] Gegen diese Annahme sprachen einerseits die anscheinend gleich große Empfindlichkeit des Gehirns junger und alter Mäuse gegenüber der intracerebralen Virusinfektion, und anderseits der späterhin von SABIN und OLITZKY (289, *3*) erhobene Befund, wonach das Gehirn nasal infizierter, resistenter Mäuse wohl keineswegs immer, oder zumindest nicht frühzeitig immun wird.

Nerv, im anderen Fall in der Retina zu lokalisieren wären, gerechnet werden. In analoger Weise interpretieren SABIN und OLITZKY (289, *6*) ihre bei Meerschweinchen erzielten Versuchsergebnisse. In diesen Versuchen wurde der Nachweis geleistet, daß junge und alte Meerschweinchen gegen intranasale Virusinstillationen zwar gleichermaßen refraktär sind, daß nun aber der Infektionsprozeß bei den Jungtieren bis in die Thalamusregion vordringt, während derselbe bei alten Tieren schon vor dem Bulbus olfactorius haltmacht. Man wäre demnach — falls man sich der Barrierentheorie von SABIN und OLITZKY anschließt — zur Annahme genötigt, daß die infektionsbegrenzende Schranke bei jungen Tieren zentral, bei alten dagegen peripher liegt, fernerhin würde sich ergeben, daß zwischen Mäusen und Meerschweinchen hinsichtlich der zeitlichen und örtlichen Ausbildung derartiger Barrieren prinzipielle Unterschiede bestehen.

Gegen diese gewagte Hypothesenbildung hat nun bereits DOERR (60) Einspruch erhoben und zugleich darauf hingewiesen, daß zwischen den Versuchsergebnissen von SABIN und OLITZKY und den Beobachtungen über die Schienenimmunisierung beim Herpesvirus die größten Analogien bestehen. Unterschiedlich ist lediglich, daß der Ausgang der Schieneninfektion beim Herpesvirus vorwiegend durch die Infektiosität der Virusstämme, beim Virus der Vesicularstomatitis dagegen durch das Alter des Wirtsorganismus bestimmt wird. Was sich nun im Alter erfahrungsgemäß ändert, ist die Empfänglichkeit bzw. das immunologische Reaktionsvermögen des Wirtsorganismus oder, da es sich in solchen Fällen um eine Wechselbeziehung handelt, die Infektiosität des Erregers. Unter dieser Voraussetzung ist es verständlich, daß die Altersdisposition beim Virus der Vesicularstomatitis eine analoge Rolle übernimmt wie die Verschiedenheit der Stämme beim Herpesvirus; im ersten Fall ändert sich nur eine andere Komponente der für die Schienenimmunisierung maßgebenden Relativität, nämlich der spezifische Leitungswiderstand der geweblichen Schiene. Daß die von SABIN und OLITZKY bei ausgewachsenen Tieren beobachtete Hemmung der Virusausbreitung nicht durch örtlich fixierte, anatomische Hindernisse, sondern durch immunologische Widerstände (die sich bei jungen Tieren noch nicht geltend machen) bedingt ist, geht nun teilweise aus den Versuchsprotokollen dieser Autoren selbst hervor. So wurde nachgewiesen, daß die Virusvermehrung im Gewebe von erwachsenen Tieren bereits an der Eintrittsstelle (Nasenschleimhaut, Muskulatur) und auf den Wanderungsetappen (Bulbus olfactorius, regionäre Lymphknoten) stark gehemmt ist und in der Regel mit einer Autosterilisation dieser Gewebe abschließt. Fernerhin dürfte der Ausfall der intracerebralen Virusauswertung wohl keinen Zweifel darüber lassen, daß auch die Resistenz des Gehirns bei alten Mäusen deutlich größer ist als bei noch nicht ausgewachsenen Tieren.[1] Und schließlich kann der von SABIN und OLITZKY (289, *3*) erhobene Befund, wonach das Gehirn von nasal infizierten, alten Mäusen keine frühzeitige Immunität erwirbt, keineswegs als Argument gegen eine auf dem Wege der Schienenimmunisierung zustande gekommene Hemmung des Infektionsvorganges gewertet werden. Aus den Untersuchungen von DOERR und KON, und DOERR und HALLAUER geht ja hervor, daß sich eine Schieneninfektion schon auf der zuleitenden Bahn oder im Zentralnervensystem selbst erschöpfen kann, und daß hierbei nur die von der Infektion betroffenen Gewebepartien immun werden. Für das Virus der Vesicularstomatitis ist nun gerade nachgewiesen, daß es bei ausgewachsenen Mäusen nur in Ausnahmefällen bis in das Groß- bzw. Kleinhirn gelangt, und es ist demnach auch nicht erstaunlich, daß eine Schienenimmunität des Gehirns meistens nicht beobachtet wird.

[1] Zugunsten dieser Annahme sprechen nicht nur die Protokolle von OLITZKY, SABIN und COX [(258, *2*), Tab. I, S. 725], sondern auch die späterhin von SABIN und OLITZKY (289, *5*) durchgeführten histologischen Untersuchungen.

Bei anderen Virusarten — *Virus der Mäuseencephalomyelitis und der lymphocytären Choriomeningitis* —, welche nach der intranasalen Instillation mit größerer Regelmäßigkeit in das Mäusegehirn einwandern, ist nun auch eine Schienenimmunisierung des Zentralnervensystems möglich; mit welcher Häufigkeit dieser Effekt eintritt, hängt wiederum von der Art der verwendeten Virusstämme und vor allem vom Lebensalter der Versuchstiere ab [THEILER (335, *4*), TRAUB (350, *6*)]. Auch bei diesen Virusinfektionen wurde nämlich festgestellt, daß die intranasale Virusinstillation nur bei jungen Mäusen mit größerer Regelmäßigkeit eine Encephalitis erzeugt, bei alten dagegen häufig nur eine schienenimmunisierende Wirkung zur Folge hat. An die Existenz „präformierter Barrieren" wird man in diesem Fall ebensowenig denken wie bei der Schienenimmunisierung mit Herpesvirus. Dagegen ist auch für diese Virusarten nachgewiesen, daß ihre Infektiosität für junge Tiere größer ist als für alte, bzw. daß das Zentralnervensystem ausgewachsener Mäuse gegenüber der intracerebralen Infektion eine deutlich erhöhte „Resistenz" besitzt.

Eine angeborene und als konstitutionelles Merkmal vererbte „Resistenz" des Zentralnervensystems gegen *Encephalitisvirus* (St. Louis) wurde von WEBSTER und CLOW (371, *3*) bei bestimmten — durch Zuchtwahl gewonnenen — Mäuserassen beobachtet. Bei derartigen, natürlich „resistenten" Mäusen führte nun die intranasale Virusinstillation zwar — ebenso wie bei normal empfänglichen Tieren — ausnahmslos zu einer Infektion des Gehirns, deren Ablauf nun aber vollständig nach Art einer immunisierenden Schieneninfektion modifiziert wurde, nämlich von Anfang an einen gehemmten und klinisch latenten Verlauf nahm und schließlich auch mit einer Autosterilisation des Gehirngewebes endete. Die Viruszuleitung über die Olfactoriusschiene war in diesem Fall zur Virusabschwächung überhaupt nicht notwendig, da die Infektion des resistenten Mäusegehirns auch dann in der Latenz verharrte, wenn das Virus intracerebral verimpft wurde. Dagegen wurde der Ausgang der cerebralen Virusinfektion in entscheidender Weise durch die Größe der Infektionsdosis bestimmt, indem auch „resistente" Mäuse auf die intranasale bzw. intracerebrale Infektion mit massiven Virusdosen (zirka 10000—100000 tödliche Infektionsdosen für empfängliche Mäuse) mit einer letal verlaufenden Encephalitis reagierten. Nach welchem Mechanismus der Infektiositätsverlust im Zentralnervensystem natürlich resistenter Mäuse zustande kommt, ist nicht sichergestellt; der latente und zugleich cyclische Infektionsverlauf läßt jedoch vermuten, daß auch hier die entstehende Gewebeimmunität für die endgültige Virusabschwächung verantwortlich ist.[1]

Daß das Phänomen der immunisierenden Schieneninfektion auch bei Tierspezies, die gegenüber bestimmten Virusarten weitgehend refraktär sind, nachgewiesen werden kann, scheint aus den Untersuchungen von BURNET (35, *3*) und BURNET und LUSH (39, *1*) hervorzugehen. Wie sich diese Autoren überzeugten, ist das Zentralnervensystem von Ratten für das Virus des *Louping ill*

---

[1] Durch subcutane oder intraperitoneale Injektionen größerer Virusmengen ist es neuerdings WEBSTER (370, *4*) und HODES und WEBSTER (133) gelungen, auch das Gehirn von *empfänglichen* Mäusen gegen die intranasale bzw. intracerebrale Infektion mit Encephalitisvirus zu immunisieren. Die außerordentlich rasche Ausbildung dieser Immunität, deren Solidität und Unabhängigkeit von humoralen Antikörpern lassen wohl kaum einen Zweifel darüber, daß auch in diesem Fall eine Schienenimmunisierung vorliegt. Die Beobachtung von WEBSTER, daß das zur Immunisierung verwendete Virus im Mäusegehirn nicht nachzuweisen war, spricht keineswegs gegen diese Annahme, da nach MAGRASSI (218, *3*) mit der Möglichkeit zu rechnen ist, daß das auf einer Schiene zugeleitete Virus in derartig spärlichen Mengen im Zentralnervensystem eintrifft, daß sein Nachweis mit den gewöhnlichen Methoden nicht möglich ist.

und der *Ektromelie* vollständig unempfänglich, d. h. das intracerebral injizierte Virus läßt sich im Gehirn dieser Tiere bald nicht mehr nachweisen. Die intranasale Virusapplikation führt dagegen zu einer latenten Infektion, wobei sich das Virus nicht nur auf der Nasenschleimhaut vermehrt, sondern regelmäßig bis zum Bulbus olfactorius vordringt und auch hier noch zu proliferieren vermag. Die immunologische Reaktion der infizierten Gewebe kommt nun auch hier in der schließlichen Autosterilisation der Nasenschleimhaut und des Bulbus zum Ausdruck. Fernerhin zeigte sich, daß derartige Tiere gegenüber der nasalen Reinfektion nachträglich immun werden, bzw. daß die Leitungsbahn zum Riechhirn für die Zweitinfektion unpassierbar wird.

Viruspersistenz im immunen Organismus.

Wie bereits gezeigt wurde, ist die in einem Gewebe entstehende Virusimmunität stets dadurch gekennzeichnet, daß das Virus zunächst nicht zerstört, sondern lediglich neutralisiert wird und hierbei seine Infektiosität und Pathogenität — reversibel — einbüßt. Schreitet dieser Neutralisationsprozeß fort, so wird das Virus „autosterilisiert", d. h. durch den Antikörper derartig maskiert, daß der Virusnachweis nur noch mit besonderen Dissoziationsverfahren geleistet werden kann. Und schließlich kann die „Autosterilisation" mit einer anscheinend vollständigen Virusinaktivierung bzw. Viruszerstörung enden.

Die zahlreichen Beobachtungen über die Persistenz von Virusarten im hochimmunen Organismus scheinen nun darauf hinzuweisen, daß dieser gesamte Neutralisationsvorgang — je nach der Virusart und der immunologischen Reaktivität des Gesamtorganismus oder einzelner bestimmter Organgewebe — mit sehr unterschiedlicher Geschwindigkeit ablaufen und vor allem in jeder beliebigen „Phase" zum Stillstand kommen, bzw. über längere Zeit verharren kann. Unter dieser Annahme sind die wechselnden Angaben über die Dauer der Persistenz ein und derselben Virusart verständlich und ist es erklärlich, weshalb der Virusnachweis oft über lange Zeit leicht gelingt, oft zunehmend schwieriger wird und oft schon nach kurzer Zeit gänzlich versagt.

Daß bestimmte Virusarten in bestimmten Organgeweben in rascher Folge neutralisiert, autosterilisiert und endgültig inaktiviert werden können, wurde von Hallauer (121, *1*) für die mit Hühnerpestvirus infizierte Hühnerleber bzw. Milz, von Robles (284) für die Lymphdrüsen und die Milz bei Rinderpest, von Scalfi (295, *1*) für die mit Vaccinevirus infizierte Kaninchenmilz und von Waldmann, Trautwein und Pyl (367) und Oerskov, Hansen und Schmidt (250) für die Mehrzahl der mit Maul- und Klauenseuchevirus infizierten Meerschweinchenorgane (Milz, Leber, Lymphdrüsen, Gehirn usw.) nachgewiesen. Es ist wohl nicht zu übersehen, daß diese rasche Virusinaktivierung einerseits bei Virusarten beobachtet wurde, die erfahrungsgemäß gute immunisierende Eigenschaften haben, und daß sie anderseits besonders in Organgeweben festgestellt wurde, die zur immunologischen Abwehr (Antikörperbildung, Phagocytose) in hohem Grade befähigt sind. Immerhin darf aus den angeführten Beispielen nicht geschlossen werden, daß die Persistenz dieser Virusarten im reticulo-endothelialen Gewebe *stets* eine derartig kurzfristige ist. Für das Vaccinevirus wurde jedenfalls festgestellt, daß das Virus im autosterilisierten Milzgewebe vom Kaninchen gelegentlich — mit Hilfe der Kataphorese — bis zum 133. Tag nach der Infektion nachgewiesen werden kann [Olitzky und Long (256, *2*)], und daß die Autosterilisation in der Milz, der Leber und anderen Organen bei vaccineinfizierten Kaninchen um einige Wochen herausgeschoben werden kann, wenn die Resistenz der Versuchstiere durch künstlich gesetzte Infektionen anderer Art geschwächt wird [Seiffert (312)].

Wie sehr die Art des Gewebes über das endgültige Schicksal von Virus entscheidet, erhellt aus den zahlreichen Beobachtungen, wonach ein und dieselbe Virusart in den einen Organen verhältnismäßig rasch bis zur völligen Unnachweisbarkeit verschwindet, in anderen dagegen über mehr oder weniger lange Zeit verharrt. Derartige Unterschiede hinsichtlich der Viruspersistenz wurden bekanntlich bei der Vaccineinfektion der Kaninchen und bei der Maul- und Klauenseuche der Meerschweinchen und Rinder festgestellt. Während früher angenommen wurde, daß bei diesen Virusinfektionen sämtliche Organe nahezu gleichzeitig, nämlich spätestens am 7.—8. Tag nach der Infektion virusfrei werden, lehrten spätere Untersuchungen, daß dies nicht der Fall ist, sondern daß das Virus zumindest in einigen Organgeweben erstaunlich lange persistieren kann.

So beobachteten bereits LEVADITI und NICOLAU (195, *5*), daß der Nachweis von *Vaccinevirus* in bestimmten Organen (Hoden, Ovarien, Lungen) des immunen Kaninchens beträchtlich länger (bis zum 21. Tag nach der Erst-, bzw. 15. Tag nach der Zweitinfektion) gelingt als in anderen Geweben. Zu ähnlichen Versuchsresultaten gelangten späterhin DOUGLAS, SMITH und PRICE (67); auch diese Autoren stellten fest, daß das Vaccinevirus nicht gleichzeitig, sondern zu sehr unterschiedlichen Zeiten aus den verschiedenen Organgeweben verschwindet; während nämlich der Virusnachweis in der Leber, der Milz, dem Knochenmark und der Lunge schon am 14. Tag p. i. ausnahmslos mißlang, konnte derselbe in anderen Organen (Hoden, Ovarien, Nebenniere, Gehirn, Haut) bis zum 28. bzw. 41. Tag p. i. noch ohne weiteres geführt werden. Aus den Untersuchungen von DOUGLAS, SMITH und PRICE würde demnach hervorgehen, daß die Autosterilisation im bereits hochimmunen Organismus erst nach längerer Zeit eintreten kann; jedenfalls gelang der Virusnachweis — ohne Zuhilfenahme besonderer Reaktivierungsverfahren — in bestimmten Organen auffallend und außergewöhnlich lange. Möglicherweise ist dieser Ausnahmebefund dadurch zu erklären, daß ein Virusstamm von anscheinend besonders hoher Pathogenität verwendet wurde. Daß das Vaccinevirus im bereits autosterilisierten Milz- und besonders Hodengewebe mit Hilfe von Anreicherungsverfahren (Kataphorese, Virusanreicherung im Kaninchenhoden) noch bedeutend länger — während mehrerer Monate (114, 133 bzw. 252 Tage p. i.) — nachgewiesen werden kann, wurde von OLITZKY und LONG (256, *2*) und von DRESEL (69) festgestellt. OLITZKY und LONG halten es auf Grund ihrer Versuche für erwiesen, daß die Dauer der Vaccineimmunität stets mit der Zeit des noch möglichen Virusnachweises zusammenfällt. Auch DRESEL neigt zur Annahme, daß die Vaccineimmunität des Kaninchens an die Viruspersistenz gebunden sein könnte; den stringenten Beweis hierfür vermochte DRESEL jedoch nicht zu leisten, da der Virusnachweis ausnahmslos längere Zeit *vor* dem Erlöschen der Immunität versagte.

Ähnliche Verhältnisse hinsichtlich der Viruspersistenz bestehen wohl auch bei der *Maul- und Klauenseuche* der Meerschweinchen und der Rinder. FORTNER (88) machte wohl erstmalig darauf aufmerksam, daß das Maul- und Klauenseuchevirus im strömenden Blut und im Harn immuner Meerschweinchen gelegentlich außergewöhnlich lange (im Maximum bis zum 198. Tage p. i.) nachgewiesen werden kann. Die von FORTNER erhobenen Befunde müssen nun aber als Ausnahmen betrachtet werden; offensichtlich gelang nämlich der Virusnachweis nur deshalb mühelos und über längere Zeit, weil die Versuchstiere durch eine Noxe anderer Art derartig geschädigt waren, da in einem hohen Prozentsatz (40—50%) interkurrente Spättodesfälle beobachtet wurden. Die Versuche von FORTNER wären demnach in Parallele zu setzen mit den Beobachtungen von SEIFFERT (vgl. oben), aus denen ebenfalls hervorgeht, daß die Autosterilisation bei vaccineinfizierten Kaninchen, deren Resistenz herabgesetzt ist, beträchtlich verzögert wird. Aus den eingehenden Untersuchungen von WALDMANN, TRAUTWEIN und PYL (367) über die Persistenz von Maul- und Klauenseuchevirus im Körper durchgeseuchter Tiere (Meerschweinchen, Rinder) muß im Gegenteil geschlossen werden, daß die Virusinfektion in den meisten Organen rasch in die Autosterilisation übergeht und anscheinend mit einer vollständigen Virusinaktivierung endet, und daß das Virus wohl nur in Ausnahmefällen in ganz bestimmten Organen (Niere, Harnblase) und Körperflüssigkeiten (Blut, Harn) über längere Zeit persistiert und dort ausschließlich nur mit Anreicherungsverfahren nachgewiesen werden kann.

Die zahlreichen Beobachtungen über die verschieden lange Verweildauer *neurotroper Virusarten* (Lyssa-, Poliomyelitis-, Borna-, Herpes- und Pseudolyssavirus) im immunen Zentralnervensystem sind wohl gleichfalls nur unter der Annahme zu verstehen, daß das Virus auch in ein und demselben Organgewebe in unterschiedlichem Ausmaß neutralisiert, bzw. mit ungleicher Geschwindigkeit „autosterilisiert" und inaktiviert wird. Im allgemeinen gilt zwar auch hier die Regel, daß der Virusnachweis um so länger gelingt, je geeigneter die Methode ist, um das Virus vom Antikörper zu dissoziieren, und man wird deshalb annehmen können, daß das Virus auch im Zentralnervensystem in den meisten Fällen in zunehmendem Maße neutralisiert und schließlich wohl auch inaktiviert wird. Zu welchem Zeitpunkt aber die Autosterilisation abgeschlossen ist, d. h. wann der Virusnachweis endgültig versagt, ist wohl für ein und dieselbe Virusart von Fall zu Fall verschieden; denn selbst mit denselben leistungsfähigen Nachweismethoden (Kataphorese, Reaktivierung des autosterilisierten Gewebes in Glycerin) wurden hinsichtlich der durchschnittlichen oder maximalen Persistenz bestimmter Virusarten — Herpesvirus (57, 242, *3*, *4*, 187, *1*, 265, *2*), Lyssavirus (242, *5*), Poliomyelitisvirus (257, 192) — im autosterilisierten Zentralnervensystem auch nicht annähernd übereinstimmende Resultate erzielt. Immerhin scheint aus der Gesamtheit dieser Untersuchungen hervorzugehen, daß das Virus im autosterilisierten Gehirn von Tieren, die eine manifeste Infektion überstanden haben, im Maximum nur bis zur 3.—4. Woche nach der Infektion nachgewiesen werden kann (57, 257), daß der Virusnachweis auch im frisch autosterilisierten Gehirn nur höchst unregelmäßig gelingt (265, *2*) und dann regelmäßig versagt, wenn die Resistenz der Versuchstiere durch eine vorgängige Antigenimpfung erhöht wird (242, *4*, *5*).

Anderseits besteht nun aber auch kein Zweifel darüber, daß alle diese Virusarten gelegentlich weit länger im immunen Zentralnervensystem persistieren können. Anscheinend ist dies besonders dann der Fall, wenn die Virusinfektion einen klinisch nahezu oder vollständig latenten Verlauf nimmt und auffallend spät in die Autosterilisation übergeht.

So beobachtete LE FÈVRE DE ARRIC (184), daß Kaninchen, die mit bestimmten, direkt vom Menschen gewonnenen *Herpesvirusstämmen* corneal infiziert wurden, an einer atypischen, exquisit chronisch verlaufenden Encephalitis erkrankten und nach unterschiedlich langer Zeit (31—369 Tage p. i.) ad exitum kamen. Im Gehirn dieser Tiere konnte nun Virus bis zum 51. Tage mühelos — ohne Anwendung von Hilfsmitteln — nachgewiesen werden, und wahrscheinlich wäre der Virusnachweis noch länger gelungen, wenn geeignete Dissoziationsverfahren angewendet worden wären. Über eine außergewöhnlich lange Persistenz von Herpesvirus im völlig immunen Kaninchengehirn berichtete PERDRAU (265, *2*); bei einer Reihe von Kaninchen, die intratestikulär mit einem schwach encephalitogenen Herpesvirus infiziert worden waren, verlief die Gehirninfektion, deren frühzeitiges Bestehen (bei einem Teil der Versuchstiere) durch die erfolglose intracerebrale Superinfektion nachgewiesen wurde, klinisch völlig latent. Einige dieser Tiere verendeten nun noch nach 6—$6^1/_2$ Monaten an einer akut einsetzenden Encephalitis, deren herpetische Ätiologie durch den — auch in diesem Fall — leicht gelingenden Virusnachweis sichergestellt werden konnte. Nach PERDRAU dürfte diese spontane Virusreaktivierung mit dem Erlöschen der Herpesimmunität zeitlich koinzidieren.

Auch für das *Lyssavirus* (Straßenvirus und Virus fixe) ist wohl nachgewiesen, daß sich das Virus hin und wieder im Zentralnervensystem des Menschen, des Hundes und des Kaninchens ansiedelt und wahrscheinlich auch vermehrt, ohne die geringsten klinischen Symptome auszulösen, und auch in diesen Fällen konnte der Virusnachweis gelegentlich über längere Zeit ohne große Schwierigkeit geleistet werden (R. PALTAUF, QUAST, QUAST und LICHT, BUSSON, QUAST und ROTTER, ISABOLINSKY und ZEITLIN, SCHWEINBURG). BUSSON (41), der die Frage, mit welcher Häufigkeit Virus fixe — bei nach PASTEUR und HÖGYES immunisierten Kaninchen — in das Zentralnervensystem übertritt und wie lange das Virus dort nachgewiesen werden kann, besonders eingehend untersuchte, vermochte — allerdings nur ausnahmsweise — Lyssavirus noch mehrere Wochen (im Maximum bis zum 58. Tag) nach der abgeschlossenen Immunisierung nachzuweisen. Bemerkenswerterweise wurde hierbei aktives Virus einmal nur im Gehirn, einmal nur in bestimmten Rückenmarkssegmenten aufgefunden, und außerdem erwies sich das überimpfte Virus insofern als erheblich abgeschwächt, als es die Versuchstiere erst nach extrem langen Inkubationszeiten zu töten vermochte. Wahrscheinlich sind diese Befunde so zu deuten, daß die Autosterilisation in den einzelnen Abschnitten des Zentralnervensystems zu ungleicher Zeit einsetzt. Eine derartige *partielle Autosterilisation* des Zentralnervensystems, an der sich zunächst nur das Gehirn, das Rückenmark oder einzelne seiner Segmente beteiligen, ist durch die Untersuchungen von NICOLAU und seinen Mitarbeitern, in denen das Schicksal von Herpesvirus (244, *2*, 242, *6*), Lyssavirus (242, *6*) und Pseudolyssavirus (240) im Zentralnervensystem von Kaninchen verfolgt wurde, mit Sicherheit nachgewiesen.

Zugunsten der Annahme, daß die latente Virusinfektion des Zentralnervensystems (Herpes, Poliomyelitis, Lyssa, BORNAsche Krankheit) nicht ausnahmslos mit einer irreversiblen Virusinaktivierung endet, sondern gelegentlich über längere Zeit in einem labilen — zwischen Zelle, Virus und Antikörper bestehenden — Gleichgewichtszustand verharrt, spricht nun auch die klinische Beobachtung, wonach das Auftreten von *Rezidiven* bzw. von *Spätsymptomen* oder *Spättodesfällen* nach einem längeren klinisch freien Intervall stets im Bereich der Möglichkeit liegt. Derartige Virusreaktivierungen im längst immun gewordenen Gewebe kommen wohl dadurch zustande, daß die Gewebeimmunität entweder spontan erlischt oder durch interkurrente Schädigungen vorzeitig durchbrochen wird. In einzelnen Fällen ist es auch auf experimentellem Wege, durch die verschiedenartigsten Provokationsverfahren (Liquorpunktion, Erzeugung von konsumierenden Infektionen, Vergiftungen usw.) gelungen, die latente Infektion in eine manifeste überzuführen [GASTINEL und REILLY (101), NICOLAU und GALLOWAY (241), PERDRAU (265, *2*)].

Während die bisher angeführten Virusinfektionen wohl im allgemeinen einen ausgesprochen cyclischen Verlauf nehmen, d. h. in der Regel mit der schließlichen Autosterilisation der Wirtsgewebe endigen, sind nun auch Virusinfektionen bekannt, die durch einen *acyclischen, chronischen Ablauf* charakterisiert sind, d. h. bei denen das monate- und jahrelange, ja lebenslängliche Fortbestehen einer latenten Infektion im völlig immunen Organismus — durch den jederzeit leicht gelingenden Virusnachweis — sichergestellt ist. Eine derartige lang dauernde Koexistenz von Infektion und Immunität wurde bekanntlich bei der *infektiösen Anämie* der Pferde [CARRÉ und VALLÉE, DE KOCK, SCHALK und RODERICH, SCOTT und VALLÉE, BALOZET (15) u. a.], bei der *Speicheldrüseninfektion der Meerschweinchen* [COLE und KUTTNER (46)], bei der *Mäuseencephalomyelitis* [THEILER (335, *4*), GILDEMEISTER und AHLFELD (105, *2*)], bei der *lymphocytären Choriomeningitis* weißer Mäuse [TRAUB (350, *2*, *3*, *6*)], bei der *Psittacosis* verschiedener Vogelarten und weißer Mäuse [MEYER und EDDIE (228, *1*, *2*, *3*) FORTNER und PFAFFENBERG (89), FORTNER (88), BEDSON (19, *5*)], bei mit *Papillomvirus* infizierten wild lebenden Kaninchen [SHOPE (316, *4*)] und wohl auch beim *Lymphogranuloma inguinale* [CAMINOPETROS, LÖHE und SCHLOSSBERGER (205)] mit Gewißheit festgestellt.

Aus der unbestrittenen Beobachtungstatsache, daß bei allen diesen Virusinfektionen ein chronisches Virusträgertum mit einer ausgesprochenen Immunität gegen die Superinfektion einhergeht, wurde nun häufig die Schlußfolgerung abgeleitet, daß die Viruspersistenz die *unbedingte* Voraussetzung für das Bestehen der Immunität ist, mit anderen Worten, daß in allen diesen Fällen eine ähnliche Art von Immunität vorliegt wie bei der Virusimmunität höherer Pflanzen oder bei einigen chronischen, bakteriellen, durch Spirochäten bzw. Protozoën bedingten Infektionen (Tuberkulose, Lues latens, Rückfallfieber, Malaria), nämlich eine „*Infektionsimmunität*" („*infektionsgebundene Immunität*" (DOERR), „*Prémunition*" (SERGENT), „*Immunity of the non-sterile type*" (K. M. SMITH)]. Diese infektionsgebundene Immunität, deren Mechanismus übrigens bisher nur in höchst unbefriedigender Weise erklärt werden konnte, wurde nun häufig als eine Immunität sui generis aufgefaßt und mehr oder weniger in Gegensatz zur wahren „Heilungsimmunität" (DOERR) gestellt. Eine derartige Vorstellung ist nun aber nur möglich, wenn man an der durchaus willkürlichen und — wie gezeigt werden soll — auch unbewiesenen Annahme festhält, daß die Persistenz des Infektionserregers die *obligate Ursache* für die Unempfänglichkeit gegenüber der Superinfektion ist. Stellt man sich dagegen auf den — a priori ebenso berechtigten — Standpunkt, daß das lange Verweilen des Erregers lediglich die *Folge* einer ungenügenden oder zumindest an Stärke nicht zunehmenden Immunität ist, so wird man kaum mehr zugeben können, daß sich diese beiden Immunitäten hinsichtlich ihres Mechanismus grundsätzlich voneinander unterscheiden müssen.

Gerade für die erworbene Virusimmunität dürfte sich nun der Nachweis erbringen lassen, daß zwischen der infektionsgebundenen und der in Heilung übergehenden Immunität nur *graduelle Unterschiede* bestehen. In beiden Fällen ist wohl die erste immunologische Reaktion des Gewebes auf die Virusinfektion dieselbe, nämlich ein Neutralisationsvorgang, durch welchen die Infektiosität des Virus abgebremst bzw. reversibel aufgehoben wird, so daß die Virusinfektion den pathogenen Schwellenwert überhaupt nicht erreicht oder sekundär in die klinische Latenz übergeht. Während nun aber die Heilungsimmunität dadurch gekennzeichnet ist, daß dieser Neutralisationsprozeß mehr oder weniger rasch fortschreitet, muß wohl für die Infektionsimmunität angenommen werden, daß die Gewebeinfektion in dieser ersten Immunitätsphase verharrt und nicht oder zumindest außerordentlich verspätet in die Autosterilität übergeht. Eine derartige Verzögerung der Autosterilisation wurde schon — ausnahmsweise — bei den im allgemeinen cyclisch verlaufenden Virusinfektionen (vgl. S. 1219) beobachtet, und diese „Immunitätsschwäche" konnte hier meistens entweder auf die schwache „Virulenz" bestimmter Virusstämme oder auf die mangelhafte immunologische Reaktivität bestimmter Gewebe zurückgeführt werden. Bei den Virusinfektionen, die regelmäßig zu einem chronischen Virusträgertum Anlaß geben und in eine „infektionsgebundene Immunität" übergehen, dürften nun ganz ähnliche Infektions- bzw. Immunitätsverhältnisse vorliegen. Für die Mehrzahl dieser Infektionen (Speicheldrüseninfektion der Meerschweinchen, Infektion weißer Mäuse mit dem Virus der Choriomeningitis bzw. Encephalomyelitis, Psittacosis bei Vogelarten) ist wohl charakteristisch, daß die Spontaninfektion — bei den natürlichen Wirten — meist auch dann einen klinisch völlig latenten und exquisit chronischen Verlauf nimmt, wenn die Ansteckung im frühesten Lebensalter oder sogar intrauterin bzw. kongenital erfolgt.[1] Die fehlende oder nur

[1] Die Analogie dieser symptomlosen Dauerinfektion mit der Persistenz von Infektionserregern (Spirochäten, Protozoen, Virusarten) in poikilothermen Zwischenwirten kann wohl nicht übersehen werden. Auch in diesen Fällen ist nachgewiesen,

schwach vorhandene Pathogenität aller dieser Virusarten, bzw. das weitgehend refraktäre Verhalten dieser Wirtsspezies gegenüber der fortbestehenden Infektion kommt nun nicht nur in der klinischen Latenz zum Ausdruck, sondern zeigt sich auch in der Dürftigkeit des pathologisch-anatomischen Befundes, u. zw. nicht nur bei den gesund gebliebenen Virusträgern, sondern auch bei denjenigen Tieren, welche der Infektion erliegen.

Außerdem sind wohl alle diese Virusarten nur schwache Antigene; im Serum von rekonvaleszenten Menschen und Tieren können bekanntlich virusneutralisierende Antikörper gegen Psittacosisvirus, Virus des Lymphogranuloma inguinale, Virus der lymphocytären Choriomeningitis usw. oft überhaupt nicht oder nur unregelmäßig, stets aber nur in geringen Mengen nachgewiesen werden. Eine stärkere Antikörperbildung läßt sich gewöhnlich nur auf dem Wege der Hyperimmunisierung erzielen, und auch in diesem Fall kann, wie die erfolglosen Immunisierungsversuche von Kaninchen mit Psittacosisvirus (89) und Lymphogranulomvirus (205) lehren, die Antikörperproduktion ausbleiben.

Die geringfügigen Wechselwirkungen dieser Virusarten mit ihren Wirtsorganismen sind nun wohl die Ursache dafür, daß die latente Gewebeinfektion dauernd bzw. während längerer Zeit in ihrer ersten Immunitätsphase verharrt und nicht in die Autosterilisation übergeht. Mit dieser Annahme steht jedenfalls die Beobachtung in Einklang, daß alle diese Virusarten im allgemeinen in denjenigen Tierspezies am längsten persistieren, die klinisch und vor allem immunologisch am geringsten auf die Infektion reagieren.[1]

So wurde von TRAUB (350, *2*, *3*, *6*) nachgewiesen, daß das *Virus der lymphocytären Choriomeningitis* bei weißen Mäusen monatelang (im Maximum über ein Jahr) im Blut und in bestimmten Organen persistiert und hierbei in erheblichen Mengen im Nasensekret und im Harn ausgeschieden wird, so daß auch mit einer dauernden Virusvermehrung gerechnet werden muß. Diese Infektion bleibt nun in den meisten Fällen völlig symptomlos, und virusneutralisierende Antikörper im strömenden Blut sind nicht nachzuweisen.[2] Bei Meerschweinchen wurde dagegen ein entsprechend langes Virusträgertum nicht beobachtet, wohl deshalb nicht, weil diese Tierspezies klinisch auf die Infektion (mit bestimmten Virusstämmen) weitaus stärker reagiert und zur Bildung größerer — im Blut leicht nachweisbarer — Antikörpermengen befähigt ist. TRAUB (350, *4*) ist es schließlich auch gelungen, durch intracerebrale Mäusepassagen einen Virusstamm von gesteigerter Mäusepathogenität zu gewinnen,

---

daß sich der Erreger vermehrt, über lange Zeit konserviert und gelegentlich auf die Nachkommenschaft übergeht, ohne den avertebraten Wirt in nennenswerter Weise in seinen Lebensfunktionen zu schädigen. Und wohl nur diesem Umstand ist es zuzuschreiben, daß diese hämatophagen Zwischenwirte ihre Aufgabe als obligate Überträger in zuverlässiger Weise erfüllen können. (Vgl. DOERR: Lehrbuch der inneren Medizin, 3. Aufl., S. 86. 1936.)

[1] Die von THEILER (335, *4*) bei der Mäuseencephalomyelitis und von TRAUB (350, *6*) bei der Mäusechoriomeningitis gemachte Beobachtung, wonach die Viruspersistenz bei manifest erkrankten Tieren im allgemeinen länger währt als bei dauernd gesund gebliebenen, steht zu dieser Aussage wohl nur in einem scheinbaren Widerspruch, da angenommen werden kann, daß nur diejenigen Mäuse auf die natürliche oder (extraneurale) experimentelle Infektion mit Krankheitssymptomen reagieren, die einen besonderen Grad von „Immunitätsschwäche" aufweisen.

[2] Die wohl nicht zu bestreitende Tatsache, daß weiße Mäuse im allgemeinen schwache Antikörperbildner sind (bzw. die gebildeten Antikörper nur selten in die Blutbahn abstoßen), könnte erklären, weshalb latente Dauerinfektionen, bzw. das chronische Keimträgertum gerade bei diesen Tierspezies so auffallend häufig sind, u. zw. nicht nur bei Infektionen mit Virusarten (Choriomeningitis-, Encephalomyelitis-, Psittacosisvirus), sondern auch mit bakteriellen Erregern (Breslaubacillen) und Spirochäten (Sp. pallida).

welcher — in subklinischen Dosen appliziert — zwar ebensogut immunisierte wie die gewöhnlichen Stämme, aber nun — bemerkenswerterweise — nur über kurze Zeit im Mäuseorganismus verweilte.

Auch bei der *Psittacosis* ist das natürliche Virusträgertum an diejenige Tierspezies — Papageien, Wellensittiche, Sturmvögel usw. — gebunden, die auf die Spontaninfektion klinisch nur ausnahmsweise und immunologisch nur spärlich (fehlende Antikörper im strömenden Blut) reagieren [MEYER und EDDIE (228, *1*, *2*), FORTNER und PFAFFENBERG (89)]. Menschen sind hingegen für Psittacosisvirus anscheinend viel empfindlicher, und ein längeres Virusausscheidertum wurde hier bisher auch nur ausnahmsweise beobachtet [GERLACH (104)].

Schließlich ist bekannt, daß das SHOPE*sche Papillomvirus* in den verhältnismäßig kleinen Tumoren seiner natürlichen Wirte, den wild lebenden „Cottontail"-Kaninchen, anscheinend unbegrenzt lange nachweisbar bleibt, d. h. sich auf dieser Tierspezies serienweise übertragen läßt, daß dagegen dasselbe Virus, auf domestizierte Kaninchen verimpft, zwar schneller wachsende und größere Tumoren erzeugt, aber meist — wahrscheinlich zufolge der hier rasch eintretenden Autosterilisation („Phenomenon of Masking") des Tumorgewebes[1] — nicht mehr weiter passiert werden kann [SHOPE (316, *4*), ROUS, KIDD und BEARD (286, 161), KIDD (160)].

Wie lange aktives Virus im SHOPEschen Papillom durch den Übertragungsversuch nachgewiesen werden kann, scheint demnach in erster Linie von der Schnelligkeit und der Größe des Tumorwachstums und damit wohl auch von der Intensität des antigenen Reizes abzuhängen. Zugunsten dieser Annahme spricht die Beobachtung, daß das Virus gelegentlich auch bei wilden „Cottontail"-Kaninchen rasch verschwindet, wenn die Tiere — nach der experimentellen Infektion — ausnahmsweise große, konfluierende Papillome ausbilden und dementsprechend reichliche Mengen von Antikörpern produzieren (SHOPE, KIDD); und anderseits besteht die Möglichkeit, das Virus auch auf domestizierten Kaninchen serienweise zu passieren, wenn hierzu Passagevirusstämme verwendet werden, die regelmäßig ein stark verzögertes und spärliches Tumorwachstum hervorrufen [SHOPE (316, *3*)].

Die Dauer der Viruspersistenz ist demnach auch bei diesen Virusinfektionen (Choriomeningitis, Psittacosis, infektiöses Papillom) keineswegs immer extrem lang, sondern wechselt je nach den Eigenschaften der verwendeten Virusstämme und — vor allem — je nach der immunologischen Reaktivität der Tierspezies. Auch bei denjenigen Tierarten, die als chronische Virusträger und Ausscheider bekannt sind, persistiert das Virus über sehr unterschiedlich lange Zeit. Nach TRAUB (350, *6*) wird die Dauer des Virusträgertums bei weißen Mäusen, die mit dem Virus der lymphocytären Choriomeningitis infiziert sind, durch das Alter der Tiere im Zeitpunkt der Infektion, durch die Schwere der Erkrankung, durch den Infektionsmodus und durch den Organotropismus des zur Infektion benutzten Virusstammes bestimmt, folglich durch eine Reihe von Faktoren, welche auch für das Zustandekommen einer aktiven Immunität von entscheidender Bedeutung sind (vgl. Kapitel III). Auch in natürlich mit Choriomeningitis- bzw. Encephalomyelitisvirus durchseuchten Mäusekolonien oder mit Psittacosisvirus infizierten Vogelbeständen ist nun höchstwahrscheinlich der Infektionsmodus nicht stets derselbe (kongenitale Übertragung oder Kontaktinfektion), erfolgt die Ansteckung in einem unterschiedlichen Lebensalter und schwankt bekanntlich die Morbiditäts-

---

[1] Daß das Papillomvirus auch in diesen Tumoren nur scheinbar verschwindet, ist durch eine Reihe von Beobachtungen sichergestellt. So erzeugen krebsig entartete Papillome, in welchen auf direktem Wege kein Virus mehr nachgewiesen werden kann, bei der Weiterimpfung auf zahme Kaninchen noch regelmäßig spezifische, virusneutralisierende Antikörper [KIDD, BEARD und ROUS (161)]. Fernerhin gelingt es, Kaninchen mit Suspensionen bzw. Extrakten von „biologisch inaktiviertem" bzw. autosterilisiertem Tumorgewebe aktiv zu immunisieren [SHOPE (316, *8*), KIDD (160)].

ziffer außerordentlich stark, so daß schon hierdurch verständlich würde, weshalb das Virusträgertum bei den einzelnen Tieren ein und desselben Bestandes bald kurz-, bald langfristig ist. Daß alle diese chronischen Virusinfektionen früher oder später mit einer Autosterilisation bzw. Entkeimung enden können, muß jedenfalls auf Grund der Untersuchungen von TRAUB (350, *3*), THEILER (335, *2*) und MEYER und EDDIE (228, *1*, *3*) angenommen werden. MEYER und EDDIE vermochten auch nachzuweisen, daß das Virusträgertum bei latent mit Psittacosis durchseuchten Papageien, Sittichen und weißen Mäusen durch experimentelle Superinfektionen oft beträchtlich abgekürzt werden kann, ein Befund, der wohl deutlich darauf hinweist, daß erst durch die Zweitinfektion jener Grad von Immunität erreicht wird, der für den Eintritt der Autosterilisation erforderlich ist.

Falls die Annahme, daß ein chronisches Virusträgertum stets dann zu beobachten ist, wenn die Voraussetzungen zur Ausbildung einer stärkeren Immunität weder von Seiten des Erregers noch des Wirtsorganismus erfüllt sind, zutrifft, so ist zu erwarten, daß „die infektionsgebundene Immunität" — im Vergleich zur „Heilungsimmunität" — nur einen geringen Grad erreicht. Tatsächlich dürfte dies der Fall sein. Die bei chronischen Virusträgern bestehende Immunitätsschwäche zeigt sich schon darin, daß die Tiere gegenüber der persistierenden Infektion wohl nur einen relativen Schutz, bzw. eine labile Immunität besitzen. So kann bekanntlich die latente Infektion bei der Mäuseencephalomyelitis bzw. Choriomeningitis und bei der Vogelpsittacosis jederzeit — namentlich bei jungen Tieren — ohne erkennbare äußere Ursache in die manifeste, häufig letal endigende Infektion übergehen; auch Zweiterkrankungen bzw. Rezidive wurden bei der Psittacosis (228, *3*) und dem Lymphogranuloma inguinale (205) wiederholt beobachtet. Fernerhin ist es möglich, wie TRAUB (350, *2*) bei der Mäusechoriomeningitis nachgewiesen hat, durch die künstliche Provokation (intracerebrale Injektion von Bouillon) die Immunität zu durchbrechen, d. h. die latente Infektion zu aktivieren.

Anderseits ist nun aber auch festgestellt, daß chronische Virusträger gegenüber Superinfektionen meist zuverlässig geschützt sind, d. h. auch auf massive Virusdosen nicht mit Krankheitssymptomen reagieren. Mit der Annahme, daß die aktiven Immunitätsvorgänge bei der „infektionsgebundenen Immunität" wenig intensiv sind, scheint dieser Befund nicht zu harmonieren. Trotzdem liegt wohl nur ein scheinbarer Widerspruch vor; denn es ist nachgewiesen, daß derartige Tiere lediglich vor der Erkrankung, nicht aber gegenüber der Infektion geschützt sind. Aus den Untersuchungen von BEDSON (19, *5*) über die Psittacosisimmunität weißer Mäuse geht nämlich eindeutig hervor, daß das reinjizierte Virus nicht — wie in einem hochimmunen Organismus — rasch verschwindet, sondern ebenfalls zu einer chronisch latenten Infektion Anlaß gibt. Auch ist mit der Möglichkeit zu rechnen, daß die primär nur schwach ausgebildete Immunität erst durch die Superinfektion stimuliert und verstärkt wird (MEYER und EDDIE). Und schließlich ist bekannt, daß die „infektionsgebundene Immunität" gegenüber der Superinfektion häufig nur einen relativen (partiellen) Grad aufweist; beim infektiösen Papillom der Kaninchen ist dies sogar die Regel.

Unter den angeführten Umständen wäre es demnach wohl nicht gerechtfertigt, der „infektionsgebundenen" Virusimmunität einen besonderen Mechanismus zuzuschreiben. Für diese Immunität ist wohl lediglich charakteristisch, daß die Gewebeimmunität über längere Zeit in einer Anfangsphase (reversible Virusneutralisierung) verharrt, die bei anderen, stark immunisierenden Virusinfektionen gewöhnlich rasch durchlaufen wird. Die lange Viruspersistenz und das Fehlen von Antikörpern im strömenden Blut sind demnach wohl nur Indikatoren für das Darniederliegen von stärkeren Immunitätsreaktionen. Selbst die Beobachtung, die übrigens gerade bei der „infektionsgebundenen Virusimmunität" nur wenig dokumentiert ist, daß die Immunität oft dann erlischt, wenn das Virusträgertum aufhört, würde nicht zur Vorstellung nötigen, daß die Viruspersistenz — im Sinne der sog. „Okkupationstheorie" — die Ursache der Immunität ist, sondern könnte mit größerer Wahrscheinlichkeit dahin interpretiert werden, daß eine schon a priori schwache Immunität dann rasch sistiert, wenn der antigene Reiz in Wegfall kommt.

Gegen die Annahme, daß der Verbleib von aktivem Virus im Körper die unbedingte Voraussetzung für die Immunität ist, spricht auch die Beobachtung, daß es bei der Mäusechoriomeningitis (350, *3*) und sehr wahrscheinlich auch bei der Mäuseencephalomyelitis (335, *4*) und der Vogelpsittacosis (228, *3*) hochimmune Tiere gibt, bei denen der Virusnachweis regelmäßig mißlingt, und schließlich auch die Tatsache, daß sich Mäuse bzw. Meerschweinchen mit Antigenimpfstoffen sowohl gegen Psittacosisvirus [Bedson (19, *5*)] als auch gegen Choriomeningitisvirus [Traub (350, *5*)] aktiv immunisieren lassen und hierdurch eine Resistenz erwerben, die sich anscheinend gegenüber der Infektionsimmunität nicht unterscheidet.

2. Verhalten des immunen Organismus gegenüber einer nachträglichen Virusinfektion.

a) Schicksal und Auswirkung des reinjizierten Virus in einem aktiv — durch das Überstehen eines Infektionsprozesses — immunisierten Tierkörper.

Aus zahlreichen Untersuchungen geht übereinstimmend hervor, daß das in die Organgewebe oder in die Blutbahn injizierte Virus mehr oder weniger rasch verschwindet, d. h. schon nach Stunden oder einigen Tagen nicht mehr nachgewiesen werden kann.

So beobachteten bereits Kraus, Keller und Clairmont (177), daß das ins Gehirn von immunisierten Kaninchen injizierte Lyssavirus schon nach kurzer Zeit nicht mehr nachzuweisen ist. Wie späterhin Kraus und Doerr (174) zeigten, verschwindet auch das Hühnerpestvirus aus dem Gehirn immunisierter Gänse innerhalb weniger Stunden (von der 6.—18. Stunde p. i.). Levaditi und Nicolau (195, *3*) stellten gleichfalls fest, daß Neurovaccinevirus im Gehirn von hyperimmunisierten Kaninchen außerordentlich rasch (innert 2 Stunden) anscheinend vollständig inaktiviert wird. Denselben Befund erhoben späterhin Nicolau und Kopciowska (242, *1*) auch für Herpesvirus. Einen ähnlich raschen Virusschwund beobachtete Andrewes (5, *1*) bei der Injektion von Virus III in den Hoden von aktiv immunisierten Kaninchen; bei hochimmunisierten Tieren gelang der Virusnachweis bereits nach 2 Stunden, bei partiell immunisierten Kaninchen dagegen erst nach 72 Stunden nicht mehr. Analoge Beobachtungen machten Collier (47) und Shope (316, *6*) bei der Verimpfung von Hühnerpest- bzw. Myxomvirus in den Hoden aktiv immunisierter Tiere. Und schließlich haben Sabin und Olitzky (289, *7*) nachgewiesen, daß das Poliomyelitisvirus auf der Nasenschleimhaut rekonvaleszenter Affen rasch verschwindet.

Daß auch die mit Virus überschwemmte Blutbahn aktiv immunisierter Tiere innerhalb weniger Stunden virusfrei wird, geht aus den Untersuchungen von Smith (318, *1*) und Long und Olitzky (206, *2*) mit Vaccinevirus und von Hallauer (121, *2*) mit Hühnerpestvirus hervor.

Nach welchem Mechanismus das reinjizierte Virus im immunen Gewebe inaktiviert und unschädlich gemacht wird, konnte zunächst nicht sichergestellt werden. Gegen die Annahme älterer Autoren, wonach das Virus durch den in der Blutbahn kreisenden, „viruliciden" Antikörper rasch zerstört wird, erhoben allerdings LEVADITI und seine Mitarbeiter schon frühzeitig Einspruch, indem diese Autoren darauf hinwiesen, daß die Virusinaktivierung im Zentralnervensystem immunisierter Tiere keineswegs an das Vorhandensein humoraler Antikörper gebunden ist, sondern durch die immunisatorische Abwehr des Gewebes selbst zustande kommt. Die im reinfizierten Gewebe beobachtete celluläre „Frühreaktion" betrachten LEVADITI und NICOLAU als den direkten Ausdruck dieser geweblichen Immunität. Fernerhin stellten LEVADITI und NICOLAU (195, *1*) fest, daß das Gehirn von herpesimmunen Kaninchen auch in vitro einen „viruliciden" Effekt ausübt.

Schon dieser Befund legt die Annahme nahe, daß das Virus im immunen Gewebe neutralisiert werden könnte. Die in der Folge gemachten Beobachtungen über das Schicksal von reinjiziertem Virus in den Geweben von hochimmunen Tieren lassen nun wohl keinen Zweifel an der Richtigkeit dieser Annahme aufkommen. So vermochte LAGRANGE (179, *4*) nachzuweisen, daß das Gehirn von Hühnern, die gegen das Virus der ägyptischen Hühnerpest zuverlässig immunisiert sind, nach der natürlichen oder experimentellen (subcutanen) Reinfektion latent infiziert wird, und daß das Virus im Zentralnervensystem dieser Tiere während mindestens 15 Tagen nachgewiesen werden kann. In einem späteren Termin versagte zwar der direkte Virusnachweis, dagegen besaß das Gehirn noch aktiv immunisierende Eigenschaften, und schließlich ging auch dieses Merkmal verloren. Aus den Versuchen von LAGRANGE geht demnach in unzweideutiger Weise hervor, daß auch das reinfizierende Virus im immunen Tierkörper nicht rasch zerstört wird, sondern alle Phasen eines Neutralisationsvorganges (latente Infektion — Autosterilisation — endgültige Virusinaktivierung) durchläuft. Diesen phasenartigen Ablauf der Reinfektion beobachtete nun LAGRANGE nur im Gehirn; in den anderen Organgeweben (Leber, Milz, Hoden) wurde dagegen das reinjizierte Virus anscheinend schon nach kurzer Zeit definitiv inaktiviert. Erfahrungsgemäß nimmt nun das Zentralnervensystem von aktiv gegen Hühnerpest immunisierten Hühnern in geringerem Ausmaß an der allgemeinen Immunität teil [HALLAUER (121, *1*)], und diese „Immunitätsschwäche" dürfte der Grund sein, weshalb der Neutralisationsprozeß im reinfizierten Gehirn in verlangsamtem Tempo vor sich geht und hierdurch der Beobachtung besonders leicht zugänglich wird.

Daß auch die übrigen Organgewebe (Leber, Milz) von aktiv immunisierten Tieren auf die Reinfektion in entsprechender Weise reagieren, wurde von HALLAUER (121, *2*) für das europäische Hühnerpestvirus nachgewiesen. In den Versuchen von HALLAUER wurden hyperimmunisierte Hühner intravenös mit massiven Virusdosen reinfiziert; durch den fortlaufenden Virusnachweis im strömenden Blut und in den inneren Organgeweben konnte das Schicksal des reinjizierten Virus verfolgt werden. Die hierbei erzielten Versuchsergebnisse sind in mehrfacher Hinsicht bemerkenswert. Zunächst wurde festgestellt, daß das Hühnerpestvirus im antikörperhaltigen Blut rasch von den Leukocyten „fixiert" wird und nur in dieser Blutfraktion während 2—4 Stunden p. i. nachgewiesen werden kann. Irgendwelche Anzeichen dafür, daß das Virus während seines Kreisens in der Blutbahn durch den Antikörper inaktiviert oder durch Phagocytose zerstört wird, konnten nicht gewonnen werden. Der rasche und vollständige Virusschwund aus der Blutbahn konnte vielmehr nur darauf zurückgeführt werden, daß das an den Leukocyten haftende Virus kontinuierlich nach den reticuloendothelialen Organen (Leber, Milz) abtransportiert und dort zurückgehalten wird. In diesen Organen erleidet nun das Hühnerpestvirus dasselbe Schicksal wie — in den Versuchen von LAGRANGE — im immunen Hühnergehirn, nämlich eine progressive Neutralisierung, die sich wiederum darin kundgibt, daß die infizierten Organe zunächst (bis zur 12. Stunde p. i.) bei der Verimpfung auf Normaltiere noch infektiös sind, späterhin (von der 30.—72. Stunde p. i.) nur noch aktiv immunisieren und schließlich (am 4. Tag p. i.) auch diese Eigenschaft einbüßen. Im immunen und reinfizierten Leber- und Milzgewebe findet demnach derselbe Neutralisations- bzw. Autosterilisationsvorgang statt, den HALLAUER (121, *1*) — unter bestimmten Versuchsbedingungen (vgl. S. 1210) — auch beim Ablauf der Erstinfektion in diesen Organgeweben zu beobachten vermochte. Unterschiedlich ist lediglich das Tempo dieser immunologischen Reaktion; während die Autosterilisation im erstinfizierten Gewebe längere Zeit erfordert, ist dieselbe im immunen und reinfizierten Gewebe stark beschleunigt.

Zu ganz ähnlichen Versuchsergebnissen gelangten SCHMIDT, OERSKOV und HANSEN (300) bei ihren Untersuchungen über das Schicksal von Maul- und Klauenseuchevirus im unvorbehandelten bzw. aktiv immunen Meerschweinchenorganismus. Die Versuchsanordnung dieser Autoren bestand darin, daß das an Aluminiumhydroxyd — zur Erzielung einer Depotwirkung — adsorbierte Virus einer Reihe von normalen bzw. aktiv immunisierten Meerschweinchen subcutan injiziert wurde; in bestimmten Zeitintervallen wurde die Injektionsstelle bzw. das Virusdepot exzidiert und auf die Planten neuer Meerschweinchen verimpft. Durch den Aufenthalt im unvorbehandelten Tierkörper wurde nun das Virus bereits von der 7. Stunde p. i. an derartig in seiner Pathogenität abgeschwächt, daß die geimpften Tiere meist nicht mehr generalisiert erkrankten, sondern nur noch immunisiert wurden. Auch die späterhin (bis zum 14. Tag p. i.) entnommenen Virusproben behielten dieses immunisierende Vermögen bei. Im immunisierten Tierkörper erlitt zwar das Virus anscheinend genau dieselbe Veränderung, nur konnte hier der Pathogenitätsverlust bereits nach einer $1^1/_4$stündigen Verweildauer nachgewiesen werden. Fernerhin zeigte sich, daß nur diejenigen Virusinokula immunisierende Eigenschaften hatten, die innerhalb der ersten 24 bis 48 Stunden p. i. exzidiert wurden. Am 4. Tag p. i. war auch im Immunisierungsversuch kein Virus mehr nachzuweisen. Auch aus diesen Versuchen dürfte hervorgehen, daß das Schicksal von Maul- und Klauenseuchevirus im immun werdenden und im bereits immunen Tierkörper prinzipiell dasselbe ist, daß dagegen die immunen Gewebe weit schneller auf die Infektion reagieren und daß die Autosterilisation anscheinend auch viel rascher mit einer endgültigen Virusinaktivierung abschließt.

Von MAGRASSI und seinen Mitarbeitern (218, *3*, 219) wurde der Ablauf der Superinfektion im eben erst — durch Schienenimmunisierung — gegenüber Herpes- bzw. Vaccinevirus immun gewordenen (und noch latent infizierten) Gehirn- bzw. Hodengewebe des Kaninchens untersucht. Auch in diesem frühesten Stadium der Gewebeimmunität, in dem noch keine nachweisbaren Antikörper in der Blutbahn kreisen, nimmt die Superinfektion denselben Verlauf wie die Erstinfektion, d. h. das reinjizierte Virus bleibt zunächst — während mindestens 24—48 Stunden — ohne sich zu vermehren nachweisbar, nimmt hierauf an Menge zunehmend ab und verschwindet schließlich gleichzeitig mit dem Eintritt der Autosterilisation der Erstinfektion. Bemerkenswert ist, daß dieser gesamte Neutralisationsvorgang ohne die geringste Schädigung bzw. entzündliche Reaktion des Gewebes vor sich geht. Der eindeutigste Beweis dafür, daß sich die Superinfektion in den durch die Erstinfektion ausgelösten Neutralisationsvorgang einschaltet, wurde von GALLI (96) erbracht. GALLI explantierte — entsprechend der bereits von MAGRASSI (218, *4*) zum Studium der latenten Vaccineinfektion benutzten Versuchstechnik (vgl. S. 1205) — auf dem Wege der Schieneninfektion mit Vaccinevirus infizierte Kaninchengewebe (Milz und Hoden) und superinfizierte diese Gewebekulturen in vitro. Hierbei zeigte sich, daß das bereits in vivo infizierte Gewebe keineswegs — wie man möglicherweise als Anhänger der „Okkupationstheorie" annehmen könnte — gegenüber der Superinfektion „blockiert" ist, sondern daß das superinfizierende Virus vom latent infizierten und immunen Gewebe nahezu quantitativ „fixiert" wird. Von besonderem Interesse ist aber die von GALLI gemachte Beobachtung, daß das weitere Schicksal (Virusvermehrung, Konservierung, Neutralisation, Inaktivierung) des superinfizierenden Virus von denselben Faktoren abhängt, die auch über den Ablauf der ins Reagenzglas verlegten Erstinfektion entscheiden (vgl. S. 1205), nämlich vom Zeitpunkt, in dem das Gewebe explantiert wird, von der Gewebeart, und schließlich auch davon, ob das Gewebe durch Waschen vom Antikörper befreit wird oder nicht. Für das Verhalten sowohl des erst- als auch des zweitinfizierenden Virus in vitro war die jeweilige Immunitätsphase, in welcher sich das Gewebe im Moment der Explantation und der Superinfektion befand, gleichermaßen ausschlaggebend.

Zugunsten der Annahme, daß das reinjizierte Virus im immunen Gewebe zunächst denselben Grad von Abschwächung erfährt wie das Virus der Erstinfektion, sprechen nun auch die Beobachtungen über den Ausgang der Re- bzw. Superinfektion bei Virusinfektionen, die erfahrungsgemäß nur zu einer schwachen, häufig „infektionsgebundenen" Immunität (vgl. S. 1223) führen. In diesem Fall wurde nachgewiesen, daß auch das reinjizierte Virus im immunen Gewebe zu persistieren vermag. So machte TRAUB (350, *3*) die Feststellung, daß weiße Mäuse, die gegen das Virus der lymphocytären Choriomeningitis immun sind und deren Blut im Zeitpunkt der Reinfektion virusfrei ist, im Anschluß an die Immunitätsprüfung wieder zu Virusträgern (im Blut) werden können. Fernerhin hat SCHOEN (304) nachgewiesen, daß das Gehirn von latent mit Lymphogranulomvirus infizierten und immunen Mäusen nach der intracerebralen Superinfektion weiterhin infektiös bleibt.

Nach welchem Mechanismus das virusimmune Gewebe gegenüber der Reinfektion geschützt ist, wurde nun auch in sehr eingehender Weise in der *Gewebekultur* untersucht. Durch die Explantation immuner (und eventuell vorgängig „antikörperfrei" gewaschener) Gewebe in ein Normalplasma bzw. Serum enthaltendes Kulturmilieu schien die Möglichkeit gegeben, den einen Immunitätsfaktor, den virusneutralisierenden Antikörper, auszuschalten und hierdurch die alte Streitfrage — „humorale oder histogene, celluläre Immunität?" — zu entscheiden. Die Empfänglichkeit bzw. Immunität der explantierten immunen Gewebe gegenüber der in vitro ausgeführten Reinfektion wurde entweder nach der Möglichkeit der Virusvermehrung oder nach dem Auftreten bzw. Ausbleiben von Einschlußkörperchen beurteilt. Wie die nachfolgende Übersicht lehrt, konnte hinsichtlich des Verhaltens von Virus im immunen Gewebsexplantat keine Übereinstimmung erzielt werden.

STEINHARDT und LAMBERT (326) vermochten Vaccinevirus in Hornhautexplantaten immuner Kaninchen nicht zu züchten. Da das Virus in derartigen Kulturen rasch nicht mehr nachzuweisen war, sind diese Autoren der Ansicht, daß das Vaccinevirus im immunen Gewebe schon frühzeitig zerstört wird. RIVERS, HAAGEN und MUCKENFUSS (280) stellten ebenfalls fest, daß das Vaccinevirus in Kulturen von immuner Kaninchencornea nicht oder nur spärlich proliferiert. Immerhin gelang in einigen Explantaten der Nachweis von GUARNIERIschen Körperchen und — nach 24—48stündiger Züchtung — auch von aktivem Virus. STOEL (329) versuchte, Vaccinevirus in Milz- und Hodenexplantaten von immunen Kaninchen zu züchten; während das Virus in den Milzkulturen schon nach einigen Tagen nicht mehr nachgewiesen werden konnte, vermochte sich das Virus in den Hodenexplantaten nach einer längeren Inkubation zu vermehren, allerdings nur, wenn die Kulturen mit großen Virusdosen infiziert wurden. Eine geringgradige Virusvermehrung beobachteten auch KIMURA und FUJISAWA (162, *2*) in mit Vaccinevirus infizierten Lungen-, Nieren- und Hodenexplantaten immuner Kaninchen. Dagegen hatte ANDREWES (5, *3*) keine Schwierigkeiten, Virus III im immunen Kaninchenhodengewebe zu züchten. Wurde das Gewebe vor der Explantation ausgiebig in Tyrodelösung gewaschen, so gelang die Viruszüchtung nahezu regelmäßig. Immerhin war sowohl die Virusausbeute als auch die Anzahl der gebildeten Einschlußkörperchen deutlich geringer als in Kulturen mit Normalgewebe. Denselben Züchtungserfolg erzielte ANDREWES (5, *6*) mit Herpesvirus wiederum in Explantaten von immunen Kaninchenhoden. Das vorgängige Waschen der Gewebe erwies sich in diesem Fall als unnötig. Daß auch das Speicheldrüsenvirus in Kulturen von immunem Meerschweinchenhoden Einschlußkörperchen zu bilden vermag, wurde ebenfalls von ANDREWES (5, *7*) festgestellt. Die von ANDREWES mit Virus III erzielten Versuchsergebnisse wurden in der Folge von TOPACIO und HYDE (347) nicht bestätigt, indem es diesen Autoren nicht gelang, Virus III im immunen Kaninchenhodengewebe zu züchten. Schließlich vermochte TRAUB (350, *1*) nachzuweisen, daß sich Pseudolyssavirus im Explantat von gewaschenem Hodengewebe immuner Meerschweinchen züchten läßt; die Virusvermehrung war allerdings auch hier — im Vergleich zu den Normalgewebe enthaltenden Kulturen — deutlich gehemmt.

Bei der generellen Beurteilung dieser zum Teil widersprechenden Befunde wird man wohl das Hauptgewicht auf diejenigen Versuchsergebnisse legen müssen, aus denen in kaum zu bestreitender Weise hervorgeht, daß — in vitro — eine Virusvermehrung auch im aktiv immunen Gewebe möglich ist. Bekanntlich wurde dieser Befund stets zugunsten einer „humoralen Virusimmunität“ interpretiert, d. h. als beweisend dafür angesehen, daß die Gewebe eines aktiv immunisierten Tierkörpers nur solange gegenüber der Reinfektion unempfänglich sind, als sie der schützenden Wirkung „humoraler“ Antikörper ausgesetzt sind. Mit dieser Auffassung stand in Einklang einerseits, daß ein immunes Gewebe, das durch mehrmaliges Waschen vom anhaftenden Antikörper weitgehend befreit wird, zur Viruszüchtung in vitro geeigneter wird, und anderseits, daß schon der Zusatz von kleinen Antikörpermengen zum Explantat jede Virusvermehrung im normalen und immunen Gewebe unterbindet (vgl. Kapitel I, S. 1158). Die nicht zu leugnende Tatsache, daß die Virusvermehrung im immunen Gewebe — im Vergleich zum normalen — deutlich gehemmt ist, wurde darauf zurückgeführt, daß es eben — erfahrungsgemäß[1] — praktisch nicht möglich ist, den Antikörper restlos aus einem Gewebe zu entfernen. Und dieser Umstand konnte auch dafür verantwortlich gemacht werden, daß es einigen Autoren nicht gelang, immune Gewebe in vitro wirksam zu infizieren.

Man wird dieser Argumentation insofern folgen können, als die in vitro erhobenen Befunde wohl tatsächlich demonstrieren, welche hervorragende Rolle der virusneutralisierende Antikörper bei der Gewebeimmunität spielt, dagegen wird man der Schlußfolgerung, daß die Virusimmunität einen vorwiegend „humoralen“ Mechanismus hat, d. h. durch Antikörper, die auf der Blutbahn in die Gewebe gelangen, bedingt ist, nicht zustimmen können. Einer derartigen Annahme stehen vor allem die in vivo gemachten Beobachtungen entgegen, denen zufolge die verschiedenen Gewebe in völliger Unabhängigkeit von humoralen, im Blut kreisenden Antikörpern ihre Immunität erwerben, aus denen nun aber auch hervorgeht, daß diese „histogene Immunität“ durch den im virusinfizierten Gewebe entstehenden bzw. zellständig vorhandenen Antikörper bewirkt wird.[2] Die im Explantat erzielten Versuchsergebnisse lassen sich nun auch mit den

[1] Vgl. die Untersuchungen von DOUGLAS und SMITH (66) und von BURNET, KELLAWAY und WILLIAMS (37).

[2] Mit dieser Feststellung verliert wohl auch die Antithese: „humorale — celluläre

Erfahrungen des Tierversuches in Einklang bringen. Die Beobachtung, daß ein hochimmunes Gewebe durch die Explantation seine Immunität größtenteils verliert, kann nämlich wohl nicht nur dadurch erklärt werden, daß nur Spuren von Antikörper in die Kultur übertragen werden und daß die weitere Zufuhr von Antikörpern aufhört, sondern auch durch den Umstand, daß die meisten Gewebe zur aktiven Antikörperbildung in vitro nicht oder nur in geringem Ausmaße befähigt sind. Der von STOEL (329) und auch von GALLI (96) erhobene Befund, wonach das immune Milzgewebe selbst nach ausgiebigem Waschen auch im Explantat an Immunität nicht wesentlich einbüßt, wäre unter dieser Annahme ohne weiteres verständlich, da Gewebe, die reich an reticulo-endothelialen Zellen sind, bekanntlich auch in der Kultur Antikörper zu produzieren vermögen (vgl. S. 1162, 1208, 1210, Fußnote).

Daß der Ablauf der Re- bzw. Superinfektion im immunen Gewebe die bereits vorhandene Immunität stimuliert bzw. verstärkt, ergibt sich aus einer Reihe von Beobachtungen. So geht aus den Untersuchungen von NICOLAU und seinen Mitarbeitern (242, *4*, *5*, 243) hervor, daß im autosterilisierten Gehirn von mit Herpes- oder Lyssavirus intracerebral reinjizierten, immunen Kaninchen auch mit den optimalsten Dissoziationsverfahren (Lagerung in Glycerin, Kataphorese) kein aktives Virus mehr nachgewiesen werden kann, während eine derartige Virusreaktivierung im primär (nach der Erstinfektion) autosterilisierten Zentralnervensystem während einer gewissen Zeit mit größerer Regelmäßigkeit gelingt (vgl. S. 1202). Nach MEYER und EDDIE (228, *3*) beschleunigt die Superinfektion bei latent mit Psittacosisvirus infizierten Tieren oft deutlich den Eintritt der Autosterilisation bzw. der endgültigen Entkeimung. HALLAUER (121, *5*) beobachtete, daß eine zunächst nur auf das Kaninchenrückenmark beschränkte Herpesimmunität nach der intramedullären Superinfektion auch auf das Gehirn übergriff, also räumlich an Ausdehnung gewann. In welcher Weise die Superinfektion eine entstehende Gewebeimmunität zu aktivieren und hierdurch auch den Ausgang der Erstinfektion zu entscheiden vermag, ergibt sich aber vor allem aus Versuchen, die MAGRASSI (218, *3*) mit Herpesvirus bei Kaninchen ausgeführt hat. Der von MAGRASSI ermittelte Tatbestand ist der folgende: Kaninchen, die intracutan mit encephalitogenen Herpesvirusstämmen infiziert werden, erliegen mit großer Regelmäßigkeit einer Encephalomyelitis. Werden nun derartige Tiere in einem ganz bestimmten Zeitpunkt (7.—8. Tag) nach der cutanen Infektion intracerebral superinfiziert, so verläuft sowohl die Erst- als auch die Zweitinfektion klinisch völlig latent, enden beide Infektionen mit einer Autosterilisation und hinterlassen eine dauerhafte Immunität des Zentralnervensystems. DOERR und SEIDENBERG vermochten dieses „*Phänomen von* MAGRASSI“ nicht nur zu bestätigen, sondern auch nachzuweisen, daß derselbe immunisierende Effekt erzielt werden kann, wenn die Erstinfektion von der Cornea aus dem Gehirn zugeleitet und die intracerebrale Superinfektion 4—5 Tage später ausgeführt wird; auch in diesem Falle wurde beobachtet, daß sich beide Infektionen gegenseitig „annullieren“. Wie sich MAGRASSI und DOERR und SEIDENBERG überzeugten, ist nun aber die Realisierung dieses Phänomens unabänderlich an eine Reihe bestimmter Voraussetzungen geknüpft, nämlich 1. daß die Erstinfektion dem Zentralnervensystem auf einer peripheren „Schiene“ zugeleitet, 2. daß die Superinfektion intracerebral und nicht peripher (intracutan, corneal) ausgeführt, und 3. daß zwischen den beiden Infektionen ein ganz bestimmtes zeitliches Intervall (7—8 Tage nach der cutanen, 4—5 Tage nach der cornealen Erstinfektion)

Immunität“ an Gegensätzlichkeit, da der Antikörper auch an der histogenen Immunität als ausschlaggebender und spezifitätsbestimmender Immunitätsfaktor beteiligt ist.

eingeschaltet wird. Weiterhin stellte MAGRASSI fest, daß der antagonistische Effekt auch in Erscheinung tritt, wenn — an Stelle der Superinfektion — ein durch Formolzusatz inaktiviertes Herpesvirus intracerebral injiziert wird.[1]

Die Beziehungen des von MAGRASSI beobachteten Phänomens zur Schienenimmunisierung des Zentralnervensystems mit nicht-encephalitogenen Herpesstämmen (vgl. S. 1213) sind offensichtlich. In beiden Fällen wird das Zentralnervensystem auf dem Wege der Schieneninfektion infiziert, verharrt die Infektion im Gehirn zunächst in der Latenz und besteht schon frühzeitig eine Immunität gegenüber der intracerebralen Superinfektion. Diese Analogie in der schienenimmunisierenden Wirkung von nicht-encephalitogenen Herpesstämmen einerseits und von encephalitogenen anderseits läßt sich nun aber nur feststellen, wenn das Gehirn in einer ganz bestimmten Phase der latenten Infektion superinfiziert wird. Findet nämlich die intracerebrale Superinfektion in diesem Zeitpunkt nicht statt, so ist das weitere Schicksal der beiden Virusstämme, ihrer unterschiedlichen Infektiosität entsprechend, ein völlig andersartiges; während die nicht-encephalitogenen Stämme der erwachenden Gehirnimmunität rasch erliegen, wird derselbe „immunologische Widerstand" von den encephalitogenen Stämmen rasch überwunden.[2] Die Superinfektion ist demnach für das Zustandekommen der Schienenimmunisierung im einen Fall nicht notwendig, im anderen aber stets erforderlich. Die Tatsache, daß durch die Kombination zweier Virusinfektionen — von denen jede allein einen klinisch manifesten Verlauf nehmen würde — derselbe immunisierende Effekt wie bei der Schienenimmunisierung mit nicht-encephalitogenen Virusstämmen erzielt werden kann, ist wohl nur unter der von MAGRASSI gemachten Annahme verständlich, *daß eine bereits durch die Erstinfektion angeregte Gewebeimmunität durch die Superinfektion (bzw. durch die Reinjektion von Virusantigen) stimuliert*[3] *und erst vervollständigt wird, und daß infolge dieser rasch anschwellenden Gewebeimmunität auch beide Infektionen einen abortiven Verlauf nehmen.* Das Phänomen von MAGRASSI, d. h. die gegenseitige Annullierung zweier homologer Infekte hinsichtlich ihrer klinischen Auswirkung, käme demnach — de facto — nicht durch eine „Konkurrenz", sondern durch eine „immunisatorische Synergie" zweier Virusinfektionen zustande.

Mit dem von MAGRASSI beobachteten Phänomen hat eine von MEREDITH HOSKINS (136, *2*) nahezu gleichzeitig mit Gelbfiebervirus gemachte Beobachtung große Ähnlichkeit. Nach HOSKINS können Affen gegen das pantrope (viscerotrope) Gelbfiebervirus durch die neurotrope Variante der gleichen Virusart geschützt werden, wenn man die Impfung (s. c. oder i. p.) entweder mit einem Gemisch von pantropem und neurotropem Virus vornimmt, oder wenn die Infektion mit pantropem Virus nicht mehr als 20 Stunden vor der Impfung mit neurotropem Virus erfolgt. FINDLAY und MCCALLUM (79) haben späterhin dieses „*Interferenzphänomen*" nicht nur bestätigt, sondern auch an Affen, Igeln und

---

[1] DOERR und SEIDENBERG ist es allerdings nicht gelungen, die Superinfektion durch eine Antigenimpfung zu substituieren. Ob der von MAGRASSI erhobene Befund hierdurch entkräftet wird, erscheint jedoch fraglich, da der von DOERR und SEIDENBERG verwendete Formolimpfstoff auf immunisierendes Vermögen nicht geprüft wurde.

[2] Auf die Tatsache, daß ein Infektionsprozeß in einem Gewebe auch dann noch bis zur pathogenen Auswirkung fortschreiten kann, wenn schon untrügliche Anzeichen für eine zunehmende Gewebeimmunität vorhanden sind, wurde bereits mehrmals hingewiesen (vgl. Kapitel II, 1, a).

[3] Daß die intracerebrale Reinjektion einen „ictus immunisatorius" auslöst, zeigt sich auch darin, daß dieselbe von einem rapiden Anstieg der Antikörper im strömenden Blut gefolgt ist (MAGRASSI).

Mäusen weiter analysiert. Hierbei wurde festgestellt, daß wohl das neurotrope Virus mit größerer Regelmäßigkeit gegen das pantrope schützt, daß dagegen das viscerotrope Virus die pathogene Auswirkung des neurotropen anscheinend nicht zu verhindern vermag, da intracerebral mit dem Virusgemisch infizierte Tiere ausnahmslos einer Gelbfieberencephalitis erlagen. Fernerhin wurde der Befund erhoben, daß sich auch heterologe Virusinfektionen bis zu einem gewissen Grad gegenseitig auslöschen, indem die Infektion mit dem pantropen Virus des Rift-Valley-Fiebers die nachfolgende (oder gleichzeitige) Infektion mit pantropem Gelbfiebervirus antagonistisch beeinflußte.

Eine befriedigende Erklärung für diese „Interferenzphänomene" vermochten FINDLAY und MCCALLUM nicht zu geben. Man wird nun wohl zugeben müssen, daß zumindest die mit Gelbfiebervirusstämmen erzielten Versuchsergebnisse mit dem „Phänomen von MAGRASSI" deutliche Analogien aufweisen. Auch beim „Interferenzphänomen" wurde nachgewiesen, daß humorale Antikörper keine Rolle spielen und daß der antagonistische Effekt anscheinend nur dann zustande kommt, wenn die Erfolgsorgane nicht auf direktem (wie bei der intracerebralen Injektion), sondern auf indirektem Weg infiziert werden. Und schließlich ergibt sich auch aus dem Umstand, daß sich das „Interferenzphänomen" durch die *simultane* Doppelinfektion realisieren läßt, kein Gegensatz zum Phänomen von MAGRASSI; auch hier ist ja die erforderliche Zeit zwischen dem Eintreffen des erstinfizierenden Virus im Erfolgsorgan und der coupierenden Superinfektion äußerst kurz bemessen. Dagegen bleibt der Mechanismus des von FINDLAY und MCCALLUM ebenfalls beobachteten „Interferenzphänomens" zwischen heterologen Virusinfektionen zunächst ungeklärt. Immunologische Beziehungen bzw. Antigengemeinschaften zwischen Rift-Valley-fever- und Gelbfiebervirus wurden bisher nicht festgestellt, so daß die von FINDLAY und MCCALLUM geäußerte Vermutung, daß das von ihnen beobachtete Konkurrenzphänomen möglicherweise doch auf eine Stammesverwandtschaft zwischen den beiden Virusarten hinweist, einstweilen hypothetisch bleibt. Da die immunologische Spezifität dieses Phänomens nicht erwiesen ist, wäre man eher zur Annahme geneigt, daß der von FINDLAY und MCCALLUM zwischen Rift-Valley-fever- und Gelbfiebervirus einerseits und — in geringerem Grade — zwischen Hühnerpest- und Rift-Valley-fever-Virus anderseits festgestellte Antagonismus den zahlreichen Beobachtungen von unspezifisch — durch heterologe Infekte — erworbenen Resistenzsteigerungen[1] zuzuordnen wäre.

b) Schicksal des reinjizierten Virus in einem aktiv — durch Antigenimpfung — immunisierten Tierkörper.

In der Frage, ob das Virus in einem mit Antigenimpfstoffen immunisierten Organismus ein prinzipiell anderes Schicksal erleidet als in einem Tierkörper, der durch das Überstehen eines Infektionsvorganges immun geworden ist, konnte bisher keine völlige Übereinstimmung erzielt werden. Die Entscheidung dieser Frage stößt deshalb auf Schwierigkeiten, weil — einerseits — mit Antigenimpfstoffen bekanntlich sehr unterschiedliche Grade von Immunität erzielt wurden (vgl. Kapitel III), so daß ev. zutage tretende Unterschiede im Verhalten des reinjizierten Virus nur hierdurch bedingt sein könnten, und da — anderseits — bekanntlich auch stets damit gerechnet werden muß, daß Antigenimpfstoffe noch aktives Virus enthalten (vgl. Kapitel III), so daß den Angaben, wonach das Schicksal im mit Infektions- bzw. Antigenimpfstoffen immunisierten Tierkörper

---

[1] Vgl. die Übersicht von NICOLAU: „La Para-Immunité". (Resistance non spécifique acquise dans les maladies à ultravirus.) Rev. Immunol. (Fr.) 4, 263 (1938).

gleichartig ist, ebenfalls eine gewisse Unsicherheit anhaftet. Unter diesen Vorbehalten müssen die nachfolgenden Versuchsergebnisse bewertet werden.

JONNESCO (151) hyperimmunisierte eine Reihe von Hunden mit phenolisiertem Lyssavirus und prüfte diese Tiere intracerebral auf Immunität. Von sämtlichen Hunden überstand nur 1 Tier die erste und die zwei nachfolgenden Immunitätsprüfungen, erlag aber schließlich ebenfalls der vierten, intracerebralen Reinfektion. Das Gehirn dieses Tieres erwies sich, intracerebral verimpft, für Kaninchen als avirulent, für Meerschweinchen und Mäuse dagegen als infektiös. JONNESCO beobachtete demnach eine „partielle" tödliche Autosterilisation. Eine besondere Bedeutung kommt jedoch diesem Befund schon deshalb nicht zu, weil das Versuchstier nach der abgeschlossenen Immunisierung noch mehrmals mit aktivem Virus nachgeimpft wurde. Aufschlußreicher sind die von MAGRASSI und MURATORI (221) und namentlich von GALLI und VEROTTI (97) angestellten Untersuchungen, in denen der Ablauf der Vaccineinfektion im — durch Formolvirus — hyperimmunisierten Kaninchenorganismus verfolgt wurde. Durch die mehrmalige intracutane und intravenöse Injektion von zuverlässig inaktiviertem Vaccinevirus gelang es zwar, die Bildung erheblicher Mengen von virusneutralisierenden Antikörpern auszulösen, eine nennenswerte Gewebeimmunität konnte jedoch auf diese Weise nicht erzielt werden. Jedenfalls wurde festgestellt, daß das in die Haut oder in den Hoden reinjizierte, aktive Virus intensive Gewebeschädigungen setzte und in seiner Vermehrung nur wenig gehemmt war. Dagegen war es möglich, entsprechend den von NAKAGAWA (235) mit „Vaccine-Koktoimmunogenen" erhobenen Befunden, durch die mehrmalige Vorbehandlung des Hodens mit Formolvirus nicht nur Antikörper, sondern auch eine vollständige, lokale Hodenimmunität zu erzeugen. GALLI und VEROTTI prüften nun, welchen Verlauf die beidseitig ausgeführte intratestikuläre Vaccineinfektion im lokal immunisierten und im kontralateralen, unvorbehandelten Hoden nimmt. Erwartungsgemäß verlief die Infektion im lokal immunisierten Hoden klinisch völlig latent, im unvorbehandelten jedoch manifest, in Form einer intensiven Orchitis; dagegen wurde der überraschende Befund erhoben, daß die Virusvermehrung auch im klinisch nicht affizierten Hodengewebe anscheinend ungehemmt vor sich geht, d. h. wie in einem Normalhoden am 3. bis 4. Tag p. i. ihren Kulminationspunkt (mit einem Virusgehalt von 1 : 100000 bis 1 : 10000000) erreicht. Auch konnte der Virusnachweis über längere Zeit (bis zum 9.—14. Tag p. i.) geführt werden. GALLI und VEROTTI heben mit Recht hervor, daß sich diese latente Infektion durch zwei Merkmale, nämlich durch die ungehemmte Virusvermehrung und die verzögerte Autosterilisation, in bemerkenswerter Weise von jenem latenten Infektionstypus unterscheidet, welcher bei der Superinfektion eines durch Schieneninfektion immunisierten Gewebes beobachtet werden kann. Die Schlußfolgerung, daß diese Unterschiede auf einen völlig differenten Immunitätsmechanismus schließen lassen, wäre jedoch verfrüht, da GALLI und VEROTTI gelegentlich auch beobachteten, daß die Reinfektion einen von Anfang an gehemmten Verlauf nahm und rasch mit einer Autosterilisation abschloß, und da auch Beobachtungen bei anderen Virusarten vorliegen, die eine derartige Annahme nicht ohne weiteres rechtfertigen würden. So stellte TRAUB (350, *5*) fest, daß Meerschweinchen, die mit einem einwandfrei inaktivierten Formolimpfstoff gegen das Virus der lymphocytären Choriomeningitis hyperimmunisiert werden, je nach der Intensität der Vorbehandlung einen unterschiedlichen Grad von Immunität erwerben; während partiell immunisierte Tiere auf die Reinjektion von aktivem Virus mit Fieber reagierten und das injizierte Virus während der Fieberperiode (bis zum 10. Tag p. i.) auch in der Blutbahn dieser Tiere kreiste, wurde bei stark immunisierten Tieren jede Temperatursteigerung und das Erscheinen von Virus in der Blutbahn vermißt. Auch BEDSON (19, *5*) vermochte nachzuweisen, daß weiße Mäuse, die mit einem zuverlässig inaktivierten Formolimpfstoff gegen Psittacosis hyperimmunisiert wurden, denselben Grad von Immunität erwarben und auf die Immunitätsprüfung mit aktivem Virus anscheinend in derselben Weise reagierten wie latent mit Psittacosis infizierte Tiere. Derartig mit Antigenimpfstoff vorbehandelte Tiere überstanden zwar die Reinjektion mit aktivem Virus völlig symptomlos, wurden aber trotzdem für längere Zeit (bis zu 7 Monaten) zu chronischen Virusträgern. Für diese latente Infektion war nun charakteristisch, daß sich das Virus zweifellos im immunen Tierkörper beständig vermehrte und hierbei auch geringfügige Gewebeläsionen setzte, daß aber die vorhandene Hemmung doch ausreichte, damit die Tiere nicht manifest erkrankten und sich schließlich auch — durch Autosterilisation der Gewebe — entkeimten. Daß das Virus durch sein Verweilen im aktiv immunisierten Tierkörper in qualitativer Hinsicht nicht verändert wurde, zeigte sich darin, daß ein während 290 Tagen in immunen Tieren serienweise passiertes Virus in seiner Virulenz für Normaltiere nichts eingebüßt hatte.

c) Schicksal von Virus im passiv immunisierten Organismus.

Wie bereits gezeigt wurde (vgl. Kapitel I, S. 1177), kann es gelingen, einem Tierkörper durch die passive Zufuhr von Antikörper — vorübergehend — einen ebenso hohen Grad von Schutz zu verleihen wie nach einer aktiven Immunisierung. Die Annahme, daß das Virus im aktiv und im passiv immunisierten Organismus auch nach einem völlig identischen Mechanismus unschädlich gemacht wird, ist dagegen, wie schon die wenigen Untersuchungen über das Schicksal von Virus im passiv immunisierten Tierkörper lehren, nicht zulässig. TULLOCH (354) vermochte bei passiv gegen Vaccinevirus immunisierten Kaninchen, die auf die intratestikuläre bzw. intravenöse Infektion nicht mit den geringsten Symptomen bzw. Gewebeschädigungen reagiert hatten, noch am 7. bzw. 11. Tag p. i. im Hoden und in allen übrigen Organen mühelos aktives Virus nachzuweisen. Irgendwelche Anzeichen für eine in den Geweben stattgefundene Autosterilisation waren nicht vorhanden. HALLAUER (121, *2*) prüfte vergleichsweise das Schicksal von intravenös injiziertem Hühnerpestvirus bei aktiv und passiv immunisierten Hühnern. Gleichartig war nun lediglich die rasche Eliminierung des Virus aus der Blutbahn, völlig unterschiedlich dagegen die Virusverteilung und die Viruspersistenz; während das Virus bei aktiv immunisierten Tieren nach seinem Verschwinden aus der Blutbahn nur in den Zentren des R. E. S. (Leber, Milz) aufgefunden und dort — zufolge einer frühzeitig einsetzenden Autosterilisation — auch nur während kurzer Zeit (24—48 Stunden) nachgewiesen werden konnte, verteilte sich das Virus bei passiv immunisierten Tieren auf sämtliche Organgewebe (Leber, Milz, Niere, Gehirn, Ovarien), vermehrte sich anscheinend auch (wie auf Grund des hin und wieder gelungenen Virusnachweises im strömenden Blut angenommen werden mußte) und blieb in sämtlichen Geweben während mindestens 10 Tagen nachweisbar. Eine Beobachtung ähnlicher Art machte BIELING (24) bei passiv gegen Louping-ill-Virus immunisierten Mäusen. Obwohl auch diese Tiere auf die Virusinfektion mit keinerlei Krankheitssymptomen reagierten und meist auch dauernd gesund blieben, konnte festgestellt werden, daß sich das Virus — ebenso wie im unvorbehandelten Mäuseorganismus — in der Blutbahn und in allen Geweben generalisierte und hier über einige Wochen in unabgeschwächtem Zustand nachzuweisen war. Nach BIELING und OELRICHS (25, *1*) besteht auch hinsichtlich der Verteilung von intraperitoneal injiziertem Influenzavirus im Körper von unvorbehandelten und passiv immunisierten Mäusen kein wesentlicher Unterschied. Schließlich hat BEDSON (19, *5*) nachgewiesen, daß das Psittacosisvirus in der Milz von weißen Mäusen, die mit Virus-Antiserum-Gemischen immunisiert wurden, über mehrere Monate persistiert, ein Befund, der nun allerdings auch bei aktiv immunisierten und nachträglich re- oder superinfizierten Mäusen erhoben werden kann.

Für den Ablauf der Virusinfektion in einem passiv hochimmunisierten Tierkörper ist demnach charakteristisch: 1. daß das Virus weder in der Blutbahn noch in den Geweben rasch zerstört oder inaktiviert wird, 2. daß sich die Infektion nicht auf einzelne Gewebe beschränkt, sondern sich wie in einem normalen Organismus ausbreitet, 3. daß Anzeichen für eine Virusvermehrung vorhanden sind, und 4. daß das Virus in den Geweben und oft auch im strömenden Blut unverhältnismäßig lang und ohne irgendwelche Einbuße an Pathogenität (für normale Versuchstiere) persistiert. Demgegenüber nimmt die Re- bzw. Superinfektion bei aktiv immunisierten Tieren einen völlig andersartigen Verlauf (vgl. S. 1227); auch in diesem Fall entsteht zwar eine latente Infektion, die nun aber eine deutliche Tendenz zur Lokalisierung zeigt, bei welcher die Virusvermehrung von Anfang an stark gehemmt ist und die vor allem regelmäßig mit einer mehr oder weniger frühzeitigen Autosterilisation der infizierten Gewebe bzw. einer endgültigen Virusinaktivierung abschließt.

Durch die Aussage allein, daß im einen Fall eine ,,humorale", im anderen eine ,,cellulär-histogene" Immunität vorliegt, werden diese Differenzen nicht erklärt. Zur Diskussion steht vielmehr die Tatsache, daß die Virusinfektion sowohl im aktiv als auch im passiv immunisierten Organismus nur durch die Bildung bzw. die Gegenwart virusneutralisierender Antikörper in der klinischen Latenz verharrt, daß nun aber der aktiv gebildete (im Gewebe selbst entstehende) Antikörper eine progressive Virusneutralisation bewirkt, während eine solche Virusveränderung durch den passiv zugeführten Antikörper anscheinend nicht zustande kommt. Weshalb der Antikörper im einen Fall die Virusinfektion im Gewebe modifiziert, im anderen Fall dagegen nur einen labilen Gleichgewichtszustand zwischen Gewebe und Virus vermittelt, läßt sich zur Zeit nur vermuten. Entscheidend könnte sein, an welchem Ort und zu welchem Zeitpunkt der Antikörper in den Infektionsvorgang eingreift, d. h. ob die Virus-Antikörper-Reaktion in der Zelle selbst oder außerhalb der Zelle vor sich geht.

III. Erzeugung einer aktiven Virusimmunität.

Sämtliche Bestrebungen, gegen Virusinfektionen zu immunisieren, fußen bekanntlich auf der empirisch ermittelten Tatsache, daß nicht nur das Überstehen einer Viruskrankheit, sondern auch einer klinisch latenten Virusinfektion eine zuverlässige und oft auch lange dauernde Immunität hinterlassen kann. Diese Erkenntnis fand in den sog. *Infektionsimpfungen* (Variolation, Vaccination, Schutzimpfung gegen Tollwut usw.) eine praktische Anwendung. Neueren Datums sind die auf den Erkenntnissen der Immunitätsforschung basierenden *Antigenimpfungen,* die das praktisch wichtige Ziel verfolgen, mit inaktiviertem Virus, d. h. unter Ausschaltung jedes Infektionsprozesses eine Immunität zu erzeugen.

Die historisch und sachlich begründete Einteilung in Infektionsimpfungen einerseits und Antigenimpfungen anderseits wurde auch in dieser Abhandlung beibehalten, obwohl der Mechanismus der durch diese beiden Immunisierungsverfahren erzielten Virusimmunität wohl nicht durchwegs völlig differenter Natur ist. Bei den Infektionsimpfungen ist die Frage zu entscheiden, welche Bedingungen von Seiten des Infektionserregers und des Organismus erfüllt sein müssen, damit eine Virusinfektion nicht manifest, sondern latent und immunisierend verläuft; bei den Antigenimpfungen wäre zu untersuchen, ob und unter welchen Voraussetzungen ein inaktiviertes Virus zu immunisieren vermag und ob die durch Antigenimpfstoffe erzielte Virusimmunität einen besonderen Mechanismus erkennen läßt.

1. Infektionsimpfungen.

Unter welchen Versuchsbedingungen es möglich ist, den Ablauf einer Virusinfektion in einem hochempfänglichen Organismus so zu steuern, daß die verschiedenen Organgewebe wohl infiziert, aber hierbei nicht geschädigt, sondern in hohem Grad immun werden, wurde bereits im vorigen Kapitel (vgl. Schieneninfektion und Schienenimmunität, S. 1211) eingehend erörtert. Daß der für die immunisierende „Schieneninfektion" angenommene Immunitätsmechanismus eine allgemeine Gültigkeit haben dürfte, zeigt sich schon darin, daß auch der Erfolg von — mit unabgeschwächtem Virus ausgeführten — Infektionsimpfungen von denselben Faktoren, nämlich von der Infektionsdosis, dem Infektionsmodus, der Infektiosität und Pathogenität einer Virusart und der immunologischen Reaktivität des Wirtsorganismus abhängig ist.

a) Immunisierung mit nicht abgeschwächtem Virus.

Subklinische Virusdosen.

Immunisierende Minimalinfektionen sind wohl unter natürlichen Verhältnissen ein häufiges Ereignis; die Unempfänglichkeit des erwachsenen Menschen für Poliomyelitisvirus, bestimmter Eingeborenenrassen und wild lebender Affen für Gelbfiebervirus werden bekanntlich auf derartige subklinische Infekte zurückgeführt. Auch im Experiment wurde wiederholt beobachtet, daß Versuchstiere, die mit minimalen Virusdosen infiziert werden, die Infektion ohne Krankheitssymptome überstehen und nachträglich immun werden. So können Mäuse mit subklinischen Infektionsdosen gegen Psittacosis [Fortner und Pfaffenberg (89)] und Meerschweinchen gegen das Virus der lymphocytären Choriomeningitis [Traub (350, *4*), Lépine und Sautter (188, *3*)] zuverlässig immunisiert werden. Auch durch die Einverleibung kleinster Virusmengen in hochempfindliche Organgewebe kann es gelingen, eine Immunität zu erzielen, die ohne die geringste Gewebeschädigung zustande kommt. Durch die intracerebrale Applikation subletaler Virusdosen wurden Affen gegen Louping-ill-Virus [Findlay (76, *2*)], Mäuse gegen Encephalitisvirus [Webster und Clow (371, *3*), Cook (48)] und Meerschweinchen gegen das Virus der lymphocytären Choriomeningitis [Traub (350, *4*)] erfolgreich immunisiert. Dagegen gelingt eine derartige intracerebrale Immunisierung beim Herpesvirus nur ausnahmsweise [Doerr und Berger (61)], beim Lyssa- und Poliomyelitisvirus (bei letzterer Virusart auch nach intranasaler Impfung) anscheinend überhaupt nicht [Löffler und Schweinburg (204, *2*), Flexner und Lewis (86), Jungeblut und Hazen (154)]; entweder erliegen die Versuchstiere einer Encephalitis (Herpesvirus), oder sie bleiben symptomlos und werden dann auch nicht immun (Lyssa-, Poliomyelitisvirus). Fernerhin beobachtete Scalfi (295, *2*), daß Kaninchen, die mit kleinsten Dosen von Vaccinevirus intratestikulär injiziert werden, zwar weder mit lokalen noch allgemeinen Symptomen reagieren, aber — durch das Überstehen einer generalisierten latenten Infektion — eine allgemeine Immunität erwerben. Und schließlich haben Francis (90, *2*) und Andrewes und Smith (9, *2*) nachgewiesen, daß Frettchen, die mit subklinischen Mengen von Influenzavirus nasal infiziert werden, späterhin gegenüber massiven Reinfektionen zuverlässig geschützt sind; dieser durch Minimalinfektion erworbene Schutz unterschied sich von der Immunität rekonvaleszenter Tiere lediglich durch eine kürzere Dauer.

Damit subklinische Virusdosen immunisieren, müssen wohl stets zwei Voraussetzungen erfüllt sein, nämlich 1. daß die Infektiosität einer Virusart hinreichend groß ist, damit die gesetzte Infektion überhaupt haftet, und 2. daß der — durch die einsetzende Virusvermehrung ausgelöste — antigene Reiz ausreicht, damit der Infektionsvorgang durch eine rasch erwachende Gewebeimmunität frühzeitig bis zur klinischen Latenz abgebremst wird.

Inokulationsmodus.

Bei der Variolation wurde bereits die Beobachtung gemacht, daß die künstlich gesetzte Infektion einen erheblich milderen Verlauf nimmt, wenn das Pockenvirus nicht an der natürlichen Eintrittspforte, sondern auf die Haut verimpft wird. Bei Virusarten, die zufolge bestimmter Organotropismen nur in einzelnen Gewebesystemen pathogene Effekte auszulösen vermögen, kommt die Bedeutung der Einverleibungsart für den Infektionsablauf noch deutlicher zum Ausdruck. Wird in diesen Fällen die natürliche Eintrittspforte umgangen, bzw. von einer direkten Virusinokulation in die empfindlichen Gewebe Abstand genommen, so kann die Infektion nicht nur völlig symptomlos bleiben, sondern auch eine zuverlässige Immunisierung des Erfolgsorgans bewirken. Dieser Sachverhalt läßt sich bei dermotropen, pneumotropen und neurotropen Virusarten demonstrieren.

Dermotrope Virusarten. Für das *Virus der Vesicularstomatitis* ist nachgewiesen, daß die typischen Gewebeläsionen nur dann mit größerer Regelmäßigkeit auftreten, wenn das Virus an seinen Prädilektionsstellen (Mundschleimhaut beim Großtier, Meerschweinchenplanta) inseriert wird. Erfolgt die Virusapplikation an einer anderen Stelle (subcutan, intracardial usw.), so verläuft die Infektion in der Regel völlig latent und hinterläßt schon nach kurzer Zeit eine absolute Immunität gegenüber einer massiven, sonst sicher wirksamen Reinfektion [Olitzky, Traum und Schoening (259), Long und Olitzky (206, *1*), Wagener (361, *2*, *6*)]. Auch beim *Maul- und Klauenseuchevirus* ist es in einzelnen Fällen gelungen [vgl. Trautwein (353)], durch die subcutane, intravenöse, intramuskuläre und andersartige Virusapplikation eine Immunität zu erzeugen, ohne daß die Versuchstiere manifest erkrankten. Bedson, Maitland und Burbury (21) stellten jedoch fest, daß Meerschweinchen, die mehrmals mit subklinischen Virusdosen intramuskulär vorbehandelt werden, stets nur einen relativen Grad von Immunität erwerben, d. h. bei der plantaren Reinfektion höchstenfalls vor der Virusgeneralisation geschützt sind. Nach Wagener (361, *1*, *6*), der wohl die umfangreichsten Meerschweinchenversuche angestellt hat, kann eine zuverlässige Immunität — gleichgültig in welcher Weise das Virus einverleibt wird — ohne sichtbare Gewebeläsionen nicht oder nur ausnahmsweise erreicht werden. Die Chancen einer Immunisierung mit unabgeschwächtem Virus sind demnach bei der Maul- und Klauenseuche weit geringer als bei der Vesicularstomatitis, ein Umstand, den Wagener (361, *6*) durch die ungleich größere Virulenz des Maul- und Klauenseuchevirus zu erklären sucht. Shope (316, *8*) vermochte nachzuweisen, daß Kaninchen, die intravenös oder intraperitoneal mehrmals mit *Papillomvirus* injiziert wurden, gegenüber einer cutanen Reinfektion sich weitgehend refraktär verhielten; die Ausbildung von Papillomen war demnach zur Immunisierung nicht unbedingt notwendig.

Pneumotrope Virusarten. Nach Hudson und Beaudette (142) lassen sich junge Hühner gegen das *Virus der Laryngotracheitis* durch die Impfung von unabgeschwächtem Virus auf die Kloakenschleimhaut gefahrlos und zuverlässig immunisieren. Bemerkenswerterweise werden hierbei nur diejenigen Tiere gegenüber der intratrachealen Reinfektion immun, bei denen die kloakale Infektion nachweisbar haftet. RIVERS und SCHWENTKER (281) machten die Feststellung, daß Affen auf die intravenöse und intramuskuläre Injektion auch größerer Mengen von *Psittacosisvirus* klinisch nicht im geringsten reagieren, daß jedoch derartig vorbehandelte Tiere virusneutralisierende Antikörper produzieren und späterhin eine hohe Resistenz gegenüber der intratrachealen Reinfektion aufweisen. Auch beim Menschen erwiesen sich intramuskuläre Virusinjektionen als ungefährlich und regten ebenfalls die Antikörperbildung an. Entsprechend günstige Immunisierungserfolge ließen sich mit Influenzavirus erzielen; Versuchstiere (Frettchen, Mäuse, Schweine), die mehrmals mit aktivem (humanem oder porcinem) Influenzavirus subcutan, intramuskulär oder am besten intraperitoneal vorbehandelt werden, bilden nicht nur reichliche Mengen virusneutralisierender Antikörper, sondern sind auch völlig (Mäuse, Schweine) oder zumindest partiell (Frettchen) gegenüber massiven intranasal applizierten Reinfektionen geschützt [SHOPE (316, *2*, *7*), SMITH, ANDREWES und LAIDLAW (320), FRANCIS und MAGILL (91, *2*)]. Auch beim Menschen wurde beobachtet, daß die mehrmalige subcutane bzw. intracutane Injektion von aktivem Influenzavirus keine nachteiligen Folgen hat, dagegen die Produktion von Antikörpern stimuliert [FRANCIS und MAGILL (91, *4*)].

Neurotrope Virusarten. Daß die Möglichkeit besteht, das Zentralnervensystem durch die periphere Einverleibung von unabgeschwächtem, aktivem Virus zu immunisieren, steht außer Zweifel. Die Erfolge einer derartigen Immunisierung sind allerdings — je nach der Virusart, dem Inokulationsmodus und der zu immunisierenden Tierspezies — außerordentlich wechselnd.

Durch die subcutane oder intracutane Vorbehandlung von Affen mit aktivem *Poliomyelitisvirus* gelingt es, wie aus den Versuchen von FLEXNER und LEWIS, THOMSEN, AYCOCK und KAGAN, STEWART und RHOADS, BRODIE, AYCOCK und HUDSON u. a. [Literatur bei STEWART und RHOADS (328)] hervorgeht, eine cerebrale Immunität zu erzeugen. Ein derartiger Immunisierungserfolg ist aber nur dann mit größerer Regelmäßigkeit zu erwarten, wenn die Versuchstiere über längere Zeit mit unverhältnismäßig großen Virusdosen vorbehandelt werden und wenn die Virusapplikation nicht subcutan, sondern intracutan erfolgt [STEWART und RHOADS (328), AYCOCK und HUDSON (12)]. Auch unter diesen als optimal ermittelten Versuchsbedingungen stößt die Immunisierung des Zentralnervensystems auf Schwierigkeiten, da — einerseits — ein bestimmter Prozentsatz der Versuchstiere im Anschluß an die Impfung manifest erkrankt, und — anderseits — die überlebenden Tiere gegenüber der intracerebralen Immunitätsprüfung nicht ausnahmslos immun sind, sondern oft nur eine humorale Immunität (Vorhandensein von virusneutralisierenden Antikörpern im strömenden Blut) besitzen oder auf die Vorbehandlung überhaupt nicht reagieren [AYCOCK und HUDSON (12)].

Ähnlich liegen die Verhältnisse bei der Immunisierung des Zentralnervensystems gegen *Lyssavirus*. Zur wirksamen Immunisierung sind auch hier größere Virusdosen notwendig und muß das zur Vorbehandlung verwendete Virus je nach der Tierspezies in bestimmter Art appliziert werden. Auch in diesem Falle werden unterschiedliche Immunitätsgrade erzielt und wird der Immunisierungserfolg durch eine gelegentlich auftretende Impflyssa beeinträchtigt. Mit welcher Leichtigkeit sich das Zentralnervensystem gegen Lyssavirus immunisieren läßt, hängt außerdem in hohem Grade von der Tierspezies ab. Wie GALTIER (1881, 1888) erstmalig nachgewiesen hat, lassen sich *Hammel*, *Schafe*, *Ziegen* und *Schweine* durch die intravenöse Vorbehandlung mit größeren Mengen von Straßen- oder Passagewutvirus ohne jede Gefahr zuverlässig und rasch immunisieren. NOCARD und ROUX (246) vermochten die Angaben von GALTIER zu bestätigen, stellten jedoch fest, daß bei exzessiv großen Virusdosen Fälle von Impflyssa auftreten, und daß diese Art von Vorbehandlung bei Hunden und Kaninchen regelmäßig Lyssa erzeugt. *Hunde* erlangen durch die ein- oder mehrmalige subcutane oder intraperitoneale Vorbehandlung mit großen Mengen von frischem Virus fixe in den meisten Fällen eine zuverlässige cerebrale Immunität [vgl. die zusammenfassende Darstellung von SCHNÜRER und DAVID (303)]. Dagegen sind *Kaninchen*, selbst nach einer intensiven, subcutanen oder intraperitonealen Präparierung mit aktivem Virus meist nur gegenüber einer peripheren Reinfektion geschützt und erliegen in der Regel — trotz der Anwesenheit von virusneutralisierenden Antikörpern im strömenden Blut — der intracerebralen Immunitätsprüfung [vgl. SCHWEINBURG (310)]. Die besten und regelmäßigsten Immunisierungserfolge wurden zweifellos bei *weißen Mäusen* erzielt; eine einmalige *intraperitoneale* Injektion einer größeren Virusdosis (min. 1000 M. I. D.) schützt diese Tiere bereits nach 7—10 Tagen gegenüber einer intracerebralen Reinfektion von 100—1000 M. I. D. [WEBSTER und CLOW (371, *1*), WEBSTER (370, *1*, *5*, *6*)].

Ebenso leicht läßt sich das Zentralnervensystem weißer Mäuse gegen das amerikanische bzw. japanische *Encephalitisvirus* immunisieren; auch in diesem Falle genügen eine größere oder mehrere kleine, subcutan applizierte Virusdosen, damit die Tiere schon nach wenigen (4—7) Tagen gegenüber der intracerebralen Immunitätsprüfung mit großen Virusmengen (1000—100000 M. I. D.) zuverlässig geschützt sind [WEBSTER (370, *4*, *3*)].

Gegen *Bornavirus* konnten Pferde und Kaninchen durch die mehrmalige intravenöse oder intraperitoneale Vorbehandlung mit lebendem Virus erfolgreich immunisiert werden [ZWICK, SEIFRIED und WITTE; ERNST und HAHN; NICOLAU und GALLOWAY (241)]. Auch die Immunisierung von Pferden, Meerschweinchen und Mäusen gegen das Virus der *equinen Encephalomyelitis* macht keine besonderen Schwierigkeiten; die mehrmalige subcutane, intramuskuläre oder intraperitoneale Einverleibung größerer Virusmengen hat in den meisten Fällen — falls die Tiere einer Impfencephalitis nicht erliegen — eine cerebrale Immunität zur Folge [GILTNER und SHAHAN; MEYER; HOWITT; OLITZKY und COX (264, *2*); COX und OLITZKY (51, *2*, *3*)]. Dagegen hat HURST (147) beobachtet, daß Affen, die auf eine periphere Infektion mit Encephalomyelitisvirus nur mit Fieber, aber ohne cerebrale Symptome reagieren, wohl virusneutralisierende Antikörper produzieren und auch gegenüber jeder peripheren Reinfektion zuverlässig geschützt sind, die intracerebrale Immunitätsprüfung jedoch nicht überstehen.

GREIG, BROWNLEE, WILSON und GORDON (115) vermochten Schafe durch die einmalige intranasale, intracutane oder subcutane Vorbehandlung mit aktivem Louping-ill-Virus gegenüber einer cerebralen Reinfektion — ohne größere Impfverluste — zu immunisieren. Nach SCHWENTKER, RIVERS und FINKELSTEIN (282) erwerben auch Affen, die mehrmals mit aktivem Virus intraperitoneal vorbehandelt werden, eine solide Gehirnimmunität. Die intranasale Virusapplikation führte bei dieser Tierspezies zu keiner, die intramuskuläre Präparierung nur zu einer partiellen Immunität des Zentralnervensystems.

Die empirisch und experimentell ermittelte Tatsache, daß die Einverleibung von aktivem (organotropem) Virus — bei einem bestimmten (indirekten) Inokulationsmodus — nicht nur keine manifeste Infektion, sondern auch eine Immunität (des Erfolgsorgans) zur Folge hat, wurde zwar bei zahlreichen Schutzimpfungsverfahren praktisch verwertet, experimentell jedoch nur ausnahmsweise (vgl. „Schienenimmunisierung", S. 1211) näher analysiert. Die Frage nach dem *Mechanismus* einer auf diesem Weg erzielten Immunität ist nun aber von nicht geringer Bedeutung. A priori stehen wohl zwei Annahmen zur Diskussion:

1. Der Infektionsprozeß erfährt bei seiner Ausbreitung von der Eintrittspforte bis zum Erfolgsorgan eine zunehmende Abschwächung und nimmt infolgedessen auch in den virusempfindlichen Geweben einen klinisch latenten Verlauf (Immunisierung durch Schieneninfektion).

2. Die Eintrittspforte läßt das Zustandekommen einer Infektion überhaupt nicht zu oder bietet zumindest keine Möglichkeit dafür, daß das einverleibte Virus in die virusempfindlichen Organgewebe (z. B. Lunge, Gehirn) gelangt. Eine Immunität dieser Organe kann demnach nur auf humoralem Wege — durch

die in der Blutbahn kreisenden und in die Gewebe übertretenden Antikörper — zustande kommen (Immunisierung durch Antigenwirkung).

Daß der erstgenannte Immunitätsmechanismus in zahlreichen Fällen experimentell sichergestellt werden konnte, wurde bereits angeführt (vgl. Kapitel II, „Schieneninfektion und Schienenimmunität"). Ob nun aber der Erfolg *jeder* künstlichen Immunisierung, die sich der Viruseinverleibung in ein minderempfängliches Gewebe bedient, an den Ablauf eines — sich generalisierenden — Infektionsprozesses gebunden ist, erscheint fragwürdig und kann in einzelnen Fällen mit Recht bezweifelt werden.

So konnten bei der *Immunisierung* von Schweinen, Frettchen und Mäusen *mit aktivem Influenzavirus* keinerlei Anzeichen dafür gewonnen werden, daß sich das intramuskulär, subcutan oder intraperitoneal applizierte Virus außerhalb des Respirationstraktus zu vermehren vermag. Auch gelang es nicht, in der Lunge oder im Nasensekret derartig mit lebendem Virus vorbehandelter Tiere Influenzavirus nachzuweisen (217, *2*, 316, *7*, 9, *1*), so daß auch mit einer Ansiedelung und eventuellen Vermehrung des Impfvirus in den Respirationsorganen nicht gerechnet werden konnte. Gegen die Annahme eines immunisierenden Infektionsvorganges spricht aber vor allem die Erfahrungstatsache, daß der erzielte Immunitätsgrad von der Menge und der Konzentration des Impfstoffes bzw. von der Anzahl der Impfungen abhängig ist [Andrewes und Smith (9, *1*, *2*), Francis (90, *2*)].

Die von Francis (90, *2*) angestellten Untersuchungen, in denen die Beziehung zwischen Impfdosis und Impfschutz bei Mäusen und Frettchen quantitativ bestimmt wurde, sind in dieser Hinsicht besonders aufschlußreich. Die hierbei erzielten Versuchsergebnisse sind die folgenden: 1. Damit Mäuse gegenüber einer intranasalen Reinfektion von 1000 M. I. D. zuverlässig geschützt sind, ist eine 2—3malige intraperitoneale Vorbehandlung mit je 1000 M. I. D. Virus erforderlich. Kleinere Impfdosen sind unwirksam oder verleihen nur einen partiellen Schutz. Auch bei Frettchen beträgt die eben noch (gegen auftretende Lungenläsionen) Schutz verleihende und zur Antikörperbildung erforderliche Impfdosis (bei zweimaliger subcutaner Impfung) zirka 1000 M. I. D. Virus. 2. Zwischen der Impfdosis (Anzahl der zur Vorbehandlung verwendeten M. I. D. Virus) und dem erzielten Immunitätsgrad (Anzahl der M. I. D. Virus, die bei der intranasalen Immunitätsprüfung eben noch [bei Mäusen] völlig symptomlos überstanden werden), besteht eine direkte Proportionalität, d. h. 1000 bzw. 10000, 100000 M. I. D. schützen gegen maximal 1000 bzw. 10000, 100000 M. I. D. Virus. Dieselben quantitativen Verhältnisse zwischen Impfdosis und Impfschutz wurden auch bei Frettchen nachgewiesen.

Diese Versuchsergebnisse sind, wie Francis hervorhebt, mit der Vorstellung nicht vereinbar, daß die künstliche Immunisierung von Versuchstieren gegen Influenzavirus an den Ablauf eines Infektionsprozesses gebunden ist. Tatsächlich wurde festgestellt, daß die Immunität nasal infizierter und rekonvaleszenter Frettchen von der Infektionsdosis unabhängig ist, d. h. stets einen absoluten Grad erreicht, gleichgültig, ob die Tiere mit subklinischen oder mit massiven Virusdosen infiziert wurden.

Zugunsten der Annahme, daß die mit aktivem Virus erzeugte Immunität gegen Influenza den Mechanismus einer Antigenimpfung aufweist, kann auch die Beobachtung gewertet werden, daß bei den geimpften Tieren eine anscheinend weitgehende Parallelität zwischen Immunitätsgrad und Antikörpertiter im Blut besteht, und daß es gelingt, durch die passive Immunisierung oder durch die Impfung mit inaktiviertem Virus einen ähnlich hohen Schutz zu erzielen.

Wahrscheinlich liegen nun aber doch die Verhältnisse bei der experimentellen Immunisierung gegen Influenzavirus wesentlich komplizierter. So liegen Befunde vor, die wohl deutlich darauf hinweisen, daß auch Infektionsimpfungen möglich sind. RICKARD und FRANCIS (279) und BIELING und OELRICHS (25, *1*) machten die Feststellung, daß in der Lunge von Mäusen, die intraperitoneal mit massiven Virusdosen infiziert werden, mit größerer Regelmäßigkeit Influenzavirus und auch pneumonische Herde nachgewiesen werden können. Auch die von SHOPE (316, *7*) gemachte Beobachtung, daß intramuskulär mit lebendem Schweine-influenzavirus geimpfte Schweine gelegentlich Kontaktinfektionen vermitteln, läßt wohl keinen Zweifel darüber, daß das Impfvirus in den Respirationstraktus gelangt und dort auch ausgeschieden wird. Aus den Untersuchungen von RICKARD und FRANCIS geht nun auch hervor, daß der Übertritt von Virus in die Mäuselunge anscheinend nur dann möglich ist, wenn sehr *große* Virusmengen (> 10000 M. I. D.) *intraperitoneal* injiziert werden, daß dagegen subcutan applizierte, entsprechend große Virusdosen bereits in den regionären Lymphknoten zurückgehalten und dort auch rasch unschädlich gemacht werden. Höchst bemerkenswert ist nun aber der Befund, daß intraperitoneal vorbehandelte Mäuse, in deren Lungen schon nach 48—72 Stunden die größten Virusmengen (bis 100000 M. I. D.) nachgewiesen werden können, nicht nur klinisch auf diese Lungeninfektion nicht im geringsten reagieren, sondern auch gleichzeitig (48 Stunden p. i.) gegenüber einer intranasalen Superinfektion mit massiven Virusdosen (100000 M. I. D.) völlig immun sind. RICKARD und FRANCIS neigen nun der Ansicht zu, daß die von ihnen beobachtete Viruszunahme in den Lungen intraperitoneal vorbehandelter Mäuse eher auf eine Virusanreicherung als auf eine Virusvermehrung zurückzuführen, und daß die entstehende Immunität wohl als eine unspezifische Resistenz („apparently non-specific resistance") aufzufassen ist und mit dem bei Gelbfieber beobachteten „Interferenzphänomenen" (vgl. S. 1233) eine auffallende Analogie aufweist. Einer solchen Interpretation wird man sich schon deshalb nicht anschließen können, weil die Art der Virus-Zu- und Wiederabnahme in der Lunge völlig dem Ablauf einer latenten, in Autosterilisation übergehenden Virusinfektion entspricht, und weil die nachgewiesene Immunität hinsichtlich ihrer raschen Ausbildung, ihrer Solidität und ihrer Unabhängigkeit von humoralen Antikörpern alle Merkmale einer durch „Schieneninfektion" erworbenen Gewebeimmunität gegen die Superinfektion erkennen läßt.

Die Versuchsergebnisse von RICKARD und FRANCIS könnten Zweifel aufkommen lassen, ob nicht jede Impfung, bei der eine absolute Immunität gegen Influenzavirus erzielt wird, einen latenten Infektionsvorgang in den Respirationsorganen auslöst. Jedenfalls ist auffallend, daß dieselben Faktoren (Inokulationsmodus, Virusdosis), von denen das Eintreffen von Virus im Erfolgsorgan abhängt, auch über den Erfolg einer Impfung entscheidet, bei der ein Infektionsprozeß anscheinend keine Rolle spielt. Auch in diesem Fall ist ja nachgewiesen, daß die intraperitoneale Impfung (bei Frettchen und Mäusen) der subcutanen an Zuverlässigkeit weit überlegen ist (316, *7*, 90, *2*) und daß zur Erzeugung einer absoluten Immunität große Impfstoffmengen notwendig sind.

Die Frage, ob die Immunisierung von Versuchstieren mit lebendem Influenzavirus nach dem Mechanismus einer Antigen- oder einer Infektionsimpfung zustande kommt, läßt sich demnach nicht ohne weiteres beantworten. Einige Beobachtungen scheinen vielmehr darauf hinzuweisen, daß — je nach dem Impfmodus, der Impfdosis und der Tierspezies — beide Immunitätsmechanismen möglich sind. So erhoben SHOPE (316, *7*) und späterhin auch ANDREWES (9, *2*) den zunächst überraschenden Befund, daß die *subcutane* Immunisierung von Mäusen und Frettchen nur mit homologem (Mäuse- und Frettchen-) Influenzavirus gelingt, dagegen mit einem für die zu immunisierende Tierspezies heterologen (von Schweinen, Frettchen oder Mäusen gewonnenen) Virus stets versagt. Diese Beobachtung spricht nun deutlich zugunsten einer Antigenimpfung, da auch bei Antigenimpfstoffen wiederholt beobachtet wurde, daß die Gegenwart von artfremdem Organeiweiß die Antigenfunktionen des inaktivierten Virus konkurrenziert bzw. aufhebt [LAIDLAW und DUNKIN (180, *2*), PERDRAU und TODD (266, *3*), TRAUB (350, *5*), ANDREWES und SMITH (9, *2*)]. Wie ANDREWES und SMITH (9, *2*) nachgewiesen haben, verliert nun tatsächlich auch das homologe Influenzavirus durch den Zusatz von artfremdem Organeiweiß deutlich an immunisierendem Vermögen. Werden nun aber Mäuse und Frettchen *intraperitoneal* mit heterologem Influenzavirus vorbehandelt, so kann eine derartige „Konkurrenz der Antigene" nicht mehr beobachtet werden, und in der immunisierenden Wirkung von homologem und heterologem Virus besteht kaum noch ein Unterschied (SHOPE; ANDREWES und SMITH). Und schließlich ist es bei der Immunisierung von Schweinen völlig gleichgültig, ob homologes oder heterologes Schweineinfluenzavirus verwendet, und ob die Impfung subcutan oder intramuskulär vorgenommen wird (SHOPE). Wenn die Annahme zutrifft, daß das Virus in diesen Fällen auf Grund einer latenten Infektion immunisiert, so wäre auch dieser Befund ohne weiteres verständlich.

Auf welche Weise das *Zentralnervensystem* durch die periphere Einverleibung von *unabgeschwächtem neurotropem Virus* immun wird, ist ebenfalls nicht völlig abgeklärt. Aus den Versuchen, das Zentralnervensystem durch „Schieneninfektion" (vgl. S. 1211) zu immunisieren, geht allerdings mit Eindeutigkeit hervor, daß eine solide Gehirn- und Rückenmarksimmunität ohne den Ablauf eines Infektionsvorganges nicht möglich ist, und daß diese Immunität histogen bedingt, d. h. von der Anwesenheit humoraler Antikörper völlig unabhängig ist. In anderen Fällen kann dagegen weder aus der Art der zur Immunisierung notwendigen Vorbehandlung noch der resultierenden Immunität mit unbedingter Sicherheit auf einen derartigen Immunitätsmechanismus geschlossen werden. So hängt die Möglichkeit, das Zentralnervensystem aktiv zu immunisieren, häufig von denselben Faktoren (Inokulationsmodus, Menge des Impfvirus) ab, die auch für den Erfolg der Immunisierung gegen Influenzavirus maßgebend sind. In beiden Fällen ist nachgewiesen, daß eine *bestimmte Einverleibungsart des Impfvirus* einen optimalen Immunisierungseffekt verbürgt und daß eine *bestimmte Virusmenge*, die im Mäuseversuch für Influenzavirus mit 1000 M. I. D. (90, *2*), für equines Encephalomyelitisvirus mit 600—6000 M. I. D. (51, *2*), für Encephalitisvirus (St. Louis) mit 1000—15000 M. I. D. (370, *4*) und für Lyssavirus mit 10000 M. I. D. (370, *1*, *6*) bestimmt wurde, im Minimum notwendig ist, damit das Erfolgsorgan (Lunge bzw. Zentralnervensystem) überhaupt immun wird. Auch die von FRANCIS (90, *2*) beim Influenzavirus beobachtete Proportionalität zwischen der Größe der Impfdosis und der Stärke des Impfschutzes findet in einem Versuch von WEBSTER (370, *6*) mit Lyssavirus eine Parallele; in entsprechenden Versuchen mit Encephalitisvirus wurde jedoch eine derartige Abhängigkeit nicht festgestellt [WEBSTER (370, *4*)], so daß wohl die Annahme wahrscheinlicher ist, daß schon diejenige Impfstoffmenge, die mit Regelmäßigkeit immunisiert, auch einen maximalen Impfschutz verleiht.[1] Mit der Steigerung

[1] Bis zu welchem Grad das Zentralnervensystem auf experimentellem Wege immunisiert werden kann, hängt wohl vor allem von der *immunisierenden bzw. antigenen Wirksamkeit* einer Virusart ab. Nach WEBSTER sind gegen Encephalitisvirus (St. Louis) immunisierte Mäuse häufig gegenüber einer intracerebralen Injektion von 100000—1000000 M. I. D. Virus geschützt, während entsprechend intensiv gegen japanisches Encephalitisvirus oder Lyssavirus immunisierte Mäuse höchstenfalls eine intracerebrale Immunitätsprüfung mit 1000 M. I. D. Virus überstehen. Noch geringer müßte — falls man auf die Mäuseversuche von COX und OLITZKY (51, *2*) abstellt — die immunisierende Potenz des equinen Encephalomyelitisvirus einge-

der Impfdosis über das erforderliche Minimum hinaus nimmt zwar der Prozentsatz der zuverlässig immunisierten Tiere zu, aber gleichzeitig auch die Gefahr der Impfencephalitis, ein Hinweis dafür, daß die Amplitude zwischen der optimal immunisierenden und der manifest infizierenden Virusdosis häufig nur klein ist. Schon dieser Umstand legt die Vermutung nahe, daß auch die Immunisierung des Zentralnervensystems an den Ablauf eines subklinischen Infektionsvorganges gebunden ist, d. h. nach dem Mechanismus einer „immunisierenden Schieneninfektion“ (vgl. S. 1211) zustande kommt. Daß zur wirksamen Immunisierung des Zentralnervensystems häufig — im Gegensatz zur Schienenimmunisierung — *große* Virusmengen verimpft werden müssen, erklärt sich wohl dadurch, daß die Einverleibung des Impfvirus meist in Geweben erfolgt, welche für das Haften bzw. die zentripetale Ausbreitung eines Infektionsprozesses nur ungünstige Verhältnisse bieten. Der Übertritt von Virus ins Zentralnervensystem läßt sich unter diesen Umständen wohl nur erzwingen, wenn große Virusmengen verabreicht werden, wobei die Infektion des Zentralnervensystems in der Mehrzahl der Fälle auf hämatogenem Wege zustande kommen dürfte. Ähnliche Verhältnisse liegen wohl bei der experimentellen Immunisierung gegen Influenzavirus vor; auch hier müssen Mäuse mit unverhältnismäßig großen Virusdosen intraperitoneal vorbehandelt werden, damit das eingeimpfte Virus in die Blutbahn und vor allem in die Lungen gelangt und dort zu einer klinisch latenten und gleichzeitig immunisierenden Infektion Anlaß gibt.

Der strikte Beweis dafür, daß die Ausbildung einer soliden Immunität des Zentralnervensystems ausnahmslos an den Ablauf einer latenten Infektion gebunden ist, wäre erbracht, wenn das Impfvirus im Gehirn bzw. Rückenmark von aktiv immunisierten Tieren mit Regelmäßigkeit nachgewiesen werden könnte.

Bei der Schienenimmunisierung des Zentralnervensystems von Kaninchen gegen *Herpesvirus* wurde dieser Nachweis in einwandfreier Weise geleistet (Magrassi, Doerr und Hallauer); allerdings konnten stets nur spärliche Virusmengen nachgewiesen werden und gelang auch der Virusnachweis — wegen der frühzeitig auftretenden Autosterilisation — nur während kurzer Zeit und versagte schließlich völlig, wenn die Tiere intracutan mit Herpesvirus vorbehandelt wurden, obzwar auch in diesem Falle kein Zweifel sein konnte, daß eine Schienenimmunisierung vorlag. Ähnliche Beobachtungen wurden bei der Immunisierung von Mäusen gegen *Encephalitisvirus* (St. Louis) gemacht; während bei nasal geimpften, „natürlich resistenten“ Mäusen das Gehirn nachweisbar latent infiziert wurde [Webster und Clow (371, *3*)], konnte das subcutan oder intraperitoneal verimpfte Virus im immunen Mäusegehirn anscheinend nur ausnahmsweise nachgewiesen werden [Webster und Clow (371, *2*), Webster (370, *4*)]. Mit welcher Häufigkeit *Lyssavirus* in das Zentralnervensystem von Menschen, Hunden und Kaninchen, die über längere Zeit mit lebendem Virus fixe subcutan bzw. intraperitoneal immunisiert werden, übertritt, ist ebenfalls nicht sichergestellt. Den zahlreichen Angaben, wonach der Nachweis von Lyssavirus im Zentralnervensystem geimpfter Menschen und Tiere gelingt, stehen ebenso viele ergebnislose Versuche gegenüber [Literatur bei Busson (41) und Schweinburg (310)]. Den negativen Befunden kommt nun allerdings schon deshalb keine Beweiskraft zu, weil der Virusnachweis im immunen Gewebe erfahrungsgemäß nicht einfach ist. Gerade für das Lyssavirus ist festgestellt, daß dasselbe oft nur in spärlichsten Mengen, oft nur vorübergehend (kurze Zeit nach der abgeschlossenen Immunisierung) und häufig nur in ganz bestimmten Gehirnpartien bzw. Rückenmarkssegmenten nachgewiesen werden kann (Quast, Busson). Anderseits erwerben bekanntlich lange nicht alle Tiere, die mit aktivem Lyssavirus vorbehandelt werden, eine cerebrale Immunität (vgl. unten), so daß die Möglichkeit, daß das

---

schätzt werden. Und schließlich ist bekannt, daß das Poliomyelitisvirus ein auffallend schlechtes Antigen ist, und daß dieser Umstand für die ungünstigen Immunisierungserfolge, die mit dieser Virusart bei Affen erzielt wurden, mitverantwortlich ist.

Zentralnervensystem de facto nicht infiziert wird, schon aus diesem Grunde zugegeben werden muß.

Die angeführten Untersuchungen geben demnach weder einen Aufschluß darüber, mit welcher Häufigkeit das zur Immunisierung verwendete Virus ins Zentralnervensystem übertritt, noch einen sicheren Beweis dafür, daß die Immunität des Zentralnervensystems ausnahmslos durch einen Infektionsvorgang zustande kommt.

Trotzdem muß nun aber an der Annahme festgehalten werden, daß eine solide und dauerhafte Immunität des Zentralnervensystems stets die Folge eines Infektes ist, u. zw. aus den folgenden Gründen:

1. *Liegen Beobachtungen vor, die wohl keinen Zweifel darüber lassen, daß die auf experimentellem Weg erzeugte Immunität des Zentralnervensystems einen ausgesprochen histogenen Charakter hat, d. h. alle Merkmale einer Immunität aufweist, die durch das Überstehen einer manifesten bzw. latenten Infektion erworben wird.*

Schon die *ungewöhnlich rasche Ausbildung einer cerebralen Immunität* weist in einigen Fällen deutlich auf den Ablauf einer immunisierenden „Schieneninfektion" hin. So hat TRAUB (350, *3*) nachgewiesen, daß weiße Mäuse nach einer einmaligen intraperitonealen Vorbehandlung mit aktivem *Choriomeningitisvirus* bereits vom 5. Tag an gegenüber einer intracerebralen Immunitätsprüfung zuverlässig geschützt sein können. Eine ebenso rasch entstehende Gehirnimmunität beobachtete WEBSTER (370, *4*) bei weißen Mäusen, die durch eine einzige subcutane bzw. intraperitoneale Injektion von *Encephalitisvirus* (St. Louis) immunisiert worden waren; einige dieser Tiere vertrugen bereits am 4. Tage nach der Vorbehandlung eine massive cerebrale Reinfektion. Nach WEBSTER (370, *2*) bewirkt auch die einmalige intraperitoneale Vorbehandlung weißer Mäuse mit *Lyssavirus* eine Gehirnimmunität, die meistens schon am 7. Tage p. i. voll ausgebildet ist.

Zugunsten einer „Schienenimmunisierung" spricht nun aber vor allem der Umstand, daß *humorale, in der Blutbahn kreisende Antikörper an der erzeugten Gehirnimmunität nicht beteiligt sind.* So vermochte TRAUB (350, *3*) bei aktiv gegen das Virus der *lymphocytären Choriomeningitis* immunisierten Mäusen keine virusneutralisierenden Antikörper nachzuweisen. Auch bei aktiv gegen Choriomeningitisvirus immunisierten Meerschweinchen konnten keinerlei Anzeichen dafür gewonnen werden, daß humorale Antikörper für die frühzeitig auftretende Gehirnimmunität verantwortlich sind, da — wie TRAUB (350, *4*) feststellt — die Immunität schon vorhanden ist, wenn noch keine Antikörper in der Blutbahn aufzufinden sind. Eine entsprechende Beobachtung machten HODES und WEBSTER (133) bei der Immunisierung weißer Mäuse gegen *Encephalitisvirus* (St. Louis); die völlige Unabhängigkeit der Gehirnimmunität von der Anwesenheit humoraler Antikörper zeigte sich darin, daß im Zeitpunkt einer maximal ausgebildeten Immunität Antikörper völlig fehlten und daß dieselben erst in der Blutbahn nachweisbar wurden, wenn die Immunität des Zentralnervensystems bereits wieder absank. Ähnliche Immunitätsverhältnisse beobachteten nun auch JUNGEBLUT (153) und SABIN und OLITZKY (289, *1*) bei poliomyelitisrekonvaleszenten Affen; auch in diesem Falle wurde festgestellt, daß die Immunität des Zentralnervensystems schon lange vor dem Erscheinen virusneutralisierender Antikörper in der Blutbahn einen maximalen Grad erreicht.

2. *Ist wohl nachgewiesen, daß die aktive Immunisierung des Zentralnervensystems stets dann versagt, wenn das verimpfte Virus nicht im Zentralnervensystem selbst, sondern außerhalb desselben immunisierende bzw. antigene Wirkung entfaltet. Die Vorbehandlung mit aktivem Virus führt in diesem Fall wohl zur Produktion virusneutralisierender Antikörper und bewirkt gelegentlich auch einen ausreichenden Schutz gegenüber einer peripheren (extraneuralen) Reinfektion, verleiht dagegen dem Zentralnervensystem nicht den geringsten Grad von aktiver Immunität.*

So wurde wiederholt beobachtet, daß mit *Poliomyelitisvirus* vorbehandelte Affen gegenüber einer intracerebralen und auch intranasalen Reinfektion — trotz der Anwesenheit größerer Antikörpermengen im Blut — nicht im geringsten geschützt sind (328, 306, *3*, 254, *1*, 289, *1*, 12, 109, 143, 186). Nach LENNETTE und HUDSON (186) besitzen derartige Tiere einen ähnlichen Schutz wie nach einer passiven Immunisierung, da die bestehende humorale Immunität ausreicht, damit eine intravenöse Reinfektion (bei gleichzeitig gesetztem Gehirntrauma) nicht haftet. Auch die Immunisierung von Kaninchen (und sehr wahrscheinlich auch des Menschen) mit lebendem *Lyssavirus* (Virus fixe) führt wohl meistens zu einer solchen humoralen Immunität, an welcher das Zentralnervensystem keinen Anteil hat; jedenfalls ist festgestellt, daß selbst hochgradig immunisierte Kaninchen in der Regel nur eine periphere (subcutane, intramuskuläre, ev. intraoculäre) Immunitätsprüfung überstehen, einer subduralen bzw. intracerebralen Reinfektion dagegen — auch wenn im Blut reichlich Antikörper vorhanden sind — prompt erliegen [vgl. SCHWEINBURG (310)]. Wie WEBSTER (370, *1*) beobachtete, erwerben auch Mäuse nach der intraperitonealen Impfung mit Lyssavirus nicht ausnahmslos eine cerebrale Immunität, sondern reagieren gelegentlich nur mit der Bildung von Antikörpern. Ähnliche Immunitätsverhältnisse wies HURST (147) bei Affen, die eine intramuskuläre Infektion mit *equinem Encephalomyelitisvirus ohne* nervöse Symptome überstanden hatten, nach; obzwar diese Tiere reichliche Antikörpermengen produzierten und auch gegenüber jeder peripheren Reinfektion zuverlässig geschützt waren, erwies sich das Zentralnervensystem bei der intracerebralen Immunitätsprüfung meistens als voll empfänglich.

Durch die extraneurale Verimpfung von aktivem, neurotropem Virus werden demnach wohl zwei — ihrer Qualität und ihrem Mechanismus nach — distinkte Arten von Immunität erzeugt, nämlich:

1. Eine rasch entstehende, solide und dauerhafte Immunität des Zentralnervensystems. Diese Immunität ist von humoralen Antikörpern völlig unabhängig und entsteht höchstwahrscheinlich nur dann, wenn das Virus in das Zentralnervensystem übertritt und dort eine immunisierende bzw. antigene Wirkung entfaltet. Der erzeugte Impfschutz entspricht wohl in jeder Hinsicht einer auf natürlichem Weg erworbenen Immunität des Zentralnervensystems.

2. Eine Immunität, die dadurch charakterisiert ist, daß die Versuchstiere virusneutralisierende Antikörper produzieren und auch gegenüber extraneuralen Reinfektionen geschützt sind, daß das Zentralnervensystem jedoch seine volle Empfänglichkeit beibehält oder höchstenfalls durch den Übertritt von Antikörpern passiv immunisiert wird und hierdurch einen geringgradigen und kurzfristigen Schutz erwirbt. Eine derartige Immunität kommt wohl stets dann zustande, wenn die Voraussetzungen (optimale Einverleibungsart und Menge des Impfvirus) für eine Infektion des Zentralnervensystems fehlen, so daß das verimpfte Virus nur extraneurale Antigenfunktionen auszuüben vermag. Derselbe Immunisierungseffekt kann daher auch mit sicher inaktivierten, neurotropen Virusarten (vgl. Antigenimpfungen) erzielt werden. Ob diese Art von Immunität unter natürlichen Verhältnissen überhaupt vorkommt, muß wohl bezweifelt werden.

Die im Experiment gelungene Scheidung zwischen einer histogenen Immunität des Zentralnervensystems, an welcher humorale Antikörper keinen Anteil haben, einerseits, und einer humoralen Immunität, an welcher das Zentralnervensystem nicht beteiligt ist, anderseits, läßt nun auch keinen Zweifel darüber, welche *Bedeutung der Anwesenheit humoraler Antikörper bei der Immunität rekonvaleszenter bzw. geimpfter Tiere und Menschen* beizumessen ist. Hinsichtlich dieser, namentlich bei der Poliomyelitis [vgl. HARMON und HARKINS (124), SABIN und OLITZKY (289, *1*), KOLMER (164, *1*), BRODIE, FISCHER und STILLERMAN (33)] viel diskutierten Frage sind wohl die folgenden Aussagen möglich: 1. Für die Immunität des Zentralnervensystems — gleichgültig, ob dieselbe durch eine natürliche oder experimentelle, manifeste oder latente Infektion erworben wird — ist die Gegenwart virusneutralisierender Antikörper im Blut irrelevant. 2. Bei Tieren, die nach einer künstlichen Immunisierung keine Immunität des Zentralnervensystems erwerben, kommt der Anwesenheit virusneutralisierender Antikörper im Blut insofern eine immunologische Bedeutung zu, als hierdurch das Haften peripherer Infektionen — z. B. die natürliche Übertragung des Virus des Louping ill bzw. der equinen Encephalomyelitis durch hämatophage Zwischenträger — verunmöglicht werden kann. 3. Die Prüfung des Blutes auf virusneutralisierende Antikörper gibt nur einen bedingten Aufschluß über den Immunitätszustand des Zentralnervensystems. Bei Menschen und Tieren, die einen natürlichen Infekt überstanden haben, ist der positive Antikörpernachweis für das Bestehen einer gleichzeitigen Immunität des Zentralnervensystems wohl beweisend; bei künstlich immunisierten Tieren ist dagegen eine derartige Schlußfolgerung nicht zulässig. Anderseits spricht das Fehlen humoraler Antikörper in keinem Falle gegen das Vorhandensein einer cerebralen Immunität.

b) Immunisierung mit künstlich abgeschwächtem Virus.

Die zahlreichen Versuche, Virusarten durch physikalische und chemische Methoden in ihrer Infektiosität gerade so weit abzuschwächen, daß die Infektion mit Regelmäßigkeit einen klinisch latenten und immunisierenden Verlauf nimmt, führten im allgemeinen zu wechselnden, praktisch kaum verwertbaren Resultaten. Derartige Impfstoffe sind entweder wirksam, aber gleichzeitig nicht völlig ungefährlich, oder ungefährlich, dann aber häufig auch unwirksam, und bieten daher weder gegenüber der Einverleibung von unabgeschwächtem Virus noch gegenüber der Immunisierung mit Antigenimpfstoffen (vgl. unten) nennenswerte Vorteile. Ein Beispiel hierfür ist der von KOLMER (164, *2*) zur aktiven Schutzimpfung gegen Poliomyelitis empfohlene Impfstoff, in welchem das Virus nach den Angaben von McKINLEY und LARSON durch den Zusatz von Natriumricinoleat abgeschwächt ist. Während KOLMER und seine Mitarbeiter mit diesem Impfstoff auffallend günstige Immunisierungserfolge zu verzeichnen hatten, ergaben Nachprüfungen durch SCHULTZ und GEBHARDT (306, *3*), OLITZKY und COX (254, *1*), LEVADITI, KLING und HABER (191) und KRAMER und GROSSMAN (171), daß mit dieser Impfung bald größere Impfverluste verursacht, bald völlige Mißerfolge erzielt werden.

Ein theoretisch und praktisch größeres Interesse beanspruchen die Bestrebungen, vollinfektiöse Virusarten durch die Bindung an geeignete Absorbentien (z. B. Aluminiumhydroxyd C nach WILLSTÄTTER) in ähnlicher Weise abzuschwächen, wie dies bei bakteriellen Toxinen möglich ist. Versuche mit derartigen *Absorptionsimpfstoffen* wurden mit *Poliomyelitisvirus* [RHOADS (278, *3*), GORDON (109), KRAMER, GROSSMAN und HOSKWITH (172), GORDON, HUDSON und HARRISON (111)], mit dem *Virus der equinen Encephalomyelitis* [COX und OLITZKY (51, *1*, 264, *2*)], mit *Hühnerpestvirus* [SCHMIDT und OERSKOV (299), SCHMIDT, OERSKOV und STEENBERG (301, *1*)], mit *Maul- und Klauenseuchevirus* [SCHMIDT-JENSEN, SCHMIDT und HANSEN (302), SCHMIDT und Mitarbeiter (298, *1*, *2*, 300)] und mit *Bakteriophagen* [WAHL und LEWI (362)] angestellt und führten zu teilweise beachtenswerten Erfolgen. Zur Immunisierung des Zentralnervensystems gegen Poliomyelitis- bzw. Encephalomyelitisvirus erwies sich allerdings das adsorbierte Virus gegenüber dem nicht-adsorbierten als nicht deutlich überlegen, da auch in diesem Fall große Virusmengen verimpft werden mußten, beim Poliomyelitisvirus gelegentlich Impfencephalitiden auftraten und die Immunisierung oft gänzlich versagte. Dagegen konnte die große Leistungsfähigkeit von Absorptionsimpfstoffen bei der Immunisierung von Meerschweinchen gegen Maul- und Klauenseuchevirus in eindeutiger Weise demonstriert werden, indem schon eine einmalige Vorbehandlung mit einer kleinen Impfstoffmenge (0,01 ccm) eine rasch entstehende, nahezu vollständige und dauerhafte Immunität auslöste [SCHMIDT (298, 2)]. Und schließlich ist auch nachgewiesen, daß das antigene Vermögen von Phagen durch die Adsorption an Aluminiumhydroxyd beträchtlich gesteigert werden kann [WAHL und LEWI (362)].

Nach welchem Mechanismus Absorptionsimpfstoffe immunisieren, ist kaum zweifelhaft. Zunächst ist festgestellt, daß das Virus durch den Absorptionsvorgang in seinen biologischen und antigenen Eigenschaften nicht verändert wird, da die Virusadsorbate bei der Einverleibung in virusempfindliche Gewebe meistens vollinfektiös und pathogen sind, und da auch adsorbierte Phagen eine unverminderte lytische Aktivität besitzen. Wenn derartige Virusadsorbate bei einem bestimmten Inokulationsmodus inoffensiv sind und eine immunisierende Wirkung entfalten, so ist dies wohl lediglich darauf zurückzuführen, daß das Virus zufolge seiner festen Bindung an das Adsorbens am Injektionsort zurückgehalten und hier nur allmählich — in subklinischen Mengen — liberiert wird. Für den immunisierenden Effekt von Virusadsorbaten ist nun wohl weniger das an der Injektionsstelle geschaffene „Antigendepot" und der hierdurch vermittelte „antigene Dauerreiz" maßgebend, als vielmehr das Zustandekommen einer latenten, immunisierenden Infektion. Zu dieser Annahme berechtigen einige Versuche, in denen die Verweildauer und das Schicksal von adsorbiertem Virus am Injektionsort näher untersucht wurden.

GORDON, HUDSON und HARRISON (111) stellten fest, daß das an Aluminiumhydroxyd adsorbierte Poliomyelitisvirus im subcutanen Injektionsdepot über mindestens 8 Tage — anscheinend ohne Infektiositätsverlust — retiniert wird; nichtsdestoweniger wurde ein immunisierender Effekt (Erzeugung von Antikörpern, cerebrale Immunität) häufig vermißt. Auch SCHMIDT, OERSKOV und HANSEN (300) überzeugten sich davon, daß subcutan verimpftes, an Aluminiumhydroxyd adsorbiertes Maul- und Klauenseuchevirus mindestens 14 Tage an der Injektionsstelle nachweisbar bleibt, obzwar die geimpften Tiere schon nach 4 Tagen eine vollausgebildete Immunität besitzen. Von größerem Interesse ist nun aber die von SCHMIDT, OERSKOV und HANSEN gemachte Beobachtung, daß das adsorbierte Virus im subcutanen Gewebe eine progressive Veränderung erleidet, nämlich in kürzester Zeit seine Pathogenität (für Normaltiere) einbüßt, dann während längerer Zeit (14 Tage) nur noch immunisiert und schließlich gänzlich verschwindet. Diese Beobachtung läßt nun wohl keinen Zweifel darüber, daß das Virusadsorbat eine Infektion auslöst, auf die das Gewebe schon frühzeitig mit einem Neutralisations- bzw. Autosterilisationsvorgang reagiert. Für die rasch entstehende und stark immunisierende Wirkung, die von Maul- und Klauenseuchevirusadsorbaten ausgeht, ist demnach wohl in erster Linie diese latente Infektion, die nun auch sehr wahrscheinlich nicht lokalisiert bleibt, sondern generalisiert, verantwortlich.

c) Immunisierung mit Virus-Antiserum-Gemischen — Simultanimpfung.

(Serovaccination.)

Virus-Antiserum-Gemische können sich bekanntlich im Tierkörper auf unterschiedliche Art auswirken. Derartige Gemische können 1. völlig inaktiv, d. h. apathogen und nicht immunisierend; 2. apathogen und immunisierend, und 3. pathogen sein. Die Gründe für dieses wechselnde Verhalten sind hinlänglich bekannt (vgl. Kapitel I, S. 1167); sie liegen darin, 1. daß die verschiedenen Virus-Antikörper-Gemische — je nach der Art ihrer Herstellung (quantitative Zusammensetzung; Zeit und Temperatur der Bebrütung) — einen unterschiedlichen Grad von Neutralität bzw. Reversibilität besitzen, und 2. daß für ein und dasselbe Gemisch die Dissoziationsmöglichkeiten in den verschiedenen Körpergeweben sehr unterschiedlich sind.

Die Aufspaltung von frisch hergestellten Virus-Antiserum-Gemischen im Tierkörper ist nun sicher ein überaus häufiges Ereignis und man könnte annehmen, daß eine derartige Dissoziation, bei der aktives Virus liberiert wird, auch stets von einer manifesten Infektion gefolgt ist. Wie bereits gezeigt wurde (vgl. S. 1169), liegen die Verhältnisse komplizierter. Die Möglichkeit zu einem ungehemmt fortschreitenden Infektionsprozeß ist nämlich offenbar nur dann vorhanden, wenn die Dissoziation in einem raschen Tempo erfolgt; ist dies nicht der Fall, d. h. dissoziiert das Virus nur allmählich und in kleinen Mengen, so entsteht wohl eine Infektion, die nun aber häufig durch frühzeitig einsetzende aktive Immunitätsvorgänge von Seiten der Gewebe bis zur klinischen Latenz abgedrosselt wird. *Virus-Antiserum-Gemische immunisieren demnach wohl in derselben Art wie Absorptionsimpfstoffe* (vgl. S. 1248), *nämlich nach dem Prinzip einer immunisierenden Minimalinfektion.*[1] Anderseits verhalten sich Virus-Antiserum-Gemische dann völlig inaktiv (apathogen und nicht-immunisierend), wenn eine Dissoziation nicht möglich ist und infolgedessen auch kein Infektionsvorgang stattfinden kann. Jedenfalls liegen keine Beobachtungen vor, die zur Annahme berechtigen, daß nicht-dissoziierte Virus-Antikörper-Gemische eine antigene Wirksamkeit besitzen.

Daß Virus-Antiserum-Gemische nur unter den eben angeführten Voraussetzungen immunisieren, ergibt sich aus den zahlreichen Versuchen, die in dieser Richtung angestellt wurden. Eine volle Übereinstimmung herrscht zunächst darüber, daß *die zur Immunisierung verwendeten Gemische genau „ausbalanciert", d. h. gerade soviel Antiserum enthalten müssen, daß die Pathogenität eben aufgehoben ist.* Zur Immunisierung sind daher nur „unterneutralisierte" oder „eben neutrale", nicht dagegen „überneutralisierte" Gemische geeignet, ein Befund, der bei der Immunisierung mit Vaccinevirus [RHOADS (278, *2*), FAIRBROTHER (73, *3*)], Schafpockenvirus [BRIDÉ und BOQUET (31)], Gelbfiebervirus [FINDLAY und HINDLE (78)], Vesicularstomatitisvirus [LONG und OLITZKY (206, *1*), WAGENER (361, *5*)], Poliomyelitisvirus [RHOADS (278, *1*), KRAMER, SCHAEFER und PARK (173), KRAMER (170, *2*)] und equinem Encephalomyelitisvirus [HOWITT (137, *5*)] gleichermaßen erhoben wurde. Wie sich FINDLAY (76, *3*) in Versuchen mit Rift-Valley-fever-Virus überzeugte, *hängt das immunisierende Vermögen von Virus-Antiserum-Gemischen nicht nur vom Neutralitätsgrad, sondern auch von der absoluten, in einem Gemisch vorhandenen Viruskonzentration ab*; ein regelmäßiger Immunisierungserfolg wurde nur mit Gemischen, die eine bestimmte, nicht zu kleine Virusmenge enthielten, erzielt. Ob die von FINDLAY geäußerte Meinung, daß Gemische, die nur kleine Virusmengen enthalten, einen ungenügenden „antigenen Reiz" abgeben und deshalb nicht immunisieren, zutrifft, muß bezweifelt werden; wahrscheinlicher ist, daß derartige Gemische nur deshalb völlig inaktiv sind, weil sie sowohl in vitro (wie FINDLAY selbst nachgewiesen hat) als auch in vivo nicht dissoziiert werden können. Daß auch der *Inokulationsmodus über die immunisierende Wirkung von Virus-Antiserum-Gemischen entscheidet,* ist nun ebenfalls leicht verständlich, da — wie bereits auseinandergesetzt wurde — das Dissoziationsvermögen eines Virus-Antiserum-Gemisches nicht nur von seiner quantitativen Zusammensetzung, sondern auch in hohem Grade von der in einem Körpergewebe bestehenden Diffusionsmöglichkeit abhängt. Im allgemeinen gelingt die Immunisierung am leichtesten, wenn ausreichend neutralisierte Gemische in

[1] Auf die weitgehende Analogie zwischen der Immunisierung mit Toxin-Antitoxin-Gemischen einerseits und Virus-Antiserum-Gemischen anderseits wurde wiederholt hingewiesen. In beiden Fällen erfolgt die Immunisierung durch die langsame Aufspaltung der Gemische im Tierkörper, d. h. durch die Liberierung subklinischer Toxin- bzw. Virusdosen. Ein wesentlicher Unterschied besteht nun aber darin, daß im einen Fall die Immunität durch direkte Antigenwirkung, im anderen über den Umweg eines Infektionsvorganges zustande kommt. Und dieser Umstand erklärt auch, weshalb die Immunisierung mit Virus-Antiserum-Gemischen technisch weit größere Schwierigkeiten bietet.

Gewebe injiziert werden, welche erfahrungsgemäß die Dissoziation begünstigen. So ist für Vaccinevirus-Antiserum-Gemische bekannt, daß sie intracutan appliziert nur selten, intracerebral verimpft dagegen mit großer Regelmäßigkeit dissoziieren; diesem Verhalten entspricht nun auch das immunisierende Vermögen, da nach FAIRBROTHER (73, *3*) der intracutane Inokulationsmodus zur Immunisierung ungeeignet, der intracerebrale dagegen optimal ist. Eine ähnliche Beobachtung machte HALLAUER (121, *1*) bei der Hühnerpest; die intravenöse Einverleibung von Virus-Antiserum-Gemischen führt hier regelmäßig zu einer Dissoziation und hat in den meisten Fällen den Exitus der Versuchstiere zur Folge, ist zugleich aber auch der einzig mögliche Weg, auf dem — allerdings nur ausnahmsweise — eine Immunisierung gelingt.

Anderseits liegen nun auch einige Beobachtungen vor, aus denen mit Eindeutigkeit hervorgeht, daß *nicht-dissoziierte Virus-Antiserum-Gemische auch bei langer Verweildauer im Tierkörper nicht den geringsten immunisierenden Effekt ausüben.* So stellte HALLAUER (121, *1*) fest, daß Hühner, die mit überneutralisierten Gemischen vorbehandelt worden waren, noch nach 8—10 Tagen an einer akuten Hühnerpest verendeten. Einen ähnlichen Befund erhob WAGENER (361, *4*) bei Meerschweinchen, die auf aktivo-passivem Wege gegen Vesicularstomatitisvirus geimpft worden waren; auch in diesem Falle traten gelegentlich noch nach 2—3 Wochen Spätläsionen auf. Und schließlich haben GREEN (114) und seine Mitarbeiter bei der epizootischen Fuchsencephalitis nachgewiesen, daß die intracerebrale bzw. intramuskuläre Vorbehandlung mit Virus-Antiserum-Gemischen nach 4—5 Wochen oft noch akut verlaufende Spätencephalitiden zur Folge hat. In allen diesen Fällen muß wohl angenommen werden, daß die Dissoziation der Gemische zeitlich mit der definitiven Ausscheidung des Antikörpers zusammenfällt.

Daß Virus-Antiserum-Gemische nur dann immunisieren, wenn sie dissoziieren und zu einer klinisch mehr oder weniger latenten Infektion Anlaß geben, ergibt sich schließlich auch aus Versuchen, in denen der Nachweis von dissoziiertem Virus im Blut und den Organgeweben immunisierter Tiere gelungen ist [RHOADS (278, *2*), HALLAUER (121, *1*), MAGRASSI und MURATORI (221)].

Bei der *Simultanimpfung* bzw. *Serovaccination* werden Virus und Antikörper nicht im Gemisch, sondern getrennt an verschiedenen Körperstellen und ev. auch zu verschiedenen Zeiten verimpft. Auch in diesem Falle soll die passive Immunisierung das Zustandekommen der Infektion nicht verhindern, sondern lediglich deren Verlauf so abschwächen bzw. abbremsen, daß eine pathogene Auswirkung nicht möglich ist. Dieses Ziel kann nun ebenfalls — wie die zahlreichen Erfahrungen bei der Simultanimpfung gegen Schweinepest [vgl. MICHALKA (229)], Rinderpest [vgl. HALL (120)], Hundestaupe [vgl. LITTLE (201)], Maul- und Klauenseuche [vgl. WALDMANN und REPPIN (365)], Gelbfieber [vgl. THEILER und WHITMAN (339)] usw. lehren — nur erreicht werden, wenn zwischen der Menge des applizierten Immunserums und der Menge des verimpften Virus ein empirisch ermitteltes, optimales Verhältnis eingehalten wird. Die im Minimum erforderliche Serummenge richtet sich selbstverständlich auch nach dem Körpergewicht der Versuchstiere (339) und auch nach der Schnelligkeit, mit der das Immunserum ausgeschieden wird (121, *2*). Daß die Zufuhr von exzessiv großen Antikörpermengen die Ausbildung einer aktiven Immunität behindern oder verunmöglichen kann, wurde wiederholt — bei der aktivo-passiven Immunisierung gegen Maul- und Klauenseuche (365), Rinderpest (120), Gelbfieber (324) und equine Encephalomyelitis (51, *4*) — festgestellt. Dieser Befund kann nun nicht überraschen, da in einem hochgradig passiv immunisierten Organismus eine Virusvermehrung bzw. das Haften einer Infektion nicht möglich ist.

COX und OLITZKY (51, *4*) machten nun allerdings die Beobachtung, daß auch die immunisierende Wirkung von *inaktiviertem* Encephalomyelitisvirus in einem passiv immunisierten Tierkörper (Meerschweinchen) aufgehoben ist, und ziehen hieraus die Schlußfolgerung, daß die Gegenwart passiv einverleibter Antikörper vor allem die Antigenfunktionen des Virus blockiert. Diese Möglichkeit muß nun tatsächlich zugegeben werden, da entsprechende Befunde auch bei der aktivo-passiven Immunisierung gegen bakterielle Toxine erhoben werden konnten.[1] Trotzdem könnte man an der Richtigkeit der von COX und OLITZKY gemachten Annahme zweifeln, da einerseits die Natur inaktivierter Virusarten noch immer fragwürdig ist, und anderseits der Beweis noch aussteht, daß eine aktive Immunisierung des Zentralnervensystems mit Antigenimpfstoffen s. s. überhaupt möglich ist (vgl. Antigenimpfungen S. 1257).

Ob Virus und Antiserum auch bei der Simultanimpfung *genau* gegeneinander ausbalanciert sein müssen, ist eine Frage, die sich wohl nicht generell beantworten läßt. Bei einigen Virusarten — z. B. dem Vaccinevirus [ANDREWES (5, *4*)] und dem Virus der equinen Encephalomyelitis [COX und OLITZKY (51, *4*)] — scheint eine solche Notwendigkeit zu bestehen; bei ausgesprochen septicämischen Virusarten — Gelbfiebervirus [THEILER und WHITMAN (339)], Hühnerpestvirus [HALLAUER (121, 2)] und Rinderpestvirus (DORSET) — konnte jedoch eine strenge Relativität zwischen der zur Immunisierung erforderlichen Serum- und Virusmenge nicht beobachtet werden. Optimal ist in diesen Fällen wohl diejenige Serummenge, die auch gegenüber größeren Virusdosen gerade noch zuverlässig schützt, wobei die zur Immunisierung verwendete Virusmenge in weiten Grenzen gleichgültig ist. Allzu kleine Virusmengen sind aber auch hier, wie THEILER und WHITMAN (339) beim Gelbfiebervirus und HALLAUER (121, *2*) beim Hühnerpestvirus feststellten, zur Immunisierung ungeeignet.

Daß nun auch der Erfolg der Serovaccination ausnahmslos an den Ablauf eines Infektionsvorganges gebunden ist, scheint nicht nur durch die Beobachtung, daß immun werdende Tiere meistens auf die Impfung mit Fieber bzw. milden klinischen Symptomen reagieren, bewiesen, sondern ergibt sich auch aus der Erfahrungstatsache, daß es in vielen Fällen nicht gleichgültig ist, ob das Immunserum vor oder nach der Virusverimpfung appliziert wird. So kann bekanntlich bei den Masern eine Immunität nur dann erzielt werden, wenn das Rekonvaleszentenserum während der Inkubationsperiode verabreicht wird [DEGKWITZ (59)], und auch bei der Hundestaupe wurde beobachtet, daß nur die postinfektiöse Serumapplikation einen optimalen Immunisierungseffekt verbürgt [LITTLE (201)]. Anderseits wurde wiederholt nachgewiesen, daß die Serumvorbehandlung das Haften einer nachträglichen Infektion und damit auch die Ausbildung einer aktiven Immunität verhindern kann [BRODIE und GOLDBLOOM (34), BRODIE (32, *1*), COX und OLITZKY (51, *4*) u. a.].

d) Immunisierung mit biologisch verändertem Virus (Passagevirus).

Den bisher angeführten Infektionsimpfungen ist gemeinsam, daß das zur Impfung verwendete Virus qualitativ nicht verändert und eine Immunisierung nur dadurch möglich ist, daß der Infektionsablauf — durch die Verimpfung kleinster Virusmengen, durch die Wahl eines besonderen Inokulationsmodus oder durch die Bindung von Virus an Adsorbentien bzw. Antikörper — derart verlangsamt wird, daß gewebliche Immunitätsvorgänge schon frühzeitig die Oberhand gewinnen. Ob die zur Immunisierung optimale Abschwächung der Infektiosität erreicht wird, hängt demnach zum großen Teil von der immunologischen Reaktivität des geimpften Organismus ab. Unter diesen Umständen sind konstante Immunisierungserfolge a priori nicht zu erwarten; tatsächlich zeichnen sich alle diese Infektionsimpfungen durch eine mehr oder weniger große Unzuverlässigkeit bzw. Gefährlichkeit aus.

Durch die Gewinnung und Verwendung *biologisch abgewandelter Virusarten* sind nun bekanntlich Infektionsimpfungen möglich, bei denen sich diese Nachteile

[1] Vgl. REGAMEY und RIAT [Schweiz. Z. allg. Path. u. Bakter. **1**, 245 (1938)].

weitgehend ausschalten lassen. Die Erzeugung einer klinisch latenten und zugleich maximal immunisierenden Infektion wird hier dadurch gewährleistet, daß zur Immunisierung Virusvarianten verwendet werden, die hinsichtlich ihrer Pathogenität (für den zu immunisierenden Wirt) bedeutend abgeschwächt, hinsichtlich ihrer Infektiosität und antigenen Qualität aber nahezu unverändert sind. Die experimentelle Erzeugung derartiger Virusvarianten gelingt bekanntlich entweder im Tierversuch durch die dauernde Viruspassage in bestimmten Wirtsspezies bzw. bestimmten Organgeweben oder in der Gewebekultur durch die Anpassung des Kulturvirus an bestimmte Gewebsexplantate. Die bisher gewonnenen, zur Immunisierung geeigneten Virusvarianten sind nun — je nach der Virusart und der zur Abwandlung befolgten Methode — hinsichtlich ihrer Infektiosität bzw. Pathogenität in sehr unterschiedlicher Weise verändert bzw. abgeschwächt und zeigen anscheinend auch einen unterschiedlichen Grad von Stabilität bzw. Reversibilität. Die nachfolgende Übersicht gibt hierüber Aufschluß.

Virusart	Technik der Abschwächung. Viruspassagen	Art der Abschwächung	
		Veränderung der Infektiosität bzw. Pathogenität	Stabilität bzw. Reversibilität
1. Pocken (Variola—Vaccine-Virus)	Rinderhaut	Verlust der Pathogenität (Mensch)	irreversibel
2. Lyssa (Straßenvirus—Virus fixe)	Kaninchengehirn	Verlust der Neuroprobasie	reversibel (242, *7*)
3. Equine Encephalomyelitis (352)	Taubengehirn	Verlust der Pathogenität (Meerschweinchen, Pferde)	irreversibel
4. Choriomeningitis (350, *4*)	Mäusegehirn	Verlust der Pathogenität (Meerschweinchen)	irreversibel
5. Influenza (35, *4*, *6*)	Chorionallantois	Verlust der Pathogenität (Mäuse, Frettchen)	reversibel (35, *6*)
6. Gelbfieber (335, *1*) (Pantropes—Neurotropes Virus (203, 338, *1*, *2*, 321)	Mäusegehirn Affengehirn[1] Gewebekultur (Mäuse-, Hühnergewebe)	Verlust der Viscerotropie Verlust der Viscerotropie Verlust der Viscerotropie und der Neurotropie	reversibel (77)
7. Pferdesterbe (1, *1*, *4*, *5*, *6*) (Pantropes—Neurotropes Virus)	Mäusegehirn	Verlust der Viscerotropie	irreversibel (?)
8. Rift-Valley-fever (209, *1*) (Pantropes—Neurotropes Virus)	Mäusegehirn[1]	Verlust der Viscerotropie	irreversibel (?)
9. Hühnerpest (209, *2*) (Pantropes—Neurotropes Virus) (121, *7*)	Kanarienvogel-, Mäusegehirn[1] Gewebekultur (Mäuse-, Hühnergewebe)	Verlust der Viscerotropie Verlust der Viscerotropie	

[1] Bei gleichzeitiger passiver Immunität.

Die vorstehende Übersicht vermittelt den Eindruck, daß bisher zwei „Typen“ von immunisierenden Virusvarianten, die sich nach der Art ihrer Erzeugung, ihrer Abschwächung und ihrer Stabilität mehr oder weniger deutlich voneinander unterscheiden, erzielt werden konnten, nämlich 1. Virusvarianten, die durch die Passage in einem fremden Wirtsorganismus entstehen und die dadurch charakterisiert sind, daß die Pathogenität für den immunisierenden Wirt nahezu aufgehoben, die ursprüngliche Infektiosität und originalen Gewebeaffinitäten jedoch kaum verändert sind. Derartige Varianten sind anscheinend stabil, d. h. lassen sich nicht in das Ausgangsvirus zurückverwandeln. In diese Kategorie kann mit Sicherheit nur das *Vaccinevirus* eingereiht werden, 2. Virusvarianten, die durch die Dauerpassage von Virusarten (mit neurotropen Affinitäten) im Zentralnervensystem zustande kommen und deren Veränderung gegenüber dem Ausgangsvirus darin besteht, daß die Affinität für das Zentralnervensystem unverändert oder gesteigert ist, andere Merkmale und Gewebeaffinitäten (Neuroprobasie, Viscerotropie) aber nur noch angedeutet vorhanden sind. Derartige Varianten erweisen sich für den zu immunisierenden Wirt von abgeschwächter Infektiosität bzw. Pathogenität, weil bestimmte Tropismen, von denen die Infektiosität und vor allem die Pathogenität abhängt, weitgehend verlorengegangen sind. Diese Virusveränderung ist wohl die Folge einer einseitigen Anpassung an ein bestimmtes Organgewebe (Z. N. S.), wobei es — zumindest bei bestimmten Virusarten — anscheinend gleichgültig ist, in welcher Wirtsspezies das Virus passiert wird. Jedenfalls läßt sich eine derartige Virusveränderung — wie Findlay und seine Mitarbeiter beim Gelbfiebervirus (82), Rift-Valley-fever-Virus (209, *1*) und Hühnerpestvirus (209, *2*) nachgewiesen haben — auch durch cerebrale Passagen in der zu immunisierenden Wirtsspezies selbst erzeugen. Die Unabhängigkeit der Virusveränderung von der Artzugehörigkeit des Wirtes zeigt sich auch darin, daß diese „Minusvarianten“ ihre „neurotropen“ Eigenschaften gegenüber einer Mehrzahl von Wirten manifestieren. Fernerhin ist bemerkenswert, daß diese Virusvarianten, ihrem „partiellen“ Pathogenitätsverlust entsprechend, anscheinend auch weniger „fixiert“ sind und daher — wie die erfolgreiche Rückverwandlung von Virus fixe in Straßenvirus [Nicolau und Kopciowska (242, *7*)] und von neurotropem in pantropes Gelbfiebervirus [Findlay und Clarke (77)] beweist — auf experimentellem Weg in die Ausgangsform revertiert werden können. In diese Gruppe von Virusvarianten würden gehören: das *Virus fixe der Lyssa* und die *neurotropen Stämme des Gelbfieber-*, *Rift-Valley-fever-*, *Pferdesterbe-* und *Hühnerpestvirus*. Auch die von Traub und ten Broeck (352) beim *equinen Encephalomyelitisvirus* durch Taubengehirnpassagen und von Traub (350, *4*) beim *Choriomeningitisvirus* durch Mäusegehirnpassagen erzielte Virusmodifikation ist wohl durch einen stärkeren Verlust an viscerotropen und eine deutliche Zunahme an neurotropen Eigenschaften charakterisiert. Möglicherweise wird die Pathogenität der letztgenannten Virusarten aber auch gleichzeitig durch die Passage im fremden Wirtskörper modifiziert, jedenfalls zeigen diese Virusmodifikationen — im Gegensatz zu anderen neurotropen Stämmen — eine größere Stabilität.

Die in der *Gewebekultur* oder auf der *Chorionallantois* erzielten, zur Immunisierung geeigneten Virusveränderungen haben wohl ebenfalls den Charakter von Minusvarianten. So führt die Dauerzüchtung von pantropem *Gelbfiebervirus* in Explantaten von embryonalem Mäuse- bzw. Hühnergewebe zu ausgesprochen neurotropen Stämmen [Lloyd, Theiler und Ricci (203)]; dieselbe Veränderung können mäusepathogene *Hühnerpestvirusstämme* erleiden [Hallauer (121, *7*)]. Von Interesse ist nun aber, daß die Abwandlung dieser Virusarten, wie Theiler und Smith (338, *1*) beim Gelbfiebervirus und Hallauer (121, *7*) beim Hühnerpestvirus feststellten, im Explantat anscheinend viel weiter getrieben werden kann als in vivo, da derartige Kulturstämme — bei geeigneter Züchtungstechnik — schließlich nicht nur ihre viscerotropen (septikämischen), sondern auch neurotropen (encephalitogenen) Eigenschaften anscheinend gänzlich verlieren. Dieser weitgehende Verlust an spezifischen Gewebsaffinitäten ist wohl stets mit einer entsprechend starken Abnahme der Infektiosität verbunden. Eine Veränderung ähnlicher Art beobachtete BURNET (35, *4*, *6*) bei der Dauerzüchtung von Influenzavirus auf der Chorionallantois des befruchteten Hühnereies; die Eignung dieses Passagestammes zur nasalen Immunisierung von Mäusen und Frettchen dürfte ebenfalls durch eine stärkere Einbuße an „Pneumotropie" bzw. Infektiosität bedingt sein. Wie sich BURNET (35, *6*) überzeugte, läßt sich aber auch diese weitgehende Veränderung durch nachträgliche Mäusepassagen wieder rückgängig machen.

Von der Art und dem Grade der durch Tier- oder Kulturpassagen erzeugten Virusveränderungen hängt nun auch in hohem Maße der Immunisierungserfolg ab. Schon der Vergleich zwischen den beiden klassischen Infektionsimpfungen — der *Kuhpockenimpfung von* JENNER und der *Tollwutimpfung nach* PASTEUR — läßt erkennen, daß die große Überlegenheit der Vaccination über die Immunisierung mit Virus fixe zum großen Teil von der Verschiedenartigkeit der verwendeten Impfstoffe abhängt. Während das Vaccinevirus, trotz seiner geringen Menschenpathogenität, für den Menschen hochinfektiös und auch in seinen Gewebeaffinitäten kaum verändert ist, erweist sich das Virus fixe für den Menschen (bei subcutaner Einverleibung) wohl als nicht-infektiös und apathogen, weil eine Virusansiedelung und -vermehrung im nervösen Gewebe in den meisten Fällen nicht möglich ist. Die durch die Vaccination erzielte hochgradige und lange dauernde Immunität ist zweifellos die Folge eines intensiven Durchseuchungseffekts; der durch die PASTEURsche Impfung bewirkte Schutz ist dagegen wahrscheinlich nur von kurzer Dauer und beruht möglicherweise nur ausnahmsweise auf einer aktiven Immunität des Zentralnervensystems. Jedenfalls liegt die Vermutung nahe, daß die Immunisierung des Menschen mit Virus fixe — in den meisten Fällen — nur zu einer humoralen Immunität führt und ihrem Mechanismus nach eher einer Antigen- als einer Infektionsimpfung entspricht.

Daß auch eine aktive Immunisierung des Zentralnervensystems mit Passagevirus möglich ist, geht aus den erfolgreichen Immunisierungsversuchen von TRAUB und TEN BROECK (352) mit einem durch cerebrale Taubenpassagen modifizierten *equinen Encephalomyelitisvirus* und von TRAUB (350, *4*) mit einem durch Mäusegehirnpassagen veränderten Choriomeningitisvirus hervor. Die besten Immunisierungsergebnisse wurden hierbei — bemerkenswerterweise — mit Virusstämmen erzielt, die in ihrer Infektiosität nicht allzu sehr abgeschwächt waren [TRAUB (350, *7*)].

Auch die durch Tierpassagen gewonnenen *neurotropen Gelbfieber-*, *Pferdesterbe-*, *Rift-Valley-fever- und Hühnerpestvirusstämme* besitzen noch — wie schon auf Grund des regelmäßigen Kreisens dieser Virusvarianten in der Blutbahn geimpfter Menschen und Tiere angenommen werden muß — einen beträchtlichen Grad von Infektiosität. Die in Gewebsexplantaten abgewandelten Gelbfieber- und Hühnerpestvirusstämme zeichnen sich dagegen durch einen anscheinend sehr weitgehenden Verlust an Infektiosität (für die zu immunisierende Wirtsspezies) aus. Dasselbe trifft für den von BURNET auf der Chorionallantois veränderten Influenzavirusstamm zu. Ob das immunisierende Vermögen dieser Stämme hierdurch beeinträchtigt wird, läßt sich zur Zeit noch nicht entscheiden. Aus den von THEILER und SMITH (338, *2*) mit Gelbfieberkulturstämmen bei Menschen und Affen angestellten Immunisierungsversuchen müßte man schließen, daß dies nicht der Fall ist. Auch BURNET (35, *6*) erzielte durch die intranasale Vorbehandlung von Mäusen und Frettchen mit seinem auf der Chorionallantois modifizierten Influenzavirusstamm eine zwar kaum absolute, aber doch bemerkenswert gute Immunität.

2. Antigenimpfungen.

Entgegen der früher herrschenden Meinung dürfte heute feststehen, daß Virusarten so inaktiviert werden können, daß ihre Infektiosität aufgehoben, ihr antigenes, antikörperbildendes Vermögen dagegen erhalten bleibt. Über die Eignung derartiger „Antigenimpfstoffe" zur Erzeugung einer aktiven Immunität liegen jedoch völlig kontradiktorische Angaben vor. Einer großen Anzahl von eindeutigen Mißerfolgen stehen Befunde entgegen, die über die immunisierende Wirksamkeit inaktivierter Virusarten keinen Zweifel lassen. Hinsichtlich der Art und des Grades der erzielten Immunität bestehen allerdings wiederum die größten Divergenzen, u. zw. nicht nur zwischen den Befunden, die bei verschiedenen Virusarten erhoben wurden, sondern auch zwischen den Versuchsergebnissen verschiedener Autoren bei ein und derselben Virusart. Unterschiedlich sind auch die Bedingungen (Art und Menge des Impfstoffes, Art der Vorbehandlung), unter denen Immunisierungserfolge erzielt werden konnten. Und schließlich wird die Beurteilung aller dieser Versuche dadurch erschwert, daß vielfach keine zuverlässigen Angaben über den Inaktivitätsgrad der verwendeten Impfstoffe vorliegen, und daß, selbst wenn dies der Fall ist, noch immer Zweifel möglich sind, ob das inaktivierte Virus als völlig nicht-infektiöses Antigen aufgefaßt werden kann.

a) Art und Grad der erzeugten Immunität.

Schon bei den Infektionsimpfungen mit organotropen Virusarten (Influenza-, Lyssa-, Poliomyelitisvirus) wurde darauf hingewiesen, daß offensichtlich zwei distinkte Arten von Immunität möglich sind, nämlich eine histogene Immunität, falls das Erfolgsorgan latent infiziert wird, und eine humorale Immunität, falls das eingeimpfte Virus zu keiner Infektion Anlaß gibt. Bei der Immunisierung mit Antigenimpfstoffen wäre demnach zu erwarten, daß höchstenfalls eine humorale Immunität erzeugt werden kann, d. h. daß mehr oder weniger große Mengen von Antikörpern gebildet werden, daß jedoch die Gewebe keinen höheren Grad von Immunität erwerben als nach einer passiven Immunisierung. Beobachtungen dieser Art liegen nun auch in größerer Anzahl vor.

So erwerben Kaninchen, die mit großen Mengen von zuverlässig — durch Hitze, Formol oder Phenol — inaktiviertem *Vaccinevirus* vorbehandelt werden, stets nur einen relativen Grad von cutaner Immunität [GORDON (108), IWANOFF (155), BLAND (27) u. v. a.)]. Auch durch die Immunisierung mit exzessiv großen Impfstoffmengen wird — wie aus den Untersuchungen von PARKER und RIVERS (261) und von BERNKOPF und KLIGLER (22) hervorgeht — jene absolute Immunität der Haut, die sich nach dem Ablauf einer manifesten oder latenten Infektion auszubilden pflegt, auch nicht annähernd erreicht. Dagegen reagieren die Tiere auf das zugeführte Antigen, wie übereinstimmend festgestellt wurde, mit der Produktion mehr oder weniger reichlicher Antikörpermengen. Die mit inaktiviertem Virus erzeugte Vaccineimmunität des Kaninchens ist demnach, wie GASTINEL, REILLY und MORTIER (102), PARKER und RIVERS (261) und MAGRASSI und MURATORI (221) hervorgehoben haben, durch ein auffallendes Mißverhältnis zwischen dem oft beträchtlichen Antikörpergehalt des Blutes und der geringfügigen und meist auch nur flüchtigen Immunität der Gewebe gekennzeichnet. Bei passiv gegen Vaccinevirus immunisierten Tieren besteht bekanntlich dieselbe Diskrepanz zwischen humoraler und geweblicher Immunität.

Auch die bei weißen Mäusen und Frettchen mit formolinisiertem oder hitzeinaktiviertem *Influenzavirus* erzeugte Immunität [SMITH, ANDREWES und LAIDLAW (320), ANDREWES und SMITH (9, *1*), FAIRBROTHER und HOYLE (74)] hat sehr wahrscheinlich einen ausschließlich humoralen Charakter. Zugunsten dieser Annahme spricht schon die Beobachtung, daß zwischen dem Antikörpertiter im Blut und dem Immunitätsgrad ein weitgehender Parallelismus besteht, und daß auch durch die passive Immunisierung ein ähnlich hoher Grad von Immunität erzeugt werden kann. Mit der absoluten, wohl vorwiegend histogenen Influenzaimmunität rekonvaleszenter Frettchen (332, 94) und der von RICKARD und FRANCIS (279) bei latent infizierten Mäusen beobachteten Immunität gegen die Superinfektion kann der mit inaktiviertem Virus erzeugte Schutz wohl in keiner Hinsicht verglichen werden. Wenn mit aktivem und inaktiviertem Influenzavirus bei weißen Mäusen gleich günstige Immunisierungserfolge erzielt werden konnten (9, *1*, 74), so ist dies wohl darauf zurückzuführen, daß eben auch die (extrapulmonale) Verimpfung von lebendem Virus in den meisten Fällen nur den Effekt einer Antigenimpfung hat. Bei Frettchen konnte dagegen die Überlegenheit der Infektions- über die Antigenimpfung nachgewiesen werden; während mit lebendem Virus vorbehandelte Tiere gegenüber späteren Kontaktinfektionen ausnahmslos geschützt waren, erwiesen sich entsprechend mit Formolvirus immunisierte Frettchen meistens noch voll empfänglich [SMITH, ANDREWES und STUART-HARRIS (331)].

Auch bei der *Rinderpest* ist nachgewiesen, daß die Immunisierung mit inaktiviertem Formolvirus — im Gegensatz zur Infektionsimpfung (Simultanimpfung, Verimpfung von Passagevirus) — nur zu einer partiellen Immunität führt, die wohl einen Schutz gegen die Erkrankung bietet, das Zustandekommen nachträglicher latenter Infektionen aber nicht ausschließt [CORNELL und EVANS, JACOTOT, vgl. HALL (120)].

Die begrenzte Leistungsfähigkeit von Antigenimpfungen zeigte sich aber vor allem bei den Versuchen, das Zentralnervensystem mit inaktivierten Virusarten aktiv zu immunisieren. Nach BRODIE (32, *2*) gelingt es zwar, Affen durch die Vorbehandlung mit formalinisiertem *Poliomyelitisvirus* gegenüber intracerebralen Reinfektionen mit kleinsten Virusdosen (1—4 M. I. D.) zu schützen. Der äußerst geringe Grad von cerebraler Immunität läßt jedoch vermuten, daß keine aktive, sondern eine passive Immunität des Zentralnervensystems erzeugt wurde. Nachprüfungen durch SCHULTZ und GEBHARDT (306, *3*), OLITZKY und COX (254, *1*), GORDON (109) und KRAMER (170, *1*) verliefen jedenfalls eindeutig negativ und sind zugleich dafür beweisend, daß durch die Immunisierung mit formolinisiertem Poliomyelitisvirus lediglich die Antikörperproduktion angeregt wird, das Zentralnervensystem jedoch seine volle Empfänglichkeit gegenüber intracerebralen und auch intranasalen Reinfektionen beibehält.

Denselben Befund erhob GORDON (110) bei der Immunisierung von Schafen mit formolisiertem *Louping-ill*-Virus. Auch in diesem Fall wurde nur eine humorale Immunität erzeugt, die zwar den Tieren gegenüber peripheren Nachinfektionen einen ausreichenden Schutz verlieh, an der jedoch das Zentralnervensystem selbst nicht den geringsten Anteil hatte.

Daß auch die mit zuverlässig inaktiviertem *Lyssavirus* erzielten Immunisierungserfolge oft nicht auf einer aktiven Immunisierung des Zentralnervensystems, sondern auf der Erzeugung einer humoralen Immunität beruhen, geht ebenfalls aus zahlreichen Beobachtungen hervor. So stellte GALLOWAY (99) fest, daß Kaninchen nach der Vorbehandlung mit photodynamisch inaktiviertem Virus fixe wohl die intramuskuläre Immunitätsprüfung in einem hohen Prozentsatz überstehen, einer nachfolgenden intracerebralen Infektion dagegen prompt erliegen. Für phenolisierte und formolisierte Lyssaimpfstoffe muß zwar auf Grund statistischer Angaben (210, 333, *1*, *2*, 56, 49) und den im Tierversuch gemachten Erfahrungen [Lépine und Sautter (188, *1*), Boecker (28) u. v. a.] angenommen werden, daß dieselben zur Immunisierung des Menschen bzw. des Kaninchens mindestens ebenso geeignet sind wie Impfstoffe, die aktives Virus enthalten. In Kaninchenversuchen konnte diese Gleichwertigkeit — in einzelnen Fällen sogar die Überlegenheit (188, 1) — der phenolisierten und formolisierten Impfstoffe gegenüber den Infektionsimpfstoffen in eindeutiger Weise nachgewiesen werden sowohl hinsichtlich des Ausmaßes der Antikörperbildung (55) als auch des erzeugten Schutzes gegenüber peripheren Reinfektionen (188, *1*, 28). Dieser Befund kann nun schon deshalb nicht überraschen, weil auch das lebende, subcutan verimpfte Virus fixe bei Kaninchen wohl meist nur Antigenfunktionen ausübt, d. h. das Zentralnervensystem nur ausnahmsweise zu infizieren und infolgedessen auch zu immunisieren vermag (vgl. S. 1246). Mit völlig — durch Formolzusatz — inaktiviertem Lyssavirus scheint nun eine aktive Immunisierung des Kaninchengehirns überhaupt nicht zu gelingen (188, *1*, 28). In Mäuseversuchen vermochte auch Webster (370, *2*, *6*) eindeutig nachzuweisen, daß die Mehrzahl aller im Handel befindlicher Lyssaantigenimpfstoffe zur cerebralen Immunisierung völlig unbrauchbar sind, während Impfstoffe, die lebendes Virus enthalten, nahezu konstante Immunisierungserfolge ergeben.

Außer diesen — auch hinsichtlich der Art der entstehenden Immunität — wohl einwandfreien Antigenimpfungen liegt nun aber auch eine Reihe von Befunden vor, die zur Annahme nötigen würden, daß die immunisierende Virusinfektion tatsächlich durch die Antigenfunktiom des inaktivierten Virus ersetzt werden kann, d. h. daß zwischen der mit Infektions- bzw. Antigenimpfstoffen erzeugten Immunität kein wesentlicher Unterschied besteht.

So wurde von Vallée, Carré und Rinjard (356, *2*) nachgewiesen, daß Rinder durch die zweimalige Vorbehandlung mit formolisiertem *Maul- und Klauenseuchevirus* einen anscheinend absoluten Grad von Immunität erwerben, indem derartig immunisierte Tiere auch auf eine massive Nachinfektion (100000 M. I. D. Virus intracutan) nicht im geringsten reagierten. Bedson, Maitland und Burbury (21, 223) vermochten diese Angaben in Meerschweinchenversuchen zu bestätigen. Eine absolute Immunität (Ausbleiben der lokalen Reaktion an den Planten) konnte allerdings nur durch die mehrmalige Vorbehandlung der Versuchstiere erreicht werden. Der nicht gelungene Antikörpernachweis und die überaus rasche Ausbildung der Immunität, die schon 48 Stunden nach der einmaligen Impfung nachgewiesen werden konnte, lassen kaum einen Zweifel, daß die erzeugte Immunität einen histogenen Charakter hatte.

Einen ähnlich hohen Grad von Immunität vermochte Bedson (19, *2*) mit formolisiertem *Herpesvirus* bei Meerschweinchen zu erzielen; die mit Formolimpfstoff immunisierten Tiere erwiesen sich bei der plantaren Immunitätsprüfung mit großen Virusdosen als vollständig geschützt. Eine deutliche Überlegenheit der Infektions- über die Antigenimpfung konnte hierbei nicht festgestellt werden. Ebenso günstige Resultate erreichten Bedson (19, *3*, *5*) und Levinthal (200) mit Formolimpfstoffen bei der Immunisierung von Mäusen gegen *Psittacosisvirus*. Auch in diesem Falle konnten keinerlei Anhaltspunkte dafür gewonnen werden, daß sich die mit inaktiviertem Virus erzeugte Immunität von der „infektionsgebundenen" — ihrem Mechanismus nach — unterscheidet (19, *5*).

Bei der Hühnerpest gelang es Hallauer (121, *3*), durch die einmalige Verimpfung kleiner Mengen eines formolisierten Virus eine rasch einsetzende, solide und dauerhafte Immunität zu erzeugen. Daß auch diese Immunität nicht nur auf der Gegenwart humoraler Antikörper beruhte, zeigte sich in Versuchen, in denen das Schicksal von reinjiziertem Virus im aktiv und passiv immunisierten Tierkörper vergleichsweise untersucht wurde; während das Virus im aktiv immunisierten Tier innert kürzester Zeit nach den Zentren des R. E. S. (Leber, Milz) abtransportiert und dort anscheinend auch rasch inaktiviert wurde, konnte im passiv immunisierten Tierkörper eine längere Viruspersistenz in sämtlichen Organen beobachtet werden.

Die sich mehrenden Befunde, wonach auch eine *aktive Immunisierung des Zentralnervensystems mit inaktiviertem Virus* möglich ist, sind von besonderem Interesse, weil sich in diesem Fall ein humoraler Immunitätsmechanismus mit größter Wahrscheinlichkeit ausschließen läßt.

Völlig unbestritten sind die außerordentlich günstigen Erfolge, die mit Formolimpfstoffen bei der Immunisierung von Mäusen, Meerschweinchen und Pferden gegen equine *Encephalomyelitis* erzielt werden konnten (315, 51, *2*, 16, *1*, *2*, 207, 70). Zwischen der mit aktivem und der mit inaktiviertem Virus erzeugten Immunität konnten keine Differenzen festgestellt werden, weder in Hinsicht auf die Menge der gebildeten Antikörper[1] (51, *3*) noch in bezug auf die Solidität der erworbenen Gehirnimmunität. Auf die außerordentliche Schnelligkeit, mit der sich die Immunität ausbildet, haben LYON und WYCKOFF (207) aufmerksam gemacht; bei einmalig — mit einem potenten, aus Hühnerembryonen gewonnenen Formolimpfstoff — vorbehandelten Meerschweinchen konnte bereits nach 24 Stunden ein deutlicher Grad von Immunität nachgewiesen werden. Ähnlich günstige Ergebnisse hatte MACKENZIE (208) bei der Immunisierung weißer Mäuse mit formolisiertem bzw. photodynamisch inaktiviertem *Rift-Valley-fever-Virus* zu verzeichnen. Einmalig vorbehandelte Tiere zeigten auch in diesem Fall bereits 2—3 Tage nach der Impfung einen hohen Grad von cerebraler Immunität. Wie TRAUB (350, *5*) nachgewiesen hat, lassen sich auch Meerschweinchen mit Formolimpfstoffen gegen das Virus der *lymphocytären Choriomeningitis* derart immunisieren, daß sie die intracerebrale Immunitätsprüfung überstehen. Immerhin erwerben die Tiere erst durch die Hyperimmunisierung jenen hohen Grad von Immunität, der nach der Impfung mit lebendem Virus regelmäßig zu beobachten ist.

Daß eine aktive Immunisierung des Zentralnervensystems auch mit inaktivierten Virusarten, bei denen Antigenimpfungen in der Regel versagen, ausnahmsweise gelingen kann, scheint durch einige Beobachtungen sichergestellt. So vermochte LÉPINE (187, *2*) durch die Verwendung eines auf photodynamischem Weg inaktivierten *Poliomyelitisvirus* bei Affen eine Immunität zu erzeugen, welche den Tieren auch gegenüber den strengsten Immunitätsprüfungen (intranasale bzw. intracerebrale Infektion) einen zuverlässigen Schutz verlieh. Nach HODES, LAVIN und WEBSTER (132) erwerben Mäuse durch die Vorbehandlung mit einem durch Ultraviolettstrahlung inaktivierten *Lyssakulturvirus* einen hohen Grad von cerebraler Immunität. Wie WEBSTER (370, *2*, *6*) feststellte, kann ein derartiger Immunisierungserfolg — ausnahmsweise — auch mit phenolisierten Impfstoffen erreicht werden.

Schließlich ist beachtenswert, daß mit Antigenimpfstoffen, die sich zur Erzeugung einer allgemeinen Immunität als wenig geeignet erwiesen, in einigen Fällen ein bemerkenswerter Grad von *lokaler Immunität* erreicht werden konnte.

[1] Nach neueren Untersuchungen von OLITZKY und HARFORD (255, *3*) müßte allerdings angenommen werden, daß die Qualität der mit aktivem bzw. inaktiviertem Encephalomyelitisvirus erzeugten Antikörper nicht völlig dieselbe ist.

Die von NAKAGAWA (235) gemachten Angaben, wonach die längere Vorbehandlung eines Gewebes (Cornea, Hoden) mit hitzeinaktiviertem *Vaccinevirus* („Vaccine-Cocto-Immunogen") die Ausbildung einer spezifischen, lokalen Immunität zur Folge hat, konnten durch neuere, von MAGRASSI und MURATORI (221) und GALLI und VEROTTI (97) angestellte Untersuchungen, in denen die lokal immunisierende Wirkung von intratestikulär appliziertem Vaccine-Formol-Virus geprüft wurde, weitgehend bestätigt werden. In den Versuchen von GALLI und VEROTTI wurde nachgewiesen, daß nur der spezifisch vorbehandelte Kaninchenhoden eine solide Immunität erwirbt, während alle übrigen Organgewebe — insbesondere der kontrolaterale Hoden — in ihrer Empfänglichkeit kaum verändert werden; fernerhin wurde festgestellt, daß die Immunität des Hodens von humoralen Antikörpern unabhängig ist und auch in anderer Hinsicht ihren histogenen Charakter erkennen läßt. Auch die günstigen Immunisierungserfolge, die neuerdings KASAHARA (156, 157) mit durch Ultraschallwellen inaktiviertem *Vaccine-* bzw. *Poliomyelitisvirus* erzielte, sind möglicherweise auf eine derartige lokale Immunisierung zurückzuführen, da dieser Autor sowohl die Vorbehandlung als auch die Immunitätsprüfung in ein und demselben Organgewebe (Kaninchenhoden beim Vaccinevirus; Affenrückenmark beim Poliomyelitisvirus) vornahm.

b) Bestimmende Faktoren.

Die bisher über die Wirksamkeit von Antigenimpfstoffen gesammelten Erfahrungen weisen darauf hin, daß der Immunisierungserfolg von einer Reihe von Faktoren abhängt, u. zw. hauptsächlich 1. von der zu inaktivierenden Virusart; 2. von der Impfstoffmenge, und 3. von der Art der Impfstoffherstellung.

Virusart. Daß eine zur Immunisierung optimale Inaktivierung bei den einen Virusarten (z. B. equinem Encephalomyelitis-, Psittacosis-, Influenzavirus) leicht und mit Regelmäßigkeit, bei anderen Virusarten (z. B. Vaccine-, Gelbfieber-, Poliomyelitisvirus) dagegen kaum möglich ist, kann wohl nicht bestritten werden. Die hierfür maßgebenden Gründe sind nicht sicher bekannt. Wahrscheinlich ist die Stabilität einer Virusart bzw. ihres Antigenbestandes gegenüber dem inaktivierenden Mittel in erster Linie ausschlaggebend. So könnte die Zerstörung labiler Antigenkomponenten (z. B. L-Antigen des Vaccinevirus) für das schwach immunisierende Vermögen einer inaktivierten Virusart verantwortlich sein. Auch wäre möglich, daß an und für sich schwache Virusantigene (z. B. Poliomyelitisvirus) durch den Inaktivierungsprozeß ihre antigene Wirksamkeit vollends einbüßen.

Impfstoffmenge. Ein Großteil früherer Mißerfolge ist wohl darauf zurückzuführen, daß zu kleine Mengen von inaktiviertem Virus verimpft wurden. Die Notwendigkeit, weit größere Mengen von inaktiviertem — als von aktivem — Virus zur Immunisierung zu verwenden, erklärt sich schon dadurch, daß bei der Antigenimpfung eine Virusvermehrung und damit ein nachträglicher Antigenzuwachs im Tierkörper nicht stattfindet.[1] Daß die immunisierende Wirksamkeit

[1] In einigen Fällen wurde vergleichsweise die minimal immunisierende Dosis von aktivem und von inaktiviertem Virus approximativ bestimmt bzw. errechnet. So sind nach WEBSTER (370, *6*) zur Immunisierung weißer Mäuse im Minimum 10000 M. I. D. von aktivem und zirka 55000 M. I. D. von inaktiviertem Lyssavirus erforderlich. Aus den Untersuchungen von COX und OLITZKY (51, *2*) würde hervorgehen, daß Meerschweinchen mit 3000—30000 M. I. D. von aktivem Encephalomyelitisvirus zuverlässig immunisiert werden können, während mit formolisiertem Virus — wie aus den Protokollen dieser Autoren hervorgehen dürfte — eine entsprechende Immunität nur dann erzielt wird, wenn die Impfstoffe eine zirka 1000fach größere Virusmenge enthalten.

von Antigenimpfstoffen in hohem Grade vom Virusgehalt des verwendeten Impfstoffes abhängt, d. h. mit zunehmender Viruskonzentration ansteigt, ist eine Feststellung, die bei der Immunisierung mit inaktiviertem *Hundestaupevirus* (180, *2*), *Rift-Valley-fever-Virus* (208), *Encephalomyelitisvirus* (51, *2*, 16, *2*), *Influenzavirus* (9, *1*) usw. gemacht werden konnte. Welche Bedeutung der Viruskonzentration des Impfstoffes zukommt, zeigt sich in den Bestrebungen, die zur Immunisierung gegen *equine Encephalomyelitis* verwendeten Formolimpfstoffe zu verbessern. So vermochten BEARD, FINKELSTEIN, SEALY und WYCKOFF (16, *1*) einen Formolimpfstoff durch Ultrazentrifugieren derartig anzureichern, daß schon Mengen von 0,2—0,25 mg dieses Impfstoffes zur vollständigen Immunisierung von Meerschweinchen ausreichten. Außerordentlich hochwertige Impfstoffe wurden fernerhin dadurch gewonnen, daß zur Impfstoffherstellung nicht infektiöses Meerschweinchen- bzw. Pferdegehirn, sondern Gewebe aus infizierten Hühnerembryonen, deren Virusgehalt 1000—10000mal größer ist, verwendet wurde (16, *2*, 207, 70). Bei anderen Virusarten wurde dagegen beobachtet, daß auch exzessiv große Mengen von inaktiviertem Virus überhaupt nicht, nur ungenügend oder nur ausnahmsweise immunisieren. So hatten GORDON und HUGHES (112) bei der Immunisierung von Affen mit großen Mengen von inaktiviertem *Gelbfiebervirus* nur Mißerfolge zu verzeichnen, während FINDLAY und MACKENZIE (80) und SELLARDS und BENNET (314) durch die Verwendung enormer Impfstoffmengen einen Immunisierungseffekt erzwingen konnten. Ähnliche Schwierigkeiten bietet die Immunisierung mit inaktiviertem Vaccinevirus. Wie sich PARKER und RIVERS (261) überzeugten, bewirkt auch die Verimpfung der Gesamtmenge von Elementarkörperchen, die von der Haut eines Kaninchens gewonnen werden kann, nur einen höchst geringfügigen Grad von Immunität. Auch BERNKOPF und KLIGLER (22) erzielten bei Kaninchen erst mit einer Impfstoffmenge, die zirka 1,5 Billionen M. I. D. Vaccinevirus entsprach, eine deutliche, aber auch nur partielle Immunität. Die höchst unbefriedigenden Erfolge der Antigenimpfung gegen Gelbfieber- und Vaccinevirus lassen vermuten, daß diese Virusarten durch die Inaktivierung geschädigt, bzw. in ihrem antigenen Vermögen stark reduziert werden. Anderseits ist es nun aber auch wiederholt gelungen, mit relativ sehr kleinen Mengen von — anscheinend ebenso zuverlässig — inaktiviertem Virus einen hohen Grad von Immunität zu erzeugen. Nach PERDRAU und TODD (266, *3*) genügten 0,1 ccm (= 100 M. I. D. Virus) eines auf photodynamischem Weg inaktivierten *Hundestaupevirus*, um Frettchen wirksam zu immunisieren. Der von BEDSON (19, *2*) verwendete, stark immunisierende Herpesimpfstoff enthielt — vor der Formolisierung — nur zirka 1000 M. I. D. Virus. In anderen Fällen wurde zwar der Virusgehalt des Impfstoffes nicht ermittelt, dagegen festgestellt, daß schon kleinste Impfstoffmengen einen immunisierenden Effekt haben. So haben BEDSON, MAITLAND und BURBURY (21) nachgewiesen, daß schon 0,002—0,1 ccm eines formolisierten *Maul- und Klauenseuchevirus* zur Erzeugung einer partiellen Immunität („1. Grades") bei Meerschweinchen ausreichen. Auch HALLAUER (121, *3*) gelang es, durch die einmalige intracutane Verimpfung von 0,01—0,1 ccm eines Formolimpfstoffes Hühnern eine hochgradige Immunität gegen Hühnerpest zu verleihen.

Art der Impfstoffherstellung (vgl. Tabelle 2 des Anhanges). Welches *Mittel zur Virusinaktivierung* verwendet wird, scheint keine allzu große Rolle zu spielen, da hochwirksame Impfstoffe durch die verschiedenartigsten Inaktivierungsverfahren gewonnen werden konnten, nämlich durch *Erwärmung* [Vaccinevirus (22), Influenzavirus (74)], durch *photodynamische Wirkung* [Hundestaupevirus (266, *3*), Lyssavirus (99), Virus der Vesicularstomatitis (36), Psittacosisvirus (200), Rift-

Valley-fever-Virus (208), Pferdesterbevirus (1, *2*), Poliomyelitisvirus (187, *2*)], durch *Ultraviolettbestrahlung* [Lyssavirus (132)], durch *Ultraschallwellen* [Vaccinevirus (157), Poliomyelitisvirus (156)] und schließlich vor allem durch den Zusatz von *Phenol* (Lyssa-, Hühnerpestvirus usw.) und von *Formol* (die meisten Virusarten). Die Virusinaktivierung mit Formol erfreut sich zweifellos der größten Beliebtheit, wohl mit Recht, da die Herstellung von brauchbaren Impfstoffen mit diesem Chemikal am leichtesten und regelmäßigsten gelingt. Immerhin kann nicht übersehen werden, daß auch mit anderen Inaktivierungsmethoden prinzipiell ebenso geeignete Impfstoffe gewonnen werden können, so daß dem Formol für die Inaktivierung von Virusarten wohl kaum dieselbe „spezifische" Wirkung wie bei der Entgiftung bakterieller Toxine zukommen dürfte. Daß auch die *Art und Provenienz des virushaltigen Gewebes und der Reinheitsgrad des zu inaktivierenden Virus* bei der Gewinnung brauchbarer Impfstoffe eine nicht unbedeutende Rolle spielen, wurde wiederholt festgestellt. So gelang die Herstellung wirksamer Formolimpfstoffe gegen Hundestaupe (180, *2*), Hühnerpest (121, *3*) und Gelbfieber (80) nur mit bestimmten Organgeweben (Milz, Leber), mit infektiösem Blut dagegen nicht. Wahrscheinlich ist hierfür in erster Linie ein quantitativer Faktor maßgebend, da die Viruskonzentration in den genannten Geweben zweifellos größer ist als im strömenden Blut. Auch ist das im Gewebe verankerte Virus wohl vor der allzu brüsken Einwirkung des Inaktivierungsmittels geschützt und wird infolgedessen in schonenderer Weise inaktiviert. Zugunsten dieser Annahme sprechen namentlich die ungünstigen Erfahrungen, die bei der Herstellung von Formolimpfstoffen mit *gereinigten*, von Zell- und Geweberesten weitgehend befreiten Virusarten gemacht worden sind. Mit gewaschenen und *formalinisierten Elementarkörperchen* von Vaccinevirus (261), Psittacosisvirus (19, *5*) und Influenzavirus (9, *1*) wurden — im Vergleich zum formolisierten Gewebevirus — auffallend geringe Immunisierungseffekte erzielt. Denkbar wäre allerdings auch, daß durch die Reinigung wichtige Antigenbestandteile („soluble substance") verlorengehen. Beim Influenzavirus ist dies sicher nicht der Fall, da, wie FAIRBROTHER und HOYLE (74) feststellten, gewaschene und *hitzeinaktivierte* Elementarkörperchen weit besser immunisieren als das auf entsprechende Art inaktivierte, ungereinigte Gewebevirus. Der günstige Einfluß von gleichzeitig vorhandenem Gewebe scheint sich demnach nur bei der Virusinaktivierung durch Formol (und ev. andere Chemikalien) bemerkbar zu machen. Keineswegs gleichgültig ist auch die *Provenienz eines Impfstoffes*, d. h. von welcher Tierspezies das virushaltige Gewebe gewonnen wird, da die Anwesenheit von heterologem, für die zu immunisierende Tierspezies artfremdem Gewebe die immunisierende Wirksamkeit eines Impfstoffes herabsetzen oder sogar völlig aufheben kann. Beobachtungen dieser Art wurden bei der Prüfung von homologen bzw. heterologen Formolimpfstoffen gegen *Hundestaupe* [LAIDLAW und DUNKIN (180, *2*), PERDRAU und TODD (266, *3*)], *Choriomeningitis* [TRAUB (350, *5*)] und *Influenza* [ANDREWES und SMITH (9, *2*)] gemacht. Wie aus den Untersuchungen von TRAUB und ANDREWES und SMITH hervorgeht, dürfte dieses Phänomen auf einer „Konkurrenz der Antigene" beruhen, d. h. dadurch zustande kommen, daß das heterologe Organeiweiß die Antigenfunktionen des Virus konkurrenziert, bzw. unterdrückt.

Wichtiger als alle übrigen Faktoren ist der *Inaktivitätsgrad eines Antigenimpfstoffes*. Wohl alle Autoren, die das Schicksal von Virus während des Inaktivierungsvorganges verfolgten, überzeugten sich davon, daß das Virus nicht plötzlich inaktiviert, sondern progressiv verändert wird, d. h. zunächst noch infektiös ist, dann nur noch immunisiert und schließlich auch das immunisierende Vermögen gänzlich einbüßt. Ein derartiger phasenartiger Ablauf der Virusinaktivierung wurde in eindeutiger Weise bei der Formolisierung[1] von Hundestaupevirus (180, *2*), Maul- und Klauenseuchevirus (21, 223), Hühnerpestvirus (121, *3*) und Lyssavirus (370, *2*) beobachtet und konnte auch bei der Inaktivierung von Lyssavirus durch Phenol (370, *2*, 188, *2*) oder durch Ultraviolettbestrahlung (132) festgestellt werden. Mit welcher Schnelligkeit dieser Inaktivierungsprozeß seinem Abschluß zustrebt, hängt vor allem von der Konzentration bzw. der Intensität, mit der das Inaktivierungsmittel einwirkt, und von der Temperatur, bei der die Reaktion abläuft, ab. Im allgemeinen wurden nun um so bessere Impfstoffe erzielt, je mehr dieser Vorgang — durch die entsprechende Dosierung des Inaktivierungsmittels und die Erniedrigung der Temperatur — verlangsamt wurde, zweifellos deshalb, weil nur in diesem Fall die Gewähr besteht, daß das Virus seinen optimalen Inaktivitätsgrad, der durch einen eben erreichten Verlust der Infektiosität und eine noch erhaltene immunisierende Qualität gekennzeichnet ist, über längere Zeit beibehält. Wahrscheinlich zeigen sämtliche Virusarten, gleichgültig auf welche Art die Inaktivierung erfolgt, dieses Verhalten. Immerhin ist zuzugeben, daß die Empfindlichkeit der verschiedenen Virusarten gegenüber bestimmten Inaktivierungsmitteln unterschiedlich ist (vgl. oben), so daß bei den einen, stabileren Arten die Erzielung eines optimalen Inaktivitätsgrades keine allzu große Mühe macht,[2] bei anderen, hinfälligeren Virusarten dagegen die Erreichung dieses Zieles mehr oder weniger dem Zufall unterworfen ist, d. h. ausschließlich davon abhängt, ob die Inaktivierung rechtzeitig unterbrochen bzw. abgebremst wird.

Vorhandensein von aktivem Virus. Die Feststellung, daß die immunisierende Wirksamkeit von Antigenimpfstoffen an einen ganz bestimmten Inaktivitätsgrad gebunden ist, legte die Vermutung nahe, daß sämtliche Virus-Antigen-Impfstoffe, sofern sie wirksam immunisieren, noch Spuren von aktivem Virus enthalten könnten. Tatsächlich ist dieser Virusnachweis auch in zahlreichen „Antigenimpfstoffen“ (z. B. den phenolisierten Lyssaimpfstoffen) gelungen. Trotzdem wäre eine Verallgemeinerung nicht angebracht. Neuere Autoren, deren Versuchsergebnisse hier mitgeteilt wurden (vgl. oben), prüften ihre Impfstoffe in denkbar zuverlässigster Art auf noch vorhandene Infektiosität und erzielten hierbei in den meisten Fällen nur negative Resultate. Um den stets möglichen Einwand zu entkräften, daß Antigenimpfstoffe noch aktives Virus enthalten, sind zunehmend strengere Infektiositätsprüfungen üblich geworden. Zur Beweisführung, daß kein aktives Virus im Impfstoff vorhanden ist, wurden von den verschiedenen Autoren die folgenden Prüfungen vorgeschlagen und auch durchgeführt:

1. Verimpfung möglichst großer Impfstoffmengen auf hochempfängliche Tierspezies. Kontrolle der Versuchstiere auf klinische Symptome, pathologisch-anatomische bzw. histologische Veränderungen und vorhandenes Virus [Bedson, Maitland und Burbury (21), Mackenzie (208), Cox und Olitzky (51, *2*),

[1] Auch in dieser Hinsicht besteht zur Wirkung von Formol auf bakterielle Toxine ein bemerkenswerter Unterschied, da eine völlige Inaktivierung, d. h. ein gänzlicher Verlust an immunisierender Qualität auch bei jahrelang gelagerten Formoltoxoiden kaum zu befürchten ist.

[2] Einen besonders hohen Grad von „Stabilität“ gegenüber inaktivierenden Einflüssen hat Bedson (19, *2*, *3*) beim Herpes- und Psittacosisvirus nachgewiesen; in formalinisiertem Zustand konnten diese beiden Virusarten während 20 Minuten der Temperatur des strömenden Wasserdampfes ausgesetzt werden, ohne hierdurch eine größere Einbuße an immunisierendem Vermögen zu erleiden. Hühnerpestvirus wird dagegen, wie sich Hallauer überzeugte, durch eine derartige rigorose Inaktivierung ausnahmslos zerstört.

Hallauer (121, *3*), Parker und Rivers (261), Bernkopf und Kligler (22), Traub (350, *5*)]. In einigen Fällen wurde der Impfstoff vor der Verimpfung noch eingeengt [Cox und Olitzky (51, *2*)].

2. Prüfung auf Reaktivierbarkeit des Impfstoffes durch Tierpassagen [Bedson (19, *2*, *5*), Cox und Olitzky (51, *2*), Findlay und Mackenzie (80), Parker und Rivers (261), Andrewes und Smith (9, *1*)], oder durch Verdünnung (51, *2*) bzw. Kataphorese (22) in vitro.

3. Virusnachweis auf der Chorionallantois [Burnet und Galloway (36)] oder in der Gewebekultur [Cox (50), Cox und Olitzky (51, *2*), Mackenzie (208), Bernkopf und Kligler (22)].

Die Möglichkeit, daß Antigenimpfstoffe noch kleinste Mengen von aktivem Virus enthalten, wurde in einigen Fällen auch auf indirekte Art auszuschließen versucht, nämlich durch den Nachweis, daß subklinische Dosen von aktivem Virus nicht immunisieren, u. zw. auch dann nicht, wenn sie einem bis an die Grenze der Unwirksamkeit verdünnten Antigenimpfstoff zugesetzt werden [Bedson (19, *2*), Cox und Olitzky (51, *2*)].

c) Natur und Eigenart der Virus-Antigen-Impfstoffe.

Erweist sich ein Impfstoff bei den angeführten strengen Prüfungsverfahren als nicht-infektiös, so scheint die Annahme erlaubt, daß das Virus durch den Inaktivierungsprozeß einen vollständigen und definitiven Infektiositätsverlust erlitten hat und infolgedessen nur noch die Funktionen eines leblosen Antigens auszuüben vermag. Einige Beobachtungen könnten nun Zweifel an der Richtigkeit dieser Schlußfolgerung aufkommen lassen.

So machte Hallauer (121, *3*) die Feststellung, daß ein während 2 Monaten im Eiskasten gelagerter Hühnerpest-Formol-Impfstoff, dessen Inaktivität durch wiederholte vorherige Prüfungen außer Zweifel stand, unvermittelt infektiöse Eigenschaften zeigte, d. h. die intracerebral geimpften Tiere nach außergewöhnlich langer Latenz ad exitum brachte. Ähnliche Beobachtungen machten Lépine und Sautter (188, *2*) mit inaktiviertem Lyssavirus; Phenolimpfstoffe, die während mehreren Monaten bei niedriger Temperatur konserviert worden waren und die nach der herrschenden Meinung als längstens inaktiviert hätten gelten müssen, vermochten — intracerebral auf Kaninchen verimpft — die Versuchstiere gelegentlich noch nach 90 Tagen tödlich zu infizieren. Höchst bemerkenswert ist nun aber der von Lépine und Sautter erhobene Befund, wonach derartige Impfstoffe, auch wenn sie, wie dies meistens der Fall ist, klinisch völlig reaktionslos vertragen werden, im Gehirn (an der Injektionsstelle und im Ammonshorn) regelmäßig die für Virus fixe charakteristischen Kernläsionen setzen. Lépine und Sautter nehmen deshalb an, daß auch die lang dauernde Einwirkung von Phenol auf Lyssavirus keine Abtötung, sondern eine progressive Virusveränderung bewirkt, die sich zuerst im Verlust der Neuroprobasie, dann der Vermehrungsfähigkeit im zentralnervösen Gewebe äußert und die erst nach langer Zeit mit einer völligen Inaktivierung endet.

Gegen die Annahme, daß eine zuverlässige Virusinaktivierung ausnahmslos mit einem irreversiblen Infektiositätsverlust, bzw. einer Virusabtötung verbunden ist, sprechen aber vor allem die sich mehrenden Befunde, wonach anscheinend komplett inaktivierte Virusarten unter bestimmten Bedingungen in vitro reaktiviert werden können.

So beobachtete Perdrau (265, *1*), daß ein durch Oxydation inaktiviertes Herpesvirus, welches — intracerebral auf Kaninchen verimpft — weder zu infizieren noch zu immunisieren vermochte, noch nach 1 Monat durch Reduktion reaktiviert werden konnte. Von Schultz und Gebhardt (306, *4*) wurde nachgewiesen, daß formolisierte Staphylokokkenphagen durch Bebrütung in destilliertem Wasser (bei 37° C) innerhalb 10—15 Tagen bis zur ursprünglichen Titergrenze reaktiviert werden können. Dagegen war eine derartige Reaktivierung beim inaktivierten Poliomyelitisvirus nicht möglich. GALLI und VIEUCHANGE (98, *1*) vermochten ein durch Formol komplett inaktiviertes Vaccinevirus durch Dialyse völlig zu reaktivieren. Nach den Untersuchungen dieser Autoren (358, *1*, 98, *2*) scheint eine Reaktivierung nur deshalb möglich, weil das Formol — in einer virushaltigen Gewebesuspension — nicht das Virus selbst, sondern die dasselbe umhüllenden Gewebe verändert. Diese Annahme fand in Versuchen von LEVADITI und REINIÉ (197) insofern eine Bestätigung, als es diesen Autoren nicht gelang, formolisierte Vaccineelementarkörperchen zu reaktivieren. Wie ROSS und STANLEY (285) zeigten, gelingt es aber auch, das reine Virusprotein der Mosaikkrankheit des Tabakes durch Dialyse, selbst nach langer Formoleinwirkung, noch partiell zu reaktivieren. Aus den Untersuchungen von ROSS und STANLEY geht auch hervor, daß das Mosaikvirus durch die Formolisierung kaum in tiefgreifender Weise verändert wird, sondern daß die Inaktivierung sehr wahrscheinlich darin besteht, daß einzelne Gruppen der Virusmoleküle, von denen die Virusaktivität abhängt, in zunächst reversibler Form blockiert werden. Schließlich ist bemerkenswert, daß die Virus-Formaldehyd-Reaktion eine ähnliche Kinetik erkennen läßt wie die Virus-Antikörper-Reaktion; in beiden Fällen gilt, wie ANDREWES und ELFORD (7) bei Bakteriophagen und KEOGH (159, *2*) beim Vaccinevirus nachgewiesen haben, das „Gesetz der Prozente" („Percentage law").

Der völlige Infektiositätsverlust inaktivierter Virusarten ist demnach wohl keineswegs so sichergestellt, wie man auf Grund der Infektionsprüfung im Tierversuch anzunehmen geneigt wäre. Vielmehr gewinnt man den Eindruck, daß sich das inaktivierte Virus, falls sein immunisierendes Vermögen voll erhalten ist, in einem noch nicht näher bekannten Zustand von stark verminderter Infektiosität (Unvermögen zur Virusvermehrung) befindet. Zugunsten dieser Annahme könnte die Feststellung gewertet werden, daß hochwirksame Antigenimpfstoffe einen Inaktivitätsgrad besitzen, der wohl durch eine eben aufgehobene bzw. nicht mehr nachweisbare Infektiosität charakterisiert ist (vgl. oben).

Die höchst wechselnden Ergebnisse, die bei der Immunisierung gegen Virusinfektionen mit Antigenimpfstoffen erzielt wurden, sind möglicherweise nur die Folge der Verwendung von graduell sehr unterschiedlich inaktivierten Impfstoffen und wären demnach bald als Infektionsimpfungen (besonderer Art), bald als Antigenimpfungen zu qualifizieren.

Anhang.

Tabelle 1. Übersicht über die hauptsächlichsten Methoden des Neutralisationstestes.

Virusart	Versuchstier	Testgewebe bzw. Applikationsmodus	Literatur
Encephalitis (St. Louis)[1]	Mäuse	intracerebral	273, 370 (*3*)
(Japan.)[1]	Mäuse	intracerebral	158, 370 (*3*)
Encephalomyelitis (equine)[1]	Mäuse	intracerebral	137 (*3*), 51 (*3*)
	Meerschweinchen	plantar	342
	Mäuse	intraperitoneal	341, 255 (*1*)
Encephalomyelitis (murine)[1]	Mäuse	intracerebral	335 (*4*)
Gelbfieber	Mäuse	intracerebral	335 (*2*, *3*)
(neurotr. Stamm)[2]	Mäuse	intraperitoneal (+ Stärke i. c.)	294, 222
(neurotr. Stamm)[3]	Meerschweinchen	intracerebral	202
Herpes	Kaninchen	intracerebral	85 (*3*)
	Kaninchen	intracutan	6
	Meerschweinchen	plantar	20
	Mäuse	intracerebral	4, 374 (*2*)
Hühnerpest	Hühner	intramuskulär	344, 121 (*1*)
Hühnerpocken	Hühner	subcutan	225
Influenza[2, 3]	Mäuse	intranasal	181, 8, 91 (*3*), 93, 92, 217 (*4*), 319, 135
Louping ill[1]	Mäuse	intracerebral	282
Choriomeningitis[1]	Meerschweinchen	subcutan	296, 14
	Mäuse	intracerebral	376
Lymphogranuloma inguinale	Mäuse	intracerebral	196
	Meerschweinchen	intracutan	369
Lyssa[1]	Meerschweinchen	intracerebral	310
	Mäuse	intracerebral	372
Maul- und Klauenseuche[2]	Meerschweinchen	plantar (Virus) + subcutan (Serum)	364, 366 (*2*)
Maul- und Klauenseuche[3]	Meerschweinchen	plantar	21
Pferdesterbe[2, 3] (neurotr. Stamm)	Mäuse	intracerebral	1 (*3*)
Poliomyelitis[2, 3]	Affen	intracerebral	73 (*1*), 137 (*1*), 306 (*1*) 216
Pseudorabies	Kaninchen und Meerschweinchen	subcutan und intranasal	288 (*5*)
	Meerschweinchen	subcutan	316 (*1*)
Rift Valley fever	Mäuse	intraperitoneal	91 (*1*), 76 (*3*)
Vaccinevirus	Kaninchen	intracutan	5 (*2*), 53, 73 (*2*), 288 (*5*), 113
Vesicularstomatitis[2]	Meerschweinchen	plantar (Virus) + subcutan (Serum)	259, 361 (*4*)
Virus III	Kaninchen	intracutan	5 (*2*)
Virus B	Kaninchen	intracutan	288 (*1*, *5*)

[1] Bestimmt wurde: Die größte Virusmenge (Anzahl M. I. D.), die von einer konstanten Serummenge noch neutralisiert wird.

[2] Bestimmt wurde: Die kleinste Serummenge, die eine konstante Virustestdosis noch neutralisiert.

[3] Weitgehend standardisierte Methoden.

Tabelle 2. Übersicht über die hauptsächlichsten Methoden der Impfstoffherstellung.

Virusart	Impfstoff, Mittel zur Abschwächung	Autor	Literatur
1. *Lyssa*	Phenol[1]	FERMI	Monograph. Sassari-Gallizzi 1934
		SEMPLE	Bull. Inst. Pasteur, Par. **9**, 701 (1911)
		PEREIRA DA SILVA	Arqu. Ist. Camera Pestana, Lissabon **4**, 138
		LÉPINE	Rev. Hyg. (Fr.) **59**, 555 (1937)
	Äther[1]	REMLINGER	C. r. Acad. Sci. **166**, 750 (1918)
		ALIVISATOS	Dtsch. med. Wschr. **48**, 295 (1922)
		HEMPT	Ann. Inst. Pasteur, Par. **39**, 632 (1925)
	Äther-Karbol[1]	HEMPT	Behringwerke Mitt., H. 9, 150 (1938)
	Formol[1]	VAN STOCKUM	Monograph. Nijhoff, Haag 1935
		BOECKER	Z. Hyg. usw. **121**, 735 (1939)
	Ultraviolettes Licht (Kulturvirus)	HODES, LAVIN u. WEBSTER	Science **86**, 447 (1937)
2. *Maul- und Klauenseuche*	Formol	VALLÉE, CARRÉ u. RINJARD	Rev. gén. Méd. vét. **37**, 257 (1928)
		MAITLAND, BURBURY, HARE u. MAITLAND	J. comp. Path. a. Ther. **41**, 123 (1928)
	$Al(OH)_3$ + Formol[1]	WALDMANN, KÖBE u. PYL	Zbl. Bakter. usw., I Orig. **138**, 401 (1938)
3. *Hundestaupe*	Formol	PUNTONI	Ann. Ig. **34**, 406 (1924)
		LAIDLAW u. DUNKIN	J. comp. Path. a. Ther. **41**, 1, 209 (1928)
	Photodynam. (Methylenblau)	PERDRAU u. TODD	J. comp. Path. a. Ther. **46**, 78 (1933)
4. *Equine Encephalomyelitis*	Formol[1]	SHAHAN u. GILTNER	J. amer. vet. Assoc. **37**, 928 (1934)
	Formol (Virus aus Hühnerembryo)[1]	FINKELSTEIN, BEARD, SEALY u. WYCKOFF	Science **87**, 490 (1938)
		LYON u. WYCKOFF	Vet. Med. **33**, Nr. 9
		EICHHORN u. WYCKOFF	Amer. vet. med. Assoc. **93** (**46**), 285 (1938)
5. *Schweinepest*	Kristallviolett[1] + Phenol	MCBRYDE u. COLE	J. amer. vet. med. Assoc. **42**, 652 (1936)
	Eukalyptusöl[1]	BOYNTON	J. amer. vet. med. Assoc. **36**, 747 (1933)
	Formol[1]	MICHALKA	Ber. XII. Int. Tierärztl. Kongreß, New York **2**, 122 (1934)
6. *Rinderpest*	Formol[1]	HALL	Thesis, Vet. Med. Fak. Zürich
		CORNELL u. EVANS	J. comp. Path. a. Ther. **50**, 122 (1937)
7. *Hühnerpest*	Formol	HALLAUER	Z. Hyg. usw. **117**, 711 (1936)
8. *Louping ill*	Formol[1]	GORDON	Proc. Soc. Med., Lond. **27**, 11 (1934)

[1] Praktisch verwendete Impfstoffe.

Fortsetzung von Tabelle 2.

Virusart	Impfstoff, Mittel zur Abschwächung	Autor	Literatur
9. *Rift Valley fever*	Photodynam. (Methylenblau)	MACKENZIE	J. Path. a. Bacter. **40**, 65 (1935)
10. *Psittacosis*	Formol	BEDSON	Brit. J. exper. Path. **14**, 162 (1933) Brit. J. exper. Path. **19**, 353 (1938)
11. *Influenza*	Formol	ANDREWES u. SMITH	Brit. J. exper. Path. **18**, 43 (1936)
12. *Chorio-meningitis*	Formol	TRAUB	J. exper. Med. (Am.) **68**, 95 (1938)

Tabelle 3. Übersicht über die wichtigsten Schutzimpfungsverfahren (Literatur).

Art der Impfung	Viruskrankheit	Autor	Literatur
I. Impfung mit vollvirulentem Virus	*Geflügelpocken*	JOHNSON	Ber. XII. Int. Tierärztl. Kongreß, New York **3**, 219 (1934)
	Laryngotracheitis der Hühner	HUDSON u. BEAUDETTE	Science **76**, 34 (1932)
		BEACH u. Mitarbeiter	Poultry, Sci. **13**, 218 (1934)
	Schweineinfluenza	SHOPE	J. exper. Med. (Am.) **56**, 575 (1932); **64**, 47 (1936)
II. Simultanimpfung	*Schweinepest*	MICHALKA	Arch. Tierheilk. **63**, 529 (1931)
		UHLENHUTH u. Mitarbeiter	Arch. Tierheilk. **66**, 275 (1933)
		DORSET	Ber. XII. Int. Tierärztl. Kongreß, New York **2**, 115 (1934)
	Rinderpest	KOLLE u. TURNER	Z. Hyg. **29**, 309 (1898)
		HALL	Thesis Vet. Med. Fak. Zürich
	Schafpocken	BRIDÉ u. BOQUET	Ann. Inst. Pasteur, Par. **37**, 229 (1923)
	Hundestaupe	LAIDLAW u. DUNKIN	J. comp. Path. a. Ther. **44**, 1 (1931)
		LITTLE	J. amer. vet. med. Assoc. **85** (**38**), 576 (1934)
III. Impfung mit Passagevirus	*Pocken*		
	Gewebekulturvaccine	RIVERS	J. exper. Med. (Am.) **54**, 453 (1931)
		RIVERS u. WARD	J. exper. Med. (Am.) **58**, 635 (1933)
		RIVERS u. WARD	J. exper. Med. (Am.) **62**, 549 (1935)
		RIVERS, WARD u. BAIRD	J. exper. Med. (Am.) **69**, 857 (1939)
		HERZBERG	Klin. Wschr. **1932**, 2064
		HERZBERG	Z. Immunit.forsch. **86**, 417 (1935)
		PLOTZ u. MARTIN	Bull. Acad. Méd., Par. **116**, 454 (1936)
	Eihautvaccine	GOODPASTURE u. Mitarbeiter	Amer. J. Hyg. **21**, 319 (1935)
		LEHMANN	Zbl. Bakter. usw., I Orig. **132**, 465 (1934)
			Z. Hyg. usw. **118**, 594 (1936); **120**, 505 (1938)

Fortsetzung von Tabelle 3.

Art der Impfung	Viruskrankheit	Autor	Literatur
		HERZBERG	Z. Immunit.forsch. **86**, 417 (1935)
		PERAGALLO	Boll. Ist. sieroter. milan. **15**, 3 (1936)
		GALLARDO u. SANZ	Presse méd. **1937**, 139
	Gelbfieber	SAWYER, KITCHEN u. LLOYD	J. exper. Med. (Am.) **55**, 945 (1932)
		SELLARDS u. LAIGRET	C. r. Acad. Sci. **194**, 1609, 2175 (1932) Arch. Inst. Pasteur Afr. N., Tunis **21**, 229 (1932)
		FINDLAY	Lancet **1934**, 983
			Trans. roy. Soc. trop. Med. a. Hyg. **27**, 437 (1934)
			Bull. Off. internat. Hyg. publ., Par. **26**, 43 (1934)
		PETTIT u. STEFANOPOULO	Bull. Off. internat. Hyg. publ., Par. **26**, 1075 (1934)
		LAIGRET u. DURAND	Arch. Inst. Pasteur Afr. N., Tunis **25**, 552 (1936)
		FINDLAY u. MCCALLUM	Bull. Off. internat. Hyg. publ., Par. **29**, 1145 (1937)
		THEILER u. SMITH	J. exper. Med. (Am.) **65**, 787 (1937)
		SOPER u. SMITH	Amer. J. trop. Med. **18**, 111 (1938)
		SMITH u. PAOLIELLO	Amer. J. trop. Med. **18**, 437 (1938)
	Lyssa		
	Methode Pasteur (Modifikationen)	vgl. LÉPINE u. CRUVEILHIER	Ann. Inst. Pasteur, Par. **55**, 18 (1935)
	Methode Högyes	HÖGYES	Ann. Inst. Pasteur, Par. **2**, 94 (1888); **3**, 449 (1889)
		VAN STOCKUM	Monograph., Nijhoff, Haag 1935
	Borna-Krankheit	ZWICK u. Mitarbeiter	Z. Infektionskrkh. Haust. **30**, 42 (1926); **32**, 150 (1928); **52**, 1 (1937)
			Arch. Tierheilk. **59**, 511 (1929); **64**, 116 (1931)
	Amer. Pferdeencephalitis	TRAUB u. TEN BROECK	Science **81**, 572 (1935)
	Pferdesterbe	ALEXANDER u. DU TOIT	Onderstepoort J. Vet. Sci. **2**, 375 (1934)
	Rinderpest	KERR	Ind. J. Vet. Sci. **4**, 75 (1934); **5**, 67 (1935)
		OLIVER	Agric. Livestock India **6**, 331 (1936)
	Rift Valley fever	MACKENZIE, FINDLAY u. STERN	Brit. J. exper. Path. **17**, 352, 431 (1936)
	Hühnerpocken	ZWICK u. Mitarbeiter	Z. Infektionskrkh. Haust. **34**, 300 (1928)
IV. Impfung mit Antigenimpfstoffen (vgl. Tab. 2)			

Literaturverzeichnis.

1. ALEXANDER: Studies on the neurotropic virus of Horsesickness. (*1*) I. Neurotropic fixation. Onderstepoort J. Vet. Sci. **4**, 291 (1935).
   — (*2*) II. Some physical and chemical properties. Onderstepoort J. Vet. Sci. **4**, 323 (1935).
   — (*3*) III. The intracerebral protection test and its application to the study of immunity. Onderstepoort J. Vet. Sci. **4**, 349 (1935).
   — (*4*) IV. The pathogenesis in horses. Onderstepoort J. Vet. Sci. **4**, 379 (1935).
   — (*5*) V. The antigenic response of horses to simultaneous trivalent immunization. Onderstepoort J. Vet. Sci. **7**, 11 (1936).
   — (*6*) The horsesickness problem in South Africa. J. Soc. amer. vet. Assoc. **7**, (1936).
2. AMIES: The particulate nature of avian sarcoma agents. J. Path. a. Bacter. **44**, 141 (1937).
3. ANDERSEN: (*1*) Über die Bedeutung des virusneutralisierenden Antikörpers für die Immunität. Z. Immunit.forsch. **90**, 207 (1937).
   — (*2*) Über angeborene Vaccineimmunität. Z. Immunit.forsch. **90**, 459 (1937).
4. ANDERVONT: The Pathogenicity on two strains of herpetic virus for mice. J. infect. Dis. (Am.) **45**, 366 (1929).
5. ANDREWES: (*1*) A study of virus III with special reference to the response of immunised rabbits to reinoculation. J. Path. a. Bacter. **31**, 461 (1928).
   — (*2*) The action of immune serum on vaccinia and Virus III in vitro. J. Path. a. Bacter. **31**, 671 (1928).
   — (*3*) Virus III in Tissue cultures. III. Experiments bearing on immunity. Brit. J. exper. Path. **10**, 273 (1929).
   — (*4*) Antivaccinial serum. Protection against generalization in the rabbit. J. Path. a. Bacter. **32**, 265 (1929).
   — (*5*) Antivaccinial serum. Evidence of slow union with virus in vitro. J. Path. a. Bacter. **33**, 265 (1930).
   — (*6*) Tissue culture in the study of immunity to herpes. J. Path. a. Bacter. **33**, 301 (1930).
   — (*7*) Immunity to the salivary gland virus of guinea pigs in the living animal and in tissue cultures. Brit. J. exper. Path. **11**, 23 (1930).
   — (*8*) Some properties of immune sera active against fowl tumour viruses. J. Path. a. Bacter. **35**, 243 (1932).
   — (*9*) Influence of the bacterial cell on the phage-antiphage reaction. Brit. J. exper. Path. **13**, 851 (1932).
   — (*10*) Influenza: Four years progress. Brit. med. J. **2**, 513 (1937).
6. ANDREWES and CARMICHAEL: A note on the presence of antibodies to herpes virus. Lancet **1930**, 851.
7. ANDREWES and ELFORD: Observations on anti-phage sera. I. "The percentage law." Brit. J. exper. Path. **14**, 366 (1933).
8. ANDREWES, LAIDLAW, and SMITH: Influenza: observations on the recovery of virus from man and on the antibody-content of human sera. Brit. J. exper. Path. **16**, 566 (1935).
9. ANDREWES and SMITH: (*1*) Influenza: Further experiments on the active immunization of mice. Brit. J. exper. Path. **18**, 43 (1937).
   — (*2*) The effect of foreign tissue extracts on the efficacy of influenza virus vaccines. Brit. J. exper. Path. **20**, 305 (1939).
10. ARMSTRONG and LILLIE: Encephalitisvirus (St. Louis). Effect of partial specific immunity upon the clinical and pathologic picture in intracerebrally inoculated white mice. Publ. Health Rep. (Am.) **51**, 1069 (1936).
11. ARNOLD and WEISS: A study of bacteriophage with antibacteriophagic serum. J. infect. Dis. (Am.) **35**, 505 (1924).
12. AYCOCK and HUDSON: The development of neutralizing substance for poliomyelitis virus in vaccinated and unvaccinated individuals. New Engl. J. Med. **214**, 715 (1936).

13. AYCOCK and KRAMER: Immunity to poliomyelitis in mothers and the new born as shown by the neutralization test. J. exper. Med. (Am.) **52**, 457 (1930).
14. BAIRD and RIVERS: Relation of lymphocytic choriomeningitis to acute aseptic meningitis (WALLGREN). Amer. J. publ. Health **28**, 47 (1938).
15. BALOZET: Effet de réinoculations, chez l'âne, du virus de l'anémie infectieuse. C. r. Soc. Biol. **119**, 160 (1935).
16. BEARD, FINKELSTEIN, SEALY, and WYCKOFF: (*1*) The ultracentrifugal concentration of the immunizing principle from tissues diseased with equine encephalomyelitis. Science **87**, 89 (1938).
— (*2*) Immunization against equine encephalomyelitis with chick embryo vaccines. Science **87**, 490 (1938).
17. BÉCLÈRE, CHAMBON et MÉNARD: (*1*) Études sur l'immunité vaccinale et le pouvoir immunisant du serum de genisse vacciné. Ann. Inst. Pasteur, Par. **10**, 1 (1896).
— (*2*) Étude sur l'immunité vaccinale. Ann. Inst. Pasteur, Par. **13**, 81 (1899).
18. BÉCLÈRE, CHAMBON, MÉNARD et COULOMB: Transmission intrautérine de l'immunité vaccinale et du pouvoir antivirulent du sérum. C. r. Acad. Sci. **129**, 235 (1899).
19. BEDSON: (*1*) Observations on the mode of action of a viricidal serum. Brit. J. exper. Path. **9**, 235 (1928).
— (*2*) Immunization with killed Herpesvirus. Brit. J. exper. Path. **12**, 254 (1931).
— (*3*) Immunological studies with the virus of psittacosis. Brit. J. exper. Path. **14**, 162 (1933).
— (*4*) Some reflections on virus immunity. Proc. Soc. Med., Lond. **31**, 59 (1937).
— (*5*) A study of experimental immunity to the virus of psittacosis in the mouse, with special reference to persistence of infection. Brit. J. exper. Path. **19**, 353 (1938).
20. BEDSON and CRAWFORD: Immunity in experimental herpes. Brit. J. exper. Path. **8**, 138 (1927).
21. BEDSON, MAITLAND, and BURBURY: Further observations on foot-and-mouth disease. J. comp. Path. a. Ther. **40**, 79 (1927); Sec. Progr. Rep. Foot-and-Mouth Dis. Res. Com., p. 97. London, 1927.
22. BERNKOPF and KLIGLER: Immunization of rabbits with inactive vaccine virus. J. Immunol. (Am.) **32**, 451 (1937).
23. BESSHO: Untersuchungen über die Schutz- und Heilkraft des Vaccineserums. Inauguraldiss., Bern, 1925.
24. BIELING: Untersuchungen über ein neurotropes Virus. Zbl. Bakter. usw., I Orig. **140**, 154 (1937) (Beiheft).
25. BIELING u. OELRICHS: (*1*) Untersuchungen über die Verteilung des Grippevirus im Körper der Maus. Behringwerke Mitt., H. 9, 20 (1938).
— (*2*) Züchtung von Vaccinevirus auf den Eiern vorbehandelter Hühner. Behringwerke Mitt., H. 9, 64 (1938).
26. BIGLERI: Immunité des éctodermoses neurotropes. C. r. Soc. Biol. **94**, 447 (1926).
27. BLAND: Immunization with inactive vaccinia virus. J. Hyg. (Brit.) **32**, 55 (1932).
28. BOECKER: Tierversuche zur Frage der immunisatorischen Wirksamkeit von Wutschutzimpfstoffen aus formalinisiertem Virus fixe. Z. Hyg. usw. **121**, 735 (1939).
29. BRACHMANN: Zur Frage der Virulenzbestimmung durch Verdünnung des virushaltigen Materiales bei Maul- und Klauenseuche. Dtsch. tierärztl. Wschr. **1925**, 554.
30. BRIDÉ et BARDACH: Essais de sérothérapie préventive antivaccinale. Ann. Inst. Pasteur, Par. **60**, 270 (1938).
31. BRIDÉ et BOQUET: La vaccination anticlaveleuse par virus sensibilisé. Après dix ans d'application. Ann. Inst. Pasteur, Par. **37**, 229 (1923).
32. BRODIE: (*1*) Active immunization against poliomyelitis. J. exper. Med. (Am.) **56**, 493 (1932).

Brodie: (2) Active immunization in monkeys against poliomyelitis with germicidally inactivated virus. J. Immunol. (Am.) **28**, 1 (1935).
— (3) The rôle of convalescent serum in preparalytic poliomyelitis. J. Immunol. (Am.) **28**, 353 (1935).
33. Brodie, Fischer, and Stillerman: Neutralization tests in poliomyelitis. Sera taken during the acute and convalescent stages of the disease and tested with a passage virus and a strain isolated during the 1935 New York City outbreak. J. clin. Invest. (Am.) **16**, 447 (1937).
34. Brodie and Goldbloom: Active immunization against poliomyelitis in monkeys. J. exper. Med. (Am.) **53**, 885 (1931).
35. Burnet: (1) Immunological studies with phage-coated bacteria. Brit. J. exper. Path. **14**, 93 (1933).
— (2) Immunological studies with the virus of infectious laryngotracheitis of fowls using the developing egg technique. J. exper. Med. (Am.) **63**, 685 (1936).
— (3) Inapparent (sub-clinical) infection of the rat with louping-ill virus. J. Path. a. Bacter. **42**, 213 (1936).
— (4) Influenza virus on the developing egg. I. Changes associated with development of an egg-passage strain of virus. Brit. J. exper. Path. **17**, 282 (1936).
— (5) II. The "neutralization" of egg virus by immune sera. Austral. J. exper. Biol. a. med. Sci. **14**, 247 (1936).
— (6) IV. The pathogenicity and immunizing power of egg virus for ferrets and mice. Brit. J. exper. Path. **18**, 37 (1937).
— (7) V. Differentiation of two antigenic types of human influenza virus. Austral. J. exper. Biol. a. med. Sci. **15**, 369 (1937).
36. Burnet and Galloway: The propagation of the virus of vesicularstomatitis in the chorion allantoic membrane of the developing hen's egg. Brit. J. exper. Path. **15**, 105 (1934).
37. Burnet, Kellaway, and Williams: Cellular immunity and antibody in the tissue spaces. J. Path. a. Bacter. **35**, 199 (1932).
38. Burnet, Keogh, and Lush: The immunological reactions of the filterable viruses. Austral. J. exper. Biol. a. med. Sci. **15**, 233 (1937).
39. Burnet and Lush: (1) Inapparent (sub-clinical) infection of the rat with the virus of infectious ectromelia of mice. J. Path. a. Bacter. **42**, 469 (1936).
— (2) Influenza on the developing egg. VII. The antibodies of experimental and human sera. Brit. J. exper. Path. **19**, 17 (1938).
40. Burnet and Macnamara: Immunological differences between strains of poliomyelitis virus. Brit. J. exper. Path. **12**, 57 (1931).
41. Busson: Das Übertreten und die Speicherung von Virus fixe im Zentralnervensystem geimpfter Menschen und Tiere. Zbl. Bakter. usw., I Orig. **135**, 331 (1935/36).
42. Busson u. Schweinburg: cit. nach Schweinburg (310).
43. Camus: Immunité vaccinale active et immunité vaccinale passive. C. r. Soc. Biol. **73**, 197, 294 (1912).
44. Casagrandi: L'immunità passiva nel vaccino e nel vaiolo. Ann. Ig. sper. **25**, 17 (1925).
45. Clifton, Mueller, and Rogers: Neutralization of the bacteriophage. J. Immunol. (Am.) **29**, 377 (1935).
46. Cole and Kuttner: A filterable virus present in the submaxillary glands of guinea pigs. J. exper. Med. (Am.) **44**, 855 (1926).
47. Collier: Übertragung des Geflügelpestvirus auf Mäusegehirn und Rattenhoden. Z. Hyg. usw. **113**, 751 (1932).
48. Cook: The response of specifically immunised mice to reinoculation with the virus of St. Louis encephalitis, with especial attention to the development of myelitic symptoms. J. infect. Dis. (Am.) **63**, 206 (1938).
49. Covell, McGuire, Stephens, and Lahiri: Notes on antirabic immunization. Indian J. med. Res. **24**, 373 (1936).

50. Cox: Tissue cultures as a more sensitive method than animal inoculation for detecting equine encephalomyelitis virus. Proc. Soc. exper. Biol. a. Med. (Am.) **33**, 607 (1936).

51. Cox and Olitzky: (*1*) Prevention of experimental equine encephalomyelitis in guinea pigs by means of virus adsorbed on aluminium hydroxid. Science **79**, 459 (1934).

— (*2*) Active immunization of guinea pigs with the virus of equine encephalomyelitis. II. Immunization with formolized virus. J. exper. Med. (Am.) **63**, 745 (1936).

— (*3*) Quantitative studies of serum-antiviral bodies in animals immunized with active and inactive virus. J. exper. Med. (Am.) **64**, 217 (1936).

— (*4*) Active immunization of guinea pigs with the virus of equine encephalomyelitis. Effect of immune serum on antigenicity of active and inactive virus. J. exper. Med. (Am.) **64**, 223 (1936).

52. Craigie: A comparison of the antigenic qualities of killed and living vaccine virus in the normal rabbit. J. Bacter. (Am.) **27**, 77 (1934).

53. Craigie and Tulloch: Further investigations on the variola-vaccine flocculation reaction. Med. Res. Counc. London Spec. Rep. Ser. Nr. 156 (1931).

54. Croveri: Sulla receltività alle vaccinazione dei vitelli anti da mare immune verso la peste bovina. Bull. Soc. Path. exot. **12**, 2 (1919).

55. Cruveilhier, Lépine et Viala: Pouvoir rabicide du sérum sanguin de lapins vaccinés contre la rage comparativement par la méthode des moelles dés-sechées et au moyens du vaccin phéniqué. Ann. Inst. Pasteur, Par. **61**, 487 (1938).

56. Cunningham, Malone, and Craighead: An investigation into the value of an etherized vaccine in the prophylacted treatment of rabies. Indian med. Res. Mem. Nr. 26, 1 (1933).

57. da Fano and Perdrau: Chronic or subacute herpetic meningo-encephalitis in the rabbit with calcification. J. Path. a. Bacter. **30**, 67 (1927).

58. Davis: On the use of immune serum at various intervalls after the inoculation of yellow fever virus into rhesus monkeys. J. Immunol. (Am.) **26**, 361 (1934).

59. Degkwitz: Über Masernrekonvalescentenserum. Z. Kinderhk. **25**, 134 (1920); **27**, 171 (1920).

60. Doerr: Die Schienenimmunisierung. Klin. Wschr. Nr. 30, 1062 (1936).

61. Doerr u. Berger: Herpes, Zoster und Encephalitis. Weichhardtsche Erg. **8**, 1415 (1930).

62. Doerr u. Hallauer: Die primäre Herpesmyelitis und ihre Beziehungen zum Infektionsmodus sowie zur Wirtsspezies. Z. Hyg. usw. **118**, 474 (1936).

63. Doerr u. Kon: Schieneninfektion, Schienenimmunisierung und Konkurrenz der Infektionen im Z. N. S. beim Herpesvirus. Z. Hyg. usw. **119**, 679 (1937).

64. Doerr u. Seidenberg: (*1*) Ungewöhnlich hohe Grade des anaphylaktischen Zustandes. Z. Immunit.forsch. **69**, 169 (1930/31).

— (*2*) Zur kongenitalen Anaphylaxie des Meerschweinchens. Z. Immunit.forsch. **71**, 242 (1931).

— (*3*) Untersuchungen über das Virus der Hühnerpest. VIII. Mitteilung. Z. Hyg. usw. **114**, 276 (1932).

— (*4*) Die Konkurrenz von Virusinfektionen im Zentralnervensystem (Phänomen von Fl. Magrassi). Z. Hyg. usw. **119**, 135 (1937).

65. Doerr, Seidenberg u. Whitman: Untersuchungen über das Virus der Hühnerpest. a) Z. Hyg. usw. **112**, 732 (1931). b) Z. Hyg. usw. **113**, 671 (1939).

66. Douglas and Smith: A study of vaccinial immunity in rabbits by means of in vitro methods. Brit. J. exper. Path. **11**, 96 (1930).

67. Douglas, Smith, and Price: Generalized vaccinia in rabbits with especial reference to lesions in the internal organs. J. Path. a. Bacter. **32**, 99 (1929).

68. Downie and McGaughey: Experiments with the virus of infectious ectromelia. The action of immune serum in vivo and on the growth of virus in culture. J. Path. a. Bacter. **40**, 297 (1935).

69. DRESEL: Beziehungen zwischen Lapineimmunität und Nachweis von Lapinevirus beim Kaninchen. Z. Immunit.forsch. **75**, 337 (1932).
70. EICHHORN and WYCKOFF: Immunological studies on equine encephalomyelitis. J. amer. vet. med. Assoc. **93** (**46**), 285 (1938).
71. ENDERS and SHAFFER: Behaviour exhibited by mixtures of pneumococcus type III and homologous antiserum analogous to that described for similar association of virus and antiviral serum. J. Immunol. (Am.) **32**, 379 (1937).
72. ERNST: Weitere Mitteilungen über die Frage des Infektionsablaufes und der Immunität bei Maul- und Klauenseuche. Münch. tierärztl. Wschr. **74**, 181 (1923).
73. FAIRBROTHER: (*1*) Immunization of the horse with the virus of poliomyelitis and the production of an antiviral serum. Brit. J. exper. Path. **11**, 43 (1930).
— (*2*) The action of antivaccinial serum on the vaccinia virus. J. Path. a. Bacter. **35**, 35 (1932).
— (*3*) The production of immunity to vaccinia virus by mixtures of immune serum and virus and the importance of phagocytosis in antivaccinial immunity. J. Path. a. Bacter. **36**, 55 (1933).
74. FAIRBROTHER and HOYLE: Active immunization against experimental influenza: The use of heat-killed elementary body suspensions. Brit. J. exper. Path. **18**, 430 (1937).
75. FERMI: Comparaison entre le pouvoir lyssicide et immunisant du sérum antirabique de différents animaux et de différents instituts. Zbl. Bakter. usw., I Orig. **52**, 576 (1909).
76. FINDLAY: (*1*) The fractionation of anti vaccinia serum. Brit. J. exper. Path. **12**, 9 (1931).
— (*2*) The transmission of louping-ill to monkeys. Brit. J. exper. Path. **13**, 230 (1932).
— (*3*) The mechanism of immunity in Rift Valley fever. Brit. J. exper. Path. **17**, 89 (1936).
77. FINDLAY and CLARKE: Reconversion of the neurotropic into the viscerotropic strain of yellow fever virus in rhesus monkeys. Trans. Soc. trop. Med. **28**, 579 (1935).
78. FINDLAY and HINDLE: Combined use of living virus and immune serum for immunization against virus infections. Brit. med. J. **1**, 740 (1931).
79. FINDLAY and MCCALLUM: An interference phenomenon in relation to yellow fever and other viruses. J. Path. a. Bacter. **44**, 405 (1937).
80. FINDLAY and MACKENZIE: Attempts to produce immunity against yellow fever with killed virus. J. Path. a. Bacter. **43**, 205 (1936).
81. FINDLAY, MACKENZIE, and STERN: Studies on neurotropic Rift Valley fever virus: The susceptibility of sheep and monkeys. Brit. J. exper. Path. **17**, 431 (1936).
82. FINDLAY and STERN: The essential neurotropism of the yellow fever virus. J. Path. a. Bacter. **41**, 431 (1935).
83. FISCHER, A.: Untersuchungen über die natürliche Immunität gegen Roussarkom. Z. Krebsforsch. **24**, 580 (1927).
84. FLEXNER: (*1*) Contributions to the pathology of experimental virus encephalitis. IV. Recurring strains of herpes virus. J. exper. Med. (Am.) **47**, 9 (1928).
— (*2*) Immunity to human and passage poliomyelitisvirus. J. amer. med. Assoc. **99**, 1244 (1932).
85. FLEXNER and AMOSS: (*1*) The relation of the meninges and choroid plexus to poliomyelitic infection. J. exper. Med. (Am.) **25**, 525 (1917).
— (*2*) Experiments on the nasal route of infection in poliomyelitis. J. exper. Med. (Am.) **31**, 123 (1920).
— (*3*) Varieties and properties of the herpes virus. J. exper. Med. (Am.) **41**, 357 (1925).
86. FLEXNER and LEWIS: Experimental poliomyelitis in monkeys. VII. Active immunization and passive serum protection. J. amer. med. Assoc. **54**, 1780 (1910); **55**, 662 (1910).

87. Flexner and Stewart: Protective action of convalescent poliomyelitis serum. J. amer. med. Assoc. **91**, 383 (1928).

88. Fortner: Sur la question de l'immunité contre la psittacose. Bull. Off. internat. Hyg. publ., Par. **28**, 683 (1936).

89. Fortner u. Pfaffenberg: Über das gehäufte Wiederauftreten der Psittacosis. Z. Hyg. usw. **116**, 397 (1935).

90. Francis: (*1*) Epidemiology studies in influenza. Amer. J. publ. Health **27**, 211 (1937).

— (*2*) Quantitative relationships between the immunizing dose of epidemic influenza virus and the resultant immunity. J. exper. Med. (Am.) **69**, 283 (1939).

91. Francis and Magill: (*1*) Rift Valley fever. A Report of three cases of laboratory infection and the experimental transmission of the disease to ferrets. J. exper. Med. (Am.) **62**, 433 (1935).

— (*2*) Immunological studies with the virus of influenza. J. exper. Med. (Am.) **62**, 505 (1935).

— (*3*) The incidence of neutralizing antibodies for human influenza virus in the serum of human individuals of different ages. J. exper. Med. (Am.) **63**, 655 (1936).

— (*4*) The antibody response of human subjects vaccinated with the virus of human influenza. J. exper. Med. (Am.) **65**, 251 (1937).

92. Francis, Magill, Rickard, and Beck: Etiological and serological studies in epidemic influenza. Amer. J. publ. Health **27**, 1141 (1937).

93. Francis and Shope: Neutralization tests with sera of convalescent or immunized animals and the viruses of swine and human influenza. J. exper. Med. (Am.) **63**, 645 (1936).

94. Francis and Stuart-Harris: Studies on the nasal histology of epidemic influenza virus infection in the ferret. III. Histological and serological observations on ferrets receiving repeated inoculations of epidemic influenza virus. J. exper. Med. (Am.) **68**, 813 (1938).

95. Freund: (*1*) Passive Immunisierung mit Herpes-Antiserum. Zbl. Bakter. usw., I Orig. **119**, 20 (1930).

— (*2*) Accumulation of antibodies in the central nervous system. J. exper. Med. (Am.) **51**, 889 (1930).

96. Galli: L'immunità verso la superinfezione nell'infezione vaccinica, studiata in vitro. Boll. Ist. sieroter. milan. **16**, 482 (1937).

97. Galli e Verotti: L'immunità locale verso il virus vaccinico: Contributo allo studio del meccanismo della immunità e della infezione latente. Ann. Ig. **49**, (1939) (im Druck).

98. Galli et Vieuchange: (*1*) La réactivation par la dialyse du neurovaccin formolé. C. r. Soc. Biol. **131**, 473 (1939).

— (*2*) Action de la trypsine sur le neurovaccin formolé. C. r. Soc. Biol. **131**, 715 (1939).

99. Galloway: The "fixed" virus of rabies: The antigenic value of the virus inactivated by the photodynamic action of methylen blue and proflavine. Brit. J. exper. Path. **15**, 97 (1934).

100. Gastinel: Des réactions d'infection et d'immunité dans la vaccine et la variole. Thèse de Paris, Steinheil, 1913.

101. Gastinel et Reilly: A propos des herpès récidivants. Bull. méd. **42**, 839 (1928).

102. Gastinel, Reilly et Mortier: Les réactions humorales chez le lapin soumis à des injections de vaccin jennerien tué. C. r. Soc. Biol. **108**, 474 (1931).

103. Gastinel, Stefanesco et Reilly: Sur la culture du virus herpétique in vitro et les modifications subies par ce virus. C. r. Soc. Biol. **106**, 450 (1931).

104. Gerlach: Menschen als Psittacosisträger nach „stummer" Infektion mit Psittacosisvirus. Z. Hyg. usw. **118**, 709 (1936).

105. GILDEMEISTER u. AHLFELD: (*1*) Experimentelle Studien mit Herpesvirus an der weißen Maus. Zbl. Bakter. usw., I Orig. **139**, 325 (1937).
— (*2*) Über eine bei der weißen Maus spontan aufgetretene Meningoencephalomyelitis. Zbl. Bakter. usw., I Orig. **142**, 144 (1938).

106. GILDEMEISTER u. HERZBERG: Experimentelle Untersuchungen über Herpes. Klin. Wschr. Nr. 13, 603 (1927).

107. GLANZMANN: Akute Exantheme. Masern. Handbuch der inneren Medizin, herausgegeben von BERGMANN u. STAEHELIN, 3. Aufl., Bd. 1, S. 303 (1934).

108. GORDON, M. H.: Studies of the viruses of vaccinia and variola. Med. Res. Counc. Spec. Rep. Ser. No. 98 (1925).

109. GORDON, F. B.: Active and passive immunity in experimental acute anterior Poliomyelitis. Thesis, University of Chicago, 1936. Arch. Path. (Am.) **21**, 558 (1936).

110. GORDON, W. S.: Louping-ill. Proc. Soc. Med., Lond. **27**, 11 (1934); Vet. Rec. **14**, 1 (1934).

111. GORDON, HUDSON, and HARRISON: Active and passive immunization in experimental poliomyelitis. J. infect. Dis. (Am.) **64**, 241 (1939).

112. GORDON and HUGHES: A study of inactivated yellow fever virus as an immunizing agent. J. Immunol. (Am.) **30**, 221 (1936).

113. GOYAL: Experiments on reactivation of the virus in neutral serum-virus mixtures. J. Immunol. (Am.) **29**, 111 (1935).

114. GREEN, ZIEGLER, GREEN, SHILLINGER, DEWEY, and CARLSON: Epizootic Fox Encephalitis. VII. Nature of the immunity. Amer. J. Hyg. **21**, 366 (1935).

115. GREIG, BROWNLEE, WILSON, and GORDON: The nature of Louping-ill. Vet. Rec. **11**, 325 (1931).

116. GRIGORIEFF: Sur le mode d'inactivation des bactériophages. C. r. Soc. Biol. **96**, 1141 (1927).

117. GYE and PURDY: (*1*) The cause of cancer. London: Cassel & Co., 1931.
— (*2*) The infective agent in tumour filtrates: A further investigation by means of antisera to normal tissues. Brit. J. exper. Path. **14**, 250 (1933).

118. HAAGEN: (*1*) Weitere Untersuchungen über das Verhalten des Gelbfiebervirus in der Gewebekultur. Zbl. Bakter. usw., I Orig. **128**, 13 (1933).
— (*2*) Über die Notwendigkeit lebender Zellen zur Viruszüchtung. Weitere Untersuchungen über das Gelbfieber-, Variola-Vakzine- und Herpesvirus. Zbl. Bakter. usw., I Orig. **129**, 237 (1933).
— (*3*) Yellow fever virus in tissue culture. Arch. exper. Zellforsch. **15**, 405 (1934).

119. HAENDEL, GILDEMEISTER u. SCHMITT: Über Auswertung von Vaccine und Vaccineimmunseris. Zbl. Bakter. usw., I Orig. **85**, 126 (Beiheft) (1920).

120. HALL: Investigations on rinderpest immunization. Thesis, Zürich.

121. HALLAUER: (*1*) Immunitätsstudien bei Hühnerpest I. Z. Hyg. usw. **116**, 456 (1934).
— (*2*) Immunitätsstudien bei Hühnerpest II. Über das Schicksal von Hühnerpestvirus im immunisierten Tierkörper. Z. Hyg. usw. **117**, 451 (1935).
— (*3*) Immunitätsstudien bei Hühnerpest III. Über aktive Immunisierung mit formalinisiertem Virus. Z. Hyg. usw. **117**, 711 (1936).
— (*4*) Immunitätsstudien bei Hühnerpest. IV. Mitteilung. Z. Hyg. usw. **118**, 605 (1936).
— (*5*) Über die Immunisierung des Zentralnervensystems mit einem nichtencephalitogenen Herpesstamm. Z. Hyg. usw. **119**, 213 (1937).
— (*6*) Über die passive Immunisierung des Zentralnervensystems gegenüber Herpes- und Hühnerpestvirus. Z. Hyg. usw. **119**, 505 (1937).
— (*7*) Studien über die Variabilität des Hühnerpestvirus im Gewebsexplantat. Arch. f. Virusforsch. **1**, 70 (1939).

122. HAMMERSCHMIDT: Die Wirkungsweise antiinfektiöser Sera. Zbl. Bakter. usw., I Orig. **142**, 168 (1938).

123. HARDE: Some observations on the virus of vaccinia. Ann. Inst. Pasteur, Par. **30**, 299 (1916).

124. HARMON and HARKINS: The significance of neutralizing substances in resistance and recovery from poliomyelitis. J. amer. med. Assoc. **107**, 552 (1936).

125. HARTLEY: On the immune bodies occuring in anti-Rinderpest-serum and on the variations occuring in the serum proteins during Rinderpest and during immunization and hyperimmunization. Mem. Dept. Agric. India Vet. Ser. No. 4, 178 (1914).

126. HEDLER: Beitrag zur Frage der Vererbung der Immunität bei Maul- und Klauenseuche. Inauguraldiss., München, 1932.

127. HENSEVAL: A propos de l'action spécifique de l'euglobuline du sérum vaccinal. C. r. Soc. Biol. **82**, 1071, 1074 (1919).

128. HENSEVAL et CONVENT: Recherche sur l'immunité vaccinale. Étude des propriétés du sérum des animaux vaccinés. Bull. Acad. Méd. Belg., Brux. **26**, 251 (1912).

129. HERZBERG: Der Vorgang der Vaccinevirusvermehrung in der Zelle. Zbl. Bakter. usw., I Orig. **136**, 257 (1936).

130. HINDLE: (*1*) A yellow fever vaccine. Brit. med. J. **1**, 976 (1928).
— (*2*) The duration of yellow fever immunity. Lancet **1930**, 451.
— (*3*) The transmission of yellow fever. Lancet **1930**, 835.
— (*4*) An attempt to demonstrate residual virus in monkeys which had recovered from yellow fever. Brit. J. exper. Path. **13**, 135 (1932).

131. HLAVA u. HONL: Serum vaccinicum und seine Wirkungen. Wien. klin. Rdsch. **1895**, 625, 643.

132. HODES, LAVIN, and WEBSTER: Antirabic immunization with culture virus rendered avirulent by ultra-violet light. Science **86**, 447 (1937).

133. HODES and WEBSTER: Relation between degree of immunity of mice following vaccination with St. Louis Encephalitis virus and the titre of the protective antibodies of the serum. J. exper. Med. (Am.) **68**, 263 (1938).

134. HOFF u. SILBERSTEIN: Experimentelle Encephalitisstudien. II. Mitteilung. Über Immunisierungsversuche mit Encephalitisvirus. Z. exper. Med. **44**, 257 (1925).

135. HORSFALL: Neutralization of epidemic influenza virus. The linear relationship between the quantity of serum and the quantity of virus neutralized. J. exper. Med. (Am.) **70**, 209 (1939).

136. HOSKINS: (*1*) Protection properties against yellow fever virus in the sera of the offspring of immune rhesus monkeys. J. Immunol. (Am.) **26**, 391 (1934).
— (*2*) A protective action of neurotropic against viscerotropic yellow fever virus in macacus rhesus. Amer. J. trop. Med. **15**, 675 (1935).

137. HOWITT: (*1*) Poliomyelitis. I. Production of antiviral serum by inoculation of goats and sheep with the virus of poliomyelitis. J. infect. Dis. (Am.) **50**, 26 (1932).
— (*2*) Comparison of intramuscular injection with combined intraspinial and intravenous injection of convalescent serum in the treatment of experimental poliomyelitis in monkeys. J. infect. Dis. (Am.) **50**, 47 (1932).
— (*3*) Equine Encephalomyelitis. J. infect. Dis. (Am.) **51**, 493 (1932).
— (*4*) Further studies on the immunization of sheep to the virus of poliomyelitis with a comparison of neutralization tests using the old and a recent strain of virus. J. infect. Dis. (Am.) **53**, 145 (1933).
— (*5*) Immunization of guinea pigs to the virus of equine encephalomyelitis. J. infect. Dis. (Am.) **54**, 368 (1934).
— (*6*) An immunological study in laboratory animals of thirteen different strains of equine encephalomyelitis virus. J. Immunol. (Am.) **29**, 319 (1935).
— (*7*) A recently isolated strain of poliomyelitis virus. Science **85**, 268 (1937).
— (*8*) Method of transmission of immunity to equine encephalomyelitic virus in the guinea pig. J. infect. Dis. (Am.) **61**, 88 (1937).
— (*9*) The moscow 2 strain of equine encephalomyelitic virus as compared with other strains of equine encephalitis viruses. J. infect. Dis. (Am.) **63**, 269 (1938).

138. HOYT and GUERLEY: (*1*) Experimental street virus rabies in white mice. Studies on passive immunization. Proc. Soc. exper. Biol. a. Med. (Am.) **37**, 454 (1937).
— (*2*) Proc. Soc. exper. Biol. a. Med. (Am.) **38**, 40 (1938).
139. HOYT, FISK, and MOORE: Experimental rabies in white mice. Studies on passive immunization. Proc. Soc. exper. Biol. a. Med. (Am.) **32**, 1560 (1935).
140. HOYT, FISK, MOORE, and TRACY: Experimental rabies in white mice. II. Studies on passive immunization. J. infect. Dis. (Am.) **59**, 152 (1936).
141. HUDSON, BAUER, and PHILIP: Protection tests with serum of persons recovered from yellow fever in the Western Hemisphere and West Africa. Amer. J. trop. Med. **9**, 1 (1929).
142. HUDSON and BEAUDETTE: Infection of the cloaca with the virus of infectious bronchitis. Science **76**, 34 (1932).
143. HUDSON, LENNETTE, and GORDON: Factors of resistence in experimental poliomyelitis. J. amer. med. Assoc. **106**, 2037 (1936).
144. HUDSON and PHILIP: Infectivity of blood during the course of experimental yellow fever. J. exper. Med. (Am.) **50**, 583 (1929).
145. HUDSON, PHILIP, and DAVIS: Protection tests with serum of persons recovered from yellow fever in the Western Hemisphere and West Africa. Additional report. Amer. J. trop. Med. **9**, 223 (1929).
146. HUNT and FALK: Some experiments on the antigenic properties of vaccine virus. J. Immunol. (Am.) **14**, 347 (1927).
147. HURST: Infection of the rhesus monkey and the guinea pig with the virus of equine encephalomyelitis. J. Path. a. Bacter. **42**, 271 (1936).
148. JAMUNI and HOLDEN: The rôle of leucocytes in immunity to herpes. J. Immunol. (Am.) **26**, 395 (1934).
149. JONESCO-MIHAIESTI, TUPA et MESROBEANU: Sur le virus poliomyélitique de Roumanie en 1928. C. r. Soc. Biol. **100**, 919 (1929).
150. JONESCO-MIHAIESTI, TUPA et WISNER: Sur un virus de poliomyélite s'atténuant au cours des passages. C. r. Soc. Biol. **99**, 12 (1928).
151. JONNESCO: Le sort du virus rabique fixe dans le cerveau des chiens immunisés. C. r. Soc. Biol. **113**, 1249 (1933).
152. JOUAN et STAUB: Étude sur la peste aviaire. Ann. Inst. Pasteur, Par. **34**, 343 (1920).
153. JUNGEBLUT: On the mechanism of immunity in experimental poliomyelitis. J. infect. Dis. (Am.) **58**, 150 (1936).
154. JUNGEBLUT and HAZEN: Failure to immunize the monkey against poliomyelitis by prolonged nasopharyngeal spraying with live virus. Proc. Soc. exper. Biol. a. Med. (Am.) **28**, 1004 (1931).
155. JWANOFF: Aktive Immunisierung mit Formolvaccine gegen Vaccine. Berl. tierärztl. Wschr. **1927**, 752.
156. KASAHARA: Über die Immunitätsverhältnisse des mit Ultraschallwellen behandelten Virus bei experimenteller Affenpoliomyelitis. Klin. Wschr. Nr. 28, 971 (1939).
157. KASAHARA u. OGATA: Über die Vaccineimmunität der mit Ultraschallwellen vorbehandelten Pockenlymphe. Klin. Wschr. Nr. 21, 753 (1939).
158. KAWAMURA, KODAMA, ITO, YASAKI, and KOBAYAKAWA: Epidemic encephalitis in Japan. Arch. Path. (Am.) **22**, 510 (1936); Kitasato Arch. exper. Med. (e.) **13**, 281 (1936).
159. KEOGH: (*1*) Titration of vaccinia virus on the chorioallantoic membrane of the chick-embryo and its application to immunological studies of neurovaccinia. J. Path. a. Bacter. **43**, 441 (1936).
— (*2*) The kinetics of formalin disinfection of vaccinia virus. Austral. J. exper. Biol. a. med. Sci. **15**, 109 (1937).
160. KIDD: Immunological reactions with a virus causing papillomas in rabbits. III. Antigenicity and pathogenicity of extracts of the growth of wild and domestic species: general discussion. J. exper. Med. (Am.) **68**, 737 (1938).

161. KIDD, BEARD, and ROUS: Serological reactions with a virus causing rabbit papillomas which become cancerous. II. Test on the blood of animals carrying various epithelial tumours. J. exper. Med. (Am.) **64**, 79 (1936).

162. KIMURA u. FUJISAWA: (*1*) Pockenstudien in der Gewebezüchtung. II. Bildung des viruliziden Stoffes in vitro. Z. Immunit.forsch. **71**, 550 (1931).
— (*2*) III. Verhalten des Pockenvirus in immunem Gewebe bzw. Plasma. Z. Immunit.forsch. **74**, 384 (1932).

163. KITCHEVATZ: Effet préventif du sérum antiherpétique dans l'herpès experimental. C. r. Soc. Biol. **116**, 682 (1934).

164. KOLMER: (*1*) Antibody in relation to immunity in acute poliomyelitis. J. Immunol. (Am.) **31**, 119 (1936).
— (*2*) Active immunization against acute anterior poliomyelitis with ricinoleated vaccine. J. Immunol. (Am.) **32**, 341 (1937).

165. KOLLE u. HETSCH: Weitere Untersuchungen über Pest, im besonderen über Pestimmunität. Z. Hyg. **48**, 368 (1904).

166. KONRADI: Die Vererbung der Immunität gegen Lyssa. Zbl. Bakter. usw., I Orig. **52**, 497 (1909).

167. KOPPISCH: Die Erzeugung einer primären Myelitis des Lendenmarkes durch intravenöse Injektion von Herpesvirus. Z. Hyg. usw. **117**, 635 (1935).

168. KÖVES: La maladie d'Aujeszky. Bull. Mens. Off. internat. Epizoot. **59**, 1 (1935).

169. KÖVES u. HIRT: Über die AUJESZKYsche Krankheit der Schweine. Arch. wiss. u. prakt. Tierheilk. **68**, 1 (1934).

170. KRAMER: (*1*) Active Immunization against poliomyelitis. A comparative study. I. Attempts at immunization of monkeys and children with formalized virus. J. Immunol. (Am.) **31**, 167 (1936).
— (*2*) III. Active immunization of monkeys with exactly neutralized mixtures of virus and serum. J. Immunol. (Am.) **31**, 191 (1936).

171. KRAMER and GROSSMAN: Active immunization against poliomyelitis. A comparative study. II. Experimental immunization of monkeys with virus treated with sodium ricinoleat. J. Immunol. (Am.) **31**, 183 (1936).

172. KRAMER, GROSSMAN, and HOSKWITH: Active immunization against poliomyelitis. A comparative study. IV. Experimental immunization of monkeys with purified virus, adsorbed on $Al(OH)_3$. J. Immunol. (Am.) **31**, 199 (1936).

173. KRAMER, SCHAEFER, and PARK: Poliomyelitis. Active immunization-method for producing detectable amonts of neutralizing substances in macaccus rhesus with non infective mixtures of immun-serum and virus. J. Immunol. (Am.) **27**, 199 (1935).

174. KRAUS u. DOERR: Über das Verhalten des Hühnerpestvirus im Zentralnervensystem empfänglicher, natürlich und künstlich unempfänglicher Tiere. Zbl. Bakter. usw., I Orig. **46**, 709 (1908).

175. KRAUS u. FUKUHARA: cit. nach SCHWEINBURG (310). Neuere Ergebnisse der Tollwutforschung. Weichhardtsche Erg. **20**, 1 (1938).

176. KRAUS u. HOLOBUT: Über die Wirkung des intraoculär injicierten rabiciden Serums. Z. Immunit.forsch. **3**, 130 (1909).

177. KRAUS, KELLER u. CLAIRMONT: Über das Verhalten des Lyssavirus im Zentralnervensystem empfänglicher, natürlich immuner und immunisierter Tiere. Z. Hyg. **41**, 486 (1902).

178. KRONTOWSKI u. HACH: Versuche zum Studium der Immunität beim Fleckfieber unter Anwendung der Gewebekulturmethode. Arch. exper. Zellforsch. **3**, 297 (1927).

179. LAGRANGE: (*1*) A propos des neuro-infections auto-stérilisables. C. r. Soc. Biol. **100**, 544 (1929).
— (*2*) A propos des neuro-infections autostérilisables. Les autostérilisations locales. C. r. Soc. Biol. **102**, 278 (1929).
— (*3*) Sur l'épidémiologie expérimentale de la pseudopeste aviaire d'Égypte. C. r. Soc. Biol. **103**, 979 (1930).

LAGRANGE: (4) Réactions du cerveau au cours de l'immunité contre la peste aviaire. C. r. Soc. Biol. **104**, 1161 (1930).
— (5) Sur l'autostérilisation mortelle des poules vaccinées contre la peste aviaire d'Égypte. C. r. Soc. Biol. **106**, 1080 (1931).
— (6) L'autostérilisation mortelle de la peste aviaire d'Égypte est un phénomène épidémique. C. r. Soc. Biol. **106**, 1081 (1931).
180. LAIDLAW and DUNKIN: (1) Studies in dog distemper. J. comp. Path. a. Ther. **44**, 1 (1931).
— (2) Studies in dog distemper. IV. The immunization of ferrets against dog distemper. J. comp. Path. a. Ther. **41**, 209 (1928).
181. LAIDLAW, SMITH, ANDREWES, and DUNKIN: Influenza: The preparation of immune sera in horses. Brit. J. exper. Path. **16**, 275 (1935).
182. LEDINGHAM and MCCLEAN: The propagation of vaccine virus in the rabbit dermis. Brit. J. exper. Path. **9**, 216 (1928).
183. LEDINGHAM, MORGAN, and PETRIE: The potency and distribution in the serum fractions of antiviral body obtained by immunization of the horse with vaccinia virus. Brit. J. exper. Path. **12**, 357 (1931).
184. LE FÈVRE DE ARRIC: L'Herpès chronique du lapin. C. r. Soc. Biol. **90**, 651 (1924).
185. LEINER u. WIESNER: Experimentelle Untersuchungen über Poliomyelitis acuta anterior. Wien. klin. Wschr. **1910**, 323.
186. LENNETTE and HUDSON: On the relationship between humoral and tissue immunity in experimental poliomyelitis. J. infect. Dis. (Am.) **65**, 78 (1939).
187. LÉPINE: (1) Action de la cataphorèse sur le virus encéphalitique. Recupération du virus par la cataphorèse. C. r. Soc. Biol. **104**, 760 (1930).
— (2) Essais sur l'immunisation expérimentale des simiens contre la poliomyélite. Rev. Immunol. (Fr.) **1**, 480 (1935).
188. LÉPINE et SAUTTER: (1) Essais expérimentaux sur la valeur pratique des vaccins antirabiques phéniqués. Ann. Inst. Pasteur, Par. **59**, 39 (1937).
— (2) État du virus fixe dans les vaccins antirabiques phéniqués. C. r. Soc. Biol. **127**, 192 (1938).
— (3) cit. nach LÉPINE. Ultravirus et immunité. IV. Congresso Int. di Path. Comp. **I**, 19 (1939).
189. LÉPINE, CRUVEILHIER et SAUTTER: Recherches sur la virulence des moelles rabiques en relation avec l'état actuel du virus fixe de l'institut Pasteur. Ann. Inst. Pasteur, Par. **55**, 127 (1935).
190. LESNÉ et DREYFUS-SÉE: Immunité locale cutanée antivariolique chez l'enfant de moins de 3 mois. C. r. Soc. Biol. **98**, 919 (1928).
191. LEVADITI, KLING et HABER: Est-il possible de vacciner l'homme contre la poliomyélite? Bull. Acad. Méd., Par. **115**, 431 (1936).
192. LEVADITI et LÉPINE: Recherches par la cataphorèse du virus poliomyélitique dans la moelle de singes atteints de lésions chroniques. C. r. Soc. Biol. **106**, 34 (1931).
193. LEVADITI, LÉPINE et SCHOEN: Modification de la virulence des virus encéphalitogènes. C. r. Soc. Biol. **101**, 116 (1929).
194. LEVADITI et MUTERMILCH: (1) Action de la toxine diphtérique sur la survie des cellules in vitro. C. r. Soc. Biol. **74**, 379 (1913).
— (2) Action de la ricine sur la vie et la multiplication des cellules in vitro. C. r. Soc. Biol. **74**, 611 (1913).
— (3) La sérothérapie antidiphtérique préventive et curative des éléments cellulaires, à l'état de vie prolongée in vitro. C. r. Soc. Biol. **74**, 614 (1913).
— (4) Sérothérapie antivenimeuse sur les cellules en état de vie prolongée et de multiplication in vitro. C. r. Soc. Biol. **74**, 1379 (1913).
195. LEVADITI et NICOLAU: (1) L'immunité dans les ectodermoses neurotropes: Herpès et encéphalite. C. r. Soc. Biol. **86**, 228 (1922).
— (2) Immunité du névraxe dans la vaccine. C. r. Soc. Biol. **86**, 233 (1922).
— (3) Mécanisme de l'immunité cérébrale dans la Neurovaccine. C. r. Soc. Biol. **86**, 563 (1922).

LEVADITI et NICOLAU: (*4*) L'immunité tissulaire dans les ectodermoses neurotropes (neurovaccine). C. r. Acad. Sci. **176**, 1768 (1923).

— (*5*) Persistance du neurovaccin dans le testicule, l'ovaire et le poumon des animaux ayant acquis l'immunité antivaccinale. C. r. Acad. Sci. **177**, 466 (1923).

— (*6*) L'étiologie de l'encéphalite épidémique. C. r. Soc. Biol. **90**, 1372 (1924).

196. LEVADITI, RAVAUT et SCHOEN: Propriétés virulicides du sérum des sujets atteints de lymphogranulomatose inguinale. Utilisation de la souris comme animal-test. C. r. Soc. Biol. **109**, 1267 (1932).

197. LEVADITI et REINIÉ: Irréversibilité de l'action virulicide exercée par le formol sur les éléments corpusculaires neurovaccinaux. C. r. Soc. Biol. **131**, 1140 (1939).

198. LEVADITI, SANCHIS-BAYARRI et REINIÉ: Le mécanisme des variations de la virulence des virus herpètiques et herpéto-encéphalitiques. Ann. Inst. Pasteur, Par. **41**, 1292 (1927).

199. LEVADITI, SANCHIS-BAYARRI et SCHOEN: Neuro-infections autostérilisables (Encéphalite, Herpès, Rage). C. r. Soc. Biol. **98**, 911 (1928).

200. LEVINTHAL: Recent observations on psittacosis. Lancet **1935**, 1207.

201. LITTLE: Serum concentrate-living virus immunity against canine distemper. J. amer. vet. med. Assoc. **85** (**38**), 576 (1934).

202. LLOYD and MAHAFFY: The use of guinea pigs in tests of immunity against yellow fever with small quantities of serum. Amer. J. trop. Med. **15**, 51 (1935).

203. LLOYD, THEILER, and RICCI: Modification of the virulence of yellow fever virus by cultivation in tissues in vitro. Trans. roy. Soc. Med. a. Hyg. **29**, 481 (1936).

204. LOEFFLER u. SCHWEINBURG: (*1*) Rabizides Serum im Tierversuch. Wien. klin. Wschr. **1923**, 813.

— (*2*) Zur Theorie der Immunität bei Tollwut. Virchows Arch. **279**, 181 (1930).

205. LÖHE u. SCHLOSSBERGER: Der heutige Stand unserer Kenntnisse vom Lymphogranuloma inguinale. Med. Klin. Nr. 43, 1427 (1937); Nr. 44, 1471 (1937).

206. LONG and OLITZKY: (*1*) Immunity in guinea pigs to the virus of vesicularstomatitis. Proc. Soc. exper. Biol. a. Med. (Am.) **25**, 478 (1928).

— (*2*) Recovery of vaccine virus after neutralization with immune serum. J. exper. Med. (Am.) **51**, 209 (1930).

207. LYON and WYCKOFF: Chick vaccine for equine encephalomyelitis. Vet. Med. **33**, Nr. 9.

208. MACKENZIE: Immunization of mice against Rift Valley fever. J. Path. a. Bacter. **40**, 65 (1935).

209. MACKENZIE and FINDLAY: (*1*) The production of a neurotropic strain of Rift Valley fever virus. Lancet **1936**, 140.

— (*2*) Variations in fowl pest virus. Brit. J. exper. Path. **18**, 138 (1937).

210. MCKENDRICK: Revue analytique des rapports des Instituts Pasteur sur les résultats de la vaccination antirabique. S. d. N. Org. d'Hygiène, Genève, 1930.

211. MCKINLEY and HOLDEN: Immunological studies in experimental encephalitis. Arch. Path. (Am.) **4**, 155 (1927).

212. MCKINNON: The union of vaccine virus and its specific antiserum in vitro. J. prevent. Med. (Am.) **4**, 411 (1930).

213. MCMASTER and HUDACK: The formation of agglutinins within lymph nodes. J. exper. Med. (Am.) **61**, 783 (1935).

214. MCMASTER and KIDD: Lymph nodes as a source of neutralizing principles for vaccinia. J. exper. Med. (Am.) **66**, 73 (1937).

215. MADSEN: Antitoxinbildung und Antitoxintherapie. Z. Hyg. **103**, 447 (1924).

216. MADSEN et JENSEN: Rapport préliminaire sur l'emploi à titre d'étalon international d'un sérum de convalescent de poliomyélite. Bull. trimestr. Organisat. Hyg. Soc. Nat. (Schwz) **5**, 770 (1936).

217. MAGILL and FRANCIS: (1) Antigenic differences in strains of human influenza virus. Proc. Soc. exper. Biol. a. Med. (Am.) **35**, 463 (1936).
— (2) Studies with human influenza virus cultivated in artificial medium. J. exper. Med. (Am.) **63**, 803 (1936).
— (3) The action of immune serum on human influenza virus in vitro. J. exper. Med. (Am.) **65**, 861 (1937).
— (4) Antigenic differences in strains of epidemic influenza virus. I. Cross neutralization tests in mice. Brit. J. exper. Path. **19**, 273 (1938).

218. MAGRASSI: (1) Studii sull'infezione e sull'immunità da virus erpetico. Boll. Ist. sieroter. milan. **14**, 773 (1935).
— (2) Z. Hyg. **117**, 501 (1935).
— (3) Z. Hyg. **117**, 573 (1935).
— (4) L'infezione latente da virus vaccinico: Suo meccanismo e suoi rapporti coll'immunità verso la superinfezione. Boll. Ist. sieroter. milan. **16**, 345 (1937).

219. MAGRASSI e DE GREGORI: L'immunità verso la superinfezione nell'infezione vaccinica. Boll. Ist. sieroter. milan. **16**, 505 (1937).

220. MAGRASSI e HALLAUER: Sul meccanismo d'azione degli anticorpi protettivi nell'infezione vaccinica. Gi. Batter. **17**, Nr. 6 (1936).

221. MAGRASSI e MURATORI: Sul meccanismo dell'immunità nell'infezione vaccinica. Immunizzazione con virus non infettante. Boll. Ist. sieroter. milan. **16**, 588 (1937).

222. MAHAFFY, LLOYD, and PENNA: Two years' experience with the intraperitoneal protection test in mice in epidemiological studies of yellow fever. Amer. J. Hyg. **18**, 618 (1933).

223. MAITLAND, BURBURY, HARE, and MAITLAND: Investigations on foot- and mouth disease by means of experiments with smal animals during 1926/27. J. comp. Path. a. Ther. **41**, 123 (1928).

224. MANNINGER: Über die Beziehungen der Newcastle-Krankheit zur Geflügelpest. Arch. wiss. u. prakt. Tierheilk. **65**, 256 (1932).

225. MANTEUFEL: Beiträge zur Kenntnis der Immunitätserscheinungen bei den sogenannten Geflügelpocken. Arb. ksl. Gesdh.amt, Berl. **33**, 305 (1910).

226. MARIE et MUTERMILCH: Nouveau essais de vaccination contre la rage. C. r. Soc. Biol. **98**, 1314 (1928).

227. MERILL: (1) Quantitative studies on the neutralization of equine encephalomyelitis virus by immune serum. I. Combination of virus and antibody in vitro. J. Immunol. (Am.) **30**, 185 (1936).
— (2) J. Immunol. (Am.) **30**, 193 (1936).

228. MEYER and EDDIE: (1) Latent psittacosis infections in Shell Parrakeets. Proc. Soc. exper. Biol. a. Med. (Am.) **30**, 484 (1933).
— (2) Latent psittacosis infections in mice. Proc. Soc. exper. Biol. a. Med. (Am.) **30**, 483 (1933).
— (3) Über Papageienpest. Klin. Wschr. Nr. 24, 865 (1934).

229. MICHALKA: Schweinepest (aktive Immunisierung). Wien. tierärztl. Wschr. **22**, 33 (1935).

230. MINETT: Immunity in Foot- and Mouth disease. J. comp. Path. a. Ther. **40**, 173 (1927).

231. MORGAN and FAIRBROTHER: The concentration of the protective substance in antipoliomyelitis serum. Brit. J. exper. Path. **11**, 512 (1930).

232. MUCKENFUSS: Studies on the bacteriophage of d'HÉRELLE. J. exper. Med. (Am.) **48**, 709 (1928).

233. MUELLER: The effect of alexin in virus-antiserum mixtures. J. Immunol. (Am.) **20**, 17 (1931).

234. MURILLO: Experimentaluntersuchung über Antiwutserum. Zbl. Bakter. usw., Ref. **51**, 409 (1912).

235. NAKAGAWA: Über die aktive Immunisierung des Hodens mittels parenchymatösen Einspritzungen des Variola-Vaccine-Koktoimmunogens. Z. Immunit.forsch. **42**, 409 (1925).

236. Nattan-Larrier, Ramon et Grasset: Recherches sur le passage des toxines et des antitoxines à travers le placenta. C. r. Soc. Biol. **96**, 241 (1927).

237. Nelson: (*1*) The maternal transmission of vaccinial immunity in swine. J. exper. Med. (Am.) **56**, 835 (1932).
— (*2*) J. exper. Med. (Am.) **60**, 287 (1934).

238. Neufeld u. Meyer: Über die Bedeutung des Reticuloendothels für die Immunität. Z. Hyg. **103**, 595 (1924).

239. Nicolau: Neuroinfections autostérilisées. C. r. Soc. Biol. **105**, 177 (1930).

240. Nicolau, Cruveilhier et Kopciowska: Étude sur la pseudorage (Maladie d'Aujeszky) expérimentale. C. r. Soc. Biol. **126**, 563 (1937).

241. Nicolau et Galloway: L'encéphalomyélite enzootique expérimentale (Maladie de Borna). Med. Res. Counc. Spec. Rep. No. 121 (1928); Ann. Inst. Pasteur, Par. **45**, 457 (1930).

242. Nicolau et Kopciowska: (*1*) Herpès expérimental et immunité. C. r. Soc. Biol. **101**, 334 (1929).
— (*2*) Identification d'un virus prétendu herpétique etc. Immunisation antirabique cutanée, à l'aide d'injections intradermiques répétées de virus formolé. C. r. Soc. Biol. **101**, 655 (1929).
— (*3*) Réactivation à l'aide de la glycérine du virus herpétique dans le cerveau de certains lapins morts de „neuro-infection autostérilisée". C. r. Soc. Biol. **104**, 965 (1930).
— (*4*) Virus herpétique et cataphorèse. Impossibilité de mettre en évidence le virus herpétique dans le cerveau des animaux immunisés. C. r. Soc. Biol. **104**, 1136 (1930).
— (*5*) Essais de réactivation, à l'aide de la glycérine ou de la cataphorèse, du virus rabique dans le cerveau de certains lapins morts de „neuro-infection autostérilisée". C. r. Soc. Biol. **104**, 1139 (1930).
— (*6*) Neuro-infections expérimentales, mortelles, partiellement autostérilisées, chez le lapin. C. r. Soc. Biol. **115**, 1094 (1934).
— *7*) Sur la transformation du virus rabique fixe en virus des rues. C. r. Acad. Sci. **198**, 622 (1934).

243. Nicolau, Kopciowska et Constaninesco: Immunité et virus filtrables. Recherche par l'electrophorèse du virus herpétique dans le nevraxe des lapins immunisés. C. r. Soc. Biol. **106**, 1100 (1931).

244. Nicolau et Poincloux: (*1*) Herpès récidivant; caractères du virus herpétique. C. r. Soc. Biol. **87**, 451 (1922).
— (*2*) Étude clinique et expérimentale d'un cas d'Herpès récidivant du doigt. Ann. Inst. Pasteur, Par. **38**, 977 (1924).

245. Nicolle et Conseil: Prévention de la Rougeole au moyen de l'inoculation du sérum ou du sang complet des convalescents. Ann. Inst. Pasteur Afr. N. **1**, 193 (1921).

246. Nocard et Roux: Expérience sur la vaccination des ruminants contre la rage par injection intraveineuse de virus rabique. Ann. Inst. Pasteur, Par. **2**, 341 (1888).

247. Nye and Parker: Further observations on vaccine virus. Amer. J. Path. **5**, 147 (1929).

248. Oerskov: Der bakterielle Infektionsmechanismus. Acta path. et microbiol. scand. (Dän.), Suppl. XI, **10** (1932).

249. Oerskov u. Andersen: (*1*) Untersuchungen am Kaninchen über lokale intrakutane Wachstums- und Immunitätsvorgänge bei Vaccineinfektion. Z. Immunit.forsch. **92**, 487 (1938).
— (*2*) Weitere Untersuchungen über die Bildungsstätten der virusneutralisierenden Stoffe bei Vaccineinfektion von Kaninchen. Intratesticuläre Infektionen. Acta path. et microbiol. scand. (Dän.), Suppl. **37** (1938).

250. Oerskov, Hansen et Schmidt: Recherches sur le mécanisme de l'infection aphteuse chez le cobaye. Rev. Immunol. (Fr.) No. 6, 583 (1936).

251. OERSKOV u. SCHMIDT: Infektionsmechanische Untersuchungen über die Geflügelpestinfektion der Maus. etc. Zbl. Bakter. usw., I Orig. **137**, 1 (1936).

252. OKAWACHI: Experimentelle Untersuchungen über die Schutzkraft des Variola Vaccineserums. Z. Immunit.forsch. **41**, 62 (1924).

253. OLITZKY: Physical, chemical and biological studies on the virus of vesicular stomatitis of horses. J. exper. Med. (Am.) **45**, 969 (1927).

254. OLITZKY and COX: (*1*) Experiments on active immunization against experimental poliomyelitis. J. exper. Med. (Am.) **63**, 109 (1936).
— (*2*) Active immunization of guinea pigs with the virus of equine encephalomyelitis. I. Quantitative experiments with various preparations of active virus. J. exper. Med. (Am.) **63**, 311 (1936).

255. OLITZKY and HARFORD: (*1*) Intraperitoneal and intracerebral routes in serum protection tests with the virus of equine encephalomyelitis. I. A comparison of the two routes in protection tests. J. exper. Med. (Am.) **68**, 173 (1938).
— (*2*) II. Mechanism underlying the difference in protective power by the two routes. J. exper. Med. (Am.) **68**, 761 (1938).
— (*3*) III. Comparison of antiviral serum constituents from guinea pigs immunized with active or formolized inactive virus. J. exper. Med. (Am.) **68**, 779 (1938).

256. OLITZKY and LONG: (*1*) The action of the LEVADITI strain of herpes virus, and of vaccine virus in the guinea pigs. J. exper. Med. (Am.) **48**, 379 (1928).
— (*2*) Relation of vaccinal immunity to the persistence of the virus in rabbits. J. exper. Med. (Am.) **50**, 263 (1929).

257. OLITZKY, RHOADS, and LONG: Effect of cataphoresis on poliomyelitis virus. J. exper. Med. (Am.) **50**, 273 (1929).

258. OLITZKY, SABIN, and COX: (*1*) Variations in neuroinvasivness of certain viruses in relation to the age of susceptible hosts. Amer. J. Path. **11**, 839 (1935).
— (*2*) An acquired resistance of growing animals to certain neurotropic viruses in the absence of humoral antibodies or previous exposure to infection. J. exper. Med. (Am.) **64**, 723 (1936).

259. OLITZKY, TRAUM, and SCHOENING: Comparative studies on vesicularstomatitis and foot- and mouth disease. J. amer. vet. med. Assoc. **70** (**23**), 147 (1926).

260. OTTO u. MUNTER: Das bacteriophage Lysin, seine Beziehungen zum Bakterium und zu dem Antilysin. Z. Hyg. **98**, 302 (1922).

261. PARKER and RIVERS: Immunological and chemical investigations of vaccine virus. III. Response of rabbits to inactive elementary bodies of vaccinia and to virus-free extracts of vaccine virus. J. exper. Med. (Am.) **63**, 69 (1936).

262. PASCHEN: Über zweitägige Vakzine. Dtsch. med. Wschr. **1926**, 1301, 2125.

263. PAUL and TRASK: (*1*) A comparative study of recently isolated human strains and a passage strain of poliomyelitis virus. J. exper. Med. (Am.) **58**, 513 (1933).
— (*2*) The neutralization test in poliomyelitis. Comparative results with four strains of the virus. J. exper. Med. (Am.) **61**, 447 (1935).

264. PAULI: Sulla sieroterapia della poliomielite anteriore acuta infettiva. Boll. Ist. sieroter. milan (1934).

265. PERDRAU: (*1*) Inactivation and reactivation of the virus of herpes. Proc. roy. Soc., Lond., Ser. B: Biol. Sci. **109**, 304 (1931).
— (*2*) Persistence of the virus of herpes in rabbits immunised with living virus. J. Path. a. Bacter. **47**, 447 (1938).

266. PERDRAU and TODD: (*1*) The photodynamic action of methylen blue on bacteriophage. Proc. roy. Soc., Lond., Ser. B: Biol. Sci. **112**, 277 (1933).
— (*2*) The photodynamic action of methylen blue on certain viruses. Proc. roy. Soc., Lond., Ser. B: Biol. Sci. **112**, 288 (1933).
— (*3*) Canine distemper. The high antigenic value of the virus after photodynamic inactivation by methylen blue. J. comp. Path. a. Ther. **46**, 78 (1933).
— (*4*) The relation of pathogenic viruses to the cells of their hosts. Proc. roy. Soc., Lond., Ser. B: Biol. Sci. **121**, 253 (1936).

267. PETTIT, STEFANOPOULO et FRASEY: Pouvoir préventif et curatif du sérum antiamaryllique. C. r. Soc. Biol. **99**, 1114 (1928).

268. PFEIFFER u. MARX: Die Bildungsstätte der Choleraantikörper. Z. Hyg. **27**, 272 (1898).

269. PFEILER: Über Immunisierungsversuche bei Tollwut. Berl. tierärztl. Wschr. Nr. 14, 249, 269 (1913).

270. PONOMAREFF et SOLOVIEFF: Nouveau procédé de la préparation du vaccin antirabique et essai d'application de ce vaccin pour l'obtention d'un sérum antirabique de haute activité. Ann. Inst. Pasteur, Par. **42**, 1661 (1928).

271. PONOMAREFF et TSCHECHKOFF: Les conditions de l'action du sérum antirabique. C. r. Soc. Biol. **97**, 376 (1927).

272. PRAUSNITZ: Untersuchungen über den D'HERELLEschen Bakteriophagen. Zbl. Bakter. usw., I Orig. **89**, 187 (1922).

273. PROCA, BOBES et JONNESCO: (*1*) Sur la sérothérapie préventive de la rage. C. r. Soc. Biol. **115**, 1001 (1934).

— (*2*) Inoculation intracaudale du virus rabique et sérothérapie de la rage. C. r. Soc. Biol. **115**, 1313 (1934).

274. PURDY: Immunologic reactions with tobacco mosaicvirus. Proc. Soc. exper. Biol. a. Med. (Am.) **25**, 702 (1928); J. exper. Med. (Am.) **49**, 919 (1929).

275. REMLINGER: Contribution à l'étude de la transmission héréditaire de l'immunité antirabique. Ann. Inst. Pasteur, Par. **23**, 430 (1909).

276. REMLINGER et BAILLY: Contribution à l'étude du virus de la maladie d'AUJESZKY. Ann. Inst. Pasteur, Par. **59**, 1 (1937).

277. REPETTO: cit. nach SCHWEINBURG (310).

278. RHOADS: (*1*) Immunity following the injection of monkeys with mixtures of poliomyelitis virus and convalescent human serum. J. exper. Med. (Am.) **53**, 115 (1931).

— (*2*) Immunization against vaccinia by non-infective mixtures of virus and immune serum. J. exper. Med. (Am.) **53**, 185 (1931).

— (*3*) Immunization with mixtures of poliomyelitis virus and aluminum hydroxide. J. exper. Med. (Am.) **53**, 399 (1931).

279. RICKARD and FRANCIS: The demonstration of lesions and virus in the lung of mice receiving large intraperitoneal inoculations of epidemic influenza virus. J. exper. Med. (Am.) **67**, 953 (1938).

280. RIVERS, HAAGEN, and MUCKENFUSS: A study of vaccinial immunity in tissue cultures. J. exper. Med. (Am.) **50**, 673 (1929).

281. RIVERS and SCHWENTKER: Vaccination of monkeys and laboratory workers against psittacosis. J. exper. Med. (Am.) **60**, 211 (1934).

282. RIVERS, SCHWENTKER, and FINKELSTEIN: Observations on the immunological relation of poliomyelitis to louping ill. J. exper. Med. (Am.) **57**, 955 (1933).

283. RIVERS and TILLET: Local passive immunity in the skin of rabbits to infection with (1) a filterable virus and (2) hemolytic streptococci. J. exper. Med. (Am.) **41**, 185 (1925).

284. ROBLES: Rinderpest studies. Philippine J. Sci. **60**, 361 (1936).

285. ROSS and STANLEY: Partial reactivation of formolized tobacco mosaicvirus protein. Proc. Soc. exper. Biol. a. Med. (Am.) **38**, 260 (1938); J. gen. Physiol. (Am.) **22**, 165 (1938).

286. ROUS, KIDD, and BEARD: Observations on the relation of the virus causing rabbit papillomas to the cancer deriving therefrom. I. The influence of the host species and of the pathogenic activity and concentration of the virus. J. exper. Med. (Am.) **64**, 385 (1936).

287. ROUS, MCMASTER, and HUDACK: (*1*) The fixation of certain viruses on the cells of susceptible animals and protection affordet by such cells. Proc. Soc. exper. Biol. a. Med. (Am.) **31**, 90 (1933/34).

— (*2*) The fixation and protection of viruses by the cells of susceptible animals. J. exper. Med. (Am.) **61**, 657 (1935).

288. SABIN: (1) Studies on the B-Virus. I. The immunological identity of a virus isolated from a human case of ascending myelitis associated with visceral necrosis. Brit. J. exper. Path. **15**, 248 (1934).

— (2) The mechanism of immunity to filterable viruses. I. Does the virus combine with the protective substance in immune serum in the absence of tissue? Brit. J. exper. Path. **16**, 70 (1935).

— (3) II. Fate of the virus in a system consisting of susceptible tissue, immune serum and virus, and the rôle of the tissue in the mechanism of immunity. Brit. J. exper. Path. **16**, 84 (1935).

— (4) III. Rôle of leucocytes in immunity to vaccinia. Brit. J. exper. Path. **16**, 158 (1935).

— (5) IV. The nature of the varying protective capacity of antiviral serum in different tissues of the same species and in the same tissues of different species. Brit. J. exper. Path. **16**, 169 (1935).

— (6) Studies on the mechanism of immunity in certain virus diseases. J. Immunol. (Am.) **29**, 73 (1935).

— (7) Studies on the mechanism of immunity in certain virus diseases. Amer. J. Path. **11**, 832 (1935).

— (8) The protective action of nasally instilled immune serum against infection with certain neurotropic viruses by way of the nose. J. exper. Med. (Am.) **63**, 863 (1936).

— (9) Progression of different nasally instilled viruses along different nervous pathways in the same host. Proc. Soc. exper. Biol. a. Med. (Am.) **38**, 270 (1938).

289. SABIN and OLITZKY: (1) Humoral antibodies and resistance of vaccinated and convalescent monkeys to poliomyelitis virus. J. exper. Med. (Am.) **64**, 739 (1936).

— (2) Toxoplasma and obligate intracellular parasitism. Science **85**, 336 (1937).

— (3) Influence of host factors on neuroinvasivness of vesicularstomatitis virus. I. Effect of age on the invasion of the brain by virus instilled in the nose. J. exper. Med. (Am.) **66**, 15 (1937).

— (4) II. Effect of age on the invasion of the peripherial and central nervous systems by virus injected into the leg muscle or the eye. J. exper. Med. (Am.) **66**, 35 (1937).

— (5) III. Effect of age and pathway of infection on the character and localization of lesions in the central nervous system. J. exper. Med. (Am.) **67**, 201 (1938).

— (6) IV. Variations in neuroinvasivness in different species. J. exper. Med. (Am.) **67**, 229 (1938).

— (7) Fate of nasally instilled poliomyelitis virus in normal and convalescent monkeys with special reference to the problems of host to host transmission. J. exper. Med. (Am.) **68**, 39 (1938).

290. SALAMAN: The combining properties of vaccinia virus with the antibodies demonstrable in antivaccinial serum. Brit. J. exper. Path. **18**, 245 (1937).

291. SATO: (1) Experimentelle Beiträge zur Vaccineimmunität. Z. Immunit.forsch. **32**, 481 (1921).

— (2) Untersuchungen über Immunitätsreaktionen bei Geflügelpocken. Z. Immunit.forsch. **46**, 23 (1926).

292. SAWYER: The duration of yellow fever immunity after vaccination and after the disease. Trans. Assoc. amer. Physicians **1**, 64 (1935).

293. SAWYER, KITCHEN, and LLOYD: Vaccination against yellow fever with immune serum and virus fixe for mice. J. exper. Med. (Am.) **55**, 945 (1932).

294. SAWYER and LLOYD: The use of mice in tests of immunity against yellow fever. J. exper. Med. (Am.) **54**, 533 (1931).

295. SCALFI: (1) Sull'azione immunizzante di tessuti di conigli portatori d'infezione vaccinica. Ann. Ig. **48**, 137 (1938).

— (2) Il problema dei rapporti tra infezione latente e immunità, studiato a mezzo di minime dosi di virus vaccinico (dosi subpathogene). Ann. Ig. **49**, 429 (1939).

296. Scott and Rivers: Meningitis in man caused by a filterable virus. J. exper. Med. (Am.) **63**, 397 (1936).

297. Schlossmann u. Herzberg-Kremmer: Über Vaccineimmunität bei Müttern und ihren Neugeborenen. Z. Kinderhk. **53**, 686 (1932).

298. Schmidt: (*1*) Sur l'effet immunisant d'un adsorbat virus aphteux-hydroxyde d'aluminium inactivé par la chaleur comparé à celui d'un adsorbat renfermant du virus non attenué. Rev. Immunol. (Fr.) **2**, 580 (1936).
— (*2*) Adsorption von Maul- und Klauenseuchevirus an Aluminiumhydroxyd unter besonderer Berücksichtigung der immunisierenden Eigenschaften des Virusadsorbates. Z. Immunit.forsch. **92**, 392 (1938).

299. Schmidt et Oerskov: Adsorption du virus de la peste aviaire par l'hydroxyde d'aluminium. Acta path. et microbiol. scand. (Dän.) **12**, 262 (1935).

300. Schmidt, Oerskov et Hansen: Comparaison du pouvoir immunisant du complexe virus aphteux-hydroxyde d'Aluminium inactivé d'une part, in vivo, et d'autre part, in vitro. C. r. Soc. Biol. **123**, 721 (1936).

301. Schmidt, Oerskov et Steenberg: (*1*) Immunisation active contre la peste aviaire. Kong. dansk. Vidensk. Selsk., biol. Medd. **12**, 6 (1936).
— (*2*) Studien über die experimentelle Geflügelpest. VI. Mitteilung. Z. Hyg. **118**, 455 (1936).

302. Schmit-Jensen, Schmidt et Hansen: Immunisation active du cobaye contre la fièvre aphteuse au moyen du virus non attenué, combiné avec l'hydroxyde d'aluminium. Rev. Immunol. (Fr.) **2**, 359 (1936).

303. Schnürer u. David: Die Schutzimpfung der Hunde gegen Wut. Weichhardtsche Erg. Hyg. **11**, 556 (1930).

304. Schoen: La réinfection névraxique des souris blanches avec le virus de la maladie de Nicolas et Favre. C. r. Soc. Biol. **131**, 475 (1939).

305. Schultz: Die antigenen Eigenschaften der ultravisiblen Virusarten. Erg. Hyg. usw. **9**, 184 (1928).

306. Schultz and Gebhardt: (*1*) Immune serum production in poliomyelitis refractory animals. J. Immunol. (Am.) **26**, 93 (1934).
— (*2*) Observations on the prophylactic value of specific immune serum in experimental poliomyelitis. J. Pediatr. (Am.) **7**, 332 (1935).
— (*3*) On the problem on immunization against poliomyelitis. California a. west. Med. **43**, 111 (1935).
— (*4*) Nature of formalin inactivation of bacteriophage. Proc. Soc. exper. Biol. a. Med. (Am.) **32**, 1111 (1935).

307. Schultz, Gebhardt, and Bullock: Studies on the antigenic properties of the viricidal antibody in antipoliomyelitic serum. J. Immunol. (Am.) **21**, 171 (1931).

308. Schultz and Hartley: Protective action of specific serum against experimental vaccinia in rabbits. Proc. Soc. exper. Biol. a. Med. (Am.) **34**, 294 (1936).

309. Schultz, Quigley, and Bullock: The Antigenic properties of the Bacteriophage. V. J. Immunol. (Am.) **17**, 245 (1929).

310. Schweinburg: Neuere Ergebnisse der Tollwutforschung. Weichhardtsche Erg. **20**, 1 (1937).

311. Seidenberg u. Whitman: Zur Frage der anaphylaktogenen Eigenschaften des Diphtherietoxins. Z. Hyg. **113**, 125 (1932).

312. Seiffert: Neue Tierversuche mit Vaccinevirus. Zbl. Bakter. usw., I Orig. **122**, 222 (1931).

313. Seiser: Untersuchungen über das Phänomen von d'Hérelle. Arch. Hyg. (D.) **92**, 189 (1923).

314. Sellards and Bennett: Vaccination in yellow fever with non-infective virus. Ann. trop. Med. **31**, 373 (1937).

315. Shahan and Giltner: Some aspects of infection and immunity in equine encephalomyelitis. J. amer. vet. med. Assoc. **84** (**37**), 928 (1934).

316. Shope: (*1*) An experimental study of "mad itch" with especial reference to its relationship to pseudorabies. J. exper. Med. (Am.) **54**, 233 (1931).

SHOPE: (2) Studies on immunity to swine influenza. J. exper. Med. (Am.) **56**, 575 (1932).
— (3) Serial transmission of virus of infectious papillomatosis in domestic rabbits. Proc. Soc. exper. Biol. a. Med. (Am.) **32**, 830 (1933).
— (4) Infectious papillomatosis of rabbits. J. exper. Med. (Am.) **58**, 607 (1933).
— (5) The infection of mice with swine influenza virus. J. exper. Med. (Am.) **62**, 561 (1935).
— (6) Infectious fibroma of rabbits. IV. The infection with virus myxomatosum recovered from fibroma. J. exper. Med. (Am.) **63**, 43 (1936).
— (7) Immunization experiments with swine influenza virus. J. exper. Med. (Am.) **64**, 47 (1936).
— (8) Immunization of rabbits to infectious papillomatosis. J. exper. Med. (Am.) **65**, 219 (1937).
— (9) Immunological relationships between the swine and human influenza viruses in swine. J. exper. Med. (Am.) **66**, 151 (1937).
— (10) Serological studies of swine influenza viruses. J. exper. Med. (Am.) **69**, 847 (1939).

317. SHOPE and FRANCIS: The susceptibility of swine to the virus of human influenza. J. exper. Med. (Am.) **64**, 791 (1936).
318. SMITH: (1) The distribution of virus and neutralizing antibodies in the blood and pathological exsudates of rabbits infected with vaccinia. Brit. J. exper. Path. **10**, 93 (1929).
— (2) Specific antibody absorption by the viruses of vaccinia and herpes. J. Path. a. Bacter. **33**, 273 (1930).
319. SMITH and ANDREWES: Serological races of influenza virus. Brit. J. exper. Path. **19**, 293 (1938).
320. SMITH, ANDREWES, and LAIDLAW: Influenza: Experiments on the immunization of ferrets and mice. Brit. J. exper. Path. **16**, 291 (1935).
321. SMITH and THEILER: The adaption of unmodified strains of yellow fever virus to cultivation in vitro. J. exper. Med. (Am.) **65**, 801 (1937).
322. SOBERNHEIM: (1) Die neueren Anschauungen über das Wesen der Variola- und Vaccine-Immunität. Weichhardtsche Erg. **7**, 133 (1925).
— (2) Milzbrand in KOLLE, KRAUS, UHLENHUTH: Handbuch der pathogenen Mikroorganismen, Bd. III, S. 1135. 1931.
323. SOPER, BEEUWKES, DAVIS, and KERR: Transitory immunity to yellow fever in the offspring of immune human and monkey mothers. Amer. J. Hyg. **27**, 351 (1938).
324. SOPER and SMITH: Yellow fever vaccination with cultivated virus and immune and hyperimmune serum. Amer. J. trop. Med. **18**, 111 (1938).
325. STEFANOPOULO et NAGANO: Sur la transmission de l'immunité antiamarile de la mère au nouveau-né. C. r. Soc. Biol. **128**, 334 (1938).
326. STEINHARDT and LAMBERT: Studies on the cultivation of the virus of vaccinia. J. infect. Dis. (Am.) **14**, 87 (1914).
327. STERNBERG: Practical results of bacteriology. Trans. Assoc. amer. Physicians **1892**, 98.
328. STEWART and RHOADS: Intradermal versus subcutaneous immunization of monkeys against poliomyelitis. J. exper. Med. (Am.) **49**, 959 (1929).
329. STOEL: Culture in vitro du virus vaccinal et immunité antivaccinale. Arch. exper. Zellforsch. **10**, 452 (1931).
330. STOKES, BAUER, and HUDSON: Experimental transmission of yellow fever to laboratory animals. Amer. J. trop. Med. **8**, 103 (1928).
331. STUART-HARRIS, ANDREWES, and SMITH: A study of epidemic influenza. Med. Res. Counc. Spec. Rep. No. 228 (1938).
332. STUART-HARRIS and FRANCIS: Studies on the nasal histology of epidemic influenza virus infection in the ferret. II. The resistance of regenerating respiratory epithelium to reinfection and to physico chemical injury. J. exper. Med. (Am.) **68**, 803 (1938).

333. Stuart and Krikorian: (*1*) Studies in antirabies immunization. J. Hyg. (Brit.) **29**, 1 (1929).
— (*2*) Further studies in antirabies immunization. J. Hyg. (Brit.) **31**, 523 (1931).
334. Taliaferro: Infection and resistance in the blood inhabiting protozoa. Science **75**, 619 (1932).
335. Theiler: (*1*) Studies on the action of yellow fever virus in mice. Ann. trop. Med. **24**, 249 (1930).
— (*2*) Neutralization tests with immune yellow fever sera and an strain of yellow fever virus adapted to mice. Ann. trop. Med. **25**, 69 (1931).
— (*3*) A yellow fever protection test in mice by intracerebral injection. Ann. trop. Med. **27**, 57 (1933).
— (*4*) Spontanous encephalomyelitis of mice. A new virus disease. J. exper. Med. (Am.) **65**, 705 (1937).
336. Theiler and Hughes: Studies of circulating virus and protective antibodies in susceptible and relatively insusceptible monkeys after inoculation with yellow fever virus. Trans. Soc. trop. Med. **28**, 481 (1935).
337. Theiler and Sellards: The immunological relationship of yellow fever as it occurs in West Africa and in South America. Ann. trop. Med. **22**, 449 (1928).
338. Theiler and Smith: (*1*) The effect of prolonged cultivation in vitro upon the pathogenicity of yellow fever virus. J. exper. Med. (Am.) **65**, 767 (1937).
— (*2*) The use of yellow fever virus modified by in vitro cultivation for human immunization. J. exper. Med. (Am.) **65**, 787 (1937).
339. Theiler and Whitman: Quantitative studies of the virus and immune serum used in vaccination against yellow fever. Amer. J. trop. Med. **15**, 347 (1935).
340. Teissier, Gastinel et Reilly: A propos de l'immunité herpètique et du pouvoir neutralisant des tissus in vitro. C. r. Soc. Biol. **98**, 1399 (1928).
341. ten Broeck, Hurst, and Traub: Epidemiology of equine encephalomyelitis in the Eastern United states. J. exper. Med. (Am.) **62**, 677 (1935).
342. ten Broeck and Merill: A serological difference between Eastern and Western equine Encephalomyelitisvirus. Proc. Soc. exper. Biol. a. Med. (Am.) **31**, 217 (1933).
343. Thompson: Allergic reactions in vaccinia immune rabbits. J. Immunol. (Am.) **19**, 63 (1930).
344. Todd: On a dilution phenomen observed in the titration of the serum of fowls immunized against the virus of fowl plague. Brit. J. exper. Path. **9**, 244 (1928).
345. Toomey: Poliomyelitis antiserum obtained from horses. Amer. J. Dis. Childr. **53**, 1492 (1937).
346. Topacio and Robles: Immunity in Rinderpest vaccinated animals. Philipp. J. Sci. **60**, 387 (1936).
347. Topacio and Hyde: The behaviour of rabbit virus III in tissue culture. Amer. J. Hyg. **15**, 99 (1932).
348. Toshio Abe: Über das Virus der Maul- und Klauenseuche. Z. Infekt.krkh. Haustiere **28**, 111 (1925).
349. Trask, Paul, Beebe, and German: Viruses of poliomyelitis. An immunological comparison of six strains. J. exper. Med. (Am.) **65**, 687 (1937).
350. Traub: (*1*) Multiplication in vitro of pseudorabies virus in the testicle tissue of immunized guinea pigs. J. exper. Med. (Am.) **61**, 833 (1935).
— (*2*) An epidemic in a mouse colony due to the virus of acute lymphocytic choriomeningitis. J. exper. Med. (Am.) **63**, 533 (1936).
— (*3*) Persistence of lymphocytic choriomeningitis virus in immune animals and its relation to immunity. J. exper. Med. (Am.) **63**, 847 (1936).
— (*4*) Immunization of guinea pigs with a modified strain of lymphocytic choriomeningitis virus. J. exper. Med. (Am.) **66**, 317 (1937).
— (*5*) Immunization of guinea pigs against lymphocytic choriomeningitis with formolized tissue vaccines. J. exper. Med. (Am.) **68**, 95 (1938).

Traub: (6) Factors influencing the persistence of choriomeningitis virus in the blood of mice after clinical recovery. J. exper. Med. (Am.) **68**, 229 (1938).
— (7) Über Immunität und aktive Immunisierung gegen Viruskrankheiten. Z. Infekt.krkh. Haustiere **54**, 169 (1939).

351. Traub u. Schaefer: Serologische Untersuchungen über die Immunität der Mäuse gegen die lymphozitische Choriomeningitis. Zbl. Bakter. usw., I Orig. **144**, 331 (1939).

352. Traub and ten Broeck: Protective vaccination of horses with modified equine encephalomyelitis virus. Science **81**, 572 (1935).

353. Trautwein: Maul- und Klauenseuche. Weichhardts Erg. Hyg. **10**, 636 (1929).

354. Tulloch: The serological diagnosis of small pox and the laboratory investigations of vaccinia. J. State Med. **42**, 683 (1934).

355. Turró et Domingo: Les anticorps locaux dans les immunités locales. C. r. Soc. Biol. **88**, 410 (1923).

356. Vallée, Carré, and Rinjard: (1) Vaccination against foot- and mouth disease by means of formalinised virus. J. comp. Path. a. Ther. **39**, 326 (1926).
— (2) Sur la vaccination antiaphteuse. Rev. gén. méd. vét. **37**, 257 (1928).

357. Vieuchange: (1) Action des extraits testiculaires sur le mélange virus vaccinal-immunsérum inoculé par voie intradermique. C. r. Soc. Biol. **128**, 901 (1938).
— (2) Influence des voies d'inoculation (voie cerebrale en particulier) sur les mélanges de virus vaccinal et d'immunsérum. C. r. Soc. Biol. **128**, 953 (1938).

358. Vieuchange et Galli: (1) Étude du mécanisme de la réactivation du neurovaccin formolé par la dialyse. C. r. Soc. Biol. **131**, 627 (1939).
— (2) Présence d'un facteur neutralisant dans la lésion cutanée provoquée par l'inoculation intradermique de virus vaccinal. C. r. Acad. Sci. **208**, 2031 (1939).

359. Vieuchange et Mesrobeanu: Influence de la membrane chorio-allantoidienne de l'embryon de poulet sur les mélanges de virus vaccinal et d'antisérum. C. r. Soc. Biol. **128**, 951 (1938).

360. Wagemans: Sur la constitution des Bactériophages et leur neutralisation. Arch. internat. Pharmacodynam. **28**, 181 (1923).

361. Wagener: (1) Infektion und Immunität bei der experimentellen Aphthenseuche der Meerschweinchen. Arch. wiss. u. prakt. Tierheilk. **56**, 494 (1927).
— (2) Infection and immunity of vesicularstomatitis in guinea pigs. Vet. Med. **26**, 388 (1931).
— (3) Foot- and mouth disease and vesicularstomatitis. J. amer. vet. med. Assoc. **80** (**33**), 39 (1932).
— (4) Investigations on the passive immunization of small animals in vesicularstomatitis. J. amer. vet. med. Assoc. **80** (**33**), 579 (1932).
— (5) Investigations on the virulence of vesicularstomatitis virus and the properties of immune sera. J. amer. vet. med. Assoc. **81** (**34**), 160 (1932).
— (6) Stomatitis vesicularis und Maul- und Klauenseuche. II. Wechselbeziehungen zwischen Virus und Tierkörper. Arch. wiss. u. prakt. Tierheilk. **66**, 301 (1933).

362. Wahl et Lewi: Étude comparée du pouvoir antigénique du bactériophage libre et fixé sur l'alumine, en injection unique. C. r. Soc. Biol. **131**, 749 (1939).

363. Waldmann, Köbe u. Pyl: Die aktive Immunisierung des Rindes gegen Maul- und Klauenseuche mittels Formolimpfstoff. Zbl. Bakter. usw., I Orig. **138**, 401 (1938).

364. Waldmann u. Pape: Experimentelle Untersuchungen über Maul- und Klauenseuche. Die Wertbemessung der Maul- und Klauenseuche. Berl. tierärztl. Wschr. **37**, 445 (1921).

365. Waldmann u. Reppin: Experimentelle Untersuchungen zur aktiven Immunisierung gegen Maul- und Klauenseuche. Z. Infekt.krkh. Haustiere **47**, 283 (1935).

366. Waldmann u. Trautwein: (1) Die Maul- und Klauenseucheimmunität nach künstlicher und spontaner Infektion sowie nach simultaner Impfung. Zbl. Bakter. usw., I Orig. **90**, 448 (1923).
— (2) Über die Prüfung und Wertigkeit bei Maul- und Klauenseucheserum. Berl. tierärztl. Wschr. **44**, 205 (1928).
367. Waldmann, Trautwein u. Pyl: Die Persistenz des Maul- und Klauenseuchevirus im Körper durchgeseuchter Tiere und seine Ausscheidung. Zbl. Bakter. usw., Ref. **121**, 19 (1931).
368. Walsh and Cannon: Immunization of the respiratory tract. J. Immunol. (Am.) **35**, 31 (1938).
369. Wassén: Transmission de la lymphogranulomatose inguinale au cobaye. C. r. Soc. Biol. **116**, 121 (1934).
370. Webster: (1) Diagnostic and immunological tests of rabies in mice. Amer. J. publ. Health **26**, 1207 (1936).
— (2) Epidemiologic and immunologic experiments on rabies. New Engld J. Med. **217**, 687 (1937).
— (3) Japanese B Encephalitis virus: its differentiation from St. Louis encephalitis virus and relationship to louping ill virus. J. exper. Med. (Am.) **67**, 609 (1938).
— (4) Immunity of mice following subcutaneous vaccination with St. Louis encephalitis virus. J. exper. Med. (Am.) **68**, 111 (1938).
— (5) Experiments on antirabic vaccination with tissue culture virus. Amer. J. publ. Health **28**, 44 (1938).
— (6) A mouse test for measuring the immunizing potency of antirabies vaccines. J. exper. Med. (Am.) **70**, 87 (1939).
371. Webster and Clow: (1) Propagation of rabies virus in tissue culture and the successfull use of culture virus as an antirabic vaccine. Science **84**, 487 (1936).
— (2) The limited neurotropic character of the encephalitis virus (St. Louis type) in susceptible mice. J. exper. Med. (Am.) **63**, 433 (1936).
— (3) Experimental Encephalitis (St. Louis type) in mice with high inborn resistance. J. exper. Med. (Am.) **63**, 827 (1936).
372. Webster and Dawson: Early diagnosis of rabies by mouse inoculation. Measurement of humoral immunity to rabies by mouse protection test. Proc. Soc. exper. Biol. a. Med. (Am.) **32**, 570 (1935).
373. Webster and Fite: Experimental studies on encephalitis. Science **78**, 463 (1933).
374. Weyer: (1) Immunological differences between a strain of monkey virus and human poliomyelitis virus. Proc. Soc. exper. Biol. a. Med. (Am.) **29**, 289 (1931).
— (2) Herpes antiviral substances. Distribution in various age groups and apparent absence in individual susceptible to poliomyelitis. Proc. Soc. exper. Biol. a. Med. (Am.) **30**, 309 (1932/33).
375. Weyer, Park, and Banzhaf: (1) Refined Anti-Poliomyelitis. Amer. J. Path. **5**, 517 (1929).
— (2) A potent antipoliomyelitic horse serum and its experimental use in infected monkeys. J. exper. Med. (Am.) **53**, 553 (1930).
376. Wooley, Armstrong, and Onstott: The occurence in the sera of man and monkeys of protective antibodies against the virus of lymphocytic choriomeningitis as determined by the serum-virus. Publ. Health Pap. a. Rep. (Am.) **52**, 1105 (1937).
377. Zinsser and Tang: Further experiments on the agent of herpes. J. Immunol. (Am.) **17**, 343 (1929).

Siebenter Abschnitt.

The principles of plant virus research.

By

KENNETH M. SMITH

Plant Virus Research Station, School of Agriculture, Cambridge.

I. Introductory.

There are few disciplines which in recent years have developed so rapidly and in so many different directions as the study of viruses and, particularly, of plant viruses. The subject is a border-line study, perhaps in more senses than one, involving the use of techniques belonging more properly to the physicist, the biochemist and the bacteriologist. With these recent advances in knowledge the subject has been invaded not only by the physical chemist, the biochemist and the statistician, but also by the crystallographer and the serologist. This makes it extremely difficult for the ordinary plant virus worker, who has probably had only a biological training, to follow his subject into the highly specialized and technical regions whither it is now tending. This then must be the excuse for any deficiencies in the writer's attempts to present a comprehensive survey of the main aspects of modern plant virus research.

The most spectacular advance in the knowledge of plant viruses is the recent isolation of a heavy molecular weight virus protein which has all the properties of the virus itself. It cannot yet be said definitely that the protein and the virus are one and the same though the evidence certainly suggests it. Biochemical studies along these lines are likely to yield further knowledge on the nature of the virus, the shape of its molecules and its chemical composition. This work goes hand in hand with the work of the crystallographer who by X-ray photographs of the crystalline virus protein also adds further knowledge on the size, shape and nature of the virus molecule.

The physical chemist has developed a technique of ultrafiltration using graded collodion membranes which supersedes the use of the old-fashioned filter candles for virus work. By means of these membranes the average particle diameter of the virus particle can be calculated with considerable accuracy, and this work is to a certain extent complementary to the foregoing methods of purification of viruses and investigations of particle size.

Another method of approach to the problem is by the statistical analysis of the numbers of local lesions produced by certain viruses on the inoculated leaves of susceptible plants. By this means information is obtained on the concentrations of virus suspensions and on the aggregation of the virus particles.

The relationship between the virus and its insect vector is still a profitable line of investigation and its study may eventually throw some light on the specificity of insect vectors and on what actually happens to the virus when swallowed by the insect. The question as to whether there is multiplication of the infective agent inside the of the insect is still not answered although multiplication of cettain animal viruses inside the mosquito seems now to have been proved.

The means of dissemination of several plant viruses and the possibility that they do not spread at all by natural means still require investigation.

A comparatively new line of work is the serology of the plant viruses, this technique may be used in the differentiation of viruses and to reveal relationships between apparently different viruses which could not be demonstrated by other means and which would not otherwise have been suspected.

The existence of virus strains is now an established fact and their study has led to the discovery of the only type of acquired immunity to virus diseases which exists in plants. This cross immunity among plants affected with strains of the same virus has proved a useful tool in the identification of related viruses. Attenuated strains of certain viruses can be produced artificially by heat or other means and this has given rise to the hope that an immunity from an economically important virus disease may be conferred upon a crop by "vaccinating" the plants with an attenuated strain of the virus in question. This leads on to the problem of breeding plants for resistance to virus disease and in this work lies a good hope of controlling some of the virus diseases which cause heavy losses in commercial crops in many countries of the world at the present time.

The rapid advance in the knowledge of plant viruses gained by the use of the precise technical methods of workers in other fields has tended to obscure the results previously gained by the somewhat slower methods of the plant pathologist. Nevertheless the knowledge gained and the facts compiled by these older methods still hold good and eventually all the facts, however obtained, will be correlated and co-ordinated to form the basis of the new discipline of virus research.

II. Physical and other properties of plant viruses.

Reactions with chemical agents

A study of the reactions of plant viruses with chemicals may reasonably be expected to yield some information on the nature of viruses, while the effect upon them of certain disinfectants allows comparison with the behaviour of micro-organisms under similar circumstances. Such chemical reactions are also of use in the identification of plant viruses and possibly in their separation in virus mixtures.

In arriving at a conclusion as to the amount of inactivation produced on a virus by a given reagent it is important, as STANLEY has pointed out (128), to differentiate between a true inactivation of the virus and a possible inhibitory effect of the chemical agent on the cells of the indicator plant. This point is discussed more fully in the section dealing with the effect of enzymes on plant viruses. It should also be borne in mind that there may be a "threshold" of virus concentration below which infection of a plant cannot be obtained and that the apparent inactivation of a virus by a given reagent may only mean depression of the virus below that threshold and not necessarily a complete destruction of the agent.

Alcohol.

Ethyl alcohol is, on the whole, toxic to plant viruses, the most resistant being those viruses which can withstand desiccation. *Nicotiana Virus II* (tobacco necrosis virus) is almost unaffected and is still infective after 6 months in absolute alcohol at room temperatures. *Beta Virus I* (sugar beet curly top virus) will withstand 56 days in 50 and 75 per cent alcohol. *Nicotiana Virus I* (tobacco mosaic virus) is inactivated by 90 per cent alcohol in about two days, while *Solanum Virus I* (potato virus X) is inactivated by 75 per cent alcohol in 24 hours.

Phaseolus Virus I (bean mosaic virus) is very slightly resistant and loses infectivity by exposure to 25 per cent alcohol for 30 minutes.

Mercuric Chloride.

The action of salts of heavy metals, such as mercuric chloride, on *Nicotiana Virus I* (tobacco mosaic virus) is slight at p_H values, 3, 4 and 5 which are close to the isoelectric point, but inactivation occurs more rapidly at p_H 6, 7 and 8. It has been suggested (128) that the protective action which is evident at p_H 3, 4 and 5 is due to the failure of the virus to combine with mercuric chloride at hydrogen-ion concentrations near the isoelectric point of the virus. This is in keeping with the general behaviour of proteins which are chemically inert at, or near their isoelectric point. The virus is, however, unaffected over long periods of time by concentrations of mercuric chloride which are known to be germicidal. SAMUEL and BEST (113) find that contact with $HgCl_2$ (0,001 M) for a few hours does not affect the virus but contact for longer periods causes complete inactivation. According to WENT (142) concentrations of 0,25 per cent to 1,0 per cent rapidly inactivate the virus and the inactivating influence increases at higher dilutions of the virus when the dilution is made prior to treatment with the chemical.

Beta Virus I (sugar beet curly-top virus) is also resistant to the action of mercuric chloride and active virus can be recovered from 1 : 50 solutions (24).

Lycopersicum Virus 3 (tomato spotted wilt virus) is instantaneously inactivated by $HgCl_2$ in 0,001 M solution, and virus so treated cannot be reactivated (113).

Copper Sulphate.

There is a marked decrease in infectivity of *Nicotiana Virus I* (tobacco mosaic virus) when treated with copper sulphate, STANLEY (128) attributes this to an effect on the indicator plant rather than on the virus. WENT, however, (142) states that this virus is rapidly inactivated by 0,25 per cent to 1,0 per cent concentrations. *Beta Virus I* (sugar beet curly-top virus) will withstand 1 : 200 dilutions of copper sulphate. Since after treatment this virus must be transmitted to the plant by the insect vector, and not by mechanical inoculation, the question of the effect of the reagent on the host plant does not arise (24).

Silver Nitrate.

WENT (142) states that *Nicotiana Virus I* (tobacco mosaic virus) is rapidly inactivated by silver nitrate in concentrations of 0,25 per cent to 1,0 per cent but according to CALDWELL (36) at strengths of 1,0 per cent the effects of the salt on the leaf tissue were so pronounced that, although surplus inoculum was washed off, no local lesions were formed. In another test CALDWELL shows that at low virus concentration the inhibitory effect of the silver nitrate on local lesion formation is complete and this effect increases with decreasing virus concentration. This is considered by CALDWELL to be evidence of an effect on the *virus* rather than on the host plant since the efficiency of an inhibitor on the plant should decrease with decreasing virus concentration. At the lowest concentration of virus, while the number of susceptible areas is reduced to one-half of that previously available, the ratio, susceptible area to virus, will still have a high value and the number of susceptible areas will be more than sufficient for the available virus units.

Formaldehyde.

Solutions of formaldehyde at a strength of 0,3 per cent seem to have little effect on *Nicotiana Virus I* (128), but solutions of 1 per cent destroy infectivity in 18 hours, while a 4 per cent solution inactivates the virus in 4 hours (3) *Beta Virus I* still retains infectivity after 2 hours exposure to 1 per cent solutions of formaldehyde. Ross and Stanley [J. gen. Physiol. (Am.) 22,2] have recently shavn that a marked reactivation of tobacco mosaic virus protein that has been partially or completely inactivated by formaldehyde can be obtained by dialysis at p_H 3.

Solanum Virus I (potato virus X) is inactivated by one hour's exposure to 1 per cent formalin but its power to flocculate with immune sera has been found only slightly reduced by such treatment after 16 weeks (13) (see the Serology of Plant-Viruses).

Oxidizing and Reducing Agents.

Potassium permanganate inactivates *Nicotiana Virus I* (tobacco mosaic virus) and this action is evidently due to an oxidizing effect on the virus and not on the plant since the virus is still inactive after removal of the chemical by dialysis (128). As a comparison it is interesting to note that the virus of herpes appears to be rapidly inactivated by oxidation processes and that this inactivation can be partially reversed by the addition of a reducing agent like cysteine (154). In the case of tobacco mosaic virus it has not been found possible to reverse the inactivation caused by oxidation but the addition of cysteine will arrest the inactivating effect of potassium permanganate.

Lycopersicum Virus 3 (tomato spotted wilt virus) seems particularly susceptible to oxidation and is rapidly inactivated in extracted sap when air is bubbled through it. Loss of infectivity also occurs when virus sap is allowed to stand at room temperatures even in the absence of free oxygen though the presence of oxygen hastens the inactivation. Certain reducing agents such as cysteine and sodium sulphite when added to the virus sap protect the virus from inactivation. This protective effect is not permanent but prolongs the activity of the virus for many hours beyond that of the controls (113).

Solanum Virus I (potato virus X) is completely inactivated by 1,5 per cent solutions of sodium nitrite (nitrous acid), although the serological reactions of the inactivated virus are unchanged (18) and a precisely similar effect is produced on *Nicotiana Virus I* (131). Treatment of purified preparations of this virus with 15 per cent acetic acid and 7 per cent sodium nitrite for half an hour at 0° C reduces the infectivity without affecting the serological titre (15). *Nicotiana Virus II* (tobacco necrosis virus) appears to be unaffected by concentrations of nitrous acid considerably stronger than those which inactivate *Solanum Virus I* (potato virus X).

Ascorbic Acid (Vitamin C).

The reduced form of ascorbic acid in concentrations as low as 0,03 mg. per c. cm. can produce complete inactivation of purified preparations of *Nicotiana Virus I* (tobacco mosaic virus). Inactivation takes place only when the ascorbic acid in the virus suspension undergoes oxidation by atmospheric oxygen. Conditions which prevent the auto-oxidation of ascorbic acid or decrease its rate prevent inactivation or decrease the rate of inactivation of the virus, while the addition of copper which catalyses the auto-oxidation stimulates the inactivation. The virus remains active when ascorbic acid is oxidized in the absence of atmospheric oxygen by such oxidizing agents as iodine, 2,6 dichlorophenolindophenol and potassium permanganate. Dehydroascorbic acid does not produce inactivation of the virus under conditions resulting in inactivation by the reduced form. The virus in the whole juice of tobacco plants is less readily inactivated than the purified preparations (91).

In a more recent paper it has been shown that the inactivation of the virus in the presence of ascorbic acid which is undergoing reversible oxidation catalyzed by cupric ions is attributable to the formation of a specific intermediate product in the course of the autoxidation of the ascorbic acid. Neither ascorbic acid nor dehydroascorbic acid is capable of reacting directly with the virus to affect its inactivation. The inactivation of the virus by autoxidation of ascorbic acid in the presence of cupric ions is inhibited by catalase, thus indicating that the intermediate product responsible for the inactivation of the virus is a peroxide (92).

Ascorbic acid has also been shown to inactivate infective doses of vaccinia virus inoculated into rabbit testicle, the degree of inactivation depending on the concentration of the vitamin and the time interval during which it is allowed to act. Glutathione has a similar effect but to a lesser degree (82).

Tannic Acid.

Tannic acid inactivates *Nicotiana Virus I* (tobacco mosaic virus) but this action is reversible and infectivity can be restored by the removal of the tannic acid from the virus suspension either by ultrafiltration or by precipitation with gelatin. The inactivation of virus by tannic acid is thought to be due to the adsorption of the acid molecules on the surface of the infectious particles thus altering the physical state of the virus sufficiently to prevent infection. If the virus is protein in nature, combination of tannic acid and protein might be expected to change the infectious substance into a non-infectious one (137). A somewhat similar type of inactivation is produced by tannic acid on the virus of equine encephalomyelitis (100).

Miscellaneous Reagents.

ALLARD (2) tested the effect of many miscellaneous chemicals upon *Nicotiana Virus I* (tobacco mosaic virus) and he found the virus was unaffected by most of the chemicals used with the exception of acids, bases, potassium permanganate, zinc chloride, copper sulphate and antiformin in concentrations of one per cent or greater. This virus is very resistant to such agents as aconitine, morphine, strychnine, saponin and digitalin (60).

In general, so far as tobacco mosaic virus is concerned, chemicals which have a direct inactivating action on the virus may be classified as oxidizing agents, protein-precipitating agents, and agents causing a hydrogen-ion concentration known to inactivate the virus (128).

Irradiation with Ultra-violet Light.

A considerable amount of work has been carried out on the effect of ultra-violet irradiation on plant viruses and the varying results obtained may in part be attributed to differences in the technique of irradiation, the condition and clarity of the virus suspension, and the intensity of the irradiation.

One important fact, perhaps not always realized, is the inability of the ultra-violet light to penetrate coloured solutions and Lea has calculated that such solutions must be exposed in layers of not more than 1 mm. thickness to allow transmission of 80 per cent of the initial intensity.

For plant viruses which have a fairly high dilution end-point and which will withstand a certain amount of desiccation a convenient method of exposure to ultra-violet light is to mix the virus with a 10 per cent gelatin solution, make a film of this across a platinum loop and irradiate it thus (90). For accuracy it is necessary to cut out the centre part of the film and use this only for testing, since a certain amount of virus will be protected from irradiation behind the wire forming the platinum loop.

The usual method is to irradiate the virus suspension mechanically stirred in a quartz cell or alternatively to expose 1 c. cm. samples in Syracuse watch glasses.

Although plant viruses vary in their capacity to withstand ultra-violet light radiation, they seem altogether more resistant than bacteria. The energy values representing 100 per cent killing of bacteria *(Serratia marcescens)* are far below the values having any measurable effect on *Nicotiana Virus I* (tobacco mosaic virus). Similarly with the vegetative and spore stages of bacteria *(Bacillus subtilis* and *S. marcescens)*, the resistance of tobacco mosaic virus irradiated coincidentally and in the same suspension with the bacteria is so much greater than the resistance of the spores as to be of a different order of magnitude (51, 52).

The actual time required for the inactivation of tobacco mosaic virus depends on the purity of the virus suspension as well as on the intensity of the irradiation. The most efficient part of the ultra-violet spectrum for the inactivation of tobacco mosaic virus is 2250 Å (51).

In the case of *Nicotiana Virus I* it has been found (unpublished work by LEA and SMITH) that the virus is reduced to 50 per cent of its original concentration under the following conditions of irradiation; intensity $1,15 \times 10^4$ ergs/sq. cm/sec.; time 16,8 secs.; dose $1,93 \times 10^5$ ergs/sq. cm, the radiation being nearly monochromatic, 2537 Å. U. These results compare fairly closely with those of DUGGAR and HOLLAENDER (53) who found the virus to be reduced by half by $1,3 \times 10^5$/ergs/sq. cm. PRICE and GOWEN (107), however, using a mercury lamp, non-monochromatic, required a dose of $4,4 \times 10^6$ ergs/sq. cm to reduce the virus concentration to 50 per cent. This is a much larger dose and shows that the mixed radiation used by PRICE and GOWEN is much less efficient per unit energy than the monochromatic 2537.

Nicotiana Virus II (tobacco necrosis virus) seems somewhat less resistant to irradiation with ultra-violet light. The virus is reduced to 50 per cent of its original concentration under the following conditions; intensity $1,21 \times 10^4$ ergs/sq. cm//sec.; time 7,6 secs; dose $9,2 \times 10^4$ ergs/sq. cm.

It has recently been shown (107) that the survival values for tobacco mosaic virus exposed to radiant energy of the ultra-violet band follow a simple exponential curve. This type of curve is applicable to the inactivation of many living things or their genes and because of this the suggestion has been made that viruses, like genes, may be capable of mutating under the stimulus of radiant energy.

Exposure to ultra-violet light destroys the infectivity of the crystalline protein produced from tobacco mosaic sap without altering its serological reactions or its isoelectric point (131).

It may be of interest to compare the foregoing results with those obtained with similar irradiation of bacteriophages. In this case the differences in sensitivity seem much larger than are found with plant viruses. In some recent experiments (37) five races of bacteriophage were exposed to ultra-violet light and their sensitivity compared. A difference of about 6 to 8 times the length of exposure is required between the most and least sensitive of the 5 races studied. Of two races of bacteriophage acting on the same culture of *B. paratyphosus B* and having approximately the same size of plaque, one requires an exposure about 5 times longer than the other to destroy 60 per cent. Where such large differences in sensitivity are found, even between bacteriophages active for the same organisms it does not appear to be correct to say that the bacteriophage is more, or less, resistant to ultra-violet light than the bacteria or enzymes.

Irradiation with X-rays.

The effects of X-rays upon plant viruses have been studied in one or two cases notably upon *Nicotiana Virus I* (tobacco mosaic virus) and *Nicotiana Virus II* (tobacco necrosis virus) and in each case the virus is rapidly inactivated.

The usual technique is to allow a few drops of filtered extract of virus sap to dry upon a cover slip or a Syracuse watch glass and to irradiate it thus.

Some recent work (65) has shown that the survival ratios for *Nicotiana Virus I* (tobacco mosaic virus) exposed to X-rays follow a simple exponential curve. The type of curve obtained suggests that the absorption of a single unit of energy in a virus particle is sufficient to cause inactivation of the particle. The same type of curve is applicable to the killing of many living things by X-rays. The survival ratios for bacteria, *B. coli*, *B. aertrycke* and *Staphylococcus aureus* for example, exposed to X-rays follow this type of curve (147, 148).

When the purified proteine of *Nicotiana Virus I* is irradiated in the dry state with X-rays the infectivity is greatly reduced. In one such experiment with dry material, a 1 mm. layer had its infectivity reduced to about one hundredth by 3-hour irradiation, 8 cm. from a copper anticathode of an X-ray tube run at 30 kV. and 20 mA. After 7 hours exposure it was no longer infective. The type of inactivation resembles that following treatment of the virus with nitrous acid, for even after the infectivity of the preparations is completely destroyed they still retain their serological activity. Also, when liquid crystalline solutions of the virus are irradiated these are unaltered in appearance and are still birefringent when non-infective (15).

Irradiation with γ-rays.

Several plant viruses have been irradiated with γ-rays, but little or no inactivation of the viruses was observed under the conditions of the experiments. The following viruses were treated, *Nicotiana Virus II* (tobacco necrosis virus), *Lycopersicum Virus 4* (tomato bushy stunt virus) ans *Solanum Virus I* (potato virus X). The viruses were irradiated for 6 days at 23° C. and 2000 r units per hour without any appreciable inactivation effect.

Effect of heat.

All plant viruses are readily inactivated by heating but they differ widely in their respective thermal inactivation points. The highest point is that of *Nicotiana Virus I* (tobacco mosaic virus) which withstands ten minutes heating at a temperature of 90° C. and the lowest is that of *Lycopersicum Virus 3* (tomato spotted wilt virus) which is inactivated by ten minutes exposure to a temperature of 42° C. The thermal inactivation points of all the other plant viruses fall between these two limits, and a few examples of these are given here. It should perhaps be explained that the "thermal inactivation point" indicates the inability of the virus suspension to retain infectivity after ten minutes exposure in a thin-walled glass tube to a given temperature. Exposure for a longer period than ten minutes to a lower temperatures than that given as the thermal inactivation point would also inactivate the virus as would a shorter exposure to a higher temperature.

The thermal inactivation point of *Beta Virus I* (sugar beet curly top virus) lies between 75° and 80° C., while a 10-minute exposure to a temperature of 76° to 79° C. attenuates the virus. *Nicotiana Virus II* (tobacco necrosis virus) is destroyed by similar exposure to 90° C. and the inactivation points of *Solanum Viruses 1 and 2* (potato viruses X and Y) are 66° and 52° C. respectively.

In the determination of the thermal inactivation point of a virus it is probable that such factors as the nature of the medium, the concentration of solids and the actual concentration of the virus itself all play a part. A diluted sample of *Nicotiana Virus I* (tobacco mosaic virus), for example, is inactivated by exposure to a lower temperature than that necessary for the destruction of an undiluted sample. PRICE (102) has shown that the thermal inactivation curves of *Nicotiana Virus I* resemble those of certain thermophilic organisms. These curves are almost straight lines at high temperatures but bend downwards sharply at temperatures below a certain point, in the case of the plant virus below 80° and 85° C. That *Nicotiana Virus I* is more resistant to heat than most vegetative bacteria is shown by its ability to withstand the temperature of pasteurization for many days.

The effect of heat upon the nucleoprotein isolated from mosaic tobacco plants has been investigated (15). When neutral solutions are heated to 75–80° C. a fairly rapid change sets in; the fluid becomes opaque and soon turns to a gel, the rigidity of which depends on the concentration of the virus solution heated. Two minutes at 80° C. will turn a 2 per cent spontaneously birefringent solution to one showing only anisotropy of flow (see p. 1309), and 4 minutes will carry the decomposition far enough to render the fluid opaque. Heating for a few minutes at 90–95° C. causes a coagulation and a complete loss of the ability to give anisotropy of flow; this treatment also destroys the infectivity and serological activity of the virus preparations.

Effect of enzymes on plant viruses.

The effect of proteolytic enzymes on plant viruses has been fairly extensively studied since such reactions might be expected to give a clue as to whether viruses are, or are not, of a protein nature.

The enzymes employed in this connection are trypsin, pepsin, and papain, and it is mostly, but not entirely, in regard to *Nicotiana Virus I* (tobacco mosaic virus) that their reactions have been investigated.

The results obtained by earlier workers on this subject have been somewhat confused and contradictory and it is probable that those anomalies were largely due to the use of impure virus suspensions or to imperfect knowledge of the range of p_H at which the enzymes are proteolytically active.

Trypsin has no effect upon *Nicotiana Virus I* and indeed this enzyme may be usefully employed to digest away extraneous protein in the process of purifying the virus. Nevertheless when trypsin is added to a suspension of *Nicotiana Virus I* and the mixture inoculated to the test plant, there is an immediate reduction of about 60 per cent of the virus as measured by the production of local lesions (see p. 1328). That this inactivation of the virus is only apparent, however, is shown by its subsequent re-activation on the removal of the trypsin by heating. Furthermore tryptic hydrolysis is a time reaction which takes place rapidly only within a definite and fairly narrow range of hydrogen-ion concentration whereas the inactivation in question takes place immediately and over a wide range of hydrogen-ion concentration.

There are two theories to account for this temporary inactivation of the virus. The first supposes the effect of the trypsin to be on the host plant and not on the virus, inhibiting by some means the entry of the virus into the leaves. This is borne out by the experiments of STANLEY (126) who found that a trypsin-virus suspension produced local lesions on one type of susceptible plant *(Nicotiana glutinosa)* but failed to produce them on another susceptible type *(Phaseolus vulgaris)*.

The second theory suggests the formation of a loose complex between virus and enzyme which leaves the serological reactions unaffected and which breaks down on dilution (14).

Opinions seem to differ as to whether pepsin inactivates *Nicotiana Virus I*, various workers have reported that the enzyme had no effect on this virus (35, 93) while others consider that the virus is slowly inactivated when incubated with pepsin at p_H 3 and 37° C. (109, 134). It seems clear, however, that no enzyme has yet been found which can affect the crystalline protein obtainable from tobacco mosaic sap.

The reactions of *Solanum Virus I* (potato virus X) with enzymes are of a different nature from those described above. There are two types of reaction between this virus and trypsin which appear to be qualitatively different. In the first an immediate loss of infectivity takes place although the serological reactions are unaffected, in the second the serological and other reactions of the virus become progressively weaker on incubation with the enzyme until the virus is completely destroyed. Similarly with pepsin, *Solanum Virus I*, is entirely inactivated by a 0,02 per cent solution of crystalline pepsin in 3 hours at p_H 4 and 38° C. *Solanum Virus I* is not inactivated by papain alone nor by cyanide alone but the two together destroy it; this reaction affords good evidence that the virus itself contains protein (14).

Some unpublished work suggests that *Nicotiana Virus II* (tobacco necrosis virus) is unaffected by trypsin and pepsin.

The effect of various enzymes on the pathological action of animal viruses has been investigated on several occasions. Trypsin has no effect on the virulence of the virus causing contagious pustular dermatitis of sheep (63), while the same enzyme may be used in the extraction in an active state of the BOLLINGER bodies of fowl-pox (146). Both trypsin-resistant and trypsin-sensitive types of bacteriophages exist and it has been shown that commercial preparations of trypsin do not affect vaccinia virus (68).

Resistance to ageing in vitro.

The variation in response of the plant viruses to ageing in extracted sap is extremely wide and ranges from periods of years on the one hand to so short a time as a few hours on the other hand. It is not very clear why there is this difference in reaction to ageing or indeed why a virus is inactivated at all by keeping. It is likely however that oxidation and p_H changes in the plant sap play a large part in this inactivation while in the case of non-sterile suspensions bacterial action is also probably deleterious.

Lycopersicum Virus 3 (tomato spotted wilt virus) becomes inactivated in extracted sap in $4^1/_2$ hours at room temperatures and this inactivation may become almost instantaneous when the virus is contained in the extracted sap of certain plant hosts such as the chrysanthemum. Although it cannot be said definitely that the rapid inactivation of this virus in extracted sap is due to oxidation yet there is a good deal of evidence which suggests this as the reason. Thus, if the inoculum is stirred in the process of inoculation or if air is bubbled through it, the rate of inactivation is increased. Moreover, the addition of certain oxidizing agents, such as chloramine T and hydrogen peroxide, also increases the rate of inactivation while the addition of a reducing agent like sodium sulphite retards inactivation to a marked degree. Certain other reducing agents, however, such as cysteine hydrochloride, have the opposite effect and hasten the inactivation of the virus and this is interesting in view of the fact that cysteine hydrochloride will preserve the virulence of the herpes virus much beyond the normal period (154). In the case of the plant virus, however, there may be other factors such as a lethal change in p_H due to the cysteine hydrochloride (8).

The infectivity of *Lycopersicum Virus 3* in extracted sap can be preserved slightly beyond the normal period by exposure to low temperatures and this also suggests that oxidation is concerned in the inactivation of the virus since oxidative processes are retarded by freezing. *Nicotiana Virus I* (tobacco mosaic virus) remains active for a year or longer but does not retain all its infective power when allowed to stand in expressed sap at 22° C. for long periods of time, but the rate of inactivation is infinitely slower than is the case with *Lycopersicum Virus 3.* Freezing a suspension of *Nicotiana Virus I* also prolongs its activity (70). It is probable that the main reason for the loss in infectivity of *Nicotiana Virus I* on storage is change in p_H. The virus undergoes inactivation above p_H 8,2 and below p_H 2. The extent of this inactivation varies with the p_H value and is complete at p_H 11 and 0,5 (32).

In their capacity to resist ageing in extracted sap, the other plant viruses fall between these two extremes and a few examples are given here. The resistance of *Beta Virus I* (curly top virus) to ageing in a liquid medium depends considerably on the medium in which the virus is preserved and perhaps somewhat on the presence or absence of micro-organisms. In filtered and unfiltered beet leaf juice the virus can be recovered after 7 days. It can be recovered from unfiltered water wash of alcoholic precipitate of leaf juice after 14 days and from filtered water wash of alcoholic precipitate of leaf juice after 28 days (24).

Solanum Virus I (potato virus X) remains active in sterile expressed sap for about 6 weeks at room temperature but freezing prolongs its activity for several months. The longevity *in vitro* of *Solanum Virus 2* (potato virus Y) at room temperatures is only twenty-four to forty-eight hours, but if the sap is kept at –10° C. the virus remains infective for so long a period as 141 days.

Desiccation.

The above data refer to the longevity of plant viruses in a liquid medium, in dried material, however, the reactions are different since many viruses are destroyed by desiccation. *Nicotiana Virus I* will retain infectivity in the dried state for periods of years and *Nicotiana Virus II* (tobacco necrosis virus) is still infective 6 months after desiccation over sulphuric acid. The resistance of *Beta Virus I* (curly-top virus) to desiccation depends somewhat on the medium in which it is kept. The virus remains active for 10 months in dried phloem exudate, 5 months in alcoholic precipitate of phloem exudate, 4 months in dried beet tissue, 2 months in alcoholic precipitate of beet leaf juice and beet root juice, and 6 months in dried beet leafhoppers (24).

The following viruses among others are inactivated by drying, *Solanum Virus 2* (potato virus Y), *Cucumis Virus I* (cucumber mosaic virus), *Lycopersicum Viruses 3 and 4* (tomato spotted wilt and bushy stunt viruses), and *Solanum Virus I* (potato virus X) in the unpurified state. According to Bawden and Pirie (*in litt.*) the last-named virus resists desiccation when in a highly purified condition and this may also apply to other viruses.

Purified preparations of *Nicotiana Virus I* resist drying over phosphorus pentoxide but the virus activity, whether measured serologically or by the infection method is reduced to one-half or one-third by one such drying; by redissolving and then drying again the activity may be still further reduced.

This method of drying over phosphorus pentoxide destroys to a large extent the ability of the virus to give liquid crystalline solutions and reduces the readiness with which solutions will show the phenomenon of anisotropy of flow.

On the other hand when the purified virus preparations are dried over a Na_2SO_4, $Na_2SO_4 \cdot 10\ H_2O$ mixture there is no loss of activity or crystallinity. BAWDEN and PIRIE suggest that this behaviour can be explained in terms of the triangular shape deduced for the virus particles from X-ray measurements (17) which indicate that the virus particles can pack together in two ways. It is possible that there is less mechanical destruction of the virus when the packing, which must take place during evaporation, is done more gently as in this second method of drying.

Dilution.

The amount of dilution a given virus will stand without entirely losing infective power is obviously not a fixed property of that virus but depends on the initial concentration of the suspension. The dilution end-point, however, differs considerably among the various viruses when tested under comparable conditions. Thus, *Nicotiana Virus I* (tobacco mosaic virus) in extracted sap will usually give infection at a dilution of $1:10^{-6}$, although some of its strains will not stand a greater dilution than $1:10^{-5}$. *Solanum Virus I* (potato virus X) has a dilution end-point of about $1:10^{-4}$ while *Solanum Virus 2* (potato virus Y) will seldom stand a greater dilution than $1:10^{-3}$.

The dilution end-point of *Beta Virus I* (curly top virus) depends somewhat on the source of the virus, the concentration being greater in the phloem exudate of diseased beets than in either beet juice or in infected beet leafhoppers. Since this virus is not easily transmitted mechanically, infections must be obtained by means of the insect and the dilution of phloem exudate from which virus can be recovered depends apparently upon the number of artificially fed leafhoppers used to inoculate each seedling beet. Under these conditions virus can be recovered from dilutions of $1:10^{-3}$ in experiments in which one artificially fed leafhopper is placed on each plant and from dilutions of $1:2 \times 10^{-3}$ in experiments in which ten leaf hoppers are placed on each plant (24).

One way of estimating the virus concentration of a suspension is to find the greatest dilution of a sample that will give infection under standard conditions, and the dilution that will bring it to an equality of infective power with a standard inoculum (19). These are essentially the same technique, and are linked in turn with the estimation of concentration by the numbers of infections produced (see Local Lesions p. 1328). It has been found that certain carefully purified preparations of virus give, on dilution, infection series which agree closely with an equation of the form $y = N\,(1 - e^{-pn_1x})$ where y is the number of infections produced by an inoculum of relative concentration x, N is the asymptotic number, N_1 is the number of virus particles in the undiluted preparation, and p is the small probability of any one particle entering one of the N points in the plant tissue to cause an infection. When dilution tests are made, however, of purified samples of *Nicotiana Virus I* (tobacco mosaic virus) there is a significant diversion from the values as calculated by this equation (6). There is a similar discrepancy between actual and calculated values when the crystalline tobacco mosaic proteins are used in dilution tests (133). BALD and BRIGGS (7) consider that in the case of *Nicotiana Virus I* the divergences between actual and calculated values in the dilution series can be explained by the supposition that the virus particles are joining end-to-end to form chains, both the single particles and the chain aggregates counting as equal infective units so far as production of a local lesion is concerned. If such an aggregation does occur it is presumably a reversible one and the chains would be, liable to disaggregate into single particles. Such an aggregation, however, must be of a different nature from that which is produced by precipitation of the virus by chemical means or even by concentration of the virus by cataphoresis since it has so far proved impossible to break down aggregations thus formed (see Section 4 on Non-filterability of Precipitated Viruses) and this applies not only to the virus of tobacco mosaic but to several other viruses as well.

III. Purification of virus suspensions.

For studies upon the nature and properties of plant viruses it is necessary to free the latter from as much as possible of the proteins and other extraneous plant materials in the virus sap. Because of this a great deal of work from the purely chemical point of view has been carried out on virus suspensions and many different methods of purification have been evolved which are not, however, applicable to all plant viruses. One of the earliest methods of purification was that used by VINSON and PETRE (139) for *Nicotiana Virus I* (tobacco mosaic virus). They found that an aqueous solution of safranin precipitates the virus from the sap of diseased tobacco plants, the precipitate containing nearly all the virus. The latter is apparently held in an inactive condition in the precipitate but is released when the safranin is removed by means of amyl alcohol.

Many of the common protein precipitants may be used to precipitate plant viruses such as alcohol, ammonium sulphate and acetone. Other methods of purification involve the use of lead acetate, heat, freezing, the change of p_H by acid or CO_2 and the precipitation of the virus at its isoelectric point. By way of illustration, the technique of purification of one or two viruses which involves the use of most of the methods described above is described here in some detail.

Purification of Solanum Virus I (potato virus X).

Precipitation by CO_2.

Starting with a volume V of crude extracted sap: — *a*) V is cooled to 0° C. and diluted to 15 V with water at 0° C. Carbon dioxide gas is passed through the mixture at 0° C. for 30 minutes. This mixture is then centrifuged rapidly for as short a time as will give a clear straw-coloured supernatant, for example, 15 minutes at 3000 r. p. m. The precipitate, which contains one third of the original solids, is discarded.

b) The supernatant is diluted to 200 V with water at 35° C. Carbon dioxide gas is passed through the mixture at 35° C. for 15 minutes. This mixture is then centrifuged for a considerable time, 1 hour at 2000 r. p. m. The supernatant is discarded.

c) The precipitate is suspended in Vcc. distilled water at room temperature and centrifuged for a short time, 15 minutes at 3000 r. p. m. The precipitate is discarded. The supernatant is faintly opalescent but colourless, it contains most of the virus and very little extraneous protein (94).

As this method is somewhat laborious and entails centrifuging large volumes of fluid, an alternative method of purifying the same virus is given. Young leaves from infected tobacco plants are frozen overnight at – 5° C., put in a muslin bag and the sap expressed from them by means of a hand-press. The sap is diluted 1 in 4 with ice-cold water and brought to p_H 5 by the addition of N/10 HCl.

After centrifuging, the yellowish-brown supernatant fluid is further acidified to p_H 4. 100 c. cm. of expressed undiluted sap require about 15 c. cm. of acid to bring it to p_H 5, and a further 30 c. cm. to bring it to p_H 4. With purified preparations centrifuging at p_H 4 precipitates all the virus but this is not so with crude plant extracts. The supernatant fluid obtained at p_H 4 during the preparation still contains some of the virus. This can be precipitated by the addition of an equal volume of alcohol, and after resuspension in water can then be precipitated at p_H 4. The precipitates at p_H 4 are resuspended in water and dilute NaOH added to bring the p_H to 7, when the suspensions are again centrifuged. The supernatant fluids are the purified virus suspensions, and are usually slightly opalescent. The amount of opalescence varies with different preparations and by centrifuging at high speeds water-clear suspensions can be obtained without appreciably affecting the virus content (14).

Purification of Nicotiana Virus II (tobacco necrosis virus).

The sap is expressed from minced leaves and mixed with half its volume of 97 per cent alcohol. This precipitates the chlorophyll and starch, and also most of the unstable normal proteins but it does not precipitate a serious amount of the virus. The precipitate is centrifuged off and the clear brown supernatant fluid is mixed with two volumes of alcohol and left for an hour to precipitate. The precipitate is then spun for half an hour at 3500 r. p. m. The solid is suspended evenly in a volume of water equal to one-tenth of the original volume of the sap, and the insoluble material is centrifuged off and washed twice more with smaller quantities of water. The three extracts are mixed and half their volume of saturated ammonium sulphate solution is added. After about three hours at room temperature the nearly white precipitate can be centrifuged off; it is then suspended in a volume of water equal to $^1/_{100}$ of the original volume of sap and centrifuged till nearly clear. This protein is more soluble in ammonium sulphate solutions at 0° C. than at room temperature. Ammonium sulphate solution is added to the virus solution cautiously with stirring, till a precipitate just separates at 20° C. which happens when the fluid is about one-fifth saturated. The mixture is immediately cooled to 0° C. and any solid that remains undissolved is centrifuged off in a centrifuge kept at 0° C. The fluid is then placed in the ice chest and after one or two days a precipitate which consists wholly or partly of thin lozenge-shaped plates separates.

Experiment has shown that while part of this purified virus protein is crystalline, there is also an amorphous part which will not crystallize. These two nucleoproteins have a similar chemical composition but the nature of the difference between the two is at present obscure. (Pirie, Smith, Spooner and MacClement: Parasitology **30**, 4.)

Purified suspensions of *Nicotiana Virus II* when viewed through crossed nicols show no anisotropy of flow and there is as yet no evidence that the virus particles are not spherical in shape.

Purification of Nicotiana Virus I (tobacco mosaic virus).

In 1935 Stanley (129, 130) described a purification method by means of which he had isolated from mosaic Turkish tobacco plants a crystalline protein which possessed the properties of tobacco mosaic virus. His method, briefly stated, was as follows, the extract was prepared by grinding frozen plants, adding disodium phosphate, and pressing out the liquid. The press cake was extracted a second time with dilute disodium phosphate and the two extracts were filtered through celite and combined. The virus protein was obtained from these extracts by precipitation with ammonium sulphate. The virus protein was reprecipitated with ammonium sulphate several times with loss of much colour, and most of the remaining colour was then removed with lead subacetate. The virus was adsorbed on, and removed from, celite several times and then "crystallized" in the form of small needles about 0,02 mm. long by the addition of a solution of 5 per cent glacial acetic acid in 0,5 saturated ammonium sulphate (130).

By further purification BAWDEN and PIRIE have shown that the protein in neutral solution can be obtained in liquid crystalline states (15) and their technique is as follows. The p_H of the crude extracted sap is brought to 5,2 and this clears the sap of a good deal of extraneous matter without the loss of much virus. After centrifuging, one volume of alcohol is added to the clarified sap and the greyish-brown precipitate thus formed, which contains all the virus, is centrifuged off. The virus is next eluted from the alcohol precipitate by 6 to 8 washings in distilled water and the combined washings are brought to p_H 3,3 by the addition of N/10 HCl. A white precipitate with a characteristic satin-like sheen is produced and this is centrifuged off. This precipitate is suspended in water and dilute NaOH added to bring the p_H to 7 when the fluid is again centrifuged and the darkly coloured precipitate is discarded. One third of a volume of ammonium sulphate is added to the supernatant and a precipitate with a sheen is produced. This precipitate is taken up in water and again precipitated with a third of a volume of ammonium sulphate.

The precipitate is next dissolved in water, using about 50 c. cm. for the amount obtained from a litre of sap, and N/10 HCl is added to bring the p_H to 3,3. The precipitate is centrifuged off, resuspended in water and again centrifuged. It is then dissolved in N/50 NaOH, diluted to 50 c. cm. and centrifuged if not quite clear. The neutral solution is next brought to p_H 3,3 and the precipitate centrifuged off. The precipitate is now relatively free from salts, and in this condition the material is soluble at p_H 3,3, i. e. in N/200 HCl. 0,5 c. cm. of N/20 HCl is therefore added to the precipitate and the mixture stirred until it is homogeneous. When diluted to about 50 c. cm. with water, a clear or slightly opalescent solution is obtained. The virus itself giving the characteristic satin-like sheen, can now be precipitated from the solution by adding 0,5 c. cm. of 10 per cent NaCl solution.

Such preparations, if not weaker than about 4 per cent, should separate into two layers after standing for some time. Each layer is liquid and contains virus, but the lower is both a stronger solution and also contains less impurity than the upper. If at this stage the solution is still coloured and will not layer, it can be further purified by incubation with trypsin. Solutions containing about 0,5–0,2 per cent of solids and 0,2 per cent of commercial trypsin with a drop of chloroform added as a disinfectant can be incubated at 37° C. and at p_H 8 for 10 to 30 hours.

Further purification of these virus preparation scan be achieved by diluting the bottom layer described above. On dilution, the lower-layer fluid begins to change, and after standing for some time once more separates into two layers. The lower layer is again liquid crystalline, but now has a smaller solid content. This process of diluting a bottom-layer fluid and separating off the new, more dilute bottom- layer can be repeated until the concentration of solid in the bottom-layer is reduced to about 1,6 per cent.

It will be well at this juncture to give a little more information on the nature of this crystalline protein and some extracts from a recent letter by BERNAL and FANKUCHEN (27) may conveniently be quoted here — "as many deductions have already been drawn from the crystalline nature of these proteins, it is important to state precisely in what sense the word 'crystalline' should be used in respect of them on the basis of interpretation of X-ray photographs. Normally crystallinity presupposes an indefinite repetition of identical units in three-dimensional space. These proteins appear not to possess this degree of regularity. The degree of regularity which seems to be the only one consistent with the X-ray evidence has thus far not been described, though it has been predicted theoretically as one of the types of liquid crystal. The long molecules of the protein are packed with a perfect hexagonal two-dimensional regularity at right angles to their length, but there is no evidence of regularity of molecular arrangement in the direction of their length... A complete interpretation of the intramolecular pattern has not yet been possible, but a rough survey indicates that the molecule is made of sub-molecules of dimensions 22 A. × 20 A. × 20 A., somewhat smaller than the normal protein molecule, and themselves divided into nearly identical units with half these dimensions."

In a recent paper BAWDEN and PIRIE (Brit. J. exper. Path. **19**, 251) have shown that *Lycopersicum Virus 4* (tomato bushy stunt virus) can be purified to form tine 3-dimensional crystals in the form of dodecahedra.

Purification by Ultra-centrifugation.

BECHHOLD and SCHLESINGER (21) have shown that it is possible to centrifuge *Nicotiana Virus I* (tobacco mosaic virus) out of clarified infective sap and have used this method to calculate the size of the virus particle (see p. 1308). When clarified juice of mosaic tobacco plants is centrifuged at 25000 r. p. m. (maximum field = 40000 gravity) a pellet separates at the bottom of the tube. This precipitate is birefringent and contains practically all the virus in the suspension. It has been shown that the X-ray diffraction pattern of this birefringent material is similar to the X-ray pattern of the virus protein obtained by chemical precipitation methods (150). Ultracentrifugation experiments carried out by STANLEY and WYCKOFF (134) have shown that it is possible to spin down other viruses by centrifuging clarified infective sap at high speeds. In their experiments the sap from Turkish tobacco plants infected with *Nicotiana Virus 12* (tobacco ringspot virus) was centrifuged for about 3 hours in a maximum field of about 60000 times gravity. Owing to the unstable nature of this virus, it is necessary for the centrifuging to be done at low temperatures. On ultracentrifugation of the tobacco ringspot sap, which had been previously clarified by spinning at a low speed, small pellets, less than 1/50th the size found by the same methods with mosaic tobacco sap, were obtained. Although about 80 per cent of the amount of protein originally in the sap was found in the supernatant liquid, this protein was inactive and all the virus activity was concentrated in the pellets. Since these pellets were so small and contained pigment and colloidal matter, several were combined, suspended in 0,1 M phosphate buffer at p_H 7 and spun on a Swedish angle centrifuge for 15 minutes. This served to purify the protein still further, for much of the pigment and colloidal matter sedimented to the bottom of the tube. The supernatant liquid, which contained the soluble protein and a small amount of finely dispersed colloidal matter, was then ultracentrifuged and the whole process of alternate ultra-centrifugation, re-solution of the protein and low-speed centrifugation was repeated twice. By this means a high concentration of the virus was produced and solutions containing but 10^{-7} g. of the protein per c. cm. were infective to cowpea *(Vigna sinensis)*. Since the juice from tobacco plants infected with this ringspot virus will only stand a dilution of about 1 : 1000, the protein isolated by this ultra-centrifugal method shows a very high concentration of the virus. Similar methods have been employed in the purification of other viruses, notably *Solanum Virus I* (potato virus X) and *Cucumis Virus I* (cucumber mosaic virus).

IV. Filtration: Size and shape of virus particles.

The old definition of a virus as an agent which would pass through the pores of a filter has little meaning at the present time when membrane filters can be made at will either to hold back or allow to pass any virus, according to the respective diameters of the virus particle and the pore of the membrane. So far as filters of the PASTEUR-CHAMBERLAND candle type are concerned, it is true that many plant viruses will pass through these, but the adsorption of virus in the thick walls of the candle is very great. The inability of some plant viruses to pass this type of candle, even when of the coarsest grade, is probably largely due to adsorption.

Studies on ultrafiltration and on the size of virus particles have lately received an added stimulus owing to the development of a technique by ELFORD (55) whereby it is made possible to prepare collodion membranes of *uniform* and graded pore size. Because of this uniformity of pore size the average particle diameter of some viruses can now be calculated with considerable accuracy. The acetic-acid collodion membranes previously used were not satisfactory for this purpose owing to the great variations in the pore sizes of individual membranes.

The basic conception which led to the discovery of ELFORD's "Gradocol" membranes is the utilization of the antagonistic solvent action between amyl alcohol and acetone to bring about a progressive aggregation of nitro-cellulose particles during the evaporation period in the process of membrane formation (55).

It is not proposed to give here any detailed description of the technique of preparation of Gradocol membranes since the matter is to be discussed by Dr. ELFORD himself in Section II (1) of the present volume. Suffice it to say that it is possible to calculate accurately the average pore size of the membrane from the data obtained by measuring the rate of flow of water through the membrane, the specific water content and the thickness of the membrane. The filtration end-point is taken as the average pore diameter (A. P. D.) of that membrane which just holds back the virus. The particle size of the virus is then represented as a fraction of this A.P.D. according to the following scale (56).

Membrane Average Pore Diameter.	*Size of Retained Particle.*
mμ	
10–100	(0,33–0,5) d
100–500	(0,5–0,75) d
500–1000	(0,75–1,0) d

d = average pore diameter of limiting membrane for optimum filtration conditions.

Table I.

Virus	Average pore diameter of limiting membrane (millimicrons)
Nicotiana virus 1 (tobacco mosaic virus)	120–150
„ „ *1c* (tomato aucuba mosaic virus)	120–150
An unclassified strain of tomato aucuba mosaic virus	120–150
Nicotiana virus 11 (tobacco necrosis virus)	38–40
„ „ *12* (tobacco ringspot virus)	170–180
Solanum virus 1 (potato virus X)	170–180
Lycopersicum virus 4 (tomato bushy stunt virus)	38–40
Cucumis virus 1 (a yellow strain of cucumber mosaic virus)	250–300
Solanum virus 2 (potato virus Y)	250–300

In attempting to apply this filtration technique in the study of plant viruses, difficulties have arisen which do not seem to be encountered by those working with animal viruses. It should perhaps be pointed out that ELFORD's scale for the calculation of the average particle sizes (A. P. S.) of viruses from the average pore diameter (A.P.D.) of the limiting membrane is based on the assumption that the virus particle is a sphere and so does not apply to those viruses where the evidence suggests that the molecule is rod-shaped (see p. 1309).

Ultrafiltration studies on a representative series of plant viruses have given consistent results only with 2 viruses. One of these is *Lycopersicum Virus 4* (tomato bushy stunt virus) and this virus filters with great regularity. It has a sharp filtration end-point of 38–40 millimicrons and passes all membranes of greater pore size without much loss in infectivity. The approximate particle size is calculated to be 15–20 millimicrons and there seems little doubt that this virus is a sphere.

The other virus which has given consistent results is *Nicotiana Virus 11* (tobacco necrosis virus) and in this case also the filtration end-point is 38–40 millimicrons so that the particle-sizes of these two viruses seem about the same.

In Table I is given a comparative series of filtration end-points of some representative plant viruses as measured by gradocol membranes. It is interesting to find that the A. P. S. of 15–20 millimicrons calculated for *Lycopersicum Virus 4* (bushy stunt virus) and *Nicotiana Virus 11* (tobacco necrosis virus) by the membranes is confirmed to a large extent by other methods of measuring particle size such as ultracentrifugation and X-ray photographs.

As regards the other 7 viruses studied, the available evidence suggests that these viruses are rod-shaped and in consequence are liable to aggregate. The filtration end-points given for these viruses therefore probably represent the end-points of aggregates of virus particles. Values obtained for the particle sizes of these apparently rodshaped viruses by the different methods show great divergence.

These data are from unpublished work by SMITH and MACCLEMENT.

Other Methods for the Measurement of the Size of Virus Particles.

Using his ultra-violet light microscope BARNARD has measured the particle size of several animal viruses and his measurements obtained by this means appear to agree closely with those obtained by ultrafiltration (9). This direct method of measurement by photography with ultra-violet light has not yet been applied to plant viruses except for a few preliminary attempts with *Solanum Virus I* (potato virus X) which suggested that the virus was aggregating, the individual particles of the aggregate being about 70 mμ in diameter.

The particle size of viruses can also be calculated from the sedimentation rate during high speed centrifugation. BECHHOLD and SCHLESINGER (21, 22) using this method have computed the particle diameter of *Nicotiana Virus I* (tobacco mosaic virus) to be 50 mμ. This value is much higher than that obtained by ultrafiltration, i. e. 21 mμ and it differs widely from the results obtained by LANGMUIR and SCHAEFER using surface film methods (89) and from those obtained by BERNAL with X-ray photographs. Here, however, it must be realized that a difficulty arises in applying the methods of ultrafiltration and centrifugation to the calculation of the particle size of this virus because of the probability that it is not a sphere but a rod.

It has been found that measurements of virus particles obtained by centrifugation methods are invariably 30 per cent higher than those for the same viruses obtained by ultrafiltration. ELFORD considers this to be due to the following reasons:—firstly the mixing in the supernatant may not be quite as complete as assumed, and secondly the density values used for the calculation of the particle sizes may be too low. In order to overcome these difficulties ELFORD (57) has recently evolved a new technique enabling the sedimentation rate of bacteria, bacteriophages, viruses and proteins to be studied with the ordinary bucket type of high-speed centrifuge. By arranging for an inverted capillary tube (1 cm. in length and 0,25 cm. or less in diameter) to dip into the main bulk of liquid contained in the centrifuge bucket, sedimentation may occur within the inverted cell under conditions for which STOKE's law may be directly applied. The arrangement minimizes "mixing" and simplifies the process of sampling, since the cell on being withdrawn from the liquid retains the sample to be tested. The particle size of the suspension may be calculated from measurements of the average concentration within the cell at the beginning and end of a period of controlled centrifugation by use of a relationship based solely on STOKE's law.

ELFORD states that measurements of the particle sizes of *B. prodigiosus*, bacteriophages, haemocyanin and edestin obtained by this new centrifugation method are in close agreement with measurements of similar particles obtained by ultrafiltration.

A single layer of molecules deposited from a water surface on a built-up film produces a perceptible change in the colour given by interference of light from the top and bottom of the film. It is possible to condition the surface of the built-up film to enable it to adsorb organic or inorganic substances from solution, and determine the dimensions of adsorbed molecules by the change in colour. One method of conditioning a plate is to deposit upon it an A-layer of stearic acid from a water surface and to bring it into an aluminium chloride solution (10^{-3} molar). After washing, it is ready to adsorb many organic substances (which contain polar groups). For example a drop of a 1 per cent solution of egg albumin is applied to the wet plate which is then washed and dried. The apparent increase in thickness is equivalent to 2 barium stearate layers (50 Å or 5 mμ). With the crystalline protein of *Nicotiana Virus I* (tobacco mosaic virus) a maximum thickness of 12 stearate layers equivalent to 300 Å is obtained. A surface conditioned by a monolayer of egg albumen deposited from a water surface takes up an adsorbed film of virus protein having a maximum thickness of only 5 stearate layers or 12,5 mμ. This may be the thickness of molecules lying flat on the surface (89).

Finally there is the method of measurement of molecules by X-ray photographs. Using the highly purified virus protein from mosaic tobacco, BERNAL has obtained a measurement for the diameter of the virus particles of 152 Å (15,2 mμ) (17).

Shape of Virus Particles.

Minute isotropic rods, discs or leaf-shaped particles contained in a flowing liquid tend to become orientated with their long axis parallel to the direction of flow. Under these conditions a liquid containing rods is doubly refractive when the direction of transmission of the incident light is perpendicular to the direction of flow; a liquid containing discs or leaf-shaped particles is doubly refractive when the incident light is perpendicular to the direction of flow and parallel to the faces of the particles. This phenomenon is known as "anisotropy of flow" and was first noticed in clarified tobacco mosaic sap by TAKAHASHI and RAWLINS (136). Anisotropy of flow is clearly shown when a highly purified suspension of *Nicotiana Virus I* (tobacco mosaic virus) is viewed by polarized light.

The X-ray measurements made on purified virus preparations show that the individual particles have a constant cross-section area of not less than 20100 sq. A. It is not known whether the particles also have a constant length, but the extreme character of the orientation phenomena and the X-ray data indicate a minimum length of at least 10 times the width (15).

Aggregation.

As previously pointed out, great difficulty has been experienced in obtaining a fixed filtration end-point for *Nicotiana Virus 1* (tobacco mosaic virus) and the same is true for *Solanum Virus 1* (potato virus X). The filterability of these viruses is also affected by chemical treatment and even by the mere fact of concentration. Any process of purification or concentration seems to render all rod-shaped viruses unfilterable through membranes which they would otherwise easily pass and in the case of *Nicotiana Virus 1* there is a reduction in infectivity of the virus.

These phenomena can be readily interpreted on the assumption that the viruses are aggregating during the process of purification and this aggregation appears to be irreversible or at all events it is not easily reversed.

On the other hand *Lycopersicum Virus 4* (tomato bushy stunt virus) shows none of these aggregation phenomena. Precipitated virus or even highly purified virus filters in precisely the same manner with the same end-point as the virus in clarified plant sap. Since this virus is almost certainly a sphere there is naturally less tendency for it to aggregate into clumps. So far this is the only virus of about 12 plant viruses tested which filters in a perfectly straightforward manner.

Ultrafiltration by Cataphoresis.

Using a simple cataphoresis apparatus it is possible to draw a virus through a Gradocol membrane by means of an electric current, since at the p_H of plant sap the virus is negatively charged and so moves to the positive pole. If a membrane is interposed in the path of that movement, a method of ultrafiltration is devised which offers interesting results on comparison with ultrafiltration by positive pressure. On the ultrafiltration-cataphoresis apparatus, the pore size of the limiting membrane for *Nicotiana Virus 1* and *Lycopersicum Virus 4* is 13 mμ which gives an A.P.S. of about 6 mμ. It is somewhat difficult to arrive at the precise explanation of this phenomenon. It may be suggested that the virus particle is being dragged by reason of its elasticity of structure through the pores of the membrane but this seems hardly likely since the molecule of tobacco mosaic virus is large and extremely complicated and the process of dragging it through a small aperture might be expected to destroy the virus or at least to produce some change in its reactions and properties.

Certain other viruses do not behave in this way when filtered by these alternative methods and although these viruses, at the p_H of the plant sap, are also negatively charged the filtration end-point on the cataphoresis apparatus is similar to that obtained by pressure (unpublished work SMITH and MACCLEMENT).

V. Transmission.

The methods by which plant viruses can be transmitted from infected to healthy plants may be classified as follows:— *a*) by the agency of insects, *b*) through the seed, *c*) by grafting, *d*) by sap-inoculation, *e*) by miscellaneous methods, applicable to certain viruses only, such as by the agency of water, soil or air.

It is proposed to discuss first the relationships existing between insects and viruses since these are of unusual scientific interest and importance.

Insects and Viruses.

The normal method of spread of the majority of plant viruses is by means of certain species of insects which feed upon the plants in question and which are known as "vectors". Before considering some aspects of the relationship between insect and virus it will be of interest to examine the type of insect most usually concerned. With the exception of one or two species of Thrips, the vast majority of the insect vectors belong to the order Hemiptera, that is, insects which feed by sucking the sap of plants and not by actually eating the tissue. Various kinds of sucking insects are concerned in the dissemination of plant viruses but certain types predominate. Analysis of the identities of the actual vectors yields the following comparative numbers of the different types, twelve species of the Jassidae (leaf hoppers) and related groups, two or possibly three species of Aleyrodidae (whiteflies) and twenty-two species of Aphididae (aphides). It is clear therefore that the aphides greatly predominate as vectors and one cosmopolitan species, *Myzus persicae,* is capable of transmitting no less than 21 different viruses. At the moment nothing is known of the reasons underlying this unusual ability but it seems clear that there must be some affinity between this particular species of aphis and plant viruses.

There are several points in the relationship between insect and virus which suggest some connection between the two more intimate than a mere mechanical contact and these points will be briefly discussed. The first concerns the behaviour of the virus after it has been swallowed by the insect. It is generally assumed that the virus travels with the saliva into the alimentary canal, from there it passes into the blood and so returns to the saliva with which it is ejected into the plant. In certain cases the rapidity with which infection can be achieved suggests that the virus commences to disseminate into the blood as soon as it has entered the alimentary canal, that is, through the thin walls of the oesophagus (140).

This seems to be the most obvious explanation of the actual movement of the virus in the insect and there is some experimental evidence to support it. Thus it has been shown in the case of *Cicadulina mbila* the vector of the virus of maize streak *(Zea Virus 2)* that certain individuals (the *inactive* race) exist which cannot transmit the virus although they are superficially indistinguishable from the other insects of the same species (the *active* race) which can transmit the virus. Now after insects of the inactive race have fed upon a streak-diseased maize plant the presence of the virus in the faeces can be demonstrated, but virus cannot be demonstrated in the faeces of active insects similarly fed. This suggests that the virus passes through the wall of the alimentary canal of the active insects but not through the wall of the alimentary canal of the inactive insects. Furthermore it has been shown that by puncturing the alimentary canal of "inactive" insects they are thereby anabled to transmit the virus (135).

An almost parallel case to the foregoing is afforded by the behaviour of the mosquito *Aëdes aegypti* and the virus of equine encephalomyelitis. Here, two strains of the virus are concerned instead of two races of the insect, and the mosquito is unable to transmit one strain unless the abdomen is punctured although it is able normally to transmit the other strain of the virus (98).

Further evidence that the virus is actually ejected with the saliva of the insect in the process of feeding is afforded by some experiments on the artificial feeding of certain leafhoppers *(Eutettix tenellus)* with the virus of sugar beet curly-top *(Beta Virus 1)*. In these experiments viruliferous leafhoppers were fed upon a sugar solution contained in a sac of thin animal mesentery. In the process of feeding upon this solution virus was injected with the saliva and this virus could be imbibed by non-viruliferous leafhoppers which were subsequently fed upon the solution (39).

When a virus enters a susceptible plant, considerable multiplication of the agent takes place and it will be of interest to inquire whether there is a similar increase of virus in the body of an insect vector. The evidence on this point is somewhat conflicting and it cannot yet be definitely stated that a plant virus does actually multiply in the insect. If retention of infective power by the insect for long periods is evidence of multiplication of virus, several examples of this can be cited. The leafhopper *Cicadula divisa* (= *sexnotata*) is capable of retaining the virus of aster yellows *(Callistephus Virus 1)* for two months without again having access to a source of infection. The thrips *Frankliniella insularis* appears to retain the virus of tomato spotted wilt *(Lycopersicum Virus 3)* for at least twenty-four days while *Cicadulina mbila* retains the virus of maize streak *(Zea Virus 2)* throughout life and there are one or two cases where a virus apparently over-winters in the body of the insect vector. It has recently been shown that when leafhoppers, carrying the virus of aster yellows *(Callistephus Virus 1)*, are subjected to high temperatures, these insects are either deprived entirely of their infectivity or rendered non-infective for a short period according to the temperature and duration of exposure. The permanent loss of infectivity by these insects can be explained on the assumption that the virus is completely inactivated by the heat treatment. Further it may be suggested that the temporary loss of infectivity results from inactivation of a part only of the virus and the insect is non-infective until the residue of the virus has multiplied sufficiently to render the insect once more infective (87).

If it be assumed that multiplication of virus takes place within an insect vector then it follows that an insect should not only retain infection throughout life but it should be equally infective whether it has fed for a short or long period on the source of infection. The behaviour of the leafhopper, *Eutettix tenellus*, in its transmission of curly top virus *(Beta Virus 1)* does not bear out these assumptions. There is a gradual decrease in the percentage of beets infected by the leafhoppers during successive 30-day periods of adult life when the insects are transferred daily to a healthy beet. When adults or nymphs are fed for longer periods on diseased beets, they remain highly infective for a longer time than those which had fed for short periods (59).

Evidence of a more positive character on the question of virus multiplication in the insect is afforded by some experiments with an animal virus. The mosquito *Aëdes aegypti* has been shown to be capable of multiplying the Asibi strain of yellow fever virus in its body. Following the ingestion of infected blood the content of virus falls for several days, reaching a minimum during the first week. It then increases rapidly until quantities of virus greater than those previously encountered can be demonstrated (145).

The long period which intervenes, in the case of some insect vectors, between the time of acquisition of the virus and ability to transmit it, has not been satisfactorily explained.

It is sometimes spoken of as the "incubation period" of the virus in the insect or more accurately as a "delay in the development of infective power". This period varies from 10 days for some leafhoppers to a few hours for certain aphides. It has been suggested that this delay is the period necessary to allow the virus to make its way from the alimentary canal to the salivary glands or alternatively for a multiplication of the virus in the insect. In the case of viruses which are not sap-transmissible it is possible that the virus may undergo a slight modification within the body of the insect but there is as yet, no positive evidence of this.

The question of the inheritance of a virus by the progeny of an infective insect vector is one of considerable interest and importance. A case of such apparent inheritance which was quoted for many years, was the supposed transmission of the virus of "spinach blight" *(Cucumis Virus I)* to the second and third generations of the aphis vector *(Macrosiphum gei)*. This has recently been disproved. The only apparent authentic case of such inheritance known at present is that of the virus of the rice dwarf disease *(Oryza Virus I)* which is considered by FUKUSHI (62) to pass to the third generation of the leafhopper vector *(Nephotettix apicalis* var. *cincticeps)*. The progeny, in order to be infected, however, must be the offspring of a pair in which the female is viruliferous. Incidentally, if the inheritance of virus by the third generation is confirmed, it offers strong presumptive evidence of multiplication of the virus in the insect vector.

When a virus enters a susceptible plant, the plant usually becomes visibly diseased and it may be asked whether there is a parallel to this in the reactions between insect and virus. In other words, is the viruliferous insect itself diseased or is any reaction demonstrable between insect and virus? It seems probable that insects are not adversely affected by the presence of virus in their bodies since there is no reason to suppose that viruliferous insects live for shorter periods than non-viruliferous insects but there is evidence in one or two cases of some kind of reaction on the part of an insect towards the virus it transmits. Thus it has been found that the ability of the aphis, *Myzus persicae*, to transmit *Hyoscyamus Virus I* decreases very rapidly with increasing time on the infected plant. When the aphides are fed for 2 minutes only on an infected plant the percentage of successful transmissions is 60 per cent but when they are fed for one hour on the diseased plant the successful transmissions drop to 10 per cent. The insect appears to develop some kind of resistance to the acquisition of the virus; the mechanism of this resistance is not known but may be connected with digestion of the virus (140).

A characteristic of certain plant virus diseases is the production of intracellular inclusions or "X-bodies" in the affected plant. Until recently, comparable inclusions in the bodies of viruliferous insects have not been observed. Now, however, certain inclusions have been demonstrated in the salivary glands of viruliferous individuals of *Macropsis trimaculata*, the leafhopper which transmits the virus of peach yellows *(Prunus Virus I)*. These inclusions, which are absent in the salivary glands of non-viruliferous leafhoppers, bear a superficial resemblance to the intracellular inclusions which occur in the tissues of peach trees affected with the same virus. A certain amount of cellular disturbance in the salivary glands seems to be associated with the presence of these bodies (67).

The actual method of feeding of an insect may govern to a certain extent its power to transmit a virus. It is thought that the leafhopper, *Eutettix tenellus*, is an efficient vector of curly top virus *(Beta Virus I)* because it is a phloem feeder and so delivers the virus directly into the environment where it can best multiply. In this way, also, the virus avoids the parenchymatous tissues which are actually toxic to it (23). Some recent work suggests that the leafhopper is guided to the phloem while feeding by the p_H gradient of the cell sap. It has been shown that if this p_H gradient is altered by means of carbon dioxide the insect apparently loses its sense of direction and only penetrates to the phloem by chance. Thus fifty-six per cent of the insects' stylet tracks observed in normal petioles terminated in the phloem while only twelve per cent of the stylet tracks found in petioles treated with carbon dioxide terminated in this tissue. The ratio is 4,6 : 1 (58).

It is possible that certain insects may act as purely mechanical vectors, the virus being carried passively in or on the mouth-parts. Such a case is that of onion yellow dwarf virus *(Allium Virus I)* where 50 or 60 species of aphides can apparently transmit this virus.

Transmission by Seed.

Although the vegetative parts of plants which are used for reproduction, such as tubers, rhizomes, bulbs and cuttings, almost invariably contain virus if the parent plant is infected, transmission of virus by the true seed is comparatively rare. The reason for this is not known at present but the virus apparently does not reach the embryo possibly because of its anatomical isolation. The growing embryo generally absorbs nutriment through specially developed haustoria which ramify between the cells of the maternal tissue but there seems to be no protoplasmic connexion between the young embryo and the tissues of the parent. If, as is suspected, the virus moves from cell to cell by the protoplasmic connexions known as plasmodesms, the absence of any protoplasmic connexions between parent and embryo might explain the rarity of the seed-transmission of viruses (118).

There are one or two authentic cases of virus transmission by the seed, the best known being the virus of common bean mosaic *(Phaseolus Virus I)*. The transmission, however, is irregular and varies from 30 to 50 per cent and not all the seeds in one pod are necessarily infected. Transmission is much higher when a plant is infected early in the season, if infection takes place late in the season or after the plant has flowered the virus fails to reach the seed.

Other viruses which may be seed-transmitted are one or more of the tobacco ringspot viruses *(Nicotiana Viruses 12, 12 A* and *12 B)* the virus causing the infectious variegation of *Abutilon* spp. and possibly lettuce mosaic virus *(Lactuca Virus I)*.

For a long time opinion has been divided as to whether the virus of tomato mosaic *(Nicotiana Virus I)* is carried in the seed. Some recent work suggests that such transmission does take place in a small percentage of cases provided *freshly extracted* seed is planted. The assumption presumably is that the cotyledons become contaminated by contact with virus adhering to the seed coat (49).

Transmission by Inoculation.

The word inoculation is used here in the sense of actual application of diseased sap to the tissues of the healthy plant. Many plant viruses are sap-inoculable but by no means all; most of the mosaic viruses can be transmitted in this way while viruses causing diseases of the yellows-type are generally dependent upon specific insect vectors for their dissemination.

Some plant viruses, such as tobacco mosaic virus *(Nicotiana Virus 1)* for example, are very easily inoculated to healthy plants, others are less infectious and require some modification of the usual inoculation technique for successful transfer. Thus the viruses of sugar cane mosaic and bunchy top of the banana *(Saccharum Virus I)* and *(Musa Virus I)* can only be transmitted by sap-inoculation when numerous small punctures are made simultaneously by means of a group of insect-pins set in a handle. The virus of curly-top of sugar beet *(Beta Virus I)* must be injected directly into the phloem tissues to cause infection.

Some viruses are more easily transmitted if an abrasive such as carborundum powder or sand is added to the inoculum. By this means more cells are ruptured and the points of entry for the virus are increased. The addition of lamp black to the inoculum also facilitates infection by reducing surface tension and allowing closer contact between virus and plant tissue. It is a general rule for the successful sap-inoculation of plant viruses that the less laceration or destruction of tissue during the process the better, and a gentle rubbing which breaks the trichomes is preferable to a vigorous excoriation of the leaf surface. It is possible that many ordinary epidermal cells serve as virus entries, and that the importance of trichomes in this respect has been overestimated (33).

Transmission by Grafting.

With one possible exception all plant viruses can be transmitted to a susceptible host by grafting provided there is organic union between scion and stock. Certain viruses of the infectious variegation type as in *Abutilon* spp. can only be transmitted by this means and the virus of potato paracrinkle *(Solanum Virus 7)* also falls into this category. The possible exception mentioned above is tobacco necrosis virus *(Nicotiana Virus II)* which does not become systemic in its host plant and so would not be transmitted by grafting.

The most usual method of grafting for virus transmission is the stem graft in which the stem of the scion is cut to a wedge-shape and inserted into a slit made in the stem of the stock. The union is then bound up with thin rubber tape and the edges sealed with rubber solution.

Viruses can be transmitted to and from bulbous and tuberous plants by core-grafting, a method which consists of inserting into the tuber a plug of tissue abstracted by means of a cork borer, the plug being cut with a borer one size larger than the one making the hole to receive the plug.

Miscellaneous Methods of Spread.

The view generally accepted by plant virus workers supposes that a wound of some sort, however small, is necessary to allow entrance of virus into a plant. It is therefore of interest to consider the question of infection produced by lightly spraying virus suspensions from an atomizer onto the leaves of healthy plants. This type of experiment has been carried out by DUGGAR and JOHNSON (50) with tobacco mosaic virus *(Nicotiana Virus I)* and they consider that the virus enters by the stomata and that a wound is not necessary under these circumstances for infection to ensue. The writer has carried out similar experiments with *Solanum Virus I* (potato virus X) and with tobacco necrosis virus *(Nicotiana Virus II)* and on every occasion the virus has entered the leaves. In the experiments with *Nicotiana Virus II* the test plant was the French Bean *(Phaseolus vulgaris)*. Young plants growing 5 in a pot were used and the virus suspension was lightly sprayed from an atomizer, held about 6 inches from the leaves. In some experiments the upper surface only, and in others only the lower surface, was sprayed, but in every case the lesions characteristic of this virus developed, averaging from 10 to 20 per leaf. It may of course be argued that the plants already possessed broken hairs or similar minute wounds through which the virus could enter and this may be so but the plants in question had never been handled and care had been taken that they should not be subjected to treatment which might damage them.

The natural mode of transmission of tobacco necrosis virus *(Nicotiana Virus II)* seems to be almost unique and resembles more the methods of spread of pathogenic fungi and bacteria. This virus is carried to the soil both by the agency of air and water and thence makes its way into the roots of the plants; although the exact mechanism of entry into the root has not yet been elucidated it is suggested that the virus enters by root hairs broken by contact with the soil (122, 123, 124). Soil-transmission on the whole plays a very small part in the spread of plant viruses and there appear to be only two authentic cases, i. e. *Nicotiana Virus II* and the virus of wheat rosette *(Triticum Virus I)*. In the case of the common disease, tobacco mosaic, soil transmission is of little importance because the virus *(Nicotiana Virus I)* is unable to infect tobacco plants systemically by the roots.

A survey of the means of dissemination of the various plant viruses reveals how large is the number of viruses of which the insect vectors are not known. This suggests that as in the case of *Nicotiana Virus II*, insects are not concerned in the spread of every virus and this aspect of the subject lends itself to some interesting speculations. *Solanum Virus I* (potato virus X) is one of the most widespread viruses affecting the potato crop and evidence has been obtained that this virus does actually spread in the field from diseased to healthy susceptible plants which need not necessarily be potato plants. Recent work in Ireland has shown that healthy potato plants may be infected by contact with diseased plants in the field. None of the ordinary insect fauna of the potato plant are able to transmit the virus unless, as the writer has previously suggested, the virus is carried by a species of thrips which feeds exclusively in the flowers. Another somewhat similar case is that of *Prunus Virus 3* causing "phony disease" of the peach. This virus which is confined to the roots of infected trees undoubtedly spreads to healthy trees but the means of spread has not yet been discovered. "Spike disease" of sandal is thought to be insect-transmitted but the vector is not known. One reason for the long delay in the discovery of the insect vectors of these viruses may lie in the behaviour of the insect itself. Thus, as already suggested, the vector of *Solanum Virus I* may be an insect which feeds exclusively in the flower, the vector, if such exists, of *Prunus Virus 3* is almost certainly a root feeder while the insect which presumably transmits sandal spike virus is thought to be nocturnal in habit.

The virus of potato paracrinkle *(Solanum Virus 7)* offers an even more baffling problem, though it is a problem more of origin, than transmission, of infection. This virus is present in potatoes of the English variety King Edward which "carries" it without symptoms; apparently all stocks of this variety are naturally infected with the virus and plants free of the infection have not been observed.

The virus can only be transmitted by grafting and it has never been observed to spread naturally in the field. It is difficult to imagine where this virus came from and how it was transmitted, as it presumably was, to the original seedling of the King Edward variety of potato.

From this short account of the means of dissemination of plant viruses it will be clear that much more investigation into the whole problem of the spread of these agents is needed. Indeed it would not be surprising if it is discovered that certain of these viruses, such as that of potato paracrinkle for example, do not spread at all but are the product of the disordered cell itself due to faulty metabolism in the first place or to some peculiar set of environmental factors.

VI. Strains and mutations of plant viruses.

When a tobacco plant has been infected for some time with tobacco mosaic virus *(Nicotiana Virus I)* it frequently happens that one or more isolated yellow spots may develop on a leaf. Now, if a sub-inoculation is made from this yellow spot, by pricking through it to a healthy leaf held underneath it for example, then a disease of a different type from the original mosaic disease is produced in the plant thus inoculated. This "yellow mosaic" is of constant character and the virus causing it retains most of the characteristics of the original or type virus but differs in its symptomatology (see Fig. 1).

The virus causing this "yellow" mosaic is considered to be a strain of the original virus which produces the ordinary or "green" mosaic. That these variants are actually closely related to the type viruses can be shown by serological and immunological tests (see pp. 1320).

Such strains of the type virus occur in many different viruses and have been described for aster yellows virus *(Callistephus Virus I)* ,curly-top virus *(Beta Virus I)*, cucumber mosaic virus *(Cucumis Virus I)*, potato virus X *(Solanum Virus I)* and so on. In some cases the number of strains of a particular virus may be very large. Thus, fifty-one isolations of yellow-mosaic viruses have been made from tobacco mosaic virus *(Nicotiana Virus I)*. On the basis of variations in symptoms, rates of movement, infectivity etc., it is concluded that many, if not all, of these viruses are different from each other. On the other hand, certain properties, host reactions, ànd serological relationships demonstrate that the yellow-mosaic viruses are strains of the type virus *Nicotiana Virus I* (79).

It will be of interest to consider briefly the question of the origin of these virus strains; are they variants or "mutations" liable to arise at any time or are they all present together, and is the sudden appearance of any one of them due to a selective process rather than to a process analagous to mutation? The evidence seems rather to suggest that these strains do actually arise from time to time, more especially as it is possible to produce variant forms of some viruses by artificial means.

Some evidence that these strains are actual mutants is afforded by the work of JENSEN (78) who isolated a number of strains of tobacco mosaic virus *(Nicotiana Virus I)* some of which were "yellow mosaic" viruses of feeble infective power. JENSEN passed his "green" mosaic virus through ten serial transfers on *Nicotiana glutinosa*, each transfer being made from a single local lesion. Nevertheless tobacco plants, which were infected with green mosaic from a local lesion on the tenth transfer, continued to develop yellow spots containing the feebly infective yellow mosaic viruses, mentioned above. It seems unlikely that viruses of such low infective power would have survived passage of ten serial transfers through local lesions and so these yellow strains are thought to have developed afresh from the green strain which had been purified by systematic passage of plants of *Nicotiana glutinosa*.

Similar strains of virus causing bright yellow mosaics can be isolated from tobacco plants infected with cucumber mosaic virus *(Cucumis Virus I)*. In this case the serial transfers were made through the cowpea *(Vigna sinensis* ENDL.) on which local necrotic lesions without systemic infection are produced by *Cucumis Virus I*. In one case however, a strain of virus was isolated which was capable of producing a systemic mosaic disease in this plant (103).

Plants inoculated with slow-moving virus strains occasionally show mottling or other characteristics of fast-moving strains. JENSEN (80) has isolated from the ordinary tobacco mosaic virus a slow-moving necrotic-type strain and from this slow-moving strain on tobacco a strain was derived that produced a fast-moving virus causing systemic necrosis in the tomato.

The extent to which strains transmit their distinctive characteristics to variants arising from them has been recently investigated in the case of tobacco mosaic virus *(Nicotiana Virus I)*. Two distinctive strains of the virus were chosen one a *masked* strain which produces no symptoms in the tobacco plant, the other the ordinary or *distorting* strain of this virus. The *masked* strain was originally derived from the *distorting* strain and although it shares certain fundamental attributes with the latter virus, it differs from it in several respects. It does not produce yellow patterns in affected leaves. It does not spread into and affect young tissues in plants of *Nicotiana tabacum*. It multiplies at temperatures too high to permit increase of the *distorting* strain. The inability of the *masked* strain to spread freely in young tissues of such plants as *Nicotiana tabacum* appears to be due to loss of a quality which may be called invasiveness, which was inherent in the original *distorting* strain virus. Holmes has shown that yellow mosaic strains derived from the *masked* strain of tobacco mosaic virus were found characteristically to lack the high degree of invasiveness possessed by many yellow mosaic strains derived directly from the *distorting* strain of the virus. The uninvasive character that was obtained at the time of isolation of the *masked* strain was thus retained in the systemic yellow-type derivatives of this strain (72).

It is possible in a few cases to produce virus strains by artificial methods. Curly-top virus *(Beta Virus I)* can be attenuated by passage of a certain species of plant, *Chenopodium murale*, and also by passage of virus-resistant strains of sugar beet. In this case the virus can be re-activated by passing it through another species of plant, i. e. chickweed *(Stellaria media L.)*. Heat also attenuates this virus. As a rule, however, virus strains or mutants are fixed and do not revert to the type virus. Variants of tobacco mosaic virus *(Nicotiana Virus I)* can also be obtained by subjecting infected plants to high temperatures, this treatment usually produces attenuated virus strains. So far it has not been possible to re-activate these attenuated strains.

Although there exist two strains of the aster yellows virus *(Callistephus Virus I)* which are differentiated solely on a host range basis, no attenuated or otherwise different strains of this virus have up to the present been recorded. It is interesting to find therefore that such mild strains are transmitted by viruliferous insect vectors which have been submitted to high temperatures. It does not necessarily follow in this case, however, that such strains have been artificially produced. There is the alternative suggestion that these mild strains are always present but are masked by the more virulent disease and, assuming that they have a slightly higher inactivation point, only come to light when the selective action of heat removes from the insect the more virulent virus (87).

Mutants of the "yellow-mosaic" type seem to appear much sooner in tobacco plants which are grown under high temperature conditions. Yellow mutation spots are rare at temperatures near 15° C. At 21–26° C. they are slow to appear and relatively few in number on each plant, whereas near 32° C. they appear more quickly and are more numerous. At temperatures near 36° C., however, they become less numerous or do not appear at all (96).

Evidence, though somewhat circumstantial, is accumulating to show that variants or mutants of existing types of plant viruses are continuously arising and it may be of interest briefly to consider whether a parallel phenomenon exists with the animal viruses.

That more than one strain of a given animal virus exists is of course well known, the various strains of the foot-and-mouth disease virus being a case in point. A good example of an apparent mutation is afforded by rabbit fibroma virus. The normal symptom induced by this virus is the production of localized tumour-like swellings but ANDREWES and SHOPE (4) have recently described a strain of this virus which behaves quite differently. It no longer gives rise to fibroma-like growth but produces only acute inflammatory lesions and occasionally a generalized pock-like eruption on the skin. It has been shown that the two strains cross-immunize, one against the other, and the new mutant does not represent a contamination with any other known virus.

VII. The serology of plant viruses.

Serological methods have been much used in bacteriology as a satisfactory way of distinguishing between different bacteria, as a method for rapid identification and as a means of classification. Within recent years serological methods of study have also been applied to the plant viruses.

It has been shown by several workers that many plant virus extracts are antigenic, i. e. capable of inciting the formation of antibody when injected into the blood of an animal. This *antibody* reacts specifically with the *antigen* (virus) in some observable way. There are three types of immunological reaction:

1. Complement fixation. This means that when antigens are mixed with their specific antibodies the mixture has the property of removing the power of normal serum to haemolyze sensitized red corpuscles.

2. Precipitation, in which the antibody is known as *precipitin*. In this type of reaction the serum is pipetted into small tubes and layered with the desired dilution of antigen. The tubes are then incubated at about 25° C. for an hour and examined for a ring of precipitate at the interphase between serum and antigen.

3. Neutralization of the pathogenic properties of the virus when antigen and antiserum are mixed together.

The animal used for the production of the antiserum is usually the rabbit though the domestic fowl will serve the same purpose. In obtaining an antiserum for a given virus it must be remembered that the ordinary proteins present in the plant sap are also antigenic and so it is necessary to use a purified virus suspension, or at least one reasonably free from extraneous plant material, for the production of antiserum.

What then are the chief applications of this technique to the study of plant viruses? Since the antiserum produced by a given virus is specific for that virus and its strains, it is clear that the method constitutes a useful tool for the identification of different viruses and their strains. It is also hoped that by serological methods it will be possible to classify the plant viruses on a sound and scientific basis. So far as it goes such a classification would be no doubt reliable but unfortunately it is restricted in its scope since many viruses have either failed to give precipitin tests or being non-transmissible by sap-inoculation are not amenable to the method. The serological technique can also be used in the detection of masked "carriers" of virus, in the separation and analysis of virus strains by means of precipitin tests, in the investigation of the movement of virus in the plant and possibly as a delicate means of purification of virus.

When a rabbit is immunized with a suspension of a given virus, the serum contains antibodies of two types, those effective against the virus antigen and those against the ordinary proteins of normal plant sap. When this serum is treated with the correct amount of normal plant sap, the antibodies against the normal plant proteins are removed, leaving in the supernatant fluid the antibodies specific for the virus. This serum is only active for the virus with which the rabbit was immunized and for its strains, it is inactive towards other viruses (42). To differentiate between the *strains* of the same virus a more delicate method, the absorption technique is necessary. Chester (42) describes this technique as follows: To samples of serum of an animal immunized from one of the strains of tobacco mosaic virus are added progressively increasing amounts of tobacco juice containing a different strain of this virus. The mixtures are incubated for 2 hours at 37° C. and then for 16–20 hours at 5° C. The tubes are then centrifuged, the supernatant fluids are tested for precipitating activity against the virus extract used for adsorbing, and that mixture is chosen for subsequent testing which contains the least amount of absorbent and yet does not react with the absorbent. Thus, after tobacco-mosaic-immune serum *(Nicotiana Virus I)* is allowed to react fully with extract of tomato aucuba mosaic *(Nicotiana Virus 1* C*)*, the serum is still capable of reacting with extract of the type virus *(Nicotiana Virus I)*. The absorption of tobacco-mosaic-serum by an excess of the aucuba mosaic juice does not remove all of the antibodies against tobacco mosaic. In other words extracts of the type virus *(Nicotiana Virus I)* contain antigenic material that is lacking in extracts of the virus strain *(Nicotiana Virus I C)*.

By this cross-absorption method it has been found possible to differentiate between the various strains of the same virus. Thus if three strains of tobacco mosaic virus *(Nicotiana Virus I)* be examined by the absorption technique the results show that in addition to an antigenic fraction common to the three strains, two of them, *Nicotiana Viruses I and I C*, contain an antigenic fraction not present in the third strain, *Nicotiana Virus I A*. *Nicotiana Viruses I A* and *I C* contain a fraction not present in *Nicotiana Virus I*, and *Nicotiana Virus I A* contains a fraction not present in *Nicotiana Virus I C*. If each fraction distinguished be represented by a letter, then the simplest formulae for the three strains which can adequately explain the results are: —

Nicotiana Virus I. A. B.
Nicotiana Virus I C. A. B. C.
Nicotiana Virus I A. A. C. D. (16).

Serological tests sometimes reveal connections between viruses which had not been suspected of relationship by their symptomatology or host range. Thus it has recently been found that certain viruses affecting the cucumber plant *(Cucumis Viruses 2 and 2A)* and tobacco mosaic virus *(Nicotiana Virus I)* are serologically related since in cross-precipitation tests with *Cucumis Virus 2* as antigen and *Nicotiana Virus I* as antiserum, and *vice versa*, both antigens precipitate with both antisera. This relationship is further borne out by X-ray studies of the nucleoproteins concerned (16).

It has been stated previously that the serum of an animal immunized with a particular plant virus has the power of neutralizing the infective power of that virus. Until recently the exact nature of the neutralization had not been understood and it was not known whether the virus was actually destroyed or merely held in a non-infective condition. Although neutralized mixtures of tobacco mosaic virus sap have been subjected to a number of chemical, physical and serological treatments, no free virus nor antibody could be recovered. However, it has now been shown that when the virus mixtures are partially digested with pepsin, the antibodies are destroyed and a large proportion of the virus can be recovered. This demonstrates that when *Nicotiana Virus I* is neutralized by its specific immune serum, the virus is not destroyed but is held in an impotent, non-infective condition from which it may be liberated if the antibodies are destroyed by pepsin digestion. Similarly it has been shown that neutralization of virus by serum does not involve the destruction of the antibody. When neutral precipitates of *Potato Virus X (Solanum Virus I)* and its specific serum are acidified to p_H 4,8 or below, the precipitate is dissolved and large amounts of free antibody are recoverable in the supernatant fluid. This shows that the antibody is not destroyed in the process of neutralization of a virus by its specific serum (43).

Chester (43) considers that these findings provide serological methods for the purification of either virus or antibody. Such methods differ from the chemical methods usually employed, in that they are much more narrowly specific than chemical techniques for protein fractionation. The methods are not complicated and yields of virus or antibody are high, of the order of 75 per cent to 100 per cent.

Chester (41) has shown that the uteri of guinea-pigs have a strong anaphylactic reaction to healthy tobacco proteins but not to the virus of tobacco mosaic. Nevertheless it has been found that the crystalline tobacco mosaic protein prepared by Stanley reacts with guinea-pigs sensitized with healthy tobacco sap. This suggests that such highly purified virus preparations nevertheless contain demonstrable amounts of normal plant protein in spite of repeated recrystallizations. On the other hand tobacco-mosaic virus protein which has been several times digested with trypsin to remove this extraneous normal plant protein gave no anaphylactic reactions (16).

VIII. Resistance and immunity.

A natural resistance or immunity to certain viruses exists in various plants, although the reasons underlying this resistance are not known. The Colombian variety of tobacco known as Ambalema is resistant to, not immune from, the virus of tobacco mosaic *(Nicotiana Virus I)*. As a general rule when large plants of this variety are inoculated with the virus, no appreciable visible symptoms appear on the leaves or suckers of the inoculated plants. If such plants are examined when in a rapidly growing condition, however, a very mild mottling may be observed in the younger leaves of some of the plants (99). Similarly there occur from time to time individual plants of sugar-beet which are resistant to the virus of curly-top *(Beta Virus I)*. It is of interest to find that passage of the two viruses mentioned above through the respective resistant plants seems to alter the viruses and to produce attenuated strains.

An example of a natural immunity to a virus is afforded by *Datura Stramonium* which is immune from infection with potato virus Y *(Solanum Virus 2)* whether the attempted transmission be made by sap-inoculation or by graft. The allied potato virus *A (Solanum Virus 3)*, however, can be transmitted to *Datura* by graft but not by sap-inoculation while potato virus X *(Solanum Virus I)* is very easily transmissible to the same plant by inoculation or graft. Similar grades of resistance may be found in the genus *Physalis* and the reactions of various species to the tobacco mosaic virus *(Nicotiana Virus I)* include local lesions only, lethal systemic necrosis and complete immunity.

It is clear that resistance to virus infection is an important factor in considering the problem of controlling virus diseases of plants and the question of breeding for resistance is a profitable line of research. Thus, although it may be difficult to develop a potato plant that is resistant to all potato viruses, there seems to exist a genetic segregation for resistance to certain of the mosaic type viruses and it may be possible to produce varieties resistant to many if not all of these viruses. Potato varieties and their seedlings vary in their reaction to the different viruses; some are resistant; some fail to contract the virus in the field, but become infected in graft tests while others contract the virus readily both by field exposure and by grafts. The seedling S 41956 is apparently completely resistant to infection with potato virus X *(Solanum Virus I)* when tested both by field exposure and by artificial methods of infection. The potato variety Katahdin also seems resistant to this virus in the field but can be infected by grafting (116).

By the combination of a number of strains selected for resistance, a variety of sugar beet has been produced in the U. S. A. which has a fair degree of resistance to the virus of curly top *(Beta Virus I)* and is reasonably satisfactory in other respects. The variety of beet is known as U. S. No. 1. Extensive tests have demonstrated that this beet is markedly superior in resistance to any of the standard commercial brands with which it has been compared. In sucrose content and in purity it compares satisfactorily with standard commercial brands of sugar beets now in general use (38).

On various occasions it has been demonstrated that resistance in plants to infection with virus diseases can be inherited. Certain plants, notably *Nicotiana glutinosa* L. and some varieties of *Capsicum frutescens* L., when inoculated with the virus of tobacco mosaic *(Nicotiana Virus I)* have the power of localizing the virus in necrotic lesions on the inoculated leaves. Such plants, in other words, are susceptible to infection with this virus but resistant to spread of virus in their tissues. Other varieties of pepper, however, do not respond to infection with local necrotic lesions but become systemically infected with a mottling disease. Now, if plants of *Capsicum frutescens* which localize the virus (necrotic-type plants) are crossed with plants of the same species which have not the power of localizing the virus (mottling-type plants) it is found that this ability to localize virus is transmitted in inheritance as a simple Mendelian dominant character, the lack of which allows movement of the virus to distant parts of the plant. In one such experiment 25 out of 36 necrotic-type F_2 plants were heterozygous and 11 homozygous for a virus-localizing character. Combining these with 11 plants that possessed the apparent recessive character the ratios 11 : 25 : 11 were obtained. This is in good agreement with the expected 1 : 2 : 1 ratios characteristic of inheritance of a unit character in a second hybrid generation (71). In addition to the two reactions of mottling and local necroses in pepper plants, two other types of response to *Nicotiana Virus I* have been observed. These are a delayed necrosis, with abscission of affected leaves and secondly a systemic necrosis with stem streak and eventual death in all plants. These two responses, together with the two described above are controlled by three genes L, l′ and l which form an allelic series. The gene L which produces localization of *Nicotiana Virus I* is completely dominant over the gene l′ which produces imperfect localization of the virus and the gene l which produces mottling. The gene l′ is partially dominant over l. Infected plants of genetic constitution ll show systemic necrosis; l′l′ delayed necrosis with leaf abscission and recovery in many plants, small numbers of secondary lesions in a few; l′l systemic necrosis in all plants; and LL, Ll and Ll′ localized necrosis with subsequent recovery (74).

If a gene governing the local necrotic lesion type of response to infection with *Nicotiana Virus I* could be incorporated in a strain of tobacco, *Nicotiana tabacum*, this would obviously be an important step in the control of the virus since the systemically infected tobacco plant is a source of infection not only to other tobacco plants but to many other crop plants as well. A step in this direction has been achieved by the introduction of a necrotic type of response into the species *Nicotiana paniculata*. This was accomplished by transferring a dominant gene N (necrosis) from *Nicotiana rustica*, through repeated back-crosses of the hybrid *N. paniculata* × *N. rustica*, using *N. paniculata* pollen, but retaining in each generation only individuals responding to inoculation by production of necrotic lesions (73).

The question of an *acquired* immunity in plants to infection with viruses is one which has been studied at some length and before discussing the problem it will be advantageous to quote the following remarks by BUTLER (34) which are apposite, "Analogies drawn between what occurs in animal diseases, where every local disturbance may have rapid repercussions on distant parts, and disease in a plant where an organ such as a leaf or a branch may be lost with little or no effect on the rest, must necessarily, therefore, be limited in measure. What happens in a plant tissue, unless it be one of the vital channels of translocation of food such as the phloem, may be, and very commonly is, except it is extensive in area, of little interest to the plant as a whole; the fevers of plants, though these are known, are limited to a small region around the exciting cause, and plant parasites (again except when they invade the channels of translocation) act mainly on the tissues in their immediate neighbourhood and not by the liberation of toxins which reach distant parts of the body or act on some vital part which influences the whole.

These considerations are germane to any discussion of the problem of immunity in the vegetable kingdom. They are of paramount importance when active induced resistance to disease comes into question."

There are certain diseases induced in tobacco by viruses of the ringspot type in which a fairly rapid diminution in the severity of the symptoms ensues until, some weeks after infection, the plants present an almost normal appearance. Inoculation from such plants, however, to healthy tobacco plants shows that the virus is still present in active condition although the symptoms have disappeared. Furthermore, plants propagated by means of cuttings through a number of generations still contain the virus. Now it has been demonstrated that such "recovered" plants are immune from any further infection with the same virus. This phenomenon of recovery and subsequent failure to develop symptoms on re-inoculation with the same virus has been referred to as an acquired immunity (101). To meet the criticism that this was an acquired tolerance rather than an immunity, examination was made of the virus content of the leaves of "recovered" plants. This was found to be markedly less than the virus content of leaves still visibly diseased and the suggestion has been made that this decrease in virus concentration, without any corresponding decrease in the immunity conferred, is evidence of an acquired immunity comparable in many respects to that which obtains in virus diseases of animals (105).

The question of acquired immunity may be further studied in the interrelationships of virus strains. It has been demonstrated for several viruses that a plant which is infected with a given virus cannot be re-infected with another strain of the same virus even if the symptoms characteristic of that strain are quite different from those produced by the type virus. This cross-immunity has been described for various strains of tobacco mosaic virus *(Nicotiana Virus I)*; of cucumber mosaic virus *(Cucumis Virus I)*; potato virus X *(Solanum Virus I)*; for various of the ringspot type viruses and for certain viruses affecting peach trees.

The mechanism of this kind of immunity is not known, it is essential, however, firstly that the viruses should be related and secondly that systemic infection should be complete for protection to be afforded against the entry of the second virus. Systemic virus infection is necessary because it seems clear that this type of immunity is intracellular and only holds good for invaded cells. In other words it is the presence of the first virus in the cell which inhibits entrance of the second, and there seems little evidence that any immunizing substance comparable to an antibody is produced by the infected cells (see Figs. 1 and 2). It occasionally happens that the second virus does enter and multiplies to a slight degree in a plant already infected with the first virus. In such a case it is probable that the previous infection was not completely systemic and that certain parts of the tissue were free of virus and thus allowed of entry and multiplication of the second strain to a slight degree. One or two theories have been put forward to explain the mechanism of this immunity. In one it was suggested that the first virus pre-empted the place in the cell which the second required so that the latter failed to gain a footing, or else that the cell in which one virus had developed became antagonistic to a second (138). Another theory suggests that there

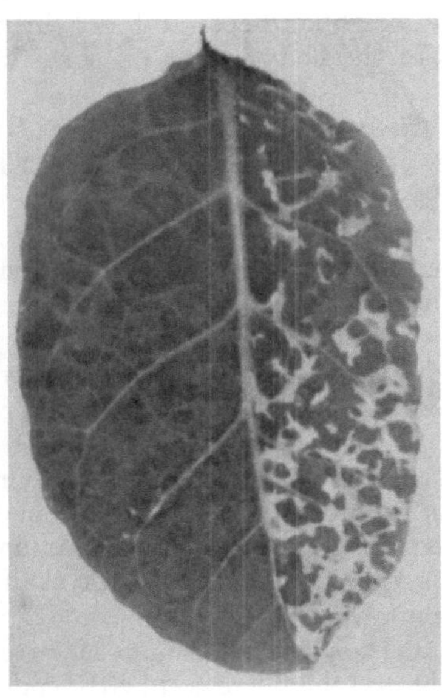

Fig. 1. Leaf of tobacco inoculated on the right half with a yellow strain, and on the left half with a green strain of *Nicotiana Virus 1* (tobacco mosaic virus). Note that there is no movement of the yellow strain to the other half of the leaf, owing to the presence there of the green strain.

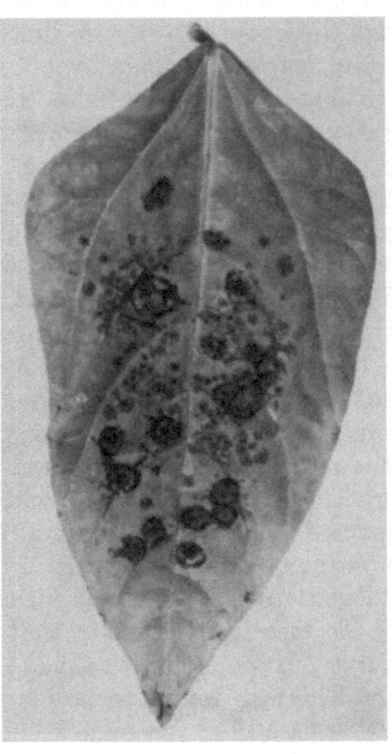

Fig. 2. Leaf of cowpea *(Vigna sinensis)* twice inoculated with *Nicotiana Virus 11* (tobacco necrosis virus). Note the new lesions due to the second inoculation forming amongst the old lesions due to the first inoculation which are ringed with Indian ink. This suggests that the cells must contain virus for an immunity to be conferred upon them against further infection. (From *Parasitology*.)

is some reaction of the plant to the virus infection which prevents multiplication of a second virus sensitive to the presence of the first (110).

The practical applications of this reaction lie in its use as a means of differentiating related from unrelated viruses and possibly also as a means of immunization by "vaccination". Since attenuated strains of certain viruses exist, or can be produced artificially, which cause extremely slight reaction in the plant while still conferring immunity, it may be possible to use these strains for the protection of crop plants in localities where such viruses are prevalent.

IX. The behaviour of the virus in the plant.

Translocation or Movement of the Virus in the Plant.

The actual route along which a virus spreads in an affected plant has been investigated by numerous workers and the accumulated evidence suggests that there are two paths of movement by which systemic infection is achieved. There is firstly a slow spread of virus from cell to cell, followed by a more rapid invasion of the whole plant *via* the phloem. That the initial movement of virus in an affected plant must be from cell to cell, at all events in some cases, is suggested by the fact that a mere wiping of the leaves of a susceptible plant with a virus suspension is sufficient to produce infection, provided a few trichomes are broken. Although the existence of this initial cell-to-cell movement seems certain, the exact mechanism of the movement is not so clear. The virus may pass through the cell walls by diffusion but a more likely explanation is that it passes *via* the plasmodesmata, the protoplasmic connections between the cells.

Some indirect evidence of this is afforded by a study of *Nicotiana Virus 1C* (tomato aucuba mosaic virus) in certain hosts. Intracellular inclusions are usually present in large numbers in the tissues of plants infected with this virus with the exception of the guard cells of the stomata in which no cell inclusions have been observed, and the guard cells have no plasmodesmata. This fact lends some support to the view that, when the virus moves in the ground tissue of the host, it is carried from cell to cell along the plasmodesmata (118). As regards the main path of dispersal of virus, the weight of evidence favours the phloem as the site of this movement and the following experiment is quoted as a case in point. The virus used was *Beta Virus 1* (curly top virus) and the experimental plants were *Nicotiana tabacum* and *N. glauca* both of which have internal phloem. The experiments consisted in inoculating these plants with the virus above a ring of dead tissue in the stem produced by the application of steam or molten wax. In all cases where there existed an uninterrupted channel through either internal or external phloem across the rings the virus moved downward with little apparent delay. The presence of a small strand of either internal or external phloem bridging rings which otherwise prevented virus passage, permitted the virus to pass without measurable delay. It seems probable that *Beta Virus 1* is very closely restricted to the phloem since experiment has shown that a parenchymatous bridge of only a few cells between internal and external phloem is sufficient to hold the virus back with no leakage for periods as long as one year (23, 26). Figs. 3 and 4 illustrate the movement of *Nicotiana Virus 11* (tobacco necrosis virus) trough the leaf and stem, respectively, of the cawpea *(Vigna sinensis)*.

All viruses do not move through a plant at the same speed and the rate of movement of the same virus may differ in different host species. Thus the movement of *Beta Virus 1* in tobacco is relatively slow as compared to the movement in sugar beet. The fastest movement observed in tobacco was downward from the point of inoculation at the top of the plant to a point 24 inches below in 48 hours; a rate of movement of one half inch per hour. In the sugar beet the virus moves at a much more rapid rate. At air temperatures of approximately 85°, 110° and 135° F. the virus moves outward in cotyledons from the point of inoculation a distance of 1 inch in 2 minutes. In larger beets the virus moves downward from the point of inoculation at the distal end of a leaf to a point 6 inches below in 6 minutes, a rate of movement of 60 inches per hour (23). There are several factors which govern the rate of movement of a virus in a plant; the size and age of the plant, environmental conditions, direction of movement and possibly the particle size of the virus in question probably all play their part.

Since the movement of *Beta Virus 1* (curly top virus) can be influenced and even, to a certain extent controlled by manipulations affecting food concentration in the plant, it is suggested that movement of the virus may be correlated with the transport of food. This is shown particularly well in the case of the sugar beet.

Before discussing the correlation between movement of virus and translocation of food, it will be necessary to indicate very briefly the main theories regarding the manner of transport of organic materials in the phloem. According to WENT (141) the growth hormones move cataphoretically toward growing points along an electrical potential. Van den HONERT (76) has suggested a movement of food materials along interfaces as a result of surface-tension changes in the protoplasm. Another theory postulates that the food materials move by

Fig. 3. Photographs illustrating the movement of a virus in the leaf tissues. The two first-formed leaves of cowpea *(Vigna sinensis)* here shown, were each inoculated at one point with *Nicotiana Virus 11* (tobacco necrosis virus). The development of the two resulting lesions was then photographed at 48-hour intervals. Note that at first the cell-to-cell spread of the virus is very slow. The last four photographs were taken after the virus had entered the phloem and the movement had become very rapid.

diffusion aided by protoplasmic streaming. BENNETT (25) considers that the theory of food translocation which seems best to fit the observed facts of virus movement is that of mass movement of materials in the phloem (45). This theory assumes that products of photosynthesis pass from parenchyma into the phloem of the synthesising regions of the leaf and increase the osmotic pressure of the phloem of these regions. This in turn causes water to move into the phloem, thus setting up a higher hydrostatic pressure. This pressure causes a movement of materials through the phloem to regions where the pressure is lower.

Fig. 4. Photographs illustrating the movement of a virus in the stem of a plant. *Nicotiana Virus 11* (tobacco necrosis virus) was inoculated into the centre of the stem of the left hand one of the two plants shown, *Vigna sinensis*, the cowpea. The gradual development of the necrosis, shown as a blackening of the stem, due to the spread of the virus both up and down the stem, was then photographed at 48-hour intervals. Note that in the last photograph, the virus has reached the leaf petiole and entered the main leaf veins.

In testing a possible correlation between the movement of *Beta Virus I* (curly-top virus) and translocation of food materials in the beet, BENNETT (25) carried out the following experiment. Beet plants with three shoots were used, one shoot was inoculated with the virus by means of the leafhopper vector and the plants were placed with one non-inoculated shoot in the dark and the other non-inoculated shoot and the inoculated shoot in the light. Now, in accordance with the mass-flow theory of movement described above, in a beet having three shoots, if one were infected, virus would move to the growing point and into the storage region below but would tend not to move into the other two shoots if their photo-synthetic areas were sufficient to keep constantly a high pressure in the phloem. However, if one of these shoots was placed in the dark the normal conditions would be upset. No carbohydrates would be synthesized and food would be used for growth, thus lowering the osmotic concentration and hydrostatic pressure in the phloem. This would permit materials to move into the darkened shoot from areas having higher pressures, which in the case under consideration, would be one shoot free from virus and one shoot laden with virus. Under such conditions, it would be expected that the shoot in the dark would receive virus carried into it along with food materials from the originally infected shoot. This expectation proved to be fully realized in the experiments performed by BENNETT (25).

The Local Lesion Technique.

Certain viruses, and particularly that of tobacco mosaic *(Nicotiana Virus I)*, have the property of producing numerous necrotic spots, or local lesions, on the inoculated leaves of certain susceptible plants, such as *Nicotiana glutinosa* for example. This property can be utilized in more accurate quantitative work on plant viruses since by counting the number of local lesions some idea of the concentration of the virus can be obtained (70).

Before any accurate quantitative work can be done, however, by means of this method it is necessary to standardize the technique and so eliminate the various sources of error or reduce them to a minimum. The variable factors which give rise to these errors and the means of overcoming them are briefly described in the ensuing paragraphs.

The variation in response to inoculation with a standard virus suspension shown by plants of *Nicotiana glutinosa* is the largest of the variables and can be as much as 100 per cent above or below the mean. In other words when a large number of leaves of *N. glutinosa* are used the variation in lesion counts may be very wide. Again, the level of inoculation response of any one leaf in relation to the next leaf either above or below, will not be constant. These variables can be largely avoided by inoculation of half leaves and by replication of inoculations in randomized blocks and Latin Squares. The next source of error lies in the method of inoculating the virus and a standard method of inoculation must be employed. Since the virus probably enters the leaf by the hairs which are broken in the inoculation process it is important that approximately the same number of hairs should be broken at each inoculation. It has been calculated that the total available hairs on a medium-sized leaf of *N. glutinosa* number about 35000. Of this total from 40–73 per cent are broken when inoculation is performed by means of a glass spatula. Such a spatula has an elongated, flattened end with a rubbing surface of ground glass about 3,8 cm. long; this fits comfortably across half the leaf blade of *N. glutinosa*. Rubbing with a wad of cotton wool gives an average of 60 per cent of broken hairs, while cheesecloth similarly used breaks 75 per cent.

The quantity of inoculum used for each operation, the p_H and electrolyte content must be carefully controlled. Again, the amount and intensity of rubbing are important, the method needing the least rubbing to break the maximum number of hairs giving the best results. A completely mechanical inoculation apparatus which eliminates the personal factor has been designed by MAC CLEMENT (95). This apparatus standardizes the amount of inoculum and the intensity of rubbing, thereby breaking approximately the same number of hairs with each inoculation. The average number of inoculations per leaf is twelve but as many as twenty-five separate inoculations can be made on one large leaf.

Fig. 5. Photographs illustrating the types of local lesions produced in *Nicotiana* spp. by various viruses. *a Nicotiana virus 1 B* (tomato yellow-leaf virus); *b Lycopersicum Virus 4* (tomato bushy stunt virus); *c Lycopersicum Virus 1* (tomato streak virus); *d Nicotiana Virus 11* (tobacco necrosis virus); *e Nicotiana Virus 1* (tobacco mosaic virus); *f Brassica Virus 1* (cabbage ringspot virus). *a*, *c*, *d* and *f*, on tobacco, var. White BURLEY, *b* and *e* on *N. glutinosa*.

This means that a whole experiment can be carried out on one plant with as many repeat inoculations as there are leaves on the plant. Finally, environmental conditions of light, heat and humidity must be standarized as far as possible since these conditions govern the development of the lesions.

The statistical aspect of the local lesion technique has been investigated by several workers and the analogy has frequently been drawn between the production of bacterial colonies on artificial media and of primary lesions on the leaves of susceptible host plants inoculated with virus. This analogy has been carried further (153) and the suggestion has been made that the relation between the numbers of lesions and the relative concentration of virus particles in the inoculum may be described in the same way as the relations between the numbers of bacterial colonies and the concentration of bacteria in the plated suspensions. The equation suggested takes the form:—

$$y = N\,(1 - e^{-ax})$$

where y is the number of lesions given at any concentration x of the virus, N represents the maximum lesions obtainable and a is a constant. BALD (5) doubts the application of this formula to all dilution data. He considers that although the values for low dilutions may be fitted by this equation, the calculated values for higher dilutions are almost uniformly too small, the differences in some cases going far beyond the experimental error. BALD considers that this equation should not be used for the correction of results obtained by the primary lesion method except with very carefully purified samples of virus. The equation mentioned above requires that the degree of aggregation of the virus particles in the suspension should not change over the dilution range investigated. BEST (30), however, offers evidence that the aggregation does change since he has observed the formation of long fibres, apparently caused by chain aggregation, when purified suspensions of *Nicotiana Virus I* are allowed to stand. BEST's conclusion is that, on account of the number of variable factors involved, a single equation could scarcely be expected to represent the relationship between lesion number and virus concentration over the whole dilution range. He considers that in practice under controlled conditions both with respect to inocula and test plants, that portion of the curves over which direct proportionality between lesion number and virus concentration holds, provides a useful working range in which to estimate relative concentrations with a reasonable degree of accuracy.

While it may thus be concluded that there exists a relationship between the numbers of local lesions and the numbers of infectious units in a given inoculum it does not follow that a single infectious unit is necessarily a single virus particle. In Fig. 5 are shown some of the different types of local lesions.

Cultivation of plant viruses.

Tissue Culture.

While tissue-culture methods have been employed successfully with a number of animal viruses, such as those of fowl-pox, foot-and-mouth disease, yellow fever, herpes, the common cold and influenza, little work has been carried out from this aspect on the plant viruses. It has, however, been demonstrated that the two plant viruses, *Nicotiana Viruses I* and *IC* (tobacco mosaic and aucuba mosaic viruses), can be cultivated successfully in growing excised root tips (143). Tomato root tips are capable of maintaining an independent, active, apparently normal existence *in vitro* for potentially unlimited periods of time. The method of culture of the viruses is briefly as follows; the stem of a rapidly growing plant of tomato, carrying a pronounced systemic infection with either of the mosaic viruses mentioned above, is cut up into segments. These segments are thoroughly washed and suspended by single threads in 3-litre ERLENMEYER flasks containing a little water, without allowing the cuttings to touch either the flask or the water. After a short period roots develop on the basal portions of the cuttings, and the root tips are then removed and introduced under aseptic conditions into a nutrient solution in 125 c. cm. ERLENMEYER flasks. The writer has found it advisable to sterilize the root tips externally in a 0,25 per cent solution of mercuric bichlorids and then to wash them in sterile water before introducing them into the flasks. The nutrient medium used by WHITE (143) contained the following salts at the partial concentrations indicated.

Salt	Millimols
$Ca(NO_3)_2$	0,60
$MgSO_4$	0,30
KNO_3	0,80
KCl	0,87
KH_2PO_4	0,09
$Fe_2(SO_4)_3$	0,006

To this should be added 2 per cent by weight of sucrose and the filtered extract of 0,01 per cent by weight of dried brewer's yeast. Under these conditions *Nicotiana Viruses I* and *IC* can be cultivated for periods of many weeks and the root tips containing the viruses show no symptoms of disease or any variation from the normal. It is interesting to find that the virus cannot apparently be introduced directly into the roots but it is necessary to take root tips from a systemically diseased tomato plant in order to obtain them infected with virus.

It is not known how far this tissue-culture technique is applicable to other plant viruses.

Attempted Cultivation in a Cell-free Medium.

Many attempts have been made to cultivate the plant and the animal viruses in a cell-free medium and successes as regards the latter have been claimed from time to time. It is true that the causative agents of both pleuropneumonia and agalactia have been so cultivated but these two cases require special consideration in that the apparent organisms causing the diseases suggest affinities with the fungi or myxobacteria.

Since filterability is no longer a criterion of virus definition—Laidlaw (88) has described an undoubted organism which is easily cultivated on a slope and yet passes a gradocol membrane of 0,250 μ pore size—perhaps the sole remaining characteristic of the viruses is the fact that they cannot be cultivated in the absence of living cells. This suggests the fundamental question, why is a living cell essential to virus cultivation? Can the answer be, because the virus is itself a product of the living cell?

Separation of Viruses in a Mixture.

It is no uncommon occurrence for virus diseases in plants to be due to the combined action of two or more viruses and not to one agent acting alone, the well known crinkle disease of the potato is a case in point. For this reason it may be worth discussing some of the methods by which the constituent viruses in a complex may be isolated. There are several ways of doing this, though they are not, of course, applicable to every virus complex. It frequently happens when two viruses are acting together in one host plant that the two do not have the same insect vector. In such a case it is possible to use the selective power of transmission possessed by the insect to isolate one of the pair. Again, as has been previously pointed out, a natural immunity exists in some plants to certain viruses and in some cases such immune plants can be used to eliminate or filter out one virus from a complex.

One of the best methods of separating viruses is to take advantage of differences in their physical properties, such as, for example, differences in resistance to ageing. This is a property of viruses which shows very great variation, and it may only be necessary to keep the expressed sap containing the virus mixture for a few days at laboratory temperature for one of the two viruses to be inactivated. Ultrafiltration is an easy method of separation and for this purpose collodion membranes are best. They have in fact been used by the writer for separating two strains of the same virus (121).

Other properties of viruses which may be utilized to the same end include differential resistance to alcohol and various chemicals and varying capacity to adsorb to substances such as Kieselguhr. All these methods of separation apply of course only to viruses which are transmissible by mechanical inoculation. Where the viruses are not sap-inoculable recourse must be had to the respective insect vectors or to grafting onto differential hosts.

Metabolism of Virus-affected Plants.

The effect of virus diseases on the metabolism of plants has been investigated from several aspects, notably on the carbohydrate and nitrogen metabolism. From this point of view, virus diseases of plants can be roughly divided into two groups, the *mosaic diseases* which are characterized by an increase in the total nitrogen and a decrease in the total carbohydrates of the foliage and the *yellows diseases* distinguished by a decrease in the total nitrogen and an increase in the total carbohydrates in the foliage, as compared with normal plants (115).

In healthy potato plants sucrose is the sugar of translocation and there is a high correlation between sucrose in the laminae and sucrose in the petioles. In potato plants affected with leaf-roll, caused by *Solanum Virus 14*, sucrose is absent in the petioles at any time of the day or night, and sucrose therefore plays no part in translocation in leaf-roll material.

In leaf-roll plants when the disease is in the secondary condition, photosynthesis is much reduced in the early part of the growing season, and the main reactions proceeding in the laminae are conversion of starch to hexose, hexose to sucrose, and sucrose back to starch. In the primary condition of the disease, the photo-synthesis is not reduced to the same extent (10).

In the case of potatoes affected with crinkle, caused by *Solanum Viruses 1* and *3*, sucrose has been found to be the sugar of transport as in normal plants but the manner of its formation is different. In the later stages of the disease, sucrose shows a marked accumulation in the diseased laminae and it has been ascertained that this sucrose is formed by hydrolysis of starch whereas in the healthy laminae the formation of sucrose is brought about by synthesis from hexose, which in turn is formed from hydrolysis of starch. These differences in metabolism are consequent upon the development of disease symptoms since there is no significant difference in carbohydrate formation in potato plants which carry these viruses without symptoms (11).

Studies upon the nitrogen metabolism of potato plants affected with leaf-roll *(Solanum Virus 14)* suggest that there is apparently no fundamental difference in this metabolism from that of normal plants and that the formation of nitrogenous compounds proceeds along the same lines in the two cases (12).

In the spike disease of sandal caused by *Santalum Virus I*, there is an increase not only in carbohydrates but also in total nitrogen. The accumulation of starch in the leaves of diseased sandal is not accompanied by phloem necrosis as is the case with potato leaf-roll. The reason for the inhibited translocation of photosynthesized starch in the sandal is thought by SASTRI (115) to be due to the poor liquefying power of the diastase in the diseased leaves.

The respiration of virus-diseased plants is affected and a potato plant affected with leaf-roll for example respires at a much higher rate than a healthy plant. This increased rate of respiration is largely due to the accumulation of respirable substrate in the leaves (144).

Intracellular Inclusions.

In the cells of plants affected with virus diseases there are frequently present inclusions of two types. One of these is usually known as the "X-body", the other as "striate crystalline material". The X-body will be discussed first. This type of inclusion has been variously described as the causative organism of virus diseases, fragments of the nucleus, degenerating cytoplasm, etc., but there is little doubt that it is the product of the reaction of the host cell to the virus. X-bodies have been described for several virus diseases notably those caused by *Nicotiana Virus 1* (tobacco mosaic), *Solanum Virus 1* (potato mosaic), *Nicotiana Virus 12* (tobacco ringspot) and many others. A typical X-body consists of

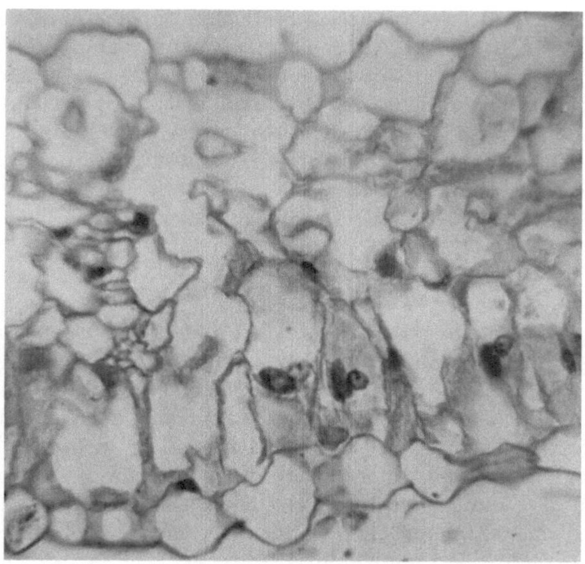

Fig. 6. Transverse section of a leaf of *Datura Stramonium*, infected with *Solanum Virus 1* (potato virus X). Note the intracellular inclusions on the left of the cell nuclei.

a rounded mass, lying within the cell, frequently in close association with the nucleus, and of a characteristic vacuolate appearance. The inclusions vary much in size and may range from 5–30 μ in diameter (see Fig. 6).

A detailed study of the mode of formation of X-bodies in *Solanum nodiflorum* affected with *Nicotiana Virus 1C* (tomato aucuba mosaic virus) has been made by SHEFFIELD (117). After infection the rate of streaming of the cytoplasm increases, and small particles of protein matter appear which are carried round and round inside the cell. These particles come together and aggregate forming a larger mass which in turn fuses with a similar mass giving rise to a granular body which gradually becomes rounded and vacuolate. There is no evidence at any time of autonomous movement, the body being carried passively in the cytoplasmic stream. The X-bodies may occur in any tissue of an infected leaf and are abundant in the cells of the leaf hairs which are especially suitable for a study of these inclusions.

The second type of cell inclusion known as striate material and consisting of flat plates was first described by IVANOWSKI (77) in mosaic-diseased tobacco. He found that the material became striated under the influence of acid. GOLDSTEIN (64) confirmed this and stated that the striated material appeared to be made up of distinct rods or needle crystals arranged side by side. This striate crystalline material seems to be peculiar to diseases caused by *Nicotiana Virus I* (tobacco mosaic virus) and its strains. BEALE (20) has recently put forward the theory that the crystals obtained by acidifying the plates are the same as those produced by STANLEY (130) in his purified preparations of tobacco mosaic virus and suggests that they are the source of the virus. When examined between crossed nicol prisms the plates are seen to be birefringent when viewed edgeways but not when viewed flat. As many of the plates are definitely hexagonal this suggests that they may be true hexagonal crystals, for these are birefringent only when viewed along the transverse axes (16).

The source of the virus cannot, however, lie entirely in the inclusions since BAWDEN and PIRIE (16) have isolated crystalline preparations from cucumbers infected with *Cucumis Viruses 2* and *2A* (= Cucumber Viruses 3 and 4) and cucumber plants so infected do not contain this type of cell inclusion. These workers suggest that the production of the plates may be a function of virus concentration, for they find that the yield of virus per volume of expressed sap is much less than that of the tobacco mosaic viruses. There is no doubt that the two types of cell inclusions, X-bodies and plates, are different since the former are not birefringent and are unaffected by acids.

X. Classification.

For several years plant virus workers have felt an urgent need for some method of classification of the very large number of viruses which have now been described. The ideal method of arrangement would be one which took cognizance of any natural relationships which already existed between viruses. Such natural relationships can be of several kinds, for instance there are large groups of viruses which may differ intrinsically in their properties but yet fall together because of a similar and restricted host range. The viruses affecting the potato plant and those attacking the Gramineae come into this category. Another type of natural grouping is that which is governed by the serological reactions, a case in point is the unsuspected relationship thus shown to exist between *Nicotiana Virus I* (tobacco mosaic virus) and *Cucumis Viruses 2* and *2A* (Cucumber mosaic viruses) (16). Such a relationship would not otherwise have been suspected since no common host plant for these viruses is at present known on which cross-immunity tests might be made. These particular cucumber viruses seem to be confined in their host range to the cucumber plant which is immune to the virus of tobacco mosaic.

Ultrafiltration studies have shown that plant viruses differ markedly in their particle-size and here again a certain loose natural grouping is possible. Investigation of a representative group of viruses shows that one group has a filtration end-point of about 50 mμ thus giving an approximate particle size of 17–25 mμ (see p. 1308), a second group has a filtration end-point of about 190 mμ, giving a particle size of 95–140 mμ, while a third group of viruses which includes *Cucumis Virus I* (cucumber mosaic virus) and *Solanum Virus 2* (potato virus Y), are apparently either of very large size (filtration end-point 400–500 mμ) or are unfilterable because of certain physical properties. Other physical properties can be utilized in a similar manner. For example, the following three viruses, *Solanum Virus 2* (potato virus Y), *Cucumis Virus I* (cucumber mosaic virus) and *Hygoscyamus Virus I*, all show a similarity in several of their physical properties and relationships with insect vectors.

In a recent letter to Nature, BERNAL and FANKUCHEN (27) show that the protein molecules of a number of virus strains have substantially the same general shape and size and are made of similar sub-units, but that these are arranged somewhat differently in the various tobacco virus strains and more markedly so in the cucumber virus *(Cucumis Virus 2)*. These workers suggest that there is a possibility of deriving a system of classification of viruses on the basis of their X-ray patterns.

A classification of plant viruses based on a natural and fundamental relationship is undoubtedly the ideal and scientifically correct system but unfortunately there is a difficulty which prevents the development of such a system and it is one which will not easily be overcome. All the methods of grouping which have been briefly outlined in the preceding paragraphs can only be applied to those viruses which can be transmitted mechanically by sap-inoculation and there is a large and important group of viruses which are not sap-transmissible and can only be transmitted by means of grafting or by a specific insect vector. Any system of classification must, therefore, include this group of viruses in order to have any practical application.

On what basis can a classification be evolved which would embrace all the plant viruses, so far described, and which would allow of expansion for the inclusion of new viruses? The suggestion has been made that a natural grouping could be evolved which is based on the biological relationships of virus and insect vector (135 A). Such a grouping is of use so far as it is applicable but again it is not wide enough in scope because the insect vectors of many plant viruses are not known and it seems likely that some at least of the viruses are not dependent upon insects for their dissemination.

There is left then only one property which all plant viruses have in common and which can be utilized as a basis for classification. This is the relationship of the virus with the host plant. Such a method was first suggested by JAMES JOHNSON of Wisconsin, U.S.A., and has been adapted by the writer and used in his recent textbook (125). In this classification a virus is named after the plant with which it is most associated, either because the virus was first described from that plant or because the plant in question is a commonly infected or economically important host. The generic Latin name of the host plant is used rather than the popular English name because of its wider international application and because a plant frequently has several popular names. For example in this scheme the virus of sugar beet curly top is named *Beta Virus 1* and the other viruses affecting this crop are named *Beta Viruses 2, 3, 4* and *5*. The virus of tobacco mosaic is now *Nicotiana Virus 1* and the other tobacco viruses are likewise named and numbered up to 15. Similarly the viruses affecting the potato are now classified as *Solanum Viruses 1–17*.

While it must be admitted that this classification is by no means ideal yet it serves its purpose and may do good service until the advance of knowledge allows the development of a grouping based on the natural affinities of the viruses.

The first question which is usually asked in any discussion on the nature of viruses is, "Are they living?", a question which it is impossible to answer since there is no exact scientific definition of a living thing. If, however, certain criteria of organisms are postulated, such as the presence of a limiting membrane and comparatively slow rates of increase, for example, then by these standards viruses are not living organisms. Perhaps the best way to discuss the problem of the nature of viruses will be to enumerate some of their chief characteristics and consider how these fit in with the usual conception of what is living and non-living. The extremely small size of many viruses has frequently been cited as beyond the limit of organization and while this is a legitimate objection, it has lost something of its force by the recent discovery of an undoubted organism from sewage which is easily cultivated on suitable media and yet passes a collodion membrane of A.P.D. 0,250 μ, which assignsan ave rage particle diameter to the organism of only 0,125–0,175 μ (88).

Recent work on the virus proteins (132) has brought into prominence the question of the incompatibility of the living and "crystalline" states. It has been pointed out, however (15), that structures such as plant fibres, hairs and muscle are fully as crystalline as the solid virus preparations have yet been shown to be, and the organization in suspensions of rod-shaped bacteria closely resembles that in the liquid crystalline preparations. A state of organization that is often described as crystalline is necessarily taken up by any collection of rods of equal cross-section when flowing or when packed tightly and such states are widespread in nature. Furthermore it has now been stated definitely that the solid preparations of virus yet studied are not true three-dimensional crystals (27).

One of the attributes of living things possessed by viruses is the apparent ability to multiply within the host. It is questionable, however, whether this apparent multiplication is not really in the case of plant viruses a conversion of the plant protein. In other words the special characteristic of a virus is a power of imposing on the cell which it infects an altered metabolism which leads to its own reproduction (46). STANLEY (130) has suggested that viruses are autocatalysts and cites trypsin and trypsinogen as an analogy. BAWDEN and PIRIE (15), while admitting this possibility, offer the following facts as evidence against it. No protein has yet been found in healthy plants that is so similar to the virus protein as trypsinogen is to trypsin. The molecular weight of the virus protein has been calculated from centrifugal data as greater than 10000000 but no particles can be found in healthy sap with a molecular weight of more than 30000 (149). The amount of soluble protein in healthy tobacco plants is considerably less than in infected plants. BAWDEN and PIRIE consider that these facts make it improbable that the virus can catalyse the conversion of a normal soluble constituent of a plant into virus.

The reaction of viruses to the p_H value of the media containing them, as measured by the local lesion method (see p. 1328) may have some slight bearing on this discussion. It has been found that suspensions of *Nicotiana Virus I* (tobacco mosaic virus) at p_H 9 undergo a rapid fall in activity, but eventually reach a steady rate and then remain constant. Since the data of the experiments make unlikely the supposition that the inocula consisted of a mixture of virus strains of differing resistances, this behaviour is considered to be strong evidence for the non-organismal nature of this particular virus. Furthermore the activity-p_H curves resemble similar curves for enzymes more closely than they do curves for living organisms (32).

Returning for a moment to the consideration of the virus protein, it has been stated that after denaturation by heat only protein and nucleic acid have been found. The apparent absence from these viruses of diffusible constituents separates them sharply from the bacteria. A further point of difference is the apparent absence of water from the interior of the virus particles even when they are in solution. It is not the fact that these viruses can be dried without losing all their activity that distinguishes them, for this is a property possessed by some organisms, but it is the fact that they normally occur with no internal water that is unusual (15).

In considering all these facts thus briefly reviewed the writer is strongly drawn to the conclusion that some at least of the plant viruses are of a chemical nature, being complicated organic molecules, not necessarily all of them proteins. If one accepts this postulate, the logical sequence is that some of the plant viruses may have been originally produced by the plants themselves, and while there is not sufficient evidence to prove this, such a theory seems the only one which satisfactorily explains some of the phenomena connected with plant viruses. For example, there are two viruses, classified in the writer's textbook as *Nicotiana Viruses 11* and *15*, which are never seen outside glasshouses but which keep appearing in species of *Nicotiana* growing in an insect-proof glasshouse and under conditions which make it difficult to conceive of external contamination. Again there is the case of the King Edward variety of potato which is universally affected with a particular virus peculiar to that variety. This virus is apparently not insect-transmitted and never spreads in the field. It can only be transmitted to other potato varieties by the artificial method of grafting. In the King Edward potato itself, this virus is "carried" without symptoms and appears to be entirely harmless to the plant and this is a significant fact when the possibility that the virus is some product of the plant cell itself is considered. There are some viruses which are very widely distributed in nature and yet all attempts to discover the method of spread have failed.

Although it is admitted that these facts offer scanty evidence of the heterogenesis of the plant viruses if such a word may be used, yet they do perhaps allow of a certain amount of speculation in this direction.

Bibliography.

1. Acqua, C.: Sulla natura degli ultravirus. Atti R. Accad. naz. Lincei **21**, 593–599 (1935).
2. Allard, H. A.: Some properties of the virus of the mosaic disease of tobacco. J. agric. Res. **6**, 649–674 (1916).
3. — Effects of various salts, acids, germicides etc., upon the infectivity of the virus causing the mosaic disease of tobacco. J. agric. Res. **13**, 619–637 (1918).
4. Andrewes, C. H. and R. E. Shope: A change in rabbit fibroma virus suggesting mutation. J. exper. Med. (Am.) **63**, 157–184 (1936).
5. Bald, J. G.: Statistical aspect of the production of primary lesions by plant viruses. Nature (Brit.) **135**, 996 (1935).
6. — The use of numbers of infections for comparing the concentration of plant virus suspensions. Ann. appl. Biol. **24**, 33–86 (1937).
7. Bald, J. G. and G. E. Briggs: Aggregation of virus particles. Nature (Brit.) **140**, 111 (1937).
8. Bald, J. G. and G. Samuel: Some factors affecting the inactivation rate of the virus of tomato spotted wilt. Ann. appl. Biol. **21**, 179–190 (1934).
9. Barnard, J. E. and W. J. Elford: The causative organism in infectious ectromelia. Proc. roy. Soc., Lond., Ser. B: Biol. Sci. **109**, 360–380 (1931).
10. Barton-Wright, E. and A. McBain: A comparison of the carbohydrate metabolism of normal with that of leaf-roll potatoes. Trans. roy. Soc. Edinbgh **57**, 309–349 (1931/32).
11. — A comparison of the carbohydrate metabolism of normal with that of crinkle potatoes; together with some observations on carbohydrate metabolism in a "carrier" variety. Ann. appl. Biol. **20**, 525–548 (1933).
12. — A comparison of the nitrogen metabolism of normal with that of leaf-roll potatoes. Ann. appl. Biol. **20**, 549–589 (1933).
13. Bawden, F. C.: The relationship between the serological reactions and the infectivity of potato virus X. Brit. J. exper. Path. **16**, 435–443 (1935).
14. Bawden, F. C. and N. W. Pirie: Experiments on the chemical behaviour of potato virus X. Brit. J. exper. Path. **17**, 64–74 (1936).
15. — The isolation and some properties of liquid crystalline substances from solanaceous plants infected with three strains of tobacco mosaic virus. Proc. roy. Soc., Lond., Ser. B: Biol. Sci. **123**, 274–320 (1937).

16. BAWDEN, F. C.: The relationship between liquid crystalline preparations of Cucumber Viruses 3 and 4 and strains of tobacco mosaic virus. Brit. J. exper. Path. **18**, 275–291 (1937).
17. BAWDEN, F. C., N. W. PIRIE, J. D. BERNAL, and I. FANKUCHEN: Liquid crystalline substances from virus-infected plants. Nature (Brit.) **138**, 1051 (1936).
18. BAWDEN, F. C., N. W. PIRIE, and E. T. C. SPOONER: The production of antisera with suspensions of potato virus X inactivated by nitrous acid. Brit. J. exper. Path. **17**, 204–207 (1936).
19. BEALE, H. PURDY: The serum reactions as an aid to the study of filterable viruses. Contr. Boyce Thomp. Inst. **6**, 407–435 (1934).
20. — Relation of STANLEY's crystalline tobacco-virus protein to intracellular crystalline deposits. Contr. Boyce Thomp. Inst. **8**, 413–431 (1937).
21. BECHHOLD, H. and M. SCHLESINGER: Größe des Virus der Mosaikkrankheit der Tabakpflanze. Phytopath. Z. **6**, 627–631 (1933).
22. — Z. Hyg. usw. **115**, 342 (1933).
23. BENNETT, C. W.: Plant-tissue relations of the sugar beet curly-top virus. J. agric. Res. **48**, 665–701 (1934).
24. — Studies on properties of the curly-top virus. J. agric. Res. **50**, 211–241 (1935).
25. — Correlation between movement of the curly-top virus and translocation of food in tobacco and sugar beet. J. agric. Res. **54**, 479–502 (1937).
26. BENNETT, C. W. and K. ESAU: Further studies on the relation of the curly-top virus to plant tissues. J. agric. Res. **53**, 595–620 (1936).
27. BERNAL, J. D. and I. FANKUCHEN: Structure-types of protein "crystals" from virus-infected plants. Nature (Brit.) **139**, 923 (1937).
28. BEST, R. J.: The effect of environment on the production of primary lesions by plant viruses. J. Austral. Inst. agric. Sci. **I**, 159–161 (1935).
29. — The effect of light and temperature on the development of primary lesions of the viruses of tomato spotted wilt and tobacco mosaic. Austral. J. exper. Biol. a. med. Sci. **14**, 223–239 (1936).
30. — Visible mesomorphic fibres of tobacco mosaic virus in juice from diseased plants. Nature (Brit.) **139**, 628 (1937).
31. — The quantitative estimation of relative concentrations of the viruses of ordinary and yellow tobacco mosaics and of tomato spotted wilt by the primary lesion method. Austral. J. exper. Biol. a. med. Sci. **15**, 65–79 (1937).
32. BEST, R. J. and G. SAMUEL: The reaction of the viruses of tomato spotted wilt and tobacco mosaic to the p_H value of media containing them. Ann. appl. Biol. **23**, 509–537 (1936).
33. BOYLE, L. W. and H. H. MCKINNEY: Trichomes of incidental importance as centres for local virus infections. Science (N. S.) **85**, 458–459 (1937).
34. BUTLER, E. J.: The nature of immunity from disease in plants. III Congrés International de Pathologie Comparée, Athènes. 1936.
35. CALDWELL, J.: The nature of the virus agent of aucuba or yellow mosaic of tomato. Ann. appl. Biol. **20**, 100–116 (1933).
36. — Factors affecting the formation of local lesions by tobacco mosaic virus. Proc. roy. Soc., Lond., Ser. B: Biol. Sci. **119**, 493–507 (1936).
37. CAMPBELL-RENTON, M. L.: Radiation of bacteriophage with ultra-violet light. J. Path. a. Bacter. **45**, 239–251 (1937).
38. CARSNER, E.: Curly-top resistance in sugar beets and tests of the resistant variety U. S. No. 1. U. S. Dept. Agric. Tech. Bull. 360 (1933).
39. CARTER, W.: Transmission of the virus of curly-top of sugar beet through different solutions. Phytopathology **18**, 675–679 (1928).
40. CHESTER, K. S.: The problem of acquired physiological immunity in plants. Quart. Rev. Biol. (Am.) **8**, 129–154 (1933).
41. — Serological tests with STANLEY's crystalline tobacco-mosaic protein. Phytopathology **26**, 715–734 (1936).
42. — Separation and analysis of virus strains by means of precipitin tests. Phytopathology **26**, 778–785 (1936).

43. CHESTER, K. S.: Liberation of neutralized virus and antibody from antiserum-virus precipitates. Phytopathology **26**, 949–964 (1936).

44. CLINCH, P.: Cytological studies of potato plants affected with certain virus diseases. Sci. Proc. R. Dublin. Soc. **20**, N. S., 143–172 (1931).

45. CRAFTS, A. S.: Movement of organic materials in plants. Plant Physiol. **6**, 1–41 (1931).

46. DALE, H. H.: Pres. Addr. Physiol. Sect. Brit. Assoc. Centen. Meeting. London. 1931.

47. — Viruses and heterogenesis: an old problem in a new form. Huxley Memorial Lecture 1935. Imper. Coll. Sci. and Tech. London. 1935.

48. DIXON, H. H.: Are viruses organisms or autocatalysts? Nature (Brit.) **139**, 153 (1937).

49. DOOLITTLE, S. P. and F. S. BEECHER: Seed transmission of tomato mosaic following the planting of freshly extracted seed. Phytopathology **27**, 800 (1937).

50. DUGGAR, B. M. and B. JOHNSON: Stomatal infection with the virus of typical tobacco mosaic. Phytopathology **23**, 934–938 (1933).

51. DUGGAR, B. M. and A. HOLLAENDER: The virus of typical tobacco mosaic and *Serratia marcescens* as influenced by ultra-violet and visible light. J. Bacter. (Am.) **27**, 219–239 (1934).

52. — Resistance to ultra-violet radiation of a plant virus as contrasted with vegetative and spore stages of certain bacteria. J. Bacter. (Am.) **27**, 241–256 (1934).

53. — Nat. Acad. Sci. **22**, 19 (1936).

54. EAGLES, G. H.: The *in vitro* cultivation of filterable viruses. Biol. Rev. **8**, 335–344 (1933).

55. ELFORD, W. J.: A new series of graded collodion membranes suitable for general bacteriological use, especially in filterable virus studies. J. Path. a. Bacter. **34**, 505–521 (1931).

56. — The principles of ultrafiltration as applied in biological studies. Proc. roy. Soc., Lond., Ser. B: Biol. Sci. **112**, 384–406 (1933).

57. — Centrifugation studies. Brit. J. exper. Path. **17**, 399–422 (1936).

58. FIFE, J. M. and V. L. FRAMPTON: The p_H gradient extending from the phloem into the parenchyma of the sugar beet and its relation to the feeding behaviour of *Eutettix tenellus*. J. agric. Res. **53**, 581–593 (1937).

59. FREITAG, J. H.: Negative evidence on multiplication of curly-top virus in the beet leafhopper, *Eutettix tenellus*. Hilgardia **10**, 305–342 (1936).

60. FUKUSHI, T.: Effects of certain alkaloids, glucosides and other substances upon the infectivity of mosaic tobacco juice. Trans. Sapporo Nat. Hist. Soc. **11**, 59–69 (1930).

61. — Studies on the dwarf disease of the rice plant. J. Fac. Agric. Hokkaido Imp. Univ. **37**, 41–164 (1934).

62. — Multiplication of virus in its insect vector. Proc. Imp. Acad. Japan **11**, 301–303 (1935).

63. GLOVER, R. E.: Contagious pustular dermatitis of the sheep and goat. Inst. Animal Path. Cambridge, Ann. Rept. **1**, 17 (1931).

64. GOLDSTEIN, B.: A cytological study of the leaves and growing points of healthy and mosaic-diseased tobacco plants. Bull. Torrey Bot. Club **53**, 499–600 (1926).

65. GOWEN, J. W. and W. C. PRICE: Inactivation of tobacco mosaic virus by X-rays. Science **84**, 536–537 (1936).

66. HARRISON, A. L.: The physiology of bean mosaic. New York State Agric. Exp. Station, Tech. Bull. 235 (1935).

67. HARTZELL, A.: Movement of intracellular bodies associated with peach yellows. Contr. Boyce Thomp. Inst. **8**, 375–388 (1937).

68. HIRANO: Kitasato Arch. exper. Med. (e.) **8**, 394 (1931).

69. HOGGAN, I. A.: Cytological studies on virus diseases of solanaceous plants. J. agric. Res. **35**, 651–671 (1927).

70. HOLMES, F. O.: Accuracy in quantitative work with tobacco mosaic virus. Bot. Gaz. **86**, 66–81 (1928).
71. — Inheritance of ability to localize tobacco-mosaic virus. Phytopathology **24**, 984–1002 (1934).
72. — Comparison of derivatives from distinctive strains of tobacco mosaic virus. Phytopathology **26**, 896–904 (1936).
73. — Interspecific transfer of a gene governing type of response to tobacco-mosaic infection. Phytopathology **26**, 1007–1014 (1936).
74. — Inheritance of resistance to tobacco-mosaic disease in the pepper. Phytopathology **27**, 637–642 (1937).
75. — Genes affecting response of *Nicotiana tabacum* hybrids to tobacco-mosaic virus. Science **85**, 104–105 (1937).
76. VAN DEN HONERT, T. H.: On the mechanism of transport of organic materials in plants. K. Akad. Wetensch. Amsterdam, Proc. Sec. Sci. **35**, 1104–1112 (1932).
77. IWANOWSKY, D.: Über die Mosaikkrankheit der Tabakspflanze. Z. Pflanzenkrkh. **13**, 1–41 (1903).
78. JENSEN, J. H.: Isolation of yellow-mosaic viruses from plants infected with tobacco mosaic. Phytopathology **23**, 964–974 (1933).
79. — Studies on the origin of yellow-mosaic viruses. Phytopathology **26**, 266–277 (1936).
80. — Studies on representative strains of tobacco mosaic virus. Phytopathology **27**, 69–84 (1937).
81. JOHNSON, J. and I. A. HOGGAN: A descriptive key for plant viruses. Phytopathology **25**, 328–343 (1935).
82. KLIGLER, I. J. and H. BERNKOPF: Inactivation of vaccinia virus by ascorbic acid and glutathione. Nature (Brit.) **139**, 965–966 (1937).
83. KOSTOFF, DONTCHO: Cytogenetic aspects for producing *Nicotiana tabacum* forms localizing tobacco mosaic virus. Phytopath. Z. **10**, 6, 578–593 (1937).
84. KUNKEL, L. O.: Studies on acquired immunity with tobacco and aucuba mosaics. Phytopathology **24**, 437–466 (1934).
85. — Possibilities in plant virus classification. Bot. Rev. **1**, 1–17 (1935).
86. — Immunological studies on the three peach diseases, yellows, rosette and little peach. Phytopathology **26**, 201–219 (1936).
87. — Effect of heat on ability of *Cicadula sexnotata* Fall. to transmit aster yellows. Amer. J. Bot. **24**, 316–327 (1937).
88. LAIDLAW, P. P. and W. J. ELFORD: A new group of filterable organisms. Proc. roy. Soc., Lond., Ser. B: Biol. Sci. **120**, 292 (1936).
89. LANGMUIR, I. and V. J. SCHAEFER: Optical measurement of the thickness of a film adsorbed from a solution. J. Amer. chem. Soc. **59**, 1406 (1937).
90. LEA, D. E., R. B. HAINES, and C. A. COULSON: The mechanism of the bactericidal action of radioactive radiations. Proc. roy. Soc., Lond., Ser. B: Biol. Sci. **120**, 47–76 (1936).
91. LOJKIN, M.: Inactivation of tobacco mosaic virus by ascorbic acid. Contr. Boyce Thomp. Inst. **8**, 335 (1936).
92. — A study of ascorbic acid as an inactivating agent of tobacco-mosaic virus. Contr. Boyce Thomp. Inst. **8**, 445–465 (1937).
93. LOJKIN, M. and C. G. VINSON: Effect of enzymes upon the infectivity of the virus of tobacco mosaic. Contr. Boyce Thomp. Inst. **3**, 147–162 (1931).
94. MACCLEMENT, W. D.: Purification of plant viruses. Nature (Brit.) **133**, 760 (1934).
95. — An improved method of inoculating plants with virus for the study of local lesions. Parasitology **29**, 266–272 (1937).
96. MCKINNEY, H. H.: Virus mutation and the gene concept. J. Hered. (Am.) **28**, 51–57 (1937).
97. MANIL, P.: L'immunité chez les plantes. Mémoires Acedémie roy. de Belgique (Classe des Sci.), Tome 15, 2e Série. 1936.
98. MERRILL, M. H. and C. TENBROECK: The transmission of equine encephalomyelitis virus by *Aëdes aegypti*. J. exper. Med. (Am.) **62**, 687–695 (1935).

99. Nolla, J. A. B.: A tobacco resistant to ordinary mosaic. J. agric. Univ. Puerto Rico **19**, 29–49 (1935).
100. Olitsky, P. K. and H. R. Cox: Temporary prevention by chemical means of intranasal infection of mice with equine encephalomyelitis. Science **80**, 566–567 (1934).
101. Price, W. C.: Acquired immunity to ringspot in *Nicotiana*. Contr. Boyce Thomp. Inst. **4**, 359–403 (1932).
102. — The thermal death-rate of tobacco mosaic virus. Phytopathology **23**, 749–769 (1933).
103. — Isolation and study of some yellow strains of cucumber mosaic. Phytopathology **24**, 743–761 (1934).
104. — Acquired immunity from cucumber mosaic in zinnia. Phytopathology **25**, 776–789 (1935).
105. — Virus concentration in relation to acquired immunity from tobacco ringspot. Phytopathology **26**, 503–529 (1936).
106. — Specificity of acquired immunity from tobacco ringspot disease. Phytopathology **26**, 665–675 (1936).
107. Price, W. C. and J. W. Gowen: Quantitative studies of tobacco mosaic virus: inactivation by ultraviolet light. Phytopathology **27**, 267–282 (1937).
108. Quanjer, H. M.: The methods of classification of plant viruses and an attempt to classify and name potato viroses. Phytopathology **21**, 577–613 (1931).
109. Ross, A. F. and C. G. Vinson: Mosaic disease of tobacco: action of proteolytic enzymes on the virus fraction. Univ. Missouri Agric. exper. Sta. Res. Bull. 258 (1937).
110. Salaman, R. N.: Protective inoculation against a plant virus. Nature (Brit.) **131**, 468 (1933).
111. — Immunity to virus diseases in plants. III Congrés Internat. de Path. Comp., Athènes. 1936.
112. Samuel, G. and J. G. Bald: On the use of the primary lesions in quantitative work with two plant viruses. Ann. appl. Biol. **20**, 70–99 (1933).
113. Samuel, G. and R. J. Best: The effect of various chemical treatments on the activity of the viruses of tomato spotted wilt and tobacco mosaic. Ann. appl. Biol. **23**, 759–780 (1936).
114. Samuel, G., R. J. Best, and J. G. Bald: Further studies on quantitative methods with two plant viruses. Ann. appl. Biol. **22**, 508–524 (1935).
115. Sastri, B. N.: Physiology of the spike disease of sandal. Proc. Indian Acad. Sci. **3**, 444–449 (1936).
116. Schultz, E. S. *et al.*: Recent developments in potato breeding for resistance to virus diseases. Phytopathology **27**, 190–197 (1937).
117. Sheffield, F. M. L.: The formation of intracellular inclusions in solanaceous hosts affected with aucuba mosaic of tomato. Ann. appl. Biol. **18**, 471–493 (1931).
118. — The rôle of plasmodesms in the translocation of virus. Ann. appl. Biol. **23**, 506–508 (1936).
119. Smith, J. H.: Intracellular inclusions in mosaic of *Solanum nodiflorum*. Ann. appl. Biol. **17**, 213–222 (1930).
120. Smith, Kenneth M.: On a curious effect of mosaic disease upon the cells of the potato leaf. Ann. Bot. **38**, 150 (1924).
121. — Two strains of streak: a virus affecting the tomato plant. Parasitology **27**, 450–460 (1935).
122. — Studies on a virus found in the roots of certain normal-looking plants. Parasitology **29**, 70–85 (1937).
123. — Further studies on a virus found in the roots of certain normal-looking plants. Parasitology **29**, 86–95 (1937).
124. — An air-borne plant virus. Nature (Brit.) **139**, 370 (1937).
125. — A textbook of plant virus diseases. London: J. and A. Churchill Ltd. 1937.
126. Stanley, W. M.: Chemical Studies on tobacco mosaic virus. I. Some effects of trypsin. Phytopathology **24**, 1055–1085 (1934).

127. STANLEY, W. M.: Chemical studies on the virus of tobacco mosaic. II. The proteolytic action of pepsin. Phytopathology 24, 1269–1289 (1934).
128. — Chemical studies on the virus of tobacco mosaic. IV. Some effects of different chemical agents on infectivity. Phytopathology 25, 899–921 (1935).
129. — Isolation of a crystalline protein possessing the properties of tobacco mosaic virus. Science (N. S.) 81, 644–645 (1935).
130. — The isolation from diseased Turkish tobacco plants of a crystalline protein possessing the properties of tobacco mosaic virus. Phytopathology 26, 305–320 (1936).
131. — The inactivation of crystalline tobacco mosaic protein. Science 83, 626–627 (1936).
132. — The crystalline tobacco-mosaic protein. Amer. J. Bot. 24, 59–68 (1937).
133. — The isolation of a crystalline protein possessing the properties of aucuba mosaic virus. J. biol. Chem. (Am.) 117, 325–340 (1937).
134. STANLEY, W. M. and R. W. G. WYCKOFF: The isolation of tobacco ringspot and other virus proteins by ultracentrifugation. Science 85, 181–183 (1937).
135. — Investigations of the mechanism of transmission of plant viruses by insect vectors. Proc. roy. Soc., Lond., Ser. B: Biol. Sci. 113, 463–485 (1933).
135a. STOREY, H. H.: The bearing of insect vectors on the differentiation and classification of plant viruses. 2nd Congr. Internat. Path. Comp. 2, Compt. Rend. et Commun. 471–477 (1931).
136. TAKAHASHI, W. N. and T. E. RAWLINS: Rod-shaped particles in tobacco mosaic sap demonstrated by stream double refraction. Science 77, 26–27 (1933).
137. THORNBERRY, H. H.: Effect of tannic acid on the infectivity of tobacco mosaic virus. Phytopathology 25, 931–937 (1935).
138. THUNG, T. H.: Smetstof en Plantencel bij enkele Virusziekten van de Tabaksplant. Handel 6de Nederl. Indie Naturwetensch. Congr. 450–463 (1931).
139. VINSON, C. G. and A. W. PETRE: Mosaic disease of tobacco. Bot. Gaz. 87, 14–37 (1929).
140. WATSON, M. A.: Factors affecting the amount of infection obtained by aphis transmission of the virus Hy III. Phil. Trans. roy. Soc. 226, 457–489 (1936).
141. WENT, F. W.: Eine botanische Polaritätstheorie. Jb. wiss. Bot. 76, 528–557 (1932).
142. WENT, JOHANNA C.: The influence of various chemicals on the inactivation of tobacco virus 1. Phytopath. Z. 10, 480–489 (1937).
143. WHITE, P. R: Multiplication of the viruses of tobacco and aucuba mosaics in growing excised tomato root tips. Phytopathology 24, 1003–1011 (1934).
144. WHITEHEAD, T.: On the respiration of healthy and leaf-roll infected potatoes. Ann. appl. Biol. 21, 48–77 (1934).
145. WHITMAN, L.: The multiplication of the virus of yellow fever in *Aëdes aegypti*. J. exper. Med. (Am.) 66, 133–143 (1937).
146. WOODRUFF, C. E. and E. W. GOODPASTURE: Amer. J. Path. 5, 1 (1929).
147. WYCKOFF, R. W. G.: J. exper. Med. (Am.) 52, 435 and 769 (1930).
148. — J. gen. Physiol. (Am.) 15, 351 (1932).
149. WYCKOFF, R. W. G., J. BISCOE, and W. M. STANLEY: J. biol. Chem. (Am.) 117, 57 (1937).
150. WYCKOFF, R. W. G. and R. B. COREY: The ultracentrifugal crystallization of tobacco mosaic virus protein. Science (N. S.) 84, 513 (1936).
151. YOUDEN, W. J.: Dilution curve of tobacco mosaic virus. Contr. Boyce Thomp. Inst. 9, 49–58 (1937).
152. YOUDEN, W. J. and H. PURDY BEALE: A statistical study of the local lesion method for estimating tobacco mosaic virus. Contr. Boyce Thomp. Inst. 6, 437–454 (1934).
153. YOUDEN, W. J., H. PURDY BEALE, and J. D. GUTHRIE: Relation of virus concentration to the number of lesions produced. Contr. Boyce Thomp. Inst. 7, 37–53 (1935).
154. ZINSSER, H. and C. V. SEASTONE: The influence of oxidation and reduction on the virulence of herpes virus. J. Immunol. (Am.) 18, 1–9 (1930).

Anhang.

A. Tabellarische Zusammenstellung der tierpathogenen Virusarten.

(R. DOERR, Basel.)

In dieser Tabelle sind jene Krankheitsformen, bei welchen die Virusätiologie vorderhand zweifelhaft erscheint, durch kleinen Druck gekennzeichnet. Die Wahl der Autornamen, an welche sich die Einreihung unter die Viruskrankheiten knüpft, konnte nicht nach einem einheitlichen Grundsatz vorgenommen werden. Wo sich der Autor hauptsächlich durch Filtrationsexperimente an der Entscheidung beteiligt hat, ist dies durch ein Sternchen hinter dem Namen angedeutet. Die speziell bei exotischen und weit verbreiteten Tierseuchen oft sehr zahlreichen Benennungen der Krankheiten sind nur zum Teile angeführt.

Krankheitsform	Autor	Datum	Synonyma
Adenocarcinom des Leopardenfrosches	B. LUCKÉ	1934	—
Agalaktie der Ziegen und Schafe	A. CELLI und DE BLASI*	1906	Arthrite epizootique, mal du sec, mal del asciutto.
Alastrim	DE KORTE H. BEAUREPAIRE-ARAGAO*	1904 1911	Weiße Pocken, milkpox, variole des cafres.
Anämie, infektiöse, der Pferde	CARRÉ und VALLÉE	1904	VALLÉEsche Krankheit, ansteckende Blutarmut der Einhufer, Swamp fever of horses, infectious anaemia of horses, Typho-anémie du cheval.
AUJESZKYsche Krankheit	A. AUJESZKY	1902	Pseudowut, Pseudorabies, Morbus Aujeszky, Paralysis bulbaris infectiosa, infectious bulbar paralysis, mad itch.
BORNAsche Krankheit der Pferde, Rinder und Schafe	W. ZWICK und Mitarbeiter	1924/26	Borna disease, enzootic, encephalomyelitis of horses (cattle and sheep), névraxite enzootique.
Bornholmer Krankheit	SYLVEST	1930	Myalgia acuta epidemica SYLVEST.
BOUCHETsche Krankheit	L. BOUCHET DURAND, GIROUD, LARRIVÉ und MESTRALLET	1914 1936	Schweinehirtenkrankheit, maladie des jeunes porchers, maladie des fruitiers, Pseudotypho-meningite.
Bronchitis, infektiöse, des Pferdes	O. WALDMANN und K. KÖBE	1934	Seuchenhafter Husten des Pferdes.

Fortsetzung der Tabelle.

Krankheitsform	Autor	Datum	Synonyma
Bronchitis, infektiöse, des Rindes	O. WALDMANN und K. KÖBE	1935	—
Bronchopneumonie des Frettchens	TH. FRANCIS und T. P. MAGILL	1938	Akute Meningopneumonie der Frettchen.
Bronchopneumonie der Schweizer weißen Mäuse	A. R. DOCHEZ, MILLS und MULLIKEN	1937	—
Choriomeningitis, lymphocytäre	Ch. ARMSTRONG und R. D. LILLIE E. TRAUB	1934 1935	Acute lymphocytic choriomeningitis, acute aseptic meningitis, choriomeningite lymphocytaire.
Condyloma acuminatum	A. SERRA	1908	Spitzes Condylom.
Dengue	P. M. ASHBURN und C. F. CRAIG	1907	Zahlreiche Synonyma (Dandy fever, break-bone-fever, coup de barre etc.), die in wissenschaftlichen Publikationen nicht gebraucht werden.
Dermatitis herpetiformis Duhring	P. POINCLOUX u. a.	1924	Dermatitis multiformis.
Drüsenfieber (PFEIFFER)	L. VAN DEN BERGHE und P. LIESSENS	1939	Lymphoblastosis benigna, mononucleosis infectiosa, fièvre ganglionnaire de PFEIFFER.
Einschlußblenorrhoe	A. BOTTERI*	1912	—
Ektromelie, infektiöse	J. MARCHAL	1930	Infectious ectromelia.
Encéphalite enzootique du cheval	R. MOUSSU und L. MARCHAND	1924	—
Encephalitis epidemica	C. v. ECONOMO	1917	ECONOMOsche Krankheit, Encephalitis lethargica, encéphalite dite léthargique.
Encephalitis epidemica, amerikanische	WEBSTER und FITE MUCKENFUSS, ARMSTRONG und MC. CORDOCK	1933 1933	St. Louis-Encephalitis.
Encephalitis epidemica, japanische	I. TAKAKI	1925/26	Encephalitis japonica, Encéphalite japonaise.
Encephalitis, epidemica australische	J. B. CLELAND und A. W. CAMPBELL	1919	X-disease.
Encephalitis, postvaccinalis	J. CAMINOPETROS, COMMINOS und DERVOU	1938	—
Encephalitis der Füchse	GREEN, ZIEGLER und CARLSON	1934	Encephalitis of foxes.
Encephalomyelitis der Hühnchen	E. JONES	1934	Encephalomyelitis affecting young chickens, epidemic tremor of young chickens.

Fortsetzung der Tabelle.

Krankheitsform	Autor	Datum	Synonyma
Encephalomyelitis der Mäuse	H. THEILER	1937	Spontaneous encephalitis of mice.
Encephalomyelitis, akute disseminierte (WESTPHAL)	J. R. PERDRAU	1928	—
Encephalomyelitis, amerikanische; der Pferde	K. F. MEYER, HARING und HOWITT	1931	Equine Encephalomyelitis.
Encephalomyelitis der Pferde, Differenzierung in **„eastern“** und **„western“ strain**	C. TEN BROECK und Mc. H. MERRIL M. S. SHAHAN und L. F. GILTNER	1933 1933	
Encephalomyelitis, argentinische, der Pferde, vermutlich identisch mit dem „western“ strain der amerikanischen Pferde-Encephalomyelitis	—	—	—
Encephalomyelitis, japanische, der Pferde	O. EMOTO, KONDO und WATANABE	1936	—
Encephalomyelitis, venezuelanische, der Pferde	BECK und WYCKOFF	1938	Venezuelan equine encephalomyelitis.
Encephalomyelitis der Schweine	A. KLOBOUK	1933	Teschener Schweinekrankheit, Encephalitis enzootica suum.
Epitheliom der Barben	G. KEYSSELITZ	1908	—
Epitheliosis desquamativa	LEBER und v. PROWAZEK	1911	—
Eulenkrankheit	R. G. GREEN und I. E. SCHILLINGER	1936	Virus disease of owls.
Ferkelgrippe	K. KÖBE	1933	—
Frettchen-Krankheit	C. A. SLANETZ und H. SMETANA	1935	Epizootic disease of ferrets, fatal virus disease of ferrets.
Geflügelpocken	E. MARX und A. STICKER* O. BOLLINGER	1902 1873	Fowl-pox, epithélioma contagieux des oiseaux.
Gelbfieber	REED, CARROLL, AGRAMONTE und LAZEAR	1900	Yellow fever, Fièvre jaune, febbre amarillo.
Gelbfieber, Busch-	A. W. BURKE F. L. SOPER A. M. WALCOTT und Mitarbeiter	1937 1937 1937	Jungle yellow fever.

Fortsetzung der Tabelle.

Krankheitsform	Autor	Datum	Synonyma
Gelbsucht, epidemische, des Menschen	T. Andersen	1937	Hepatitis epidemica.
Gelenkrheumatismus, akuter	M. Schlesinger, Signy und Amies	1935	—
Hepatopathie der Mäuse	G. M. Findlay	1932	Hepatopathy of mice.
Herpes simplex s. febrilis	W. Grüter A. Löwenstein	1912 1919	— —
Hühnerlähmung, infektiöse	R. Baumann E. A. Seagar	1932 1933	Mareksche Hühnerlähme
Hühnerleukämie	Ellermann und Bang	1908	Hühnerleukose, leucaemia of fowls.
Hühnerpest	E. Centanni A. Lode und J. Gruber	1901 1901	Geflügelpest, Cyanolophia, fowl plague, fowl pest, bird pest, peste aviaire, peste aviaria.
Hühnerpest, ägyptische	Lagrange	1929	—
Hühnerpest, schottische s. Newcastle disease	—	—	—
Hundestaupe	Carré	1905	Dog distemper, maladie du chien, cimurro.
Influenza, des Menschen	H. Selter Smith, Andrewes und Laidlaw	1918 1933	Grippe.
Influenza der Pferde	Poels E. Bemelmans	1909 1913	Pferdestaupe, Rotlaufseuche, horse influenza, equine distemper, pink eye, fièvre typhoide du cheval.
Influenza der Schweine	J. S. Koen R. E. Shope	1918 1931	Swine influenza, Hog flu, swine flu.
Kanarienvogelpocken	W. Kikuth und Gollub	1932	Canary pox.
Kaninchenfibrom	R. E. Shope	1932	Infectious fibromatosis of rabbits.
Kaninchenmyxom	G. Sanarelli	1898	—
Kaninchenpapillom	R. E. Shope	1933	Infectious papillomatosis of rabbits.
Kaninchenpocken	L. Pearce, Rosahn und Hu; S. Nicolau und Kopciowska	1933 1929/31	Rabbit pox.
Katarrh, infektiöser, der Mäuse	J. B. Nelson	1937	Infectious catarrh of mice.
Katarrhalfieber, afrikanisches, der Rinder und Schafe	D. Hutcheon A. Theiler	1880 1906	Catarrhal fever of cattle, bovine malignant catarrh, blue tongue, Bekziekte, Vuilbek, Seerbek, Soremouth u. a.

Fortsetzung der Tabelle.

Krankheitsform	Autor	Datum	Synonyma
Laryngo-Enteritis, infektiöse, der Katze	J. KREMBS und O. SEIFRIED	1936	—
Laryngotracheitis, infektiöse, der Hühner	H. G. MAY und R. P. TITTSLER, J. R. BEACH, F. R. BEAUDETTE, C. S. GIBBS, R. GRAHAM, SHORP und JAMES	1925 1930/33	Infectious laryngotracheitis of fowls.
Larynxpapillom des Menschen	K. ULLMANN	1923	—
Louping-ill	W. A. POOL, BROWNLEE und WILSON; P. LÉPINE, E. W. HURST u. a.	1930/31	Springkrankheit oder Drehkrankheit des Schafes.
Lymphocystis der Fische	R. WEISSENBERG	1931	—
Lymphogranuloma inguinale	S. HELLERSTRÖM und E. WASSÉN	1929	Venerisches Granulom, Climatic bubo, maladie de NICOLAS et FAVRE.
Lyssa	J. L. PASTEUR REMLINGER und RIFFAT-BEY*	1880/85 1903	Hundswut, Tollwut, Rabies, rabidity, hydrophobia, rage.
Lyssa, Virus fixe	J. L. PASTEUR A. CELLI und D. DE BLASI*	1884 1903	—
Masern	HEKTOEN, ANDERSON und GOLDBERGER	1905 1911	Morbilli, measles, rougeole.
Maul- und Klauenseuche	LÖFFLER und FROSCH	1898	Foot- and -mouth disease, fièvre aphtheuse.
Mäusevirus, habituelles	J. LAIGRET und R. DURAND	1936	—
Meerschweinchenlähme	P. H. RÖMER	1911	Infectious paralysis of guineapigs.
Meerschweinchenpest	F. DE GASPERI und G. SANGIORGI	1913	—
Meningoencephalitis der Pferde (Rußland)	WYSCHELESSKY	1933	—
Meningoencephalomyelitis der Mäuse	GILDEMEISTER und AHLFELD	1938	—
Molluscum contagiosum	T. BATEMAN M. JULIUSBERG	1817 1905	—
Mondblindheit der Pferde	A. C. WOODS und A. M. CHESNEY	1930	Periodic ophthalmia of horses.

Fortsetzung der Tabelle.

Krankheitsform	Autor	Datum	Synonyma
Monoadenitis, subakute multiple des Menschen	M. PETZETAKIS	1936	—
Mumps	S. GRANATA M. WOLLSTEIN	1908 1916	Parotitis epidemica, epidemic parotitis, oreillons, orecchioni.
Mundpapillomatose der Kaninchen	R. J. PARSONS und J. G. KIDD	1936	Oral papillomatosis in rabbits.
Nairobi-Krankheit der Schafe	EDWARDS R. E. MONTGOMERY	1910 1912/17	—
New-castle disease, s. auch Hühnerpest, schottische	T. M. DOYLE	1927	—
PACHECOS Fischkrankheit	G. PACHECO	1935	—
Papageienkrankheit (PACHECO)	G. PACHECO und O. BIEZ	1930/31	—
Pappatacifieber	R. DOERR	1908	Phlebotomenfieber, sandfly-fever.
Paravakzine	C. v. PIRQUET B. LIPSCHÜTZ	1915 1918	Melkerknoten, milkers warts.
Pemphigus	E. URBACH und S. WOLFRAM A. LINDENBERG	1931/34 1937	—
Pferdesterbe, afrikanische	McFADYAN	1900	Pestis equorum, African horse sickness, peste equina, Paardenziekte.
Pleuropneumonie der Rinder	NOCARD und E. ROUX	1898	Lungenseuche der Rinder.
Pleuropneumonie der Ziegen	G. CURASSON J. A. DOUKALOFF	1936 1937	—
Pocken des Menschen	JOHN BUIST E. PASCHEN	1887 1906	Variola, Blattern
Pocken der Pferde	F. H. BLAXALL DE JONG	1903 1916	—
Pocken der Rinder (Vakzine)	NEGRI* NICOLLE und ADIL-BEY*	1905 1906	—
Pocken der Schafe	A. BORREL*	1902	—
Pocken der Schweine	POENARU*	1913	—
Pocken der Ziegen	ZELLER*	1920	—
Poliomyelitis anterior acuta	JAKOB v. HEINE MEDIN K. LANDSTEINER und C. LEVADITI } S. FLEXNER und LEWIS }	1840 1887 1909	HEINE-MEDINsche Krankheit, spinale Kinderlähmung, epidemische Kinderlähmung.

Fortsetzung der Tabelle.

Krankheitsform	Autor	Datum	Synonyma
Polyarthritis der Ratten	COLLIER	1939	—
Polyederkrankheiten der Seidenraupen	S. v. PROWAZEK	1907	Gelbsucht oder Fettsucht der Seidenraupen, jaundice of silkworm, grasserie.
Polyederkrankheiten der Nonnen	B. WAHL	1909/12	Disease of nun-moth.
Polyederkrankheiten des Schwarmspinners („gipsy-Motte“)	R. W. GLASER und J. W. CHAPMAN	1913/16	Wilt.
Psittacosis	S. P. BEDSON, WESTERN und SIMPSON	1930	Papageienkrankheit, Papageientyphus.
	W. LEVINTHAL, A. C. COLES, R. D. LILLIE	1930	
Rabbit pox s. unter Kaninchenpocken			
Rift-Tal-Fieber	R. DAUBNEY, HUDSON und GARNHAM	1931	Enzootische Hepatitis (der Schafe, Ziegen und Rinder), Enzootic hepatitis.
Rinderpest	NICOLLE und ADIL-BEY*	1899	Typhus contagiosus bovum, Cattle plague, peste bovine.
Röteln	Y. HIRO und S. TASAKA	1938	Rubeolae, german measles, rubéole.
Sackbrut der Honigbiene	G. F. WHITE	1913/17	Sacbrood.
Sarkome, filtrierbare, der Hühner	PEYTON ROUS	1910	—
Schnupfen des Menschen	W. KRUSE	1914	Coryza, common cold.
Schnupfen, infektiöser, des Huhnes	J. B. NELSON	1936	—
Schweinepest	E. A. DE SCHWEINITZ und DORSET	1903	Hogcholera, swinefever, peste porcine.
Schweinepest, afrikanische	E. MONTGOMERY	1909/21	Pestis africana suum, afrikanische Virusseuche der Schweine, east african swine fever.
Schweißfrieseln	CANTACUZÈNE	1930	febris miliaris, sudor anglicus, sweating sickness, suette miliaire, febbre miliare.
Schwimmbadconjunctivitis	HUNTEMÜLLER und PADERSTEIN	1913	—
Schwitzkrankheit der Kälber	P. J. DU TOIT	1923	—

Fortsetzung der Tabelle.

Krankheitsform	Autor	Datum	Synonyma
Speicheldrüsenkrankheiten der Nager	R. COLE und A. G. KUTTNER	1926	Salivary gland diseases of rodents
Stomatitis vesicularis der Pferde, Maultiere und Rinder	P. K. OLITSKY W. E. COTTON	1927 1926/27	Vesicular stomatitis of horses.
Varicellen	E. PASCHEN C. R. AMIES TANIGUCHI und Mitarbeiter	1918/33 1933 1932	Windpocken, Spitzpocken, Wasserpocken, Pseudovariolae.
Virus-Abortus der Stuten	DIMOCK und EDWARDS	1936	—
Viruskrankheit der Sturmvögel	E. HAAGEN und G. MAUER, RASSMUSSEN-EJDE	1938	primäre epidemische Alveolopneumonie (Virus wahrscheinlich identisch mit Psittacosevirus).
Virus III	T. M. RIVERS und W. S. TILLET	1924	—
Virus B	A. B. SABIN und A. M. WRIGHT	1934	—
Warzen des Menschen	CIUFFO	1907	Verrucae, warts
Warzen der Rinder	MAGALHAES	1920	
Warzen des Hundes	McFADYAN und HOBDAY DE MONBREUN und GOODPASTURE	1898	
Warzen des Frosches	F. SANFELICE	1913	—
Zoster	K. KUNDRATITZ E. PASCHEN	1925 1933	Zona, Gürtelrose.

Eine besondere Gruppe der Virusarten bilden:

Die Bakteriophagen	F. W. TWORT F. D'HERELLE	1915 1917	— —

B. List of all Plant Viruses so far Described.

(KENNETH M. SMITH.)

Virus	Author	Date	Synonyms
Abutilon Virus 1	BAUR	1906	Abutilon infectious variegation virus.
Allium Virus 1	MELHUS	1929	Onion yellow dwarf virus; onion mosaic virus.
Ananas Virus 1	LINFORD	1932	Pineapple yellow-spot virus.
Anemone Virus 1	KLEBAHN	1926	Anemone alloiophylly virus.
Apium Virus 1	SEVERIN and FREITAG	1935	Western celery mosaic virus.
Apium Virus 2	SEVERIN and FREITAG	1935	Celery calico virus.
Arachis Virus 1	ZIMMERMANN	1907	Groundnut (peanut) rosette disease virus.
Beta Virus 1	BONCQUET and HARTUNG	1915	Sugar beet curly top virus, Western yellow blight virus, tomato yellows virus.
Beta Virus 2	LIND	1915	Sugar beet mosaic virus.
Beta Virus 3	WILLE	1928	Sugar beet leaf-crinkle virus.
Beta Virus 4	ROLAND and QUANJER	1934	Sugar beet jaunisse virus; sugar beet yellows virus.
Beta Virus 5	COONS, KOTILA and STEWART	1937	Sugar beet savoy disease virus.
Brassica Virus 1	SMITH	1935	Wallflower mosaic virus; cabbage ringspot virus.
Brassica Virus 2	HOGGAN and JOHNSON	1935	Possibly Turnip mosaic virus.
Brassica Virus 3	TOMPKINS	1934	Cauliflower mosaic virus.
Brassica Virus 4	CLAYTON	1930	Crucifer mosaic virus.
Callistephus Virus 1	KUNKEL	1926	Aster yellows virus; New York aster yellows virus; Lettuce white-heart virus; Lettuce rabbit-ear virus; Lettuce Rio Grande disease virus.
Callistephus Virus 1A	SEVERIN	1929	Celery yellows virus; Californian aster yellows virus.
Cucumis Virus 1	DOOLITTLE	1920	Cucumber mosaic virus; cucumber yellow mosaic virus; cucumber yellow-mottle mosaic virus; cucumber white pickle mosaic virus; tobacco puff virus; spinach blight virus; southern celery mosaic virus; lily mosaic virus.
Cucumis Virus 1A	PRICE	1934	Cucumber Virus strain 5, PRICE.

Continuation of the table.

Virus	Author	Date	Synonyms
Cucumis Virus 1 B	PRICE	1934	Cucumber Virus strain 6, PRICE; yellow cucumber mosaic virus, PRICE.
Cucumis Virus 1 C	PRICE	1934	Y Strain cucumber mosaic virus, PRICE.
Cucumis Virus 1 D	PORTER	1930	"Bettendorf" mosaic virus; cucumber mosaic virus, PORTER.
Cucumis Virus 2	BEWLEY	1923	Cucumber mild or ordinary mosaic virus; cucumber green mottle mosaic virus.
Cucumis Virus 2 A	BEWLEY	1923	Cucumber aucuba mosaic virus; cucumber yellow mosaic virus.
Dahlia Virus 1	BRANDENBURG	1928	Dahlia mosaic and yellows virus; dahlia stunt or dwarf virus; dahlia runting virus; dahlia leaf-curl and rosette virus.
Dahlia Virus 2	BRIERLEY	1933	Dahlia ringspot virus.
Dahlia Virus 2 A	BRIERLEY	1933	Dahlia yellow ringspot virus.
Dahlia Virus 3	BRIERLEY	1933	Dahlia oakleaf virus.
Datura Virus 1	SMITH and D'OLIVEIRA	1936	
Delphinium Virus 1	BURNETT	1934	Delphinium stunt disease virus; delphinium witch's broom disease virus.
Delphinium Virus 2	VALLEAU	1932	
Ficus Virus 1	CONDIT and HORNE	1933	Fig mosaic virus.
Fragaria Virus 1	PLAKIDAS	1927	Strawberry yellow-edge virus; strawberry xanthosis virus; strawberry yellows virus.
Fragaria Virus 2	ZELLER and VAUGHAN	1932	Strawberry crinkle virus.
Fragaria Virus 3	ZELLER	1927	Strawberry Witch's Broom Virus.
Fragaria Virus 4	PLAKIDAS	1928	Strawberry Dwarf Virus.
Freesia Virus 1	WOODWARD	1929	Freesia Mosaic virus.
Gossypium Virus 1	FARQUHARSON	1912	Cotton leaf-curl virus.
Holodiscus Virus 1	ZELLER	1931	Holodiscus Witch's Broom virus.
Humulus Virus 1	SALMON	1923	Hop mosaic virus; hop false nettlehead virus.
Humulus Virus 2	DUFFIELD	1925	Hop nettlehead virus.
Humulus Virus 3	SALMON and WARE	1930	Hop chlorotic disease virus.
Humulus Virus 4	SALMON and WARE	1936	

Continuation of the table.

Virus	Author	Date	Synonyms
Hyoscyamus Virus 1	HAMILTON	1932	Hy III virus.
Iris Virus 1	BRIERLEY and McWHORTER	1936	Iris mosaic virus; Iris stripe virus.
Lactuca Virus 1	JAGGER	1921	Lettuce mosaic virus.
Lilium Virus 1	OGILVIE	1928	Lily yellow-flat virus; lily rosette virus.
Lycopersicum Virus 1	JACKSON	1917	Tomato stripe virus; tomato streak virus; tomato glass-house streak virus; single virus streak.
Lycopersicum Virus 1 A	SMITH	1935	Tomato yellow streak virus.
Lycopersicum Virus 2	VALLEAU and JOHNSON	1930	Tomato ring mosaic virus; ring mosaic streak virus.
Lycopersicum Virus 3	BRITTLEBANK	1915	Tomato spotted wilt virus; Kromnek or Kat River disease virus.
Lycopersicum Virus 4	SMITH	1935	Tomato bushy stunt virus.
Lycopersicum Virus 5	SAMUEL, BALD and EARDLEY	1933	Tomato Big-bud virus; tomato fruit woodiness virus; tomato stolbur virus.
Lycopersicum Virus 6	McCLEAN	1931	Tomato bunchy-top virus.
Manihot Virus 1	DAMMER	1885	Cassava mosaic virus.
Manihot Virus 2	STOREY	1936	Cassava stem-lesion virus.
Matthiola Virus 1	TOMPKINS	1937	Stock mosaic virus.
Medicago Virus 1	WEIMER	1934	Common alfalfa mosaic virus.
Medicago Virus 2	PIERCE, ZAUMEYER and WADE	1936	Alfalfa mosaic virus.
Medicago Virus 3	WEIMER	1936	Alfalfa or lucerne dwarf disease virus.
Medicago Virus 4	EDWARDS	1936	Lucerne witch's broom virus.
Musa Virus 1	MAGEE	1927	Banana bunchy top virus.
Musa Virus 2	OCFEMIA	1930	Abacá (Manila hemp) bunchy top virus.
Musa Virus 3	MAGEE	1930	Banana mosaic virus; banana heart-rot and infectious chlorosis virus.
Nicotiana Virus 1	(MAYER) ALLARD	1886	Tobacco Pockenkrankheit virus; tobacco mosaic virus; tobacco calico virus; tomato mosaic virus; ordinary tobacco mosaic virus; tobacco green mosaic virus; tobacco mosaic virus; tobacco true mosaic virus; tobacco severe mosaic type 1 virus; tobacco distorting mosaic virus; ordinary field type tobacco mosaic virus.

Continuation of the table.

Virus	Author	Date	Synonyms
Nicotiana Virus 1 A	AINSWORTH and SMITH	1935	Tobacco distorting or enation virus.
Nicotiana Virus 1 B	SMITH	1935	Tomato yellow-leaf virus.
Nicotiana Virus 1 C	BEWLEY	1920	Tomato aucuba mosaic virus; yellow tobacco mosaic virus.
Nicotiana Virus 1 D	HOLMES	1934	Masked tobacco mosaic virus.
Nicotiana Virus 2	JOHNSON	1927	Speckled tobacco mosaic virus.
Nicotiana Virus 3	JOHNSON	1927	Mild tobacco mosaic virus.
Nicotiana Virus 4	JOHNSON	1927	Tobacco bleaching mosaic virus.
Nicotiana Virus 5	BÖNING	1928	Tobacco stripe and curl disease virus.
Nicotiana Virus 6	MCKINNEY	1929	Tobacco green mosaic virus.
Nicotiana Virus 7	E. M. JOHNSON	1930	Tobacco etch virus.
Nicotiana Virus 8	JOHNSON	1936	Tobacco streak virus; tobacco vein-streak virus (?).
Nicotiana Virus 9	JOCHEMS	1933	Tobacco Rotterdam B-disease virus.
Nicotiana Virus 10	STOREY	1932	Tobacco leaf-curl virus; tobacco cabbaging or crinkle virus; tobacco Kroepoek virus; tobacco crinkly dwarf virus; tobacco "gila" virus.
Nicotiana Virus 11	SMITH and BALD	1935	Tobacco necrosis virus.
Nicotiana Virus 12	FROMME	1927	Tobacco ringspot virus; Ringspot No. 1, PRICE.
Nicotiana Virus 12 A	VALLEAU	1932	Tobacco yellow ringspot virus.
Nicotiana Virus 12 B	VALLEAU	1932	Tobacco green ringspot virus.
Nicotiana Virus 13	PRICE	1936	Tobacco ringspot No. 2, PRICE.
Nicotiana Virus 14	SMITH	1935	Bergerac ringspot virus.
Nicotiana Virus 15	SMITH	1936	—
Nicotiana Virus 16	WICKENS	1937	Tobacco rosette virus.
Oryza Virus 1	TAKAMI	1901	Rice stunt or dwarf disease virus.
Oryza Virus 2	KURIBAYASHI	1931	Rice stripe disease virus.
Passiflora Virus 1	NOBLE	1928	Passion-fruit woodiness virus; passion-fruit bullet disease virus.
Paeonia Virus 1	DUFRENOY	1934	Peony ringspot virus.
Pelargonium Virus 1	PAPE	1927	Pelargonium leaf-curl virus.
Phaseolus Virus 1	REDDICK and STEWART	1919	Bean mosaic virus; common bean mosaic virus.

Continuation of the table.

Virus	Author	Date	Synonyms
Phaseolus Virus 2	PIERCE	1934	Yellow bean mosaic virus; white sweet clover mosaic virus.
Phaseolus Virus 3	ZAUMEYER and WADE	1935	Bean mosaic virus 3.
Pisum Virus 1	OSBORN	1935	Enation pea mosaic virus.
Pisum Virus 2	DOOLITTLE and JONES	1925	Common pea mosaic virus; red clover mosaic virus.
Pisum Virus 2A	STUBBS	1937	Common pea mosaic virus (marble strain).
Pisum Virus 2B	STUBBS	1937	Common pea mosaic virus (speckle strain).
Pisum Virus 2C	STUBBS	1937	Common pea mosaic virus (mild strain).
Prunus Virus 1	E. F. SMITH	1888	Peach Yellows virus.
Prunus Virus 1A	E. F. SMITH	1898	Little-peach virus.
Prunus Virus 2	E. F. SMITH	1891	Peach rosette virus.
Prunus Virus 3	HUTCHINS	1930	Phony peach virus.
Prunus Virus 4	BENNETT	1926	Peach red suture virus.
Prunus Virus 5	HUTCHINS	1933	Peach mosaic virus.
Prunus Virus 6	THOMAS and HILDEBRAND	1936	—
Pyrus Virus 1	BAUR	1907	Pyrus variegation virus; pyrus infectious chlorosis virus.
Pyrus Virus 2	BRADFORD and JOLEY	1933	Apple mosaic virus.
Ribes Virus 1	AMOS and HATTON	1926	Black currant reversion disease virus.
Robinia Virus 1	HARTLEY and HAASIS	1929	Robinia brooming disease virus.
Rosa Virus 1	WHITE	1932	Rose mosaic virus.
Rosa Virus 2	BRIERLEY	1935	Rose yellow mosaic virus.
Rosa Virus 3	GRIEVE	1931	Rose wilt or dieback virus.
Rosa Virus 4	BRIERLEY	1935	Rose streak virus.
Rubus Virus 1	RANKIN and HOCKEY	1922	Red-raspberry mosaic virus; red mosaic virus; raspberry green mosaic virus.
Rubus Virus 2	BENNETT	1927	Raspberry yellow mosaic virus.
Rubus Virus 3	MELCHERS	1914	Raspberry leaf-curl virus, alpha (BENNETT); raspberry yellows virus (MELCHERS).
Rubus Virus 3A	BENNETT	1930	Raspberry leaf-curl virus, beta.

Continuation of the table.

Virus	Author	Date	Synonyms
Rubus Virus 4	Wilcox	1922	Raspberry eastern blue stem virus; raspberry streak virus; raspberry rosette virus; raspberry severe streak virus; raspberry leaf-curl virus 3.
Rubus Virus 5	Zeller	1927	Blackberry or loganberry dwarf virus.
Rumex Virus 1	Grainger	1928	Dock mosaic virus.
Saccharum Virus 1	Brandes	1919	Sugar cane yellow stripe disease virus; sugar cane mottling disease virus; sugar cane mosaic virus; grass mosaic virus.
Saccharum Virus 1A	Storey	1929	Transvaal grass mosaic virus.
Saccharum Virus 1B	Summers	1934	—
Saccharum Virus 1C	Summers	1934	—
Saccharum Virus 1D	Summers	1934	—
Saccharum Virus 1E	Summers	1934	—
Saccharum Virus 1F	Tims	1935	—
Saccharum Virus 1G	Storey	1936	"Agaul" mosaic virus.
Saccharum Virus 2	Muir	1910	Sugar Cane Fiji disease virus.
Saccharum Virus 3	Wakker and Went	1898	Sugar Cane Sereh disease virus.
Saccharum Virus 4	Storey	1936	Sugar Cane "R. P. 8" streak virus.
Saccharum Virus 5	Bell	1932	Sugar Cane Dwarf disease virus.
Santalum Virus 1	Coleman	1923	Sandal Spike disease virus.
Santalum Virus 1A	Rao and Iyengar	1934	Sandal pendulous spike virus.
Santalum Virus 2	Rao	1932	Sandal leaf-curl mosaic virus.
Soja Virus 1	Gardner and Kendrick	1921	Soybean mosaic virus.
Solanum Virus 1	Orton	1913	Potato Virus X; simple potato mosaic virus; potato acronecrosis virus; healthy potato virus; latent potato virus; tobacco ringspot virus; interveinal mosaic virus.
Solanum Virus 2	Orton	1913	Potato virus Y; potato streak virus; potato leaf-drop streak virus; potato stipple-streak virus; acropetal necrosis virus; Hy II virus; vein-banding virus.
Solanum Virus 3	Murphy and McKay	1932	Potato Virus A; super-mild potato mosaic virus.

Continuation of the table.

Virus	Author	Date	Synonyms
Solanum Virus 4	MURPHY	1921	Up-to-Date Streak virus; potato virus B.
Solanum Virus 5	SALAMAN	1930	Di Vernon streak virus; potato virus C.
Solanum Virus 6	MURPHY	1927	President streak virus; potato foliar necrosis virus; potato virus D.
Solanum Virus 7	SALAMAN and LE PELLEY	1930	Potato paracrinkle virus: potato virus E.
Solanum Virus 8	CLINCH, LOUGHNANE and MURPHY	1936	Potato tuber blotch virus; potato virus F; pseudo-net-necrosis virus; Monocraat virus.
Solanum Virus 9	MURPHY and QUANJER	1931	Potato aucuba mosaic virus; potato virus G; Non-infectious chlorosis virus.
Solanum Virus 10	HUNGERFORD	1922	Potato Calico Virus.
Solanum Virus 11	SCHULTZ and FOLSOM	1925	Potato leaf-rolling mosaic virus.
Solanum Virus 12	SCHULTZ and FOLSOM	1925	Potato spindle-tuber virus; potato marginal leaf-roll virus.
Solanum Virus 13	SCHULTZ and FOLSOM	1925	Potato unmottled curly dwarf virus.
Solanum Virus 14	APPEL and QUANJER	1911–1913	Potato leaf-roll virus; potato phloem-necrosis virus.
Solanum Virus 15	HUNGERFORD and DANA	1924	Potato witch's broom virus; potato wilding or semi-wilding virus; tomato and tobacco witch's broom virus.
Solanum Virus 16	BARRUS and CHUPP	1922	Potato yellow dwarf virus.
Solanum Virus 17	(WHIPPLE) FOLSOM	1926	Potato yellow-top virus; potato apical leaf-roll virus.
Trifolium Virus 1	PIERCE	1935	White clover virus 1 (PIERCE).
Triticum Virus 1	MCKINNEY	1925	Wheat mosaic virus; wheat rosette virus.
Triticum Virus 1 A	MCKINNEY	1930	Wheat yellow mosaic virus.
Tulipa Virus 1	CAYLEY	1931	Tulip break virus; tulip mosaic virus.
Vaccinium Virus 1	DOBROSCKY	1931	Cranberry false-blossom virus.
Vitis Virus 1	STRANAK	1931	Vine mosaic virus.
Zea Virus 1	KUNKEL	1922	Corn mosaic virus; corn leaf-stripe virus; maize stripe disease virus (?).
Zea Virus 2	STOREY	1925	Maize streak disease virus.
Zea Virus 3	STOREY	1937	Maize mottle virus.

Sachverzeichnis.

(Erste Hälfte S. 1—547, Zweite Hälfte S. 548—1357.)